CONVERSION FACTORS FROM SI TO ENGLISH UNITS

Length:	1 m	= 3.281 ft
	1 cm	= 3.281×10^{-2} ft
	1 mm	= 3.281×10^{-3} ft
	1 m	= 39.37 in.
	1 cm	= 0.3937 in.
	1 mm	= 0.03937 in.
Area:	1 m^2	= 10.764 ft^2
	1 cm^2	= 10.764×10^{-4} ft^2
	1 mm^2	= 10.764×10^{-6} ft^2
	1 m^2	= 1550 in^2
	1 cm^2	= 0.155 in^2
	1 mm^2	= 0.155×10^{-2} in^2
Volume:	1 m^3	= 35.32 ft^3
	1 cm^3	= 35.32×10^{-4} ft^3
	1 m^3	= 61,023.4 in^3
	1 cm^3	= 0.061023 in^3
Force:	1 N	= 0.2248 lb
	1 kN	= 224.8 lb
	1 kgf	= 2.2046 lb
	1 kN	= 0.2248 kip
	1 kN	= 0.1124 U.S. ton
	1 metric ton	= 2204.6 lb
	1 N/m	= 0.0685 lb/ft

Stress:	1 N/m^2	= 20.885×10^{-3} lb/ft^2
	1 kN/m^2	= 20.885 lb/ft^2
	1 kN/m^2	= 0.01044 U.S. ton/ft^2
	1 kN/m^2	= 20.885×10^{-3} kip/ft^2
	1 kN/m^2	= 0.145 lb/in^2
Unit weight:	1 kN/m^3	= 6.361 lb/ft^3
	1 kN/m^3	= 0.003682 lb/in^3
Moment:	1 N·m	= 0.7375 lb-ft
	1 N·m	= 8.851 lb-in.
Energy:	1 J	= 0.7375 ft-lb
Moment of inertia:	1 mm^4	= 2.402×10^{-6} in^4
	1 m^4	= 2.402×10^{6} in^4
Section modulus:	1 mm^3	= 6.102×10^{-5} in^3
	1 m^3	= 6.102×10^{4} in^3
Hydraulic conductivity:	1 m/min	= 3.281 ft/min
	1 cm/min	= 0.03281 ft/min
	1 mm/min	= 0.003281 ft/min
	1 m/sec	= 3.281 ft/sec
	1 mm/sec	= 0.03281 ft/sec
	1 m/min	= 39.37 in./min
	1 cm/sec	= 0.3937 in./sec
	1 mm/sec	= 0.03937 in./sec
Coefficient of consolidation:	1 cm^2/sec	= 0.155 in^2/sec
	1 m^2/yr	= 4.915×10^{-5} in^2/sec
	1 cm^2/sec	= 1.0764×10^{-3} ft^2/sec

기초공학 10판

PRINCIPLES OF
FOUNDATION ENGINEERING
SI EDITION

Cengage

***Principles of Foundation Engineering,* SI Edition, Tenth Edition**

Braja M. Das

Original edition © 2024 Cengage Engineering, a part of Cengage Learning.
Principles of Foundation Engineering, SI Edition, Tenth Edition by Braja M. Das
ISBN: 9780357684672

ISBN-13: 978-89-6218-564-5

Cengage Learning Korea Ltd.
14F YTN Newsquare 76 Sangamsan-ro
Mapo-gu Seoul 03926 Korea

Printed in Korea
Print Number: 01 Print Year: 2025

기초공학 10판

PRINCIPLES OF FOUNDATION ENGINEERING

SI EDITION

Braja M. Das | 지음
신은철 | 옮김

Cengage

Australia • Brazil • Canada • Mexico • Singapore • United Kingdom • United States

옮긴이 소개

신은철(申殷澈)

학력

- 미국 Southern Illinois University at Carbondale 대학원 토목공학과 공학박사
- 러시아 Saint-Petersburg State University of Architecture and Civil Engineering 명예박사
- 미국 University of Colorado at Boulder 대학원 토목공학과 공학석사
- 미국 Georgia Institute of Technology 대학원 토목공학과 박사과정 수료
- 충북대학교 공과대학 토목공학과 공학사

경력 및 학술활동

- 현재 인천대학교 도시과학대학 건설환경공학전공 명예교수
- ㈜고려컨설턴트 회장
- 카자흐스탄 유라시안국립대학교 석·박사과정 초빙교수
- 벽산건설㈜ [한국건업㈜] 토목부 근무
- 미국 U.S. Army Environmental Construction Laboratory 인턴연구원
- 대한토목학회 종신회원
- 한국지반공학회 정회원 (고문)
- 한국지반신소재학회 정회원 (고문)
- 국제토목섬유학회(IGS) 정회원
- 인도지반공학회 종신회원 (IGS Lifetime Member)
- 국제 해양 및 극지공학회 (ISOPE) 논문편집위원
- Geotechnical Engineering 논문지 편집위원
- Geotechnical and Geological Engineering 논문지 편집위원
- (전) Cold Region Development Association (IACORDS) 부회장
- International Society of Soil Mechanics and Geotechnical Engineering, Vice President for Asia (세계지반공학회 17대 부회장)

기초공학 10판

Principles of Foundation Engineering SI Edition, Tenth Edition

제10판 1쇄 인쇄 | 2025년 1월 14일
제10판 1쇄 발행 | 2025년 1월 21일

지은이 | Braja M. Das
옮긴이 | 신은철
발행인 | 리리안후아, 탄록민
발행처 | 센게이지러닝코리아㈜
등록번호 | 제313-2007-000074호(2007.3.19.)
이메일 | asia.infokorea@cengage.com
홈페이지 | www.cengage.co.kr

ISBN: 978-89-6218-564-5

공급처 | 경문사
주　소 | 서울시 마포구 와우산로 174
도서안내 및 주문 | Tel 02) 332-2004 Fax 02) 336-5193
이메일 | kyungmoon@kyungmoon.com

정　가 | 47,000원

머리말 Preface

1980년대 초에 필자(Braja M. Das)는 PWS-Kent 출판사로부터 미국 전역에 근무하는 여러 공과대학 교수들에게 보내는 편지를 받았다. 이 편지에는 어떤 새로운 교재의 필요성을 느끼는 교수들이 있는지 문의하면서, 만약 새로운 교재가 필요하다면 목록을 보내달라고 요청하였다. 필자는 이 편지에 답장을 보내면서 아마도 새로운 기초공학 교재가 필요하며, 이 책에는 다음과 같은 내용이 포함되어야 한다고 제안하였다.

- 각 장에 다수의 이론이 필요하며, 그리고 각 장은 전적으로 경험적 상관관계식과 경험식에 근거를 두어서는 안 된다.
- 학생들이 따라 학습할 수 있도록 충분한 예제문제가 있어야 한다.
- 교재에 있는 그림은 잘 그려져 선명해야 되고, 다소 크게 나타내야 한다.

또한, 필자는 이 교재가 동료교수들에게 좋은 인상을 줄 필요는 없으며, 다만 학생들이 주제를 읽어서 이해가 쉽도록 집필해야 한다라고 출판사에 보내는 편지에 피력하였다.

며칠 후 필자는 PWS-Kent 출판사로부터 필자가 편지에 보낸 내용과 같이 책을 집필할 수 있는 의향이 있느냐는 전화를 받았었다. 필자의 아내 Janice의 전적인 지지를 받고, University of Texas at El Paso의 총장인 Haskell Monroe의 많은 격려를 받으며 이 책을 집필하는 데 동의하였다. 2년 반 후에 원본교재를 3번 검토와 교정을 거쳐 **기초공학원론** 1판(Principles of Foundation Engineering 1/e)이 출판되었다.

과거 수십 년 동안에 미국 내뿐만 아니라 외국 여러 나라에서 독자들이 많이 늘어나면서, 1989, 1994, 1998, 2003, 2006, 2010, 2015, 그리고 2018년도에 각각 발행되었다. 2024년 초에 제10판을 완성하여 출판하게 되었다.

이번 제10판은 4개 주요부분으로 나뉘었으며, 각 부분의 내용은 다음과 같다.

- **흙의 지반공학적 특성과 지반 조사**: 흙의 지반공학적 특성; 자연적인 흙의 퇴적; 지반조사
- **지반 개량과 지반보강**: 흙 다짐; 석회, 시멘트, 그리고 석탄회를 이용한 지반안정처리방법; 샌드 드레인, 진동부유공법, 그리고 그라우팅공법
- **기초의 분석**: 얕은 기초의 지지력, 탄성침하와 압밀침하, 지표의 상재하중에 따른 연직응력의 증가, 전면기초, 얕은 기초와 나선형 앵커의 상향인발력, 말뚝과 천공말뚝 기초, 그리고 팽창성 흙과 붕괴성 흙에서의 기초
- **횡토압과 토류벽구조물**: 횡토압, 여러 형태의 옹벽, 강널말뚝, 그리고 버팀굴착에 대하여 기술함.

이 교재는 총 17장으로 구성되어 있다. 추가적으로 207개의 예제문제와 각 장의 끝부분에는 234개의 연습문제가 수록되어 있다. 제10판 **기초공학원론**은 대학교 학부의 기초공학교재이며, 그리고 기초공학 분야의 참고서적으로 사용될 수 있다.

제10판 교재에 추가 사항

- 제1장의 **기초공학의 소개** 편에는 독자들의 참고 자료로 지반공학 분야의 유명한 논문집과 학술발표회 논문집을 소개하였다. 또한, 처음 개최된 1936년 이후부터 세계지반공학회 (International Conference on Soil Mechanics and Geotechnical Engineering) 논문집의 목록을 소개하였다.
- 제2장의 **흙의 지반공학적 특성** 편에는 사질토 흙 입자의 **둥글기**에 대하여 기술하였으며, 둥글기변수를 이용하여 최대간극비와 최소간극비를 결정하는 방법에 대하여 논하였다. 수정된 Kozeny-Carman 경험식을 이용하여 사질토의 투수계수를 산정하는 방법을 추가하였다.
- 제3장 **자연 흙의 퇴적과 지반조사** 편에는 Hvorslev의 지하수위를 결정하는 방법에 대하여 기술하였다. 암석코어채취와 코어링한 암석시료의 사진을 추가하였다.
- 제4장의 **지반 개량** 편에는 방사형 배수를 위하여 압성토와 연직배수재(PVD)를 이용하여 선행압축하는 기법과 관련하여 압밀도에 대한 각각의 수치표를 추가하였다.
- 제5장 **얕은 기초—극한지지력** 편에서는 지하수위가 극한지지력에 미치는 영향에 대하여 Meyerhof의 최초 연구(1955)한 내용을 요약하였다. 또한, 사질토지반에서 실험실 모형기초의 축척효과(scale effect)에 대하여 기술하였다.
- 제6장의 **얕은 기초의 극한지지력: 특별한 경우** 편에서는 "비등방성 모래 지반에서의 지지력"과 " 연직하중을 받는 경사진 연속기초의 지지력"에 대한 2개의 새로운 절을 추가하였다.
- 제7장 **지반 내의 연직응력증가** 편에서는 새로운 2개의 절을 추가하였다. "지표면에 대칭연직 삼각형 띠하중을 받을 때"와 "포물선과 원뿔하중을 받는 원형 기초 하부의 연직응력증가량 산정". Westergaard 방법을 이용하여 직사각형 기초 하부 지반에서의 응력증가량을 산정하는 새로운 여러 개의 표를 추가하였다.
- 제8장 **얕은 기초의 침하** 편에서는 지오그리드, 지오셀, 중공블록으로 지반을 보강하여 얕은 기초의 지지력을 증가시키고 탄성침하량을 감소시킬 수 있도록 지반을 보강하는 몇 가지 예를 새로운 절로 추가하였다.
- 제9장 **전면기초** 편에서는 다른 장과 마찬가지로 새로운 연습문제를 추가하였다.
- 제10장 **얕은 기초와 나선형 앵커의 상향인발력**을 새로운 장으로 신설하였다.
- 제11장 **말뚝 기초** 편에서는 여러 연구자들이 말뚝선단의 파괴형상을 가정한 내용에 대하여 간단하게 추가로 기술하였다. 또한 Janbu(1972)가 제시한 말뚝선단의 극한지지력계수와 점토 지반에서 군말뚝의 현장재하시험 결과를 추가하였다.
- 제12장 **천공말뚝 기초** 편에서는 Ladanyi(1977)가 제안한 천공말뚝이 암반에 근입한 경우의 설계과정을 추가하였다.
- 제13장 **문제성이 있는 흙에 축조된 기초** 편에는 팽창성 흙에서 기초를 시공할 때 기후등급에 따라 다짐시방기준을 포함하였다.
- 제14장 **횡토압** 편에서는 사질토로 뒤채움한 옹벽의 횡변위가 발생될 때 Rankine의 주동

토압을 산정하는 내용을 새로운 절로 신설하였다. 주동토압계수와 수동토압계수에 대한 여러 개의 새로운 표를 추가 하였다.

- 제15장 **옹벽** 편에서는 등가유체법을 이용하여 토압을 산정하는 새로운 절을 추가하였다.
- 제16장 **널말뚝벽** 편에서는 모래 지반과 점토 지반에 캔틸레버식 강널말뚝이 근입되었을 때의 최대 모멘트 산정과 근입깊이를 산정하는 무차원표를 제시하였다.
- 제17장 **버팀굴착** 편에서는 Tschebotarioff(1973)가 제시한 사질토와 점토 지반의 버팀굴착면에 작용되는 횡토압을 산정하는 방법을 새로운 절로 추가하였다.

강사용 참고자료

이 교재의 Solution Manual과 PowerPoint Slides는 website http://login.cengage.com, faculty.cengage.com/를 통하여 비밀번호를 입력하여 구할 수 있다.

감사의 글

- 이 책의 원고를 준비하는 여러 단계의 과정에서 아래의 여러분들에게 감사드린다.
  - 신은철 박사, 한국 인천대학교 도시과학대학 건설환경공학전공 명예교수
  - Dr. Maher Omar, UAE Sharjah 대학교 토목환경공학과 교수, 고등교육 리더쉽연구소장,
  - Dr. Zhe Luo, 텍사스 베어먼트 Lamar 대학교 조교수, Reese건설관리프로그램
  - Reinaldo Vega-Meyer, 지반공학 기술자, Intertek-PSI, Corpus Christi, 텍사스
  - 양태철, (주) ACEall회사 대표이사, 한국 서울
  - 이광수 한길토건(주) 대표이사, 한국 부산
- 제3장의 겉표지 사진을 보내준 Valerie Stephan에게 감사드린다.
- 이 교재의 내용과 질을 높이도록 지난 40년 동안 많은 의견을 보내주어 기여한 교정위원들과 교수님들께 감사를 드린다.
- 이번 10판이 발간되는 데 도움을 주신 Cengage Learning출판사의 Global Engineering 팀에게 감사드린다. Tim Anderson, Alex Sham, Brendan Killion, MariCarmen Constable
- 이 10판뿐만 아니라 과거 여러 판의 품질을 높이고 발전시키는 데 지침을 준 Rose P. Kernan에 감사드린다.

상기에 언급한 모든 분들에게 이 교재가 개발되어 성공적으로 완성되어 발간되도록 기술적으로 도와주심에 저자로서 감사드립니다.

맺음말

필자의 아내는 과거 40년 이상 이 책을 집필하는 데 모든 분야에 도움을 주었다. PWS-Kent 출판사(차후 Thomson 출판사로 됨)와 처음 계약을 추진할 때 향후 훌륭한 교재가 될 책을 쓸 수 있을 것이라고 확신을 주었다. 필자의 아내는 이 교재의 초본원고를 수동타자기로 집필하였다. 필자는 진심으로 수년에 걸친 도움에 감사드린다. 제10판은 이 책의 이정표이므로, 이 책을 아내 Janice에게 헌정합니다.

Braja M. Das
Henderson, Nevada

이 책을 번역하는 동안 수고해주신 센게이지러닝코리아㈜ 관계자 분들과 원고를 편집하고 번역하는 데 수고한 인천대학교 건설환경공학전공 강정구 박사(고려컨설턴트 상무)에게 감사드린다. 책을 번역하는 데 실무적인 자문과 조언을 해주신 유재성 박사(고려컨설턴트 대표이사)에게 감사드린다. 저자인 Braja M. Das 교수의 박사학위 제자로서 훌륭한 기초공학교재 10판을 한국어로 번역하게 되어 매우 기쁘며, 영광이다.

2024년 8월
역자 신은철

저자소개 About the Author

Braja Das 교수는 세크라멘토시 캘리포니아 주립대학교 공학 및 컴퓨터 과학대학 명예학장이다. 그는 아이오와 대학교에서 석사, 위스콘신 대학교에서 지반공학으로 박사학위를 받았다. 그는 여러 권의 지반공학 교과서 및 참고 교재의 저자이며, 300편 이상의 지반공학 분야 논문을 발표하였다. 주요 연구분야는 얕은 기초, 어스 앵커 및 토목섬유이다.

그는 미국 토목학회의 종신회원이자 미국 공학교육회의 평생회원, 국가연구협의회 교통연구회의 지반 안정 및 자원 재활용 위원회 명예회원이다(Washington D.C.). 그는 미국 지반공학회 논문집(the Journal of Geotechnical Engineering of ASCE) 편집위원, 일본 국제저평지연구협회 논문집(the Lowland Technology International Journal, Japan) 회원, 국제 해양 및 극지공학논문집(ISOPE, the International Journal of Offshore and Polar Engineering) 편집고문, 지반 및 지질공학논문집(the Journal of Geotechnical and Geological Engineering; Springer, The Netherlands) 공동 편집위원으로 봉사하였다. 또한, 2007년부터 2019년까지 지반공학 국제논문집(the International Journal of Geotechnical Engineering; Taylor and Francis, UK)의 초대 편집위원장을 역임하였다. Das 박사는 AMOCO 재단상(AMOCE Foundation Award), 미국 공학교육회(Teaching Excellence from the American Society for Engineering Education) AT&T 상, 자동차 기술자회(the Society of Automotive Engineers) Ralph Teetor 상, 엘파소 텍사스 대학교(the University of Texas at EI Paso)로부터 우수교육 공로상 등을 포함하여 많은 상을 수상하였다.

Das 박사는 지반공학분야에서 유명한 교수이며, 세계 여러 나라로부터 학술회의에 초청강연자로 참석하였다. 저자는 호주, 멕시코, 도미니칸 공화국, 코스타리카, 앨살바도르, 페루, 콜롬비아, 에콰도르, 인도, 한국, 볼리비아, 튀르키예, 북싸이프러스, UAE, 튜니지아, 영국에서 초청강연을 하였다. 멕시코 지반공학회(SMIG) 초청으로 멕시코 지반공학 교수 Eulalio Juarez Badillo 초대 기념 강연을 하였다. Badillo 박사는 멕시코 지반공학회 창립회원이다. 2017년에는 이집트의 흙-구조물 상호작용 연구 그룹(SSIGE)에서 Das 박사의 이름으로 기념 강연이 시작되었다. 매 2년마다 1회씩 개최되는 Geo-Middle-East 학술대회 기간 동안 업적이 뛰어난 지반공학 기술자에게 Braja Das 기념 강연자로 자격이 주어진다.

그는 미국 교재 및 학술 저자 위원회(The Textbook and Academic Authors Association)로부터 2020년에는 *Principles of Foundation Engineering* 9판으로 MeGuffey Longevity상을 받았다.

차례 Contents

Firma V/Shutterstock.com

EcoPrint/Shutterstock.com

© Valerie Stephen

Part 2 지반 개량 161

Part 3 기초의 분석 231

PHATR/Shutterstock.com

Bertold Werkmann/Shutterstock.com

7 지반 내의 연직응력증가 351

Rachata Kietsirikul/Shutterstock.com

8 얕은 기초의 침하 397

Kekyalyaynen/Shutterstock.com

9 전면기초 459

NatchaB/Shutterstock.com

10 얕은 기초와 나선형 앵커의 상향인발력 491

11 말뚝 기초 511

Chaiya/Shutterstock.com

12 천공말뚝 기초 633

CHAIYA/Shutterstock.com

13 문제성이 있는 흙에 축조된 기초 691

Part 4 횡토압과 토류벽 구조물 731

14 횡토압 733

Jarous/Shutterstock.com

Aisyaqilumaranas/Shutterstock.com

Aisyaqilumaranas/Shutterstock.com

Chapter 1

기초공학의 소개

Introduction

Firma V/Shutterstock.com

학습목표 **1장을 학습하면 다음을 할 수 있다**

1.1 지반공학의 범위를 설명함.
1.2 기초 및 토류구조물에 관계된 기초공학의 범위를 설명함.
1.3 기초설계 및 시공의 목적에 따른 지반조사의 범위를 이해함.
1.4 다짐, 제트그라우팅, 심층혼합, 기타 공법에 의한 지반 개량의 필요성을 이해함.
1.5 기초설계를 위한 가능한 해결방법을 기술함.
1.6 유한요소해석과 유한차분해석과 같은 방법을 이용하여 수치모델링에 근거한 기초설계의 필요성을 이해함.
1.7 과거 실무경험에 기반한 설계 시 경험식 이용의 필요성을 설명함.
1.8 지반공학적 설계 및 시공 목적에 따른 문헌검토 자료를 구분함.

1.1 지반공학

지반공학 또는 **지반역학**은 토목공학에 속한 한 분야이다. 지반공학 및 기초공학적 문제에 적용할 수 있는 간편 해법을 개발하기 위한 탄성이론, Mohr 원, 그리고 연속체역학과 같은 공학적 원리가 적용되는 토질역학과 암반역학의 주요부분을 다룬다. 흙, 자갈, 암석 같은 **지반재료**와 관계된 문제를 다룰 때 지질학적 지식이 항상 도움이 된다.

지반공학의 기본원칙에 대한 완벽한 이해는 기초공학을 연구하는 필수조건이다. 이는 물질의 상 관계, 흙의 분류, 다짐, 투수, 침투, 압밀, 전단강도, 사면안정, 그리고 지반조사를 포함한다. 이 영역은 **토질역학**(10판)에 상세하게 수록되어 있다. 주요 핵심은 이 교재의 제1부의 제2장과 제3장에 매우 간략하게 기술하였다.

1.2 기초공학

모든 토목공학 프로젝트는 지반공학 또는 기초공학요소를 일부 포함하고 있다. 이는 모든 흙과 흙을 지지되는 구조물, 이 책에서 기술되는 두 가지 범주, 즉 **기초**와 **토류 구조물**을 포함한다. 연관되는 장은 각각 제3부와 제4부로 묶었다. 제3부 기초분야에서는 얕은 기초와 깊은 기초를 기술하였다. 이번 판은 **상향인발력이나 얕은 기초**, 그리고 **나선형 앵커**(제10장)가 새로운 장으로 소개되었다.

옹벽, 강널말뚝, 그리고 버팀굴착은 제4부의 토류구조물에서 다루었다.

1.3 지반조사

모든 지반설계는 구조물 주변의 흙과 암석의 특성에 관한 지식을 요구한다. 지반 특성은 (a) **원위치시험**(*in situ* tests), (b) 현장시료채취, (c) 현장에서 채취한 시료의 실내실험으로 구성된 **지반조사** 프로그램을 통해 결정한다. 지반조사 자료에 기초하여, 지반설계의 기본이 되는 단순화된 토질주상도가 만들어진다.

불균질한 자연 지반 상태와 지반 특성의 공간적 다양성으로 인해 설계지반정수가 단순화된 지반모델에 반영되기 어렵게 만든다. 모든 시추공과 이와 연관된 시험은 공사 발주자에게 수백만 원의 비용을 지불하게 하거나 요구사항이 예산 허용범위를 초과하는 경우가 종종 있다. 그렇기 때문에, 합리적인 가격에 적절한 프로젝트가 되도록 지반으로부터 가능한 자료를 최대한 확보할 수 있도록 지반조사 프로그램을 계획하는 데 신중하여야 한다.

예산상의 제약으로 인해 가끔씩 실내시험과 원위치시험 간의 균형을 조율할 필요가 있다. 같은 토질정수는 실내시험 또는 원위치시험으로 결정할 수 있다. 올바른 시험이 선택되도록 훌륭한 지반공학적 판단이 필요하다. 실내시험과 원위치시험은 상호보완적이어야 한다. 일부의 비용으로 인해 나머지 비용이 결정되어서는 안 된다. 각각 고유의 장점과 단점을 가지고 있기 때문이다.

1.4 지반 개량

보나 교량을 설계할 때 기술자는 콘크리트 강도를 결정하는 권한을 가지고 있다. 대부분의 공학적 재료에 동일한 원리가 적용된다. 토질에 관해 언급할 때 그 상황은 다르다. 현장이 결정되면, 기술자는 지반 조건에 맞게 구조물을 설계하여야 한다. 흙을 양질의 토사로 치환하기 위한 다양한 시도는 고비용의 선택이 될 수 있다. 그러나 현재 지반은 여러 지반 개량 기술 중 한 방법으로 개량될 수 있다.

현장의 지반 조건은 현재 상태로 설계요구조건을 충족하지 못하는 경우가 다반사이다. 지반이 매우 연약할 수 있고, 과잉침하가 발생되거나 파괴될 가능성이 있다. 지표면의 흙이 적정할지라도 지표하부 토질상태가 불량할 수 있다. 현재 지반 조건에 적합한 구조물 또는 시설물을 설계하는 것이 반드시 최선의 선택은 아니다. 그 대신, 지반을 개량하고 더 경제적인 대안을 찾는 것이 비용을 크게 줄이는 방법일 수 있다.

다짐은 모든 지반에 적용 가능한 단순하고 경제적인 지반 개량 기술이다. 다른 지반 개량 기술에는 진동부유 공법, 동다짐, 폭파 다짐, 선행하중, 연직배수재, 석회/시멘트 안정처리, 쇄석 말뚝, 제트그라우팅, 그리고 심층혼합처리공법이 있다. 이들은 제4장(제2부)에서 간략하게 기술하였다.

1.5 지반공학 및 기초공학의 문제에 대한 해결방법

지반공학 또는 기초공학적으로 3가지 방법이 있다. 그 방법은 다음과 같다.

- 분석적 방법
- 물리적 모델링
- 수치적 모델링

간단한 문제의 경우, 교재에 기술된 내용과 같이 지반공학 원리나 문헌상에 있는 폐쇄형 해(closed form solution)를 적용하는 것이 가능하다. 이는 토질 상태가 대체적으로 동일하거나 경계조건이 잘 정의되어 있는 경우에 해당한다. 예를 들어, 다양한 시나리오별 예측을 위해 실내실험을 할 수 있는 소규모 모델에도 적용 가능하다. 이는 물리적 모델링으로서 알려져 있다. 더 큰 규모의 프로젝트인 경우 지반 조건과 경계조건이 복잡하여 지반이론을 적용하거나 폐쇄형 해를 구하기 어렵다. 수치모델링은 소중한 도구이다. 모델이 개발되면 민감도 분석, 구조물의 거동 상 인자들 간의 영향을 조사하는 데 사용될 수 있다.

1.6 수치모델링

지반은 **입자**로 이루어진 매질이다. 단순화를 위해 **연속체**로서 다루어지는데, 이는 Mohr-Coulomb, 선형탄성, 비선형탄성, Cam Clay, Drucker-Prager 등과 같은 많은 **구성모델** 중 하나를 따르는 것으로 가정한다. 연속체 모델은 지반이 어떻게 거동하는지를 정의한다. **경계조건**은 관심 있는 영역의 경계에서 하중과 변위를 정의한다.

대규모 프로젝트의 경우, 경계조건은 매우 복잡해서 이 교재에 기술된 단순화된 이론, 방정식, 그리고 설계도표와 같은 전통적인 분석방법으로 수행하기 어려울 수 있다. 이 경우 지반의 다양성으로 인해 더 복잡하게 되기도 한다. 이러한 조건에서 **수치모델링**은 매우 유용하다. 수치모델링은 기초, 옹벽, 댐, 그리고 토류구조물에서 수행할 수 있다. 이는 **지반–구조 상호작용**을 매우 효과적으로 모델링할 수 있다.

유한요소 해석과 **유한차분** 해석은 서로 다른 수치모델링 기법이다. 문제영역은 수천 개의 **요소**와 **노드**로 구성된 **메쉬**로 분할된다. 경계조건과 적용된 구성모델은 문제영역에 국한된 방정식을 노드/요소에 대해 개선해 간다. 이 방정식을 풀어내면서 노드/요소 변수들이 결정된다.

특정한 상황의 지반공학 문제를 풀기 위하여 사람들은 유한요소 프로그램을 개발하였다. 처음 접하는 사람들을 위해 기본적으로 이러한 문제를 푸는 상용프로그램이 존재한다. *PLAXIS* (http://www.plaxis.nl)은 매우 인기 있는 유한요소 프로그램으로 전문기술자들에 의해 광범위하게 사용되고 있다. *FLAC* (http://www.itasca.com)은 강력한 유한차분 해석 프로그램으로 지반공학, 광물자원공학에 사용된다. 그 외에 GEO-SLOPE international Ltd. (http://www.geo-slope.com), Soil Vision System Ltd. (http://www.soilvision.com), GGU-Software (http://www.ggu-software.com) 등 지반공학 실무에 사용할 수 있는 맞춤형 수치모델링 소프트웨어 프로그램들도 있다. 또한, 구조, 재료, 그리고 콘크리트 공학에 사용되도록 개발된 더 강력한 소프트웨어 패키지의 일부는 지반공학적 문제를 모델링할 수 있다. *Abaqus*®와 *Ansis*가 이와 같은 유한요소 패키지에 해당하며 교육과 연구를 위해 대학에서 광범위하게 사용되고 있다.

1.7 경험적 접근법

경험, 직관 그리고 판단력은 지반공학에서 중요 역할을 한다. 지반공학과 암반역학에서 합리적 이론으로 정립되어 온 것 외에, 수십 년의 경험을 통해 얻은 수많은 교훈이 있으며, 이러한 경험은 과도하게 단순화되었을 수 있는 이론들을 최적화하는 데 도움을 준다. 경험적 접근법은 경험, 직관, 그리고 판단을 통해 발전한 지식으로 신뢰할 수 있는 데이터에 기반을 둔다.

문헌적으로 지반특성을 유도하는 데 사용할 수 있는 방정식과 도표 형식으로 된 수백 개의 경험적 관계식이 있다. 이 식들은 대용량 데이터베이스로부터 개발되었고 활용 가능한 지반정보가 제한적일 때 선행 설계단계에서 매우 가치가 있다. 이들은 실내시험이나 현장 데이터, 과거 경험과 우수한 판단에 기반하여 유도되었다.

현장이나 실험실을 통해 얻은 지반공학 데이터는 매우 고가일 수 있다. 우리는 제한된 수의 현장시험으로부터[예, 표준관입시험(SPT)] 시추공 또는 시험굴에서 채취한 시료로 행한 실내시험 데이터를 통해 매우 제한된 현장데이터를 얻는다. 우리는 지반 조사 프로그램을 보완하기 위해 경험적 상관관계를 사용하며, 제한된 실내시험과 현장데이터로부터 최대한의 가능한 정보를 추출해낸다.

1.8 문헌

이 교재의 범위 이외의 내용을 다룬다. 새로운 주제나 이 교재에서 간략하게 다룬 것들에 대해 더 많은 것을 배우고자 한다면 문헌을 검토할 필요가 있다. 웹 검색은 문헌을 찾는 데 좋은 출발점이 될 수 있다. 전문 지반공학 저널과 가장 최신 개발사항들을 논의하는 학회 논문집도 있다.

다음은 현재 유용한 지반공학분야 논문집을 수록한 것이다(알파벳 순).

- Canadian Geotechnical Journal (NRC Research Press in cooperation with the Canadian Geotechnical Society)
- Geotechnical and Geoenvironmental Engineering (American Society of Ciivil Engineers)
- Geotechnical and Geological Engineering (Springer, Germany)
- Geotechnical Testing Journal (ASTM International, USA)
- Geotechnique (Institute of Civil Engineers, UK)
- International Journal of Geomechanics (American Society of Civil Engineers)
- International Journal of Geotechnical Engineering (Taylor and Francis, UK)
- Soils and Foundations (Elsevier on behalf of the Japanese Geotechnical Society)

학회논문집은 1936년부터 1997년까지 토질역학 및 기초공학회(ISSMFE)로 알려진 국제지반공학회(ISSMGE)가 주관하는 논문집을 포함한다. 표 1.1은 ISSMGE와 ISSMFE가 주최한 국제학회 목록이다.

학회논문집은 ISSMGE와 관련된 지역별 학회도 포함한다. 지역별 학회목록은 다음과 같다.

- African Regional Conference on Soil Mechanics and Geotechnical Engineering
- Asian Regional Conference on Soil Mechanics and Geotechnical Engineering
- Australia-New Zealand Conference on Geomechanics

표 1.1 ISSMFE (1936-1997)와 ISSMGE (1997-현재) 학회 세부사항

학회	위치	연도
I	미국 보스턴 하버드대학교	1936
II	네덜란드 로테르담	1948
III	스위스 취리히	1953
IV	영국 런던	1957
V	프랑스 파리	1961
VI	캐나다 몬트리올	1965
VII	멕시코 멕시코시티	1969
VIII	소련 모스크바	1973
IX	일본 도쿄	1977
X	스웨덴 스톡홀름	1981
XI	미국 샌프란시스코	1985
XII	브라질 리우데자네이루	1989
XIII	인도 뉴델리	1994
XIV	독일 함부르크	1997
XV	터키 이스탄불	2001
XVI	일본 오사카	2005
XVII	이집트 알렉산드리아	2009
XVIII	프랑스 파리	2013
XIX	한국 서울	2017
XX	호주 시드니	2022
XXI	오스트리아 비엔나	2026(예정)

- European Regional Conference on Soil Mechanics and Geotechnical Engineering
- Pan-American Conference on Soil Mechanics and Geotechnical Engineering

상기사항 외에 다양한 국내지반공학회에서 주최하는 여러 학회들이 있다.

미공병단, 미해군, 미공군은 뛰어난 공학기술 업무를 수행하고 연구와 개발에 상당한 투자를 한다. 이 기관들의 설계안내서, 경험방정식, 그리고 도표는 잘 시험되고 검증되어 있다. 이 기관들은 일반적으로 보수적이며 이는 공학 실무에 바람직하다. 이 매뉴얼들의 대부분은 무료다운이 가능하다. 이 매뉴얼들(예, NAVFAC 7.1)은 여러분의 전문도서목록에 추가할 수 있는 가치 있는 자료이다. *Canadian Foundation Engineering Manual*(캐나다 지반공학회, 2006), Kulhawy and Mayne (1990), 그리고 Ameratunga et al. (2016)은 실내시험과 현장원위치시험으로부터 유도된 지반 및 암반 특성 관련 경험상관식을 심도 있게 검토하여 정리하였다.

참고문헌

Ameratunga, J., Sivakugan, N., and Das, B. M. (2016). *Correlations of Soil and Rock Properties in Geotechnical Engineering*, Springer, New Delhi, India.

Canadian Geotechnical Society (2006). *Canadian Foundation Engineering Manual*, 4th ed., BiTech Publisher Ltd., British Columbia, Canada.

Das, B. M. (2022). *Principles of Geotechnical Engineering*, 10th ed., Cengage Learning, Boston, USA.

Kulhawy, F. H. and Mayne, P. W. (1990). *Manual on Estimating Soil Properties for Foundation Design*, Final Report 1493-6, ET-6800, Electric Power Research Institute (EPRI), Palo Alto, CA.

Part 1

흙의 지반공학적 특성과 지반조사

Geotechnical Properties and Soil Exploration

Chapter 2

흙의 지반공학적 특성

Geotechnical Properties of Soil

학습목표 **2장을 학습하면 다음을 할 수 있다**

2.1 기초설계 고려사항에 필요한 지반공학 특성의 중요성을 이해함.
2.2 입도분류에 필요한 실내시험을 설명함.
2.3 다양한 조직을 가진 흙의 입경 크기 한계를 이해함.
2.4 중량-체적 관계의 중요성을 설명함.
2.5 상대밀도의 개념을 설명함.
2.6 흙의 액성, 소성, 수축한계를 정의하고 설명함.
2.7 함수비, 액성한계, 소성한계에 관한 지식에서 점토의 상대 연경도를 논의함.
2.8 현재의 점토 크기 비율과 소성지수를 근거로 점토의 활성도를 결정함.
2.9 AASHTO와 통일분류법에 의한 흙의 분류.
2.10 흙의 투수계수 개념을 설명하고 평가함.
2.11 지하수침투 개념을 설명하고 평가함.
2.12 지표면 하부의 전응력, 간극수압, 그리고 유효응력을 산정함.
2.13 포화된 점토내 압밀의 개념을 이해하고 실내실험 결과로부터 선행압밀계수, 압축지수, 그리고 팽창지수 같은 기본 개념을 이해함.
2.14 압밀과 관계된 지반침하를 산정함.
2.15 시간에 따른 압밀침하를 산정함.
2.16 침하평가를 위한 압밀침하계수의 범위를 결정함.
2.17 경사하중과 그에 따른 압밀침하의 개념을 설명함.
2.18 흙의 전단강도계수를 결정하기 위한 효과적인 실내실험 방법을 설명함.
2.19 점토 지반의 일축압축강도 개념을 이해함.
2.20 흙의 유효응력과 내부마찰각에 대한 한계평형해석을 수행함.
2.21 경험관계식을 적용할 수 있고 설계목적에 따른 점토의 일축압축강도와 관계한 경험관계식을 적용함.
2.22 포화점성토의 강도에 관한 재성형 효과를 이해함.

2.1 개요

건물, 교량, 댐과 같은 구조물의 기초를 설계할 경우 일반적으로 다음과 같은 인자들의 지식이 필요하다. (a) 상부구조에 의해 기초에 전달되는 하중, (b) 구조물 시방규정에 대한 적합 요건, (c) 기초를 지지하는 흙의 거동 및 응력과 관련된 변형 조건, (d) 검토 중인 지반의 지질학적 조건. 후술된 두 인자는 토질역학과 연관되어 있기 때문에 기초 기술자에게 매우 중요하다.

입도분포, 소성도, 압축성, 그리고 전단강도 등과 같은 흙의 지반공학적 특성은 적합한 실내 시험을 통해 평가할 수 있다. 그리고 최근에는 지반의 강도와 변형 특성을 현장원위치 방법으로 측정하는 것이 중요시되는데, 이러한 방법이 현장 시추 중에 발생하는 시료의 교란을 방지할 수 있기 때문이다. 그러나 어떤 상황에서는 경제적 사유나 또 다른 이유 때문에 필요한 토질 정수를 모두 다 구할 수도 있고, 그렇지 못할 수도 있다. 이러한 경우 기술자는 지반의 특성에 관하여 합리적인 가정을 해야 한다. 기술자는 지반 특성을 실험실이나 현장에서 결정하든 또는 가정하든 토질정수를 정확히 파악하기 위해 토질역학의 기본원리를 잘 숙지하고 있어야 한다. 또한, 기술자는 기초를 지지하는 자연 퇴적상태의 흙이 대부분 균질하지 않다는 것을 알아야 한다. 따라서 공학자는 그 지역의 지질특성, 즉 토층의 기원과 성질, 그리고 지하수 조건을 알아야 한다. 기초공학은 토질역학, 응용 지질학, 그리고 과거의 경험에서 얻은 올바른 판단력이 지혜롭게 결합된 학문이다. 어떤 의미에선 예술이라고 부를 수 있다.

이 장에서는 선행적으로 흙의 기본적인 지반공학적 특성들을 검토하였다. 흙의 입도분포, 소성도, 흙의 분류, 투수계수, 유효응력, 압밀, 그리고 전단강도 계수에 관하여 기술하였다. 이 장은 독자들이 이미 토질역학 과목에서 지반공학적 특성에 대한 기본 개념을 이해하고 있다는 가정하에 기술하였다.

2.2 입도분포

입도분포는 흙 속에 어떤 입경이 몇 퍼센트 존재하는지를 파악하는 것이다. 지반공학적으로 조립토는 입도분포에 의해 영향을 매우 많이 받는다. 지반공학적 거동을 소성도로 결정하는 세립토인 경우에는 그렇지 않다. 흙은 종종 조립질과 세립질이 혼재하며, 흙을 적절하게 분류하고 공학적 특성을 잘 이해하기 위해서는 그 흙의 입도분포(grain-size distribution)를 결정할 필요가 있다. 일반적으로 **조립토**(coarse-grained soil)의 입도분포는 **체 분석**(sieve analysis)에 의해 결정한다. **세립토**(fine-grained soil)의 입도분포는 **비중계 분석**(hydrometer analysis)에 의하여 결정한다. 이 장에서는 이들 분석방법의 기본개념에 대하여 설명하였다. 더 상세한 설명은 토질역학 실험 지침서(예, Das, 2016)를 참고하기 바란다. 최근에 입자가 약 1 mm 크기보다 작은 경우 흙의 입도분포를 빠르고 정확하게 결정하기 위하여 레이저 입도분석기를 이용한다.

체 분석

체 분석은 잘 분쇄되고 건조된 흙을 일정한 양만큼 취하여 수행한다. 맨 밑바닥에 팬(pan)을 받치고, 상부에서 하부로 체 번호가 큰 것부터 작은 번호 순서로 점진적으로 쌓아올린 일련의 체에 흙을 넣어 통과시킨다. 각 체에 남은 흙의 양을 측정하며, 각 체를 통과한 흙의 누적 백분율을 결정한다. 이것을 통상 **통과백분율**(percent finer)이라 부른다. 표 2.1에는 미국에서 사용되고 있는 체 번호와 이에 상응하는 체 눈의 크기를 나타내었다. 이 체들은 흙의 분류를 위한 체 분석 시험에서 주로 사용하고 있는 것들이다.

체 분석에 의하여 결정된 각 체에 대한 통과백분율은 그림 2.1에 도시된 것과 같이 **반대수 그래프용지**(semilogarithmic graph paper)에 나타낸다. 주의해야 할 사항은 흙 입자 직경 D는 **대수 축척**이며(x축), 통과백분율은 산술 축척(y축)으로 그린다.

조립토의 입도분포 곡선으로부터 두 가지 계수가 결정된다: (1) **균등 계수**(uniformity coefficient, C_u)와 (2) **곡률 계수**(coefficient of gradation or coefficient of curvature, C_c). 이 계수들은 다음과 같이 계산된다.

$$C_u = \frac{D_{60}}{D_{10}} \tag{2.1}$$

그리고

$$C_c = \frac{D_{30}^2}{(D_{60})(D_{10})} \tag{2.2}$$

표 2.1 US 표준 체 크기

체 번호	체 크기(mm)
4	4.750
6	3.350
8	2.360
10	2.000
16	1.180
20	0.850
30	0.600
40	0.425
50	0.300
60	0.250
80	0.180
100	0.150
140	0.106
170	0.088
200	0.075
270	0.053

여기서 D_{10}, D_{30}, D_{60}은 각각 통과백분율 10, 30, 60%에 해당되는 흙 입자의 직경이다(그림 2.1 참고). 입상토의 D_{10}은 **유효입경크기**(effective grain size)로 알려져 있으며 그 흙의 투수성을 측정한다.

그림 2.1에 나타난 입도분포 곡선으로부터 $D_{10} = 0.08$ mm, $D_{30} = 0.17$ mm, 그리고 $D_{60} = 0.57$ mm이다. 그러므로 C_u와 C_c는 다음과 같다.

$$C_u = \frac{0.57}{0.08} = 7.13$$

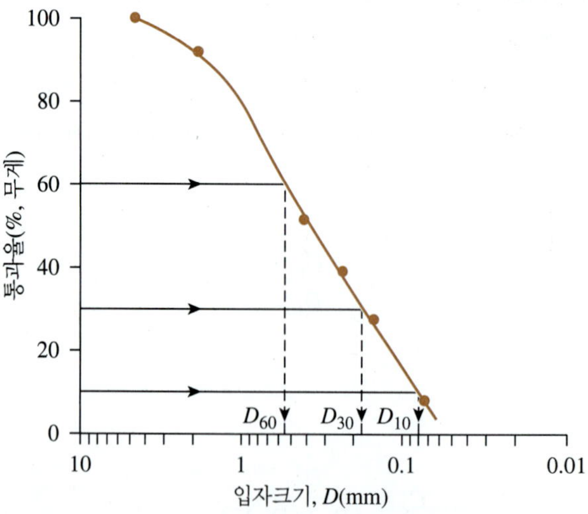

그림 2.1 체 분석으로 구한 조립토의 입도분포 곡선

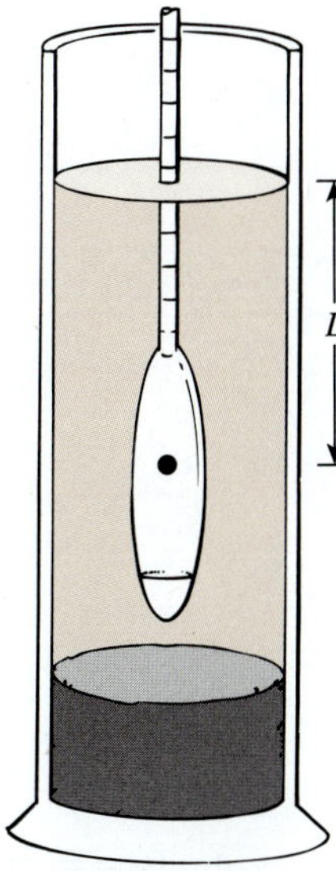

그림 2.2 비중계 분석

$$C_c = \frac{0.17^2}{(0.57)(0.08)} = 0.63$$

계수 C_u와 C_c는 이 장 후반부에 기술한 **통일분류법**(Unified Soil Classification System)에서 사용되고 있다.

비중계 분석

비중계 분석(hydrometer analysis)은 물속에 가라앉는 흙 입자의 침강원리를 바탕으로 한다. 이 시험은 50 g의 잘 분쇄된 마른 흙을 사용한다. 대부분의 경우 **분산제**(deflocculating agent)는 흙에 첨가한다. 비중계 분석에 통상 사용되는 분산제는 4% 헥사메타인산염(sodium hexametaphosphate) 용액 125 ml이다. 흙을 분산제 용액에 최소한 16시간 동안 수침시킨다. 충분히 수침시킨 후 증류수를 추가하고 흙과 분산제가 완전히 혼합되도록 잘 교반한다. 시료를 1000 ml 유리실린더에 옮긴다. 증류수로 1000 ml 눈금까지 채운 후 완전히 혼합이 되도록 교반한다. 비중계의 구근 중심 부분(그림 2.2)에서 현탁액의 비중을 측정하기 위해 비중계를 실린더 안에 넣고 통상 24시간 동안 측정한다. 비중계는 임의의 시간 t에서 부유상태에 있는 흙의 양을 측정하도록 교정되어 있다. 임의의 시간 t에서 부유상태에 있는 흙 입자의 최대직경은 *Stokes* **법칙**에 따라 산정된다.

$$D = \sqrt{\frac{18\eta}{(G_s - 1)\gamma_w}}\sqrt{\frac{L}{t}} \tag{2.3}$$

여기서

D = 흙 입자의 직경
G_s = 흙의 비중
η = 물의 점성계수
γ_w = 물의 단위중량
L = 유효길이(실린더 내 수면으로부터 비중계의 중력중심점까지 측정된 길이, 그림 2.2 참고)
t = 시간

식 (2.3)에 의해서 계산된 직경보다 더 큰 직경을 가진 토립자들은 측정영역의 하부로 침강된다. 이와 같은 원리에 의하여 비중계를 여러 차례 읽음으로써 주어진 직경 D보다 작은 흙의 **통과백분율**을 산정한 다음, 입도분포 곡선을 그린다. 조립토와 세립토가 섞여 있는 흙의 입도분포를 구하기 위해서는 체 분석 시험과 비중계 분석 시험이 함께 사용된다. 여기서 #200체(0.075 mm)를 통과하는 흙의 백분율은 비중계 분석으로 시험한다.

표 2.2 토립자 크기에 따른 흙의 분류

분류체계	토립자 크기(mm)
통일분류법	자갈: 75 mm~4.75 mm 모래: 4.75 mm~0.075 mm 실트와 점토(세립토): < 0.075 mm
AASHTO 분류법	자갈: 75 mm~2 mm 모래: 2 mm~0.05 mm 실트: 0.05 mm~0.002 mm 점토: < 0.002 mm

2.3 흙의 크기 한계

여러 기관들은 흙에 분포되어 있는 토립자 크기에 따라 **자갈**, **모래**, **실트**, 그리고 **점토**로 구분하기 위하여 입자의 크기 한계를 제안하였다. 표 2.2에는 AASHTO (American Association of State Highway and Transportation Officials) 분류법과 통일분류법(Unified Soil Classification Systems, USCS) 미국 육군 공병단(US. Army Corps of Engineers), 그리고 미국 수자원공사(US. Bureau of Reclamation)에서 추천하는 흙의 입자 크기 한계가 제시되어 있다. 표 2.2는 토립자 크기가 0.002 mm보다 작으면 **점토**로 분류한다. 그러나 점토는 본래 점성을 띠고 있으며, 습윤상태일 때는 굴려서 실가닥과 같이 만들 수 있다. 이러한 성질은 **카올리나이트**(고령토, kaolinite), **일라이트**(illite), **몬모릴로나이트**(montmorillonite)와 같은 **점토광물**들이 존재하기 때문이다. 반면에 **석영**(quartz)과 **장석**(feldspar)과 같은 몇몇 광물들이 점토 광물만큼 작은 크기로 흙 속에 존재할 수도 있지만, 이러한 입자들은 점토 광물과 같은 점성을 띠지 않는다. 따라서, 이러한 광물들은 **점토입자**(clay particles)라 부르지 않고, **점토크기 입자**(clay-size particles)라 부른다.

2.4 무게-부피 관계

자연상태의 흙은 토립자, 물, 그리고 공기로 구성되는 3요소(three phase) 체계이다. 흙의 **무게-부피 관계식**을 유도하기 위하여 3요소는 그림 2.3a와 같이 구분할 수 있다. 이 구분에 따라 부피 관계식은 다음과 같이 정의된다.

간극비(void ratio, e)는 주어진 토체에서 토립자의 부피에 대한 간극 부피의 비이며, 다음과 같이 정의한다.

$$e = \frac{V_v}{V_s} \tag{2.4}$$

여기서

V_v = 간극의 부피

V_s = 토립자의 부피

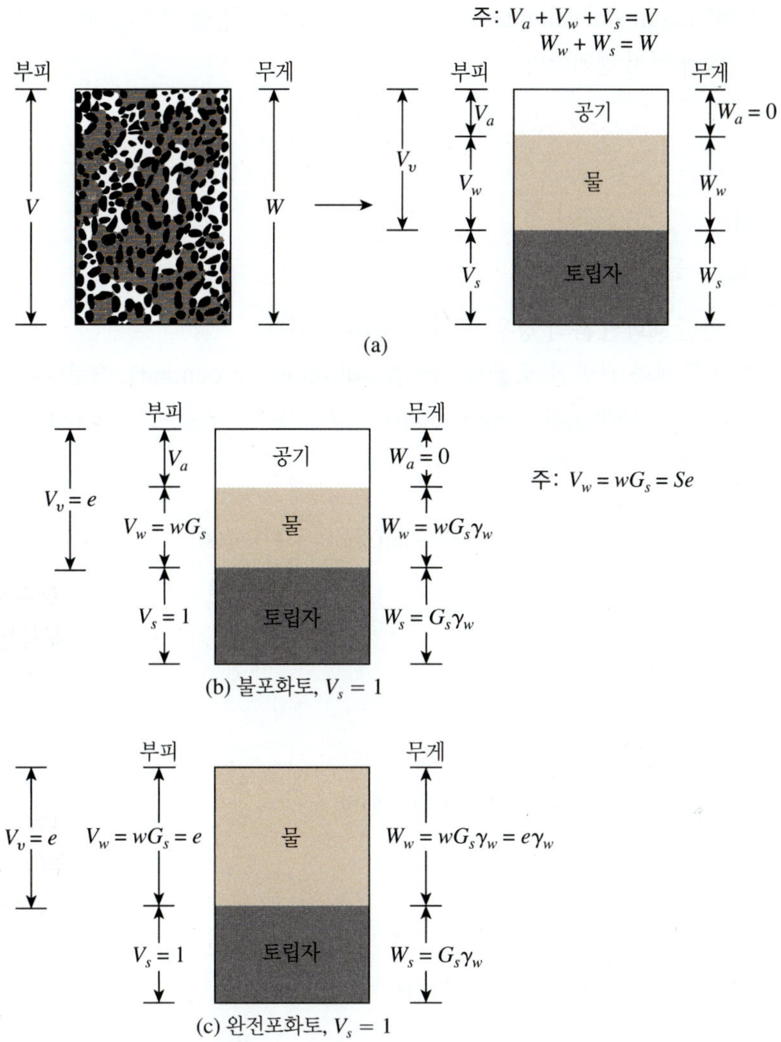

그림 2.3 무게–부피의 관계

간극률(porosity, n)은 주어진 시료 부피에 대한 간극 부피의 비이며 다음과 같이 정의한다.

$$n = \frac{V_v}{V} \tag{2.5}$$

여기서

V = 흙의 총 부피

또한 간극률은 다음과 같이 나타낼 수 있다.

$$n = \frac{V_v}{V} = \frac{V_v}{V_s + V_v} = \frac{\frac{V_v}{V_s}}{\frac{V_s}{V_s} + \frac{V_v}{V_s}} = \frac{e}{1 + e} \tag{2.6}$$

포화도(degree of saturation, S)는 간극 부피에 대한 물 부피의 비이며 일반적으로 백분율로 다음과 같이 정의한다.

$$S(\%) = \frac{V_w}{V_v} \times 100 \tag{2.7}$$

여기서

V_w = 물의 부피

참고로 완전 포화된 흙의 경우, 포화도는 100%이다.

흙의 무게와 관련된 토질정수는 **함수비**(moisture content), **습윤단위중량**(moist unit weight), **건조단위중량**(dry unit weight), 그리고 **포화단위중량**(saturated unit weight)이 있으며 다음과 같이 정의한다.

$$\text{함수비} = w(\%) = \frac{W_w}{W_s} \times 100 \tag{2.8}$$

여기서

W_s = 토립자의 무게

W_w = 물의 무게

$$\text{습윤단위중량} = \gamma = \frac{W}{V} \tag{2.9}$$

여기서

W = 흙의 전체 무게 = $W_s + W_w$

토체에서 공기무게(weight of air, W_a)는 무시한다.

$$\text{건조단위중량} = \gamma_d = \frac{W_s}{V} \tag{2.10}$$

흙이 완전히 포화되었을 때(즉, 간극이 물로 완전히 채워져 있음) 흙의 습윤단위중량[식 (2.9)]은 **포화단위중량**(γ_{sat})과 같다. 즉, $V_v = V_w$이면 $\gamma = \gamma_{sat}$이다.

그림 2.3(b)에 나타난 바와 같이 대표되는 흙 시료의 토립자 부피가 **단위수**(unity,1)와 같다고 놓으면 많은 유용한 관계식을 만들 수 있다. 식 (2.4)에서 $V_s = 1$, $V_v = e$이면, 토립자의 무게는 다음과 같다.

$$W_s = G_s\gamma_w$$

여기서

G_s = 토립자의 비중

γ_w = 물의 단위중량(9.81 kN/m^3)

또한 식 (2.8)에서 물의 무게 $W_w = wW_s$이다. 따라서 흙에 함유된 물의 무게는 $W_w = wW_s = wG_s\gamma_w$이다. 식 (2.9)에 주어진 흙의 습윤단위중량에 대한 일반적인 관계는 다음과 같다.

$$\gamma = \frac{W}{V} = \frac{W_s + W_w}{V_s + V_v} = \frac{G_s\gamma_w(1 + w)}{1 + e} \tag{2.11}$$

유사하게 흙의 건조단위중량[식 (2.10)]은 다음과 같다.

$$\gamma_d = \frac{W_s}{V} = \frac{W_s}{V_s + V_v} = \frac{G_s\gamma_w}{1 + e} \tag{2.12}$$

식 (2.11)과 (2.12)의 관계식으로부터

$$\gamma_d = \frac{\gamma}{1 + w} \tag{2.13}$$

식 (2.7)에 따르면 포화도는

$$S = \frac{V_w}{V_v}$$

그림 2.3b를 참조하면

$$V_w = wG_s$$

그리고

$$V_v = e$$

따라서

$$S = \frac{V_w}{V_v} = \frac{wG_s}{e} \tag{2.14}$$

완전 포화된 흙인 경우 $S = 1$이다. 따라서

$$e = wG_s \tag{2.15}$$

흙의 포화단위중량은 다음과 같다.

$$\gamma_{sat} = \frac{W_s + W_w}{V_s + V_v} = \frac{G_s\gamma_w + e\gamma_w}{1 + e} \tag{2.16}$$

SI 단위에서 N 또는 kN는 무게이며 유도단위이고, g 또는 kg은 질량이다. 주어진 관계식 (2.11), (2.12), (2.16)은 습윤, 건조, 포화밀도로 표현될 수 있으며 다음과 같다.

$$\rho = \frac{G_s\rho_w(1 + w)}{1 + e} \tag{2.17}$$

$$\rho_d = \frac{G_s\rho_w}{1 + e} \tag{2.18}$$

$$\rho_{sat} = \frac{\rho_w(G_s + e)}{1 + e} \tag{2.19}$$

여기서 ρ, ρ_d, ρ_{sat} = 각각 습윤밀도, 건조밀도, 포화밀도

ρ_w = 물의 밀도(= 1000 kg/m^3 또는 1 g/cm^3)

대표되는 흙이 단위부피를 가진 시료라 할 때 식 (2.11), (2.12), (2.16)에 유사한 관계식으로 간극률의 함수를 얻을 수 있다. 관계식은 다음과 같다.

$$\gamma = G_s\gamma_w(1-n)(1+w) \tag{2.20}$$

$$\gamma_d = (1-n)G_s\gamma_w \tag{2.21}$$

그리고

$$\gamma_{sat} = [(1-n)G_s + n]\gamma_w \tag{2.22}$$

표 2.3은 γ, γ_d, γ_{sat}를 구하는 데 필요한 여러 종류의 관계식을 요약한 것이다.

이탄(peat)과 유기질이 많은 흙을 제외하고는 자연에서 흔히 접하는 토립자의 비중(G_s)의 일반적인 범위는 비교적 좁다. 표 2.4는 몇 개의 대표적인 값들을 나타낸 것이다. 실무적인 경우, 직접 비중시험을 하지 않고 적당한 값을 가정하여 사용하기도 한다.

표 2.3 γ, γ_d, γ_{sat}에 대한 관계식

단위중량	건조단위중량	포화단위중량
$\gamma = \dfrac{(1+w)G_s\gamma_w}{1+e}$	$\gamma_d = \dfrac{\gamma}{1+w}$	$\gamma_{sat} = \dfrac{(G_s+e)\gamma_w}{1+e}$
$\gamma = \dfrac{(G_s+Se)\gamma_w}{1+e}$	$\gamma_d = \dfrac{G_s\gamma_w}{1+e}$	$\gamma_{sat} = [(1-n)G_s+n]\gamma_w$
$\gamma = \dfrac{(1+w)G_s\gamma_w}{1+\dfrac{wG_s}{S}}$	$\gamma_d = G_s\gamma_w(1-n)$	$\gamma_{sat} = \left(\dfrac{1+w}{1+wG_s}\right)G_s\gamma_w$
$\gamma = G_s\gamma_w(1-n)(1+w)$	$\gamma_d = \dfrac{G_s}{1+\dfrac{wG_s}{S}}\gamma_w$	$\gamma_{sat} = \left(\dfrac{e}{w}\right)\left(\dfrac{1+w}{1+e}\right)\gamma_w$
	$\gamma_d = \dfrac{eS\gamma_w}{(1+e)w}$	$\gamma_{sat} = \gamma_d + n\gamma_w$
	$\gamma_d = \gamma_{sat} - n\gamma_w$	$\gamma_{sat} = \gamma_d + \left(\dfrac{e}{1+e}\right)\gamma_w$
	$\gamma_d = \gamma_{sat} - \left(\dfrac{e}{1+e}\right)\gamma_w$	

표 2.4 여러 흙의 비중

흙의 종류	G_S
석영모래	2.64~2.66
실트	2.67~2.73
점토	2.70~2.9
백악토(Chalk)	2.60~2.75
황토(Loess)	2.65~2.73
이탄(Peat)	1.30~1.90

예제 2.1

A 7079 cm^3 습윤토가 13.97 kg의 질량을 가지고 있다. 건조로에서 건조되었을 때, 질량은 12.79 kg이다. 주어진 $G_s = 2.7$이면, 다음을 결정하라.

a. 습윤단위중량, γ
b. 함수비, w
c. 건조단위중량, γ_d
d. 간극비, e
e. 간극률, n
f. 포화도, S

풀이

$$V = 7079 \text{ cm}^3 = 0.007079 \text{ m}^3$$

$$W = \frac{13.97 \times 9.81}{1000} = 0.137 \text{ kN}$$

$$W_s = \frac{12.79 \times 9.81}{1000} = 0.125 \text{ kN}$$

Part a: 습윤단위중량
식 (2.9)로부터

$$\gamma = \frac{W}{V} = \frac{0.137}{0.007079} = \mathbf{19.35\ kN/m^3}$$

Part b: 함수비
식 (2.8)로부터

$$w = \frac{W_w}{W_s} = \frac{0.137 - 0.125}{0.125} \times 100 = \mathbf{9.6\%}$$

Part c: 건조단위중량
식 (2.10)으로부터

$$\gamma_d = \frac{W_s}{V} = \frac{0.125}{0.007079} = \mathbf{17.66\ kN/m^3}$$

Part d: 간극비
식 (2.4)로부터

$$e = \frac{V_v}{V_s}$$

$$V_s = \frac{W_s}{G_s\gamma_w} = \frac{0.125}{(2.67)(9.81)} = 0.00477 \text{ m}^3$$

$$e = \frac{0.007079 - 0.00477}{0.00477} = \mathbf{0.484}$$

Part e: 간극률
식 (2.6)으로부터

$$n = \frac{e}{1 + e} = \frac{0.484}{1 + 0.484} = \mathbf{0.326}$$

Part f: 포화도

식 (2.7)로부터

$$S(\%) = \frac{V_w}{V_v} \times 100$$

$$V_v = V - V_s = 0.007079 - 0.00477 = 0.002309\ \text{m}^3$$

$$V_w = \frac{W_w}{\gamma_w} = \frac{0.137 - 0.125}{9.81} = 0.00122\ \text{m}^3$$

$$S = \frac{0.00122}{0.002309} \times 100 = \mathbf{52.8\%}$$

■

예제 2.2

어떤 흙의 간극비가 0.72이고, 함수비 = 12%, 그리고 $G_s = 2.72$이다. 다음을 결정하라.

a. 건조단위중량(kN/m^3)

b. 습윤단위중량(kN/m^3)

c. 흙을 포화시키는 데 필요한 추가된 물의 중량(kN/m^3)

풀이

Part a: 건조단위중량

식 (2.12)로부터

$$\gamma_d = \frac{G_s\gamma_w}{1+e} = \frac{(2.72)(9.81)}{1+0.72} = \mathbf{15.51\ kN/m^3}$$

Part b: 습윤단위중량

식 (2.11)로부터

$$\gamma = \frac{G_s\gamma_w(1+w)}{1+e} = \frac{(2.72)(9.81)(1+0.12)}{1+0.72} = \mathbf{17.38\ kN/m^3}$$

Part c: 추가된 물의 질량

식 (2.16)으로부터

$$\gamma_{\text{sat}} = \frac{(G_s+e)\gamma_w}{1+e} = \frac{(2.72+0.72)(9.81)}{1+0.72} = 19.62\ \text{kN/m}^3$$

추가된 물 $= \gamma_{\text{sat}} - \gamma = 19.62 - 17.38 = \mathbf{2.24\ kN/m^3}$

■

예제 2.3

간극률이 0.387인 모래의 건조밀도는 1600 kg/m^{3}이다. 흙의 간극비와 토립자의 비중을 구하라.

풀이

간극비

주어진 값: $n = 0.387$. 식 (2.6)으로부터,

$$e = \frac{n}{1-n} = \frac{0.387}{1-0.387} = \mathbf{0.631}$$

토립자의 비중

식 (2.18)로부터,

$$\rho_d = \frac{G_s\rho_w}{1+e}$$

$$1600 = \frac{G_s(1000)}{1.631}$$

$$G_s = \mathbf{2.61}$$

■

2.5 상대밀도

조립토일 때 현장 다짐도는 **상대밀도**(relative density, D_r)에 의하여 측정하며 다음과 같이 정의한다.

$$D_r(\%) = \frac{e_{\max} - e}{e_{\max} - e_{\min}} \times 100 \tag{2.23}$$

여기서

$e_{\max}$ = 가장 느슨한 상태에서의 간극비

$e_{\min}$ = 가장 조밀한 상태에서의 간극비

e = 현장 흙의 간극비

상대밀도는 **밀도지수**로 알려져 있으며 I_D로 정의된다. 식 (2.12)로부터, 상대밀도는 다음과 같이 흙의 건조단위중량의 함수로 표현할 수 있다.

$$D_r(\%) = \left\{\frac{\gamma_d - \gamma_{d(\min)}}{\gamma_{d(\max)} - \gamma_{d(\min)}}\right\}\frac{\gamma_{d(\max)}}{\gamma_d} \times 100 \tag{2.24}$$

여기서

γ_d = 현장 흙의 건조단위중량

$\gamma_{d(\max)}$ = **가장 조밀한** 상태에서의 건조단위중량; 즉, 간극비가 $e_{\min}$일 때

$\gamma_{d(\min)}$ = **가장 느슨한** 상태에서의 건조단위중량; 즉, 간극비가 $e_{\max}$일 때

조립토의 조밀도는 그 흙의 상대밀도와 관계가 있다. 표 2.5는 흙의 조밀도와 D_r 사이의 일반적인 상관관계를 나타낸 것이다. 자연적으로 생성되는 모래의 경우, $e_{\max}$와 $e_{\min}$[식 (2.23)] 값의 크기는 매우 큰 차이를 보인다. 이러한 큰 차이의 주 요인은 균등계수(C_u)와 입

표 2.5 조립토의 밀도

상대밀도, D_r(%)	흙의 상태
0~15	매우 느슨함
15~35	느슨함
35~65	중간
65~85	조밀함
85~100	매우 조밀함

자의 둥근 정도와 관련이 있다.

Cubrinovski and Ishihara(2002)는 매우 많은 흙을 대상으로 e_{max}와 e_{min}의 변화에 대하여 연구하였다. 선형 회귀분석에 기초하여 다음과 같은 상관관계식을 제안하였다.

- 깨끗한 모래(F_c = 0~5%)

$$e_{max} = 0.072 + 1.53e_{min} \tag{2.25}$$

- 미세입자가 섞인 모래($5 < F_c \leq 15\%$)

$$e_{max} = 0.25 + 1.37e_{min} \tag{2.26}$$

- 미세입자와 점토가 섞인 모래($15 < P_c \leq 30\%$; F_c = 5~20%)

$$e_{max} = 0.44 + 1.21e_{min} \tag{2.27}$$

- 실트질 흙($30 < F_c \leq 70\%$; P_c = 5~20%)

$$e_{max} = 0.44 + 1.32e_{min} \tag{2.28}$$

여기서

F_c = 0.075 mm보다 작은 입자의 백분율(%)

P_c = 점토입자의 백분율(%)(< 0.005 mm)

Youd(1973)는 입자의 둥근 정도, R과 흙의 균등계수(C_u)의 함수로 e_{max}와 e_{min}에 관한 상관식을 제안하였다. 둥근 정도는 다음과 같이 정의할 수 있다.

$$R = \frac{\text{입자의 최소반지름}}{\text{전체 입자의 내접반경}} \tag{2.29}$$

R을 측정하는 것은 어렵지만 추정할 수 있다. 그림 2.4는 입자의 둥근 정도에 따른 R의 크기에 관한 일반적인 범위를 나타낸다. 그림 2.5는 둥근 정도의 다양한 값에 대하여 균등계수에 따른 e_{max}와 e_{min}의 변화를 보여준다(Youd, 1973). 이 범위는 보통에서 중간 정도 기울기의 입도분포를 가진 깨끗한 모래에 적용 가능하다.

또한, Cubrinovski and Ishihara(1999, 2002)는 다음과 같은 상관식을 제안하였다(그림 2.6).

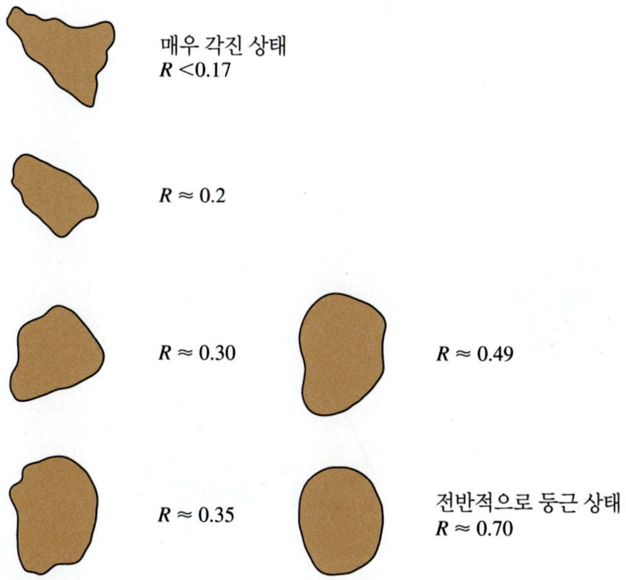

그림 2.4 R의 크기에 관한 일반적인 범위

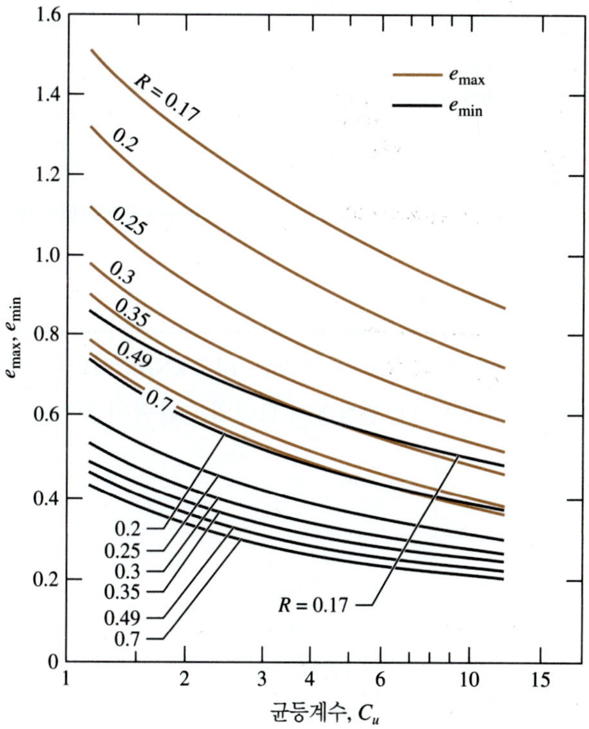

그림 2.5 균등계수에 따른 e_{max}와 e_{min}의 근사적인 변화값(출처: Youd, 1973에 근거함)

$$e_{max} - e_{min} = 0.23 + \frac{0.06}{D_{50}\ (\text{mm})} \tag{2.30}$$

여기서 D_{50} = 중간 입경(체 분석 결과 50% 통과백분율에 해당하는 흙의 입경).

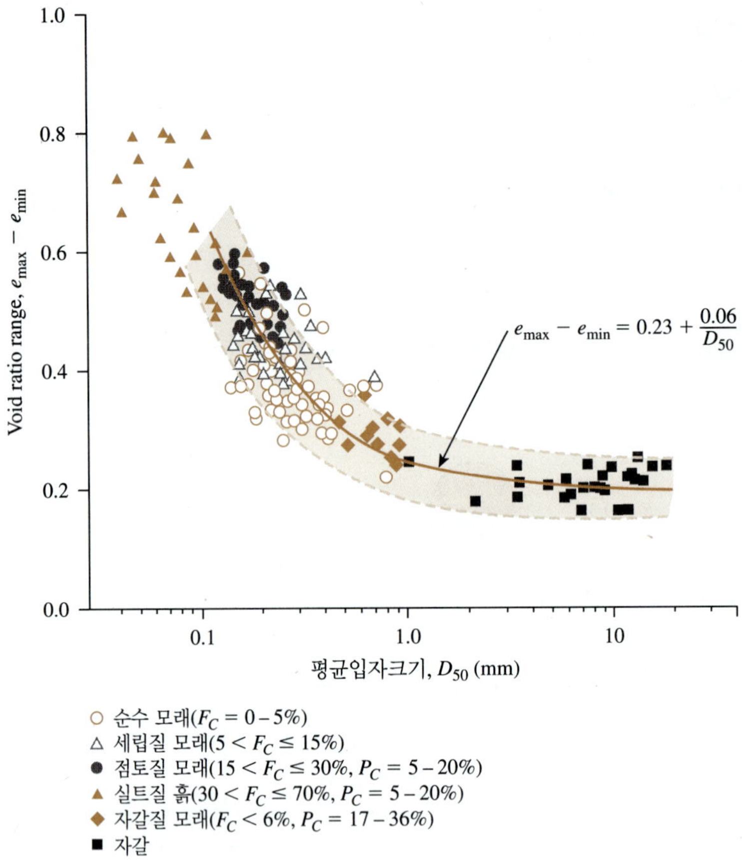

그림 2.6 e_{max}-e_{min}과 평균입자크기 도표(출처: Cubrinovski and Ishihara, 2002에 근거함)

예제 2.4

모래의 최대, 최소 건조단위중량은 각각 17.1 kN/m³, 14.2 kN/m³이다. 현장에서 모래의 상대 밀도는 70%이고, 함수비는 8%이다. 현장에서 모래의 습윤단위중량을 결정하라.

풀이

식 (2.24)로부터

$$D_r = \left[\frac{\gamma_d - \gamma_{d(\min)}}{\gamma_{d(\max)} - \gamma_{d(\min)}}\right]\left[\frac{\gamma_{d(\max)}}{\gamma_d}\right]$$

$$0.7 = \left[\frac{\gamma_d - 14.2}{17.1 - 14.2}\right]\left[\frac{17.1}{\gamma_d}\right]$$

$$\gamma_d = 16.11 \text{ kN/m}^3$$

$$\gamma = \gamma_d(1 + w) = 16.11\left(1 + \frac{8}{100}\right) = \mathbf{17.4\ kN/m^3}$$

■

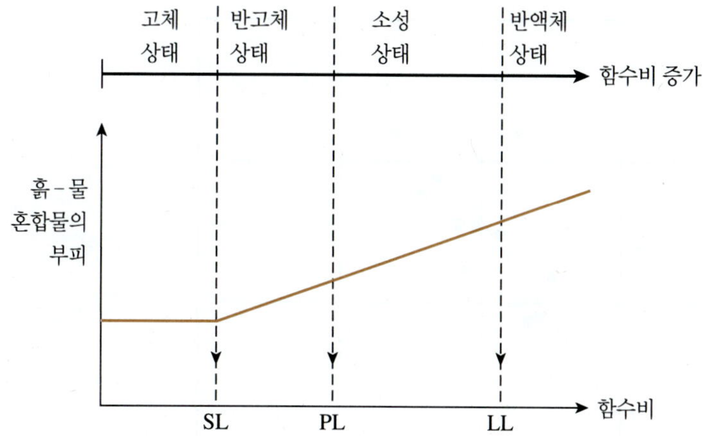

그림 2.7 아터버그 한계의 정의

2.6 아터버그 한계

점토를 많은 양의 물과 혼합하면 **반액체**와 같이 흐를 것이다. 흙이 점차 건조해지면 점토는 함수비에 따라 **소성**, **반고체** 또는 **고체**와 같이 거동할 것이다. 반액체 상태에서 소성 상태로 변화하는 순간의 함수비를 백분율로 나타낸 것을 **액성한계**(liquid limit, LL)라 정의한다. 이와 같이 흙이 소성 상태에서 반고체 상태, 반고체 상태에서 고체 상태로 변화하는 순간의 함수비(%)를 각각 **소성한계**(plastic limit, PL), **수축한계**(shrinkage limit, SL)라고 정의한다. 이 한계들을 **아터버그 한계**(Atterberg limits)라 일컫는다(그림 2.7).

- 흙의 **액성한계**는 Casagrande 액성한계 시험기구(ASTM 시험규정 D-4318)에 의하여 결정하고 액성한계는 황동접시를 25회 떨어뜨려 12.7 mm 붙었을 때의 함수비로 정의한다.
- **소성한계**는 직경 3.18 mm의 실모양으로 말려 부서질 때의 함수비로 정의한다(ASTM 시험규정 D-4318).
- **수축한계**는 흙 시료가 함수비 손실에 따른 더 이상의 부피변화가 발생하지 않을 때의 함수비로 정의한다. 현재 수축한계 결정에 관한 ASTM 규정이 없다.

흙 시료의 액성한계와 소성한계의 차이를 **소성지수**(plasticity index, PI)라 정의하며, 다음과 같이 표현된다.

$$\mathrm{PI} = \mathrm{LL} - \mathrm{PL} \qquad (2.31)$$

2.7 액성지수

자연상태에서 점성토의 상대적 연경도는 **액성지수**(liquidity index)라 불리는 비율이며, 다음과 같이 정의된다.

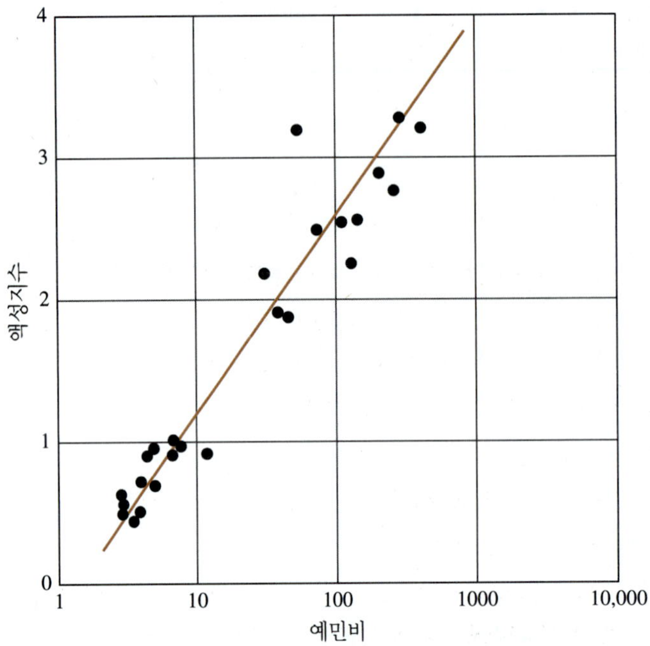

그림 2.8 노르웨이 해성점토에 대한 액성지수와 예민비 도표(출처: Bjerrum L. "Geotechnical Properties of Norwegian Marine Clays," Geotechnique, Vol. 4, 49-69의 데이터에 근거한 Redrawn from Mitchell, J. K., Fundamentals of Soil Behavior, Wiley, New York)

$$\mathrm{LI} = \frac{w - \mathrm{PL}}{\mathrm{LL} - \mathrm{PL}} \tag{2.32}$$

여기서 w = 흙의 **현장** 함수비이다.

시추기록에서 자연함수비가 LL 또는 PL에 얼마나 가까운지 알려주는 지표인 LI는 PL, LL값과 연관되어 나타난다.

예민한 점토에 대한 **현장** 함수비는 액성한계보다 클 수 있다. 이러한 경우에는

$$\mathrm{LI} > 1$$

액성지수는 점토의 예민비와 연관된 유일한 관계식이다(Mitchell, 1976). 그림 2.8은 노르웨이 점토에 관한 것을 나타낸다. 예민비(sensitivity)는 2.22절에서 정의하였다.

LI > 1인 예민한 흙들은 재성형되었을 때, 액체와 같이 반유동체의 형태로 변화될 수 있다.

과압밀된 지층은 자연함수비가 소성한계보다 작을 수 있다. 이러한 경우에는

$$\mathrm{LI} < 0$$

2.8 활성도

흙의 소성은 점토입자를 둘러싸고 있는 흡착수에 의해 발생하기 때문에, 흙에 포함된 점토광물의 종류와 그에 비례적인 흡착수의 총량은 점토의 액성한계와 소성한계에 영향을 줄

표 2.6 여러 점토광물의 액성한계, 소성한계, 활성도의 대표값

광물	액성한계, LL	소성한계, PL	활성, *A*
카올리나이트(고령토)	35~100	20~40	0.3~0.5
일라이트	60~120	35~60	0.5~1.2
몬모릴로나이트	100~900	50~100	1.5~7.0
할로사이트(젖은 상태)	50~70	40~60	0.1~0.2
할로사이트(건조 상태)	40~55	30~45	0.4~0.6
애터펄자이트	150~250	100~125	0.4~1.3
앨로페인	200~250	120~150	0.4~1.3

것이다. Skempton(1953)은 특정한 점토광물로부터 발현되는 소성지수가 흙에 포함된 점토크기 백분율(중량비로 2 μm보다 작은 입자)에 따라 선형적으로 증가함을 확인하였다. 서로 다른 점토일 경우 PI와 점토크기 백분율 사이의 상관관계는 다른 선으로 그려진다. 상관관계가 다른 것은 여러 종류 점토광물에 대한 다양한 소성 특성 때문이다. 이러한 결과들을 바탕으로 Skempton은 PI와 2 μm 이하 세립분의 백분율(%) 간에 상관된 직선의 기울기를 **활성도**(activity)라 정의하였다. 활성도는 다음과 같이 표현된다.

$$A = \frac{\text{PI}}{(\text{\% of clay-size fraction, by weight})} \tag{2.33}$$

활성도는 점토의 팽창력을 나타내는 지표로 사용된다. 1.0을 초과하는 활성도는 높은 팽창력을 가진 점토로 분류된다. 여러 점토광물에 대한 대표적인 액성한계, 소성한계 그리고 활성도는 표 2.6과 같다.

2.9 흙의 분류법

흙의 분류는 **입도분포, 액성한계, 소성한계**와 같은 공학적 성질에 근거하여 그룹과 하위그룹으로 분류한다. 현재 많이 사용되고 있는 두 종류의 흙 분류법은 (1) ***AASHTO* 분류법**과 (2) **통일분류법**(USCS 또는 ASTM)이다. AASHTO 분류법은 주로 도로공사 때 노상토의 분류를 위하여 사용되며, 기초공사에는 사용되지 않는다.

AASHTO 분류법

AASHTO 흙 분류법은 본래 도로 노상토 및 골재를 사용하여 만든 도로에 적용할 목적으로 미국 연방도로 연구위원회 노상토 및 기층 재료분류분과(1945)에 의하여 제안되었다. 이 분류의 현재 체계에 따르면 흙은 입도분포, 액성한계, 소성지수에 따라서 A-1에서 A-8까지 8개의 주요 그룹으로 분류된다. A-1, A-2, 그리고 A-3 그룹에 수록되어 있는 흙은 조립토이며, A-4, A-5, A-6, 그리고 A-7 그룹에 수록되어 있는 흙은 세립토이다. 이탄, 진흙, 그리고 다른 유기물이 많이 함유된 유기질토는 A-8 그룹으로 분류된다. 이들 흙은 육안으로 식별된다.

표 2.7 AASHTO 흙 분류법

일반적 분류	사질토(No.200 체 통과량이 35% 이하인 시료)						
	A-1			A-2			
그룹분류	A-1-a	A-1-b	A-3	A-2-4	A-2-5	A-2-6	A-2-7
체 분석 통과백분율(%)							
No.10	50 이하						
No.40	30 이하	50 이하	51 이상				
No.200	15 이하	25 이하	10 이하	35 이하	35 이하	35 이하	35 이하
No.40 체 통과분의 성질							
액성한계(LL)				40 이하	41 이상	40 이하	41 이상
소성지수(PI)	6 이하		NP	10 이하	10 이하	11 이상	11 이상
주요구성재료	석편, 자갈, 모래		세사	실트질 또는 점토질 자갈과 모래			
일반적 노상토 등급	매우 우수~우수						

일반적 분류	실트-점토(No.200 체 통과량이 35% 이상인 시료)			
그룹분류	A-4	A-5	A-6	A-7
				A-7-5[a] A-7-6[b]
체 분석 통과백분율(%)				
No.10				
No.40				
No.200	36 이상	36 이상	36 이상	36 이상
No.40 체 통과분의 성질				
액성한계(LL)	40 이하	41 이상	40 이하	41 이상
소성지수(PI)	10 이하	10 이하	11 이상	11 이상
주요구성재료	실트질 흙		점토질 흙	
노상토 등급	양호~불량			

[a] $PI \le LL - 30$이면, 분류는 A-7-5임.
[b] $PI > LL - 30$이면, 분류는 A-7-6임.

AASHTO 분류법(A-1부터 A-7인 경우)은 표 2.7에 나타나 있다. A-7 그룹은 두 종류의 흙을 포함하고 있는 것에 주목하자. A-7-5의 경우 흙의 소성지수가 액성한계에서 30을 뺀 값보다 작거나 같다. A-7-6의 경우 소성지수는 액성한계에서 30을 뺀 값보다 크다.

고속도로 노상재료로 사용되는 흙의 품질을 평가하기 위하여 **군지수**(group index, GI)라는 숫자를 개발하였다. 주어진 흙의 군지수가 높을수록 노상토 용도로서 불량하다. 군지수가 20 이상인 흙은 매우 불량한 노상토 재료이다. 군지수(GI) 식은 다음과 같다.

$$\mathrm{GI} = (F_{200} - 35)[0.2 + 0.005(\mathrm{LL} - 40)] + 0.01(F_{200} - 15)(\mathrm{PI} - 10) \qquad (2.34)$$

여기서

F_{200} = 200번 체 통과백분율(%)

LL = 액성한계(%)

PI = 소성지수(%)

A-2-6 또는 A-2-7 그룹에 속하는 흙에 대한 군지수를 계산할 때는, 소성지수와 관련된 아래와 같은 부분 군지수를 사용한다.

$$GI = 0.01(F_{200} - 15)(PI - 10) \tag{2.35}$$

군지수는 반올림하여 정수로 다음 예와 같이 흙 그룹 다음 괄호 안에 쓴다.

$$\underbrace{\text{A-4}}_{\text{흙 그룹}} \qquad \underbrace{(5)}_{\text{군지수}}$$

A-1-a, A-1-b, A-3, A-2-4, A-2-5 그룹에 해당하는 흙의 군지수는 항상 0이다.

통일분류법

통일분류법(Unified Soil Classification System, USCS)은 본래 1942년에 Casagrande가 제안한 것으로 추후에 개정되어 미국 수자원공사(U.S. Bureau of Reclamation)와 미국 육군 공병단(U.S. Army Corps of Engineers)에 의하여 채택 사용되었다. 통일분류법은 현재 모든 지반공학 분야에 사용되고 있다.

일반적으로 통일분류법 기호는 *XY* 두 문자로 구성되는데, *X*는 주요 흙그룹으로 정의하고 *Y*는 흙그룹의 특징을 기술한다(표 2.8). 조립토의 가능기호는 GW, GP, GM, GC, SW, SP, SM, 그리고 SC이다. 세립토의 기호에는 ML, MH, CL, CH, OL, 그리고 OH가 들어간다.

조립토는 입도분포를 근거로 분류하는 반면, 세립토는 그림 2.9에 나타낸 Casagrande의 소성도표를 이용한 소성도에 근거하여 분류한다. 여기서, A선은 점토와 실트를 구분하고, U선은 모든 세립토의 상한을 설정한다. 모든 세립토는 U선 아래에 표시해야 한다.

소성도표(그림 2.9)와 표 2.9는 다양한 종류의 흙에 대한 그룹기호를 결정하는 과정을

표 2.8 USCS 기호

	흙 그룹(*X*)	설명(*Y*)
조립토	자갈(G)	입도분포가 양호한(W)
	모래(S)	입도분포가 불량한(P)
		실트질의(M)
		점토질의(C)
세립토	실트(M)	소성도가 낮은(L)
	점토(C)	소성도가 높은(H)
	유기질 실트 및 점토(O)	
기타	이탄 또는 고 유기질토(Pt)	—

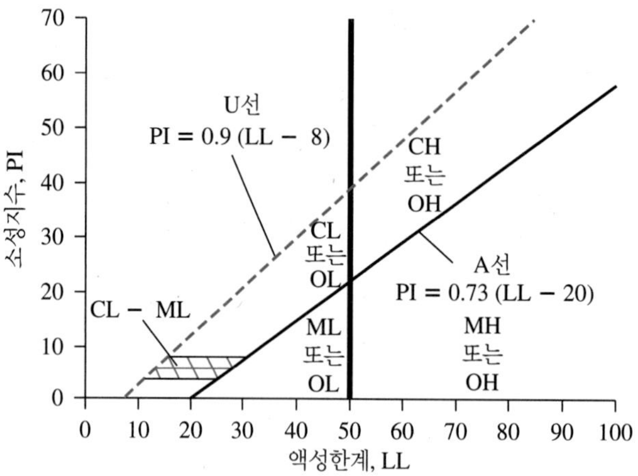

그림 2.9 소성도

나타낸 것이다. 세립분이 5-12% 범위일 때, 조립토와 세립토를 함께 설명하는 중복기호를 사용하여 표기한다(그림 2.10 참조). 이탄과 고 유기질토는 기호 Pt를 부여한다. 그림 2.9에서 빗금 안에 놓인 세립토는 CL-ML 기호를 갖는 실트질 점토이다. 그림 2.10, 2.11, 그리고 2.12는 각각 조립토, 무기질 세립토, 그리고 유기질 세립토에 따라 그룹명을 부여한 흐름도를 제시한 것이다.

예제 2.5

AASHTO 분류법에 의하여 다음 흙을 분류하라.

4번 체 통과율 = 82
10번 체 통과율 = 71
40번 체 통과율 = 64
200번 체 통과율 = 41
액성한계 = 31
소성지수 = 12

풀이

표 2.7을 참고하라. 35% 이상이 200번 체를 통과하므로 실트−점토이다. A-4, A-5, A-6 또는 A-7에 속할 수 있다. LL = 31(즉, 40 이하), PI = 12(즉, 11 이상)이므로 이 흙은 그룹 A-6이다. 식 (2.34)로부터

$$\mathrm{GI} = (F_{200} - 35)[0.02 + 0.005(\mathrm{LL} - 40)] + 0.01\,(F_{200} - 15)(\mathrm{PI} - 10)$$

따라서

$$\begin{aligned}\mathrm{GI} &= (41 - 35)[0.02 + 0.005(31 - 40)] + 0.01(41 - 15)(12 - 10)\\ &= 0.37 \approx 0\end{aligned}$$

그러므로 이 흙은 **A-6(0)**이다.

■

표 2.9 통일분류 표(ASTM, 2019)[출처: ASTM D2487-10: 공학적 목적의 토질분류를 위한 표준실무(통일분류법)]

실험실 시험에 사용되는 그룹기호와 그룹명 부여 기준[a]				흙의 분류	
				그룹기호	그룹명[b]
조립토 200번 체에 50%보다 많이 남음	자갈 4번 체에 굵은 입자가 50%보다 많이 남음	순수자갈 미세입자가 5%보다 적음[c]	$C_u \geq 4$이고 $1 \leq C_c \leq 3$[e]	GW	입도분포가 좋은 자갈[f]
			$C_u < 4$이고(또는) $1 > C_c > 3$[e]	GP	입도분포가 나쁜 자갈[f]
		미립자 함유 자갈 미세입자가 12%보다 많음[c]	미세입자가 ML 또는 MH로 분류	GM	실트질 자갈[f, g, h]
			미세입자가 CL 또는 CH로 분류	GC	점토질 자갈[f, g, h]
	모래 4번 체에 골재 입자가 50% 이상 통과	순수모래 미세입자가 5%보다 적음[d]	$C_u \geq 6$이고 $1 \leq C_c \leq 3$[e]	SW	입도분포가 좋은 모래[i]
			$C_u < 6$이고(또는) $1 > C_c > 3$[e]	SP	입도분포가 나쁜 모래[i]
		미립자 함유 모래 미세입자가 12%보다 많음[d]	미세입자가 ML 또는 MH로 분류	SM	실트질 모래[g, h, i]
			미세입자가 CL 또는 CH로 분류	SC	점토질 모래[g, h, i]
세립토 200번 체에 50% 이상 통과	실트와 점토 액성한계가 50% 미만	무기질	PI > 7이고 'A'선상이나 위에 있음[j]	CL	옅은 점토[k, l, m]
			PI < 4 또는 'A'선 아래에 있음[j]	ML	실트[k, l, m]
		유기질	$\frac{\text{액성한계(노건조)}}{\text{액성한계(노건조하지 않음)}} < 0.75$	OL	유기질 점토[k, l, m, n] 유기질 실트[k, l, m, o]
	실트와 점토 액성한계가 50% 이상	무기질	PI가 'A'선상이나 위에 있음	CH	된 점토[k, l, m]
			PI가 'A'선 아래 있음	MH	탄성질 실트[k, l, m]
		유기질	$\frac{\text{액성한계(노건조)}}{\text{액성한계(노건조하지 않음)}} < 0.75$	OH	유기질 점토[k, l, m, p] 유기질 실트[k, l, m, q]
고 유기질토	주로 유기물질, 어두운 색, 유기질 냄새			PT	이탄

[a]75 mm (3 in. 체)를 통과한 흙 시료에 근거함.
[b]현장 시료가 자갈이나 옥석, 또는 둘을 포함하면 분류명에 '자갈이나 옥석, 또는 둘 다'를 추가해야 한다.
[c]미립자가 5~12%인 자갈은 이중기호를 쓴다. GW-GM 입도분포가 좋은 실트질 자갈, GW-GC 입도분포가 좋은 점토질 자갈, GP-GM 입도분포가 나쁜 실트질 자갈, GP-GC 입도분포가 나쁜 점토질 자갈
[d]미립자가 5~12%인 모래는 이중기호를 쓴다. SW-SM 입도분포가 좋은 실트질 모래, SW-SC 입도분포가 좋은 점토질 모래, SP-SM 입도분포가 나쁜 실트질 모래, SP-SC 입도분포가 나쁜 점토질 모래
[e]$C_u = D_{60}/D_{10} \quad C_c = \frac{(D_{30})^2}{D_{10} \times D_{60}}$
[f]흙이 모래를 15% 이상 함유하면 '모래 섞인'을 분류명에 추가한다.
[g]미립자가 CL-ML로 분류되면, GC-GM 또는 SC-SM의 이중기호를 쓴다.
[h]미립자가 유기질이면 '유기물질이 섞인'을 분류명에 추가한다.
[i]흙이 자갈을 15% 이상 함유하면 '자갈 섞인'을 분류명에 추가한다.
[j]아터버그 한계가 빗금선으로 표시된 영역에 포함되면 흙은 CL-ML, 실트질 점토이다.
[k]흙이 200번 체에 15~29% 남으면 '모래 섞인' 또는 '자갈 섞인' 중 두드러진 것을 추가한다.
[l]흙이 200번 체에 30% 이상 남으면(주로 모래가) 분류명에 '모래질'을 추가한다.
[m]흙이 200번 체에 30% 이상 남으면(주로 자갈이) 분류명에 '자갈질'을 추가한다.
[n]PI ≥ 4이고 A선상이나 위에 표시됨.
[o]PI < 4 또는 A선 밑에 표시됨.
[p]PI가 A선상이나 위에 표시됨.
[q]PI가 A선 밑에 표시됨.

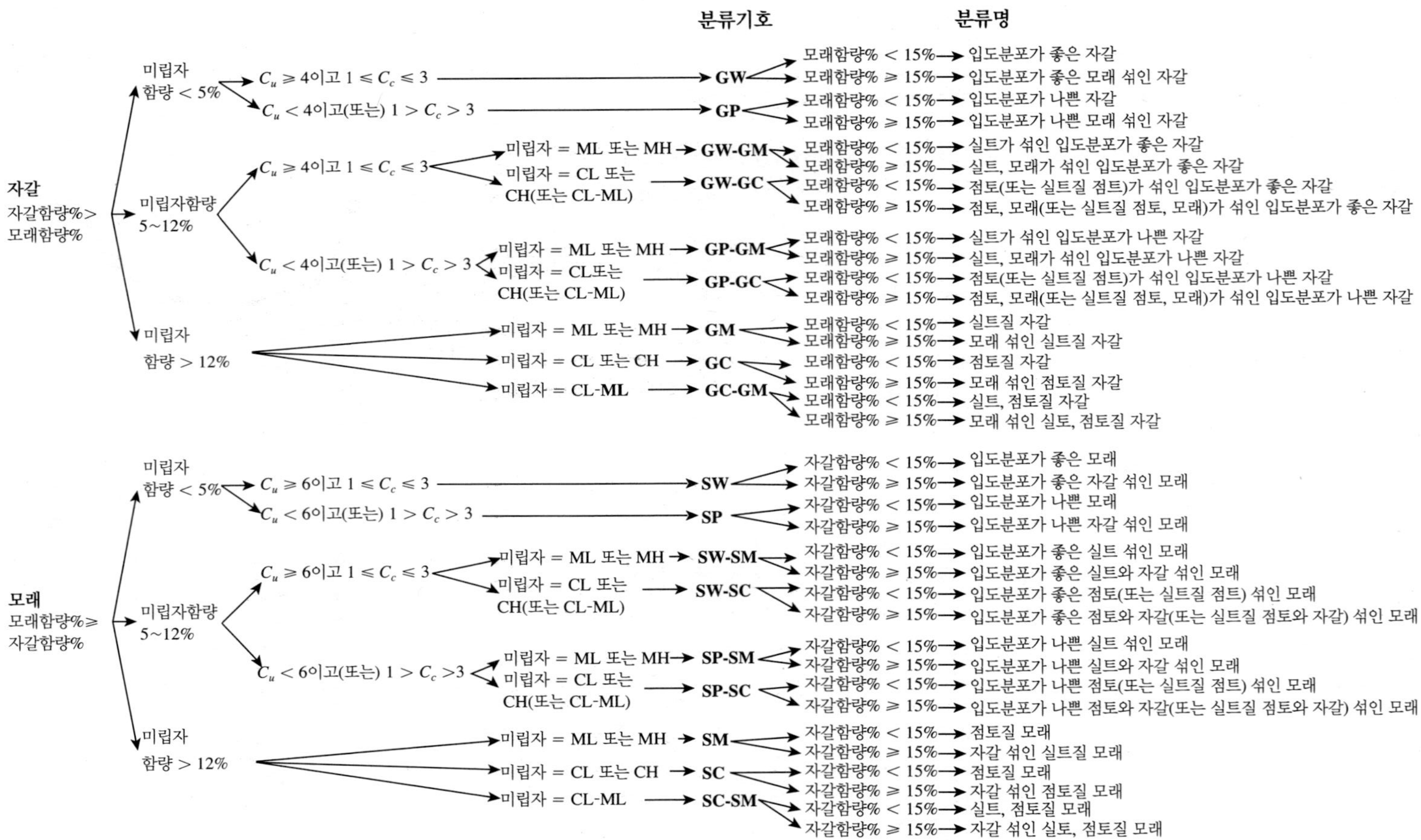

그림 2.10 조립토 분류의 흐름도(200번 체에 50% 이상 남음)(ASTM, 2019) (출처: ASTM D2487-10: 공학적 목적의 토질분류를 위한 표준실무(통일분류법)

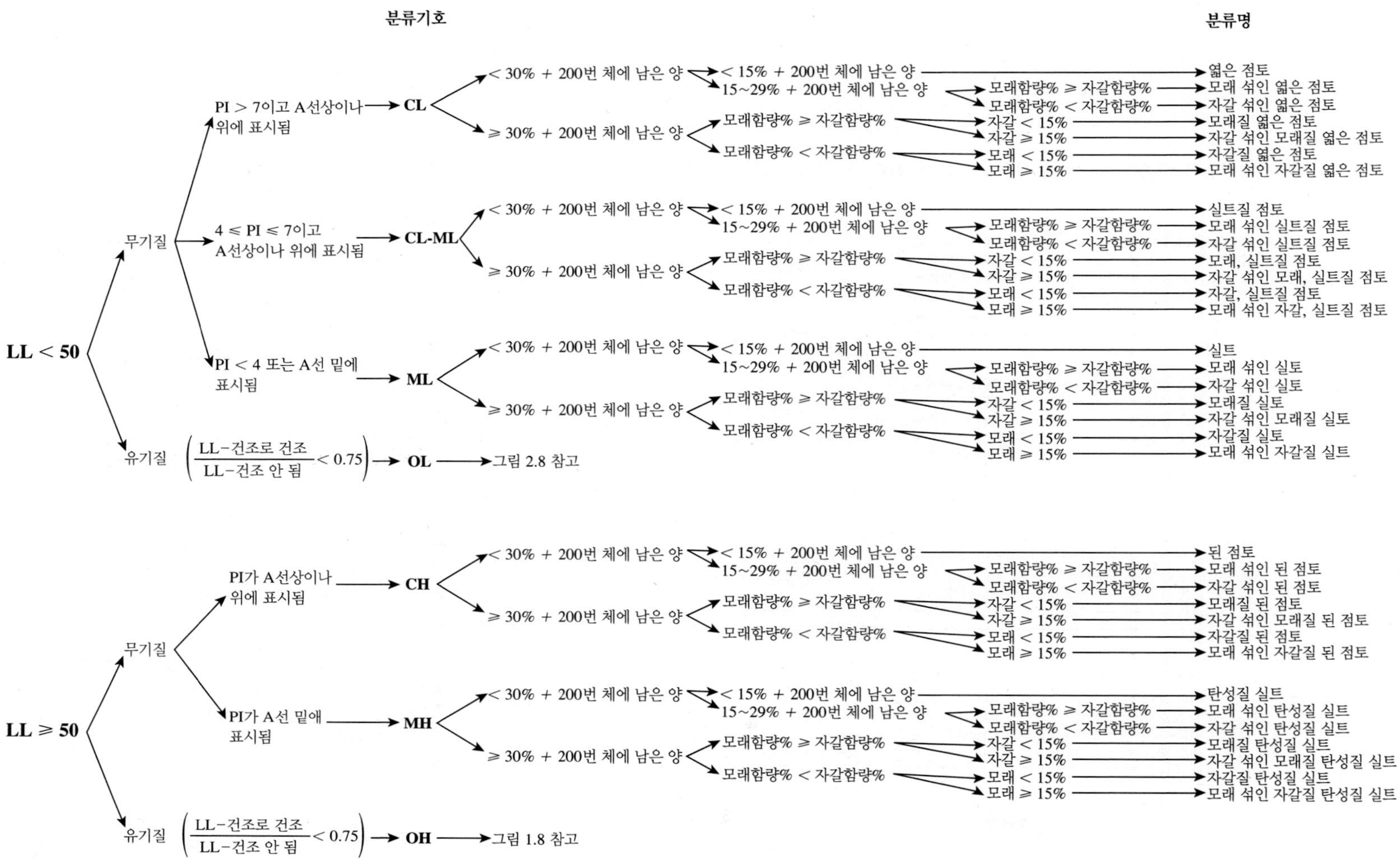

그림 2.11 조립토 분류의 흐름도(200번 체에 50% 이상 남음)(ASTM, 2019) (출처: ASTM D2487-10: 공학적 목적의 토질분류를 위한 표준실무 (통일분류법))

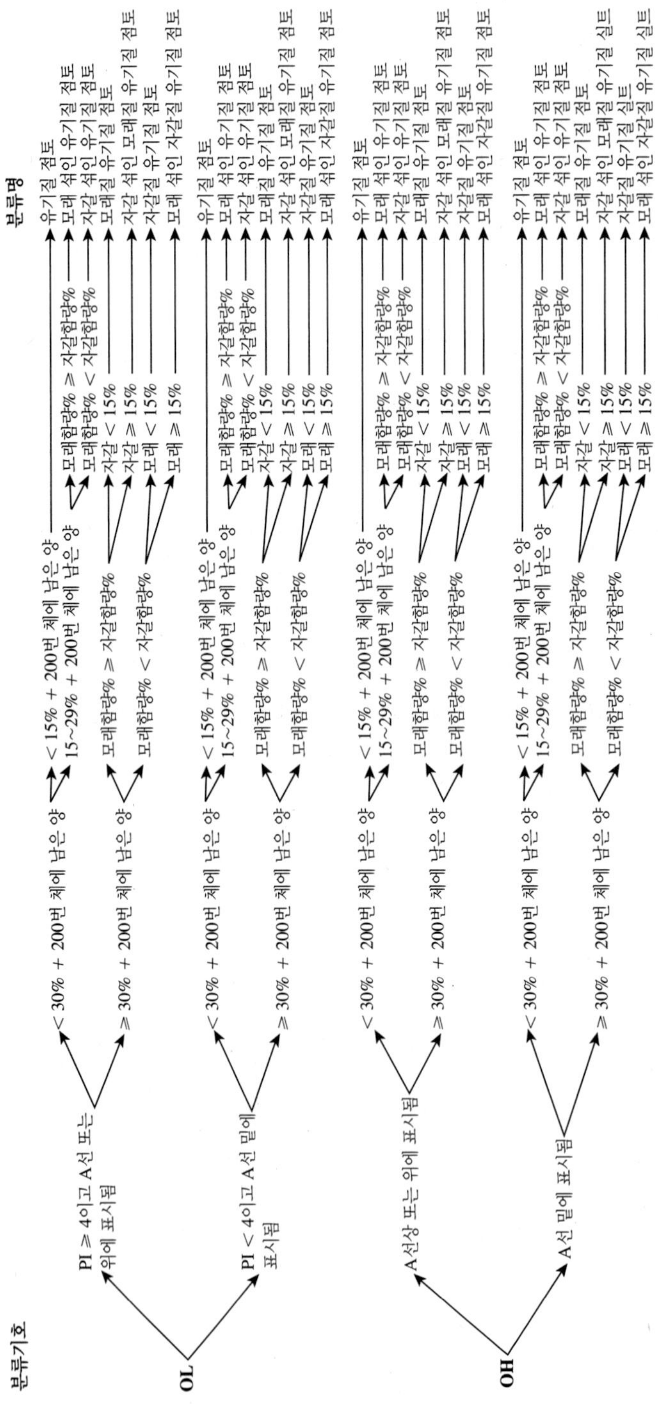

그림 2.12 유기질 세립토 분류의 흐름도(200번 체를 50% 이상 통과)(ASTM, 2019) (출처: ASTM D2487-10: 공학적 목적의 토질분류를 위한 표준실무(통일분류법))

예제 2.6

AASHTO 분류법에 의하여 다음 흙을 분류하라.

4번 체 통과율 = 92
10번 체 통과율 = 87
40번 체 통과율 = 65
200번 체 통과율 = 30
액성한계 = 22
소성지수 = 8

풀이

표 2.7에 의하면, 이 흙 시료는 200번 체 통과율이 35% 이하이므로 이 흙은 조립질이다. 액성한계 LL = 22(즉 40 이하), PI = 8(즉 10 이하)이므로 이 흙은 A-2-4에 속한다. 식 (2.35)로부터

$$\begin{aligned} GI &= 0.01(F_{200} - 15)(PI - 10) = 0.01(30 - 15)(8 - 10) \\ &= -0.3 \approx 0 \end{aligned}$$

이 흙은 **A-2-4(0)**이다.

■

예제 2.7

다음 기술된 흙을 통일분류법(Unified Soil Classification System)에 따라 분류하라.

4번 체 통과율 = 82
10번 체 통과율 = 71
40번 체 통과율 = 64
200번 체 통과율 = 41
액성한계 = 31
소성지수 = 12

풀이

$F_{200} = 41$, LL = 31, PI = 12로 주어졌다. 시료의 59%가 200번 체에 남았기 때문에 조립토이다. 4번 체 통과율이 82%이고, 4번 체(자갈부분)에 18%가 남았다. 4번 체를 통과한 조립토(모래 부분)는 59 − 18 = 41%이다(전체 조립토는 50%가 넘는다). 따라서, 시료는 모래질 흙이다.

표 2.9와 그림 2.9를 사용하면, 이 시료는 **SC**이다.

그림 2.10으로부터, 자갈분이 15%보다 크기 때문에 분류명은 자갈 섞인 점토질 모래이다.

■

2.10 흙의 투수계수

흙 입자 사이의 빈 공간 또는 간극 사이를 통하여 물이 흐른다. 토질역학과 기초공학에서는 단위시간당 흙을 통과하여 흐르는 물의 양을 파악하는 것이 중요하다. 이 자료는 필댐의 설계, 수리구조물하부 침투량, 기초 시공 전이나 시공 중의 양수량을 결정하는 데 필요하다. Darcy(1856)는 층류(laminar flow)로 가정한 흙 속을 통과하여 흐르는 물의 속도를 계산하기 위해 다음과 같은 식(그림 2.13)을 제안하였다.

$$v = ki \tag{2.36}$$

이 방정식에서

v = Darcy의 유속(단위: cm/sec)
k = 투수계수(cm/sec)
i = 동수경사(hydraulic gradient)

동수경사는 다음과 같이 정의한다.

$$i = \frac{\Delta h}{L} \tag{2.37}$$

여기서

Δh = 단면 *AA*와 *BB* 사이 피에조미터의 수두차이
L = 단면 *AA*와 *BB* 사이의 거리

(주: 단면 *AA*와 *BB*는 물의 흐름방향에 대하여 수직이다.)

동수경사는 흐름통로를 따라 발생하는 단위길이당 총수두의 손실이다. 동수경사는 무차원량이다. **투수성능**으로 알려진 **수리전도도**(hydraulic conductivity)는 속도의 단위이고,

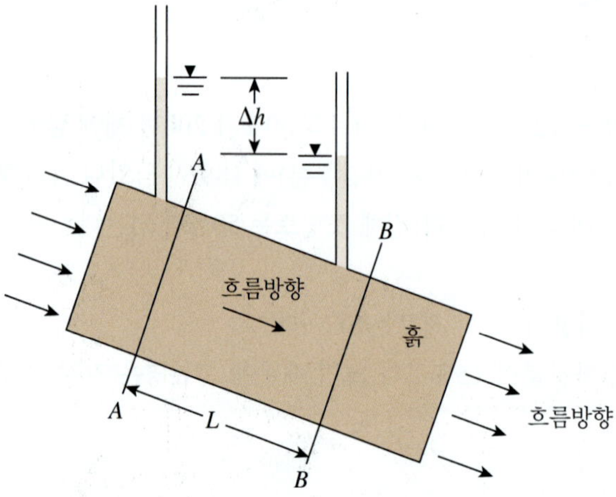

그림 2.13 Darcy 법칙의 정의

표 2.10 다양한 흙에 대한 투수계수의 범위

흙 종류	투수계수, k (cm/s)
중간~굵은 자갈	10^{-1} 이상
조립~세립 모래	10^{-1}~10^{-3}
세립모래, 실트질 모래	10^{-3}~10^{-5}
실트, 점토질 실트, 실트질 점토	10^{-4}~10^{-6}
점토	10^{-7} 이하

일반적으로 cm/s 또는 m/s로 표현한다. 수리전도도를 지반공학에서는 투수계수로 동일하게 사용하기도 한다.

Darcy의 법칙[식 (2.36)]은 여러 종류의 흙에 광범위하게 적용한다. 그러나 깨끗한 자갈과 파쇄대가 심한 암반과 같은 재료로 구성된 지반을 통과하여 흐르는 물은 난류(turbulent)이기 때문에 Darcy의 법칙은 성립하지 않는다.

흙의 투수계수(hydraulic conductivity)는 매우 다양하다. 실험실에서 투수계수는 **정수두**(constant head) 또는 **변수두**(falling head) 투수시험에 의하여 도출할 수 있다. 정수두 투수시험은 조립토에 적합하다. 변수두 시험은 세립토에 적합하다. 여러 종류의 흙에 대한 일반적인 투수계수 범위는 표 2.10과 같다.

조립토의 투수계수

조립토에서 투수계수(k)는 주로 간극비에 좌우된다. 과거에 사질토에서 투수계수(k)와 간극비와의 상관관계를 나타내는 여러 개의 식이 제안되었다. 그러나 저자는 다음과 같은 식을 사용할 것을 추천한다(Carrier, 2003 참조).

$$k \propto \frac{e^3}{1+e} \tag{2.38}$$

여기서

k = 투수계수

e = 간극비

Chapuis(2004)는 식 (2.38)과 연관지어 k의 경험적 관계식을 제안하였다.

$$k(\text{cm/s}) = 2.4622\left[D_{10}^2\frac{e^3}{(1+e)}\right]^{0.7825} \tag{2.39}$$

여기서 D_{10} = 유효입경(mm)

앞의 식은 자연 상태의 균질한 모래와 자갈에서 투수계수를 예측하는 데 사용하며 범위는 10^{-1}~10^{-3} cm/sec이다. 이 식은 소성이 없는 순수 실트질 모래까지 사용할 수 있다. 그러나 이 식은 쇄석이나 소성이 있는 실트질 흙에는 적합하지 않다.

실내실험 결과를 바탕으로 Amer and Awad(1974)는 사질토의 투수계수를 다음과 같이 제안하였다.

$$k = 3.5 \times 10^{-4}\left(\frac{e^3}{1+e}\right)C_u^{0.6}D_{10}^{2.32}\left(\frac{\rho_w}{\eta}\right) \tag{2.40}$$

여기서

k의 단위는 cm/sec이다.

C_u = 균등계수

D_{10} = 유효입경(mm)

ρ_w = 물의 밀도(g/cm^3)

η = 물의 동점성(g·s/cm^2)

20°C에서 $\rho_w = 1$ g/cm^{3}이고, $\eta \approx 0.1 \times 10^{-4}$ g s/cm^{2}이다. 따라서

$$k = 3.5 \times 10^{-4}\left(\frac{e^3}{1+e}\right)C_u^{0.6}D_{10}^{2.32}\left(\frac{1}{0.1 \times 10^{-4}}\right)$$

또는

$$k\ (\text{cm/s}) = 35\left(\frac{e^3}{1+e}\right)C_u^{0.6}D_{10}^{2.32} \tag{2.41}$$

Carrier(2003)는 k를 산정하는 관계식을 개발하여 Kozney-Carman 식(Kozeny, 1927; Carman, 1938, 1956)을 수정하였다. 이 식은 압밀된 상태인 흙의 체 분석 결과에 근거한 것이며 다음과 같다.

$$k = 1.99 \times 10^4\left[\frac{100\%}{\Sigma \dfrac{f_i}{D_{li}^{0.404} \times D_{si}^{0.595}}}\right]^2\left(\frac{1}{SF}\right)^2\left(\frac{e^3}{1+e}\right) \tag{2.42}$$

여기서 k의 단위는 cm/s이다.

f_i = 두 체 사이에 남은 토립자

D_{li} = 큰 체의 체눈 크기(cm)

D_{si} = 작은 체의 체눈 크기(cm)

SF = 형상계수(6과 8 사이에서 변하는 수)

e = 흙의 간극비

식 (2.42)의 사용법은 예제 2.8에 제시하였다.

예제 2.8

모래에 대한 체 분석 시험 결과가 다음 표와 같을 때, 간극비 0.5에서 모래의 투수계수를 산정하라. 식 (2.42)와 $SF = 6.5$를 사용하라.

US 체 번호	통과백분율
30	100
40	80
60	68
100	28
200	0

풀이

체 번호	체눈금 크기	통과백분율	인접한 두 체 사이 토립자(%)
30	0.06	100	
			{---- 20
40	0.0425	80	
			{---- 12
60	0.02	68	
			{---- 40
100	0.015	28	
			{---- 28
200	0.0075	0	

체 번호 30과 40 사이 토립자에 대해 $\dfrac{f_i}{D_{li}^{0.404} \times D_{si}^{0.595}} = \dfrac{20}{0.06^{0.404} \times 0.0425^{0.595}} = 407.98$

체 번호 40과 60 사이 토립자에 대해 $\dfrac{f_i}{D_{li}^{0.404} \times D_{si}^{0.595}} = \dfrac{12}{0.0425^{0.404} \times 0.02^{0.595}} = 441.03$

체 번호 60과 100 사이 토립자에 대해 $\dfrac{f_i}{D_{li}^{0.404} \times D_{si}^{0.595}} = \dfrac{40}{0.02^{0.404} \times 0.015^{0.595}} = 2362.8$

체 번호 100과 200 사이 토립자에 대해 $\dfrac{f_i}{D_{li}^{0.404} \times D_{si}^{0.595}} = \dfrac{28}{0.015^{0.404} \times 0.0075^{0.595}} = 2812.2$

$$\sum \frac{100\%}{D_{li}^{0.404} \times D_{si}^{0.595}} = \frac{100}{407.98 + 441.03 + 2362.8 + 2812.2} = 0.0166$$

$$k = (1.99 \times 10^4)(0.0166)^2 \left(\frac{1}{6.5}\right)^2 \left(\frac{0.5^3}{1 + 0.5}\right) = \mathbf{0.0108\ cm/s}$$

■

점성토의 투수계수에 대한 상관관계

실험적 고찰에 따르면, Samarasinghe 등(1982)은 정규압밀된 점토의 투수계수가 다음 식에 의해 산정될 수 있다고 제안하였다.

$$k = C\frac{e^n}{1 + e} \tag{2.43}$$

여기서 C와 n은 실험에 의하여 결정되는 상수들이다.

여러 가지 실험에 의한 점성토의 투수계수의 관계식은 표 2.11에 제시하였다. 그러나

표 2.11 점토질 흙의 투수계수 추정에 대한 경험적 관계식

흙의 종류	연구자	상관관계식
점토	Mesri and Olson (1971)	$\log k = A' \log e + B'$
	Taylor (1948)	$\log k = \log k_0 - \dfrac{e_0 - e}{C_k}$
		$C_k \approx 0.5e_0$

[a]k_0 = 간극비가 e_0일 때 현장의 투수계수
k = 간극비가 e일 때 현장의 투수계수
C_k = 투수계수 변환지수

투수계수는 크기 변화가 높은 변수이고 여러 가지 요인에 의존하기 때문에 이런 유형의 모든 실험식은 추정만을 위한 것임을 유념해야 한다.

예제 2.9

정규압밀 점토에서 다음과 같은 값이 주어졌다.

간극비	k (cm/s)
1.1	0.302×10^{-7}
0.9	0.12×10^{-7}

간극비가 0.75인 점토의 투수계수를 산정하라. 식 (2.43)을 이용하라.

풀이

식 (2.43)으로부터

$$k = C\left(\frac{e^n}{1+e}\right)$$

$$\frac{k_1}{k_2} = \frac{\left(\dfrac{e_1^n}{1+e_1}\right)}{\left(\dfrac{e_2^n}{1+e_2}\right)}$$ (주: k_1과 k_2는 각각 간극비 e_1과 e_2일 때 투수계수이다.)

$$\frac{0.302 \times 10^{-7}}{0.12 \times 10^{-7}} = \frac{\dfrac{(1.1)^n}{1+1.1}}{\dfrac{(0.9)^n}{1+0.9}}$$

$$2.517 = \left(\frac{1.9}{2.1}\right)\left(\frac{1.1}{0.9}\right)^n$$

$$2.782 = (1.222)^n$$

$$n = \frac{\log(2.782)}{\log(1.222)} = \frac{0.444}{0.087} = 5.1$$

따라서

$$k = C\left(\frac{e^{5.1}}{1+e}\right)$$

C를 구하기 위해서, 다음과 같이 계산을 수행한다.

$$0.302 \times 10^{-7} = C\left[\frac{(1.1)^{5.1}}{1+1.1}\right] = \left(\frac{1.626}{2.1}\right)C$$

$$C = \frac{(0.302 \times 10^{-7})(2.1)}{1.626} = 0.39 \times 10^{-7}$$

그래서

$$k = (0.39 \times 10^{-7}\,\text{cm/s})\left(\frac{e^n}{1+e}\right)$$

간극비 0.75에서

$$k = (0.39 \times 10^{-7})\left(\frac{0.75^{5.1}}{1+0.75}\right) = \mathbf{0.514 \times 10^{-8}\ cm/s}$$

■

2.11 정상류상태의 침투수

수리구조물 하부 침투수의 경우 대부분 유로의 방향이 변하고 전면적에 걸쳐 유로 경로가 균일하지 않다. 이러한 경우 침투율을 계산하는 방법 중에 하나는 **유선망**(flow net)이라고 하는 그래프를 그려 산정하는 방법이며, 개념은 Laplace의 연속식 이론에 근거를 두고 있다. 이 이론에 따라 정상류상태(steady state flow)일 때 임의의 점 A(그림 2.14)에서의 흐름은 다음과 같은 식으로 표현할 수 있다.

$$k_x\frac{\partial^2 h}{\partial x^2} + k_y\frac{\partial^2 h}{\partial y^2} + k_z\frac{\partial^2 h}{\partial z^2} = 0 \tag{2.44}$$

여기서

k_x, k_y, k_z = 각각 x, y, z 방향의 흙의 투수계수

h = A점에서의 전수두(그림 2.14에 나타난 것과 같이 **하류수위**를 기준으로 할 때 A점에서의 피에조미터 수두)

그림 2.14에 나타낸 그림에서 y 방향으로의 흐름이 없을 때 2차원 흐름 조건이라면

$$\frac{\partial^2 h}{\partial^2 y} = 0$$

따라서 식 (2.44)는 다음과 같이 단순화된다.

$$k_x\frac{\partial^2 h}{\partial x^2} + k_z\frac{\partial^2 h}{\partial z^2} = 0 \tag{2.45}$$

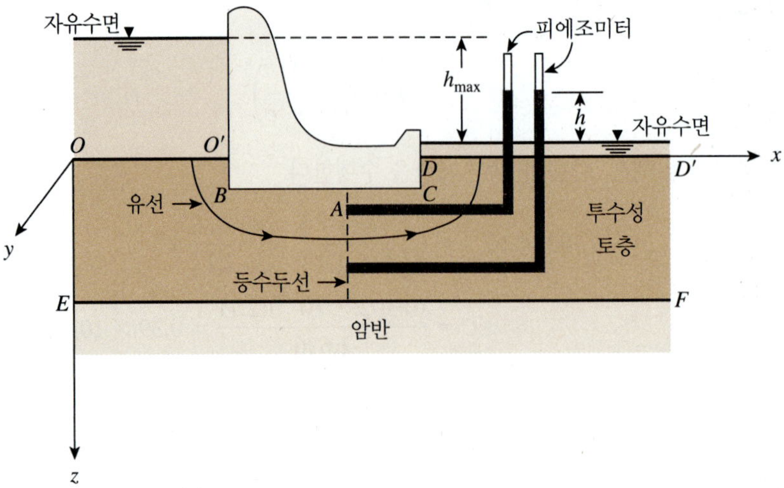

그림 2.14 정상류상태의 침투수

만약 투수계수와 관련하여 흙이 등방성이면, $k_x = k_y = k$이므로 다음과 같다.

$$\frac{\partial^2 h}{\partial x^2} + \frac{\partial^2 h}{\partial z^2} = 0 \tag{2.46}$$

식 (2.46)은 Laplace 방정식으로서 피압수일 때 유효하고, **유선**(flow line)과 **등수두선**(equipotential line)으로 알려진 곡선들이 서로 직교되어 있음을 나타낸다. 하나의 유선망(flow net)은 수많은 등수두선과 유선들으로 구성된다. 유선은 물 입자가 상류 측에서 하류 쪽으로 이동하여 흐르는 경로이다. 등수두선은 피에조미터(piezometer)에서 물이 같은 수준까지 올라간 지점인 동일한 전수두를 가진 점의 궤적이다(그림 2.14 참조). 유선을 따라 상류에서 하류까지 흙에 따라 달라지는 흐름의 저항을 극복하면서 전수두는 점차 감소한다.

유선망을 그릴 때 **경계조건**(boundary condition)들을 설정할 필요가 있다. 예를 들어 그림 2.14에서 상류 쪽의 지표면(OO')과 하류 쪽의 지표면(DD')는 등수두선이다. 지표면 하부에 위치한 댐 저면 $O'BCD$는 유선이다. 암반표면의 상부 EF는 유선이다. 경계조건들이 설정되면, 여러 개의 유선과 등수두선을 시행착오법에 의해 그려서 유선망 모든 흐름요소(flow element)의 길이 대 폭 비(L/B)를 같게 한다. 대부분의 경우, L/B는 1.0이다. 즉, 흐름요소는 '정사각형' 형태의 곡선선형으로 그려진다. 이 방법은 그림 2.15에 도시된 유선망이 잘 설명하고 있다. 모든 유선은 모든 등수두선과 서로 **직교**를 해야 함에 유의해야 한다.

유선망이 그려지면(구조물의 단위길이당 단위시간 동안) 침투량은 다음과 같이 계산된다.

$$q = kh_{max}\frac{N_f}{N_d}n \tag{2.47}$$

여기서

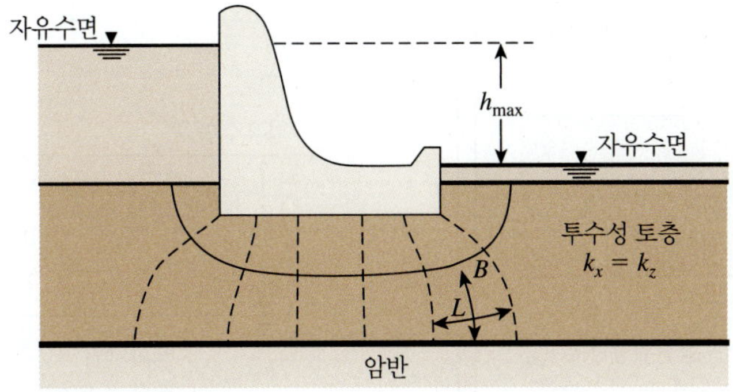

그림 2.15 유선망

N_f = 유로의 수
N_d = 낙차의 수
n = 유선망(B/L)의 흐름요소에서 폭-길이 비
h_{max} = 상류 측과 하류 측 사이의 수두차

두 개의 연속적인 유선들 사이의 공간을 **유로**(flow channel)라고 정의하며, 두 개의 연속적인 등수두선들 사이의 공간을 **낙차**(drop)라 정의한다. 그림 2.15에서 $N_f = 2$, $N_d = 7$, 그리고 $n = 1$이다. 유선망에서 정사각형 요소가 완성되면 침투량은 다음과 같이 표현된다.

$$q = kh_{max}\frac{N_f}{N_d} \tag{2.48}$$

2.12 유효응력

포화된 토체 안에 한 점에서 작용하는 수직응력은 토입자와 물로 분배된다. 토립자로 분배된 성분은 유효응력이고, 간극수로 분배된 나머지는 간극수압이라 한다.

지반에서 주어진 한 점에서의 **전응력**은 다음과 같이 표현할 수 있다.

$$\sigma = \sigma' + u \tag{2.49}$$

여기서

σ = 전응력
σ' = 유효응력
u = 간극수압

유효응력 σ'은 단위단면적에 대한 토립자 간 접촉점에 작용하는 힘의 **연직성분**이다. 그림 2.16a의 점 A에서

$$\sigma = \gamma h_1 + \gamma_{sat} h_2$$
$$u = h_2 \gamma_w$$

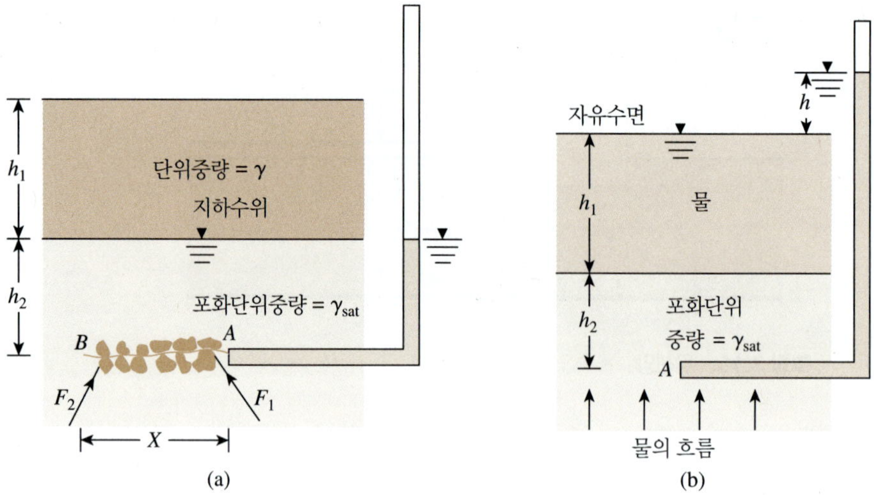

그림 2.16 유효응력 계산: (a) 정지조건, (b) 상향류

여기서

γ_w = 물의 단위중량

γ_{sat} = 흙의 포화단위중량

따라서

$$\begin{aligned}\sigma' &= (\gamma h_1 + \gamma_{sat} h_2) - (h_2 \gamma_w)\\ &= \gamma h_1 + h_2(\gamma_{sat} - \gamma_w)\\ &= \gamma h_1 + \gamma' h_2 \end{aligned} \tag{2.50}$$

여기서 γ' = 흙의 유효단위중량 또는 수중단위중량이다.

그림 2.16a 문제의 경우, 지반 내의 **침투수는** 없다. 그림 2.16b는 상향침투가 있는 지반의 단순한 조건을 나타내고 있다. 이 경우에 A점에서 응력은 다음과 같다.

$$\sigma = h_1 \gamma_w + h_2 \gamma_{sat}$$

$$u = (h_1 + h_2 + h)\gamma_w$$

식 (2.49)로부터

$$\begin{aligned}\sigma' = \sigma - u &= (h_1 \gamma_w + h_2 \gamma_{sat}) - (h_1 + h_2 + h)\gamma_w\\ &= h_2(\gamma_{sat} - \gamma_w) - h\gamma_w = h_2\gamma' - h\gamma_w\end{aligned}$$

또는

$$\sigma' = h_2\left(\gamma' - \frac{h}{h_2}\gamma_w\right) = h_2(\gamma' - i\gamma_w) \tag{2.51}$$

식 (2.51)의 h/h_2는 동수경사 i이다. 만약 동수경사가 매우 높다면 $\gamma' - i\gamma_w$는 0이 되고, 따라서 유효응력(effective stress)도 0이 된다. 다시 말해서, 토립자 간의 접촉응력이 없게 되어 흙 구조가 파괴되는 것이다. 이러한 현상을 **분사현상**(quick condition) 또는 **융기에 의한 파괴**(failure by heave)라고 한다. 그러므로 융기에 대하여

$$i = i_{cr} = \frac{\gamma'}{\gamma_w} = \frac{G_s - 1}{1 + e} \tag{2.52}$$

여기서 i_{cr} = 한계동수경사.

대부분의 사질토에 대한 i_{cr} 값은 0.9~1.1의 범위에 있으며, 평균값은 1.0이다.

예제 2.10

그림 2.17은 토질주상도이다. 지층에서 *A*, *B*, *C*, *D* 지점의 전응력, 간극수압, 유효응력을 구하라. 깊이에 따른 유효응력 변화를 그려라.

풀이

흙의 단위중량 결정

$$\gamma_{d(\text{sand})} = \frac{G_s\gamma_w}{1+e} = \frac{(2.65)(9.81)}{1+0.6} = 16.25 \text{ kN/m}^3$$

$$\gamma_{\text{sat(clay)}} = \frac{G_s\gamma_w + wG_s\gamma_w}{1 + wG_s}$$

주: 포화토의 경우, $e = wG_s$ [Eq.(2.15)]; 따라서, 이 경우 $e = (0.3)(2.7) = 0.81$. 따라서

$$\gamma_{\text{sat(clay)}} = \frac{(2.7)(9.81) + (0.81)(9.81)}{1 + 0.81} = 19.02 \text{ kN/m}^3$$

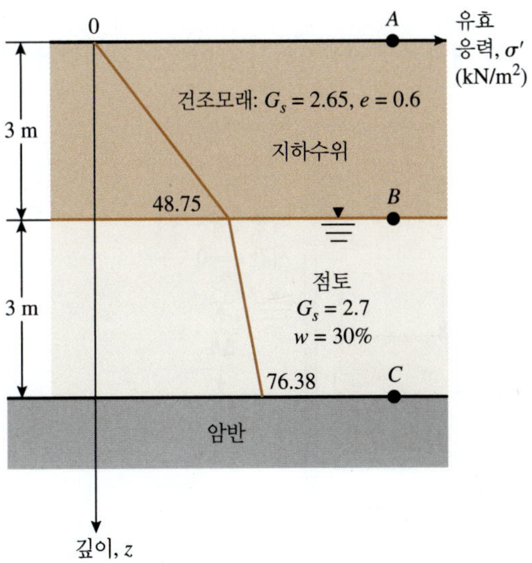

그림 2.17 토질주상도

전응력 계산

$$A \text{ 지점에서: } \sigma_A = 0$$

$$B \text{ 지점에서: } \sigma_B = \gamma_{d(\text{sand})} \times 3 = 16.25 \times 3 = \mathbf{48.75\ kN/m^2}$$

$$C \text{ 지점에서: } \sigma_C = \sigma_B + \gamma_{\text{sat(clay)}} \times 3 = 48.75 + (19.02)3 = \mathbf{105.81\ kN/m^2}$$

간극수압 계산

$$A \text{ 지점에서: } u_A = 0$$

$$B \text{ 지점에서: } u_B = 0$$

$$C \text{ 지점에서: } u_C = 3 \times \gamma_w = 3 \times 9.81 = \mathbf{29.43\ kN/m^2}$$

유효응력 계산

$$A \text{ 지점에서: } \sigma'_A = \sigma_A - u_A = 0$$

$$B \text{ 지점에서: } \sigma'_B = 48.75 - 0 = \mathbf{48.75\ kN/m^2}$$

$$C\text{지점에서: } \sigma'_C = 105.81 - 29.43 = \mathbf{76.38\ kN/m^2}$$

깊이에 따른 유효응력의 변화는 그림 2.17에 나타내었다.

■

2.13 압밀

현장에서 포화 점토층의 전응력이 증가할 때—예를 들어 기초공사를 한다면—점토 내의 간극수압은 증가할 것이다. 점토의 투수계수가 매우 작기 때문에, 과잉간극수압이 소산되고 증가응력이 토립자에 전달되기까지 어느 정도의 시간이 요구될 것이다. 그림 2.18에 따르면, $\Delta\sigma$가 넓은 면적에 걸쳐 지표면에 재하된다면 점토층 임의 지점의 전응력 증가량은 $\Delta\sigma$와 같다.

그러나, 시간 $t = 0$(즉 하중이 재하된 직후) 임의의 깊이에서 과잉간극수압 Δu는 $\Delta\sigma$와 같으며 다음과 같다.

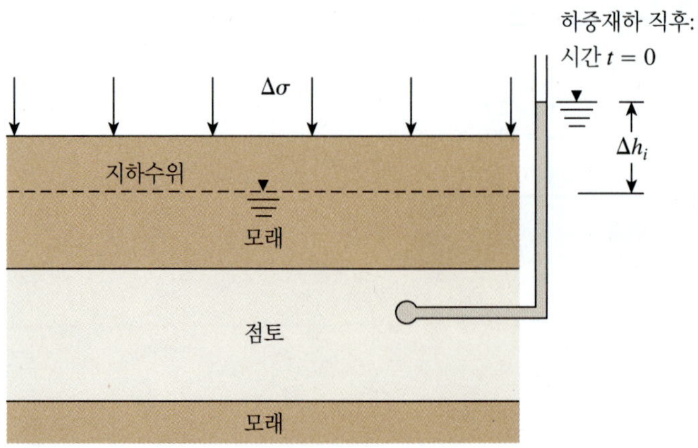

그림 2.18 압밀의 원리

$$\Delta u = \Delta h_i \gamma_w = \Delta\sigma \ (t = 0\text{일 때})$$

따라서, 시간 $t = 0$에서 유효응력 증가는 다음과 같다.

$$\Delta\sigma' = \Delta\sigma - \Delta u = 0$$

이론적으로 시간 $t = \infty$일 때, 점토층의 모든 과잉간극수압은 모래층으로 배수가 됨에 따라 소산된다.

$$\Delta u = 0 \ (\text{시간 } t = \infty\text{일 때})$$

점토층에서의 유효응력 증가는

$$\Delta\sigma' = \Delta\sigma - \Delta u = \Delta\sigma - 0 = \Delta\sigma$$

점토층의 점차적인 유효응력 증가는 상당한 기간에 걸쳐 침하를 유발시킨다. 이러한 현상을 **압밀**(consolidation)이라 일컫는다.

불교란 포화점토 시료에 관한 압밀실험(ASTM D-2435)은 여러 단계 하중에 의해 발생하는 압밀침하를 산정하기 위하여 실시한다. 시료는 보통 직경이 63.5 mm와 높이가 25.4 mm이다. 시료의 상부와 하부에 다공석판(porous stone)을 위치시킨 다음 시료를 링 안에 놓는다(그림 2.19a). 시료 위 재하하중은 전 연직응력이 σ와 같도록 한다. 시료에 대한 침하량은 24시간 동안 측정한다. 시료 위 재하하중을 2배로 증가시킨 다음 침하량을 계속 측정한다. 압밀시험하는 동안 시료는 항상 수침을 유지해야 한다. 이 시험과정은 점토시료가 요구되는 하중한계에 도달할 때까지 계속 실시한다.

압밀시험 결과를 바탕으로 연직유효응력 σ'에 대응하는 각 단계 **최종**압밀에서의 간극비 e의 변화를 보여주는 그래프를 그릴 수 있다. [반대수 그래프(semilogarithmic graph)에서 e 값은 산술축척(arithmetic scale)으로 나타내고, σ' 값은 대수축척(log scale)으로 나타낸다.] 하나의 점토시료에 대한 e–log σ' 곡선의 본래 형상은 그림 2.19b에 제시되었다. 압밀 재하하중이 요구되는 하중에 도달한 후, 시료에 재하된 하중을 단계적으로 제거할 때 점토시료가 팽창할 것이다. 재하하중을 제거(unloading)하는 과정에 해당되는 간극비의 변화도 그림 2.19b에 제시되었다.

그림 2.19b에 도시된 e–log σ' 곡선으로부터, 현장에서 압밀침하량을 계산하는 데 필요한 세 가지 매개변수들을 결정할 수 있다. 이 세 가지 변수는 선행압밀압력(σ'_c), 압축지수(C_c), 그리고 팽창지수(C_s)이다. 각각의 매개변수에 대한 자세한 설명은 다음과 같다.

선행압밀압력(Preconsolidation Pressure)

선행압밀압력 σ'_c는 흙 시료가 현재까지 재하된 **최대유효상재압력**이다. Casagrande(1936)가 제시한 간단한 작도법에 의하여 구할 수 있다. 선행압밀압력을 구하는 과정은 5단계로 이루어진다(그림 2.19b 참조).

a. e–log σ' 곡선에서 가장 굴곡이 심한 점 O(최소 곡률반경)를 결정한다.

b. 수평선 OA를 긋는다.

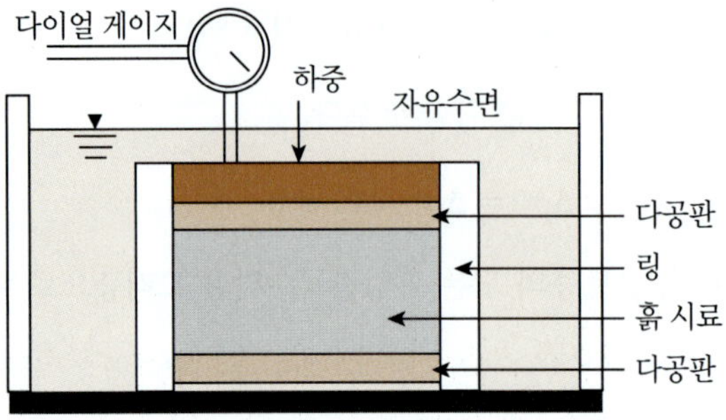

(a)

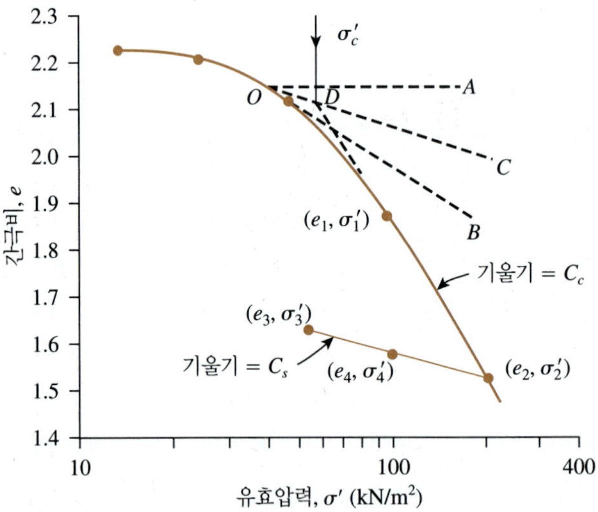

(b)

그림 2.19 (a) 압밀시험장치의 개념도, (b) 미국 일리노이 세인트루이스의 동부지역에서 채취한 점토시료에 대한 $e-\log\sigma'$ 곡선(주: 압밀종료 시 $\sigma = \sigma'$)

c. O점에서 e–$\log\sigma'$ 곡선에 접하는 OB선을 긋는다.

d. 각 AOB를 이등분하는 OC선을 긋는다.

e. OC선과 교차하도록 e–$\log\sigma'$ 곡선의 직선부분을 뒤로 연장한다. 이때의 교점이 D이다. D와 연관된 압력이 선행압밀압력 σ'_c이다.

자연토 퇴적은 **정규압밀**(normally consolidated) 또는 **과압밀**(overconsolidated 또는 preconsolidated)이다. 현재 유효상재압력 $\sigma' = \sigma'_o$가 선행압밀압력(σ'_c)과 같다면, 이 흙은 **정규압밀 점토**이다. 그러나, $\sigma'_o < \sigma'_c$이면 이 흙은 **과압밀 점토**이다.

Stas and Kulhawy(1984)는 액성지수를 이용하여 선행압밀압력을 다음과 같이 산정하였다.

$$\frac{\sigma'_c}{p_a} = 10^{(1.11-1.62\,\mathrm{LI})} \tag{2.53}$$

여기서

p_a = 대기압(100 kN/m^2)

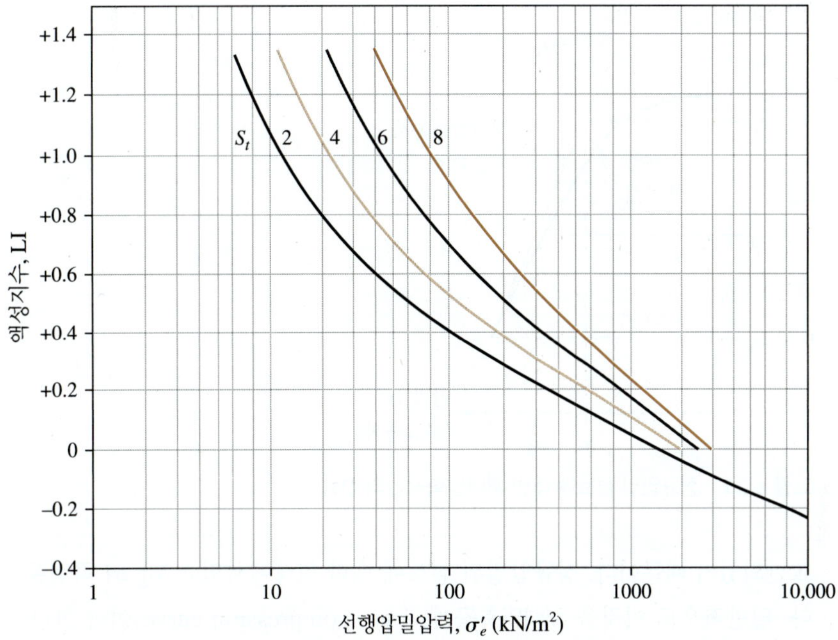

그림 2.20 LI에 따른 σ'_e의 변화량(출처: 미해군, 1982)(주: 예민비, S_t는 2.22절에 정의됨)

LI = 액성지수

Kulhawy and Mayne(1990)은 Wood(1983)의 연구결과를 기초로 하여 다음과 같이 유사한 상관식을 제안하였다.

$$\sigma'_c = \sigma'_o \left\{ 10^{\left[1-2.5\mathrm{LI}-1.25\log\left(\frac{\sigma'_p}{p_a}\right)\right]} \right\} \tag{2.54}$$

여기서 σ'_o = 현장에서 유효상재압력

σ'_e와 액성지수 사이의 일반화된 상관관계는 그림 2.20에 도시하였다(미국 해군부, 1982).

유효 현장상재압력 σ'_o에 대한 선행압밀압력 σ'_c의 비는 과압밀비(OCR)로 정의된다. 정규압밀 점토의 경우, OCR은 1이다.

압축지수

압축지수(compression index) C_c는 하중재하 곡선의 후반부 직선구간의 기울기이다. 또는

$$C_c = \frac{e_1 - e_2}{\log \sigma'_2 - \log \sigma'_1} = \frac{e_1 - e_2}{\log\left(\dfrac{\sigma'_2}{\sigma'_1}\right)} \tag{2.55}$$

여기서 e_1와 e_2는 각각 유효응력 σ'_1과 σ'_2에서 압밀이 완료되었을 때의 간극비이다.

실내실험에 의한 e–$\log \sigma'$ 곡선에서 결정된 압축지수는 현장 흙의 압축지수와 다소 차이가 있을 수 있다. 이러한 차이의 주요원인은 흙 시료가 현장 시추하는 과정에서 어느 정도

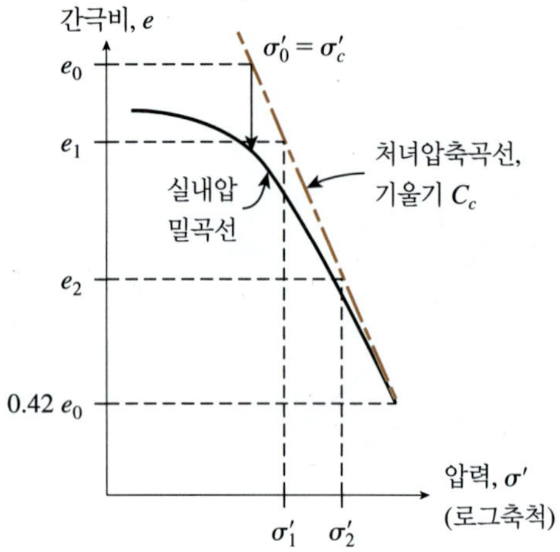

그림 2.21 정규압밀 점토에 대한 처녀압축곡선의 선형

교란되었기 때문이다. 정규압밀된 점토에 대한 현장에서의 e–log σ' 곡선은 그림 2.21과 같다. 일반적으로 이것을 **처녀압축곡선**(virgin compression curve)이라 한다. 처녀곡선은 개략적으로 간극비가 $0.42e_o$일 때 실내압밀곡선과 교차한다(Terzaghi and Peck, 1967). 여기서 e_o는 현장 점토의 간극비임을 주의해야 한다. e_o와 σ'_c 값들을 알면 처녀곡선을 쉽게 그릴 수 있으며, 식 (2.55)를 사용하여 압축지수를 계산할 수 있다.

C_c의 값은 흙에 따라 값의 차이가 크다. Skempton(1944)은 압축지수(compression index)에 대한 경험식을 다음과 같이 제안하였다.

$$C_c = 0.009(\text{LL} - 10) \tag{2.56}$$

여기서 LL = 액성한계

Skempton 외에도 많은 학자들이 압축지수에 대한 상관식을 제안하였다. 제안한 식은 다음과 같다.

Rendon-Herrero(1983):

$$C_c = 0.141G_s^{1.2}\left(\frac{1 + e_o}{G_s}\right)^{2.38} \tag{2.57}$$

Nagaraj and Murty(1985):

$$C_c = 0.2343\left[\frac{\text{LL}(\%)}{100}\right]G_s \tag{2.58}$$

Park and Koumoto(2004):

$$C_c = \frac{n_o}{371.747 - 4.275n_o} \tag{2.59}$$

여기서 n_o = 흙의 현장 간극률(%)

Worth and Wood(1978):

$$C_c = 0.5G_s\left(\frac{\text{PI}(\%)}{100}\right) \tag{2.60}$$

만약 비중의 일반적인 값인 2.7이 식 (2.60)에 적용된다면 다음을 얻을 수 있다(Kulhawy and Mayne, 1990).

$$C_c = \frac{\text{PI}(\%)}{74} \tag{2.61}$$

팽창지수

팽창지수(swelling index), C_s는 e–log σ' 곡선에서 재하하중을 단계적으로 제거하는 부분의 기울기이다. 그림 2.19b에서 다음과 같이 정의된다.

$$C_s = \frac{e_3 - e_4}{\log\left(\frac{\sigma'_4}{\sigma'_3}\right)} \tag{2.62}$$

대부분의 경우, 팽창지수(C_s)는 압축지수(C_c)의 $\frac{1}{5}$~$\frac{1}{10}$이다. 자연 퇴적토의 C_s/C_c의 대표값은 다음과 같다.

흙 시료	C_s/C_c
보스턴 청색 점토	0.24~0.33
시카고 점토	0.15~0.3
뉴올리언스 점토	0.15~0.28
세인트 로렌스 점토	0.05~0.1

팽창지수를 **재압축지수**(recompression index)라고도 하며 C_r로 정의된다.

팽창지수의 결정은 **과압밀 점토**의 압밀침하량을 산정하는 데 있어서 중요하다. 현장에서 압력증가에 따라 과압밀 점토는 그림 2.22에 나타난 것과 같이, e–log σ' 곡선에서 abc 경로를 따라가게 된다. 점 a는 압력이 증가하기 전 현장 조건으로 σ'_o와 e_o의 좌표값을 가지는 점이다. 점 b는 점토의 선행압밀압력(σ'_c)에 관한 점이다. 선분 ab는 실험실에서 하중제거 곡선 cd와 개략적으로 평행을 이룬다(Schmertmann, 1953). 따라서 e_o, σ'_o, σ'_c, C_c, 그리고 C_s 값을 알면 쉽게 현장 압밀곡선을 그릴 수 있다.

수정 Cam clay 모델과 식 (2.61)을 이용하여, Kulhawy and Mayne(1990)은 다음과 같이 제시하였다.

$$C_s = \frac{\text{PI}(\%)}{370} \tag{2.63}$$

식 (2.61)과 (2.63)을 비교하면,

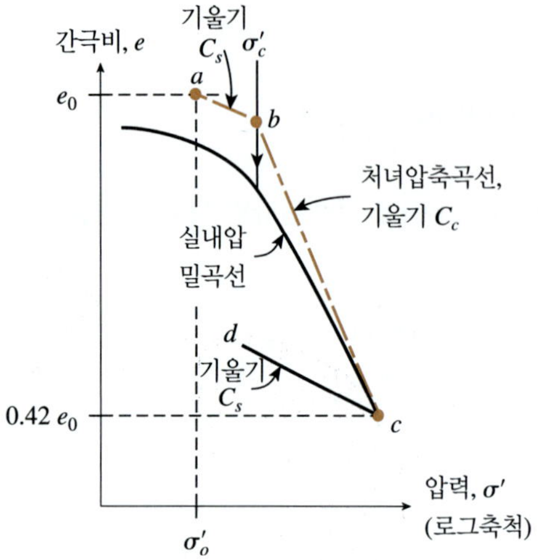

그림 2.22 과압밀 점토에 대한 현장 압밀곡선의 선형

$$C_s \approx \frac{1}{5} C_c \tag{2.64}$$

2.14 1차 압밀침하량의 계산

층 두께가 H_c인 점토층(그림 2.23)의 1차원 1차 압밀침하량(primary consolidation settlement)은 다음 식에 의하여 계산할 수 있다.

$$S_c = \frac{\Delta e}{1 + e_o} H_c \tag{2.65}$$

여기서

S_c = 1차 압밀침하
Δe = 추가 하중재하에 따른 간극비의 총 변화량
e_o = 하중재하 전에 점토의 간극비

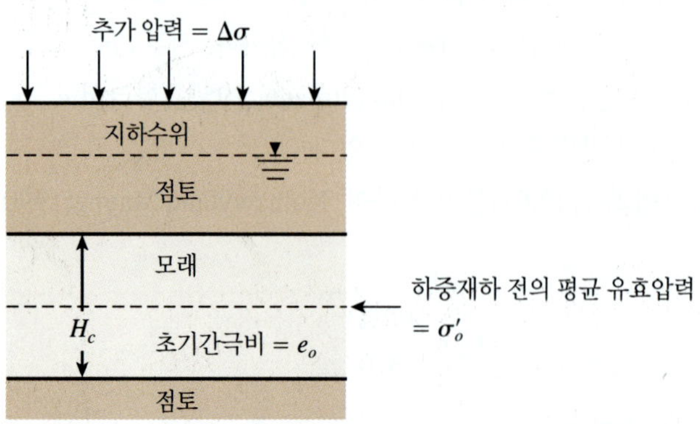

그림 2.23 1차원 압밀침하량 계산

정규압밀 점토의 경우(즉, $\sigma'_o = \sigma'_c$)

$$\Delta e = C_c \log \frac{\sigma'_o + \Delta\sigma'}{\sigma'_o} \tag{2.66}$$

여기서

σ'_o = 점토층에 작용하는 평균 유효연직응력

$\Delta\sigma' = \Delta\sigma$ (즉, 추가된 압력)

식 (2.65)와 식 (2.66)을 연립하여 정리하면

$$S_c = \frac{C_c H_c}{1 + e_o} \log \frac{\sigma'_o + \Delta\sigma'}{\sigma'_o} \tag{2.67}$$

$\sigma'_o + \Delta\sigma' \leq \Delta\sigma'_c$ 과압밀 점토의 경우,

$$\Delta e = C_s \log \frac{\sigma'_o + \Delta\sigma'}{\sigma'_o} \tag{2.68}$$

식 (2.65)와 식 (2.68)을 연립하면

$$S_c = \frac{C_s H_c}{1 + e_o} \log \frac{\sigma'_o + \Delta\sigma'}{\sigma'_o} \tag{2.69}$$

과압밀된 점토에 대하여 만약 $\sigma'_c < \sigma'_o + \Delta\sigma'$이면

$$\Delta e = \Delta e_1 + \Delta e_2 = C_s \log \frac{\sigma'_c}{\sigma'_o} + C_c \log \frac{\sigma'_o + \Delta\sigma'}{\sigma'_c} \tag{2.70}$$

식 (2.65)와 식 (2.70)을 연립하면

$$S_c = \frac{C_s H_c}{1 + e_o} \log \frac{\sigma'_c}{\sigma'_o} + \frac{C_c H_c}{1 + e_o} \log \frac{\sigma'_o + \Delta\sigma'}{\sigma'_c} \tag{2.71}$$

2.15 경과시간에 따른 압밀도

압밀이 진행되는 동안, 재하된 하중은 초기에 간극수에 전달되고 점차적으로 토립자로 전이한다. 2.13절(그림 2.18 참고)에서 압밀은 점토층에서 과잉간극수압이 빠져나감으로써 발생된다는 것을 설명하였다. 간극수압의 소산은 다시 표현하면 유효응력이 증가된다는 것이며, 이것은 압밀침하를 유발시킨다. 따라서 하중을 재하한 후 임의의 t 시간에서 점토층의 압밀도를 평가하기 위해서는 과잉간극수압의 소산율을 알아야 한다.

그림 2.24에는 상하부에 높은 투수의 모래층을 가진 두께가 H_c인 점토층이 있다. 여기

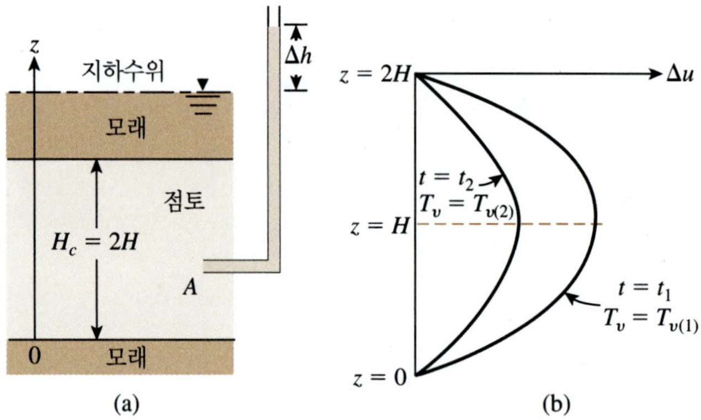

그림 2.24 (a) 식 (2.74)의 유도, (b) 경과시간과 깊이에 따른 Δu의 변화량

서 하중을 재하한 후 임의의 시각 t에서 A 지점의 과잉간극수압은 $\Delta u = (\Delta h)\gamma_w$이다. 점토층에서 연직배수조건인 경우[즉, 연직방향(z방향)만 있는 경우], Terzaghi는 다음과 같은 미분방정식을 유도하였다.

$$\frac{\partial(\Delta u)}{\partial t} = c_v \frac{\partial^2(\Delta u)}{\partial z^2} \tag{2.72}$$

여기서 c_v = 압밀계수(coefficient of consolidation)이며, 다음과 같이 유도된다.

$$c_v = \frac{k}{m_v \gamma_w} = \frac{k}{\dfrac{\Delta e}{\Delta\sigma'(1 + e_{av})}\gamma_w} \tag{2.73}$$

여기서

k = 점토의 투수계수

γ_w = 물의 단위중량

Δe = $\Delta\sigma'$인 유효응력의 증가에 따른 간극비의 총변화

e_{av} = 압밀기간 동안 평균 간극비

m_v = 체적 압축계수 $= \dfrac{a_v}{1 + e_{av}} = \Delta e/[\Delta\sigma'(1 + e_{av})]$

$a_v = \dfrac{\Delta e}{\Delta\sigma'}$

식 (2.72)는 다음과 같은 경계조건들을 고려한 시간 t의 함수로서 Δu를 구할 수 있다.

1. 투수성이 높은 모래층이 $z = 0$와 $z = H_c$에 위치하므로, 이 지점의 점토에 유발된 과잉간극수압은 발생 즉시 소산된다. 따라서

$$z = 0\text{에서 } \Delta u = 0$$

그리고

$$z = H_c = 2H\text{에서 } \Delta u = 0$$

여기서 H = 최대배수길이(양방향 배수조건, 즉 점토의 상부와 하부에 배수층).

2. $t = 0$일 때 $\Delta u = \Delta u_0$ = 하중재하 후 초기 과잉간극수압이다. 전술한 경계조건들을 고려하여 식 (2.72)를 풀면

$$\Delta u = \sum_{m=0}^{m=\infty}\left[\frac{2(\Delta u_0)}{M}\sin\left(\frac{Mz}{H}\right)\right]e^{-M^2T_v} \tag{2.74}$$

여기서

$M = [(2m + 1)\pi]/2$

m = 정수 = 1, 2, . . .

$$T_v = \text{무차원 시간계수} = (c_v t)/H_2 \tag{2.75}$$

임의의 시간 t(따라서 T_v)에서 여러 심도(예를 들어, $z = 0$부터 $z = 2H$까지)에 대한 Δu 값은 식 (2.74)를 사용하여 계산할 수 있다. Δu의 변화 특성은 그림 2.25a와 b에 도시된 것과 같다. 그림 2.25c는 식 (2.74)와 (2.75)를 사용하여 T_v와 H/H_c에 따른 $\Delta u/\Delta u_0$의 변화를 나타내고 있다.

점토층의 **평균 압밀도**는 다음과 같이 정의할 수 있다.

$$U = \frac{S_{c(t)}}{S_{c(\max)}} \tag{2.76}$$

여기서

$S_{c(t)}$ = 하중재하 후 시간 t에서 점토층의 침하량

$S_{c(\max)}$ = 재하된 하중에서 점토에 발생할 수 있는 최대 압밀침하량

만약 초기 간극수압(Δu_0)분포가 그림 2.25a 및 b와 같이 토층심도에 따라 일정하다면, 평균 압밀도는 다음과 같이 표현된다.

$$U = \frac{S_{c(t)}}{S_{c(\max)}} = \frac{\int_0^{2H}(\Delta u_0)\,dz - \int_0^{2H}(\Delta u)\,dz}{\int_0^{2H}(\Delta u_0)\,dz} \tag{2.77}$$

또는

$$U = \frac{(\Delta u_0)2H - \int_0^{2H}(\Delta u)\,dz}{(\Delta u_0)2H} = 1 - \frac{\int_0^{2H}(\Delta u)\,dz}{2H(\Delta u_0)} \tag{2.78}$$

식 (2.74)와 식 (2.78)을 연립하면

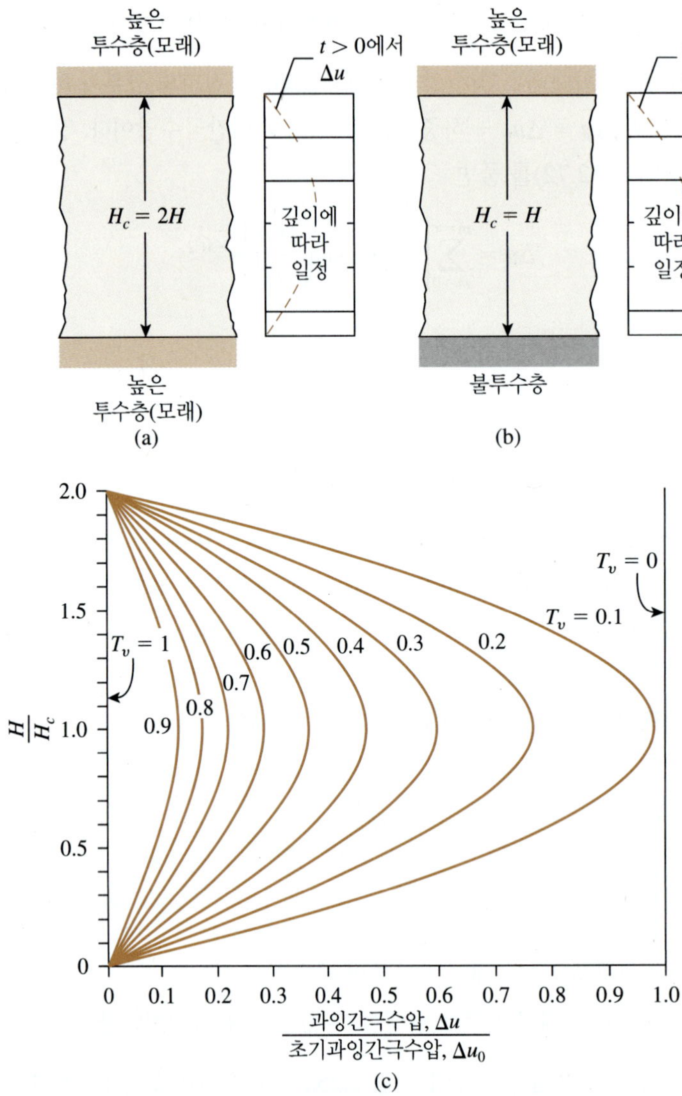

그림 2.25 압밀 시 배수조건: (a) 양면배수, (b) 일면배수, (c) T_v와 H/H_c에 따른 $\Delta u/\Delta u_0$ 도표

$$U = \frac{S_{c(t)}}{S_{c(\max)}} = 1 - \sum_{m=0}^{m=\infty}\left(\frac{2}{M^2}\right)e^{-M^2T_v} \tag{2.79}$$

T_v에 따른 U 변화는 식 (2.79)로부터 계산할 수 있으며, 그 결과는 그림 2.26에 그래프로 나타내었다. 식 (2.79)와 그림 2.26은 점토층하부(그림 2.25)에 불투수층이 있어도 적용된다. 이 경우에는 과잉간극수압의 소산은 한 방향으로만 발생한다. 또한 **최대배수길이** $H = H_c$가 된다.

그림 2.26에 나타난 U에 따른 T_v 값의 변화는 다음 관계를 활용하여 개략적으로 나타낼 수 있다.

$$T_v = \frac{\pi}{4}\left(\frac{U\%}{100}\right)^2 \quad (U = 0\text{~}60\%\text{일 경우}) \tag{2.80}$$

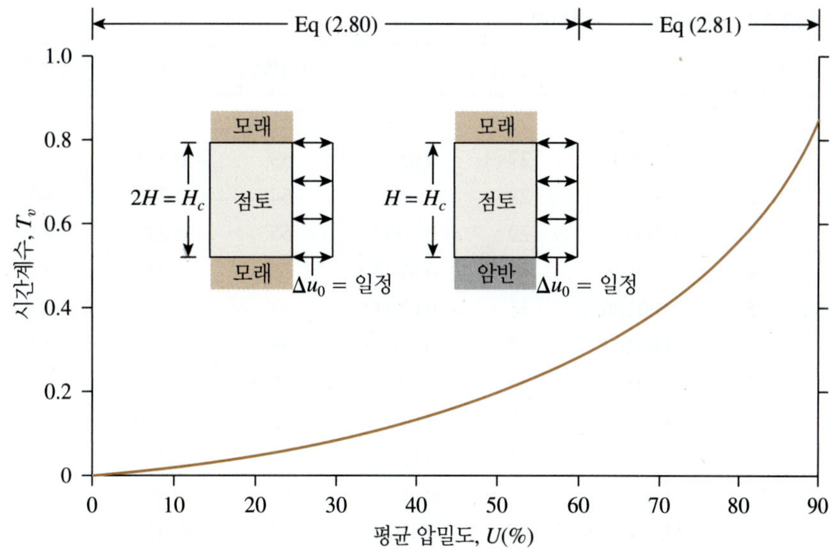

그림 2.26 평균 압밀도에 대한 시간계수 도표(Δu_0 = 일정)

그리고

$$T_v = 1.781 - 0.933 \log(100 - U\%) \quad (U > 60\%\text{일 경우}) \tag{2.81}$$

표 2.12는 식 (2.80)과 (2.81)을 이용하여 압밀도 U에 따른 T_v의 변화를 제시하였다.

Sivaram and Swamee(1977)는 0~100%로 압밀도가 변화하는 경우 다음과 같은 식을 제안하였다.

$$\frac{U\%}{100} = \frac{(4T_v/\pi)^{0.5}}{[1 + (4T_v/\pi)^{2.8}]^{0.179}} \tag{2.82}$$

또는

$$T_v = \frac{(\pi/4)(U\%/100)^2}{[1 - (U\%/100)^{5.6}]^{0.357}} \tag{2.83}$$

식 (2.82)와 (2.83)은 압밀도가 $0\% < U < 90\%$인 경우, T_v의 오차가 1% 미만이고, 압밀도가 $90\% < U < 100\%$인 경우, T_v의 오차가 3% 미만이다.

예제 2.11

정규압밀 점토에 대한 실내압밀실험 결과는 다음과 같다.

응력, $\Delta\sigma'$(kN/m²)	압밀종료 시의 간극비, e
140	0.92
212	0.86

시험에 사용되는 공시체는 두께가 25.4 mm이고 양면으로 배수된다. 시료가 50% 압밀에 도달하는 필요시간은 4.5분이다.

표 2.12 U에 따른 T_v의 변화량

U (%)	T_v	U (%)	T_v	U (%)	T_v	U (%)	T_v
0	0	26	0.0531	52	0.212	78	0.529
1	0.00008	27	0.0572	53	0.221	79	0.547
2	0.0003	28	0.0615	54	0.230	80	0.567
3	0.00071	29	0.0660	55	0.239	81	0.588
4	0.00126	30	0.0707	56	0.248	82	0.610
5	0.00196	31	0.0754	57	0.257	83	0.633
6	0.00283	32	0.0803	58	0.267	84	0.658
7	0.00385	33	0.0855	59	0.276	85	0.684
8	0.00502	34	0.0907	60	0.286	86	0.712
9	0.00636	35	0.0962	61	0.297	87	0.742
10	0.00785	36	0.102	62	0.307	88	0.774
11	0.0095	37	0.107	63	0.318	89	0.809
12	0.0113	38	0.113	64	0.329	90	0.848
13	0.0133	39	0.119	65	0.304	91	0.891
14	0.0154	40	0.126	66	0.352	92	0.938
15	0.0177	41	0.132	67	0.364	93	0.993
16	0.0201	42	0.138	68	0.377	94	1.055
17	0.0227	43	0.145	69	0.390	95	1.129
18	0.0254	44	0.152	70	0.403	96	1.219
19	0.0283	45	0.159	71	0.417	97	1.336
20	0.0314	46	0.166	72	0.431	98	1.500
21	0.0346	47	0.173	73	0.446	99	1.781
22	0.0380	48	0.181	74	0.461	100	∞
23	0.0415	49	0.188	75	0.477		
24	0.0452	50	0.197	76	0.493		
25	0.0491	51	0.204	77	0.511		

현장에서 유사한 점토층이 두께 2.8 m이고 양면배수조건에서 유사한 평균유효응력증가(즉, $\sigma'_0 = 140\ \text{kN/m}^2$, $\sigma'_0 + \Delta\sigma' = 212\ \text{kN/m}^2$)를 받는다. 다음을 결정하라.

a. 현장에서 예상되는 최대 1차 압밀침하량

b. 현장에서 총 침하량이 40 mm에 도달한 경우 요구되는 경과시간(깊이에 따른 과잉간극수압의 초기증가는 일정하다고 가정함)

풀이

Part a

정규압밀 점토의 경우[식 (2.55)],

$$C_c = \frac{e_1 - e_2}{\log\left(\dfrac{\sigma'_2}{\sigma'_1}\right)} = \frac{0.92 - 0.86}{\log\left(\dfrac{212}{140}\right)} = 0.333$$

식 (2.67)로부터

$$S_c = \frac{C_c H_c}{1+e_0} \log \frac{\sigma_0' + \Delta\sigma'}{\sigma_0'} = \frac{(0.333)(2.8)}{1+0.92} \log \frac{212}{140} = 0.0875 \text{ m} = \mathbf{87.5\ mm}$$

Parb b

식 (2.76)으로부터 평균 압밀도 U

$$U = \frac{S_{c(t)}}{S_{c(\max)}} = \frac{40}{87.5}(100) = 45.7\%$$

압밀계수(c_v)는 실내시험으로부터 구할 수 있다. 식 (2.75)로부터

$$T_v = \frac{c_v t}{H^2}$$

50% 압밀의 경우(그림 2.26), $T_v = 0.197$, $t = 4.5$ min, $H = H_c/2 = 12.7$ mm가 된다. 따라서,

$$c_v = T_{50}\frac{H^2}{t} = \frac{(0.197)(12.7)^2}{4.5} = 7.061 \text{ mm}^2/\text{min}$$

현장압밀의 경우 $U = 45.7\%$이다. 식 (2.80)으로부터

$$T_v = \frac{\pi}{4}\left(\frac{U\%}{100}\right)^2 = \frac{\pi}{4}\left(\frac{45.7}{100}\right)^2 = 0.164$$

그러나

$$T_v = \frac{c_v t}{H^2}$$

또는

$$t = \frac{T_v H^2}{c_v} = \frac{0.164\left(\frac{2.8 \times 1000}{2}\right)^2}{7.061} = 45{,}523 \text{ min} = \mathbf{31.6\ days}$$

■

예제 2.12

흙 시료에 대한 실내압밀시험(양면배수) 결과 다음과 같은 결과를 얻었다.

점토시료의 두께 = 25 mm

$\sigma_1' = 50 \text{ kN/m}^2 \quad e_1 = 0.92$
$\sigma_2' = 120 \text{ kN/m}^2 \quad e_2 = 0.78$

50% 압밀 시 소요시간 = 2.5 min

재하하중 범위 내에서 점토의 투수계수 k를 결정하라.

풀이

$$m_v = \frac{a_v}{1+e_{\text{av}}} = \frac{(\Delta e/\Delta\sigma')}{1+e_{\text{av}}}$$

$$= \frac{\dfrac{0.92-0.78}{120-50}}{1+\dfrac{0.92+0.78}{2}} = 0.00108\ \text{m}^2/\text{kN}$$

$$c_v = \frac{T_{50}H^2}{t_{50}}$$

$U = 50\%$인 경우, 표 2.12로부터 $T_v = 0.197$, 따라서

$$c_v = \frac{(0.197)\left(\dfrac{0.025\,\text{m}}{2}\right)^2}{2.5\ \text{min}} = 1.23\times10^{-5}\,\text{m}^2/\text{min}$$

$$k = c_v m_v \gamma_w = (1.23\times10^{-5})(0.00108)(9.81)$$

$$= \mathbf{1.303\times10^{-7}\ m/min}$$

■

2.16 압밀계수 c_v의 범위

미해군(1986)에서 제시한 그림 2.27에서 실내실험에서 정한 c_v값을 검토하는 기준으로 사용할 수 있다. 과압밀 점토에 대한 압밀계수, c_v는 정규압밀 점토의 압밀계수보다 상당히 크다고 볼 수 있다. 그렇기 때문에, 과압밀 점토는 정규압밀 점토보다 빠르게 압밀된다. c_v의 값은 낮은 투수계수를 가진 점토층인 경우 1 m²/year 이하에서, 높은 투수계수를 가진 과압밀된 모래점토층인 경우 100 m²/year 이상까지 다양하다.

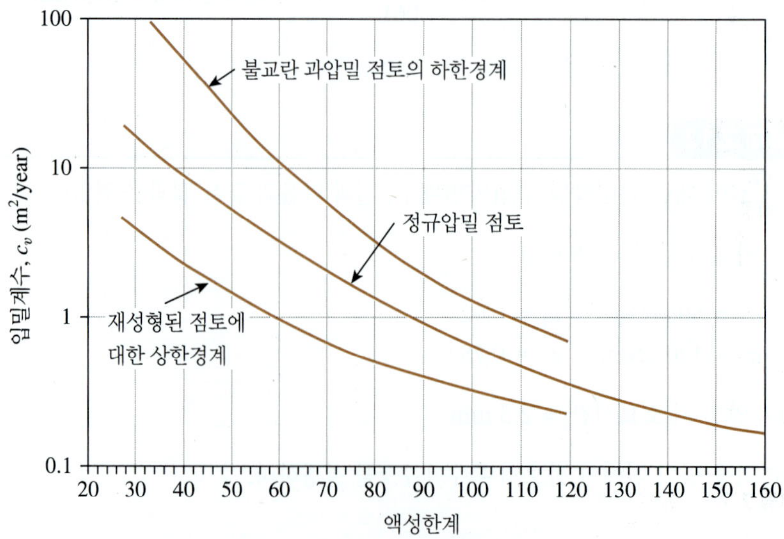

그림 2.27 액성한계에 따른 c_v의 근사적인 상관관계(미해군, 1986)

2.17 경사하중에서 압밀도

2.15절에서 평균 압밀도에 대해 얻은 관계식은 단위면적당 재하하중($\Delta\sigma$)이 시간 $t = 0$에서 바로 작용하였다고 가정한다. 그러나 대부분 실제상황에서 $\Delta\sigma$는 최대값까지 시간에 따라 점차 증가하고, 그 이후는 일정하게 유지된다. 그림 2.28은 시간 t에서 최대가 되는 t_c까지 선형증가하는 $\Delta\sigma$를 보여준다(경사하중 조건). $t \geq t_c$인 경우, $\Delta\sigma$의 크기는 일정하게 유지된다. Olson(1977)은 이 현상을 고려하여 평균 압밀도(U)를 다음과 같이 제시하였다.

$T_v \leq T_c$인 경우

$$U = \frac{T_v}{T_c}\left\{1 - \frac{2}{T_v}\sum_{m=0}^{m=\infty}\frac{1}{M^4}[1 - \exp(-M^2T_v)]\right\} \tag{2.84}$$

그리고 $T_v \geq T_c$인 경우

$$U = 1 - \frac{2}{T_c}\sum_{m=0}^{m=\infty}\frac{1}{M^4}[\exp(M^2T_c) - 1]\exp(-M^2T_c) \tag{2.85}$$

여기서, m, M, T_v는 식 (2.74)와 같은 정의를 갖는다. 그리고

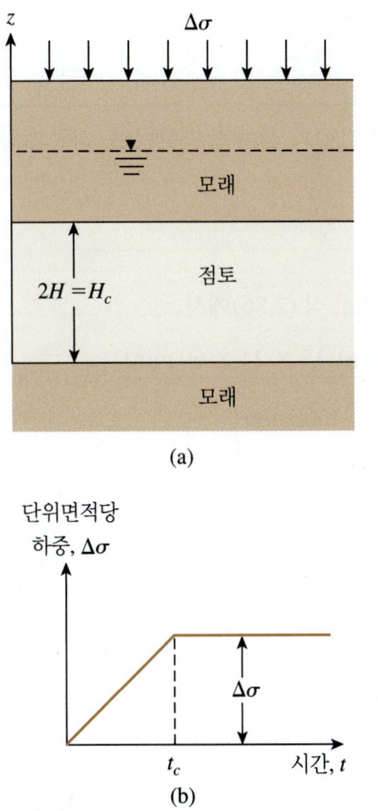

그림 2.28 경사하중에 의한 1차원 압밀

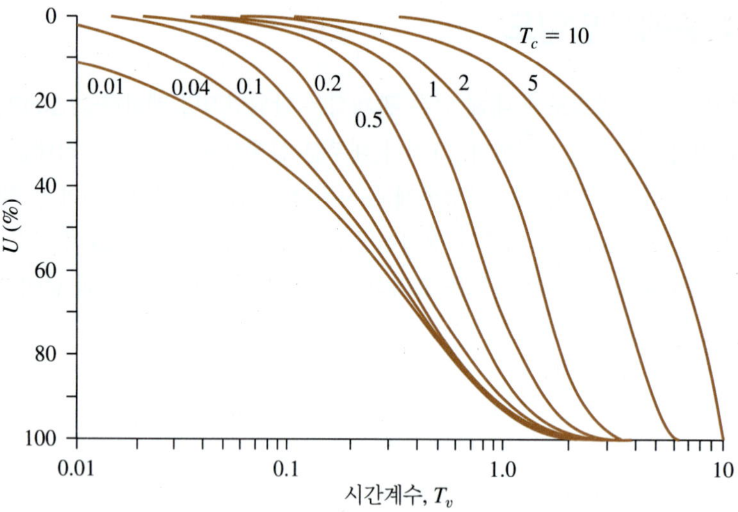

그림 2.29 Olson의 경사하중 해법: U와 T_v의 도표[식 (2.84)와 식 (2.85)]

$$T_c = \frac{c_v t_c}{H^2} \tag{2.86}$$

그림 2.29는 식 (2.84)와 (2.85)에 의해 제시된 값에 근거하여 다양한 T_c값에 따른 U의 변화를 보여준다.

예제 2.13

예제 2.11의 Part (b)에서 만약 $\Delta\sigma$가 그림 2.30과 같이 증가한다면, 하중재하 시작 후 시간 $t = 31.6$일에 점토층의 침하량을 계산하라.

풀이

예제 2.11 Part (b)에서 $c_v = 7.061\ \text{mm}^2/\text{min}$. 식 (2.86)에서

$$T_c = \frac{c_v t_c}{H^2} = \frac{(7.061\ \text{mm}^2/\text{min})(15 \times 24 \times 60\ \text{min})}{\left(\dfrac{2.8}{2} \times 1000\ \text{mm}\right)^2} = 0.0778$$

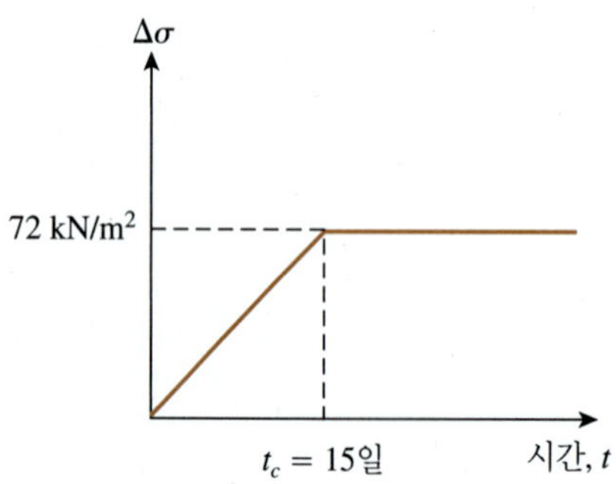

그림 2.30 경사하중

또한,

$$T_v = \frac{c_v t}{H^2} = \frac{(7.061\ \text{mm}^2/\text{min})(31.6 \times 24 \times 60\ \text{min})}{\left(\frac{2.8}{2} \times 1000\ \text{mm}\right)^2} = 0.164$$

그림 2.29로부터 $T_v = 0.164$, $T_c = 0.0778$인 경우, U의 값이 약 36%이다. 그러므로

$$S_{c(t=31.6\ \text{days})} = S_{c(\max)}(0.36) = (87.5)(0.36) = \mathbf{31.5\ mm}$$

■

2.18 전단강도

흙의 전단강도는 유효응력의 함수로 정의된다.

$$s = c' + \sigma' \tan \phi' \tag{2.87}$$

여기서

σ' = 전단력면에 작용되는 유효연직응력

c' = 점착력 또는 겉보기 점착력

ϕ' = 유효응력 마찰각

식 (2.87)은 *Mohr-Coulomb*의 **파괴 기준**이라 한다. 모래와 정규압밀 점토일 경우에 c' 값은 0이다. 과압밀 점토에서는 $c' > 0$이다.

일반적으로 흙의 전단강도정수(예를 들어, c'와 ϕ')는 두 가지 표준 실내시험으로 결정한다: **직접전단시험**(direct shear test)과 **삼축 압축시험**(triaxial test).

직접전단시험

건조한 모래는 직접전단시험에 의하여 편리하게 시험을 할 수 있다. 모래 시료를 중간부분이 두 개로 양분된 전단상자 안에 위치시킨다(그림 2.31a). 우선 연직하중을 시료에 가한다. 그 다음 모래 시료가 파괴될 때까지 상부 전단상자에 전단력을 가한다. 전단파괴 시의 연직응력과 전단응력은 다음과 같다.

$$\sigma' = \frac{N}{A}$$

그리고

$$s = \frac{R}{A}$$

여기서 A = 흙 파괴면의 면적—즉, 전단상자의 횡단면적

연직하중을 변화시켜 가며 같은 방식으로 여러 번 실시한다. 그림 2.31b에 도시된 것과 같이 모래의 내부마찰각은 σ'(= 건조모래에 대한 σ)에 대한 s의 그래프를 그려 결정한다.

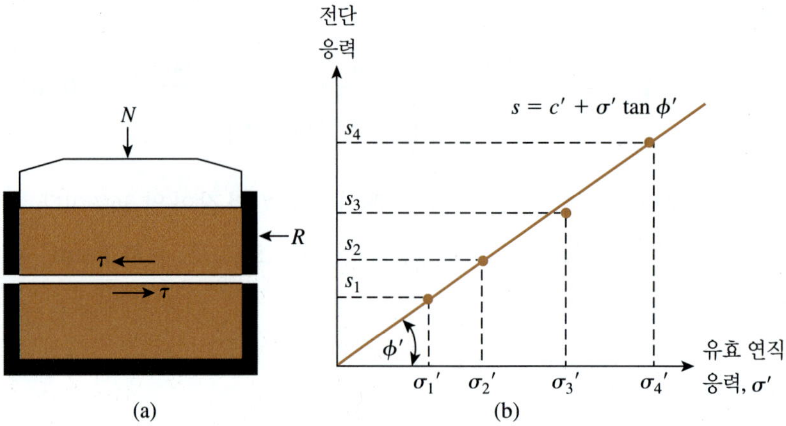

그림 2.31 모래의 직접전단시험: (a) 시험장비 개념도, (b) 마찰각 ϕ'을 얻기 위한 도표

표 2.13 사질토에서의 상대밀도와 마찰각의 관계

다짐 상태	상대밀도(%)	마찰각, ϕ'(°)
매우 느슨	<15	<28
느슨	15~35	28~30
보통	35~65	30~36
조밀	65~85	36~41
매우 조밀	>85	>41

$$\phi' = \tan^{-1}\left(\frac{s}{\sigma'}\right) \tag{2.88}$$

모래의 경우, 내부마찰각은 상대다짐밀도가 증가함에 따라 보통 26°~45°의 범위에 있다. 모래에 대한 내부마찰각, ϕ'의 일반적인 범위는 표 2.13에 제시하였다.

1970년에 Brinch Hansen (Hansbo, 1975; Trinh, 2001 참고)은 조립토의 ϕ'에 대한 상관관계를 다음과 같이 제시하였다.

$$\phi' \text{ (deg)} = 26° + 10D_r + 0.4C_u + 1.6 \log (D_{50}) \tag{2.89}$$

여기서

D_r = 상대밀도(백분율)

C_u = 균등계수

D_{50} = mm 단위 중간입경(예를 들어, 통과백분율이 50%일 때 토립자의 직경)

Teferra(1975)는 많은 자료를 이용하여 다음과 같은 경험식을 제안하였다.

$$\phi'\text{(deg)} = \tan^{-1}\left(\frac{1}{ae+b}\right) \tag{2.90}$$

여기서

e = 간극비

$$a = 2.101 + 0.097\left(\frac{D_{85}}{D_{15}}\right) \tag{2.91}$$

$$b = 0.845 - 0.398a \tag{2.92}$$

D_{85}와 D_{15} = 통과백분율이 각각 85%와 15%일 때 토립자의 직경이다. Thinh(2001)은 식 (2.90)이 식 (2.89)와 비교하여 더 양호한 상관관계를 제공해 준다고 주장하였다.

삼축압축시험

삼축압축시험(triaxial compression test)은 모래와 점토시료에 대해서 실시할 수 있다. 그림 2.32a는 삼축압축시험 기구의 모식도를 나타낸 것이다. 원통형 아크릴 용기(chamber) 안에 흙 시료를 고무 멤브레인으로 싸서 설치하고, 용기 내 물이나 글리세린액을 이용하여 구속압(σ_3)을 시료 모든 방향에 가한다. 축방향으로 추가응력($\Delta\sigma$)을 시료가 파괴(파괴 시 $\Delta\sigma = \Delta\sigma_f$)될 때까지 가한다. 흙 시료의 배수는 시험조건에 따라 허용할 수도 있고, 허용하지 않을 수도 있다. 점토의 경우, 세 종류의 삼축압축시험을 실시할 수 있다(그림 2.33 참조).

1. 압밀배수시험(CD 시험)
2. 압밀비배수시험(CU 시험)
3. 비압밀비배수시험(UU 시험)

a. 압밀배수시험(Consolidated-Drained Tests):

1단계. 구속압(σ_3)을 가한다. 완전배수를 허용하면 간극수압($u = u_0$)이 0이 된다.

2단계. 축차응력($\Delta\sigma$)을 서서히 가한다. 배수를 허용하면 $\Delta\sigma$를 가할 때 유발된 간극수압($u = u_d$)은 0이 된다. 파괴 시, $\Delta\sigma = \Delta\sigma_f$; 총 간극수압 $u_f = u_0 + u_d = 0$.

따라서 압밀배수시험(consolidated-drained test)인 경우 파괴 시 응력상태는 다음과 같다.

최대 유효 주응력 = $\sigma_3 + \Delta\sigma_f = \sigma_1 = \sigma'_1$
최소 유효 주응력 = $\sigma_3 = \sigma'_3$

여러 개의 점토시료에 대하여 σ_3를 바꾸어 가면서 삼축압축시험을 실시한다. 전단강도정수(c'와 ϕ')는 그림 2.32b에 나타난 것과 같이 시료 파괴 시에 Mohr 원을 작도하고 Mohr 원에 접선을 그어서 결정할 수 있다. 이 접선을 *Mohr-Coulomb*의 파괴포락선이라 한다(주: 정규압밀 점토, $c' \approx 0$). 파괴 시 σ_1과 σ_3는 다음과 같은 관계를 가진다.

$$\sigma'_1 = \sigma'_3 \tan^2\left(45 + \frac{\phi'}{2}\right) + 2c' \tan\left(45 + \frac{\phi'}{2}\right) \tag{2.93}$$

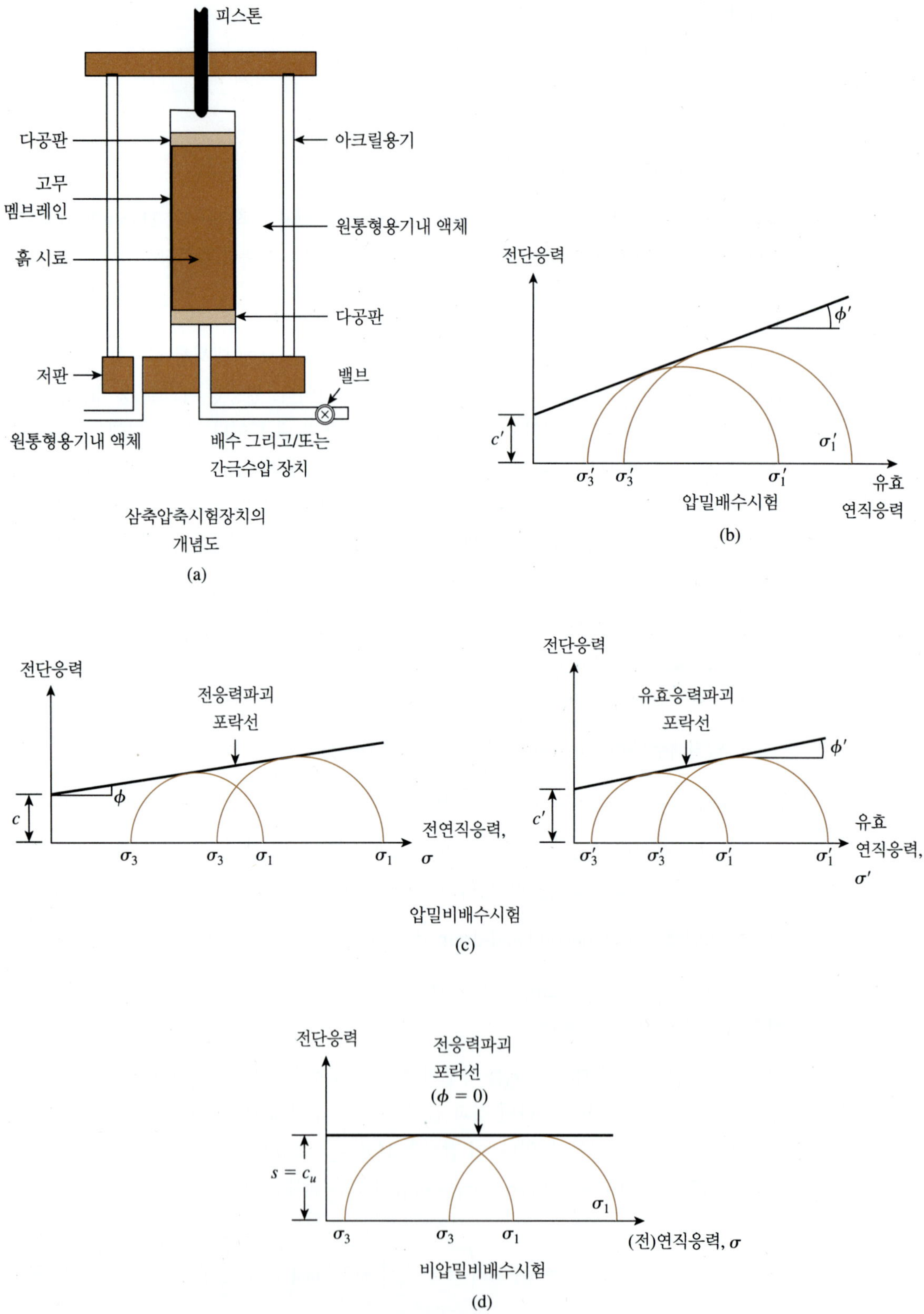

그림 2.32 삼축시험: (a) 삼축시험 장비, (b) 압밀배수시험, (c) 압밀비배수시험, (d) 비압밀비배수시험

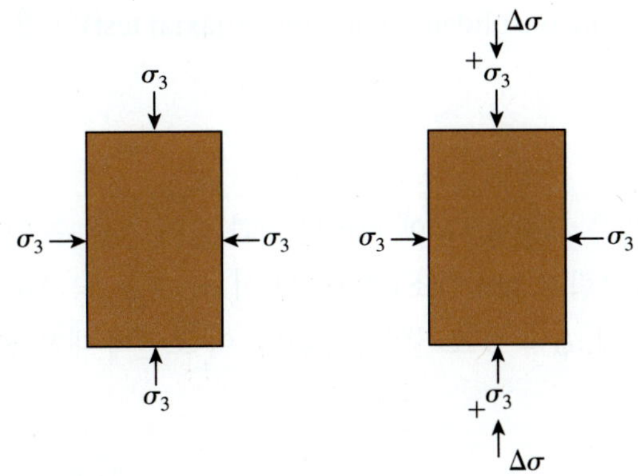

그림 2.33 삼축압축시험에서 응력을 가하는 순서

b. 압밀비배수시험(Consolidated-Undrained Tests):

1단계. 구속압(σ_3)을 가한다. 완전배수를 허용하면 발생된 간극수압($u = u_0$)이 0이 된다.

2단계. 축차응력($\Delta\sigma$)을 가한다. 배수를 허용하지 않으면 간극수압 $u = u_d \neq 0$이다. 파괴 시, $\Delta\sigma = \Delta\sigma_f$; 간극수압 $u_f = u_0 + u_d = 0 + u_{d(f)}$

그러므로 파괴 시 응력조건은 다음과 같다.

최대 전 주응력 $= \sigma_3 + \Delta\sigma_f = \sigma_1$
최소 전 주응력 $= \sigma_3$
최대 유효 주응력 $= (\sigma_3 + \Delta\sigma_f) - u_f = \sigma_1'$
최소 유효 주응력 $= \sigma_3 - u_f = \sigma_3'$

여러 흙 시료에 대하여 같은 실험을 σ_3를 변경해가며 실시한다. 그림 2.32c와 같이 파괴 시 전응력 Mohr 원을 그리고 **파괴포락선**인 접선을 그릴 수 있다. **전응력파괴포락선**은 다음 식에 의하여 정의된다.

$$s = c + \sigma \tan \phi \tag{2.94}$$

여기서 c와 ϕ는 각각 **압밀비배수 점착력**과 **내부마찰각**이다. (주: 정규압밀 점토의 점착력은 $c \approx 0$이다.)

유사하게, 파괴 시 유효응력 Mohr 원들은 **유효응력파괴포락선**을 결정하여 그릴 수 있으며(그림 2.32c), 이 파괴포락선은 식 (2.87)에 표현된 관계를 따른다.

c. 비압밀비배수시험(Unconsolidated-Undrained Tests):

1단계. 구속압(σ_3)을 가한다. 배수를 허용하지 않으므로 σ_3를 가할 때 유발된 간극수압($u = u_0$)은 0이 아니다.

2단계. 축차응력($\Delta\sigma$)을 가한다. 배수를 허용하지 않으므로($u = u_d \neq 0$) 파괴 시, $\Delta\sigma = \Delta\sigma_f$; 간극수압 $u_f = u_0 + u_{d(f)}$.

비압밀비배수 삼축압축시험(unconsolidated-undrained triaxial test)의 경우,

최대 전 주응력 $= \sigma_3 + \Delta\sigma_f = \sigma_1$
최소 전 주응력 $= \sigma_3$

파괴 시의 전응력 Mohr 원은 그림 2.32d에 나타난 것과 같이 그릴 수 있다. 완전포화 점토인 경우, 용기 구속압 σ_3(그림 2.32d 참조)와 관계없이 $\sigma_1 - \sigma_3 = \Delta\sigma_f$는 일정하다. Mohr 원들의 접선은 수평선이며, $\phi = 0$ 조건이라 부른다. 이 조건에 대한 전단응력은 다음과 같다.

$$s = c_u = \frac{\Delta\sigma_f}{2} \tag{2.95}$$

여기서 c_u = 비배수 점착력(또는 비배수 전단강도)

비압밀비배수 삼축압축시험 동안 시료에 유발된 간극수압은

$$u = u_0 + u_d \tag{2.96}$$

간극수압 u_0는 원통형 내의 수압에 의한 구속압력 σ_3 때문에 발생된 것이다. 따라서,

$$u_0 = B\sigma_3 \tag{2.97}$$

여기서 B = Skempton의 간극수압계수

마찬가지로, 간극수압 u_d는 축차응력 $\Delta\sigma$에 의한 결과이다. 따라서,

$$u_d = A\Delta\sigma \tag{2.98}$$

여기서 A = Skempton의 간극수압계수

그러나

$$\Delta\sigma = \sigma_1 - \sigma_3 \tag{2.99}$$

식 (2.96), (2.97), (2.98)과 식 (2.99)를 연립하면 다음과 같다.

$$u = u_0 + u_d = B\sigma_3 + A(\sigma_1 - \sigma_3) \tag{2.100}$$

연약 포화점토의 간극수압계수 B는 1로 볼 수 있다. 따라서

$$u = \sigma_3 + A(\sigma_1 - \sigma_3) \tag{2.101}$$

파괴 시(A_f) 간극수압계수 A는 흙의 종류에 따라 변한다. 다음은 흔히 접할 수 있는 여러 종류의 점토에 대한 파괴 시 A값의 일반적인 범위이다.

흙의 종류	파괴 시 A 값(A_f)
모래질 점토	0.5–0.7
정규압밀 점토	0.5–1
과압밀 점토	−0.5–0

2.19 일축압축시험

일축압축시험(unconfined compression test)(그림 2.34a)은 그림 2.34b에서 보는 바와 같이 구속응력 $\sigma_3 = 0$인 비압밀비배수 삼축시험(UU 시험)의 특별한 경우이다. 이 시험에서 축차응력 $\Delta\sigma$는 파괴가 발생하는 시료에 적용한다(예, $\Delta\sigma = \Delta\sigma_f$). 이와 관련된 Mohr 원은 그림 2.34b에 나타내었다. 이 경우 Mohr 원의 응력상태는 다음과 같다.

최대 전 주응력 $= \Delta\sigma_f = q_u$
최소 전 주응력 $= 0$

파괴 시 축차응력, $\Delta\sigma_f = q_u$을 일반적으로 **일축압축강도**(unconfined compression strength)라 한다. 이 조건($\phi = 0$)에서 포화점토의 전단강도는 식 (2.87)로부터 다음과 같다.

$$s = c_u = \frac{q_u}{2} \tag{2.102}$$

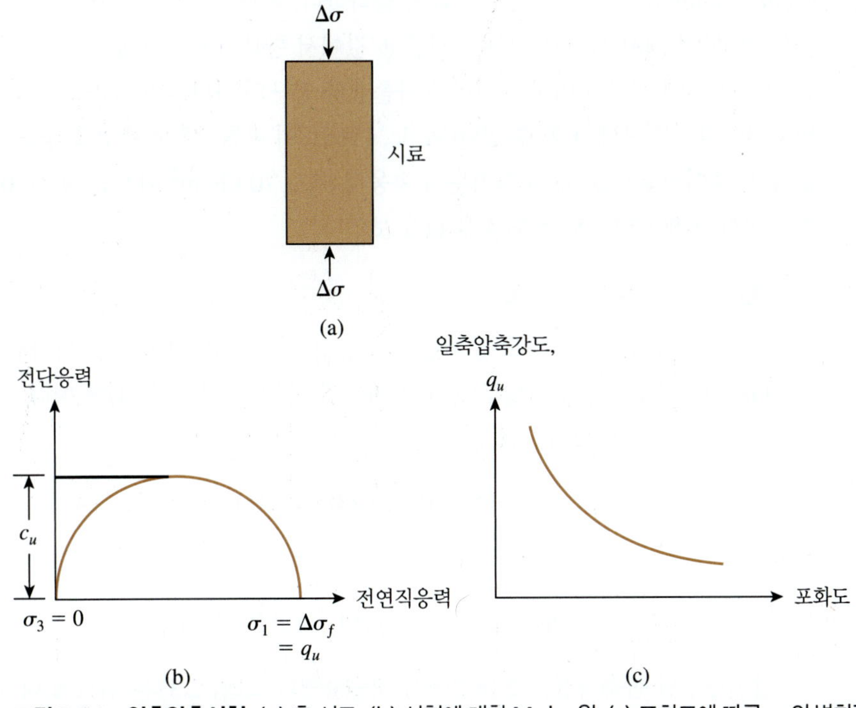

그림 2.34 일축압축시험: (a) 흙 시료, (b) 시험에 대한 Mohr 원, (c) 포화도에 따른 q_u의 변화량

표 2.14 점토의 일축압축강도에 따른 연경도

연경도	q_u (kN/m^2)
매우 연약	0~25
연약	25~50
중간	50~100
견고	100~200
매우 견고	200~400
고결	> 400

일축압축강도는 점토의 연경도(consistency) 지표로 사용될 수 있다. 포화점토의 일축압축강도 q_u는 휴대용 경도계(penetrometer)를 이용하여 신속히 평가할 수 있다.

일축압축강도는 불포화토에 대해서도 적용할 수 있다. 흙 시료의 간극비가 일정한 상태에서 일축압축강도는 포화도(그림 2.34c)에 따라 급격히 감소한다. 점토의 연경도는 표 2.14에 나타난 바와 같이 일축압축강도를 바탕으로 정의된다.

2.20 내부마찰각(ϕ')에 대한 고찰

사질토의 유효응력 마찰각

일반적으로 직접전단시험은 삼축압축시험에서 얻은 내부마찰각에 비해 높게 나타난다. 주어진 흙에 대한 파괴포락선도 실제는 곡선인 것에 주의하여야 한다. 식 (2.87)에 정의된 Mohr-Coulomb 파괴 기준은 근사값에 불과하다. 본래 파괴포락선이 곡선이기 때문에 더 높은 연직응력에서 시험된 흙은 더 낮은 ϕ'값에서 항복점에 도달할 것이다. 이와 같은 사례는 그림 2.35에 제시된 미국 조지아주 아틀랜타 인근의 차타후치 강 모래에 대한 ϕ'과 간극비 e 사이의 그래프에서 볼 수 있다(Vesic, 1963). 이 마찰각은 삼축압축시험을 통해 얻어진 값이다. 주어진 e과 ϕ' 값의 크기는 구속응력 σ'_3가 70 kN/m^2 이상인 경우 70 kN/m^2 미만인 경우에 비해 약 4°~5° 정도 작은 값을 보인다.

점성토의 유효응력 마찰각

그림 2.36은 여러 정규압밀토에 대한 유효응력 마찰각 ϕ'의 변화를 나타낸다(Sorensen and Okkels, 2013). 정규압밀토에 대한 마찰각 ϕ'은 소성지수(PI)에 따라 점차 감소하는 것을 볼 수 있다. 그림 2.36으로부터

$$\phi' = 43 - 10\log(\text{PI}) \quad (\text{평균}) \tag{2.103}$$

그리고

$$\phi' = 39 - 11\log(\text{PI}) \quad (\text{낮은 경계}) \tag{2.104}$$

압밀배수된 삼축시험은 2.18절에서 기술하였다. 그림 2.37은 점토에 대한 배수삼축시험에서 $\Delta\sigma$와 축변형률 간의 관계 그래프에 대한 개념도이다. 파괴 시 이 시험의 경우, $\Delta\sigma$

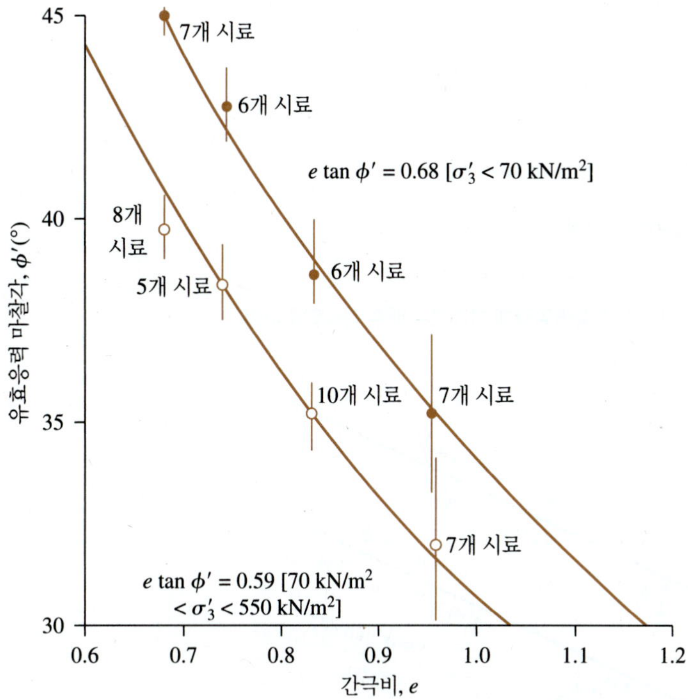

그림 2.35 차타후치 강 모래의 간극비에 대한 마찰각의 변화(Vesic, 1963)(출처: Vesic A.B.에 근거, Bearing Capacity of Deep Foundations in Sand. In Highway Rearch Record 39, Highway Research Board. National Research Council, Washinton, DC, 1963, Figure 11, p.123)

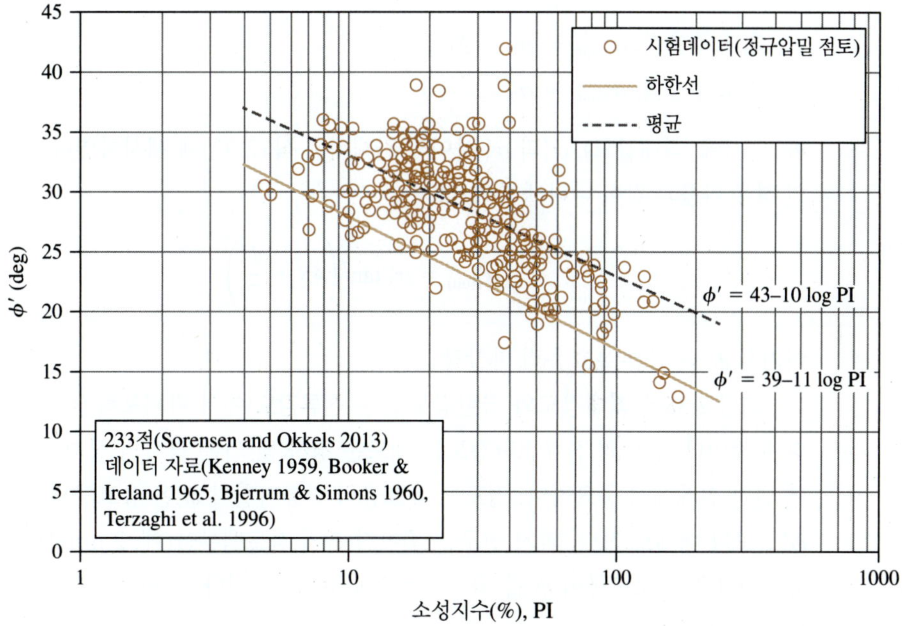

그림 2.36 여러 정규압밀토에 대한 소성지수에 따른 ϕ'의 변화(출처: Sorensen and Okkels, 2013에 근거함)

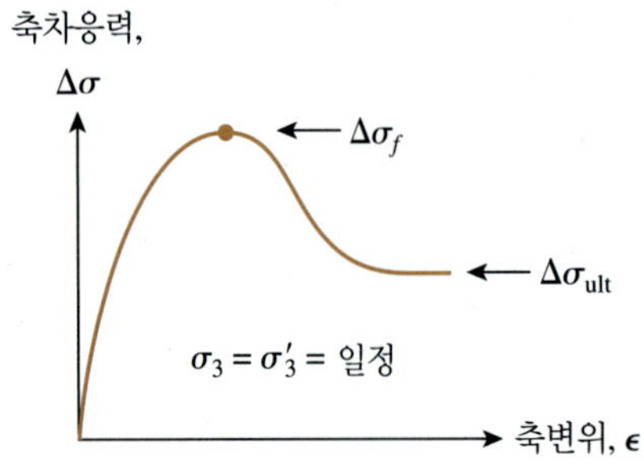

그림 2.37 축차응력과 축변위관계 그래프—배수 삼축압축시험

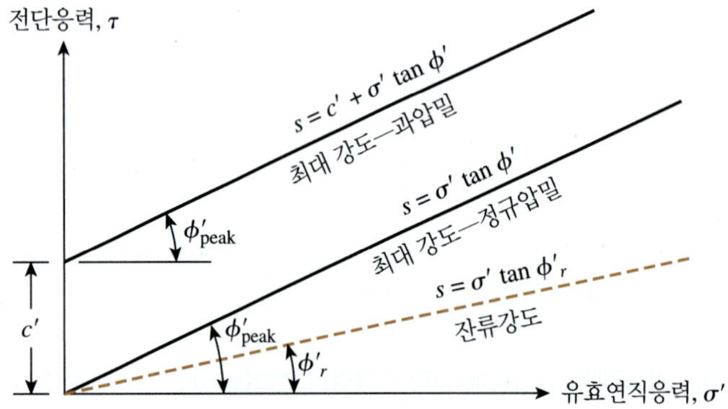

그림 2.38 점토의 최대강도 및 잔류강도 포락선

$= \Delta\sigma_f$이다. 그러나 큰 축변형률(예, 극한강도 조건)에서, 다음과 같은 관계를 가진다.

최대 주응력: $\sigma'_{1(\text{ult})} = \sigma_3 + \Delta\sigma_{\text{ult}}$

최소 주응력: $\sigma'_{3(\text{ult})} = \sigma_3$

파괴 시(예, 최대강도), σ'_1과 σ'_3 사이의 관계식은 식 (2.93)에 제시하였다. 그러나, 극한강도인 경우 다음과 같이 나타낼 수 있다.

$$\sigma'_{1(\text{ult})} = \sigma'_3 \tan^2\left(45 + \frac{\phi'_r}{2}\right) \tag{2.105}$$

여기서 ϕ'_r = 잔류 유효응력 마찰각

그림 2.38은 최대강도와 극한강도(또는 잔류강도)에서 파괴포락선의 일반인 특성을 나타낸 것이다. 점토의 잔류전단강도는 새로운 경사 및 기존 경사의 장기안정성 평가와 개선에 관한 설계에서 중요하다. 점토의 유효응력 잔류마찰각 ϕ'_r은 유효응력 최대마찰각 $\phi' = \phi'_{\text{peak}}$보다 대체로 작다. 과거 연구는 주어진 흙의 점토백분율(예, 2 μm보다 작은 입자의 함유율) CF와 점토광물이 ϕ'_r를 좌우하는 2개 주요인자이다. ϕ'_r에 대한 CF의 영향을 요약하면 다음과 같다.

1. CF가 약 15%보다 작다면, ϕ'_r은 25°보다 더 크다.
2. CF > 50%인 경우, ϕ'_r이 점토광물의 미끄러짐에 전적으로 좌우되며, 10°에서 15°의 범위에 있다.

표 2.15 여러 점토에 대한 잔류마찰각의 변화(출처: Skempton, 1964에 근거함)

흙의 종류	점토크기 백분율(%)	잔류마찰각, ϕ_r'(°)
Selset	17.7	29.8
Wiener Tegel	22.8	25.1
Jackfield	35.4	19.1
Oxford clay	41.9	16.3
Jari	46.5	18.6
London clay	54.9	16.3
Walton's Wood	67	13.2
Weser-Elbe	63.2	9.3
Little Beit	77.2	11.2
Biotite 100	100	7.5

3. 카올리나이트, 일라이트, 몬모릴로나이트의 경우 ϕ_r'은 각각 약 15°, 10°, 5°이다.

Skempton(1964)는 여러 점토질 흙에 대해 점토크기 백분율(≤2 μm)에 따른 잔류마찰각 ϕ_r'의 변화값을 제시하였다. 이 결과의 요약은 표 2.15에 나타내었다.

2.21 비배수 전단강도, c_u에 대한 상관관계

현장에서 c_u와 유효상재압력(σ_0') 사이에 몇 가지 경험적 관계식이 발견된다. 표 2.16에서 이와 같은 관계식을 요약하였다.

2.22 예민비

자연적으로 퇴적된 점토인 경우, 일축압축강도는 함수비 변화 없이 흙이 재성형되었을 때 매우 낮게 된다. 점토의 이러한 특성을 예민비(sensitivity)라 한다. 예민비의 정도는 재성형된 상태에 대한 불교란된 상태의 일축압축강도비이며 다음과 같다.

$$S_t = \frac{q_{u(\text{undisturbed})}}{q_{u(\text{remolded})}} \tag{2.106}$$

대부분 점토의 예민비는 약 1에서 8 사이 범위에 있다. 그러나 대단히 면모화된 해성점토 퇴적물은 약 10에서 80까지의 예민비를 나타낸다. 몇몇 점토들은 재성형하면 점성유체로 바뀌는데 이러한 점토를 'quick clay'라 부른다. 재성형에 따른 점토의 강도손실은 본래의 퇴적과정에서 형성된 점토입자구조의 파괴가 주원인이다.

2.23 요약

상태관계는 흙 안에 다른 상태의 질량과 체적을 계산하거나 함수비, 간극비, 포화도, 단위중

표 2.16 비배수 전단강도(c_u)와 관련된 경험식

제안자	상관관계식	비고
Skempton (1957)	$\frac{c_{u(\mathrm{VST})}}{\sigma'_o} = 0.11 + 0.0037\,(\mathrm{PI})$ PI = 소성지수(%) $c_{u(\mathrm{VST})}$ = 베인전단시험에 의한 비배수 전단강도	정규압밀 점토에 적용
Chandler (1988)	$\frac{c_{u(\mathrm{VST})}}{\sigma'_c} = 0.11 + 0.0037\,(\mathrm{PI})$ σ'_c = 선행압밀압력	과압밀 점토에 사용 가능; 정확도 ±25%, 예민점토나 균열점토의 경우 적용 안 됨
Jamiolkowski, et al. (1985)	$\frac{c_u}{\sigma'_c} = 0.23 \pm 0.04$	약간 과압밀된 점토에 적용
Mesri (1989)	$\frac{c_u}{\sigma'_o} = 0.22$	
Bjerrum and Simons (1960)	PI > 50%인 경우 $\frac{c_u}{\sigma'_o} = 0.45\left(\frac{\mathrm{PI\%}}{100}\right)^{0.5}$	정규압밀 점토
	LI = 액성지수 > 0.5인 경우 $\frac{c_u}{\sigma'_o} = 0.118\,(\mathrm{LI})^{0.15}$	정규압밀 점토
Ladd, et al. (1977)	$\frac{\left(\frac{c_u}{\sigma'_o}\right)_{\text{overconsolidated}}}{\left(\frac{c_u}{\sigma'_o}\right)_{\text{normally consolidated}}} = \mathrm{OCR}^{0.8}$ OCR = 과압밀비 = σ'_c/σ'_0	

량을 계산하는 데 유용하다. 지반공학에서 적용하는 두 가지 주요 흙의 분류법은 USCS(통일분류법)과 AASHTO(미국 연방도로협회) 분류법이다. AASHTO 분류법은 도로작업에 광범위하게 사용하고, USCS 분류법은 모든 지반공학적 실무에 사용한다. 조립토는 입자크기 분포에 근거하여 분류한다. 세립토는 Atterberg 한계에 근거하여 분류한다.

투수계수로 알려진 수리학적 전도도는 배수를 포함한 침투와 관련된 문제에서 중요한 정수이다. 투수계수는 실내실험으로 정수두 시험과 변수투 투수시험을 통해 결정하거나 경험적 관계식으로 추정한다.

압밀은 포화된 점토의 간극 공간에 있는 물이 외력에 의해 소산되는 시간의존적 과정이다. 압밀침하계산에서 요구되는 정수는 불교란 점토시료를 대상으로 압밀시험(oedometer test)을 통하여 결정한다. 최종압밀침하 S_c는 선행압밀압력, 압축지수, 팽창지수, 초기간극비, 초기 유효 상재응력, 적용하중, 층 두께에 의해 영향을 받는다. 압밀속도는 점토층의 일면 또는 양면 배수조건과 압밀계수에 의존한다.

흙의 전단파괴는 Mohr-Coulomb 파괴 규준을 따른다. 파괴포락선은 두 가지 정수인 점착력 c와 마찰각 ϕ로 나타내며, 이는 전응력 또는 유효응력의 함수로 정의하고 삼축압축시험이나 직접전단시험으로 결정한다.

연습문제

2.1 흙 시료의 체적이 0.05 m^3이고, 질량이 87.5 kg, 함수비는 15%, 비중은 2.68일 때, 다음을 구하라.

a. 간극비
b. 간극률
c. 건조단위중량
d. 습윤단위중량
e. 포화도

2.2 흙의 포화단위중량은 20.1 kN/m^3이고, 함수비는 22%일 때 다음을 구하라.

a. 건조단위중량
b. 흙의 비중 G_s

2.3 흙에 대해, 주어진 값: 간극비 = 0.81, 함수비 = 21%, G_s = 2.68, 다음을 계산하라.

a. 간극률
b. 포화도
c. 습윤단위중량(kN/m^3)
d. 건조단위중량(kN/m^3)

2.4 포화된 흙의 함수비가 36%이고, γ_d = 13.43 kN/m^3일 때 다음을 결정하라.

a. 간극비
b. 간극률
c. 흙의 비중
d. 포화단위중량(kN/m^3)

2.5 모래에 대한 실내실험 결과 다음과 같다: e_{max} = 0.91, e_{min} = 0.48, G_s = 2.67. 함수비 10%, 상대밀도 65%까지 다졌을 때 이 모래의 건조단위중량과 습윤단위중량(kN/m^3)은 얼마인가?

2.6 입상토가 γ = 17 kN/m^3이고, D_r = 60%, w = 8%, 그리고 G_s = 2.66이다. 이 흙이 e_{min} = 0.4이면, e_{max}는 얼마인가? 또한, 가장 느슨한 상태에서의 건조단위중량은 얼마인가?

2.7 다음은 6개 시료의 실내 시험 결과이다. AASHTO 분류법에 의하여 흙을 분류하고, 군지수를 결정하라.

체 분석-통과율

체 번호	흙 시료					
	A	B	C	D	E	F
4	92	100	100	95	100	100
10	48	60	98	90	91	82
40	28	41	82	79	80	74
200	13	33	72	64	30	55
액성한계	31	38	56	35	43	35
소성한계	26	25	31	26	29	21

2.8 문제 2.7에서 흙을 통일분류법에 의해 분류하고, 분류기호와 분류명을 결정하라.

2.9 모래의 투수계수는 간극비가 0.56일 때 0.14 cm/sec로 측정되었다. 식 (2.38)을 사용하여 간극비 0.79에서 이 모래의 투수계수를 구하라.

2.10 점토의 현장투수계수는 간극비가 0.92일 때 5.4 × 10^{-6} cm/s이다. 간극비가 0.72일 때 이 점토의 투수계수는 얼마인가? 표 2.11에 제시된 Taylor 식을 이용하라.

2.11 그림 P2.11에 나타난 토질주상도로부터 A, B, C, D 점에서 전응력, 간극수압, 유효응력을 구하라.

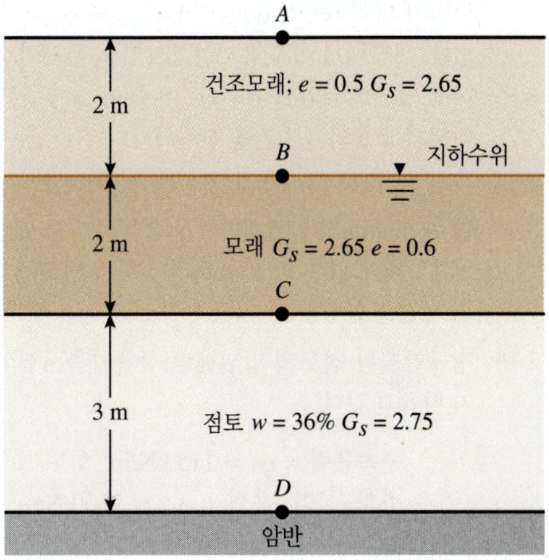

그림 P2.11

2.12 사질토(G_s = 2.66)가 가장 조밀할 때와 가장 느슨할 때의 간극비가 각각 0.42와 0.97이다. 분사현상이 발생될 때 이 흙의 한계동수경사의 범위를 구하라.

2.13 두께가 2.6 m인 정규압밀 점토층의 간극비가 1.3이다. LL = 41이고 점토층의 평균유효응력 = 82 kN/m^2이라 하자. 기초의 공사 결과 평균유효응력이 120 kN/m^2으로 증가하였다면 점토층 하부에 발생한 침하량은 얼마인가?

2.14 문제 2.13의 점토층이 선행 압밀되었다고 가정한다. σ'_c = 95 kN/m^2, C_s = 1/4C_c라 할 때 압밀침하량을 산정하라.

2.15 그림 P2.11의 점토층이 정규압밀되어 있다고 가정하자. 점토에 대한 실내압밀시험 결과는 다음과 같이 주어졌다.

압력(kN/m^2)	간극비
100	0.905
200	0.815

a. 점토층의 평균유효응력을 계산하라.
b. 압축지수 C_c를 결정하라.
c. 만약 점토층의 평균유효응력이 115 kN/m^2까지 증가한다면($\sigma'_0 + \Delta\sigma'$), 총압밀침하량은 얼마인가?

2.16 문제 2.15c의 점토에 대하여, $c_v = 5.6\ mm^2/min$이다. 점토가 50% 압밀침하에 도달하려면 소요기간은 얼마인가?(주: 현장 점토층은 일면배수조건이다.)

2.17 실내시험에서 점토의 두께는 25 mm(일면배수)이고, 주어진 압력하에서 60% 압밀되는 데 6분이 소요되었다. 현장에서 이와 유사한 점토층의 두께가 2.45 m이고 양면배수의 조건이다. 이 흙이 50% 압밀되기 위해서 소요되는 시간을 산정하라.

2.18 그림 P2.18에 나타난 두 점토층이 상재압력 $\Delta\sigma$로 인해 총 60 mm의 압밀침하가 발생할 것으로 예상된다. 상재압력에 의해 총 30 mm의 침하가 발생될 때까지의 시간을 산정하라.

2.19 정규압밀된 점토의 압밀배수 삼축압축시험의 결과가 다음과 같다.

$$\text{구속응력} = \sigma_3 = 115\ kN/m^2$$
$$\text{파괴 시 축차응력} = \Delta\sigma = 230\ kN/m^2$$

전단강도정수 ϕ'을 구하라.

2.20 정규압밀 점토에 대한 압밀배수 삼축압축시험을 수행하여 배수 마찰각 ϕ'가 28°로 도출되었다. 만약 삼축압축시험 때 구속응력(σ'_3)이 104 kN/m^2라면 점토 시료의 파괴 시 주응력(σ'_1)을 구하라.

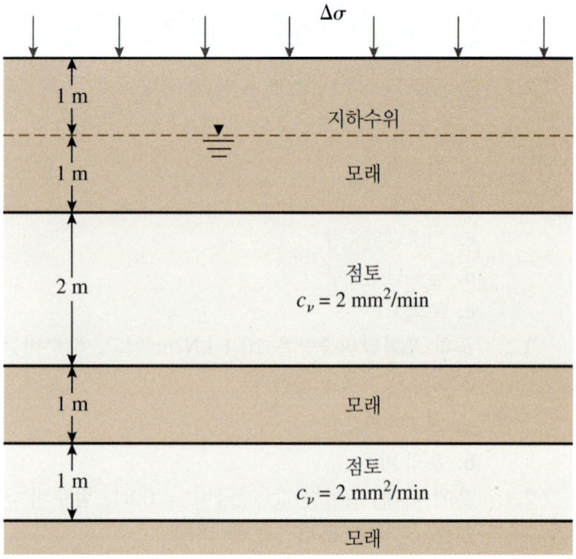

그림 P2.18

2.21 2회의 점토 압밀배수 삼축압축시험 결과는 다음과 같다.

시험 I: $\sigma_3 = 82.8\ kN/m^2$; $\sigma_{1(failure)} = 329.2\ kN/m^2$
시험II: $\sigma_3 = 165.6\ kN/m^2$; $\sigma_{1(failure)} = 558.6\ kN/m^2$

전단강도정수 c'과 ϕ'을 구하라.

2.22 포화된 정규압밀 점토에 대한 압밀비배수 삼축압축시험의 결과는 다음과 같다.

$$\sigma_3 = 90.0\ kN/m^2$$
$$\sigma_{1(failure)} = 220.0\ kN/m^2$$

파괴 시의 간극수압 $u_f = 38.0\ kN/m^2$
c, ϕ, c', ϕ'을 구하라.

참고문헌

Amer, A. M. and Awad, A. A. (1974). "Permeability of Cohesionless Soil," *Journal of the Geotechnical Engineering Division*, American Society of Civil Engineers, Vol. 100, No. GT12, pp. 1309–1316.

American Society for Testing and Materials (2019). *Annual Book of ASTM Standards*, Vol. 04.08, West Conshohocken, PA.

Bjerrum, L. and Simons, N. E. (1960). "Comparison of Shear Strength Characteristics of Normally Consolidated Clay," *Proceedings, Research Conference on Shear Strength of Cohesive Soil*, ASCE, pp. 711–726.

Carman, P. C. (1938). "The Determination of the Specific Surface of Powders," Journal of the Society of Chemical Industry Transactions, Vol. 57, pp. 225–234.

Carman, P. C. (1956). Flow of Gases through Porous Media, Butterworths Scientific Publications, London.

Carrier III, W. D. (2003). "Goodbye, Hazen; Hello, Kozeny-Carman," *Journal of Geotechnical and Geoenvironmental Engineering*, ASCE, Vol. 129, No. 11, pp. 1054–1056.

Casagrande, A. (1936). "Determination of the

Preconsolidation Load and Its Practical Significance," *Proceedings, First International Conference on Soil Mechanics and Foundation Engineering*, Cambridge, MA, Vol. 3, pp. 60–64.

Chandler, R. J. (1988). "The *in situ* Measurement of the Undrained Shear Strength of Clays Using the Field Vane," *STP 1014, Vane Shear Strength Testing in Soil: Field and Laboratory Studies*, American Society for Testing and Materials, pp. 13–44.

Chapuis, R. P. (2004). "Predicting the Saturated Hydraulic Conductivity of Sand and Gravel Using Effective Diameter and Void Ratio," *Canadian Geotechnical Journal*, Vol. 41, No. 5, pp. 787–795.

Cubrinovski, M. and Ishihara, K. (1999). "Empirical Correlation Between SPT N-Value and Relative Density for Sandy Soil," *Soil and Foundations*. Vol. 39, No. 5, pp. 61–71.

Cubrinovski, M. and Ishihara, K. (2002). "Maximum and Minimum Void Ratio Characteristics of Sands," *Soil and Foundations*. Vol. 42, No. 6, pp. 65–78.

Darcy, H. (1856). *Les Fontaines Publiques de la Ville de Dijon*, Paris.

Das, B. M. (2016). *Soil Mechanics Laboratory Manual*, 9th ed., Oxford University Press, New York.

Hansbo, S. (1975). *Jordmateriallära*: 211, Stockholm, Awe/Gebers.

Highway Research Board (1945). *Report of the Committee on Classification of Materials for Subgrades and Granular Type Roads*, Vol. 25, pp. 375–388.

Jamilkowski, M., Ladd, C. C., Germaine, J. T., and Lancellotta, R. (1985). "New Developments in Field and Laboratory Testing of Soil," *Proceedings, XI International Conference on Soil Mechanics and Foundations Engineering*, San Francisco, Vol. 1, pp. 57–153.

Kenney, T. C. (1959). "Discussion," *Journal of the Soil Mechanics and Foundations Division*, American Society of Civil Engineers, Vol. 85, No. SM3, pp. 67–69.

Kozeny, J. (1927). "Über kapillare Leitung des Wassers im Boden." *Sitzungsberichte der Akademie der Wissenschaften, Wien*, Vol. 35, No. 2a, pp. 271–306.

Kulhawy, F. H. and Mayne, P. W. (1990). *Manual of Estimating Soil Properties for Foundation Design*, Electric Power Research Institute, Palo Alto, CA.

Ladd, C. C., Foote, R., Ishihara, K., Schlosser, F., and Poulos, H. G. (1977). "Stress Deformation and Strength Characteristics," *Proceedings, Ninth International Conference on Soil Mechanics and Foundation Engineering*, Tokyo, Vol. 2, pp. 421–494.

Mesri, G. (1989). "A Re-evaluation of $s_{u(\mathrm{mob})} \approx 0.22\sigma_p$ Using Laboratory Shear Tests," *Canadian Geotechnical Journal*, Vol. 26, No. 1, pp. 162–164.

Mesri, G. and Olson, R. E. (1971). "Mechanism Controlling the Permeability of Clays," *Clay and Clay Minerals*, Vol. 19, pp. 151–158.

Mitchell, J. K. (1976). Fundamentals of Soil Behavior, Wiley, NY.

Olson, R. E. (1977). "Consolidation Under Time-Dependent Loading," *Journal of Geotechnical Engineering*, ASCE, Vol. 103, No. GT1, pp. 55–60.

Park, J. H. and Koumoto, T. (2004). "New Compression Index Equation," *Journal of Geotechnical and Geoenvironmental Engineering*, ASCE, Vol. 130, No. 2, pp. 223–226.

Rendon-Herrero, O. (1980). "Universal Compression Index Equation," *Journal of the Geotechnical Engineering Division*, American Society of Civil Engineers, Vol. 106, No. GT11, pp. 1178–1200.

Samarasinghe, A. M., Huang, Y. H., and Drnevich, V. P. (1982). "Permeability and Consolidation of Normally Consolidated Soil," *Journal of the Geotechnical Engineering Division*, ASCE, Vol. 108, No. GT6, pp. 835–850.

Schmertmann, J. H. (1953). "Undisturbed Consolidation Behavior of Clay," *Transactions*, American Society of Civil Engineers, Vol. 120, p. 1201.

Sivaram, B. and Swamee, A. (1977), "A Computational Method for Consolidation Coefficient," *Soil and Foundations*, Vol. 17, No. 2, pp. 48–52.

Skempton, A. W. (1944). "Notes on the Compressibility of Clays," *Quarterly Journal of Geological Society*, London, Vol. C, pp. 119–135.

Skempton, A. W. (1953). "The Colloidal Activity of Clays," *Proceedings, 3rd International Conference on Soil Mechanics and Foundation Engineering*, London, Vol. 1, pp. 57–61.

Skempton, A. W. (1957). "The Planning and Design of New Hong Kong Airport," *Proceedings, The Institute of Civil Engineers*, London, Vol. 7, pp. 305–307.

Skempton, A. W. (1964). "Long-Term Stability of Clay Slopes," *Geotechnique*, Vol. 14, p. 77.

Skempton, A. W. (1985). "Residual Strength of Clays in Landslides, Folded Strata, and the Laboratory," *Geotechnique*, Vol. 35, No. 1, pp. 3–18.

Sorensen, K. K. and Okkels, N. (2013). "Correlation between Drained Shear Strength and Plasticity Index of Undisturbed Overconsolidated Clay," Proceedings, 18th International Conference on Soil Mechanics and Geotechnical Engineering, Paris, Presses Des Ponts, Vol. 1, pp. 423–428.

Stas, C. V. and Kulhawy, F. H. (1984). "Critical Evaluation of Design Methods for Foundations Under Axial Uplift and Compression Loading," *REPORT EL-3771*, Electric Power Research

Institute, Palo Alto, CA.

Taylor, D. W. (1948). *Fundamentals of Soil Mechanics*, John Wiley & Sons, New York.

Teferra, A. (1975). *Beziehungen zwischen Reibungswinkel, Lagerungsdichte und Sonderwiderständen nichtbindiger Böden mit verschiedener Kornverteilung.* Ph.D. Thesis, Technical University of Aachen Germany.

Terzaghi, K. and Peck, R. B. (1967). *Soil Mechanics in Engineering Practice*, John Wiley & Sons, New York.

Thinh, K. D. (2001). "How Reliable is Your Angle of Internal Friction?" *Proceedings, XV International Conference on Soil Mechanics and Geotechnical Engineering*, Istanbul, Turkey, Vol. 1, pp. 73–76.

U.S. Department of the Navy (1982). "Soil Mechanics," NAVFAC DM7.1, U.S. Government Printing Office, Washington, D.C.

U.S. Department of the Navy (1986). "Soil Mechanics Design Manual 7.01," U.S. Government Printing Office, Washington, D.C.

Vesic, A. S. (1963). "Bearing Capacity of Deep Foundations in Sand," *Highway Research Record No. 39*, National Academy of Sciences, Washington D.C., pp. 112–154.

Wood, D. M. (1983). "Index Properties and Critical State Soil Mechanics," *Proceedings, Symposium on Recent Developments in Laboratory and Field Tests and Analysis of Geotechnical Problems*, Bangkok, p. 309.

Wroth, C. P. and Wood, D. M. (1978). "The Correlation of Index Properties with Some Basic Engineering Properties of Soil," *Canadian Geotechnical Journal*, Vol. 15, No. 2, pp. 137–145.

Youd, T. L. (1973). "Factors Controlling Maximum and Minimum Densities of Sands," *Special Technical Publication No.* 523, American Society for Testing and Materials, pp. 98–122.

Chapter 3

자연 흙의 퇴적과 지반조사

Natural Soil Deposits and Subsoil Exploration

학습목표 **3장을 학습하면 다음을 할 수 있다**

- 3.1 흙의 퇴적 범위와 지반탐사 프로그램을 설명함.
- 3.2 물리적, 화학적 풍화과정에서 생성된 흙의 유형을 이해함.
- 3.3 잔적토의 형성과정에 대해 설명함.
- 3.4 중력에 의한 붕적토를 식별함.
- 3.5 급속류에 의한 충적토와 굴곡된 하천에서 퇴적된 충적토를 식별함.
- 3.6 호상토의 퇴적과정을 이해함.
- 3.7 빙적토의 형성과정을 기술함.
- 3.8 바람에 의한 풍적토의 형성을 기술함.
- 3.9 유기질토의 퇴적에 대해 이해함.
- 3.10 여러 흙에 사용된 지역명칭을 이해함.
- 3.11 지반조사 범위를 인지함.
- 3.12 지반조사 프로그램의 여러 구성항목과 관련된 사항을 알 수 있음.
- 3.13 현장의 시추조사 방법을 이해함.
- 3.14 토질시험에 필요한 흙 시료의 채취방법을 이해함.
- 3.15 스플릿 스픈 시료 채취기에 의한 표준관입시험과 시험결과로부터 얻어지는 여러 상관관계를 이해함.
- 3.16 지반조사프로그램에서 스크레이퍼 버킷 사용의 필요성을 이해함.
- 3.17 띤월 튜브(thin wall tube, 얇은 황동관)를 사용한 시료 채취의 필요성을 인지함.
- 3.18 피스톤 샘플러를 사용한 시료 채취 과정을 설명함.
- 3.19 시추완료 후 지하수위 관찰의 중요성을 이해함.
- 3.20 베인전단시험의 범위와 과정을 설명함.
- 3.21 콘관입시험 과정과 다양한 지반정수에 관한 시험결과에서 얻은 상관관계를 이해함.
- 3.22 프레셔미터 시험과 지반정수에 관한 다양한 상관관계 결과의 활용에 대해 이해함.
- 3.23 딜라토미터 시험과 여기에서 유도된 다양한 상관관계에 대해 설명함.
- 3.24 아이오와 시추공 전단시험 방법을 설명함.
- 3.25 정지토압계수를 얻기 위한 K_0 계단식-날 시험의 과정을 이해함.
- 3.26 암반 코어링의 과정에 대해 기술함.
- 3.27 시추주상도를 준비하는 과정에 관련된 사항을 이해함.
- 3.28 굴절탐사, 크로스 홀 탐사, 전기비저항 같은 물리탐사의 기본을 이해함.
- 3.29 지반조사 보고서를 준비하기 위해 필요한 이해력을 증진함.

3.1 개요

구조물의 기초, 옹벽, 또는 제방의 설계와 시공을 하기 위해서는 현장의 토질에 대한 철저한 이해가 필요하다. 여러 흙층을 나타낸 토질주상도와 지반공학 물성치, 그리고 지하수위는 일반적으로 요구되는 자료들이다. 흙의 불균질성으로 인해 제한된 예산 내에서 지층의 특성을 파악하는 데는 어려움이 있다. 토질 역학적 이론들은 이상적인 조건에 적합하기 때문에, 이들 이론들을 기초공학 문제들에 적용하기 위해서는 현장조건과 토질정수들을 올바르게 평가할 수 있는 판단력이 필요하다. 이를 위해서는 현장에 퇴적된 흙이 형성되기까지의 지질학적 배경을 알아야 한다. 이러한 지질학적 정보의 일부는 지반조사를 수행함으로써 알 수 있다. 양질의 전문적인 판단력은 지반공학에서 필수적이며, 이것은 오직 실무를 통해서만 습득할 수 있다.

이 장은 두 부분으로 나뉜다. 전반부는 우리가 자연에서 흔히 접촉하는 퇴적토에 대하여 전반적으로 기술하였으며, 후반부에는 지반조사의 일반적인 원리, 여러 다른 흙 시료 채취방법, 현장원위치시험, 그리고 현장원위치시험 결과의 설명에 대하여 기술하였다.

자연적인 흙의 퇴적

3.2 흙의 기원

지구를 덮고 있는 대부분의 흙은 여러 종류 암석들의 풍화작용에 의하여 형성되었다. 일반적으로 두 가지 형태의 풍화작용이 있는데 (1) 역학적 풍화작용(mechanical weathering)과 (2) 화학적 풍화작용(chemical weathering)이다.

역학적 풍화란 암석이 화학적 성분의 변화 없이 물리적 힘에 의하여 점차 작은 조각으로 부서지는 과정이다. 열을 받거나 잃음으로써 발생되는 **암석의 팽창과 수축** 현상은 온도변화에 기인된다. 암석에 균열이 발생하여 크고 작은 조각으로 된다. **결빙작용**은 역학적 풍화작용의 또 다른 요인이다. 물이 암석의 간극이나 균열 및 다른 공간으로 들어갈 수 있다. 온도가 낮아지면 물이 얼게 되고 그로 인하여 약 9%의 부피가 팽창한다. 이러한 결과는 암석의 내부로부터 밖으로 압력이 작용하게 된다. 지속적인 동결과 융해의 결과, 암석은 부서지게 된다. **박리작용**은 암석판이 물리적인 힘에 의해 커다란 암석으로부터 떨어져 나가는 과정으로 또 다른 역학적 풍화이다. 암석의 역학적 풍화는 **흐르는 물**, **빙하**, **바람**, **파도** 등의 작용 때문에 발생한다.

화학적 풍화란 모암의 원래 광물들이 분해되거나 광물이 변화되는 과정으로 모암의 성분이 완전히 다른 성분으로 변화될 수 있다. 그 예는 화성암을 구성하고 있는 대부분의 광물은 석영(quartz), 장석(feldspar), 그리고 철과 마그네슘 광물이다. 표 3.1은 화학적 풍화 때문에 생성된 광물들의 목록이다.

대부분 암석의 풍화는 역학적 풍화작용과 화학적 풍화작용이 함께 작용함으로써 발생된다. 암석의 풍화로 인하여 생성되는 흙은 물리적 요인에 의하여 다른 곳으로 이동될 수 있다. 이렇게 형성된 흙을 **퇴적토**(transported soil)라 부른다. 한편, 어떤 흙들은 생성된 그 자리에 남아 있어 모암의 표면을 덮고 있는 경우가 있다. 이러한 형태의 흙을 **잔적토**(residual soil)라 부른다.

흙을 **이동시키는 요인**에 따라 퇴적토는 크게 5종류로 구분된다.

1. **운적토**(gravity transported soil): 중력에 의해 이동된 퇴적토
2. **호성토**(lacustrine (lake) deposit): 잔잔한 호수에 가라앉아 퇴적된 흙
3. **충적토**(alluvial 또는 fluvial soil deposit): 흐르는 물에 의한 퇴적토
4. **빙적토**(glacial deposit): 빙하 작용에 의한 퇴적토
5. **풍적토**(aeolian deposit): 바람에 의한 퇴적토

퇴적토와 잔적토 이외에 흙은 유기 물질의 분해로 생성된 **이탄**(peat)과 **유기질토**가 있다.

3.3 잔적토

잔적토는 모암으로부터 풍화되는 비율이 이동요인에 의해 다른 곳으로 운반되는 비율보다

표 3.1 화성암에서 풍화되어 생성된 몇 가지 광물

광물	풍화된 광물
석영	석영(모래입자)
칼륨장석($KAlSi_3O_8$)과 나트륨장석($NaAlSi_3O_8$)	카올리나이트(점토) 보크사이트 일라이트(점토) 실리카
칼슘장석($CaAl_2Si_2O_8$)	실리카 방해석
흑운모	점토 갈철석 적철석 실리카 칼사이트
감람석$(Mg, Fe)_2SiO_4$	갈철석 사문석 적철석 실리카

큰 경우의 지역에서 보게 된다. 풍화는 따뜻하고 습한 지역이 서늘하고 건조한 지역보다 더 심하게 진행된다. 풍화의 요인은 다양하다.

잔적토(residual soil)는 주로 하와이 열대 섬과 같은 섬 지역과, 미국 남동부 열대지방에 분포되어 있다. 잔적토의 특성은 주로 모암의 특성에 의존한다. 화강암(granite)과 편마암(gneiss) 같은 단단한 암석은 풍화가 되면 대부분의 흙이 본래 위치에 남는다. 이런 흙으로 구성된 토층은 주로 표토층이 점토 또는 실트질 점토로 구성되어 있고, 그 하부에 실트질 또는 모래층으로 구성되어있다. 일반적으로, 이들 토층 하부는 부분적으로 풍화된 암석에 이어 견고한 암반(경암)으로 구성된다. 견고한 암반이 위치한 심도는 얼마 떨어지지 않은 지점일지라도 상당한 차이가 있을 수 있다. 그림 3.1은 화강암이 풍화되어 형성된 잔적토 지역에서 시추조사한 토질주상도를 나타내고 있다.

경암과는 대조적으로, 석회암(limestone) 같은 몇몇 화학적 암석들은 주로 탄산칼슘($CaCO_3$) 광물로 구성되어있다. 백악(chalk)과 백운암(dolomite)은 많은 탄산칼슘마그네슘[$CaMg(CO_3)_2$] 광물이 많이 포함되어 있는 암석이다. 이들 암석들은 많은 양의 용해물질을 함유하고 있으며, 이 용해물질의 일부는 지하수에 의해 녹아 버려서 용해되지 않는 암석의 일부만 남기게 된다. 화학적 성분이 많이 함유된 암석이 풍화되어 생성된 잔적토는 그림 3.1과 같이 암반까지 차츰 변화되는 전이토층이 없다. 석회석 같은 암석이 풍화되어 생성된 잔적토는 대체로 적색을 띠고 있다. 흙의 종류가 균일하더라도 풍화심도는 상당한 차이를 보일 수 있다. 기반암 바로 상부에 위치한 잔적토는 정규압밀이 될 수 있다. 큰 하중을 받는 대형 기초들이 이러한 흙에 축조될 때 상당한 양의 압밀침하가 발생될 가능성이 있다.

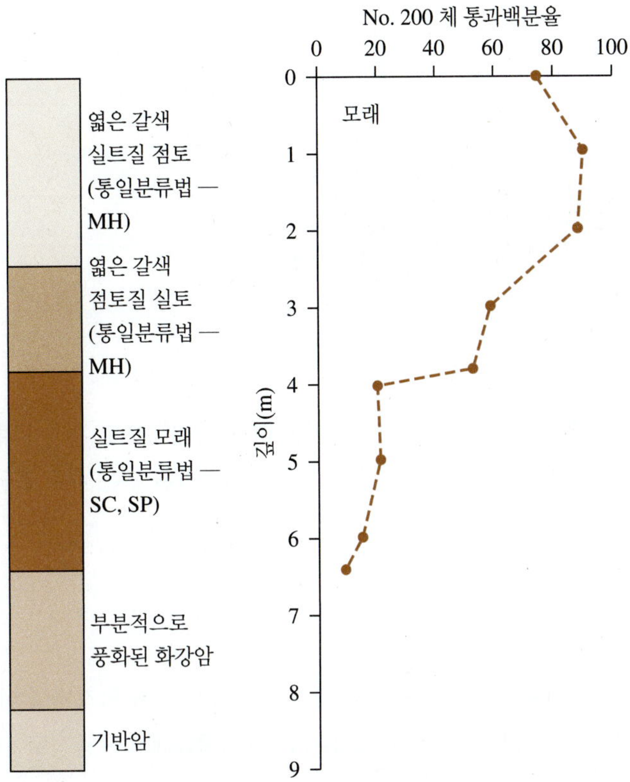

그림 3.1 화강암이 풍화되어 형성된 잔적토 지역에서 시추조사한 토질주상도

3.4 운적토

경사가 급한 자연 사면에서 잔적토는 아래쪽으로 서서히 이동할 수 있다. Cruden and Varnes(1996)은 사면에서 흙의 이동 속도에 대하여 표 3.2와 같이 제안하였다. 잔적토가 자연 사면을 따라 서서히 이동하는 현상을 통상 **크리프**(creep)라고 일컫는다. 흙의 아래쪽으로 갑작스럽고 빠르게 이동하는 현상을 **사면붕괴**(landslide)라고 한다. 흙이 사면을 따라 아래쪽으로 서서히 내려가는 크리프와 사면붕괴에 의해 형성된 퇴적토를 **붕적토**(colluvium)라고 부른다.

붕적토는 입자 크기의 범위가 점토크기의 입자로부터 1 m 또는 그 이상의 직경을 가진 암석까지를 포함하며 흙과 암석조각이 혼합된 불균질한 흙이다. **이류**(mudflow)는 운적토

표 3.2 사면에서 흙의 이동 속도

종류	속도(mm/sec)
매우 느림	5×10^{-5} to 5×10^{-7}
느림	5×10^{-3} to 5×10^{-5}
중간	5×10^{-1} to 5×10^{-3}
빠름	5×10^{1} to 5×10^{-1}

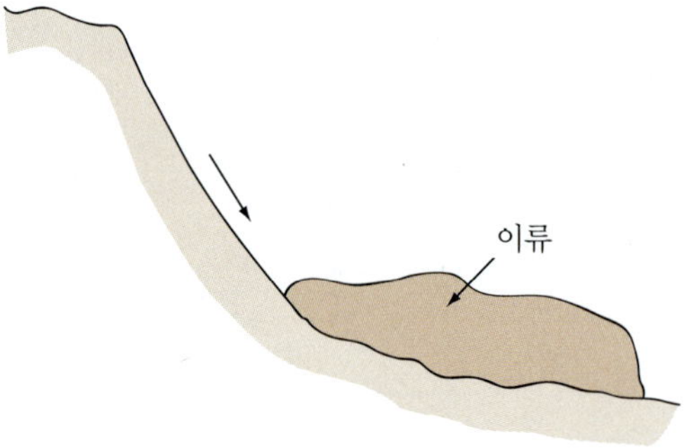

그림 3.2 이류

의 한 종류이다. 점성 액체와 유사하게 흙이 사면을 따라 아래쪽으로 흘러내려가 더욱 조밀한 상태로 잔류하게 된다(그림 3.2). 과거 이류에 의해서 퇴적된 흙은 매우 불균질한 흙으로 구성되어 있다.

3.5 충적토

충적토(alluvial soil)는 시냇물과 강물의 흐름에 의하여 운반되어 퇴적된 흙이다. 충적토는 크게 2종류로 나뉘는데: (1) **급속류에 의한 충적토**와 (2) **굴곡류에 의한 충적토**이다.

급속류에 의한 충적토

급속류(braided stream)는 상당히 높은 동수경사와 빠른 물흐름으로 이루어진다. 따라서 침식이 많이 발생되어 다량의 침전물이 이동된다. 이러한 침전물들은 상당히 큰 기저하중을 갖고 있어 약간의 유속 변화가 있어도 침전물을 퇴적시키는 요인이 된다. 이러한 과정에 의하여 급속류는 모래 톱(sandbar)과 섬들에 의해 나뉘어져 수로로 분산되거나 합류되기도 한다.

급속류에 의하여 형성된 퇴적토는 토층이 매우 불규칙하며 입도 분포가 광범위하다. 그림 3.3은 퇴적층의 단면을 나타내고 있다. 이러한 퇴적토는 여러 특징을 갖고 있다.

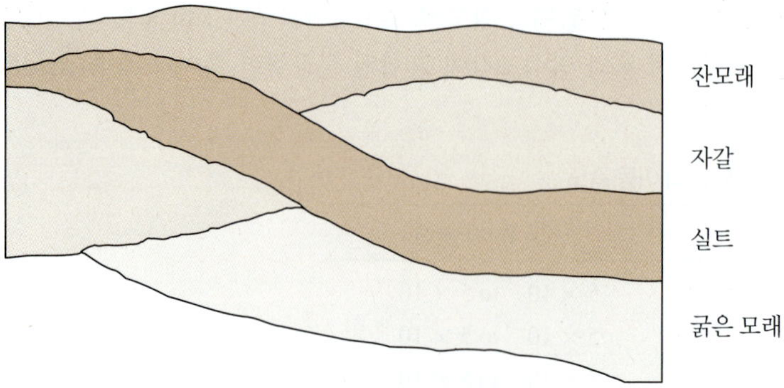

그림 3.3 급속류에 의해 형성된 충적토의 단면

1. 토립자의 크기는 보통 자갈에서부터 실트까지의 범위이며, 일반적으로 점토입자는 급속류에 의한 충적토에서는 발견되지 않는다.

2. 토립자의 크기가 광범위함에도 불구하고, 한 곳에 몰려 쌓여있거나 국부적으로 퇴적되어 흙은 균일한 입도분포를 보이고 있다.

3. 임의의 토층심도에서 간극비와 단위중량은 수평거리가 몇 미터 멀어져 있을지라도 상당한 차이가 있을 수 있다. 이러한 사실은 구조물의 기초를 시공하기 위해 지반조사를 한 결과로부터 알 수 있다. 여러 시추공에서 얻은 임의의 깊이에서의 표준관입치(N)는 불규칙하고 큰 차이를 보일 수 있다.

충적토는 캘리포니아 남부, 유타, 그리고 네바다의 평원과 산맥 같은 미국 서부의 여러 지역에 분포한다. 원래 록키 산맥으로부터 발생된 상당량의 침전물은 동쪽으로 이동하여 충적토로 이루어진 대평원을 형성하였다. 작은 규모로, 급속류에 의하여 발생된 자연 충적토는 지역적으로 분포하고 있다.

굴곡류에 의한 충적토

*Meander*란 용어는 그리스어 *maiandros*로부터 유래되었는데, 아시아에서 굴곡으로 유명한 Maiandros 강(현재 Menderes)의 이름을 따라 명명된 것이다. 계곡을 흐르는 하천의 특성은 앞뒤로 구불구불 굴곡을 이룬다. 강물이 굴곡이 되어 흐르는 계곡의 평지를 **굴곡지대**(meander belt)라고 부른다. 굴곡이 있는 강의 경우, 강줄기가 볼록한 지역에 위치한 제방으로부터 침식이 계속되어, 그림 3.4에 나타난 것과 같이 제방의 모양이 오목한 지역에 퇴적된다. 이러한 종류의 퇴적토를 **줄퇴적토**(point bar deposits)라 부른다. 이러한 퇴적토는

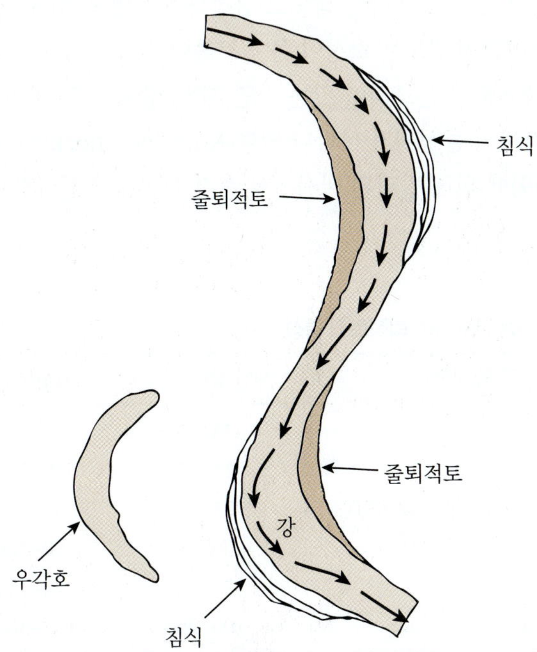

그림 3.4 굴곡류에서 줄퇴적토와 우각호의 형성과정

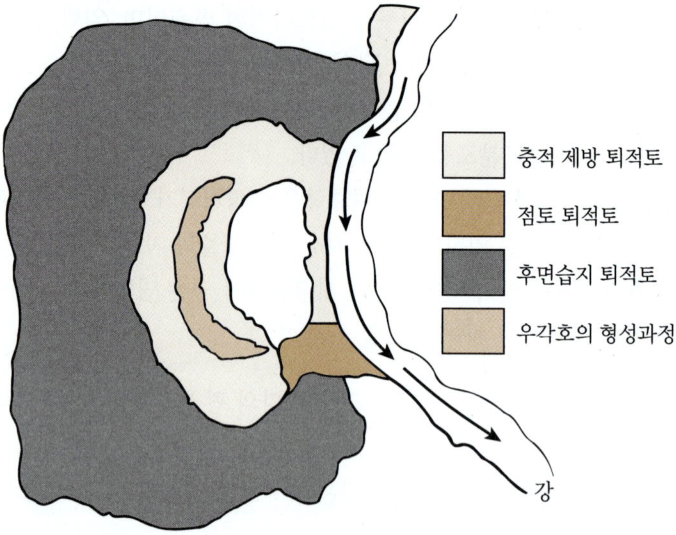

그림 3.5 충적 제방과 후면습지 퇴적토

주로 모래와 실트질 크기 입자들로 구성되어 있다. 간혹 침식과 퇴적 과정에서 강물은 구불구불한 강 줄기로 흐르지 않고 바로 중간을 가로질러 지름길을 택할 수도 있다. 이러한 과정에서 형성된 지형의 구불구불한 구간이 물로 채워질 때, 이를 **우각호**(oxbow lake, 그림 3.4)라고 부른다.

홍수가 발생하였을 때 강물은 낮은 지역으로 범람하게 된다. 강물에 의하여 모래와 실트크기의 입자들이 운반되어 강둑을 따라 퇴적되어, **자연 제방**(natural levees)과 같은 구릉(ridge)을 형성한다(그림 3.5). 실트와 점토로 형성된 세립토는 더 멀리 떠내려가서 범람지역으로 이동한 다음 입자크기가 각각 다른 속도로 침전하여 **후면습지**(backswamp deposit, 그림 3.5)를 형성한다. 이러한 세립토는 소성이 큰 점토들이다.

표 3.3은 미시시피 충적토에 분포되어 있는 자연 제방, 줄퇴적토, 방치된 수로, 후면습지, 늪지에서 채취된 퇴적토의 물성치가 나타나 있다(Kolb and Shockley, 1959). 표 3.4는 Kolb and Shockley(1959)에 의해 발견된 미시시피 충적층에 대한 전단강도정수의 근사적인 범위를 제공한다.

표 3.3 미시시피 충적토 계곡에 분포하는 퇴적토의 특성

환경	흙의 구조	자연 함수비(%)	액성한계	소성지수
자연 제방	점토(CL)	25~35	35~45	15~25
	실트(ML)	15~35	NP~35	NP~5
줄퇴적토	실트(ML)와 실트질 모래(SM)	25~45	30~55	10~25
방치된 수로	점토(CL와 CH)	30~95	30~100	10~65
후면습지	점토(CH)	25~70	40~115	25~100
늪지	유기토(OH)	100~265	135~300	100~165

(주: NP—비소성)

표 3.4 미시시피 충적토 계곡 토질의 전단강도정수 범위

환경	흙의 구조	점착력(kN/m²)	마찰각(deg)
자연 제방	점토	17~57	0
	실트	9~33	10~35
줄퇴적토	실트와 실트질 모래	0~41	25~35
방치된 수로	점토	14~57	0
후면습지	점토	19~120	0

3.6 호성토

강과 샘물에서 나온 물은 호수로 흘러들어 간다. 건조한 지역에서는 많은 양의 부유물질이 흐름으로 이동한다. 시냇물이 호수로 유입될 때, 입자들은 삼각주를 형성하는 지역에 퇴적된다. 호수로 유입된 일부 조립입자와 미세입자들(실트, 점토)은 호수 바닥에 조립질층과 세립질층으로 구성된 층상 지반을 형성하며 퇴적된다. 습한 지역에서 삼각주의 형성은 항상 건조한 지역과 비교하여 더 가는 입자의 퇴적지가 생긴다.

층상점토(varved clays)는 실트층과 실트질 점토층이 번갈아가며 약 13 mm 정도의 두께로 분포한다. 이 지층의 실트와 실트질 점토는 빙하기 말에 녹은 물에 의해 담수 호수로 이동되었다. 층상점토의 투수계수는 높은 정도의 비등방성을 나타낸다.

3.7 빙적토

플라이스토세 시대의 빙하기에 빙하가 지구의 대부분을 덮었다. 빙하들은 시간에 따라 전 · 후 방향으로 이동하였다. 빙하가 앞 방향으로 이동할 때 많은 양의 모래, 실트, 점토, 자갈, 호박돌 등을 운반하였다. **표류물**(drift)이란 용어는 통상 빙하에 의하여 운반되어 쌓인 퇴적토들에 적용한다. 표류물은 크게 두 가지로 분류되는데 (a) 비층상퇴적토와 (b) 층상퇴적토이다. 각각의 분류에 관하여 자세하게 설명하면 다음과 같다.

비층상퇴적토

빙하가 녹으면서 쌓인 **비층상퇴적토**(unstratified drifts)는 **표석**(till)이라 부른다. 표석의 물리적 특성은 빙하의 종류에 따라 다르다. 표석은 많은 양의 점토 크기의 입자를 나타내고 있어 **점토표석**이라 불린다. 어느 지역에서는 표석은 많은 양의 호박돌(boulder)로 구성되어 있어 **호박돌표석**이라고 한다. 표석을 형성하고 있는 토립자 크기의 범위는 상당히 광범위하다. 점토 크기가 차지하는 양에 따라 표석의 소성지수는 크게 다르다. 현장 지반조사 시 불규칙한 표준관입저항값(3.15절)이 예측될 수 있다.

표석의 퇴적토에 의하여 형성된 지반 형태를 **퇴석**(moraines)이라 부른다. **최종퇴석**(그림 3.6)은 빙하의 최대 이동한계를 나타내는 것으로 표석 구릉을 형성한다. **퇴행퇴석**(recessional moraines)은 최종퇴석과 상당히 먼 뒤편에 형성된 표석구릉으로서, 퇴행기간(뒤로

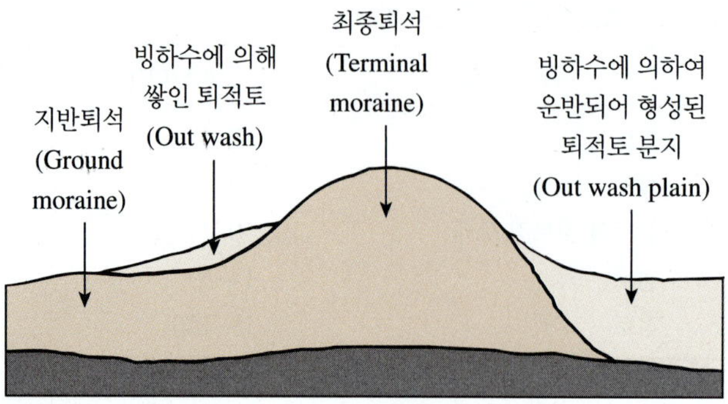

그림 3.6 최종퇴석, 지반퇴석, 빙하수에 의한 퇴적토 분지

밀리는 기간)에 빙하가 일시적으로 이동하지 않고 안정되었을 때 형성된 퇴적토이다. 퇴석 사이 빙하에 의하여 퇴적된 표석은 **지반퇴석**(ground moraine, 그림 3.6)이라 부른다. 지반퇴석은 미국 중부의 상당히 넓은 지역을 차지하고 있으며, **표석 평원**(till plains)이라 부른다.

층상퇴적토

빙하 전면이 녹으면서 생긴 물에 의하여 운반된 모래, 실트 그리고 자갈이 쌓인 흙을 **퇴적토**(outwash)라 부른다. 빙하가 녹은 물은 토립자별로 입자를 분리시켜서 층상 퇴적층을 형성한다. 급류에 의하여 형성된 퇴적토와 유사한 형태로, 빙하가 녹은 물은 퇴적토를 퇴적시켜서 **퇴적토 분지**를 형성한다(그림 3.6). 이러한 분지를 **빙하충적층**(glaciofluvial deposits)이라 부른다.

3.8 풍적토

바람도 역시 퇴적층을 형성하게 하는 주요한 운반요인이다. 넓은 모래지역이 지표에 노출되었을 때 바람은 모래를 날려서 다른 곳으로 이동시켜 다시 퇴적시킨다. 바람에 날려서 형성된 모래 퇴적층은 **사구**(sand dune)를 형성한다(그림 3.7). 사구(모래언덕)가 형성되면서, 모래 입자는 바람에 의하여 사구 정상을 넘어서 날려가 언덕을 따라 밑으로 굴러 내려간다. 이러한 과정으로 인하여 **바람이 불어오는 쪽**에 있는 **모래 퇴적층은 다져지게 되고** 그 반대로 **바람을 등진 쪽**에 있는 모래층은 **느슨하게 퇴적된다**.

사구는 미시간호의 남부와 동부 해안, 대서양 해안, 캘리포니아 남부 해안을 따라 형성

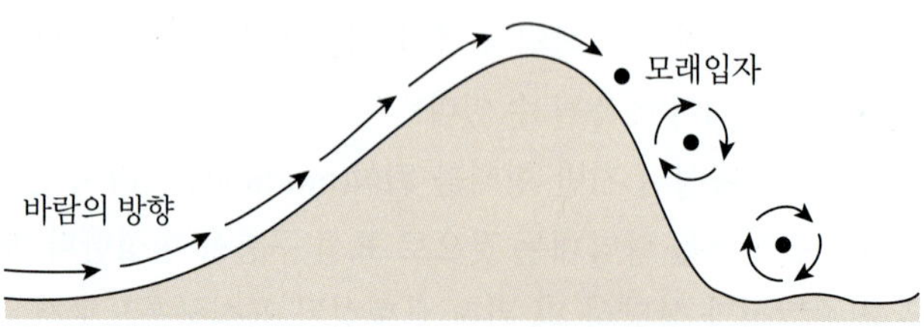

그림 3.7 사구의 형성

그림 3.8 이집트 사하라 사막의 사구(Courtesy of Janice Das)

되어 있으며, 오리건주와 워싱턴주 해안을 따라 여러 곳에 형성되어 있다. 사구는 미국 서부 지역의 충적 평원과 암반이 있는 평원에서도 볼 수 있다. **사구**의 대표적 물리적 특성은 다음과 같다.

1. 어느 임의의 위치일지라도 모래의 입도분포는 놀랄 만큼 균일하다. 이 균일성은 일정한 속도로 부는 바람의 분류작용 때문이다.
2. 일반적으로 토립자의 크기는 사구로부터 멀어질수록 작아진다. 왜냐하면 바람은 작은 입자를 큰 입자보다 더 먼 곳으로 날려보내기 때문이다.
3. 사구의 바람 부는 쪽에 퇴적되어 있는 모래의 상대밀도는 50~65% 정도로 높지만, 바람을 등진 쪽에 있는 모래의 상대밀도는 0~15% 정도로 낮다.

그림 3.8은 이집트 사하라 사막의 사구이다.

풍적 **황토**(loess)는 실트와 실트 크기 입자들로 구성된 붕적토이다. 이 흙의 입도분포는 비교적 균일하다. 황토의 점성은 일반적으로 실트입자 표면을 덮고 있는 점토막 때문이다. 이 점성은 불포화 상태에 있는 황토의 안정적 흙 구조를 형성하는 데 기여한다. 황토의 점성은 빗물에 의해 용해된 화학물질의 침전으로 인해 생성된다. 황토는 **붕적토**(collapsing soil)이다. 왜냐하면 흙이 포화되면 흙입자 사이에 있는 결합력이 상실되기 때문이다. 풍적 황토 지반에 기초를 시공할 때는 특별한 주의를 하여야 한다. 미국에는 많은 양의 풍적 황토가 분포되어 있다. 대부분이 아이오와주, 미주리주, 일리노이주, 네브래스카주와 같은 중·서부 주에 분포되어 있다. 그리고 테네시주와 미시시피주를 통과하는 미시시피강을 따라 상당한 거리에 걸쳐 분포되어 있다.

화산재(입자크기: 0.25~4.0 mm)와 화산먼지(입자크기: 0.25 mm보다 작음)는 바람으로 이동되어 퇴적된 흙으로 분류한다. 화산재는 매우 가벼운 모래이거나 모래질 자갈이다. 분해된 화산재는 높은 소성도를 나타내고 압축성 있는 점토의 특성을 가진다.

그림 3.9는 미국에서 발견된 다양한 퇴적토층의 일반적인 특징을 나타낸 것이다.

그림 3.9 미국의 퇴적지반 (출처: Adapted from Foundation Engineering, 2nd ed., by R. B. Peck, W. E. Hanson, and T. H. Thornburn. Copyright 1974 by John Wiley and Sons. Reprinted by permission.)

3.9 유기질토

보통 유기질토(organic soil)는 지하수위가 지표면에 가깝거나 지표면 위에 위치하는 저지대에서 발견된다. 지하수위가 높으면 수생식물의 성장에 도움을 주고, 이 수생식물이 분해되면 유기질토가 된다. 유기질토는 주로 해안가와 빙하지역에서 발견된다. 유기질토는 다음과 같은 특성들을 갖고 있다.

1. 자연 함수비가 200%에서 300%의 범위에 있다.
2. 압축성이 크다.
3. 실내시험결과 하중을 받았을 때 상당한 양의 침하가 2차 압밀로 인하여 발생된다.

3.10 흙에 사용되는 지역적 용어

흙의 명칭은 지역적 용어에 따라 결정되기도 한다. 이러한 흙 이름의 일부를 간단히 설명하면 다음과 같다.

1. **칼리치(Caliche)**: 석회라는 의미인 라틴어 *calx*로부터 유래된 스페인어이다. 이 흙의 대부분은 미국 남서부 사막지대에서 발견된다. 이 흙은 모래, 실트, 자갈이 **석회질 퇴적토(calcareous deposit)**에 의하여 함께 결합된 혼합토이다. 석회질 퇴적토는 지하수가 상승하면서 함께 지표면으로 이동된 것이다. 지역적으로 높은 온도 때문에 물은 증발된다. 사막 지역에는 비가 거의 오지 않기 때문에 탄산염은 표토층으로부터 씻겨 나가지 않는다.
2. **검보(Gumbo)**: 소성이 높은 점토질 흙
3. **아도비(Adobe)**: 미국 남서부에서 발견되는 소성이 높은 점토질 흙
4. **테라로사(Terra Rossa)**: 석회암과 백운암이 풍화되어 생긴 흙으로 붉은 색깔의 잔적토이다.
5. **뭐크(Muck)**: 함수비가 매우 높은 유기질토
6. **뭐스케그(Muskeg)**: 유기질 퇴적토
7. **새프롤라이트(Saprolite)**: 대부분 비용해성 암석이 풍화되어 생성된 잔적토이다.
8. **롬(Loam)**: 모래, 실트, 점토와 같이 여러 크기의 흙입자로 형성된 혼합토
9. **라터라이트(Laterlite)**: 지표면 가까이 산화철(Fe_2O_3)과 산화알루미늄(Al_2O_3)이 쌓여서 생긴 것과 용해된 규토이다. 중앙아메리카에 있는 라터라이트 흙(잔적토의 일종)은 약 80~90%가 점토와 실트 입자크기로 형성되어 있다. 미국에서의 라터라이트 흙은 남동부지역인 알라바마주, 조지아주, 캐롤라이나주에서 찾아볼 수 있다.

지반조사

3.11 지반조사의 목적

구조물이 축조될 기초지반의 지층구조와 물리적 특성을 파악하는 과정을 **지반조사(subsurface exploration)**라 한다. 지반조사의 목적은 지반공학 기술자가 다음과 같은 사항을 파악하는 데 도움을 줄 자료를 얻는 것이다.

1. 축조될 구조물에 적합한 기초의 종류와 깊이를 결정
2. 기초지반의 지지력 평가
3. 구조물의 예상되는 침하량 산정
4. 잠정적인 기초지반의 문제점 파악(예, 팽창성 흙, 붕적토, 위생 매립지 등)
5. 지하수위의 위치 파악

6. 옹벽, 널말뚝, 버팀굴착과 같은 구조물에 있어서 횡토압 예측
7. 지반 조건의 변화에 따른 시공방법 설정

또한, 지반조사는 기존의 건물을 증축하거나 개축할 생각이 있을 때 필요할 경우가 있다.

3.12 지반조사 절차

지반조사는 예비정보수집, 현장방문조사, 시추조사 등 여러 단계를 포함한다.

예비정보수집

이 단계는 축조될 구조물의 종류와 사용 용도에 관한 정보를 수집하는 것을 포함한다. 건물을 시공하는 데 있어서 기둥에 재하될 개략적인 하중과 간격, 지방건축법규, 그리고 지하실 요건을 알아야 한다. 교량 시공에 있어서는 경간의 길이, 우물통 기초와 교대에 재하되는 하중을 결정해야 한다.

현장 부지와 현장 주변의 흙 종류 및 지형도는 다음의 자료로부터 얻을 수 있다.

1. 구글 맵
2. 국가 지질도
3. 지방자치기관의 지질도
4. 농림부 토양보존국의 토양 보고서
5. 각 지방자치기관의 농림계에서 발간되는 농경지도
6. 육군공병단에서 발간된 수문학적 정보지. 이 발간물에는 현장 주변에 있는 개천의 물 흐름에 대한 기록, 최대 홍수위, 조수간만의 기록 등이 수록되어 있다.
7. 국토해양부 및 국가기관에서 발간된 도로공사 토질 매뉴얼

이러한 자료들로부터 얻은 정보들은 현장 지반조사를 계획하는 데 큰 도움을 준다. 많은 경우에 지반조사과정 이후에 발생될 문제들을 미리 예견함으로써 지반조사비용을 절감할 수 있다.

현장 답사

기술자는 항상 현장 부지를 답사하여 육안으로 관찰하여야 한다. 현장방문조사 목적은 다음과 같은 정보들을 수집하기 위함이다.

1. 현장의 일반적인 지형, 배수로의 존재여부, 버려진 쓰레기 더미 또는 폐기물의 존재여부를 확인한다. 또한, 점차적인 사면의 하향 이동 흔적, 일정한 간격으로 발생된 깊고 큰 폭의 수축균열은 팽창성 흙이 있음을 의미한다.
2. 현장 부지 주변에서 고속도로나 철도공사를 위하여 대심도 절토된 부분으로부터 지층형상을 파악할 수 있다.
3. 현장 부지에서 자라고 있는 풀과 나무의 종류가 현장 흙의 특성을 나타낼 수 있다.

예를 들어 텍사스 중부지역에 존재하는 콩과류의 관목은 기초지반에 문제가 발생될 수 있는 팽창성 점토(expansive clay)가 있음을 나타낸다.

4. 현장 주변의 건물과 교대에 나타난 최고 수위 흔적
5. 지하수위는 현장 주변의 우물에 나타난 수위로부터 알 수 있다.
6. 현장 주변 구조물의 종류 및 기초형태, 현재 벽에 나타난 균열 또는 다른 문제점
7. 암반의 노두

현장 주변 흙의 물리적 성질과 지층의 특성은 이미 시공된 구조물들의 지반조사 보고서를 통하여 간접적으로 파악할 수 있다.

지반조사

현장 지반조사는 시추계획, 현장시추시험, 연속적인 지층의 파악과 실내시험을 위하여 요구되는 간격에 따른 흙 시료 채취를 포함한다. 개략적인 최소 시추 깊이를 미리 산정하여야 한다. 시추 깊이는 시추 작업하는 과정에서 지층에 따라 변경될 수 있다. 개략적인 최소 시추 깊이를 결정하기 위하여, 미국 토목학회(1972)에서 제시한 방법은 다음과 같다.

1. 그림 3.10에 제시된 것과 같이 심도에 따른 기초 하부의 순 유효응력 증가 $\Delta\sigma'$를 결정한다. (응력 증가량을 산정하는 일반적인 식은 제7장에 기술하였다.)
2. 지층심도에 따른 유효응력 σ'_o의 변화를 계산한다.
3. 유효응력 증가 $\Delta\sigma'$이 $0.1q$ (q = 기초에 작용되는 순응력, 단위면적당 하중)와 일치되는 심도 $D = D_1$을 결정한다.
4. $\Delta\sigma'/\sigma'_o = 0.05$인 심도 $D = D_2$를 결정한다.
5. 암반이 나타나지 않으면, 두 개의 심도 D_1과 D_2 중 작은 값을 최소 시추 깊이로 결정한다.

위에 기술한 법칙을 사용하여 건물 폭이 30 m인 건물의 층수에 따른 시추 깊이는 Sowers and Sowers(1970)에 의하여 다음과 같이 개략적으로 계산된다.

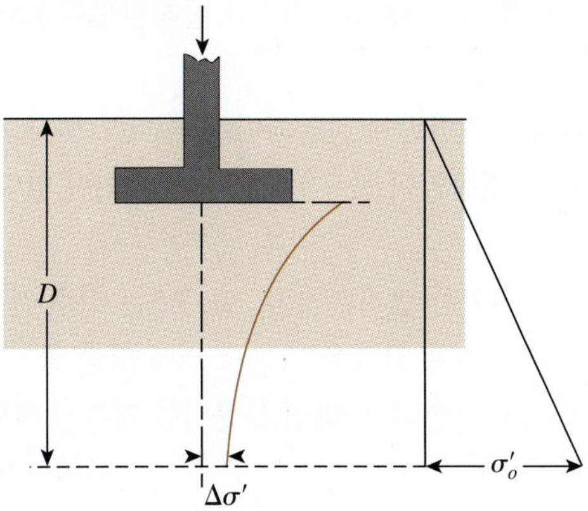

그림 3.10 최소 시추 깊이의 산정

층수	시추 깊이(m)
1	3.5 m
2	6 m
3	10 m
4	16 m
5	24 m

병원과 업무용 건물에 대한 시추 깊이 산정은 Sowers and Sowers(1970)의 법칙을 사용한다.

- 경량 강구조 건물 또는 폭이 좁은 콘크리트 건물

$$\frac{D_b}{S^{0.7}} = a \tag{3.1}$$

여기서

D_b = 시추 깊이

S = 건물의 층수

a = D_b가 m인 경우 3

- 중량 강구조 건물 또는 폭이 넓은 콘크리트 건물

$$\frac{D_b}{S^{0.7}} = b \tag{3.2}$$

여기서

b = D_b가 m인 경우 6

경우에 따라서는 굴착심도가 깊을 때의 시추 깊이는 최소한 굴착심도의 1.5배 이상이어야 한다.

간혹 지반 조건에 따라 기초 하중이 기반암에 전달되어야 될 때도 있다. 이때 기반암의 최소 코어 시추 깊이는 3 m이다. 만약 기반암이 불규칙하거나 풍화되어 있다면, 코어 시추 깊이는 더 깊어져야 한다.

시추 간격을 결정하는 데 있어서 명확한 법칙은 없다. 표 3.5는 시추 간격을 결정하는 데 있어서 사용되는 일반적인 지침이다. 시추 간격은 지반 조건에 따라 증가되거나 감소될 수 있다. 만약 여러 지층이 균일하거나 예측할 수 있다면 불균일한 지층일 때보다 적은 수의 시추공이 필요하다.

기술자는 현장 지반조사의 범위를 결정할 때 구조물의 전체 공사비를 고려하여야 한다. 일반적으로 지반조사비용은 구조물 공사비용의 0.1~0.5%로 책정한다. 지반 시추는 오거시

표 3.5 개략적인 시추공의 간격

구조물의 종류	간격(m)
다층건물	010~300
단층 산업용 플랜트	020~600
고속도로	250~500
주거지역	250~500
댐과 제방	040~800

추, 세척시추, 타격굴착, 그리고 회전굴착 등 여러 방법을 사용할 수 있다.

시험굴은 시추공에서 유추한 정보를 보강하는 데 유용하다. 시험굴은 깊이 4 m까지 백호를 사용하여 만들 수 있다. 시추공과 비교할 때 저렴하며 흙의 상태에 대한 명확한 사진을 제공하나 깊이에 한계가 있다. 시추공은 지반을 탐사하고 더 깊은 곳에서 시료를 채취할 수 있기 때문에 필요하다.

3.13 현장시추조사

오거시추(auger boring)는 현장 시추공을 만드는 데 있어서 가장 단순한 방법이다. 그림 3.11에는 두 종류의 수동식 오거인 **말뚝식 오거**(posthole auger)와 **나선형 오거**(helical auger)가 나타나 있다. 수동식 오거는 시추공 심도가 3~5 m 이상을 천공하는 데는 사용할 수 없지만, 도로공사나 작은 구조물 시공 시 지반조사 작업을 할 때 유용하게 사용할 수 있다. **이동식 동력 굴착 나선형 오거**(portable power-driven helical auger)는 직경이 76~305 mm로 깊은 시추공을 굴착할 때 사용한다. 이 방법에 의해 채취된 시료는 상당히 교란된 시료이

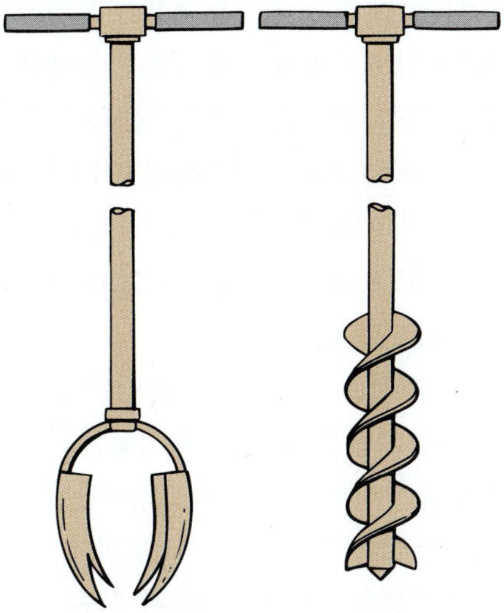

(a) (b)

그림 3.11 수동식 오거: (a) 말뚝식 오거, (b) 나선형 오거

그림 3.12 오거 끝부분에 볼트로 부착된 카바이드 절삭날(Courtesy of Braja M. Das, Hendeson, Nevada)

다. 점착력이 없거나 점착력이 작은 흙으로 구성된 지반을 천공할 때는 시추공 내벽이 자력으로 유지할 수 없다. 따라서 흙이 시추공 내부로 유입되는 것을 방지하기 위하여 강재 파이프로 만든 **케이싱**을 사용한다.

시추 시 동력을 이용할 수 있을 때는 **연속회전오거**(continuous flight auger)가 시추공을 굴착하는 데 가장 많이 사용하는 방법이다. 굴착 시 동력은 트럭 또는 트랙터에 설치한 천공장비에 의하여 유발되며, 시추공의 심도가 약 60~70 m까지 굴착 가능하다. 연속회전오거 장비의 앞부분 1~2 m는 속이 비어 있거나 속이 비어 있지 않은 강봉으로 구성되어 있다. 후자의 경우 통상 사용되는 강봉들의 외경은 66.68 mm, 82.55 mm, 101.6 mm, 114.3 mm이다. 전자의 경우, 즉 속이 비어 있는 강봉은 내경(ID)이 63.5 mm일 때 외경(OD)이 158.75 mm이고, 내경이 69.85 mm일 때 외경이 177.8 mm, 내경이 76.2 mm일 때 외경이 203.2 mm, 내경이 82.55 mm일 때 외경이 28.6 mm이다.

오거의 끝부분은 텅스텐이나 카바이드와 같은 고강도 강재로 만든 절삭날(cutter head)이 부착되어 있다(그림 3.12). 천공 작업 중(그림 3.13) 오거의 강봉은 시추공이 천공되어 하향되면서 계속적으로 연결한다. 연속오거는 시추공 하부에 있는 교란된 흙을 지표면으로 추출할 수 있는 기능이 있다. 굴착 작업자는 굴착 속도와 소리의 변화에 따라 흙 종류의 변화를 감지할 수 있다. 속이 비어 있지 않은 강봉을 사용하여 시추하였을 때는 오거를 일정한 간격으로 지상으로 뽑아 올려 흙 시료를 채취하며, 이때 표준관입시험(standard penetration test)과 같은 현장시험을 실시한다. 한편 중공오거(hollow stem auger)는 흙 시료의 채

그림 3.13 연속오거를 사용하여 굴착하는 전경(©Danny R. Anderson, PE of Professional Service Industries, Inc, El Paso, Texas.)

취나 현장 시험을 실시하기 위하여 지상으로 오거를 끌어올릴 필요가 없을 때 확실한 이점을 갖고 있다. 그림 3.14에 도시되어 있는 것과 같이 중공오거의 외경은 케이싱과 같은 역할을 한다.

중공오거 시스템은 다음의 구성 요소를 포함한다.

외부 요소: (a) 중공오거 부분, (b) 중공오거 마개, (c) 구동 마개

내부 요소: (a) 파이롯트 어셈블리, (b) 중앙봉, (c) 강봉–마개 연결 부위

오거의 헤드는 교체 가능한 카바이드로 만든 절삭날(carbide teeth)을 포함한다. 만약 천공작업 중 어느 정도의 토층심도에서 흙 시료를 채취할 때는 파이롯트 어셈블리와 중앙봉을 빼내고, 흙 시료 채취기를 중공오거 기둥 중심부를 통하여 삽입한다.

워시보링(washing boring)은 시추공을 천공하는 또 다른 방법이다. 이 방법은 2~3 m 길이의 케이싱을 땅속으로 타입하여 설치한다. 그 다음 케이싱 내부에 있는 흙은 시추봉에 달려 있는 절삭비트를 사용하여 제거한다. 물은 굴착봉 가운데를 통하여 강제 주입되고 절삭비트(chopping bit) 하단부에 있는 구멍을 통하여 매우 강력한 속도로 분사한다(그림 3.15). 물과 절삭된 흙입자들은 굴착구멍을 통해 상승해서 T형 연결부를 통하여 케이싱 상부로 흘러나온다. 세척수는 물받이 용기에 모은다. 굴착공이 더 깊어짐에 따라 케이싱을 더 연결하나, 굴착공이 무너지지 않고 그대로 유지된다면 케이싱은 필요하지 않다. 현재 워시보링은 미국과 선진국에서 거의 사용하지 않고 있다.

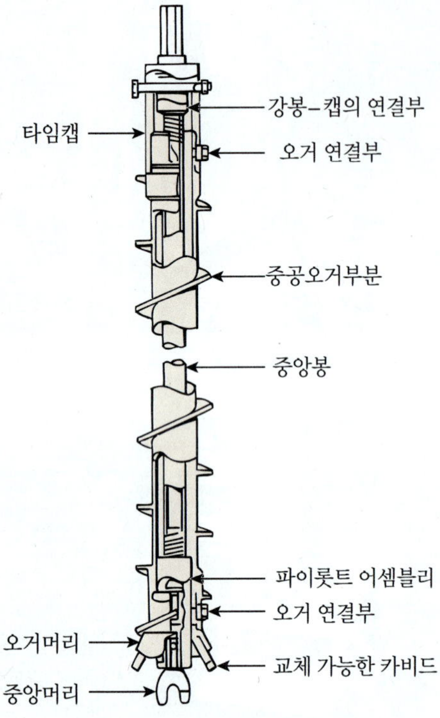

그림 3.14 중공오거의 모식도(ASTM, 2001) (ASTM D4700-91에 근거함)

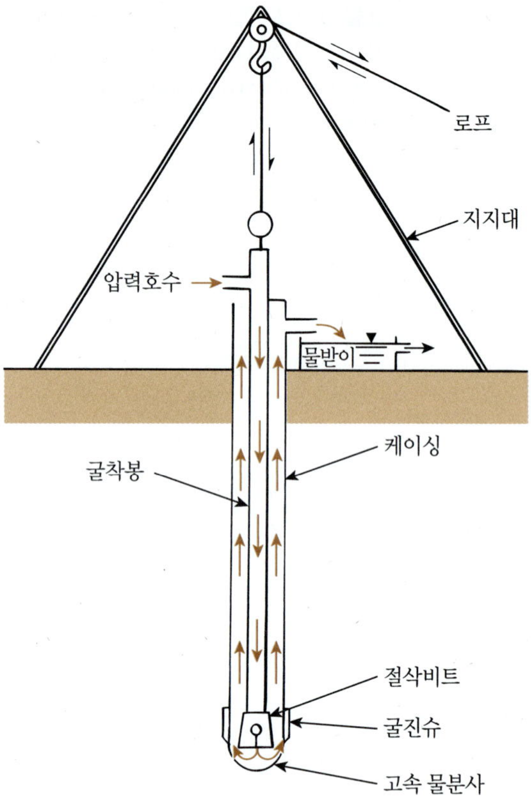

그림 3.15 세척 시추기의 모식도

회전식 굴착(rotary drilling)은 굴착봉 하단부에 부착되어 있는 절삭비트를 빠르게 회전시켜 흙을 절단하고 분쇄함으로써 시추공을 전진시키는 방법이다. 여러 종류의 굴착비트(drilling bit)가 있다. 회전굴착기는 모래와 점토, 그리고 심하게 쪼개지지 않은 암석으로 구성된 지반에 사용한다. 물 또는 **굴착진흙**은 굴착봉을 통하여 압력으로 주입하며 아래로 내려가 비트에 이르며, 되돌아 흘러나오는 물의 힘은 절삭된 흙을 지표로 운반한다. 이 기술을 사용하면 직경이 50~203 mm인 시추공은 쉽게 만들어진다. 천공진흙은 물과 벤토나이트로 구성된 슬러리이다. 일반적으로 천공진흙(drilling mud)은 천공 안의 주변 흙이 굴착공 내부로 무너져 들어갈 것 같을 때 사용한다. 흙 시료가 필요할 때는, 천공봉을 위로 올려서 굴착비트 대신 시료 채취기로 교체한다. 환경을 고려한 굴착 방법의 적용으로 공기 회전식 굴착(rotary drilling with air)이 좀 더 일반적으로 사용되고 있다.

타격굴착(percussion drilling) 방법은 단단한 흙과 암반으로 구성된 지반을 관통하여 천공할 때 사용한다. 중량의 천공 비트를 상승 및 하강을 시켜서 단단한 층을 쪼아낸다. 쪼개진 흙은 물의 순환에 의해서 지표로 제거된다. 타격굴착은 케이싱이 필요한 경우도 있다.

3.14 흙 시료의 채취방법

현장 지반조사를 할 때 두 종류의 흙 시료를 채취할 수 있다: **교란 시료**(disturbed)와 **불교란**

시료(undisturbed). 교란되었지만 해당 토층에 대표성을 띠고 있어서, 채취된 시료는 다음과 같은 실내 실험을 실시하는 데 사용된다.

1. 입도 분석 시험
2. 액성한계, 소성한계 시험
3. 흙의 비중 시험
4. 유기질 함량 시험
5. 흙의 분류

그러나, 교란된 흙 시료는 압밀시험, 투수시험, 전단강도시험을 하는 데는 사용할 수 없다. 이러한 실내시험을 하기 위해서는 불교란 시료를 채취하여야 한다. 3.15절부터 3.18절까지 현장조사 시 시료 채취의 절차를 설명하였다.

3.15 스플릿 스픈 시료 채취와 표준관입시험

스플릿 스픈 시료 채취기는 **표준관입시험(SPT)**의 일부이며, 전 세계적으로 수행되는 **현장시험** 중에서 가장 많이 쓰인다. 이 시험은 1920년대 미국에서 개발되었다. 현장에서 스플릿 스픈 시료 채취기(split-spoon sampler)를 사용하여 채취한 시료는 일반적으로 교란시료이지만 대표적인 흙 시료를 채취하는 데 사용된다. **표준 스플릿 스픈 채취기**의 단면은 그

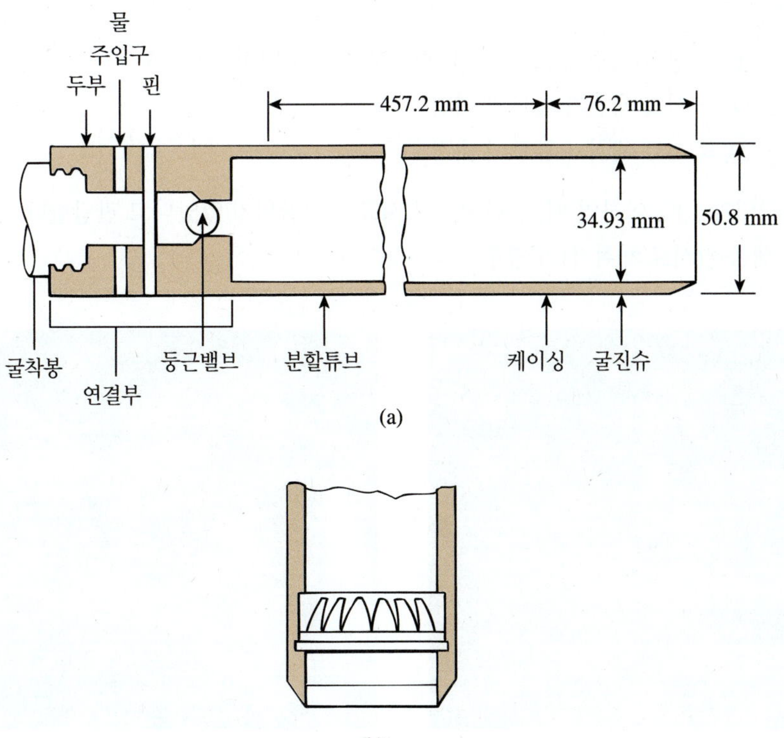

그림 3.16 (a) 표준 스플릿 스픈 샘플러, (b) 스프링 코어 채취기

림 3.16a와 같다. 이 채취기는 길게 길이 방향으로 중간이 갈라질 수 있는 강재튜브, 철재 관입 슈와 상단의 연결부로 구성되어 있다. 연결부는 시료 채취기를 굴착봉에 연결시키는 역할을 한다. 표준 스플릿 튜브는 내경이 34.93 mm 그리고 외경이 50.8 mm이다. 또한, 내경과 외경이 각각 63.5 mm와 76.2 mm인 것도 있다. 시추공이 목표 심도까지 천공되었을 때 굴착봉을 지상으로 끌어올린 다음 굴착봉 하단부에 시료 채취기를 연결하고 시료 채취기(sampler)를 천공바닥까지 내린다. 굴착봉의 상부를 해머로 타격하여 시료 채취기를 지반으로 관입시킨다. 해머의 표준무게는 622.72 N이며 매번 타격 거리는 0.762 m이다. 152.4 mm 간격으로 세 차례 시료 채취기가 관입되는 데 필요한 타격 횟수를 기록한다. 후반부 두 차례 시료 채취기가 관입하기(30 cm) 위한 타격 횟수를 더한 값이 그 심도의 **표준관입치**(standard penetration number)이다. 이 숫자를 일반적으로 *N* 값이라 부른다(ASTM, 2016, 규정 D-1586-11). 시료 채취기를 지상으로 끌어올린 다음 슈와 연결부를 제거한다. 시료 채취기로 채취된 흙 시료는 유리병에 넣은 다음 실험실로 운반한다. 이 현장 시험을 **표준관입시험**(standard penetration test, SPT)이라 부른다. 그림 3.17a와 b는 스플릿 스픈 시료 채취기로 시료 채취 전과 후를 나타낸 것이다.

보통 흙 시료의 교란 정도는 다음과 같이 나타낸다.

$$A_R(\%) = \frac{D_o^2 - D_i^2}{D_i^2}(100) \tag{3.3}$$

여기서

A_R = 면적비(전체 흙 면적에 대한 교란된 흙 면적의 비율)

D_o = 시료 채취기 튜브의 외경

D_i = 시료 채취기 튜브의 내경

면적비가 10% 이하일 때, 일반적으로 시료가 교란되지 않았다고 판단한다. 표준 스플릿 스픈 샘플러(시료 채취기)의 경우

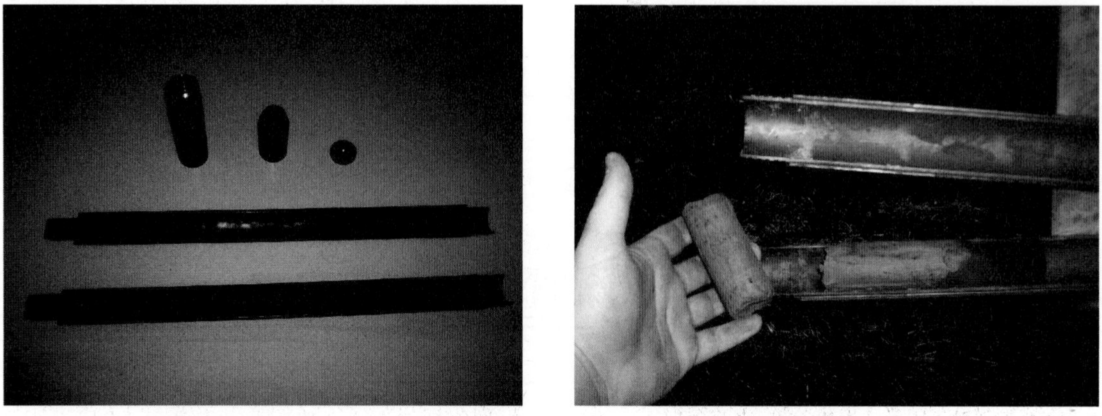

(a) (b)

그림 3.17 스플릿 스픈 채취기의 시료 채취 전과 후: (a) 분해된 스플릿 스픈 채취기, (b) 시료 채취 후 (Courtesy of Professional Service Industries, Inc. (PSI), Waukesha, Wisconsin/University of Wisconsin)

$$A_R(\%) = \frac{(50.8)^2 - (34.93)^2}{(34.93)^2}(100) = 111.5\%$$

따라서, 이 시료는 상당히 교란된 시료이다. 일반적으로 스플릿 스푼에 의한 시료 채취는 1.5 m 간격으로 실시한다. 현장 지반이 지하수위 하부에 모래와 잔모래층이 위치할 경우 스플릿 스푼 샘플러에 의하여 시료를 채취하기는 곤란하다. 이러한 경우에 스플릿 스푼 내부에 설치되어 있는 **스프링 코어 채취기**를 사용하여야 한다(그림 3.16b).

이러한 연결부에서 주어진 심도의 유사한 지층에서 표준관입치, N 값의 변화에 영향을 주는 몇몇 요인들을 확인하는 것이 중요하다. 이러한 요인에는 SPT 해머의 효율성, 시추공의 직경, 시료 채취의 방법, 그리고 시추봉의 길이가 있다(Seed et al., 1985; Skempton, 1986). SPT 해머의 에너지 효율은 다음과 같이 표현할 수 있다.

$$E_r(\%) = \frac{\text{시료 채취기에 가해지는 실제 해머 에너지}}{\text{투입 타격 에너지}} \times 100 \tag{3.4}$$

$$\text{이론적 투입 타격 에너지} = Wh \tag{3.5}$$

여기서

W = 해머의 무게 $\approx$ 0.623 kN

h = 낙하 높이 $\approx$ 0.76 mm

따라서

$$Wh = (0.623)(0.76) = 0.474 \text{ kN-m}$$

현장에서 E_r은 30~90%의 범위에 있다. 미국에서 현재 실무적인 표준값을 60%의 평균에너지 비율로 표현한다($\approx N_{60}$). 추가로 시추공의 직경, 시추 강봉의 길이(즉, 시추심도), 샘플러 내에 라이너를 사용함으로써 에너지 손실에 영향을 줄 수 있다. 따라서, N 값에 영향을 미친다. 그러므로, 이러한 요소들을 고려하여 N 값을 수정하면 다음과 같이 표현할 수 있다.

$$N_{60} = \frac{N\eta_H \eta_B \eta_S \eta_R}{60} \tag{3.6}$$

여기서

N_{60} = 현장조건에 의해 수정된 표준관입치

N = 측정된 표준관입치

η_H = 해머의 효율(%)

η_B = 시추공 직경에 대한 수정

η_S = 시료 채취기에 대한 수정

η_R = 시추 강봉의 길이에 대한 수정

Seed et al.(1985)과 Skempton(1986)에 의해서 권장된 값에 근거한 η_H, η, η_S, η_R의 변화값은 표 3.6에 요약되어 있다.

표 3.6 η_H, η_B, η_S, η_R의 변화[식 (3.6)]

1. 해머의 형상과 투하 방법에 따른 η_H 값

국가	해머의 형상	해머의 낙하 방법	η_H (%)
일본	도넛	자유 낙하	78
	도넛	로프와 도르래	67
미국	안전	로프와 도르래	60
	도넛	로프와 도르래	45
아르헨티나	도넛	로프와 도르래	45
중국	도넛	자유 낙하	60
	도넛	로프와 도르래	50

2. 시추공 직경에 따른 η_B 값

직경(mm)	η_B
60~120	1
150	1.05
200	1.15

3. 시료 채취기에 따른 η_S 값

변화요인	η_S
표준 시료 채취기	1.0
조밀한 모래와 점토 지반용 라이너가 있는 시료 채취기	0.8
느슨한 모래 지반용 라이터가 있는 시료 채취기	0.9

4. 시추 강봉의 길이에 따른 η_R 값

강봉의 길이(m)	η_R
>10	1.0
6~10	0.95
4~6	0.85
0~4	0.75

점성토에서 N_{60} 보정

표준관입시험은 사질토지반에서 매우 잘 맞는다. 점토에 샘플러를 관입하는 동안 유발되는 간극수압 때문에 유효응력이 변하며 이는 N 값에 영향을 줄 수 있다. 그 결과 표준관입시험과 N 값은 점토 지반에서 잘 맞지 않는다. 그럼에도 불구하고, 점토 지반에 대한 N_{60}이 존재하면 연경도, 비배수 전단강도, 선행압밀압력, 그리고 과압밀비(OCR)의 경험적인 관계식을 사용하여 평가할 수 있다. Szechy and Vargi(1978)는 컨시스턴시 지수(CI) 계산 방법을 다음과 같이 제안하였다.

$$\mathrm{CI} = \frac{\mathrm{LL} - w}{\mathrm{LL} - \mathrm{PL}} \tag{3.7}$$

여기서

w = 자연 함수비

LL = 액성한계

PL = 소성한계

CI와 N_{60}과 일축압축강도(q_u)와의 개략적인 상관관계는 표 3.7에 나타나 있다.

Hara et al.(1974)는 과압밀비가 1−3인 일본점토로부터 점토의 비배수 전단강도 c_u와 N_{60}과의 상관관계식을 다음과 같이 제안하였다.

$$\frac{c_u}{p_a} = 0.29N_{78}^{0.72} \tag{3.8a}$$

표 3.7 점토의 연경지수, 표준관입치, 그리고 일축압축강도와의 개략적인 상관관계

표준관입치, N_{60}	연경도	CI	일축압축강도, q_u (kN/m²)
<2	매우 연약	<0.5	<25
2~8	중간 정도 단단함	0.5~0.75	25~80
8~15	단단함(stiff)	0.75~1.0	80~150
15~30	매우 단단함	1.0~1.5	150~400
>30	강함(hard)	>1.5	>400

여기서 p_a는 대기압($\approx$100 kN/m²). N_{60}의 함수로 $N_{78} = 0.77N_{60}$이기 때문에, 식 (3.8a)는 다음과 같이 된다.

$$\frac{c_u}{p_a} = 0.24N_{60}^{0.72} \tag{3.8b}$$

따라서, 일축압축강도

$$q_u = 2c_u = 0.48\, N_{60}^{0.72}\, p_a \tag{3.8c}$$

자연 점토의 과압밀비(OCR)도 역시 표준관입치와 상관관계를 갖고 있다. 110개의 지점의 자료를 회귀분석하여 Mayne and Kemper(1988)는 다음 관계식을 제안하였다.

$$\text{OCR} = 0.193\left(\frac{N_{60}}{\sigma'_o}\right)^{0.689} \tag{3.9}$$

여기서 σ'_o = 유효연직응력(MN/m²).

c_u와 OCR, N_{60} 사이에 근사적인 상관관계가 있다는 사실이 중요하다.

Mayne and Kemper(1988)의 현장시험결과와 다른 현장시험결과(112개의 시험결과)를 이용하여, Kulhawy and Mayne(1990)은 다음과 같은 개략적인 상관관계식을 제안하였다.

$$\text{OCR} = 0.58\frac{N_{60}p_a}{\sigma'_o} \tag{3.10}$$

Kulhawy and Mayne(1990)은 점토의 선행압밀압력에 대한 개략적 상관관계식을 다음과 같이 제안하였다.

$$\sigma'_c = 0.47N_{60}p_a \tag{3.11}$$

예제 3.1

그림 3.18을 참고하여, 점 A에서 N_{60}이 7 정도이다. 다음의 값을 구하라.

a. 일축압축강도 q_u

b. 과압밀비

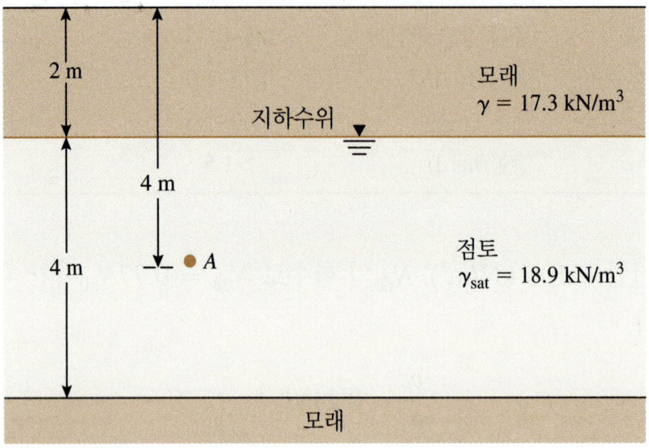

그림 3.18

풀이

Part a

식 (3.8c)로부터

$$q_u = 0.48 p_a N_{60}^{0.72} = (0.48)(100)(7)^{0.72} = \mathbf{194.96\ kN/m^2}$$

Part b

식 (3.10)으로부터

$$\sigma'_o = (17.3)(2) + (18.9 - 9.81)(2) = 52.78\ \text{kN/m}^2$$

따라서,

$$OCR = \frac{(0.58)(7)(100)}{52.78} = \mathbf{7.69}$$

■

조립토에서의 N_{60} 보정

조립토에서 N_{60} 값은 유효연직응력 σ'_o에 영향을 받는다. 이러한 이유 때문에, 다른 유효연직응력하에서 실시된 표준관입시험치 N_{60} 값은 σ'_o의 표준값에 따라 다음과 같이 수정을 하여야 한다.

$$(N_1)_{60} = C_N N_{60} \tag{3.12}$$

여기서

$(N_1)_{60} = \sigma'_a = P_a$ [$\approx$ 100 kN/m^2]의 표준값으로 보정된 N_{60}

C_N = 보정계수

N_{60} = 현장시험에 의한 N 값[식 (3.6)]

과거 C_N에 대한 많은 경험식이 제안되어 왔다. 경험식 중 몇 개의 식을 다음에 제시하였다. 가장 많이 인용되는 경험식은 Liao and Whitman(1986)과 Skempton(1986)에 의해 제안된 식들이다.

C_N에 대한 다음의 경험식들에서 σ'_o는 유효연직응력이며, p_a = 대기압($\approx$100 kN/m^2)이다.

Liao and Whitman의 경험식(1986):

$$C_N = \left[\frac{1}{\left(\frac{\sigma'_o}{p_a}\right)}\right]^{0.5} \tag{3.13}$$

Skempton의 경험식(1986):

$$C_N = \frac{2}{1 + \left(\frac{\sigma'_o}{p_a}\right)} \quad \text{(정규압밀된 잔모래의 경우)} \tag{3.14}$$

$$C_N = \frac{3}{2 + \left(\frac{\sigma'_o}{p_a}\right)} \quad \text{(정규압밀된 굵은 모래의 경우)} \tag{3.15}$$

$$C_N = \frac{1.7}{0.7 + \left(\frac{\sigma'_o}{p_a}\right)} \quad \text{(과압밀된 모래의 경우)} \tag{3.16}$$

Seed et al.의 경험식(1975):

$$C_N = 1 - 1.25 \log\left(\frac{\sigma'_o}{p_a}\right) \tag{3.17}$$

Peck et al.의 경험식(1974):

$$C_N = 0.77 \log\left[\frac{20}{\left(\frac{\sigma'_o}{p_a}\right)}\right] \left(\text{for } \frac{\sigma'_o}{p_a} \geq 0.25\right) \tag{3.18}$$

Bazaraa(1967):

$$C_N = \frac{4}{1 + 4\left(\frac{\sigma'_o}{p_a}\right)} \left(\text{for } \frac{\sigma'_o}{p_a} \leq 0.75\right) \tag{3.19}$$

$$C_N = \frac{4}{3.25 + \left(\frac{\sigma'_o}{p_a}\right)} \left(\text{for } \frac{\sigma'_o}{p_a} > 0.75\right) \tag{3.20}$$

표 3.8은 C_N 값을 제시된 관계식을 이용하여 비교한 것이다. 보정계수의 크기는 표준관입

표 3.8 C_N의 값

$\frac{\sigma'_o}{p_a}$	C_N						
	식 (3.13)	식 (3.14)	식 (3.15)	식 (3.16)	식 (3.17)	식 (3.18)	식 (3.19)와 (3.20)
0.25	2.00	1.60	1.33	1.78	1.75	1.47	2.00
0.50	1.41	1.33	1.20	1.17	1.38	1.23	1.33
0.75	1.15	1.14	1.09	1.17	1.15	1.10	1.00
1.00	1.00	1.00	1.00	1.00	1.00	1.00	0.94
1.50	0.82	0.80	0.86	0.77	0.78	0.87	0.84
2.00	0.71	0.67	0.75	0.63	0.62	0.77	0.76
3.00	0.58	0.50	0.60	0.46	0.40	0.63	0.65
4.00	0.50	0.40	0.60	0.36	0.25	0.54	0.55

시험을 수행하면서 수반되는 불확실성을 고려할 때, 어느 경험식을 사용하더라도 개략적으로 동일함을 알 수 있다. 따라서 모든 계산에 식 (3.13)을 사용할 것을 추천한다.

예제 3.2

모래 지반에서 수행한 표준관입시험 결과는 다음과 같다. 지층심도에 따른 수정표준관입치 $(N_1)_{60}$를 구하라. 지표에서 10.5 m 심도 이내에는 지하수가 관측되지 않았다. 모래의 평균 단위중량은 17.3 kN/m^{3}이다. 식 (3.13)을 이용하라.

심도, z (m)	N_{60}
1.5	8
3.0	7
4.5	12
6.0	14
7.5	13

풀이

식 (3.13)으로부터

$$C_N = \left[\frac{1}{\left(\frac{\sigma'_o}{p_a}\right)}\right]^{0.5}$$

$$p_a \approx 100 \text{ kN/m}^2$$

따라서, 다음과 같은 표를 작성할 수 있다.

심도, z (m)	σ'_o (kN/m²)	C_N	N_{60}	$(N_1)_{60}$
1.5	25.95	1.96	8	≈16
3.0	51.90	1.39	7	≈10
4.5	77.85	1.13	12	≈14
6.0	103.80	0.98	14	≈14
7.5	129.75	0.87	13	≈11

■

조립토의 상대밀도와 표준관입치와의 상관관계

Kulhawy and Mayne(1990)은 Marcuson and Bieganousky(1977)의 연구를 수정하여 다음과 같은 경험식을 제안하였다.

$$D_r(\%) = 12.2 + 0.75\left[222N_{60} + 2311 - 711\text{OCR} - 779\left(\frac{\sigma'_o}{p_a}\right) - 50C_u^2\right]^{0.5} \quad (3.21)$$

여기서

D_r = 상대밀도

σ'_o = 유효상재응력

C_u = 모래의 균등계수

$$\text{OCR} = \frac{\text{선행압밀압력}, \sigma'_c}{\text{유효연직응력}, \sigma'_o}$$

p_a = 대기압

Meyerhof(1957)는 상대밀도 D_r과 N_{60}의 관계식을 제안하였다.

$$N_{60} = \left[17 + 24\left(\frac{\sigma'_o}{p_a}\right)\right]D_r^2$$

또는

$$D_r = \left\{\frac{N_{60}}{\left[17 + 24\left(\frac{\sigma'_o}{p_a}\right)\right]}\right\}^{0.5} \quad (3.22)$$

식 (3.22)는 깨끗한 중간 정도 잔모래의 상대밀도를 산정하는 데 비교적 잘 맞는다.

Cubrinovski and Ishihara(1999)는 모래의 상대밀도(D_r)와 N_{60} 사이의 상관관계식을 제안하였다.

$$D_r(\%) = \left[\frac{N_{60}\left(0.23 + \frac{0.06}{D_{50}}\right)^{1.7}}{9}\left(\frac{1}{\frac{\sigma'_o}{p_a}}\right)\right]^{0.5}(100) \quad (3.23)$$

여기서

p_a = 대기압($\approx$ 100 kN/m^2)

D_{50} = 흙 시료 통과량이 50%에 해당되는 토립자의 입경(mm)

Kulhawy and Mayne(1990)은 모래에서의 상대밀도와 수정 N 값과의 상관관계를 제시하였다.

$$D_r(\%) = \left[\frac{(N_1)_{60}}{C_p C_A C_{\text{OCR}}}\right]^{0.5}(100) \tag{3.24}$$

여기서,

$$C_p = \text{입자크기의 상관계수} = 60 + 25 \log D_{50} \tag{3.25}$$

$$C_A = \text{경과시간에 대한 상관계수} = 1.2 + 0.05 \log\left(\frac{t}{100}\right) \tag{3.26}$$

$$C_{\text{OCR}} = \text{과압밀 상관계수} = \text{OCR}^{0.18} \tag{3.27}$$

D_{50} = 흙이 50% 통과되는 입경의 크기(mm)

t = 퇴적된 이후의 경과시간

OCR = 과압밀비

Skempton(1986)은 상대밀도가 35%보다 큰 모래 지반에 대하여 다음과 같은 상관관계식을 제안하였다.

$$\frac{(N_1)_{60}}{D_r^2} \approx 60 \tag{3.28}$$

여기서, 굵은 모래는 $(N_1)_{60}$에 0.92를 곱해야 되고, 잔모래는 1.08을 곱해야 된다.

내부마찰각과 표준관입시험값과의 상관관계

사질토에서 최대 마찰각, ϕ'는 몇몇 연구자들에 의해서 N_{60} 또는 $(N_1)_{60}$과 상관관계를 가지고 있다는 것이 밝혀졌다. 이 상관관계에 대한 관계식은 다음과 같다.

1. Peck, Hanson, and Thornburn(1974)은 그래프 형태로 $(N_1)_{60}$과 ϕ'의 상관관계를 제시하였다. 그래프 형태는 Wolff(1989)에 의해 개략적으로 다음과 같이 제시하였다.

$$\phi'(\text{deg}) = 27.1 + 0.3(N_1)_{60} - 0.00054[(N_1)_{60}]^2 \tag{3.29}$$

2. Schmertman(1975)는 N_{60}, σ'_o와 ϕ'의 상관관계를 제시하였다. 이 상관관계는 Kulhawy andr Mayne(1990)에 의해 다음과 같이 수학적으로 유도하였다.

$$\phi' = \tan^{-1}\left[\frac{N_{60}}{12.2 + 20.3\left(\frac{\sigma'_o}{p_a}\right)}\right]^{0.34} \tag{3.30}$$

여기서

N_{60} = 현장 표준관입치

σ'_o = 유효연직응력

P_a = σ'_o와 같은 단위의 대기압

ϕ' = 흙의 마찰각

3. Hatanaka and Uchida(1996)는 ϕ'와 $(N_1)_{78}$ 사이의 간단한 상관관계를 제시하였다.

$$\phi' = \sqrt{20(N_1)_{78}} + 20 \tag{3.31a}$$

$(N_1)_{60}$의 함수로 식 (3.31a)를 표현하면,

$$\phi' = \sqrt{15.4(N_1)_{60}} + 20 \tag{3.31b}$$

표준관입치를 전술한 식에 사용하여 흙의 토질정수를 구할 때 다음 사항들을 참고하여야 한다.

1. 이 식은 개략적이다.

2. 흙은 균질하지 않기 때문에, 주어진 시추공의 현장 N_{60} 값은 상당한 차이를 보일 수 있다.

3. 지반에 큰 호박돌이나 자갈이 포함되었을 때는 표준관입치가 불규칙하거나 신뢰성이 없을 수 있다.

개략적인 값일지라도, 표준관입시험의 정확한 해석은 흙의 물성치를 올바르게 평가하는 데 도움을 준다. 표준관입시험을 수행할 때 부주의할 만한 주 요인은 시추공에 이물질이 있는 등 청결하지 못한 상태, 타격횟수를 잘못 세거나 기록의 실수, 해머로 시추봉 타격 시 편심 타격, 시추공 내의 부정확한 지하수위 측정 등이다.

탄성계수와 표준관입시험값과의 상관관계

조립질 흙의 탄성계수(E_s)는 기초의 탄성침하를 산정하는 데 중요한 토질정수이다. E_s를 추정하기 위해 Kulhawy and Mayne(1990)은 다음 식을 제안하였다.

$$\frac{E_s}{p_a} = \alpha N_{60} \tag{3.32}$$

여기서

P_a = 대기압(E_s와 동일단위)

$$\alpha = \begin{cases} 5 \text{ 세립토가 있는 모래} \\ 10 \text{ 깨끗한 정규압밀된 모래} \\ 15 \text{ 깨끗한 과압밀된 모래} \end{cases}$$

예제 3.3

예제 3.2를 참고하여, 식 (3.30)을 이용하여 지층심도 $z = 0$에서 $z = 7.5$ m까지 평균 흙의

마찰각 ϕ'를 구하라.

풀이

식 (3.30)으로부터,

$$\phi' = \tan^{-1}\left[\frac{N_{60}}{12.2 + 20.3\left(\frac{\sigma'_a}{p_a}\right)}\right]^{0.34}$$

$$p_a = 100 \text{ kN/m}^2$$

따라서, 다음 표를 작성할 수 있다.

심도, z (m)	σ'_o (kN/m²)	N_{60}	ϕ' (deg) [식 (3.30)]
1.5	25.95	8	37.5
3.0	51.9	7	33.8
4.5	77.85	12	36.9
6.0	103.8	14	36.7
7.5	129.75	13	34.6

평균 $\phi' \approx$ **36°**

■

3.16 스크레퍼 버켓을 이용한 시료 채취

퇴적토가 자갈이 섞인 모래일 때 스프링 코어 채집기가 부착된 스플릿 스픈에 의하여 시료를 채취하는 것은 불가능하다. 왜냐하면 자갈이 스프링으로 닫히게 하는 기능을 작동하지 못하게 할 가능성이 있기 때문이다. 이러한 경우에 스크레퍼 버켓은 그림 3.19와 같이 교란 시료만을 채취하게 된다. 스크레퍼 버켓은 굴착봉에 장착할 수 있는 관입단을 갖고 있다. 시료 채취기가 지반으로 관입된 후 회전시키면, 천공벽면으로부터 흙이 시료 채취 용기 안으로 떨어진다.

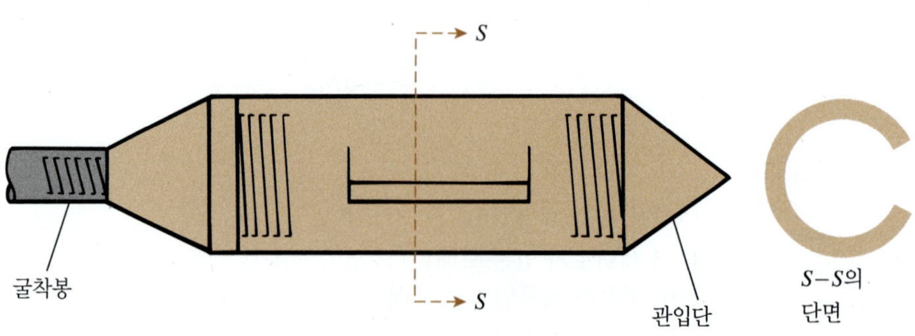

그림 3.19 스크레퍼 버켓

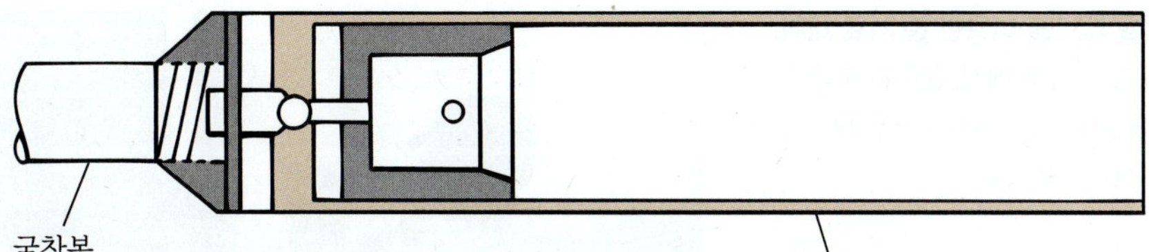

그림 3.20 띤월 튜브

3.17 띤월 튜브를 이용한 시료 채취

띤월 튜브(thin-walled tube)는 종종 셸비 튜브(Shelby tube)라고도 부른다. 셸비 튜브는 접합부가 없는 강철로 만들며 통상 불교란 점토시료를 채취하는 데 사용한다. 보통 사용되고 있는 띤월 튜브의 외경은 50.8 mm, 그리고 76.2 mm이다. 튜브의 바닥 끝단은 지반으로의 관입이 용이하게 날카롭게 만들었다. 튜브는 그림 3.20과 같이 굴착봉에 장착할 수 있다. 샘플러가 장착된 굴착봉을 시추공 바닥까지 내린 후 샘플러를 흙 속으로 밀어 관입시킨 다음 튜브 내에 흙 시료가 채워지면 지상으로 끌어올린다. 샘플러의 양단은 밀봉하여 토질 실험실로 옮긴다. 그림 3.21은 현장에서 딴월 튜브를 이용하여 시료 재취하는 순서를 나타낸 것이다.

이렇게 하여 채취된 시료들은 압밀시험이나 전단시험에 사용된다. 외경이 50.8 mm인 띤월 튜브는 내경이 약 47.63 mm이다. 따라서 면적비는 다음과 같다.

$$A_R(\%) = \frac{D_o^2 - D_i^2}{D_i^2}(100) = \frac{(50.8)^2 - (47.63)^2}{(47.63)^2}(100) = 13.75\%$$

시료 직경이 커지면 채취 비용이 더 많이 들게 된다.

3.18 피스톤 샘플러를 이용한 시료 채취

불교란 흙 시료가 매우 연약하거나 직경이 76.2 mm보다 클 경우에 시료는 샘플러 밖으로 떨어진다. 이러한 경우에 피스톤 샘플러는 특히 유용하다. 여러 종류의 피스톤 샘플러 중 Osterberg(1952)가 제안한 것이 가장 유용하다(그림 3.22a와 3.22b). 이 샘플러는 피스톤이 장착되어 있는 띤월 튜브로 구성되어 있다. 초기에는 피스톤이 튜브 끝단을 막고 있다. 샘플러가 시추공 하단에 도달하면(그림 3.22a) 유압으로 띤월 튜브를 피스톤을 통과하여 땅속으로 밀어 넣는다. 압력은 피스톤 봉에 있는 구멍을 통하여 배출된다(그림 3.22b). 피스톤 때문에 흙이 시료 채취 튜브로 급속하게 밀려들어오거나 과잉 흙 시료가 유입되는 것을 막음으로써 흙 시료의 교란을 상당한 정도 방지할 수 있다. 따라서 이러한 방법으로 채취된 흙 시료는 셸비 튜브에 의하여 채취된 시료보다 덜 교란된다.

그림 3.21 띤월 튜브를 이용한 흙 시료 채취: (a) 띤월 튜브를 굴착봉에 장착, (b) 지반 내로 튜브 관입, (c) 흙 시료 채취 (Khaled Sobhan, Florida Atlantic Univetsity)

(a)

(b)

(c)

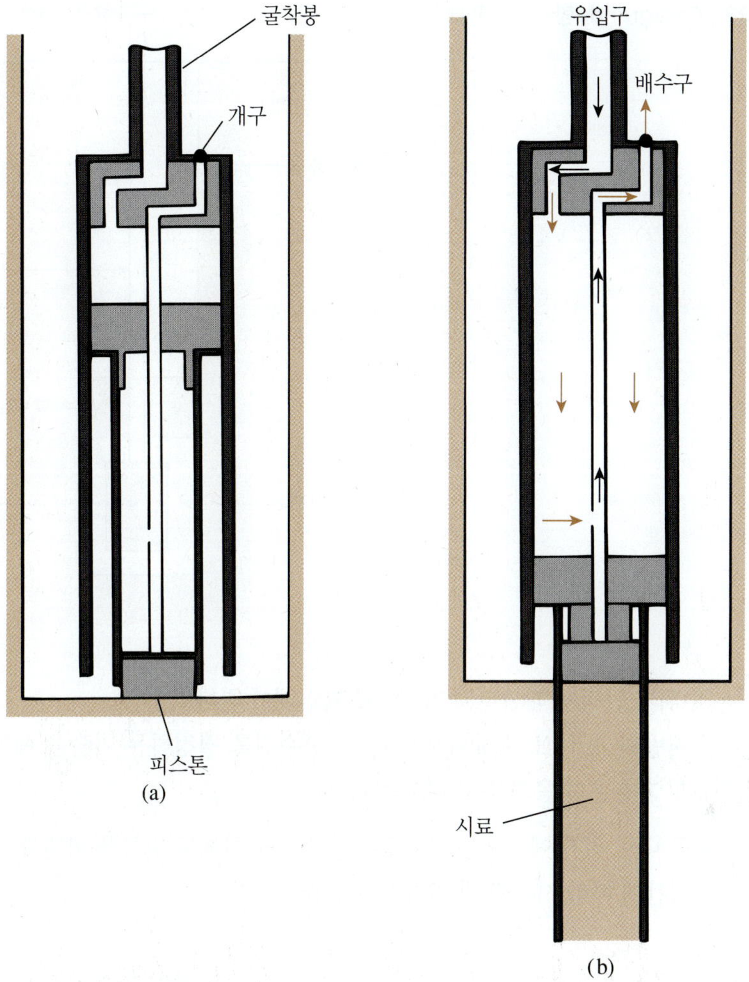

그림 3.22 피스톤 샘플러: (a) 시추공 하단에 위치한 샘플러, (b) 수압에 의하여 지반 내로 튜브 관입

3.19 지하수위의 관측

기초 주변의 지하수위 존재는 다른 요소보다 기초의 지지력과 침하에 심각한 영향을 미친다. 지하수위는 계절에 따라 변화하고 해안 지역에서는 매일 변화할 수 있다. 많은 경우, 구조물의 생애주기 동안에 최고수위와 최저수위를 설정할 필요가 있다.

현장 지반조사 시 시추공 지하수위를 발견하면, 그 사실을 기록하여야 한다. 투수계수가 큰 흙에서는 시추공 수위가 굴착이 완료된 후 24시간 내에 안정된다. 지하수위는 천공구멍 내로 체인이나 줄자를 내려 측정한다. 지하수위를 측정하기 위하여 지하수위계를 시추공 내부로 내려서 측정할 수 있다. 센서는 물과 접촉하면 전기버저나 빛이 발광하며, 정밀도는 1 mm이다.

투수성이 매우 낮은 흙에서의 지하수위는 여러 주일이 경과되어도 안정되지 않을 때가 있다. 이러한 경우에 정확한 지하수위의 측정이 요구되며, 피에조미터(piezometer)가 사용될 수 있다. 피에조미터는 기본적으로 플라스틱 파이프에 다공석판이나 유공파이프를 부착하여 만든 것이다. 그림 3.23은 시추공 내에 설치되어 있는 피에조미터의 설치전경이다. 시

그림 3.23 Casagrande형 다공석 피에조미터

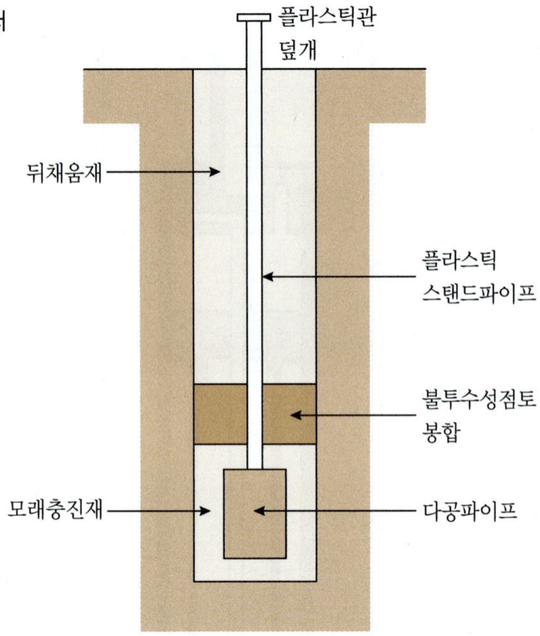

험 절차는 수위가 안정될 때까지 주기적으로 확인해야 한다.

실트질 지반의 경우 Hvorslev(1949)는 지하수위를 결정하는 기술을 제안하였다(그림 3.24 참조). 이 기술은 다음과 같은 단계를 따른다.

1. 시추공 내 수위가 예측되는 지하수위 아래에 위치하도록 물을 퍼낸다.

2. 경과시간에 따라 시추공 내 지하수위를 관측한다.

$t = 0$

$t = t_1$

그림 3.24 수위의 결정[식 (3.33~3.35)]

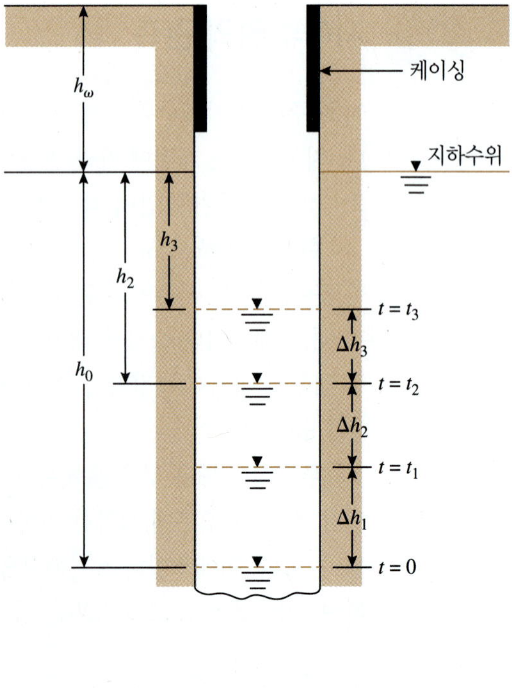

$t = t_2$

$t = t_3$

$t_1 - 0 = t_1 - t_2 = t_2 - t_3 = \Delta t$를 기록한다.

3. $\Delta h_1, \Delta h_2, \Delta h_3$를 계산한다(그림 3.24 참조)

4. 다음을 계산한다.

$$h_0 = \frac{\Delta h_1^2}{\Delta h_1 - \Delta h_2} \tag{3.33}$$

$$h_2 = \frac{\Delta h_2^2}{\Delta h_1 - \Delta h_2} \tag{3.34}$$

$$h_3 = \frac{\Delta h_3^2}{\Delta h_2 - \Delta h_3} \tag{3.35}$$

5. 시간 $t = 0, t_2, t_3$에서 각각 관측된 수위에 위치한 h_0, h_2, h_3를 도시하고 시추공 최종 지하수위를 결정한다.

예제 3.4

그림 3.24를 이용하라. 시추공, $h_w + h_0 = 9.5$ m인 경우

$\Delta t = 24$ hr

$\Delta h_t = 0.9$ m

$\Delta h_2 = 0.70$ m

$\Delta h_3 = 0.54$ m

필요한 계산을 하고 지하수위 위치를 정하라.

풀이

식 (3.33), (3.34), (3.35)를 이용하여

$$h_0 = \frac{\Delta h_1^2}{\Delta h_1 - \Delta h_2} = \frac{0.9^2}{0.9 - 0.70} = 4.05 \text{ m}$$

$$h_2 = \frac{\Delta h_2^2}{\Delta h_1 - \Delta h_2} = \frac{0.7^2}{0.9 - 0.7} = 2.45 \text{ m}$$

$$h_3 = \frac{\Delta h_3^2}{\Delta h_2 - \Delta h_3} = \frac{0.54^2}{0.7 - 0.54} = 1.82 \text{ m}$$

■

그림 3.25는 계산과정과 추정된 지하수위 위치를 도시한 것이다. $h_w = 5.5$ m이다.

3.20 베인전단시험

베인전단시험(vane shear test, ASTM D-2573)은 시추작업을 할 때 점토, 특히 연약점토의 현장 비배수 전단강도를 측정하는 데 사용된다. 베인전단시험기는 그림 3.26에 나타난 것과

그림 3.25 지하수위 위치 결정

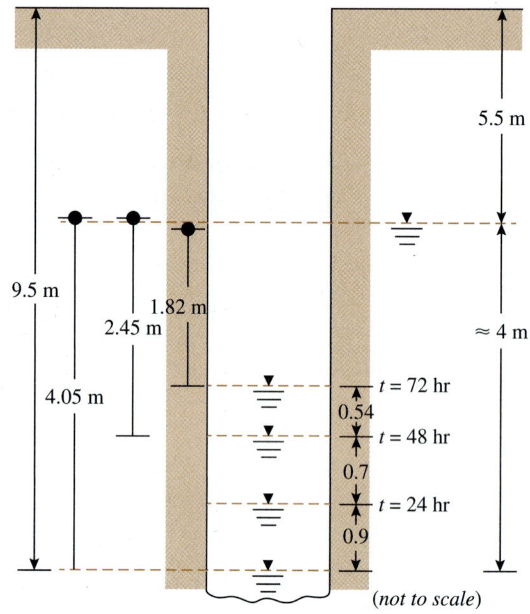

같이 봉 끝에 4개의 날개로 구성된 시험기이다. 베인의 높이는 H로서 직경 D의 2배이다. 베인은 직사각형 또는 원뿔형 형상이다(그림 3.26). 현장에서 사용되는 베인의 치수는 표 3.9에 나타내었다. 베인시험기는 흙을 교란시키지 않고 시추공 바닥에 있는 지반으로 밀어넣고, 0.1°/sec의 회전율로 베인이 회전하게끔 시험기 축 상단에 토크(torgue)를 가한다. 이러한 회전은 베인 주변에서 원통형 모양으로 흙을 전단파괴시킨다. 이때 파괴를 유발시키는 최대 토크(T)를 측정한다.

$$T = f(c_u, H, \text{그리고 } D) \tag{3.36}$$

또는

$$c_u = \frac{T}{K} \tag{3.37}$$

직사각형 베인시험기인 경우 ASTM(2014)에 의하면

$$K = \frac{\pi d^2}{2}\left(h + \frac{d}{3}\right) \tag{3.38}$$

$h/d = 2$이면,

$$K = \frac{7\pi d^3}{6} \tag{3.39}$$

그러므로,

$$c_u = \frac{6T}{7\pi d^3} \tag{3.40}$$

원뿔형 베인시험기인 경우,

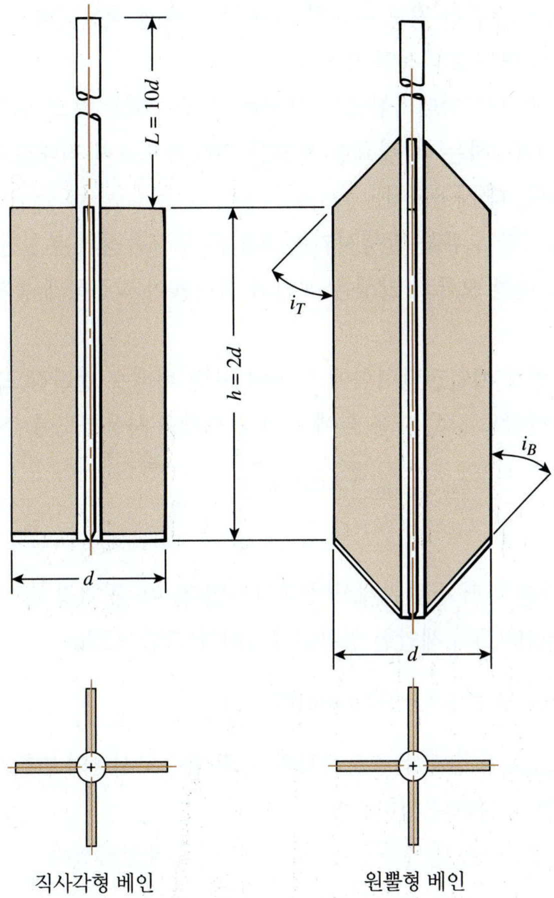

그림 3.26 현장베인시험기의 모식도(After ASTM, 2014) (출처: Based on Annual Book of ASTM Standards, Vol. 04.08)

$$K = \frac{\pi d^2}{12}\left(\frac{d}{\cos i_T} + \frac{d}{\cos i_B} + 6h\right) \tag{3.41}$$

각 i_T와 i_B값들은 그림 3.26에 정의되어 있다.

현장 베인전단시험은 대체적으로 빠르고 경제적이므로 현장 지반조사에 광범위하게

표 3.9 ASTM에서 추천한 현장베인의 치수[a] (출처: Based on Annual Book of ASTM Standards, Vol. 04.08)

케이싱 크기	직경, d (mm)	높이, h (mm)	날개 두께(mm)	봉의 직경(mm)
AX	38.1	76.2	1.6	12.7
BX	50.8	101.6	1.6	12.7
WX	63.5	127.0	3.2	12.7
101.6 mm[b]	92.1	184.1	3.2	12.7

[a]베인의 크기 선정은 시험하고자 하는 흙의 연경도와 직접적인 관련이 있다. 즉, 베인의 크기는 연약한 점토일수록 베인 직경이 큰 것이 적합하다.

[b]내경

사용된다. 이 시험은 연약하고 중간 정도 단단한 점토 지반에 잘 적용되며, 특히 예민한 점토의 성질을 파악하는 데는 매우 효과적인 시험이다.

현장베인시험은 일반적으로 최대저항을 넘어서는 데 요구되는 토크와 최대토크 이후 점토 내에서 베인을 5~10회전하는 데 필요한 토크를 기록함으로써 최대값과 잔류비배수 전단강도를 동시에 측정하는 데 사용된다.

현장베인시험에서 심각한 오류를 발생시키는 요인은 토크측정의 부실한 보정과 손상된 베인 때문에 발생한다. 다른 오류의 발생은 베인의 회전율이 적절하게 통제되지 않았을 경우이다.

실제 설계용인 경우 현장 베인전단시험에 의하여 구한 비배수 전단강도[$c_{u(\mathrm{VST})}$] 값은 너무 높으므로, 비배수 전단강도 값은 다음 식에 따라 수정하여 사용하도록 추천하고 있다.

$$c_{u(\mathrm{corrected})} = \lambda c_{u(\mathrm{VST})} \tag{3.42}$$

여기서 λ = 수정계수

이미 수정계수 λ에 관한 여러 상관관계식이 제안되었다. 이 중 가장 많이 사용되고 있는 λ 수정계수는 Bjerrum(1972)이 제안한 상관관계식이다(그림 3.27a).

$$\lambda = 1.7 - 0.54 \log[\mathrm{PI}(\%)] \tag{3.43a}$$

Aas et al.(1986)는 $c_{u(\mathrm{field})}$와 현재 유효상재압력 σ'_o의 함수로서 λ의 변화값을 제안하였다. 이 제안값은 그림 3.27b에 나타나 있다.

Morris and Willians(1994)는 다음과 같은 상관관계식을 제안하였다.

$$\lambda = 1.18e^{-0.08(\mathrm{PI})} + 0.57\ (\mathrm{PI} > 5\text{인 경우}) \tag{3.43b}$$

$$\lambda = 7.01e^{-0.08(\mathrm{LL})} + 0.57\ (\text{여기서 LL은 \%}) \tag{3.43c}$$

현장 베인전단강도는 또한 점토의 선행압밀하중과 과압밀비 간의 상관관계를 가질 수 있다. Mayne and Mitchell(1988)은 343개의 시험결과를 사용하여, 자연퇴적점토의 선행압밀압력을 산정하는 경험식을 다음과 같이 제시하였다.

$$\sigma'_c = 7.04[c_{u(\mathrm{field})}]^{0.83} \tag{3.44}$$

여기서

σ'_c = 선행압밀압력(kN/m^2)

$c_{u(\mathrm{field})}$ = 현장 베인전단강도(kN/m^2)

Mayne and Mitchell은 과압밀비(OCR)와 $c_{u(\mathrm{field})}$의 관계식을 다음과 같이 제안하였다.

$$\mathrm{OCR} = \beta \frac{c_{u(\mathrm{field})}}{\sigma'_o} \tag{3.45}$$

여기서 σ'_o = 유효상재압력

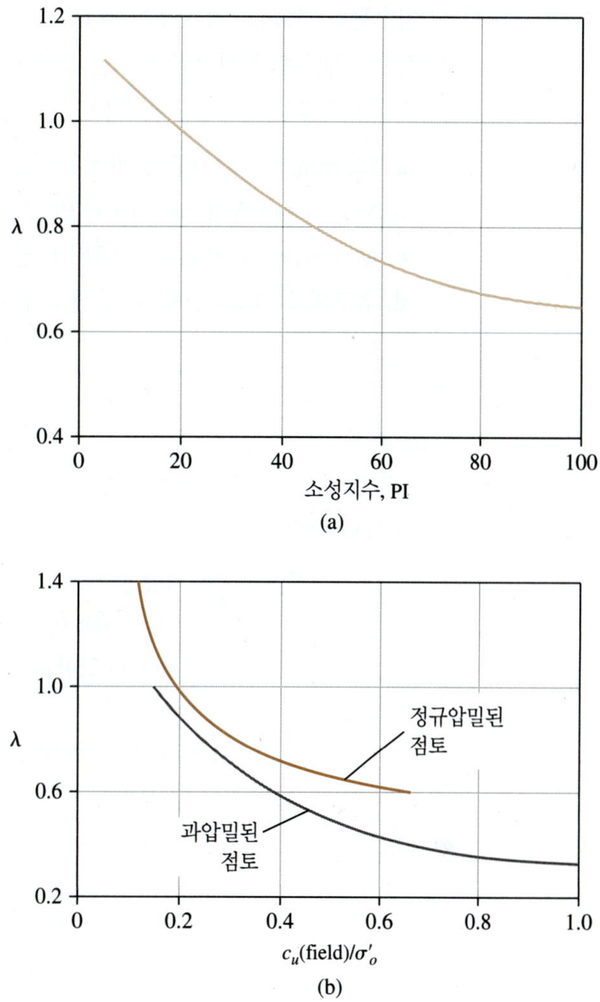

그림 3.27 λ계수의 보정: (a) 식 (3.43a), (b) Das et al.의 관측(1986)

β의 크기는 여러 학자들이 다음과 같이 제시하였다.

- Mayne and Mitchell(1988):

$$\beta = 22[\mathrm{PI}(\%)]^{-0.48} \tag{3.46}$$

- Hansbo(1957)

$$\beta = \frac{222}{w(\%)} \tag{3.47}$$

- Larsson(1980)

$$\beta = \frac{1}{0.08 + 0.0055(\mathrm{PI})} \tag{3.48}$$

예제 3.5

그림 3.26을 참고로, 원뿔형 베인시험기로 점토층에 대하여 전단시험을 수행하였다. 베인

의 치수는 63.5 mm (d) × 127 m (h), 그리고 $i_T = i_B = 45°$이다. 점토층의 소정의 심도에서 전단파괴되는 데 필요한 토크는 20 N·m이었다. 점토의 액성한계가 50이고 소성한계가 18이었다. 다음의 식들을 이용하여 설계에 사용될 점토의 비배수 전단강도를 구하라.

a. Bjerrum의 λ 상관관계식[식 (3.43a)]

b. Morris and Williams의 λ와 PI 상관관계식[식 (3.43b)]

c. Morris and Williams의 λ와 LL 상관관계식[식 (3.43c)]

d. 점토의 선행압밀압력 σ'_c을 산정하라.

풀이

Part a

주어진 값: $h/d = 127/63.5 = 2$

식 (3.41)로부터,

$$
\begin{aligned}
K &= \frac{\pi d^2}{12}\left(\frac{d}{\cos i_T} + \frac{d}{\cos i_B} + 6h\right) \\
&= \frac{\pi(0.0635)^2}{12}\left[\frac{0.0635}{\cos 45} + \frac{0.0635}{\cos 45} + 6(0.127)\right] \\
&= (0.001056)(0.0898 + 0.0898 + 0.762) \\
&= 0.000994
\end{aligned}
$$

식 (3.37)로부터,

$$
\begin{aligned}
c_{u(\text{VST})} &= \frac{T}{K} = \frac{20}{0.000994} \\
&= 20{,}121 \text{ N/m}^2 \approx 20.12 \text{ kN/m}^2
\end{aligned}
$$

식 (3.43a)와 (3.42)로부터,

$$
\begin{aligned}
c_{u(\text{corrected})} &= [1.7 - 0.54 \log(\text{PI}\%)]c_{u(\text{VST})} \\
&= [1.7 - 0.54 \log(50 - 18)](20.12) \\
&= \mathbf{17.85 \text{ kN/m}^2}
\end{aligned}
$$

Part b

식 (3.43b)와 (3.42)로부터,

$$
\begin{aligned}
c_{u(\text{corrected})} &= [1.18e^{-0.08(\text{PI})} + 0.57]c_{u(\text{VST})} \\
&= [1.18e^{-0.08(50-18)} + 0.57](20.12) \\
&= \mathbf{13.3 \text{ kN/m}^2}
\end{aligned}
$$

Part c

식 (3.43c)와 (3.42)로부터,

$$
\begin{aligned}
c_{u(\text{corrected})} &= [7.01e^{-0.08(\text{LL})} + 0.57]c_{u(\text{VST})} \\
&= [7.01e^{-0.08(50)} + 0.57](20.12) \\
&= \mathbf{14.05 \text{ kN/m}^2}
\end{aligned}
$$

Part d
식 (3.44)로부터,

$$\sigma'_c = 7.04[c_{u(\mathrm{VST})}]^{0.83} = 7.04(20.12)^{0.83} = \mathbf{85\ kN/m^2}$$

■

3.21 콘관입시험

콘관입시험(cone penetration test, CPT)은 본래 더치콘관입시험으로 알려져 있으며, 토층 시료와 공학적 성질을 평가하는 데 사용되는 매우 유용한 방법이다. 이 시험은 또한 **정적관입시험**이라고도 부르며, 시험을 수행하는 데 있어서 별도의 시추공이 필요 없다. 본래 콘의 각도는 60°이고 면적은 10 cm^{2}이며, 약 20 mm/sec의 일정한 속도로 흙 속으로 관입시켜 관입저항치를 측정한다.

현재 사용되고 있는 콘관입시험기(cone penetrometer)는 콘에 의하여 유발되는 (a) **콘관입저항치**(q_c)를 측정하는데, 콘관입저항치는 콘에 작용되는 연직힘을 수평 방향 면적으로 나눈 값과 같다; (b) **마찰저항치**(f_c)는 콘 상부에 위치한 관입봉 주면 부분(sleeve)과 주면 흙과의 마찰값이다. 마찰저항치는 연직으로 작용되는 힘을 표면적으로 나눈 값으로—실제적으로 마찰값과 부착력(adhesion)의 합이다.

일반적으로 q_c와 f_c를 측정하는 데는 두 종류의 관입시험기가 사용된다.

1. **역학적 마찰콘관입시험기**(mechanical friction-cone penetrometer, 그림 3.28). 관입시험기의 첨단부는 관입봉의 내부와 연결되어 있다. 40 mm의 콘 첨단 부분이 먼저 관입됨으로써 관입저항치를 측정한다. 그 이상 더 관입시킴으로써 콘 첨단부는 관입봉 주면 부분(sleeve) 마찰을 측정한다. 콘관입시험기의 내부 봉을 관입시킬 때의 관입봉 힘은 콘과 관입봉 주변에 작용되는 연직력의 합과 같다. 콘에 작용되는 힘을 연직력에서 빼주면 마찰력이 된다.
2. **전기마찰콘관입시험기**(electric friction-cone penetrometer, 그림 3.29). 이 관입시험기의 선단은 일련의 강봉에 연결되어 있다. 선단은 20 mm/sec의 관입률로 지반 내에 관입된다. 트랜듀서의 선들은 관입봉 로드의 중심을 통해 연결되어 있으며 연속적으로 콘과 측면저항을 측정한다. 그림 3.30은 전기마찰콘관입시험기의 사진이다.

그림 3.31은 현장 콘관입시험의 과정을 나타내고 있다. 그림 3.31a는 콘관입장비를 탑재한 차량이다. 차량 내부에 설치되어 있는 수압관입장비로 콘을 지반 내로 관입시킨다. 그림 3.31b는 적합한 위치에서 콘관입시험 준비가 완료된 전경이다. 그림 3.31c는 콘관입시험을 실시하고 있는 전경이다. 그림 3.32는 전기마찰콘관입시험기에 의하여 측정된 토층 깊이별 마찰저항력을 나타내었다.

마찰비(F_r)는 다음과 같이 정의된다.

$$F_r(\%) = \frac{\text{마찰저항치},\ f_s}{\text{콘관입저항치},\ q_c} \times 100 \tag{3.49}$$

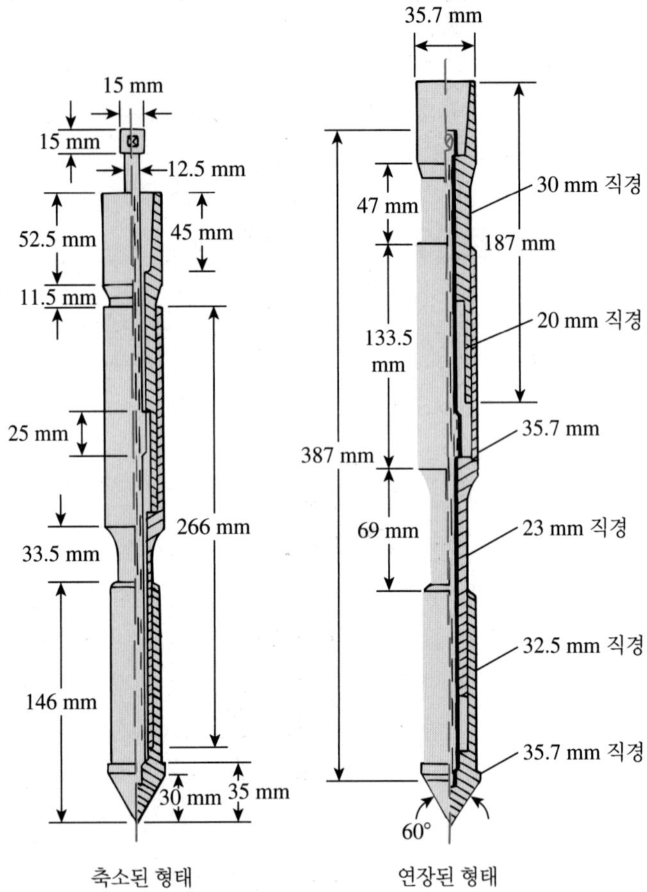

그림 3.28 역학적 마찰콘관입시험기(ASTM, 2001)(출처: Based on Annual Book of ASTM Standards, Vol. 04.08)

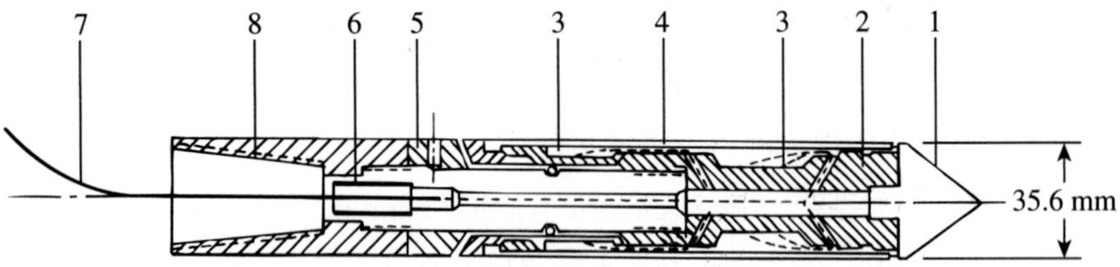

1 콘(10 cm^2)
2 로드셀
3 스트레인게이지
4 마찰주면(150 cm^2)
5 조정링
6 방수막
7 케이블
8 봉 연결부

그림 3.29 전기마찰콘관입시험기(ASTM, 2001) (출처: Based on *Annual Book of ASTM Standards*, Vol. 04.08)

사질토에 대한 하단값과 점성토에 대한 상단값에 대한 범위는 0~10% 내에서 다양하게 나타난다.

최근 연구에서 그리스에 있는 여러 흙 종류에 대한 F_r (Anagnostopoulos et al., 2003)을 다음과 같이 제안하였다.

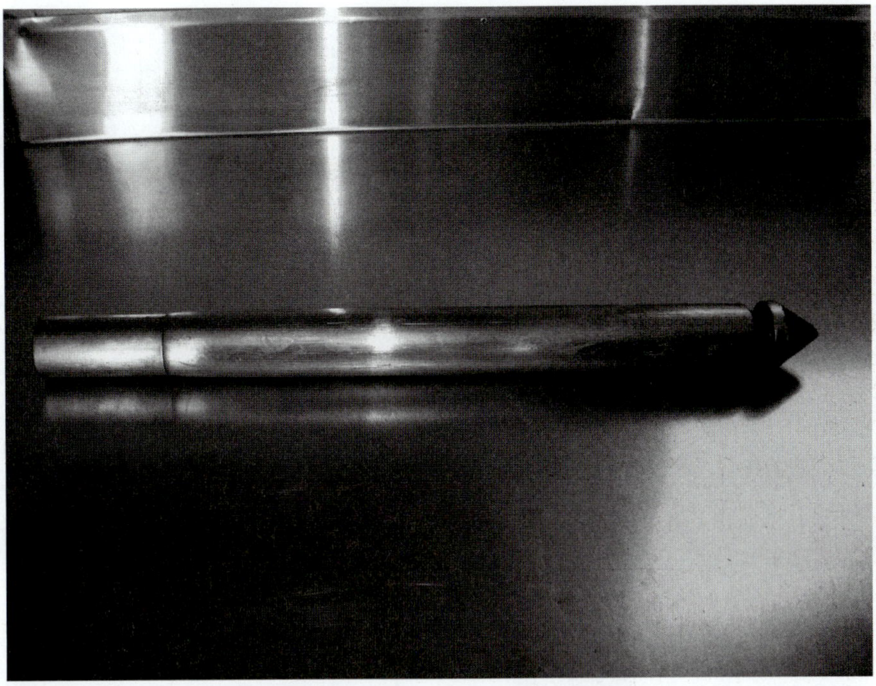

그림 3.30 전기마찰콘관입시험기(출처: Courtesy of Sanjeev Kumar/Southern Illinois University, Carbondale, Illinois)

$$F_r(\%) = 1.45 - 1.36 \log D_{50} \text{ (전기마찰콘)} \tag{3.50}$$

그리고

$$F_r(\%) = 0.7811 - 1.611 \log D_{50} \text{ (역학적 마찰콘)} \tag{3.51}$$

여기서 D_{50} = 50% 통과 시 토립자의 흙의 크기(mm)

식 (3.50)과 (3.51)에 적합한 흙의 D_{50} 범위는 0.001 mm부터 10 mm이다.

표준관입시험에서와 같이 콘관입시험에서도 콘관입 저항치(q_c)와 흙의 다른 물성치 간의 여러 상관관계식이 제안되었다. 이 중 일부는 다음과 같다.

모래 지반의 상대밀도 D_r와 q_c와의 상관관계식

Lancellotta(1983)와 Jamilkawski et al.(1985)은 정규압밀된 상대밀도 D_r와 q_c와의 관계식을 다음과 같이 제시하였다(그림 3.33).

$$D_r(\%) = A + B \log_{10}\left(\frac{q_c}{\sqrt{\sigma'_o}}\right) \tag{3.52}$$

Kulhawy and Mayne(1990)은 관계식을 다음과 같이 다시 표현하였다.

$$D_r(\%) = 68\left[\log\left(\frac{q_c}{\sqrt{p_a \cdot \sigma'_o}}\right) - 1\right] \tag{3.53}$$

(a)

(b)

(c)

그림 3.31 현장에서의 콘관입시험: (a) 콘관입장비가 탑재된 차량, (b) 콘관입시험 준비의 완료, (c) 콘관입시험 전경 (Courtesy of Sanjeev Kumar/Southern Illinois University, Carbondale, Illinois)

p_a = 대기압($\approx$ 100 kN/m^2)

σ'_o = 유효연직응력

Kulhawy and Mayne(1990)은 유효연직응력(σ'_o), 상대밀도(D_r), 그리고 q_c 사이의 관계식을 다음과 같이 제안하였다.

$$D_r = \sqrt{\left[\frac{1}{305Q_c\text{OCR}^{1.8}}\right]\left[\frac{\dfrac{q_c}{p_a}}{\left(\dfrac{\sigma'_o}{p_a}\right)^{0.5}}\right]} \tag{3.54}$$

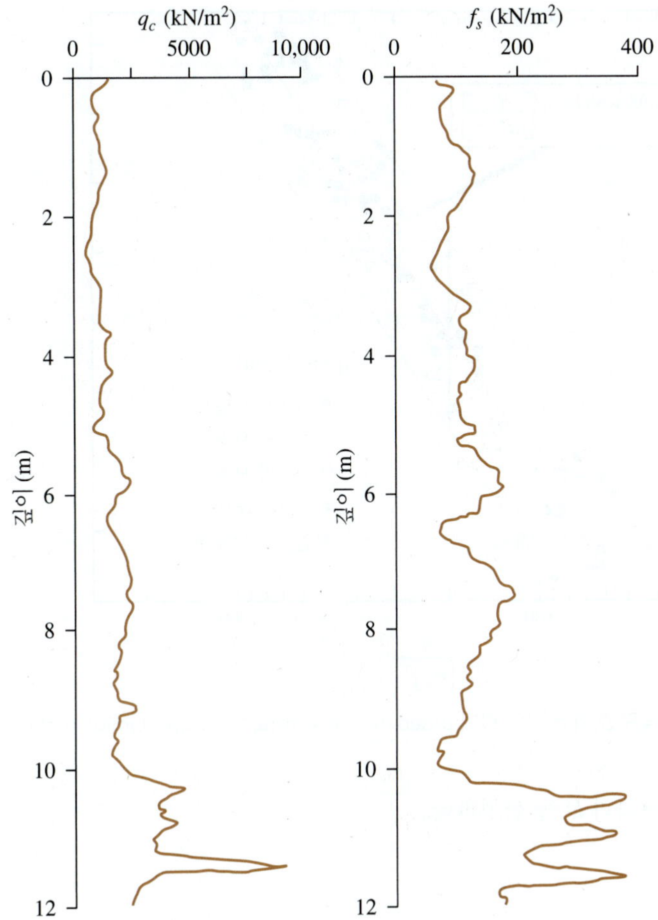

그림 3.32 콘관입시험기에 의한 마찰력 측정결과

여기서

OCR = 과압밀비

p_a = 대기압

Q_c = 압축성 계수

Q_c는 다음 값을 권한다.

압축성이 강한 모래 = 0.91

중간 정도 압축성이 있는 모래 = 1.0

압축성이 낮은 모래 = 1.09

예제 3.6

압축성이 낮은 모래에서 콘관입시험의 경우, 다음 값이 주어져 있다.

깊이 $z = 8$ m

$q_c = 18$ MN/m^2

모래의 단위중량 $\gamma = 17$ kN/m^3

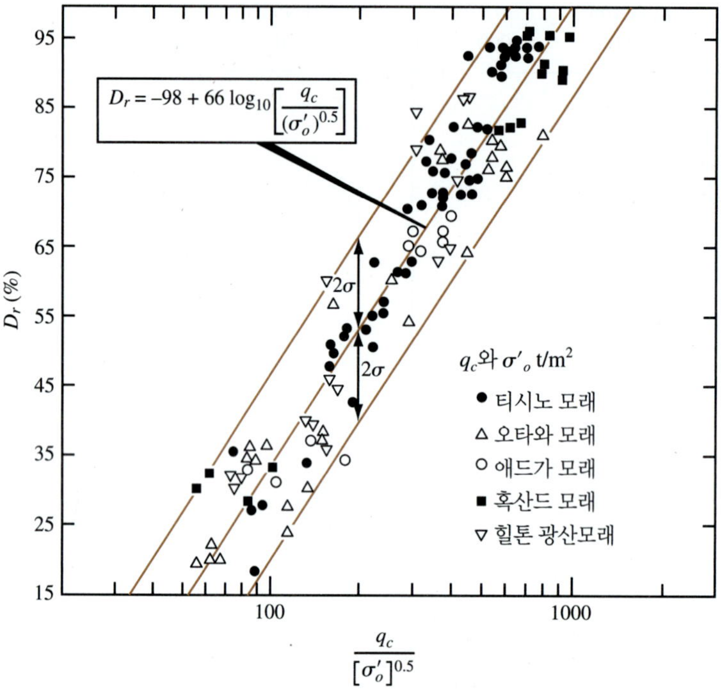

그림 3.33 상대밀도 D_r와 q_c와의 관계(Based on Lancellotta, 1983, and Jamiolski et al. 1985)

식 (3.53)을 이용하여 D_r를 산정하라.

풀이

식 (3.53)으로부터

$$D_r(\%) = 68\left[\log\left(\frac{q_c}{\sqrt{(p_a)(\sigma'_o)}}\right) - 1\right]$$

그리고 $q_c = 18\ \text{MN/m}^2 = 18{,}000\ \text{kN/m}^2$; $p_a = 100\ \text{kN/m}^2$; $\sigma'_o = (8)(17) = 136\ \text{kN/m}^2$.

$$D_r(\%) = 68\left[\log\left(\frac{18{,}000}{\sqrt{(100)(136)}}\right) - 1\right] = \mathbf{80.8\%}$$

■

사질토에서 q_c와 배수마찰각(ϕ')의 상관관계

실험결과를 바탕으로 Robertson and Campanella(1983)는 정규압밀된 석영모래에 대한 D_r, σ'_o와 ϕ' 사이의 상관관계를 다음과 같이 제안하였다(Kulhawy and Mayne, 1990).

$$\phi' = \tan^{-1}\left[0.1 + 0.38\log\left(\frac{q_c}{\sigma'_o}\right)\right] \tag{3.55}$$

이탈리아 베니스 습지지반에서 수행한 콘관입시험결과에 근거하여, Ricceri et al. (2002)은 ML과 SP-SM 흙에 대한 관계식을 제안하였다.

$$\phi' = \tan^{-1}\left[0.38 + 0.27\log\left(\frac{q_c}{\sigma'_o}\right)\right] \tag{3.56}$$

표 3.10 c와 a의 값[식 (3.58)]

연구자		c	a
Burland and Burbidge(1985)	최대상한선	15.49	0.33
	최소하한선	4.9	0.32
Robertson and Campanella(1983)	최대상한선	10	0.26
	최소하한선	5.75	0.31
Kulhawy and Mayne(1990)		5.44	0.26
Anagnostopoulos et al.(2003)		7.64	0.26

Lee et al.(2004)은 최근 연구에서 ϕ', q_c와 유효수평응력(σ'_h)의 상관관계를 제안하였다.

$$\phi' = 15.575\left(\frac{q_c}{\sigma'_h}\right)^{0.1714} \tag{3.57}$$

q_c와 N_{60}과의 상관관계

사질토의 경우, 평균입도크기(D_{50}, mm)에 대한 q_c와 N_{60}과의 상관관계에 관한 여러 상관관계식이 제안되었다(N_{60} = 표준관입저항). 이러한 상관관계식은 아래와 같다.

$$\frac{\left(\dfrac{q_c}{p_a}\right)}{N_{60}} = cD_{50}^{a} \tag{3.58}$$

표 3.10은 다양한 연구로부터 발견된 c와 a의 값이다.

예제 3.7

예제 3.6에서 기술된 흙을 참조하라. 깊이 8 m의 지반 조건에서 마찰각 ϕ'을 산정하라. 식 (3.55)를 사용하라.

풀이

식 (3.55)로부터

$$\phi' = \tan^{-1}\left[0.1 + 0.38\log\left(\frac{q_c}{\sigma'_o}\right)\right]$$

또는

$$\phi' = \tan^{-1}\left[0.1 + 0.38\log\left(\frac{18{,}000}{136}\right)\right] = \mathbf{42.2°}$$

■

흙의 종류에 따른 상관관계

정해진 깊이 내 흙은 q_c와 f_s의 값을 조합하는 것으로 확인할 수 있다. Robertson et al.

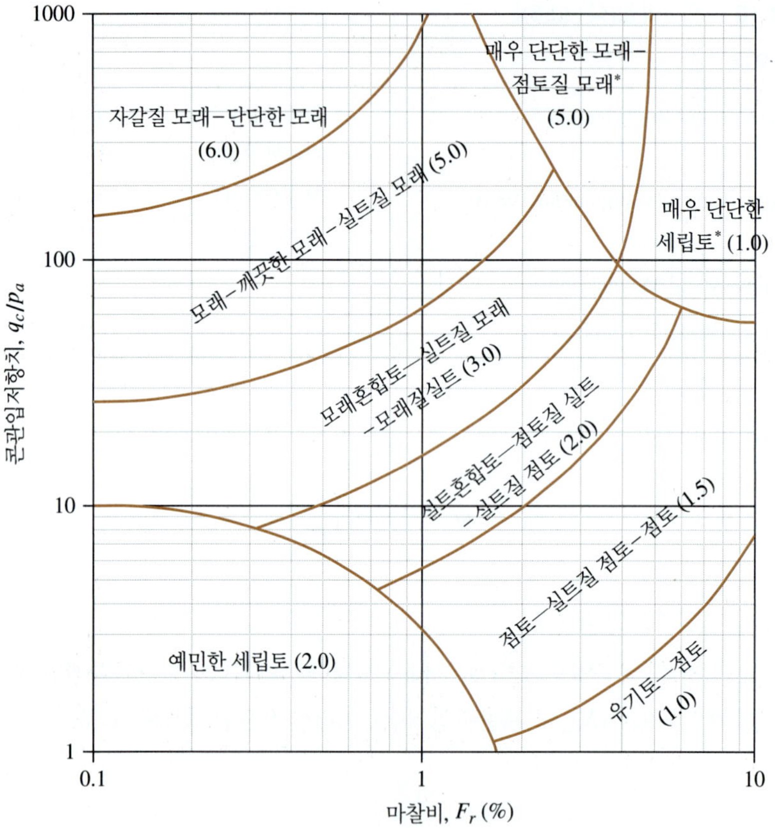

주: *심하게 과압밀된 또는 시멘트로 접착된 것과 같은

그림 3.34 흙의 거동 형태 도표(Robertson et al, 1986 and Robertson, 2010)

(1986)는 흙의 거동 형태 도표를 제안하였고, Rovertson(2010)에 의해 개정되었다. 이 도표로부터 그림 3.34에서 보는 바와 같이 q_c와 F_r을 바탕으로 흙의 종류를 구분하는 것이 가능하다. $(q_c/p_a)/N_{60}$의 값은 괄호로 표시되었다.

점성토에서 비배수 전단강도(c_u), 선행압밀압력(σ'_c), 그리고 과압밀비(OCR)와의 상관관계

비배수 전단강도 c_u는 다음과 같이 표시할 수 있다.

$$c_u = \frac{q_c - \sigma_o}{N_k} \tag{3.59}$$

여기서

σ'_o = 전 연직응력
N_K = 유효연직응력

지지력계수 N_K는 정규압밀 점토에서 11~19이고, 과압밀 점토에서는 25에 근사한 값을 보인다. Mayne and Kemper(1988)에 따르면

$$N_K = 15 \text{ (전기적 콘인 경우)}$$

그리고

$$N_K = 20 \text{ (역학적 콘인 경우)}$$

그리스 시험결과에 근거하여 Anagnostopoulos et al.(2003)은 다음과 같은 지지력계수를 제안하였다.

$$N_K = 17.2 \text{ (전기적 콘)}$$

$$N_K = 18.9 \text{ (역학적 콘)}$$

현장시험 결과로부터

$$c_u = \frac{f_s}{1.26} \text{ (역학적 콘)} \tag{3.60}$$

$$c_u = f_s \text{ (전기적 콘)} \tag{3.61}$$

Mayne and Kemper(1988)는 점성토에서 선행압밀압력(σ'_c)과 과압밀비(OCR)와의 상관관계를 다음과 같이 제시하였다.

$$\underset{\text{MN/m}^2}{\sigma'_c} = 0.243(\underset{\text{MN/m}^2}{q_c})^{0.96} \tag{3.62}$$

그리고

$$\text{OCR} = 0.37\left(\frac{q_c - \sigma_o}{\sigma'_o}\right)^{1.01} \tag{3.63}$$

여기서 σ_o와 σ'_o = 각각 전 응력과 유효연직응력이다.

3.22 프레셔미터 시험

프레셔미터(pressuremeter, PMT) 시험은 현장 시추공 내에서 실시하는 **현장**(in situ)원위치시험이다. 이 시험은 흙의 전단강도와 변형특성을 측정하기 위하여 Menard(1956)에 의하여 처음 개발되었고, ASTM 시험규정 4719 (Test Designation 4719)로 채택되었다. Menard형 PMT는 세 개의 셀을 갖는 관입봉으로 구성된다. 그림 3.35a에 도시된 것과 같이 상부와 하부의 셀은 **보호용 셀**(guard cell)이고, 중간의 셀은 **측정용 셀**(measuring cell)이다. 이 시험은 미리 시추한 공 내에서 실시한다. 시험에 사용할 시추공은 관입봉의 실제 직경보다 1.03~1.2배 정도 큰 직경으로 굴착하여야 한다. 가장 보편적으로 사용되는 관입봉의 직경은 58 mm이고 길이는 420 mm이다. 관입봉의 셀은 액체나 기체에 의하여 팽창된

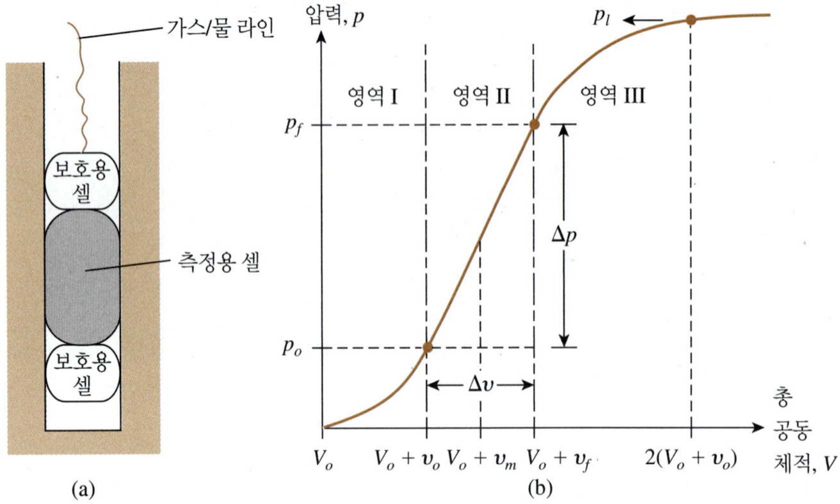

그림 3.35 (a) 프레셔미터, (b) 압력과 총 공동 체적 간의 관계 곡선

다. 보호용 셀은 측정용 셀의 경계 조건을 감소시키기 위하여 팽창시킨다. 측정용 셀의 부피(V_o)는 535 cm^{3}이다. 다음 표는 ASTM에서 권장하는 시추공의 직경과 프레셔미터 관입봉의 직경을 기술한 것이다.

관입봉 직경(mm)	시추공 직경	
	보통(mm)	최대(mm)
44	45	53
58	60	70
74	76	89

시험을 시행하기 위하여 측정용 셀의 부피(V_o)를 측정하고, 프레셔미터 관입봉을 시추공에 삽입한다. 압력을 증가시키고 이에 따른 셀의 부피 팽창을 측정한다. 흙이 파괴되거나 시험장치의 압력 한계에 도달할 때까지 이러한 과정을 계속 반복한다. 팽창된 측정용 셀의 전체 부피(V)가 초기 측정용 셀 부피의 두 배가 되었을 때 흙이 파괴된 것으로 간주한다. 시험 완료 후에 프레셔미터 관입봉의 공기를 빼고, 더 깊은 심도에서 시험을 실시하기 위하여 시험기를 전진시킨다.

프레셔미터 시험의 결과는 압력과 부피의 관계로, 그림 3.35b에 도식적으로 나타나 있다. 이 그림에서 영역 I은 시추공의 주변 흙이 초기상태(굴착 전의 상태)로 복귀되는 동안 다시 하중이 가해지는 부분이다. 압력 p_o는 현장 수평 전응력을 나타낸다. 영역 II는 셀의 부피와 셀의 압력이 실제로 직선관계에 있는 준탄성영역이다. 압력 p_f는 크리프 혹은 항복압력을 나타낸다. 영역 III은 소성영역이다. 압력 p_l은 한계압력을 나타낸다. 그림 3.36은 현장 프레셔미터 시험 장면을 나타낸 것이다.

흙의 프레셔미터 탄성계수(E_p)는 무한히 두꺼운 실린더의 팽창이론을 이용하여 도출된 것이다.

그림 3.36 현장에서 프레셔미터 시험 전경: (a) 프레셔미터의 관입봉, (b) 습식회전방법에 의한 시추공 굴착, (c) 뒷배경에 관입봉과 함께 프레셔미터의 제어장치, (d) 프레셔미터의 관입봉을 시추공 안으로 삽입하려는 순간(Courtesy of Jean-Louis Briaud/Texas A&M University, College Station, Texas)

$$E_p = 2(1 + \mu_s)(V_o + v_m)\left(\frac{\Delta p}{\Delta v}\right) \tag{3.64}$$

여기서

$$v_m = \frac{v_o + v_f}{2}$$

$$\Delta p = p_f - p_o$$

$\Delta v = v_f - v_o$

μ_s = 포아송비(0.33으로 가정함)

한계압력(p_l)은 직접적으로 측정하는 방법이 없고, 단지 추정에 의하여 얻을 수 있다.

시험에 요구되는 적절한 크기의 시추공의 준비가 어려운 점을 극복하기 위하여 셀프보링 프레셔미터(self-boring pressuremeter, SBPMTs)가 개발되었다. SBPMTs에 대한 세부적인 사항은 Baguelin et al.(1978)의 연구결과로부터 알 수 있다.

다양한 토질정수와 프레셔미터 시험결과의 상관관계는 많은 연구자들에 의해 정립되었다. Kulhawy and Mayne(1990)은 점토에 대하여 다음 식을 제안하였다.

$$\sigma'_c = 0.45 p_l \tag{3.65}$$

여기서 σ'_c = 선행압밀압력

Baguelin et al.(1978)은 공동팽창이론에 근거하여, 다음 식을 제안하였다.

$$c_u = \frac{(p_l - p_o)}{N_p} \tag{3.66}$$

여기서

c_u = 점토의 비배수 전단강도

$N_p = 1 + \ln\left(\dfrac{E_p}{3c_u}\right)$

보통 N_p 값은 5~12의 범위에 있으며, 평균 8.5 정도의 값을 가진다. Ohya et al.(1982)(Kulhawy and Mayne, 1990)은 모래와 점토에 대한 E_p와 현장 표준관입저항치(N_{60})와의 관계를 다음과 같은 식으로 나타내었다.

$$\text{점토: } E_p(\text{kN/m}^2) = 1930\, N_{60}^{0.63} \tag{3.67}$$

$$\text{모래: } E_p(\text{kN/m}^2) = 908\, N_{60}^{0.66} \tag{3.68}$$

3.23 딜라토미터 시험

평판형 딜라토미터 시험(dilatomete test, DMT)은 최근에 개발된 현장 시험법이다(Marchetti 1980; Schmertmann 1986). 이 시험기구는 기본적으로 길이가 220 mm, 폭이 95 mm, 두께가 14 mm의 규격을 가지는 평판으로 구성되어 있다. 직경 60 mm인 원형의 팽창 가능한 평평한 금속으로 된 얇은 막이 한쪽 면 중앙에 도출되어 있다(그림 3.37a). 딜라토미터 프로브는 콘관입시험 장비를 이용하여 딜라토미터의 관입봉을 원하는 깊이에 관입한다(그림 3.37b). 가스선과 전기선이 지상 제어상자로부터 관입시험 장비의 봉을 따라 블레이드(날)까지 연결된다. 목표 토층 심도에 도달하면 딜라토미터 중앙에 위치한 금속성 얇은

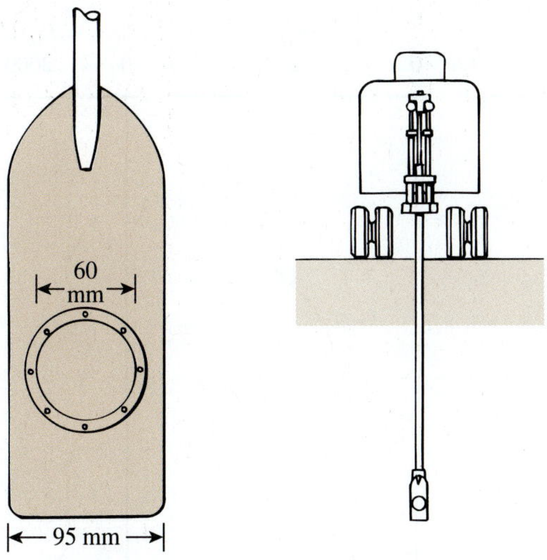

그림 3.37 (a) 평판형 딜라토미터의 모식도, (b) 지반에 관입된 딜라토미터의 관봉

막을 팽창시키기 위하여 고압의 질소가스를 사용한다. 시험결과 측정된 두 가지 압력은 다음과 같다.

1. 압력 A는 금속 막이 '벌어지는' 순간의 압력이다.

2. 압력 B는 금속 막이 주변 흙 층으로 1.1 mm 팽창할 때의 압력이다.

눈금 A와 B는 다음과 같이 수정된다(Schmertmann, 1986).

$$\text{접촉응력}, p_o = 1.05(A + \Delta A - Z_m) - 0.05(B - \Delta B - Z_m) \tag{3.69}$$

$$\text{팽창응력}, p_1 = B - Z_m - \Delta B \tag{3.70}$$

여기서

ΔA = 제 위치에 있는 금속 막의 상태를 유지하는 데 필요한 진공압

ΔB = 금속 막의 안쪽에서 바깥쪽으로 중앙원형 부분을 1.1 mm 팽창시키는 데 필요한 공기압

Z_m = 대기압으로 압력을 내릴 때 0과 차이가 나는 압력계의 압력

이 시험은 일반적으로 토층 200~300 mm 깊이마다 실시한다. 주어진 시험의 결과는 세 가지 매개변수를 결정하는 데 이용된다.

1. 재료지수, $I_D = \dfrac{p_1 - p_o}{p_o - u_o}$

2. 수평압력지수, $K_D = \dfrac{p_o - u_o}{\sigma'_o}$

3. 딜라토미터 탄성계수, $E_D(\text{KN/m}^2) = 34.7\ [p_1\ (\text{kN/m}^2) - p_o\ (\text{kN/m}^2)]$

여기서

u_o = 간극수압

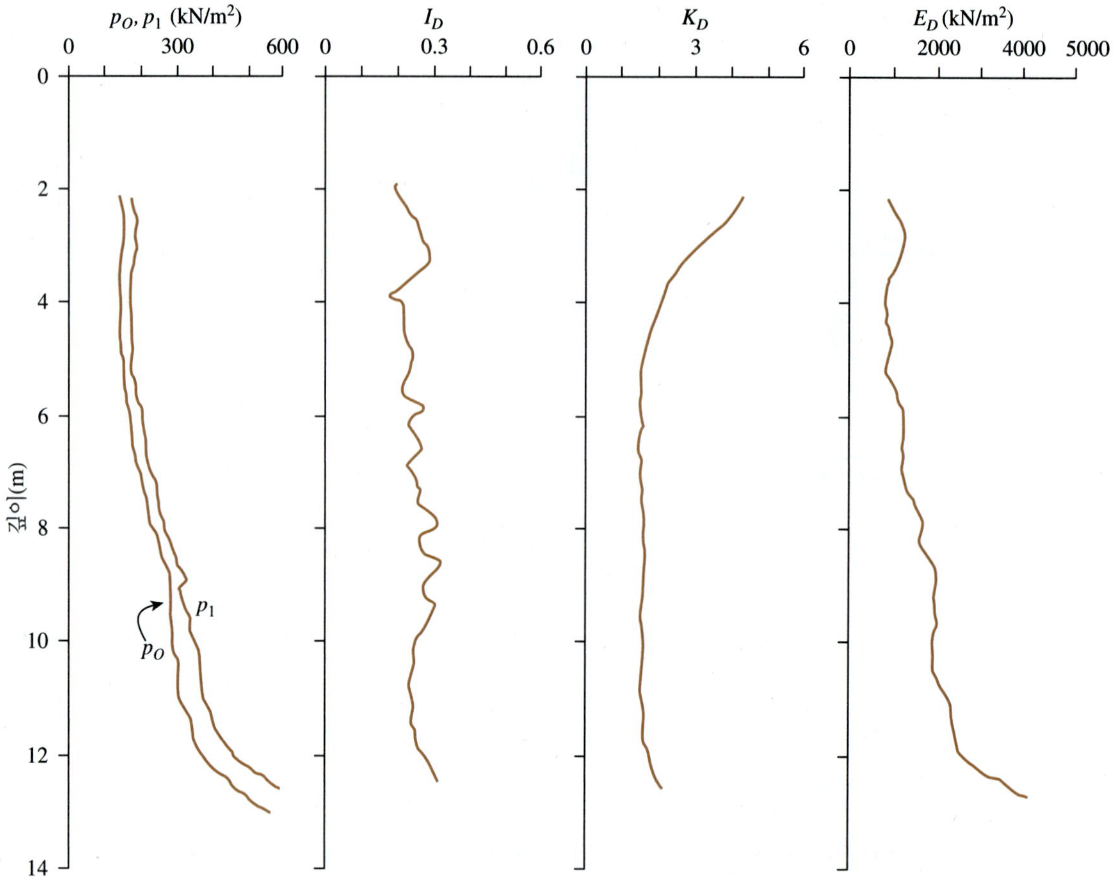

그림 3.38 방콕 연약지반에서 실시한 딜라토미터 시험결과(출처: Based on Lancellotta, 1983, and Jamiolski et al., 1985)

σ'_o = 현장 유효연직응력

그림 3.38은 방콕 연약지반에서 Shibuya and Hanh(2001)에 의해 실시한 딜라토미터 시험결과이다. 초기 시험결과를 바탕으로 Marchetti(1980)는 다음과 같은 상관관계식을 제안하였다.

$$K_o = \left(\frac{K_D}{1.5}\right)^{0.47} - 0.6 \tag{3.71}$$

$$\text{OCR} = (0.5K_D)^{1.56} \tag{3.72}$$

$$\frac{c_u}{\sigma'_o} = 0.22 \qquad \text{(정규압밀 점토일 경우)} \tag{3.73}$$

$$\left(\frac{c_u}{\sigma'_o}\right)_{\text{OC}} = \left(\frac{c_u}{\sigma'_o}\right)_{\text{NC}} (0.5K_D)^{1.25} \tag{3.74}$$

$$E_s = (1 - \mu_s^2)E_D \tag{3.75}$$

여기서

K_o = 정지토압계수
OCR = 과압밀비
OC = 과압밀된 점토
NC = 정규압밀된 점토
E_s = 탄성계수

딜라토미터 시험의 결과를 이용한 다른 적절한 상관식은 다음과 같다.

- 점토에서 비배수 점착력(Kamei and Iwasaki, 1995)

$$c_u = 0.35\sigma_o' (0.47K_D)^{1.14} \tag{3.76}$$

- 흙의 마찰각(ML과 SP-SM시료)(Ricceri et al., 2002)

$$\phi' = 31 + \frac{K_D}{0.236 + 0.066K_D} \tag{3.77}$$

$$\phi'_{\text{ult}} = 28 + 14.6 \log K_D - 2.1(\log K_D)^2 \tag{3.78}$$

Schmertmann(1986)은 흙 종류와 단위중량(γ)을 결정하기 위하여 재료지수(I_D)와 딜라토미터 탄성계수(E_D)의 상관관계를 제안하였다. 이 관계는 그림 3.39에 나타나 있다.

3.24 아이오와 시추공 전단시험

아이오와 시추공 전단시험(Iowa borehole shear test)은 지층탐사를 할 때 임의의 토층심도에서 흙의 전단강도정수를 구하는 데 사용되는 단순한 시험이다. 두 개의 홈이 파인 플레이트로 구성된 전단시험기를 시추공 내로 밀어 넣는다(그림 3.40). 제어된 연직력(N)을 각각 홈이 파인 플레이트에 가한다. 연직력(사질토 5분 내, 점토 10~20분 내)을 가하여 흙이 압밀된 후에 판에 인접한 흙이 전단파괴되도록 수직력(S)을 가한다. 시추공 벽에 작용되는 유효연직응력(σ')은 다음과 같이 구한다.

$$\sigma' = \frac{N}{A} \tag{3.79}$$

여기서 A = 지반에 따른 접촉면에서 플레이트 면적

유사하게, 파괴 시 전단응력(s)은 다음과 같다.

$$s = \frac{S}{2A} \tag{3.80}$$

시험기를 제거하지 않고 여러 번의 연직력을 증가시키면서 전단시험을 반복할 수 있다. 시험결과는 전단강도정수(즉, 점착력 c'과 흙의 마찰각도 ϕ')를 구하기 위하여 그래프 형태로

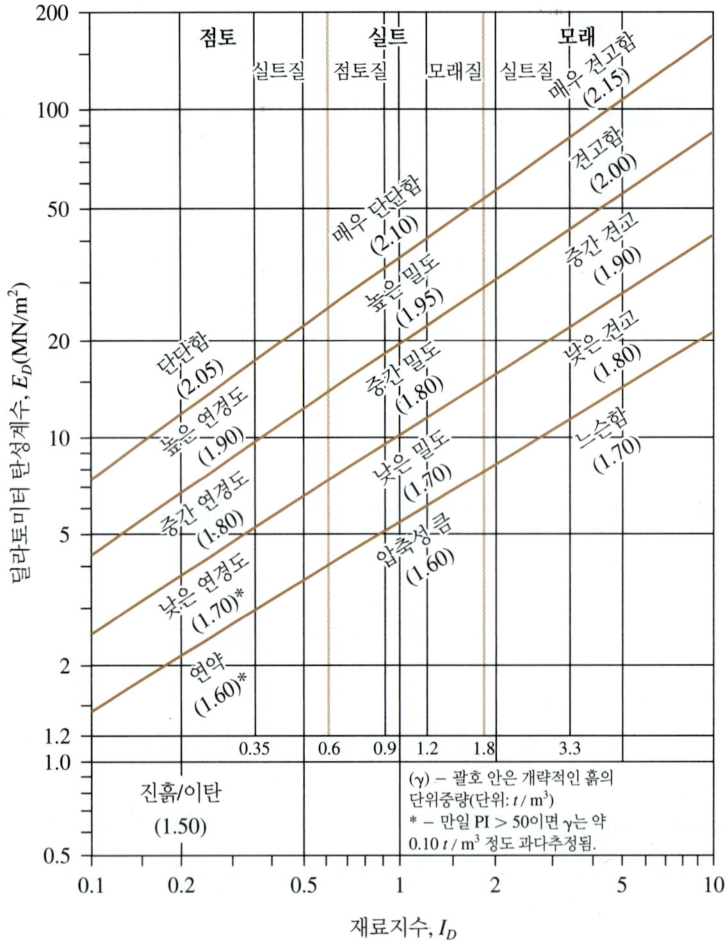

그림 3.39 흙의 종류와 단위중량을 결정하기 위한 도표(Schmertmann, 1986) (주: 1 t/m³ = 9.81 kN/m³)(출처: Based on Schmertmann, J. H. (1986). "Suggested method for performing that flat dilatometer test," *Geotechnical Testing Journal*, ASTM, Vol. 9, No. 2, pp. 93 – 101, Fig. 2)

도시하였다(그림 3.41). 이와 같은 방법으로 구한 전단강도정수는 배수압밀시험에 의한 값과 유사하다.

그림 3.42는 전단시험기의 머리부분과 수동펌프를 나타낸 것이다.

3.25 K_0 계단식–날 시험기

1970년대에 K_0 계단식–날 시험기는 현장에서 횡토압을 측정하기 위하여(정지토압계수와 같은 K_0) 아이오와 주립대학교의 Richard L. Handy 박사가 개발한 것이다. 그림 3.43a는 현장에서 시험 중인 K_0 계단식 날–시험기 전경을 나타낸 것이다. 길쭉한 날은 100 mm 길이로 4단 구성이며, 날 밑부분에서 상단부로 가면서 3 mm 두께에서 7.5 mm 두께로 다양하다(그림 3.43b). 가장 두꺼운 날의 두께는 달라토미터의 날보다 얇다. 따라서, 지반교란이 비교적 작다. 날의 각 계단별로 토층 내로 밀어넣으면서 날의 평면이 흙과 접촉하도록 공기압력셀을 작동한다.

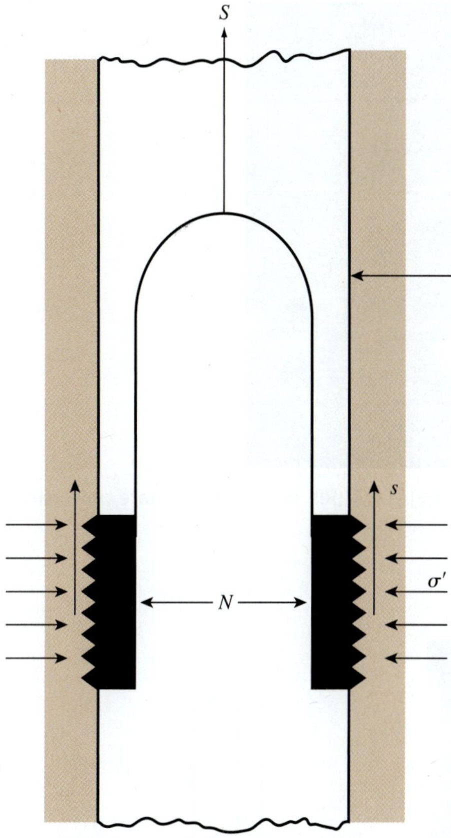

그림 3.40 아이오와 시추공 전단시험

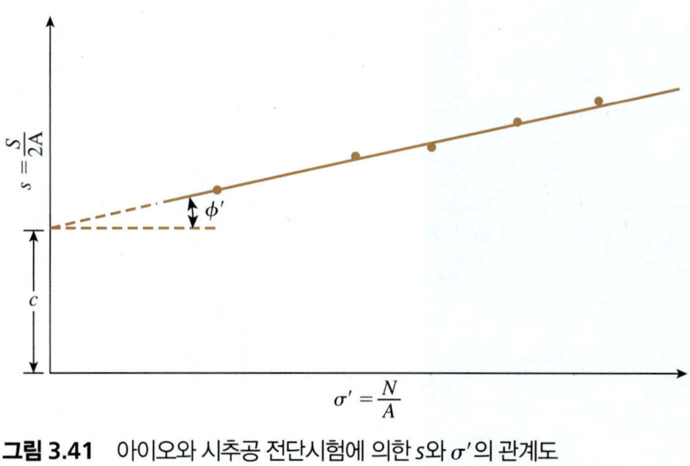

그림 3.41 아이오와 시추공 전단시험에 의한 s와 σ'의 관계도

천공바닥면에 첫 번째 날을 토층 내부로 밀어넣고 바닥 토층의 응력 σ_1을 측정한다. 두 번째 날을 토층 내로 밀어넣고 바닥의 두 단계 압력 σ_1과 σ_2를 측정한다. 이와 같은 과정을 모든 단계별 각 토층에 실시하면 14개의 응력(=1 + 2 + 3 + 4 + 4)을 측정하게 된다. 다섯 번째 단계는 날이 네 번째와 같은 두께이지만 압력셀을 작동하지 않는다(그림 3.43b). 그림 3.43b에 나타난 것과 같이 각 날의 두께에 대응하는 응력을 대수(log)로 표현하였다.

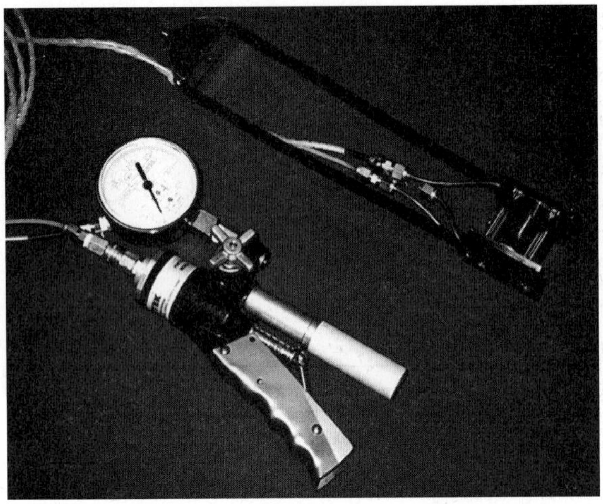

그림 3.42 전단시험기의 머리부분과 수동펌프 전경(R.L. Handy / Iowa State University)

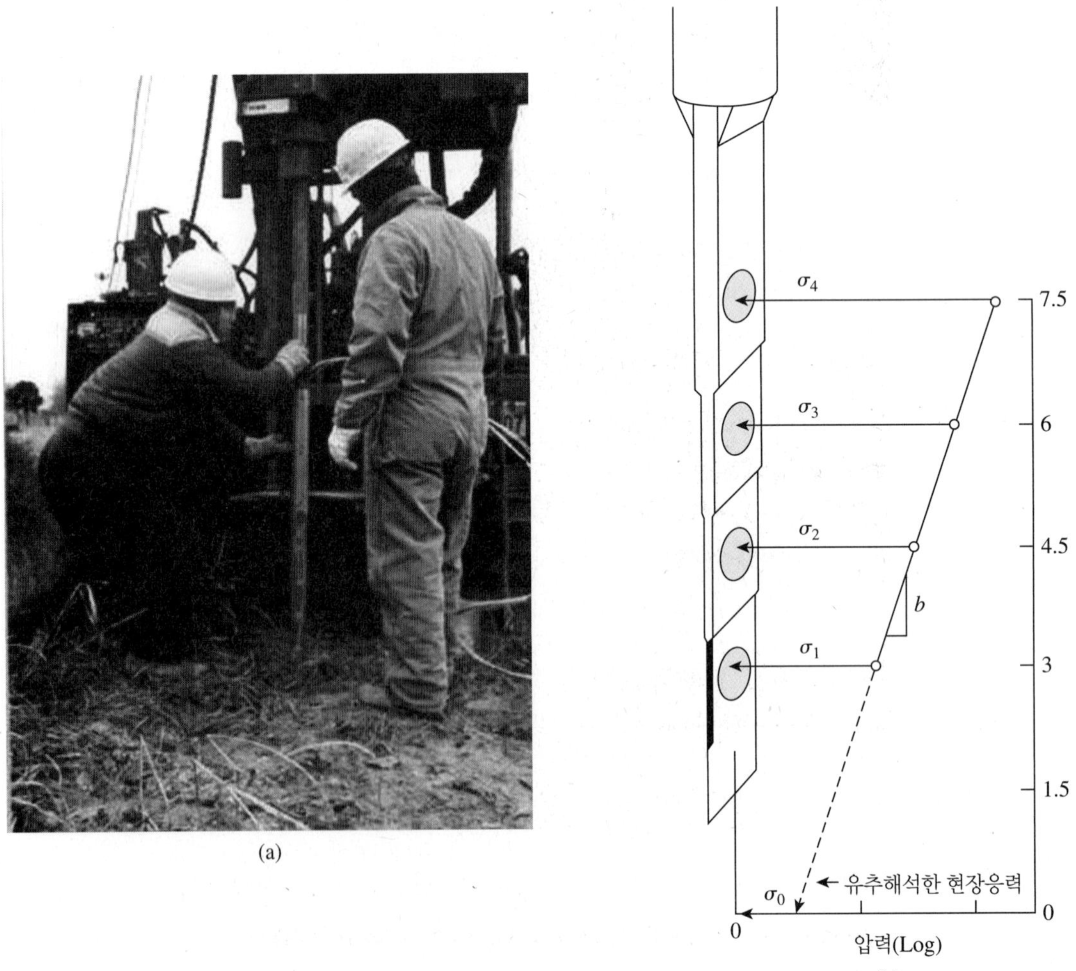

그림 3.43 ***K_0* 계단식-날 시험**: (a) 현장시험전경, (b) 날의 모식도 (R.L. Handy / Iowa State University)

날의 두께가 없는 상태의 응력 σ_0는 그림으로부터 유추하였다. 초기 현장응력 σ_0는 K_0값으로부터 전 원위치 수평응력으로 간주된다. 지하수위 깊이로부터 간극수압을 구할 수 있으며, 이 값으로 K_0값을 구할 수 있다. 응력은 날 두께에 따라 증가하여야 한다. 단계에 따른 두께의 증가에 대해 응력이 증가하지 않는 데이터는 제외시켜야 하며, 제외되지 않은 남은 데이터는 원위치 수평응력을 구하는 데 사용된다.

3.26 암석의 시료 채취

시추작업을 할 때 암반층이 존재하면 암석시료(rock coring)를 채취하여야 한다. 암석시료를 채취하기 위해서는 **코어배럴**(core barrel)을 시추봉에 부착하여야 한다. **코어링 비트**(coring bit)는 코어배럴 하단부에 부착되어 있다(그림 3.44). 비트를 구성하고 있는 절삭날은 다이아몬드, 텅스텐, 카바이드 등을 사용한다. 표 3.11에는 기초 시추조사 때 흔히 사용되고 있는 여러 종류 코어배럴의 치수와 시추봉들이 요약되어 있다. 회전식 시추(rotary drilling)에 의하여 암석시료 채취(coring)가 실시된다. 코어링과 절삭(cutting)을 하는 동안 물이 시추봉을 통하여 공급되어 순환하면서 절삭된 암석조각이 지상으로 배출된다.

두 종류의 코어배럴이 주로 많이 사용된다: **단관코어배럴**(그림 3.44a)과 **이중관코어배럴**

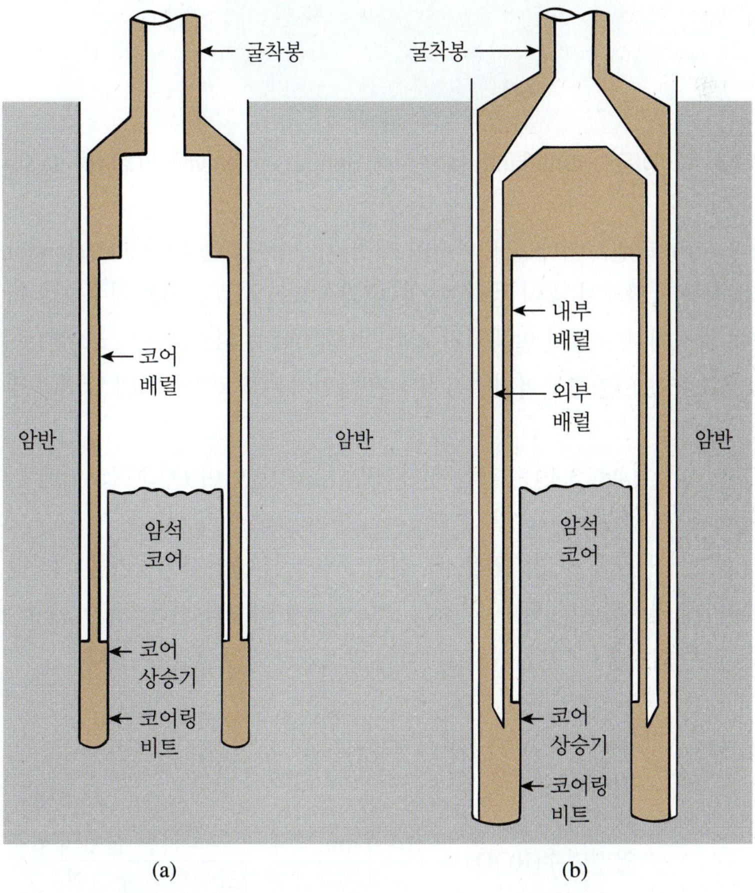

그림 3.44 암석시료 채취: (a) 단관코어배럴, (b) 이중관코어배럴

표 3.11 케이싱, 코어배럴, 시추봉의 세부사항

케이싱과 코어배럴규격	코어배럴비트의 외경(mm)	시추봉 규격	시추봉의 외경 (mm)	시추공의 직경 (mm)	코어의 직경 (mm)
EX	36.51	E	33.34	38.1	22.23
AX	47.63	A	41.28	50.8	28.58
BX	58.74	B	47.63	63.5	41.28
NX	74.61	N	60.33	76.2	53.98

그림 3.45 다이아몬드 코어비트(Braja M. Das, Henderson, Nevada/California State University)

(그림 3.44b). 단관코어배럴에 의하여 채취된 암석시료는 비틂 회전(torsion) 때문에 교란 정도가 심하고 균열이 많이 생길 수 있다. 암석코어 시료는 BX 치수보다 적으므로 코어링을 하는 과정에서 균열이 발생되기 쉽다. 그림 3.45는 다이아몬드 코어비트를 나타낸 것이다. 그림 3.46은 이중관코어배럴이 부착된 다이아몬드 코어비트의 단면과 평면을 보여주고 있다.

그림 3.47, 3.48, 3.49는 각각 현장의 암석코어링이며 D3 NX코어배럴과 채취된 암석 시료들이다.

암석코어 시료가 회수되었을 때, 실험실에서 실시할 정밀평가를 위하여 코어회수심도를 정확하게 기록하여야 한다. 각각의 코어링에서 회수되는 암석코어 길이에 근거하여, 회수되는 양은 회수율로 나타내는 일반적인 암질평가로 계산될 수 있다.

$$\text{회수율(Recovery ratio)} = \frac{\text{회수된 암석코어의 길이}}{\text{이론적인 암석코어의 시추길이}} \tag{3.81}$$

$$\text{암질지수(RQD)} = \frac{\text{101.6 mm보다 긴 암석시편 길이의 합}}{\text{이론적인 암석코어의 시추길이}} \tag{3.82}$$

(a)

(b)

그림 3.46 이중관코어배럴이 부착된 다이아몬드 코어비트: (a) 끝부분 전경, (b) 옆부분 전경(Courtesy of Professional Service Industries, Inc. (PSI), Waukesha, Wisconsin)

회수율이 1인 경우에는 암석이 손상되지 않았음을 의미하며, 균열이 심하게 있는 암석은 0.5 또는 그 이하의 회수율을 나타낸다. 표 3.12는 RQD와 **현장** 암질과의 일반적인 관계(Deere, 1963)를 제시한 것이다.

3.27 시추주상도의 작성

각 시추공에서 얻은 상세한 정보는 **시추주상도**(boring log)라고 불리는 그림표에 기록한다. 시추작업을 해가면서, 시추작업자는 일반적으로 다음과 같은 사항을 시추주상도에 기록하여야 한다.

1. 시추 회사명과 주소

그림 3.47 암반코어링 작업 (Courtesy of E. C. Shin, Incheon National University, Korea)

그림 3.48 D3 NX 암반 코어베럴(하); 다이아몬드 코어링비트(중), 스플릿 내경튜브(상) (Courtesy of E. C. Shin, Incheon National University, Korea)

그림 3.49 암반코어 샘플 (Courtesy of E.C. Shin, Incheon National University, Korea)

표 3.12 현장암질과 RQD와의 관계

RQD	암질
0~0.25	매우 불량
0.25~0.5	불량
0.5~0.75	보통
0.75~0.9	우수
0.9~1.0	매우 우수

2. 시추 작업자의 이름
3. 현장 작업명과 시추 횟수
4. 시추공의 번호, 시추 형식, 시추 위치
5. 시추 일자
6. 오거, 스플릿 스픈 채취기, 띤월셸비 튜브 채취기에 의하여 채취된 흙 시료를 육안으로 관찰함으로써 파악할 수 있는 지층구성
7. 지하수위, 관측일자, 사용 케이싱과 진흙유실 등
8. 토층심도 및 표준관입치(N)
9. 채취한 흙 시료의 심도, 번호, 종류
10. 암석시료를 채취하는 경우 사용한 코어배럴의 종류를 기록해야 한다. 시료를 채취할 때마다 실제 코어링의 길이, 코어회수 길이, RQD를 세심하게 기록해야 한다.

시추주상도

공사명 2층 아파트 건물

위치 존슨 & 올리브가 시추일자 2015. 03. 02.

시추공 번호 3 시추방법 중공축오거 지반고 60.8 m

토질 상태	깊이 (m)	흙 종류와 번호	표준관입치, N_{60}	함수비 w_n(%)	비고
밝은 갈색 점토(매립층)					
	1				
실트질 모래(SM)	2	SS-1	9	8.2	
	3	SS-2	12	17.6	LL = 38 PI = 11
지하수위 3.5 m	4				
밝은 갈색 점토질 실트(ML)	5	ST-1		20.4	LL = 36 q_u = 112 kN/m^2
	6	SS-3	11	20.6	
일부 자갈이 함유된 모래(SP)	7				
시추종료: 8 m	8	SS-4	27	9	

N_{60} = 표준관입치
w_n = 자연 함수비
LL = 액성한계, PI = 소성지수
q_u = 일축압축강도
SS = 스플릿 스푼 시료, ST = 셸비 튜브시료

지하수위는 시추 1주일 후 관측

그림 3.50 일반적인 시추주상도

시추조사 시 획득한 모든 정보는 머리로만 기억하지 말고 시추주상도에 기록하여야 한다. 왜냐하면 기록하지 않으면 시추주상도에 큰 오류를 범할 수 있다.

필요한 실내시험이 끝나면 지반공학기술자는 시추작업자의 현장 시추 결과와 실내시험 결과를 종합하여 시추주상도를 완성하여야 한다. 그림 3.50은 일반적인 시추주상도를 나타낸 것이다. 이들 주상도는 발주자에게 제출할 최종 지반조사 보고서에 첨부하여야 한다. 그림의 왼쪽 칸에 기술된 흙의 종류는 통일분류법(USCS)에 의거하여 기술되어 있다.

3.28 지구 물리탐사법

지층의 특성을 빠른 시간 내에 평가하는 방법으로 여러 종류의 물리탐사방법이 사용되고 있다. 물리탐사방법은 넓은 지역을 빠르게 조사할 수 있으며, 보통 지반조사에 활용하고 있는 시추조사방법보다 경제적인 방법이다. 그러나, 이 방법은 많은 경우에 조사결과를 명확하게 해석하는 데 있어서는 어려움이 있다. 이러한 이유 때문에, 이 방법들은 대부분 예비조사용으로 사용되고 있다. 여기서 기술된 세 종류의 물리탐사방법은 지진파 굴절탐사, 크로스 홀 탐사, 그리고 전기저항 탐사이다.

지진파 굴절탐사법

지진파 굴절탐사(seismic refraction survey)는 여러 흙으로 구성된 지층의 두께에 대한 예비 정보와 암반 또는 단단한 토층까지 깊이를 파악하는 데 유용하게 사용된다. 굴절탐사는 그림 3.51a의 점 A지점에서 지표에 충격을 가하였을 때 여러 지점들(예, $B, C, D, \ldots$)에 첫 번째 도달하는 응력파의 시간을 측정하는 방법이다. 충격은 해머의 타격이나 약한 폭발에 의하여 유발될 수 있다. 여러 지점에 도달하는 첫 번째 응력파는 수진기(geophones)들에 의하여 기록된다.

지표를 충격했을 때 두 종류의 **응력파**, 즉 P파(평면파 또는 **압축파**)와 S파(또는 **전단파**)가 생성된다. P파는 S파보다 빠르다. 따라서 첫 번째 도달되는 응력파는 여러 지층에서 P파의 속도들과 관련이 있다. 지층에서 P파의 속도는 다음과 같이 계산한다.

$$v = \sqrt{\frac{E_s}{\left(\frac{\gamma}{g}\right)} \frac{(1-\mu_s)}{(1-2\mu_s)(1+\mu_s)}} \tag{3.83}$$

여기서

E_s = 흙의 탄성계수
γ = 흙의 단위중량
g = 중력가속도
μ_s = 포아송비

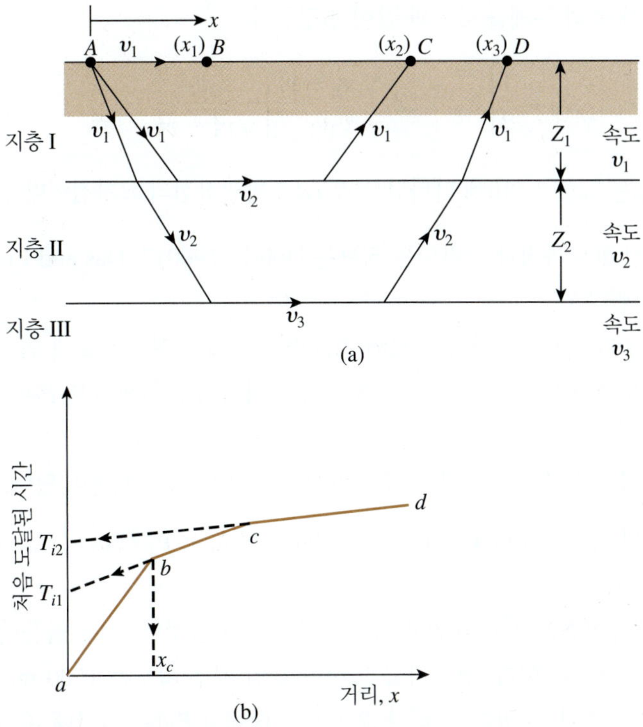

그림 3.51 지진파 굴절탐사

여러 지층에서 P파의 속도 v와 지층의 두께는 다음에 기술한 과정에 의하여 도출한다.

1단계. 충격지점으로부터 $x_1, x_2, x_3, \ldots$ 지점에서 P파가 처음 도달된 시간 $t_1, t_2, t_3, \ldots$을 측정한다.

2단계. 거리 x에 대한 시간 t에 관하여 그래프를 그린다. 그래프는 그림 3.51b에 나타난 것과 비슷할 것이다.

3단계. 선분 $ab, bc, cd, \ldots$의 기울기를 결정한다.

$$ab\text{의 기울기} = \frac{1}{v_1}$$

$$bc\text{의 기울기} = \frac{1}{v_2}$$

$$cd\text{의 기울기} = \frac{1}{v_3}$$

여기서, $v_1, v_2, v_3, \ldots$는 I층, II층, III층 내를 통과하는 각각 P파의 속도들이다(그림 3.51a).

4단계. 상부층의 두께를 다음과 같이 결정한다.

$$Z_1 = \frac{1}{2}\sqrt{\frac{v_2 - v_1}{v_2 + v_1}}\, x_c \tag{3.84}$$

x_c의 값은 그림 3.51b에 나타난 그림으로부터 구할 수 있다.

5단계. 2번째 층의 두께를 다음과 같이 결정한다.

$$Z_2 = \frac{1}{2}\left[T_{i2} - 2Z_1\frac{\sqrt{v_3^2 - v_1^2}}{v_3 v_1}\right]\frac{v_3 v_2}{\sqrt{v_3^2 - v_2^2}} \tag{3.85}$$

여기서 T_{i2}는 그림 3.51b에 나타난 선분 cd 후방연장선의 교차점이다.

(이 식들의 자세한 유도과정과 관련되는 정보는 Dobrin(1960)과 Das and Luo(2017)의 문헌을 참고하기 바란다.)

여러 층들의 P파 속도를 측정함으로써 지표면 하부에 존재하는 흙과 암석의 종류를 알 수 있다. 얕은 심도에서 흔히 접하는 여러 흙 종류와 암석의 종류에 대한 P파 속도의 범위는 표 3.13과 같다.

굴절탐사의 결과를 분석하는 데 있어서 명심해야 될 두 가지 제한이 있다.

1. 굴절탐사의 기본 식 (3.84)와 (3.85)는 P파 속도 $v_1 < v_2 < v_3 < \ldots$라 가정하고 유도된 것이다.
2. 지하수 아래 포화토에 대한 P파 속도는 오판될 가능성이 있다. 물을 통과하는 속도는 약 1,500 m/sec이다. 건조하고 느슨한 흙인 경우 속도는 1500 m/s보다 훨씬 낮은 속도로 관측될 수 있다. 그러나 포화된 상태에서 P파는 간극에 존재하는 물을 통

표 3.13 여러 종류의 흙과 암석에 대한 *P*파의 속도

흙 또는 암석	*P*파 속도(m·sec)
흙	
모래, 건조된 실트 및 상부세립토	200~1000
충적토	500~2000
다짐된 점토, 점토질인 자갈, 단단한 점토질 모래	1000~2500
황토(loess)	250~750
암석	
점판암과 혈암	2500~5000
사암	1500~5000
화강암	4000~6000
단단한 석회암	5000~10000

해 약 1500 m/s의 속도로 이동할 것이다. 만약 지하수의 존재가 탐지되지 않는다면, *P*파 속도는 실제 현장에 존재하는 흙보다 더 단단한 층(예, 사암)으로 오판되게 해석할 가능성이 있다. 일반적으로 물리탐사결과는 시추조사결과에 의하여 반드시 확인되어야 한다.

예제 3.8

다음 표는 현장에서의 굴절탐사 결과이다.

충격 지점으로 부터의 거리(m)	처음 도달된 시간(sec × 10^3)
2.5	11.2
5	23.3
7.5	33.5
10	42.4
15	50.9
20	57.2
25	64.4
30	68.6
35	71.1
40	72.1
50	75.5

*P*파의 속도와 지층의 두께를 결정하라.

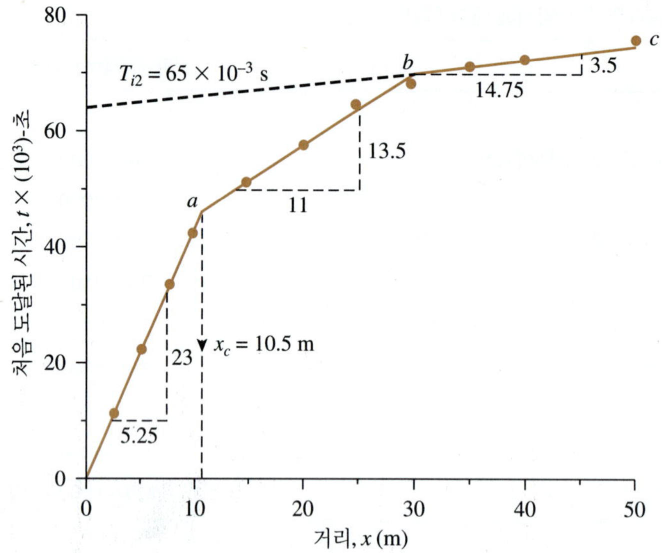

그림 3.52 *P*파가 처음 도착한 시간과 충격을 가한 위치에서 수진기까지의 거리와의 관계도

풀이

속도

그림 3.52는 *P*파의 처음 도달시간과 충격을 가한 위치로부터 떨어진 거리에 대한 그래프이다. 그래프는 세 개의 직선구간을 가지며, 상부 세 개 지층 내의 속도는 다음과 같이 계산할 수 있다.

$$0a\text{ 구간의 기울기} = \frac{1}{v_1} = \frac{\text{시간}}{\text{거리}} = \frac{23 \times 10^{-3}}{5.25}$$

또는

$$v_1 = \frac{5.25 \times 10^3}{23} = \mathbf{228\ m/s}\ (\text{상부 지층})$$

$$ab\text{ 구간의 기울기} = \frac{1}{v_2} = \frac{13.5 \times 10^{-3}}{11}$$

또는

$$v_2 = \frac{11 \times 10^3}{13.5} = \mathbf{814.8\ m/s}\ (\text{중간 지층})$$

$$bc\text{ 구간의 기울기} = \frac{1}{v_3} = \frac{3.5 \times 10^{-3}}{14.75}$$

또는

$$v_3 = \mathbf{4214\ m/s}\ (\text{세 번째 지층})$$

표 3.13에 주어진 속도와 여기서 구한 속도를 비교해보면, 세 번째 지층은 암석임을 알 수 있다.

지층두께

그림 3.52로부터 $x_c = 10.5$ m이므로

$$Z_1 = \frac{1}{2}\sqrt{\frac{v_2 - v_1}{v_2 + v_1}}x_c$$

따라서

$$Z_1 = \frac{1}{2}\sqrt{\frac{814.8 - 228}{814.8 + 228}} \times 10.5 = \mathbf{3.94\ m}$$

다시 식 (3.85)로부터

$$Z_2 = \frac{1}{2}\left[T_{i2} - \frac{2Z_1\sqrt{v_3^2 - v_1^2}}{(v_3 v_1)}\right]\frac{(v_3)(v_2)}{\sqrt{v_3^2 - v_2^2}}$$

그림 3.52로부터 T_{i2} 값은 65×10^{-3} sec이므로,

$$Z_2 = \frac{1}{2}\left[65 \times 10^{-3} - \frac{2(3.94)\sqrt{(4214)^2 - (228)^2}}{(4214)(228)}\right]\frac{(4214)(814.8)}{\sqrt{(4214)^2 - (814.8)^2}}$$

$$= \frac{1}{2}(0.065 - 0.0345)830.47 = \mathbf{12.66\ m}$$

암석층은 지표면으로부터 측정하여 $Z_1 + Z_2 = 3.94 + 12.66 =$ **16.60 m** 깊이에 위치한다.

■

크로스 홀 탐사법

주어진 지층에 충격을 가했을 때 발생되는 전단파 속도는 **크로스 홀 탐사법**(cross-hole seismic survey)에 의하여 효과적으로 구할 수 있다(Stokoe and Woods, 1972). 이 방법의 근본 원리는 그림 3.53에 도시된 것과 같이 거리가 L만큼 떨어진 위치에 굴착하여 두 개의 시추

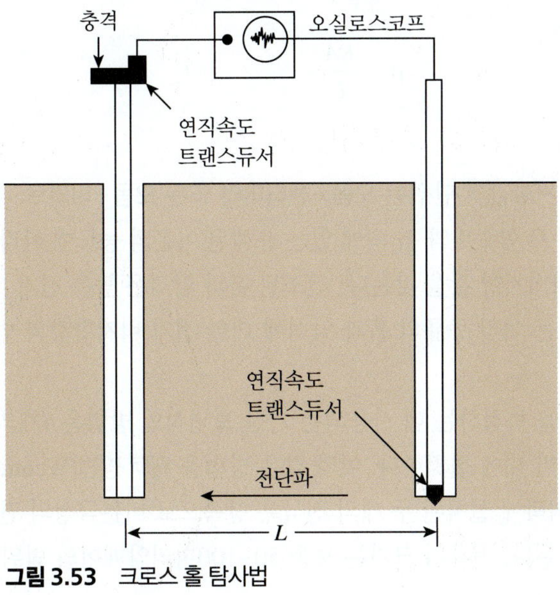

그림 3.53 크로스 홀 탐사법

공을 형성한다. 충격봉에 의해 한 개의 시추공 바닥에 연직충격을 가한다. 이때 발생된 전단파는 연직으로 민감한 트랜스듀서에 의하여 기록한다. 전단파의 속도 v_s는 다음과 같이 계산한다.

$$v_s = \frac{L}{t} \tag{3.86}$$

여기서 t =전단파의 도달시간

시험깊이에서의 흙의 전단탄성계수 G_s는 다음 식으로부터 구할 수 있다.

$$v_s = \sqrt{\frac{G_s}{(\gamma/g)}}$$

또는

$$G_s = \frac{v_s^2 \gamma}{g} \tag{3.87}$$

여기서

v_s = 흙의 전단탄성계수
γ = 흙의 단위중량
g = 중력가속도

전단탄성계수는 진동을 유발시키는 기계 또는 이와 비슷한 상황의 구조물들을 지지하는 기초를 설계하는 데 유용하게 사용된다.

전기 비저항 탐사법

지반조사를 하는 데 사용되는 또 다른 물리탐사법은 **전기 비저항 탐사법**(electrical resistivity survey)이다. 길이 L과 단면적이 A인 임의의 전도체에 발생되는 전기 비저항값은 다음과 같이 정의할 수 있다.

$$\rho = \frac{RA}{L} \tag{3.88}$$

여기서 R = 전기 저항값

일반적으로 전기 비저항값의 단위는 오옴-센티미터 또는 오옴-미터로 나타낸다. 여러 흙의 전기 비저항값은 주로 함수비와 흙 속에 있는 용해된 이온의 농도에 따라 좌우된다. 포화점토는 매우 낮은 전기비저항 값을 갖는다; 건조된 흙과 암석은 높은 전기 비저항값을 나타낸다. 흔히 접할 수 있는 여러 종류의 흙과 암석에 대한 전기 비저항값의 범위는 표 3.14와 같다.

토층의 전기 비저항을 측정하는 데 사용되는 가장 보편적인 방법은 4개의 전극을 직선방향으로 등간격으로 지반 내에 설치한다. 이와 같은 방법을 **웨너 방법**(Wenner method, 그림 3.54a)이라 부른다. 외곽에 설치된 두 개의 전극은 땅속으로 비분극성의 전위전극인 DC 전류 I를 보내는 데 사용된다. 전류의 크기는 보통 50~100미리암페어의 범위이다. 두 개의

표 3.14 전기 비저항의 대표적인 값

흙 종류	전기 비저항값(ohm·m)
모래	500~1500
점토, 포화된 실트	0~100
점토질 모래	200~500
자갈	1500~4000
풍화암	1500~2500
균열이 없는 암반	>5000

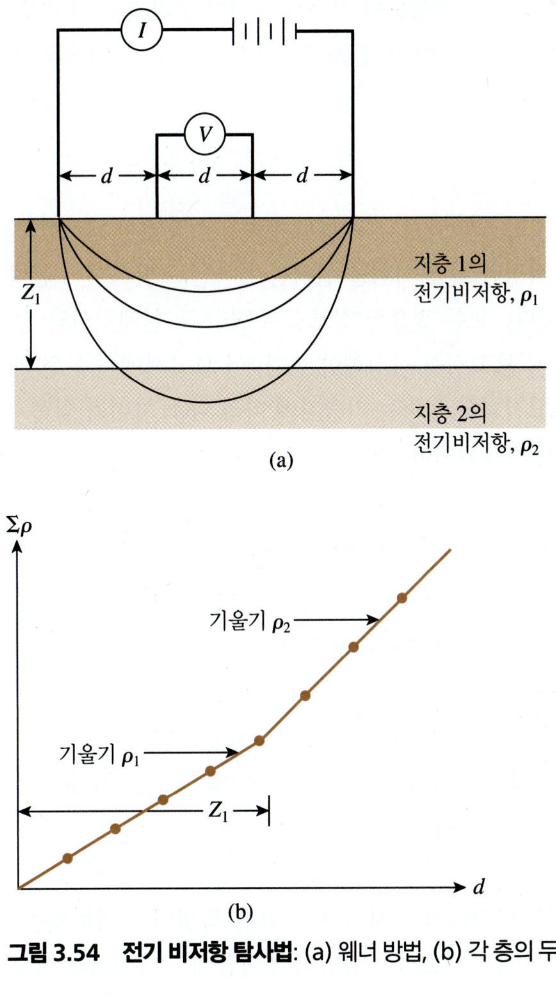

그림 3.54 전기 비저항 탐사법: (a) 웨너 방법, (b) 각 층의 두께와 전기 비저항을 결정하는 경험적 방법

내부 전극 사이에서 전압 강하 V를 측정한다. 만약 지층이 균일하다면 전기 비저항값은 다음과 같다.

$$\rho = \frac{2\pi dV}{I} \tag{3.89}$$

대부분의 경우에 지층은 전기 비저항값이 다른 여러 층으로 구성되어 있으며, 식 (3.89)는 겉보기 전기 비저항값(apparent resistivity)을 나타낸다. 여러 지층의 실제 전기 비저항값과 지층 두께를 산정하기 위하여 경험적 방법을 사용한다. 보통 전극의 간격 d를 변화시켜 가며 여러 번 시험을 실시한다. 그림 3.54b는 겉보기 전기 비저항값의 합 $\Sigma\rho$를 전극의 간격 d에 대하여 나타낸 것이다. 이 그림에서 비교적 직선되는 두 부분으로 나뉘고, 이들 직선 부분의 기울기가 각층의 전기 비저항값이 된다. 각 층의 두께는 그림 3.54b에 나타난 것과 같이 산정할 수 있다.

특히 전기 비저항탐사는 세립토 내에 자갈이 퇴적되어 있는 위치를 찾는 데 유용하게 사용된다. 최근 물리탐사 방법은 **지표투과레이더(GPR)**, **표면파스펙트럼분석(SASW)**, **표면파다중채널분석(MASW)** 등을 포함하고 있다. 일반적인 물리탐사방법은 넓은 면적을 조사하는 데 매우 효과적이다. 지층의 주상도를 결정하기 위한 추가적인 이 방법들은 전단파 속도를 결정하는 데 사용될 수 있고, 지반내 진동문제에 관한 중요한 특성을 결정할 수 있다.

3.29 지반조사 보고서

지반조사 보고서 작성은 지반조사 과정의 최종 단계로서 현장에서 채취한 흙과 암석시료를 육안으로 관찰한 결과와 적정한 실내 시험을 실시한 결과를 포함하여야 한다. (기본 토질시험은 제2장에 기술되어 있다). 모든 필요한 정보를 수집한 후 설계회사와 장래 건설공사 시 사용할 수 있도록 지반조사 보고서를 작성해야 한다. 이 보고서에 수록된 세부사항과 정보들은 시공될 구조물과 보고서를 작성하는 기술자에 따라 다소 차이가 있을 수 있으나, 다음 항목들은 보고서에 반드시 기술되어야 한다.

1. 지반조사의 범위
2. 지반조사가 완료된 곳에 축조될 구조물에 대한 기술
3. 현장 주변의 구조물, 현장 주변의 배수조건, 현장과 현장 주변의 식생상태 등과 기타 현장 주변의 특이한 상황을 기술하여야 한다.
4. 현장의 지질학적 구조
5. 현장지반조사의 세부사항—즉, 시추번호, 시추심도, 시추형식 등
6. 흙 시료와 관련된 실내시험, 표준관입시험, 콘관입시험 등으로부터 구한 지층조건에 대한 전반적인 조건들을 기술
7. 지하수위에 대한 기술
8. 현장에 부합되는 기초형태, 허용지지력, 필요한 특별한 시공방법을 기술하여야 한다. 보고서의 이 부분에서 기초설계 방법의 대체안에 대하여서도 기술되어야 한다.
9. 지반조사의 결론과 제한조건

다음 항목들은 그림으로 보고서에 첨부되어야 한다.

1. 현장위치도
2. 시공될 구조물과 주변 기존 구조물이 포함된 시추공의 위치에 대한 평면도
3. 시추주상도
4. 실내시험 결과

5. 그림으로 나타낼 특기할 사항

지반조사 보고서는 잘 계획되고 정리되어야 한다. 왜냐하면 지반조사 보고서는 향후 설계와 시공 시에 발생될지 모르는 기초문제를 해결하고 의문점에 대해 해답을 주는 데 도움을 주어야 하기 때문이다.

3.30 요약

이 장은 자연토의 퇴적과 기초설계를 위한 지반조사 두 가지 주요부분으로 나누어져 있다.

자연토사 퇴적은 운적토, 호성토, 충적토, 빙적토, 풍적토 등 5개의 주요 영역으로 나눌 수 있다. 제시된 퇴적 토질의 거동은 공학적 특성에 매우 강한 영향을 미친다.

지반조사는 시추조사를 포함하는 현장예비조사 실내연구를 위한 시료 채취로 구성된다. 표준관입시험, 베인전단시험, 콘관입시험, 프레셔미터 시험, 딜라토미터 시험, 아이오와 시추공 전단시험 그리고 K_o 계단식-날 시험은 현장원위치시험들이다. 이들 시험의 결과는 기초설계에 사용될 수 있는 토질정수와 상관관계를 가진다.

물리탐사방법은 지반조사작업에 사용될 수 있다. 이들은 현장원위치시험을 보완하여 넓은 면적을 조사하는 데 사용할 수 있다.

연습문제

3.1 셸비 튜브의 내경과 외경이 각각 73 mm와 76.2 mm이다. 이 튜브의 면적비를 결정하라.

3.2 그림 P3.2는 점토층의 표준관입치를 포함한 흙의 단면도이다. 식 (3.8b)과 (3.9)를 사용하여 깊이에 따른 c_u와 OCR의 변화를 결정하고, c_u의 평균값과 OCR 값을 각각 구하라.

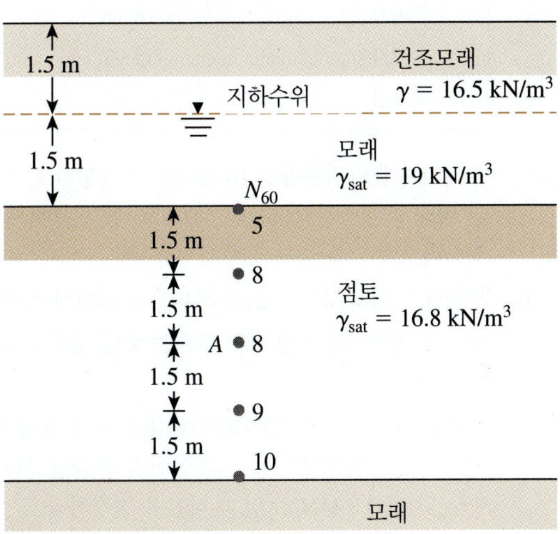

그림 P3.2

3.3 다음은 모래 퇴적지반의 현장표준관입시험 N값(N_{60})의 변화량이다. 지하수위가 깊이 6 m에 위치해 있다. 주어진 값: 0부터 길이 6 m까지 모래의 단위중량은 18 kN/m^3, 그리고 6 m에서 12 m까지의 모래의 포화단위중량은 20.2 kN/m^{3}이다. 보정된 관입치를 계산하기 위해 식 (3.13)에 주어진 관계를 이용하라.

깊이(m)	N_{60}
1.5	6
3	8
4.5	9
6	8
7.9	13
9	14

3.4 문제 3.3에 기술된 토질주상도에 대해 흙의 평균최대마찰각을 계산하라. 식 (3.31b)를 사용하라.

3.5 문제 3.4를 식 (3.30)을 이용하여 다시 풀어라.

3.6 문제 3.3을 참고하라. 식 (3.22)를 이용하여 모래의 평균상대밀도를 결정하라.

3.7 다음 표는 모래퇴적지반의 현장표준관입치(N_{60})의 변화이다.

깊이(m)	N_{60}
1.5	5
3.0	11
4.5	14
6.0	18
7.9	16
9.0	21

지하수위가 12 m 깊이에 위치한다. 사질토에서 깊이 0 m에서 12 m까지 건조단위중량은 17.6 kN/m^{3}이고, 사질층에서의 평균입경(D_{50})은 0.8 mm이다. 식 (3.23)을 사용하여 깊이에 따라 모래 지반의 상대밀도의 변화값을 구하라.

3.8 다음은 현장의 사질토로부터 결정된 표준관입치이다. (주: 깊이 0~6 m의 흙의 단위중량은 16.66 kN/m^3 깊이 6~12 m의 흙의 단위중량은 18.5 kN/m^3)

깊이(m)	흙의 단위중량(kN/m^3)	N_{60}
3	16.66	7
4.5	16.66	9
6.0	16.66	11
7.5	18.5	16
9.0	18.5	18
10.5	18.5	20
12.0	18.5	22

식 (3.30)을 이용하고, 흙의 최대마찰각 ϕ'의 변화값을 결정하라. 얕은 기초를 설계할 때 필요한 ϕ'의 평균값을 산정하라.

3.9 문제 3.8에서 모래가 정규압밀된 것으로 가정할 때 6~9 m 깊이에서의 평균 탄성계수를 결정하라.

3.10 사질 퇴적토층의 지반조사 결과이다.

깊이(m)	흙의 유효상재압력 (kN/m^2)	현장 표준관입시험치 N_{60}
3.0	55	9
4.5	82	11
6.0	98	12

모래의 균등계수 C_u를 2.8, 과압밀비는 2로 가정한다. 깊이 3 m에서 6 m 사이의 사질토의 평균상대밀도를 산정하라. 식 (3.21)을 이용하라.

3.11 그림 P3.2의 점토층에서 베인(직사각형) 전단시험을 실시하였다. 베인의 치수는 63.5 mm (d) × 127 mm (h)이다. 점 A의 시험에서 파괴 때의 토크(torque)가 0.051 kN·m이다. 점토는 액성한계가 46%이고, 소성한계가 21%이다. Bjerrum의 λ 관계[식 (3.43a)]를 이용하여 설계에 사용되는 점토의 비배수 점착력(c_u)을 산정하라.

3.12 문제 3.11에서 식 (3.45)와 (3.46)을 이용하여 점토의 과압밀비를 결정하라.

3.13 **a.** 베인전단시험(직사각형)을 포화점토에서 수행하였다. 베인의 높이와 직경이 각각 101.6 mm와 50.8 mm이다. 시험에서 최대 토크가 16.81 N·m다. 점토의 비배수 전단강도를 결정하라.

b. (a)에서 설명한 점토는 액성한계가 58%이고, 소성한계가 29%이다. 설계에 사용할 수 있는 점토의 수정된 비배수 전단강도는 얼마인가? Bjerrum의 λ 관계[식 3.43(a)]를 이용하라.

3.14 문제 3.13에서 식 (3.45)와 (3.48)을 이용하여 점토의 과압밀비를 산정하라. $\sigma'_o = 64.2$ kN/m^{2}이다.

3.15 정규압밀된 모래 지반에서 콘관입시험을 실시하여 다음 결과를 얻었다.

깊이(m)	콘의 관입저항값, q_c (MN/m^2)
1.5	2.06
3.0	4.23
4.5	6.01
6.0	8.18
7.9	9.97
9.0	12.42

모래의 평균단위중량을 16 kN/m^{3}로 가정하고, 모래의 평균 최대마찰각(ϕ')을 식 (3.56)을 이용하여 산정하라.

3.16 문제 3.15에서, 식 (3.54)를 이용하여 깊이에 따른 모래의 상대밀도를 산정하라. 모래는 중간 정도로 압축되어 있다.

3.17 그림 P3.17은 지층단면도를 나타내고 있다. A점에서 전기적 콘마찰시험기에 의해 얻어진 콘관입시험 저항(q_c)치가 0.8 MN/m^{2}일 때 다음을 결정하라.

a. 비배수 점착력, c_u

b. 과압밀비, OCR

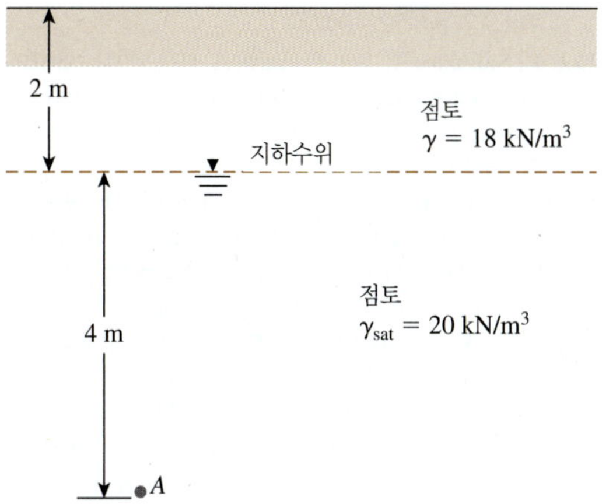

그림 P3.17

3.18 연약한 포화점토층에서 프레셔미터 시험을 실시하였다. 셀의 부피는 $V_o = 535$ cm^3, $p_o = 42.4$ kN/m^2, $v_o = 46$ cm^3, $p_f = 326.5$ kN/m^2, $v_f = 180$ cm^{3}이다. 포아송비(μ_s)를 0.5라 가정하고, 그림 3.35를 참고하여 프레셔미터 계수(E_p)를 계산하라.

3.19 점토퇴적층에서 딜라토미터 시험을 실시하였다. 지하수위가 지표면 아래 3 m 깊이에 위치한다. 지표면 아래 8 m 깊이에서의 접촉압력(p_o)이 280 kN/m^{2}이었고, 팽창압력(p_1)은 350 kN/m^{2}이었다.

a. 정지토압계수(K_o)를 결정하라.
b. 과압밀비(OCR)를 산정하라.
c. 탄성계수(E_s)를 산정하라.

8 m 깊이에서 $\sigma'_o = 95$ kN/m^{2}이고, $\mu_s = 0.35$로 가정하라.

3.20 깊이 6 m의 모래 지반에서 딜라토미터 시험을 실시하였다. 지하수위는 지표면 아래 2 m 위치에 있다. 모래의 건조단위중량은 14.5 kN/m^{3}이고, 포화단위중량은 19.8 kN/m^{3}이다. 시험 중 접촉압력은 260 kN/m^{2}이다. 흙의 마찰각 ϕ'을 결정하라.

3.21 P파의 속도는 105 m/sec이고, 포아송비는 0.32, 흙의 단위중량은 18 kN/m^{3}으로 가정할 때 흙의 탄성계수를 구하라.

3.22 현장에서의 굴절탐사(그림 3.51a) 결과가 다음 표에 주어져 있다. 지층의 두께와 P파의 속도를 결정하라.

충격지점으로부터의 거리(m)	P파가 처음 도달한 시간(sec $\times 10^3$)
2.5	5.08
5.0	10.16
7.5	15.24
10.0	17.01
15.0	20.02
20.0	24.2
25.0	27.1
30.0	28.0
40.0	31.1
50.0	33.9

참고문헌

Aas, G., Lacasse, S., Lunne, I., and HØeg, K. (1986). " Use of *In Situ* Tests for Foundation Design in Clay," *Proceedings, In Situ '86*, American Society of Civil Engineers, pp. 1–30.

American Society for Testing and Materials (2001). *Annual Book of ASTM Standards*, Vol. 04.08, West Conshohocken, PA.

American Society for Testing and Materials (2016). *Annual Book of ASTM Standards*, Vol. 04.08, West Conshohocken, PA.

American Society of Civil Engineers (1972). "Subsurface Investigation for Design and Construction of Foundations of Buildings," *Journal of the Soil Mechanics and Foundations Division*, American Society of Civil Engineers, Vol. 98, No. SM5, pp. 481–490.

Anagnostopoulos, A., Koukis, G., Sabatakakis, N., and Tsiambaos, G. (2003). "Empirical Correlations of Soil Parameters Based on Cone Penetration Tests (CPT) for Greek Soil," *Geotechnical and Geological Engineering*, Vol. 21, No. 4, pp. 377–387.

Baguelin, F., Jézéquel, J. F., and Shields, D. H. (1978). *The Pressuremeter and Foundation Engineering*, Trans Tech Publications, Clausthal, Germany.

Baldi, G., Bellotti, R., Ghionna, V., and Jamiolkowski, M. (1982). "Design Parameters for Sands from CPT," *Proceedings, Second European Symposium on Penetration Testing*, Amsterdam, Vol. 2, pp. 425–438.

Bazaraa, A. (1967). *Use of the Standard Penetration Test for Estimating Settlements of Shallow Foundations on Sand*, Ph.D. Dissertation, Civil Engineering Department, University of Illinois, Champaign-Urbana, Illinois.

Bjerrum, L. (1972). "Embankments on Soft Ground," *Proceedings of the Specialty Conference*, American Society of Civil Engineers, Vol. 2, pp. 1–54.

Burland, J. B. and Burbidge, M. C. (1985). "Settlement of Foundations on Sand and Gravel," *Proceedings, Institute of Civil Engineers*, Part I, Vol. 7, pp. 1325–1381.

Cruden, D. M. and Varnes, D. J. (1996). "Landslide Types and Processes," *Special Report 247*, Transportation Research Board, pp. 36–75.

Cubrinovski, M. and Ishihara, K. (1999). "Empirical Correlations between SPT *N*-Values and Relative Density for Sandy Soil," *Soil and Foundations*, Vol. 39, No. 5, pp. 61–92.

Das, B. M. and Luo, Z. (2017). *Principles of Soil Dynamics*, 3rd ed., Cengage, Boston.

Deere, D. U. (1963). "Technical Description of Rock Cores for Engineering Purposes," *Felsmechanik und Ingenieurgeologie*, Vol. 1, No. 1, pp. 16–22.

Dobrin, M. B. (1960). *Introduction to Geophysical Prospecting*, McGraw-Hill, New York.

Hansbo, S. (1957). *A New Approach to the Determination of the Shear Strength of Clay by the Fall Cone Test*, Swedish Geotechnical Institute, Report No. 114.

Hara, A., Ohta, T., Niwa, M., Tanaka, S., and Banno, T. (1974). "Shear Modulus and Shear Strength of Cohesive Soil," *Soil and Foundations*, Vol. 14, No. 3, pp. 1–12.

Hatanaka, M. and Uchida, A. (1996). "Empirical Correlation between Penetration Resistance and Internal Friction Angle of Sandy Soil," *Soil and Foundations*, Vol. 36, No. 4, pp. 1–10.

Hvorslev, M. J. (1949). *Subsurface Exploration and Sampling of Soils for Civil Engineering Purposes*, Waterways Experiment Station, Vicksburg, Miss.

Jamiolkowski, M., Ladd, C. C., Germaine, J. T., and Lancellotta, R. (1985). "New Developments in Field and Laboratory Testing of Soil," *Proceedings, 11th International Conference on Soil Mechanics and Foundation Engineering*, Vol. 1, pp. 57–153.

Kamei, T. and Iwasaki, K. (1995). "Evaluation of Undrained Shear Strength of Cohesive Soil Using a Flat Dilatometer," *Soil and Foundations*, Vol. 35, No. 2, pp. 111–116.

Kolb, C. R. and Shockley, W. G. (1959). "Mississippi Valley Geology: Its Engineering Significance" *Proceedings*, American Society of Civil Engineers, Vol. 124, pp. 633–656.

Kulhawy, F. H. and Mayne, P. W. (1990). *Manual on Estimating Soil Properties for Foundation Design*, Electric Power Research Institute, Palo Alto, CA.

Lancellotta, R. (1983). *Analisi di Affidabilità in Ingegneria Geotecnica*, Atti Istituto Scienza Construzioni, No. 625, Politecnico di Torino.

Larsson, R. (1980). "Undrained Shear Strength in Stability Calculation of Embankments and Foundations on Clay," *Canadian Geotechnical Journal*, Vol. 17, pp. 591–602.

Lee, J., Salgado, R., and Carraro, A. H. (2004). "Stiffness Degradation and Shear Strength of Silty Sand," *Canadian Geotechnical Journal*, Vol. 41, No. 5, pp. 831–843.

Liao, S. S. C. and Whitman, R. V. (1986). "Overburden Correction Factors for SPT in Sand," *Journal of Geotechnical Engineering*, American Society of Civil Engineers, Vol. 112, No. 3, pp. 373–377.

Marchetti, S. (1980). "*In Situ* Test by Flat Dilatometer," *Journal of Geotechnical Engineering Division*, ASCE, Vol. 106, GT3, pp. 299–321.

Marcuson, W. F. III, and Bieganousky, W. A. (1977). "SPT and Relative Density in Coarse Sands," *Journal of Geotechnical Engineering Division*, American Society of Civil Engineers, Vol. 103, No. 11, pp. 1295–1309.

Mayne, P. W. and Kemper, J. B. (1988). "Profiling OCR in Stiff Clays by CPT and SPT," *Geotechnical Testing Journal*, ASTM, Vol. 11, No. 2, pp. 139–147.

Mayne, P. W. and Mitchell, J. K. (1988). "Profiling of Overconsolidation Ratio in Clays by Field Vane," *Canadian Geotechnical Journal*, Vol. 25, No. 1, pp. 150–158.

Menard, L. (1956). *An Apparatus for Measuring the Strength of Soil in Place*, Master's thesis, University of Illinois, Champaign-Urbana, IL.

Meyerhof, G. G. (1957). "Discussion on Research on Determining the Density of Sands by Spoon Penetration Testing," *Proceedings, Fourth International Conference on Soil Mechanics and Foundation Engineering*, Vol. 3, p. 110.

Morris, P. M. and Williams, D. T. (1994). "Effective Stress Vane Shear Strength Correction Factor Correlations," *Canadian Geotechnical Journal*, Vol. 31, No. 3, pp. 335–342.

Ohya, S., Imai, T., and Matsubara, M. (1982). "Relationships between *N* Value by SPT and LLT Pressuremeter Results," *Proceedings, 2nd European Symposium on Penetration Testing*, Vol. 1, Amsterdam, pp. 125–130.

Osterberg, J. O. (1952). "New Piston-Type Soil Sampler," *Engineering News-Record*, April 24.

Peck, R. B., Hanson, W. E., and Thornburn, T. H. (1974). *Foundation Engineering*, 2nd ed., John Wiley & Sons, New York.

Ricceri, G., Simonini, P., and Cola, S. (2002). "Applicability of Piezocone and Dilatometer to Characterize the Soil of the Venice Lagoon" *Geotechnical and Geological Engineering*, Vol. 20, No. 2, pp. 89–121.

Robertson, P. K. (2010). "Soil Behavior Type from the CPT: An Update," *2nd International Symposium on Cone Penetration Testing*, CPT '10, Huntington Beach, CA.

Robertson, P. K. and Campanella, R. G. (1983). "Interpretation of Cone Penetration Tests. Part I: Sand," *Canadian Geotechnical Journal*, Vol. 20, No. 4, pp. 718–733.

Robertson, P. K., Campanella, R. G., Gillespie, D., and Greig, J. (1986). "Use of Piezometer Cone Data," *Use of* In Situ *Tests in Geotechnical Engineering*, Geotechnical Special Publication, No. 6, ASCE, pp. 1263–1280.

Schmertmann, J. H. (1975). "Measurement of *In Situ* Shear Strength," *Proceedings, Specialty Conference on* In Situ *Measurement of Soil Properties*, ASCE, Vol. 2, pp. 57–138.

Schmertmann, J. H. (1986). "Suggested Method for Performing the Flat Dilatometer Test," *Geotechnical Testing Journal*, ASTM, Vol. 9, No. 2, pp. 93–101.

Seed, H. B., Arango, I., and Chan, C. K. (1975). *Evaluation of Soil Liquefaction Potential during Earthquakes*, Report No. EERC 75-28, Earthquake Engineering Research Center, University of California, Berkeley.

Seed, H. B., Tokimatsu, K., Harder, L. F., and Chung, R. M. (1985). "Influence of SPT Procedures in Soil Liquefaction Resistance Evaluations," *Journal of Geotechnical Engineering*, ASCE, Vol. 111, No. 12, pp. 1425–1445.

Shibuya, S. and Hanh, L. T. (2001). "Estimating Undrained Shear Strength of Soft Clay Ground Improved by Pre-Loading with PVD—Case History in Bangkok," *Soil and Foundations*, Vol. 41, No. 4, pp. 95–101.

Skempton, A. W. (1986). "Standard Penetration Test Procedures and the Effect in Sands of Overburden Pressure, Relative Density, Particle Size, Aging and Overconsolidation," *Geotechnique*, Vol. 36, No. 3, pp. 425–447.

Sowers, G. B. and Sowers, G. F. (1970). *Introductory Soil Mechanics and Foundations*, 3rd ed., Macmillan, New York.

Stokoe, K. H. and Woods, R. D. (1972). "*In Situ* Shear Wave Velocity by Cross-Hole Method," *Journal of Soil Mechanics and Foundations Division*, American Society of Civil Engineers, Vol. 98, No. SM5, pp. 443–460.

Szechy, K. and Varga, L. (1978). *Foundation Engineering—Soil Exploration and Spread Foundation*, Akademiai Kiado, Budapest, Hungary.

Wolff, T. F. (1989). "Pile Capacity Prediction Using Parameter Functions," in *Predicted and Observed Axial Behavior of Piles, Results of a Pile Prediction Symposium*, sponsored by the Geotechnical Engineering Division, ASCE, Evanston, IL, June, 1989, ASCE Geotechnical Special Publication No. 23, pp. 96–106.

Part 2

지반 개량

Soil Improvement

Chapter 4 지반 개량

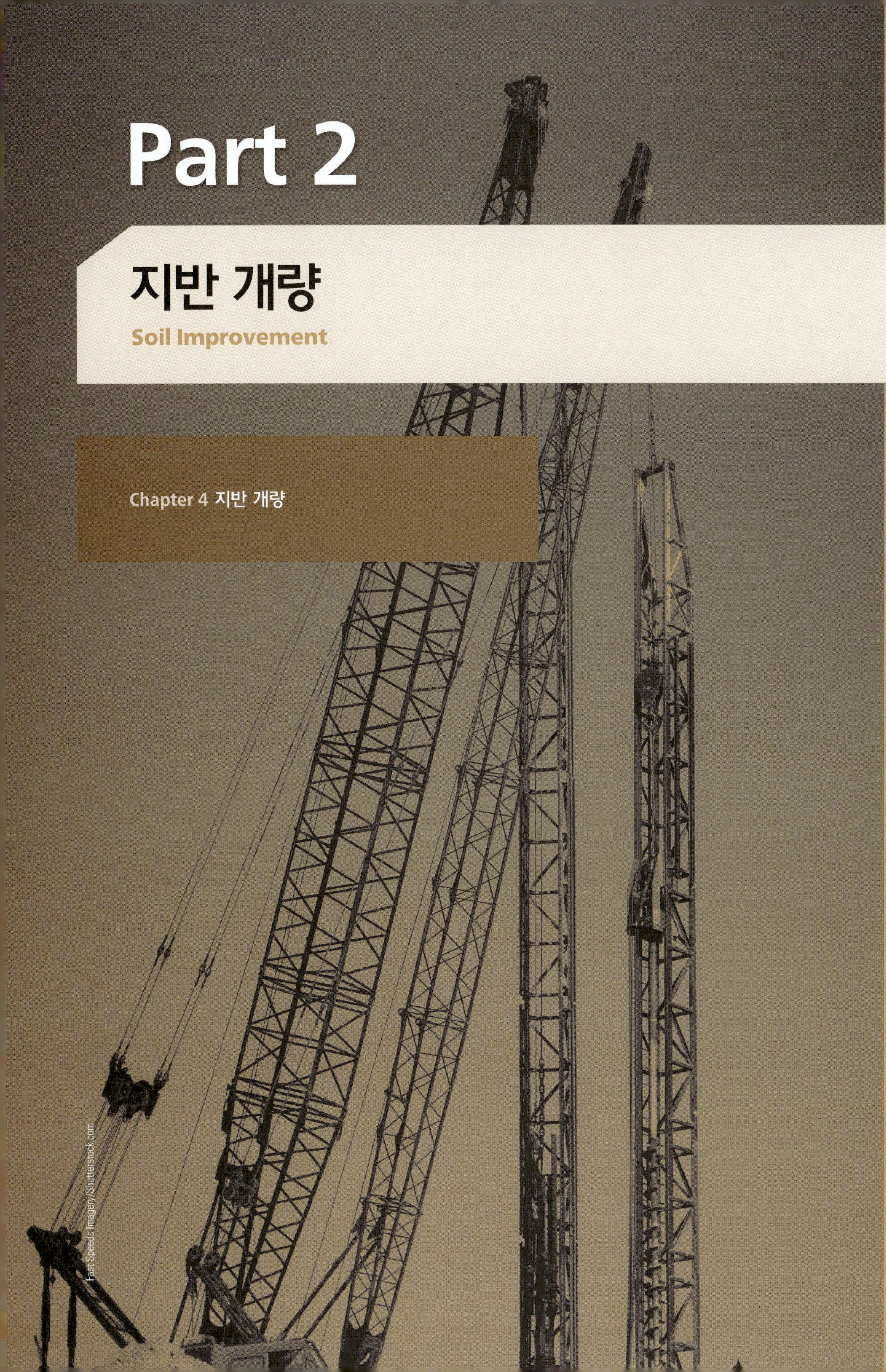

Fast Speeds Imagery/Shutterstock.com

Chapter

4 지반 개량

Soil Improvement and Ground Modification

Med Photo Studio/Shutterstock.com

학습목표 **4장을 학습하면 다음을 할 수 있다**

4.1 현장 지반 개량에 대한 필요성을 이해함.
4.2 흙의 다짐에 대한 일반적인 원리를 설명함.
4.3 현장의 다양한 흙의 최대 건조단위중량과 최적 함수비에 대해 개발된 경험식을 이해함.
4.4 잘 다질 수 있는 롤러의 종류와 흙의 종류에 대해 이해함.
4.5 점토 차수벽의 다짐 품질에 대해 이해함.
4.6 진동부유 공법에 의한 다짐 개념을 기술함.
4.7 폭파 다짐을 이용한 사질토의 다짐 개념을 인식함.
4.8 구조물의 압밀침하를 경감하기 위한 연약 점토 지반의 선행압밀에 대한 필요성을 이해함.
4.9 연약 점토 지반의 압밀가속화를 위한 샌드 드레인 공법의 적용에 대해 인식함.
4.10 샌드 드레인의 대체재로서 PVD의 사용 및 해당 설계정수에 관한 산정을 설명함.
4.11 현장 지반 안정재료로서 석회 사용 공정을 이해함.
4.12 현장 시멘트안정처리에 대한 개념을 기술함.
4.13 석탄회안정처리의 개념에 대해 인식함.
4.14 얕은 기초 시공 시 연약 점토의 안정처리공법으로서 쇄석말뚝의 적용에 대해 인식함.
4.15 연약지반 개량과 액상화 방지를 위한 모래다짐말뚝을 적용함.
4.16 지반 안정화를 위한 심층 동다짐공법 개념을 이해함.
4.17 흙-시멘트 혼합토를 형성하기 위한 제트그라우팅 공법을 설명함.
4.18 다양한 방법에 의한 심층혼합공법의 역사와 개념을 설명함.

4.1 개요

공사현장에 있는 지반은 건물, 교량, 도로, 댐과 같은 구조물들을 지지할 수 있을 정도의 지지력을 항상 갖고 있지는 않다. 예를 들면 사질토층에서 현장 흙이 매우 느슨하여 큰 탄성 침하를 일으킬 수도 있다. 이러한 경우 흙의 단위중량을 증가시켜 전단강도를 크게 하기 위하여 다짐을 할 필요가 있다.

상부 토층이 적합하지 않으면 연약한 흙은 제거하고 양질의 흙으로 치환하여 구조물 기초가 세워질 수 있도록 한다. 성토 재료로 사용되는 흙은 요구하는 구조물 하중을 지탱할 수 있도록 잘 다져야 한다. 다짐 성토는 기초공사를 하여야 할 지반의 표고를 높이기 위하여 필요할 수도 있다.

기초 하부 얕은 심도에서 연약한 포화점토층이 종종 나타나기도 한다. 이 경우 구조물의 하중과 점토층의 심도에 따라 다르지만 일반적이지 않은 큰 압밀침하가 발생할 수 있다. 침하 문제를 최소화하기 위해서는 특수 지반 개량 공법이 요구된다.

팽창성 흙은 석회와 같은 안정화제를 첨가하여 실질적으로 흙의 특성을 바꿀 수 있다. 혼화제를 사용하여 **현장 내 토질을 개량하는 것을 보통 지반안정처리(stabilization)**라 한다.

다음과 같은 목적으로 다양한 기술이 사용된다.

1. 구조물의 침하량을 감소시킨다.
2. 지반의 전단강도를 향상시켜 얕은 기초의 지지력을 증가시킨다.
3. 제방이나 댐의 사면파괴에 대한 안전율을 증가시킨다.
4. 흙의 수축이나 팽창을 감소시킨다.

이 장에서는 다짐 공법, 진동부유 공법, 압성토 공법, 샌드 드레인 공법, PVD (prefabricated vertical drain, wick drain) 공법, 혼화제를 이용한 지반안정처리 공법, 고압분사 공법, 심층혼합처리 공법, 그리고 다짐쇄석 기둥과 모래다짐 말뚝(SCP) 공법의 현장적용 등 기초시공을 위한 연약 점토 지반의 개량 공법에 대한 일반적인 원리에 대해서 설명하였다.

4.2 다짐의 일반적인 원리

흙에 소량의 물을 첨가하고 다지면 흙은 임의의 단위중량에 도달할 것이다. 동일한 흙에 대해 함수비를 점차 증가시키면서 같은 다짐에너지로 다지면, 다져진 흙의 건조단위중량은 점차 증가할 것이다. 이것은 물이 흙 입자 사이에서 윤활유로 작용하기 때문이며, 다질 때 물은 흙 입자들이 보다 밀실한 상태로 재배열하도록 도와준다. 흙의 함수비 증가에 따른 건조단위중량의 증가는 한계값에 도달할 것이고 이를 넘어 흙에 물의 첨가량이 더 증가하면 건조단위중량은 감소하게 된다. **최대 건조단위중량**(maximum dry unit weight)일 때 함수비는 **최적 함수비**(optimum moisture content)라 한다.

다양한 흙에 대한 최대 건조단위중량과 최적 함수비를 평가하는 표준실내시험법은 다음과 같다.

- 표준다짐시험(Standard Proctor Test, ASTM 시험규정 D-698)
- 수정다짐시험(Modified Proctor Test, ASTM 시험규정 D-1557)

흙을 몰드에 넣고 해머로 여러 층으로 다진다. 흙의 함수비, w를 변화시켜 가면서 각각의 시험에 대한 건조단위중량을 구한다. 다짐에 관한 최대 건조단위중량과 최적 함수비 관계는 w(%)에 대한 γ_d의 그래프를 그려서 결정한다. 다짐시험에 관한 두 가지 표준 시방기준은 표 4.1과 표 4.2에 나타내었다.

그림 4.1은 표준다짐시험과 수정다짐시험(A방법)으로부터 얻은 점토질 실트의 w(%)에 대한 γ_d의 그래프를 보여준다. 이 그림으로부터 다음과 같은 결론을 얻을 수 있다.

1. 최대 건조단위중량과 최적 함수비는 다짐도에 따라 달라진다.
2. 다짐에너지가 클수록 최대 건조단위중량은 커진다.
3. 다짐에너지가 클수록 최적 함수비가 작아진다.
4. 다짐 곡선은 영공기간극 곡선(zero-air-void line) 우측에 존재할 수 없다. 주어진 함수비에서 영공기간극 건조단위중량(γ_{zav})은 γ_d의 이론적 최대값, 즉 다진 흙의 간극이 모두 물로 채워졌을 때의 값이다. 이것은 다음 식으로 주어진다.

$$\gamma_{zav} = \frac{\gamma_w}{\dfrac{1}{G_s} + w} \tag{4.1}$$

여기서

γ_w = 물의 단위중량
G_s = 흙 입자의 비중
w = 흙의 함수비

표 4.1 표준다짐시험의 시방기준(ASTM 시험규정 698)

항목	방법 A	방법 B	방법 C
몰드의 직경	101.6 mm	101.6 mm	152.4 mm
몰드의 부피	944 cm^3	944 cm^3	2124 cm^3
해머의 무게	2.5 kg	2.5 kg	2.5 kg
해머의 낙하고	304.8 mm	304.8 mm	304.8 mm
매 층당 해머의 타격횟수	25	25	56
다짐 층수	3	3	3
다짐에너지	600 kN·m/m^3	600 kN·m/m^3	600 kN·m/m^3
대상 흙	No.4 (4.57 mm) 체를 통과한 흙. 흙 전체 중량의 20% 혹은 그 이하가 No.4 체에 남아있을 때 사용	9.5 mm 체를 통과한 흙. 흙 전체 중량의 20% 이상이 No.4 체에 남아있고, 20% 혹은 그 이하가 9.5 mm 체에 남아있을 때 사용	19.0 mm 체를 통과한 흙. 흙 전체 중량의 20% 이상이 9.5 mm 체에 남아있고, 중량의 30% 이하가 19.0 mm 체에 남아있을 때 사용

표 4.2 수정다짐시험의 시방기준(ASTM 시험규정 1557)

항목	방법 A	방법 B	방법 C
몰드의 직경	101.6 mm	101.6 mm	152.4 mm
몰드의 부피	944 cm^3	944 cm^3	2124 cm^3
해머의 무게	4.54 kg	4.54 kg	4.54 kg
해머의 낙하고	457.2 mm	457.2 mm	457.2 mm
매 층당 해머의 타격횟수	25	25	56
다짐 층수	5	5	5
다짐에너지	2700 kN·m/m^3	2700 kN·m/m^3	2700 kN·m/m^3
대상 흙	No.4 (4.57 mm) 체를 통과한 흙. 흙 전체 중량의 20% 혹은 그 이하가 No.4 체에 남아있을 때 사용	9.5 mm 체를 통과한 흙. 흙 전체 중량의 20% 이상이 No.4체에 남아있고, 20% 혹은 그 이하가 9.5 mm 체에 남아있을 때 사용	19.0 mm 체를 통과한 흙. 흙 전체 중량의 20% 이상이 9.5 mm 체에 남아있고, 중량의 30% 이하가 19.0 mm 체에 남아있을 때 사용

5. 다진 흙의 최대 건조단위중량과 그에 상응하는 최적 함수비는 흙에 따라 변한다.

실내 다짐 결과(γ_d vs. w)를 이용하여, 현장에서 주어진 흙의 다짐 상태에 대한 시방서를 작성할 수 있다. 대부분, 다짐시방서에 실내 시험(표준다짐시험 또는 수정다짐시험)에 근거하여 상대 다짐도가 90% 또는 그 이상이 되도록 명시하고 있다. 상대 다짐도(relative compaction)는 다음과 같이 정의된다.

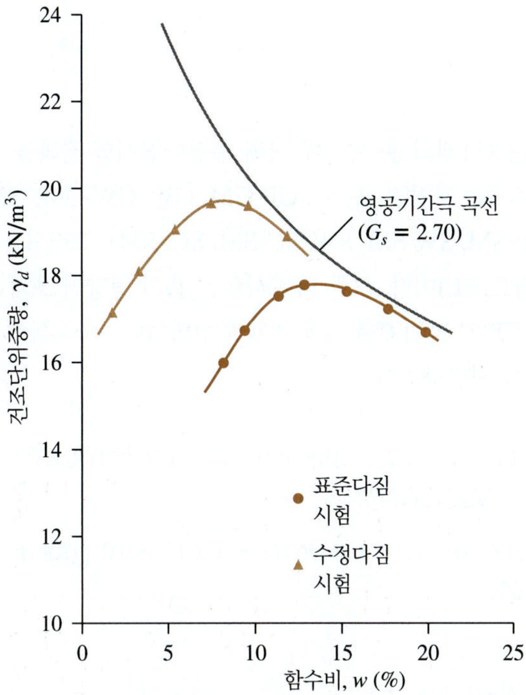

그림 4.1 점토질 실트에 대한 표준다짐과 수정다짐 곡선(방법 A)

$$RC = \frac{\gamma_{d(\text{field})}}{\gamma_{d(\max)}} \tag{4.2}$$

제2장에서 상대밀도(사질토 다짐에 대해)의 개념을 소개하였다. 상대밀도(D_r)는 다음과 같이 정의된다.

$$D_r = \left[\frac{\gamma_d - \gamma_{d(\min)}}{\gamma_{d(\max)} - \gamma_{d(\min)}}\right]\frac{\gamma_{d(\max)}}{\gamma_d}$$

여기서

γ_d = 현장에서 다져진 흙의 건조단위중량
$\gamma_{d(\max)}$ = 실내 다짐시험에서 구한 최대 건조단위중량
$\gamma_{d(\min)}$ = 실내 다짐시험에서 구한 최소 건조단위중량

현장에서 조립토의 경우 다짐의 정도를 종종 상대밀도로 나타내는데, 상대밀도와 상대 다짐의 관계를 비교하면 다음과 같다.

$$RC = \frac{A}{1 - D_r(1 - A)} \tag{4.3}$$

여기서 $A = \dfrac{\gamma_{d(\min)}}{\gamma_{d(\max)}}$.

4.3 다짐에 대한 경험식

사질토:

a. Omar et al.(2003)은 311개의 흙 시료에 대해 수정다짐시험 결과를 제시하였다. 이러한 샘플 중에서 45개는 자갈질 흙(GP, GP-GM, GW, GW-GM, GM)이고, 264개는 모래질 흙(SP, SP-SM, SW-SM, SW, SC-SM, SC, SM), 그리고 2개는 낮은 압축성을 가지고 있는 점토(CL)이다. 모든 다짐시험은 흙의 정량이 초과하는 것을 피하기 위하여 ASTM 1577의 방법 C를 사용하여 수행되었다. 이 시험에 근거하여 다음과 같은 상관관계식을 제안하였다.

$$\rho_{d(\max)}(\text{kg/m}^3) = [4{,}804{,}574G_S - 195.55(\text{LL})^2 + 156.971(\text{R\#4})^{0.5} - 9{,}527{,}830]^{0.5} \quad (4.4)$$

$$\ln(w_{\text{opt}}) = 1.195 \times 10^{-4}(\text{LL})^2 - 1.964G_s - 6.617 \times 10^{-5}(\text{R\#4}) + 7.651 \quad (4.5)$$

여기서

$\rho_{d(\max)}$ = 최대 건조밀도
w_{opt} = 최적 함수비
G_s = 흙 입자의 비중
LL = 액성한계(%)
R#4 = No. 4 체(4.75 mm)에 잔류한 흙의 양

액성한계를 포함하고 있는 식 (4.4), (4.5)를 주목할 필요가 있다. 이 식을 적용하는 흙들은 실트와 점토질 모래를 포함하고 있다고 가정한다.

b. 통과율이 12% 이하인 사질토(즉, No. 200 체를 통과하는) 같은 경우에는, 현장에서 최종 품질 다짐 기준으로서 상대밀도가 더 나은 지표일 것이다. 55종류의 깨끗한 모래(No. 200 체의 통과율이 5% 이하인)의 실내 다짐시험을 근거로 하여, Patra et al.(2010)은 다음과 같은 관계식을 제안했다.

$$D_r = AD_{50}^{-B} \quad (4.6)$$

$$A = 0.216 \ln E - 0.850 \quad (4.7)$$

$$B = -0.03 \ln E + 0.306 \quad (4.8)$$

여기서,

D_r = 다짐에너지 E (kN·m/m^3)에 의해 얻은 다짐의 최대 상대밀도
D_{50} = 중간입자 크기(mm)

c. Mujtaba 등(2013)은 110가지 모래시료(SM, SP-SM, SP, SW-SM, SW)에 대해 실내다짐시험을 실시하였다. 시험결과에 따라, $\gamma_{d(\max)}$와 w_{opt}(최적 함수비)는 다음 관계식과 같다.

$$\gamma_{d(\max)}(\text{kN/m}^3) = 4.49 \log (C_u) + 1.51 \log (E) + 10.2 \tag{4.9}$$

$$\log w_{\text{opt}}(\%) = 1.67 - 0.193 \log (C_u) - 0.153 \log (E) \tag{4.10}$$

여기서

C_u = 균등계수

E = 다짐에너지(kN · m/m^3)

점성토:

a. Gurtug and Sridharan(2004)은 점성토의 소성한계(PL)에 따른 최적 함수비와 최대 건조단위중량에 대해 상관관계식을 제안하였다. 이 관계식은 다음과 같이 표현할 수 있다.

$$w_{\text{opt}}(\%) = [1.95 - 0.38(\log E)](\text{PL}) \tag{4.11}$$

$$\gamma_{d(\max)}(\text{kN/m}^3) = 22.68e^{-0.0183w_{\text{opt}}(\%)} \tag{4.12}$$

여기서

PL = 소성한계(%)

E = 다짐에너지(KN · m/m^3)

수정다짐시험에서 E = 2700 kN · m/m^{3}이므로, 따라서

$$w_{\text{opt}}(\%) \approx 0.65(\text{PL})$$

그리고

$$\gamma_{d(\max)}(\text{kN/m}^3) = 22.68e^{-0.012(\text{PL})}$$

b. Osman et al.(2008)은 점토에 대한 여러 번의 실내다짐시험 결과를 분석하였다. 이 결과에 근거하여, 다음과 같은 상관관계식을 제안하였다.

$$w_{\text{opt}}(\%) = (1.99 - 0.165 \ln E)(\text{PI}) \tag{4.13}$$

그리고

$$\gamma_{d(\max)} = L - Mw_{\text{opt}} \tag{4.14}$$

여기서

$$L = 14.34 + 1.195 \ln E \tag{4.15}$$

$$M = -0.19 + 0.073 \ln E \tag{4.16}$$

w_{opt} = 최적 함수비(%)

PI = 소성지수(%)

$\gamma_{d(\max)}$ = 최대 건조단위중량(kN/m^3)

E = 다짐에너지(kN·m/m^3)

c. Matteo et al.(2009)은 71개의 세립토에 대한 실험 결과 값을 분석하여, 수정다짐시험(E = 2700 kN·m/m^3)에서의 최적 함수비(w_{opt})와 최대 건조단위중량[$\gamma_{d(max)}$]과의 관계식을 구하였다.

$$w_{opt}(\%) = -0.86(\text{LL}) + 3.04\left(\frac{\text{LL}}{G_s}\right) + 2.2 \tag{4.17}$$

그리고

$$\gamma_{d(max)}(\text{kN/m}^3) = 40.316\,(w_{opt}^{-0.295})(\text{PI}^{0.032}) - 2.4 \tag{4.18}$$

여기서

LL = 액성한계(%)
PI = 소성지수(%)
G_s = 흙 입자의 비중

예제 4.1

사질토에 대해 다음과 같은 결과가 주어졌다.

- $G_s = 2.6$
- No. 40 체를 통과한 시료의 액성한계(%) = 20
- No. 4 체에 남겨진 비율(%) = 20

식 (4.4)와 식 (4.5)를 사용하여 수정다짐시험에 의한 최대 건조단위중량과 최적 함수비를 산정하라.

풀이

식 (4.4)로부터

$$\begin{aligned}\rho_{d(max)}(\text{kg/m}^3) &= [4{,}804{,}574G_s - 195.55(\text{LL})^2 + 156{,}971(R\#4)^{0.5} - 9{,}527{,}830]^{0.5}\\ &= [4{,}804{,}574(2.6) - 195.55(20)^2 + 156{,}971(20)^{0.5} - 9{,}527{,}830]^{0.5}\\ &= \mathbf{1894\ kg/m^3}\end{aligned}$$

식 (4.5)로부터

$$\begin{aligned}\text{In}\,(w_{opt}) &= 1.195 \times 10^{-4}(\text{LL})^2 - 1.964G_s - 6.617 \times 10^{-5}(R\#4) + 7651\\ &= 1.195 \times 10^{-4}(20)^2 - 1.964(2.6) - 6.617 \times 10^{-5}(20) + 7651\\ &= 2.591\\ w_{opt} &= \mathbf{13.35\%}\end{aligned}$$

■

예제 4.2

No. 200 체의 통과율이 4% 이상인 모래에 대하여, 수정다짐시험을 통해 얻은 결과를 이용하여, 다짐 시 최대 상대밀도를 구하라(단, $D_{50} = 1.4$ mm).

풀이

수정다짐시험 결과로부터 다짐에너지, $E = 2700\ \text{kN} \cdot \text{m/m}^3$

식 (4.7)로부터

$$A = 0.216 \ln E - 0.850 = (0.216)(\ln 2700) - 0.850 = 0.857$$

식 (4.8)로부터

$$B = -0.03 \ln E + 0.306 = -(0.03)(\ln 2700) + 0.306 = 0.069$$

식 (4.6)으로부터

$$D_r = AD_{50}^{-B} = (0.857)(1.4)^{-0.069} = 0.837 = \mathbf{83.7\%}$$

■

예제 4.3

실트질 점토의 다짐에서 LL = 43, PL = 18이다. 수정다짐시험을 실시하여 얻을 수 있는 최대 건조단위중량을 구하라. 식 (4.14)를 이용할 것.

풀이

수정다짐시험 결과로부터 다짐에너지, $E = 2700\ \text{kN} \cdot \text{m/m}^3$

식 (4.15)와 (4.16)으로부터

$$L = 14.34 + 1.195 \ln E = 14.34 + 1.195 \ln (2700) = 23.78$$

$$M = -0.19 + 0.073 \ln E = -0.19 + 0.073 \ln (2700) = 0.387$$

식 (4.13)으로부터

$$\begin{aligned} w_{\text{opt}}(\%) &= (1.99 - 0.165 \ln E)(\text{PI}) \\ &= [1.99 - 0.165 \ln(2700)](43 - 18) \\ &= 17.16\% \end{aligned}$$

식 (4.14)로부터

$$\gamma_{d(\max)} = L - Mw_{\text{opt}} = 23.78 - (0.387)(17.16) = \mathbf{17.14\ kN/m^3}$$

■

예제 4.4

예제 4.3에 주어진 실트질 점토를 참조하라. 식 (4.11)과 식 (4.12)를 이용하여, 수정다짐시험에서 얻을 수 있는 w_{opt}와 $\gamma_{d(\max)}$를 구하라.

풀이

PL = 18이 주어지고, 수정다짐시험 결과 $E = 2700\ \text{kN}\cdot\text{m/m}^3$이다. 식 (4.11)과 식 (4.12)로부터

$$w_{\text{opt}}(\%) = 0.65(PL)$$

그리고

$$\gamma_{d(\max)}(\text{kN/m}^2) = 22.68e^{-0.0183}\, w_{\text{opt}}(\%)$$

따라서,

$$w_{\text{opt}}(\%) = (0.65)(18) = \mathbf{11.7\%}$$
$$\gamma_{d(\max)} = (22.68)e^{-0.0183(11.7)} = \mathbf{18.31\ kN/m^3}$$

■

예제 4.5

예제 4.3을 참조하라. 식 (4.17)과 식 (4.18)을 이용하여 w_{opt}와 $\gamma_{d(\max)}$를 산정하라. $G_s = 2.66$을 사용하라.

풀이

식 (4.17)로부터

$$w_{\text{opt}}(\%) = -0.86(\text{LL}) + 3.04\left(\frac{\text{LL}}{G_s}\right) + 2.2$$

주어진 LL = 43, $G_s = 2.66$

$$w_{\text{opt}}(\%) = -0.86(43) + 3.04\left(\frac{43}{2.66}\right) + 2.2 = \mathbf{14.36\%}$$

식 (4.18)로부터

$$\begin{aligned}\gamma_{d(\max)} &= 40.316(w_{\text{opt}}^{-0.295})(\text{PI}^{0.032}) - 2.4 \\ &= (40.316)(14.36)^{-0.295}(43 - 18)^{0.032} - 2.4 = \mathbf{17.97\ k/m^3}\end{aligned}$$

■

4.4 현장 다짐

현장에서의 보통 다짐은 롤러로 행해진다. 여러 종류의 롤러가 사용되는데, 가장 많이 사용되는 롤러 장비는 다음과 같다.

1. 평활 롤러(smooth wheel 또는 drum rollers)
2. 공기 고무 타이어 롤러(pneumatic rubber-tired rollers)
3. 양족 롤러(sheepfoot rollers)
4. 진동 롤러(vibratory rollers)

그림 4.2 평활 롤러(Dmitry Kalinovsky/Shutterstock.com)

그림 4.2는 다짐 중에 연직 진동을 주는 **평활 롤러**를 보여주고 있다. 평활 롤러는 노상의 확인 다짐을 할 때나, 사질토나 점성토로 성토작업 시 마감다짐을 하는 데 적합하다. 평활 롤러는 바퀴 전면적에 의하여 다짐을 실시하며(100% 접지압), 접지압은 300~400 kN/m^2 정도이다. 그러나, 토층이 두꺼울 때는 균등한 단위중량을 얻기가 어렵다.

공기 고무 타이어 롤러(pneumatic rubber-tired roller, 그림 4.3)는 여러 가지 면에서 평

그림 4.3 공기 고무 타이어 롤러(Vadim Ratnikov/Shutterstock.com)

그림 4.4 진동 양족 롤러(Artit Thongchuea/Shutterstock.com)

활 롤러보다 장점이 많다. 무게가 2000 kN에 달하는 이 롤러는 여러 줄의 바퀴를 갖춘 무거운 차량으로 이루어진다. 타이어는 한 줄에 4~6개가 근접하여 배치되어 있다. 타이어에서의 접지압은 600~700 kN/m^{2}이며, 바퀴가 통과하여 다져지는 면적은 주어진 전면적의 70~80% 정도이다. 모래질과 점토질 다짐에 쓰이는 공기 고무 타이어 롤러는, 압력다짐과 반죽다짐작용(kneading action)의 조합 효과가 있다.

양족 롤러(sheepsfoot rollers, 그림 4.4)는 기본적으로 많은 수의 돌기가 있는 드럼으로 이루어진다. 각 돌기의 면적은 25~90 cm^{2}이다. 이 롤러는 **점성토의 다짐에 가장 효과적**이다. 돌기에서의 접지압은 1500~7500 kN/m^{2}이다. 현장에서 다질 경우 처음에 다짐층의 아랫부분을 다지고, 다음에는 다짐층의 중간 부분과 상부 부분을 다진다.

진동 롤러(vibratory rollers)는 조립토를 다질 때 효과적이다. 다짐 대상 흙에 진동을 주기 위해 평활 롤러, 공기 고무 타이어 롤러 또는 양족 롤러에 진동기가 부착될 수 있다. 그림 4.2와 4.4는 각각의 진동 평활 롤러와 진동 양족 롤러의 전경이다.

일반적으로 현장 다짐도는 다짐기의 종류, 흙의 종류, 함수비, 다짐층의 두께, 다짐기의 견인 속도, 그리고 다짐 롤러의 통과 횟수 등 여러 가지 요인에 따라 달라진다.

그림 4.5는 진동 드럼 롤러에 의해서 다져진 입도분포가 불량한 사구 모래로, 심도에 따른 단위중량의 변화를 나타낸 것이다. 진동은 드럼 원통 안에서 하나의 회전축에 편심하중을 가함으로써 생긴다. 이 다짐에 사용된 롤러의 무게는 55.7 kN이고, 드럼의 직경은 1.19 m이다. 다짐두께는 2.44 m를 유지한다.

임의 깊이에서 다진 흙의 건조단위중량은 롤러의 통과 횟수에 따라 증가한다. 그러나 약 15회 통과 후에는 단위중량의 증가율이 점차 감소한다. 롤러의 통과 횟수에 따른 깊이별 건조단위중량이 변한다는 것을 알아야 한다.

흙의 건조단위중량, 즉 상대밀도(D_r)를 다짐심도 0.5 m에서 최댓값에 도달하며, 그 이후에는 토층 심도에 따라 점차 감소한다. 왜냐하면 표층으로 갈수록 흙의 구속응력이 점차

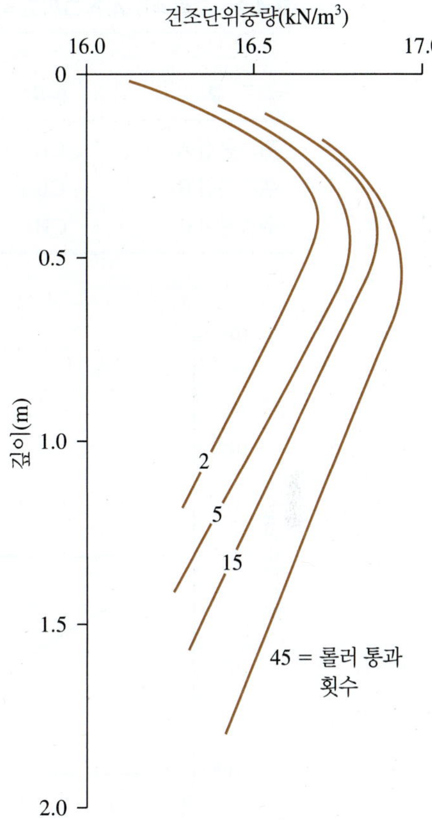

그림 4.5 모래의 진동 다짐: 통과 횟수와 깊이에 따른 건조단위중량의 변화, 다짐 두께 = 2.44 m (출처: Based on D'Appolonia, D. J., Whitman, R. V. and D'Appolonia, E. (1969). "Sand Compaction with Vibratory Rollers," *Journal of the Soil Mechanics and Foundations Division*, American Society of Civil Engineers, Vol. 95, N. SM1, pp. 263 - 284.)

감소하기 때문이다. 다짐심도와 상대밀도(또는 건조단위중량)와의 관계가 결정되면, 주어진 흙에서 다짐롤러의 통과 횟수에 대하여 주어진 시방서에 근거하여 다짐이 만족하도록 개략적인 각 다짐 층의 두께는 쉽게 산정할 수 있다.

협소한 현장에서 효과적으로 조립토를 다질 때는 수동진동기를 사용할 수 있다. 기계장비에 정착된 다짐판은 제약조건이 적은 비교적 넓은 지역에서 사용할 수 있다.

4.5 점토 차수벽에 대한 다짐 관리

다짐 점토는 일반적으로 흙댐의 코어 부분의 차수벽(hydraulic barrier)과 폐기물 매립지의 바닥차수재와 상부덮개, 그리고 액상폐기물이나 오수저장시설 등 지상 저수 구조물의 차수재로 사용된다. 차수벽의 주요 목적은 유출을 최소화하기 위한 것으로, 투수계수(k)가 관리 대상 요소이다. 일반적으로 투수계수는 10^{-7} cm/s보다 작아야 한다. 이러한 투수계수는 다짐 동안 최소 포화도를 조절함으로써 얻을 수 있으며, 이 관계는 표 4.3 (Othman and Luettich, 1994)에 기술된 세 가지 흙의 다짐 특성으로부터 설명할 수 있다.

그림 4.6, 4.7, 그리고 4.8은 표준다짐시험과 수정다짐시험의 결과와 다짐시료에 대한 투수계수를 나타낸 것이다. 검게 표시된 점들은 시료의 투수계수가 10^{-7} cm/s이거나 이보다 작은 값을 나타낸다. 이 그림들에서 검은 점들이 대체로 완전포화곡선과 평행하게 도시

표 4.3 그림 4.6, 4.7, 그리고 4.8에 나타난 흙의 특성

흙	분류	액성한계	소성지수	No. 200 체(0.075 mm) 통과량(%)
위스콘신 A	CL	34	16	85
위스콘신 B	CL	42	19	99
위스콘신 C	CH	84	60	71

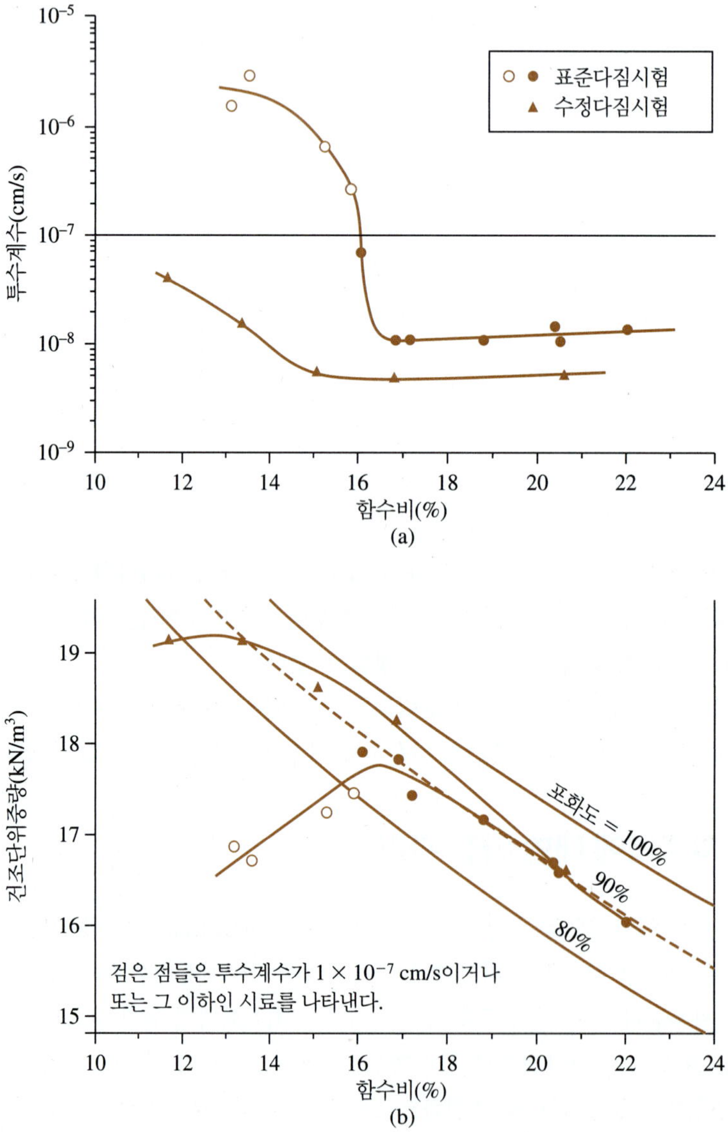

그림 4.6 위스콘신 A 흙에 대한 표준다짐시험과 수정다짐시험의 결과와 투수계수(출처: Based on Othman, M. A., and S. M. Luettich, "Compaction Control Criteria for Clay Hydraulic Barriers," *Transportation Research Record 1462,* Transportation Research Board, National Research Council, Washington, D.C., 1994)

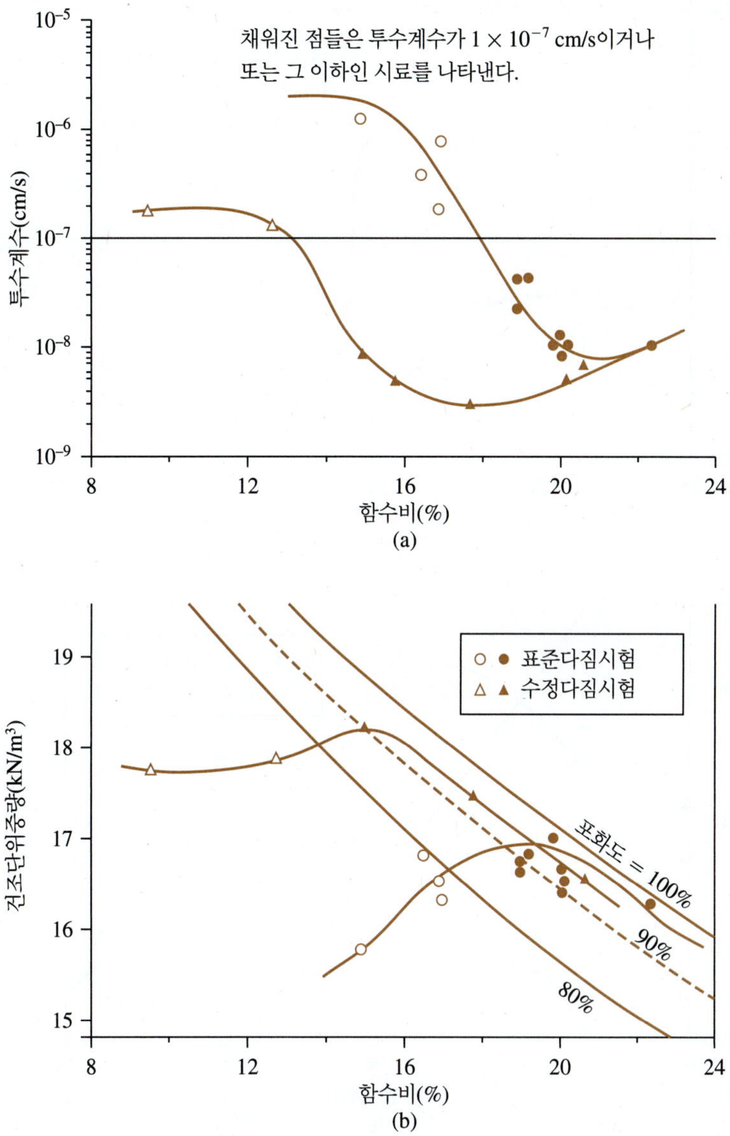

그림 4.7 위스콘신 B 흙의 표준다짐시험과 수정다짐시험의 결과와 투수계수(출처: Based on Othman, M. A., and S. M. Luettich, "Compaction Control Criteria for Clay Hydraulic Barriers," *Transportation Research Record 1462*, Transportation Research Board, National Research Council, Washington, D.C., 1994)

됨을 알 수 있다. 그림 4.9는 다짐 시 세 가지 흙의 투수계수에 대한 포화도의 영향을 나타낸다. 이 그림으로부터 알 수 있듯이, 투수계수가 10^{-7} cm/s를 넘지 않으려면 모든 흙은 포화도 88% 이상으로 다져야 한다.

현장에서 다짐하는 경우 여러 종류 흙의 구성성분이 섞여 있는 흙을 다루게 된다. 세립토의 양이 조금만 변해도 투수계수에 큰 영향을 미친다. 그러므로 주어진 현장에서 다루는 다양한 흙을 반영하는 것은 차수벽 공사를 위한 다짐의 최소 포화도 기준을 마련하는 데 도움이 된다.

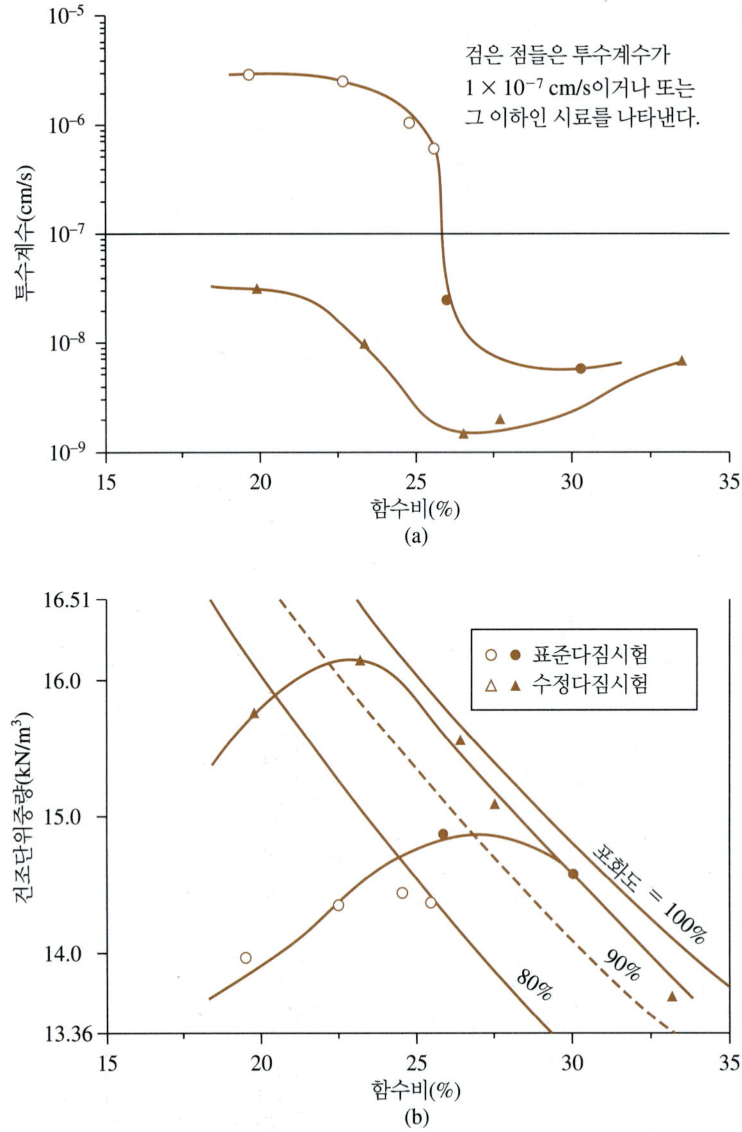

그림 4.8 위스콘신 C 흙의 표준다짐시험과 수정다짐시험의 결과와 투수계수(출처: Based on Othman, M. A., and S. M. Luettich, "Compaction Control Criteria for Clay Hydraulic Barriers," *Transportation Research Record 1462*, Transportation Research Board, National Research Council, Washington, D.C., 1994)

4.6 진동부유 공법

진동부유 공법(vibroflotation)은 느슨한 사질토의 두꺼운 토층을 현장에서 다지기 위해 1930년대에 독일에서 개발된 기술이다. 미국에서는 그 이후 약 10년 후에 처음 사용되었다. 그림 4.10에 나타낸 것과 같이 길이가 약 2 m인 바이브로플로트(진동기)를 사용한다. 진동기는 그 내부에 편심하중이 있어서 원심력을 발생시킬 수 있다. 추(편심하중)는 진동기가 수평으로 진동할 수 있게 한다. 물을 분사시키기 위해 진동기의 상부와 하부에 구멍이 있다. 진동기는 연장 강관(follow-up pipe) 하단부에 부착되어 있다. 그림에서는 현장 다짐하는데 필요한 진동부유 공법의 장비를 나타내고 있다.

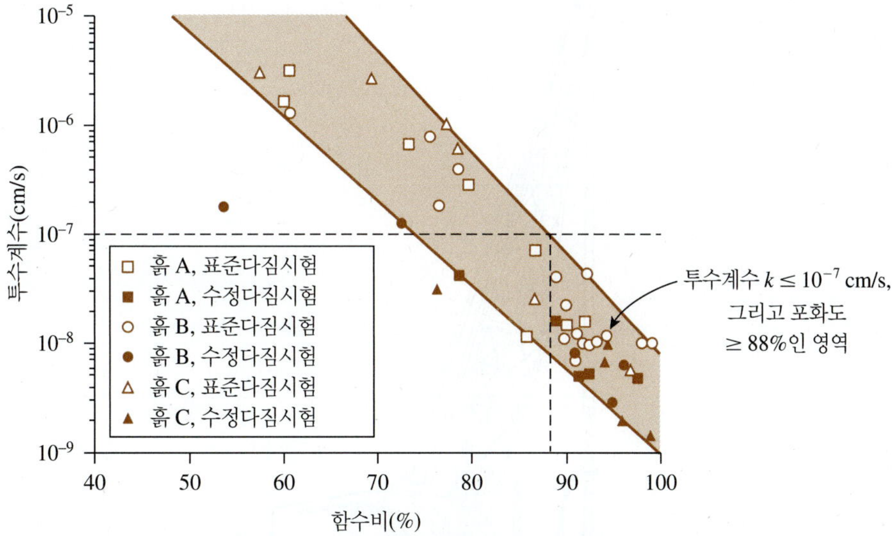

그림 4.9 위스콘신 A, B, C 흙의 투수계수에 대한 포화도의 영향(출처: Based on Othman, M. A., and S. M. Luettich, "Compaction Control Criteria for Clay Hydraulic Barriers," *Transportation Research Record 1462,* Transportation Research Board, National Research Council, Washington, D.C., 1994)

전체 다짐 절차는 네 단계로 나타내고 있다(그림 4.11).

1단계. 바이브로플로트 하부의 분사장치를 작동하면서 바이브로플로트를 땅속으로 관입시킨다.

2단계. 진동기가 관입될 수 있도록 물을 분사하여 흙을 분사상태(quick condition)로 만든다.

3단계. 위의 과정에서 지표에 발생된 구멍 상부에 자갈을 쏟아 넣는다. 물을 하부 분출구로부터 진동기의 상부에 있는 분출구로 이동시킨다. 이 물은 자갈이 구멍 아래로 내려가도록 한다.

4단계. 진동기를 0.3 m 간격으로 서서히 올리고, 매 간격마다 약 30초간 진동시킨다. 이 단계에서 흙을 소정의 단위중량이 되도록 다진다.

표 4.4는 미국에서 사용되고 있는 바이브로플로트의 여러 가지 형태에 대한 세부 자료들이다. 1940년대 후반 이후 30 HP 전동장비가 사용되고 있으며, 1970년대 초에 100 HP 장비가 개발되었다. 다짐봉 주변의 다짐 영역은 사용하는 바이브로플로트의 형태에 따라 달라진다. 30 HP 장비에서 원통형 다짐 영역의 반경은 약 2 m이며, 100 HP 장비에서는 반경이 약 3 m까지 커진다. 진동부유 공법에 의한 다짐 영역은 다짐봉의 간격에 의해 좌우된다(그림 4.12 참고). Mitchell (1970)과 Brown (1977)은 진동부유 공법을 이용하여 설계한 기초의 성공적인 사례들을 발표하였다.

현장 흙의 성공적인 다짐 능력은 여러 요인에 의해 좌우되는데, 그중 가장 중요한 것은 흙의 입도분포와 진동기를 인발하는 동안 구멍을 채우는 데 사용되는 흙의 특성이다. 그림 4.13에서 영역 1로 표시된 현장 흙의 입도분포가 진동부유 공법을 사용하여 다지기에 가장

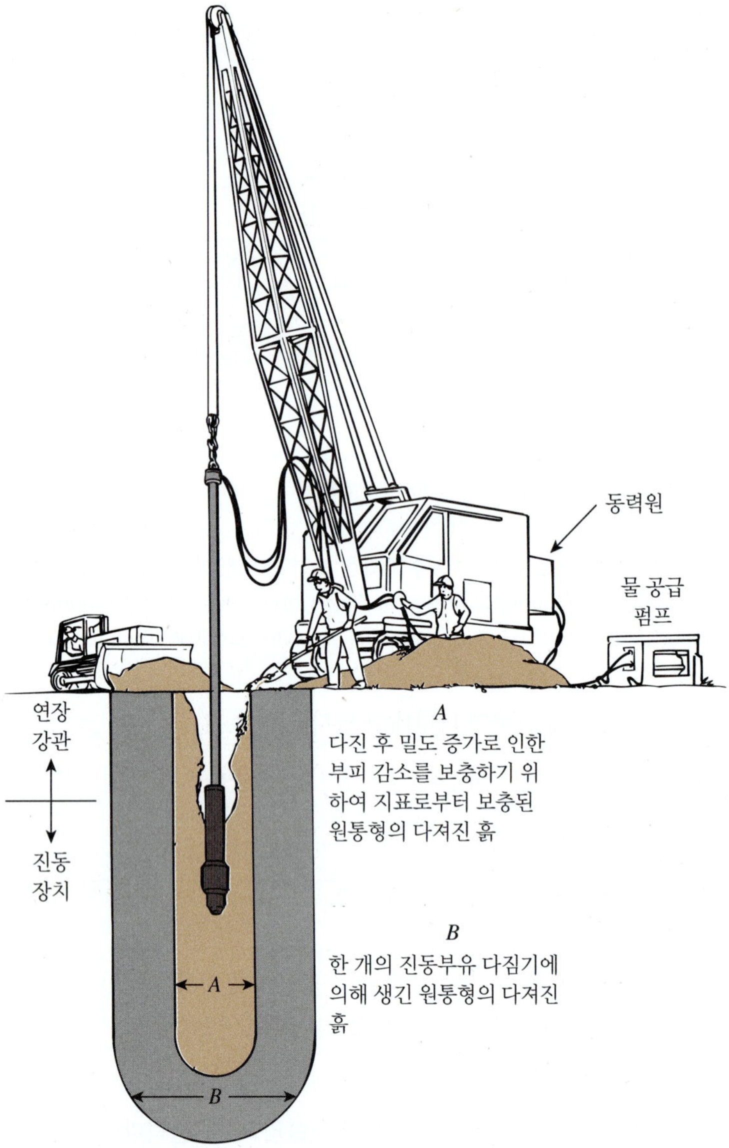

그림 4.10 진동부유 공법 시공장비(Based on data from Brown, E. E. (1977), "Vibroflotation Compaction of Cohensionless Soils," *Journal of the Geotechnical Engineering Divison*, Vol. 103, No. GT12.)

적합한 흙이다. 많은 양의 잔모래와 실트 크기의 입자를 포함하고 있는 흙은 다지기가 매우 어렵다. 이런 경우 적합한 상대밀도를 얻으려면 상당한 노력이 필요하다. 그림 4.13에서 영역 2는 진동부유 공법으로 다질 수 있는 입도분포의 개략적인 하한선이다. 입도분포가 영역 3인 토층은 상당한 양의 자갈을 포함한다. 이런 흙에서는 다짐봉의 관입속도가 매우 느려, 장기적으로 볼 때 진동부유 공법은 비경제적인 시공법이 될 것이다.

뒤채움재의 입도분포는 다짐률(rate of densification)을 지배하는 요인 중의 하나이다. Brown(1977)은 뒤채움재의 등급을 매기는 적합치(suitability number, S_N)를 다음과 같이 정의하였다.

$$S_N = 1.7\sqrt{\frac{3}{(D_{50})^2} + \frac{1}{(D_{20})^2} + \frac{1}{(D_{10})^2}} \tag{4.19}$$

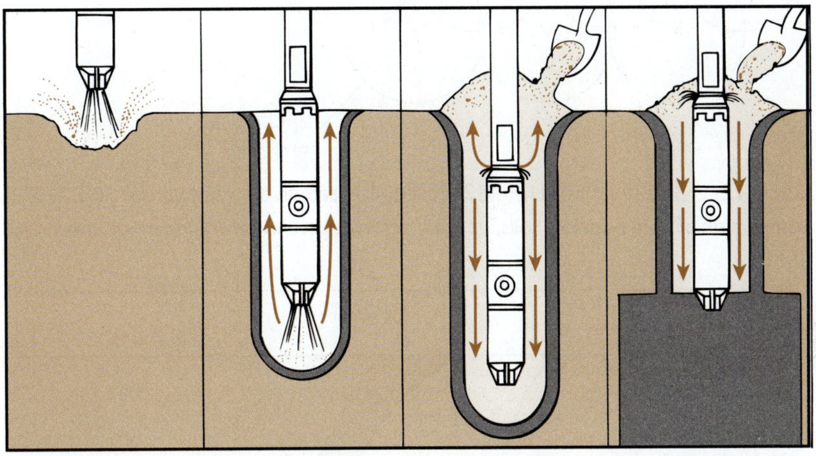

그림 4.11 진동부유 공법의 다짐 순서(Based on data from Brown, E. E. (1977), "Vibroflotation Compaction of Cohensionless Soils," *Journal of the Geotechnical Engineering Divison, Vol.* 103, No. GT12.)

표 4.4 진동기의 형태[a]

	100 HP의 전동 수압 모터	30 HP 전동 모터
	(a) 진동기	
길이	2.1 m	1.86 m
직경	406 mm	381 mm
중량	18 kN	18 kN
최대 허용변위	12.50 mm	7.6 mm
원심력	160 kN	90 kN
	(b) 편심	
중량	1.16 kN	0.76 kN
오프셋	38 mm	32 mm
길이	610 mm	387 mm
속도	1800 rpm	1800 rpm
	(c) 펌프	
가동유량률	0~1.6 m^3/min	0~6.0 m^3/min
압력	690~1035 kN/m^2	690~1035 kN/m^2
	(d) 하부 연장강관과 연장부	
직경	305 mm	305 mm
무게	3.65 kN/m	3.65 kN/m

[a]After Brown, R. E.(1977)

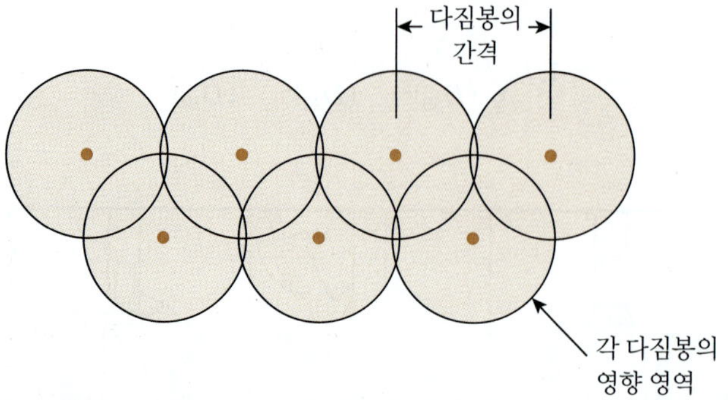

그림 4.12 진동부유 공법에서 다짐봉의 간격(출처: Based on data from Brown, E. E. (1977), "Vibroflotation Compaction of Cohensionless Soils," *Journal of the Geotechnical Engineering Divison*, Vol. 103, No. GT12.)

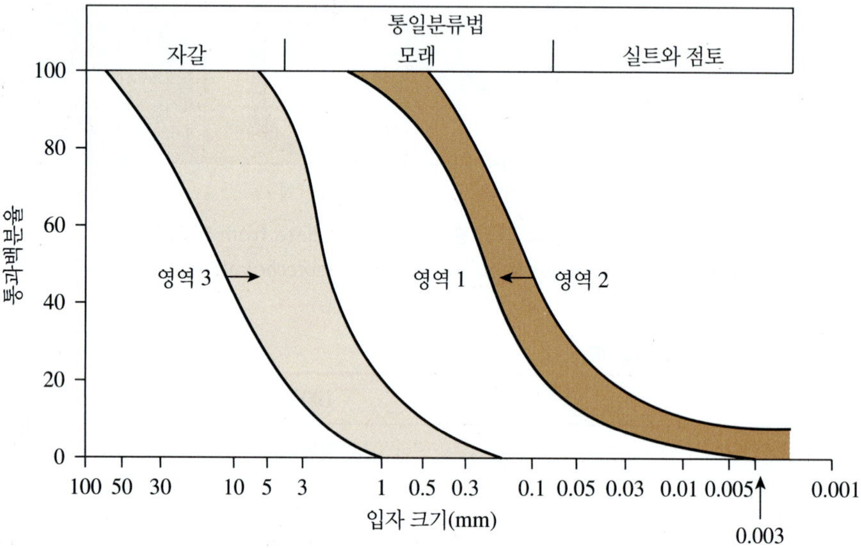

그림 4.13 진동부유 공법에서 사용되는 뒤채움 흙의 유효 입도분포 범위

여기서 D_{50}, D_{20}, D_{10}은 흙 시료 통과량이 각각 50%, 20%, 10%에 해당되는 직경이다. S_N의 값이 작을수록 뒤채움 재료로서 바람직하다. 표 4.5는 Brown(1977)이 제안한 뒤채움 재료의 등급을 정하는 방법이다.

진동부유 공법의 장점이 평가된 우수한 시공사례는 Basore and Boitano(1969)에 의하여 발표되었다. 캘리포니아주 샌프란시스코의 Treasure Island 해군기지에 시공된 3층 사무실 건물을 시공하는 데 있어서 하부 사질토의 다짐이 필요했다. 공사현장 지층 상부 9 m 두께의 토층은 느슨하거나 중간 정도 다져진 매립사질토로 구성되어 있어 다짐이 필요했다. 그림 4.14a는 진동부유 공법 적용 현장 다짐지점의 배치도이다. 16개의 다짐지점이 4개의 그룹으로 배열되어 있는데, 그 간격은 1.22 m, 1.52 m, 1.83 m, 2.44 m이다. 다짐에 앞서 우선, 3개의 다짐지점 그룹의 중앙에서 표준관입시험을 실시하였다. 진동부유 공법에 의한 다짐을 완료한 후, 동일 지점에서 심도별로 표준관입시험을 실시하였다.

그림 4.14b는 다짐간격(S')이 1.22 m와 2.44 m일 때 다짐 전후의 토층깊이에 따른 표준관입저항치, N_{60} 값의 변화를 나타내고 있다. 이 그림에서 다음과 같은 일반적인 결론을

표 4.5 진동부유 공법에 대한 뒤채움 등급체계

S_N의 범위	뒤채움 등급
0~10	우수함
10~20	좋음
20~30	보통
30~50	미흡
>50	부적합

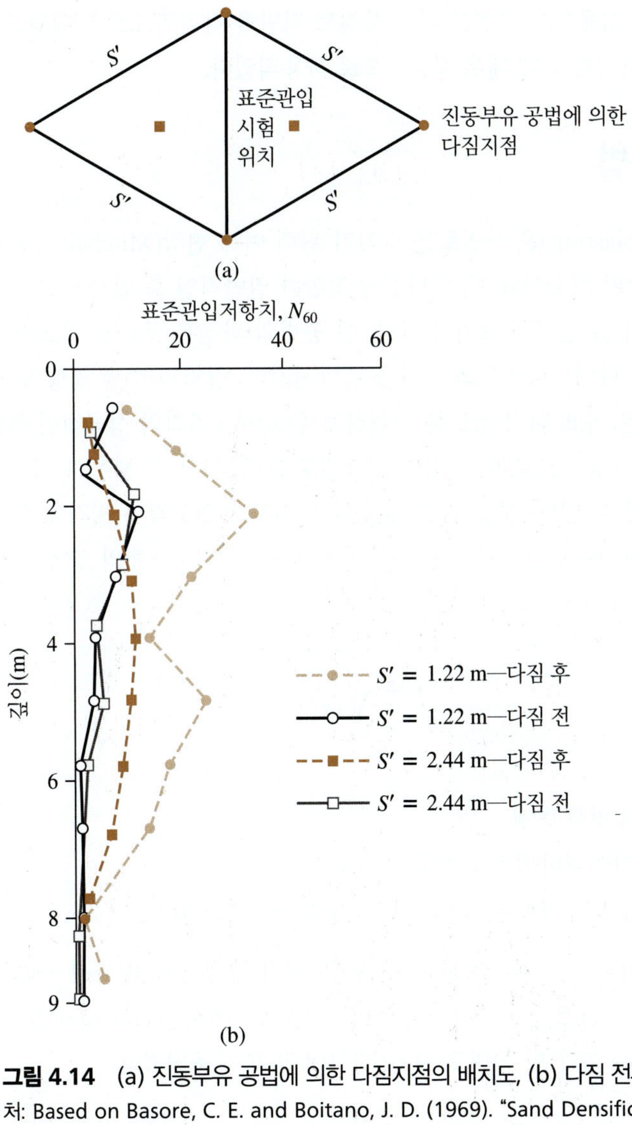

그림 4.14 (a) 진동부유 공법에 의한 다짐지점의 배치도, (b) 다짐 전후의 표준관입저항치(N_{60})의 변화(출처: Based on Basore, C. E. and Boitano, J. D. (1969). "Sand Densification by Piles and Vibrofloation," *Journal of Soil Mechanics and Foundation Engineering Division, American Society of Civil Engineers,* Vol. 95, No. 6, pp. 1301 – 1323, Figure 16.)

얻을 수 있다.

- 주어진 다짐간격(S')에서 토층 심도가 증가함에 따라 다짐 후의 표준관입저항치(N_{60})의 크기는 감소한다.
- 표준관입저항치(N_{60})가 증가한다는 것은 모래의 상대밀도(D_r)가 증가한다는 것을 알려준다.
- 다짐간격(S')이 넓어질수록 다짐도는 감소한다. $S' = 1.22$ m일 때, 어떤 토층 심도에서도 다짐도는 최대이다. 그러나 $S' = 2.44$ m일 때, 진동부유 공법은 실질적으로 다짐에 거의 영향을 주지 못한다.

지난 50년간 진동부유 공법은 하부 사질토 지반을 다짐함으로써 대형공사에서 구조물의 침하 문제를 해결하는 데 매우 성공적으로 사용되었다.

4.7 폭파 다짐 공법

폭파 다짐 공법(blasting)은 사질토를 다지기 위해 여러 현장(Mitchell, 1970)에서 성공적으로 적용되어 왔던 기술이다. 폭파 다짐에 적합한 일반적인 흙 입자의 크기는 진동부유 공법을 사용할 때의 흙 입자의 크기와 같다. 이 공법의 과정은 포화된 지표면 아래의 임의의 깊이에서 60%의 다이너마이트의 장약을 폭발시킨다. 장약의 수평 영향 범위는 약 3~9 m에 이른다. 보통은 목표 다짐 정도를 성취하기 위하여 3~5회의 성공적인 폭발과정이 필요하다. 이 공법을 사용하므로써 다짐(약 상대밀도 80% 이상)은 넓은 지역을 깊이 18 m 이상까지 쉽게 다질 수 있다. 보통 다짐 대상 지반 심도의 2/3 깊이 지점에 장약이 설치된다. 60%의 다이너마이트의 장약에 의한 다짐에 영향을 끼치는 구체의 영향 반경은 다음 식에 따른다(Mitchell, 1970).

$$r = \sqrt{\frac{W_{\mathrm{EX}}}{C}} \tag{4.20}$$

여기서

r = 구체의 영향 반경
W_{EX} = 60% 다이너마이트 폭발물의 무게
C = 0.0122 W_{EX}의 단위가 kg, 그리고 r의 단위가 m일 때

그림 4.15는 15 m × 9 m (Michell, 1970) 면적 안에서 폭파 다짐 공법에 의한 지반의 다짐도를 나타낸 시험결과들을 나타낸 것이다. 이 실험에서는 Gelamite No. 1(델라웨어주 윌밍톤의 Hercules 화약 회사)의 2.09 kg 장약이 20개 사용되었다.

4.8 선행압밀 공법

압축성이 큰 정규압밀 점토층이 한정된 심도에 존재하여 큰 빌딩, 도로, 제방 또는 흙댐의 건설로 인하여 큰 압밀침하가 예상될 때는, 공사 후의 압밀침하 문제를 최소화하기 위하여

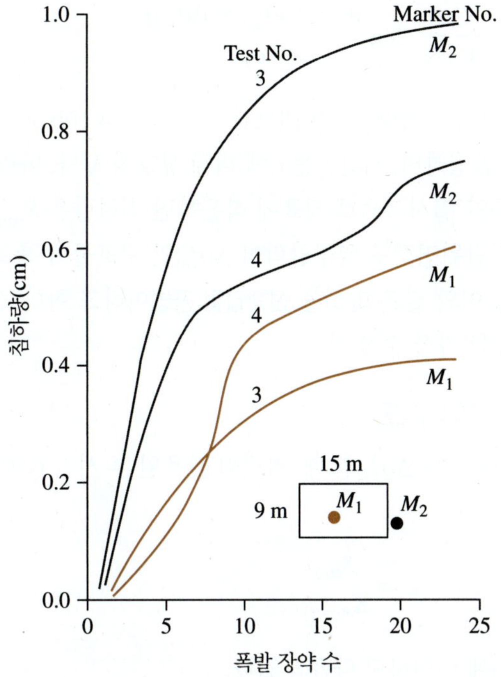

그림 4.15 폭발 장약 수에 따른 지반 침하

선행압밀(pre-compression) 공법을 이용하기도 한다. 선행압밀 공법의 원리는 그림 4.16으로 잘 설명할 수 있다. 여기에서 미래시공될 구조물의 단위면적당 설계하중이 $\Delta\sigma'_{(p)}$이고, 압밀되는 점토층의 두께가 H_c이다. 구조물의 하중으로 인한 최대 1차 압밀침하 $\Delta\sigma'_{(p)}$는 다음과 같이 나타낼 수 있다.

$$S_{c(p)} = \frac{C_c H_c}{1 + e_o} \log \frac{\sigma'_o + \Delta\sigma'_{(p)}}{\sigma'_o} \tag{4.21}$$

구조물 재하 시의 침하량-시간 관계의 특성은 그림 4.16b에 도시된 바와 같다. 그러나 지반에 상재 압력 $\Delta\sigma'_{(p)} + \Delta\sigma'_{(f)}$가 작용하면, 1차 압밀침하량은 다음과 같이 계산된다.

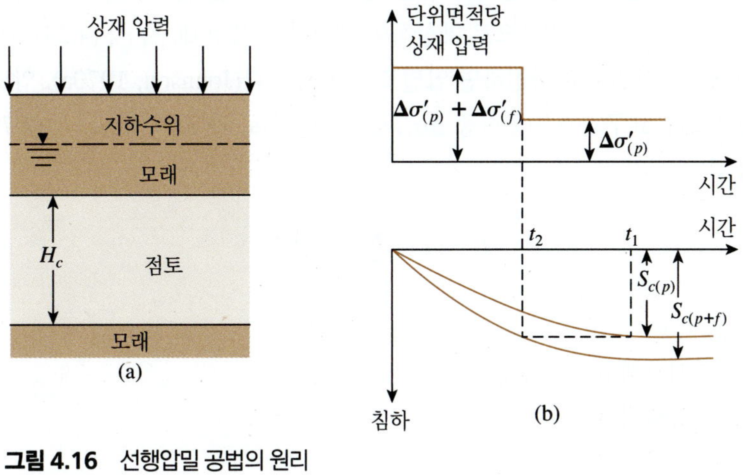

그림 4.16 선행압밀 공법의 원리

$$S_{c(p+f)} = \frac{C_c H_c}{1+e_o} \log \frac{\sigma'_o + [\Delta\sigma'_{(p)} + \Delta\sigma'_{(f)}]}{\sigma'_o} \tag{4.22}$$

상재 압력 $\Delta\sigma'_{(p)} + \Delta\sigma'_{(f)}$하에서의 침하량-시간 관계도 역시 그림 4.16b에 나타나 있다. 전체 침하량 $S_{c(p)}$는 시간 t_2일 때 발생하며, 시간 t_2는 t_1에 비해 상당히 짧다. 따라서 전 상재 압력 $\Delta\sigma'_{(p)} + \Delta\sigma'_{(f)}$가 시간 t_2 동안 일시적으로 지표에 작용하면 침하량은 $S_{c(p)}$가 될 것이다. 동시에 상재 압력을 제거하고 단위면적당 영구압력이 $\Delta\sigma'_{(p)}$인 구조물이 축조되면, 현저한 침하는 발생하지 않을 것이다. 이와 같은 방법을 **선행압밀 공법**이라고 한다. 일시적인 성토로 전 상재 압력 $\Delta\sigma'_{(p)} + \Delta\sigma'_{(f)}$를 가할 수 있다.

$\Delta\sigma'_{(f)}$와 t_2를 구하기 위한 식의 유도

그림 4.16b에서 상재 압력이 $\Delta\sigma'_{(p)} + \Delta\sigma'_{(f)}$일 때, 압력이 작용된 후 시간 t_2에서의 압밀도는 다음과 같이 나타낼 수 있다.

$$U = \frac{S_{c(p)}}{S_{c(p+f)}} \tag{4.23}$$

식 (4.21)와 (4.22)를 식 (4.23)에 대입하면 다음과 같다.

$$U = \frac{\log\left[\dfrac{\sigma'_o + \Delta\sigma'_{(p)}}{\sigma'_o}\right]}{\log\left[\dfrac{\sigma'_o + \Delta\sigma'_{(p)} + \Delta\sigma'_{(f)}}{\sigma'_o}\right]} = \frac{\log\left[1 + \dfrac{\Delta\sigma'_{(p)}}{\sigma'_o}\right]}{\log\left\{1 + \dfrac{\Delta\sigma'_{(p)}}{\sigma'_o}\left[1 + \dfrac{\Delta\sigma'_{(f)}}{\Delta\sigma'_{(p)}}\right]\right\}} \tag{4.24}$$

그림 4.17과 표 4.6은 $\Delta\sigma'_{(p)}/\Delta\sigma'_0$와 $\Delta\sigma'_{(f)}/\Delta\sigma'_{(p)}$의 여러 조합에 대한 U 값을 나타내고 있다. 식 (4.24)로 계산한 압밀도는 그림 4.17에 나타낸 바와 같이 실제로 시간 t_2에서의 평균 압밀도이다. 그러나 시간 t_2를 결정하는 데 평균 압밀도를 사용하면 공사상 문제점이 생길 수도 있다. 왜냐하면 상재 압력(surcharge)을 제거하고 구조물의 하중을 재하할 때 배수면 가까이 있는 점토 부분은 계속 부풀어 오르고, 중간면에 가까운 흙은 계속 침하할 것이기 때문이다(그림 4.18). 어떤 경우에는 연속적으로 순 침하(net settlement)가 발생할 수도 있다. 이러한 문제는 안전측으로 계산하여 해결할 수 있는데, 즉 식 (4.24)에서 U를 중간면(midplane)의 압밀도로 가정하면 압밀도가 작게 된다(Johnson, 1970a). 압밀도 U를 과소평가함으로써, 요구되는 선행하중 $\Delta\sigma'_{(f)}$를 안전측으로 과대평가한다. 식 (2.79)로부터 U는 다음과 같다.

$$U = 1 - \sum_{m=0}^{m=\infty}\left(\frac{2}{M^2}\right)e^{-M^2T_v} \tag{2.79}$$

여기서

T_v = 시간계수 = $c_v t_2/H^2$

c_v = 압밀계수

t_2 = 시간

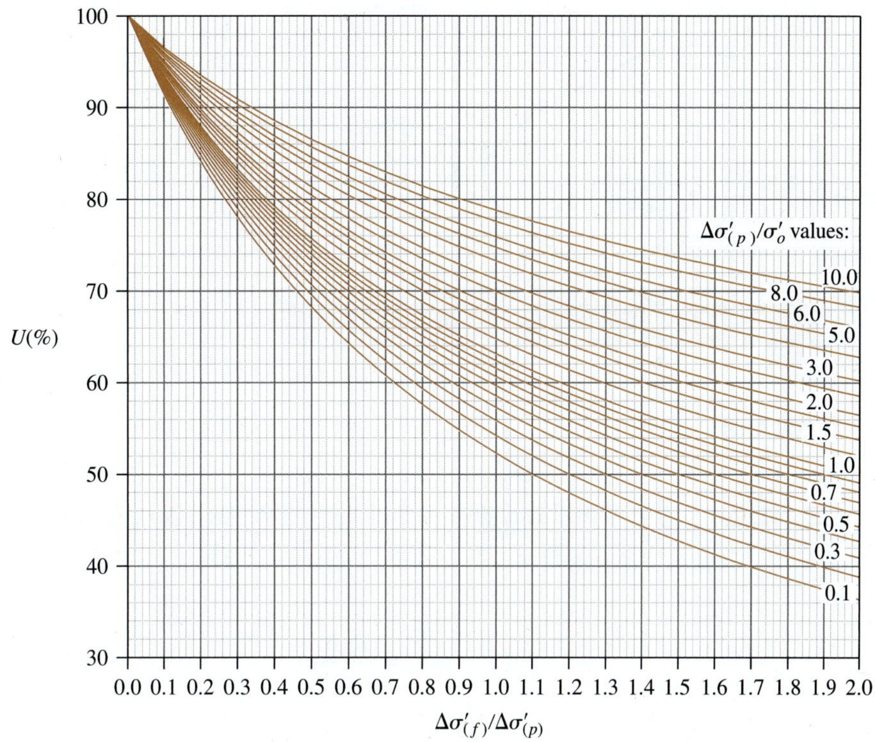

그림 4.17 여러 값의 $\Delta\sigma'_{(p)}/\Delta\sigma'_0$에 대한 U 값과 $\Delta\sigma'_{(f)}/\Delta\sigma'_{(p)}$의 관계—식 (4.24)

표 4.6 $\Delta\sigma'_{(f)}/\Delta\sigma'_{(p)}$와 $\Delta\sigma'_{(p)}/\sigma'_o$에 따른 U(%)의 변화

	$\Delta\sigma'_{(p)}/\sigma'_o$													
$\Delta\sigma'_{(f)}/\Delta\sigma'_{(p)}$	0.1	0.3	0.5	1	1.5	2	3	4	5	6	7	8	9	10
0.0	100	100	100	100	100	100	100	100	100	100	100	100	100	100
0.2	84.1	85.3	86.3	87.9	89.0	89.8	90.8	91.6	92.1	92.5	92.8	93.1	93.3	93.5
0.4	72.7	74.8	76.4	79.2	81.0	82.3	84.1	85.3	86.2	86.8	87.4	87.8	88.2	88.5
0.6	64.2	66.9	69.0	72.5	74.9	76.6	78.9	80.4	81.5	82.4	83.1	83.7	84.2	84.6
0.8	57.6	60.8	63.2	67.3	70.0	72.0	74.7	76.5	77.8	78.8	79.7	80.4	80.9	81.4
1.0	52.3	55.8	58.5	63.1	66.1	68.3	71.2	73.2	74.7	75.9	76.8	77.6	78.2	78.8
1.2	47.9	51.8	54.6	59.6	62.8	65.1	68.4	70.5	72.1	73.3	74.3	75.2	75.9	76.5
1.4	44.3	48.4	51.4	56.6	60.0	62.5	65.9	68.2	69.9	71.2	72.2	73.1	73.8	74.5
1.6	41.2	45.5	48.7	54.1	57.7	60.2	63.7	66.1	67.9	69.3	70.4	71.3	72.1	72.8
1.8	38.6	43.0	46.3	51.9	55.6	58.2	61.9	64.3	66.2	67.6	68.7	69.7	70.5	71.2
2.0	36.3	40.9	44.3	50.0	53.7	56.5	60.2	62.7	64.6	66.1	67.3	68.3	69.1	69.8

H = 최대 배수 길이(양면 배수일 때는 $H_c/2$, 일면 배수일 때는 H_c)

T_v에 따른 U(점토층 중간면에서의 압밀도)의 변화는 그림 4.19와 같다.

선행압밀계수를 구하는 과정

현장에서 선행압밀 공사를 하는 기술자는 다음과 같은 두 가지 문제에 직면하게 된다.

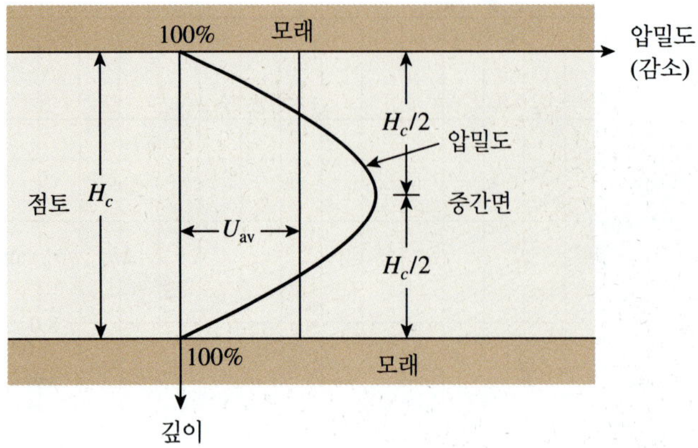

그림 4.18

1. $\Delta\sigma'_{(f)}$ 값이 주어지고 t_2 값을 구해야 하는 경우, $\Delta\sigma'_o$, $\Delta\sigma'_{(p)}$를 구한 다음 식 (4.24)나 그림 4.17을 이용하여 U를 구하고, 그림 4.19로부터 T_v를 구한다.

$$t_2 = \frac{T_v H^2}{c_v} \tag{4.25}$$

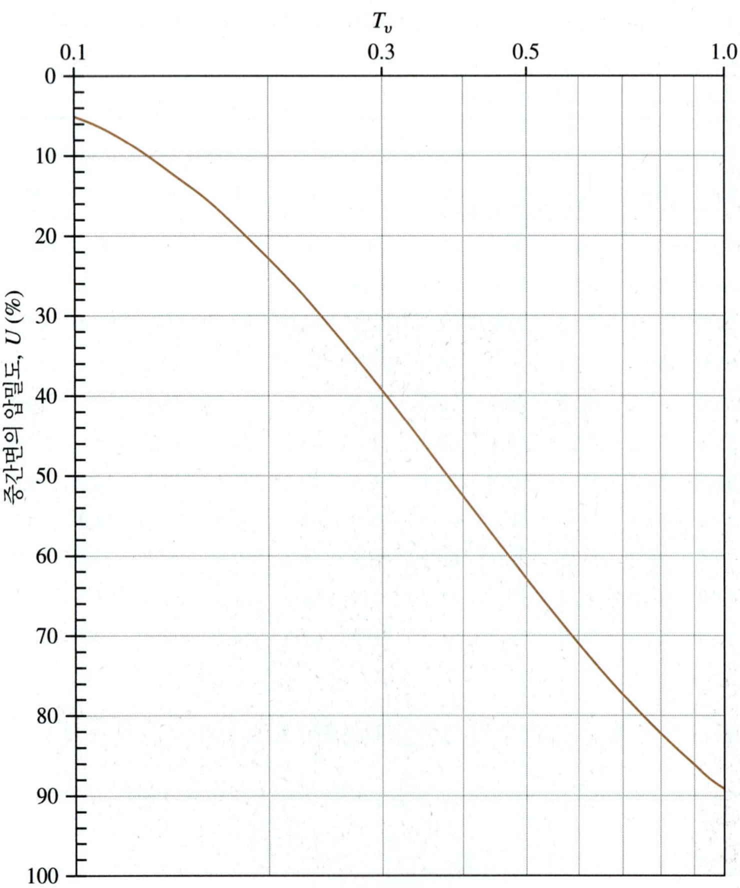

T_v	U (%)
0.05	0.31
0.10	5.07
0.15	13.58
0.20	22.77
0.25	31.46
0.30	39.32
0.40	52.55
0.50	62.92
0.60	71.03
0.70	77.36
0.80	82.31
0.90	86.18
1.00	89.2
1.50	96.86

그림 4.19 T_v에 대한 점토층 중간면에서의 압밀도

2. 일정한 값 t_2에 대한 $\Delta\sigma'_{(f)}$를 구해야 하는 경우, T_v를 계산한 후 그림 4.19를 이용하여 중간면의 압밀도 U를 구한다. 산정된 U 값과 그림 4.17을 이용하여 $\Delta\sigma'_{(f)}/\Delta\sigma'_{(p)}$를 구한 다음, $\Delta\sigma'_{(f)}$를 계산한다.

기초지반을 개량하기 위하여 선행압밀 공법을 성공적으로 적용한 여러 현장사례들은 문헌을 통해서 얻을 수 있다(예, Johnson, 1970a).

예제 4.6

그림 4.16을 참고하라. 고속도로용 교량을 건설하는 과정에서 점토층에 가해지는 평균 영구압력은 약 115 kN/m²까지 증가할 것으로 예상된다. 점토층의 중간지점에서의 평균 유효상재 압력은 210 kN/m²이다. $H_c = 6$ m, $C_c = 0.28$, $e_0 = 0.9$, $c_v = 0.36$ m²/월이고, 점토는 정규압밀토이다.

a. 선행압밀압력재하가 없을 때 교량의 전체 1차 압밀침하량을 구하라.

b. 9개월 동안의 1차 압밀침하량 전체를 선행압밀압력재하를 통하여 없애고자 할 때 필요한 상재 압력 $\Delta\sigma'_{(f)}$를 구하라.

풀이

Part a

전체 압밀침하량은 식 (4.21)로부터 구할 수 있다.

$$S_{c(p)} = \frac{C_c H_c}{1+e_o}\log\left[\frac{\sigma'_o + \Delta\sigma'_{(p)}}{\sigma'_o}\right] = \frac{(0.28)(6)}{1+0.9}\log\left[\frac{210+115}{210}\right]$$
$$= 0.1677 \text{ m} = \mathbf{167.7\ mm}$$

Part b

$$T_v = \frac{c_v t_2}{H^2}$$
$$c_v = 0.36 \text{ m}^2/\text{월}$$
$$\text{H} = 3 \text{ m (양면 배수)}$$
$$t_2 = 9\text{개월}$$

따라서

$$T_v = \frac{(0.36)(9)}{3^2} = 0.36$$

그림 4.19에 따르면 $T_v = 0.36$에 대한 U 값은 47%이다.

$$\Delta\sigma'_{(p)} = 115 \text{ kN/m}^2$$

따라서

$$\sigma'_o = 210 \text{ kN/m}^2$$
$$\frac{\Delta\sigma'_{(p)}}{\sigma'_o} = \frac{115}{210} = 0.548$$

그림 4.17에서 $U = 47\%$와 $\Delta\sigma'_{(p)}/\Delta\sigma'_0 = 0.548$에 대해 $\Delta\sigma'_{(f)}/\Delta\sigma'_{(p)} \approx 1.8$이다. 따라서

$$\Delta\sigma'_{(f)} = (1.8)(115) = \mathbf{207\ kN/m^2}$$

(주: 9개월 동안 적용된 총 상재하중은

$$\Delta\sigma'_{(p)} + \Delta\sigma'_{(f)} = 115 + 207 = 322\ \text{kN/m}^2)$$

■

4.9 샌드 드레인 공법

샌드 드레인(sand drains) 공법은 연약한 정규압밀토층의 압밀침하 속도를 가속시켜 기초공사 전에 미리 압밀을 시키기 위한 방법이다. 샌드 드레인 공법은 현장에서 점토층에 일정한 간격으로 구멍을 뚫고, 그 구멍을 투수성이 큰 모래로 채운다. 이러한 샌드 드레인의 설치 방법으로는 (a) 로터리 드릴링(rotary drilling) 후 모래 채우기, (b) 중공 연속 플라이트 오거(flight auger)로 구멍을 뚫고 중공을 통해 모래 채우기, 그리고 (c) 유공 강관 말뚝을 타입하여 말뚝 안의 흙을 밖으로 분출시키고 그 후에 모래로 채우는 방법이 있다. 그림 4.20은 샌드 드레인의 모식도를 나타낸 것이다. 천공구멍을 모래로 채우고 난 후 지표에 토사로 상재 압력을 재하한다. 이러한 상재 압력은 점토층의 간극수압을 증가시킨다. 점토층에서의 과잉간극수압은 샌드 드레인의 연직 방향과 방사방향 배수로 인하여 소산되고, 점토층의 침하를 가속화시킨다. 그림 4.20a에 샌드 드레인의 반경을 r_w로 나타내었다. 그림 4.20b는 샌드 드레인 공법의 평면도를 나타내고 있다. 임의의 샌드 드레인으로 방사 방향의 배수가 일어나는 유효 영역은 직경 d_e인 원통형으로 근사화시킬 수 있다.

지표면에 작용하는 상재 압력과 재하시간을 결정하기 위해 그림 4.16을 참고하여 상응하는 식 (4.24)를 사용한다.

$$U_{v,r} = \frac{\log\left[1 + \dfrac{\Delta\sigma'_{(p)}}{\sigma'_o}\right]}{\log\left\{1 + \dfrac{\Delta\sigma'_{(p)}}{\sigma'_o}\left[1 + \dfrac{\Delta\sigma'_{(f)}}{\Delta\sigma'_{(p)}}\right]\right\}} \tag{4.26}$$

$\Delta\sigma'_{(p)}$, $\Delta\sigma'_0$, $\Delta\sigma'_{(f)}$의 기호는 식 (4.24)에서 사용한 것과 같다. 그러나 식 (4.26)과는 다르게 좌변은 점토층의 중간면에서의 압밀도가 아니라 **평균 압밀도**이다. 이 평균 압밀도는 **방사선** 방향과 **연직** 방향의 배수로 인한 것이다. 임의의 시간 t_2에 대해 $U_{v,r}$이 결정되면(그림 4.16b 참고) 전 상재 압력 $\Delta\sigma'_{(f)} + \Delta\sigma'_{(p)}$는 그림 4.17로부터 쉽게 구할 수 있다. 평균 압밀도($U_{v,r}$)를 결정하는 과정은 다음과 같다. 주어진 상재 압력과 재하시간 t_2에 대해 연직 방향과 방사 방향의 배수로 인한 평균 압밀도는 다음과 같다.

$$U_{v,r} = 1 - (1 - U_r)(1 - U_v) \tag{4.27}$$

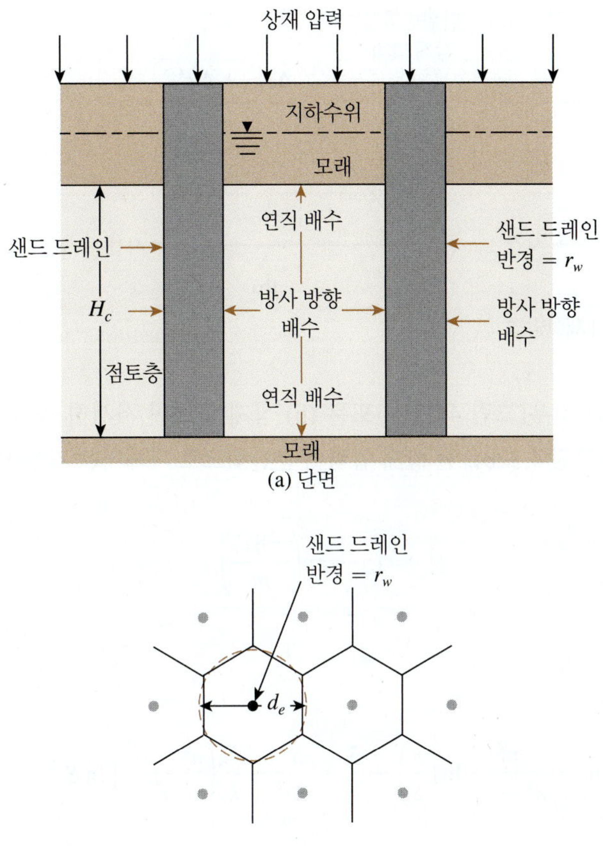

그림 4.20 샌드 드레인 공법의 적용

여기서

U_r = 방사 방향 배수에 의한 평균 압밀도

U_v = 연직 방향 배수에 의한 평균 압밀도

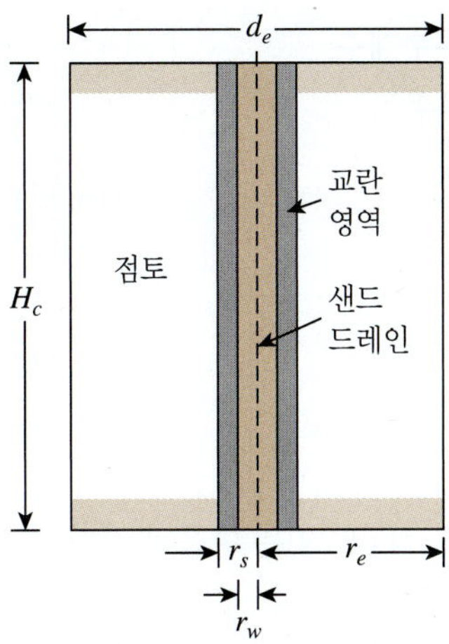

그림 4.21 샌드 드레인 공법의 개략적인 모식도

Johnson(1970b)은 샌드 드레인 공법의 성공적인 적용 예를 상세히 기술하였다. 앞서 기술한 선행압밀 공법에서와 같이 상재 압력을 재하하는 동안 계속적인 침하량의 관측을 필요로 한다.

방사 방향 배수에 의한 평균 압밀도

그림 4.21은 샌드 드레인 공법의 개략적인 모식도를 나타내고 있다. 이 그림에서 r_w는 샌드 드레인의 반경, 그리고 $r_e = d_e/2$는 배수 영향원의 반경이다. 샌드 드레인을 설치하는 동안 주변 점토의 특정 영역은 교란 현상이 발생되며, 이로 인해 점토의 투수계수도 변화한다. 그림에서 r_s는 샌드 드레인의 중심부에서 가장 먼 교란 영역까지의 거리이다. 여기에서 평균 압밀도 관계는 **등변형률**(equal-strain) **이론**을 사용하여 설명한다. 상재 압력을 재하하는 방법으로는 그림 4.22와 같이 다음의 두 가지 경우가 있다(그림 4.16에 나타난 정의 참고). (a) 전체 상재 압력을

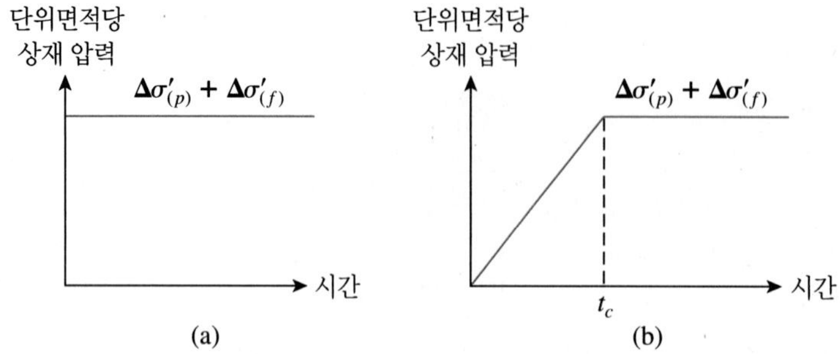

그림 4.22 상재 압력의 재하방법

순간적으로 작용시킨 경우(그림 4.22a), 또는 (b) 상재 압력이 서서히 증가하는 경사하중(ramp load)의 경우(그림 4.22b). 전 상재 압력이 순간적으로 가해지는 경우(Barron, 1948).

$$U_r = 1 - \exp\left(\frac{-8T_r}{m}\right) \tag{4.28}$$

여기서

$$m = \frac{n^2}{n^2 - S^2}\ln\left(\frac{n}{S}\right) - \frac{3}{4} + \frac{S^2}{4n^2} + \frac{k_h}{k_s}\left(\frac{n^2 - S^2}{n^2}\right)\ln S \tag{4.29}$$

이 식에서

$$n = \frac{d_e}{2r_w} = \frac{r_e}{r_w} \tag{4.30}$$

$$S = \frac{r_s}{r_w} \tag{4.31}$$

여기서

k_h = 불교란 영역(unsmeared zone)에서 점토의 수평 투수계수

k_s = 교란 영역(smeared zone)에서 점토의 수평 투수계수

$$T_r = \text{방사 방향 배수의 무차원 시간계수} = \frac{c_{\mathrm{vr}}t_2}{d_e^2} \tag{4.32}$$

c_{vr} = 방사 방향 배수의 압밀계수

$$= \frac{k_h}{\left[\dfrac{\Delta e}{\Delta\sigma'(1 + e_{\mathrm{av}})}\right]\gamma_w} \tag{4.33}$$

불교란의 경우, $r_s = r_w$이고 $k_h = k_s$이다. 그러므로 $S = 1$이고, 식 (4.29)는 다음과 같다.

$$m = \left(\frac{n^2}{n^2 - 1}\right)\ln(n) - \frac{3n^2 - 1}{4n^2} \tag{4.34}$$

표 4.7 T_r과 n 값에 대한 U_r의 변화—불교란인 경우[식 (4.28)와 (4.34)]

	$n (= r_e/r_w)$ 값에 대한 시간계수 T_r				
압밀도 U_r (%)	5	10	15	20	25
0	0	0	0	0	0
1	0.0012	0.0020	0.0025	0.0028	0.0031
2	0.0024	0.0040	0.0050	0.0057	0.0063
3	0.0036	0.0060	0.0075	0.0086	0.0094
4	0.0048	0.0081	0.0101	0.0115	0.0126
5	0.0060	0.0101	0.0126	0.0145	0.0159
6	0.0072	0.0122	0.0153	0.0174	0.0191
7	0.0085	0.0143	0.0179	0.0205	0.0225
8	0.0098	0.0165	0.0206	0.0235	0.0258
9	0.0110	0.0186	0.0232	0.0266	0.0292
10	0.0123	0.0208	0.0260	0.0297	0.0326
11	0.0136	0.0230	0.0287	0.0328	0.0360
12	0.0150	0.0252	0.0315	0.0360	0.0395
13	0.0163	0.0275	0.0343	0.0392	0.0431
14	0.0177	0.0298	0.0372	0.0425	0.0467
15	0.0190	0.0321	0.0401	0.0458	0.0503
16	0.0204	0.0344	0.0430	0.0491	0.0539
17	0.0218	0.0368	0.0459	0.0525	0.0576
18	0.0232	0.0392	0.0489	0.0559	0.0614
19	0.0247	0.0416	0.0519	0.0594	0.0652
20	0.0261	0.0440	0.0550	0.0629	0.0690
21	0.0276	0.0465	0.0581	0.0664	0.0729
22	0.0291	0.0490	0.0612	0.0700	0.0769
23	0.0306	0.0516	0.0644	0.0736	0.0808
24	0.0321	0.0541	0.0676	0.0773	0.0849
25	0.0337	0.0568	0.0709	0.0811	0.0890
26	0.0353	0.0594	0.0742	0.0848	0.0931
27	0.0368	0.0621	0.0776	0.0887	0.0973
28	0.0385	0.0648	0.0810	0.0926	0.1016
29	0.0401	0.0676	0.0844	0.0965	0.1059
30	0.0418	0.0704	0.0879	0.1005	0.1103
31	0.0434	0.0732	0.0914	0.1045	0.1148
32	0.0452	0.0761	0.950	0.1087	0.1193
33	0.0469	0.0790	0.0987	0.1128	0.1239
34	0.0486	0.0820	0.1024	0.1171	0.1285
35	0.0504	0.0850	0.1062	0.1214	0.1332
36	0.0522	0.0881	0.1100	0.1257	0.1380

(계속)

표 4.7 T_r과 n 값에 대한 U_r의 변화—불교란인 경우[식 (4.28)와 (4.34)](*계속*)

압밀도 U_r (%)	$n\ (= r_e/r_w)$ 값에 대한 시간계수 T_r				
	5	10	15	20	25
37	0.0541	0.0912	0.1139	0.1302	0.1429
38	0.0560	0.0943	0.1178	0.1347	0.1479
39	0.0579	0.0975	0.1218	0.1393	0.1529
40	0.0598	0.1008	0.1259	0.1439	0.1580
41	0.0618	0.1041	0.1300	0.1487	0.1632
42	0.0638	0.1075	0.1342	0.1535	0.1685
43	0.0658	0.1109	0.1385	0.1584	0.1739
44	0.0679	0.1144	0.1429	0.1634	0.1793
45	0.0700	0.1180	0.1473	0.1684	0.1849
46	0.0721	0.1216	0.1518	0.1736	0.1906
47	0.0743	0.1253	0.1564	0.1789	0.1964
48	0.0766	0.1290	0.1611	0.1842	0.2023
49	0.0788	0.1329	0.1659	0.1897	0.2083
50	0.0811	0.1368	0.1708	0.1953	0.2144
51	0.0835	0.1407	0.1758	0.2020	0.2206
52	0.0859	0.1448	0.1809	0.2068	0.2270
53	0.0884	0.1490	0.1860	0.2127	0.2335
54	0.0909	0.1532	0.1913	0.2188	0.2402
55	0.0935	0.1575	0.1968	0.2250	0.2470
56	0.0961	0.1620	0.2023	0.2313	0.2539
57	0.0988	0.1665	0.2080	0.2378	0.2610
58	0.1016	0.1712	0.2138	0.2444	0.2683
59	0.1044	0.1759	0.2197	0.2512	0.2758
60	0.1073	0.1808	0.2258	0.2582	0.2834
61	0.1102	0.1858	0.2320	0.2653	0.2912
62	0.1133	0.1909	0.2384	0.2726	0.2993
63	0.1164	0.1962	0.2450	0.2801	0.3075
64	0.1196	0.2016	0.2517	0.2878	0.3160
65	0.1229	0.2071	0.2587	0.2958	0.3247
66	0.1263	0.2128	0.2658	0.3039	0.3337
67	0.1298	0.2187	0.2732	0.3124	0.3429
68	0.1334	0.2248	0.2808	0.3210	0.3524
69	0.1371	0.2311	0.2886	0.3300	0.3623
70	0.1409	0.2375	0.2967	0.3392	0.3724
71	0.1449	0.2442	0.3050	0.3488	0.3829
72	0.1490	0.2512	0.3134	0.3586	0.3937
73	0.1533	0.2583	0.3226	0.3689	0.4050

(*계속*)

표 4.7 T_r과 n 값에 대한 U_r의 변화—불교란인 경우[식 (4.28)와 (4.34)](*계속*)

압밀도 U_r (%)	n (= r_e/r_w) 값에 대한 시간계수 T_r				
	5	10	15	20	25
74	0.1577	0.2658	0.3319	0.3795	0.4167
75	0.1623	0.2735	0.3416	0.3906	0.4288
76	0.1671	0.2816	0.3517	0.4021	0.4414
77	0.1720	0.2900	0.3621	0.4141	0.4546
78	0.1773	0.2988	0.3731	0.4266	0.4683
79	0.1827	0.3079	0.3846	0.4397	0.4827
80	0.1884	0.3175	0.3966	0.4534	0.4978
81	0.1944	0.3277	0.4090	0.4679	0.5137
82	0.2007	0.3383	0.4225	0.4831	0.5304
83	0.2074	0.3496	0.4366	0.4992	0.5481
84	0.2146	0.3616	0.4516	0.5163	0.5668
85	0.2221	0.3743	0.4675	0.5345	0.5868
86	0.2302	0.3879	0.4845	0.5539	0.6081
87	0.2388	0.4025	0.5027	0.5748	0.6311
88	0.2482	0.4183	0.5225	0.5974	0.6558
89	0.2584	0.4355	0.5439	0.6219	0.6827
90	0.2696	0.4543	0.5674	0.6487	0.7122
91	0.2819	0.4751	0.5933	0.6784	0.7448
92	0.2957	0.4983	0.6224	0.7116	0.7812
93	0.3113	0.5247	0.6553	0.7492	0.8225
94	0.3293	0.5551	0.6932	0.7927	0.8702
95	0.3507	0.5910	0.7382	0.8440	0.9266
96	0.3768	0.6351	0.7932	0.9069	0.9956
97	0.4105	0.6918	0.8640	0.9879	1.0846
98	0.4580	0.7718	0.9640	1.1022	1.2100
99	0.5391	0.9086	1.1347	1.2974	1.4244

표 4.7에서 다양한 T_r과 n 값에 대해 U_r 값을 구할 수 있다.

상재 압력이 점진적으로 증가하는 **경사하중**(ramp loading)이고, 주변 흙의 교란이 없다면(Olson, 1977)

$$U_r = \frac{T_r - \frac{1}{A}[1 - \exp(-AT_r)]}{T_{\mathrm{rc}}} \quad (T_r \le T_{\mathrm{rc}}\text{인 경우}) \tag{4.35}$$

그리고

$$U_r = 1 - \frac{1}{AT_{\mathrm{rc}}}[\exp(AT_{\mathrm{rc}}) - 1]\exp(-AT_{\mathrm{rc}}) \quad (T_r \ge T_{\mathrm{rc}}\text{인 경우}) \tag{4.36}$$

여기서

$$T_{rc} = \frac{c_{vr}t_c}{d_e^2} \text{ (t_c의 정의는 그림 4.22b 참고)} \tag{4.37}$$

$$A = \frac{2}{m} \tag{4.38}$$

연직 방향 배수에 의한 평균 압밀도

그림 4.22a와 같이 상재 압력이 일시에 가해진 경우, 연직 방향 배수에 의한 평균 압밀도는 식 (2.80)과 (2.81)로부터 구할 수 있다.

$$T_v = \frac{\pi}{4}\left[\frac{U_v(\%)}{100}\right]^2 \quad (U_v = 0\text{~}60\%\text{인 경우}) \qquad \text{[식 (2.80)]}$$

그리고

$$T_v = 1.781 - 0.933 \log [100 - U_v(\%)] \quad (U_v > 60\%\text{인 경우}) \qquad \text{[식 (2.81)]}$$

여기서 U_v = 연직 방향 배수에 의한 평균 압밀도

$$T_v = \frac{c_v t_2}{H^2} \qquad \text{[식 (2.75)]}$$

여기서 c_v = 연직 방향 배수에 대한 압밀계수.

그림 4.22b에 나타낸 것과 같이 경사하중재하 방식(ramp loading)의 경우, T_v에 따른 U_v의 변화는 다음과 같이 나타낼 수 있다(Olson, 1977).

$T_v \le T_c$인 경우:

$$U_v = \frac{T_v}{T_c}\left\{1 - \frac{2}{T_v}\Sigma\frac{1}{M^4}[1 - \exp(-M^2T_v)]\right\} \tag{4.39}$$

$T_v \ge T_c$인 경우:

$$U_v = 1 - \frac{2}{T_c}\Sigma\frac{1}{M^4}[\exp(M^2T_c) - 1]\exp(-M^2T_v) \tag{4.40}$$

여기서

$$M = \frac{\pi}{2}(2m' + 1)$$

$$m' = 0, 1, 2, \ldots$$

$$T_c = \frac{c_v t_c}{H^2} \tag{4.41}$$

여기서 H = 연직 방향의 최대 배수 길이. 그림 4.23은 T_c와 T_v에 따른 $U_v(\%)$의 변화를 도시하였다.

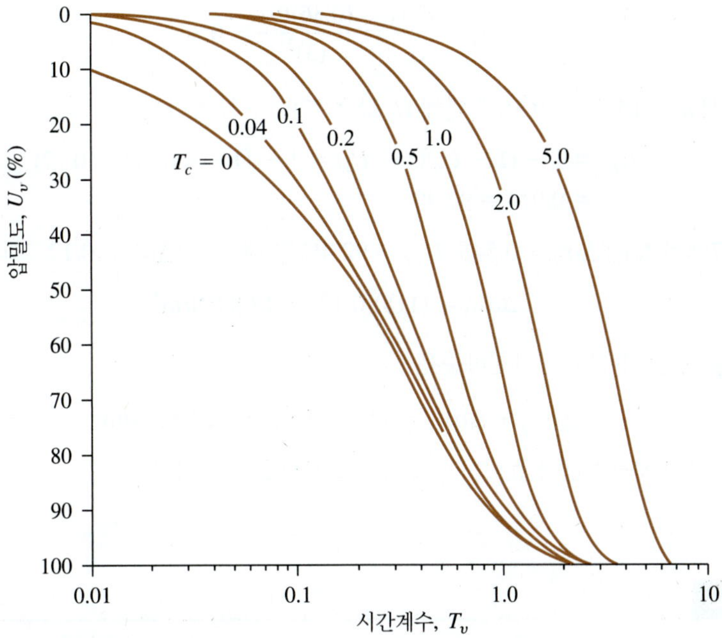

그림 4.23 T_v와 T_c에 따른 U_v의 변화[식 (4.39)와 (4.40)]

예제 4.7

샌드 드레인 공법을 적용하여 예제 4.6을 다시 풀어라. $r_w = 0.1$ m, $d_e = 3$ m, 그리고 $c_v = c_{vr}$라고 가정한다. 상재 압력은 일시에 재하(그림 4.22a)하였다고 가정한다. 교란은 발생하지 않은 것으로 가정한다.

풀이

Part a

전체 1차 압밀침하량은 앞에서와 같이 167.7 mm이다.

Part b

예제 4.6으로부터 $T_v = 0.36$, 식 (2.80)을 사용하면

$$T_v = \frac{\pi}{4}\left[\frac{U_v(\%)}{100}\right]^2$$

또는

$$U_v = \sqrt{\frac{4T_v}{\pi}} \times 100 = \sqrt{\frac{(4)(0.36)}{\pi}} \times 100 = 67.7\%$$

그리고

$$n = \frac{d_e}{2r_w} = \frac{3}{2 \times 0.1} = 15$$

또한

$$T_r = \frac{c_{vr} t_2}{d_e^2} = \frac{(0.36)(9)}{(3)^2} = 0.36$$

표 4.7에서 $n = 15$, $T_r = 0.36$에 대해 U_r 값은 77%이다. 따라서,

$$U_{v,r} = 1 - (1 - U_v)(1 - U_r) = 1 - (1 - 0.67)(1 - 0.77)$$
$$= 0.924 = 92.4\%$$

그림 4.17에서 $\Delta\sigma'_p/\Delta\sigma'_0 = 0.548$, $U_{v,r} = 92.4\%$일 때, $\Delta\sigma'_f/\Delta\sigma'_p \approx 0.12$. 그러므로

$$\Delta\sigma'_{(f)} = (115)(0.12) = \mathbf{13.8\ kN/m^2}$$

(주: 9개월 동안 적용된 총 상재하중은

$$\Delta\sigma'_{(p)} + \Delta\sigma'_{(f)} = 115 + 13.8 = 128.8\ \text{kN/m}^2$$

샌드 드레인의 시공으로 소요되는 상재하중을 상당히 감소시켰다.

■

예제 4.8

그림 4.21에 있는 샌드 드레인 공법 문제를 참고하여 다음 문제에 답하라. 현장의 점토는 정규압밀 점토이며, 주어진 조건은 다음과 같다.

점토: $H_c = 4.57$ m(양면 배수)

$C_c = 0.31$

$e_0 = 1.1$

점토층의 중심부에서 유효상재 압력

$= 47.92\ \text{kN/m}^2$

$c_v = 106.15 \times 10^{-4}\ \text{m}^2/\text{day}$

샌드 드레인: $r_w = 0.091$ m

$d_e = 1.83$ m

$c_v = c_{vr}$

상재 압력이 그림 4.24에 나타난 것처럼 재하되었다. 교란이 없다고 가정하고 상재 압력 작용 30일 후의 압밀도를 계산하고, 그때의 상재 압력으로 인한 압밀침하량을 구하라.

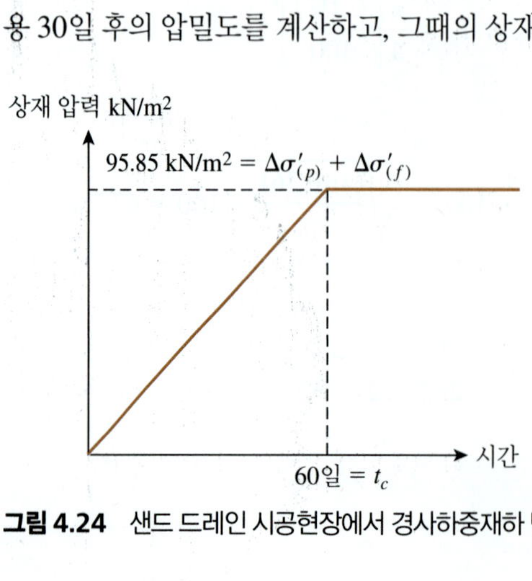

그림 4.24 샌드 드레인 시공현장에서 경사하중재하 방법의 적용

풀이

식 (4.41)로부터

$$T_c = \frac{c_v t_c}{H^2} = \frac{(106.15 \times 10^{-4}\ \mathrm{m^2/day})(60)}{\left(\frac{4.57}{2}\right)^2} = 0.122$$

그리고

$$T_v = \frac{c_v t_2}{H^2} = \frac{(106.15 \times 10^{-4})(30)}{\left(\frac{4.57}{2}\right)^2} = 0.061$$

그림 4.23을 이용하여 $T_c = 0.123$, $T_v = 0.061$, $U_v \approx 9\%$인 샌드 드레인의 경우

$$n = \frac{d_e}{2r_w} = \frac{6}{(2)(0.3)} = 10$$

식 (4.37)로부터

$$T_{\mathrm{rc}} = \frac{c_{\mathrm{vr}} t_c}{d_e^2} = \frac{(106.15 \times 10^{-4})(60)}{(1.83)^2} = 0.19$$

그리고

$$T_r = \frac{c_{\mathrm{vr}} t_2}{d_e^2} = \frac{(106.15 \times 10^{-4})(30)}{(1.83)^2} = 0.095$$

다시 식 (4.35)로부터

$$U_r = \frac{T_r - \frac{1}{A}[1 - \exp(-AT_r)]}{T_{\mathrm{rc}}}$$

교란되지 않은 경우

$$m = \frac{n^2}{n^2 - 1} \ln(n) - \frac{3n^2 - 1}{4n^2} = \frac{10^2}{10^2 - 1} \ln(10) - \frac{3(10)^2 - 1}{4(10)^2} = 1.578$$

그리고

$$A = \frac{2}{m} = \frac{2}{1.578} = 1.267$$

따라서

$$U_r = \frac{0.095 - \frac{1}{1.267}[1 - \exp(-1.267 \times 0.095)]}{0.19} = 0.03 = 3\%$$

식 (4.27)로부터

$$U_{v,r} = 1 - (1 - U_r)(1 - U_v) = 1 - (1 - 0.03)(1 - 0.09) = 0.117 = \mathbf{11.7\%}$$

전체 1차 침하량은

$$S_{c(p)} = \frac{C_c H_c}{1+e_o}\log\left[\frac{\sigma'_o + \Delta\sigma'_{(p)} + \Delta\sigma'_f}{\sigma'_o}\right]$$
$$= \frac{(0.31)(4.57)}{1+1.1}\log\left(\frac{47.92+95.84}{47.92}\right) = 0.322\ \text{m}$$

30일 이후의 침하량은

$$S_{c(p)}U_{v,r} = (0.322)(0.117)(1000) = \mathbf{37.67\ mm}$$

■

4.10 PVD 공법

연직배수재(prefabricated vertical drains, PVDs)는 위크 드레인(wick drain) 또는 **스트립 드레인**(strip drain)이라고 불리기도 하며 보통 사용되고 있는 샌드 드레인의 대안으로 개발되었다. 재료과학의 발전에 힘입어 PVD는 폴리프로필렌(polypropylene), 고밀도의 폴리에틸렌(polyethylene) 등과 같은 합성 폴리머 재료를 이용하여 생산한다. PVD는 그림 4.25에 나타낸 것처럼 일반적으로 골이 지거나 또는 통로가 있는 합성 코어를 토목섬유 필터로 감싼 형태의 것으로 생산된다. 타입속도는 일반적으로 장비의 이동이나 준비 시간을 제외하고 0.1~0.3 m/s가 적당한 것으로 알려져 있다. PVD는 성토 재하와 함께 낮은 투수성을 가진 지반에 압밀촉진 공법으로 많이 사용되고 있다. PVD가 샌드 드레인보다 우수한 점은 천공이 필요 없으므로 설치 속도가 훨씬 빠르다는 것이다. 그림 4.26a와 b는 현장에서 PVD를 설치하고 있는 전경이다.

PVDs의 설계

식 (4.28)과 (4.33)을 통한 샌드 드레인의 방사 방향 배수로 인한 평균 압밀도는 등변형량 압밀이론의 경우와 관계가 있다. Yeung(1997)은 PVDs의 설계 곡선을 제안하기 위해 이들

그림 4.25 PVD의 상세도

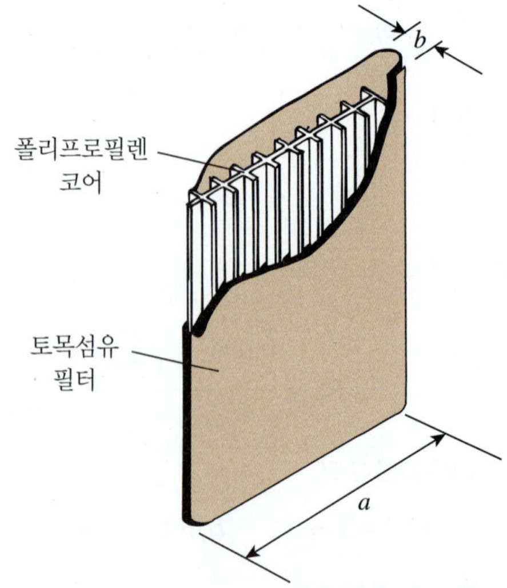

(a)

(b)

그림 4.26 현장에서의 PVD 설치 전경: (a) PVD 설치장비, (b) PVD와 수평배수재(WHD)의 연결
(Courtesy of E. C. Shin, Incheon, National University, South Korea)

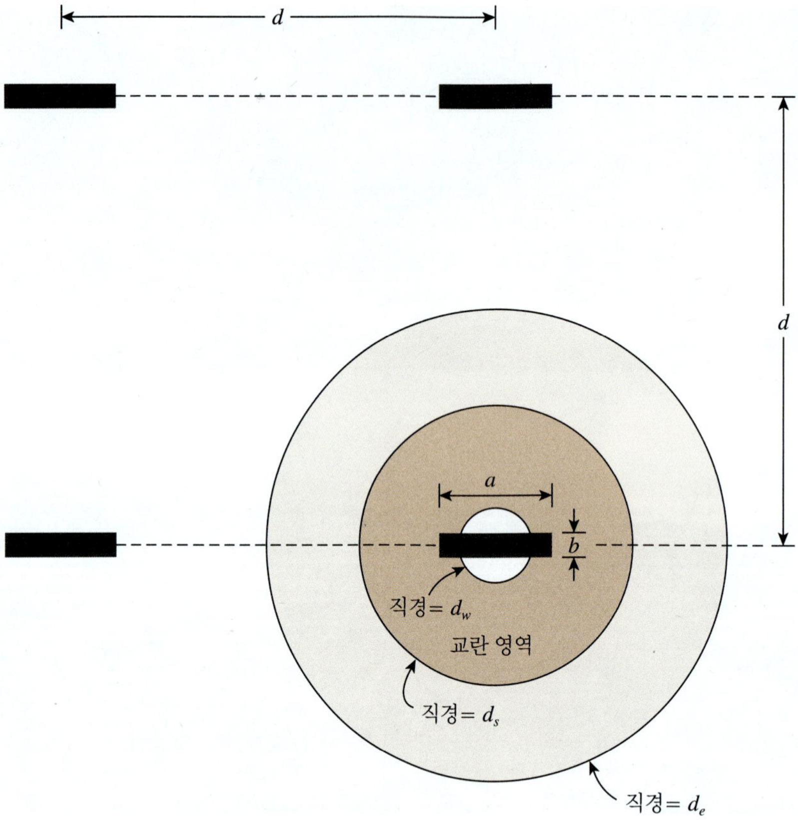

그림 4.27 PVD의 정사각형 격자 모양으로 배치한 설계도

관계를 이용하였다. Yeung이 제안한 이론의 사용은 다음에 기술되었다.

그림 4.27은 PVD를 정사각형 격자 모양으로 배치한 설계도를 나타내고 있다. (a와 b의 정의는 그림 4.25를 참고하라.) PVD의 등가직경은 다음과 같이 구할 수가 있다.

$$d_w = \frac{2(a+b)}{\pi} \tag{4.42}$$

식 (4.28)을 다시 표현하면

$$U_r = 1 - \exp\left(-\frac{8c_{\mathrm{vr}}t}{d_w^2}\frac{d_w^2}{d_e^2 m}\right) = 1 - \exp\left(-\frac{8T_r'}{\alpha'}\right) \tag{4.43}$$

여기서 d_e = 배수에 의한 영향원의 직경 = $2r_e$

$$T_r' = \frac{c_{\mathrm{vr}}t}{d_w^2} \tag{4.44}$$

$$\alpha' = n^2 m = \frac{n^4}{n^2 - S^2}\ln\left(\frac{n}{S}\right) - \left(\frac{3n^2 - S^2}{4}\right) + \frac{k_h}{k_s}(n^2 - S^2)\ln S \tag{4.45}$$

그리고

$$n = \frac{d_e}{d_w} \tag{4.46}$$

식 (4.43)으로부터

$$T_r' = -\frac{\alpha'}{8} \ln (1 - U_r)$$

또는

$$(T_r')_1 = \frac{T_r'}{\alpha'} = -\frac{\ln (1 - U_r)}{8} \tag{4.47}$$

표 4.8에서는 U_r에 따른 $(T_r')_1$의 변화를 나타내었고, 그림 4.28은 $k_h/k_s = 5$, 10이고, $S = 2$, 3일 때의 n과 α'의 상관관계에 대하여 나타내었다(표 4.9와 표 4.10 참고).

PVD의 설계 과정은 다음의 단계과정에 의해 이루어진다:

1단계. 압밀진행 과정에서의 시간계수 t_2와 식 (4.26)을 이용하여 $U_{v,r}$를 결정한다.

2단계. 방사형 배수조건에서 시간계수 t_2일 때 U_r을 결정한다. 식 (4.27)로부터

표 4.8 U_r에 따른 $(T_r')_1$의 변화[식 (4.47)]

U_r (%)	$(T_r')_1$
0	0
5	0.006
10	0.013
15	0.020
20	0.028
25	0.036
30	0.045
35	0.054
40	0.064
45	0.075
50	0.087
55	0.100
60	0.115
65	0.131
70	0.150
75	0.173
80	0.201
85	0.237
90	0.288
95	0.374

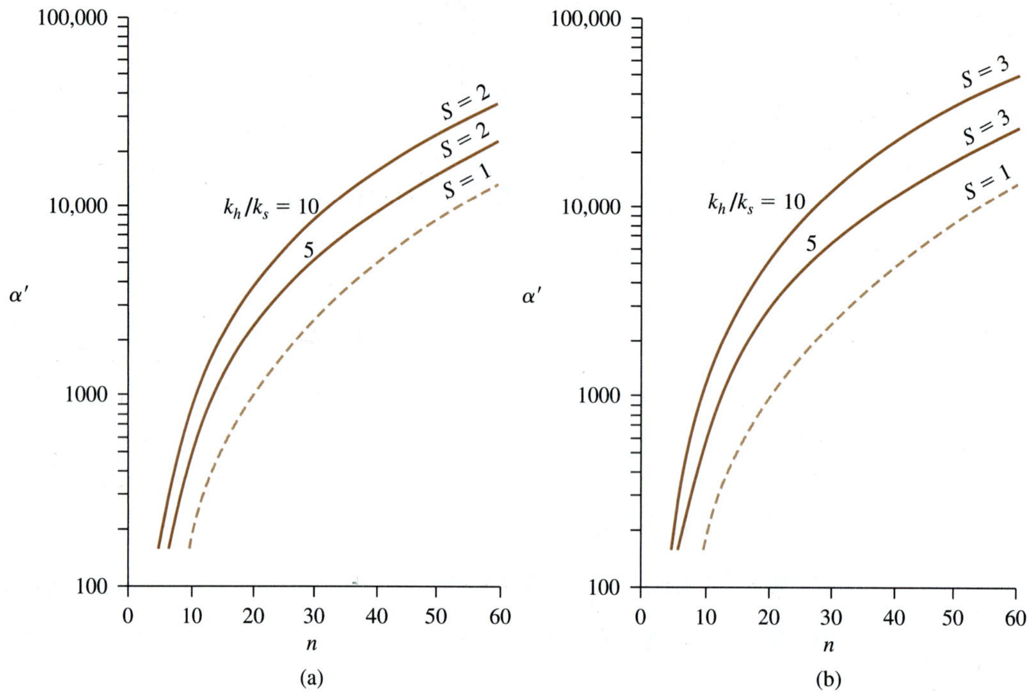

그림 4.28 α′와 n의 관계도: (a) $S = 2$, (b) $S = 3$ [식 (4.45)]

$$U_r = 1 - \frac{1 - U_{v,r}}{1 - U_v} \tag{4.48}$$

3단계. 사용될 PVD에 대하여, 식 (4.42)로부터 d_w를 계산한다.

4단계. 식 (4.47)과 (4.48)로부터 $(T_r')_1$을 결정한다.

5단계. 식 (4.44)로부터 T_r'을 결정한다.

6단계. 다음 식에 의해 α'을 결정한다.

$$\alpha' = \frac{T_r'}{(T_r')_1}$$

7단계. 그림 4.28(또는 표 4.9와 표 4.10)과 앞의 6단계에서 결정된 α'을 이용하여, n을 결정한다.

8단계. 식 (4.46)으로부터

$$d_e = \underset{\substack{\uparrow \\ \text{7단계}}}{n} \quad \underset{\substack{\uparrow \\ \text{3단계}}}{d_w}$$

9단계. 드레인의 간격의 결정

$$d = \frac{d_e}{1.05} \quad \text{(삼각형인 경우)}$$

$$d = \frac{d_e}{1.128} \quad \text{(정사각형인 경우)}$$

표 4.9 k_h/h_s와 $n(S=2)$에 따른 α'의 변화값

n	k_h/k_s 2	3	4	5	6	7	8	9	10
5	38.6	53.2	67.7	82.3	96.9	111.4	126.0	140.5	155.1
10	226.7	293.3	359.8	426.4	492.9	559.4	626.0	692.5	759.1
15	600.2	753.4	906.6	1059.7	1212.9	1366.1	1519.3	1672.5	1825.7
20	1180.3	1454.8	1729.3	2003.8	2278.3	2552.7	2827.2	3101.7	3376.2
25	1981.9	2412.3	2842.8	3273.2	3703.7	4134.1	4564.6	4995.0	5425.4
30	3016.2	3637.3	4258.4	4879.4	5500.5	6121.5	6742.6	7363.7	7984.7
35	4292.6	5138.9	5985.3	6831.6	7677.9	8524.3	9370.6	10,216.9	11,063.3
40	5818.7	6925.0	8031.2	9137.5	10,243.8	11,350.0	12,456.3	13,562.6	14,668.8
45	7601.3	9002.1	10,403.0	11,803.8	13,204.7	14,605.6	16,006.4	17,407.3	18,808.1
50	9646.3	11,376.4	13,106.5	14,836.6	16,566.7	18,296.8	20,026.8	21,756.9	23,487.0

표 4.10 k_h/h_s와 $n(S=3)$에 따른 α'의 변화값

n	k_h/k_s 2	3	4	5	6	7	8	9	10
5	38.6	56.2	73.8	91.3	108.9	126.5	144.1	161.7	179.2
10	259.5	359.5	459.4	559.4	659.4	759.4	859.3	959.3	1059.3
15	685.3	922.6	1159.9	1397.2	1634.5	1871.8	2109.1	2346.4	2583.7
20	1337.7	1767.2	2196.8	2626.4	3055.9	3485.5	3915.0	4344.6	4774.1
25	2231.5	2908.3	3585.0	4261.8	4938.5	5615.2	6292.0	6968.7	7645.5
30	3378.2	4357.1	5336.0	6314.8	7293.7	8272.6	9251.4	10,230.3	11,209.1
35	4787.1	6123.0	7458.9	8794.8	10,130.8	11,466.7	12,802.6	14,138.5	15,474.4
40	6465.9	8213.8	9961.7	11,709.6	13,457.5	15,205.4	16,953.3	18,701.2	20,449.0
45	8421.4	10,636.2	12,851.0	15,065.8	17,280.6	19,495.4	21,710.2	23,925.0	26,139.8
50	10,659.5	13,396.1	16,132.8	18,869.4	21,606.0	24,342.7	27,079.3	29,816.0	32,552.6

현장 사례

선행하중 공법을 병행한 PVDs의 타설은 기초 시공을 위해 연약 점토 지반의 강도를 증가시키는 데 효과적인 공법이다. 한 현장사례로는 Shibuya and Hanh(2001)가 태국 Nong Ngu Hao에서 연약 점토층 상부에 평면면적이 40 m × 40 m인 제방을 축조하여 현장실대형 실험을 실시한 연구를 일례로 들 수 있다. PVDs는 삼각형 형태의 분포로 연약 점토 지반에 시공되었다(그림 4.29a). 그림 4.29b는 시공 제방의 중앙 지점 아래의 지표면에서 단계 선행하중에 따른 침하량-시간 관계를 나타낸 것이다. 최대 침하량은 대략 4개월 후에 발생되었다. 연약 점토 지반의 지반 개량 전후 토층깊이에 따른 비배수 전단강도(c_u)의 변화는 그림 4.29c에 나타내었다. 토층깊이에 따른 c_u의 변화는 현장 베인전단시험 결과에 의하여

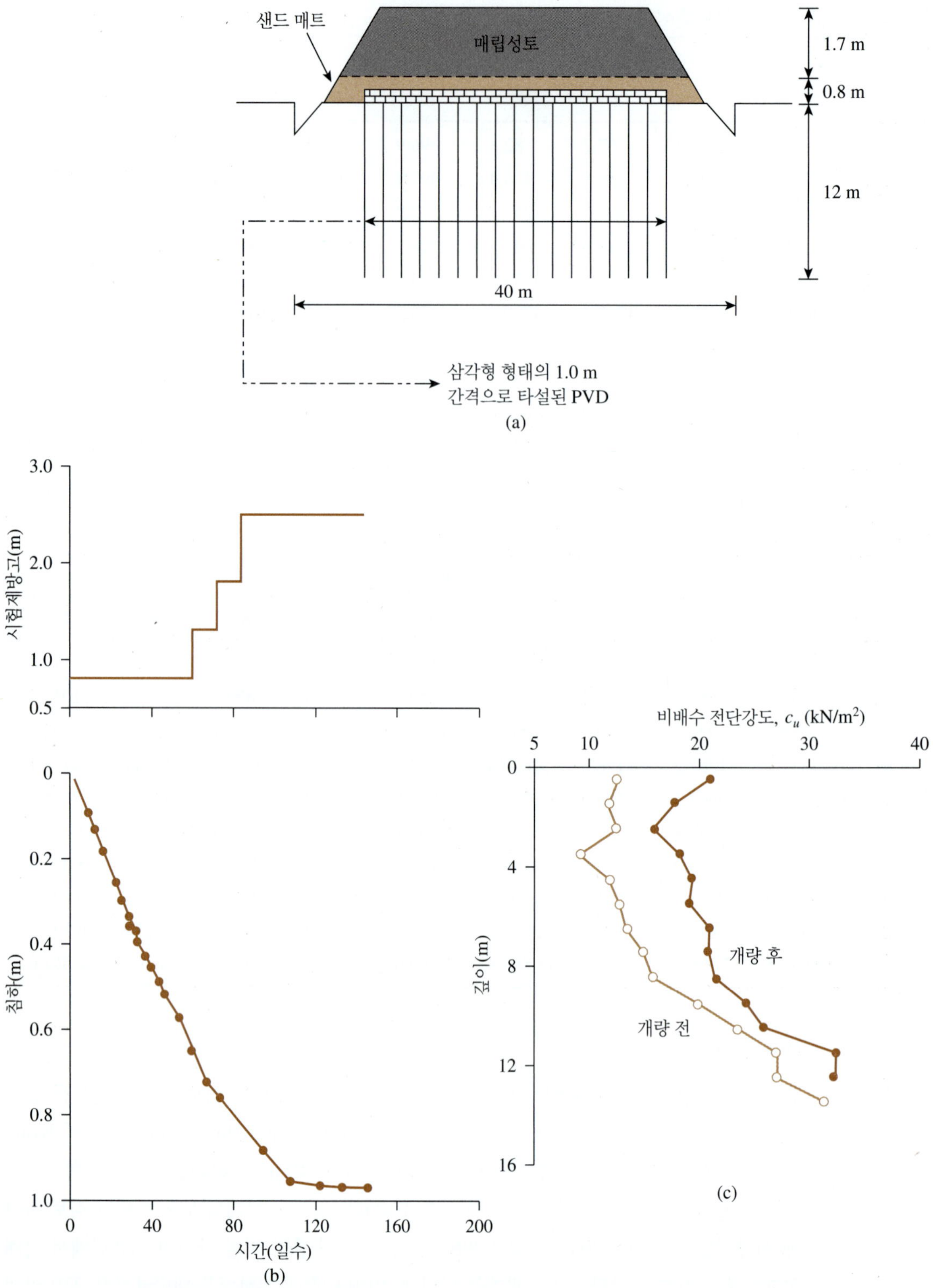

그림 4.29 Shibuya and Hanh(2001)가 태국, Nong Ngu Hao에서 실시한 현장실대형 실험 연구: (a) 실대형 시험제방, (b) 시간경과에 따른 시험제방고와 지반 침하, (c) 지반 개량 전후의 베인전단시험을 통한 비배수 전단강도

산정하였다. 지반 개량 후 비배수 전단강도는 여러 토층깊이에서 약 50~100% 정도 증가하였다.

4.11 석회안정처리

4.1절에서 언급한 바와 같이 현장에서 특히 세립토를 안정처리할 경우, 혼화재를 종종 사용한다. 주로 쓰이는 혼화재로는 석회, 시멘트, 석회-석탄회가 있다. 지반을 안정처리하는 주 목적은 (a) 지반 개량, (b) 급속 시공, (c) 지반의 전단강도와 내구성의 증진이다.

세립토의 안정처리에 보통 사용되는 **석회**(lime)는 소석회[$Ca(OH)_2$], 생석회(CaO), 돌로마이트 석회[$CaO(OH)_2 \cdot MgO$], 백운석 생석회 등이다. 대부분 지반안정처리에 쓰이는 석회의 양은 보통 5~10%이다. 석회가 점토질 흙에 첨가되면 2개의 **포졸란** 화학반응이 발생하는데 **양이온 교환**(cation exchange), **면모-집적화**(flocculation-agglomeration)이다. 양이온 교환과 면모-집적화 반응에서 일반적으로 점토가 결합된 1가 소디움 양이온은 2가 칼슘 이온으로 치환된다. 양이온 교환에 대하여 친화력의 크기에 따른 배열은 다음과 같다.

$$Al^{3+} > Ca^{2+} > Mg^{2+} > NH_4^+ > K^+ > Na^+ > Li^+$$

위의 관계를 기초로 하여 임의의 양이온은 그 우측에 있는 양이온과 쉽게 치환할 수 있다. 예를 들면 칼슘 이온은 점토에서 포타시움 이온과 소디움 이온을 치환할 수 있다. 면모화 집적화 반응은 점토의 구조를 변화시킨다. 점토입자들이 함께 붙어 덩어리가 큰 입자를 형성한다. 따라서 (a) 액성한계의 감소, (b) 소성한계의 증가, (c) 소성지수의 감소, (d) 수축한계의 증가, (e) 워커빌리티의 증가, (f) 흙의 전단강도와 변형성이 개선된다. 점성토의 소성도에 영향을 미치는 석회에 관한 몇 가지 사례는 표 4.11에 제시하였다.

흙과 석회 간의 포졸란 반응은 석회와 흙의 실리카와 알루미나 사이에 화학작용으로 경화물질(cementing material)을 만드는 반응이다. 이러한 반응은 다음과 같다.

$$Ca(OH)_2 + \underset{\substack{\uparrow \\ \text{점토 실리카}}}{SiO_2} \rightarrow CSH$$

표 4.11 점토의 소성에 미치는 석회의 영향(출처: Based on data from Thompson, 1967)

흙의 종류	AASHTO 분류법	0% 석회		5% 석회	
		액성한계	소성지수	액성한계	소성지수
Bryce B	A-7-6(18)	53	29	NP	NP
Cowden B	A-7-6(19)	54	33	NP	NP
Drummer B	A-7-6(19)	54	31	NP	NP
Huey B	A-7-6(18)	46	29	NP	NP

주: NP—Non-plastic(비소성)

여기서

$C = CaO$

$S = SiO_2$

$H = H_2O$

포졸란 반응은 오랜 기간 동안 지속된다.

처음 2~3%의 석회(건조 중량 백분율)는 흙의 워커빌리티와 물성(예를 들면, 소성)을 개선하는 데 중요한 영향을 미친다. 점토질 흙에 석회를 첨가하면 다짐 특성에 좋은 영향을 미친다.

석회안정처리된 흙의 특징

최적 함수비로 다짐된 세립토의 일축압축강도(q_u)는 170 kN/m^{2}에서 2100 kN/m^{2}의 범위일 수 있고, 자연상태의 흙에 의해 좌우된다. 3~5%의 석회를 흙에 섞고 28일을 양생시키면, 일축압축강도는 700 kN/m^{2}까지 혹은 그 이상 도달할 수 있다.

석회안정처리된 양생된 세립토는 인장강도(σ_T) 또한 증가한다. Tullock, Hudson, and Kennedy(1970)가 얻은 σ_T와 q_u 사이의 상관관계에 대한 식은 다음과 같다.

$$\sigma_T\,(\text{kN/m}^2) = 47.54 + 50.6q_u\,(\text{MN/m}^2) \tag{4.49}$$

여기서 σ_T는 간접 인장응력이다.

Thompson(1966)은 석회안정처리를 한 흙의 탄성계수와 일축압축강도와의 상관관계를 다음과 같이 추정하였다.

$$E_s(\text{MN/m}^2) = 68.86 + 0.124q_u\,(\text{kN/m}^2) \tag{4.50}$$

극한압축강도보다 작거나 25% 수준의 압축강도에서 5%로 석회안정처리된 흙의 포아송비(μ_s)는 0.08~0.12(평균 0.11을 가지고) 사이에 분포한다. 포아송비는 극한압축강도(Transportation Research Board, 1987)의 50~75%보다 더 큰 압축강도에서 약 0.27~0.37(평균 0.31을 가지고) 사이로 증가한다.

현장에서의 석회안정처리

현장에서의 석회안정처리는 다음의 세 가지 방법으로 행해진다.

1. 현장 흙이나 토취장으로부터 반입된 흙(borrowed material)과 적당량의 석회를 현장에서 혼합하고 물을 뿌린 후 다진다.
2. 플랜트에서 흙에 적당량의 석회와 물을 혼합한 후 현장으로 운반하여 포설한 후 다진다.
3. 석회 슬러리는 깊이 4~5 m 깊이까지 지반에 주입할 수 있다. 그림 4.30은 석회 슬러리 주입 시 사용되는 장비를 보여준다.

슬러리를 주입할 수 있는 장치는 주입차량에 장착되어 있다. 일반적인 주입장치는 횡단보에 주입봉이 달린 유압식 장비이다. 주입봉은 유압식 장비에 의해 지반으로 관입된다. 슬

그림 4.30 석회 슬러리를 주입하는 장비(Courtesy of Hayward Baker, Inc., Odenton, Maryland)

러리는 보통 직경이 3 m이고, 길이가 12 m인 혼합탱크에서 혼합하여 고압의 펌프 작용에 의하여 주입봉으로 이동된다. 그림 4.31은 현장에서 석회 슬러리를 압력을 이용하여 주입하는 광경이다. 석회 슬러리를 주입하는 과정에서 전형적인 비율은 물 1갤런에 건조분말 석회 1.13 kg을 넣는 것이다.

연약한 점성토에 수화된 석회를 첨가하면 즉시 소성한계가 증가하여, 흙은 소성 상태에서 고체 상태로 변화되어 건조되기 때문에, 진흙이나 작업이 곤란한 시공현장에 소량의 석회를 첨가한다. 공사 현장의 차량 통행성을 원활하게 함으로써 돈과 시간을 절약할 수 있다. 생석회는 노상토와 사면의 안정처리에 성공적으로 사용되어져 왔으며, 천공구멍의 직경은 100~150 mm의 범위이다. 이런 형태의 작업에서는 천공구멍을 격자 형태로 천공하고 생석회로 채운다.

4.12 시멘트안정처리

시멘트는 지반의 안정처리 재료로서, 특히 도로와 흙 댐을 건설할 때 많이 사용되고 있다. 미국에서 흙-시멘트(soil-cement) 공사는 1935년에 South Carolina, Johnsonville 근처에서 처음으로 시행하였다. 시멘트는 사질토와 점성토의 안정처리에 사용될 수 있다. 석회의 경우와 마찬가지로 시멘트는 점성토의 액성한계를 감소시키고 소성지수를 감소시키며 워커빌리티를 증가시킨다. 점성토에서는 액성한계가 45~50%보다 작고, 소성지수가 25보다 작을 때 시멘트안정처리가 효과적이다. 여러 가지 흙의 안정처리에 효과적인 시멘트의 최적량은 표 4.12에 주어져 있다.

석회와 마찬가지로 시멘트는 양생 기간에 따라 흙의 강도를 증가시킨다. 표 4.13에는 안정처리하지 않은 흙과 시멘트를 약 10%(중량) 혼합한 흙에 대한 일축압축강도의 일반적인 값들을 제시하였다.

그림 4.31 석회 슬러리의 주입 광경(Courtesy of Hayward Baker, Inc., Odenton, Maryland)

표 4.12 여러 흙의 효과적인 안정화를 위한 시멘트 첨가량(부피)[a]

흙의 종류		시멘트 첨가량 (부피, %)
AASHTO 분류법	통일분류법	
A-2, A-3	GP, SP, SW	6~10%
A-4, A-5	CL, ML, MH	8~12%
A-6, A-7	CL, CH	10~14%

출처: Based on data from Mitchell, J. K. and Freitag, D. R. (1959). "A Review and Evaluation of Soil-Cement Pavements," *Journal of the Soil Mechanics and Foundations Division, American Society of Civil Engineers,* Vol. 85, No. SM6, pp. 49–73.

사질토와 소성이 작은 점성토가 시멘트안정처리에 매우 적합하다. 원래 팽창성이 큰 소디움과 수소화합물을 가진 점토는 석회안정처리에 보다 잘 반응하는 반면에, 칼슘화합물을 가진 점토는 시멘트를 첨가하면 더 쉽게 안정처리된다. 이런 이유 때문에 적합한 화학 안정처리 재료를 선택하는 데 주의를 기울여야 한다.

현장 다짐을 하기 위하여 적당량의 시멘트와 흙을 현장에서 혼합하거나 플랜트에서 혼

표 4.13 흙과 흙-시멘트 혼합물의 일반적인 압축강도[a]

재료	일축압축강도 범위 kN/m²
안정처리하지 않은 흙:	
점토, 이탄(peat)	350 이하
잘 다진 모래질 점토	70~280
잘 다진 자갈, 모래, 점토 혼합물	280~700
흙-시멘트(중량으로 10% 시멘트):	
점토, 유기질토	350 이하
실트, 실트질 점토, 입도분포가 매우 불량한 모래, 경미한 유기질토	350~1050
실트질 점토, 모래질 점토, 입도분포가 매우 불량한 모래와 자갈	700~1730
실트질 모래, 모래질 점토, 모래, 자갈	1730~3450
입도분포가 좋은 모래-점토, 또는 자갈-모래-점토 혼합물과 모래, 자갈	3460~10,350

출처: Based on data from Mitchell, J. K. and Freitag, D. R. (1959). "A Review and Evaluation of Soil-Cement Pavements," *Journal of the Soil Mechanics and Foundations Division, American Society of Civil Engineers,* Vol. 85, No. SM6, pp. 49–73.

합하여 현장으로 운반한다. 미리 정한 적당량의 물을 흙에 섞어 필요한 단위중량에 맞도록 다짐을 실시한다.

석회 주입과 유사하게 포틀랜드 시멘트와 물(0.5:5의 물-시멘트 비)로 혼합된 시멘트 슬러리를 건물이나 다른 구조물의 기초 아래에 위치한 연약한 지반에 압력 그라우팅할 때 사용할 수도 있다. 그라우팅은 흙의 투수성을 감소시키고, 지반전단강도와 지지력을 증가시킨다. 진동을 받는 저주파수의 기계 기초를 설계할 때, 그라우팅을 하여 기초 하부지반의 강성을 증가시키고 궁극적으로는 공진 주파수를 증가시킬 수 있다.

4.13 석탄회안정처리

석탄회(fly-ash)는 보통 화력발전소에서 분말로 된 석탄을 연소시킬 때 생기는 부산물이다. 석탄회는 세립자로 된 먼지로서 주로 실리카, 알루미나, 다양한 산화물과 알칼리로 이루어져 있다. 석탄회는 본래 포졸란 특성을 갖고 있어서 소석회와 반응하여 고착물(cementitious product)을 생성한다. 이런 이유로 석회-석탄회 혼합물은 도로의 노반과 노상토를 안정처리하는 데 사용된다. 혼합비는 10~35% 석탄회와 2~10%의 석회를 섞어서 사용하는 것이 가장 효과적이다. 지반안정처리를 위하여 흙-석회-석탄회 혼합물은 시방조건에 따라서 적당량의 물을 뿌려 다진다.

미국 서부에서는 석탄을 태워서 석탄회를 얻기도 하는데, 이것을 'C형' 석탄회(type C fly ash)라 부른다. 이것은 물을 첨가하면 다른 석탄회와 반응하여 고착성 물질을 생성하게 되는 자유 석회(free lime)를 상당량(약 25%) 함유하고 있다. 이것을 사용할 때는 가공된 석회를 별도로 첨가해 줄 필요가 없다. 'F형'으로 알려진 다른 종류의 석탄회는 포졸란 효과가 있지만 물에 의해 반응하는 시멘트 또는 석회와 같은 경화제가 필요하다. C형보다 석회성분이 낮다.

4.14 쇄석 말뚝

쇄석 말뚝(stone column)의 시공은 최근 연약 점토층에서 얕은 기초의 지지력을 향상시키는 한 방법으로 사용되고 있다. 쇄석 말뚝의 시공은 일반적으로 연약 점토에 바이브로플로트(4.6절)로 물을 분사시켜 연약층을 통과하여 단단한 층까지 원형홀을 만들어서 외부에서 가져온 자갈로 채운다. 굴착공 내의 자갈은 일반적으로 진동기를 끌어올릴 때 점차적으로 다져진다. 쇄석 말뚝에 사용되는 자갈은 6~40 mm의 범위를 가진다. 쇄석 말뚝의 직경은 0.5~0.75 m이며, 한 말뚝의 중심과 다른 말뚝의 중심 간의 간격은 1.5~3 m이다. 그림 4.32는 쇄석 말뚝의 시공전경을 나타낸 것이다.

쇄석 말뚝을 시공한 후에 지표에 성토재를 포설하고 기초를 시공하기 전에 꼭 다져져야 한다. 쇄석 말뚝은 허용하중하에서 기초의 침하를 상당히 감소시키는 효과가 있다. 쇄석 말뚝을 시공한 사례들은 Huges and Withers(1974), Hugeset al.(1975), Mitchell and Huber(1985) 등에 의해 발표된 바 있다.

쇄석 말뚝은 구조물의 기초 지지력을 향상시키기 위해서 비배수 전단강도가 10~50 kN/m^2 범위 이상을 가지고 있는 연약 지반을 안정처리하는 데 사용된다(Bachus and Barksdale, 1989). 지반의 비배수 전단강도가 10~50 kN/m^{2}보다 약한 지반은 쇄석 말뚝에 대해 충분한 측면구속력을 제공할 수 없다. 대규모 지반 개량 현장에서 쇄석 말뚝은 심도 6~10 m까지가 가장 효과적이다. 그럼에도 불구하고, 쇄석 말뚝은 심도 31 m까지 시공된 사례가 있다. Bachus and Barksdale(1989)은 넓은 지역의 지반 개량을 목적으로 쇄석 말뚝의 일반적 설계 지침을 다음과 같이 마련하였다.

그림 4.33a는 여러 쇄석 말뚝의 평면도를 나타내고 있다. 쇄석 말뚝에 대한 치환면적비는 다음과 같이 나타낼 수 있다.

그림 4.32 쇄석 말뚝의 시공전경[(© DGI-Menard (USA)/The Reinforced Earth Company (RECo)]

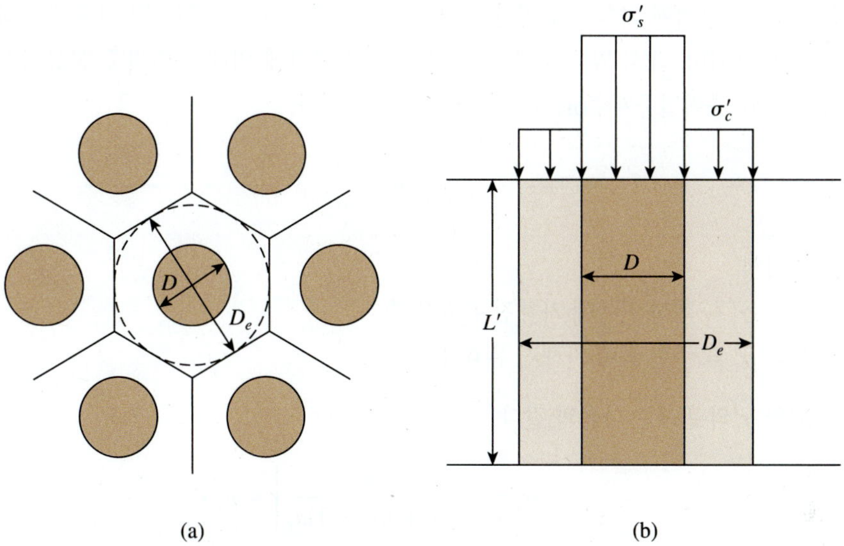

그림 4.33 (a) 삼각형 형태의 쇄석 말뚝, (b) 강성 변화에 따른 응력집중

$$a_s = \frac{A_s}{A} \tag{4.51}$$

여기서

A_s = 쇄석 말뚝의 면적

A = 단위셀이 포함된 전체 면적

쇄석 말뚝의 배치형태가 등변삼각형 모양일 때

$$a_s = 0.907\left(\frac{D}{s}\right)^2 \tag{4.52}$$

여기서

D = 쇄석 말뚝의 직경

s = 쇄석 말뚝 간의 간격

식 (4.51)과 (4.52)를 연립하면

$$\frac{A_s}{A} = \frac{\frac{\pi}{4}D^2}{\frac{\pi}{4}D_e^2} = a_s = 0.907\left(\frac{D}{s}\right)^2$$

또는

$$D_e = 1.05s \tag{4.53}$$

정사각형 형태의 쇄석 말뚝의 경우, 다음과 같이 유사하게 나타난다.

$$D_e = 1.13s \tag{4.54}$$

성토작업에 의하여 균일한 응력이 쇄석 말뚝으로 보강된 지반상부에 가해졌을 때 압밀이 발생되며, 쇄석 말뚝과 주변 흙과의 강성 변화에 의해 응력집중 현상이 발생한다(그림 4.33b). 응력집중계수(n)는 다음과 같이 정의된다.

$$n' = \frac{\sigma'_s}{\sigma'_c} \tag{4.55}$$

여기서

σ'_s = 쇄석 말뚝에 가해진 유효응력

σ'_c = 주변 흙에 가해진 유효응력

σ'_s와 σ'_c의 관계는 다음과 같다.

$$\sigma'_s = \sigma'\left[\frac{n'}{1 + (n' - 1)a_s}\right] = \mu_s\sigma' \tag{4.56}$$

$$\sigma'_c = \sigma'\left[\frac{1}{1 + (n' - 1)a_s}\right] = \mu_c\sigma' \tag{4.57}$$

여기서

σ' = 평균 유효연직응력

μ_s, μ_c = 응력집중계수

쇄석 말뚝으로 인한 지반보강효과는 다음과 같이 표현된다.

$$\frac{S_{e(t)}}{S_e} = \mu_c \tag{4.58}$$

여기서

$S_{e(t)}$ = 보강된 지반의 침하량

S_e = 보강되지 않은 지반의 총 침하량

쇄석 말뚝의 지지력

쇄석 말뚝의 길이 L'이 $3D$보다 작을 때, 기초를 그 위에 시공하면 연약 점토나 중간 정도 단단한 점토에 시공된 단말뚝과 유사하게 갑자기 아래로 급락(plunging)하면서 파괴가 발생된다. 그러나 쇄석 말뚝이 충분히 길다면 급락파괴가 발생되지 않는다. 하중지지력은 극한 방사형 구속응력과 쇄석 말뚝 주변 흙의 전단강도에 좌우된다. 이러한 경우에 파괴 시 극한 하중은 그림 4.34에 나타난 것과 같이 좌굴(bulging)에 의해서 발생된다. Mitchell (1981)은 쇄석 말뚝의 극한지지력(q_u)을 다음과 같이 제안하였다.

$$q_u = c_u N_p \tag{4.59}$$

여기서

c_u = 점토의 비배수 전단강도

N_p = 지지력계수

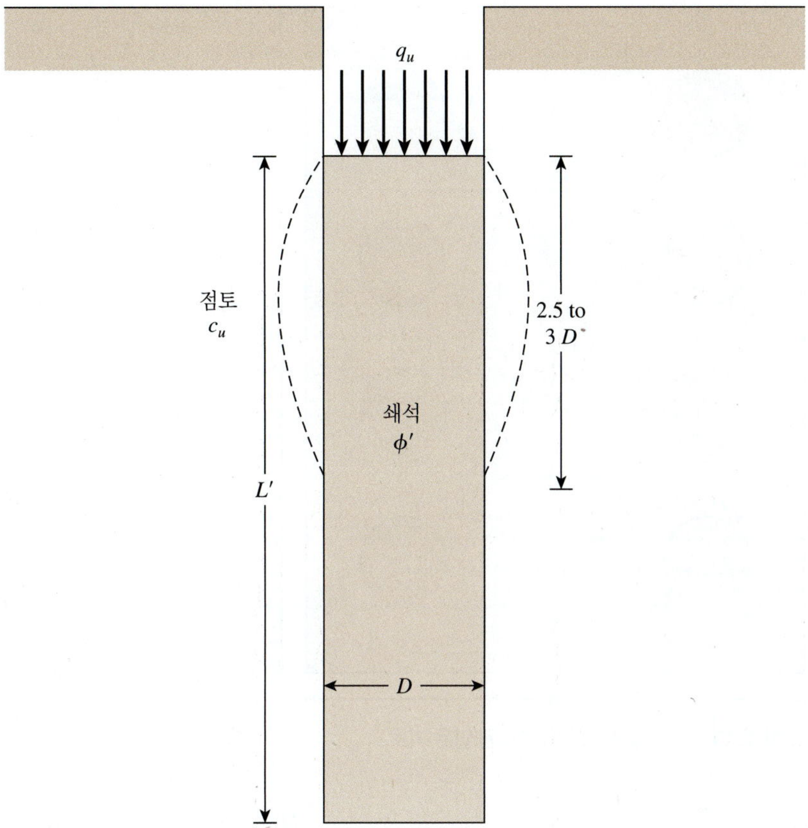

그림 4.34 쇄석 말뚝의 지지력

Mitchell(1981)은 다음의 값을 권장하였다.

$$N_p \approx 25 \tag{4.60}$$

여러 현장시공 사례를 바탕으로 Stuedlein and Holtz(2013)는 다음 관계식을 제안하였다.

$$N_p = \exp(-0.0096c_u + 3.5) \tag{4.61}$$

여기서 c_u의 단위는 kN/m^{2}이다.

군 쇄석 말뚝 기초 위에 면적이 $B \times L$인 기초가 그림 4.35와 같이 시공되었다면, 극한 지지력 q_u는 다음과 같이 나타낼 수 있다(Stuedlein and Holtz, 2013).

$$q_u = N_p c_u\, a_s + N_c c_u\,(1 - a_s)F_{cs}F_{cd} \tag{4.62}$$

여기서 N_p는 식 (4.61)로 나타낸다.

$N_c = 5.14$

F_{cs}와 F_{cd} = 말뚝의 형상과 깊이 계수(표 5.4 참고)

그러므로

$$F_{cs} = 1 + 0.2\frac{B}{L} \tag{4.63}$$

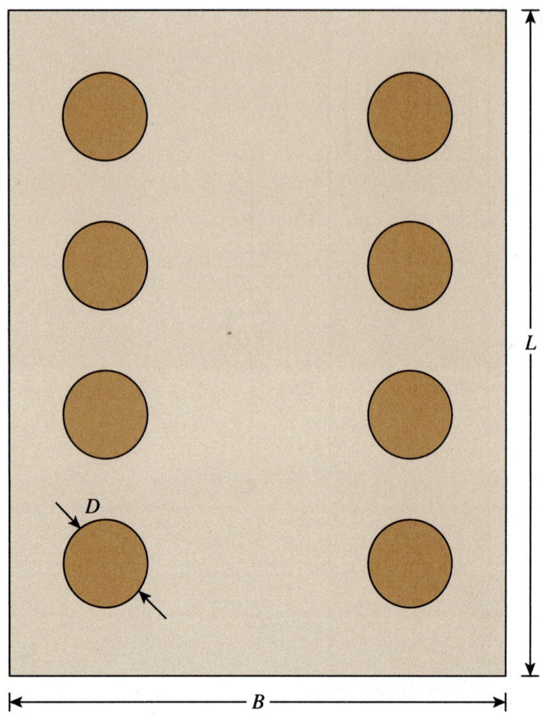

그림 4.35 쇄석 말뚝 기초에 축조된 얕은 기초

$$F_{cd} = 1 + 0.2\frac{D_f}{B} \tag{4.64}$$

여기서 D_f = 기초의 근입깊이.

예제 4.9

연약 점토 지반에 정방형 군 쇄석 말뚝 기초 위에 4 m × 2 m 크기의 기초가 축조되었다. 주어진 값,

쇄석 말뚝: $D = 0.4$ m

면적비, $a_s = 0.3$

$L' = 4.8$ m

점토: $c_u = 36$ kN/m^2

기초: $D_f = 0.75$ m

기초에 대한 극한지지력 Q_u를 산정하라.

풀이

식 (4.62)로부터,

$$Q_u = N_p c_u a_s + N_c c_u (1 - a_s) F_{cs} F_{cd}$$

식 (4.61)로부터,

$$N_p = \exp(-0.0096c_u + 3.5) = \exp[(-0.0096)(36) + 3.5] = 23.44$$

$$F_{cs} = 1 + 0.2\left(\frac{B}{L}\right) = 1 + 0.2\left(\frac{2}{4}\right) = 1.1$$

$$F_{cd} = 1 + 0.2\left(\frac{D_f}{B}\right) = 1 + 0.2\left(\frac{0.75}{2}\right) = 1.075$$

그리고

$$q_u = (23.44)(36)(0.3) + (5.14)(36)(1 - 0.3)(1.1)(1.075) = 406.31 \text{ kN/m}^2$$

따라서, 극한지지력은

$$Q_u = q_u BL = (406.31)(2)(4) = \mathbf{3250.48\ kN}$$

■

4.15 모래다짐 말뚝

모래다짐 말뚝 공법(sand compaction piles)은 쇄석 말뚝 공법과 비슷하며 안정성 개선, 액상화 방지, 그리고 다양한 구조물들의 침하 감소가 필요한 현장에 사용할 수 있다. 모래다짐 말뚝이 연약 점토 지반에 시공되는 경우, 간극수압의 소산을 가속화시키고 이로 인해 압밀 시간을 단축시킬 수 있다.

모래말뚝은 1930년과 1950년 사이에 일본에서 처음으로 시공되었다(Ichimoto, 1981). Compozer technique을 이용하여 1955년에는 대구경의 모래다짐 말뚝이 시공되었다(Aboshi et al., 1979). 1958년 일본의 Murayama가 모래말뚝 시공을 위한 진동 콤포저(Vibro-Compozer) 공법을 개발하였다(Murayama, 1962).

모래다짐 말뚝은 시공 시 강관과 같이 가운데 구멍이 있고 아래가 막힌 맨드릴을 지중에 관입시킴으로써 시공된다. 그런 다음 맨드릴을 약간 위로 빼내면, 맨드릴슈(Shoe)가 열리게 된다. 모래를 맨드릴 상부 투입구를 통하여 붓고 맨드릴을 뽑으면서 공기압을 가하면서 단계적으로 다진다. 말뚝의 직경은 일반적으로 0.46~0.76 m이고, 말뚝의 타설간격은 약 1.5~3 m이다. 모래다짐 말뚝의 배치 방법은 쇄석 말뚝의 배치 방법과 같은 형태이다. 그림 4.36은 일본의 Yokohama 항구에 시공 중인 모래다짐 말뚝을 보여주고 있다.

Basore and Boitano (1969)는 캘리포니아 샌프란시스코에 위치한 Treasure Island 해군기지에서 약 9 m 두께의 사질토층을 다짐한 현장사례를 기술하였다. 모래말뚝의 지름은 356 mm이다. 그림 4.37a는 모래말뚝의 시공 모식도를 나타내고 있다. 모래말뚝 간의 간격 S'은 변화를 주었다. 말뚝 시공 전후에 표준관입저항치, N_{60}은 그림 4.37b에 나타내었다(그림 4.37a에 나타난 표준관입시험 지점 참고). 그림으로부터, 주어진 어떤 토층 깊이라도 S'(또는 S'/D)의 증가함에 따라 다짐 효과가 감소되는 것을 알 수 있다. 이러한 실험결과로부터 S'/D가 약 4~5를 초과할 때에, 다짐 효과가 거의 없는 것으로 판명되었다.

그림 4.36 일본 Yokohama 항구에서 시공 중인 모래다짐 말뚝(Courtesy of E. C. Shin, Incheon National University, Korea)

4.16 심층 동다짐

심층 동다짐 공법(dynamic compaction)은 사질토지반의 다짐도를 높이기 위하여 적용하여 미국에서 인기를 얻기 시작한 기술이다. 이 방법은 주로 지표에 무거운 중량을 일정한 높이에서 낙하시키는 방법이다. 해머의 중량은 8~35 ton이며, 해머의 낙하높이는 7.5~30.5 m이다. 해머낙하에 의하여 유발된 응력파는 지반의 다짐도를 증가시킨다. 다짐도는 다음 요인에 의하여 좌우된다.

- 해머의 중량
- 해머의 낙하높이
- 해머가 낙하된 지점 간의 간격

Leonards et al.(1980)은 다짐을 하였을 때 충분히 영향을 미치는 깊이를 근사적으로 제안하였다.

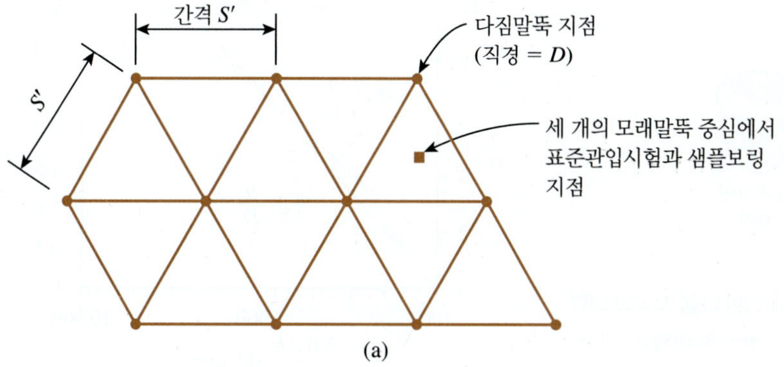

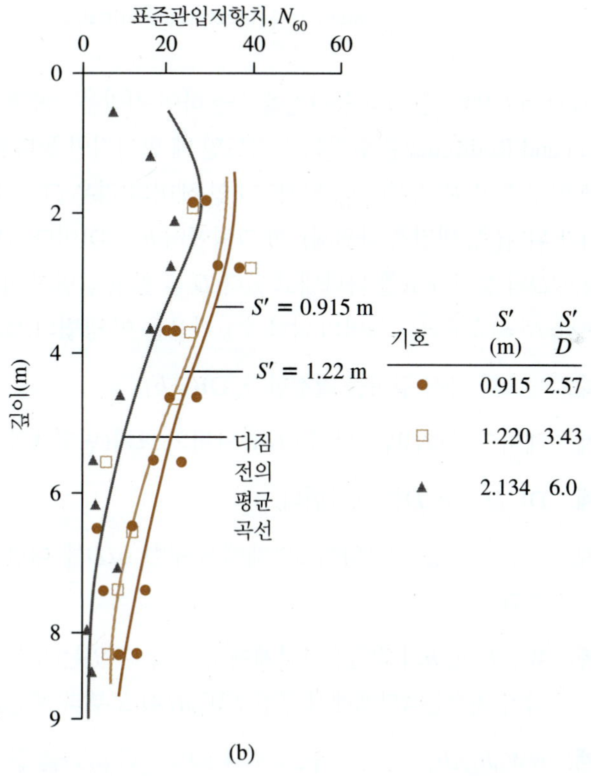

그림 4.37 Basore and Boitano의 모래다짐 말뚝 시험 결과(1969): (a) 다짐말뚝의 시공분포도, (b) 토층 깊이와 S'에 따른 표준관입저항치의 변화

$$\mathrm{DI} \simeq \tfrac{1}{2}\sqrt{W_H h} \tag{4.65}$$

여기서

DI = 다짐 심도(m)

W_H = 해머 무게(ton)

h = 낙하높이(m)

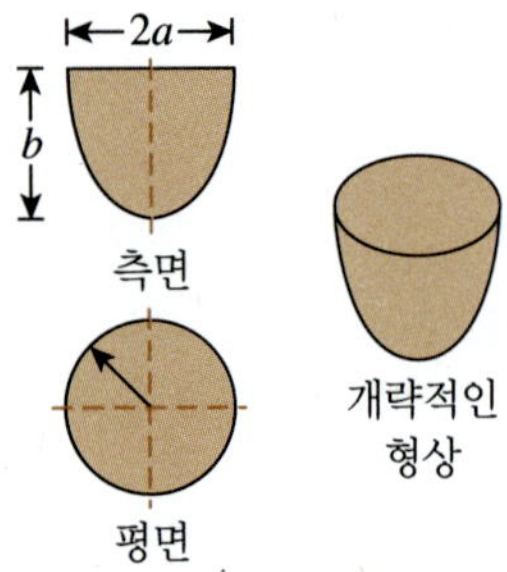

그림 4.38 동다짐에 의한 다짐 지역의 대략적인 형상(Poran, C. J. and Rodriguez, J. A. (1992). "Design of Dynamic Compaction," *Canadian Geotechnical Journal,* Vol. 29, No. 5, pp. 796–802.)

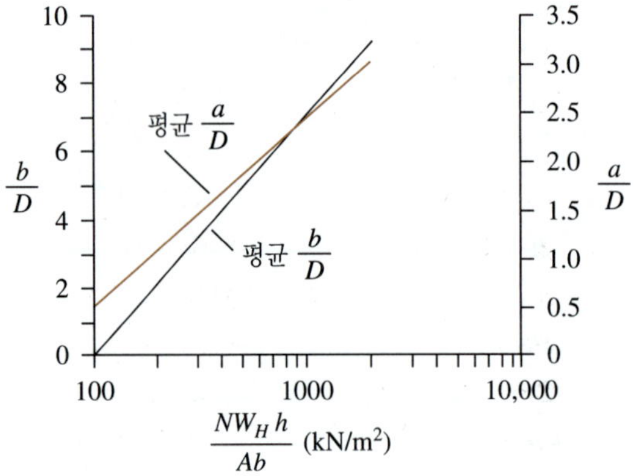

그림 4.39 NW_Hh/Ab에 따른 a/D와 b/D(출처: Based on Poran, C. J. and Rodriguez, J. A. (1992) "Design of Dynamic Compaction," Canadian Geotechnical Journal, Vol. 29, No. 5, pp. 796–802.)

Partos et al.(1989)은 심층 동다짐을 사용하여 지반을 개량한 사례를 제시하였다. 1992년에 Poran and Rodriguez은 현장이 사질토일 때 합리적인 동다짐 방법을 제안하였다. 이들의 방법에 따르면 폭 D, 무게 W_H, 낙하고 h인 해머의 경우 그림 4.38에 나타낸 형태가 다짐 영역 형태가 된다(즉, 반장축 타원체). 이 그림에서 b = DI이다. 그림 4.39는 NW_Hh/Ab에 따른 a/D와 b/D의 설계 도표를 나타내고 있다(D = 원형 단면이 아닌 경우 해머의 폭, A = 해머의 단면적, N = 요구되는 해머의 낙하 수). 다음은 이 방법의 설계과정이다.

1단계. 필요한 다짐 깊이를 결정한다, DI(=b).

2단계. 해머의 중량(W_H), 낙하고(h), 단면의 크기(면적 A와 폭 D)를 결정한다.

1단계. DI/D = b/D를 계산한다.

4단계. 그림 4.39를 이용하여 3단계에서 구한 b/D에 대한 NW_Hh/Ab의 크기를 결정한다.

5단계. W_H, h, A, b의 값들은 2단계에서 구할 수 있는(또는 가정된) 값이므로, 해머의 낙하 횟수는 4단계에서 구한 NW_Hh/Ab로부터 계산할 수 있다.

6단계. NW_Hh/Ab를 결정한 후, 그림 4.39로부터 a/D를 결정하면 a를 구할 수 있다.

7단계. 동다짐에서 격자 간격 S_g는 a 값과 같거나 또는 다소 작은 값으로 가정할 수 있다(그림 4.40).

그림 4.40 대략적인 동다짐의 다짐간격

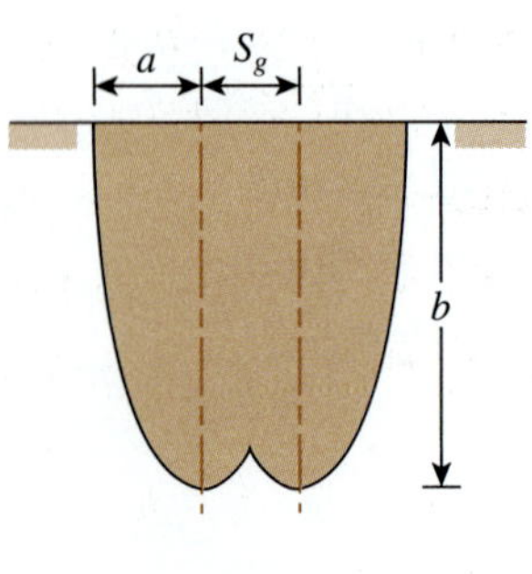

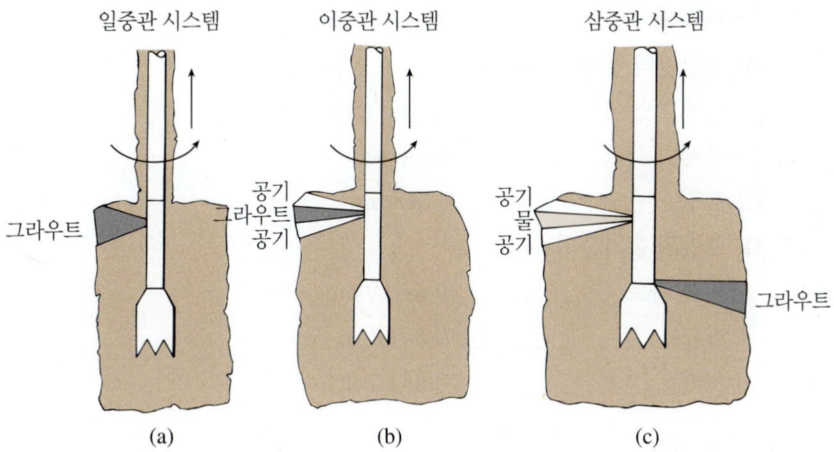

그림 4.41 고압분사공법

4.17 고압분사공법

고압분사공법(jet grouting)은 흙-콘크리트의 혼합체를 형성하기 위하여 시멘트 슬러리를 지중에 주입하는 지반 개량 공법이다. 이론적으로 고압분사공법은 1960년대에 최초로 개발되었다. 이후 대부분의 연구는 일본에서 수행되었다(Ohta and Shibazaki, 1982). 이 공법은 1970년대 후반에 유럽에 소개되었고, 반면에 미국에는 1980년대 초기에 최초로 적용하였다(Welsh, Rubright, Coomber, 1986).

고압분사공법의 세 가지 기본시스템은 일중관, 이중관, 삼중관 시스템으로 개발되고 있다. 모든 경우에 유압로타리 천공기를 사용하여 안정화가 되어야 할 지반의 설계심도까지 천공을 실시한다. 그림 4.41a는 흙-시멘트 혼합체를 형성하기 위하여 시멘트 슬러리를 고속으로 주입하는 **일중관 시스템**을 나타내고 있다. 그림 4.41b에 나타난 고압분사공법은 시멘트 슬러리를 고속으로 원추형 공기압 사이에 주입함으로써 공기압에 의한 지반을 파쇄하면서 동시에 흙과 잘 혼합되도록 시스템을 갖춘 **이중관 시스템**이다. **삼중관 시스템**(그림 4.41c)은 흙을 분쇄하기 위해서 원추형 공기압 사이에 고압의 물을 사용한다. 이 과정에서 발생된 공극 내에 미리 준비된 시멘트 슬러리를 채운다.

고압분사공법의 효과는 흙의 침식성에 따라 매우 큰 영향을 받는다. 자갈질토와 깨끗한 모래는 높은 침식성을 지니는 반면에, 높은 소성점토는 침식이 어렵다. 상기 3개 시스템의 일반적인 매개변수의 범위는 다음에 기술되어 있다(Burke, 2004; Welsh and Burke, 1991).

일중관 시스템:

A. 그라우트 슬러리

압력 .... 0.4~0.7 MN/m^2

부피 .... 100~300 l/min

비중 .... 1.25~1.6

노즐의 수 .... 1~6

B. 주입관의 끌어올림(lift)

단계별 높이 .... 5~600 mm

단계별 시간 .... 4~30 sec

C. 회전 ....7~20 rpm

D. 개량된 흙기둥의 직경

연약 점토 .... 0.4~0.9 m

실트 .... 0.6~1.1 m

모래 .... 0.8~1.2 m

이중관 시스템:

A. 그라우트 슬러리

압력 .... 0.3~0.7 MN/m^2

부피 .... 100~600 l/min

비중 .... 1.25~1.8

노즐의 수 .... 1~2

B. 공기

압력 .... 0.7~1.5 MN/m^2

부피 .... 8~30 m^3/min

C. 주입관의 끌어올림(lift)

단계별 높이 .... 25~400 mm

단계별 시간 .... 4~30 sec

D. 회전 수 .... 7~15 rpm

E. 개량된 흙기둥의 직경

연약 점토 .... 0.9~1.8 m

실트 .... 0.9~1.8 m

모래 .... 1.2~2.1 m

삼중관 시스템:

A. 그라우트 슬러리

압력 .... 0.7~1.0 MN/m^2

부피 .... 120~200 L/min

비중 .... 1.5~2.0

노즐의 수 .... 1~3

B. 공기

압력 .... 0.7~1.5 MN/m^2

부피 .... 4~15 m^3/min

C. 물

압력 .... 0.3~0.4 MN/m^2

부피 .... 80~200 L/min

D. 주입관의 끌어올림(lift)

단계별 높이 .... 20~50 mm

단계별 시간 .... 4~20 sec

E. 회전 수 .... 7~15 rpm

F. 개량된 흙기둥의 직경

연약 점토 .... 0.9~1.2 m

실트 .... 0.9~1.4 m

모래 .... 0.9~2.5 m

4.18 심층혼합처리공법

심층혼합처리공법(deep mixing method, DMM)은 지반공학적으로 현장적용에 따른 설계 요건에 맞추기 위해 연약하고, 압축성 있고 불안정한 자연토사를 안전하고 경제성 있게 물리적, 그리고 역학적 성질을 변화시키는 지반 개량 공법이다. 개량된 지반은 일반적으로 자연 흙으로 구성된 지반보다 강도가 높으며, 압축성과 투수계수가 낮다. 현장토와 시멘트 성질의 바인더를 기계적으로 혼합하는 방법으로 건조분말을 지반에 주입하여 섞는 **건조혼합**(dry mixing)법과 슬러지 상태로 중공회전봉을 통해 현장토사와 섞는 **습식혼합**(wet mixing)법이 있다. 일반적으로 중공회전봉에 교반날개와 절삭 날을 갖춘 여러 개의 축으로 형성된 오거가 탑재된다. 개량된 지반은 벽체를 형성하기 위하여 여러 그리드 형상이나 겹쳐진 기둥 형상의 기둥들로 시공된다. 개량지반의 기둥은 통상 직경이 0.6~1.5 m 그리고 시공심도는 40 m까지 내려가는 경우도 있다(FHWA, 2000).

현재 **심층혼합처리공법**(deep mixing)은 고압분사공법의 반대 개념으로 기계적으로 기둥을 회전시키는 방법을 사용하여 흙과 심층혼합하는 공법의 개념을 설명하는 것으로 더 자주 사용된다. 고압분사공법(jet grouting)은 심층 지반 개량을 하기 위하여 유압으로 고압력 분사방법을 사용한다. 혼합장비, 혼화재, 개량방법, 지리적 위치 등의 특성과 시공회사별 시공하는 특별한 기술에 따라 심층혼합처리공법이라는 이름하에 여러 가지 특별한 이름들이 세계적으로 사용되고 있다.

심층혼합처리공법의 간략한 역사

여러 종류의 심층혼합처리공법(deep mixing method)이 주로 일본, 스칸디나비아 국가들, 그리고 미국에서 20세기 중반부터 개발되기 시작했다. 이 방법들의 개발과 현장적용에 대한 상세한 역사적인 기록은 FHWA(2000)에 의해서 요약 보고되었다. 이 공법개발에 관한 요약을 간략하게 기술하였다.

심층혼합처리공법은 미국의 Intrusion Prepakt 회사가 현장 단일오거 **혼합말뚝**(mixed in place, MIP)기술의 형태로 1954년에 처음 소개되었다. MIP 공법은 굴착 시 지지와 지하수차단(1961~1970년 초) 목적으로 오사카에 소재한 Seiko Kogyo 회사가 일본에서 사용하였다. 일본이 심층혼합처리공법이라고 잘 알려진 여러 개의 공법들을 개발하는 데 선구자 역할을 하였다. 1972년에 Seiko Kogyo 회사는 처음으로 여러 개의 오거를 중첩 시공하는 기술을 이용하여 옹벽을 형성하는 **심층혼합벽체**(soil mixed wall, SMW)공법을 개발하였다. 일본 PHRI (Port and Harbor Research Institute)는 많은 실내 실험과 현장 연구(1967~1977)를 통하여 여러 가지의 **심층석회혼합공법**(deep lime mixing, DLM)을 개발하였다; 해상 연약 점토에서 시멘트 그라우트 밀크를 사용한 **심층시멘트혼합공법**(CDM)(1975~1977); 그 다음 5년 동안 또 다른 유사한 공법으로 **심층화학적혼합방법**(DCM), 연속적인 **시멘트심층혼합방법**(DCCM), 시멘트안정처리에 의한 **심층혼합개량방법**(DEMIC)이 개발되었다. 일본의 PWRI (Public Works Research Institute)는 건조된 시멘트 분말을 사용하여 **건조분말분사혼합**(dry jet mixing)공법을 개발하였다(1976~1980). 1979년도에는 일본 Tenox 회사가 **흙-시멘트 기둥**(soil cement column, SCC)공법을 개발하였다. 1984년 일본에서 날개가 펴질 수 있는 **심층혼합처리공법**(SWING)을 개발하였으며, 이어서 여러 가지의 분사혼합방법들이 개발되었다(1986~1991). 1992년 일본의 Fudo 회사와 Chemical Grout 회사는 기둥 주변 부분은 기계적 혼합 방법과 기둥 외곽부분은 수평분사 혼합 방법을 연계하여 지반 개량하는 **심층 분사회전 혼합방법**(jet and churning system management, JACSMAN)을 개발하였다.

첫 번째, 스칸디나비아에서 개발한 대규모 심층혼합처리공법은 **스웨덴 석회기둥공법**(Swedish lime column)으로 제방하부의 연약 지반 처리를 위하여 스웨덴 지반공학 연구소와 협력하여 개발되었다(1967, Kjeld Paus, Linden-Alimak AB, Swedish Geotechnical Institute, Euroc AB, BPA Byggproduktion AB). 첫 번째 상업적으로 심층혼합처리공법이 현장사용된 것은 1975년도에 스톡홀름 인근에 터파기 시 굴착면 지지, 제방 기초지반 안정화, 그리고 얕은 기초지반 보강에 적용되었다. **석회시멘트기둥**이 1980년대 중반에 핀란드와 노르웨이에서 상업적으로 적용되었다. 스칸디나비아 이외 지역의 경우, 첫 번째로 유럽에서 개발된 것은 프랑스에서 1987년도에 Bachy 회사가 *Colmix*라 불리는 다짐흙시멘트 혼합공법을 소개하였다(오거 천공한 후 상부로 뽑아올릴 때 반대 방향으로 여러 개의 오거를 회전시키면서 시공하는 방법). 동일 시기에 영국에서는 Cementation 회사가 단일오거심층혼합방법을 개발하였다. 핀란드 헬싱키 시에서는 1991년도에 YIT라는 시공 회사가 연약점토 지반 심도 5 m까지 개량하는 블록식공법을 소개하였다. 핀란드 연구자들은 1995년도에 시멘트에 새로운 혼화재로서 슬래그, 분말의 석탄회를 소개하였다.

심층혼합처리공법(DMM)과 관련 미국에서의 주요 개발된 사항은 :

(a) 심층흙혼합방법(DSM)이 1987년도에 소개됨;
(b) 얕은 심도의 흙혼합방법(SSM)이 동일 회사 Geo-Con이 1988년도에 소개하였음;
(c) 미국 환경부에서 DMM을 포함한 오염지반의 현장 안정화공법개발용으로 대규모 연구비 지원(1989);

(d) 첫 번째 VERTwall 심층혼합처리공법의 실대형 현장 시험시공이 미국 텍사스에서 수행됨(1998).

심층혼합처리공법의 안정화 형상(pattern)

심층혼합처리공법은 안정화시켜야 할 흙 구조에 따라 다양한 형상으로 사용되고 있다. 시공형상을 시공 위치(육지, 해상), DMM의 적용 목적, DMM 시공 방법의 특성과 성능에 따라 다르게 된다. 시공 형상은 단일 요소(기둥), 벽체나 판넬을 형성하기 위해 겹쳐서 열을 형성, 그리드, 격자, 블럭 형상일 수 있다.

건식과 습식혼합방법

심층혼합처리공법은 건식방법(dry mixing)이나 습식방법(wet mixing)을 사용하여 수행한다. 건식방법은 현장 흙의 자연 함수비가 매우 높을 때 가능하다. 따라서 시멘트 수화작용이 강도발현이 되는 데 기여한다. 함수비가 높은 유기질토와 이탄 흙이 깊은 심도에 있을 때 건식방법에 의해 효과적으로 안정화시킬 수 있다. 기둥의 직경은 통상 0.6~0.8 m이며, 안정처리 심도는 25 m까지 도달할 수 있다. 혼합봉을 위 방향으로 올리면서 건조혼화재를 분출시켜 흙과 교반시킨다. 봉의 회전방향은 관입시킬 때와 비교하여 반대 방향으로 회전시킨다. 혼화재의 양은 시공하는 동안 공기압력과 혼화재량을 조절하여 일정소요량을 유지한다.

습식방법은 자연 함수비가 낮을 때 더 적합하다. 연약 점토, 실트, 그리고 세립모래질 흙의 경우 습식방법이 잘 맞는다. 혼화재는 일반적으로 슬러리 상태로 오거 끝부분에 부착된 노즐을 통해서 주입된다. 특별히 제작된 교반장치는 수평 방향의 여러 개의 보를 갖추고 있으며, 균질한 혼합을 위하여 수직 봉을 따라 수직 방향으로 이동이 가능하다. 슬러리의 구성 성분과 양은 설계 시방규정에 맞게 조절할 수 있다. 완성된 심층혼합기둥은 일반적으로 적용 목적에 따라 0.4~2.4 m이다. 휨 저항력을 증가시키기 위해 슬러리 기둥에 철근 보강재를 넣을 수 있다.

습식혼합방법에서 시멘트 주입량은 일반적으로 개량되지 않은 지반에서 100~500 kg/m^3 범위이다(Bruce and Bruce, 2003). 건식혼합방법의 경우 자연 함수비가 40~200%일 때 시멘트량을 100~300 kg/m^{3}가량을 주입한다.

4.19 요약

건설되는 구조물의 종류에 따라 현장에 있는 일부 흙은 강도 그리고 지반공학적 특성을 개선할 필요가 있다. 지반 개량을 위한 몇 가지 공법을 소개하면 다음과 같다.

- 다짐 공법
- 진동부유 공법
- 폭파 다짐 공법
- 선행압밀 공법
- 석회, 시멘트, 석탄회와 같은 첨가제를 이용한 안정화
- 쇄석기둥과 모래다짐 말뚝

- 동다짐
- 심층혼합처리공법

이 기술들은 각각의 한계를 가지고 있다. 따라서 적합한 기술은 현장의 프로젝트에 따라 선택되어야 한다는 것을 염두에 두어야 한다.

연습문제

4.1 모래질 흙의 최대 건조단위중량과 최소 건조단위중량은 각각 18.08 kN/m^3, 14.46 kN/m^{3}이고, 현장 흙의 건조단위중량은 16.35 kN/m^{3}이다. 다음을 구하라.

a. 현장에서의 상대 다짐도를 구하라.

b. 현장에서의 상대밀도를 구하라.

4.2 어떤 실트질 점토의 소성한계는 14이다. 다음의 다짐 방법을 사용하여 흙의 최적 함수비와 최대 건조단위중량을 구하라.

a. 표준다짐시험

b. 수정다짐시험

식 (4.13)과 (4.14)를 사용하라.

4.3 식 (4.11)과 식 (4.12)를 이용하여 문제 4.2를 다시 풀어라. 소성한계(PL) = 18.

4.4 다음은 자연 흙에 주어진 값이다.

습윤단위중량, $\gamma = 17.8$ kN/m^3
함수비, $w = 14\%$
비중 = 2.7

이와 같은 흙이 굴착되어 다짐 성토 현장에 운반된다. 시방서에서 흙의 함수비가 14%일 때 최소 건조단위중량이 18.4 kN/m^{3}이 되도록 하려면, 다짐 부피 20,000 m^{3}을 만들기 위해서 필요한 굴착 현장의 토량은 얼마인가?

4.5 제방에 성토를 하기 위해서는 8,000 m^{3}의 다짐 흙이 필요하다. 다짐 성토의 간극비는 0.6이다. 다음은 네 곳의 토취장에 대한 흙의 간극비와 흙을 건설현장에 운반하기 위한 단위체적당 비용을 나타낸 것이다.

토취장	간극비	비용(\$/m^3)
A	0.82	9
B	0.91	7
C	0.95	8
D	0.75	11

가장 최소비용으로 운반할 수 있는 토취장을 선택하기 위해 필요한 계산을 하라. 단, 모든 토취장 흙의 G_s는 같다고 가정한다.

4.6 진동부유 공법을 이용하여 지반 개량을 할 때 채움에 사용되는 재료의 특성은 다음과 같다.

$D_{50} = 2$ mm
$D_{20} = 0.7$ mm
$D_{10} = 0.65$ mm

채움재의 적합치를 구하라. 또 채움재료의 등급은 얼마인가?

4.7 문제 4.6을 다음 재료의 특성으로 다시 풀어라.

$D_{50} = 3.2$ mm
$D_{20} = 0.91$ mm
$D_{10} = 0.72$ mm

4.8 그림 4.16을 참고하면, 대규모 성토 작업에서 점토층 상부에 재하되는 평균 영구 압력[$\Delta\sigma'_{(p)}$]이 약 75 kN/m^{2}까지 증가할 것이다. 성토하기 전에 점토층의 평균 유효상재압은 110 kN/m^{2}이었다. 점토층은 정규 압밀되었으며 양면 배수 조건이다. $H_c = 8$ m, $C_c = 0.27$, $e_0 = 1.02$, $c_v = 0.52$ m^2/month이 주어졌을 때, 다음을 구하라.

a. 추가 영구 압력으로 인하여 발생하는 1차 압밀침하량, $\Delta\sigma'_{(p)}$

b. 추가 영구 압력만 작용할 때 1차 압밀침하량이 80%가 되는 데 소요되는 시간

c. 선행압밀 공법에 의해 12개월 내에 전체 1차 압밀침하량을 제거하기 위해 필요한 임시 상재 압력, $\Delta\sigma'_{(f)}$

4.9 다음 조건일 때 문제 4.8을 다시 풀어라. $\Delta\sigma'_{(p)} = 58$ kN/m^2, 점토층 상부에 재하되는 평균 유효응력 = 72 kN/m^2, $H_c = 5$ m, $C_c = 0.3$, $e_0 = 1.0$, $c_v = 0.1$ cm^2/min

4.10 샌드 드레인 공법의 모식도는 그림 4.20, 4.21과 같다. $r_w = 0.25$ m, $r_s = 0.35$ m, $d_e = 4.5$ m, $c_v = c_{vr} = 0.3$

m^2/month, $k_h/k_s = 2$, $H_c = 9$ m로 주어졌을 때,

a. 6개월 동안 상재 압력이 가해졌을 때 모래말뚝에 의해서 발생한 점토층의 압밀도를 구하라.

b. 6개월 동안 상재 압력을 재하한 후 연직 배수(점토층 상부와 하부로 배수)와 방사 방향 배수 모두에 의해 일어난 점토층의 압밀도를 구하라. 상재 압력은 일시에 재하하는 것으로 가정한다.

4.11 3.05 m의 두꺼운 점토층의 상부와 하부로 배수되고 있다. 이때 $c_{vr} = c_v$(연직 배수의 경우) = 39.02 cm^2/day, r_w = 203 mm, d_e = 1.83 m이다. 각각 t가 0.2, 0.4, 0.8, 1년일 때 연직과 방사 방향 배수 모두를 고려한 점토층의 압밀도를 각각 구하라. 단, 상재 압력은 일시에 재하하였고, 교란은 없다고 가정하자.

4.12 샌드 드레인의 경우(그림 4.20), 주어진 조건은 다음과 같다.

점토: 정규압밀
$H_c = 5.5$ m (일면 배수)
$C_c = 0.3$
$e_0 = 0.76$
$c_v = 0.015$ m^2/day
점토층의 중간부에서 유효상재 압력 = 80 kN/m^2

샌드 드레인: $r_w = 0.07$ m
$r_w = r_s$
$d_e = 2.5$ m
$c_v = c_{vr}$

상재 압력은 그림 P4.12에 나타난 것처럼 재하하였다. 상재 압력이 작용한 후 50일이 지난 후의 압밀도와 압밀침하량을 계산하라.

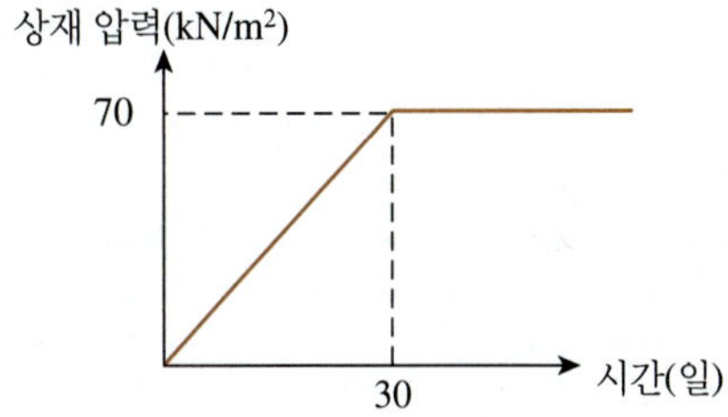

그림 P4.12

참고문헌

Aboshi, H., Ichimoto, E., and Harada, K. (1979). "The Compozer—a Method to Improve Characteristics of Soft Clay by Inclusion of Large Diameter Sand Column," *Proceedings, International Conference on Soil Reinforcement, Reinforced Earth and Other Techniques*, Vol. 1, Paris, pp. 211–216.

American Society for Testing and Materials (2007). *Annual Book of Standards*, Vol. 04.08, West Conshohocken, PA.

Bachus, R. C. and Barksdale, R. D. (1989). "Design Methodology for Foundations on Stone Columns," *Proceedings, Foundation Engineering: Current Principles and Practices*, American Society of Civil Engineers, Vol. 1, pp. 244–257.

Barron, R. A. (1948). "Consolidation of Fine-Grained Soils by Drain Wells," *Transactions*, American Society of Civil Engineers, Vol. 113, pp. 718–754.

Basore, C. E. and Boitano, J. D. (1969). "Sand Densification by Piles and Vibroflotation," *Journal of the Soil Mechanics and Foundations Division*, American Society of Civil Engineers, Vol. 95, No. SM6, pp. 1303–1323.

Brown, R. E. (1977). "Vibroflotation Compaction of Cohesionless Soils," *Journal of the Geotechnical Engineering Division*, American Society of Civil Engineers, Vol. 103, No. GT12, pp. 1437–1451.

Bruce, D. A. and Bruce, E. C. (2003). "The Practitioner's Guide to Deep Mixing," *Grouting and Ground Treatment, Proceedings of the Third International Conference*, New Orleans, LA, pp. 474–488.

Burke, G. K. (2004). "Jet Grouting Systems: Advantages and Disadvantages," *Proceedings, GeoSupport 2004: Drilled Shafts, Micropiling, Deep Mixing, Remedial Methods, and Special Foundation Systems*, American Society of Civil Engineers, pp. 875–886.

D'Appolonia, D. J., Whitman, R. V., and D'Appolonia, E. (1969). "Sand Compaction with Vibratory Rollers," *Journal of the Soil Mechanics and Foundations Division*, American Society of Civil Engineers, Vol. 95, No. SM1, pp. 263–284.

FHWA (2000). "An Introduction to the Deep Soil Mixing Methods as used in Geotechnical Applications," FHWA-RD-99-138, *Federal Highway Administration*, U.S. Department of Transportation, p. 135.

Gurtug, Y. and Sridharan, A. (2004). "Compaction Behaviour and Prediction of Its Characteristics of Fine Grained Soils with Particular Reference to Compaction Energy," *Soils and Foundations*, Vol. 44, No. 5, pp. 27–36.

Hughes, J. M. O., and Withers, N. J. (1974). "Reinforcing of Soft Cohesive Soil with Stone Columns," *Ground Engineering*, Vol. 7, pp. 42–49.

Hughes, J. M. O., Withers, N. J., and Greenwood, D. A. (1975). "A Field Trial of Reinforcing Effects of Stone Columns in Soil," *Geotechnique*, Vol. 25, No. 1, pp. 31–34.

Ichimoto, A. (1981). "Construction and Design of Sand Compaction Piles," *Soil Improvement, General Civil Engineering Laboratory* (in Japanese), Vol. 5. pp. 37–45.

Johnson, S. J. (1970a). "Precompression for Improving Foundation Soils," *Journal of the Soil Mechanics and Foundations Division*, American Society of Civil Engineers. Vol. 96, No. SM1, pp. 114–144.

Johnson, S. J. (1970b). "Foundation Precompression with Vertical Sand Drains," *Journal of the Soil Mechanics and Foundations Division*, American Society of Civil Engineers. Vol. 96, No. SM1, pp. 145–175.

Leonards, G. A., Cutter, W. A., and Holtz, R. D. (1980). "Dynamic Compaction of Granular Soils," *Journal of Geotechnical Engineering Division*, ASCE, Vol. 96, No. GT1, pp. 73–110.

Matteo, L. D., Bigotti, F., and Ricco, R. (2009). "Best-Fit Model to Estimate Proctor Properties of Compacted Soil," *Journal of Geotechnical and Geoenvironmental Engineering*, American Society of Civl Engineers, Vol. 135, No. 7, pp. 992–996.

Mitchell, J. K. (1970). "In-Place Treatment of Foundation Soils," *Journal of the Soil Mechanics and Foundations Division*, American Society of Civil Engineers, Vol. 96, No. SM1, pp. 73–110.

Mitchell, J. K. (1981). "Soil Improvement—State-of-the-Art Report," *Proceedings, 10th International Conference on Soil Mechanics and Foundation Engineering,* Stockholm, Sweden, Vol. 4, pp. 506–565.

Mitchell, J. K. and Freitag, D. R. (1959). "A Review and Evaluation of Soil–Cement Pavements," *Journal of the Soil Mechanics and Foundations Division*, American Society of Civil Engineers, Vol. 85, No. SM6, pp. 49–73.

Mitchell, J. K. and Huber, T. R. (1985). "Performance of a Stone Column Foundation," *Journal of Geotechnical Engineering*, American Society of Civil Engineers, Vol. 111, No. GT2, pp. 205–223.

Mujtaba, H., Farooq, K., Sivakugan, N., and Das, B.M. (2013). "Correlation between Gradation Parameters and Compaction Characteristics of Sandy Soil," *International Journal of Geotechnical Engineering*. Maney Publishing, UK. Vol. 7, No. 4, pp. 395–401.

Murayama, S. (1962). "An Analysis of Vibro-Compozer Method on Cohesive Soils," *Construction in Mechanization* (in Japanese), No. 150, pp. 10–15.

Ohta, S. and Shibazaki, M. (1982). "A Unique Underpinning of Soil Specification Utilizing Super-High Pressure Liquid Jet," *Proceedings, Conference on Grouting in Geotechnical Engineering*, New Orleans, LA.

Olson, R. E. (1977). "Consolidation under Time-Dependent Loading," *Journal of Geotechnical Engineering Division*, ASCE, Vol. 102, No. GT1, pp. 55–60.

Omar, M., Abdallah, S., Basma, A., and Barakat, S. (2003). "Compaction Characteristics of Granular Soils in the United Arab Emirates," *Geotechnical and Geological Engineering*, Vol. 21, No. 3, pp. 283–295.

Osman, S., Togrol, E., and Kayadelen, C. (2008). "Estimating Compaction Behavior of Fine-Grained Soils Based on Compaction Energy," *Canadian Geotechnical Journal*, Vol. 45, No. 6, pp. 877–887.

Othman, M. A. and Luettich, S. M. (1994). "Compaction Control Criteria for Clay Hydraulic Barriers," *Transportation Research Record*, No. 1462, National Research Council, Washington, DC, pp. 28–35.

Partos, A., Welsh, J. P., Kazaniwsky, P. W., and Sander, E. (1989). "Case Histories of Shallow Foundation on Improved Soil," *Proceedings, Foundation Engineering: Current Principles and Practices*, American Society of Civil Engineers, Vol. 1, pp. 313–327.

Patra, C. R., Sivakugan, N., Das, B. M., and Rout, S. K. (2010). "Correlations of Relative Density of Clean Sand with Median Grain Size and Compaction Energy," *International Journal of Geotechnical Engineering*, Vol. 4, No. 2, pp. 195–203.

Poran, C. J. and Rodriguez, J. A. (1992). "Design of Dynamic Compaction," *Canadian Geotechnical Journal*, Vol. 2, No. 5, pp. 796–802.

Shibuya, S. and Hanh, L. T. (2001). "Estimating Undrained Shear Strength of Soft Clay Ground Improved by Preloading with PVD—Case History in Bangkok," *Soils and Foundations*, Vol. 41, No. 4, pp. 95–101.

Steudlein, A. W. and Holtz, R. D. (2013). "Bearing Capacity of Spread Footings on Aggregate Pier Reinforced Clay," *Journal of Geotechnical and Geoenvironmental Engineering*, American Society of Civil Engineers, Vol. 139, No. 1, pp. 49–58.

Thompson, M. R. (1967). *Bulletin 492, Factors Influencing the Plasticity and Strength of Lime-Soil Mixtures*, Engineering Experiment Station, University of Illinois.

Thompson, M. R. (1966). "Shear Strength and Elastic Properties of Lime-Soil Mixtures," *Highway Research Record 139*, National Research Council, Washington, DC, pp. 1–14.

Transportation Research Board (1987). *Lime Stabilization: Reactions, Properties, Design and Construction*, National Research Council, Washington, DC.

Tullock, W. S., II, Hudson, W. R., and Kennedy, T. W.

(1970). *Evaluation and Prediction of the Tensile Properties of Lime-Treated Materials*, Research Report 98-5, Center for Highway Research, University of Texas, Austin, TX.

Welsh, J. P. and Burke, G. K. (1991). "Jet Grouting–Uses for Soil Improvement," *Proceedings, Geotechnical Engineering Congress*, American Society of Civil Engineers, Vol. 1, pp. 334–345.

Welsh, J. P., Rubright, R. M., and Coomber, D. B. (1986). "Jet Grouting for Support of Structures," presented at the Spring Convention of the American Society of Civil Engineers, Seattle, WA.

Yeung, A. T. (1997). "Design Curves for Prefabricated Vertical Drains," *Journal of Geotechnical and Geoenvironmental Engineering*, Vol. 123, No. 8, pp. 755–759.

Part 3

기초의 분석

Foundation Analysis

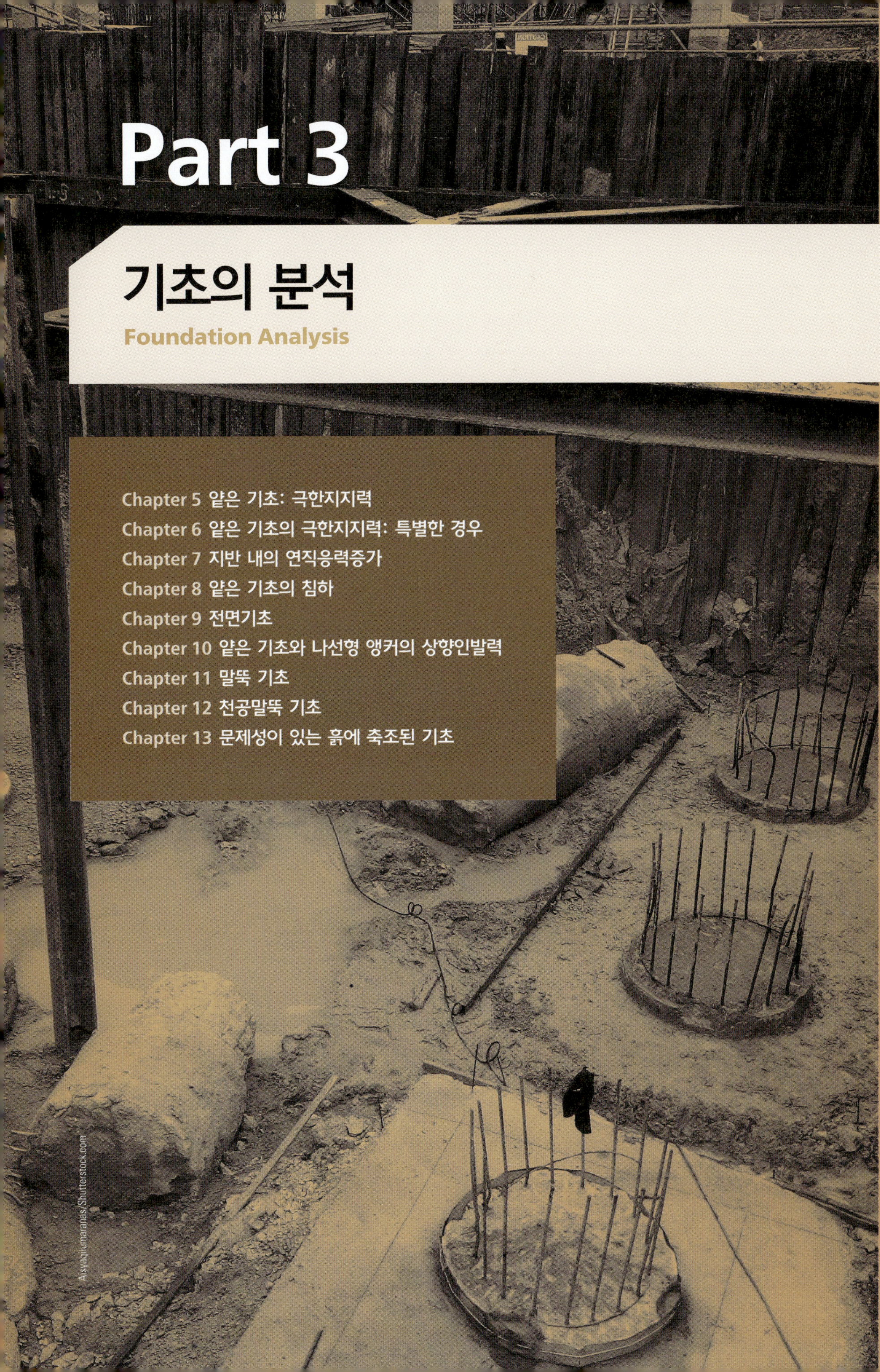

Aisyaqilumaranas/Shutterstock.com

Chapter 5

얕은 기초: 극한지지력

Shallow Foundations: Ultimate Bearing Capacity

www_fogo_expert/Shutterstock.com

학습목표 **5장을 학습하면 다음을 할 수 있다**

- 5.1 다양한 유형의 얕은 기초를 비교하고 이를 지지하는 토질의 지지력을 이해함.
- 5.2 얕은 기초의 극한지지력을 이해함.
- 5.3 기초의 극한지지력을 산정하기 위한 Terzaghi의 지지력 방정식을 적용함.
- 5.4 설계 및 시공을 위한 극한지지력과 적정한 안전율의 적용에 대해 이해함.
- 5.5 지하수위가 극한지지력에 미치는 영향을 분석.
- 5.6 기초의 모양과 깊이, 하중의 경사에 따른 일반적인 지지력 공식을 도출함.
- 5.7 문헌에서 얻을 수 있는 여러 가지 지지력, 모양 및 깊이 인자들을 이해함.
- 5.8 극한지지력을 분석하기 위한 사례를 제시함.
- 5.9 지반의 압축성이 지지력에 미치는 영향을 설명함.
- 5.10 극한지지력에 대한 크기 효과를 이해함.
- 5.11 편심 하중을 받는 기초의 극한지지력을 산정함.
- 5.12 일방향 편심하중을 받는 얕은 기초의 극한지지력을 산정함.
- 5.13 양방향 편심하중을 받는 얕은 기초의 극한지지력을 산정함.
- 5.14 편심경사하중을 받는 연속기초에 대해 분석함.

5.1 개요

기초는 일반적으로 두 그룹으로 나눌 수 있다.

- 얕은 기초
- 깊은 기초

얕은 기초는 **패드**; 옹벽의 기초와 같은 **연속기초**(또는 **띠모양**); 그리고 **전면기초**를 포함한다. 그림 5.1은 패드 기초(또는 확대 기초)를 보여준다. 현장에서 시공되는 다양한 형태의 전면기초에 대한 개략도는 그림 9.4와 같다.

얕은 기초(shallow foundation)가 제 기능을 발휘하기 위해서는 다음의 두 가지 조건을 충족시켜야 한다.

1. 기초는 지지하고 있는 기초지반 내에서 전반적인 전단파괴에 대하여 안전하여야 한다.
2. 기초는 과도한 변위, 즉 과잉 침하가 발생하지 않아야 한다. 여기서 과잉이라는 용어는 상대적이다. 여러 조건에 따라 구조물에는 어느 정도 침하를 허용하기 때문이다.

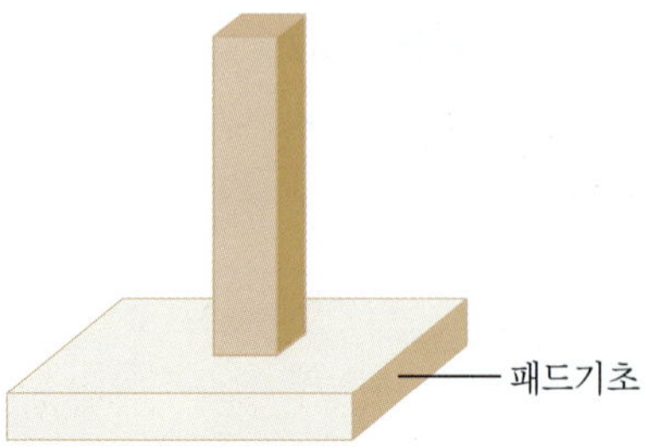

그림 5.1 패드기초(또는 확대 기초)

기초지반의 전단파괴가 발생될 때 기초의 단위면적당 작용되는 하중을 **극한지지력**(ultimate bearing capacity)이라 부르며, 이 장의 주제이다. 이 장에서는 다음과 같은 내용을 다루게 된다.

- 중심연직하중을 받는 얕은 기초의 극한지지력에 대한 이론적 관계 정립을 위한 기본 개념
- 극한지지력 상태에서 지하수위의 위치와 흙의 압축성
- 편심하중과 경사하중을 고려한 얕은 기초의 지지력

5.2 일반 개념

그림 5.2a에서 보는 바와 같이 기초 폭이 B인 **띠기초**(strip foundation)가 조밀한 모래층 또는 단단한 점토층 표면에 놓여 있다고 하자. 이제 하중을 기초에 점진적으로 재하하면 침하가 증가할 것이다. 기초에 재하되는 단위면적당 하중(q)에 대한 기초침하량의 변화는 그림 5.2a와 같다. 단위면적당 하중이 q_u와 같을 때, 기초를 지지하는 지반 내 임의의 점에서 갑자기 파괴가 일어나면 지반 내의 파괴면은 지표면까지 확장될 것이다. 기초지반 내에서 일

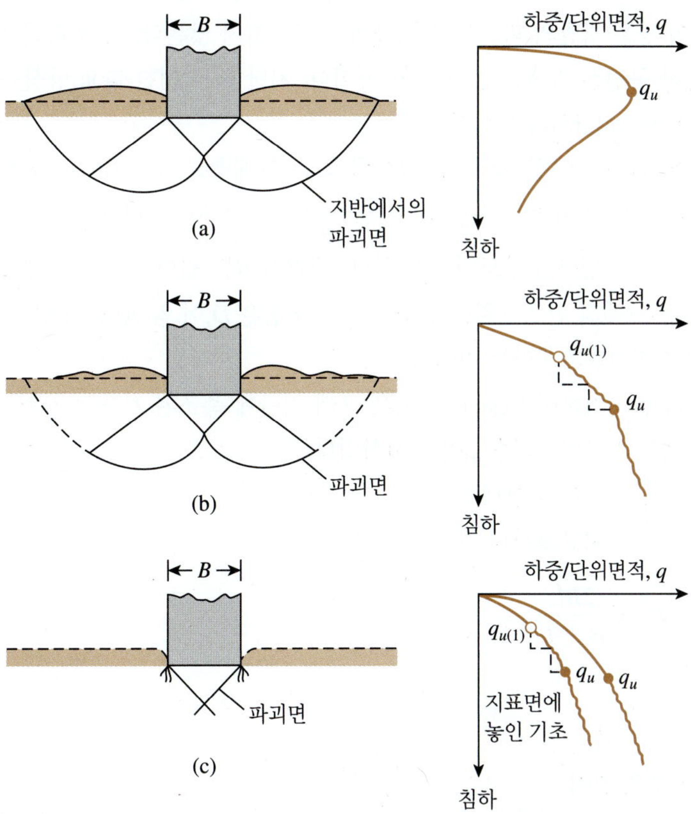

그림 5.2 지반에서의 지지력파괴 특성: (a) 전반전단파괴, (b) 국부전단파괴, (c) 관입전단파괴(Vesic, 1973)
(출처: Based on Vesic, A. S. (1973). "Analysis of Ultimate Loads of Shallow Foundations," *Journal of Soil Mechanics and Foundations Division*, American Society of Civil Engineers, Vol. 99, No. SM1, pp. 45–73.)

어난 이러한 종류의 급작스런 파괴를 **전반전단파괴**(general shear failure)라 한다. 따라서,

$$\frac{Q_u}{A} = \frac{Q_u}{(B)(1)} = q_u \tag{5.1}$$

Q_u = 띠기초의 단위길이당 하중
A = 단위길이당 기초의 면적
B = 기초의 폭

중간 정도의 다짐도를 갖는 모래, 또는 점토 지반에 놓인 기초(그림 5.2b)에 하중을 가하면 침하량도 동반하여 증가할 것이다. 그러나 이 경우 지반 내의 파괴면은 그림 5.2b에 실선으로 나타난 것과 같이 기초에서 바깥쪽으로 점차 확장될 것이다. 기초에 작용되는 단위면적당 하중이 $q_{u(1)}$과 같을 때, 지반의 순간적인 파괴는 기초의 이동을 동반하게 된다. 이때 지반 내 파괴면이 지표면까지 연장되려면(그림에 점선으로 나타난 것과 같이) 기초의 상당한 이동이 발생하여야 한다. 이러한 이동이 발생할 때 단위면적당 하중이 **극한지지력** q_u이다. 이 점을 넘어 하중이 증가하면 기초의 침하는 크게 발생한다. 기초의 단위면적당 하중 $q_{u(1)}$을 *1*차 **파괴하중**이라 부른다(Vesic, 1963). 이러한 형태의 파괴에서는 최대값 q가 잘 나타나지 않는다. 이러한 파괴 양상을 지반 내의 **국부전단파괴**(local shear failure)라 부른다.

기초가 느슨한 모래 지반에 의하여 지지되고 있다면 하중-침하 곡선은 그림 5.2c와 같을 것이다. 이 경우 지반의 파괴면은 지표까지 도달하지 않는다. 극한 파괴하중, q_u을 초과하면 하중침하 곡선은 가파른 선형이 될 것이다. 지반 내 이러한 파괴 양상을 **관입전단파괴**(punching shear failure)라 부른다.

Vesic(1963)은 다양한 상대밀도(D_r)를 갖는 모래층으로 지지되는 원형 및 직사각형 기초에 대해 하중-지지력 실험을 여러 번 실시하였다. 이 실험으로부터 얻은 $q_{u(1)}/\frac{1}{2}\gamma B$, $q_u/\frac{1}{2}\gamma B$의 변화는 그림 5.3에 도시되어 있다. 여기서 B는 원형 기초의 직경 또는 직사각형 기초의 폭, γ는 모래의 건조단위중량이다. 중요한 점은 D_r이 약 70% 이상일 때 기초지반의 파괴 유형이 전반전단파괴라는 것이다.

실험 결과에 근거하여 Vesic(1973)은 모래 지반에 축조된 기초의 지지력 파괴 양상에 관한 상관관계도를 그림 5.4와 같이 제시하였다.

D_r = 모래의 상대밀도
D_f = 지표로부터 기초의 근입깊이

$$B^* = \frac{2BL}{B + L} \tag{5.2}$$

여기서

B = 기초의 폭
L = 기초의 길이

(주: L은 항상 B보다 크다.)

정사각형 기초의 경우, $B = L$; 원형 기초일 경우, $B = L =$ 직경. 따라서

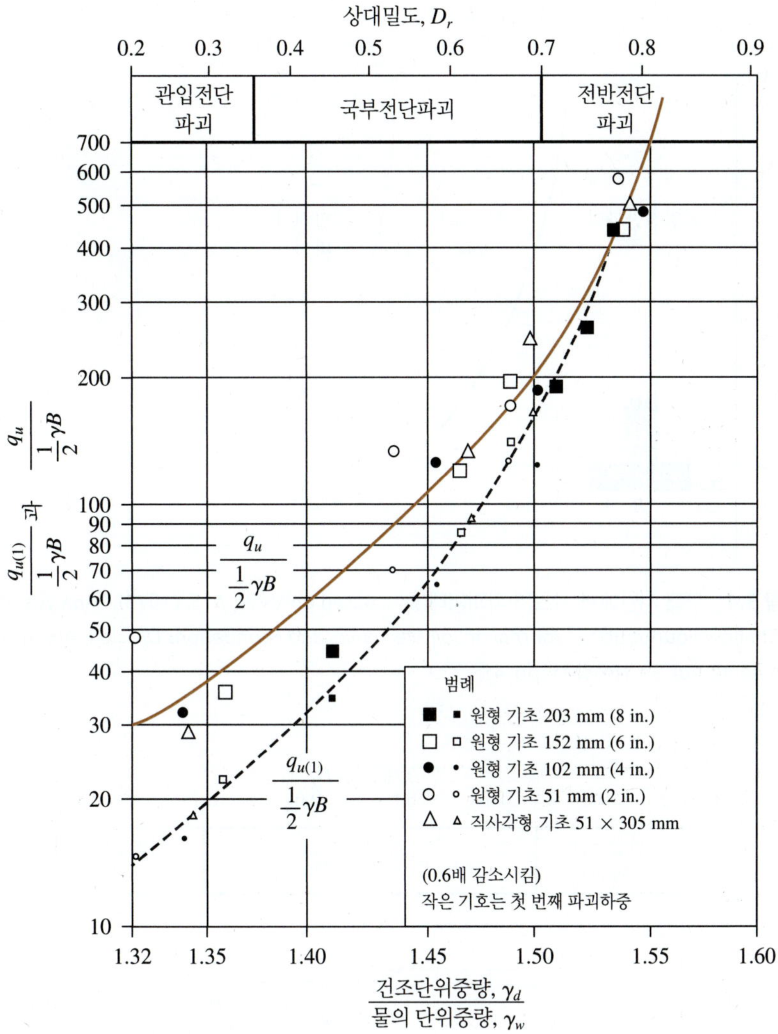

그림 5.3 모래 지반에서 원형 기초와 직사각형 기초에 대한 $q_{u(1)}/0.5\ \gamma B$와 $q_{u(1)}/0.5\ \gamma B$의 변화(출처: Based on Vesic, A. B. "Bearing Capacity of Deep Foundations in Sand." *Highway Research Record 39, Highway Research Board, National Research Council, Washington, D.C.,* 1963, Figure 28, p. 137.)

$$B^* = B \tag{5.3}$$

B^*는 B/L에 따라 B에서 $2B$ 사이에서 변화한다.

그림 5.5는 그림 5.3에 도시된 것과 같이 **극한하중**일 때 모래 지반($D_f = 0$)에 놓인 원형 기초와 직사각형 기초에 발생하는 침하량 S_u를 보여주고 있다. 일반적으로 S_u/B는 모래의 상대 다짐 정도에 따라 결정된다. D_f/B^*가 적은 얕은 깊이에 기초가 위치할 경우, 극한하중은 기초의 침하량이 기초 폭 B의 4~10% 범위에서 발생된다. 이러한 조건은 지반의 전반전단파괴가 발생될 때 성립된다. 또한, 국부전단파괴나 관입전단파괴의 경우, 극한하중은 침하량이 기초 폭(B)의 15~25% 범위에서 발생된다.

DeBeer(1967)는 $D_f/B = 0$일 때 S_u/B (B = 원형 기초의 직경)에 대한 실내실험 결과를 γB와 상대밀도 D_r의 함수로서 제안하였다. 이 결과 S_u/B와 $\gamma B/p_a$ (p_a = 대기압 ≈ 100

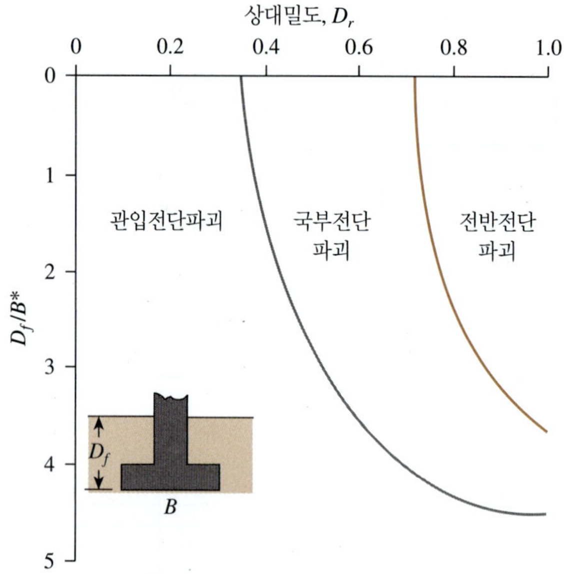

그림 5.4 모래 지반에서 기초의 파괴형태(출처: Based on Vesic, A. S. (1973). "Analysis of Ultimate Loads of Shallow Foundations," *Journal of Soil Mechanics and Foundations Division, American Society of Civil Engineers,* Vol. 99, No. SM1, pp. 45 – 73.)

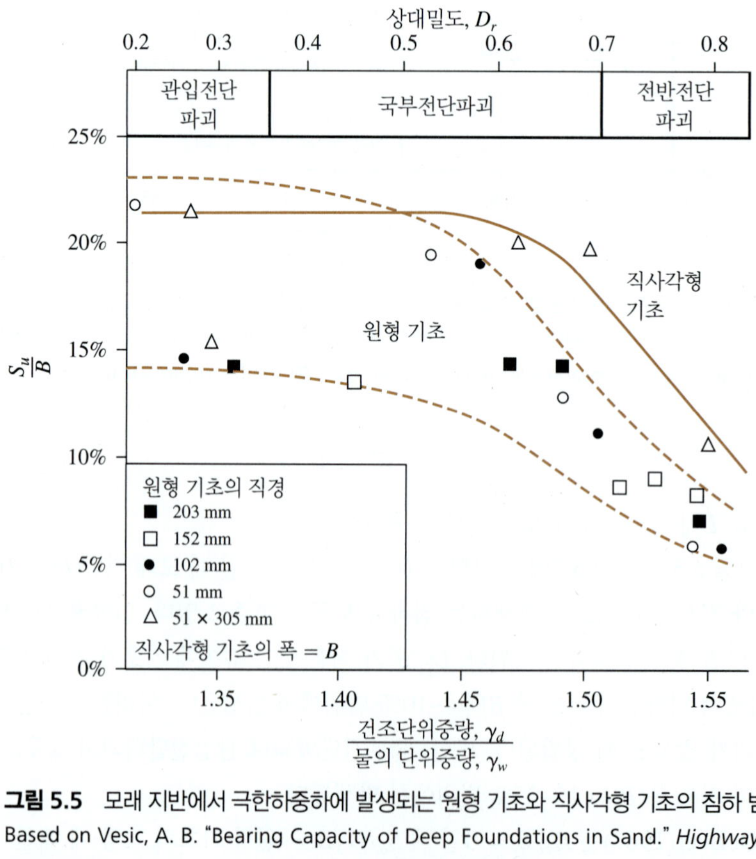

그림 5.5 모래 지반에서 극한하중하에 발생되는 원형 기초와 직사각형 기초의 침하 범위($D_f / B = 0$), (출처: Based on Vesic, A. B. "Bearing Capacity of Deep Foundations in Sand." *Highway Research Record 39,* Highway Research Board, National Research Council, Washington, D.C., 1963, Figure 29, p. 138.)

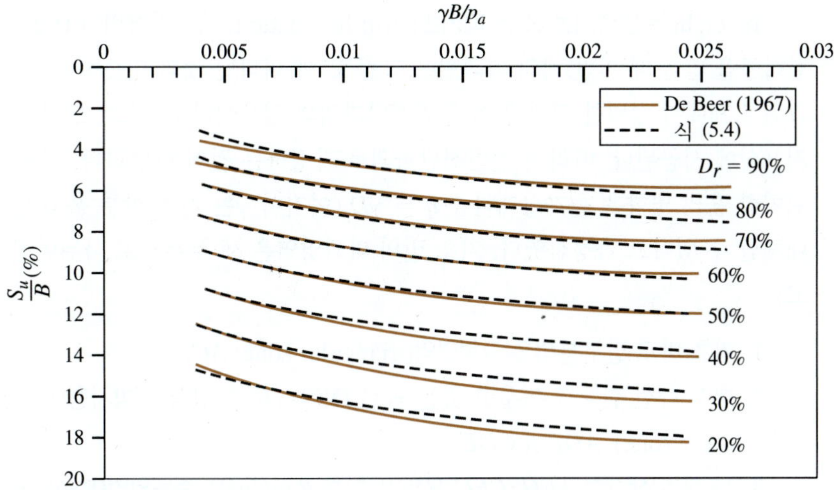

그림 5.6 모래 지반에서 원형 기초에 대한 $\gamma B/p_a$와 D_r에 대한 S_u/B의 관계도(주: $D_f/B = 0$)

kN/m^2) 관계도를 무차원 형태로 표현하여 그림 5.6에 나타내었다. Patra et al.(2013)는 그림에 나타난 결과를 다음과 같은 개략적인 식을 제안하였다.

$$\left(\frac{S_u}{B}\right)_{(D_f/B=0)}(\%) = 30\,e^{(-0.9D_r)} + 1.67\ln\left(\frac{\gamma B}{p_a}\right) - 1 \quad \left(\text{for } \frac{\gamma B}{p_a} \le 0.025\right) \tag{5.4}$$

$$\left(\frac{S_u}{B}\right)_{(D_f/B=0)}(\%) = 30e^{(-0.9D_r)} - 7.16 \quad \left(\text{for } \frac{\gamma B}{p_a} > 0.025\right) \tag{5.5}$$

여기서, D_r은 소수점으로 표현하였다. 비교할 목적으로 식 (5.4)는 그림 5.6에 다시 도시하였다. $D_f/B > 0$일 때, 모래 지반에서 S_u/B의 크기는 다소 높은 것으로 예측된다.

5.3 Terzaghi의 지지력 이론

Terzaghi(1943)는 기초의 밑바닥이 거친 얕은 기초의 극한지지력 평가를 위한 포괄적인 이론을 처음으로 제안하였다. 이 이론에 의하면 기초의 근입깊이 D_f(그림 5.7)가 기초의 폭과 같거나 적을 때 얕은 기초라 정의하였다. 그러나 차후 여러 학자들의 연구결과 기초의 근입깊이 D_f가 기초 폭의 3~4배일 때를 얕은 기초라고 다시 정의하였다.

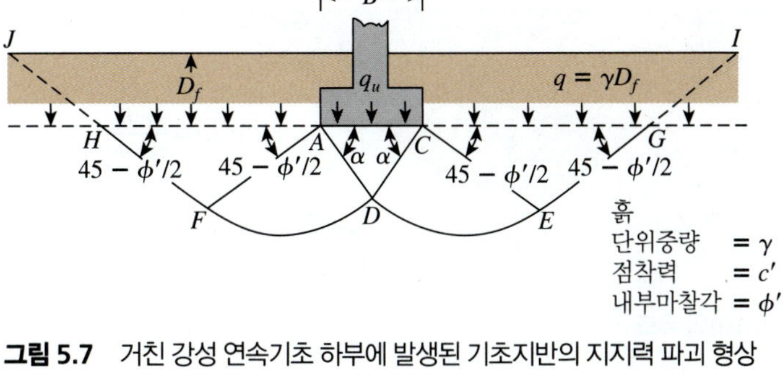

그림 5.7 거친 강성 연속기초 하부에 발생된 기초지반의 지지력 파괴 형상

Terzaghi는 **연속기초** 또는 **띠기초**(strip foundation; 폭-길이비가 0에 가까울 때)가 극한하중을 받을 때 지반 내의 파괴면은 그림 5.7에 나타난 것과 비슷하다고 가정하였다. (즉 그림 5.2a에서 정의한 것과 같이 전반전단파괴의 경우이다.) 기초는 일반적으로 잘 다져진 지표상에 시공된다. 따라서 전반전단파괴로 가정하는 것이 타당하다. 기초 바닥면 이상에 위치한 흙의 영향은 등가상재하중 $q = \gamma D_f$(여기서 γ는 기초 상부 흙의 단위중량이다)로 대체할 수 있다고 가정하였다. 기초 밑의 파괴영역은 세 부분으로 나뉘어진다(그림 5.7 참고).

1. 기초 바로 밑부분의 **삼각형영역**(triangular zone) *ACD*
2. 대수 나선 원호를 이루고 있는 곡선 *DE*와 *DF*로 형성된 **방사형태의 전단영역**(radial shear zone), *ADF*와 *CDE*
3. 두 개의 삼각형 *AFH*, *CEG* 모양을 이룬 *Rankine*의 **수동영역**(Rankine passive zone)

*CAD*와 *ACD*의 각은 흙의 내부마찰각(ϕ')과 같다고 가정한다. 여기서 유념할 것은 기초바닥면 이상의 흙은 등가상재하중 q로 대치되었으며, 파괴면 *GI*와 *HJ*를 따라 발생되는 전단 저항값을 고려하지 않았다.

기초의 극한지지력 q_u는 그림 5.7에 나타나 있는 삼각형 쐐기 *ACD*의 평형성을 고려함으로써 구할 수 있다. 그림 5.8에 더 큰 그림으로 나타내었다. 만약 단위면적당 하중 q_u가 기초에 작용되면 전반전단파괴가 일어나며, 수동토압 P_p가 흙쐐기 *ACD*의 한 면에 작용된다. 이러한 현상이 쉽게 인지될 수 있는 것은 만약 *AD*와 *CD*가 두 개의 벽면이라 생각하고, 흙쐐기 *ADFH*와 *CDEC*를 각각 밀어낸다면 수동파괴가 발생된다. P_p는 쐐기면인 *AD*와 *CD* 면에 그려진 법선(직각)에 δ' 각도(벽면과의 마찰각)로 경사져서 작용한다. *AD*와 *CD*면 상의 흙의 경우, δ'는 흙의 내부마찰각 ϕ'과 같아야 한다. 왜냐하면 *AD*와 *CD*면이 수평선과 ϕ'의 각도로 기울어져 있기 때문에, P_p의 방향이 연직이 되어야 하기 때문이다.

기초의 단위길이당 작용하는 힘의 평형을 고려하면,

$$(q_u)(2b)(1) = -W + 2C\sin\phi' + 2P_p \tag{5.6}$$

여기서

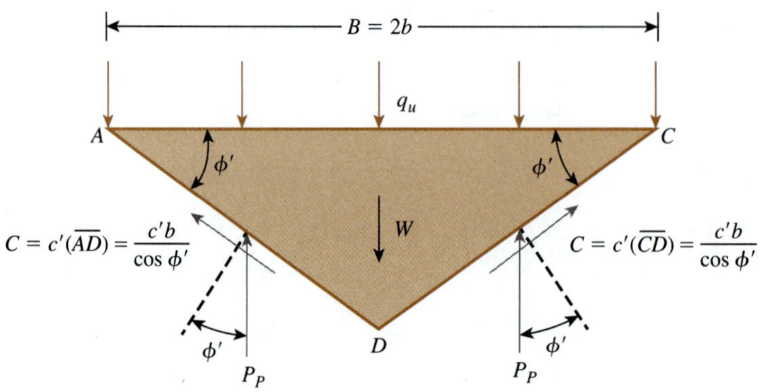

그림 5.8 식 (5.10)의 유도

$b = B/2$

$W =$ 흙쐐기 ACD의 무게 $= \gamma b^2 \tan \phi'$

$C = AD$와 CD의 각 면을 따라 작용하는 점착력이며, 이는 단위 점착력에 각 면의 길이를 곱한 값과 같다. $= c'b/(\cos \phi')$

그러므로,

$$2bq_u = 2P_p + 2bc' \tan \phi' - \gamma b^2 \tan \phi' \tag{5.7}$$

또한

$$q_u = \frac{P_p}{b} + c' \tan \phi' - \frac{\gamma b}{2} \tan \phi' \tag{5.8}$$

식 (5.8)의 수동토압은 흙의 무게 γ, 점착력 c', 그리고 상재 압력 q에 의해 유발되는 모든 토압을 합한 값이다. 그림 5.9는 쐐기면 CD에 작용되는 각 요소로 인해서 발생되는 수동토압의 분포도를 나타낸 것이다.

$$P_p = \frac{1}{2}\gamma(b \tan \phi')^2 K_\gamma + c'(b \tan \phi')K_c + q(b \tan \phi')K_q \tag{5.9}$$

여기서 K_γ, K_c, 그리고 K_q는 토압계수들이며, 흙의 내부마찰각 ϕ'의 함수이다.

식 (5.8), (5.9)를 연립하면,

$$q_u = c'N_c + qN_q + \frac{1}{2}\gamma B N_\gamma \tag{5.10}$$

여기서

$$N_c = \tan \phi'(K_c + 1) \tag{5.11}$$

$$N_q = K_q \tan \phi' \tag{5.12}$$

그리고

$$N_\gamma = \frac{1}{2}\tan \phi'(K_\gamma \tan \phi' - 1) \tag{5.13}$$

여기서, N_c, N_q, 그리고 N_γ는 **지지력계수**이다.

지지력계수 N_c, N_q, 그리고 N_γ는 각각 흙의 점착력, 상재하중, 흙의 단위중량에 따라 발생하는 값으로 극한지지력에 기여한다. K_c, K_q, 그리고 K_γ를 평가하는 것은 매우 번거로운 일이다. 이러한 이유 때문에 Terzaghi는 극한지지력 q_u를 구하기 위하여 개략적인 방법을 사용하였다. 개략적인 방법의 원리는 다음과 같다.

1. $\gamma = 0$(흙의 무게가 없음), $c = 0$일 경우

$$q_u = q_q = qN_q \tag{5.14}$$

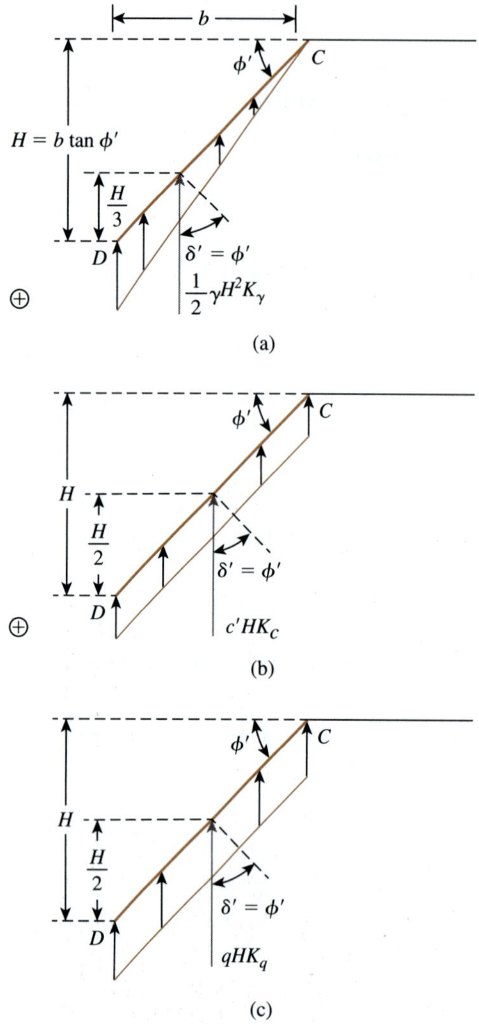

주: $H = b \tan \phi'$

$P_P = \frac{1}{2}\gamma H^2 K_\gamma + c'HK_c + qHK_q$

그림 5.9 그림 5.8의 쐐기면 *CD*에 작용하는 수동토압의 분포도: (a) 흙 무게에 의한 기여 γ, (b) 점착력에 의한 기여 c', (c) 상재하중에 의한 기여 q

여기서

$$N_q = \frac{e^{2(3\pi/4 - \phi'/2)\tan \phi'}}{2\cos^2\left(45 + \frac{\phi'}{2}\right)} \tag{5.15}$$

2. $\gamma = 0$(흙 무게가 없음), $q = 0$일 경우

$$q_u = q_c = c'N_c \tag{5.16}$$

여기서

$$N_c = \cot\phi' \left[\frac{e^{2(3\pi/4-\phi'/2)\tan\phi'}}{2\cos^2\left(\frac{\pi}{4}+\frac{\phi'}{2}\right)} - 1 \right] = \cot\phi'(N_q - 1) \tag{5.17}$$

3. $c' = 0$, 상재하중 $q = 0$(즉, $D_f = 0$)일 경우

$$q_u = q_\gamma = \frac{1}{2}\gamma B N_\gamma \tag{5.18}$$

ϕ'값의 다양한 변화에 대한 N_γ의 크기는 시행착오에 의해 결정된다.

식 (5.17), (5.15), (5.13)에 의해 결정된 극한지지력계수의 변화는 표 5.1에 주어졌다.

정사각형 기초와 **원형 기초**의 극한지지력을 구하기 위하여 식 (5.10)을 다음과 같이 수정하였다.

$$q_u = 1.3c'N_c + qN_q + 0.4\gamma BN_\gamma \quad \text{(정사각형 기초)} \tag{5.19}$$

그리고

$$q_u = 1.3c'N_c + qN_q + 0.3\gamma BN_\gamma \quad \text{(원형 기초)} \tag{5.20}$$

식 (5.19)에서 B는 기초 한 면의 크기와 같다. 식 (5.20)의 B는 기초의 직경과 같다.

국부전단파괴 형상이 적용되는 기초에 대해 Terzaghi는 다음과 같은 수정식 (5.10), (5.19), 그리고 (5.20)을 제안하였다.

$$q_u = \frac{2}{3}c'N'_c + qN'_q + \frac{1}{2}\gamma BN'_\gamma \quad \text{(연속기초)} \tag{5.21}$$

$$q_u = 0.867c'N'_c + qN'_q + 0.4\gamma BN'_\gamma \quad \text{(정사각형 기초)} \tag{5.22}$$

$$q_u = 0.867c'N'_c + qN'_q + 0.3\gamma BN'_\gamma \quad \text{(원형 기초)} \tag{5.23}$$

N'_c, N'_q, 그리고 N'_γ은 **수정 지지력계수**이다. 이 계수는 ϕ'을 $\phi'' = \tan^{-1}(2/3\tan\phi')$으로 대체한 지지력계수 방정식($N_c$, N_q, 그리고 N_γ)을 사용하여 산정할 수 있다. 따라서 N'_c, N'_q, 그리고 N'_γ은 ϕ''에 관한 함수이다.

여러 모델시험 결과에 기초하여 저자는 사질토 내 얕은 기초에 대한 N'_q 값이 Terzaghi의 수정과정에서 저평가되었음을 관찰하였다(Ismael and Vesic, 1981 참조).

Vesic(1963)에 의한 다음 식이 더 잘 표현하고 있다.

$$N'_q = (e^{3.8\phi'\tan\phi'})\tan^2\left(45 + \frac{\phi'}{2}\right) \tag{5.24}$$

식 (5.24)로 계산된 N'_q 값은 표 5.2와 같다.

Terzaghi의 지지력 방정식[식 (5.10)]과 지지력계수는 수정되어왔다. 극한지지력에 관여하는 점착력, 상재하중, 그리고 흙의 중량에 따른 세 가지 요소를 감안할 때, 지지력 방정

표 5.1 Terzaghi의 지지력계수—식 (5.17), (5.15), (5.13)[a]

ϕ'	N_c	N_q	N_γ^{a}	ϕ'	N_c	N_q	N_γ^{a}
0	5.70	1.00	0.00	26	27.09	14.21	9.84
1	6.00	1.10	0.01	27	29.24	15.90	11.60
2	6.30	1.22	0.04	28	31.61	17.81	13.70
3	6.62	1.35	0.06	29	34.24	19.98	16.18
4	6.97	1.49	0.10	30	37.16	22.46	19.13
5	7.34	1.64	0.14	31	40.41	25.28	22.65
6	7.73	1.81	0.20	32	44.04	28.52	26.87
7	8.15	2.00	0.27	33	48.09	32.23	31.94
8	8.60	2.21	0.35	34	52.64	36.50	38.04
9	9.09	2.44	0.44	35	57.75	41.44	45.41
10	9.61	2.69	0.56	36	63.53	47.16	54.36
11	10.16	2.98	0.69	37	70.01	53.80	65.27
12	10.76	3.29	0.85	38	77.50	61.55	78.61
13	11.41	3.63	1.04	39	85.97	70.61	95.03
14	12.11	4.02	1.26	40	95.66	81.27	115.31
15	12.86	4.45	1.52	41	106.81	93.85	140.51
16	13.68	4.92	1.82	42	119.67	108.75	171.99
17	14.60	5.45	2.18	43	134.58	126.50	211.56
18	15.12	6.04	2.59	44	151.95	147.74	261.60
19	16.56	6.70	3.07	45	172.28	173.28	325.34
20	17.69	7.44	3.64	46	196.22	204.19	407.11
21	18.92	8.26	4.31	47	224.55	241.80	512.84
22	20.27	9.19	5.09	48	258.28	287.85	650.67
23	21.75	10.23	6.00	49	298.71	344.63	831.99
24	23.36	11.40	7.08	50	347.50	415.14	1072.80
25	25.13	12.72	8.34				

[a]From Kumbhojkar (1993)

식은 기초의 형상(B/L), 기초의 근입심도(D_f), 경사하중의 효과를 고려하여 수정되었다. 이 내용은 5.6절에 서술하였다. Terzaghi의 원 지지력 방정식[식 (5.10)]은 현재까지 양호한 평가방식으로 사용되고 있으나 평가결과는 보수적일 수 있다.

5.4 안전율

기초의 극한지지력을 계산할 때, **허용지지력**(gross allowable load-bearing capacity, q_{all})을 결정하는 것이 필요하며, 이는 구조물이 축조되었을 때 하부 지반에 놓인 기초의 단위면적당 하중이다. 충분한 **허용 안전율**(FS), q_{all}은 다음과 같이 정의된다.

$$q_{\text{all}} = \frac{q_u}{\text{FS}} \tag{5.25}$$

표 5.2 N'_q의 값 [식 (5.24)]

ϕ'(deg)	N'_q
0	1.0
5	1.2
10	1.6
15	2.2
20	3.3
25	5.3
30	9.5
35	18.7
40	42.5
45	115.0

식 (5.10), 식 (5.19) 또는 식 (5.20)으로 계산되는 극한지지력 q_u는 전 극한지지력(gross ultimate bearing capacity)이다. 한편, 일부 실무 담당기술자들은 아래와 같은 안전율을 사용하기를 선호한다.

$$\text{지반의 순응력 증가} = \frac{\text{순 극한지지력}}{\text{FS}} \tag{5.26}$$

순 극한지지력(net ultimate bearing capacity)은 기초 바닥면 상부에 위치한 주변 흙에 의하여 기초에 가해지는 하중을 제외하고, 기초지반이 지지할 수 있는 기초의 단위면적당 극한하중으로 정의된다.

이와 유사하게 하부 지반에 대해 기초에 적용된 순 하중은 상재하중 $q(=\gamma D_f)$을 제외한 하중이다. $D_f = 0\text{~}2$ m인 얕은 기초에서는 순 하중과 전 하중의 차이는 매우 작다. D_f가 크고 상재하중이 현저하게 차이나는 깊은 지하실이 위치한 곳에만 제거하며, 순 하중과 전 하중의 구분이 필요하다. 만약 기초에 사용된 콘크리트의 단위중량과 주변 흙의 단위중량의 차이를 무시한다면

$$q_{u(\text{net})} = q_u - q \tag{5.27}$$

여기서

$Q_{u(\text{net})}$ = 순 극한지지력

$q = \gamma D_f$

그러므로

$$q_{\text{all(net)}} = \frac{q_u - q}{\text{FS}} \tag{5.28}$$

전단강도 매개변수와 관련된 불확실성과 지지력 이론에 사용된 단순화를 고려할 때, 얕은 기초에는 상대적으로 큰 안전율인 3을 적용한다.

예제 5.1

정사각형 기초의 평면 치수는 2 m × 2 m이다. 이 기초를 지지하고 있는 기초지반의 내부마찰각 $\phi' = 25°$, 그리고 $c' = 20$ kN/m^{2}이다. 흙의 단위중량 γ는 16.5 kN/m^{3}이다. 안전율(FS)이 3일 때, 기초에 작용되는 총 허용하중(total allowable gross load)을 결정하라. 기초의 근입깊이(D_f)는 1.5 m이고, 기초지반의 파괴형태는 전반전단파괴 형상이다.

풀이

식 (5.19)로부터

$$q_u = 1.3c'N_c + qN_q + 0.4\gamma BN_\gamma$$

표 5.1로부터 $\phi' = 25°$일 때,

$$N_c = 25.13$$
$$N_q = 12.72$$
$$N_\gamma = 8.34$$

따라서

$$q_u = (1.3)(20)(25.13) + (1.5 \times 16.5)(12.72) + (0.4)(16.5)(2)(8.34)$$
$$= 653.38 + 314.82 + 110.09 = 1078.29 \text{ kN/m}^2$$

기초의 단위면적당 허용하중

$$q_{\text{all}} = \frac{q_u}{\text{FS}} = \frac{1078.29}{3} \approx 359.5 \text{ kN/m}^2$$

그러므로 총 허용하중은

$$Q = (359.5)\,B^2 = (359.5)\,(2 \times 2) = \mathbf{1438\ kN}$$

■

예제 5.2

흙의 전단강도정수가 예제 5.1과 같다고 가정하자. 기초의 크기가 $B \times B$인 정사각형 기초의 총 허용하중이 1000 kN이고, 안전율이 FS = 3이고, $D_f = 1$이다. 기초의 크기 B를 구하라.

풀이

총 허용하중(allowable gross load) $Q = 1000$ kN이고 안전율 FS = 3. 따라서, 총 극한하중 $Q_u = (Q)(\text{FS}) = (1000)(3) = 3000$ kN

따라서

$$q_u = \frac{Q_u}{B^2} = \frac{3000}{B^2} \tag{a}$$

식 (5.19)로부터

$$q_u = 1.3c'N_c + qN_q + 0.4\gamma BN_\gamma$$

$\phi' = 25°$일 때, $N_c = 25.13$, $N_q = 12.72$ 그리고 $N_r = 8.34$.

또한

$$q = \gamma D_f = (16.5)(1) = 16.5\ \text{kN/m}^2$$

$$q_u = (1.3)(20)(25.13) + (16.5)(12.72) + (0.4)(16.5)(B)(8.34) = 863.26 + 55.04B \qquad \text{(b)}$$

(a)와 (b)를 연립하면

$$\frac{3000}{B^2} = 863.26 + 55.04B \qquad \text{(c)}$$

시행착오법에 의하여

$$B = 1.77\ \text{m} \approx \mathbf{1.8\ m}$$

■

5.5 지하수위에 따른 지지력 식의 수정

식 (5.10)과 식 (5.19), (5.20)은 지하수위가 기초로부터 상당히 깊은 곳에 위치한다는 가정하에 극한지지력을 산정하도록 되어 있다. 그러나 지하수위가 기초에 근접해 있다면 지하수위의 위치에 따라 지지력 식을 약간 수정하여야 한다(그림 5.10 참고).

그림 5.10에 따르면, Meyerhof(1955)는 지하수위 표면($D_f/B \le 1$)의 영향을 고려하기 위해 지지력 방정식을 다음과 같이 수정 제안하였다. 연속기초를 보면,

경우 I. 지하수위가 $0 \le d \le D_f$에 위치한 경우

- $\frac{1}{2}\gamma B N_\gamma$를 $\frac{1}{2}\gamma' B N_\gamma$로 대체한다.
- qN_q를 $[\gamma' D_f + (\gamma - \gamma')d]\,N_q + \gamma_w(D_f - d)$로 대체한다.

경우 II. 지하수위가 $D_f \le d \le (D_f + B)$에 위치한 경우

- qN_q는 변경하지 않는다.

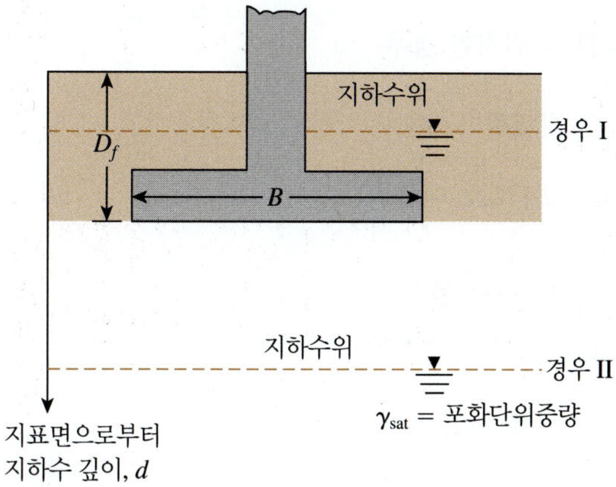

그림 5.10 지하수위가 있는 경우에 대한 지지력 공식의 수정

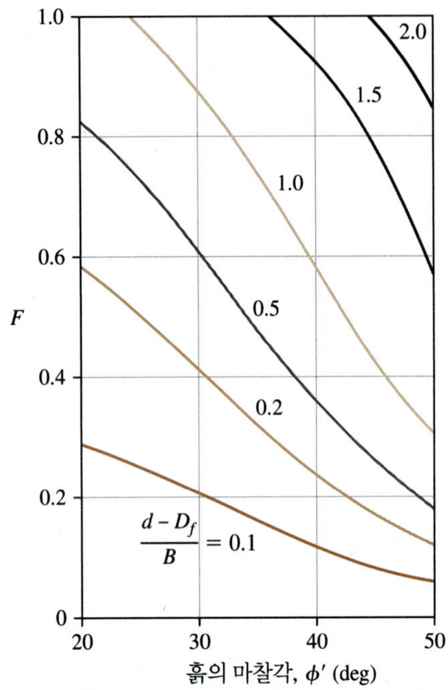

그림 5.11 Meyerhof의 지하수위 보정계수 F

- $\frac{1}{2}\gamma B N_\gamma$를 $\frac{1}{2}B[\gamma' + F(\gamma - \gamma')]N_\gamma$로 대체한다.

상기 관계식에서

γ' = 흙의 유효단위중량

γ_w = 물의 단위중량

그리고

$F = \phi'$의 함수와 $(d - D_f)/B$에 관한 인자(그림 5.11)

Vesic(1973)은 지하수위와 관계된 간편화된 과정을 제안하였으며, 다음과 같이 요약할 수 있다.

경우 I. 지하수위가 $0 \le d \le D_f$에 위치한 경우

- $\frac{1}{2}\gamma B N_\gamma$를 $\frac{1}{2}\gamma' B N_\gamma$로 대체한다.
- qN_q를 $[\gamma d + \gamma'(D_f - d)]N_q$로 대체한다.

경우 II. 지하수위가 $D_f \le d$에 위치한 경우

- qN_q는 변경하지 않는다.
- $\frac{1}{2}\gamma B N_\gamma$를 $\frac{1}{2}\bar{\gamma} B N_\gamma$로 대체한다.

여기서

$$\bar{\gamma} = \gamma' + \left(\frac{d - D_f}{B}\right)(\gamma - \gamma') \tag{5.29}$$

경우 III. 지하수위가 $d \geq (D_f + B)$일 때, 지하수는 극한지지력에 영향을 미치지 않는다.

경우 II와 경우 III, 파괴면(그림 5.7)은 기초면 하부 깊이 B 이내에서 국한되는 것을 알 수 있다.

예제 5.3

예제 5.1을 참조하여 지하수위가 지표면으로부터 깊이 d = 2 m에 위치해 있다면 기초의 최대 허용하중은 얼마인가? Vesic이 제안한 지하수위 보정을 활용하라. γ_{sat} = 19.7 kN/m^3

풀이

주어진 값: d = 2 m

$$D_f = 1.5 < d = 2\text{ m} < (D_f + B) = 3.5\text{ m}$$

따라서, Vesic의 제안에 따라 경우 II에 해당한다. 식 (5.29)로부터

$$\bar{\gamma} = \gamma' + \left(\frac{d - D_f}{B}\right)(\gamma - \gamma')$$

$$\gamma' = 19.7 - 9.81 = 9.89\text{ kN/m}^3$$

$$\bar{\gamma} = 9.89 + \frac{(2 - 1.5)}{2}(16.5 - 9.89) = 11.5\text{ MN/m}^3$$

따라서,

$$q_u = 1.3c'N_c + qN_q + 0.4\,\bar{\gamma}BN_\gamma$$

$$= (1.3)(20)(25.13) + (1.5 \times 16.5)(12.72) + (0.4)(11.5)(2)(8.34)$$

$$= 653.38 + 314.82 + 76.73 = 1044.93\text{ kN/m}^3$$

$$Q = \frac{q_u B^2}{\text{FS}} = \frac{(1044.93)(2 \times 2)}{3} \approx \mathbf{1393\ kN}$$

■

5.6 일반적인 지지력 식

식 (5.10), (5.19), 그리고 식 (5.20)에 제시된 극한지지력 식은 연속기초, 정사각형 기초, 그리고 원형 기초에만 해당된다. 이 식들은 구형 기초(직사각형 기초, $0 < B/L < 1$)의 경우는 해당하지 않는다. 또한, 이 식들은 기초지반 하단부 이상에 위치한 흙의 파괴면(그림 5.7에 GI와 HJ로 표시된 파괴면 부분)을 따라 발생하는 전단저항을 고려하지 않았다. 또한, 기초에 재하되는 하중이 경사각을 이룰 때가 있다. 이러한 모든 부족한 점을 보완하기 위하여 Meyerhof(1963)는 다음과 같은 일반적인 지지력 식을 제안하였다.

$$q_u = c'N_cF_{cs}F_{cd}F_{ci} + qN_qF_{qs}F_{qd}F_{qi} + \frac{1}{2}\gamma BN_\gamma F_{\gamma s}F_{\gamma d}F_{\gamma i} \tag{5.30}$$

여기서

c' = 점착력
q = 기초 하단면에서의 유효응력
γ = 흙의 단위중량
B = 기초의 폭(= 원형 기초의 직경)
$F_{cs}, F_{qs}, F_{\gamma s}$ = 형상계수(shape factor)
$F_{cd}, F_{qd}, F_{\gamma d}$ = 근입깊이계수(depth factor)
$F_{ci}, F_{qi}, F_{\gamma i}$ = 경사하중계수(inclination factor)
N_c, N_q, N_γ = 지지력계수(bearing capacity factor)

식 (5.30)에 주어진 여러 계수들을 구하는 식들을 다음과 같이 간략하게 기술하였다. 극한지지력에 대한 원래 식은 평면변형(plane-strain deformation) 조건인 연속기초에 대하여 유도되었다. 형상계수, 근입깊이계수, 경사하중계수들은 실험결과에 근거한 경험적 계수들이다.

기초가 경사하중을 받을 경우 식 (5.30)은 연직요소를 포함하고 있다는 것을 인지하는 것이 중요하다.

지지력계수

실험실과 현장 지지력 실험 결과에 의하면 Terzaghi가 제시했던 기초지반 내의 파괴면에 대한 기본개념은 옳은 것으로 나타났다(Vesic, 1973). 그러나 그림 5.7에 도시된 것과 같이 α 각은 ϕ'보다는 $45 + \phi'/2$에 더 근접하다. 만약 이 사실이 옳다면, 표 5.1에 제시한 흙의 내부마찰각에 대한 N_c, N_q, 그리고 N_γ 값들은 수정되어야 한다. $\alpha = 45 + \phi'/2$일 때, N_c와 N_q에 대한 식은 다음과 같이 쓸 수 있다.

$$N_q = \tan^2\left(45 + \frac{\phi'}{2}\right)e^{\pi \tan \phi'} \tag{5.31}$$

$$N_c = (N_q - 1)\cot \phi' \tag{5.32}$$

N_c에 관한 식 (5.32)는 원래 Prandtl(1921)이 유도하였으며, N_q에 관한 식 (5.31)은 Reissner(1924)가 제안하였다. Caquot and Kerisel(1953)과 Vesic(1973)은 N_γ에 관한 관계식을 다음과 같이 제안하였다.

$$N_\gamma = 2\,(N_q + 1)\tan \phi' \tag{5.33}$$

표 5.3은 이미 기술된 지지력계수들이 내부마찰각에 따라 어떻게 변화하는지 보여준다.

표 5.3 식 (5.32), (5.31), 그리고 (5.33)에 따른 지지력계수

ϕ'	N_c	N_q	N_γ	ϕ'	N_c	N_q	N_γ
0	5.14	1.00	0.00	11	8.80	2.71	1.44
1	5.38	1.09	0.07	12	9.28	2.97	1.69
2	5.63	1.20	0.15	13	9.81	3.26	1.97
3	5.90	1.31	0.24	14	10.37	3.59	2.29
4	6.19	1.43	0.34	15	10.98	3.94	2.65
5	6.49	1.57	0.45	16	11.63	4.34	3.06
6	6.81	1.72	0.57	17	12.34	4.77	3.53
7	7.16	1.88	0.71	18	13.10	5.26	4.07
8	7.53	2.06	0.86	19	13.93	5.80	4.68
9	7.92	2.25	1.03	20	14.83	6.40	5.39
10	8.35	2.47	1.22	21	15.82	7.07	6.20
22	16.88	7.82	7.13	37	55.63	42.92	66.19
23	18.05	8.66	8.20	38	61.35	48.93	78.03
24	19.32	9.60	9.44	39	67.87	55.96	92.25
25	20.72	10.66	10.88	40	75.31	64.20	109.41
26	22.25	11.85	12.54	41	83.86	73.90	130.22
27	23.94	13.20	14.47	42	93.71	85.38	155.55
28	25.80	14.72	16.72	43	105.11	99.02	186.54
29	27.86	16.44	19.34	44	118.37	115.31	224.64
30	30.14	18.40	22.40	45	133.88	134.88	271.76
31	32.67	20.63	25.99	46	152.10	158.51	330.35
32	35.49	23.18	30.22	47	173.64	187.21	403.67
33	38.64	26.09	35.19	48	199.26	222.31	496.01
34	42.16	29.44	41.06	49	229.93	265.51	613.16
35	46.12	33.30	48.03	50	266.89	319.07	762.89
36	50.59	37.75	56.31				

형상계수, 깊이계수, 경사하중계수

표 5.4에 일반적으로 사용되는 형상계수, 깊이계수, 경사하중계수를 나타내었다.

비배수 조건

식 (5.30)은 비배수 조건, 즉 $\phi = 0$인 경우도 적용 가능하다. 즉, 이 조건의 경우, $c = c_u$, $N_c = 5.14$, $N_q = 1$, 그리고 $N_\gamma = 0$이다. 기초에 대한 연직하중의 경우,

- $F_{ci} = F_{qi} = F_{\gamma i} = 0$
- $F_{cs} = 1 + \left(\dfrac{B}{L}\right)\left(\dfrac{N_q}{N_c}\right) \approx 1 + 0.2\left(\dfrac{B}{L}\right)$
- $F_{qs} = 1$

표 5.4 형상, 깊이 그리고 경사계수[DeBeer(1970); Hansen(1970); Meyerhof(1963); Meyerhof and Hanna(1981)]

계수	관계식	제안자
형상계수	$F_{cs} = 1 + \left(\frac{B}{L}\right)\left(\frac{N_q}{N_c}\right)$ $F_{qs} = 1 + \left(\frac{B}{L}\right)\tan\phi'$ $F_{\gamma s} = 1 - 0.4\left(\frac{B}{L}\right)$	DeBeer (1970)
깊이계수	$\frac{D_f}{B} \le 1$ $\phi = 0$일 때: $F_{cd} = 1 + 0.4\left(\frac{D_f}{B}\right)$ $F_{qd} = 1$ $F_{\gamma d} = 1$ $\phi' > 0$일 때: $F_{cd} = F_{qd} - \frac{1 - F_{qd}}{N_c \tan\phi'}$ $F_{qd} = 1 + 2\tan\phi'(1 - \sin\phi')^2\left(\frac{D_f}{B}\right)$ $F_{\gamma d} = 1$ $\frac{D_f}{B} > 1$ $\phi = 0$일 때: $F_{cd} = 1 + \underbrace{0.4\tan^{-1}\left(\frac{D_f}{B}\right)}_{\text{라디안}}$ $F_{qd} = 1$ $F_{\gamma d} = 1$ $\phi' > 0$일 때: $F_{cd} = F_{qd} - \frac{1 - F_{qd}}{N_c \tan\phi'}$ $F_{qd} = 1 + 2\tan\phi'(1 - \sin\phi')^2 \underbrace{\tan^{-1}\left(\frac{D_f}{B}\right)}_{\text{라디안}}$ $F_{\gamma d} = 1$	Hansen (1970)
경사하중계수	$F_{ci} = F_{qi} = \left(1 - \frac{\beta^\circ}{90^\circ}\right)^2$ $F_{\gamma i} = \left(1 - \frac{\beta^\circ}{\phi'}\right)^2$ β = 연직에 대한 기초하중의 경사	Meyerhof (1963); Hanna and Meyerhof (1981)

- $F_{cd} = 1 + 0.4\left(\frac{D_f}{B}\right)$
- $F_{qd} = 1$

상기 값을 식 (5.30)에 대입하면, 다음과 같다.

$$q_u = 5.14c_u\left[1 + 0.2\left(\frac{B}{L}\right)\right]\left[1 + 0.4\left(\frac{D_f}{B}\right)\right] + q \tag{5.34}$$

그리고

$$q_{u(\text{net})} = 5.14c_u\left[1 + 0.2\left(\frac{B}{L}\right)\right]\left[1 + 0.4\left(\frac{D_f}{B}\right)\right] \tag{5.35}$$

예제 5.4

식 (5.30)을 이용하여 예제 5.1을 풀어라.

풀이

식 (5.30)으로부터

$$q_u = c'N_cF_{cs}F_{cd}F_{ci} + qN_qF_{qs}F_{qd}F_{qt} + \frac{1}{2}\gamma BN_\gamma F_{\gamma s}F_{\gamma d}F_{\gamma t}$$

연직하중이기 때문에 $F_{ci} = F_{qi} = F_{\gamma i} = 1$이다. 표 5.3으로부터 $\phi' = 25°$, $N_c = 20.72$, $N_q = 10.66$, 그리고 $N_\gamma = 10.88$

표 5.4를 사용하여

$$F_{cs} = 1 + \left(\frac{B}{L}\right)\left(\frac{N_q}{N_c}\right) = 1 + \left(\frac{2}{2}\right)\left(\frac{10.66}{20.72}\right) = 1.514$$

$$F_{qs} = 1 + \left(\frac{B}{L}\right)\tan\phi' = 1 + \left(\frac{2}{2}\right)\tan 25 = 1.466$$

$$F_{\gamma s} = 1 - 0.4\left(\frac{B}{L}\right) = 1 - 0.4\left(\frac{2}{2}\right) = 0.6$$

$$F_{qd} = 1 + 2\tan\phi'(1 - \sin\phi')^2\left(\frac{D_f}{B}\right)$$

$$= 1 + (2)(\tan 25)(1 - \sin 25)^2\left(\frac{1.5}{2}\right) = 1.233$$

$$F_{cd} = F_{qd} - \frac{1 - F_{qd}}{N_c\tan\phi'} = 1.233 - \left[\frac{1 - 1.233}{(20.72)(\tan 25)}\right] = 1.257$$

$$F_{\gamma d} = 1$$

따라서

$$q_u = (20)(20.72)(1.514)(1.257)(1)$$
$$+ (1.5 \times 16.5)(10.66)(1.466)(1.233)(1)$$
$$+ \frac{1}{2}(16.5)(2)(10.88)(0.6)(1)(1)$$
$$= 788.6 + 476.9 + 107.7 = 1373.2 \text{ kN/m}^2$$
$$q_{\text{all}} = \frac{q_u}{\text{FS}} = \frac{1373.2}{3} = 457.7 \text{ kN/m}^2$$
$$Q = (457.7)(2 \times 2) = \mathbf{1830.8\ kN}$$

■

예제 5.5

정사각형 기초($B \times B$)가 그림 5.12와 같이 시공될 예정이다. $\gamma = 16.5$ kN/m^3, $r_{\text{sat}} = 18.55$ kN/m^3, $\phi' = 34°$, $D_f = 1.22$ m, $D_1 = 0.61$ m라고 가정한다. 안전율 FS = 3.0일 때 전 허용하중 $Q_{\text{all}} = 667.2$ kN이다. 식 (5.30)과 지하수위 보정에 따른 Vesic의 제안식을 사용하여 기초의 폭 B를 구하라.

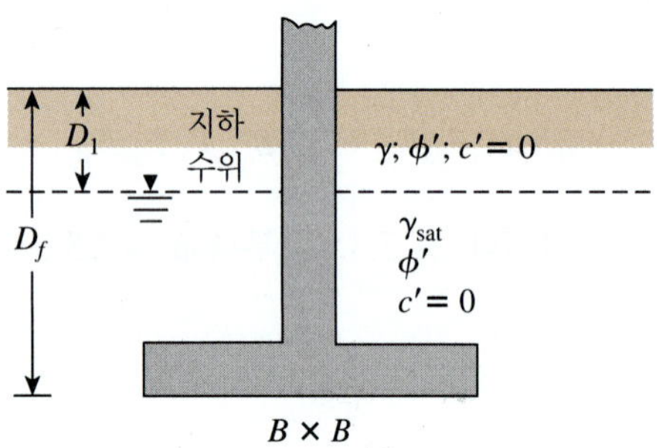

그림 5.12 정사각형 기초

풀이

주어진 식은 다음과 같다.

$$q_{\text{all}} = \frac{Q_{\text{all}}}{B^2} = \frac{667.2}{B^2} \text{ kN/m}^2 \tag{a}$$

$c' = 0$일 때 식 (5.30)으로부터, 연직하중에 대한 식은 다음과 같다.

$$q_{\text{all}} = \frac{q_u}{\text{FS}} = \frac{1}{3}\left(qN_qF_{qs}F_{qd} + \frac{1}{2}\gamma' BN_\gamma F_{\gamma s}F_{\gamma d}\right)$$

$\phi' = 34$의 경우, 표 5.3으로부터 $N_q = 29.44$, 그리고 $N_\gamma = 41.06$. 그러므로

$$F_{qs} = 1 + \frac{B}{L}\tan\phi' = 1 + \tan 34 = 1.67$$

$$F_{\gamma s} = 1 - 0.4\left(\frac{B}{L}\right) = 1 - 0.4 = 0.6$$

$$F_{qd} = 1 + 2\tan\phi'(1-\sin\phi')^2\frac{D_f}{B} = 1 + 2\tan 34(1-\sin 34)^2\frac{4}{B} = 1 + \frac{1.05}{B}$$

$$F_{\gamma d} = 1$$

그리고

$$q = (2)(16.5) + 2(18.55 - 9.81) = 15.4\ \text{kN/m}^2$$

따라서

$$q_{\text{all}} = \frac{1}{3}\left[(15.4)(29.44)(1.67)\left(1+\frac{1.05}{B}\right) + \left(\frac{1}{2}\right)(18.5-9.81)(B)(41.06)(0.6)(1)\right] \quad \text{(b)}$$

$$= 252.38 + \frac{265}{B} + 35.89B$$

(a)와 (b)를 연립하면

$$\frac{667.2}{B^2} = 252.38 + \frac{265}{B} + 35.89B$$

시행착오법에 의하여 $B \approx$ **1.13 m**.

■

예제 5.6

그림 5.13과 같은 정사각형 기초가 모래 지반에 축조될 예정이다. 허용하중 Q가 연직방향에서 $\beta = 20°$ 경사로 작용할 것이다. 현장시험결과 표준관입시험치 N_{60}은 다음과 같다. Q를 구하라. FS = 3, 식 (3.13)과 식 (3.29), 그리고 식 (5.30)을 이용하라.

심도(m)	N_{60}
1.5	3
3.0	6
4.5	9
6.0	10
7.5	10
9.0	8

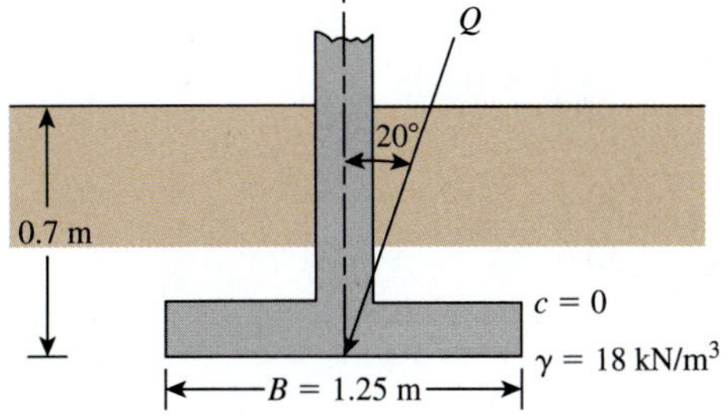

그림 5.13

풀이

식 (3.29)로부터

$$\phi' \text{ (deg)} = 27.1 + 0.3(N_1)_{60} - 0.00054[(N_1)_{60}]^2$$

다음은 식 (3.29)로부터 현장의 ϕ'를 산정한 것이다.

심도(m)	σ'_o(kN/m^2)	식 (3.13)으로 부터 C_N	N_{60}	$(N_1)_{60}$	식 (3.29)로 부터 ϕ'(°)
1.5	27.0	1.92	3	5.8	28.8
3.0	54.0	1.36	6	8.2	29.5
4.5	81.0	1.11	9	10.0	30.0
6.0	108.0	0.96	10	9.6	29.9
7.5	135.0	0.86	10	8.6	29.6
9.0	162.0	0.79	8	6.3	29.0

평균 $\phi' = 29.5° \approx 30°$

$c' = 0$인 경우, 극한지지력[식 (5.30)]은 다음과 같다.

$$q_u = qN_qF_{qs}F_{qd}F_{qi} + \frac{1}{2}\gamma BN_\gamma F_{\gamma s}F_{\gamma d}F_{\gamma i}$$

$$q = (0.7)(18) = 12.6 \text{ kN/m}^2$$

$$\gamma = 18 \text{ kN/m}^3$$

표 5.3으로부터 $\phi = 30°$에 대해,

$$N_q = 18.4$$

$$N_\gamma = 22.4$$

표 5.4로부터(주: $B = L$),

$$F_{qs} = 1 + \left(\frac{B}{L}\right)\tan\phi' = 1 + 0.577 = 1.577$$

$$F_{\gamma s} = 1 - 0.4\left(\frac{B}{L}\right) = 0.6$$

$$F_{qd} = 1 + 2\tan\phi'(1 - \sin\phi')^2\frac{D_f}{B} = 1 + \frac{(0.289)(0.7)}{1.25} = 1.162$$

$$F_{\gamma d} = 1$$

$$F_{qi} = \left(1 - \frac{\beta°}{90°}\right)^2 = \left(1 - \frac{20}{90}\right)^2 = 0.605$$

$$F_{\gamma i} = \left(1 - \frac{\beta°}{\phi'}\right)^2 = \left(1 - \frac{20}{30}\right)^2 = 0.11$$

따라서

$$q_u = (12.6)(18.4)(1.577)(1.162)(0.605) + \left(\frac{1}{2}\right)(18)(1.25)(22.4)(0.6)(1)(0.11)$$
$$= 273.66 \text{ kN/m}^2$$

$$q_{\text{all}} = \frac{q_u}{\text{FS}} = \frac{273.66}{3} = 91.22 \text{ kN/m}^2$$

즉,

$$Q \cos 20 = q_{\text{all}} B^2 = (91.22)(1.25)^2$$
$$Q \approx \mathbf{151.7\ kN}$$

■

5.7 모양, 깊이, 경사요소에 따른 지지력의 다른 해법

지지력계수, N_γ

식 (5.33)에 주어진 지지력계수 N_γ이 이 교재에서 사용될 것이다. 그러나 일부 문헌에 의하면 다른 해들을 찾을 수 있다. 여러 관계식 중에서 일부 관계식을 표 5.5에 제시하였다.

이러한 관계식에 대하여 흙의 내부마찰각 ϕ'에 따른 N_γ의 변화값은 표 5.6에 나타내었다.

형상계수와 근입심도계수

DeBeer(1970)와 Hanses(1970)가 각각 추천하여 표 5.4에 제안한 기초의 형상계수와 근입심도계수를 이 교재의 문제풀이에 사용할 것이다. 현재 많은 지반공학자들은 Meyerhof(1963)가 제안한 형상계수와 근입심도계수를 사용하고 있다. 이 값들은 표 5.7에 나타나 있다. 최근에 Zhu and Michalowski(2005)는 흙의 탄소성모델과 유한요소해석에 근거하여 형상계수를 다음과 같이 제안하였다.

$$F_{cs} = 1 + (1.8 \tan^2 \phi' + 0.1)\left(\frac{B}{L}\right)^{0.5} \tag{5.36}$$

$$F_{qs} = 1 + 1.9 \tan^2 \phi' \left(\frac{B}{L}\right)^{0.5} \tag{5.37}$$

표 5.5 N_γ 관계식들

연구자	관계식
Meyerhof (1963)	$N_\gamma = (N_q - 1) \tan 1.4\phi'$
Hansen (1970)	$N_\gamma = 1.5(N_q - 1) \tan \phi'$
Biarez (1961)	$N_\gamma = 1.8(N_q - 1) \tan \phi'$
Booker (1969)	$N_\gamma = 0.1045 e^{9.6\phi'}$ (ϕ'은 라디안)
Michalowski (1997)	$N_\gamma = e^{(0.66 + 5.1 \tan \phi')} \tan \phi'$
Hjiaj et al. (2005)	$N_\gamma = e^{(1/6)(\pi + 3\pi^2 \tan \phi')} \times (\tan \phi')^{2\pi/5}$
Martin (2005)	$N_\gamma = (N_q - 1) \tan 1.32\phi'$

주: N_q는 식 (5.31)과 같다.

표 5.6 여러 연구자들이 제시한 N_γ 값의 비교

흙의 마찰각, ϕ'(도)	Meyerhof (1963)	Hansen (1970)	Biarez (1961)	Booker (1969)	Michalowski (1997)	Hjiaj et al. (2005)	Martin (2005)
0	0	0.00	0.00	0.10	0.00	0.00	0.00
1	0.00	0.00	0.00	0.12	0.04	0.01	0.00
2	0.01	0.01	0.01	0.15	0.08	0.03	0.01
3	0.02	0.02	0.03	0.17	0.13	0.05	0.02
4	0.04	0.05	0.05	0.20	0.19	0.08	0.04
5	0.07	0.07	0.09	0.24	0.26	0.12	0.07
6	0.11	0.11	0.14	0.29	0.35	0.17	0.10
7	0.15	0.16	0.19	0.34	0.44	0.22	0.14
8	0.21	0.22	0.27	0.40	0.56	0.29	0.20
9	0.28	0.30	0.36	0.47	0.69	0.36	0.26
10	0.37	0.39	0.47	0.56	0.84	0.46	0.35
11	0.47	0.50	0.60	0.66	1.01	0.56	0.44
12	0.60	0.63	0.76	0.78	1.22	0.69	0.56
13	0.75	0.79	0.94	0.92	1.45	0.84	0.70
14	0.92	0.97	1.16	1.09	1.72	1.01	0.87
15	1.13	1.18	1.42	1.29	2.04	1.21	1.06
16	1.38	1.44	1.72	1.53	2.40	1.45	1.29
17	1.67	1.73	2.08	1.81	2.82	1.72	1.56
18	2.01	2.08	2.49	2.14	3.30	2.05	1.88
19	2.41	2.48	2.98	2.52	3.86	2.42	2.25
20	2.88	2.95	3.54	2.99	4.51	2.86	2.69
21	3.43	3.50	4.20	3.53	5.27	3.38	3.20
22	4.07	4.14	4.97	4.17	6.14	3.98	3.80
23	4.84	4.89	5.87	4.94	7.17	4.69	4.50
24	5.73	5.76	6.91	5.84	8.36	5.51	5.32
25	6.78	6.77	8.13	6.90	9.75	6.48	6.29
26	8.02	7.96	9.55	8.16	11.37	7.63	7.43
27	9.49	9.35	11.22	9.65	13.28	8.97	8.77
28	11.22	10.97	13.16	11.41	15.52	10.57	10.35
29	13.27	12.87	15.45	13.50	18.15	12.45	12.22
30	15.71	15.11	18.13	15.96	21.27	14.68	14.44
31	18.62	17.74	21.29	18.87	24.95	17.34	17.07
32	22.09	20.85	25.02	22.31	29.33	20.51	20.20
33	26.25	24.52	29.42	26.39	34.55	24.30	23.94
34	31.25	28.86	34.64	31.20	40.79	28.86	28.41
35	37.28	34.03	40.84	36.90	48.28	34.34	33.79
36	44.58	40.19	48.23	43.63	57.31	40.98	40.28
37	53.47	47.55	57.06	51.59	68.22	49.03	48.13

(계속)

표 5.6 여러 연구자들이 제시한 N_γ 값의 비교(계속)

흙의 마찰각, ϕ'(도)	Meyerhof (1963)	Hansen (1970)	Biarez (1961)	Booker (1969)	Michalowski (1997)	Hjiaj et al. (2005)	Martin (2005)
38	64.32	56.38	67.65	61.00	81.49	58.85	57.67
39	77.64	67.01	80.41	72.14	97.69	70.87	69.32
40	94.09	79.85	95.82	85.30	117.57	85.67	83.60
41	114.49	95.44	114.53	100.87	142.09	103.97	101.21
42	139.96	114.44	137.33	119.28	172.51	126.75	123.04
43	171.97	137.71	165.25	141.04	210.49	155.25	150.26
44	212.47	166.34	199.61	166.78	258.21	191.13	184.40
45	264.13	201.78	242.13	197.21	318.57	236.63	227.53

$$F_{\gamma s} = 1 + (0.6\tan^2\phi' - 0.25)\left(\frac{B}{L}\right) \quad (\phi' \leq 30°\text{일 경우}) \tag{5.38}$$

그리고

$$F_{\gamma s} = 1 + (1.3\tan^2\phi' - 0.5)\left(\frac{L}{B}\right)^{1.5} e^{-\left(\frac{L}{B}\right)} \quad (\phi' > 30°\text{일 경우}) \tag{5.39}$$

식 (5.36)~(5.39)는 확고한 이론적 기반에 기초하여 유도되었으며 지지력 계산에 사용될 수 있다.

표 5.7 Meyerhof의 형상계수와 깊이계수

계수	관계식
형상	
$\phi = 0$일 때	
F_{cs}	$1 + 0.2\,(B/L)$
$F_{qs} = F_{\gamma s}$	1
$\phi' \geq 10°$일 때	
F_{cs}	$1 + 0.2\,(B/L)\tan^2(45 + \phi'/2)$
$F_{qs} = F_{\gamma s}$	$1 + 0.1\,(B/L)\tan^2(45 + \phi'/2)$
깊이	
$\phi = 0$일 때,	
F_{cd}	$1 + 0.2\,(D_f/B)$
$F_{qd} = F_{\gamma d}$	1
$\phi \geq 10°$일 때,	
F_{cd}	$1 + 0.2\,(D_f/B)\tan(45 + \phi'/2)$
$F_{qd} = F_{\gamma d}$	$1 + 0.1\,(D_f/B)\tan(45 + \phi'/2)$

경사계수

Hansen(1970)은 다음과 같이 경사계수를 제안하였다.

$$F_{ci} = F_{qi} - \frac{(1 - F_{qi})}{(N_q - 1)} \tag{5.40}$$

$$F_{qi} = \left[1 - \frac{(0.5)(Q_u)\sin\beta}{Q_u\cos\beta + BLc'\cot\phi'}\right]^5 \tag{5.41}$$

$$F_{\gamma i} = \left[1 - \frac{(0.7)(Q_u)\sin\beta}{Q_u\cos\beta + BLc'\cot\phi'}\right]^5 \tag{5.42}$$

여기서 β = 연직에 대한 Q_u의 기울기

예제 5.7

폭 0.6 m, 길이 1.2 m 길이의 얕은 기초가 있다. 주어진 값: $D_f = 0.6$ m. 기초를 지지하는 흙은 다음과 같은 토질정수를 가지고 있다. $\phi' = 25°$, $c' = 48$ kN/m^2, $\gamma = 18$ kN/m^3. N_c, N_q, N_γ에 관한 Meyhof 값과 표 5.7에 제시된 Meyerhof 형상계수와 깊이계수를 이용하여 극한지지력을 구하라.

풀이

주어진 값: $\phi' = 25°$

표 5.3: $N_c = 20.72$, $N_q = 10.66$

표 5.6: $N_\gamma = 6.78$

표 5.7로부터:

$$F_{cs} = 1 + 0.2\left(\frac{B}{L}\right)\tan^2\left(45 + \frac{\phi'}{2}\right) = 1 + (0.2)\left(\frac{0.6}{1.2}\right)\tan^2\left(45 + \frac{25}{2}\right) = 1.246$$

$$F_{qs} = F_{\gamma s} = 1 + 0.1\left(\frac{B}{L}\right)\tan^2\left(45 + \frac{\phi'}{2}\right) = 1 + 0.1\left(\frac{0.6}{1.2}\right)\tan^2\left(45 + \frac{25}{2}\right) = 1.123$$

$$F_{cd} = 1 + 0.2\left(\frac{D_f}{B}\right)\tan\left(45 + \frac{\phi'}{2}\right) = 1 + 0.2\left(\frac{0.6}{0.6}\right)\tan\left(45 + \frac{25}{2}\right) = 1.314$$

$$F_{qd} = F_{\gamma d} = 1 + 0.1\left(\frac{D_f}{B}\right)\tan\left(45 + \frac{\phi'}{2}\right) = 1 + 0.1\left(\frac{0.6}{0.6}\right)\tan\left(45 + \frac{25}{2}\right) = 1.157$$

연직하중에 관한 식 (5.30)으로부터,

$$q_u = c'N_cF_{cs}F_{cd} + qN_qF_{qs}F_{qd} + \frac{1}{2}\gamma BN_\gamma F_{\gamma s}F_{\gamma d}$$

따라서,

$$q_u = (48)(20.72)(1.246)(1.314) + (0.6)(18)(10.66)(1.123)(1.157)$$
$$+ \frac{1}{2}(18)(0.6)(6.78)(1.123)(1.157)$$
$$= 1628.37 + 149.6 + 47.7 \approx \mathbf{1826\ kN/m^2}$$

■

5.8 극한지지력의 파괴 사례

이번 절에서는 연약 점토 지반에 축조된 기초의 극한지지력과 관련된 2개의 현장 계측에 대하여 서술하였다. 현장에서 측정한 기초의 파괴 하중을 5.6절에서 제시한 이론에 의하여 산정된 값과 비교하였다.

콘크리트 저장창고(silo)의 파괴 사례

Bozozuk(1972)의 지지력 파괴의 좋은 사례로 직경 6 m의 콘크리트로 축조된 곡물저장창고(silo)가 있다. 콘크리트 타워 저장창고는 높이가 21 m이고 원형 기초로 연약 점토 위에 건설되었다. 그림 5.14는 현장 베인전단시험으로부터 얻어지는 비배수 전단강도(c_u)의 변

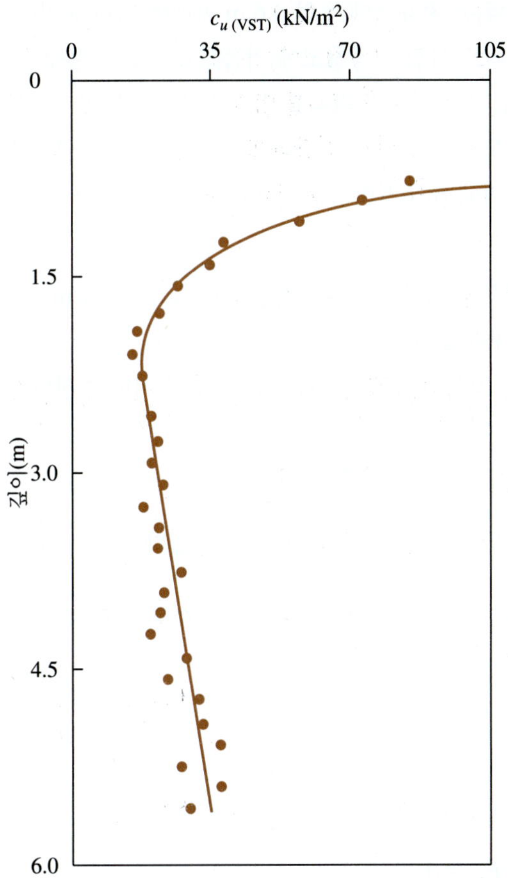

그림 5.14 현장 베인전단시험으로부터 얻어진 깊이에 따른 c_u의 변화값

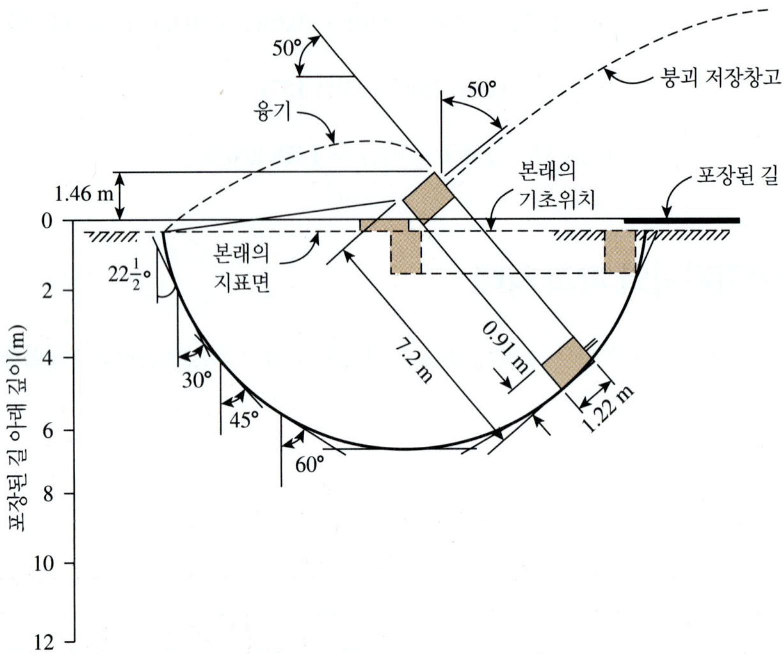

그림 5.15 저장창고의 파괴에 대한 개략도(출처: Bozozuk, 1972)

화값을 보여주고 있다. 지하수위는 지표면에서 약 0.6 m 아래에 위치해 있다.

1970년 9월 30일에 콘크리트 타워 저장창고에 처음으로 사료용 옥수수를 용량에 맞게 채워 넣자, 콘크리트 타워는 갑자기 지지력 파괴를 일으키며 전도되었다. 그림 5.15는 지반 파괴면의 개략적인 단면도를 도시한 것이다. 전단파괴면의 범위는 지표면 아래 약 7 m까지 이르렀다. Bozozuk(1972)은 파괴면의 지반정수 기초조건에 관한 내용을 다음과 같이 제시하였다.

- 파괴가 일어난 때의 기초에 재하된 단위면적당 하중 $\approx$ 160 kN/m^2
- 점토의 평균 소성지수(PI) $\approx$ 36
- 베인전단시험으로부터 얻어지는 깊이 0.6~7 m의 평균 비배수 전단강도(c_u) $\approx$ 27.1 kN m^2
- 그림 5.15로부터, $B \approx 7.2$ m 그리고 $D_f \approx 1.52$ m

식 (5.30)으로부터 지지력 파괴에 대한 안전율을 계산할 수 있다.

$$q_u = c' N_c F_{cs} F_{cd} F_{ci} + q N_c F_{qs} F_{qd} F_{qi} + \frac{1}{2} \gamma B \, N_\gamma F_{\gamma s} F_{\gamma d} F_{\gamma i}$$

$\phi = 0$ 상태와 연직하중, $c = c_u$, $N_c = 5.14$, $N_q = 1$, $N_\gamma = 0$, 그리고 $F_{ci} = F_{qi} = F_{\gamma i} = 0$. 또한, 표 5.4로부터

$$F_{cs} = 1 + \left(\frac{7.2}{7.2}\right)\left(\frac{1}{5.14}\right) = 1.195$$

$$F_{qs} = 1$$

$$F_{cd} = 1 + (0.4)\left(\frac{1.52}{7.2}\right) = 1.08$$

$$F_{qd} = 1$$

그러므로

$$q_u = (c_u)(5.14)(1.195)(1.08)(1) + (\gamma)(1.52)$$

$\gamma \approx 18\ \text{kN/m}^3$이라고 가정하면

$$q_u = 6.63c_u + 27.36 \tag{5.43}$$

식 (3.42)와 (3.43a)에 따르면

$$c_{u(\text{corrected})} = \lambda\, c_{u(\text{VST})}$$
$$\lambda = 1.7 - 0.54 \log [\text{PI}(\%)]$$

이 경우에, PI ≈ 36 그리고 $c_{u(\text{VST})} = 27.1\ \text{kN/m}^2$. 따라서

$$c_{u(\text{corrected})} = \{1.7 - 0.54 \log [\text{PI}(\%)]\}c_{u(\text{VST})}$$
$$= (1.7 - 0.54 \log 36)(27.1) \approx 23.3\ \text{kN/m}^2$$

식 (5.43)에서의 c_u 값을 치환하면

$$q_u = (6.63)(23.3) + 27.36 = 181.8\ \text{kN/m}^2$$

따라서,

$$q_{u(\text{net})} \approx 154.5\ \text{kN/m}^2$$

지지력 파괴에 대한 안전율은

$$\text{FS} = \frac{q_u(\text{net})}{\text{단위면적당 작용하중}} = \frac{154.5}{160} \approx 0.97$$

이 안전율은 매우 낮으며, 개략 1.0과 같다. 따라서, 전단파괴가 발생하는 상태와 거의 같다.

방콕 연약 점토 지반에 축조된 소형 기초에 대한 재하시험

Brand et al. (1972)은 태국 랑싯의 연약 점토상에 5개의 소형 정사각형 기초에 대한 재하시험 결과를 보고하였다. 기초의 크기는 0.6 m × 0.6 m, 0.675 m × 0.675 m, 0.75 m × 0.75 m, 0.9 m × 0.9 m, 1.05 m × 1.05 m이다. 기초의 근입깊이(D_f)는 모두 1.5 m이다.

그림 5.16은 점토의 베인전단시험 결과를 나타낸 것이다. 지하수위에서부터 측정된 깊이에 따른 $c_{u(\text{VST})}$의 분포를 통하여 $c_{u(\text{VST})}$는 깊이 0 m에서 1.5 m까지는 35 kN/m^2, 1.5 m에서 8 m까지는 24 kN/m^{2}로 추정할 수 있다. 이 점토의 다른 물성치는 다음과 같다.

- 액성한계 = 80
- 소성한계 = 40

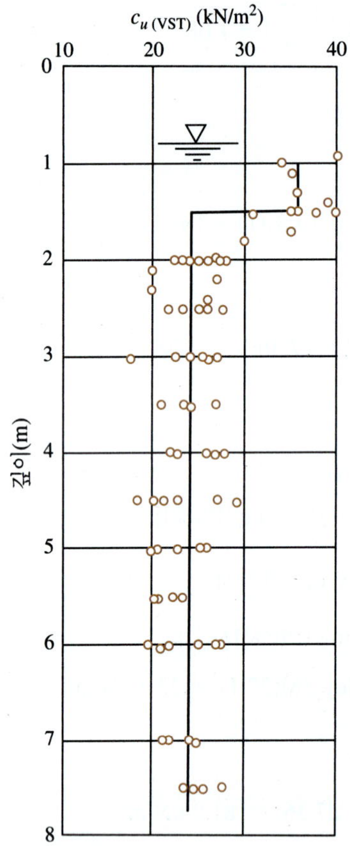

그림 5.16 방콕 연약 점토의 깊이에 따른 $c_{u(\mathrm{VST})}$ 분포

- 예민비 ≈ 5

그림 5.17은 다섯 가지 기초의 지지력 시험 결과를 나타낸 재하하중–침하 곡선이다. 극한하중 Q_u는 그림 5.17로부터 각각의 시험 결과를 표 5.8에 나타내었다. 극한하중은 재하하중–침하 곡선이 직선이 되는 변곡점으로 정의된다.

식 (5.30)으로부터

$$q_u = c'N_cF_{cs}F_{cd}F_{ci} + qN_qF_{qs}F_{qd}F_{qi} + \frac{1}{2}\gamma BN_\gamma F_{\gamma s}F_{\gamma d}F_{\gamma i}$$

비배수 조건과 연직하중 조건일 때(ϕ=0), 표 5.3과 표 5.4로부터

- $F_{ci} = F_{qi} = F_{\gamma i} = 1$
- $c' = c_u$, $N_c = 5.14$, $N_q = 1$, 그리고 $N_\gamma = 0$
- $F_{cs} = 1 + \left(\dfrac{B}{L}\right)\left(\dfrac{N_q}{N_c}\right) = 1 + (1)\left(\dfrac{1}{5.14}\right) = 1.195$
- $F_{qs} = 1$
- $F_{qd} = 1$

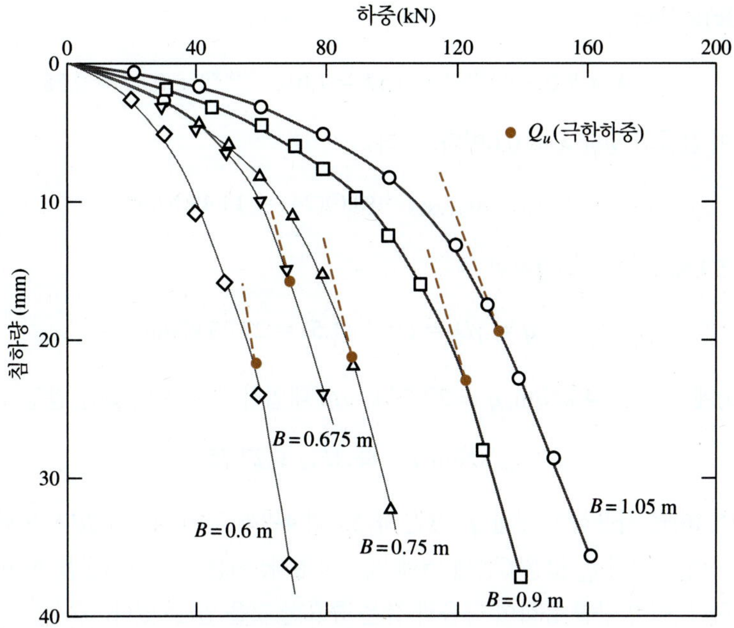

그림 5.17 지지력 시험을 통해 얻은 재하하중-침하 그래프

표 5.8 극한지지력의 비교—이론과 현장시험 결과

B (m) (1)	D_f (m) (2)	F_{cd}‡ (3)	$q_{u(\text{이론})}$‡‡ (kN/m²) (4)	$Q_{u(\text{현장})}$ (kN) (5)	$q_{u(\text{현장})}$‡‡‡ (kN/m²) (6)	$\frac{q_{u(\text{현장})} - q_{u(\text{현장})}}{q_{u(\text{현장})}}$ (%) (7)
0.600	1.5	1.476	158.3	60	166.6	4.98
0.675	1.5	1.459	156.8	71	155.8	−0.64
0.750	1.5	1.443	155.4	90	160.6	2.87
0.900	1.5	1.412	152.6	124	153.0	0.27
1.050	1.5	1.384	150.16	140	127.0	−18.24

‡식 (5.44); ‡‡식 (5.46); ‡‡‡$Q_{u(\text{현장})}/B^2 = q_{u(\text{현장})}$

- $$F_{cd} = 1 + 0.4\tan^{-1}\left(\frac{D_f}{B}\right) = 1 + 0.4\tan^{-1}\left(\frac{1.5}{B}\right) \tag{5.44}$$

(주: 모든 조건에서 $D_f/B > 1$이다.) 따라서

$$q_u = (5.14)(c_u)(1.195)F_{cd} + q \tag{5.45}$$

$c_{u(\text{VST})}$의 값은 식 (5.45)에 의하여 수정할 필요가 있다. 식 (3.42)로부터

$$c_u = \lambda c_{u(\text{VST})}$$

식 (3.43b)로부터

$$\lambda = 1.18e^{-0.08(\text{PI})} + 0.57 = 1.18e^{-0.08(80-40)} + 0.57 = 0.62$$

식 (3.43c)로부터

$$\lambda = 7.01e^{-0.08(\mathrm{LL})} + 0.57 = 7.01e^{-0.08(80)} + 0.57 = 0.58$$

따라서 이 값들의 평균 $\lambda \approx 0.6$이다. 그러므로,

$$c_u = \lambda c_{u(\mathrm{VST})} = (0.6)(24) = 14.4\ \mathrm{kN/m^2}$$

$\gamma = 18.5\ \mathrm{kN/m^2}$으로 추정하면,

$$q = \gamma D_f = (18.5)(1.5) = 27.75\ \mathrm{kN/m^2}$$

식 (5.45)에 $c_u = 14.4$ kN/m, $q = 27.75$ kN/m 대입하면, 다음의 값을 얻을 수 있다.

$$q_u(\mathrm{kN/m^2}) = 88.4F_{cd} + 27.75 \tag{5.46}$$

식 (5.46)을 사용하여 구한 q_u 값은 표 5.8의 4번째 열에 나타내었다. 또한, 현장시험결과를 통하여 결정된 q_u 값은 6번째 열에 제시하였다. 이론과 현장시험을 통한 q_u는 서로 매우 유사하다. 이 연구를 통하여 다음과 같은 중요한 것을 알 수 있다.

1. 극한지지력은 c_u에 관한 함수이다. 비배수 전단강도를 수정하는 식 (3.43a)를 사용한다면, q_u의 이론값은 200 kN/m²~210 kN/m²로 나타날 것이다. 이 값은 현장시험결과의 약 25~55%에 해당하므로 비안전측이다.
2. 식 (3.43a), (3.43b), (3.43c)와 같은 경험적 상관식은 종종 현장특성과 밀접한 관계가 있음을 아는 것이 중요하다. 따라서, 적정한 공학적 판단과 과거의 연구결과는 지지력을 평가하는 데 도움이 될 수 있다.

5.9 흙의 압축성 영향

5.2절에서는 전반전단파괴, 국부전단파괴, 관입전단파괴와 같은 지지력 파괴 양상에 대하여 기술하였다. 파괴 양상의 변화는 흙의 압축성에 따라 결정된다. 흙의 압축성을 고려하기 위해서 Vesic(1973)은 식 (5.30)의 수정식을 다음과 같이 제안하였다.

$$q_u = c'N_cF_{cs}F_{cd}F_{cc} + qN_qF_{qs}F_{qd}F_{qc} + \frac{1}{2}\gamma BN_\gamma F_{\gamma s}F_{\gamma d}F_{\gamma c} \tag{5.47}$$

이 식에서 F_{cc}, F_{qc}, $F_{\gamma c}$는 흙의 압축성계수이다.

흙의 압축성계수들은 Vesic(1973)이 제안한 공동팽창이론으로부터 유도되었다. 이 이론에 따라 F_{cc}, F_{qc}, $F_{\gamma c}$를 계산하기 위해서는 다음과 같은 단계를 따라야 한다.

1단계. 기초의 바닥면에서 약 $B/2$만큼 내려간 토층심도에서의 흙의 강성지수 I_r을 계산한다.

표 5.9 ϕ'과 B/L에 따른 $I_{r(cr)}$의 값

ϕ' (deg)	$I_{r(cr)}$					
	$B/L = 0$	$B/L = 0.2$	$B/L = 0.4$	$B/L = 0.6$	$B/L = 0.8$	$B/L = 1.0$
0	13.56	12.39	11.32	10.35	9.46	8.64
5	18.30	16.59	15.04	13.63	12.36	11.20
10	25.53	22.93	20.60	18.50	16.62	14.93
15	36.85	32.77	29.14	25.92	23.05	20.49
20	55.66	48.95	43.04	37.85	33.29	29.27
25	88.93	77.21	67.04	58.20	50.53	43.88
30	151.78	129.88	111.13	95.09	81.36	69.62
35	283.20	238.24	200.41	168.59	141.82	119.31
40	593.09	488.97	403.13	332.35	274.01	225.90
45	1440.94	1159.56	933.19	750.90	604.26	486.26

$$I_r = \frac{G_s}{c' + q' \tan \phi'} \tag{5.48}$$

여기서

G_s = 흙의 전단탄성계수

q' = 깊이 $D_f + B/2$에서의 유효상재 압력

2단계. 임계강성지수 $I_{r(cr)}$은 다음과 같이 표현된다.

$$I_{r(cr)} = \frac{1}{2}\left\{\exp\left[\left(3.30 - 0.45\frac{B}{L}\right)\cot\left(45 - \frac{\phi'}{2}\right)\right]\right\} \tag{5.49}$$

B/L에 대한 $I_{r(cr)}$의 값의 변화는 표 5.9에 나타나 있다.

3단계. $I_r \geq I_{r(cr)}$이면

$$F_{cc} = F_{qc} = F_{\gamma c} = 1$$

그러나 $I_r < I_{r(cr)}$이면

$$F_{\gamma c} = F_{qc} = \exp\left\{\left(-4.4 + 0.6\frac{B}{L}\right)\tan\phi' + \left[\frac{(3.07 \sin\phi')(\log 2I_r)}{1 + \sin\phi'}\right]\right\} \tag{5.50}$$

그림 5.18은 ϕ'과 I_r에 따른 $F_{\gamma c} = F_{qc}$[식 (5.50)]의 값을 도시한 것이다. $\phi = 0$의 경우

$$F_{cc} = 0.32 + 0.12\frac{B}{L} + 0.60 \log I_r \tag{5.51}$$

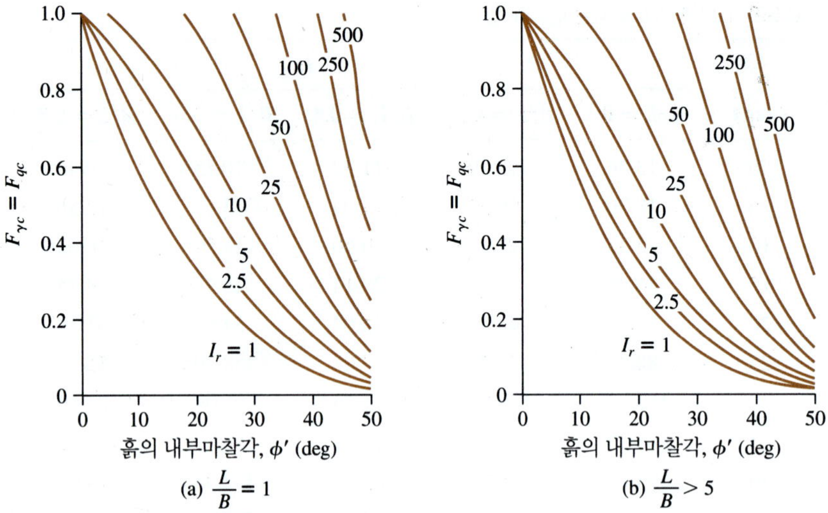

그림 5.18 ϕ'와 I_r에 대한 $F_{\gamma c} = F_{qc}$의 변화값

$\phi' > 0$의 경우

$$F_{cc} = F_{qc} - \frac{1 - F_{qc}}{N_c \tan \phi'} \tag{5.52}$$

예제 5.8

얕은 기초, $B = 0.6$ m, $L = 1.2$ m, $D_f = 0.6$ m가 있다. 흙의 물성치가 다음과 같은 경우 기초의 극한지지력을 구하라.

흙:

$\phi' = 25°$
$c' = 48$ kN/m^2
$\gamma = 18$ kN/m^3
탄성계수, $E_s = 620$ kN/m^2
포아송비, $\mu_s = 0.3$

풀이

식 (5.48)에서

$$I_r = \frac{G_s}{c' + q' \tan \phi'}$$

여기서,

$$G_s = \frac{E_s}{2(1 + \mu_s)}$$

따라서,

$$I_r = \frac{E_s}{2(1 + \mu_s)[c' + q' \tan \phi']}$$

이에 따라,

$$q' = \gamma\left(D_f + \frac{B}{2}\right) = 18\left(0.6 + \frac{0.6}{2}\right) = 16.2 \text{ kN/m}^2$$

그러므로

$$I_r = \frac{620}{2(1 + 0.3)[48 + 16.2 \tan 25]} = 4.29$$

식 (5.49)로부터

$$I_{r(\text{cr})} = \frac{1}{2}\left\{\exp\left[\left(3.3 - 0.45\frac{B}{L}\right)\cot\left(45 - \frac{\phi'}{2}\right)\right]\right\}$$

$$= \frac{1}{2}\left\{\exp\left[\left(3.3 - 0.45\frac{0.6}{1.2}\right)\cot\left(45 - \frac{25}{2}\right)\right]\right\} = 62.41$$

$I_{r(\text{cr})} > I_r$이므로 식 (5.50), (5.52)를 사용하면

$$F_{\gamma c} = F_{qc} = \exp\left\{\left(-4.4 + 0.6\frac{B}{L}\right)\tan\phi' + \left[\frac{(3.07 \sin\phi')\log(2I_r)}{1 + \sin\phi'}\right]\right\}$$

$$= \exp\left\{\left(-4.4 + 0.6\frac{0.6}{1.2}\right)\tan 25\right.$$

$$\left. + \left[\frac{(3.07 \sin 25)\log(2 \times 4.29)}{1 + \sin 25}\right]\right\} = 0.347$$

그리고

$$F_{cc} = F_{qc} - \frac{1 - F_{qc}}{N_c \tan\phi'}$$

표 5.3에서 $\phi' = 25°$의 경우 $N_c = 20.72$이므로

$$F_{cc} = 0.347 - \frac{1 - 0.347}{20.72 \tan 25} = 0.279$$

식 (5.47)로부터,

$$q_u = c'N_cF_{cs}F_{cd}F_{cc} + qN_qF_{qs}F_{qd}F_{qc} + \frac{1}{2}\gamma BN_\gamma F_{\gamma s}F_{\gamma d}F_{\gamma c}$$

표 5.3에서 $\phi' = 25°$의 경우 $N_c = 20.72$, $N_q = 10.66$, 그리고 $N_\gamma = 10.88$, 따라서

$$F_{cs} = 1 + \left(\frac{N_q}{N_c}\right)\left(\frac{B}{L}\right) = 1 + \left(\frac{10.66}{20.72}\right)\left(\frac{0.6}{1.2}\right) = 1.257$$

$$F_{qs} = 1 + \frac{B}{L}\tan\phi' = 1 + \frac{0.6}{1.2}\tan 25 = 1.233$$

$$F_{\gamma s} = 1 - 0.4\left(\frac{B}{L}\right) = 1 - 0.4\frac{0.6}{1.2} = 0.8$$

$$F_{qd} = 1 + 2\tan\phi'(1-\sin\phi')^2\left(\frac{D_f}{B}\right)$$

$$= 1 + 2\tan 25(1-\sin 25)^2\left(\frac{0.6}{0.6}\right) = 1.311$$

$$F_{cd} = F_{qd} - \frac{1-F_{qd}}{N_c\tan\phi'} = 1.311 - \frac{1-1.311}{20.72\tan 25}$$

$$= 1.343$$

그리고

$$F_{\gamma d} = 1$$

따라서

$$q_u = (48)(20.72)(1.257)(1.343)(0.279) + (0.6\times 18)(10.66)(1.233)(1.311)$$

$$(0.347) + \left(\frac{1}{2}\right)(18)(0.6)(10.88)(0.8)(1)(0.347) = \mathbf{549.32\ kN/m^2}$$

■

5.10 극한지지력에서 크기효과

극한지지력을 산정하는 문제는 **크기효과**(scale effect)를 고려할 때 복잡해진다. 그림 5.19는 모래 지반 내 흙의 마찰각에 따른 $N_\gamma/2$의 평균값을 보여준다. 이 실험은 Ghent 실험실에서 DeBeer(1965)가 소규모 지지력 시험을 통해 보고한 것이다. 이 실험에서 ϕ' 값은 삼축시험을 통에 구하였다. 또한, 이 그림은 ϕ'에 따른 $N_\gamma/2$의 값은 베를린에서 실험한 결과

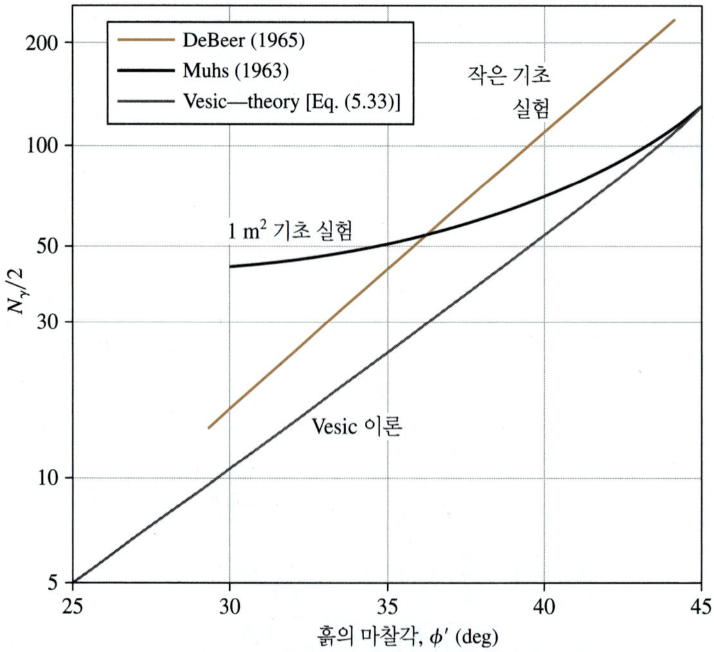

그림 5.19 작은 기초와 큰 기초에서 구한 N_γ의 비교(DeBeer, 1965 이후 적용)

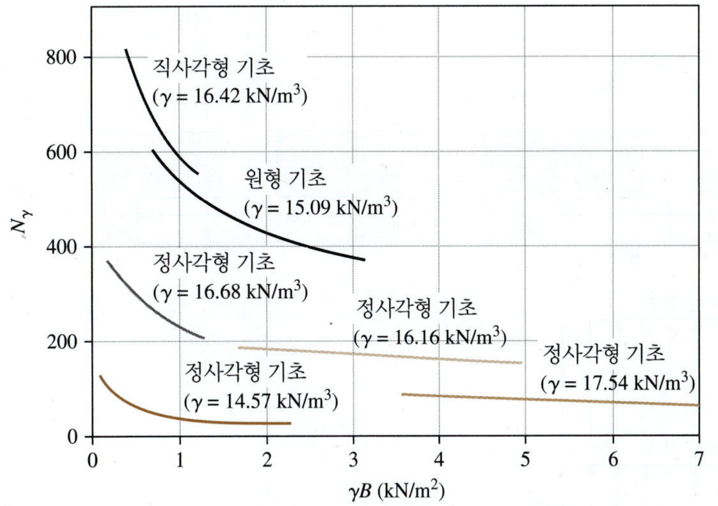

그림 5.20 실내 모형실험에서 구한 γB에 따른 N_γ 값(DeBeer, 1965)

로, Muhs(1963)가 1 m^2 면적의 기초에 대한 실험결과를 발표한 것이다. 이 실험의 경우 흙의 마찰각은 직접전단시험을 통해 구하였다. 흥미로운 점은 다음과 같다.

1. 느슨한 모래 지반의 경우, N_γ의 현장시험결과는 소규모 기초 실내실험에서 구한 값보다 더 크다.
2. 조밀한 모래 지반의 경우, N_γ의 실내실험 결과가 현장시험결과와 비교하였을 때 더 큰 값을 제공한다.

상기 고찰에 대한 원인은 현장의 경우, 하중을 재하하는 동안 지반 내에서 **점진적인 파괴**가 발생하기 때문인 것으로 설명할 수 있다. 느슨한 모래 지반 파괴의 경우 흙의 마찰각은 다짐으로 인해 초기재하값보다 더 크다. 반대로, 조밀한 모래 지반의 경우 초기재하값보다 더 작게 나타난다.

그림 5.20은 모래 지반에서 일부 지지력 시험 결과에 대한 비교를 나타낸 것이다. γB에 따른 N_γ 도표는 DeBeer(1965)에 의해 작성되었다. 일반 토사지반의 경우, N_γ의 크기는 B에 따라 감소하고, B가 아주 큰 경우는 N_γ의 크기가 일정해진다. 기초의 크기가 큰 경우 N_γ의 감소는 최종적으로 극한지지력의 상당한 감소를 유발할 수 있다. 이는 주로 다음과 같은 이유로 설명할 수 있다.

1. 큰 기초의 경우, 지반 내 파괴면을 따라 점진적인 파괴가 발생하고, 파괴면을 따라 거동하는 평균전단강도(ϕ'로 인한)는 B가 증가함에 따라 감소한다.
2. 기초하부 지반 내에 강성이 약한 부분이 존재한다.
3. Mohr-Coulomb 파괴포락선의 곡률

5.11 편심하중을 받는 기초

옹벽의 기초와 일반구조물의 기초들은 그림 5.21a와 같이 연직하중과 모멘트를 동시에 받

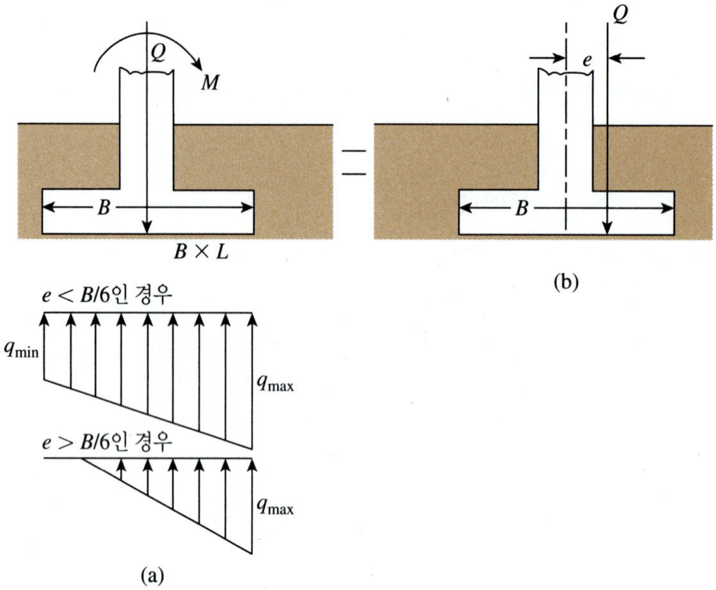

그림 5.21 편심하중이 작용하는 기초

는 경우가 많다. 이러한 경우에 기초가 기초지반에 가하는 응력의 분포는 균등하지 않다. 응력의 분포는 다음과 같이 구할 수 있다.

$$q_{max} = \frac{Q}{BL} + \frac{6M}{B^2L} \tag{5.53}$$

그리고

$$q_{min} = \frac{Q}{BL} - \frac{6M}{B^2L} \tag{5.54}$$

여기서

Q = 전체 연직하중

M = 기초에 가해지는 모멘트

그림 5.21b는 그림 5.21a에 나타난 것과 같은 하중상태를 나타낸 것이다. 거리 e는 편심을 나타내며 다음과 같이 구할 수 있다.

$$e = \frac{M}{Q} \tag{5.55}$$

식 (5.55)를 식 (5.53)과 (5.54)에 대입하면 다음과 같다.

$$q_{max} = \frac{Q}{BL}\left(1 + \frac{6e}{B}\right) \tag{5.56}$$

그리고

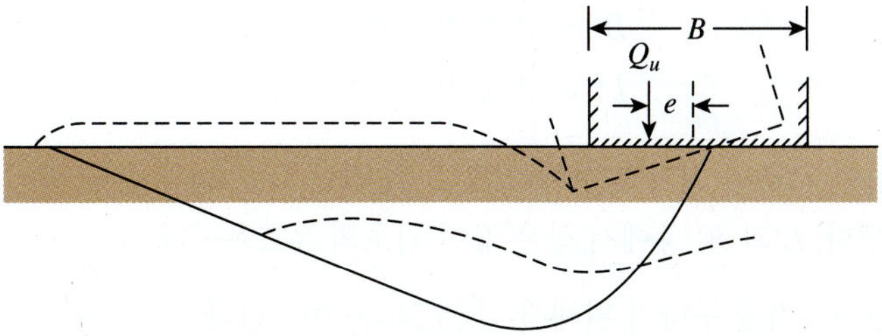

그림 5.22 편심하중이 작용하는 연속기초를 지지하는 지반 내 자연파괴면(주: $D_f = 0$; Q_u는 기초의 단위길이당 극한하중)

$$q_{min} = \frac{Q}{BL}\left(1 - \frac{6e}{B}\right) \tag{5.57}$$

이들 식에서 편심 e가 $B/6$이 되면 q_{min}은 0이 된다. $e > B/6$일 때는 q_{min}이 음수값이 되며 인장력이 발생하게 된다. 흙은 인장력을 받기 어려우므로, 기초와 기초지반 사이가 떨어지게 된다. 지반에 작용되는 하중의 분포는 그림 5.21a에 나타낸 것과 같다. q_{max}의 값은 (Tomlinson, 1978)

$$q_{max} = \frac{4Q}{3L(B - 2e)} \tag{5.58}$$

정확한 응력의 분포를 계산하는 것은 어렵다.

그림 5.22는 편심하중을 받는 띠기초를 지지하는 지반의 파괴면의 형상을 보여주고 있다. 지지력 파괴에 대한 이런 종류의 하중에 대한 안전율은 다음과 같이 산정할 수 있다.

$$\text{FS} = \frac{Q_u}{Q} \tag{5.59}$$

여기서 Q_u = 극한지지력

다음 절에서 Q_u를 구하는 여러 가지 이론에 대하여 설명하였다.

5.12 일방향 편심하중을 받을 때 기초지반의 극한지지력

a. 유효면적법(Meyerhof, 1953)

Meyerhof(1953)가 제시한 이론으로, 일반적으로 **유효면적법**(effective area method)이라 불린다.

다음은 흙이 지지할 수 있는 극한지지력을 구하는 단계적 방법과 기초지반 파괴에 대한 안전율을 구하는 과정이다.

1단계. 기초의 유효크기를 결정한다(그림 5.23a).

$$B' = \text{유효폭} = B - 2e$$
$$L' = \text{유효길이} = L$$

편심이 기초의 길이 방향이라면, L'의 값은 $L - 2e$와 같다. B'의 값은 B와 같게 된다. L'과 B' 중에서 작은 값이 기초의 유효폭이다.

2단계. 극한지지력을 구하기 위해서 식 (5.30)을 이용한다.

$$q'_u = c'N_cF_{cs}F_{cd}F_{ci} + qN_qF_{qs}F_{qd}F_{qi} + \frac{1}{2}\gamma B'N_\gamma F_{\gamma s}F_{\gamma d}F_{\gamma i} \tag{5.60}$$

L과 B 대신에 **유효길이**와 **유효폭**을 표 5.4에 주어진 상관관계식을 사용하여 F_{cs}, F_{qs}, 그리고 $F_{\gamma s}$를 구한다. 표 5.4에 주어진 상관관계식을 사용하여 F_{cd}, F_{qd}, 그리고 $F_{\gamma d}$를 구한다. B를 B'로 대체하지 않는다.

3단계. 기초가 받는 총 극한지지력은 다음과 같다.

$$Q_u = q'_u \overbrace{(B')(L')}^{A'} \tag{5.61}$$

여기서 A' = 유효면적

4단계. 지지력 파괴에 대한 안전율은 다음과 같이 구한다.

$$\text{FS} = \frac{Q_u}{Q}$$

기초의 극한지지력 q'_u는 기초의 폭이 $B' = B - 2e$이면서 중심하중(그림 5.23a)을 받는 조건이라는 것을 주의해야 한다. 그러나 극한하중에서 실제 지반반력의 분포도는 그림 5.23b에 나타난 형태이다. 그림 5.23b에서 $q_{u(e)}$는 기초의 단위면적당 평균하중이다. 따라서,

$$q_{u(e)} = \frac{q'_u(B - 2e)}{B} \tag{5.62}$$

예제 5.9

정사각형 기초가 그림 5.24와 같다. 편심하중 $e = 0.15$ m일 때 극한하중 Q_{ult}를 구하라.

풀이

$c' = 0$에 따라 식 (5.60)은 다음과 같이 계산된다.

$$q'_u = qN_qF_{qs}F_{qd}F_{qi} + \frac{1}{2}\gamma B'N_\gamma F_{\gamma s}F_{\gamma d}F_{\gamma i}$$
$$q = (0.7)(18) = 12.6 \text{ kN/m}^2$$

$\phi' = 30°$인 경우, 표 5.3으로부터 $N_q = 18.4$ 그리고 $N_\gamma = 22.4$

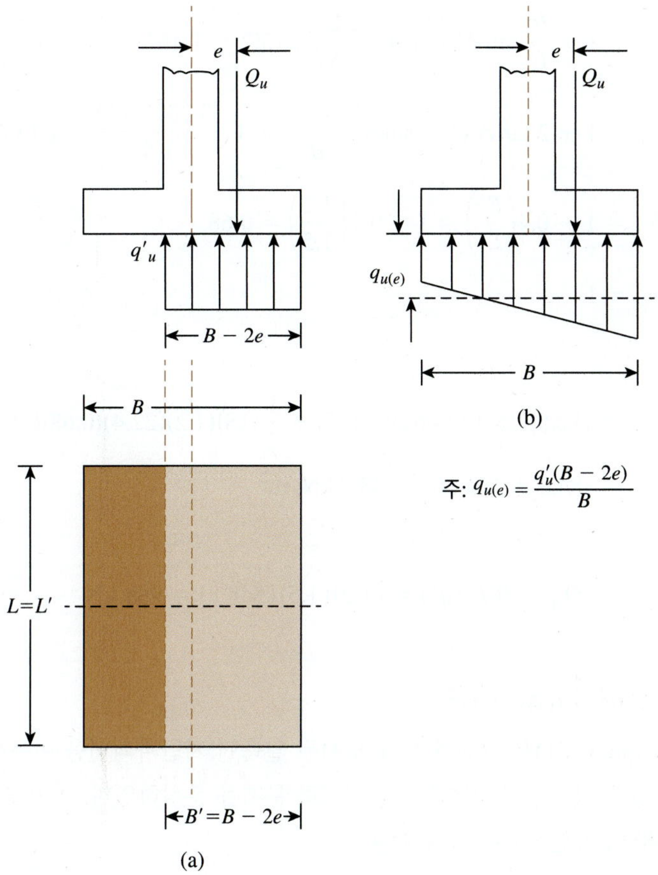

그림 5.23 q'_u과 $q_{u(e)}$의 정의

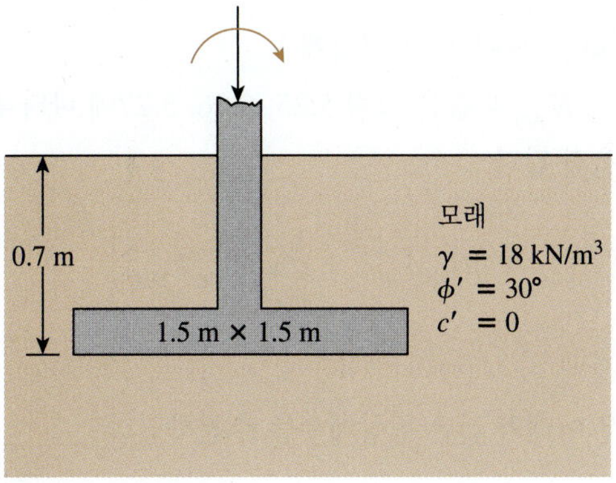

그림 5.24

$$B' = 1.5 - 2(0.15) = 1.2 \text{ m}$$
$$L' = 1.5 \text{ m}$$

표 5.4로부터

$$F_{qs} = 1 + \frac{B'}{L'}\tan\phi' = 1 + \left(\frac{1.2}{1.5}\right)\tan 30° = 1.462$$

$$F_{qd} = 1 + 2\tan\phi'(1 - \sin\phi')^2\frac{D_f}{B} = 1 + \frac{(0.289)(0.7)}{1.5} = 1.135$$

$$F_{\gamma s} = 1 - 0.4\left(\frac{B'}{L'}\right) = 1 - 0.4\left(\frac{1.2}{1.5}\right) = 0.68$$

$$F_{\gamma d} = 1$$

따라서,

$$q'_u = (12.6)(18.4)(1.462)(1.135) + \frac{1}{2}(18)(1.2)(22.4)(0.68)(1)$$

$$= 384.3 + 164.50 = 548.8 \text{ kN/m}^2$$

그러므로,

$$Q_{\text{ult}} = B'L'(q'_u) = (1.2)(1.5)(548.8) = \mathbf{988\ kN}$$

■

b. Prakash and Saran 이론

Prakash and Saran(1971)은 그림 5.22에 도시된 일측면 지반파괴면을 이용하여 편심하중과 연직하중을 받고 있는 연속기초의 극한지지력 문제를 분석하였다. 이 이론에 의하면, 연속기초의 단위길이당 극한하중은 다음과 같다.

$$Q_u = q_{u(e)}B = B\left[c'N_{c(e)} + qN_{q(e)} + \frac{1}{2}\gamma BN_{\gamma(e)}\right] \tag{5.63}$$

여기서 $N_{c(e)}, N_{q(e)}, N_{\gamma(e)}$ = 편심하중하에서의 지지력계수

마찰각 ϕ'에 따른 $N_{c(e)}, N_{q(e)}, N_{\gamma(e)}$의 값은 그림 5.25, 5.26, 5.27에 나타내었다. 직사각형 기초의 경우, 극한하중은 다음과 같다.

$$Q_u = BL\left[c'N_{c(e)}F_{cs(e)} + qN_{q(e)}F_{qs(e)} + \frac{1}{2}\gamma BN_{\gamma(e)}F_{\gamma s(e)}\right] \tag{5.64}$$

여기서 $F_{cs(e)}, F_{qs(e)}, F_{\gamma s(e)}$ = 형상계수

Prakash and Saran(1971)은 아래와 같은 형상계수를 추천하였다.

$$F_{cs(e)} = 1.2 - 0.025\frac{L}{B} \text{ (최소는 1.0)} \tag{5.65}$$

$$F_{qs(e)} = 1 \tag{5.66}$$

그리고

$$F_{\gamma s(e)} = 1.0 + \left(\frac{2e}{B} - 0.68\right)\frac{B}{L} + \left[0.43 - \left(\frac{3}{2}\right)\left(\frac{e}{B}\right)\right]\left(\frac{B}{L}\right)^2 \tag{5.67}$$

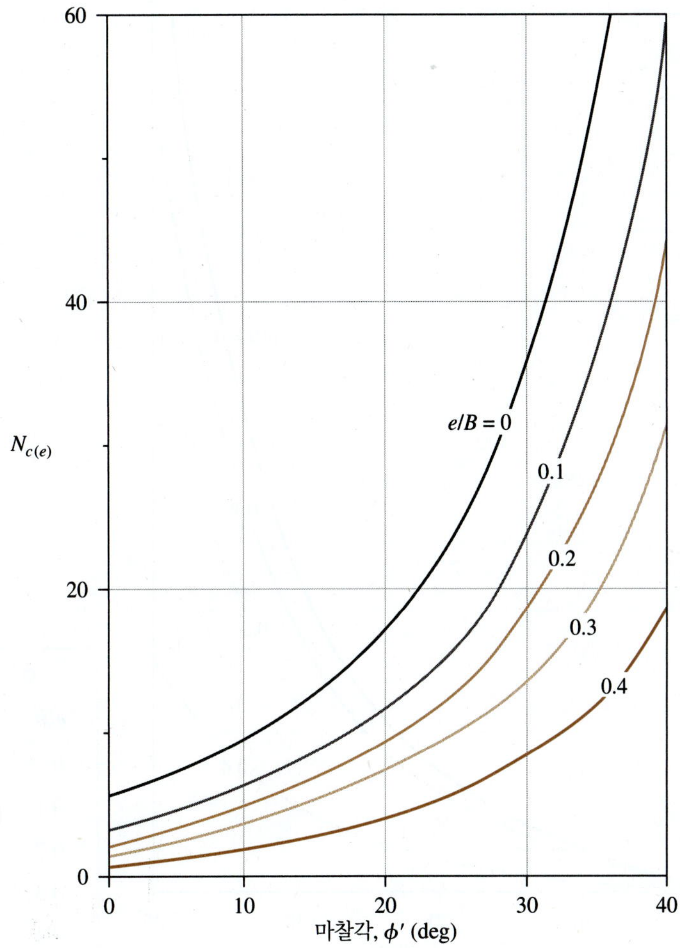

$\phi' = 40°$	
e/B	$N_{c(e)}$
0	94.83
0.1	66.60
0.2	54.45
0.3	36.3
0.4	18.15

그림 5.25 ϕ'에 따른 $N_{c(e)}$ 값

예제 5.10

예제 5.9를 식 (5.64)를 이용하여 풀어라.

풀이

$$Q_u = B^2\left[qN_{q(e)}F_{qs(e)} + \frac{1}{2}\gamma BN_{\gamma(e)}F_{\gamma s(e)}\right]$$

$$\frac{e}{B} = \frac{0.15}{1.5} = 0.1.$$

$\phi'=30°$ 그리고 $e/B = 0.1$[그림 (5.26)과 (5.27)], $N_{q(e)} \approx 24$, $N_{\gamma(e)} \approx 20$인 경우

$$F_{qs(e)} = 1$$

$$\begin{aligned} F_{\gamma s(e)} &= 1.0 + \left(\frac{2e}{B} - 0.68\right)\frac{B}{L} + \left[0.43 - \left(\frac{3}{2}\right)\left(\frac{e}{B}\right)\right]\left(\frac{B}{L}\right)^2 \\ &= 1.0[(2)(0.1) - 0.68]1 + [0.43 - (1.5)(0.1)](1)^2 \\ &= 1.0 - 0.48 + 0.28 = 0.8 \end{aligned}$$

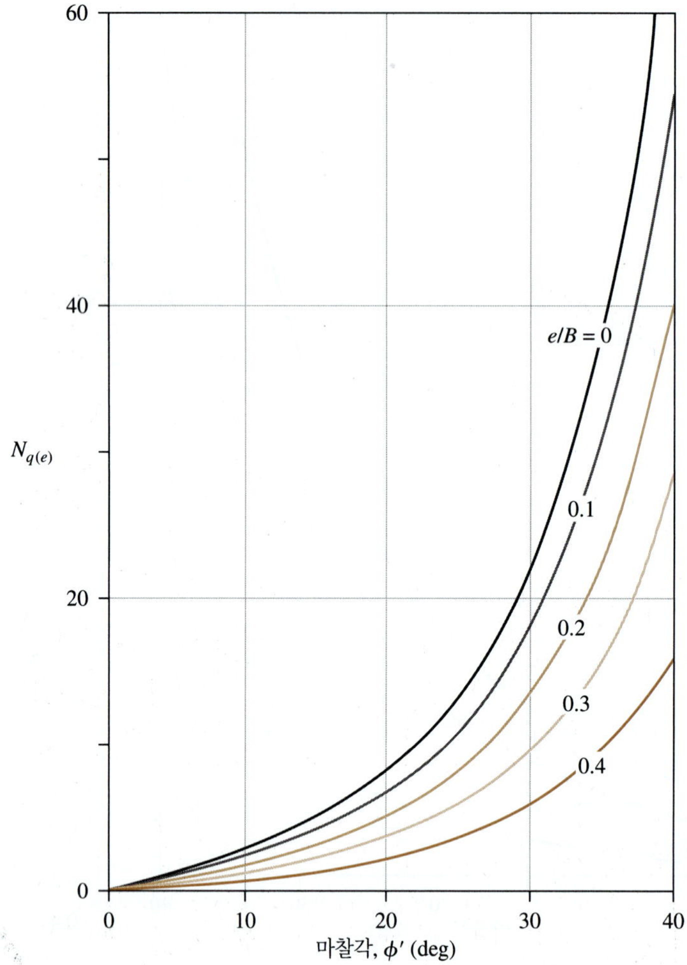

$\phi' = 40°$	
e/B	$N_{q(e)}$
0	81.27
0.1	56.09
0.2	45.18
0.3	30.18
0.4	15.06

그림 5.26 ϕ'에 따른 $N_{q(e)}$ 값

그러므로,

$$Q_u = (1.5)^2\left[(0.7)(18)(24)(1) + \left(\frac{1}{2}\right)(18)(1.5)(20)(0.8)\right] = \mathbf{1166.4\ kN}$$

■

c. 감소계수법(조립토의 경우)

Purkayastha and Char(1977)는 절편법을 활용하여 모래층에 의해 지지되는 연속기초의 편심하중에 대한 안전성 분석을 수행하였다. 그들은 이 분석에 근거하여 감소계수를 제안하였다.

$$R_k = 1 - \frac{q_{u(e)}}{q_{u(\text{centric})}} \tag{5.68}$$

여기서

R_k = 감소계수

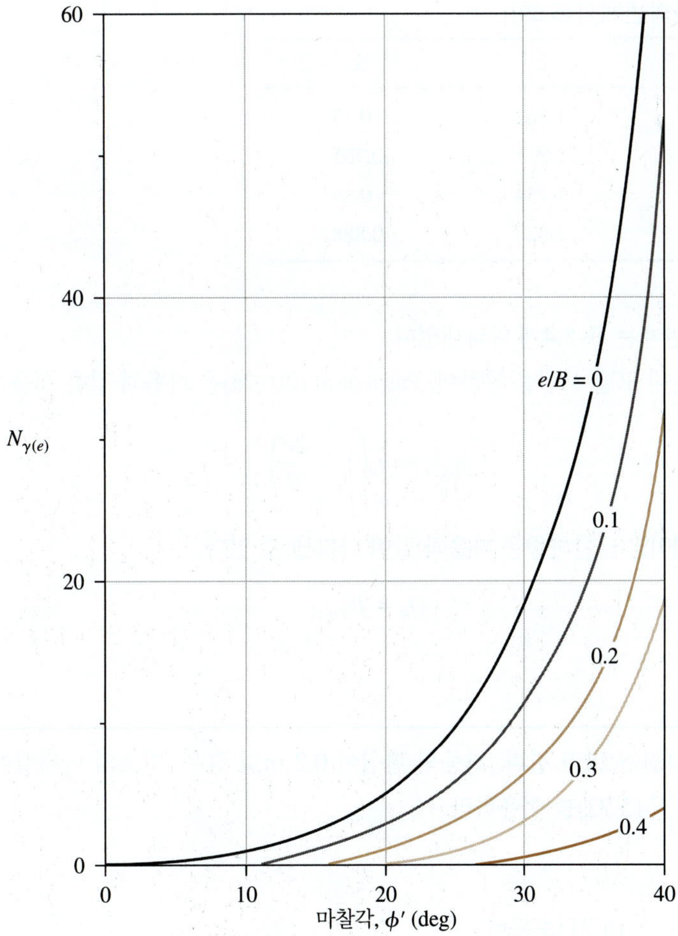

$\phi' = 40°$	
e/B	$N_{\gamma(e)}$
0	115.80
0.1	71.80
0.2	41.60
0.3	18.50
0.4	4.62

그림 5.27 ϕ'에 따른 $N_{\gamma(e)}$ 값

$q_{u(e)}$ = 편심하중을 받는 연속기초의 극한지지력(그림 5.23 참고)

q_u = 중심하중을 받는 연속기초의 극한지지력

R_k의 크기는 다음과 같다.

$$R_k = a\left(\frac{e}{B}\right)^k \tag{5.69}$$

여기서, a와 k는 표 5.10의 근입비 D_f/B의 함수로 나타난 상수이다.

식 (5.68)과 식 (5.69)를 연립하면

$$q_{u(e)} = q_u(1 - R_k) = q_u\left[1 - a\left(\frac{e}{B}\right)^k\right] \tag{5.70}$$

여기서

$$q_u = qN_qF_{qd} + \frac{1}{2}\gamma BN_\gamma F_{\gamma d} \tag{5.71}$$

표 5.10 a와 k의 변화[식 (5.69)]

D_f/B	a	k
0.00	1.862	0.73
0.25	1.811	0.785
0.50	1.754	0.80
1.00	1.820	0.888

F_{qd}와 $F_{\gamma d}$의 관계는 표 5.4에 나타내었다.

몇몇의 실내 모델 시험을 통하여, Patra et al.(2012a)은 다음과 같은 식을 나타내었다.

$$q_{u(e)} \approx q_u\left(1 - \frac{2e}{B}\right) \tag{5.72}$$

기초의 단위길이당 극한하중은 다음과 같이 나타낼 수 있다.

$$Q_u = Bq_{u(e)} \tag{5.73}$$

예제 5.11

연속기초가 그림 5.28과 같다. 하중의 편심이 0.2 m일 경우, 기초의 단위길이당 극한하중 Q_u를 구하라. 식 (5.72)를 이용하라.

풀이

$c' = 0$의 경우, 식 (5.71)로부터

$$q_u = qN_qF_{qd} + \frac{1}{2}\gamma BN_\gamma F_{\gamma d}$$

여기서 $q = (16.5)\,(1.5) = 24.75\ \text{kN/m}^2$

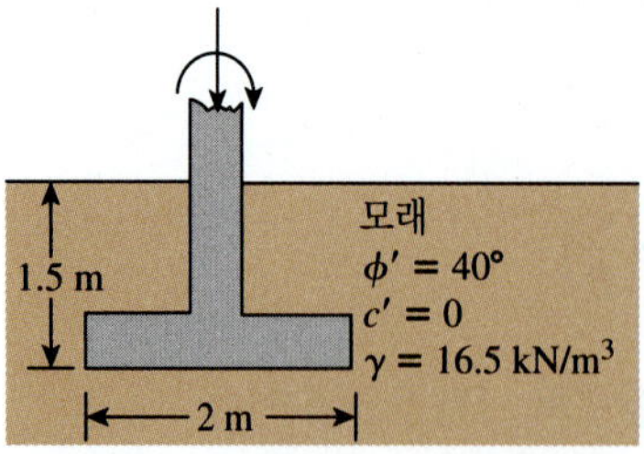

그림 5.28 편심하중이 작용하는 연속기초

$\phi' = 40°$이므로, 표 5.3으로부터 $N_q = 64.2$이고 $N_\gamma = 109.41$이다.

표 5.4로부터

$$F_{qd} = 1 + 2\tan\phi'(1-\sin\phi')^2\frac{D_f}{B} = 1 + 0.214\left(\frac{1.5}{2}\right) = 1.16$$

$$F_{\gamma d} = 1$$

$$q_u = (24.75)(64.2)(1.16) + \frac{1}{2}(16.5)(2)(109.41)(1)$$

$$= 1843.18 + 1805.27 = 3648.45\ \text{kN/m}^2$$

식 (5.72)로부터,

$$q_{u(e)} = q_u\left(1 - \frac{2e}{B}\right)$$

$$= 3648.45\left[1 - 2\left(\frac{0.2}{2}\right)\right]$$

$$= 2918.76\ \text{kN/m}^2$$

$$Q_u = Bq_{u(e)} = (2)(2918.76) \approx \mathbf{5838\ kN}$$

■

5.13 양방향 편심을 받는 기초의 지지력

그림 5.29a와 b에 나타난 것과 같이 연직 극한하중 Q_{ult}와 모멘트 M을 받는 기초를 생각해 보자. 이 경우에 x축과 y축에 관한 모멘트 성분은 그림 5.29c와 같이 M_x와 M_y를 구할 수 있다. 그림 5.29d와 같이 편심거리 $x = e_B$와 $y = e_L$에 재하되는 하중은 Q_u와 같다.

$$e_B = \frac{M_y}{Q_u} \tag{5.74}$$

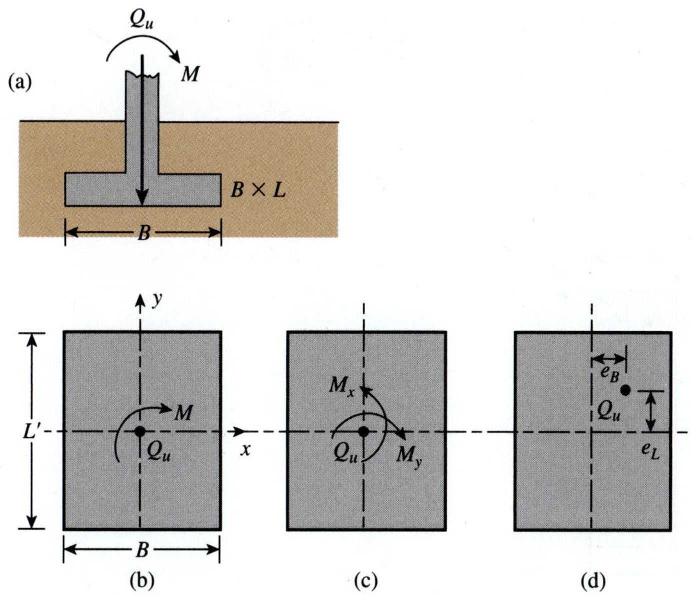

그림 5.29 양방향 편심에 따른 기초의 분석

그리고

$$e_L = \frac{M_x}{Q_u} \tag{5.75}$$

Q_u는 식 (5.61)로부터 구할 수 있다. 즉,

$$Q_u = q'_u A'$$

여기서, 식 (5.60)으로부터

$$q'_u = c'N_c F_{cs} F_{cd} F_{ci} + qN_q F_{qs} F_{qd} F_{qi} + \frac{1}{2}\gamma B' N_\gamma F_{\gamma s} F_{\gamma d} F_{\gamma i}$$

그리고

$$A' = \text{유효면적} = B'L'$$

전과 동일한 방법으로 표 5.4에 나타나 있는 F_{cs}, F_{qs}, 그리고 $F_{\gamma s}$를 구하는 식에는 L과 B 대신에 유효폭(B')과 유효길이(L')를 사용한다. F_{cd}, F_{qd}, 그리고 $F_{\gamma d}$를 구하기 위하여 B 대신 B'로 대체하지 않는다. 유효면적(A'), 유효폭(B'), 그리고 유효길이(L')를 결정할 때 다음의 다섯 가지 경우를 고려해야 한다(Highter and Anders, 1985).

경우 I. $e_L/L \geq \frac{1}{6}$과 $e_B/B \geq \frac{1}{6}$일 경우. 이 조건일 때 유효면적은 그림 5.30에 나타난 것과 같다.

$$A' = \frac{1}{2}B_1 L_1 \tag{5.76}$$

또는,

$$B_1 = B\left(1.5 - \frac{3e_B}{B}\right) \tag{5.77}$$

여기서

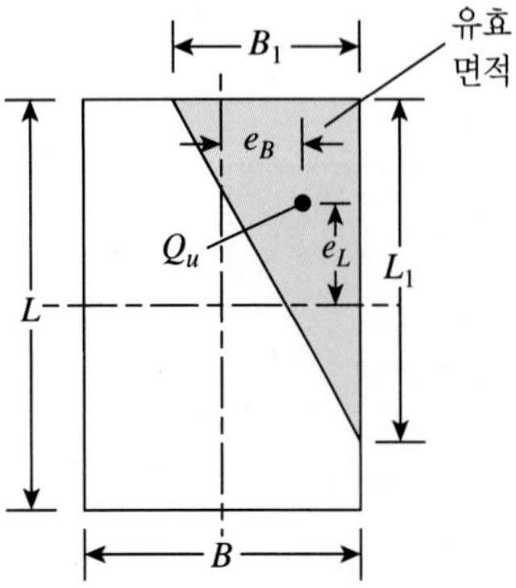

그림 5.30 $e_L/L \geq \frac{1}{6}$, $e_B/B \geq \frac{1}{6}$의 경우 I에 대한 유효면적

$$L_1 = L\left(1.5 - \frac{3e_L}{L}\right) \tag{5.78}$$

유효길이 L'은 B_1와 L_1 중 큰 값이다. 따라서, 유효폭은

$$B' = \frac{A'}{L'} \tag{5.79}$$

경우 II. $\frac{1}{6} < e_L/L < 0.5$와 $e_B/B < \frac{1}{6}$인 경우. 이 경우에 유효면적은 그림 5.31a에 나타난 것과 같다.

$$A' = \frac{1}{2}(L_1 + L_2)B \tag{5.80}$$

L_1과 L_2의 값은 그림 5.31b로부터 구할 수 있다. 유효면적은 다음과 같이 구한다.

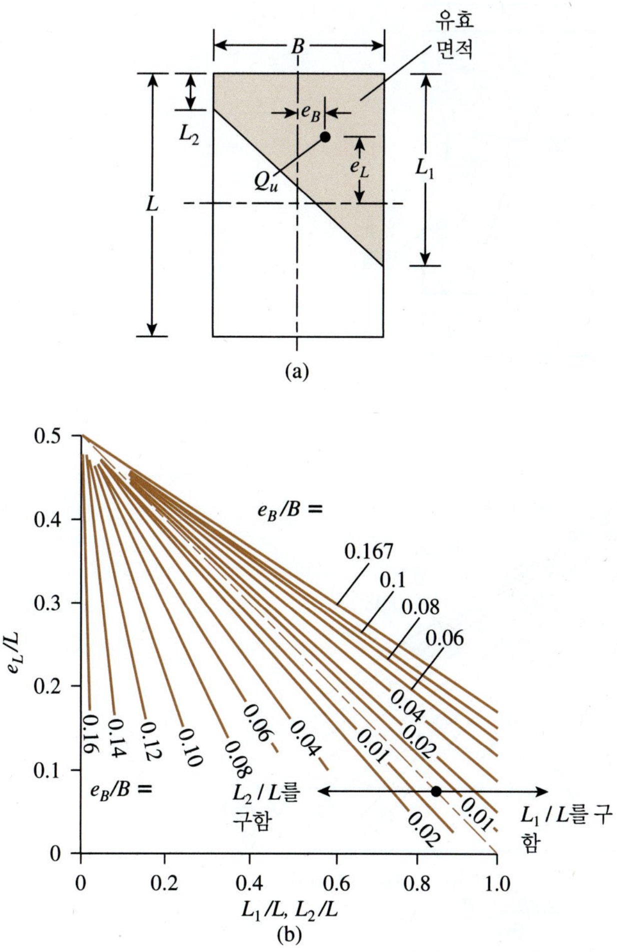

그림 5.31 $\frac{1}{6} < e_L/L < 0.5$, $e_B/B < \frac{1}{6}$일 때 경우 II에 대한 유효면적(자료: Highter, W.H and Anders, J.C(1985). "Dimensioning Footings Subjected to Eccentric Loads", *Geotechnical Engineering*, American Society of civil Engineers, Vol.111, No. GT5, pp(659-665)에 근거함)

$$B' = \frac{A'}{L_1 \text{ 또는 } L_2 \text{ (큰 값을 택함)}} \tag{5.81}$$

유효길이는

$$L' = L_1 \text{ 또는 } L_2 \quad \text{(큰 값을 택함)} \tag{5.82}$$

경우 III. $e_L/L < \frac{1}{6}$과 $\frac{1}{6} < e_B/B < 0.5$인 경우. 유효면적 A'은 그림 5.32a에 나타난 것과 같다.

$$A' = \frac{1}{2}(B_1 + B_2)L \tag{5.83}$$

유효폭은 다음과 같다.

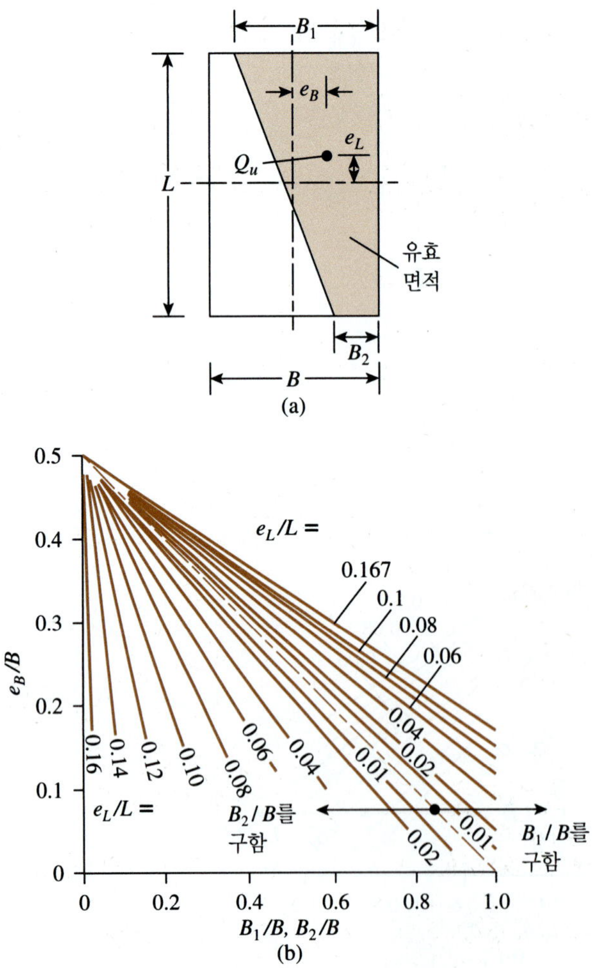

그림 5.32 $e_L/L < \frac{1}{6}$, $\frac{1}{6} < e_B/B < 0.5$일 때 경우 III에 대한 유효면적(자료: Highter, W.H and Anders, J.C(1985). "Dimensioning Footings Subjected to Eccentric Loads", *Geotechnical Engineering*, American Society of civil Engineers, Vol.111, No. GT5, pp(659-665)에 근거함)

$$B' = \frac{A'}{L} \tag{5.84}$$

유효길이는 다음과 같다.

$$L' = L \tag{5.85}$$

B_1과 B_2의 크기는 그림 5.32b로부터 구한다.

경우 IV. $e_L/L < \frac{1}{6}$과 $e_B/B < \frac{1}{6}$인 경우. 이 경우에 해당되는 유효면적은 그림 5.33a와 같다. B_2/B의 비를 알면, B_2는 상향곡선 형태를 취하는 e_L/L 곡선들을 사용하여 구할 수 있다. 이와 유사하게 L_2/L의 비를 알면 L_2는 하향곡선 형태를 취하는 e_L/L 곡선들을 사용하여 구할 수 있다. 그러면 유효면적은 다음과 같다.

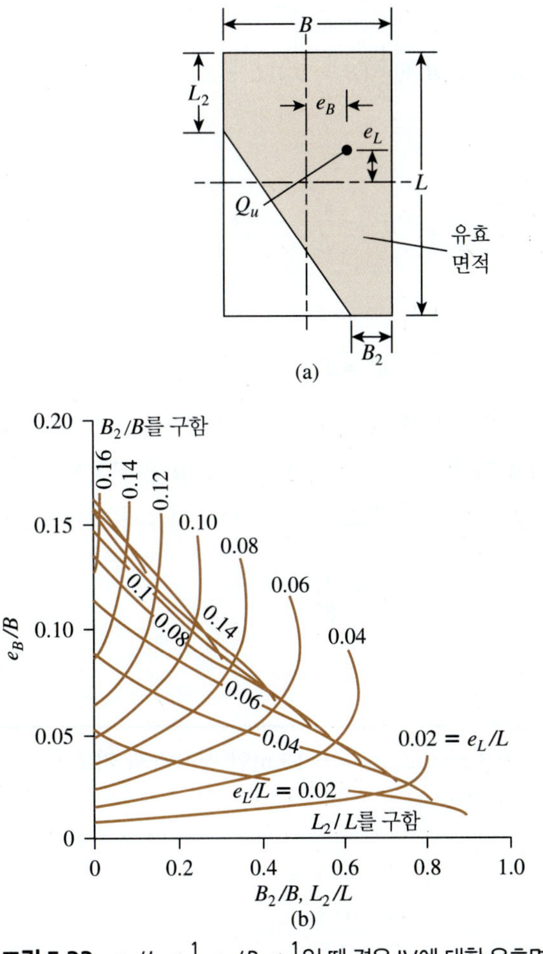

그림 5.33 $e_L/L < \frac{1}{6}$, $e_B/B < \frac{1}{6}$일 때 경우 IV에 대한 유효면적(자료: Highter, W.H and Anders, J.C(1985). "Dimensioning Footings Subjected to Eccentric Loads", *Geotechnical Engineering*, American Society of civil Engineers, Vol.111, No. GT5, pp(659-665)에 근거함)

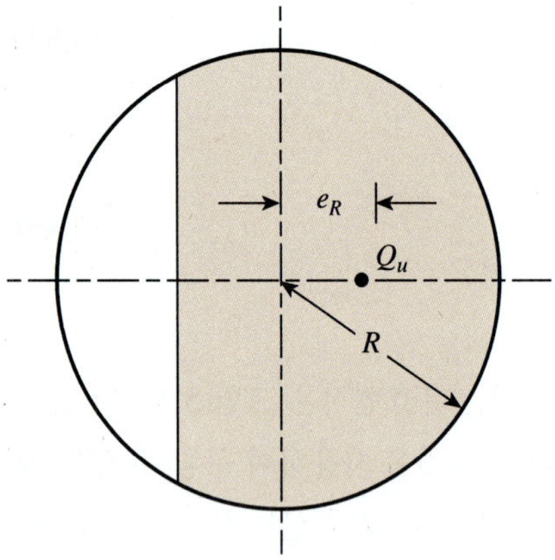

그림 5.34 원형 기초의 유효면적

표 5.11 원형 기초에 대한 e_R/R에 따른 A'/R^2와 B'/R 값

e_R/R	A'/R^2	B'/R
0.1	2.8	1.85
0.2	2.4	1.32
0.3	2.0	1.2
0.4	1.61	0.80
0.5	1.23	0.67
0.6	0.93	0.50
0.7	0.62	0.37
0.8	0.35	0.23
0.9	0.12	0.12
1.0	0	0

$$A' = L_2B + \frac{1}{2}(B + B_2)(L - L_2) \tag{5.86}$$

유효폭은

$$B' = \frac{A'}{L} \tag{5.87}$$

유효길이는

$$L' = L \tag{5.88}$$

경우 V. (원형 기초) 편심하중을 받는 원형 기초에서(그림 5.34a), 편심은 항상 한 방향이다. 원형 기초에서의 유효면적 A'과 유효폭(원형 기초의 직경) B'을 무차원 형식으로 표 5.11에 나타내었다. A'과 B'이 결정되면, 원형 기초의 유효길이는 다음과 같이 구할 수 있다.

$$L' = \frac{A'}{B'} \tag{5.89}$$

예제 5.12

그림 5.35에서와 같이 $e_L = 0.3$ m이고, $e_B = 0.15$ m인 정사각형 기초가 있다. 양방향 편심으로 가정하고 극한하중 Q_u를 구하라.

풀이

$$\frac{e_L}{L} = \frac{0.3}{1.5} = 0.2$$

그리고

$$\frac{e_B}{B} = \frac{0.15}{1.5} = 0.1$$

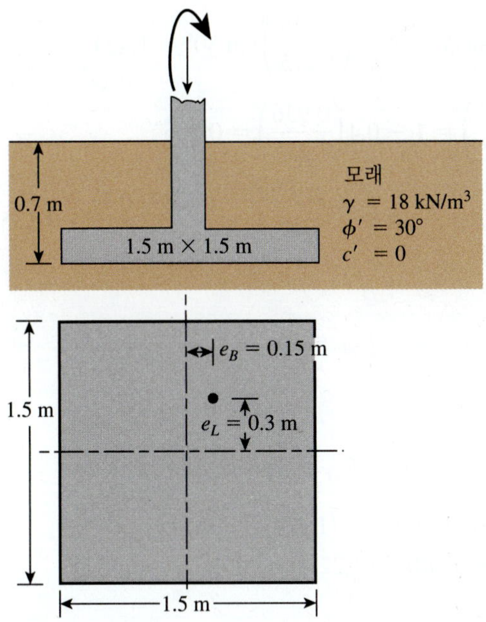

그림 5.35 편심하중 기초

이 경우는 그림 5.31a에 도시된 내용과 유사하다. 그림 5.31b로부터 $e_L/L = 0.2$, $e_B/B = 0.1$의 경우

$$\frac{L_1}{L} \approx 0.85; \qquad L_1 = (0.85)(1.5) = 1.275 \text{ m}$$

그리고

$$\frac{L_2}{L} \approx 0.21; \qquad L_2 = (0.21)(1.5) = 0.315 \text{ m}$$

식 (5.80)으로부터

$$A' = \frac{1}{2}(L_1 + L_2)B = \frac{1}{2}(1.275 + 0.315)(1.5) = 1.193 \text{ m}^2$$

식 (5.82)로부터

$$L' = L_1 = 1.275 \text{ m}$$

식 (5.81)로부터

$$B' = \frac{A'}{L'} = \frac{1.193}{1.275} = 0.936 \text{ m}$$

식 (5.60)으로부터 $c' = 0$이다. 그러므로

$$q'_u = qN_qF_{qs}F_{qd}F_{qi} + \frac{1}{2}\gamma B'N_\gamma F_{\gamma s}F_{\gamma d}F_{\gamma i}$$

여기서 $q = (0.7)(18) = 12.6 \text{ kN/m}^2$

$\phi' = 30°$의 경우, 표 5.3으로부터 $N_q = 18.4$, $N_\gamma = 22.4$이다. 그러므로 표 5.4로부터

$$F_{qs} = 1 + \left(\frac{B'}{L'}\right)\tan\phi' = 1 + \left(\frac{0.936}{1.275}\right)\tan 30° = 1.424$$

$$F_{\gamma s} = 1 - 0.4\left(\frac{B'}{L'}\right) = 1 - 0.4\left(\frac{0.936}{1.275}\right) = 0.706$$

$$F_{qd} = 1 + 2\tan\phi'(1 - \sin\phi')^2\,\frac{D_f}{B} = 1 + \frac{(0.289)(0.7)}{1.5} = 1.135$$

그리고

$$F_{\gamma d} = 1$$

따라서

$$\begin{aligned} Q_u &= A'q'_u = A'\left(qN_qF_{qs}F_{qd} + \frac{1}{2}\gamma B'N_\gamma F_{\gamma s}F_{\gamma d}\right) \\ &= (1.193)[(12.6)(18.4)(1.424)(1.135) \\ &\quad + (0.5)(18)(0.936)(22.4)(0.706)(1)] \approx \mathbf{606\ kN} \end{aligned}$$

■

예제 5.13

그림 5.35에 나타난 기초에 다음과 같은 변경사항을 고려하여 극한하중 Q_u를 결정하라.

$$e_L = 0.18\ \text{m}$$

$$e_B = 0.12\ \text{m}$$

$\gamma = 16.5\ \text{kN/m}^3$인 흙의 경우,

$$\phi' = 25°$$

$$c' = 25\ \text{kN/m}^2$$

풀이

$$\frac{e_L}{L} = \frac{0.18}{1.5} = 0.12; \qquad \frac{e_B}{B} = \frac{0.12}{1.5} = 0.08$$

이 경우는 그림 5.33a에 도시된 내용과 유사하다. 그림 5.33b로부터

$$\frac{B_2}{B} \approx 0.1; \qquad \frac{L_2}{L} \approx 0.32$$

따라서

$$B_2 = (0.1)(1.5) = 0.15\ \text{m}$$

$$L_2 = (0.32)(1.5) = 0.48\ \text{m}$$

식 (5.86)으로부터

$$\begin{aligned} A' &= L_2B + \frac{1}{2}(B + B_2)(L - L_2) = (0.48)(1.5) + \frac{1}{2}(1.5 + 0.15)(1.5 - 0.48) \\ &= 0.72 + 0.8415 = 1.5615\ \text{m}^2 \end{aligned}$$

$$B' = \frac{A'}{L} = \frac{1.5615}{1.5} = 1.041 \text{ m}$$

$$L' = 1.5 \text{ m}$$

식 (5.60)으로부터

$$q'_u = c'N_c F_{cs} F_{cd} + qN_q F_{qs} F_{qd} + \frac{1}{2}\gamma B' N_\gamma F_{\gamma s} F_{\gamma d}$$

$\phi' = 25°$의 경우, 표 5.3으로부터 $N_c = 20.72$, $N_q = 10.66$이고 $N_\gamma = 10.88$이다. 표 5.4로부터

$$F_{cs} = 1 + \left(\frac{B'}{L'}\right)\left(\frac{N_q}{N_c}\right) = 1 + \left(\frac{1.041}{1.5}\right)\left(\frac{10.66}{20.72}\right) = 1.357$$

$$F_{qs} = 1 + \left(\frac{B'}{L'}\right)\tan\phi' = 1 + \left(\frac{1.041}{1.5}\right)\tan 25 = 1.324$$

$$F_{\gamma s} = 1 - 0.4\left(\frac{B'}{L'}\right) = 1 - 0.4\left(\frac{1.041}{1.5}\right) = 0.722$$

$$F_{qd} = 1 + 2\tan\phi'(1 - \sin\phi')^2\left(\frac{D_f}{B}\right) = 1 + 2\tan 25(1 - \sin 25)^2\left(\frac{0.7}{1.5}\right) = 1.145$$

$$F_{cd} = F_{qd} - \frac{1 - F_{qd}}{N_c \tan\phi'} = 1.145 - \frac{1 - 1.145}{20.72\tan 25} = 1.16$$

$$F_{\gamma d} = 1$$

따라서,

$$\begin{aligned} q'_u &= (25)(20.72)(1.357)(1.16) + (16.5 \times 0.7)(10.66)(1.324)(1.145) \\ &\quad + \frac{1}{2}(16.5)(1.041)(10.88)(0.722)(1) \\ &= 815.39 + 186.65 + 67.46 = 1069.5 \text{ kN/m}^2 \end{aligned}$$

$$Q_u = A'q'_u = (1069.5)(1.5615) = \mathbf{1670\ kN}$$

■

5.14 편심경사하중을 받는 연속기초의 지지력

어떤 경우에는 얕은 연속기초가 편심경사하중을 받을 경우가 있다. 그림 5.36은 두 가지의 가능한 하중작용조건을 나타낸 것이다. 이 그림에서 B는 기초의 폭이며, e는 하중의 편심이며, $Q_{u(et)}$는 기초의 단위길이당 극한하중이다. 그림 5.36a에 나타난 기초에 가해지는 하중작용선은 기초의 중심선을 향해 경사져 있다. 이러한 경우를 Perloff and Baron(1976)은 **부분적으로 보상된 기초**(partially compensated)라 하였다. 그림 5.36b의 경우는 기초에 가해지는 하중적용선이 기초의 중심선으로부터 떨어져 경사지어 있는 경우도 있다. Perloff and Baron(1976)은 이런 종류의 하중조건을 **보강된 경우**(reinforced case)로 구분한다.

편심하중을 받는 얕은 기초의 지지력과 관련되는 실질적인 모든 연구의 결과들은 문헌에서 찾아볼 수 있다. 부분적으로 보상된 기초의 경우 연구결과가 다소 제한적이다. 다음은

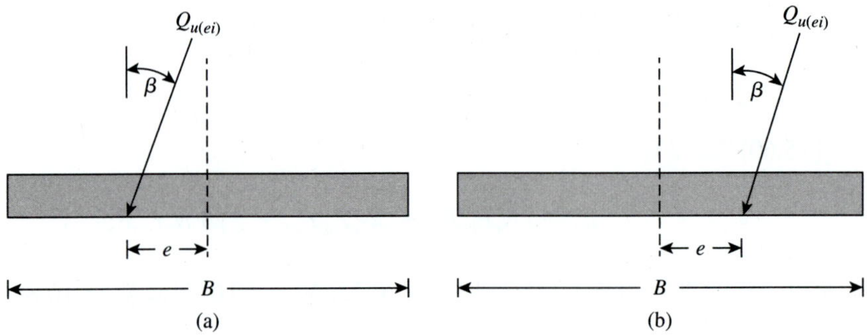

그림 5.36 편심경사하중을 받는 연속기초: (a) 부분적으로 보상된 경우, (b) 보강된 경우

두 가지 경우에 대한 극한하중 $Q_{u(ei)}$를 산정하는 과정을 설명한 것이다.

부분적으로 보상된 경우(그림 5.36a)

a. Meyerhof 법

Meyerhof의 유효면적법이 극한하중 $Q_{u(ei)}$을 구하는 데 이용될 수 있다. 식 (5.60)으로부터

$$q'_u = c'N_cF_{cd}F_{ci} + qN_qF_{qd}F_{qi} + \frac{1}{2}\gamma N_\gamma B'F_{\gamma d}F_{\gamma i} \tag{5.90}$$

주의할 점은, 연속기초의 경우 $F_{cs} = F_{qs} = F_{\gamma s} = 1$, 그리고 $B' = B - 2e$이다. 표 5.3에 주어진 지지력계수들과 표 5.4에 주어진 근입심도계수와 경사계수들을 이용하여 q'_u를 산정할 수 있다. 여기서 q'_u는 지반반력의 연직 성분이다. 따라서,

$$Q_{u(ei)} = \frac{(q'_u)(B')(1)}{\cos\beta} = \frac{q'_u(B - 2e)}{\cos\beta} \tag{5.91}$$

b. Saran and Agarwal 법

Saran and Agarwal(1991)은 극한하중을 구하기 위해 한계평형해석을 수행하였으며, 다음과 같다.

$$Q_{u(ei)} = B\left[c'N_{c(ei)} + qN_{q(ei)} + \frac{1}{2}\gamma BN_{\gamma(ei)}\right] \tag{5.92}$$

여기서 $N_{c(ei)}, N_{q(ei)}, N_{\gamma(ei)}$ = 지지력계수(그림 5.37, 5.38, 그리고 5.39)

c. 감소계수법

많은 실내모형실험 결과를 근거로 Patra et al.(2012a)은 사질토에 축조된 기초의 $Q_{u(ei)}$를 측정하기 위하여 다음과 같은 감소계수 산정법을 제안하였다.

$$Q_{u(ei)} = q_uB(RF) \tag{5.93}$$

여기서,

RF = 감소계수

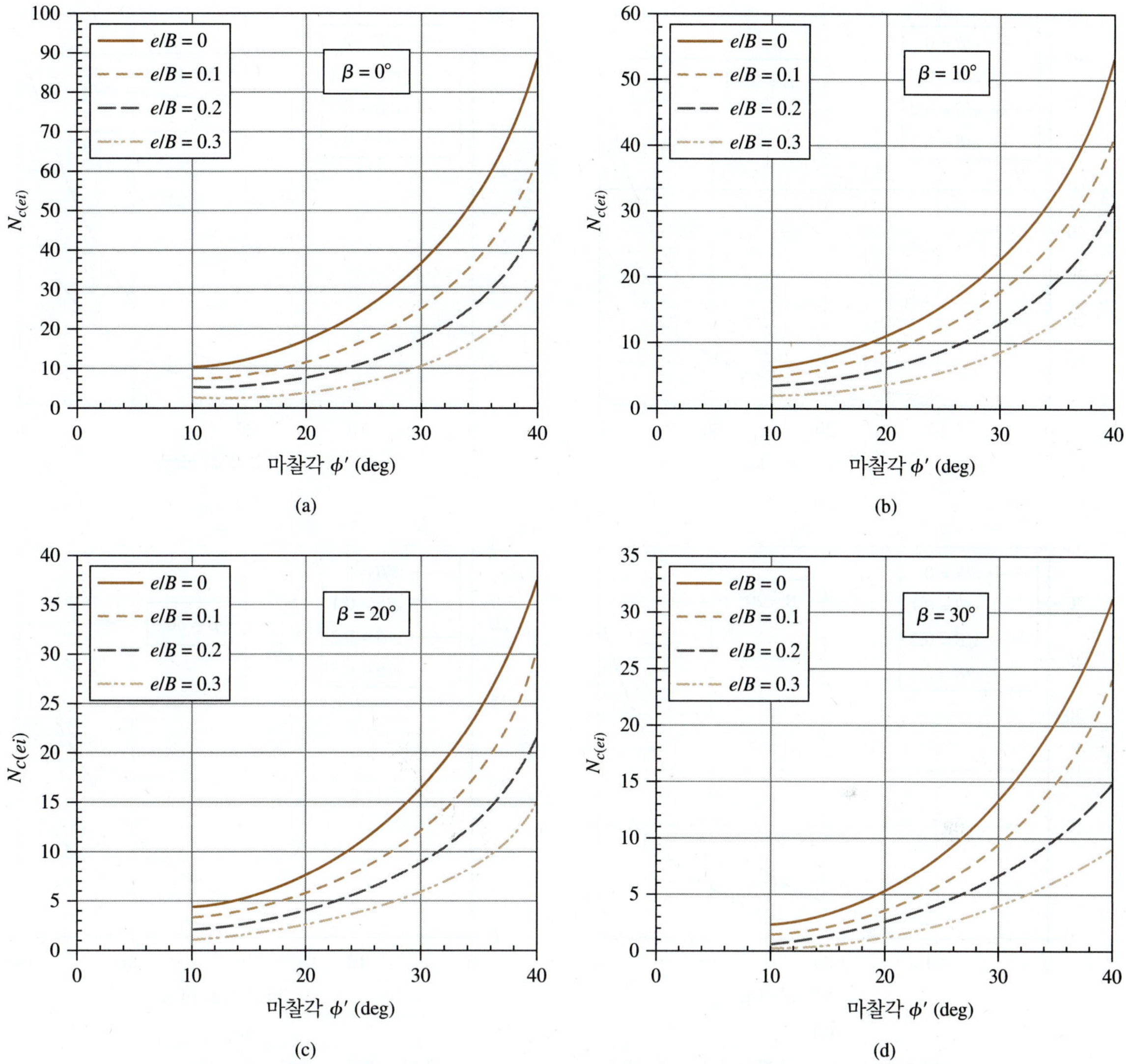

그림 5.37 $\boldsymbol{N_{c(ei)}}$**의 값**: (a) $\beta = 0°$, (b) $\beta = 10°$, (c) $\beta = 20°$, (d) $\beta = 30°$

q_u = 기초 중심에 연직하중이 작용할 때 기초의 극한지지력(i.e., $e = 0, \beta = 0$)

감소계수는 다음과 같이 나타낼 수 있다.

$$RF = \left(1 - 2\frac{e}{B}\right)\left(1 - \frac{\beta°}{\phi'}\right)^{2-(D_f/B)} \tag{5.94}$$

식 (5.93)과 (5.94)를 연립하면, 아래와 같다.

$$Q_{u(ei)} = q_u B\left(1 - 2\frac{e}{B}\right)\left(1 - \frac{\beta°}{\phi'}\right)^{2-(D_f/B)} \tag{5.95}$$

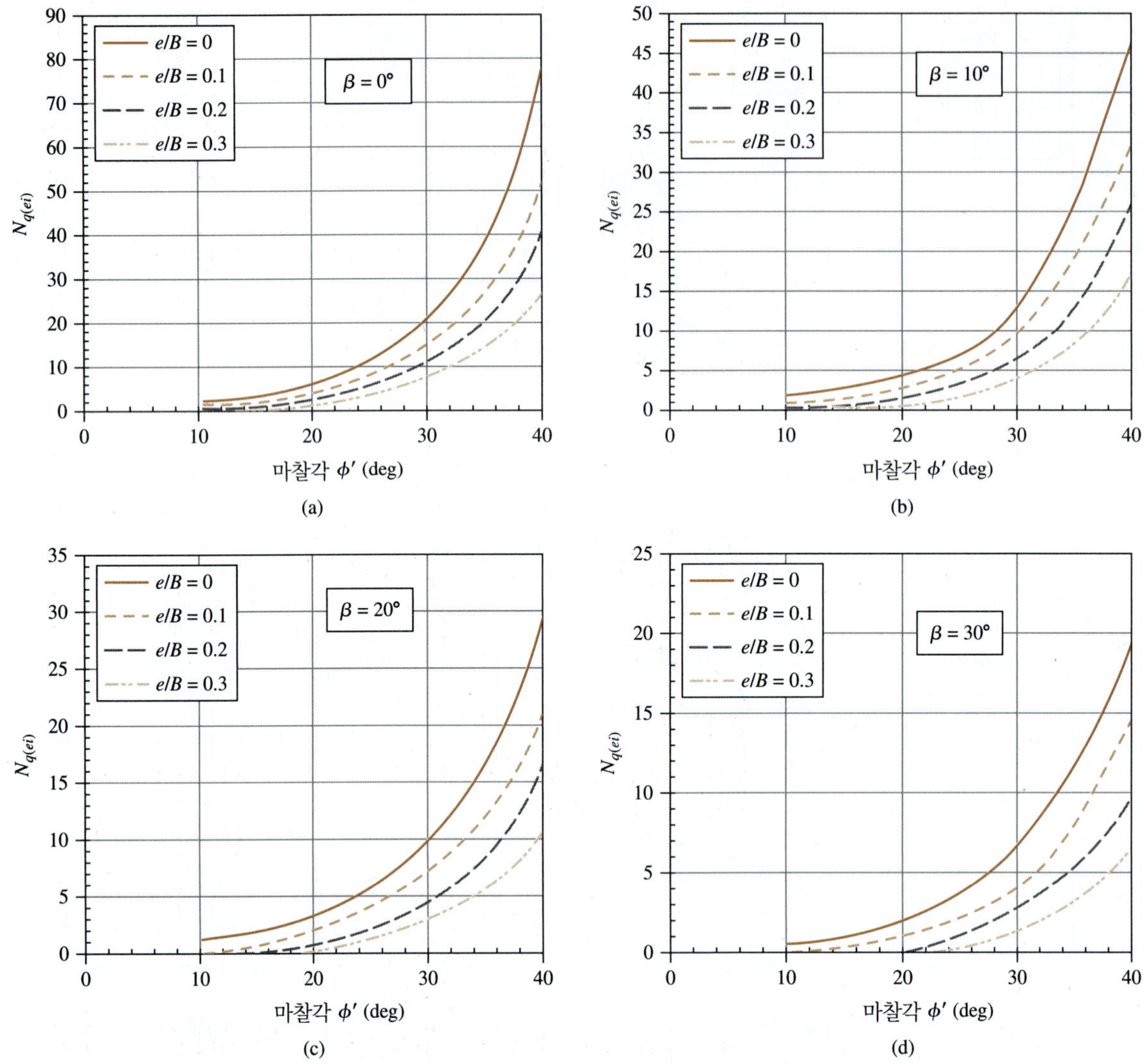

그림 5.38 $N_{q(ei)}$**의 값**: (a) $\beta = 0°$; (b) $\beta = 10°$; (c) $\beta = 20°$; (d) $\beta = 30°$

보강된 경우(사질토) (그림 5.36b)

Patra et al.(2012b)은 사질토에 축조된 연속기초에 대하여 몇 가지 모형 실험을 수행하였다. $Q_{u(ei)}$를 결정하기 위하여 다음과 같은 상관관계식을 도출하였다.

$$Q_{u(ei)} = q_u B\left(1 - 2\frac{e}{B}\right)\left(1 - \frac{\beta°}{\phi'}\right)^{1.5 - 0.7(D_f/B)} \tag{5.96}$$

조합된 경우(사질토)

Behera et al.(2021)은 다량의 실내모형실험을 통해 조합된 경우에 대한 감소계수(RF)에 대한 상관관계식을 개발하여(부분보상 및 보강기초) 제시하였으며 다음과 같다.

$$RF = \left[1 - a\left(\frac{e}{B}\right)^m\right]\left(1 - \frac{\beta}{\phi'}\right)^n e^{p(\text{LA})} \tag{5.97}$$

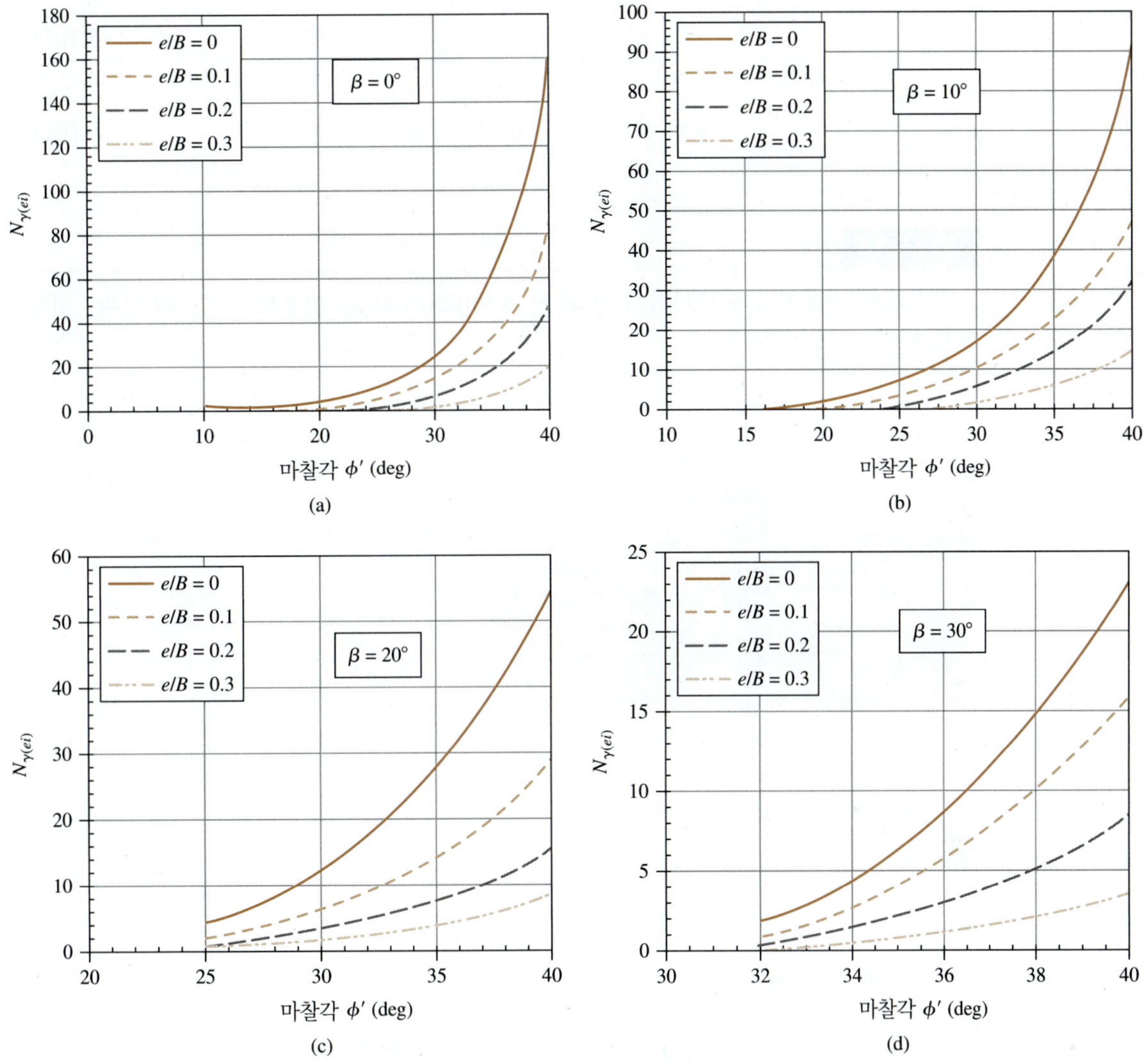

그림 5.39 $N_{\gamma(ei)}$의 값: (a) $\beta = 0°$, (b) $\beta = 10°$, (c) $\beta = 20°$, (d) $\beta = 30°$

여기서

$$RF = \frac{Q_{u(ei)} - \text{주어진 } \dfrac{D_f}{B}, \dfrac{\beta}{\phi'}, \text{ 그리고 LA}}{q_u B - \text{동일한 } \dfrac{D_f}{B}, \dfrac{\beta}{\phi'} = 0, \text{ 그리고 LA} = 0} \tag{5.98}$$

LA = 하중조합
= −1 부분보상의 경우
= 0 연직하중의 경우
= 1 보강기초의 경우

$$a \approx 1.7 \tag{5.99}$$

$$m \approx 0.85 \tag{5.100}$$

$$n \approx 1.65 - 0.85\left(\frac{D_f}{B}\right) \tag{5.101}$$

$$p \approx 0.2\left(\frac{D_f}{B}\right)^2 - 0.3\left(\frac{D_f}{B}\right) + 0.14 \tag{5.102}$$

예제 5.14

그림 5.40에 연속기초가 도시되어 있다. 식 (5.90)과 (5.91)을 이용하여 기초의 단위길이당 극한하중 $Q_{u(ei)}$를 구하라.

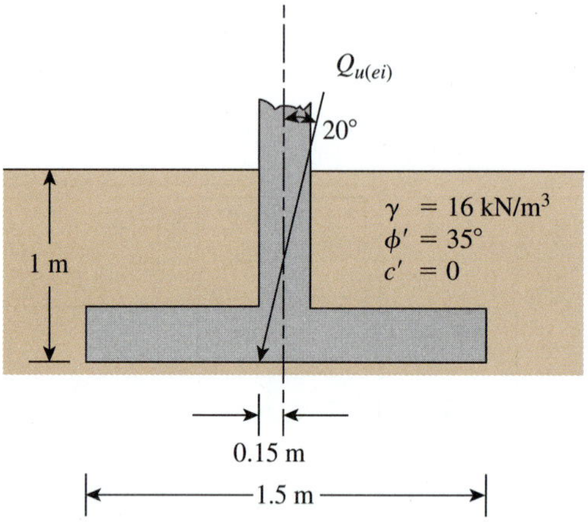

그림 5.40

풀이

$c' = 0$일 때, 식 (5.90)으로부터

$$q'_u = qN_qF_{qd}F_{qi} + \frac{1}{2}\gamma B' N_\gamma F_{\gamma d}F_{\gamma i}$$

$$q = \gamma D_f = (16)(1) = 16\ \text{kN/m}^2$$

그리고,

$$B' = B - 2e = 1.5 - (2)(0.15) = 1.2\ \text{m}$$

$\phi' = 35°$인 경우, 표 5.3으로부터 $N_q = 33.3$, 그리고 $N_\gamma = 48.03$이다.

$$F_{qd} = 1 + 2\tan\phi'(1 - \sin\phi')^2\left(\frac{D_f}{B}\right) = 1 + 2\tan 35(1 - \sin 35)^2\left(\frac{1}{1.5}\right) = 1.17$$

$$F_{\gamma d} = 1$$

$$F_{qi} = \left(1 - \frac{\beta°}{90°}\right)^2 = \left(1 - \frac{20}{90}\right)^2 = 0.605$$

$$F_{\gamma i} = \left(1 - \frac{\beta°}{\phi'}\right)^2 = \left(1 - \frac{20}{35}\right)^2 = 0.184$$

$$q'_u = (16)(33.3)(1.17)(0.605) + \left(\frac{1}{2}\right)(16)(1.2)(48.03)(1)(0.184) = 461.98 \text{ kN/m}^2$$

그리고

$$Q_{u(ei)} = \frac{q'_u(B - 2e)}{\cos\beta} = \frac{(461.98)(1.2)}{\cos 20} = 589.95 \text{ kN} \approx \mathbf{590\ kN/m}$$

■

예제 5.15

식 (5.95)를 이용하여 예제 5.14를 풀어라.

풀이

$c = 0$일 때 식 (5.30)으로부터,

$$F_{qs} = F_{\gamma s} = 1 \text{ (연속기초)}$$
$$F_{qi} = F_{\gamma i} = 1 \text{ (기초 중심에 작용하는 연직하중)}$$

그리고

$$q_u = qN_qF_{qd} + \frac{1}{2}\gamma BN_\gamma F_{\gamma d}$$

예제 (5.14)로부터 $q = 16$ kN/m^2, $N_q = 33.3$, $N_\gamma = 48.03$, $F_{qd} = 1.17$, 그리고 $F_{\gamma d} = 1$. 따라서,

$$q_u = (16)(33.3)(1.17) + \left(\frac{1}{2}\right)(16)(1.5)(48.03)(1) = 1199.74 \text{ kN/m}^2$$

그리고,

$$Q_{u(ei)} = q_uB\left[1 - 2\left(\frac{e}{B}\right)\right]\left(1 - \frac{\beta^\circ}{\phi'}\right)^{2-(D_f/B)}$$
$$= (1199.74)(1.5)\left[1 - (2)\left(\frac{0.15}{1.5}\right)\right]\left[1 - \left(\frac{20}{35}\right)\right]^{2-\left(\frac{1}{1.5}\right)}$$
$$\approx \mathbf{465\ kN/m}$$

■

5.15 요약

지지력 이론은 원래 Terzaghi에 의해 개발되었다. 그 이후 여러 연구자가 Terzaghi의 원래 이론을 증명하거나 수정하기 위해 이론적 그리고 실험적 연구를 수행하였다. 이 장은 연직, 중심, 그리고 편심하중이 작용하는 얕은 기초의 지지력 이론에 대하여 개괄적으로 살펴보았다. 또한, 경사하중이 작용하는 얕은 기초의 지지력 이론에 대해서도 간략하게 기술하였다.

연습문제

5.1 다음의 경우에 대하여 기초의 전 허용연직하중-지지력을 구하라. Terzaghi의 식을 사용하고, 기초지반에서 전반전단파괴가 일어난다고 가정한다. 안전율(FS) = 4

구분	B	D_f	ϕ'	c'	γ	기초형식
a.	0.91 m	0.91 m	28°	19.17 kN/m^2	17.29 kN/m^2	연속
b.	1.5 m	1.2 m	35°	0	17.8	연속
c.	3 m	2 m	30°	0	16.5	정사각형

5.2 1805 kN의 전 허용하중을 받는 정사각형 기초가 있다(안전율 = 3). D_f = 1.5 m, γ = 15.9 kN/m^3, ϕ = 34°, 그리고 c' = 0이다. Terzaghi의 공식을 사용하여 기초의 크기(B)를 구하라. 전반전단파괴가 일어난다고 가정한다.

5.3 식 (5.30)의 일반적인 지지력 공식을 사용하여 다음의 문제들을 풀어라.

a. 문제 5.1a
b. 문제 5.1b
c. 문제 5.1c

5.4 얕은 정사각형 기초에서 적용하중이 연직으로부터 20°의 각을 이루고 있다. B = 1.52 m, D_f = 0.9 m, γ = 18.08 kN/m^3, ϕ' = 25°, 그리고 c' = 28.75 kN/m^{2}이다. FS = 3을 사용하여 전 허용하중을 결정하라. 식 (5.30)을 사용하라.

5.5 3 m × 2 m 기둥기초(그림 P5.5)가 있다. D_f = 1.5 m, ϕ' = 25°, c' = 70 kN/m^2. 식 (5.30)과 안전율 = 3을 사용하여, 순 허용하중을 구하라[식 (5.28) 참고].

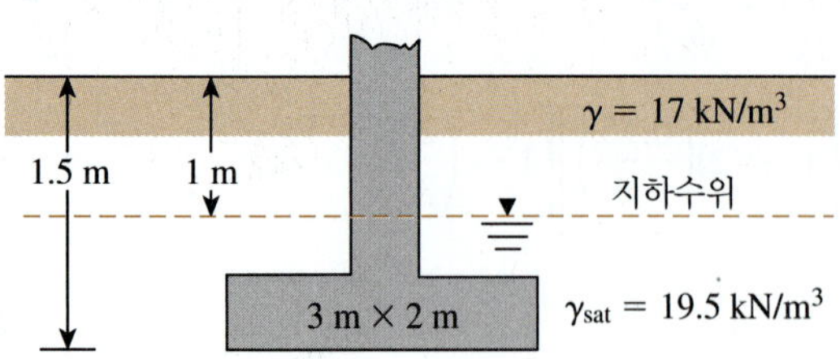

그림 P5.5

5.6 평면이 $B \times B$인 정사각형 기초가 있다. D_f = 2 m, 연직허용하중 Q_{all} = 3330 kN, γ = 16.5 kN/m^3, ϕ' = 30°, c' = 0, 그리고 안전율 = 4. 기초의 크기를 결정하라. 식 (5.30)을 사용하라.

5.7 얕은 기초를 설계하기 위해 다음과 같은 조건이 주어졌다.

흙: ϕ' = 20°
c' = 72 kN/m^2
단위중량, γ = 17 kN/m^3
탄성계수, E_s = 1400 kN/m^2
포아송비, μ_s = 0.35

기초: L = 2 m
B = 1 m
D_f = 1 m

식 (5.47)을 사용하여 극한지지력을 구하라.

5.8 그림 P5.8에 도시된 것과 같이 편심하중을 받는 기초가 있다. 안전율 4를 사용하여 기초가 지지할 수 있는 최대 허용하중을 구하라. Meyerhof의 유효면적법을 사용하라.

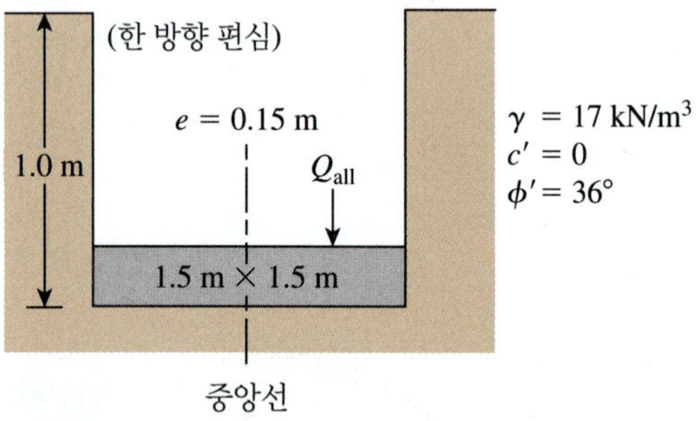

그림 P5.8

5.9 문제 5.8을 Prakash and Saran의 방법을 활용하여 다시 풀어라.

5.10 편심하중(한 방향)을 받는 모래 지반의 연속기초가 있다. 감소계수법[식 (5.69)]을 활용하여 기초의 단위길이당 극한하중을 구하라. B = 1.8 m, D_f = 0.9 m, e/B = 0.12(한 방향 편심), γ = 16 kN/m^3, ϕ' = 35°

5.11 그림 P5.11과 같이 편심하중을 받는 기초가 있다. 기초가 지지할 수 있는 단위길이당 극한하중(Q_u)을 구하라. 감소계수법[식 (5.72)]을 활용하라.

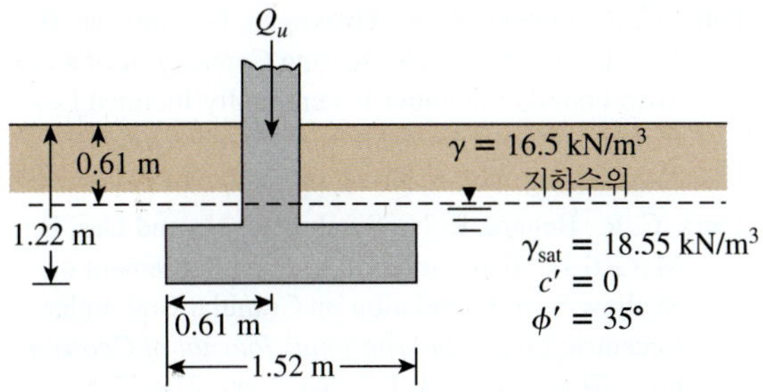

그림 P5.11

5.12 정사각형 기초가 그림 P5.12에 도시되어 있다. 안전율 6을 사용하여 기초의 크기를 구하라. Prakash and Saran의 이론[식 (5.64)]을 이용하라.

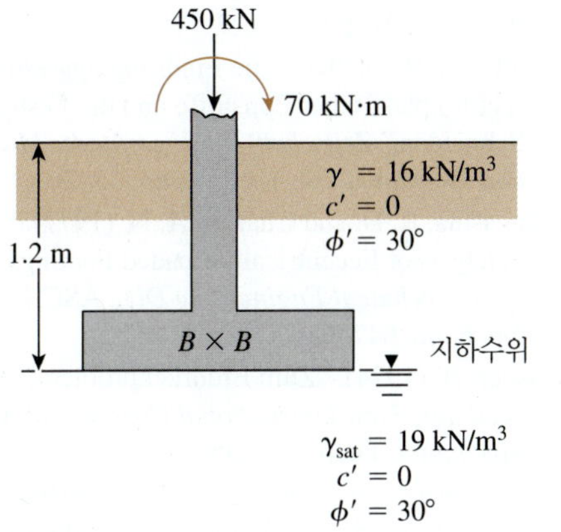

그림 P5.12

5.13 그림 5.29와 같이 중심하중과 모멘트가 작용되는 1.5 m × 2.25 m의 얕은 기초가 있다. 만약 $e_B = 0.12$ m, $e_L = 0.36$ m이고, 기초의 깊이가 0.8 m일 때, 기초가 지지할 수 있는 허용하중을 계산하라. 안전율 FS는 4이다. 단위중량 $\gamma = 17$ kN/m³, 마찰각 $\phi' = 35°$, 점착력 $c' = 0$

5.14 $c' = 0$, $\phi' = 38°$, 그리고 $\gamma = 17.5$ kN/m³인 사질토지반에 폭 $B = 1.4$ m인 연속기초가 축조되어 있다. 그림 5.36과 같이 기초에 편심경사하중을 받고 있다. 여기서, 편심하중의 $e = 0.15$ m, $D_f = 1$ m, 하중경사도 $\beta = 18°$이다. 기초의 단위길이당 극한하중 $Q_{u(ei)}$을 구하라.

a. 부분적으로 보상된 경우의 하중일 때[식 (5.95)]

b. 보강된 경우의 하중일 때[식 (5.96)]

참고문헌

Behera, R. N., Patra, C. R., Das, B. M., and Sivakugan, N. (2021). "Ultimate Bearing Capacity of Shallow Strip Foundation under Eccentrically Inclined Load—A Critical Assessment." *International Journal of Geotechnical Engineering*, Taylor and Francis, UK, Vol. 15, No. 7, pp. 897–905.

Biarez, J., Burel, M., and Wack, B. (1961). "Contribution á l'étude de la Force Portante des Fondations," *Proceedings, Fifth International Conference on Soil Mechanics and Foundation Engineering*, Paris, Vol. 1, pp. 603–609.

Booker, J. R. (1969). Application of theories of plasticity for cohesive frictional soils. Ph.D. thesis, University of Sydney, Australia.

Bozozuk, M. (1972). "Foundation Failure of the Vankleek Hill Tower Site," *Proceedings*, Specialty Conference on Performance of Earth and Earth-Supported Structures, Vol. 1, Part 2, pp. 885–902.

Brand, E. W., Muktabhant, C., and Taechanthummarak, A. (1972). "Load Test on Small Foundations in Soft Clay," *Proceedings, Specialty Conference on Performance of Earth and Earth-Supported Structures*, American Society of Civil Engineers, Vol. 1, Part 2, pp. 903–928.

Caquot, A. and Kerisel, J. (1953). "Sur le terme de surface dans le calcul des fondations en milieu pulverulent," *Proceedings, Third International Conference on Soil Mechanics and Foundation Engineering*, Zürich, Vol. I, pp. 336–337.

DeBeer, E. E. (1965). "Bearing Capacity and Settlement of Shallow Foundations on Sand," *Proceedings, Bearing Capacity and Settlement of Foundations*, Duke University, NC, pp. 15–33.

DeBeer, E. E. (1970). "Experimental Determination of the Shape Factors and Bearing Capacity Factors of Sand," *Geotechnique*, Vol. 20, No. 4, pp. 387–411.

Hanna, A. M. and Meyerhof, G. G. (1981). "Experimental Evaluation of Bearing Capacity of Footings Subjected to Inclined Loads," *Canadian Geotechnical Journal*, Vol. 18, No. 4, pp. 599–603.

Hansen, J. B. (1970). *A Revised and Extended Formula for Bearing Capacity*, Bulletin 28, Danish Geotechnical Institute, Copenhagen.

Highter, W. H. and Anders, J. C. (1985). "Dimensioning Footings Subjected to Eccentric Loads," *Journal of Geotechnical Engineering*, American Society of Civil Engineers, Vol. 111, No. GT5, pp. 659–665.

Hjiaj, M., Lyamin, A. V., and Sloan, S. W. (2005). "Numerical Limit Analysis Solutions for the Bearing Capacity Factor N_γ," *International Journal of Solids and Structures*, Vol. 42, No. 5–6, pp. 1681–1804.

Ismael, N. F. and Vesic, A. S. (1981). "Compressibility and Bearing Capacity," *Journal of the Geotechnical Engineering Division*, American Society of Civil Engineers, Vol. 107, No. GT12, pp. 1657–1676.

Kumbhojkar, A. S. (1993). "Numerical Evaluation of Terzaghi's " *Journal of Geotechnical Engineering*, American Society of Civil Engineers, Vol. 119, No. 3, pp. 598–607.

Martin, C. M. (2005). "Exact Bearing Capacity Calculations Using the Method of Characteristics," *Proceedings, Eleventh International Conference of the International Association for Computer Methods and Advances in Geomechanics*, Turin, Italy, Vol. 4, pp. 441–450.

Michalowski, R. L. (1997). "An Estimate of the Influence of Soil Weight on Bearing Capacity Using Limit Analysis," *Soils and Foundations*, Vol. 37, No. 4, pp. 57–64.

Meyerhof, G. G. (1953). "The Bearing Capacity of Foundations Under Eccentric and Inclined Loads," *Proceedings, Third International Conference on Soil Mechanics and Foundation Engineering*, Zürich, Vol. 1, pp. 440–445.

Meyerhof, G. G. (1955). "Influence of Roughness of Base and Groundwater Conditions on the Ultimate Bearing Capacity of Foundations," *Geotechnique*, Vol. 5, pp. 227–242.

Meyerhof, G. G. (1963). "Some Recent Research on the Bearing Capacity of Foundations," *Canadian Geotechnical Journal*, Vol. 1, No. 1, pp. 16–26.

Muhs, E. (1963). "Über die zulässige Belastung nicht bindigen Böden," *Mitteilungen der Degebo*, Berlin, Heft 16.

Patra, C. R., Behera, R. N., Sivakugan, N., and Das, B. M. (2012a). "Ultimate Bearing Capacity of Shallow Strip Foundation under Eccentrically Inclined Load: Part I," *International Journal of Geotechnical Engineering*, Vol. 6, No. 3, pp. 342–352.

Patra, C. R., Behera, R. N., Sivakugan, N., and Das, B. M. (2012b). "Ultimate Bearing Capacity of Shallow Strip Foundation under Eccentrically Inclined Load: Part II," *International Journal of Geotechnical Engineering*, Vol. 6, No. 4, pp. 507–514.

Patra, C. R., Behera, R. N., Sivakugan, N., and Das, B. M. (2013). "Estimation of Average Settlement of Shallow Strip Foundation on Granular Soil under Eccentric Load," *International Journal of Geotechnical Engineering*, Vol. 7, No. 2, pp. 218–222.

Perloff, W. H. and Barron, W. (1976). *Soil Mechanics: Principles and Applications*, Ronald Press, New York.

Prakash, S. and Saran, S. (1971). "Bearing Capacity of Eccentrically Loaded Footings," *Journal of the Soil Mechanics and Foundations Division*, ASCE, Vol. 97, No. SM1, pp. 95–117.

Prandtl, L. (1921). "Über die Eindringungsfestigkeit (Härte) plastischer Baustoffe und die Festigkeit von Schneiden," *Zeitschrift für angewandte Mathematik und Mechanik*, Vol. 1, No. 1, pp. 15–20.

Purkayastha, R. D. and Char, R. A. N. (1977). "Stability Analysis of Eccentrically Loaded Footings," *Journal of Geotechnical Engineering Div.*, ASCE, Vol. 103, No. 6, pp. 647–651.

Reissner, H. (1924). "Zum Erddruckproblem," *Proceedings, First International Congress of Applied Mechanics*, Delft, pp. 295–311.

Saran, S. and Agarwal, R. K. (1991). "Bearing Capacity of Eccentrically Obliquely Loaded Footing," *Journal of Geotechnical Engineering*, American Society of Civil Engineers, Vol. 117, No. 11, pp. 1669–1690.

Terzaghi, K. (1943). *Theoretical Soil Mechanics*, John Wiley & Sons, New York.

Tomlinson, M. J. (1978). *Foundation Design and Construction*, 3rd ed., Pitman, London.

Vesic, A. S. (1963). "Bearing Capacity of Deep Foundations in Sand," *Highway Research Record* No. 39, National Academy of Sciences, pp. 112–153.

Vesic, A. S. (1973). "Analysis of Ultimate Loads of Shallow Foundations," *Journal of the Soil Mechanics and Foundations Division*, American Society of Civil Engineers, Vol. 99, No. SM1, pp. 45–73.

Zhu, M. and Michalowski, R. L. (2005). "Shape Factors for Limit Loads on Square and Rectangular Footings," *Journal of Geotechnical and Geoenvironmental Engineering*, American Society of Civil Engineering, Vol. 131, No. 2, pp. 223–231.

Chapter 6 얕은 기초의 극한지지력: 특별한 경우

Ultimate Bearing Capacity of Shallow Foundations: Special Cases

학습목표 **6장을 학습하면 다음을 할 수 있다**

6.1 해당 지역의 비등방성 지반, 강성지반 위에 제한된 두께가 있는 층상지반에 대한 기초의 지지력 연구에 대한 필요성을 이해함.
6.2 비등방성 모래 지반 상의 얕은 기초의 극한지지력을 분석함.
6.3 연직하중을 받는 경사진 기초의 지지력을 분석함.
6.4 제한된 두께를 갖는 지반에서 얕은 기초의 지지력을 산정 및 설명함.
6.5 층상점토에서 기초의 극한지지력을 평가함.
6.6 연약한 토층이 하부지반에 있고 단단한 토층이 상부층에 있을 때의 극한지지력을 산정함.
6.7 강한 토층이 하부지반에 있고 연약한 토층이 상부층에 있을 때의 극한지지력을 분석함.
6.8 연약점토에 위치한 입상 트렌치 위의 극한지지력에 대해 기술함.
6.9 서로 인접한 두 기초의 지지력을 설명함.
6.10 사면 상단에 위치한 기초의 극한지지력을 산정함.
6.11 사면상에 위치한 기초의 극한지지력을 평가함.
6.12 입상토 상에 위치한 기초의 지진 지지력에 대해 논의함.
6.13 암반에 위치한 기초의 극한지지력을 산정함.
6.14 쐐기모양 얕은 기초의 극한지지력을 결정함.

6.1 개요

제5장에서 기술한 극한지지력 문제는 기초를 지지하고 있는 흙이 균질하고 기초의 바닥 아래 매우 깊은 깊이까지 분포되어 있다고 가정하였다. 또한 지표면은 수평을 이루고 있다고 가정하였다. 그러나 이러한 가정은 실제 모든 경우에 맞는 것은 아니다. 얕은 깊이에서 단단한 층과 만날 수 있고, 또는 흙이 다른 전단강도정수를 갖는 여러 층으로 이루어질 수 있다. 어떤 경우에는 사면 위 또는 사면 가까이에 기초를 시공할 필요가 있다. 지진위험이 높은 지역의 경우, 구조물에 영향을 가할 수 있는 추가적인 지진하중을 고려할 필요가 있다.

이 장은 이런 특별한 경우와 관련된 극한지지력 문제에 대하여 논하였다.

6.2 비등방 모래질에서 기초의 지지력

대부분 사질토의 자연퇴적은 수평층으로 퇴적되는 성질 때문에 본질적으로 비등방 구조물이다. 입상토의 초기 퇴적과 이어지는 연직방향의 다짐으로 인해 토질입자는 선호하는 방향을 취한다. 이런 종류의 입상토에 대해, Meyerhof(1978)는 축차응력의 작용방향이 흙의 퇴적방향에 따른 각 i를 형성한다면 그 흙의 마찰각 ϕ'은 식 (6.1)에 근사할 수 있다고 제안하였다(그림 6.1).

$$\phi_i' = \phi_1' - (\phi_1' - \phi_2')\left(\frac{i^\circ}{90^\circ}\right) \tag{6.1}$$

여기서,

$\phi_1' = i = 0°$일 때 흙의 마찰각

$\phi_2' = i = 90°$일 때 흙의 마찰각

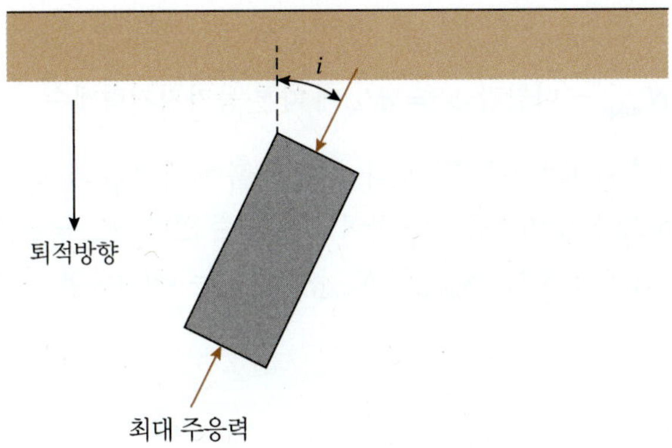

그림 6.1 모래 퇴적층의 비등방성

그림 6.2는 비등방 모래질 퇴적토 위의 거친 연속기초를 나타낸 것이다. 또한, 극한하중이 작용할 때 지반내 파괴영역을 보여주고 있다. 삼각형 영역(영역 1) 흙의 마찰각 $\phi' = \phi'_1$; 그러나 ϕ'의 크기는 영역 2에서 ϕ'_1과 ϕ'_2의 범위 내에서 변할 것이다. 영역 3에서 흙의 유효 마찰각은 ϕ'_2와 같을 것이다. Meyerhof(1978)는 비등방 사질토지반에서 연속기초의 극한 지지력은 등가마찰각 $\phi' = \phi'_{eq}$을 가정하여 계산할 수 있음을 제안하였다.

$$\phi'_{eq} = \frac{(2\phi'_1 + \phi'_2)}{3} = \frac{(2 + m)\phi'_1}{3} \tag{6.2}$$

여기서

$$m = \text{마찰비} = \frac{\phi'_2}{\phi'_1} \tag{6.3}$$

한편 등가마찰각이 결정되면, 기초 위의 연직하중에 대한 극한지지력은 다음과 같이 표현된다(깊이계수 무시).

$$q_u = qN_{q(eq)}\left[1 + \left(\frac{B}{L}\right)\tan\phi'_{eq}\right] + \frac{1}{2}\gamma BN_{\gamma(eq)}\left[1 - 0.4\left(\frac{B}{L}\right)\right] \tag{6.4}$$

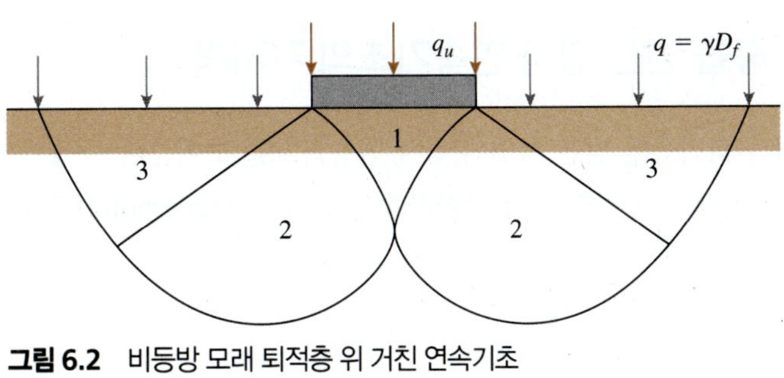

그림 6.2 비등방 모래 퇴적층 위 거친 연속기초

여기서

$$N_{q(\mathrm{eq})}, N_{\gamma(\mathrm{eq})} = \text{마찰각 } \phi' = \phi'_{\mathrm{eq}}\text{에 따른 등가지지력계수}$$

식 (6.4)에서, 형상계수는 표 5.4에 주어졌다. 주어진 흙에 대해 ϕ'_1과 ϕ'_2를 알고 있다면, ϕ'_{eq}에 대한 크기는 식 (6.2)와 식 (6.3)을 이용하여 계산할 수 있다. $\phi'_{\mathrm{eq}} = \phi'$으로 가정한다면 식 (6.4)를 이용하기 위해 표 5.3은 $N_{q(\mathrm{eq})}$와 $N_{\gamma(\mathrm{eq})}$를 구하는 데 사용할 수 있다. 예제 6.1은 이 과정을 설명한다.

예제 6.1

강도와 관련한 비등방 모래 지반 위의 정사각형 얕은 기초에 대해 주어진 값 : $B = 1$ m, $D_f = 0.7$ m, $\gamma = 16.5$ kN/m^3, $\phi'_1 = 35°$, $\phi'_2 = 30°$이다. FS = 3에 따른 허용지지력을 산정하라.

풀이

마찰비 $= m = \dfrac{\phi'_2}{\phi'_1}$, 이 경우 $m = \dfrac{30}{35} = 0.857$. 따라서,

$$\phi'_{\mathrm{eq}} = \frac{(2 + 0.875)(35)}{3} \approx 33.54°$$

표 5.3으로부터, $\phi'_{\mathrm{eq}} = 33.54°$, $N_{q(\mathrm{eq})} \approx 27.8$, $N_{\gamma(\mathrm{eq})} \approx 38.1$

식 (6.4)로부터

$$q_u = qN_{q(\mathrm{eq})}\left[1 + \left(\frac{B}{L}\right)\tan\phi'_{\mathrm{eq}}\right] + \frac{1}{2}\gamma BN_{\gamma(\mathrm{eq})}\left[1 - 0.4\left(\frac{B}{L}\right)\right]$$

$$= (0.7 \times 16.5)(27.8)\left[1 + \left(\frac{1}{1}\right)(\tan 33.54)\right] + (0.5)(16.5)(38.1)\left[1 - 0.4\left(\frac{1}{1}\right)\right]$$

$$= 533.9 + 188.6 = 722.5 \text{ kN/m}^2$$

$$q_{\mathrm{all}} = \frac{q_u}{\mathrm{FS}} = \frac{722.5}{3} = \mathbf{240.8\ kN/m^2}$$

■

6.3 일반 연직하중을 받는 경사 연속기초의 지지력

그림 6.3은 일반 연직하중을 받는 폭 B의 경사 연속기초를 보여준다. 수평에 대한 기초저면의 경사는 α이다. 파괴 시 단위면적당 극한하중은 q_u이다. Meyerhof(1953)는 q_u 산정에 관한 이론을 다음과 같이 제시하였다.

$$q_u = c'N_{cq} + \frac{1}{2}\gamma BN_{\gamma q} \tag{6.5}$$

여기서

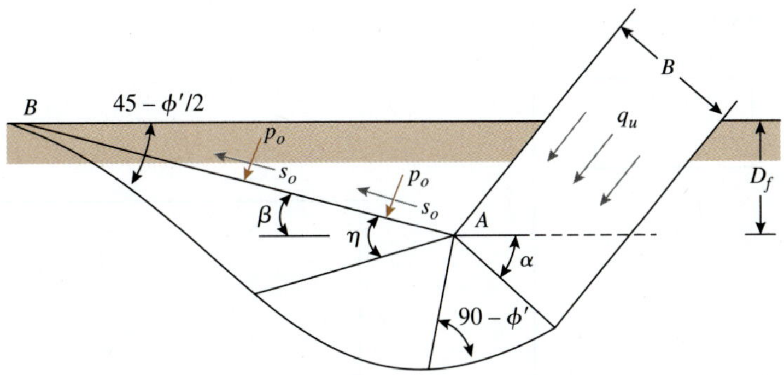

그림 6.3 법선응력에 노출된 경사 연속기초

c' = 흙의 점착력

γ = 흙의 단위중량

N_{cq}와 $N_{\gamma q}$ = 지지력계수

그림 6.3에서 AB면을 등가자유면(equivalent free surface)으로 본다. AB면에 작용하는 연직응력(normal stress) 및 전단응력(shear stress)은 각각 p_o와 s_o이다. $c' = 0$ 조건(사질토), 식 (6.5)는 다음과 같이 변환된다.

$$q_u = \frac{1}{2}\gamma B N_{\gamma q} \tag{6.6}$$

또한, 비배수 점토에 대해 $\phi' = 0$, 비배수 점착력은 c_u와 같다. 따라서,

$$q_u = c_u N_{cq} \tag{6.7}$$

그림 6.4와 그림 6.5는 $N_{\gamma q}$[식 (6.6)]과 N_{cq}[식 (6.7)]의 변화를 나타낸다.

6.4 얕은 깊이에서 단단한 지반에 의해 지지된 기초

그림 6.6a는 깊은 심도의 토층에 의해 지지된 기초바닥이 거친 얕은 **연속기초**를 나타낸 것이다. 기초의 근입심도 요소를 무시하고 연직하중에 대한 식 (5.30)은 다음과 같다.

$$q_u = c'N_c + qN_q + \frac{1}{2}\gamma B N_\gamma \tag{6.8}$$

N_c, N_q, N_γ의 값을 구하는 일반적인 방법은 제5장에 상세히 기술하였다. 극한하중 상태에서 기초지반의 파괴영역은 심도 D까지 확장되며, Prandtl(1921)과 Reissner(1924)에 의해 유도된 N_c, N_q의 값은 그림 6.6b에 나타내었다. 유사하게 지반파괴심도가 D일 때 Lundgren and Mortensen(1953)에 의해 제안된 N_γ의 값도 이 그림에 제시되어 있다. 마찰각이 증가하면, 파괴영역은 더 깊게 연장되고 D는 증가한다.

만약 단단한 지층이 기초의 바닥 아래 $H < D$의 깊이에 위치한다면, 지반의 전단파괴면의 완전한 전개는 어려울 것이다. 이런 경우 극한하중하에서 지반의 파괴영역과 파괴면

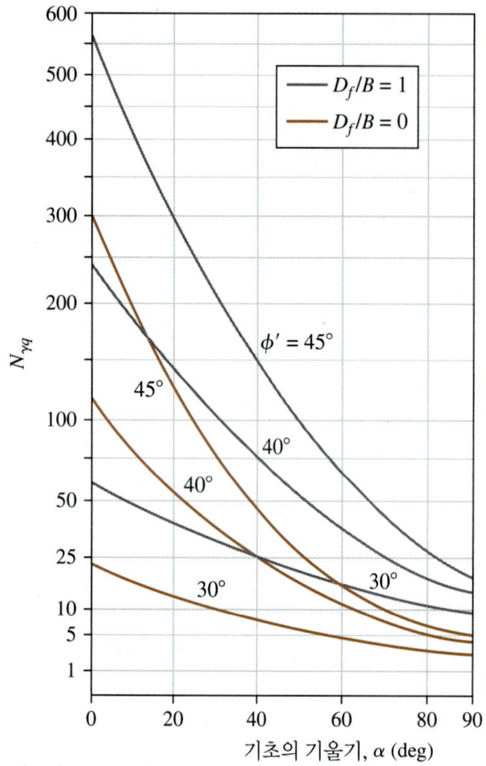

그림 6.4 $N_{\gamma q}$의 변화[식 (6.6)]

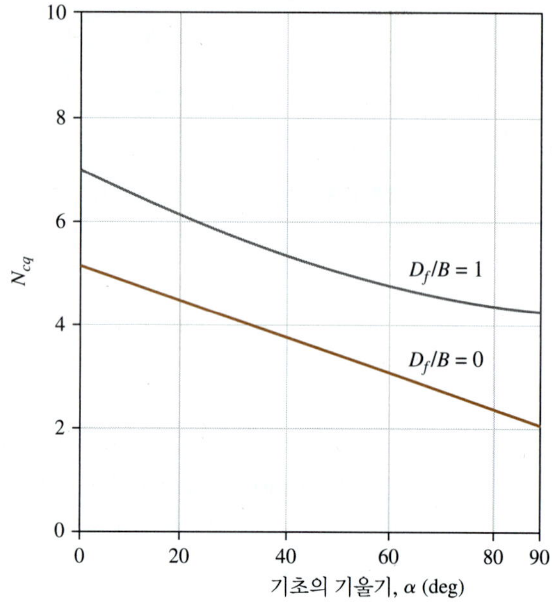

그림 6.5 N_{cq}의 변화[식 (6.7)]

의 전개는 그림 6.7에 도시하였다. Mandel and Salencon(1972)은 소성이론을 이용하여 수치적분에 의해 이런 경우 적용할 수 있는 지지력계수들을 결정하였다. 이 이론에 따르면 단단한 지층이 얕은 심도에 위치할 때 기초의 밑바닥이 거친 강성 연속기초의 극한지지력은 다음과 같다.

$$q_u = c'N_c^* + qN_q^* + \frac{1}{2}\gamma BN_\gamma^* \tag{6.9}$$

여기서

N_c^*, N_q^*, N_γ^* = 수정 지지력계수

B = 기초의 폭

γ = 흙의 단위중량

여기서 $H \geq D$일 경우, $N_c^* = N_c$, $N_q^* = N_q$, $N_\gamma^* = N_\gamma$ (Lundgren and Mortensen, 1953). H/B와 흙의 내부마찰각 ϕ'에 대한 N_c^*, N_q^*, N_γ^*의 변화는 그림 6.8, 6.9, 6.10에 각각 나타내었다.

강성기초의 깊이 H가 감소하면 지지력계수와 기초의 극한지지력은 증가한다는 것을 그림 6.8에서 6.10으로부터 알 수 있다. 또한 $H > B$일 때, 특히 마찰각이 낮은 경우, 단단한 지층의 존재를 보수적으로 무시할 수 있으며 일반적인 지지력계수 N_c, N_q, N_γ를 사용할 수

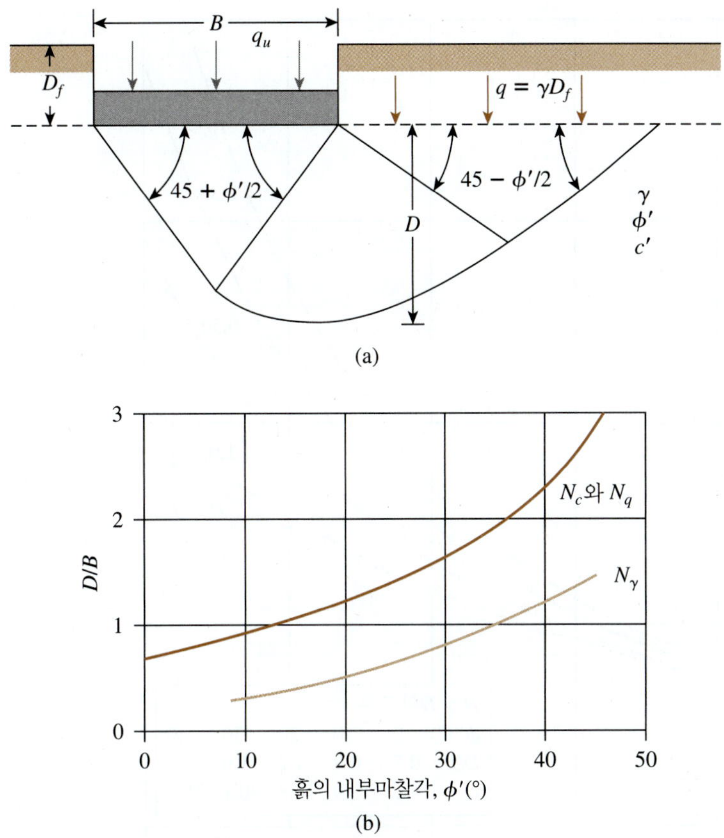

그림 6.6 (a) 거친 연속기초 하부의 파괴면, (b) 흙의 마찰각 ϕ'에 따른 D/B의 변화

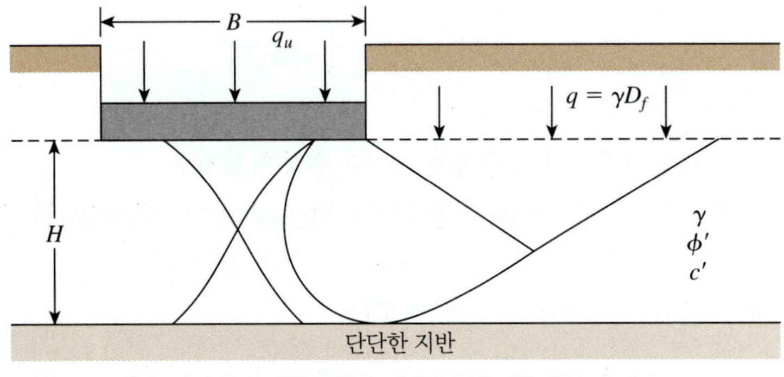

그림 6.7 얕은 깊이에 위치한 단단한 지반의 연속기초 하부 파괴면

있음을 알 수 있다(표 5.3).

사질토지반의 직사각형 기초

근입 심도 요소를 무시하면, 얕은 깊이에 단단한 지층이 있는 모래층($c' = 0$) 위에서 원형과 직사각형 강성 기초의 극한지지력은 다음과 같다.

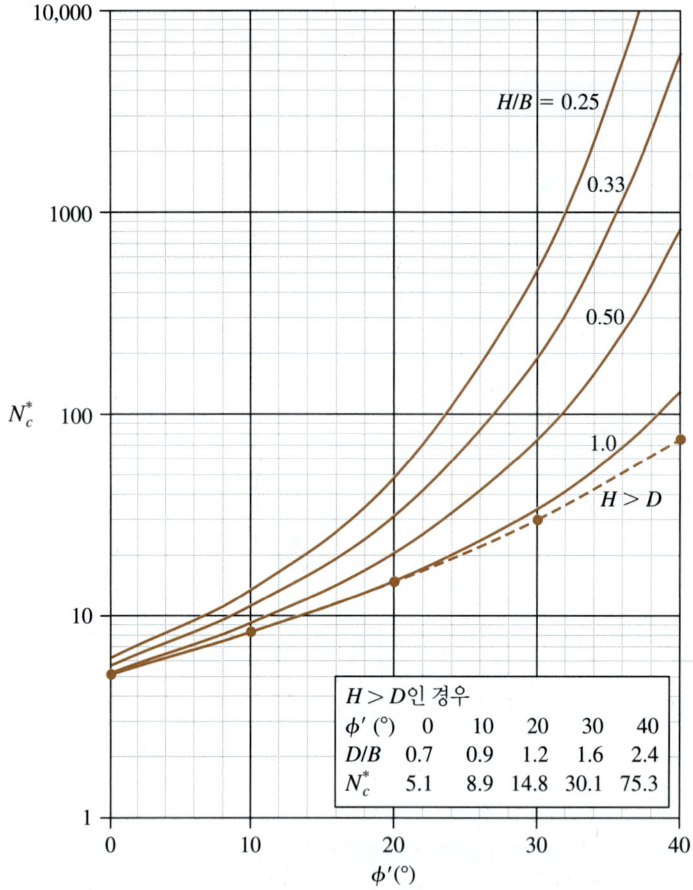

그림 6.8 Mandel and Salencon의 식 (6.9)에 대한 지지력계수 N_c^*

$$q_u = qN_q^*F_{qs}^* + \frac{1}{2}\gamma BN_\gamma^*F_{\gamma s}^* \tag{6.10}$$

여기서 $F_{qs}^*, F_{\gamma s}^*$ = 단단한 지층의 존재를 고려한 수정 형상계수.

형상계수 $F_{qs}^*, F_{\gamma s}^*$는 H/B와 ϕ'의 함수이다. Meyerhof and Chaplin(1953)의 연구결과에 따르면 방사형 평면에서 가정을 단순화하면, 응력과 전단 영역은 횡단평면에서 동일하다. Meyerhof(1974)는 다음과 같이 제안하였다.

$$F_{qs}^* \approx 1 - m_1\left(\frac{B}{L}\right) \tag{6.11}$$

그리고

$$F_{\gamma s}^* \approx 1 - m_2\left(\frac{B}{L}\right) \tag{6.12}$$

여기서 L = 기초의 길이. H/B와 ϕ'에 대한 m_1과 m_2의 변화는 그림 6.11에 나타내었다.

최근 Cerato and Lutenegger(2006)는 지지력계수인 N_γ^*에 대한 몇 가지 실험결과를 제

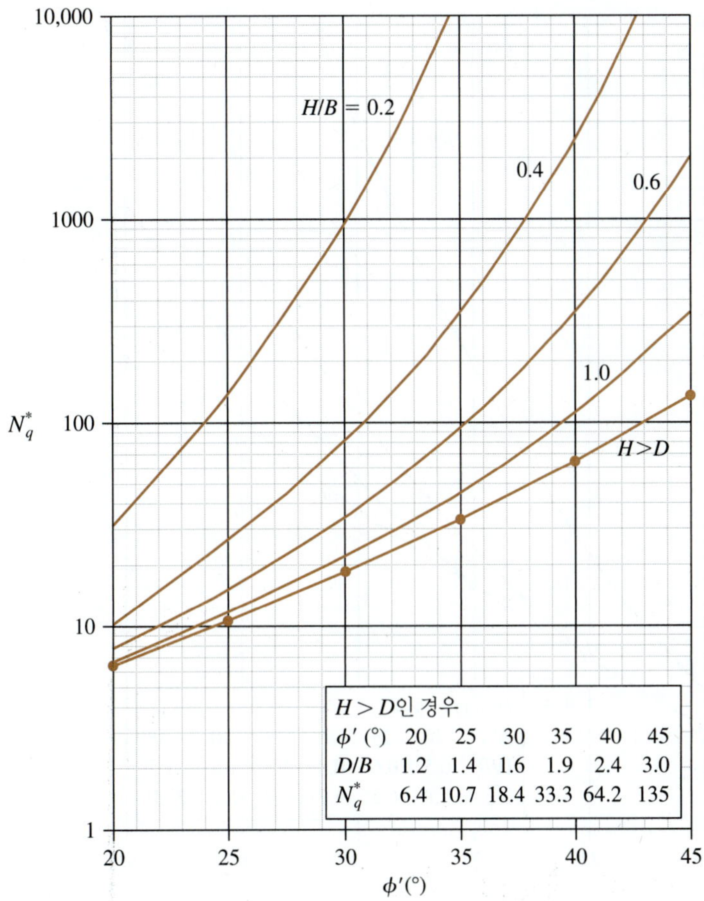

그림 6.9 Mandel and Salencon의 식 (6.9)에 대한 지지력계수 N_q^*

시하였다. 이 실험은 B가 0.152~0.305 m인 다양한 크기의 직사각형과 원형의 평판을 사용하여 실시하였다. Terzaghi의 정사각형과 원형의 기초에 대한 지지력 공식을 이용할 것으로 가정하였다. 또한 $\phi' = 0$일 경우, 식 (5.19)와 식 (5.20)을 활용하면 다음과 같다.

$$q_u = qN_q^* + 0.4\gamma BN_\gamma^* \text{ (정사각형 기초)} \tag{6.13}$$

그리고

$$q_u = qN_q^* + 0.3\gamma BN_\gamma^* \text{ (원형 기초)} \tag{6.14}$$

실험적 연구를 통한 N_γ^*의 분포는 그림 6.12와 같다. 또한 이 연구는 $D/B \approx 1$ 대신에 $H/B \approx 3$일 경우, 그림 6.10에 나타난 것과 같이 N_γ^*은 N_γ과 같다고 평가하였다. 이와 같은 이유로 인해 그림 6.12는 H/B가 0.5~3.0의 범위에서 N_γ^*의 변화값을 나타내었다.

사질토지반의 극한지지력 결정에 관한 감소계수법(원형 기초)

Cerato and Lutenegger(2006)는 연직하중에 관한 지표면 기초에 대해 연구를 수행하였다. 그러므로 N_q^*에 관한 강성지층의 효과는 언급하지 않았다. Sethy et al.(2020)은 조밀한 모래층에서 D_f/B가 0에서 1 사이에 있는 원형 기초에 관한 몇 가지 모형시험을 수행하였다.

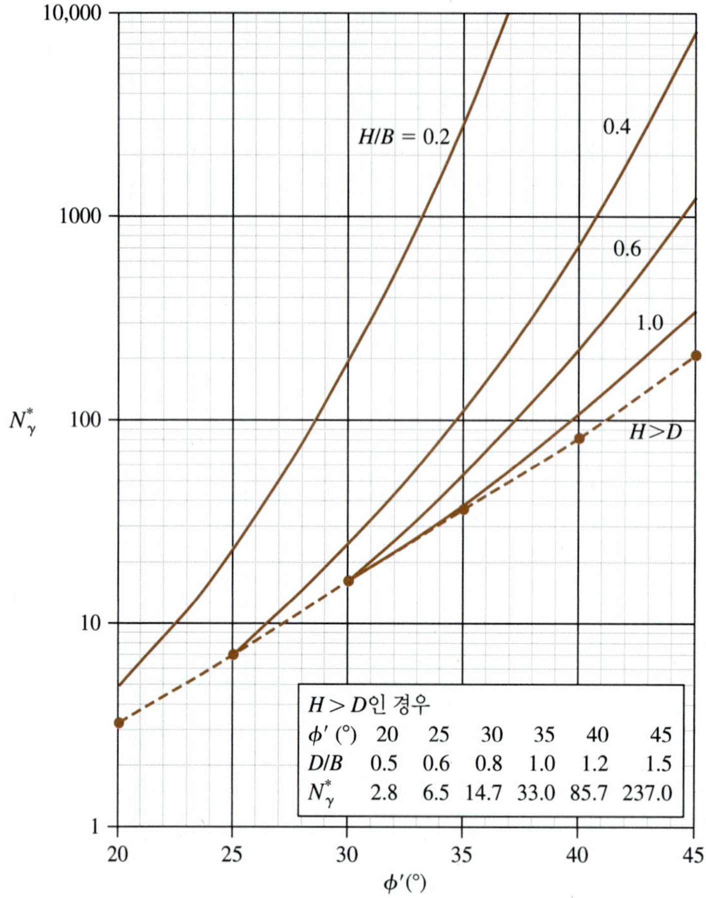

그림 6.10 Mandel과 Salencon의 식 (6.9)에 대한 지지력계수 N^*_γ

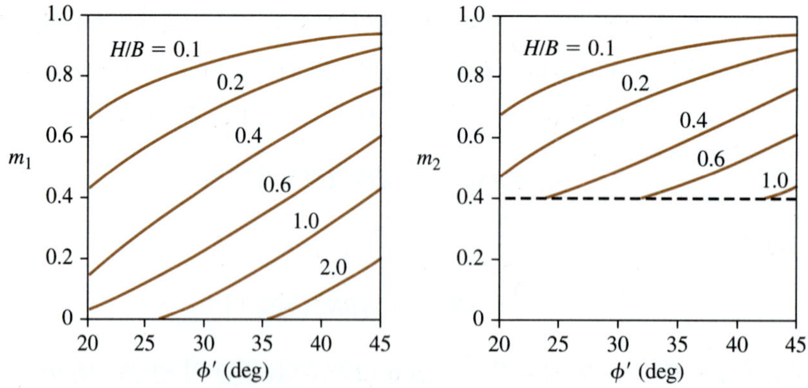

그림 6.11 H/B와 ϕ'에 따른 m_1과 m_2의 변화

모형기초는 편심(편심하중 = e) 경사(연직도 = α에 따른 경사하중)하중(부분보상된 경우—제5장 참조)을 받고 있다. 모형시험결과는 감소계수(RF)로 표현되며, 다음과 같이 표현할 수 있다.

$$RF = \frac{q_{u\,(H/B,\,\alpha/\phi',\,e/B)}}{q_{u\,(\alpha/\phi',\,e/B)}} \tag{6.15}$$

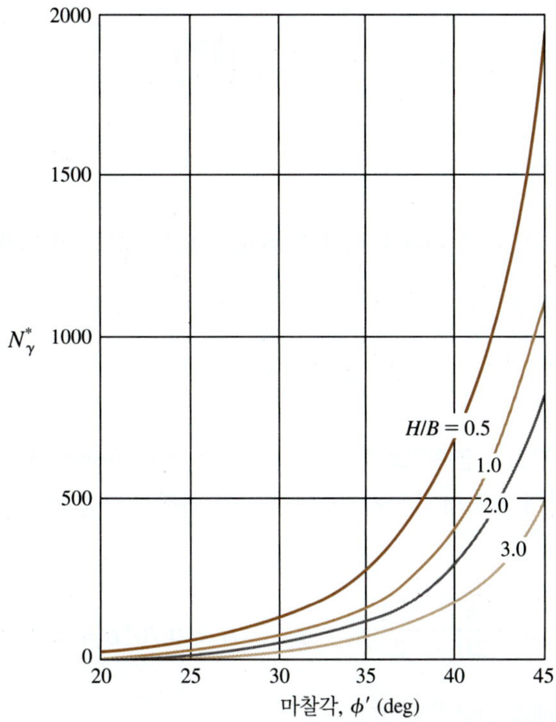

그림 6.12 N_γ^*에 대한 Cerato and Lutenegger의 실험 결과

여기서

$q_{u(H/B,\, \alpha/B,\, \alpha/\phi',\, e/B)}$ = 근입비율 D_f/B에 따른 H/B일 때 기초의 단위면적 A의 평균 편심경사하중

$$= \frac{Q_{u\,(H/B,\, \alpha/\phi',\, e/B)}}{A}$$

$q_{u(\alpha/\phi',\, e/B)}$ = 근입비율 D_f/B에 따른 $H/B \geq D/B$일 때 기초의 단위면적 A의 평균 편심경사하중

$$= \frac{Q_{u\,(\alpha/\phi',\, e/B)}}{A}$$

$H/B \leq 3$인 경우, 감소계수는 다음과 같다.

$$RF = (A' - B' + 1)\left(1 - \frac{\alpha}{\phi'}\right)^{0.37} \tag{6.16}$$

여기서

$$A' = 0.8\left[1 + 0.2\left(\frac{D_f}{B}\right)\right]\left(\frac{H}{B}\right)^{-1.77\left[1 - 0.15\left(\frac{D_f}{B}\right)\right]} \tag{6.17}$$

$$B' = 0.64\left[1 + 2.53\left(\frac{D_f}{B}\right)\right]\left(\frac{e}{B}\right) \tag{6.18}$$

포화점토의 기초

포화점토상에 축조된 연속기초(즉 비배수 상태 또는 $\phi = 0$)인 경우, 식 (6.9)를 간단하게 하면

$$q_u = c_u N_c^* + q \tag{6.19}$$

Mandel and Salencon(1972)은 연속기초의 N_c^*을 평가하기 위한 계산을 하였다. 유사하게, Buisman(1940)은 정사각형 기초의 극한지지력을 구하기 위해서 다음과 같은 관계식을 제시하였다.

$$q_{u(\text{정사각형})} = \left(\pi + 2 + \frac{B}{2H} - \frac{\sqrt{2}}{2}\right)c_u + q \qquad (H < 0.707B\text{의 경우}) \tag{6.20}$$

이 식에서 c_u는 점토의 비배수 전단강도이다.

식 (6.20)을 다시 쓰면

$$q_{u(\text{정사각형})} = \underbrace{5.14\left(1 + \frac{0.5\dfrac{B}{H} - 0.707}{5.14}\right)}_{N^*_{c(\text{정사각형})}} c_u + q \tag{6.21}$$

표 6.1은 연속기초와 정사각형 기초의 N_c^* 값을 나타낸 것이다. 식 (6.21)과 표 6.1로부터 정사각형 기초에 대한 N_c^* 값은 형상계수를 포함하며, 이 값은 분리해서 적용하지 않아야 한다.

표 6.1 연속기초 및 정사각형 기초에 대한 N_c^* 값($\phi = 0$)

$\frac{B}{H}$	N_c^*	
	정사각형 기초[a]	연속기초[b]
2	5.43	5.24
3	5.93	5.71
4	6.44	6.22
5	6.94	6.68
6	7.43	7.20
8	8.43	8.17
10	9.43	9.05

[a]Buisman의 해석(1940)

[b]Mandel and Salencon의 해석(1972)

예제 6.2

1.2 m × 1.2 m의 정사각형 기초가 모래층에 축조되었다. $D_f = 1$ m, $\gamma = 15.5$ kN/m³, $\phi' = 35°$, 그리고 $c' = 0$이다. 암반층은 기초의 하부바닥에서 0.48 m 깊이에 위치한다. 안전율을 4로 하여 기초가 지지할 수 있는 최대 허용하중을 구하라. 식 (6.10)을 사용하라.

풀이

식 (6.10)에서

$$q_u = qN_q^* F_{qs}^* + \frac{1}{2}\gamma B N_\gamma^* F_{\gamma s}^*$$

그리고

$$q = 15.5 \times 1 = 15.5 \text{ kN/m}^3$$

$\phi' = 35°$, $H/B = 0.48/1.2 = 0.4$, $N_q^* \approx 336$(그림 6.9), 그리고 $N_\gamma^* \approx 138$(그림 6.10), 그리고

$$F_{qs}^* = 1 - m_1\left(\frac{B}{L}\right)$$

그림 6.11a에서 $\phi' = 35°$, $H/B = 0.4$일 때, $m_1 \approx 0.58$이다. 그러므로

$$F_{qs}^* = 1 - (0.58)(1.2/1.2) = 0.42$$

유사하게

$$F_{\gamma s}^* = 1 - m_2(B/L)$$

그림 6.11b에서 $m_2 = 0.6$, 그러므로

$$F_{\gamma s}^* = 1 - (0.6)(1.2/1.2) = 0.4$$

따라서

$$q_u = (15.5)(336)(0.42) + (1/2)(15.5)(1.2)(138)(0.4) = 2700.72 \text{ kN/m}^2$$

그리고

$$Q_{\text{all}} = \frac{q_u B^2}{\text{FS}} = \frac{(2700.72)(1.2 \times 1.2)}{4} = \mathbf{972.3\ kN}$$

■

예제 6.3

직경 $B = 2$ m인 원형 기초가 $D_f = 2$ m, $H = 1$ m인 조밀한 모래층에 위치해 있다. 모래의 단위중량 $\gamma = 17$ kN/m³이고 흙의 내부마찰각 $\phi' = 35°$이다. 기초는 경사하중(연직경사, $\alpha = 20°$) 하중편심 $e = 0.2$ m에 놓여 있다. 허용경사하중 $Q_{u(H/B,\, \alpha/\phi',\, e/B)}$를 구하라.

풀이

$Q_{u(\alpha/\phi', e/B)}$의 결정

식 (5.60)에서

$$q'_u = qN_qF_{qs}F_{qd}F_{qi} + \frac{1}{2}\gamma B'N_\gamma F_{\gamma s}F_{\gamma d}F_{\gamma i}$$

$$q = \gamma D_f = (17)(2) = 34 \text{ kN/m}^2$$

$$\phi' = 35°.\ \text{표 5.3에서, } N_q = 33.3,\ N_\gamma = 48.03$$

$$\text{표 5.11에서: } \frac{e}{R} = \frac{0.2}{1} = 0.2$$

$$B' = 1.32R = (1.32)(1) = 1.32 \text{ m}$$

$$\frac{A'}{R^2} = 2.4;\quad A' = 2.4(1)^2 = 2.4 \text{ m}^2$$

$$L' = \frac{A'}{B'} = \frac{2.4}{1.32} = 1.82 \text{ m}$$

표 5.4에서

$$F_{qs} = 1 + \left(\frac{B'}{L'}\right)\tan\phi' = 1 + \left(\frac{1.32}{1.82}\right)\tan 35 = 1.51$$

$$F_{\gamma s} = 1 - 0.4\left(\frac{B'}{L'}\right) = 0.71$$

$$F_{qd} = 1 + 2\tan\phi'(1 - \sin\phi')^2\frac{D_f}{B} = 1 + 2\tan 35(1 - \sin 35)^2\left(\frac{2}{2}\right) = 1.255$$

$$F_{\gamma d} = 1$$

$$F_{qi} = \left(1 - \frac{\alpha°}{90}\right)^2 = \left(1 - \frac{20}{90}\right)^2 = 0.605$$

$$F_{\gamma i} = \left(1 - \frac{\alpha}{\phi'}\right)^2 = \left(1 - \frac{20}{35}\right)^2 = 0.184$$

$$q'_u = (34)(33.3)(1.51)(1.255)(0.605) + \frac{1}{2}(17)(1.32)(48.03)(0.71)(1)(0.184)$$

$$= 1358.7 \text{ kN/m}^2$$

$$Q_{u(\alpha/\phi', e/B)} = \frac{q'_u(B' \times L')}{\cos\alpha} = \frac{(1368.48)(1.32 \times 1.82)}{\cos 20} = \mathbf{3498.6\ kN}$$

*RF*의 계산

식 (6.16), (6.17), (6.18)로부터

$$A' = 0.8[1 + 0.2(1)]\left(\frac{1}{2}\right)^{-1.77[1-0.15(1)]} = 2.724$$

$$B' = 0.64[1 + 2.53(1)]\left(\frac{0.2}{2}\right) = 0.226$$

$$RF = (2.724 - 0.226 + 1)\left(1 - \frac{20}{35}\right)^{0.37} = 2.553$$

그러므로

$$Q_{u(H/B,\,\alpha/\phi',\,e/B)} = (2.553)Q_{u(\alpha/\phi',\,e/B)} = (2.553)(3498.6\text{ kN}) = 8931.9\text{ kN}$$

따라서, 허용경사하중은 다음과 같다.

$$\frac{8931.9}{\text{FS}} = \frac{8931.9}{3} \approx \mathbf{2997\ kN}$$

■

예제 6.4

포화된 점토층이 암반층 상부에 놓여 있다. 1 m × 1 m의 정사각형 기초가 점토층 상부에 축조되어 있다. 주어진 조건은 다음과 같다.

점토: $c_u = 72\text{ kN/m}^2$
단위중량: $\gamma = 18\text{ kN/m}^3$
암반층과 기초바닥 사이의 거리 = 0.25 m
$D_f = 1\text{ m}$

기초의 전 허용지지력을 구하라. FS = 3을 사용하라.

풀이

식 (6.21)에서

$$q_u = 5.14\left(1 + \frac{0.5\dfrac{B}{H} - 0.707}{5.14}\right)c_u + q$$

$B/H = 1/0.25 = 4$; $c_u = 72\text{ kN/m}^2$; 그리고 $q = \gamma D_f = (18)(1) = 18\text{ kN/m}^3$.

$$q_u = 5.14\left[1 + \frac{(0.5)(4) - 0.707}{5.14}\right]72 + 18 = 481.2\text{ kN/m}^2$$

$$q_{\text{all}} = \frac{q_u}{\text{FS}} = \frac{481.2}{3} = \mathbf{160.4\ kN/m^2}$$

■

6.5 점토 층상지반의 기초

Reddy and Srinivasan(1967)은 점토 층상지반상에 축조된 기초의 지지력에 관한 공식을 유도하고, 그림 6.13a에 제시된 바와 같이 파괴모형을 가정하였다. 비배수 하중($\phi = 0$인 조건)인 경우, $c_{u(1)}$과 $c_{u(2)}$를 각각 상부점토층의 전단강도, 하부점토층의 전단강도라고 하자. 이러한 경우, 기초의 극한지지력은 다음과 같이 나타낼 수 있다[식 (5.30)과 유사].

$$q_u = c_{u(1)}N_cF_{cs}F_{cd} + q \tag{6.22}$$

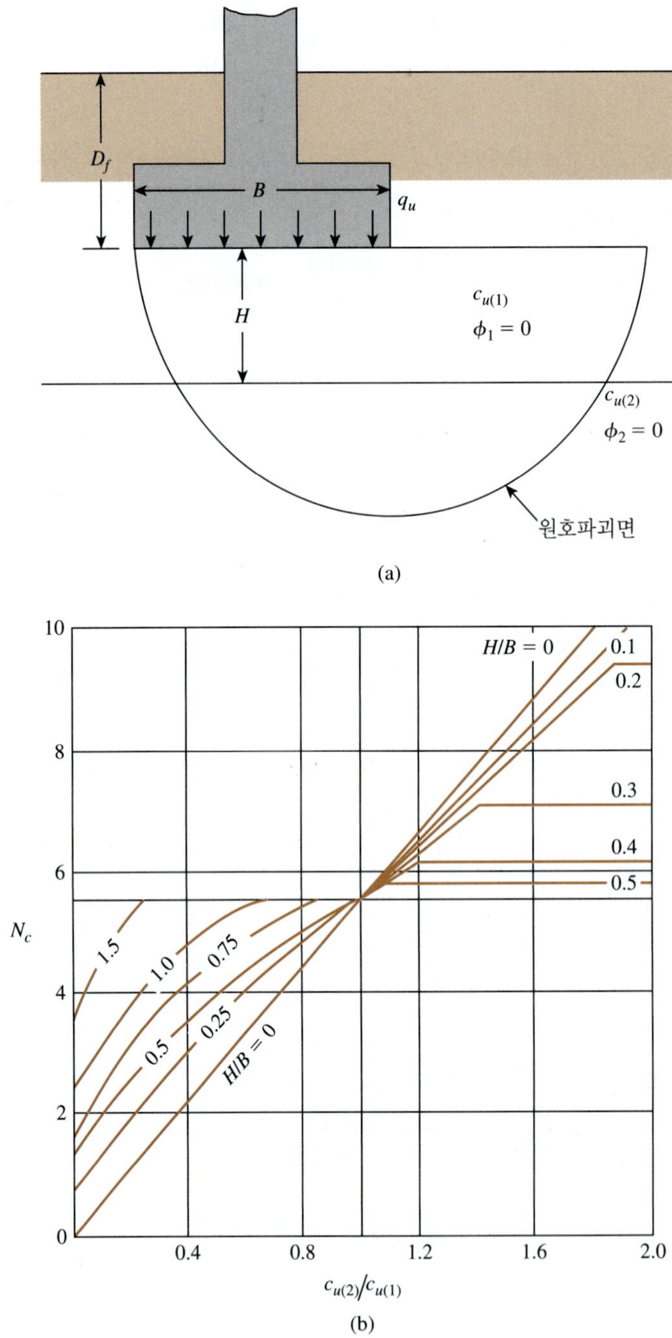

그림 6.13 점토 층상지반의 지지력—$\phi = 0$ (그림 6.13b는 Reddy and Srinivasan, 1967에 근거함)

F_{cs}와 F_{cd}의 관계는 표 5.4($\phi = 0$인 조건)에 제시한 것과 같다. 층상지반의 경우, 지지력계수 N_c는 상수가 아니다. 이것은 $c_{u(2)}/c_{u(1)}$과 H/B(주: H = 기초의 바닥에서 두 점토층의 경계면까지 측정된 깊이)의 함수이다. N_c의 변화는 그림 6.13b에 제시하였다. 이 그림을 통하여, 점토층의 하부가 상부보다 연약할 경우에는($c_{u(2)}/c_{u(1)} < 1$일 때), 지지력계수의 값(N_c)은 흙이 층상이 아닐 때($c_{u(2)}/c_{u(1)} = 1$일 때)보다 낮은 것을 알 수 있다. 이것은 상부층 아래에 연약한 점토의 존재로 인해 극한지지력이 감소한다는 것을 의미한다.

표 6.2 연속기초($B/L \le 0.2$)에 대한 m[식 (6.23)]의 값

	H/B				
$c_{u(1)}/c_{u(2)}$	≥ 0.5	0.25	0.167	0.125	0.1
1	1	1	1	1	1
0.667	1	1.033	1.064	1.088	1.109
0.5	1	1.056	1.107	1.152	1.193
0.333	1	1.088	1.167	1.241	1.311
0.25	1	1.107	1.208	1.302	1.389
0.2	1	1.121	1.235	1.342	1.444
0.1	1	1.154	1.302	1.446	1.584

출처: Vesic(1975)에 근거함

Vesic(1975)은 연약한 점토층[$c_{u(1)}$] 하부에 단단한 점토층[$c_{u(2)}$]이 지지하고 있을 때 기초의 극한지지력을 다음과 같이 제안했다.

$$q_u = c_{u(1)} m N_c F_{cs} F_{cd} + q \tag{6.23}$$

여기서,

$$N_c F_{cs} = \begin{cases} \text{연속기초일 경우 } 5.14 \\ \text{정사각형 또는 원형 기초일 경우 } 6.17 \end{cases}$$

F_{cs} = 형상계수

F_{cd} = 깊이계수

$$m = f\left[\frac{c_{u(1)}}{c_{u(2)}}, \frac{H}{B}, \frac{B}{L}\right] \tag{6.24}$$

연속기초에 대한 m값의 변화는 표 6.2에 제시하였다. 또한, 정사각형 및 원형 기초에 대한 m값의 변화는 표 6.3에 제시하였다.

예제 6.5

그림 6.13a를 참고하라. 1.5 m × 1 m인 기초가 D_f = 1 m인 점토 지반에 위치해 있다. 연약 점토층은 기초바닥으로부터 측정된 1 m 깊이에 위치해 있다.

주어진 값:

상부 점토층에서,

비배수 전단강도 = 120 kN/m^2

단위중량 = 16.8 kN/m^3

하부 점토층에서,

비배수 전단강도 = 48 kN/m^2

표 6.3 정사각형 기초($B/L \le 1$)에 대한 m[식 (6.23)]의 변화

	H/B				
$c_{u(1)}/c_{u(2)}$	**≥ 0.25**	**0.125**	**0.083**	**0.063**	**0.05**
1	1	1	1	1	1
0.667	1	1.028	1.052	1.075	1.096
0.5	1	1.047	1.091	1.131	1.167
0.333	1	1.075	1.143	1.207	1.267
0.25	1	1.091	1.177	1.256	1.334
0.2	1	1.102	1.199	1.292	1.379
0.1	1	1.128	1.254	1.376	1.494

출처: Vesic(1975)에 근거함

$$\text{단위중량} = 16.2 \text{ kN/m}^3$$

안전율이 4일 때, 기초의 전 허용하중을 구하라. 식 (6.22)을 사용하라.

풀이

식 (6.22)에서

$$q_u = c_{u(1)}N_cF_{cs}F_{cd} + q$$

$$c_{u(1)} = 120 \text{ kN/m}^2$$

$$q = \gamma D_f = (16.8)(1) = 16.8 \text{ kN/m}^2$$

$$\frac{c_{u(2)}}{c_{u(1)}} = \frac{48}{120} = 0.4; \frac{H}{B} = \frac{1}{1} = 1$$

그림 6.13b에서 $H/B = 1$이고 $c_{u(2)}/c_{u(1)} = 0.4$인 경우, N_c 값은 4.6과 같다. 표 5.4에서

$$F_{cs} = 1 + \left(\frac{B}{L}\right)\left(\frac{N_q}{N_c}\right) = 1 + \left(\frac{1}{1.5}\right)\left(\frac{1}{4.6}\right) = 1.145$$

$$F_{cd} = 1 + 0.4\frac{D_f}{B} = 1 + 0.4\left(\frac{1}{1}\right) = 1.4$$

그러므로,

$$q_u = (120)(4.6)(1.145)(1.4) + 16.8 = 884.8 + 16.8 = 901.6 \text{ kN/m}^2$$

따라서

$$q_{\text{all}} = \frac{q_u}{\text{FS}} = \frac{901.6}{4} = 225.4 \text{ kN/m}^2$$

총 허용하중은 $= (q_{\text{all}})(B \times L) = (225.4)(1 \times 1.5) =$ **338.1 kN**

■

6.6 층상지반의 지지력: 단단한 층 밑에 연약층($c' - \phi'$ 지반)

제5장에 설명된 지지력 공식은 기초를 지지하는 흙이 균질하고 상당한 깊이까지 분포되어 있다고 가정하였다. 지지력 해석에 있어서 흙의 점착력, 내부마찰각, 단위중량은 일정하다고 가정하였다. 그러나 실제 층상지반이 종종 나타난다. 이러한 경우 극한하중하에서 발생되는 파괴면은 두 개 이상의 지층으로 확대되어 층상지반의 극한지지력을 결정하기 어렵게 된다. 이 절에서는 Meyerhof and Hanna(1978), Meyerhof(1974)가 제안한 $c' - \phi'$ 지반 내 층상지반의 지지력 평가 방법에 관하여 기술하였다.

그림 6.14는 상당히 깊은 연약한 지층 위에 단단한 지층으로 지지된 얕은 연속기초를 나타낸 것이다. 두 지층의 물리적 성질은 다음과 같다.

지층	흙의 물리적 성질		
	단위중량	마찰각	점착력
상부	γ_1	ϕ'_1	c'_1
하부	γ_2	ϕ'_2	c'_2

단위면적당 극한하중(q_u)에서 지반내 파괴면은 그림으로 설명하였다. 기초폭(B)보다 깊이

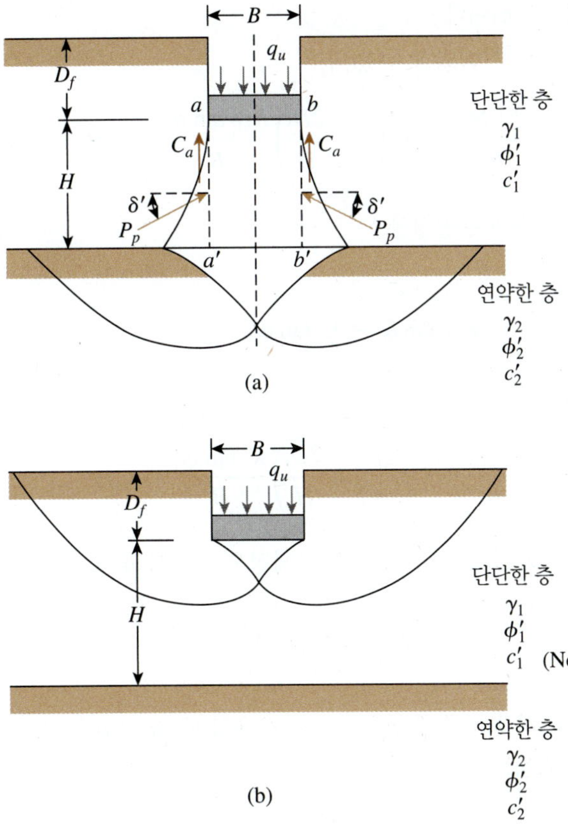

그림 6.14 층상지반 위에 놓인 연속기초의 지지력: (a) 작은 값 H: 그리고 (b) 큰 값 H

(H)가 상대적으로 작다면, 상부의 견고한 지반에서 관입전단파괴가 발생할 것이고, 하부의 지층에서 전반전단파괴가 발생할 것이다. 이는 그림 6.14a에 나타낸 바와 같다. 그러나 깊이(H)가 상대적으로 크다면, 파괴면은 연약한 바닥층의 영향 없이 온전히 극한지지력 q_t에 관한 최대 가능값으로 상부지층에 위치하게 될 것이다(그림 6.14b).

그림 6.14a에서 보는 바와 같이 이 문제에 대한 극한지지력은 다음과 같이 나타낼 수 있다.

$$q_u = q_b + \frac{2(C_a + P_p \sin \delta')}{B} - \gamma_1 H \tag{6.25}$$

여기서

B = 기초의 폭

C_a = 부착힘(adhesive force)

P_p = aa'면과 bb'면에 작용하는 단위길이당 수동토압

q_b = 바닥 지층의 지지력

δ' = 수평으로 작용하는 수동토압(P_p)의 경사

식 (6.25)를 참고하면

$$C_a = c_a' H$$

여기서 c_a'는 부착력(adhesion)이다.

식 (6.25)는 다음과 같이 간략화할 수 있다.

$$q_u = q_b + \frac{2c_a'H}{B} + \gamma_1 H^2\left(1 + \frac{2D_f}{H}\right)\frac{K_{pH} \tan \delta'}{B} - \gamma_1 H \tag{6.26}$$

여기서 K_{pH} = 수동토압계수의 수평성분.

그러나

$$K_{pH} \tan \delta' = K_s \tan \phi_1' \tag{6.27}$$

여기서 K_s는 관입전단계수이다.

$$q_u = q_b + \frac{2c_a'H}{B} + \gamma_1 H^2\left(1 + \frac{2D_f}{H}\right)\frac{K_s \tan \phi_1'}{B} - \gamma_1 H \tag{6.28}$$

관입전단계수, K_s는 q_2/q_1와 ϕ_1'의 함수이거나, 구체적으로 다음과 같다.

$$K_s = f\left(\frac{q_2}{q_1}, \phi_1'\right)$$

상하부의 균질하고 두꺼운 지층에 연직하중이 작용할 때, q_1과 q_2는 기초폭이 B인 연속기초의 극한지지력임을 유의하라.

$$q_1 = c_1' N_{c(1)} + \frac{1}{2}\gamma_1 B N_{\gamma(1)} \tag{6.29}$$

그리고

$$q_2 = c_2' N_{c(2)} + \frac{1}{2}\gamma_2 B N_{\gamma(2)} \tag{6.30}$$

여기서

$N_{c(1)}$, $N_{\gamma(1)}$는 마찰각(ϕ_1')에 대한 지지력계수(표 5.3)

$N_{c(2)}$, $N_{\gamma(2)}$는 마찰각(ϕ_2')에 대한 지지력계수(표 5.3)

단단한 지층이 상부에 있을 경우, q_2/q_1의 값이 1보다 작아야 한다는 것은 중요한 사항이다.

q_2/q_1와 ϕ_1'에 대한 K_s의 값은 그림 6.15에 나타내었고, q_2/q_1에 대한 c_a'/c_1'의 관계는 그림 6.16에 나타내었다. 깊이 H가 상대적으로 크다면, 지반내 파괴면은 단단한 상부토층 내에서 발생할 것이다(그림 6.14b). 이 경우,

$$q_u = q_t = c_1' N_{c(1)} + q N_{q(1)} + \frac{1}{2}\gamma_1 B N_{\gamma(1)} \tag{6.31}$$

여기서, $N_{c(1)}$, $N_{q(1)}$, $N_{\gamma(1)}$은 $\phi' = \phi_1'$, $q = \gamma_1 D_f$에 대한 지지력계수이다(표 5.3).

식 (6.28)과 (6.31)을 연립하여 풀면

$$q_u = q_b + \frac{2c_a' H}{B} + \gamma_1 H^2 \left(1 + \frac{2D_f}{H}\right)\frac{K_s \tan\phi_1'}{\mathrm{B}} - \gamma_1 H \le q_t \tag{6.32}$$

상부층(하부층의 영향은 무시)의 토질정수로부터 결정된 q_t는 식 (6.32)를 이용하여 산정된 극한지지력에 대한 상한값이다. 여기서 깊이계수는 고려되지 않았다.

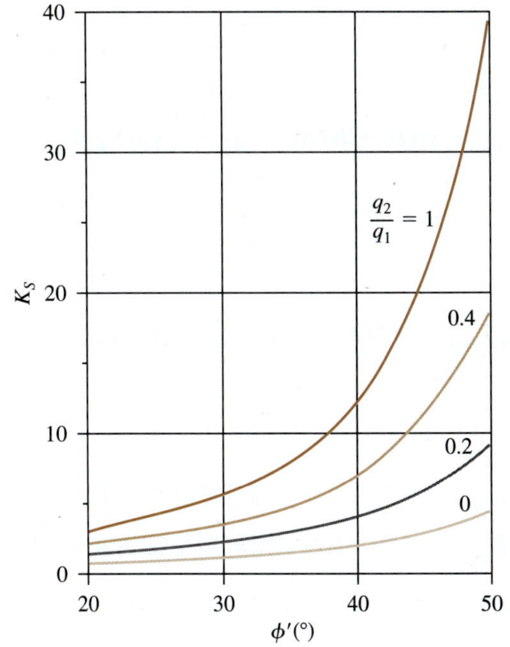

그림 6.15 Meyerhof and Hanna의 관입전단계수 K_s

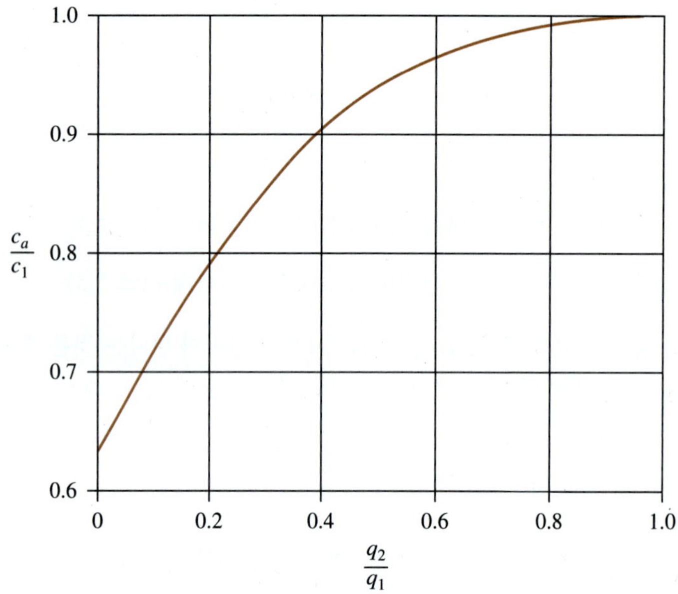

그림 6.16 Meyerhof and Hanna의 이론(1978)에서 q_2/q_1에 따른 c_a/c_1의 변화

직사각형 기초의 경우, 이전의 수식은 다음과 같은 식으로 전개된다.

$$q_u = q_b + \left(1 + \frac{B}{L}\right)\left(\frac{2c_a'H}{B}\right) + \gamma_1 H^2\left(1 + \frac{B}{L}\right)\left(1 + \frac{2D_f}{H}\right)\left(\frac{K_s \tan\phi_1'}{B}\right) - \gamma_1 H \le q_t \tag{6.33}$$

여기서

$$q_b = c_2' N_{c(2)} F_{cs(2)} + \gamma_1 (D_f + H)\, N_{q(2)} F_{qs(2)} + \frac{1}{2}\gamma_2 B N_{\gamma(2)} F_{\gamma s(2)} \tag{6.34}$$

그리고

$$q_t = c_1' N_{c(1)} F_{cs(1)} + \gamma_1 D_f N_{q(1)} F_{qs(1)} + \frac{1}{2}\gamma_1 B N_{\gamma(1)} F_{\gamma s(1)} \tag{6.35}$$

여기서

$F_{cs(1)}, F_{qs(1)}, F_{rs(1)}$ = 상부지층과 관계된 형상계수(표 5.4)

$F_{cs(2)}, F_{qs(2)}, F_{rs(2)}$ = 하부지층과 관계된 형상계수(표 5.4)

특별한 경우

1. 상부층이 단단한 모래층이고 연약한 하부층이 포화된 점토층인 경우($\phi_2 = 0$). 식 (6.33), (6.34), (6.35)에서.

$$q_b = \left(1 + 0.2\frac{B}{L}\right)5.14c_{u(2)} + \gamma_1(D_f + H) \tag{6.36}$$

그리고

$$q_t = \gamma_1 D_f N_{q(1)} F_{qs(1)} + \frac{1}{2}\gamma_1 B N_{\gamma(1)} F_{\gamma s(1)} \tag{6.37}$$

그러므로

$$\begin{aligned} q_u = &\left(1 + 0.2\frac{B}{L}\right)5.14c_{u(2)} + \gamma_1 H^2\left(1 + \frac{B}{L}\right)\left(1 + \frac{2D_f}{H}\right)\frac{K_s \tan\phi_1'}{B} \\ &+ \gamma_1 D_f \leq \gamma_1 D_f N_{q(1)} F_{qs(1)} + \frac{1}{2}\gamma_1 B N_{\gamma(1)} F_{\gamma s(1)} \end{aligned} \tag{6.38}$$

여기서 $c_{u(2)}$는 비배수 점착력

그림 6.15에서 관입전단계수(K_s)를 구하는 경우

$$\frac{q_2}{q_1} = \frac{c_{u(2)}N_{c(2)}}{\frac{1}{2}\gamma_1 B N_{\gamma(1)}} = \frac{5.14c_{u(2)}}{0.5\gamma_1 B N_{\gamma(1)}} \tag{6.39}$$

2. 상부층이 단단한 모래층이고 하부층이 연약한 모래층인 경우($c_1' = 0$, $c_2' = 0$). 극한지지력은 다음과 같다.

$$\begin{aligned} q_u = &\left[\gamma_1(D_f + H)N_{q(2)}F_{qs(2)} + \frac{1}{2}\gamma_2 B N_{\gamma(2)} F_{\gamma s(2)}\right] \\ &+ \gamma_1 H^2\left(1 + \frac{B}{L}\right)\left(1 + \frac{2D_f}{H}\right)\frac{K_s \tan\phi_1'}{B} - \gamma_1 H \leq q_t \end{aligned} \tag{6.40}$$

여기서

$$q_t = \gamma_1 D_f N_{q(1)} F_{qs(1)} + \frac{1}{2}\gamma_1 B N_{\gamma(1)} F_{\gamma s(1)} \tag{6.41}$$

따라서

$$\frac{q_2}{q_1} = \frac{\frac{1}{2}\gamma_2 B N_{\gamma(2)}}{\frac{1}{2}\gamma_1 B N_{\gamma(1)}} = \frac{\gamma_2 N_{\gamma(2)}}{\gamma_1 N_{\gamma(1)}} \tag{6.42}$$

3. 상부층이 단단한 포화점토($\phi_1 = 0$)이고 하부층이 연약한 포화점토($\phi_2 = 0$)인 경우. 극한지지력은 다음과 같다.

$$q_u = \left(1 + 0.2\frac{B}{L}\right)5.14c_{u(2)} + \left(1 + \frac{B}{L}\right)\left(\frac{2c_a H}{B}\right) + \gamma_1 D_f \leq q_t \tag{6.43}$$

여기서

$$q_t = \left(1 + 0.2\frac{B}{L}\right)5.14c_{u(1)} + \gamma_1 D_f \tag{6.44}$$

$c_{u(1)}$과 $c_{u(2)}$는 비배수 점착력이다. 이런 경우에

$$\frac{q_2}{q_1} = \frac{5.14c_{u(2)}}{5.14c_{u(1)}} = \frac{c_{u(2)}}{c_{u(1)}} \tag{6.45}$$

예제 6.6

그림 6.14a와 같이, $B = 2$ m, $D_f = 1.2$ m, 그리고 $H = 1.5$ m인 연속기초가 있다. 2개의 층이 있다고 가정하면

상부 모래층:

단위중량 $\gamma_1 = 17.5$ kN/m^3

$\phi_1' = 40°$

$c_1' = 0$

하부 점토층:

단위중량 $\gamma_2 = 16.5$ kN/m^3

$\phi' = 0$

$c_{u(2)} = 30$ kN/m^2

기초의 단위길이당 전 극한하중을 구하라.

풀이

이 경우, 식 (6.38)과 (6.39)를 적용한다. 표 5.3에서 $\phi_1' = 40°$일 때 $N_\gamma = 109.41$이다.

$$\frac{q_2}{q_1} = \frac{c_{u(2)}N_{c(2)}}{0.5\gamma_1 B N_{\gamma(1)}} = \frac{(30)(5.14)}{(0.5)(17.5)(2)(109.41)} = 0.081$$

그림 6.15에서, $c_{u(2)}N_{c(2)}/0.5\gamma_1 B N_{\gamma(1)} = 0.081$ 그리고 $\phi_1' = 40°$, $K_s \approx 2.5$이다. 그러면 식 (6.38)은 다음과 같다.

$$q_u = \left[1 + (0.2)\left(\frac{B}{L}\right)\right]5.14c_{u(2)} + \left(1 + \frac{B}{L}\right)\gamma_1 H^2\left(1 + \frac{2D_f}{H}\right)K_s\frac{\tan\phi_1'}{B} + \gamma_1 D_f$$
$$= [1 + (0.2)(0)](5.14)(30) + (1 + 0)(17.5)(1.5)^2$$
$$\times\left[1 + \frac{(2)(1.2)}{1.5}\right](2.5)\frac{\tan 40}{2.0} + (17.5)(1.2)$$
$$= 154.2 + 107.4 + 21 = 282.6 \text{ kN/m}^2$$

식 (6.37)로부터

$$q_t = \gamma_1 D_f N_{q(1)} F_{qs(1)} + \frac{1}{2}\gamma_1 B N_{\gamma(1)} F_{\gamma s(1)}$$

표 5.3에서 $\phi_1' = 40°$인 경우, $N_\gamma = 109.4$, 그리고 $N_q = 64.20$.
표 5.4에서

$$F_{qs(1)} = 1 + \left(\frac{B}{L}\right)\tan\phi_1' = 1 + (0)\tan 40 = 1$$

그리고

$$F_{\gamma s(1)} = 1 - 0.4\frac{B}{L} = 1 - (0.4)(0) = 1$$

그러므로

$$q_t = (17.5)(1.2)(64.20)(1) + \left(\frac{1}{2}\right)(17.5)(2)(109.4)(1) = 3262.7 \text{ kN/m}^2$$

따라서

$$q_u = 282.6 \text{ kN/m}^2$$
$$Q_u = (282.6)(B) = (282.6)(2) = \mathbf{565.2\ kN/m}$$

■

예제 6.7

1.5 m × 1 m 기초가 깊이 $D_f = 1$ m인 단단한 점토층에 위치하고 있다. 연약 점토층은 기초 바닥면으로부터 $H = 1$ m에 위치하고 있다. 상부 점토층에 대하여:

비배수 전단강도 = 120 kN/m^2
흙의 단위중량 = 16.8 kN/m^3

하부 점토층에 대하여:

비배수 전단강도 = 48 kN/m^2
흙의 단위중량 = 16.2 kN/m^3

FS = 4인 기초의 전 허용하중을 구하라. 식 (6.43), (6.44), (6.45)를 이용하라.

풀이

이 문제에 대해, 식 (6.43), (6.44), (6.45)를 적용시키면

$$q_u = \left(1 + 0.2\frac{B}{L}\right)5.14c_{u(2)} + \left(1 + \frac{B}{L}\right)\left(\frac{2c_aH}{B}\right) + \gamma_1 D_f$$
$$\leq \left(1 + 0.2\frac{B}{L}\right)5.14c_{u(1)} + \gamma_1 D_f$$

조건:

$$B = 1\text{ m} \quad H = 1\text{ m} \quad D_f = 1\text{ m}$$
$$L = 1.5\text{ m} \quad \gamma_1 = 16.8\text{ kN/m}^3$$

그림 6.16에서, $c_{u(2)}/c_{u(1)} = 48/120 = 0.4$이므로 $c_a/c_{u(1)} \approx 0.9$이다. 따라서

$$c_a = (0.9)(120) = 108\text{ kN/m}^2$$

$$q_u = \left[1 + (0.2)\left(\frac{1}{1.5}\right)\right](5.14)(48) + \left(1 + \frac{1}{1.5}\right)\left[\frac{(2)(108)(1)}{1}\right] + (16.8)(1)$$
$$= 279.6 + 360 + 16.8 = 656.4\text{ kN/m}^2$$

검토: 식 (6.44)로부터

$$q_t = \left[1 + (0.2)\left(\frac{1}{1.5}\right)\right](5.14)(120) + (16.8)(1)$$
$$= 699 + 16.8 = 715.8\text{ kN/m}^2$$

따라서 $q_u = 656.4\text{ kN/m}^2$ (q_t는 q_u보다 항상 크다) 그리고

$$q_{\text{all}} = \frac{q_u}{\text{FS}} = \frac{656.4}{4} = 164.1\text{ kN/m}^2$$

총 허용하중은

$$(q_{\text{all}})(1 \times 1.5) = \mathbf{246.15\text{ kN}}$$

주의: 이 문제는 예제 6.5와 동일한 문제이다. 허용하중은 예제 6.5에서 계산된 값보다 40% 정도 낮다. 이는 지층의 파괴면이 극한하중에서 가정된 다른 파괴면이기 때문이다.

■

6.7 층상지반의 지지력: 연약한 층 밑에 단단한 층

기초가 연약층 하부에 단단한 층이 존재하여 지지되는 경우(그림 6.17a), q_2/q_1의 비는 식 (6.29)와 식 (6.30)으로 계산된 값보다 더 큰 값일 것이다. 또한, 만약 H/B가 그림 6.17a의 좌측부에서 보여주는 것과 같이 비교적 작다면, 극한하중에서 흙의 파괴면은 두 개의 지층에 걸쳐 나타날 것이다. 그러나, H/B가 크다면 파괴면은 그림 6.17a의 우측면에서 나타난 것과 같이 연약한 지층이 존재하는 상부에서만 나타날 것이다. 이러한 조건에서 극한지지력(Meyerhof, 1974; Meyerhof and Hanna, 1978)은 다음과 같은 경험식에 의해 구할 수 있다.

$$q_u = q_t + (q_b - q_t)\left(1 - \frac{H}{D}\right)^2 \quad (q_t \leq q_u \leq q_b\text{일 때}) \tag{6.46}$$

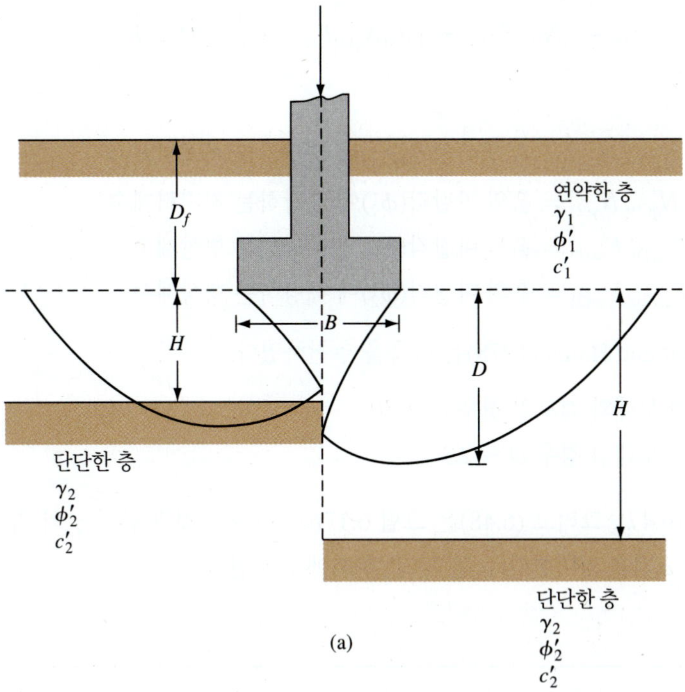

(a)

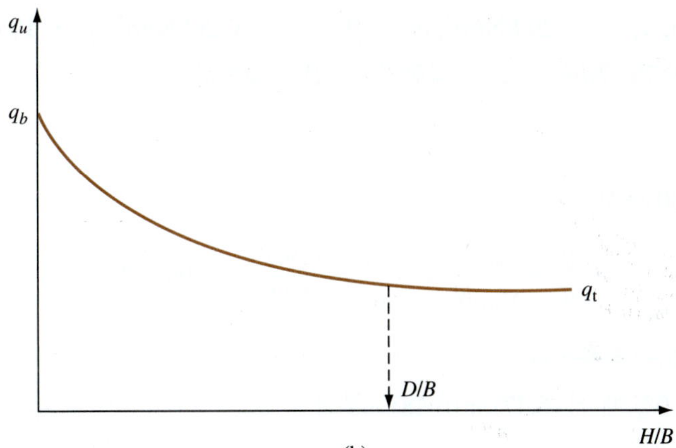

(b)

그림 6.17 (a) 연약층 하부에 단단한 모래층이 있는 기초, (b) H/B에 따른 q_u의 변화값

여기서

D = 두꺼운 상부 연약지층 내에서의 기초 하부의 파괴면 깊이

q_t = 두꺼운 상부지층 내에서의 극한지지력

q_b = 두꺼운 하부지층 내에서의 극한지지력

따라서

$$q_t = c'_1 N_{c(1)} F_{cs(1)} + \gamma_1 D_f N_{q(1)} F_{qs(1)} + \frac{1}{2}\gamma_1 B N_{\gamma(1)} F_{\gamma s(1)} \tag{6.47}$$

그리고

$$q_b = c_2' N_{c(2)} F_{cs(2)} + \gamma_2 D_f N_{q(2)} F_{qs(2)} + \frac{1}{2}\gamma_2 B N_{\gamma(2)} F_{\gamma s(2)} \tag{6.48}$$

여기서

$N_{c(1)}, N_{q(1)}, N_{\gamma(1)}$ = 흙의 마찰각(ϕ_1')에 해당하는 지지력계수

$N_{c(2)}, N_{q(2)}, N_{\gamma(2)}$ = 흙의 마찰각(ϕ_2')에 해당하는 지지력계수

$F_{cs(1)}, F_{qs(1)}, F_{\gamma s(1)}$ = 흙의 마찰각(ϕ_1')에 해당하는 형상계수

$F_{cs(2)}, F_{qs(2)}, F_{\gamma s(2)}$ = 흙의 마찰각(ϕ_2')에 해당하는 형상계수

Meyerhof and Hanna(1978)는 다음을 추천하였다.

- 느슨한 모래와 점토일 경우 $D \approx B$
- 조밀한 모래일 경우 $D \approx 2B$

식 (6.46)과 (6.47), 그리고 (6.48)은 그림 6.17b가 나타낸 것과 같이 q_u의 최대값과 최소값이 각각 q_b와 q_t임을 의미한다. q_u는 두 값 사이에 존재한다.

예제 6.8

그림 6.17a를 참고하라. 포화점토의 층상지반 조건: L = 1.83 m, B = 1.22 m, D_f = 0.91 m, H = 0.61 m, γ_1 = 17.29 kN/m³, $\phi_1 = 0$, $c_{u(1)}$ = 57.5 kN/m², γ_2 = 19.65 kN/m³, $\phi_2 = 0$, $c_{u(2)}$ = 119.79 kN/m². 기초의 극한지지력을 결정하라.

풀이

식 (6.29)와 (6.30)에서

$$\frac{q_2}{q_1} = \frac{c_{u(2)}N_c}{c_{u(1)}N_c} = \frac{c_{u(2)}}{c_{u(1)}} = \frac{119.79}{57.5} = 2.08 > 1$$

따라서, 식 (6.46)을 적용한다.

$\phi_1 = \phi_2 = 0$일 때 식 (6.47)과 (6.48)로부터

$$q_t = \left(1 + 0.2\frac{B}{L}\right)N_c c_{u(1)} + \gamma_1 D_f$$

$$= \left[1 + (0.2)\left(\frac{1.22}{1.83}\right)\right](5.14)(57.5) + (0.91)(17.29) = 334.96 + 15.73 = 350.69 \text{ kN/m}^2$$

그리고

$$q_b = \left(1 + 0.2\frac{B}{L}\right)N_c c_{u(2)} + \gamma_2 D_f$$

$$= \left[1 + (0.2)\left(\frac{1.22}{1.83}\right)\right](5.14)(119.79) + (0.91)(19.65)$$

$$= 697.82 + 17.88 = 715.7 \text{ kN/m}^2$$

식 (6.46)으로부터

$$q_u = q_t + (q_b - q_t)\left(1 - \frac{H}{D}\right)^2$$

$$D \approx B$$

$$q_u = 350.69 + (715.7 - 350.69)\left[1 - \left(\frac{0.61}{1.22}\right)\right]^2 \approx 442 \text{ kN/m}^2 > q_t$$

따라서

$$q_u = \mathbf{442\ kN/m^2}$$

■

예제 6.9

예제 6.8을 Vesic의 이론인 식 (6.23)을 이용하여 풀어라. m의 값은 표 6.3을 이용해서 구하라.

풀이

식 (6.23)으로부터

$$q_u = c_{u(1)} m N_c F_{cs} F_{cd} + q$$

표 5.4로부터

$$F_{cs} = 1 + \left(\frac{B}{L}\right)\left(\frac{N_q}{N_c}\right) = 1 + \left(\frac{1.22}{1.83}\right)\left(\frac{1}{5.14}\right) = 1.13$$

$$F_{cd} = 1 + 0.4\left(\frac{D_f}{B}\right) = 1 + 0.4\left(\frac{0.91}{1.22}\right) = 1.3$$

표 6.3으로부터 $c_{u(1)}/c_{u(2)} = 57.5/119.79 = 0.48$. 그리고, $H/B = 0.61/1.22 = 0.5$. $m \approx 1$이다.

따라서,

$$q_u = (57.5)(1)(5.14)(1.13)(1.3) + (17.29 \text{ kN/m}^3)(0.91 \text{ m}) = \mathbf{449.9\ kN/m^2}$$

■

6.8 조립토 트렌치로 보강된 연약 점토상에 축조된 연속기초의 지지력

실제 현장에서, 연약한 압축성 지반에 얕은 기초를 시공할 때 지지력과 침하량을 개선시키기 위한 몇 가지 공법들이 있다. 그중 한 가지 공법은 기초 하부에 조립토를 다짐하여 트렌치를 만들어 지반 보강을 하는 것이다. 그림 6.18은 상당한 깊이에 조립토를 다짐하여 트렌치를 조성하여 연약지반을 보강한 지반에 축조된 거친 연속기초를 나타낸 것이다. 트렌치의 폭은 W이고, 기초의 폭은 B이며, 트렌치의 깊이는 H이다. 트렌치의 폭 W는 B값보다 작거나 클 수 있다. 지지력 계산을 위해 필요한 다짐된 트렌치의 채움 조립토와 연약 점토의 매개변수는 다음과 같다.

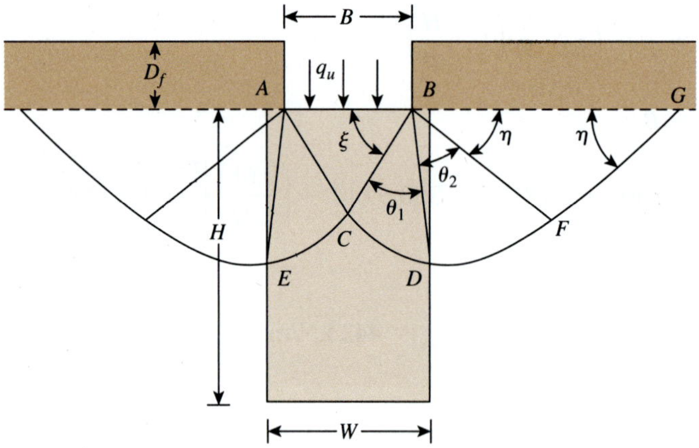

그림 6.18 조립토 트렌치로 보강된 연약층 연속기초

	트렌치에 채운 재료	연약지반
마찰각	ϕ_1'	ϕ_2'
점착력	c_1'	c_2'
단위중량	γ_1	γ_2

Madhav and Vitkar(1978)는 그림 6.18에 도시된 것과 같이 상부경계 한계해석(upper-bound limit analysis)을 이용하여 지지력을 분석하기 위하여 기초지반의 파괴형태를 전반전단파괴로 가정하였다. 기초지반의 파괴영역을 여러 개의 작은 영역으로 분할할 수 있다.

1. 쐐기각이 ξ를 갖는 Rankin의 주동토압 영역 *ABC*.
2. 경계각 θ_1을 갖는 혼합전이영역 *BCD*. *CD*는 대수나선의 호이다.
3. 중심각 θ_2를 갖는 전이영역 *BDF*. *DF*는 대수나선의 호이다.
4. Rankin의 수동토압 영역 *BFG*.

θ_1과 θ_2는 ξ, η, W/B, 그리고 ϕ_1의 함수이다.

상부경계 한계해석 이론을 이용하여 Madhav and Vitkar(1978)는 기초의 지지력을 다음과 같이 표현하였다.

$$q_u = c_2' N_{c(T)} + D_f \gamma_2 N_{q(T)} + \left(\frac{\gamma_2 B}{2}\right) N_{\gamma(T)} \tag{6.49}$$

여기서, $N_{c(T)}, N_{q(T)}, N_{\gamma(T)}$, = 현재 트렌치에 채움한 다짐조립토에 대한 지지력계수.

그리고 조립토 트렌치로 보강된($c_1' = 0$) 연약 포화점토($\phi_2 = 0$, $c_2' = c_u$)의 지지력계수 변화값($N_{c(T)}, N_{q(T)}, N_{\gamma(T)}$)은 Madhav and Vitkar(1978)에 의해 결정되었으며, 그림 6.19, 6.20, 6.21에 나타나 있다. 그림 6.21에 나타난 $N_{q(T)}$의 값들은 $\gamma_1/\gamma_2 = 1$에 대한 것이다. 실제의 경우, γ_1/γ_2의 비는 다를 수 있다. 그러나 이러한 가정에 대한 오차값은 10% 미만이다.

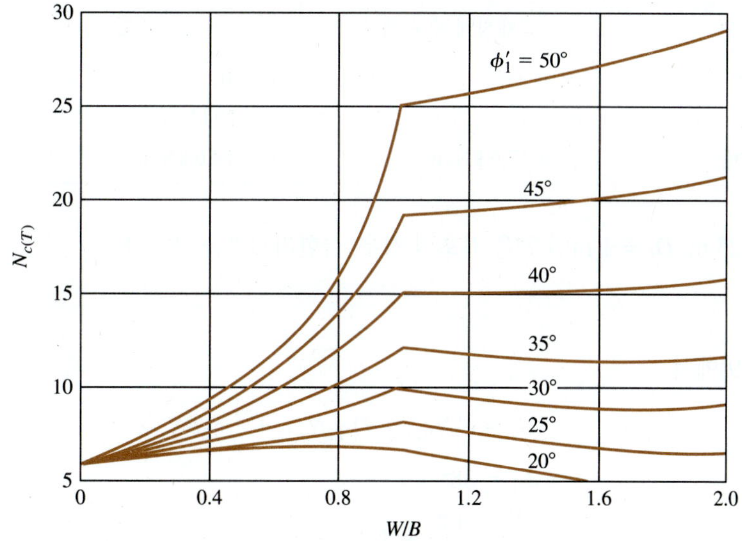

그림 6.19 Madhav and Vitkar의 지지력계수 $N_{c(T)}$

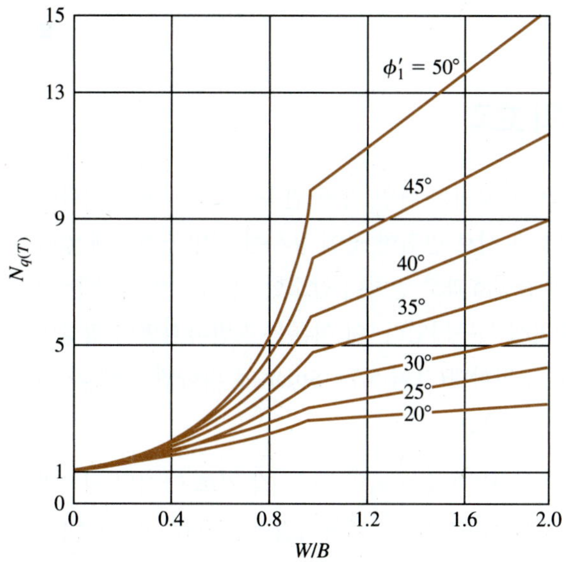

그림 6.20 Madhav and Vitkar의 지지력계수 $N_{q(T)}$

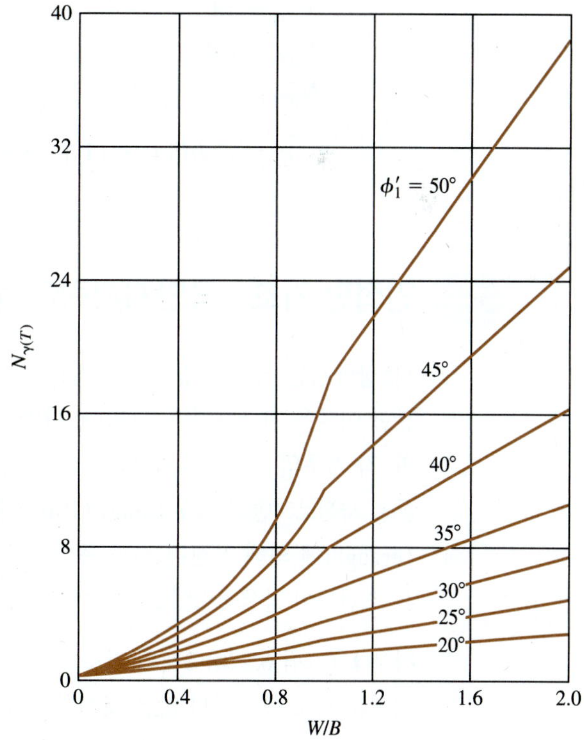

그림 6.21 Madhav and Vitkar의 지지력계수 $N_{\gamma(T)}$

예제 6.10

그림 6.18과 같이 $W = 1.5$ m인 조립토 트렌치를 고려하였을 때 주어진 지반정수는 다음과 같다.

지반정수	트렌치에 채운 재료	연약지반
마찰각	$\phi'_1 = 38°$	$\phi'_2 = 0$
점착력	$c'_1 = 0$	$c'_2 = 29\ \text{kN/m}^2$
단위중량	$\gamma_1 = 17.6\ \text{kN/m}^3$	$\gamma_2 = 18.6\ \text{kN/m}^3$

$B = 1.25$ m, $D_f = 1$ m인 얕은 기초의 경우, 극한지지력을 구하라.

풀이

식 (6.49)에서

$$q_u = c'_2 N_{c(T)} + D_f \gamma_2 N_{q(T)} + \frac{1}{2}\gamma_2 B N_{\gamma(T)}$$
$$\phi'_1 = 38°$$
$$\frac{W}{B} = \frac{1.5}{1.25} = 1.2$$

그림 6.19, 6.20, 6.21에서

$$N_{c(T)} \approx 14$$
$$N_{q(T)} \approx 6.4$$
$$N_{\gamma(T)} \approx 9$$

$$q_u = (29)(14) + (1 \times 18.6)(6.4) + \frac{1}{2}(18.6)(1.25)(9) \approx \mathbf{629\ kN/m^2}$$

■

6.9 인접한 기초—극한지지력에서의 효과

제5장에서는 상당한 깊이의 균질토에 의해 지지되는 단일 거친 연속기초의 극한지지력에 관한 이론을 언급하였다. 그러나, 만약 기초가 서로 인접한 곳에 유사한 지반조건하에 있다면, 각 기초의 극한지지력은 지반파괴면의 간섭효과로 인하여 감소할 것이다. 이에 대한 이론은 **사질토**지반의 경우 Stuart (1962)에 의해 연구되었다. 이 이론은 지반파괴면의 형상이 Terzaghi에 의해 가정된 것과 동일하다고 추정한다(그림 5.7). Stuart에 의하면, 다음과 같은 조건들이 발생할 것으로 판단하였다(그림 6.22).

경우 I. (그림 6.22a) 2개의 기초 사이의 중심간격이 $x \geq x_1$일 경우, 각 기초 아래의 지반파괴면은 서로 중복되지 않을 것이다. 따라서 각 연속기초의 극한지지력은 Terzaghi의 식[식 (5.10)]에 의해서 구할 수 있다. $c' = 0$인 경우에

$$q_u = qN_q + \frac{1}{2}\gamma B N_\gamma \tag{6.50}$$

여기서 N_q, N_γ은 Terzaghi의 지지력계수(표 5.1).

경우 II. (그림 6.22b) 2개의 기초 사이의 중심간격이 $x = x_2 < x_1$일 경우 Rankine의 수동토압 영역은 중복된다. 그 다음에 q_u의 값은 식 (6.50)에 의해서 구한다. 그러나 극한하중에

서의 기초침하량은 다르다(독립기초의 경우와 비교하였을 때).

경우 III. (그림 6.22c) 2개의 연속기초 사이의 간격이 $x = x_3 < x_2$일 경우이다. 주의할 점은 기초 아래에 지반에 유발된 삼각형 쐐기의 점 d_1과 d_2점의 각도는 $180° - 2\phi'$의 각을 이룬다. 대수나선형 d_1g_1과 d_1e의 호는 d_1에서 서로 접선을 이룬다. 마찬가지로 대수나선형 d_2g_2와 d_2e의 호는 d_2에서 서로 접선을 이룬다. 이 경우에($c' = 0$) 주어진 각 기초의 극한지지력은

$$q_u = qN_q\zeta_q + \frac{1}{2}\gamma BN_\gamma\zeta_\gamma \tag{6.51}$$

여기서 ζ_q, ζ_γ는 효율비이다.

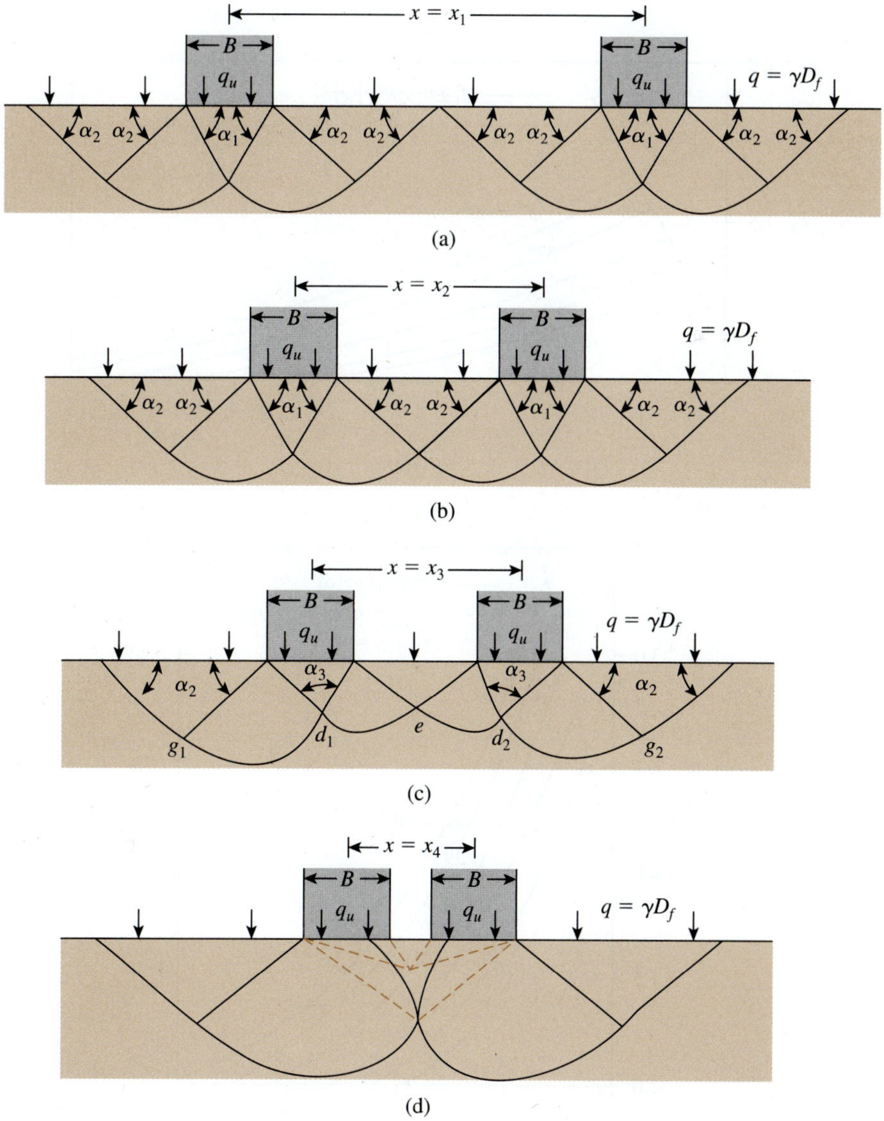

그림 6.22 2개의 인접한 거친 연속기초 하부 사질토지반의 파괴면에 대한 가정(주: $\alpha_1 = \phi'$, $\alpha_2 = 45 - \phi'/2$, $\alpha_3 = 180 - 2\phi'$)

효율비는 x/B와 흙의 마찰각 ϕ'의 함수이다. ζ_q와 ζ_γ의 이론적인 변화값은 그림 6.23에 나타내었다.

경우 IV. (그림 6.22d) 만약 기초의 간격이 $x = x_4 < x_3$같이 더 감소하는 경우에, 블록이 형성되어 한 쌍의 기초가 단일기초처럼 거동할 것이다. 개별 단위의 지반은 하중이 기초에 재하됨에 따라 아래쪽으로 이동하면서 반전된 아치 형태가 될 것이다. 두 개의 기초가 서로 접했을 때는, 아치형태가 사라지고 기초의 폭이 $2B$인 단일기초로 거동한다. 이 경우의 극한지지력은 식 (6.50)의 두 번째 항목에 B 대신 $2B$로 치환하여 구할 수 있다.

서로 근접하게 위치한 두 개의 연속기초의 극한지지력은 효율비가 1보다 크기 때문에 증가한다. 그러나, 근접해 있는 연속기초가 단위면적당 비슷한 하중을 받을 때, 침하량 S_e는 독립기초일 때와 비교했을 때 더 클 것이다.

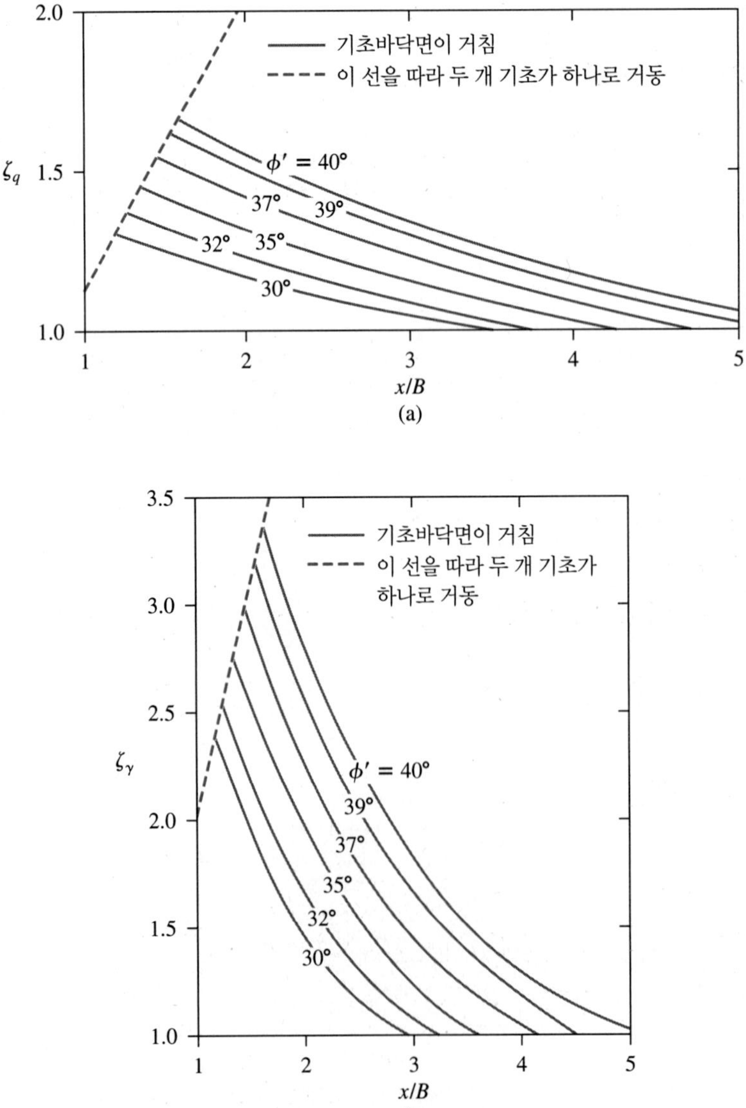

그림 6.23 x/B와 ϕ'에 따른 효율비의 변화

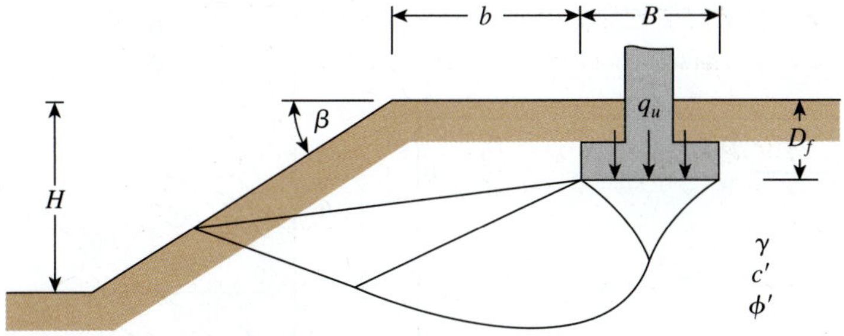

그림 6.24 사면 정상의 얕은 기초

6.10 사면 정상에 위치한 기초의 지지력

경우에 따라, 사면 정상에 얕은 기초를 시공해야 할 때가 있다. 그림 6.24에서 H는 사면의 높이이고, 사면의 수평으로부터 β의 경사를 이룬다. 기초의 끝부분은 사면 정상에서 b의 거리에 위치한다. 극한하중, q_u에 대하여, 파괴면은 그림에 도시되어 있다.

Meyerhof(1957)는 연속기초에 대한 극한지지력 이론식을 다음과 같이 제안하였다.

$$q_u = c'N_{cq} + \frac{1}{2}\gamma BN_{\gamma q} \tag{6.52}$$

$c' = 0$인 순수 모래질토에 대하여

$$q_u = \frac{1}{2}\gamma BN_{\gamma q} \tag{6.53}$$

또한, $\phi = 0$ (비배수 상태)인 순수한 점토의 경우

$$q_u = c_uN_{cq} \tag{6.54}$$

여기서 c_u는 비배수 점착력이다.

식 (6.53), (6.54)에서 정의된 $N_{\gamma q}$와 N_{cq}의 변화값은 그림 6.25와 6.26에 각각 도시하였다. 식 (6.54)에서 정의된 N_{cq}를 그림 6.26에서 사용하기 위해서는 다음과 같은 사항을 지켜야 한다.

1. N_s를 안정수(stability number)라고 정의한다.

$$N_s = \frac{\gamma H}{c_u} \tag{6.55}$$

2. 만약 $B < H$이면, $N_s = 0$인 곡선을 사용한다.

3. 만약 $B \geq H$이면, 계산된 안정수 N_s에 대한 곡선을 사용한다.

예제 6.11

그림 6.24에서, 점토 지반에 축조된 얕은 연속기초에 대해 다음과 같은 조건들이 주어졌다. $B = 1.2$ m, $D_f = 1.2$ m, $H = 6.2$ m, $b = 0.8$ m, $\beta = 30°$, 흙의 단위중량 $= 17.5$ kN/m^3, $\phi = 0$, $c_u = 50$ kN/m^{2}이다. 안전율(FS) $= 4$인 경우 전 허용지지력을 구하라.

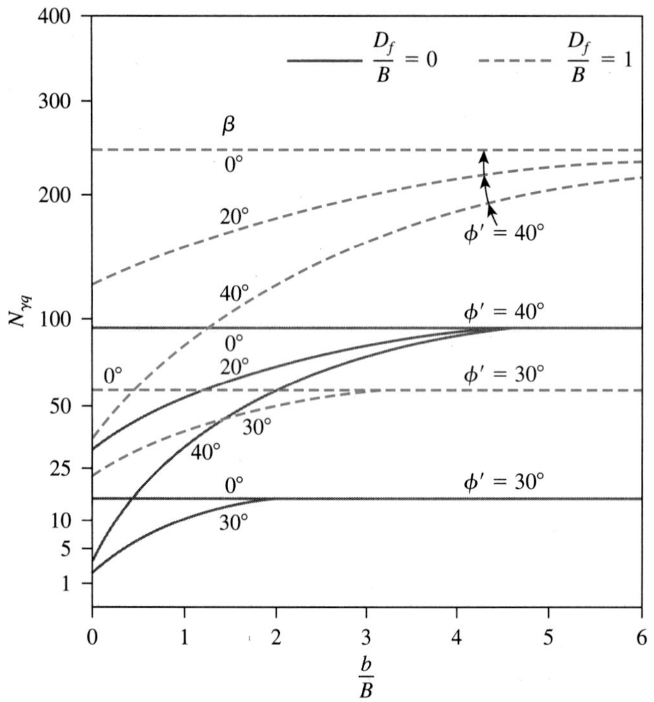

그림 6.25 Meyerhof의 사질토지반($c' = 0$)에서의 지지력계수 $N_{\gamma q}$

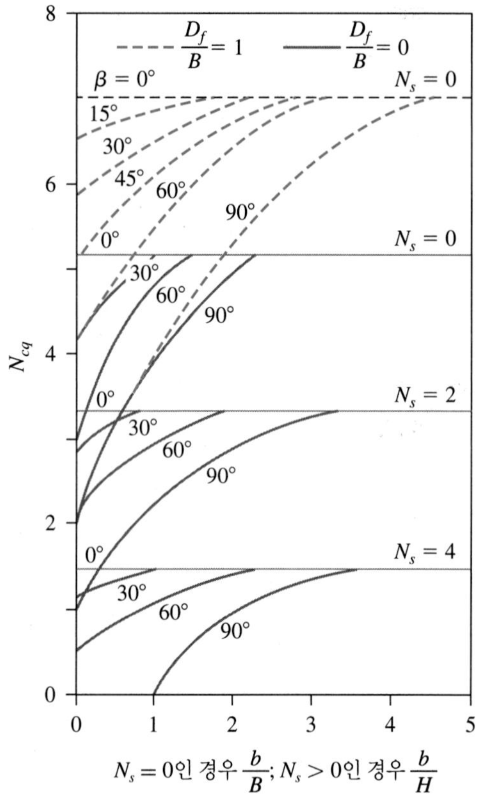

그림 6.26 Meyerhof의 점성토 지반에서의 지지력계수 N_{cq}

풀이

$B < H$이므로, 안정수 $N_s = 0$이라 가정한다. 식 (6.54)에서

$$q_u = c_u N_{cq}$$

주어진 값에서,

$$\frac{D_f}{B} = \frac{1.2}{1.2} = 1$$

그리고

$$\frac{b}{B} = \frac{0.8}{1.2} = 0.67$$

$\beta = 30°$, $D_f/B = 1$, 그리고 $b/B = 0.67$인 경우, 그림 6.26에서 $N_{cq} = 6.3$. 따라서,

$$q_u = (50)(6.3) = 315 \text{ kN/m}^2$$

그리고

$$q_{\text{all}} = \frac{q_u}{\text{FS}} = \frac{315}{4} = \mathbf{78.8\ kN/m^2}$$

■

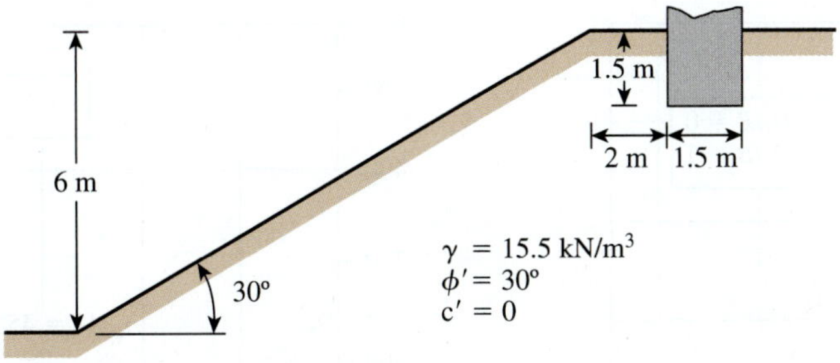

그림 6.27 사질토 사면의 기초

예제 6.12

그림 6.27은 조립토 사면에 위치한 연속기초를 보여준다. 극한지지력을 산정하라.

풀이

조립토($c' = 0$)인 경우 식 (6.53)에서

$$q_u = \frac{1}{2}\gamma B N_{\gamma q}$$

주어진 값, $b/B = 2/1.5 = 1.33$, $D_f/B = 1.5/1.5 = 1$, $\phi' = 30°$, 그리고 $\beta = 30°$

그림 6.25에서 $N_{\gamma q} \approx 41$. 따라서

$$q_u = \frac{1}{2}(15.5)(1.5)(41) = \mathbf{476.6\ kN/m^2}$$

■

6.11 사면에 위치한 기초의 지지력

사면에 위치한 얕은 기초의 극한지지력을 구하는 이론적인 해는 Meyerhof(1957)에 의해 제안되었다. 그림 6.28은 기초폭이 B이고 거친 연속기초 하부에서 소성영역의 특성이 나타난 것이다. 그림 6.28에서 abc는 탄성 영역(elastic zone), acd는 방사형태의 전단 영역(radial shear zone), ade는 혼합 전단 영역(mixed shear zone)이다. 이 해법에 근거하여 극한지지력은 다음과 같이 표현할 수 있다.

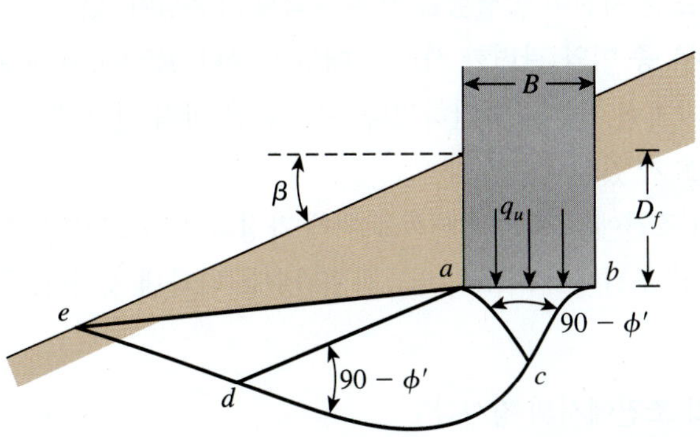

그림 6.28 사면에 위치한 거친 연속기초 하부지반의 소성영역 특성

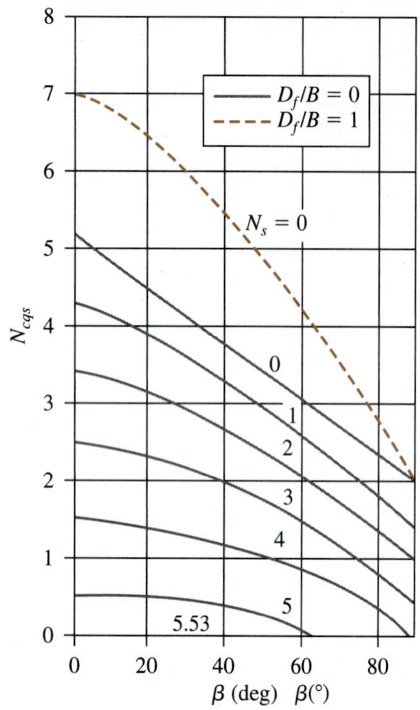

그림 6.29 β에 따른 N_{cqs}의 변화값(주: $N_s = \gamma H/c_u$)

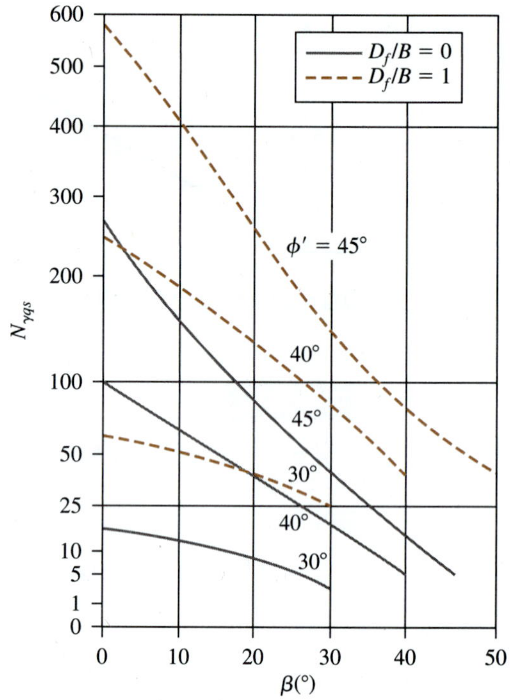

그림 6.30 β에 따른 $N_{\gamma qs}$의 변화값

$$q_u = c_u N_{cqs}(\text{순수한 점토 지반에 대하여, 즉 } \phi = 0) \tag{6.56}$$

그리고

$$q_u = \frac{1}{2}\gamma B N_{\gamma qs}(\text{사질토지반에 대하여, } c' = 0) \tag{6.57}$$

사면의 경사각 β에 따른 N_{cqs}, $N_{\gamma ps}$의 변화값은 그림 6.29와 6.30에 각각 도시되어 있다.

6.12 사질토지반에서 지진 지지력과 침하량

a. Rechards et al.(1993) 이론

어떤 경우에는, 얕은 기초는 지진이 발생했을 경우 파괴될 가능성이 있다. 얕은 기초의 지지력과 관련된 발표된 논문 중 이와 관련한 사례는 매우 드물다. Richards et al.(1993)은 이 절에서 소개되는 지진 지지력 이론을 제안하였다. 이 이론은 아직 현장 자료에 의해 입증되지 않은 점을 주지할 필요가 있다.

그림 6.31은 정적인 조건에서 지지력 해석을 위해 가정되는 기초지반의 파괴 특성을 보여준다. 그림 6.32는 지진 조건에서 기초지반의 파괴단면을 나타낸 것이다. 즉, 그림 6.31과 6.32에서

α_A, α_{AE} = 주동토압 조건에서의 경사각

α_P, α_{PE} = 수동토압 조건에서의 경사각

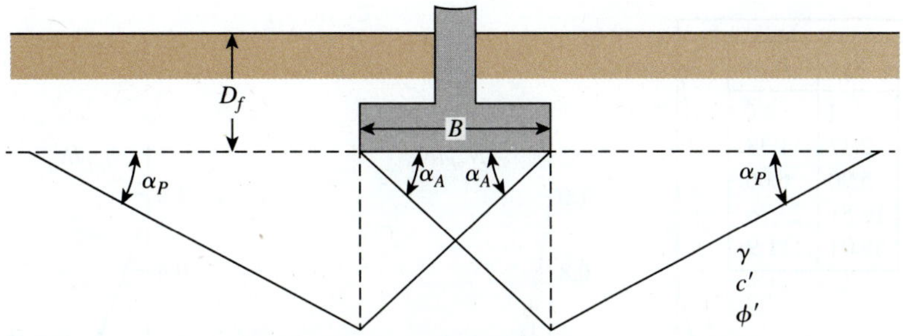

그림 6.31 정적 지지력 해석을 위한 지반내 파괴면

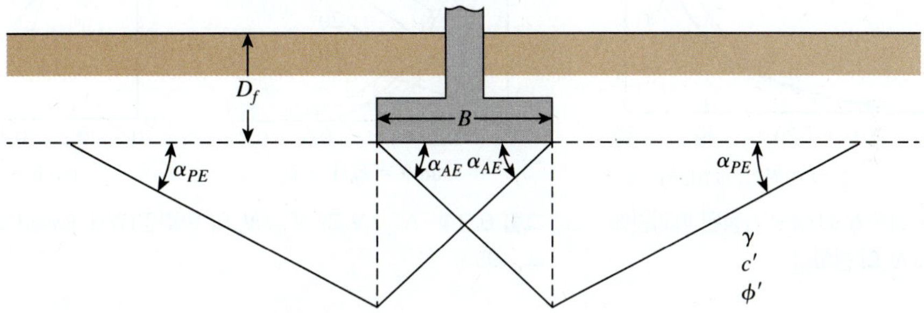

그림 6.32 지진 지지력 해석을 위한 지반내 파괴면

이 이론에 따르면, 사질토지반내 연속기초에 대한 극한지지력은 다음과 같다.

$$\text{정적인 조건: } q_u = qN_q + \frac{1}{2}\gamma B N_\gamma \tag{6.58}$$

$$\text{지진 발생 시의 조건: } q_{uE} = qN_{qE} + \frac{1}{2}\gamma B N_{\gamma E} \tag{6.59}$$

여기서,

$N_q, N_\gamma, N_{qE}, N_{\gamma E}$ = 지지력계수

$q = \gamma D_f$

참고로

$$N_q\text{와 } N_\gamma = f(\phi')$$

그리고

$$N_{qE}\text{와 } N_{\gamma E} = f(\phi', \tan\theta)$$

여기서

$$\tan = \frac{k_h}{1 - k_v}$$

k_h = 지진 발생에 따른 수평 가속도 계수

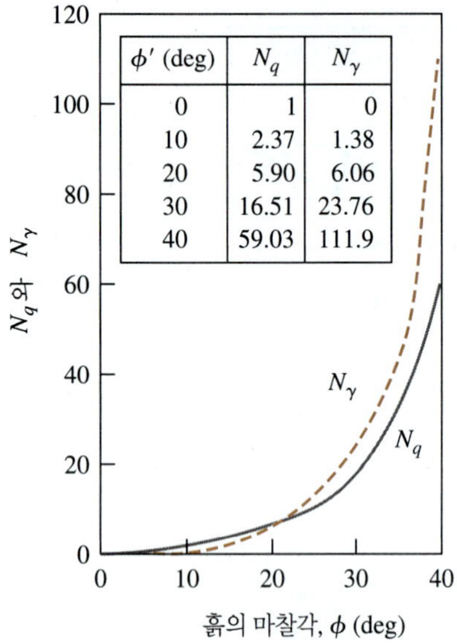

그림 6.33 그림 6.31에서 가정된 파괴면에 근거한 N_q와 N_γ의 변화값

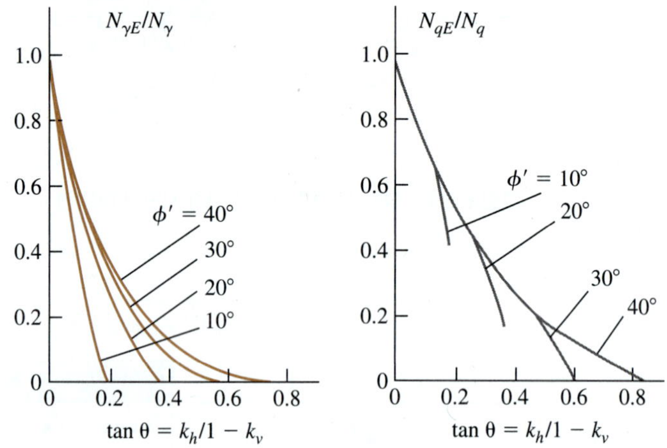

그림 6.34 $N_{\gamma E}/N_\gamma$과 N_{qE}/N_q의 변화값(출처: Based on Rechards et al., 1993)

k_v = 지진 발생에 따른 수직 가속도 계수

ϕ'에 따른 N_q와 N_γ의 변화값은 그림 6.33에 나타나 있다. tan θ와 마찰각 ϕ'값에 따른 $N_{\gamma E}/N_\gamma$와 N_{qE}/N_q의 변화값은 그림 6.34에 나타나 있다.

정적인 조건에서, 지지력 파괴는 급격하게 기초의 아래방향으로 이동하며 침하를 유발한다. 그러나 지진이 일어났을 때 지진과 관련된 침하는 $k_h/(1-k_v)$의 비가 임계값 $(k_h/1-k_v)^*$에 도달했을 때 발생한다. 만약 $k_v = 0$이라면, $(k_h/1-k_v)^*$는 k_h^*와 같게 된다. 그림 6.35는 극한정적지지력[식 (6.58)], ϕ', 그리고 D_f/B이 반영된 안전율(FS)에 따른 k_h^*의($k_v = 0$이고, $c' = 0$; 사질토) 변화값을 나타낸 것이다.

지진으로 인한 연속기초의 침하는(S_{Eq}) 아래와 같이 산정할 수 있다(Richards et al., 1993).

$$S_{\text{Eq}}(\text{m}) = 0.174\frac{V^2}{Ag}\left|\frac{k_h^*}{A}\right|^{-4}\tan\alpha_{AE} \tag{6.60}$$

여기서,

V = 설계지진에 대한 최고속도(m/s)
A = 설계지진에 대한 가속도 계수
g = 중력가속도(9.81 m/s^2)

k_h^*와 α_{AE}의 값은 각각 그림 6.35와 그림 6.36으로부터 구할 수 있다.

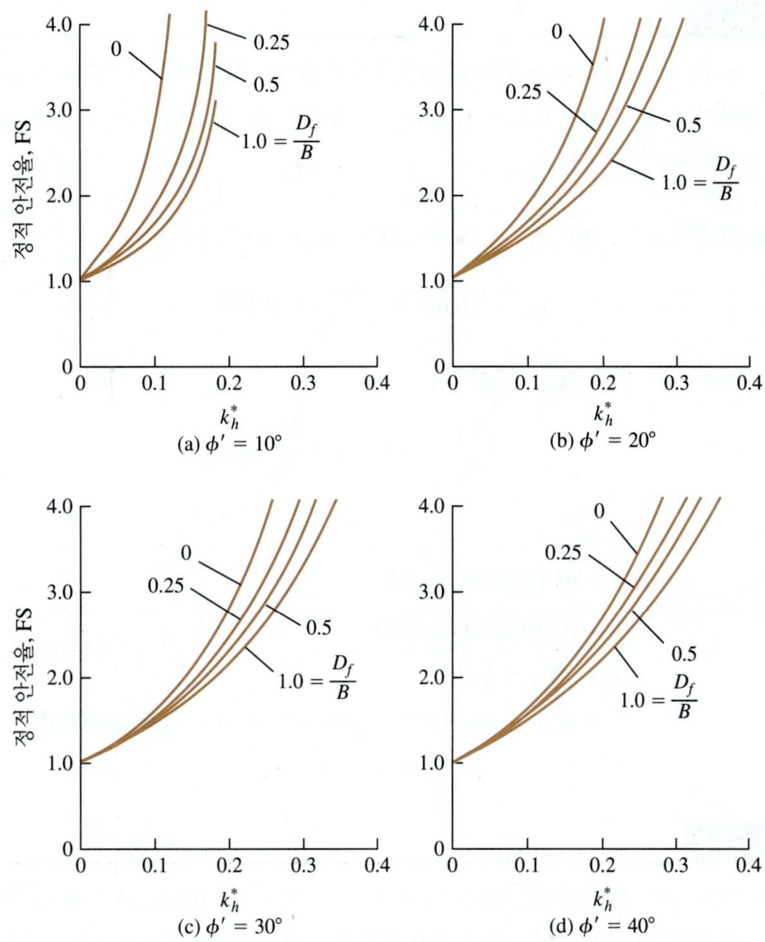

그림 6.35 $c = 0$인 경우 임계가속도 k_h^* (출처: Based on rechards et al., 1993)

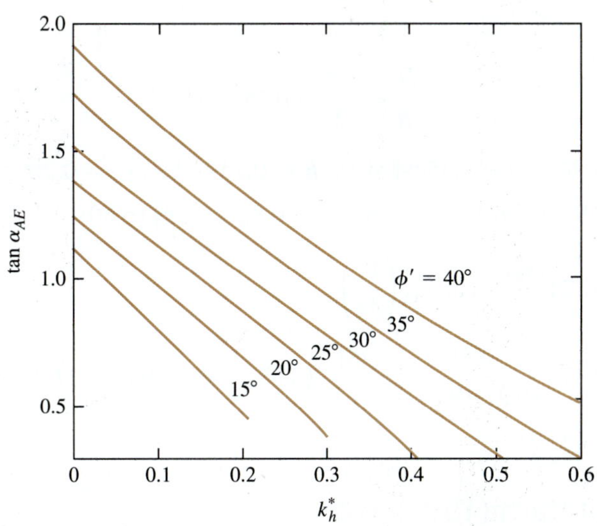

그림 6.36 k_h^*와 흙의 마찰각 ϕ'에 따른 tan α_{AE}의 변화값(출처: Based on Richards et al., 1993)

예제 6.13

$B = 2$ m, $D_f = 1.5$ m, $\gamma = 18$ kN/m^3, 그리고 $\phi' = 30°$일 때 연속기초가 모래 지반에 시공될 예정이다. $K_v = 0$이고 $k_h = 0.176$이라 가정할 때, 전 극한지지력 q_{uE}을 결정하라.

풀이

그림 6.33에서, $\phi' = 30°$, $N_q = 16.51$ 그리고 $N_\gamma = 23.76$이다.

$$\tan\theta = \frac{k_h}{1 - k_v} = 0.176$$

$\tan\theta = 0.176$인 경우, 그림 6.34에서

$$\frac{N_{\gamma E}}{N_\gamma} = 0.4 \text{ 그리고 } \frac{N_{qE}}{N_q} = 0.6$$

따라서,

$$N_{\gamma E} = (0.4)(23.76) = 9.5$$
$$N_{qE} = (0.6)(16.51) = 9.91$$
$$q_{uE} = qN_{qE} + \tfrac{1}{2}\gamma B N_{\gamma E}$$
$$= (1.5 \times 18)(9.91) + \left(\tfrac{1}{2}\right)(18)(2)(9.5) = \mathbf{438.6\ kN/m^2}$$

■

예제 6.14

예제 6.13을 참고하라. 만약 지진설계 매개변수가 $V = 0.4$ m/sec, $A = 0.32$라면, 지진 발생 시 기초의 침하량을 결정하라. 정적 허용지지력을 얻기 위하여 FS = 3으로 가정하라.

풀이

기초에 대해서,

$$\frac{D_f}{B} = \frac{1.5}{2} = 0.75$$

$\phi' = 30°$, FS = 3인 경우 그림 6.35c에서 $D_f/B = 0.75$이므로, $k_h^* = 0.26$이다. 또한, $k_h^* = 0.26$, $\phi' = 30°$인 경우 그림 6.36에서, $\tan\alpha_{AE} = 0.88$이다. 식 (6.60)으로부터,

$$S_{\text{Eq}} = 0.174\left|\frac{k_h^*}{A}\right|^{-4}\tan\alpha_{AE}\left(\frac{V^2}{Ag}\right)$$
$$= 0.174\frac{(0.4)^2}{(0.32)(9.81)}\left|\frac{0.26}{0.32}\right|^{-4}(0.88) = 0.0179\text{ m} = \mathbf{17.9\ mm}$$

■

b. Budhu and al-Karni(1993) 해법

Budhu and al-Karni(1993)는 얕은 기초 q_uE의 극한지지력을 결정하기 위해 그림 6.37과 같은 지반 파괴면을 사용하였다. 즉, 이 그림에서 $\widehat{AB}$와 $\widehat{EF}$는 대수나선의 원호이다. 해법

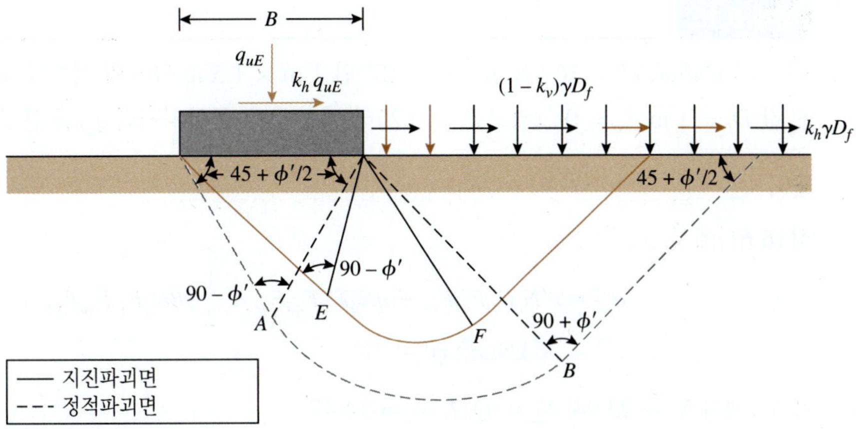

그림 6.37 Budhu and Al-karmi(1993)에 의한 지진 지지력에 대한 지반파괴면

에 따르면,

$$q_u = c'N_cF_{cs}F_{cd}F_{ce} + qN_qF_{qs}F_{qd}F_{qe} + \frac{1}{2}\gamma BN_\gamma F_{\gamma s}F_{\gamma d}F_{\gamma e} \tag{6.61}$$

식 (6.61)은 식 (5.30)의 연장이다. 여기서

c' = 점착력
B = 기초의 폭
$q = \gamma D_f$
N_c, N_q, N_γ = 정적지지력계수(표 5.3 참조)
$F_{cs}, F_{qs}, F_{\gamma s}$ = 정적 형상계수 (표 5.4 참조)
$F_{cd}, F_{qd}, F_{\gamma d}$ = 정적 깊이계수 (표 5.4 참조)
$F_{ce}, F_{qe}, F_{\gamma e}$ = 지진계수

지진계수에 대한 관계는 다음과 같다.

$$F_{ce} = \exp\left(-4.3k_h^{1+D}\right) \tag{6.62}$$

$$F_{qe} = (1 - k_v)\exp\left[-\left(\frac{5.3k_h^{1.2}}{1 - k_v}\right)\right] \tag{6.63}$$

$$F_{\gamma e} = \left(1 + \frac{2}{3}k_v\right)\exp\left[-\left(\frac{9k_h^{1.2}}{1 - k_v}\right)\right] \tag{6.64}$$

여기서, k_h와 k_v = 각각의 수평과 수직 가속도 계수

$$D = \frac{c'}{\gamma H} \tag{6.65}$$

$$H = \frac{0.5B}{\cos\left(\dfrac{\pi}{4} + \dfrac{\phi'}{2}\right)}\exp\left(\frac{\pi}{2}\tan\phi'\right) + D_f \tag{6.66}$$

예제 6.15

$\gamma = 18$ kN/m^3, $c' = 36$ kN/m^2, $\phi' = 27°$인 1 m × 1.5 m 크기의 기초를 고려하라. 주어진 값 $D_f = 1$ m, $k_v = 0$ 그리고 $k_h = 0.25$라 가정하면, 극한지지력 q_{uE}를 산정하라.

풀이

식 (6.61)에서

$$q_{uE} = c'N_cF_{cs}F_{cd}F_{ce} + qN_qF_{qs}F_{qd}F_{qe} + \frac{1}{2}\gamma BN_\gamma F_{\gamma s}F_{\gamma d}F_{\gamma e}$$

$$c' = 36 \text{ kN/m}^2;\ \phi' = 27°$$

표 5.3에서 $N_c = 23.94$, $N_q = 13.2$, $N_\gamma = 14.47$

표 5.4에서

$$F_{cs} = 1 + \left(\frac{B}{L}\right)\left(\frac{N_q}{N_c}\right) = 1 + \left(\frac{1}{1.5}\right)\left(\frac{13.2}{23.94}\right) = 1.368$$

$$F_{qs} = 1 + \left(\frac{B}{L}\right)\tan\phi' = 1 + \left(\frac{1}{1.5}\right)\tan 27 = 1.34$$

$$F_{\gamma s} = 1 - 0.4\left(\frac{B}{L}\right) = 1 - 0.4\left(\frac{1}{1.5}\right) = 0.733$$

$$F_{qd} = 1 + 2\tan\phi'(1 - \sin\phi')^2\left(\frac{D_f}{B}\right) = 1 + 2\tan 27(1 - \sin 27)^2\left(\frac{1}{1}\right) = 1.304$$

$$F_{\gamma d} = 1$$

$$F_{cd} = F_{qd} - \frac{1 - F_{qd}}{N_c\tan\phi'} = 1.304 - \frac{1 - 1.304}{(23.94)(\tan 27)} = 1.329$$

$$H = \frac{0.5B}{\cos\left(\frac{\pi}{4} + \frac{\phi'}{2}\right)}\exp\left(\frac{\pi}{2}\tan\phi'\right) + D_f = \frac{(0.5)(1)}{\cos(45 + 13.5)}\exp\left(\frac{\pi}{2} \times \tan 27\right) + 1 = 3.13 \text{ m}$$

$$D = \frac{c'}{\gamma H} = \frac{36}{(18)(3.13)} = 0.639$$

$$F_{ce} = \exp(-4.3k_h^{1+D}) = \exp[(-4.3)(0.25)^{1+0.639}] = 0.642$$

$$F_{qe} = (1 - k_v)\exp\left[-\left(\frac{5.3k_h^{1.2}}{1 - k_v}\right)\right] = (1 - 0)\exp\left[-\left(\frac{5.3 \times 0.25^{1.2}}{1 - 0}\right)\right] = 0.366$$

$$F_{\gamma e} = \left(1 + \frac{2}{3}k_v\right)\exp\left[-\left(\frac{9k_h^{1.2}}{1 - k_v}\right)\right] = (1 + 0)\exp\left[-\left(\frac{9 \times 0.25^{1.2}}{1 - 0}\right)\right] = 0.182$$

따라서,

$$\begin{aligned} q_{uE} &= (36)(23.94)(1.368)(1.329)(0.642) + (18 \times 1)(13.2)(1.34)(1.304)(0.366) \\ &\quad + \frac{1}{2}(18)(1)(14.47)(0.733)(1)(0.182) \\ &= 1175.26 \text{ kN/m}^2 \approx \mathbf{1175\ kN/m^2} \end{aligned}$$

■

6.13 암반 위에 위치한 기초

어떤 경우에는 그림 6.38에 보이는 것과 같이 얕은 기초를 암반 위에 시공해야 할 때가 있다. 암반 위에서 얕은 기초의 극한지지력의 산정은, 여기에서 제안한 지지력계수에 따른 Terzaghi의 지지력 공식[식 (5.10), (5.19) 그리고 (5.20)]을 이용할 수 있다(Bowles, 1996; Stagg and Zienkiewicz, 1968).

$$N_c = 5\tan^4\left(45 + \frac{\phi'}{2}\right) \tag{6.67}$$

$$N_q = \tan^6\left(45 + \frac{\phi'}{2}\right) \tag{6.68}$$

$$N_\gamma = N_q + 1 \tag{6.69}$$

건조된 암석시편의 일축압축시험의 경우 $\sigma'_3 = 0$과 $\sigma'_1 = q_{uc}$일 때, 식 (2.93)은 다음과 같이 나타낼 수 있다.

$$q_{\text{uc}} = 2c'\tan\left(45 + \frac{\phi'}{2}\right) \tag{6.70}$$

여기서

q_{uc} = 암석의 일축압축강도
ϕ' = 마찰각

암석의 일축압축강도와 마찰각은 매우 광범위하다. 표 6.4에 다양한 암석에 따른 q_{uc}의 일반적인 범위를 나타내었다. q_{uc}와 ϕ'(여기서는 c')의 값은 균열이 없는 원석시료에 대한

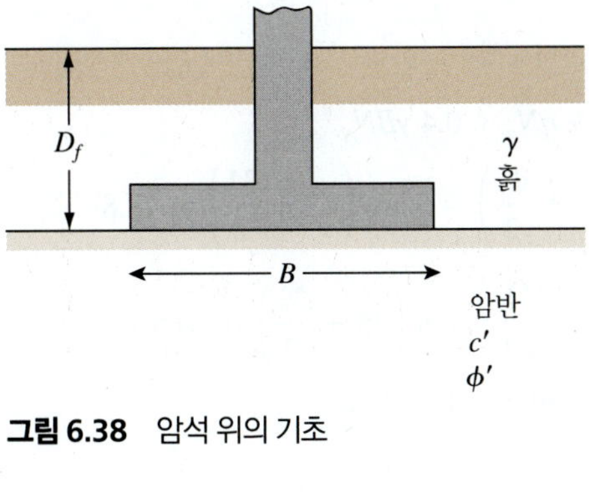

그림 6.38 암석 위의 기초

표 6.4 다양한 종류의 암석에 대한 일축압축강도 범위

암석의 종류	q_{uc} (MN/m²)	ϕ'(deg)
화강암	65~250	45~55
석회암	30~150	35~45
사암	25~130	30~45
셰일	5~40	15~30

실내실험 결과라는 것을 유념해야 한다. 이 값은 불연속면의 영향을 고려할 수 없다. 그렇기 때문에 균열이 없는 원석에 대한 식 (5.10), (5.19) 그리고 (5.20)으로 계산된 극한지지력 q_u는 불연속면이 있는 암반의 강도보다 더 큰 것은 분명하다. 불연속면을 고려하기 위하여, Bowles(1966)는 극한지지력 q_u를 다음과 같이 수정 제안하였다.

$$q_{u(\text{modified})} = q_u(\text{RQD})^2 \tag{6.71}$$

여기서 RQD = 암질 지수(rock quality designation) (3.26절 참고)

어떤 경우에도 허용지지력의 상한은 f'_c(콘크리트의 28일 압축강도)를 초과하지 않는다.

예제 6.16

그림 6.38을 참고하라. 정사각형 기둥 기초가 실트질 암반에 시공되었다.

주어진 값:

기초: $B \times B = 2.5 \times 2.5$ m

$D_f = 2$ m

흙: $\gamma = 17$ kN/m^3

실트질 암반: $c' = 32$ kN/m^2

$\phi' = 31°$

$\gamma = 25$ kN/m^3

RDQ = 50%

허용하중지지력을 산정하라. FS = 4이고, 콘크리트의 경우 $f'_c = 30$ MN/m^{2}이다.

풀이

식 (5.19)에서

$$q_u = 1.3c'N_c + qN_q + 0.4\gamma BN_\gamma$$

$$N_c = 5\tan^4\left(45 + \frac{\phi'}{2}\right) = 5\tan^4\left(45 + \frac{31}{2}\right) = 48.8$$

$$N_q = \tan^6\left(45 + \frac{\phi'}{2}\right) = \tan^6\left(45 + \frac{31}{2}\right) = 30.5$$

$$N_\gamma = N_q + 1 = 30.5 + 1 = 31.5$$

따라서,

$$\begin{aligned} q_u &= (1.3)(32 \times 10^3 \text{ kN/m}^2)(48.8) + (17 \times 2)(30.5) + (0.4)(25)(2.5)(31.5) \\ &= 2030.08 \times 10^3 + 1.037 \times 10^3 + 0.788 \times 10^3 \\ &= 2031.9 \times 10^3 \text{ kN/m}^2 \approx 2032 \text{ MN/m}^2 \end{aligned}$$

$$q_{u(\text{modified})} = q_u(\text{RQD})^2 = (2032)(0.5)^2 = 508 \text{ MN/m}^2$$

$$q_{\text{all}} = \frac{508}{4} = 127 \text{ MN/m}^2$$

127 MN/m^{2}는 f_c'보다 크므로 $q_{\text{all}} = \mathbf{30\ MN/m^2}$이다.

■

6.14 쐐기형 기초의 극한지지력

Meyerhof(1961)는 쐐기형 얕은 연속기초의 지지력 산정이론을 제안하였다. 그림 6.39는 극한하중에서 무디고 거친 쐐기면 하부의 지반파괴면의 특성을 나타낸 것이다. 그림 6.39에서 D_f는 저면의 깊이이고, B는 기초의 폭이다. α는 쐐기의 반각(semi-angle)이다. 또한, p_o와 s_o는 수평으로부터 β각만큼 기울어진 파괴면 BF의 연직선 및 전단응력이다.

Meyerhof는 쐐기모양의 기초에 대한 극한전단지지력 q_u를 다음과 같이 표현하였다.

$$q_u = c'N_c + p_oN_q + \frac{1}{2}\gamma BN_\gamma \tag{6.72}$$

여기서, N_c, N_q, 그리고 N_γ는 지지력계수이며 β와 ϕ'에 관한 함수이다.

$D_f/B \le 1$인 경우, p_o는 γD_f로 나타낼 수 있다. 따라서,

$$q_u = c'N_c + \gamma D_fN_q + \frac{1}{2}\gamma BN_\gamma \quad (D_f/B \le 1\text{인 경우}) \tag{6.73}$$

α와 ϕ'에 따른 N_c, N_q, 그리고 N_γ의 변화값은 각각 그림 6.40, 6.41, 그리고 6.42에 나타내었다.

식 (6.73)은 거친 원뿔형 기초의 극한지지력을 구할 수 있도록 수정될 수 있다. 이 경우, $(D_f/B \le 1)$

$$q_u = c'N_{cr} + \gamma D_fN_{qr} + \frac{1}{2}\gamma BN_{\gamma r} \quad (\text{원뿔형 기초인 경우}) \tag{6.74}$$

여기서, N_{cr}, N_{qr} 그리고 $N_{\gamma r}$은 지지력계수이다.

α와 ϕ'에 따른 N_r, N_{qr} 그리고 $N_{\gamma r}$의 변화값은 그림 6.40, 6.41 그리고 6.42에 제시되어 있다.

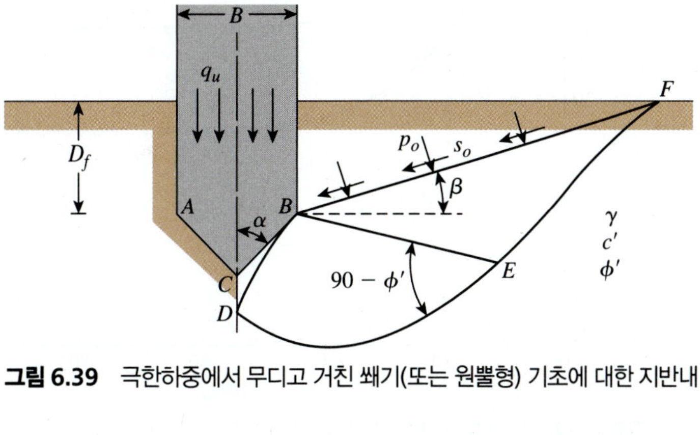

그림 6.39 극한하중에서 무디고 거친 쐐기(또는 원뿔형) 기초에 대한 지반내 파괴면

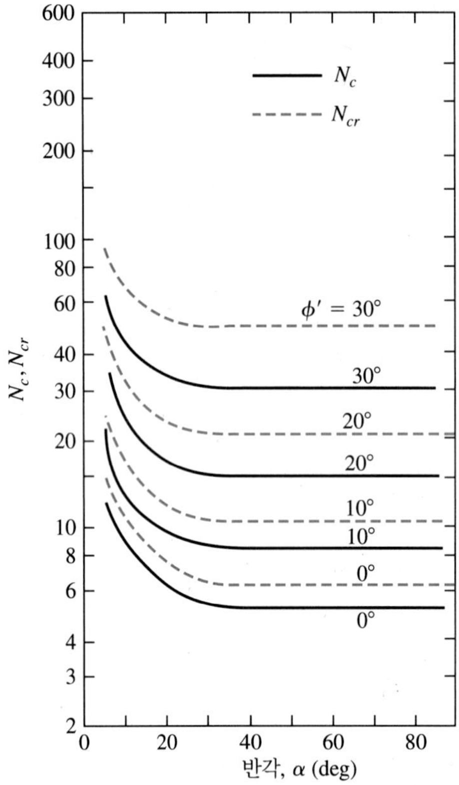

그림 6.40 N_c와 N_{cr}의 변화값[식 (6.72)와 식 (6.74)]

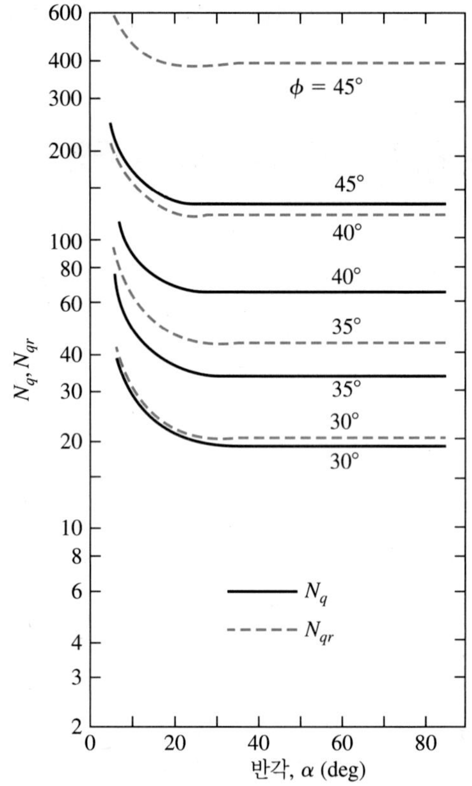

그림 6.41 N_q와 N_{qr}의 변화값[식 (6.72)와 식 (6.74)]

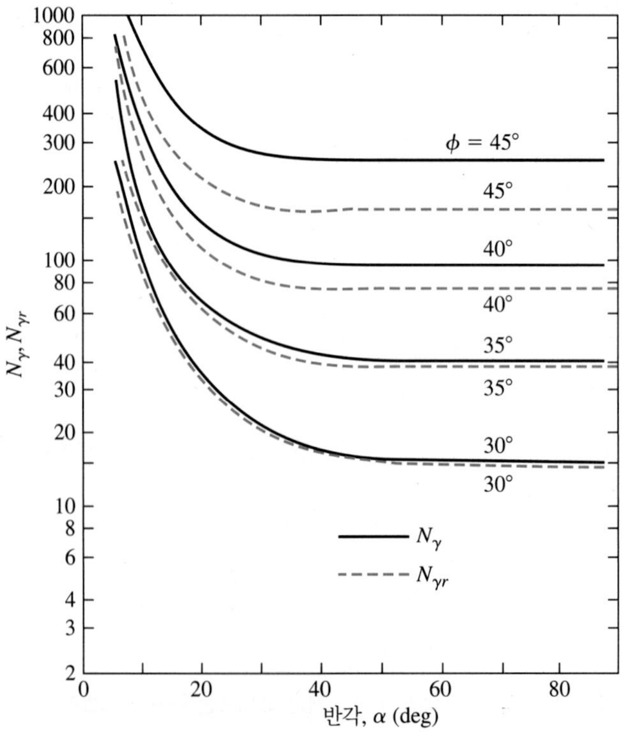

그림 6.42 N_r와 $N_{\gamma r}$의 변화값[식 (6.72)와 식 (6.74)]

6.15 요약

이 장은 특별한 경우의 지지력 이론에 대해 논의하였다. 이는 비등방 모래기초, 연직하중을 받는 경사기초, 층상지반의 기초와 사면을 포함한다. 기초의 지진 지지력은 간략하게 논하였다. 이러한 절차를 개발하는 데 요구되는 이론적인 배경은 수학적 지식을 이용하였으며, 본 장에서 제안된 설계도표와 단계별 절차는 계산을 상당히 간소화시킬 것이다.

연습문제

6.1 강도와 관련하여 비등방인 모래 지반에 정사각형 얕은 기초를 고려하라. 그림 6.1과 6.2를 참고하라. $B = 1.5$ m, $D_f = 1.1$ m, $\gamma = 16.5$ kN/m^3, $\phi_1' = 40°$, $\phi_2' = 35°$. 기초의 극한지지력을 산정하라.

6.2 모래 지반에 축조된 얕은 연속기초에 대해 그림 6.3을 참고하라. 주어진 값: $\alpha = 20°$, $\phi' = 30°$, $B = 1.22$ m, $D_f/B = 1$, 그리고 $\gamma = 17.3$ kN/m^3. 기초의 극한지지력을 산정하라.

6.3 그림 6.7에 직사각형 기초가 도시되어 있다. 기초가 지지할 수 있는 총 허용하중을 구하라. $B = 1.5$ m, $L = 2.5$ m, $D_f = 1.2$ m, $H = 0.9$ m, $\phi' = 40°$, $c' = 0$, 그리고 $\gamma = 17$ kN/m^3 안전율(FS) = 3이다. 식 (6.10)을 이용하라.

6.4 문제 6.3을 다음과 같은 조건으로 다시 계산하라. $B = 1.5$ m, $L = 1.5$ m, $D_f = 1$ m, $H = 0.6$ m, $\phi' = 35°$, $c' = 0$, 그리고 $\gamma = 15$ kN/m^3 안전율(FS) = 3이다.

6.5 그림 6.7을 참고하라. $B = L = 1.75$ m, $D_f = 1$ m, $H = 1.75$ m, $\gamma = 17$ kN/m^3, $c' = 0$, $\phi_2' = 30°$이 주어졌을 때 식 (6.13)과 안전율(FS) = 4를 이용하여 기초가 지지할 수 있는 총 허용하중을 구하라.

6.6 그림 6.7을 참고하라. 1.5 m × 1.5 m의 정사각형 기초로 암반층 상부에 제한된 깊이의 포화점토층으로 이루어진 지반에 의해 지지된다. $D_f = 1$ m, $H = 0.7$ m, $c_u = 115$ kN/m^2, $\gamma = 18.5$ kN/m^{3}가 주어졌을 때, 기초의 극한지지력을 산정하라.

6.7 그림 6.14를 참고하라. 2층 점토 층상지반에 대해 주어진 값은 다음과 같다.

- $\gamma_1 = 19$ kN/m^3, $c_{u(1)} = 47.9$ kN/m^2, $\phi_1 = 0$
- $\gamma_2 = 18.68$ kN/m^3, $c_{u(2)} = 28$ kN/m^2, $\phi_2 = 0$
- $B = 0.91$ m, $D_f = 0.5$ m, $H = 0.5$ m

연속기초의 총 허용하중을 구하라. 안전율 = 3.0, 식 (6.43)을 이용하라.

6.8 그림 6.14를 참고하여 다음 조건의 2층 점토 층상지반에서의 직사각형 기초의 총 극한하중을 구하라. 식 (6.43)을 이용하라.

- $B = 0.92$ m, $L = 1.22$ m, $D_f = 0.92$ m, $H = 0.76$ m
- $\gamma_1 = 17$ kN/m^3, $\phi_1' = 0$, $c_{u(1)} = 72$ kN/m^2
- $\gamma_2 = 17$ kN/m^3, $\phi_2' = 0$, $c_{u(2)} = 43$ kN/m^2

6.9 식 (6.22)를 이용하여 문제 6.8을 풀어라.

6.10 그림 6.14를 참고하라. 모래 지반 위에 정사각형 기초에 대해 다음과 같은 조건이 주어졌다.

- $B = 1.5$ m, $D_f = 1.5$ m, $H = 1$ m
- $\gamma_1 = 18$ kN/m^3, $\phi_1' = 40°$, $c_1' = 0$
- $\gamma_2 = 16.7$ kN/m^3, $\phi_2' = 32°$, $c_2' = 0$

기초가 지지할 수 있는 순 허용하중을 구하라. 안전율은 4이다.

6.11 그림 6.17을 참고하라. 모래 지반 위에 직사각형 기초가 다음과 같이 주어졌다.

- $B = 1.22$ m, $L = 1.83$ m, $H = 0.61$ m, $D_f = 0.91$ m
- $\gamma_1 = 15.41$ kN/m^3, $\phi_1' = 30°$, $c_1' = 0$
- $\gamma_2 = 16.98$ kN/m^3, $\phi_2' = 38°$, $c_2' = 0$

기초 지지할 수 있는 전 허용하중을 구하라. 안전율은 4이며, 식 (6.46)을 이용하라.

6.12 그림 6.17을 참고하라. 점토 지반 위에 연속기초가 다음과 같이 주어졌다.

- $B = 1.5$ m, $D_f = 1$ m, $H = 0.8$ m
- $\gamma_1 = 16.5$ kN/m^3, $c_1 = c_{u(1)} = 48$ kN/m^2, $\phi_1 = 0$
- $\gamma_2 = 17.5$ kN/m^3, $c_2 = c_{u(2)} = 96$ kN/m^2, $\phi_2 = 0$

기초가 지지할 수 있는 전 극한지지력을 결정하라. 식 (6.46)을 이용하라.

6.13 문제 6.12를 식 (6.23)과 표 (6.2)를 이용하여 풀어라.

6.14 두 개의 연속기초가 사질토지반에 서로 나란히 축조되었다. $B = 1.2$ m, $D_f = 1$ m, 두 기초 간의 간격 = 2 m, 마찰각 $\phi' = 35°$일 때, 기초의 순 허용지지력을 구하라. 안전율은 4를 사용하고, 흙의 단위중량 $\gamma = 16.8$ kN/m^{3}이다.

6.15 그림 6.18을 참고하라. 조립토 트랜치 위에 축조된 연속기초가 다음과 같다.

- $B = 1$ m, $W = 1.5$ m, $D_f = 1$ m
- $\phi'_1 = 40°$, $c'_1 = 0$, $\gamma_1 = 18$ kN/m^3
- $\phi_2 = 0$, $c_2 = c_{u(2)} = 40$ kN/m^2, $\gamma_2 = 17$ kN/m^3

총 극한지지력을 산정하라.

6.16 폭 1 m의 연속기초가 점토에 이루어진 사면 위에 축조되어 있다. 그림 6.24를 참고하여, $D_f = 1$ m, $H = 4$ m, $b = 2$ m, $\gamma = 16.8$ kN/m^3, $c = c_u = 68$ kN/m^2, $\phi = 0$, 그리고 $\beta = 60°$이다.

a. 기초의 허용지지력을 산정하라. (안전율 = 3)

b. b가 0부터 6 m까지 변화할 때 극한지지력(q_u)을 그래프로 그려라.

6.17 연속기초가 사질토 사면에 그림 6.24와 같이 축조되었다. $B = 1.22$ m, $b = 1.83$ m, $H = 4.57$ m, $D_f = 1.22$ m, $\beta = 308$, $\phi' = 40°$, 그리고 $\gamma = 17.29$ kN/m^{3}일 때 기초의 극한지지력을 산정하라.

6.18 다음은 사질토 퇴적지층에서 콘관입저항에 대한 평균값을 나타낸 것이다.

깊이(m)	콘관입저항, q_c(MN/m^2)
2	1.73
4	3.6
6	4.9
8	6.8
10	8.7
15	13

퇴적층의 $\gamma = 16.5$ kN/m^{3}이라 가정할 때, 지진 발생 시 연속기초의 극한지지력 q_{uE}를 산정하라. 여기서, $B = 1.5$ m, $D_f = 1.0$ m, $k_h = 0.2$, 그리고 $k_v = 0$이다. 식 (6.58)과 (6.59)를 이용하라.

6.19 문제 6.18을 참고하라. 설계 지진매개변수 $V = 0.35$ m/sec이고 $A = 0.3$일 때, 지진발생 시 기초의 침하량을 결정하라. 정적허용지지력을 얻기 위한 안전율 FS = 4라고 가정한다.

참고문헌

Bowles, J. E. (1996). *Foundation Analysis and Design*, 5th ed., McGraw-Hill, New York.

Budhu, M., and al-Karni, A. (1993). "Seismic Bearing Capacity of Soils," *Geotechnique*, Vol. 43, No. 1, pp. 181–187.

Buisman, A. S. K. (1940). *Grondmechanica*, Waltman, Delft, The Netherlands.

Cerato, A. B. and Lutenegger, A. J. (2006). "Bearing Capacity of Square and Circular Footings on a Finite Layer of Granular Soil Underlain by a Rigid Base," *Journal of Geotechnical and Geoenvironmental Engineering*, American Society of Civil Engineers, Vol. 132, No. 11, pp. 1496–1501.

Lundgren, H. and Mortensen, K. (1953). "Determination by the Theory of Plasticity on the Bearing Capacity of Continuous Footings on Sand," *Proceedings, Third International Conference on Soil Mechanics and Foundation Engineering*, Zurich, Vol. 1, pp. 409–412.

Madhav, M. R. and Vitkar, P. P. (1978). "Strip Footing on Weak Clay Stabilized with a Granular Trench," *Canadian Geotechnical Journal*, Vol. 15, No. 4, pp. 605–609.

Mandel, J. and Salencon, J. (1972). "Force portante d'un sol sur une assise rigide (étude théorique)," *Geotechnique*, Vol. 22, No. 1, pp. 79–93.

Meyerhof, G. G. (1953). "The Bearing Capacity of Foundations under Eccentric and Inclined Loads," *Proceedings, Third International Conference on Soil Mechanics and Foundations*, pp. 440–445.

Meyerhof, G. G. (1957). "The Ultimate Bearing Capacity of Foundations on Slopes," *Proceedings, Fourth International Conference on Soil Mechanics and Foundation Engineering*, London, Vol. 1, pp. 384–387.

Meyerhof, G. G. (1961). "The Ultimate Bearing Capacity of Wedge-Shaped Foundations," *Proceedings, Fourth International Conference on Soil Mechanics and Foundation Engineering*, Paris, Vol. 2, pp. 105–109.

Meyerhof, G. G. (1974). "Ultimate Bearing Capacity of Footings on Sand Layer Overlying Clay," *Canadian Geotechnical Journal*, Vol. 11, No. 2, pp. 224–229.

Meyerhof, G. G. (1978). "Bearing Capacity of Anisotropic Cohesionless Soils," *Canadian Geotechnical Journal*, Vol. 15, No. 4, pp. 592–595.

Meyerhof, G. G. and Chaplin, T. K. (1953). "The Compression and Bearing Capacity of Cohesive Soils," *British Journal of Applied Physics*, Vol. 4, pp. 20–26.

Meyerhof, G. G. and Hanna, A. M. (1978). "Ultimate Bearing Capacity of Foundations on Layered Soil under Inclined Load," *Canadian Geotechnical Journal*, Vol. 15, No. 4, pp. 565–572.

Prandtl, L. (1921). "Über die Eindringungsfestigkeit (Härte) plastischer Baustoffe und die Festigkeit von Schneiden," *Zeitschrift für angewandte Mathematik und Mechanik*, Vol. 1, No. 1, pp. 15–20.

Reddy, A. S. and Srinivasan, R. J. (1967). "Bearing Capacity of Footings on Layered Clay," *Journal of the Soil Mechanics and Foundations Division*, American Society of Civil Engineers, Vol. 93, No. SM2, pp. 83–99.

Reissner, H. (1924). "Zum Erddruckproblem," *Proceedings, First International Congress of Applied Mechanics*, Delft, The Netherlands, pp. 295–311.

Richards, R., Jr., Elms, D. G., and Budhu, M. (1993). "Seismic Bearing Capacity and Settlement of Foundations," *Journal of Geotechnical Engineering*, American Society of Civil Engineers, Vol. 119, No. 4, pp. 662–674.

Sethy, B. P., Patra, C. R., Das, B. M, and Sobhan, K. (2021). "Bearing Capacity of Circular Foundation on a Sand Layer of Limited Thickness under Eccentrically Inclined Load," *Soil Mechanics and Foundation Engineering*, Springer, Vol. 57, No. 5, pp. 452–457.

Stagg, K. G. and Zienkiewicz, O. C. (1968). *Rock Mechanics in Engineering Practice*, John Wiley & Sons, New York.

Vesic, A. S. (1975). "Bearing Capacity of Shallow Foundations," in *Foundation Engineering Handbook*, ed. R. F. Winterkorn and H. Y. Fang, Van Nostrand Reinhold Company, New York.

Chapter 7

지반 내의 연직응력증가

Vertical Stress Increase in Soil

Bertold Werkmann/Shutterstock.com

학습목표 **7장을 학습하면 다음을 할 수 있다**

- 7.1 다양한 종류의 하중에 따른 지반 내 연직응력의 순 증가량 산정의 중요성을 인식함.
- 7.2 Boussinesq의 해석을 기반으로 점하중에 따른 연직응력의 증가를 분석함.
- 7.3 균등하게 분포한 연직하중이 작용하는 원형 재하면적에 따라 발생하는 연직응력을 산정함.
- 7.4 선하중에 따른 지반 내 연직응력의 증가를 분석함.
- 7.5 균등하게 분포하는 연직 띠하중에 따른 지반 내 연직응력의 증가를 산정함.
- 7.6 균등하게 분포하는 수평 띠하중에 따른 지반 내 연직응력의 증가를 결정함.
- 7.7 연직 삼각띠하중에 따른 연직응력의 증가를 결정함.
- 7.8 유연한 원형면적의 중심 아래 연직응력증가—포물선 하중과 원뿔형 하중재하로 인한 연직응력 증가량을 분석함.
- 7.9 균등한 하중이 작용하는 직사각형 면적 아래 연직응력의 증가량을 산정함.
- 7.10 지표면에 균등하게 재하되는 직사각형 재하면적에 대해 주어진 임의 토층 두께에 대한 연직응력의 증가를 산정함.
- 7.11 지표면에 균등하게 재하되는 원형 재하면적으로 인하여 주어진 제한된 토층 두께의 대한 연직응력의 증가를 분석함.
- 7.12 제방 하중재하에 따른 다양한 지점에서 연직응력의 증가를 결정함.
- 7.13 Westergaard 유형의 지반 내 점하중에 따른 연직응력의 분포를 산정함.

7.1 개요

많은 경우에, 얕은 기초의 허용침하(allowable settlement)는 허용지지력(allowable bearing capacity)을 지배한다는 것을 제5장에서 전술하였다. 허용침하는 각 현지 건축규정에 제시되어 있다. 따라서, 허용지지력은 다음의 두 조건보다 더 작아야 한다.

$$q_{all} = \begin{cases} \dfrac{q_u}{\text{FS}} \\ \text{또는} \\ q_{\text{허용침하}} \end{cases}$$

기초의 침하량을 계산하기 위해서는 순 하중이 기초에 작용되었을 때 지반 내에 전달되는 연직응력증가량을 산정할 필요가 있다. 따라서, 이 장에서는 지표면에서 작용되는 아래와 같은 여러 종류의 하중으로 인하여 지반 내 각 심도에서 발생하는 연직응력의 증가량을 산정하기 위한 일반적인 원리에 관하여 기술하였다.

- 점하중
- 원형 재하면적
- 연직 선하중
- 띠하중
- 삼각띠하중
- 직사각형 재하면적
- 제방하중

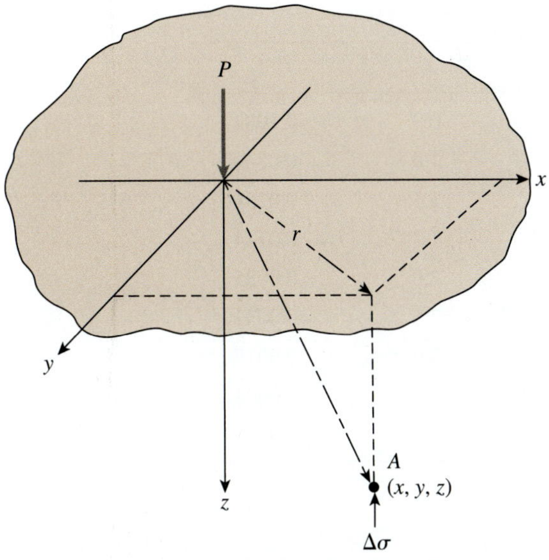

그림 7.1 지표면의 점하중에 따른 A점의 연직응력

기초의 침하를 산정하기 위한 여러 과정에 관해서는 제8장에서 기술하였다.

7.2 집중하중에 의한 응력

1885년 Boussinesq는 그림 7.1에 나타낸 것과 같이 지표면에 작용된 **집중하중**에 의하여 **균질**, 탄성, 그리고 **등방체** 내의 임의의 점에 발생되는 연직응력과 전단응력을 구하기 위한 수학적 관계식을 제안하였다. 이 관계식에 따르면 점하중 P의 크기에 따른 A 지점의 **연직응력 증가량**은 다음과 같다.

$$\Delta\sigma = \frac{3P}{2\pi z^2\left[1+\left(\frac{r}{z}\right)^2\right]^{5/2}} \tag{7.1}$$

여기서

$r = \sqrt{x^2 + y^2}$

$x, y, z =$ 점 A의 좌표

식 (7.1)은 흙의 포아송비에 따른 함수가 아닌 것에 주의하라.

$\Delta\sigma$에 관한 이 관계식은 다음 형식으로 다시 표현될 수 있다

$$\Delta\sigma = \frac{P}{z^2}\left\{\frac{3}{2\pi}\frac{1}{[(r/z)^2+1]^{5/2}}\right\} = \frac{P}{z^2}I_1 \tag{7.2}$$

여기서

표 7.1 I_1의 변화값[식 (7.3)]

r/z	I_1	r/z	I_1
0	0.4775	0.9	0.1083
0.1	0.4657	1.0	0.0844
0.2	0.4329	1.5	0.0251
0.3	0.3849	1.75	0.0144
0.4	0.3295	2.0	0.0085
0.5	0.2733	2.5	0.0034
0.6	0.2214	3.0	0.0015
0.7	0.1762	4.0	0.0004
0.8	0.1386	5.0	0.00014

$$I_1 = \frac{3}{2\pi}\frac{1}{[(r/z)^2 + 1]^{5/2}} \tag{7.3}$$

r/z의 변화값에 대한 I_1의 변화값은 표 7.1에 나타내었다.

예제 7.1

점하중 $P = 10$ kN(그림 7.1)를 고려하라. $x = 3$ m, $y = 4$ m 떨어진 점하중에 의한 깊이 $z = 0$에서 20 m까지의 연직응력증가량 $\Delta\sigma$의 변화를 산정하라.

$$r = \sqrt{x^2 + y^2} = \sqrt{3^2 + 4^2} = 5 \text{ m}$$

풀이

결과는 다음 표에 제시하였다.

r (m)	z (m)	$\frac{r}{z}$	I_1[a]	$\Delta\sigma = \frac{P}{z^2}I_1$[b] (kN/m²)
5.0	0	∞	0	**0**
	2	2.5	0.0034	**0.0085**
	4	1.25	0.0424	**0.0265**
	6	0.83	0.1295	**0.036**
	10	0.5	0.2733	**0.0273**
	15	0.33	0.3713	**0.0165**
	20	0.25	0.4103	**0.0103**

[a]식 (7.3)

[b]식 (7.2). 주: $P = 1000$ lb

■

7.3 원형 재하면적에 의한 응력

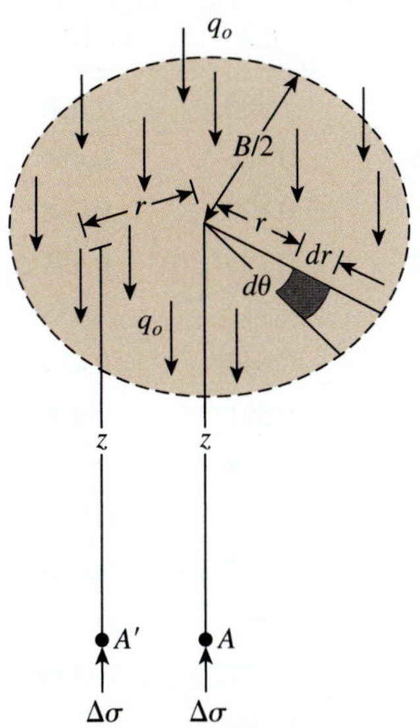

그림 7.2 균등하게 재하되는 유연한 원형면적 하부에 발생되는 연직응력의 증가

Boussinesq 식 (7.1)은 그림 7.2에 도시된 바와 같이, 원형 분포하중이 재하된 연성기초 중심 바로 아래에 발생되는 연직응력증가량을 결정하는 데도 사용된다. 재하면적의 반경을 $B/2$, 단위면적당의 등분포하중을 q_o라 할 때, 재하면적 중심 아래 깊이 z에 위치한 점 A의 응력증가량을 구하기 위해 원형상의 미소면적을 생각해보자. 미소면적상의 하중은 점하중으로 생각할 수 있으며, $q_o r\ d\theta\ dr$로 나타낼 수 있다. 이 하중에 의해 발생되는 점 A에서의 응력증가량은 식 (7.1)로부터 다음 식과 같이 구할 수 있다.

$$d\sigma = \frac{3(q_o r\ d\theta\ dr)}{2\pi z^2\left[1+\left(\frac{r}{z}\right)^2\right]^{5/2}} \tag{7.4}$$

따라서 전체 재하면적에 의해 발생하는 전체 응력증가량은 식 (7.4)를 적분하여 다음과 같이 구할 수 있다.

$$\Delta\sigma = \int d\sigma = \int_{\theta=0}^{\theta=2\pi}\int_{r=0}^{r=B/2}\frac{3(q_o r\, d\theta\, dr)}{2\pi z^2\left[1+\left(\frac{r}{z}\right)^2\right]^{5/2}}$$

$$= q_o\left\{1-\frac{1}{\left[1+\left(\frac{B}{2z}\right)^2\right]^{3/2}}\right\} \tag{7.5}$$

토층의 심도 z에서 하중재하면적의 중앙에서 r만큼 떨어진 위치 A'에서의 연직응력증가량을 이와 유사하게 적분함으로써 구할 수 있다(Ahlvin and Ulery, 1962). 표 7.2는 $r/(B/2)$와 $z/(B/2)$에 따른 $\Delta\sigma/q_o$의 변화를 나타낸 것이다[$0 \le r/(B/2) \le 1$]. $r/(B/2) = 0$일 때 토층심도에 따른 $\Delta\sigma/q_o$는 식 (7.5)로 구할 수 있다.

7.4 선하중에 의한 응력

그림 7.3은 반무한지표면에 단위길이당 작용되는 하중의 크기가 q인 유연한 연직 선하중을 나타낸 것이다. 지반 내의 각 심도에 발생되는 연직응력증가량 $\Delta\sigma$는 탄성이론의 원리를 이용하여 구할 수 있다. 또는,

$$\Delta\sigma = \frac{2qz^3}{\pi(x^2+z^2)^2} \tag{7.6}$$

이 식은 아래와 같이 다시 표현될 수 있다.

표 7.2 균등하게 재하되는 유연한 원형면적의 경우 $\Delta\sigma/q_o$의 변화값

	$r/(B/2)$					
$z/(B/2)$	0	0.2	0.4	0.6	0.8	1.0
0	1.000	1.000	1.000	1.000	1.000	1.000
0.1	0.999	0.999	0.998	0.996	0.976	0.484
0.2	0.992	0.991	0.987	0.970	0.890	0.468
0.3	0.976	0.973	0.963	0.922	0.793	0.451
0.4	0.949	0.943	0.920	0.860	0.712	0.435
0.5	0.911	0.902	0.869	0.796	0.646	0.417
0.6	0.864	0.852	0.814	0.732	0.591	0.400
0.7	0.811	0.798	0.756	0.674	0.545	0.367
0.8	0.756	0.743	0.699	0.619	0.504	0.366
0.9	0.701	0.688	0.644	0.570	0.467	0.348
1.0	0.646	0.633	0.591	0.525	0.434	0.332
1.2	0.546	0.535	0.501	0.447	0.377	0.300
1.5	0.424	0.416	0.392	0.355	0.308	0.256
2.0	0.286	0.286	0.268	0.248	0.224	0.196
2.5	0.200	0.197	0.191	0.180	0.167	0.151
3.0	0.146	0.145	0.141	0.135	0.127	0.118
4.0	0.087	0.086	0.085	0.082	0.080	0.075

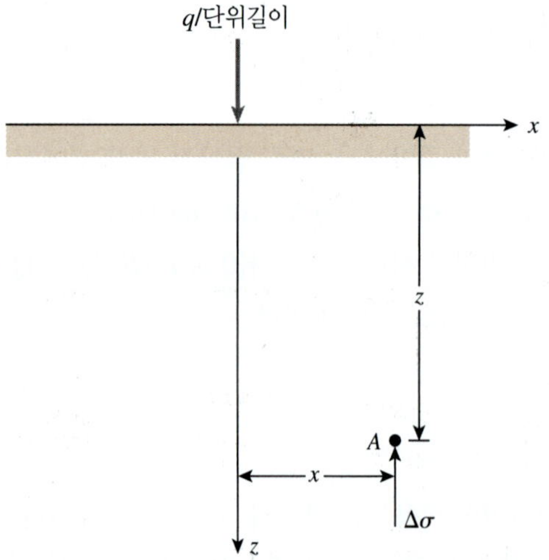

그림 7.3 반무한지표면에 작용되는 선하중

$$\Delta\sigma = \frac{2q}{\pi z[(x/z)^2 + 1]^2}$$

$$\frac{\Delta\sigma}{(q/z)} = \frac{2}{\pi[(x/z)^2 + 1]^2} \tag{7.7}$$

표 7.3 x/z에 따른 $\Delta\sigma/(q/z)$의 변화값

x/z	$\Delta\sigma/(q/z)$	x/z	$\Delta\sigma/(q/z)$
0	0.637	1.3	0.088
0.1	0.624	1.4	0.073
0.2	0.589	1.5	0.060
0.3	0.536	1.6	0.050
0.4	0.473	1.7	0.042
0.5	0.407	1.8	0.035
0.6	0.344	1.9	0.030
0.7	0.287	2.0	0.025
0.8	0.237	2.2	0.019
0.9	0.194	2.4	0.014
1.0	0.159	2.6	0.011
1.1	0.130	2.8	0.008
1.2	0.107	3.0	0.006

식 (7.7)이 무차원 값임을 주목하라. 이 공식을 이용함으로써, 우리는 x/z에 따른 $\Delta\sigma/(q/z)$의 변화율을 계산할 수 있다. 결과는 표 7.3에 나타나 있다. 식 (7.7)을 이용하여 계산된 $\Delta\sigma$의 값은 선하중에 의해 발생된 지반 내의 추가응력이다. $\Delta\sigma$의 값은 A점에 위치한 흙의 상재하중에 포함되지 않는다.

예제 7.2

그림 7.4a는 지표면에 위치한 두 개의 선하중을 나타낸 것이다. A점에서 지반 내 응력의 증가를 결정하라.

풀이

그림 7.4b를 참고하라. A점에서 총응력은

$$\Delta\sigma = \Delta\sigma_1 + \Delta\sigma_2$$

또는

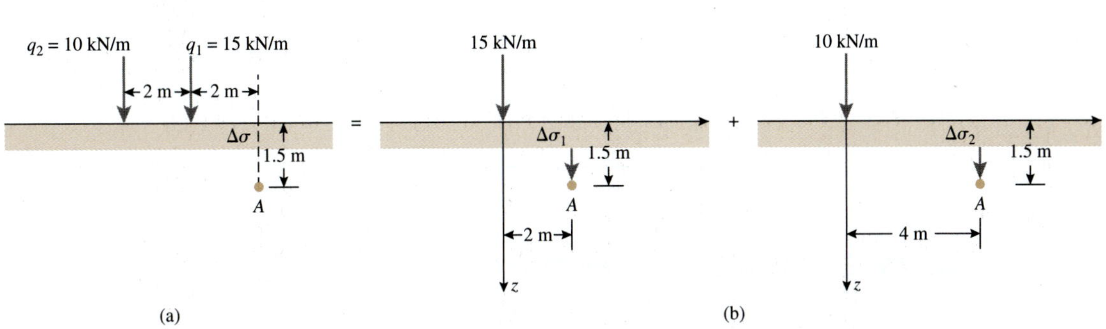

그림 7.4 (a) 지표면의 두 선하중, (b) A점에서 응력을 구하기 위해 중첩의 원리 사용

$$\Delta\sigma = \frac{2q_1z^3}{\pi(x_1^2 + z^2)^2} + \frac{2q_2z^3}{\pi(x_2^2 + z^2)^2}$$

$$= \frac{(2)(15)(1.5)^3}{\pi[(2)^2 + (1.5)^2]^2} + \frac{(2)(10)(1.5)^3}{\pi[(4)^2 + (1.5)^2]^2}$$

$$= 0.825 + 0.065 = \mathbf{0.89\ kN/m}$$

■

7.5 유한한 폭과 무한한 길이의 연직 띠하중 아래의 응력

선하중의 결과(7.4절)와 같이 지반 내 임의의 한 점에서 연직응력증가에 관한 기본 방정식은 폭 B의 유연한 띠하중에 작용하는 한 점에서 연직응력을 계산하기 위해 사용될 수 있다(그림 7.5 참고). 그림 7.5에 나타난 띠의 단위면적당 하중을 q_o라 하자. 만약 띠요소의 너비를 dr이라 가정하면, 이 띠의 단위길이당 하중은 $q_o\,dr$과 같다. 이 띠요소는 선하중으로 간주한다. 식 (7.6)은 지반 내 A점에서 띠요소하중에 의한 연직응력증가량 $d\sigma$를 나타낸 것이다. 연직응력증가량을 계산하기 위하여, q를 $q_o\,dr$로, 그리고 x를 $(x - r)$로 대입하는 것이 필요하다. 따라서,

$$d\sigma = \frac{2(q_o\,dr)z^3}{\pi[(x - r)^2 + z^2]^2} \tag{7.8}$$

폭이 B인 전체 띠하중에 의해 발생하는 임의의 A점의 연직응력 전체 증가량($\Delta\sigma$)은 $-B/2$에서부터 $+B/2$까지 식 (7.8)을 r에 관하여 적분함으로써 구할 수 있다.

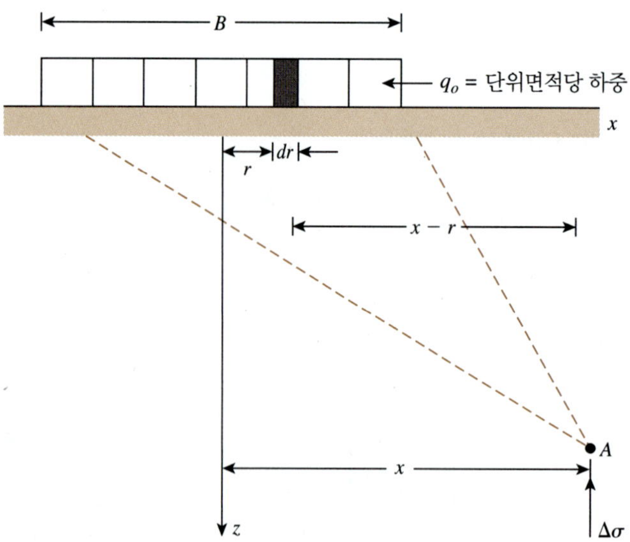

그림 7.5 연성 연직 띠하중에 의해 발생한 연직응력

$$\Delta\sigma = \int d\sigma = \int_{-B/2}^{+B/2}\left(\frac{2q}{\pi}\right)\left\{\frac{z^3}{[(x-r)^2+z^2]^2}\right\}dr$$

$$= \frac{q_o}{\pi}\left\{\tan^{-1}\left[\frac{z}{x-(B/2)}\right] - \tan^{-1}\left\{\frac{z}{x+(B/2)}\right\} - \frac{Bz[x^2-z^2-(B^2/4)]}{[x^2+z^2-(B^2/4)]^2+B^2z^2}\right\} \tag{7.9}$$

식 (7.9)와 관련하여, 다음 사항을 주목해야 한다.

1. $\tan^{-1}\left[\dfrac{z}{x-\left(\dfrac{B}{2}\right)}\right]$과 $\tan^{-1}\left[\dfrac{z}{x+\left(\dfrac{B}{2}\right)}\right]$은 라디안(radian) 값으로 표현된다.
2. $\Delta\sigma$의 크기는 x/z의 절대값에 의존한다.
3. 식 (7.9)는 그림 7.5에 나타낸 것과 같이 A점에 대해 $x \geq B/2$일 때 유효하다.

그러나 $0 \leq x < B/2$인 경우 $\tan^{-1}\left[\dfrac{z}{x-\left(\dfrac{B}{2}\right)}\right]$의 크기는 음수가 된다.

이 경우 $\pi + \tan^{-1}\left[\dfrac{z}{x-\left(\dfrac{B}{2}\right)}\right]$으로 치환되어야 한다.

표 7.4는 $2z/B$와 $2x/B$에 따른 $\Delta\sigma/q_o$의 변화값을 나타낸다. 이 표는 유연한 띠하중의 임의의 점에서 발생하는 연직응력을 쉽게 계산하기 위해 사용될 수 있다.

예제 7.3

그림 7.5를 참고하라. 주어진 값: $B = 4$ m, $q_o = 100$ kN/m². $z = 1$ m, 그리고 $x = 1$ m일 때, 식 (7.9)를 이용하여 점 A에서의 연직응력 $\Delta\sigma$를 구하라.

풀이

$x = 1 \text{ m} < B/2 = 2 \text{ m}$이므로

$$\Delta\sigma = \frac{q_o}{\pi}\left\{\tan^{-1}\left[\frac{z}{x-\left(\frac{B}{2}\right)}\right] + \pi - \tan^{-1}\left[\frac{z}{x+\left(\frac{B}{2}\right)}\right] - \frac{Bz\left[x^2-z^2-\left(\frac{B^2}{4}\right)\right]}{\left[x^2+z^2-\left(\frac{B^2}{4}\right)\right]^2+B^2z^2}\right\}$$

$$\tan^{-1}\left[\frac{z}{x-\left(\frac{B}{2}\right)}\right] = \tan^{-1}\left(\frac{1}{1-2}\right) = -45° = -0.785 \text{ rad}$$

$$\tan^{-1}\left[\frac{z}{x+\left(\frac{B}{2}\right)}\right] = \tan^{-1}\left(\frac{1}{1+2}\right) = 18.43° = 0.322 \text{ rad}$$

$$\frac{Bz\left[x^2 - z^2 - \left(\frac{B^2}{4}\right)\right]}{\left[x^2 + z^2 - \left(\frac{B^2}{4}\right)\right]^2 + B^2z^2} = \frac{(4)(1)\left[(1)^2 - (1)^2 - \left(\frac{16}{4}\right)\right]}{\left[(1)^2 + (1)^2 - \left(\frac{16}{4}\right)\right]^2 + (16)(1)} = -0.8$$

따라서,

$$\frac{\Delta\sigma}{q_o} = \frac{1}{\pi}[-0.785 + \pi - 0.322 - (-0.8)] = 0.902$$

표 7.4와 비교하면, 이 경우 $\frac{2x}{B} = \frac{(2)(1)}{4} = 0.5, \frac{2z}{B} = \frac{(2)(1)}{4} = 0.5.$

따라서, $\frac{\Delta\sigma}{q_o} = 0.902.$ (검토)

$$\Delta\sigma = 0.902q_o = (0.902)(100) = \mathbf{90.2\ kN/m^2}$$

■

표 7.4 $2z/B$와 $2x/B$에 따른 $\Delta\sigma/q_o$의 변화값[식 (7.9)]

	2x/B										
2z/B	0.0	0.1	0.2	0.3	0.4	0.5	0.6	0.7	0.8	0.9	1.0
0.00	1.000	1.000	1.000	1.000	1.000	1.000	1.000	1.000	1.000	1.000	0.000
0.10	1.000	1.000	0.999	0.999	0.999	0.998	0.997	0.993	0.980	0.909	0.500
0.20	0.997	0.997	0.996	0.995	0.992	0.988	0.979	0.959	0.909	0.775	0.500
0.30	0.990	0.989	0.987	0.984	0.978	0.967	0.947	0.908	0.833	0.697	0.499
0.40	0.977	0.976	0.973	0.966	0.955	0.937	0.906	0.855	0.773	0.651	0.498
0.50	0.959	0.958	0.953	0.943	0.927	0.902	0.864	0.808	0.727	0.620	0.497
0.60	0.937	0.935	0.928	0.915	0.896	0.866	0.825	0.767	0.691	0.598	0.495
0.70	0.910	0.908	0.899	0.885	0.863	0.831	0.788	0.732	0.662	0.581	0.492
0.80	0.881	0.878	0.869	0.853	0.829	0.797	0.755	0.701	0.638	0.566	0.489
0.90	0.850	0.847	0.837	0.821	0.797	0.765	0.724	0.675	0.617	0.552	0.485
1.00	0.818	0.815	0.805	0.789	0.766	0.735	0.696	0.650	0.598	0.540	0.480
1.10	0.787	0.783	0.774	0.758	0.735	0.706	0.670	0.628	0.580	0.529	0.474
1.20	0.755	0.752	0.743	0.728	0.707	0.679	0.646	0.607	0.564	0.517	0.468
1.30	0.725	0.722	0.714	0.699	0.679	0.654	0.623	0.588	0.548	0.506	0.462
1.40	0.696	0.693	0.685	0.672	0.653	0.630	0.602	0.569	0.534	0.495	0.455

(계속)

표 7.4 $2z/B$와 $2x/B$에 따른 $\Delta\sigma/q_o$의 변화값[식 (7.9)](*계속*)

	$2x/B$										
$2z/B$	0.0	0.1	0.2	0.3	0.4	0.5	0.6	0.7	0.8	0.9	1.0
1.50	0.668	0.666	0.658	0.646	0.629	0.607	0.581	0.552	0.519	0.484	0.448
1.60	0.642	0.639	0.633	0.621	0.605	0.586	0.562	0.535	0.506	0.474	0.440
1.70	0.617	0.615	0.608	0.598	0.583	0.565	0.544	0.519	0.492	0.463	0.433
1.80	0.593	0.591	0.585	0.576	0.563	0.546	0.526	0.504	0.479	0.453	0.425
1.90	0.571	0.569	0.564	0.555	0.543	0.528	0.510	0.489	0.467	0.443	0.417
2.00	0.550	0.548	0.543	0.535	0.524	0.510	0.494	0.475	0.455	0.433	0.409
2.10	0.530	0.529	0.524	0.517	0.507	0.494	0.479	0.462	0.443	0.423	0.401
2.20	0.511	0.510	0.506	0.499	0.490	0.479	0.465	0.449	0.432	0.413	0.393
2.30	0.494	0.493	0.489	0.483	0.474	0.464	0.451	0.437	0.421	0.404	0.385
2.40	0.477	0.476	0.473	0.467	0.460	0.450	0.438	0.425	0.410	0.395	0.378
2.50	0.462	0.461	0.458	0.452	0.445	0.436	0.426	0.414	0.400	0.386	0.370
2.60	0.447	0.446	0.443	0.439	0.432	0.424	0.414	0.403	0.390	0.377	0.363
2.70	0.433	0.432	0.430	0.425	0.419	0.412	0.403	0.393	0.381	0.369	0.355
2.80	0.420	0.419	0.417	0.413	0.407	0.400	0.392	0.383	0.372	0.360	0.348
2.90	0.408	0.407	0.405	0.401	0.396	0.389	0.382	0.373	0.363	0.352	0.341
3.00	0.396	0.395	0.393	0.390	0.385	0.379	0.372	0.364	0.355	0.345	0.334
3.10	0.385	0.384	0.382	0.379	0.375	0.369	0.363	0.355	0.347	0.337	0.327
3.20	0.374	0.373	0.372	0.369	0.365	0.360	0.354	0.347	0.339	0.330	0.321
3.30	0.364	0.363	0.362	0.359	0.355	0.351	0.345	0.339	0.331	0.323	0.315
3.40	0.354	0.354	0.352	0.350	0.346	0.342	0.337	0.331	0.324	0.316	0.308
3.50	0.345	0.345	0.343	0.341	0.338	0.334	0.329	0.323	0.317	0.310	0.302
3.60	0.337	0.336	0.335	0.333	0.330	0.326	0.321	0.316	0.310	0.304	0.297
3.70	0.328	0.328	0.327	0.325	0.322	0.318	0.314	0.309	0.304	0.298	0.291
3.80	0.320	0.320	0.319	0.317	0.315	0.311	0.307	0.303	0.297	0.292	0.285
3.90	0.313	0.313	0.312	0.310	0.307	0.304	0.301	0.296	0.291	0.286	0.280
4.00	0.306	0.305	0.304	0.303	0.301	0.298	0.294	0.290	0.285	0.280	0.275
4.10	0.299	0.299	0.298	0.296	0.294	0.291	0.288	0.284	0.280	0.275	0.270
4.20	0.292	0.292	0.291	0.290	0.288	0.285	0.282	0.278	0.274	0.270	0.265
4.30	0.286	0.286	0.285	0.283	0.282	0.279	0.276	0.273	0.269	0.265	0.260
4.40	0.280	0.280	0.279	0.278	0.276	0.274	0.271	0.268	0.264	0.260	0.256
4.50	0.274	0.274	0.273	0.272	0.270	0.268	0.266	0.263	0.259	0.255	0.251
4.60	0.268	0.268	0.268	0.266	0.265	0.263	0.260	0.258	0.254	0.251	0.247
4.70	0.263	0.263	0.262	0.261	0.260	0.258	0.255	0.253	0.250	0.246	0.243
4.80	0.258	0.258	0.257	0.256	0.255	0.253	0.251	0.248	0.245	0.242	0.239
4.90	0.253	0.253	0.252	0.251	0.250	0.248	0.246	0.244	0.241	0.238	0.235
5.00	0.248	0.248	0.247	0.246	0.245	0.244	0.242	0.239	0.237	0.234	0.231

(*계속*)

표 7.4 $2z/B$와 $2x/B$에 따른 $\Delta\sigma/q_o$의 변화값[식 (7.9)](*계속*)

$2z/B$	$2x/B$									
	1.1	1.2	1.3	1.4	1.5	1.6	1.7	1.8	1.9	2.0
0.00	0.000	0.000	0.000	0.000	0.000	0.000	0.000	0.000	0.000	0.000
0.10	0.091	0.020	0.007	0.003	0.002	0.001	0.001	0.000	0.000	0.000
0.20	0.225	0.091	0.040	0.020	0.011	0.007	0.004	0.003	0.002	0.002
0.30	0.301	0.165	0.090	0.052	0.031	0.020	0.013	0.009	0.007	0.005
0.40	0.346	0.224	0.141	0.090	0.059	0.040	0.027	0.020	0.014	0.011
0.50	0.373	0.267	0.185	0.128	0.089	0.063	0.046	0.034	0.025	0.019
0.60	0.391	0.298	0.222	0.163	0.120	0.088	0.066	0.050	0.038	0.030
0.70	0.403	0.321	0.250	0.193	0.148	0.113	0.087	0.068	0.053	0.042
0.80	0.411	0.338	0.273	0.218	0.173	0.137	0.108	0.086	0.069	0.056
0.90	0.416	0.351	0.291	0.239	0.195	0.158	0.128	0.104	0.085	0.070
1.00	0.419	0.360	0.305	0.256	0.214	0.177	0.147	0.122	0.101	0.084
1.10	0.420	0.366	0.316	0.271	0.230	0.194	0.164	0.138	0.116	0.098
1.20	0.419	0.371	0.325	0.282	0.243	0.209	0.178	0.152	0.130	0.111
1.30	0.417	0.373	0.331	0.291	0.254	0.221	0.191	0.166	0.143	0.123
1.40	0.414	0.374	0.335	0.298	0.263	0.232	0.203	0.177	0.155	0.135
1.50	0.411	0.374	0.338	0.303	0.271	0.240	0.213	0.188	0.165	0.146
1.60	0.407	0.373	0.339	0.307	0.276	0.248	0.221	0.197	0.175	0.155
1.70	0.402	0.370	0.339	0.309	0.281	0.254	0.228	0.205	0.183	0.164
1.80	0.396	0.368	0.339	0.311	0.284	0.258	0.234	0.212	0.191	0.172
1.90	0.391	0.364	0.338	0.312	0.286	0.262	0.239	0.217	0.197	0.179
2.00	0.385	0.360	0.336	0.311	0.288	0.265	0.243	0.222	0.203	0.185
2.10	0.379	0.356	0.333	0.311	0.288	0.267	0.246	0.226	0.208	0.190
2.20	0.373	0.352	0.330	0.309	0.288	0.268	0.248	0.229	0.212	0.195
2.30	0.366	0.347	0.327	0.307	0.288	0.268	0.250	0.232	0.215	0.199
2.40	0.360	0.342	0.323	0.305	0.287	0.268	0.251	0.234	0.217	0.202
2.50	0.354	0.337	0.320	0.302	0.285	0.268	0.251	0.235	0.220	0.205
2.60	0.347	0.332	0.316	0.299	0.283	0.267	0.251	0.236	0.221	0.207
2.70	0.341	0.327	0.312	0.296	0.281	0.266	0.251	0.236	0.222	0.208
2.80	0.335	0.321	0.307	0.293	0.279	0.265	0.250	0.236	0.223	0.210
2.90	0.329	0.316	0.303	0.290	0.276	0.263	0.249	0.236	0.223	0.211
3.00	0.323	0.311	0.299	0.286	0.274	0.261	0.248	0.236	0.223	0.211
3.10	0.317	0.306	0.294	0.283	0.271	0.259	0.247	0.235	0.223	0.212
3.20	0.311	0.301	0.290	0.279	0.268	0.256	0.245	0.234	0.223	0.212
3.30	0.305	0.296	0.286	0.275	0.265	0.254	0.243	0.232	0.222	0.211
3.40	0.300	0.291	0.281	0.271	0.261	0.251	0.241	0.231	0.221	0.211
3.50	0.294	0.286	0.277	0.268	0.258	0.249	0.239	0.229	0.220	0.210
3.60	0.289	0.281	0.273	0.264	0.255	0.246	0.237	0.228	0.218	0.209
3.70	0.284	0.276	0.268	0.260	0.252	0.243	0.235	0.226	0.217	0.208

(*계속*)

표 7.4 $2z/B$와 $2x/B$에 따른 $\Delta\sigma/q_o$의 변화값[식 (7.9)](*계속*)

	2x/B									
2z/B	**1.1**	**1.2**	**1.3**	**1.4**	**1.5**	**1.6**	**1.7**	**1.8**	**1.9**	**2.0**
3.80	0.279	0.272	0.264	0.256	0.249	0.240	0.232	0.224	0.216	0.207
3.90	0.274	0.267	0.260	0.253	0.245	0.238	0.230	0.222	0.214	0.206
4.00	0.269	0.263	0.256	0.249	0.242	0.235	0.227	0.220	0.212	0.205
4.10	0.264	0.258	0.252	0.246	0.239	0.232	0.225	0.218	0.211	0.203
4.20	0.260	0.254	0.248	0.242	0.236	0.229	0.222	0.216	0.209	0.202
4.30	0.255	0.250	0.244	0.239	0.233	0.226	0.220	0.213	0.207	0.200
4.40	0.251	0.246	0.241	0.235	0.229	0.224	0.217	0.211	0.205	0.199
4.50	0.247	0.242	0.237	0.232	0.226	0.221	0.215	0.209	0.203	0.197
4.60	0.243	0.238	0.234	0.229	0.223	0.218	0.212	0.207	0.201	0.195
4.70	0.239	0.235	0.230	0.225	0.220	0.215	0.210	0.205	0.199	0.194
4.80	0.235	0.231	0.227	0.222	0.217	0.213	0.208	0.202	0.197	0.192
4.90	0.231	0.227	0.223	0.219	0.215	0.210	0.205	0.200	0.195	0.190
5.00	0.227	0.224	0.220	0.216	0.212	0.207	0.203	0.198	0.193	0.188

7.6 유한한 폭과 무한한 길이의 수평 띠하중 아래의 응력

그림 7.6은 반무한지반에 폭 B의 수평 연성 띠하중을 보여준다. 단위면적당 하중은 q_o와 같다. $A(x, z)$점에서 연직응력 $\Delta\sigma$는 다음과 같이 얻을 수 있다(Harr, 1966 참조).

$$\Delta\sigma = \frac{4bq_o xz^2}{\pi[(x^2 + z^2 - b^2)^2 + 4b^2z^2]} \tag{7.10}$$

여기서, $b = B/2$. 표 7.5는 z/b와 x/b에 따른 $\Delta\sigma/q_o$의 변화값을 나타내었다.

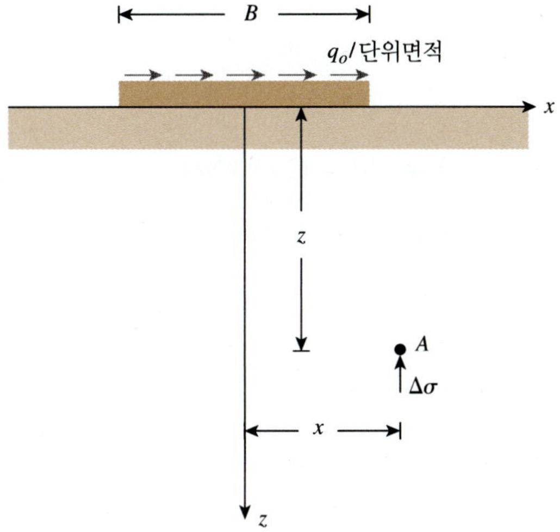

그림 7.6 연성 수평 띠하중에 의해 발생하는 연직응력

표 7.5 z/b와 x/b에 따른 $\Delta\sigma/q_o$의 변화값[식 (7.10)]

	x/b					
z/b	0	0.5	1.0	1.5	2.0	2.5
0	—	—	—	—	—	—
0.25	—	0.052	0.313	0.061	0.616	—
0.5	—	0.127	0.300	0.147	0.055	0.025
1.0	—	0.159	0.255	0.210	0.131	0.074
1.5	—	0.128	0.204	0.202	0.157	0.110
2.0	—	0.096	0.159	0.175	0.157	0.126
2.5	—	0.072	0.124	0.147	0.144	0.127

예제 7.4

그림 7.7과 같이 경사진 띠하중을 고려하라. A점(x = 2.25 m, z = 3 m)과 B점(x = −2.25 m, z = 3 m)에서 연직응력 $\Delta\sigma$를 결정하라.

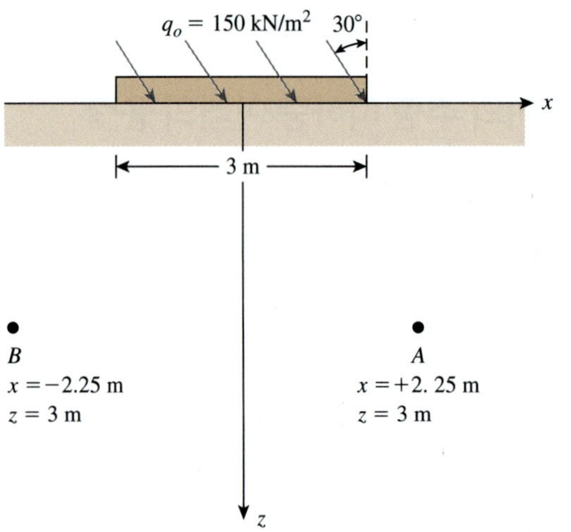

그림 7.7

풀이

q_o의 연직요소 $= q_v = q\cos 30 = 150\cos 30 = 129.9\ \text{kN/m}^2$

q_o의 수평요소 $= q_h = q\sin 30 = 150\sin 30 = 75\ \text{kN/m}^2$

q_v에 따른 $\Delta\sigma$:

$$\frac{2z}{B} = \frac{(2)(3)}{3} = 2$$

$$\frac{2x}{B} = \frac{(2)(\pm 2.25)}{3} = \pm 1.5$$

표 7.4에서 $\Delta\sigma/q_v = 0.288$

$$\Delta\sigma_v = (0.288)(129.9) = 37.4 \text{ kN/m}^2 \quad (A\text{와 } B\text{에서 동일})$$

q_h에 따른 $\Delta\sigma$:

$$b = \frac{B}{2} = \frac{3}{2} = 1.5$$

$$\frac{z}{b} = \frac{3}{1.5} = 2$$

$$\frac{x}{b} = \frac{\pm 2.25}{1.5} = \pm 1.5$$

표 7.5에서 $\Delta\sigma/q_h = \pm 0.175$. 따라서 A점에서

$$\Delta\sigma = (+0.175)q_h = (0.175)(75) = 13.13 \text{ kN/m}^2$$

그리고 B점에서

$$\Delta\sigma = (-0.175)q_h = (-0.175)(75) = -13.13 \text{ kN/m}^2$$

따라서, A점에서

$$\Delta\sigma = \Delta\sigma_v + \Delta\sigma_h = 37.4 + 13.13 = \mathbf{50.53 \text{ kN/m}^2}$$

B점에서

$$\Delta\sigma = \Delta\sigma_v + \Delta\sigma_h = 37.4 + (-13.13) = \mathbf{24.27 \text{ kN/m}^2}$$

■

7.7 지표면상의 대칭형 연직 삼각띠하중

그림 7.8은 반무한체의 지표면에 있는 대칭형 연직 삼각띠하중을 보여준다. 하중재하에 따른 $A(x, z)$점에서의 연직응력증가는 다음과 같은 관계식으로 표현될 수 있다(Gray, 1936).

$$\Delta\sigma = \frac{q_o}{\pi}\left[(\alpha_1 + \alpha_2) - \frac{x}{b}(\alpha_1 - \alpha_2)\right] \tag{7.11}$$

표 7.6은 x/b와 z/b의 다양한 조합에 따른 $\dfrac{\Delta\sigma}{q_o}$의 값을 제공한다. 그림 7.8에서 $B = 2b$임을 주지하라.

예제 7.5

그림 7.9를 참조하라. P (1.5 m, 1.5 m)점에서 식 (7.11)을 사용하여 $\Delta\sigma$를 결정하라.

풀이

주어진 값: $q_o = 100 \text{ kN/m}^2$; b = 3 m; $x/\text{b} = 1.5/3 = 0.5$; 그리고 $z/b = 1.5/3 = 0.5$

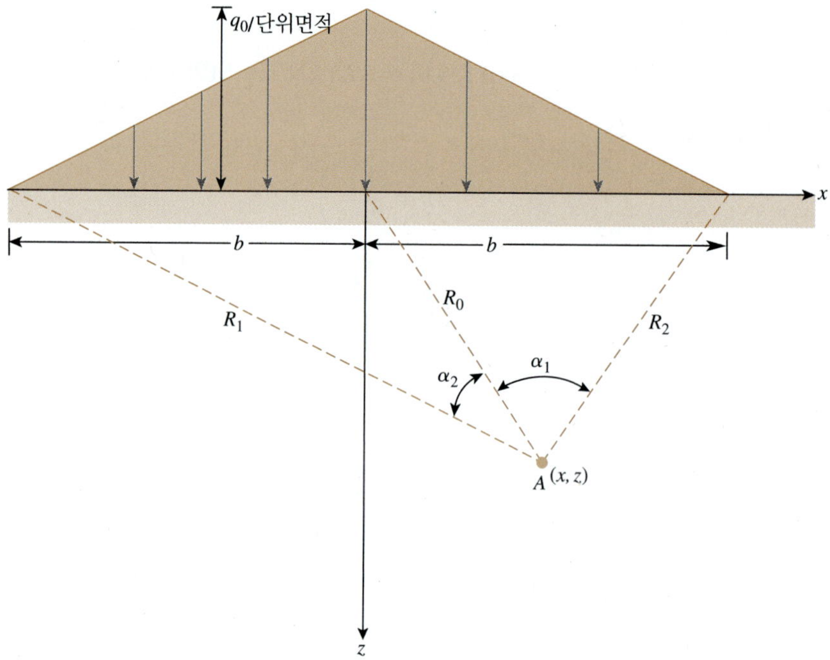

그림 7.8 대칭 연직 삼각띠하중(주: $B = 2b$)

표 7.6 z/b와 x/b에 따른 $\dfrac{\Delta\sigma}{q_o}$의 변화값[식 (7.11)]

x/b	z/b	$\dfrac{\Delta\sigma}{q_o}$
0	0	1.0
	0.5	0.705
	1.0	0.50
	1.5	0.374
	2.0	0.195
0.25	0	0.750
	0.5	0.634
	1.0	0.471
0.5	0	0.5
	0.5	0.471
	1.0	0.396
0.75	0	0.250
	0.5	0.288
	1.0	0.298
1.0	0	0
	0.5	0.139
	1.0	0.205

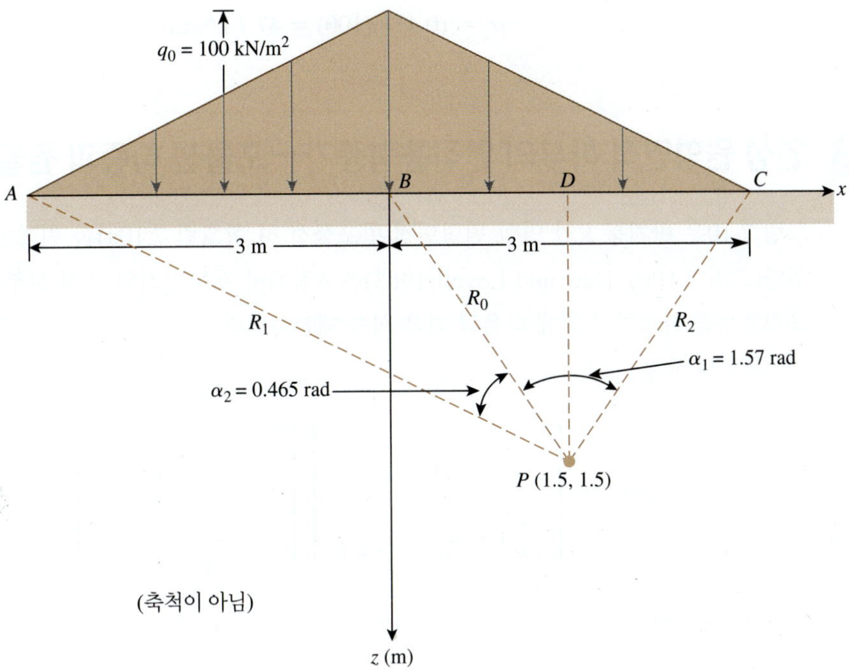

그림 7.9

$$각\ CPD = \tan^{-1}\left(\frac{1.5}{1.5}\right) = 45° = 0.785\ 라디안$$

$$각\ BPD = \tan^{-1}\left(\frac{1.5}{1.5}\right) = 45° = 0.785\ 라디안$$

$$각\ APD = \tan^{-1}\left(\frac{4.5}{1.5}\right) = 71.57° = 1.25\ 라디안$$

따라서,

$$\alpha_1 = 0.785 + 0.785 = 1.57\ 라디안$$

$$\alpha_2 = 1.25 - 0.785 = 0.465\ 라디안$$

$$R_0 = \frac{PD}{\cos 45} = \frac{1.5}{\cos 45} = 2.12\ \text{m}$$

$$R_2 = \frac{PD}{\cos 45} = 2.12\ \text{m}$$

$$R_1 = \sqrt{(\overline{PD})^2 + (\overline{AD})^2} = \sqrt{(1.5)^2 + (4.5)^2} = 4.74\ \text{m}$$

식 (7.11)에 따르면

$$\Delta\sigma = \frac{q_o}{\pi} + \left[(\alpha_1 + \alpha_2) - \frac{x}{b}(\alpha_1 - \alpha_2)\right] = \frac{100}{\pi} + \left[(1.57 + 0.465) - \frac{1.5}{3}(1.57 - 0.465)\right]$$

$$= \mathbf{47.19\ kN/m^2}$$

주: 표 7.6에서

$$\sigma_z = (0.471)(100) = \mathbf{47.1\ kN/m^2}$$

■

7.8 연성 원형면적 하부의 연직응력증가—포물선 하중과 원뿔형 하중

그림 7.10은 반지름 R인 연성 원형면적이 포물선 하중(그림 7.10a)과 원뿔형 하중을 받고 있다(그림 7.10b). Harr and Lovell(1963)은 A점에서 재하면적의 중심 하부에 $\Delta\sigma$의 연직응력증가를 산정하기 위해 다음과 같은 식을 제안하였다.

포물선 하중:

$$\Delta\sigma = q_o\left[\frac{1}{\left(\frac{z}{R}\right) + \sqrt{1 + \left(\frac{z}{R}\right)^2}}\right]^2\left[1 + \frac{2\left(\frac{z}{R}\right)}{\sqrt{1 + \left(\frac{z}{R}\right)^2}}\right] \tag{7.12}$$

원뿔형 하중:

$$\Delta\sigma = q_o\left\{1 - \frac{1}{\left[\left(\frac{R}{z}\right)^2 + 1\right]^{0.5}}\right\} \tag{7.13}$$

그림 7.11은 균등하중[식 (7.5)], 포물선 하중[식 (7.12)] 그리고 원뿔형 하중[식 (7.13)]에 대한 z/R과 $\dfrac{\Delta\sigma}{q_o}$의 관계를 도시하였다.

예제 7.6

반지름이 $R = 1.0$ m인 연성 원형면적을 고려하라. 다음의 경우에 대한 재하면적의 중심에서 3 m 아래의 점에 대한 연직응력증가량($\Delta\sigma$)을 결정하라.

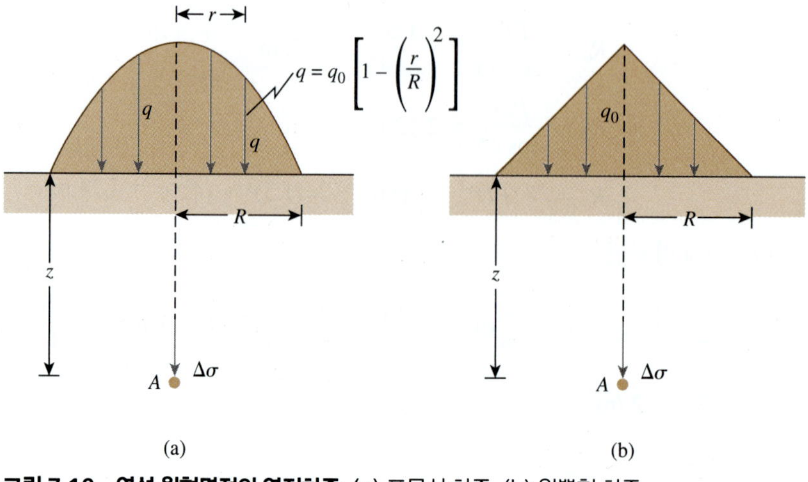

그림 7.10 연성 원형면적의 연직하중: (a) 포물선 하중, (b) 원뿔형 하중

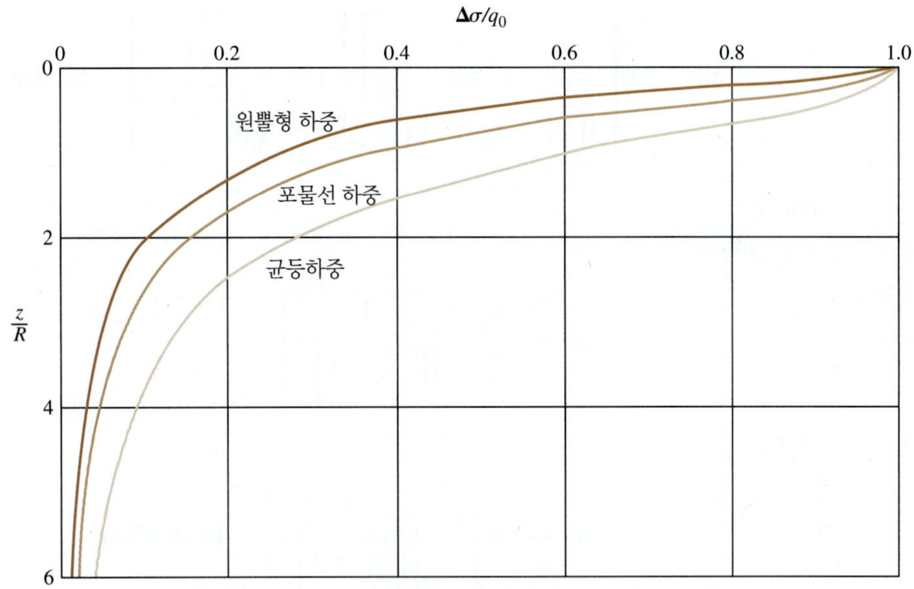

그림 7.11 균등하중, 포물선 하중, 그리고 원뿔형 하중에 따른 $\Delta\sigma/q_0$의 변화값

a. $q_o = 200\ \text{kN/m}^2$으로 균등하중이 작용하는 경우(그림 7.2 참조)
b. $q_o = 200\ \text{kN/m}^2$으로 포물선 하중이 작용하는 경우(그림 7.10a 참조)
c. $q_o = 200\ \text{kN/m}^2$으로 원뿔형 하중이 작용하는 경우(그림 7.10b 참조)

풀이

Part a
식 (7.5)에서

$$\Delta\sigma = q_o\left\{1 - \frac{1}{\left[\left(\frac{R}{z}\right)^2 + 1\right]^{3/2}}\right\}$$

또는

$$\Delta\sigma = 200\left\{1 - \frac{1}{\left[\left(\frac{1}{3}\right)^2 + 1\right]^{3/2}}\right\} = \mathbf{29.24\ kN/m^2}$$

Part b
식 (7.12)에서

$$\Delta\sigma = q_o\left[\frac{1}{\left(\frac{z}{R}\right) + \sqrt{1 + \left(\frac{z}{R}\right)^2}}\right]^2\left[1 + \frac{2\left(\frac{z}{R}\right)}{\sqrt{1 + \left(\frac{z}{R}\right)^2}}\right]$$

$$\Delta\sigma = 200\left[\frac{1}{1\left(\frac{3}{1}\right) + \sqrt{1 + \left(\frac{3}{1}\right)^2}}\right]^2\left[1 + \frac{2\left(\frac{3}{1}\right)}{\sqrt{1 + \left(\frac{3}{1}\right)^2}}\right] = \mathbf{15.24\ kN/m^2}$$

Part c

식 (7.13)에서

$$\Delta\sigma = q_o\left\{1 - \frac{1}{\left[\left(\frac{R}{z}\right)^2 + 1\right]^{0.5}}\right\}$$

또는

$$\Delta\sigma = 200\left\{1 - \frac{1}{\left[\left(\frac{1}{3}\right)^2 + 1\right]^{0.5}}\right\} = \mathbf{10.26\ kN/m^2}$$

■

7.9 직사각형 면적하중에 의한 응력

Boussinesq 식에 사용된 적분 기법을 사용하면 연성 직사각형 재하면적 모서리 아래의 임의 점 A(그림 7.12)에서의 연직응력을 산정할 수 있다. 연성 재하면적상의 미소면적 $dA = dx\,dy$를 생각해 보자. 만일 단위면적당 하중을 q_o라 하면, 미소면적상의 전체 하중은 다음과 같이 나타낼 수 있다.

$$dP = q_o\,dx\,dy \tag{7.14}$$

요소하중(dP)은 점하중으로 고려할 수 있으며, dP에 의해 발생하는 점 A에서의 연직응력

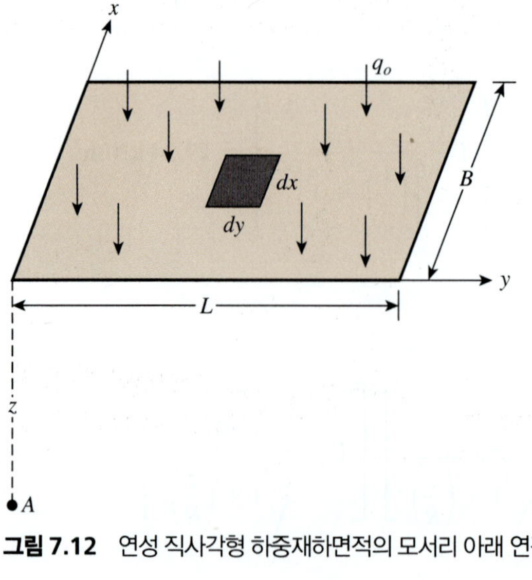

그림 7.12 연성 직사각형 하중재하면적의 모서리 아래 연직응력의 결정

증가량은 식 (7.1)을 이용하여 구할 수 있다. 그러나, P 대신 $dP = q_o\, dx\, dy$, r^2 대신 $x^2 + y^2$을 대입하여야 한다. 따라서

$$dP\text{에 의해 발생하는 점 }A\text{의 응력증가량} = \frac{3q_o(dx\,dy)z^3}{2\pi(x^2 + y^2 + z^2)^{5/2}}$$

점 A에서 전 재하면적에 발생되는 전체 응력증가량 $\Delta\sigma$는 위 식을 적분하여 다음과 같이 구할 수 있다.

$$\Delta\sigma = \int_{y=0}^{L}\int_{x=0}^{B} \frac{3q_o\,(dx\,dy)z^3}{2\pi(x^2 + y^2 + z^2)^{5/2}} = q_o I \tag{7.15}$$

여기서

$$I = \text{영향값} = \frac{1}{4\pi}\left(\frac{2mn\sqrt{m^2 + n^2 + 1}}{m^2 + n^2 + m^2n^2 + 1} \cdot \frac{m^2 + n^2 + 2}{m^2 + n^2 + 1} + \tan^{-1}\frac{2mn\sqrt{m^2 + n^2 + 1}}{m^2 + n^2 + 1 - m^2n^2}\right) \tag{7.16}$$

여기서

$$m = \frac{B}{z} \tag{7.17}$$

그리고

$$n = \frac{L}{z} \tag{7.18}$$

식 (7.16)의 아크탄젠트 값은 라디안으로 양수(+)각이어야 한다. $m^2 + n^2 + 1 < m^2n^2$일 때, 이 값은 음수(−)각이 된다. 따라서 π를 이 각 값에 더하여야 된다. m과 n에 대한 영향값의 변화는 표 7.7에 나타내었다.

직사각형 재하면적 아래 임의의 점에서의 응력증가량은 그림 7.13과 연계하여 식 (7.15)를 사용하여 구할 수 있다. 점 O 아래 토층심도 z에서의 응력을 구하기 위하여 점 O를 각 직사각형의 모서리가 되도록 재하면적을 4개의 직사각형으로 나눈다. 각 직사각형 면적에 의해서 발생되는 점 O 아래 토층심도 z에서의 응력증가량을 계산하기 위해서 식 (7.15)를 이용한다. 전체 재하면적에 의해 생기는 전체 응력증가량은 다음과 같이 표현된다.

$$\Delta\sigma = q_o\,(I_1 + I_2 + I_3 + I_4) \tag{7.19}$$

여기서 I_1, I_2, I_3, 그리고 I_4 = 각각 직사각형 1, 2, 3, 그리고 4의 영향값.

기초를 시공함에 따라 깊이에 따라 발생하는 응력의 증가량을 결정하기 위하여 기술자는 종종 근사방법을 사용한다. 이 방법이 *2:1* 방법(그림 7.14 참조)이다. 이 방법에 의하면, 깊이 z에서 응력증가량은 다음과 같다.

표 7.7 영향값 I의 변화값[식 (7.16)][a]

m	n 0.1	0.2	0.3	0.4	0.5	0.6	0.7	0.8	0.9	1.0	1.2	1.4
0.1	0.00470	0.00917	0.01323	0.01678	0.01978	0.02223	0.02420	0.02576	0.02698	0.02794	0.02926	0.03007
0.2	0.00917	0.01790	0.02585	0.03280	0.03866	0.04348	0.04735	0.05042	0.05283	0.05471	0.05733	0.05894
0.3	0.01323	0.02585	0.03735	0.04742	0.05593	0.06294	0.06858	0.07308	0.07661	0.07938	0.08323	0.08561
0.4	0.01678	0.03280	0.04742	0.06024	0.07111	0.08009	0.08734	0.09314	0.09770	0.10129	0.10631	0.10941
0.5	0.01978	0.03866	0.05593	0.07111	0.08403	0.09473	0.10340	0.11035	0.11584	0.12018	0.12626	0.13003
0.6	0.02223	0.04348	0.06294	0.08009	0.09473	0.10688	0.11679	0.12474	0.13105	0.13605	0.14309	0.14749
0.7	0.02420	0.04735	0.06858	0.08734	0.10340	0.11679	0.12772	0.13653	0.14356	0.14914	0.15703	0.16199
0.8	0.02576	0.05042	0.07308	0.09314	0.11035	0.12474	0.13653	0.14607	0.15371	0.15978	0.16843	0.17389
0.9	0.02698	0.05283	0.07661	0.09770	0.11584	0.13105	0.14356	0.15371	0.16185	0.16835	0.17766	0.18357
1.0	0.02794	0.05471	0.07938	0.10129	0.12018	0.13605	0.14914	0.15978	0.16835	0.17522	0.18508	0.19139
1.2	0.02926	0.05733	0.08323	0.10631	0.12626	0.14309	0.15703	0.16843	0.17766	0.18508	0.19584	0.20278
1.4	0.03007	0.05894	0.08561	0.10941	0.13003	0.14749	0.16199	0.17389	0.18357	0.19139	0.20278	0.21020
1.6	0.03058	0.05994	0.08709	0.11135	0.13241	0.15028	0.16515	0.17739	0.18737	0.19546	0.20731	0.21510
1.8	0.03090	0.06058	0.08804	0.11260	0.13395	0.15207	0.16720	0.17967	0.18986	0.19814	0.21032	0.21836
2.0	0.03111	0.06100	0.08867	0.11342	0.13496	0.15326	0.16856	0.18119	0.19152	0.19994	0.21235	0.22058
2.5	0.03138	0.06155	0.08948	0.11450	0.13628	0.15483	0.17036	0.18321	0.19375	0.20236	0.21512	0.22364
3.0	0.03150	0.06178	0.08982	0.11495	0.13684	0.15550	0.17113	0.18407	0.19470	0.20341	0.21633	0.22499
4.0	0.03158	0.06194	0.09007	0.11527	0.13724	0.15598	0.17168	0.18469	0.19540	0.20417	0.21722	0.22600
5.0	0.03160	0.06199	0.09014	0.11537	0.13737	0.15612	0.17185	0.18488	0.19561	0.20440	0.21749	0.22632
6.0	0.03161	0.06201	0.09017	0.11541	0.13741	0.15617	0.17191	0.18496	0.19569	0.20449	0.21760	0.22644
8.0	0.03162	0.06202	0.09018	0.11543	0.13744	0.15621	0.17195	0.18500	0.19574	0.20455	0.21767	0.22652
10.0	0.03162	0.06202	0.09019	0.11544	0.13745	0.15622	0.17196	0.18502	0.19576	0.20457	0.21769	0.22654
∞	0.03162	0.06202	0.09019	0.11544	0.13745	0.15623	0.17197	0.18502	0.19577	0.20458	0.21770	0.22656

(계속)

표 7.7 영향값 I의 변화값[식 (7.16)][a](계속)

m	n = 1.6	1.8	2.0	2.5	3.0	4.0	5.0	6.0	8.0	10.0	∞
0.1	0.03058	0.03090	0.03111	0.03138	0.03150	0.03158	0.03160	0.03161	0.03162	0.03162	0.03162
0.2	0.05994	0.06058	0.06100	0.06155	0.06178	0.06194	0.06199	0.06201	0.06202	0.06202	0.06202
0.3	0.08709	0.08804	0.08867	0.08948	0.08982	0.09007	0.09014	0.09017	0.09018	0.09019	0.09019
0.4	0.11135	0.11260	0.11342	0.11450	0.11495	0.11527	0.11537	0.11541	0.11543	0.11544	0.11544
0.5	0.13241	0.13395	0.13496	0.13628	0.13684	0.13724	0.13737	0.13741	0.13744	0.13745	0.13745
0.6	0.15028	0.15207	0.15326	0.15483	0.15550	0.15598	0.15612	0.15617	0.15621	0.15622	0.15623
0.7	0.16515	0.16720	0.16856	0.17036	0.17113	0.17168	0.17185	0.17191	0.17195	0.17196	0.17197
0.8	0.17739	0.17967	0.18119	0.18321	0.18407	0.18469	0.18488	0.18496	0.18500	0.18502	0.18502
0.9	0.18737	0.18986	0.19152	0.19375	0.19470	0.19540	0.19561	0.19569	0.19574	0.19576	0.19577
1.0	0.19546	0.19814	0.19994	0.20236	0.20341	0.20417	0.20440	0.20449	0.20455	0.20457	0.20458
1.2	0.20731	0.21032	0.21235	0.21512	0.21633	0.21722	0.21749	0.21760	0.21767	0.21769	0.21770
1.4	0.21510	0.21836	0.22058	0.22364	0.22499	0.22600	0.22632	0.22644	0.22652	0.22654	0.22656
1.6	0.22025	0.22372	0.22610	0.22940	0.23088	0.23200	0.23236	0.23249	0.23258	0.23261	0.23263
1.8	0.22372	0.22736	0.22986	0.23334	0.23495	0.23617	0.23656	0.23671	0.23681	0.23684	0.23686
2.0	0.22610	0.22986	0.23247	0.23614	0.23782	0.23912	0.23954	0.23970	0.23981	0.23985	0.23987
2.5	0.22940	0.23334	0.23614	0.24010	0.24196	0.24344	0.24392	0.24412	0.24425	0.24429	0.24432
3.0	0.23088	0.23495	0.23782	0.24196	0.24394	0.24554	0.24608	0.24630	0.24646	0.24650	0.24654
4.0	0.23200	0.23617	0.23912	0.24344	0.24554	0.24729	0.24791	0.24817	0.24836	0.24842	0.24846
5.0	0.23236	0.23656	0.23954	0.24392	0.24608	0.24791	0.24857	0.24885	0.24907	0.24914	0.24919
6.0	0.23249	0.23671	0.23970	0.24412	0.24630	0.24817	0.24885	0.24916	0.24939	0.24946	0.24952
8.0	0.23258	0.23681	0.23981	0.24425	0.24646	0.24836	0.24907	0.24939	0.24964	0.24973	0.24980
10.0	0.23261	0.23684	0.23985	0.24429	0.24650	0.24842	0.24914	0.24946	0.24973	0.24981	0.24989
∞	0.23263	0.23686	0.23987	0.24432	0.24654	0.24846	0.24919	0.24952	0.24980	0.24989	0.25000

[a] 출처: After Newmark, 1935

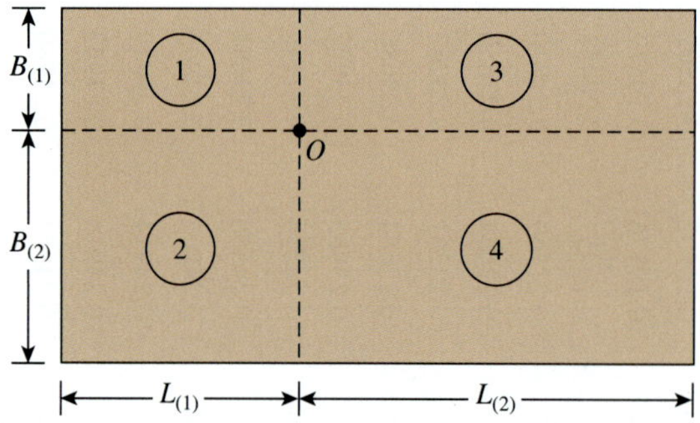

그림 7.13 재하된 연성 직사각형 면적 임의의 점 하부의 응력

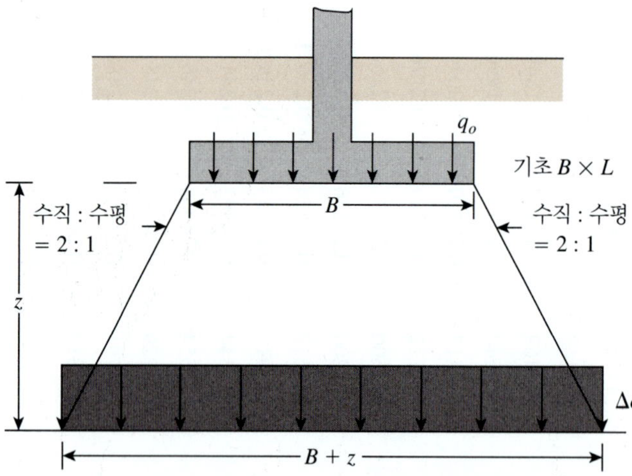

그림 7.14 기초하부에서 응력증가량을 구하는 2:1 방법

$$\Delta\sigma = \frac{q_o \times B \times L}{(B + z)(L + z)} \tag{7.20}$$

식 (7.20)은 기초의 응력이 *2:1*의 **수직 : 수평기울기**로 선을 따라 확대된다는 가정에 기초한다는 것을 주의해야 한다.

무한길이의 띠하중인 경우, 식 (7.20)은 다음과 같이 된다.

$$\Delta\sigma = \frac{q_o B}{(B + z)} \tag{7.21}$$

예제 7.7

연성 직사각형 면적이 2.5 m × 5 m로 측정되었다. 150 kN/m^{2}의 하중을 지지한다.

직사각형 면적의 중심 하부 6.25 m 깊이에서 하중에 따른 연직응력증가량을 결정하라.

풀이

그림 7.13을 참조하라. 이 경우,

$$B_1 = B_2 = \frac{2.5}{2} = 1.25 \text{ m}$$
$$L_1 = L_2 = \frac{5}{2} = 2.5 \text{ m}$$

식 (7.17)과 식 (7.18)로부터

$$m = \frac{B_1}{z} = \frac{B_2}{z} = \frac{1.25}{6.25} = 0.2$$
$$n = \frac{L_1}{z} = \frac{L_2}{z} = \frac{2.5}{6.25} = 0.4$$

표 7.7에서 $m = 0.2$이고 $n = 0.4$인 경우, I의 값은 = 0.328. 따라서,

$$\Delta\sigma = q_o(4I) = (150)(4)(0.0328) = \mathbf{19.68\ kN/m^2}$$

식 (7.20)으로부터

$$\Delta\sigma = \frac{q_o BL}{(B+z)(L+z)} = \frac{(150)(2.5)(5.0)}{(2.5+6.25)(5.0+6.25)} = \mathbf{19.05\ kN/m^3}$$

■

7.10 직사각형 재하면적에 따른 평균 연직응력증가량

7.9절에서, 균질한 하중이 재하되는 직사각형 면적의 모서리 하부의 연직응력증가량은 다음과 같이 제시하였다.

$$\Delta\sigma = q_o I$$

많은 경우, 그림 7.15에서 나타난 바와 같이 우선 $z = 0$에서 $z = H$까지 범위를 갖는 균질한 하중이 재하되는 직사각형 면적의 모서리 하부에서 평균응력증가 $\Delta\sigma_{av}$를 찾아야 한다. 이것은 다음과 같이 산정할 수 있다.

$$\Delta\sigma_{av} = \frac{1}{H}\int_0^H (q_o I)\,dz = q_o I_a \tag{7.22}$$

여기서

$$I_a = f(m_2, n_2) \tag{7.23}$$

$$m_2 = \frac{B}{H} \tag{7.24}$$

그리고

$$n_2 = \frac{L}{H} \tag{7.25}$$

m_2와 n_2에 따른 I_a의 변화는 Griffiths(1984)가 제안한 그림 7.16에 나타나 있다.

기초하부의 압밀침하를 계산할 때 주어진 층 내, 즉 그림 7.17에서 나타난 $z = H_1$과 $z = H_2$의 사이에서 평균 연직응력증가를 산정할 필요가 있다. 이는 다음과 같이 구해진다

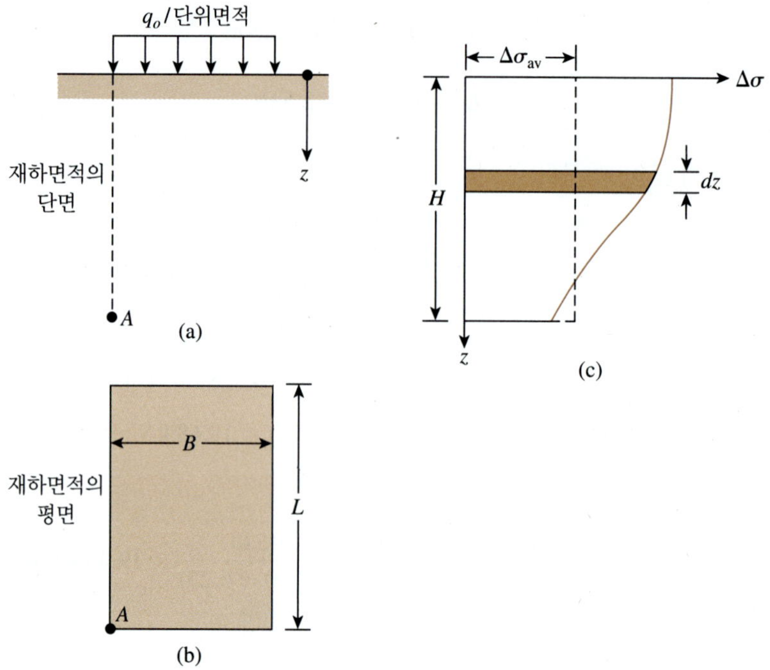

그림 7.15 직사각형 하중재하 연성면적에 따른 평균 연직응력증가량

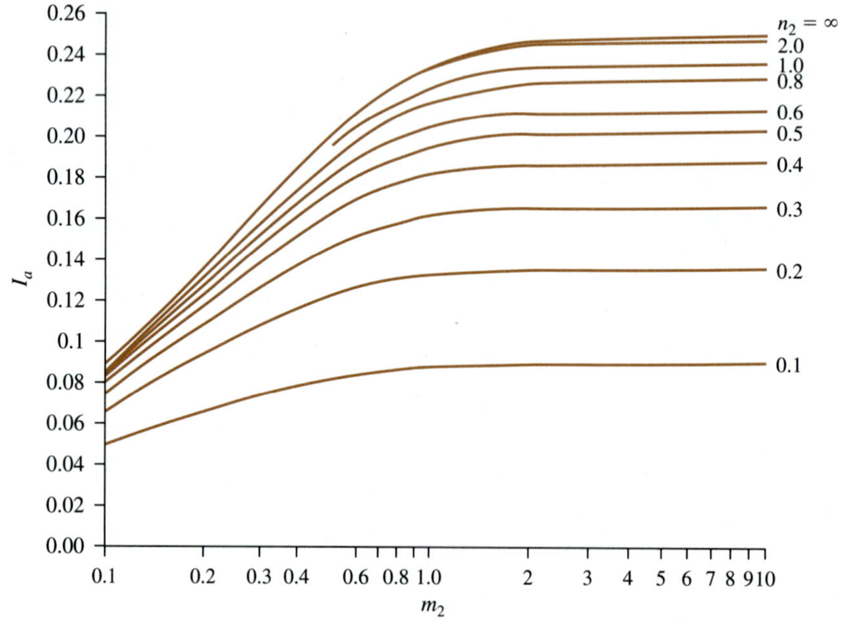

그림 7.16 Griffiths의 영향값 I_a

(Griffiths, 1984).

$$\Delta\sigma_{av(H_2/H_1)} = q_o \left[\frac{H_2 I_{a(H_2)} - H_1 I_{a(H_1)}}{H_2 - H_1} \right] \tag{7.26}$$

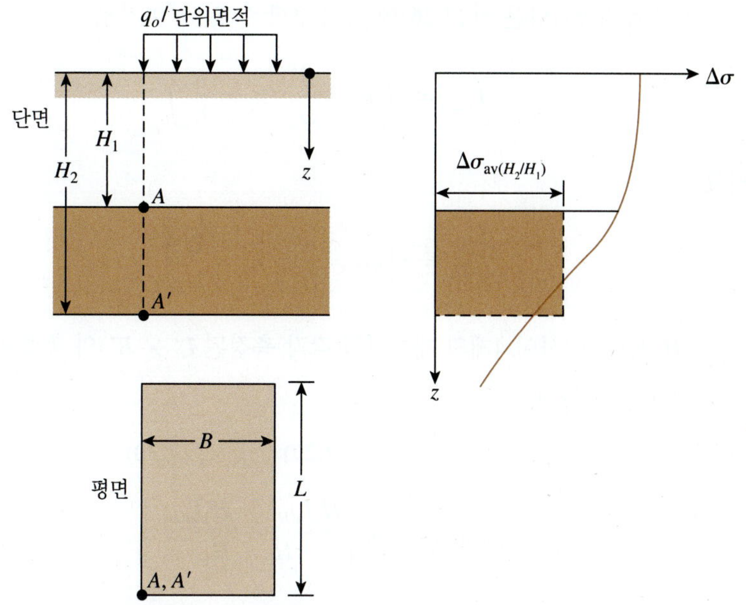

그림 7.17 균등하게 재하되는 직사각형 면적의 모서리 하부 $z = H_1$과 $z = H_2$ 사이의 평균응력증가

여기서,

$\Delta\sigma_{av}(H_2/H_1)$ = 균등하게 재하되는 직사각형 면적의 모서리 하부 $z = H_1$과 $z = H_2$ 사이의 순간 평균응력증가

$$I_{a(H_2)} = I_a \text{ for } z = 0 \text{ to } z = H_2 = f\left(m_2 = \frac{B}{H_2}, n_2 = \frac{L}{H_2}\right) \quad (7.27)$$

$$I_{a(H_1)} = I_a \text{ for } z = 0 \text{ to } z = H_1 = f\left(m_2 = \frac{B}{H_1}, n_2 = \frac{L}{H_1}\right) \quad (7.28)$$

그러나 실무인 경우에는 대부분 재하면적의 중심 하부 $z = H_1$과 $z = H_2$ 사이의 평균응력증가를 결정하는 것이 필요하다. 이를 구하는 과정은 $L \times B$로 측정되는 재하면적 계획이 나타난 그림 7.18을 참조하여 설명하였다. 재하면적은 $B' \times L'$로 측정되는 4개의 직사각형 면적으로 분할할 수 있다(주: $B' = B/2$ 그리고 $L' = L/2$). 그리고 O점은 4개의 각각의 사각형에 대한 일반적인 중심점이다. 그러면 각 재하면적에 따른 O점 하부 $z = H_1$에서

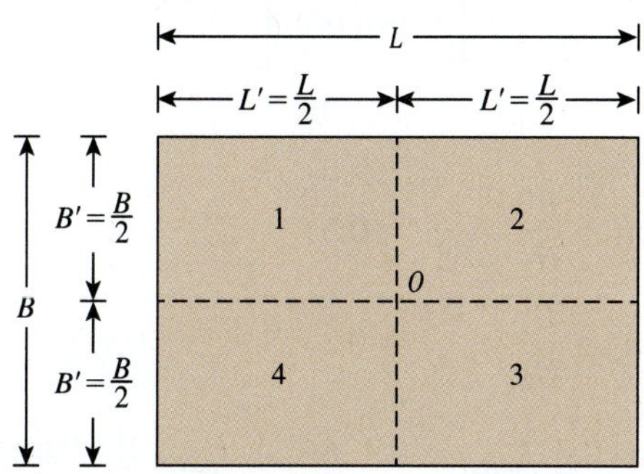

그림 7.18 연성 하중재하 직사각형 면적 하부의 평균응력증가량 계산

H_2사이 평균응력증가량은 식 (7.26)에 의해 구할 수 있다. 여기서

$$I_{a(H_2)} = f\left(m_2 = \frac{B'}{H_2};\ n_2 = \frac{L'}{H_2}\right) \tag{7.29}$$

그리고

$$I_{a(H_1)} = f\left(m_2 = \frac{B'}{H_1};\ n_2 = \frac{L'}{H_1}\right) \tag{7.30}$$

$z = H_1$에서 H_2 사이 4개의 재하면적(각각 측정된 $L' \times B'$)의 총평균응력증가량은 다음과 같이 구할 수 있다.

$$\Delta\sigma_{\text{av}(H_2/H_1)} = 4q_o\left[\frac{H_2 \overset{\text{식 (7.29)}}{\overset{\downarrow}{I_{a(H_2)}}} - H_1 \overset{\text{식 (7.30)}}{\overset{\downarrow}{I_{a(H_1)}}}}{H_2 - H_1}\right] \tag{7.31}$$

$\Delta\sigma_{\text{av}(H_2/H_1)}$을 결정하기 위한 과정은 예제 7.8에 수록하였다.

$\Delta\sigma_{\text{av}(H_2/H_1)}$을 결정하기 위한 다른 근사과정은 다음 관계식을 사용해야 한다.

$$\Delta\sigma_{\text{av}(H_2/H_1)} = \frac{\Delta\sigma_t + 4\Delta\sigma_m + \Delta\sigma_b}{6} \tag{7.32}$$

여기서 $\Delta\sigma_l$, $\Delta\sigma_m$, $\Delta\sigma_b$ = 재하면적($L \times B$)의 중심 하부 응력증가, 각각 깊이 $z = H_1$, $H_1 + H_2/2$, 그리고 $H_1 + H_2$.

예제 7.8

그림 7.19를 참조하라. 재하면적의 중심 하부 Z = 3 m에서 z = 5 m 사이의 평균응력증가량을 결정하라(즉, A점과 A'점 사이).

풀이

그림 7.19를 참조하라. 재하면적은 4개의 직사각형 면적으로 분할될 수 있다. 각각 1.5 m × 1.5 m ($L' \times B'$). 식 (7.31)을 사용하여 총하중면적의 중심 하부 평균응력증가량(요구되는 깊이 사이)은 다음과 같이 주어진다.

$$\Delta\sigma_{\text{av}(H_2/H_1)} = 4q_o\left[\frac{H_2 I_{a(H_2)} - H_1 I_{a(H_1)}}{H_2 - H_1}\right] = (4)(100)\left[\frac{(5)I_{a(H_2)} - (3)I_{a(H_1)}}{5 - 3}\right]$$

$I_{a(H_2)}$ [식 (7.29)]의 경우

$$m_2 = \frac{B'}{H_2} = \frac{1.5}{5} = 0.3$$

$$n_2 = \frac{L'}{H_2} = \frac{1.5}{5} = 0.3$$

그림 7.16에 따라 $m_2 = 0.3$이고 $n_2 = 0.3$, $I_{a(H_2)} = 0.126$이다. $I_{a(H_1)}$[식 (7.30)]인 경우

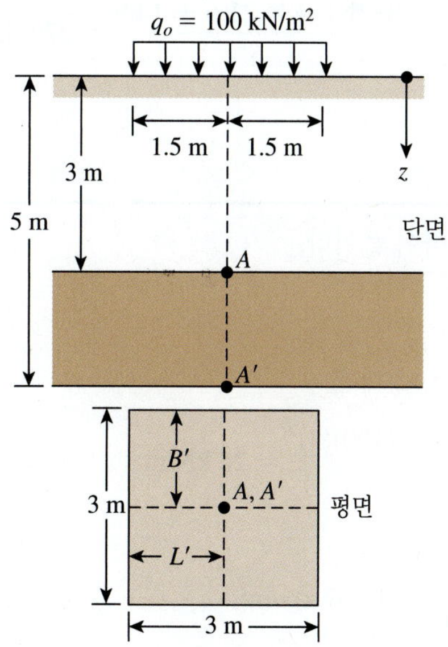

그림 7.19 직사각형 면적 하부에서 평균응력증가량의 결정

$$m_2 = \frac{B'}{H_1} = \frac{1.5}{3} = 0.5$$

$$n_2 = \frac{L'}{H_1} = \frac{1.5}{3} = 0.5$$

그림 7.16에 따라, $I_{a(H_1)} = 0.175$이다. 따라서

$$\Delta\sigma_{\text{av}\,(H_2/H_1)} = (4)(100)\left[\frac{(5)(0.126) - (3)(0.175)}{5 - 3}\right] = \mathbf{21\ kN/m^2}$$

■

예제 7.9

예제 7.8을 식 (7.15)와 (7.32), 그리고 표 7.7을 사용하여 풀어라.

풀이

중심에 대한 I 값을 위해 정사각형의 1/4에 4를 곱한다.

$$q_o = 100\ \text{kN/m}^2$$

z(m)	$B' = B/2$ (m)	$L' = L/2$ (m)	m	n	I(표 7.7)	$\Delta\sigma = 4q_o I$ (kN/m²)
3.0	1.5	1.5	0.5	0.5	0.08403	33.6
4.0	1.5	1.5	0.375	0.375	0.0540	21.6
5.0	1.5	1.5	0.3	0.3	0.03735	14.9

식 (7.32)로부터

$$\Delta\sigma_{\mathrm{av}(H_2/H_1)} = \frac{\Delta\sigma_t + 4\Delta\sigma_m + \Delta\sigma_b}{6} = \frac{33.6 + 4 \times 21.6 + 14.9}{6} = \mathbf{22.5\ kN/m^2}$$

■

예제 7.10

예제 7.8을 식 (7.20)과 식 (7.32)를 사용하여 풀어라.

풀이

식 (7.20)으로부터 정사각형 하중재하면적에 대해

$$\sigma_t = \frac{q_o B^2}{(B+z)^2} = \frac{(100)(3)^2}{(3+3)^2} = 25\ \mathrm{kN/m^2}$$

$$\sigma_m = \frac{(100)(3)^2}{(3+4)^2} = 18.37\ \mathrm{kN/m^2}$$

$$\sigma_b = \frac{(100)(3)^2}{(3+5)^2} = 14.06\ \mathrm{kN/m^2}$$

$$\Delta\sigma_{\mathrm{av}(H_2/H_1)} = \frac{25 + 4(18.37) + 14.06}{6} = \mathbf{18.76\ kN/m^2}$$

■

7.11 원형 재하면적의 중심 하부 평균 연직응력의 증가량

직경 B의 연성 원형 재하면적의 중심 하부 $z = H_1$과 $z = H_2$ 사이의 평균 연직응력의 증가량은 식 (7.32)를 사용하여 산정할 수 있다. σ_1, σ_m, σ_b 값은 식 (7.5)로 얻을 수 있다.

Saika(2012)는 연성 원형 재하(강도 $= q_o$)면적의 중심 하부의 $\Delta\sigma_{\mathrm{av}(H_2/H_1)}$을 구하기 위한 수학적 해법을 제시하였다. 이 방법은 그림 7.20에서 무차원 형식으로 제시되었다.

예제 7.11

그림 7.21은 $B = 2$ m와 $q_o = 150\ \mathrm{kN/m^2}$인 연성 원형 재하면적을 나타낸다. 재하면적의 중심 하부 점토층 내 평균응력($\Delta\sigma_{\mathrm{av}}$)증가량을 산정하라. 식 (7.5)와 식 (7.32)를 사용하라.

풀이

식 (7.5)로부터

$$\Delta\sigma = q_o\left\{1 - \frac{1}{\left[1 + \left(\frac{B}{2z}\right)^2\right]^{3/2}}\right\}$$

따라서($z = H_1 = 1$ m에서)

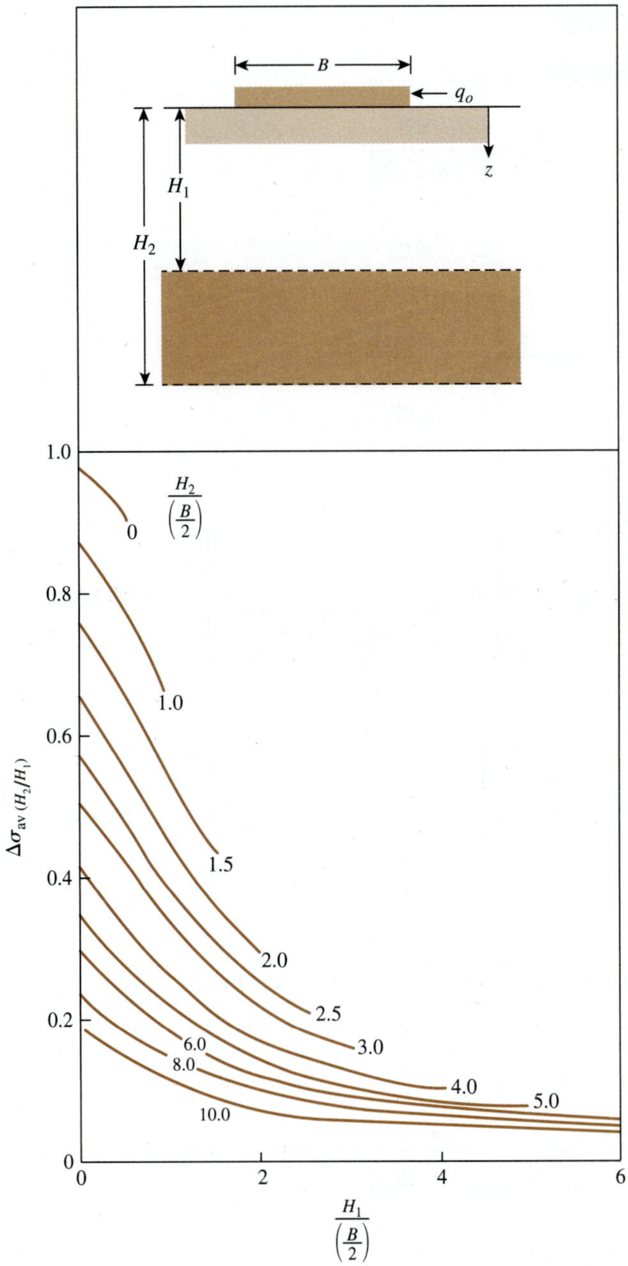

그림 7.20 연성 원형 재하면적의 중심 하부 $z = H_1$에서 $z = H_2$ 사이 평균응력증가량(출처: Saika, 2012에 근거)

$$\Delta\sigma_t = 150\left\{1 - \frac{1}{\left[1 + \left(\frac{2}{2 \times 1}\right)^2\right]^{3/2}}\right\} = 96.97 \text{ kN/m}^2$$

$z = 3.5$ m에서

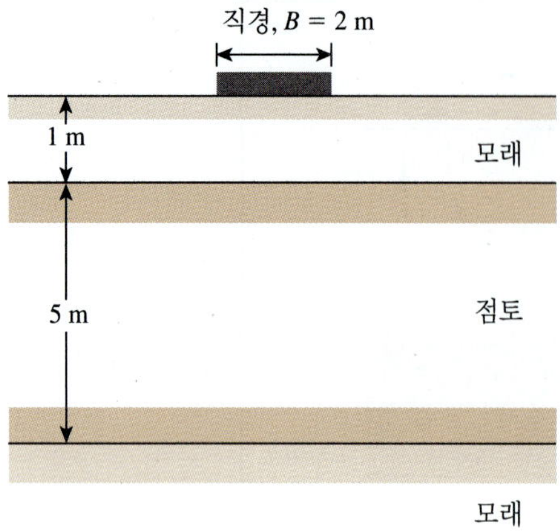

그림 7.21

$$\Delta\sigma_m = 150\left\{1 - \frac{1}{\left[1+\left(\frac{2}{2\times 3.5}\right)^2\right]^{3/2}}\right\} = 16.66\ \text{kN/m}^2$$

$z = 6$ m에서

$$\Delta\sigma_b = 150\left\{1 - \frac{1}{\left[1+\left(\frac{2}{2\times 6}\right)^2\right]^{3/2}}\right] = 6.04\ \text{kN/m}^2$$

식 (7.32)로부터

$$\Delta\sigma_{av} = \frac{\Delta\sigma_t + 4\Delta\sigma_m + \Delta\sigma_b}{6} = \frac{96.97 + (4)(16.66) + 6.04}{6} = \mathbf{28.28\ kN/m^2}$$

■

예제 7.12

예제 7.11을 그림 7.20을 이용하여 풀어라.

풀이

$$\frac{H_1}{\left(\frac{B}{2}\right)} = \frac{1}{\left(\frac{2}{2}\right)} = 1$$

$$\frac{H_2}{\left(\frac{B}{2}\right)} = \frac{6}{\left(\frac{2}{2}\right)} = 6$$

그림 7.20에서, $H_1/(B/2) = 1$ 그리고 $H_2(B/2) = 6$, $\Delta\sigma_{av}/q_o \approx 0.175$의 값인 경우. 따라서,

$$\Delta\sigma_{av} = (150)(0.175) = \mathbf{26.25\ kN/m^2}$$

■

7.12 제방 아래의 응력증가

그림 7.22는 높이 H인 제방의 단면을 나타낸다. 제방구조물은 2차원 하중재하조건이다. 하중조건에 의해 발생되는 연직응력증가량은 다음과 같이 나타낼 수 있다.

$$\Delta\sigma = \frac{q_o}{\pi}\left[\left(\frac{B_1 + B_2}{B_2}\right)(\alpha_1 + \alpha_2) - \frac{B_1}{B_2}(\alpha_2)\right] \tag{7.33}$$

여기서

$q_o = \gamma H$

γ = 제방을 구성하고 있는 흙의 단위중량

H = 제방의 높이

$$\alpha_1 = \tan^{-1}\left(\frac{B_1 + B_2}{z}\right) - \tan^{-1}\left(\frac{B_1}{z}\right) \tag{7.34}$$

$$\alpha_2 = \tan^{-1}\left(\frac{B_1}{z}\right) \tag{7.35}$$

(α_1과 α_2는 라디안 값임을 주의하라.)

식 (7.32)의 상세한 공식 유도과정은 Das(2019)를 참고하기 바라며, 식을 간단하게 나타내면 다음과 같다.

$$\Delta\sigma = q_o I' \tag{7.36}$$

여기서 $I' = B_1/z$와 B_2/z의 함수.

B_1/z와 B_2/z에 대한 영향값 I'의 변화는 그림 7.23에 도시한 바와 같다. 이 도표의 적용 방법은 예제 7.13에 제시하였다.

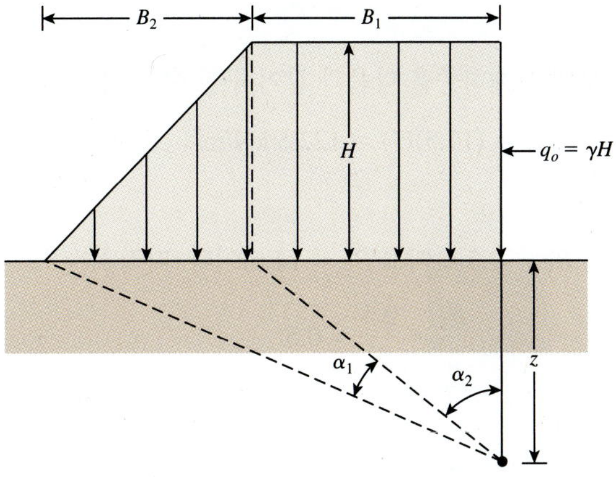

그림 7.22 제방하중

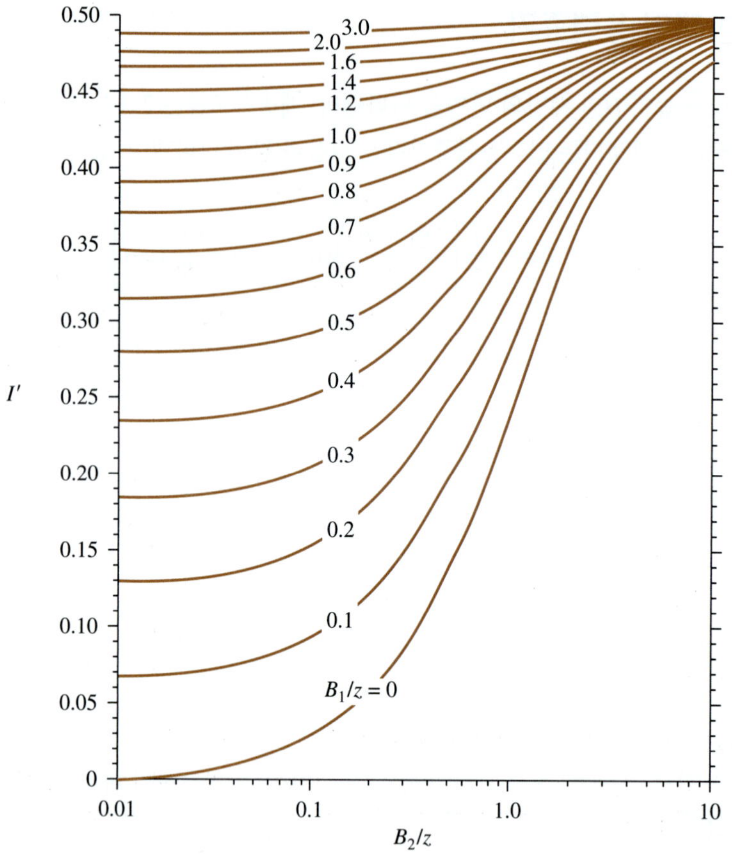

그림 7.23 제방하중에 대해 영향값 I'(출처: Osterberg, J.O.(1957). ""Influence Values for Vertical Stresses in Semi-Infinite Mass Due to Embankment Loading", *Proceedings, Forth International Conference on Soil Mechanics and Foundation Engineering*, London, Vol. 1. pp.393-396)

예제 7.13

그림 7.24a와 같은 제방 구조물에서 제방 아래 점 A_1과 점 A_2에서의 응력증가량을 구하라.

풀이

우리는 그림으로부터 천단부의 상재하중을 다음과 같이 구할 수 있다.

$$\gamma H = (17.5)(7) = 122.5 \text{ kN/m}^2$$

A_1에서의 응력증가량

그림 7.24b의 왼쪽 단면에서 $B_1 = 2.5$ m이고 $B_2 = 14$ m이다. 따라서

$$\frac{B_1}{z} = \frac{2.5}{5} = 0.5$$

그리고

$$\frac{B_2}{z} = \frac{14}{5} = 2.8$$

그림 7.23에 따르면, 이 경우에 영향값 $I' = 0.445$이다. 그림 7.24b에서 두 면이 서로 대칭

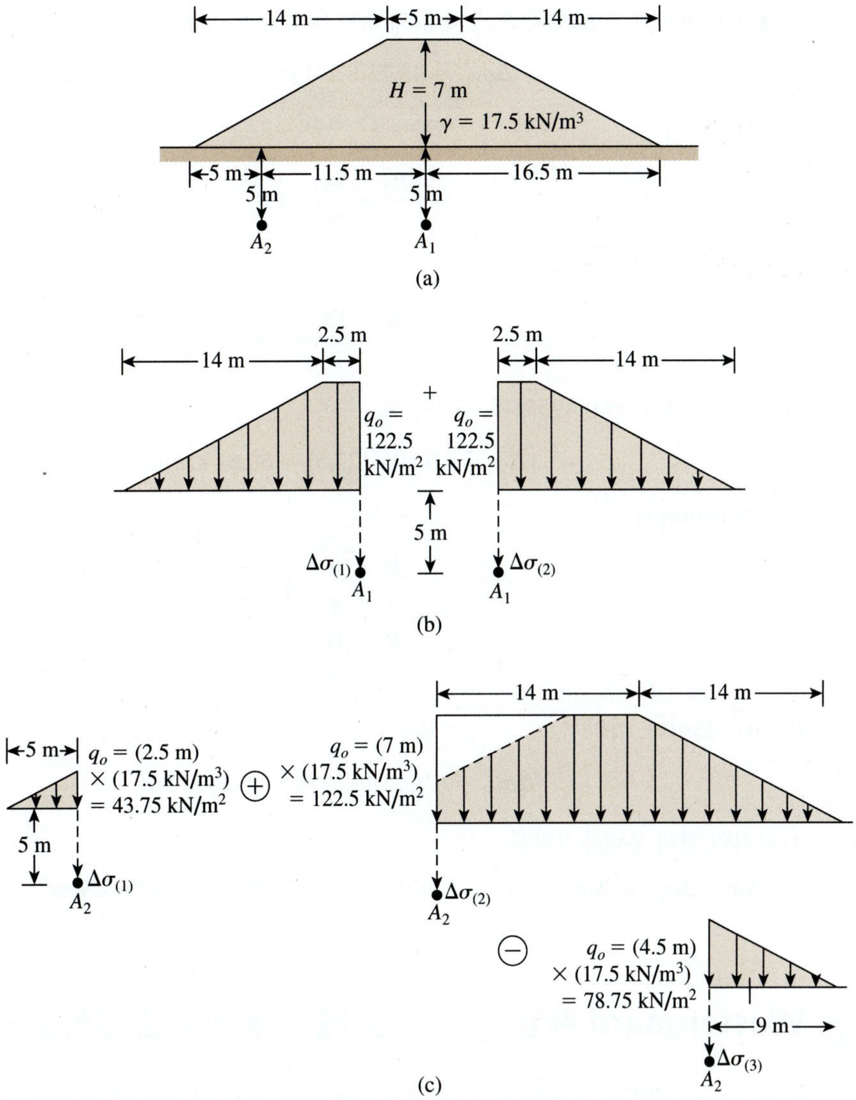

그림 7.24 제방하중에 따른 응력증가량

이므로 오른쪽 단면의 I' 값 또한 0.445이다. 따라서

$$\Delta\sigma = \Delta\sigma_{(1)} + \Delta\sigma_{(2)} = q_o[I'_{(\text{왼쪽})} + I'_{(\text{오른쪽})}]$$

$$= 122.5[0.445 + 0.445] = \mathbf{109.03\ kN/m^2}$$

A_2에서의 응력증가량

그림 7.24c의 왼쪽 단면에서 $B_2 = 5$ m이고 $B_1 = 0$이므로

$$\frac{B_2}{z} = \frac{5}{5} = 1$$

그리고

$$\frac{B_1}{z} = \frac{0}{5} = 0$$

그림 7.23에 따르면 B_2/z와 B_1/z의 값에 의한 영향값 $I' = 0.24$이다. 따라서

$$\Delta\sigma_{(1)} = 43.75(0.24) = 10.5 \text{ kN/m}^2$$

중간단면에서

$$\frac{B_2}{z} = \frac{14}{5} = 2.8$$

그리고

$$\frac{B_1}{z} = \frac{14}{5} = 2.8$$

따라서 영향값 $I' = 0.495$이다. 그러므로,

$$\Delta\sigma_{(2)} = 0.495(122.5) = 60.64 \text{ kN/m}^2$$

오른쪽 단면에서

$$\frac{B_2}{z} = \frac{9}{5} = 1.8$$
$$\frac{B_1}{z} = \frac{0}{5} = 0$$

$I' = 0.335$이다. 따라서

$$\Delta\sigma_{(3)} = (78.75)(0.335) = 26.38 \text{ kN/m}^2$$

A_2에서의 전체 응력증가량은

$$\Delta\sigma = \Delta\sigma_{(1)} + \Delta\sigma_{(2)} - \Delta\sigma_{(3)} = 10.5 + 60.64 - 26.38 = \mathbf{44.76 \text{ kN/m}^2}$$

■

7.13 Westergaard 해법에 의한 점하중 작용에 따른 연직응력

Boussinesq 해법을 이용하여 7.2절에서 점하중에 작용 시 응력의 분포를 구하였다. 이전 절에서 다양한 하중에 따른 응력의 분포는 Boussinesq 해법에 근거하여 구한 것이다.

Westergaard(1938)는 얇은 강성보강재가 각 층 사이에 깔린 탄성지반에서 집중하중 P로 인하여 발생되는 연직응력을 구하는 해법을 제안하였다(그림 7.25a). 이런 형태의 가정은 점토층과 얇은 모래층들이 차례로 층상을 이루고 있는 지층을 이상화시킨 것이다. 이런 가정에 대해 점 A에서의 연직응력증가량(그림 7.25b)은 다음과 같다.

$$\Delta\sigma = \frac{P\eta}{2\pi z^2}\left[\frac{1}{\eta^2 + (r/z)^2}\right]^{3/2} \tag{7.37}$$

여기서

$$\eta = \sqrt{\frac{1 - 2\mu_s}{2 - 2\mu_s}} \tag{7.38}$$

μ_s = 단단한 보강재 사이 흙의 포아송비(Poisson's ratio)

$r = \sqrt{x^2 + y^2}$

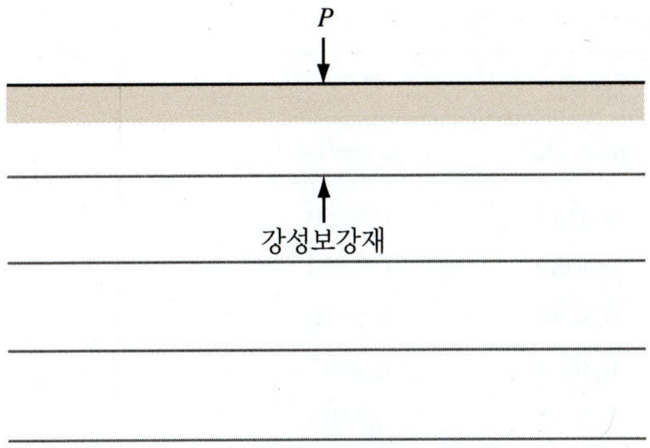

(a)

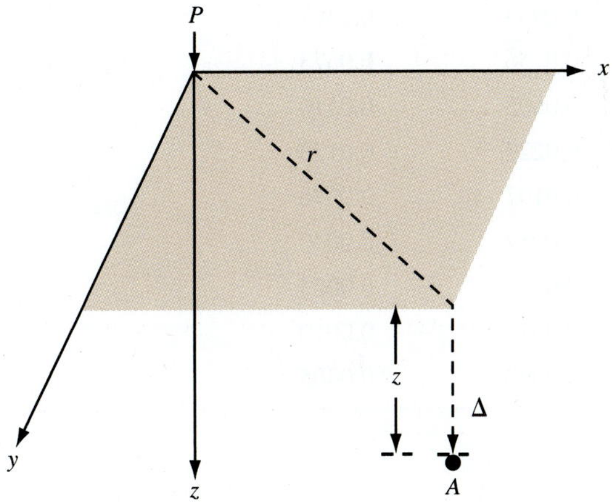

(b)

그림 7.25 점하중에 따른 연직응력에 대한 Westergaard 해법

식 (7.37)은 다음과 같이 다시 표현될 수 있다.

$$\Delta\sigma = \left(\frac{P}{z^2}\right)I_2 \tag{7.39}$$

여기서

$$I_2 = \frac{1}{2\pi\eta^2}\left[\left(\frac{r}{\eta z}\right)^2 + 1\right]^{-3/2} \tag{7.40}$$

표 7.8은 μ_s에 따른 I_2의 변화값이다.

예제 7.14

예제 7.1을 고려하라. Westergaard의 해법을 사용하여 응력증가 $\Delta\sigma$를 계산하라. 주어진 값은 μ_s =0.35이다.

표 7.8 I_2의 변화값[식 (7.40)]

r/z	I_1		
	$\mu_s = 0$	$\mu_s = 0.2$	$\mu_s = 0.4$
0	0.3183	0.4244	0.9550
0.1	0.3090	0.4080	0.8750
0.2	0.2836	0.3646	0.6916
0.3	0.2483	0.3074	0.4997
0.4	0.2099	0.2491	0.3480
0.5	0.1733	0.1973	0.2416
0.6	0.1411	0.1547	0.1700
0.7	0.1143	0.1212	0.1221
0.8	0.0925	0.0953	0.0897
0.9	0.0751	0.0756	0.0673
1.0	0.0613	0.0605	0.0516
1.5	0.0247	0.0229	0.0173
2.0	0.0118	0.0107	0.0076
2.5	0.0064	0.0057	0.0040
3.0	0.0038	0.0034	0.0023
4.0	0.0017	0.0015	0.0010
5.0	0.0009	0.0008	0.0005

풀이

식 (7.38)로부터

$$\eta = \sqrt{\frac{1 - 2\mu_s}{2 - 2\mu_s}} = \sqrt{\frac{1 - (2)(0.35)}{2 - (2)(0.35)}} = \sqrt{\frac{0.3}{1.3}} = 0.48$$

$$r = 5 \text{ m}$$

$$P = 10 \text{ kN}$$

결과 표는 다음과 같이 작성되었다.

r (m)	z (m)	$\frac{r}{z}$	$\frac{r}{\eta z}$	I_2[a]	$\Delta\sigma = \frac{P}{z^2} I_2$[b] (kN/m²)
5.0	0	∞	∞	0	**0**
	2	2.5	5.21	0.00467	**0.0117**
	4	1.25	2.60	0.0323	**0.0202**
	6	0.83	1.63	0.0866	**0.0241**
	10	0.5	1.04	0.230	**0.023**
	15	0.33	0.69	0.3852	**0.0171**
	20	0.25	0.52	0.4824	**0.0121**

[a]식 (7.40)

[b]식 (7.39)

■

7.14 Westergaard 지반에서의 응력분포

원형 재하면적에 의한 응력

그림 7.2에 나타난 것처럼 Westergaard type 지반(층상지반)에 원형면적이 재하되면, 재하면적 중심 하부 깊이 z에 위치한 점의 연직응력증가량 $\Delta\sigma$은 다음 식으로 구할 수 있다.

$$\Delta\sigma = q_o\left\{1 - \frac{\eta}{\left[\eta^2 + \left(\frac{B}{2z}\right)^2\right]^{1/2}}\right\} \tag{7.41}$$

η 값은 식 (7.38)에서 정의되었다. 표 7.9는 $B/2z$와 μ_s에 따른 $\Delta\sigma/q_o$의 변화값을 나타낸 것이다.

표 7.9 $B/2z$에 따른 $\Delta\sigma/q_o$의 변화값[식 (7.41)]

	$\Delta\sigma/q_o$		
$B/2z$	$\mu_s = 0$	$\mu_s = 0.2$	$\mu_s = 0.4$
0.00	0.0000	0.0000	0.0000
0.25	0.0572	0.0742	0.1472
0.33	0.0955	0.1217	0.2254
0.50	0.1835	0.2254	0.3675
0.75	0.3140	0.3675	0.5219
1.00	0.4226	0.4778	0.6220
1.25	0.5076	0.5601	0.6895
1.50	0.5736	0.6220	0.7374
1.75	0.6254	0.6697	0.7728
2.00	0.6667	0.7072	0.8000
2.25	0.7002	0.7374	0.8215
2.50	0.7278	0.7621	0.8388
2.75	0.7510	0.7826	0.8532
3.00	0.7706	0.8000	0.8652
4.00	0.8259	0.8487	0.8985
5.00	0.8600	0.8784	0.9186
6.00	0.8830	0.8985	0.9321
7.00	0.8995	0.9129	0.9418
8.00	0.9120	0.9237	0.9490
9.00	0.9217	0.9321	0.9547
10.00	0.9295	0.9389	0.9592

예제 7.15

그림 7.2에 나타난 바와 같이 $B = 3$ m인 원형 재하면적을 고려하라. 이 면적은 $q_o = 100$ kN/m^{2}의 균등분포하중이 작용하고 있다.

a. 재하면적의 모서리 아래 깊이 $z = 4.5$ m에서 응력증가량 $\Delta\sigma$를 결정하라. Boussinesq의 이론을 사용하라.

b. Westergaard의 이론에 따라 풀어라. $\mu_s = 0.4$를 사용하라.

풀이

Part a

주어진 값: $z = 4.5$; B/2 = 3/2 = 1.5

$$\frac{z}{\frac{B}{2}} = \frac{4.5}{1.5} = 3$$

표 7.2에서 $\frac{r}{\frac{B}{2}} = 0$와 $\frac{z}{\frac{B}{2}} = 3$, $\frac{\Delta\sigma}{q_0} = 0.146$인 경우. 따라서

$$\Delta\sigma = (0.146)(q_o) = (0.146)(100) = \mathbf{14.6\ kN/m^2}$$

Part b

표 7.9를 참조하라: $\frac{B}{2z} = \frac{3}{(2)(4.5)} = 0.33$

$\frac{B}{2z} = 0.33$이고 $\mu_s = 0.4$, $\frac{\Delta\sigma}{q_0} = 0.2254$인 경우

$$\Delta\sigma = (0.2254)(100) = \mathbf{22.54\ kN/m^2}$$

■

등분포하중을 받는 연성 직사각형 면적에 의한 응력

그림 7.12에 나타난 것처럼 Westergaard type 지반에 작용하는 등분포 연성 직사각형이 작용하는 A점에서의 응력증가량은 다음의 식에서 계산할 수 있다.

$$\Delta\sigma = \frac{q_o}{2\pi}\left[\cot^{-1}\sqrt{\eta^2\left(\frac{1}{m^2} + \frac{1}{n^2}\right) + \eta^4\left(\frac{1}{m^2n^2}\right)}\right] \tag{7.42}$$

여기서,

$$m = \frac{B}{z}$$

$$n = \frac{L}{z}$$

또한

$$\frac{\Delta\sigma}{q_o} = \frac{1}{2\pi}\left[\cot^{-1}\sqrt{\eta^2\left(\frac{1}{m^2}+\frac{1}{n^2}\right)+\eta^4\left(\frac{1}{m^2n^2}\right)}\right] = I_w \tag{7.43}$$

표 7.10~7.13은 m과 n에 대한 I_w의 값이다($\mu_s = 0, 0.2, 0.3$ 그리고 0.4인 경우). 그림 7.26은 또한 m과 n의 다양한 값들에 대한 I_w의 값을 그래프로 나타낸 것이다($\mu_s = 0$인 경우).

예제 7.16

예제 7.7을 식 (7.42)를 이용하여 풀어라. 여기서 $\mu_s = 0$이다.

풀이

예제 7.7에서

표 7.10 m과 n에 따른 I_w의 변화값($\mu_s = 0$)

	n								
m	0.1	0.2	0.4	0.5	0.6	1.0	2.0	5.0	10.0
0.1	0.0031	0.0061	0.0110	0.0129	0.0144	0.0182	0.0211	0.0211	0.0223
0.2	0.0061	0.0118	0.0214	0.0251	0.0282	0.0357	0.0413	0.0434	0.0438
0.4	0.0110	0.0214	0.0390	0.0459	0.0516	0.0658	0.0768	0.0811	0.0847
0.5	0.0129	0.0251	0.0459	0.0541	0.0610	0.0781	0.0916	0.0969	0.0977
0.6	0.0144	0.0282	0.0516	0.0610	0.0687	0.0886	0.1044	0.1107	0.1117
1.0	0.0183	0.0357	0.0658	0.0781	0.0886	0.1161	0.1398	0.1491	0.1515
2.0	0.0211	0.0413	0.0768	0.0916	0.1044	0.1398	0.1743	0.1916	0.1948
5.0	0.0221	0.0435	0.0811	0.0969	0.1107	0.1499	0.1916	0.2184	0.2250
10.0	0.0223	0.0438	0.0817	0.0977	0.1117	0.1515	0.1948	0.2250	0.2341

표 7.11 m과 n에 따른 I_w의 변화값($\mu_s = 0.2$)

	n								
m	0.1	0.2	0.4	0.5	0.6	1.0	2.0	5.0	10.0
0.1	0.0041	0.0080	0.0140	0.0163	0.0180	0.0219	0.0246	0.0256	0.0257
0.2	0.0080	0.0154	0.0272	0.0315	0.0349	0.0426	0.0480	0.0499	0.0501
0.4	0.0140	0.0272	0.0483	0.0562	0.0625	0.0772	0.0876	0.0913	0.0919
0.5	0.0163	0.0315	0.0562	0.0655	0.0730	0.0907	0.1034	0.1080	0.1087
0.6	0.0180	0.0349	0.0625	0.0730	0.0815	0.1018	0.1167	0.1222	0.1231
1.0	0.0219	0.0426	0.0772	0.0907	0.1018	0.1296	0.1518	0.1606	0.1621
2.0	0.0246	0.0480	0.0876	0.1034	0.1167	0.1518	0.1836	0.1990	0.2017
5.0	0.0256	0.0499	0.0913	0.1080	0.1222	0.1606	0.1990	0.2226	0.2283
10.0	0.0257	0.0501	0.0919	0.1087	0.1231	0.1621	0.2017	0.2283	0.2362

표 7.12 m과 n에 따른 I_w의 변화값(μ_s = 0.3)

	n								
m	**0.1**	**0.2**	**0.4**	**0.5**	**0.6**	**1.0**	**2.0**	**5.0**	**10.0**
0.1	0.0054	0.0103	0.0176	0.0200	0.0219	0.0259	0.0284	0.0293	0.0294
0.2	0.0103	0.0196	0.0337	0.0385	0.0421	0.0500	0.0550	0.0566	0.0569
0.4	0.0176	0.0337	0.0584	0.0671	0.0738	0.0886	0.0982	0.1016	0.1021
0.5	0.0200	0.0385	0.0671	0.0773	0.0852	0.1029	0.1147	0.1188	0.1195
0.6	0.0219	0.0421	0.0738	0.0852	0.0941	0.1144	0.1282	0.1332	0.1339
1.0	0.0259	0.0500	0.0886	0.1029	0.1144	0.1418	0.1623	0.1702	0.1715
2.0	0.0284	0.0550	0.0982	0.1147	0.1282	0.1623	0.1916	0.2052	0.2076
5.0	0.0293	0.0566	0.1016	0.1188	0.1332	0.1702	0.2052	0.2261	0.2310
10.0	0.0294	0.0569	0.1021	0.1195	0.1339	0.1715	0.2076	0.2310	0.2380

표 7.13 m과 n에 따른 I_w의 변화값(μ_s = 0.4)

	n								
m	**0.1**	**0.2**	**0.4**	**0.5**	**0.6**	**1.0**	**2.0**	**5.0**	**10.0**
0.1	0.0090	0.0167	0.0266	0.0295	0.0315	0.0353	0.0374	0.0381	0.0382
0.2	0.0167	0.0310	0.0498	0.0553	0.0592	0.0668	0.0709	0.0722	0.0724
0.4	0.0266	0.0498	0.0815	0.0912	0.0982	0.1122	0.1203	0.1229	0.1232
0.5	0.0295	0.0553	0.0912	0.1024	0.1106	0.1273	0.1371	0.1404	0.1409
0.6	0.0315	0.0592	0.0982	0.1106	0.1198	0.1387	0.1503	0.1541	0.1547
1.0	0.0353	0.0668	0.1122	0.1273	0.1387	0.1639	0.1809	0.1870	0.1880
2.0	0.0374	0.0709	0.1203	0.1371	0.1503	0.1809	0.2048	0.2155	0.2173
5.0	0.0381	0.0722	0.1229	0.1404	0.1541	0.1870	0.2155	0.2317	0.2355
10.0	0.0382	0.0724	0.1232	0.1409	0.1547	0.1880	0.2173	0.2355	0.2408

$$m = 0.2$$
$$n = 0.4$$
$$\Delta\sigma = q_o(4I_w)$$

표 7.10에서 $m = 0.2$ 그리고 $n = 0.4$, I_w값 ≈ 0.0214이다. 따라서

$$\Delta\sigma = (150)(4 \times 0.0214) = \mathbf{12.84\ kN/m^2}$$

■

7.15 요약

이 장은 지표면에 작용하는 다양한 종류의 하중에 따른 응력증가량 산정에 대해 개략적으로 기술하였다. 지반은 연속탄성체로 가정하였다. 하중은 점하중, 원형 재하면적, 띠하중, 직사각형 재하면적, 그리고 제방형식 하중을 포함하여 고려하였다. 실제 현장조건에서 지

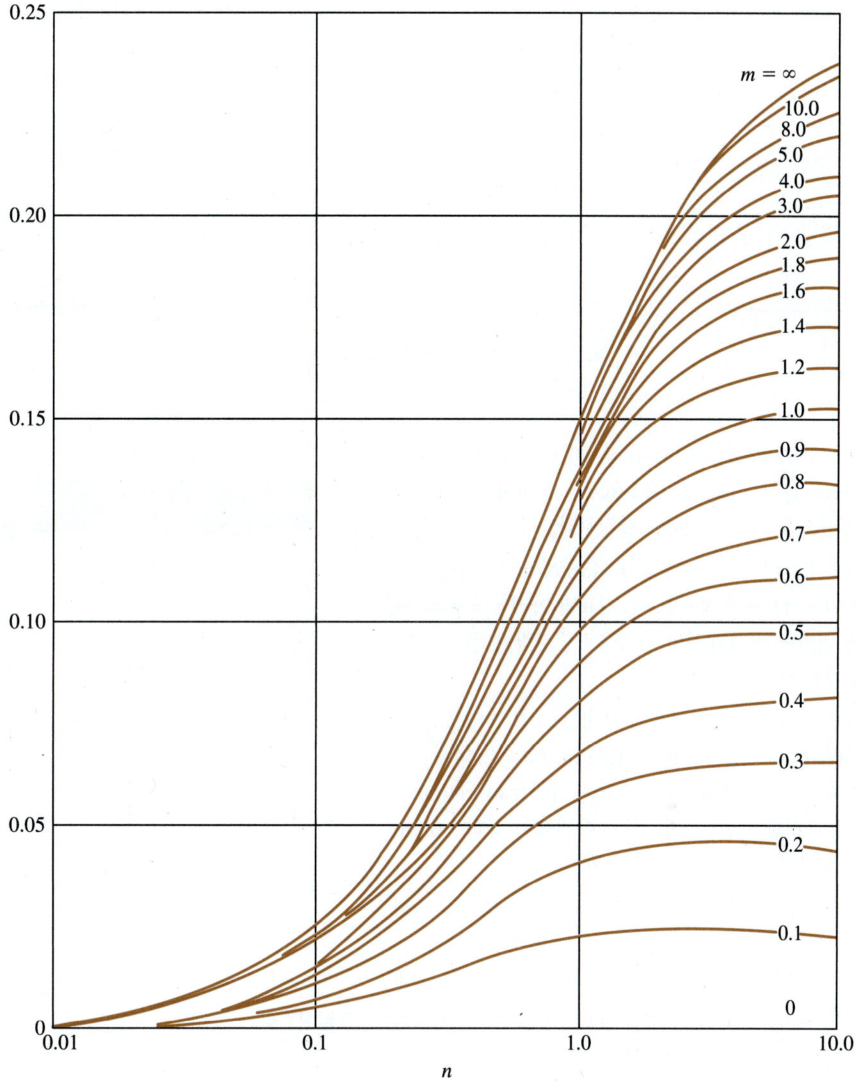

그림 7.26 m과 n의 다양한 값에 따른 I_w의 변화값($\mu_s = 0$) [식 (7.43)]

반은 완전한 탄성체나 등방체가 아니다. 따라서, 현장에서 측정된 응력은 이론을 이용하여 계산된 것과 다소 다른 값일 수 있다. 그러나, 이론은 현장에서 기대하는 것에 대한 일반적인 가이드라인을 제공한다.

연습문제

7.1 직경 2.0 m의 연성 원형면적에 150 kN/m^{2}의 등분포 하중이 작용하고 있다(그림 7.2). Boussinesq의 해법을 이용하여 r = 0, 0.4, 0.8, 1.0 m일 때, 재하면적 하부 3 m에 위치한 지점에서의 응력증가량을 구하라.

7.2 100, 200, 400 kN인 점하중의 크기가 각각 B, C, D에 작용한다(그림 P7.2). Boussinesq의 해법을 이용하여 점 A의 6 m 아래 깊이에서의 연직응력증가량을 결정하라.

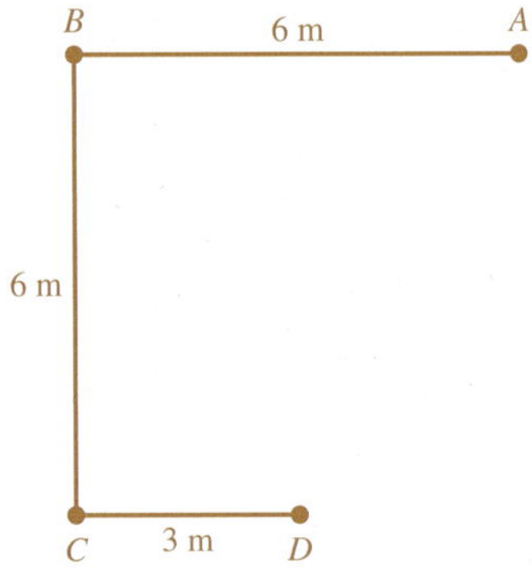

그림 P7.2

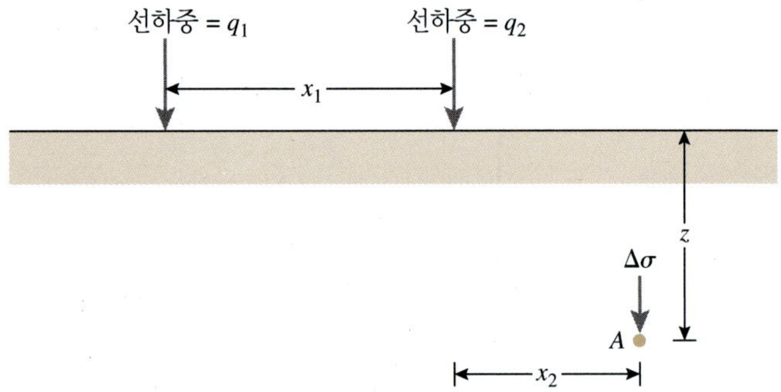

그림 P7.3

7.3 그림 P7.3을 참고하여, q_1 = 90 kN/m, q_2 = 325 kN/m, x_1 = 4 m, x_2 = 2.5 m, z = 3 m일 때, 점 A에서 연직응력증가량 $\Delta\sigma$를 결정하라.

7.4 그림 P7.4를 참고하라. q = 43 kN/m^{2}의 띠하중이 폭 B = 11 m에 작용할 때, 지표면 아래 z = 4.57 m에 위치한 점 A에서의 연직응력증가량을 결정하라. 주어진 값: x = 8.23 m

7.5 연성 직사각형 면적임을 나타내는 그림 7.13을 참고하라. B_1 = 1.22 m, B_2 = 1.83 m, L_1 = 2.44 m, 그리고 L_2 = 3.05 m이다. 만약 면적이 144 kN/m^{2}의 등분포하중을 받는다면, 점 O 아래에서 깊이 3.05 m에 위치한 곳의 응력증가량을 구하라.

7.6 B_1 = 1.22 m, B_2 = 3.05 m, L_1 = 2.44 m, L_2 = 3.66 m이고 연성 면적에 120 kN/m^{2}의 등분포하중을 받을 때, 문제 7.5를 다시 풀어라. 점 O 아래의 6.1 m에서의 응력증가량을 구하라. 식 (7.43)을 이용하라. μ_s = 0이다.

7.7 그림 P7.7을 참고하라. 7.10절에서 소개된 절차를 이용하여, 445 kN의 순 기초 하중으로 인한 기초의 중심 아래 점토층에서의 평균응력증가량을 결정하라. 식 (7.26)을 이용하라.

7.8 그림 P7.8은 실트질 점토층 위에 있는 제방 하중을 나타낸다. 지표면 아래로부터 5 m 깊이에 위치한 점 A, B, C에서 응력증가량을 구하라.

7.9 문제 7.1을 참고하라. 식 (7.5)와 (7.32)를 이용하여 하중면적의 중심부 아래 3~6 m 깊이의 평균응력증가량($\Delta\sigma_{av}$)을 구하라.

7.10 그림 7.20을 이용하여 문제 7.9를 다시 풀어라.

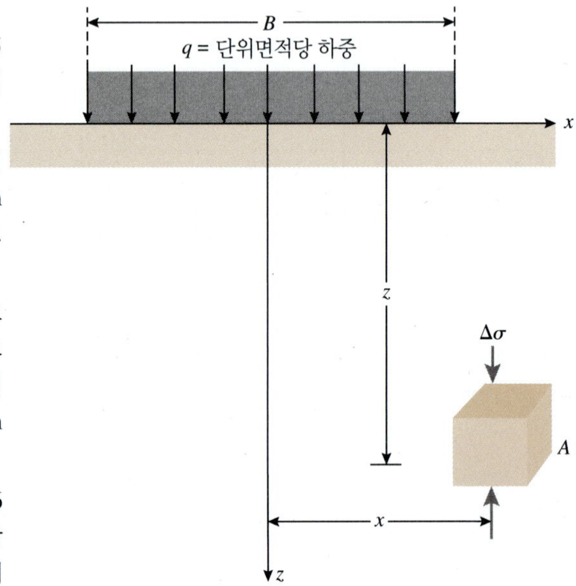

그림 P7.4

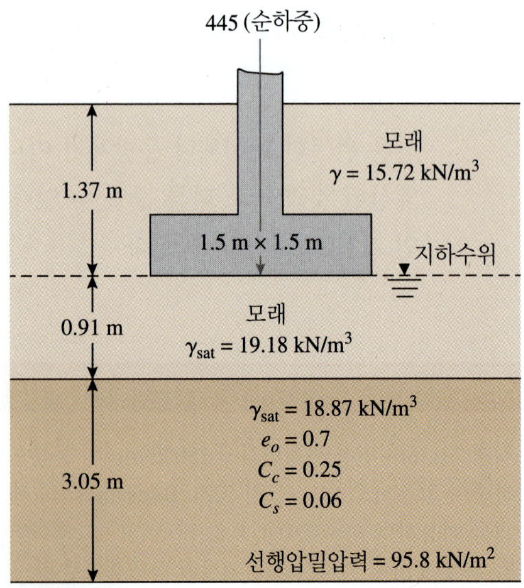

그림 P7.7

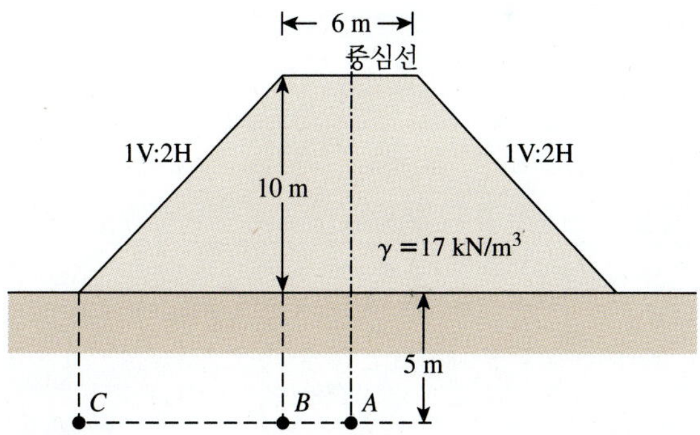

그림 P7.8

참고문헌

Ahlvin, R. G. and Ulery, H. H. (1962). "Tabulated Values for Determining the Complete Pattern of Stresses, Strains, and Deflections Beneath a Uniform Circular Load on a Homogeneous Half Space," in *Highway Research Bulletin 342*, Transportation Research Board, National Research Council, Washington, DC, pp. 1–13.

Boussinesq, J. (1883). *Application des Potentials á L'Étude de L'Équilibre et du Mouvement des Solides Élastiques*, Gauthier-Villars, Paris.

Das, B. (2019). *Advanced Soil Mechanics*, 5th ed., CRC Press, Boca Raton, FL.

Gray, H. (1936). "Stress Distribution in Elastic Solids," *Proceedings, First International Conference on Soil Mechanics and Foundation Engineering*, Vol. 2, pp. 157–160.

Griffiths, D. V. (1984). "A Chart for Estimating the Average Vertical Stress Increase in an Elastic Foundation below a Uniformly Loaded Rectangular Area," *Canadian Geotechnical Journal*, Vol. 21, No. 4, pp. 710–713.

Harr, M. E. (1966). *Foundations of Theoretical Soil Mechanics*, McGraw-Hill, New York.

Harr, M. E. and Lovell, C. W., Jr. (1963). "Vertical Stresses under Certain Axisymmetrical Loadings," *Highway Research Record No. 39*, National Research Council, Washington, D.C., pp. 68–77.

Osterberg, J. O. (1957). "Influence Values for Vertical Stresses in Semi-Infinite Mass Due to Embankment Loading," *Proceedings, Fourth International Conference on Soil Mechanics and Foundation Engineering*, London, Vol. 1, pp. 393–396.

Saika, A. (2012). "Vertical Stress Averaging over a Layer Depth Down the Axis of Symmetry of Uniformly Loaded Circular Regime: An Analytical-cum-Graphical Solution," *International Journal of Geotechnical Engineering*, Vol. 6, No. 3, pp. 359–363.

Westergaard, H. M. (1938). "A Problem of Elasticity Suggested by a Problem in Soil Mechanics: Soft Material Reinforced by Numerous Strong Horizontal Sheets," *Contributions to the Mechanics of Solids, Dedicated to Stephen Timoshenko*, pp. 268–277, Macmillan, New York.

Chapter
8 얕은 기초의 침하
Settlement of Shallow Foundations

Rachata Kietsirikul/Shutterstock.com

학습목표 **8장을 학습하면 다음을 할 수 있다**

8.1 건설 이후 얕은 기초 하부에 발생하는 침하 종류를 설명함.
8.2 포화점토 지반 기초의 탄성침하량을 산정함.
8.3 탄성이론에 근거하여 기초침하를 분석함.
8.4 개선된 탄성침하량의 계산방법.
8.5 모래 지반 위의 탄성침하량을 산정할 수 있는 변형영향계수를 이해함.
8.6 모래 지반 기초의 침하량 산정에 현장 지반조사인 표준관입시험값을 적용함.
8.7 프레셔미터 시험 결과에 근거하여 기초의 침하를 평가함.
8.8 하중-침하 곡선을 이용하여 사질토지반의 기초 침하량을 산정함.
8.9 기초의 압밀침하를 분석함.
8.10 1차 압밀침하에 3차원 효과의 개념을 적용함.
8.11 점토 지반의 2차 압밀침하량을 산정함.
8.12 얕은 기초의 현장재하시험 기본원리를 설명함.
8.13 표준시방서에 기술된 지지력값을 이해함.
8.14 건축침하량의 허용범위와 이와 관련된 공학인자 개념을 이해함.
8.15 얕은 기초의 허용지지력 증강과 침하량 감소에 사용되는 연약 지반 개량 기술을 설명함.

8.1 개요

얕은 기초의 침하는 두 가지 종류로 분류할 수 있다: (a) 탄성 또는 즉시침하, (b) 압밀침하. 탄성 또는 즉시침하는 구조물의 시공 중 혹은 직후에 발생한다. 압밀침하는 오랜 시간이 지나서 발생한다. 간극수는 포화된 점성토의 간극으로부터 압출된다. 기초의 전체 침하량은 탄성침하량과 압밀침하량의 총합이다.

압밀침하는 두 단계로 구성된다: *1*차 압밀침하와 *2*차 압밀침하. 1차 압밀침하의 기본원리는 제2장에서 상세하게 설명하였다. 2차 압밀침하는 지속적인 하중에 따른 흙입자의 미끄러짐과 재구성에 의해 발생하며 1차 압밀침하가 종료된 후 발생한다. 무기질 점토와 실트질 흙에서는 1차 압밀침하가 2차 압밀침하보다 더 중요하다. 그러나, 유기질토의 경우 2차 압밀침하가 1차 압밀침하보다 더 중요하다.

이 장에서는 얕은 기초의 탄성침하와 압밀침하를 산정하기 위해 현재 적용 가능한 다양한 이론들을 제시하였다.

8.2 포화된 점토 지반 기초의 탄성침하(μ_s = 0.5)

Janbu et al.(1956)은 포화된 점토 지반(포아송비, $\mu_s = 0.5$)에서 연성 기초의 평균침하를 평가하는 식을 제안하였다. 그림 8.1을 참고하면, 식은 다음과 같다.

$$S_e = A_1 A_2 \frac{q_o B}{E_s} \tag{8.1}$$

여기서

$A_1 = f(H/B, L/B)$

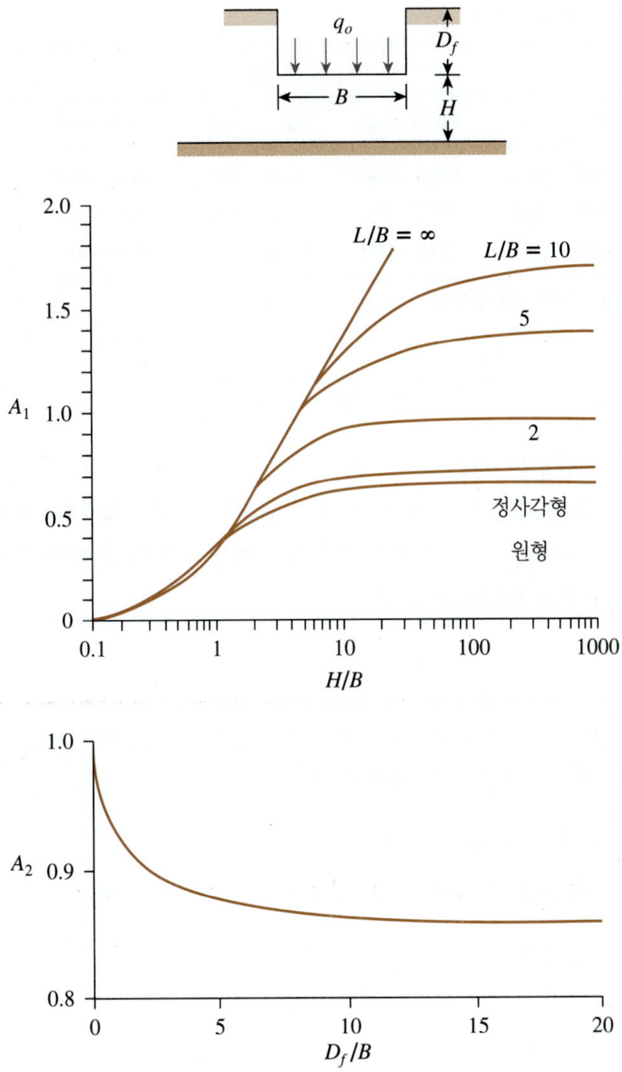

그림 8.1 탄성침하량 산정을 위한 A_1과 A_2의 값—식 (8.1) (출처: Based on Christian, J. T. and Carrier, W. D. (1978). "Janbu, Bjerrum and Kjaernsli's chart reinterpreted," Canadian Geotechnical Journal, Vol. 15, pp. 123-128)

$A_2 = f(D_f/B)$
L = 기초의 길이
B = 기초의 폭
D_f = 기초의 깊이
H = 기초의 바닥에서부터 단단한 층까지의 깊이
q_o = 기초의 단위면적당 순 하중

Cristian and Carrier(1978)는 그림 8.1에 제시된 바와 같이 A_1과 A_2의 값의 범위를 확장하여 수정하였다.

비배수 상태에서 점토에서의 탄성계수(E_s)는 일반적으로 다음과 같이 표현한다.

표 8.1 점토에서 β의 범위[식 (8.2)][a]

소성지수	β				
	OCR = 1	OCR = 2	OCR = 3	OCR = 4	OCR = 5
<30	1500 – 600	1380 – 500	1200 – 580	950 – 380	730 – 300
30 to 50	600 – 300	550 – 270	580 – 220	380 – 180	300 – 150
>50	300 – 150	270 – 120	220 – 100	180 – 90	150 – 75

[a]Duncan and Buchignani(1976)이 제시함

$$E_s = \beta c_u \tag{8.2}$$

여기서 c_u = 비배수 전단강도이다.

β는 주로 소성지수와 과압밀비(OCR)에 관한 함수이다, 표 8.1은 Duncan and Buchignami(1976)에 의해 제안된 β의 일반적인 범위를 나타낸 것이다. 어떠한 경우에도 β의 크기를 선택하는 데는 신중한 판단이 필요하다.

예제 8.1

2 m × 1 m 크기의 얕은 기초가 포화점토상에 축조되어 있다. 단단한 암반층은 기초의 바닥 8 m 아래 위치하고 있다. 주어진 값은 아래와 같다.

기초: $D_f = 1$ m, $q_o = 120$ kN/m²

점토: $c_u = 150$ kN/m², OCR = 2, 그리고 소성지수 PI = 35

기초의 탄성침하를 산정하라.

풀이

식 (8.1)로부터,

$$S_e = A_1 A_2 \frac{q_o B}{E_s}$$

주어진 값:

$$\frac{L}{B} = \frac{2}{1} = 2$$
$$\frac{D_f}{B} = \frac{1}{1} = 1$$
$$\frac{H}{B} = \frac{8}{1} = 8$$
$$E_s = \beta c_u$$

OCR = 2 그리고 PI = 35인 경우, $\beta \approx 480$[표 (8.1)]. 따라서

$$E_s = (480)(150) = 72{,}000 \text{ kN/m}^2$$

또한, 그림 8.1로부터 $A_1 = 0.9$ 그리고 $A_2 = 0.92$이다. 따라서

$$S_e = A_1 A_2 \frac{q_o B}{E_s} = (0.9)(0.92)\frac{(120)(1)}{72{,}000} = 0.00138 \text{ m} = \mathbf{1.38 \text{ mm}}$$

■

사질토에서의 탄성침하

8.3 탄성론을 근거로 한 탄성침하

그림 8.2는 단위면적당 순 하중 $\Delta\sigma$를 받는 얕은 기초를 도시한 것이다. 기초의 평면치수가 B(폭) × L(길이)이다. 기초의 바닥은 지표면으로부터 심도 D_f에 위치하고 있다. 단단하고 거친 층이 지표면으로부터 심도 H에 위치하고 있다. 기초를 지지하고 있는 흙층의 포아송비와 탄성계수는 각각 μ_s와 E_s이다.

탄성침하량 S_e를 계산하기 위한 관계식을 개발하기 위하여 우선 $D_f = 0$(기초가 지표면에 위치함)이고 $H = \infty$(균질흙이 대 심도까지 분포함)인 **연성기초**를 고려하였다. 이들 조건을 근거로, Schleicher(1926)는 기초 하부의 S_e를 다음과 같이 표현하였다.

$$S_e = \frac{\Delta\sigma(\alpha B')}{E_s}(1 - \mu_s^2)I_s \tag{8.3}$$

여기서 I_s = 형상계수. 또는

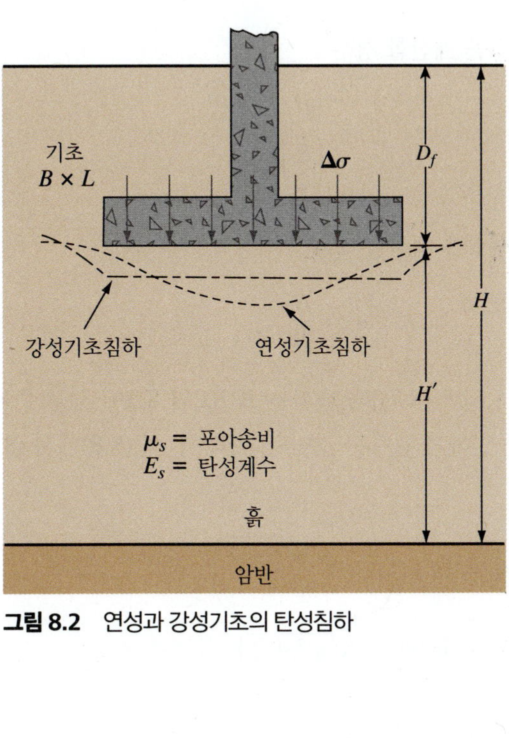

그림 8.2 연성과 강성기초의 탄성침하

$$I_s = \frac{1}{\pi}\left[m' \ln\left(\frac{1+\sqrt{m'^2+1}}{m'}\right) + \ln\left(m' + \sqrt{m'^2+1}\right)\right] \tag{8.4}$$

여기서 $m' = L/B$

B' = 기초 중심인 경우 $B/2$

= 기초 모서리인 경우 B

α = 기초 중심인 경우 4

= 기초 모서리인 경우 1

식 (8.3)은 $D_f=0$이고 $H \neq \infty$인 조건으로 확장할 수 있다. Steinbrenner(1934)가 이에 착안하여 $L/B= m'$, H/B의 함수로 I_s를 다음과 같이 확장하였다.

$$I_s = \text{형상계수} = F_1 + \frac{1-2\mu_s}{1-\mu_s}F_2 \tag{8.5}$$

$$F_1 = \frac{1}{\pi}(A_0 + A_1) \tag{8.6}$$

$$F_2 = \frac{n'}{2\pi}\tan^{-1}A_2 \tag{8.7}$$

$$A_0 = m' \ln\frac{(1+\sqrt{m'^2+1})\sqrt{m'^2+n'^2}}{m'(1+\sqrt{m'^2+n'^2+1})} \tag{8.8}$$

$$A_1 = \ln\frac{(m'+\sqrt{m'^2+1})\sqrt{1+n'^2}}{m'+\sqrt{m'^2+n'^2+1}} \tag{8.9}$$

$$A_2 = \frac{m'}{n'\sqrt{m'^2+n'^2+1}} \tag{8.10}$$

- 기초의 **중심**에서 침하량을 계산할 경우

$$n' = \frac{H}{\left(\frac{B}{2}\right)}$$

- 기초의 **모서리**에서 침하량을 계산할 경우

$$n' = \frac{H}{B}$$

m'과 n'에 따른 F_1과 F_2[식 (8.6)과 (8.7)]의 변화는 표 8.2와 8.3에 각각 주어졌다. 중요한 점은 $H = \infty$이면 n'은 ∞와 동일하게 된다는 것이다. 따라서, 식 (8.8)에서 (8.10)은 다음과 같이 된다.

$$A_0 = m' \ln\left(\frac{1+\sqrt{m'^2+1}}{m'}\right) \tag{8.11}$$

$$A_1 = \ln\left(m' + \sqrt{m'^2+1}\right) \tag{8.12}$$

표 8.2 m'과 n'에 따른 F_1의 변화값

n'	m'									
	1.0	**1.2**	**1.4**	**1.6**	**1.8**	**2.0**	**2.5**	**3.0**	**3.5**	**4.0**
0.25	0.014	0.013	0.012	0.011	0.011	0.011	0.010	0.010	0.010	0.010
0.50	0.049	0.046	0.044	0.042	0.041	0.040	0.038	0.038	0.037	0.037
0.75	0.095	0.090	0.087	0.084	0.082	0.080	0.077	0.076	0.074	0.074
1.00	0.142	0.138	0.134	0.130	0.127	0.125	0.121	0.118	0.116	0.115
1.25	0.186	0.183	0.179	0.176	0.173	0.170	0.165	0.161	0.158	0.157
1.50	0.224	0.224	0.222	0.219	0.216	0.213	0.207	0.203	0.199	0.197
1.75	0.257	0.259	0.259	0.258	0.255	0.253	0.247	0.242	0.238	0.235
2.00	0.285	0.290	0.292	0.292	0.291	0.289	0.284	0.279	0.275	0.271
2.25	0.309	0.317	0.321	0.323	0.323	0.322	0.317	0.313	0.308	0.305
2.50	0.330	0.341	0.347	0.350	0.351	0.351	0.348	0.344	0.340	0.336
2.75	0.348	0.361	0.369	0.374	0.377	0.378	0.377	0.373	0.369	0.365
3.00	0.363	0.379	0.389	0.396	0.400	0.402	0.402	0.400	0.396	0.392
3.25	0.376	0.394	0.406	0.415	0.420	0.423	0.426	0.424	0.421	0.418
3.50	0.388	0.408	0.422	0.431	0.438	0.442	0.447	0.447	0.444	0.441
3.75	0.399	0.420	0.436	0.447	0.454	0.460	0.467	0.458	0.466	0.464
4.00	0.408	0.431	0.448	0.460	0.469	0.476	0.484	0.487	0.486	0.484
4.25	0.417	0.440	0.458	0.472	0.481	0.484	0.495	0.514	0.515	0.515
4.50	0.424	0.450	0.469	0.484	0.495	0.503	0.516	0.521	0.522	0.522
4.75	0.431	0.458	0.478	0.494	0.506	0.515	0.530	0.536	0.539	0.539
5.00	0.437	0.465	0.487	0.503	0.516	0.526	0.543	0.551	0.554	0.554
5.25	0.443	0.472	0.494	0.512	0.526	0.537	0.555	0.564	0.568	0.569
5.50	0.448	0.478	0.501	0.520	0.534	0.546	0.566	0.576	0.581	0.584
5.75	0.453	0.483	0.508	0.527	0.542	0.555	0.576	0.588	0.594	0.597
6.00	0.457	0.489	0.514	0.534	0.550	0.563	0.585	0.598	0.606	0.609
6.25	0.461	0.493	0.519	0.540	0.557	0.570	0.594	0.609	0.617	0.621
6.50	0.465	0.498	0.524	0.546	0.563	0.577	0.603	0.618	0.627	0.632
6.75	0.468	0.502	0.529	0.551	0.569	0.584	0.610	0.627	0.637	0.643
7.00	0.471	0.506	0.533	0.556	0.575	0.590	0.618	0.635	0.646	0.653
7.25	0.474	0.509	0.538	0.561	0.580	0.596	0.625	0.643	0.655	0.662
7.50	0.477	0.513	0.541	0.565	0.585	0.601	0.631	0.650	0.663	0.671
7.75	0.480	0.516	0.545	0.569	0.589	0.606	0.637	0.658	0.671	0.680
8.00	0.482	0.519	0.549	0.573	0.594	0.611	0.643	0.664	0.678	0.688
8.25	0.485	0.522	0.552	0.577	0.598	0.615	0.648	0.670	0.685	0.695
8.50	0.487	0.524	0.555	0.580	0.601	0.619	0.653	0.676	0.692	0.703
8.75	0.489	0.527	0.558	0.583	0.605	0.623	0.658	0.682	0.698	0.710
9.00	0.491	0.529	0.560	0.587	0.609	0.627	0.663	0.687	0.705	0.716
9.25	0.493	0.531	0.563	0.589	0.612	0.631	0.667	0.693	0.710	0.719
9.50	0.495	0.533	0.565	0.592	0.615	0.634	0.671	0.697	0.716	0.723
9.75	0.496	0.536	0.568	0.595	0.618	0.638	0.675	0.702	0.721	0.735
10.00	0.498	0.537	0.570	0.597	0.621	0.641	0.679	0.707	0.726	0.740
20.00	0.529	0.575	0.614	0.647	0.677	0.702	0.756	0.797	0.830	0.858
50.00	0.548	0.598	0.640	0.678	0.711	0.740	0.803	0.853	0.895	0.931
100.00	0.555	0.605	0.649	0.688	0.722	0.753	0.819	0.872	0.918	0.956

(계속)

표 8.2 m'과 n'에 따른 F_1의 변화값(계속)

n'	m' 4.5	5.0	6.0	7.0	8.0	9.0	10.0	25.0	50.0	100.0
0.25	0.010	0.010	0.010	0.010	0.010	0.010	0.010	0.010	0.010	0.010
0.50	0.036	0.036	0.036	0.036	0.036	0.036	0.036	0.036	0.036	0.036
0.75	0.073	0.073	0.072	0.072	0.072	0.072	0.071	0.071	0.071	0.071
1.00	0.114	0.113	0.112	0.112	0.112	0.111	0.111	0.110	0.110	0.110
1.25	0.155	0.154	0.153	0.152	0.152	0.151	0.151	0.150	0.150	0.150
1.50	0.195	0.194	0.192	0.191	0.190	0.190	0.189	0.188	0.188	0.188
1.75	0.233	0.232	0.229	0.228	0.227	0.226	0.225	0.223	0.223	0.223
2.00	0.269	0.267	0.264	0.262	0.261	0.260	0.259	0.257	0.256	0.256
2.25	0.302	0.300	0.296	0.294	0.293	0.291	0.291	0.287	0.287	0.287
2.50	0.333	0.331	0.327	0.324	0.322	0.321	0.320	0.316	0.315	0.315
2.75	0.362	0.359	0.355	0.352	0.350	0.348	0.347	0.343	0.342	0.342
3.00	0.389	0.386	0.382	0.378	0.376	0.374	0.373	0.368	0.367	0.367
3.25	0.415	0.412	0.407	0.403	0.401	0.399	0.397	0.391	0.390	0.390
3.50	0.438	0.435	0.430	0.427	0.424	0.421	0.420	0.413	0.412	0.411
3.75	0.461	0.458	0.453	0.449	0.446	0.443	0.441	0.433	0.432	0.432
4.00	0.482	0.479	0.474	0.470	0.466	0.464	0.462	0.453	0.451	0.451
4.25	0.516	0.496	0.484	0.473	0.471	0.471	0.470	0.468	0.462	0.460
4.50	0.520	0.517	0.513	0.508	0.505	0.502	0.499	0.489	0.487	0.487
4.75	0.537	0.535	0.530	0.526	0.523	0.519	0.517	0.506	0.504	0.503
5.00	0.554	0.552	0.548	0.543	0.540	0.536	0.534	0.522	0.519	0.519
5.25	0.569	0.568	0.564	0.560	0.556	0.553	0.550	0.537	0.534	0.534
5.50	0.584	0.583	0.579	0.575	0.571	0.568	0.580	0.551	0.549	0.548
5.75	0.597	0.597	0.594	0.590	0.586	0.583	0.585	0.565	0.576	0.562
6.00	0.611	0.610	0.608	0.604	0.601	0.598	0.595	0.579	0.583	0.575
6.25	0.623	0.623	0.621	0.618	0.615	0.611	0.608	0.592	0.589	0.588
6.50	0.635	0.635	0.634	0.631	0.628	0.625	0.622	0.605	0.601	0.600
6.75	0.646	0.647	0.646	0.644	0.641	0.637	0.634	0.617	0.613	0.612
7.00	0.656	0.658	0.658	0.656	0.653	0.650	0.647	0.628	0.624	0.623
7.25	0.666	0.669	0.669	0.668	0.665	0.662	0.659	0.640	0.635	0.634
7.50	0.676	0.679	0.680	0.679	0.676	0.673	0.670	0.651	0.646	0.645
7.75	0.685	0.688	0.690	0.689	0.687	0.684	0.681	0.661	0.656	0.655
8.00	0.694	0.697	0.700	0.700	0.698	0.695	0.692	0.672	0.666	0.665
8.25	0.702	0.706	0.710	0.710	0.708	0.705	0.703	0.682	0.676	0.675
8.50	0.710	0.714	0.719	0.719	0.718	0.715	0.713	0.692	0.686	0.684
8.75	0.717	0.722	0.727	0.728	0.727	0.725	0.723	0.701	0.695	0.693
9.00	0.725	0.730	0.736	0.737	0.736	0.735	0.732	0.710	0.704	0.702
9.25	0.731	0.737	0.744	0.746	0.745	0.744	0.742	0.719	0.713	0.711
9.50	0.738	0.744	0.752	0.754	0.754	0.753	0.751	0.728	0.721	0.719
9.75	0.744	0.751	0.759	0.762	0.762	0.761	0.759	0.737	0.729	0.727
10.00	0.750	0.758	0.766	0.770	0.770	0.770	0.768	0.745	0.738	0.735
20.00	0.878	0.896	0.925	0.945	0.959	0.969	0.977	0.982	0.965	0.957
50.00	0.962	0.989	1.034	1.070	1.100	1.125	1.146	1.265	1.279	1.261
100.00	0.990	1.020	1.072	1.114	1.150	1.182	1.209	1.408	1.489	1.499

표 8.3 m'과 n'에 따른 F_2의 변화값

	m'									
n'	1.0	1.2	1.4	1.6	1.8	2.0	2.5	3.0	3.5	4.0
0.25	0.049	0.050	0.051	0.051	0.051	0.052	0.052	0.052	0.052	0.052
0.50	0.074	0.077	0.080	0.081	0.083	0.084	0.086	0.086	0.087	0.087
0.75	0.083	0.089	0.093	0.097	0.099	0.101	0.104	0.106	0.107	0.108
1.00	0.083	0.091	0.098	0.102	0.106	0.109	0.114	0.117	0.119	0.120
1.25	0.080	0.089	0.096	0.102	0.107	0.111	0.118	0.122	0.125	0.127
1.50	0.075	0.084	0.093	0.099	0.105	0.110	0.118	0.124	0.128	0.130
1.75	0.069	0.079	0.088	0.095	0.101	0.107	0.117	0.123	0.128	0.131
2.00	0.064	0.074	0.083	0.090	0.097	0.102	0.114	0.121	0.127	0.131
2.25	0.059	0.069	0.077	0.085	0.092	0.098	0.110	0.119	0.125	0.130
2.50	0.055	0.064	0.073	0.080	0.087	0.093	0.106	0.115	0.122	0.127
2.75	0.051	0.060	0.068	0.076	0.082	0.089	0.102	0.111	0.119	0.125
3.00	0.048	0.056	0.064	0.071	0.078	0.084	0.097	0.108	0.116	0.122
3.25	0.045	0.053	0.060	0.067	0.074	0.080	0.093	0.104	0.112	0.119
3.50	0.042	0.050	0.057	0.064	0.070	0.076	0.089	0.100	0.109	0.116
3.75	0.040	0.047	0.054	0.060	0.067	0.073	0.086	0.096	0.105	0.113
4.00	0.037	0.044	0.051	0.057	0.063	0.069	0.082	0.093	0.102	0.110
4.25	0.036	0.042	0.049	0.055	0.061	0.066	0.079	0.090	0.099	0.107
4.50	0.034	0.040	0.046	0.052	0.058	0.063	0.076	0.086	0.096	0.104
4.75	0.032	0.038	0.044	0.050	0.055	0.061	0.073	0.083	0.093	0.101
5.00	0.031	0.036	0.042	0.048	0.053	0.058	0.070	0.080	0.090	0.098
5.25	0.029	0.035	0.040	0.046	0.051	0.056	0.067	0.078	0.087	0.095
5.50	0.028	0.033	0.039	0.044	0.049	0.054	0.065	0.075	0.084	0.092
5.75	0.027	0.032	0.037	0.042	0.047	0.052	0.063	0.073	0.082	0.090
6.00	0.026	0.031	0.036	0.040	0.045	0.050	0.060	0.070	0.079	0.087
6.25	0.025	0.030	0.034	0.039	0.044	0.048	0.058	0.068	0.077	0.085
6.50	0.024	0.029	0.033	0.038	0.042	0.046	0.056	0.066	0.075	0.083
6.75	0.023	0.028	0.032	0.036	0.041	0.045	0.055	0.064	0.073	0.080
7.00	0.022	0.027	0.031	0.035	0.039	0.043	0.053	0.062	0.071	0.078
7.25	0.022	0.026	0.030	0.034	0.038	0.042	0.051	0.060	0.069	0.076
7.50	0.021	0.025	0.029	0.033	0.037	0.041	0.050	0.059	0.067	0.074
7.75	0.020	0.024	0.028	0.032	0.036	0.039	0.048	0.057	0.065	0.072
8.00	0.020	0.023	0.027	0.031	0.035	0.038	0.047	0.055	0.063	0.071
8.25	0.019	0.023	0.026	0.030	0.034	0.037	0.046	0.054	0.062	0.069
8.50	0.018	0.022	0.026	0.029	0.033	0.036	0.045	0.053	0.060	0.067
8.75	0.018	0.021	0.025	0.028	0.032	0.035	0.043	0.051	0.059	0.066
9.00	0.017	0.021	0.024	0.028	0.031	0.034	0.042	0.050	0.057	0.064
9.25	0.017	0.020	0.024	0.027	0.030	0.033	0.041	0.049	0.056	0.063
9.50	0.017	0.020	0.023	0.026	0.029	0.033	0.040	0.048	0.055	0.061
9.75	0.016	0.019	0.023	0.026	0.029	0.032	0.039	0.047	0.054	0.060
10.00	0.016	0.019	0.022	0.025	0.028	0.031	0.038	0.046	0.052	0.059
20.00	0.008	0.010	0.011	0.013	0.014	0.016	0.020	0.024	0.027	0.031
50.00	0.003	0.004	0.004	0.005	0.006	0.006	0.008	0.010	0.011	0.013
100.00	0.002	0.002	0.002	0.003	0.003	0.003	0.004	0.005	0.006	0.006

(계속)

표 8.3 m'과 n'에 따른 F_2의 변화값(계속)

	m'									
n'	4.5	5.0	6.0	7.0	8.0	9.0	10.0	25.0	50.0	100.0
0.25	0.053	0.053	0.053	0.053	0.053	0.053	0.053	0.053	0.053	0.053
0.50	0.087	0.087	0.088	0.088	0.088	0.088	0.088	0.088	0.088	0.088
0.75	0.109	0.109	0.109	0.110	0.110	0.110	0.110	0.111	0.111	0.111
1.00	0.121	0.122	0.123	0.123	0.124	0.124	0.124	0.125	0.125	0.125
1.25	0.128	0.130	0.131	0.132	0.132	0.133	0.133	0.134	0.134	0.134
1.50	0.132	0.134	0.136	0.137	0.138	0.138	0.139	0.140	0.140	0.140
1.75	0.134	0.136	0.138	0.140	0.141	0.142	0.142	0.144	0.144	0.145
2.00	0.134	0.136	0.139	0.141	0.143	0.144	0.145	0.147	0.147	0.148
2.25	0.133	0.136	0.140	0.142	0.144	0.145	0.146	0.149	0.150	0.150
2.50	0.132	0.135	0.139	0.142	0.144	0.146	0.147	0.151	0.151	0.151
2.75	0.130	0.133	0.138	0.142	0.144	0.146	0.147	0.152	0.152	0.153
3.00	0.127	0.131	0.137	0.141	0.144	0.145	0.147	0.152	0.153	0.154
3.25	0.125	0.129	0.135	0.140	0.143	0.145	0.147	0.153	0.154	0.154
3.50	0.122	0.126	0.133	0.138	0.142	0.144	0.146	0.153	0.155	0.155
3.75	0.119	0.124	0.131	0.137	0.141	0.143	0.145	0.154	0.155	0.155
4.00	0.116	0.121	0.129	0.135	0.139	0.142	0.145	0.154	0.155	0.156
4.25	0.113	0.119	0.127	0.133	0.138	0.141	0.144	0.154	0.156	0.156
4.50	0.110	0.116	0.125	0.131	0.136	0.140	0.143	0.154	0.156	0.156
4.75	0.107	0.113	0.123	0.130	0.135	0.139	0.142	0.154	0.156	0.157
5.00	0.105	0.111	0.120	0.128	0.133	0.137	0.140	0.154	0.156	0.157
5.25	0.102	0.108	0.118	0.126	0.131	0.136	0.139	0.154	0.156	0.157
5.50	0.099	0.106	0.116	0.124	0.130	0.134	0.138	0.154	0.156	0.157
5.75	0.097	0.103	0.113	0.122	0.128	0.133	0.136	0.154	0.157	0.157
6.00	0.094	0.101	0.111	0.120	0.126	0.131	0.135	0.153	0.157	0.157
6.25	0.092	0.098	0.109	0.118	0.124	0.129	0.134	0.153	0.157	0.158
6.50	0.090	0.096	0.107	0.116	0.122	0.128	0.132	0.153	0.157	0.158
6.75	0.087	0.094	0.105	0.114	0.121	0.126	0.131	0.153	0.157	0.158
7.00	0.085	0.092	0.103	0.112	0.119	0.125	0.129	0.152	0.157	0.158
7.25	0.083	0.090	0.101	0.110	0.117	0.123	0.128	0.152	0.157	0.158
7.50	0.081	0.088	0.099	0.108	0.115	0.121	0.126	0.152	0.156	0.158
7.75	0.079	0.086	0.097	0.106	0.114	0.120	0.125	0.151	0.156	0.158
8.00	0.077	0.084	0.095	0.104	0.112	0.118	0.124	0.151	0.156	0.158
8.25	0.076	0.082	0.093	0.102	0.110	0.117	0.122	0.150	0.156	0.158
8.50	0.074	0.080	0.091	0.101	0.108	0.115	0.121	0.150	0.156	0.158
8.75	0.072	0.078	0.089	0.099	0.107	0.114	0.119	0.150	0.156	0.158
9.00	0.071	0.077	0.088	0.097	0.105	0.112	0.118	0.149	0.156	0.158
9.25	0.069	0.075	0.086	0.096	0.104	0.110	0.116	0.149	0.156	0.158
9.50	0.068	0.074	0.085	0.094	0.102	0.109	0.115	0.148	0.156	0.158
9.75	0.066	0.072	0.083	0.092	0.100	0.107	0.113	0.148	0.156	0.158
10.00	0.065	0.071	0.082	0.091	0.099	0.106	0.112	0.147	0.156	0.158
20.00	0.035	0.039	0.046	0.053	0.059	0.065	0.071	0.124	0.148	0.156
50.00	0.014	0.016	0.019	0.022	0.025	0.028	0.031	0.071	0.113	0.142
100.00	0.007	0.008	0.010	0.011	0.013	0.014	0.016	0.039	0.071	0.113

$$A_2 = 0 \tag{8.13}$$

식 (8.11)에서 식 (8.13)을 식 (8.6)과 식 (8.7)에 대입하면, 다음을 얻는다.

$$F_1 = \frac{1}{\pi}\left[m' \ln\left(\frac{1+\sqrt{m'^2+1}}{m'}\right) + \ln\left(m' + \sqrt{m'^2+1}\right)\right] \tag{8.14}$$

$$F_2 = 0 \tag{8.15}$$

식 (8.14)와 식 (8.15)를 식 (8.5)에 대입하면, 식 (8.4)와 같게 된다.

또한, $D_f \neq 0$이고 $H \neq \infty$이면, 최종적으로 식 (8.3)을 다음 형식으로 확장할 수 있다.

$$S_e = \frac{\Delta\sigma(\alpha B')}{E_s}\left(1 - \mu_s^2\right) I_s I_f \tag{8.16}$$

여기서 I_f = 깊이계수, 그리고 I_s는 식 (8.5)에 제시하였다.

Fox(1948)는 깊이계수를 D_f/B, μ_s, 그리고 L/B(그림 8.3)의 함수로 제시하였다. 이에 대한 요약은 표 8.4에 제시하였다. 모든 경우에 대해 $D_f = 0$이고, $I_f = 1$인 경우를 주목하라.

강성기초(rigid foundation)의 탄성침하량은 다음과 같은 식으로 계산한다.

$$S_{e(\text{강성})} \approx 0.93 S_{e(\text{연성, 중심})} \tag{8.17}$$

퇴적된 흙은 비균질적인 성질을 갖고 있기 때문에, E_s 값 크기는 깊이에 따라 변화한다. 이러한 이유 때문에 Bowles(1987)는 식 (8.16)에서 E_s의 가중평균치 사용을 다음과 같이 제안하였다.

$$E_s = \frac{\Sigma E_{s(i)} \Delta z}{\bar{z}} \tag{8.18}$$

여기서 $E_{s(i)}$ = 토층심도 Δz 내에서의 흙의 탄성계수

$\bar{z} = H'$ 또는 $5B$ 중 작은 값

여러 종류의 다른 흙에 대한 탄성계수와 포아송비의 대표값은 표 8.5와 표 8.6에 각각 제시하였다.

예제 8.2

1 m × 2 m의 강성 얕은 기초가 그림 8.4에 나타나 있다. 기초의 중심에서 탄성침하량을 계산하라. 주: 기초 하부 토층의 두께는 $H' = 5$ m.

풀이

주어진 값에 따르면, $B = 1$ m, 그리고 $L = 2$ m이다. $\bar{z} = 5 \text{ m} = 5B$이다. 식 (8.18)로부터,

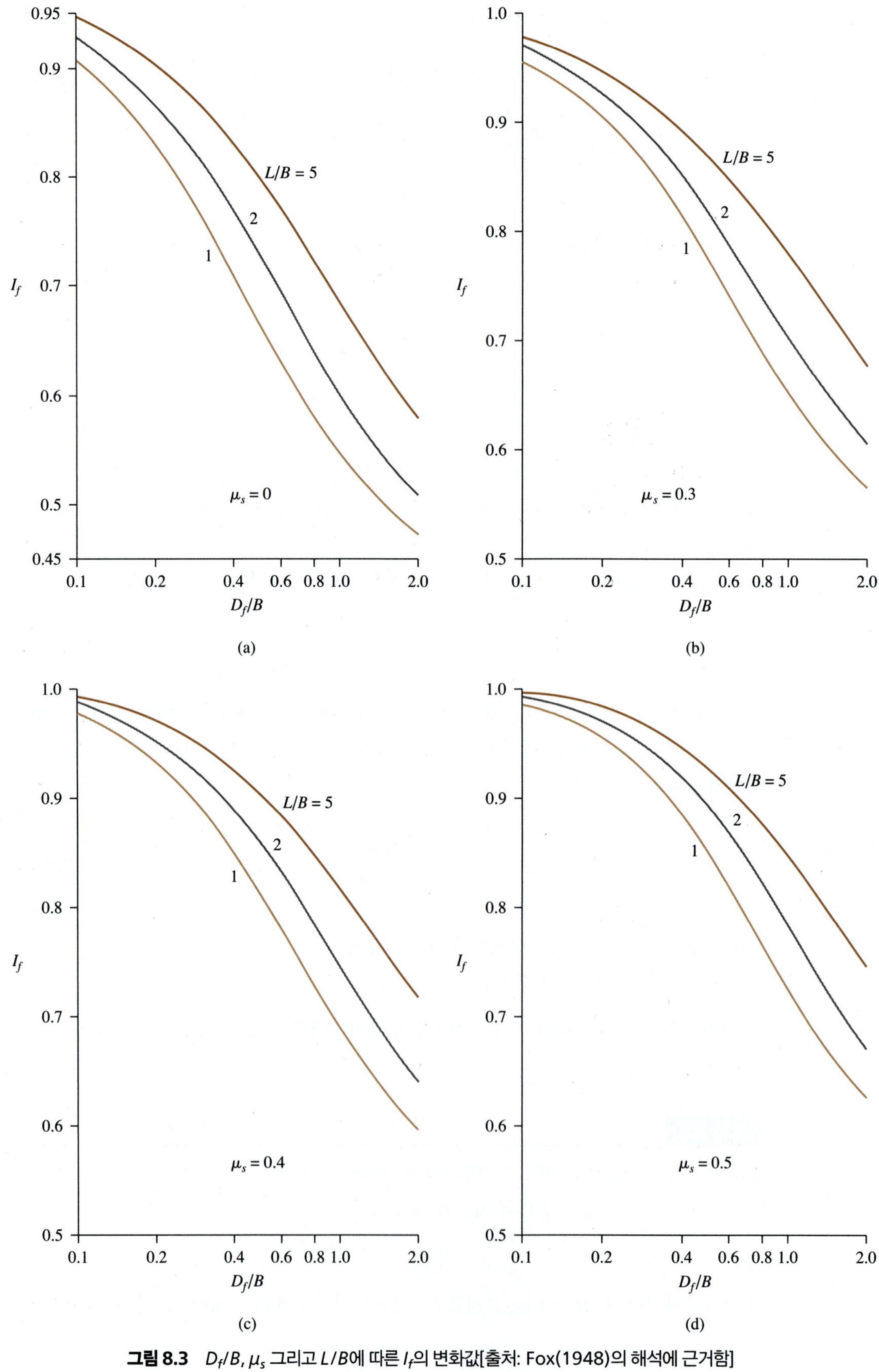

그림 8.3 D_f/B, μ_s 그리고 L/B에 따른 I_f의 변화값[출처: Fox(1948)의 해석에 근거함]

표 8.4 L/B와 D_f/B에 따른 I_f의 변화값

L/B	D_f/B	I_f		
		$m_s = 0.3$	$m_s = 0.4$	$m_s = 0.5$
1	0.5	0.77	0.82	0.85
	0.75	0.69	0.74	0.77
	1	0.65	0.69	0.72
2	0.5	0.82	0.86	0.89
	0.75	0.75	0.79	0.83
	1	0.71	0.75	0.79
5	0.5	0.87	0.91	0.93
	0.75	0.81	0.86	0.89
	1	0.78	0.82	0.85

표 8.5 흙의 탄성계수 대표값

흙 종류	E kN/m^2
연약 점토	1800 – 3500
단단한 점토	6000 – 14,000
느슨한 모래	10,000 – 28,000
조밀한 모래	35,000 – 70,000

표 8.6 포아송비 대표값

흙 종류	포아송비, μ_s
느슨한 모래	0.2 – 0.4
중간 모래	0.25 – 0.4
조밀한 모래	0.3 – 0.45
실트질 모래	0.2 – 0.4
연약 점토	0.15 – 0.25
중간 점토	0.2 – 0.5

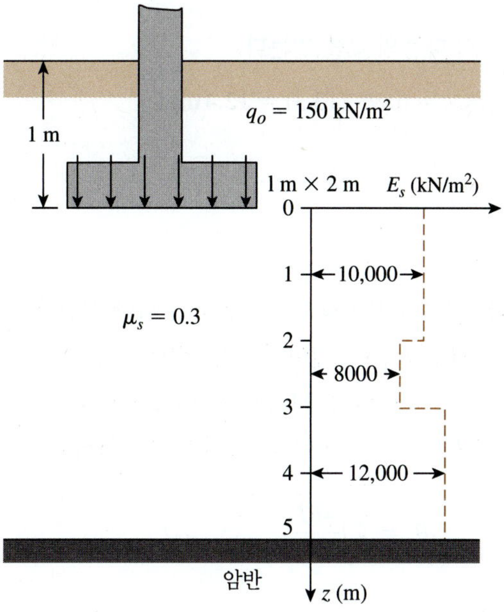

그림 8.4 기초의 중심 하부의 탄성침하

$$E_s = \frac{\Sigma E_{s(i)} \Delta z}{\bar{z}}$$
$$= \frac{(10{,}000)(2) + (8000)(1) + (12{,}000)(2)}{5} = 10{,}400 \text{ kN/m}^2$$

기초의 중심에 대하여,

$$\alpha = 4$$
$$m' = \frac{L}{B} = \frac{2}{1} = 2$$

그리고

$$n' = \frac{H'}{\left(\frac{B}{2}\right)} = \frac{5}{\left(\frac{1}{2}\right)} = 10$$

표 8.2와 8.3으로부터, $F_1 = 0.641$ 그리고 $F_2 = 0.031$이다. 식 (8.5)로부터,

$$I_s = F_1 + \frac{2 - \mu_s}{1 - \mu_s} F_2$$
$$= 0.641 + \frac{2 - 0.3}{1 - 0.3}(0.031) = 0.716$$

다시, $D_f/B = 1/1 = 1$, $B/L = 0.5$, 그리고 $\mu_s = 0.3$이다. 표 8.4로부터, $I_f = 0.71$이다. 따라서,

$$S_{e(\text{연성})} = q_0(\alpha B') \frac{1 - \mu_s^2}{E_s} I_s I_f$$
$$= (150)\left(4 \times \frac{1}{2}\right)\left(\frac{1 - 0.3^2}{10{,}400}\right)(0.716)(0.71) = 0.0133 \text{ m} = 13.3 \text{ mm}$$

강성 기초이므로, 식 (8.17)로부터 다음의 값을 얻는다.

$$S_{e(\text{강성})} = (0.93)(13.3) = \mathbf{12.4 \text{ mm}}$$

■

8.4 탄성침하의 개선된 식

1999년에 Mayne and Poulos는 기초의 탄성침하를 계산하기 위한 개선된 공식을 발표하였다. 이 공식은 기초의 강성, 기초의 근입깊이, 깊이에 따른 지반 탄성계수의 증가, 한정된 깊이에서 강성층(암반)의 존재 등을 고려하였다. Mayne and Poulous의 식을 사용하기 위해서는 직사각형 기초의 등가 직경 B_e을 계산하여야 하며, 계산식은 다음과 같다.

$$B_e = \sqrt{\frac{4BL}{\pi}} \tag{8.19}$$

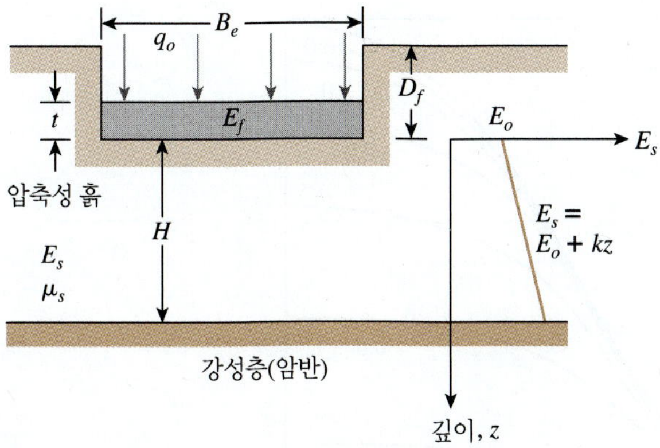

그림 8.5 탄성침하를 산정하기 위한 개선된 식: 일반 매개변수

여기서

B = 기초의 폭

L = 기초의 길이

원형 기초에서는

$$B_e = B \tag{8.20}$$

여기서 B = 기초의 직경

그림 8.5는 지표면 아래 D_f 깊이에 위치된 기초의 등가 직경 B_e를 나타낸다. 기초의 두께를 t라고 하고 기초를 구성하고 있는 재료의 탄성계수를 E_f라고 하자. 기초의 바닥 아래로 H의 깊이에 강성층(암반)이 위치한다. 압축성 토층의 탄성계수는 다음과 같이 구할 수 있다.

$$E_s = E_o + kz \tag{8.21}$$

앞의 매개변수들이 결정되면, 기초의 중심 하부에서 탄성침하량은 다음 식을 사용하여 구할 수 있다.

$$S_e = \frac{q_o B_e I_G I_F I_E}{E_o}(1 - \mu_s^2) \tag{8.22}$$

여기서

I_G = 깊이에 따른 E_s의 변화에 대한 영향계수

$= f\left(\beta = \frac{E_o}{kB_e}, \frac{H}{B_e}\right)$

I_F = 기초의 강성보정계수

I_E = 기초의 근입보정계수

그림 8.6은 $\beta = E_o/kB_e$와 H/B_e에 따른 I_G 값의 변화를 나타낸다. 기초의 강성보정계수는 다음과 같이 표현된다.

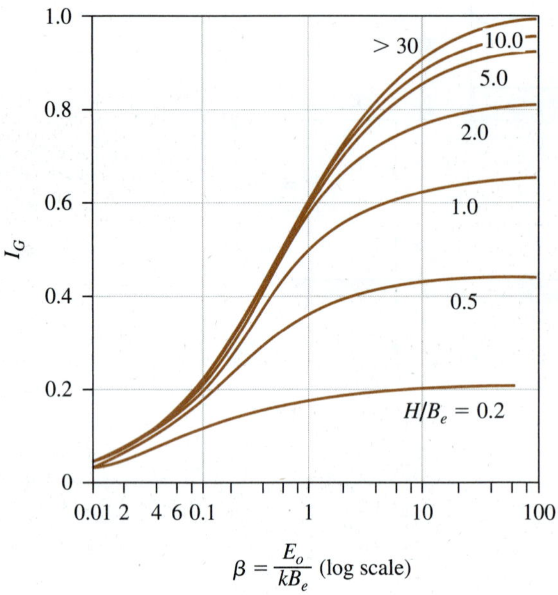

그림 8.6 β에 따른 I_G의 변화

$$I_F = \frac{\pi}{4} + \frac{1}{4.6 + 10\left(\dfrac{E_f}{E_o + \dfrac{B_e}{2}k}\right)\left(\dfrac{2t}{B_e}\right)^3} \tag{8.23}$$

유사하게 기초의 근입보정계수는

$$I_E = 1 - \frac{1}{3.5\exp(1.22\mu_s - 0.4)\left(\dfrac{B_e}{D_f} + 1.6\right)} \tag{8.24}$$

그림 8.7과 그림 8.8은 식 (8.23)과 식 (8.24)에 표현된 계수들에 따른 I_F와 I_E의 변화값을 나타낸 것이다.

예제 8.3

그림 8.5에 나타낸 바와 같이 실트질 모래층에 의해 얕은 기초가 지지되고 있다.

기초의 길이 $= L = 3$ m
기초의 폭 $= B = 1.5$ m
기초의 깊이 $= D_f = 1.5$ m
기초의 두께 $= t = 0.3$ m
단위면적당 하중 $= q_o = 240$ kN/m^2
$E_f = 16 \times 10^6$ kN/m^2

실트질 모래층의 특성은 다음과 같다.

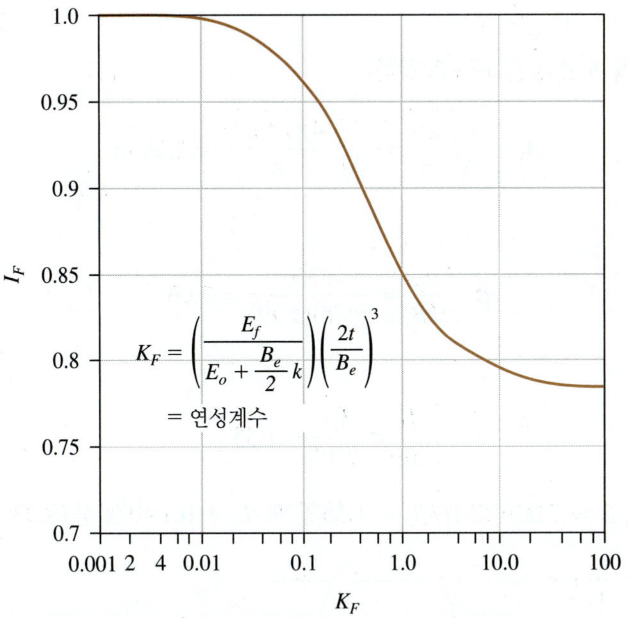

그림 8.7 연성계수 K_F에 따른 강성보정계수 I_F의 변화값[식 (8.23)]

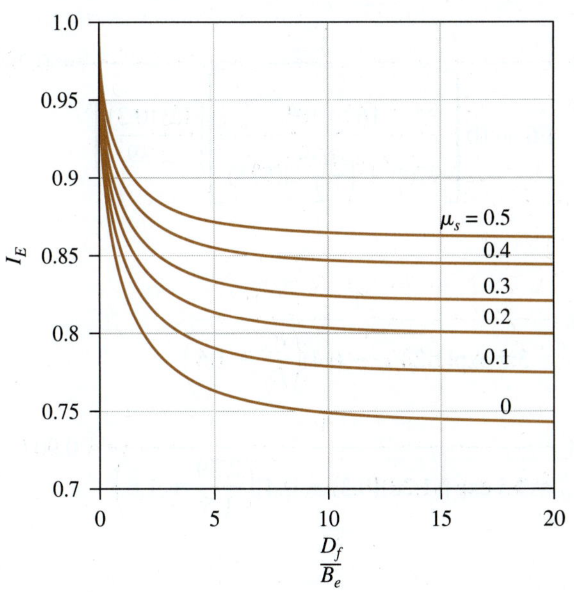

그림 8.8 D_f/B_e에 따른 근입보정계수 I_E의 변화값[식 (8.24)]

$$H = 3.7 \text{ m}$$
$$\mu_s = 0.3$$
$$E_o = 9700 \text{ kN/m}^2$$
$$k = 575 \text{ kN/m}^2\text{/m}$$

기초의 탄성침하량을 산정하라.

풀이

식 (8.19)로부터 등가 직경은 다음과 같다.

$$B_e = \sqrt{\frac{4BL}{\pi}} = \sqrt{\frac{(4)(1.5)(3)}{\pi}} = 2.39 \text{ m}$$

그래서

$$\beta = \frac{E_o}{kB_e} = \frac{9700}{(575)(2.39)} = 7.06$$

그리고

$$\frac{H}{B_e} = \frac{3.7}{2.39} = 1.55$$

그림 8.6으로부터 $\beta = 7.06$이고 $H/B_e = 1.55$일 때, $I_G \approx 0.7$이다. 식 (8.23)으로부터,

$$I_F = \frac{\pi}{4} + \frac{1}{4.6 + 10\left(\dfrac{E_f}{E_o + \dfrac{B_e}{2}k}\right)\left(\dfrac{2t}{B_e}\right)^3}$$

$$= \frac{\pi}{4} + \frac{1}{4.6 + 10\left[\dfrac{16 \times 10^6}{9700 + \left(\dfrac{2.39}{2}\right)(575)}\right]\left[\dfrac{(2)(0.3)}{2.39}\right]^3} = 0.789$$

식 (8.24)로부터,

$$I_E = 1 - \frac{1}{3.5\exp(1.22\mu_s - 0.4)\left(\dfrac{B_e}{D_f} + 1.6\right)}$$

$$= 1 - \frac{1}{3.5\exp[(1.22)(0.3) - 0.4]\left(\dfrac{2.39}{1.5} + 1.6\right)} = 0.907$$

식 (8.22)로부터

$$S_e = \frac{q_o B_e I_G I_F I_E}{E_o}(1 - \mu_s^2)$$

따라서, $q_o = 240 \text{ kN/m}^2$이므로 다음과 같이 계산한다.

$$S_e = \frac{(240)(2.39)(0.7)(0.789)(0.907)}{9700}(1 - 0.3^2) \approx 0.02696 \text{ m} \approx \mathbf{27\ mm}$$

■

8.5 사질토의 탄성침하: 변형률 영향계수의 사용

Schmertmann et al.의 해법(1978)

조립질 토사의 탄성침하는 Schmertmann et al.(1978)에 의해 제안된 준경험적 **변형률 영향계수**를 사용하여 산정할 수 있다. 이 방법에 따르면(그림 8.9), 탄성침하량은 다음 식으로 구할 수 있다.

$$S_e = C_1C_2(\bar{q} - q)\sum_0^{z_2} \frac{I_z}{E_s}\Delta z \tag{8.25}$$

여기서

I_z = 변형률 영향계수

C_1 = 기초의 근입깊이에 대한 보정계수

$= 1 - 0.5\,[q/(\bar{q} - q)]$

C_2 = 흙의 크리프에 대한 보정계수

$= 1 + 0.2\log$(시간(년)/0.1)

$\bar{q}$ = 기초저면에서의 응력

$q = \gamma D_f$ = 기초면에서 유효응력

E_s = 흙의 탄성계수

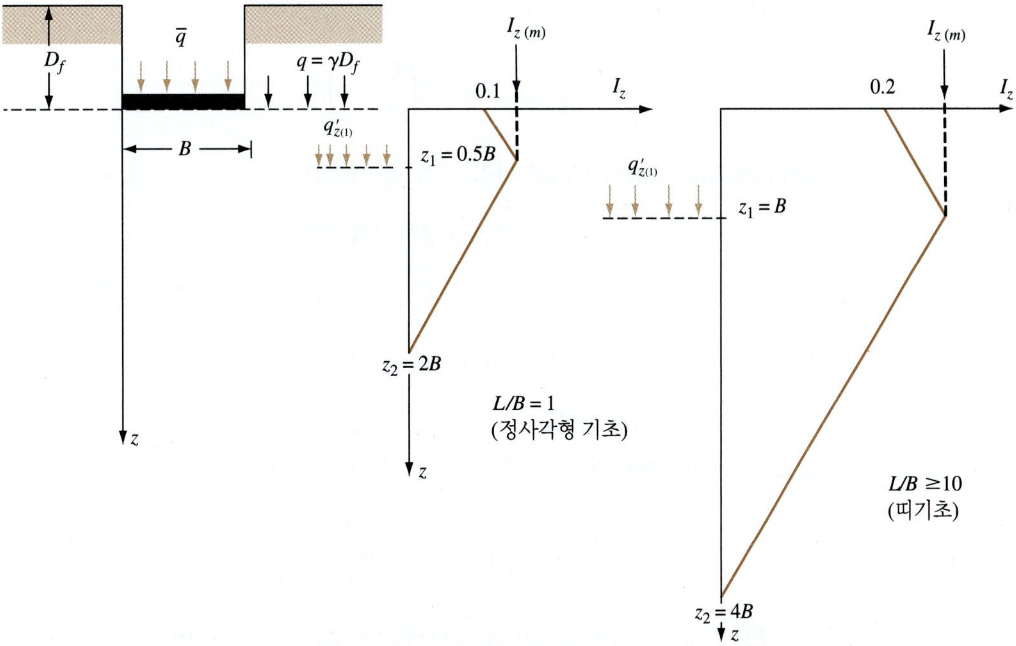

그림 8.9 깊이와 L/B에 따른 변형률 영향계수의 변화값

그림 8.9는 정사각형($L/B = 1$) 또는 원형 기초, $L/B \geq 10$인 기초에 대한 변형률 영향계수 I_z의 변화를 도시한 것이다. $1 < L/B < 10$에서 변형률 영향계수 I_z 그래프는 보간법을 적용할 수 있다.

$z = z_1$에서 I_z의 최대값(즉, $I_{z(m)}$)이 발생되며, $z = z_2$에서 I_z의 값이 감소하여 0이 된다. I_z의 최대값은 다음 식으로 계산된다.

$$I_{z(m)} = 0.5 + 0.1\sqrt{\frac{\bar{q} - q}{q'_{z(1)}}} \tag{8.26}$$

여기서

$q'z_{(1)}$ = 기초 시공 전 깊이 z_1에 대한 유효응력

$z = 0$, z_1/B 그리고 z_2/B에 따라서 I_z의 관계를 Salgado(2008)가 보간법으로 나타내었다.

- I_z에서 $z = 0$

$$I_z = 0.1 + 0.0111\left(\frac{L}{B} - 1\right) \leq 0.2 \tag{8.27}$$

- z_1/B

$$\frac{z_1}{B} = 0.5 + 0.0555\left(\frac{L}{B} - 1\right) \leq 1 \tag{8.28}$$

- z_2/B

$$\frac{z_2}{B} = 2 + 0.222\left(\frac{L}{B} - 1\right) \leq 4 \tag{8.29}$$

Schmertmann et al.(1978)은 다음 식을 제안하였다.

$$E_s = 2.5q_c(\text{정사각형 기초}) \tag{8.30}$$

그리고

$$E_s = 3.5q_c\ (L/B \geq 10\text{인 경우}) \tag{8.31}$$

여기서 q_c는 콘관입저항값이다.

Terzaghi et al.(1996)은 다른 적절한 방법을 제안하였다.

$$E_{s(\text{직사각형})} = \left(1 + 0.4\log\frac{L}{B}\right)E_{s(\text{정사각형})} \tag{8.32}$$

식 (8.25)를 사용하여 탄성침하를 계산하는 과정은 그림 8.10에 제시된 바와 같다.

1단계. 심도 축척에 따라 깊이에 따른 I_z의 변화와 기초를 그린다(그림 8.10a).

2단계. 표준관입저항치(N_{60}) 또는 콘관입저항치(q_c)와의 상관관계식을 이용하여, 깊이

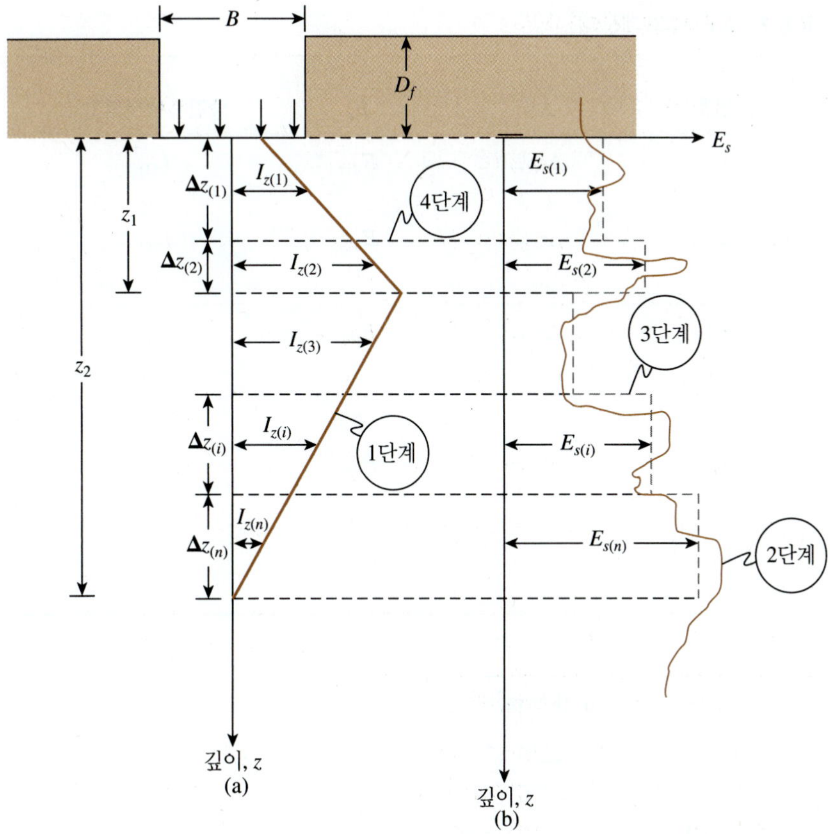

그림 8.10 변형률 영향계수를 이용한 S_e의 계산과정

에 따른 실제 E_s의 변화를 도시한다(그림 8.10b).

3단계. $E_{s(1)}, E_{s(2)}, \ldots E_{s(i)}, \ldots E_{s(n)}$(그림 8.10b)와 같이 여러 층으로 구성된 각 지층의 E_s로부터 개략적인 실제 E_s의 변화값을 결정한다.

4단계. $z = 0$에서부터 $z = z_2$까지 수평선을 그려서 여러 층으로 지반을 구분한다. 층의 개수는 I_z와 E_s 분포도에서 연속성이 변화하는 것(꺾이는 선)에 따라 결정한다.

5단계. 표 8.7과 같이 $\Sigma \frac{I_z}{E_s} \Delta z$를 얻기 위한 표를 작성한다.

6단계. C_1과 C_2를 계산한다.

7단계. 식 (8.25)로부터 S_e를 계산한다.

예제 8.4

그림 8.11a에 모래 지반상에 근입깊이가 1.2 m이고 기초 크기의 평면이 2 m × 4 m인 직사각형 기초가 시공되어 있다. 단, $\gamma = 17.5 \text{ kN/m}^3$, $\bar{q} = 145 \text{ kN/m}^2$이고 z에 따른 q_c의 변화량은 다음과 같다.

표 8.7 $\Sigma \frac{I_z}{E_s} \Delta z$의 계산

층 번호	Δz	E_s	중간층에서의 I_z	$\frac{I_z}{E_s} \Delta z$
1	$\Delta z_{(1)}$	$E_{s(1)}$	$I_{z(1)}$	$\frac{I_{z(1)}}{E_{s(1)}} \Delta z_1$
2	$\Delta z_{(2)}$	$E_{s(2)}$	$I_{z(2)}$	
⋮	⋮	⋮	⋮	
3	$\Delta z_{(i)}$	$E_{s(i)}$	$I_{z(i)}$	$\frac{I_{z(i)}}{E_{s(i)}} \Delta z_i$
⋮	⋮	⋮	⋮	
4	$\Delta z_{(n)}$	$E_{s(n)}$	$I_{z(n)}$	$\frac{I_{z(n)}}{E_{s(n)}} \Delta z_n$
				$\Sigma \frac{I_z}{E_s} \Delta z$

z (m)	q_c (kN/m²)
0 – 0.5	2250
0.5 – 2.5	3430
2.5 – 6.0	2950

변형률 영향계수 방법을 사용하여 기초의 탄성침하량을 계산하라.

풀이

식 (8.28)로부터

$$\frac{z_1}{B} = 0.5 + 0.0555\left(\frac{L}{B} - 1\right) = 0.5 + 0.0555\left(\frac{4}{2} - 1\right) \approx 0.56$$

$$z_1 = (0.56)(2) = 1.12 \text{ m}$$

식 (8.29)로부터

$$\frac{z_2}{B} = 2 + 0.222\left(\frac{L}{B} - 1\right) = 2 + 0.222(2 - 1) = 2.22$$

$$z_2 = (2.22)(2) = 4.44 \text{ m}$$

식 (8.27)로부터 $z = 0$

$$I_z = 0.1 + 0.0111\left(\frac{L}{B} - 1\right) = 0.1 + 0.0111\left(\frac{4}{2} - 1\right) \approx 0.11$$

식 (8.26)으로부터

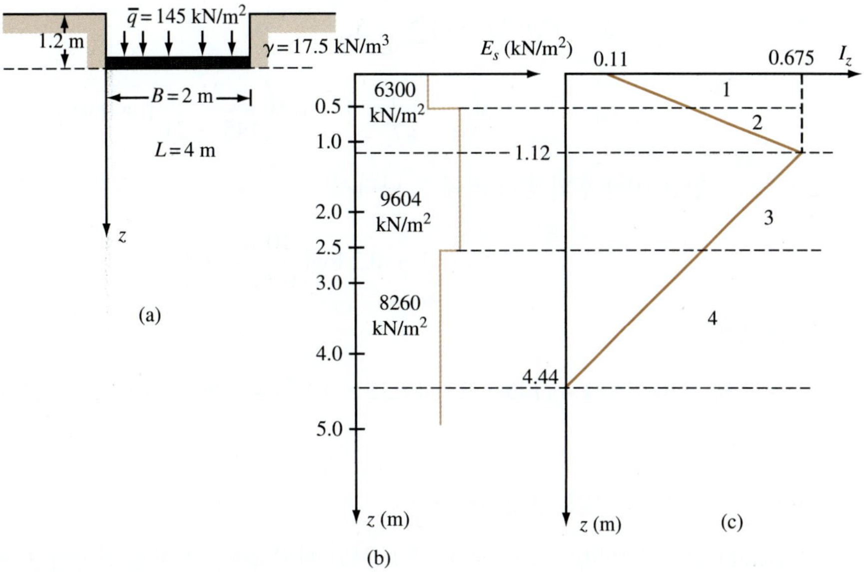

그림 8.11

$$I_{z(m)} = 0.5 + 0.1\sqrt{\frac{\bar{q} - q}{q'_{z(1)}}} = 0.5 + 0.1\left[\frac{145 - (1.2 \times 17.5)}{(1.2 + 1.12)(17.5)}\right]^{0.5} = 0.675$$

그림 8.11c는 z에 대한 I_z의 값을 보여준다. 식 (8.32)로부터

$$E_{s(\text{직사각형})} = \left(1 + 0.4\log\frac{L}{B}\right)E_{s(\text{정사각형})} = \left[1 + 0.4\log\left(\frac{4}{2}\right)\right](2.5 \times q_c) = 2.8q_c$$

그러므로 z에 따른 E_s의 변화량은 다음과 같다.

z (m)	q_c (kN/m²)	E_s (kN/m²)
0 – 0.5	2250	6300
0.5 – 2.5	3430	9604
2.5 – 6.0	2950	8260

그림 8.11b는 z에 대한 E_s의 변화량을 나타낸 것이다.

그림 8.11b, 그리고 그림 8.11c는 4층으로 나뉜 지층 구조를 보여준다. 다음 표의 설계 조건을 참고하라.

토층번호	Δz	E_s	토층의 중간에서 I_z	$\frac{I_z}{E_s}\Delta z$ (m³/kN)
1	0.50	6300	0.236	1.87×10^{-5}
2	0.62	9604	0.519	3.35×10^{-5}
3	1.38	9604	0.535	7.68×10^{-5}
4	1.94	8260	0.197	4.62×10^{-5}
				$\Sigma 17.52 \times 10^{-5}$

$$S_e = C_1C_2(\bar{q} - q)\sum \frac{I_z}{E_s}\Delta z$$

$$C_1 = 1 - 0.5\left(\frac{q}{\bar{q} - q}\right) = 1 - 0.5\left(\frac{21}{145 - 21}\right) = 0.915$$

크리프로 인한 10년 후의 침하량 예측. 따라서

$$C_2 = 1 + 0.2\log\left(\frac{10}{0.1}\right) = 1.4$$

그러므로

$$S_e = (0.915)(1.4)(145 - 21)(17.52 \times 10^{-5}) = 2783 \times 10^{-5}\text{ m} = \mathbf{27.83\ mm}$$

■

Terzaghi 외 2인의 해법(1996)

Terzaghi 외 2인(1996)은 그림 8.12에 도시된 바와 같이, 변형률 영향계수 도표의 약간 다른 형태를 제안했다. Terzaghi et al.(1996)에 따르면,

$z = 0$에서, $I_z = 0.2$(모든 L/B 값에 대하여)
$z = z_1 = 0.5B$, $I_z = 0.6$(모든 L/B 값에 대하여)
$z = z_2 = 2B$, $I_z = 0$ $(L/B = 1)$
$z = z_2 = 4B$, $I_z = 0$ $(L/B \geq 10)$

L/B가 1과 10 사이일 경우(또는 > 10),

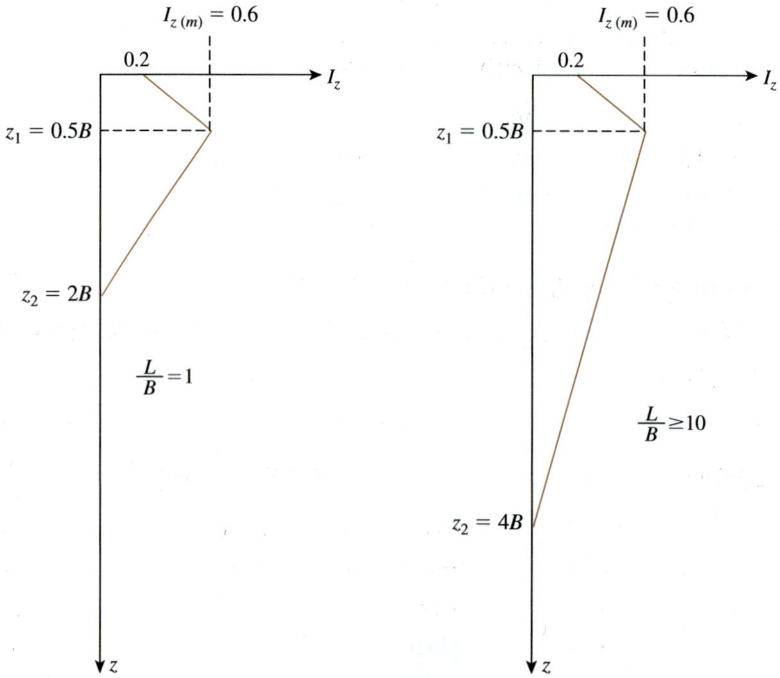

그림 8.12 Terzaghi et al.(1996)에 의해 제안된 변형률 영향계수 도표[출처: Terzagh et al. (1996)]

표 8.8 D_f/B^*에 따른 C_d의 변화값

D_f/B	C_d
0.1	1
0.2	0.96
0.3	0.92
0.5	0.86
0.7	0.82
1.0	0.77
2.0	0.68
3.0	0.65

*Terzaghi et al. (1996)의 자료에 근거함

$$\frac{z_2}{B} = 2\left[1 + \log\left(\frac{L}{B}\right)\right] \tag{8.33}$$

탄성침하는 다음과 같다.

$$S_e = C_d(\overline{q} - q)\sum_0^{z_2} \frac{I_z}{E_s}\Delta z + \underbrace{0.02\left[\frac{0.1}{\frac{\sum(q_c\Delta z)}{z_2}}\right] z_2 \log\left(\frac{t \text{ days}}{1 \text{ day}}\right)}_{\text{시공후침하량}} \tag{8.34}$$

식 (8.34)에서, q_c의 단위는 MN/m^{2}이다.

E_s에 대한 관계식은 다음과 같다.

$$E_s = 3.5q_c(\text{정사각형 기초와 원형 기초인 경우}) \tag{8.35}$$

그리고

$$E_{s(\text{직사각형})} = \left[1 + 0.4 \log\left(\frac{L}{B}\right)\right] E_{s(\text{정사각형})} \le 1.4E_{s(\text{정사각형})} \text{일 경우} \tag{8.36}$$

식 (8.34)에서, C_d는 깊이계수이다. 표 8.8은 D_f/B의 값에 대한 C_d의 보간된 값이다.

예제 8.5

Terzaghi et al.(1996)의 방법을 이용하여 예제 8.4를 풀어라.

풀이

주어진 값: $L/B = 4/2 = 2$

그림 8.13a는 기초 아래의 깊이에 대한 I_z의 그래프를 나타낸다.

$$\frac{z_2}{B} = 2\left[1 + \log\left(\frac{L}{B}\right)\right] = 2[1 + \log(2)] = 2.6$$

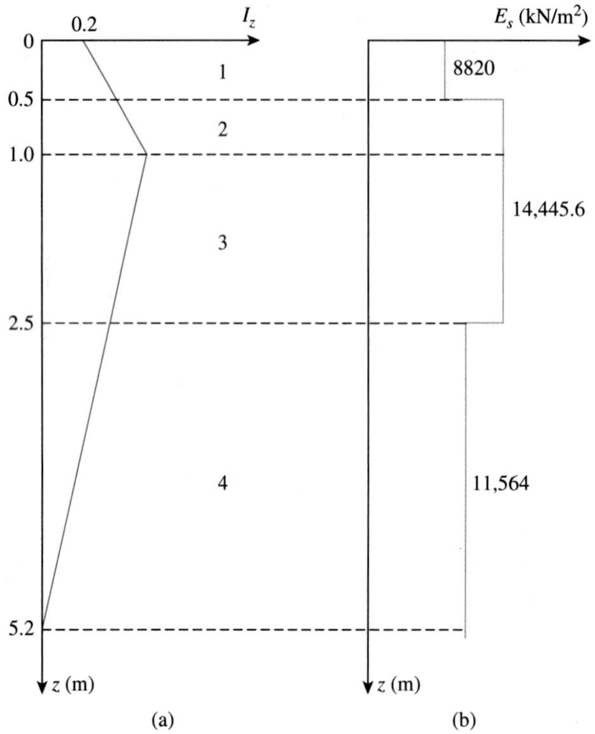

그림 8.13

또는,

$$z_2 = (2.6)(B) = (2.6)(2) = 5.2 \text{ m}$$

또한, 식 (8.35)와 식 (8.36)으로부터,

$$E_s = \left[1 + 0.4 \log\left(\frac{L}{B}\right)\right](3.5q_c) = \left[1 + 0.4 \log\left(\frac{4}{2}\right)\right](3.5q_c) = 3.92$$

다음 표는 그림 8.13b에 도시된 것과 같이 깊이에 대한 E_s의 변화값을 나타낸 것이다.

z (m)	q_c (kN/m²)	E_s (kN/m²)
0 – 0.5	2250	8820
0.5 – 2.5	3430	14,445.6
2.5 – 6	2950	11,564

여기서, $D_f/B = 1.2/2 = 0.6$이다. 표 8.8로부터, $C_d \approx 0.85$이다.

다음은 $\sum_0^{z_2} \frac{I_z}{E_s}\Delta z$를 계산한 표이다.

토층 번호	Δz (m)	E_s (kN/m²)	토층의 중간에서 I_z	$\frac{I_z}{E_s}\Delta z$ (m²/kN)
1	0.5	8820	0.3	1.7×10^{-5}
2	0.5	14,445.6	0.5	1.73×10^{-5}
3	1.5	14,445.6	0.493	5.12×10^{-5}
4	2.7	11,564	0.193	4.5×10^{-5}
				$\Sigma 13.06 \times 10^{-5}$ m²/kN

따라서,

$$C_d(\bar{q} - q)\sum_0^{z_2}\frac{I_z}{E_s}\Delta_z = (0.85)(145 - 21)(13.06 \times 10^{-5}) = 1376.5 \times 10^{-5}\ \text{m}$$

시공완료 후 크리프는

$$0.02\left[\frac{0.1}{\frac{\sum(q_c\Delta z)}{z_2}}\right]z_2 \log\left(\frac{t\ \text{days}}{1\ \text{day}}\right)$$

$$\frac{\sum(q_c\Delta z)}{z_2} = \frac{(2250 \times 0.5) + (3430 \times 2) + (2950 \times 2.7)}{5.2}$$
$$= 3067.3\ \text{kN/m}^2 \approx 3.07\ \text{MN/m}^2$$

그러므로, 탄성침하량은

$$S_e = 1376.5 \times 10^{-5} + 0.02\left[\frac{0.1}{3.07}\right](5.2)\log\left(\frac{10 \times 365\ \text{days}}{1\ \text{day}}\right)$$
$$= 2583.3 \times 10^{-5}\ \text{m}$$
$$\approx \mathbf{25.83\ mm}$$

주: 예제 8.4에서 구해진 S_e의 크기는 대략 93%이다. 예제 8.4에서, 탄성침하량은 대략 19.88 mm였고, 크리프에 의한 침하량은 대략 7.95 mm였다. 그러나 예제 8.5에서, 탄성침하량은 13.77 mm이고 크리프에 의한 침하량은 대략 12.07 mm이다. 따라서 예제 8.5에서 크리프 침하량의 크기는 대략 50% 정도 더 크다. 그러나 예제 8.4에서 탄성침하량의 크기는 예제 8.5와 비교하였을 때 대략 30% 정도 더 크다. 이는 $E_s - q_c$ 관계식의 가정 때문이다.

■

8.6 표준관입저항값에 근거한 모래 지반상에 축조된 기초의 침하

Meyerhof의 방법

Meyerhof(1956)는 표준관입저항치 N_{60}를 사용하여 기초의 순 지지력에 대한 상관관계식을 제안하였다. 순 지지력은 다음과 같이 정의한다.

$$q_{\text{net}} = \bar{q} - \gamma D_f$$

여기서 $\bar{q}$는 기초바닥의 응력이다.

오랫동안 25 mm는 얕은 기초의 최대허용침하량으로 취급되어 왔다. Meyerhof 이론에 의하면, 산정된 최대침하량이 25 mm (1 in)일 때

$$q_{\text{net}}(\text{kN/m}^2) = \frac{N_{60}}{0.08} \quad (B \le 1.22 \text{ m인 경우}) \tag{8.37}$$

그리고,

$$q_{\text{net}}(\text{kN/m}^2) = \frac{N_{60}}{0.125}\left(\frac{B+0.3}{B}\right)^2 \quad (B > 1.22 \text{ m인 경우}) \tag{8.38}$$

Meyerhof가 초기 상관관계식을 제안한 이후, 그 결과가 안전측이라는 것이 여러 연구자들에 의해 확인되었다. 이후 Meyerhof(1965)는 순 허용지지력이 대략 50% 증가되어야 한다고 주장하였다. Bowles(1977)는 수정된 지지력 공식을 다음과 같이 제안하였으며 표 8.9에 제시된 바와 같다.

표 8.9에서 방정식에 참조된 N_{60}은 기초의 바닥과 기초 아래 $2B$ 지점 사이의 표준관입저항값이다.

Meyerhof(1965)는 모래와 자갈 지반에 전면기초가 시공된 여러 개 현장의 계측 침하량을 분석하였고, 그 결과를 표 8.10에 제시하였다. 표에서 2, 3, 4, 5열에 주어진 값은 계측

표 8.9 수정된 순 지지력(q_{net})과 탄성침하(S_e)관계[Meyerhof(1965), Bowles(1973)]

항목	관계식
q_{net}	$q_{\text{net}}\ (\text{kN/m}^2) = \frac{N_{60}}{0.05} F_d \left(\frac{S_e}{25}\right)$ ($B \le 1.22$ m인 경우) S_e의 단위는 mm $q_{\text{net}}\ (\text{kN/m}^2) = \frac{N_{60}}{0.08}\left(\frac{B+0.3}{B}\right)^2 F_d \left(\frac{S_e}{25}\right)$ ($B > 1.22$ m인 경우) B의 단위는 m이고, S_e의 단위는 mm임.
S_e	$S_e\ (\text{mm}) = \frac{1.25 q_{\text{net}}\ (\text{kN/m}^2)}{N_{60} F_d}$ ($B \le 1.22$ m인 경우) $S_e\ (\text{mm}) = \frac{2 q_{\text{net}}\ (\text{kN/m}^2)}{N_{60} F_d}\left(\frac{B}{B+0.3}\right)^2$ ($B < 1.22$ m인 경우) B의 단위는 m이다.

주: N_{60} = 표준관입저항치

F_d = 깊이계수 $= 1 + 0.33(D_f/B)$

[출처: Meyerhof(1965), Bowles(1973)]

표 8.10 모래와 자갈 지반에 축조된 전면기초의 계측 침하량과 예측 최대 침하량

구조물 (1)	B (m) (2)[a]	N_{60} (3)[a]	q_{net} (kN/m^2) (4)[a]	$S_{e(계측)}$ (mm) (5)[a]	$S_{e(예측)}$ (mm) (6)[b]	$\frac{S_{e(예측)}}{S_{e(계측)}}$ (7)
T. Edison Sao Paulo, Brazil	18.3	15	229.8	15.2	30.6	2.0
Banco de Brasil Sao Paulo, Brazil	22.9	18	239.4	27.9	26.6	0.95
Iparanga Sao Paulo, Brazil	9.1	9	306.4	35.6	68.1	1.91
C.B.I., Esplanada Sao Paulo, Brazil	14.6	22	383.0	27.9	34.8	1.25
Riscala Sao Paulo, Brazil	4.0	20	229.8	12.7	23	1.81
Thyssen Dusseldorf, Germany	22.6	25	239.4	24.1	19.2	0.8
Ministry Dusseldorf, Germany	15.9	20	220.2	21.6	22.0	1.02
Chimney Cologne, Germany	20.4	10	172.4	10.2	34.5	3.38

[a]출처: Meyerhof(1965)에 의해 정리됨
[b]표 8.9에 제시된 식에 의해서 산정됨

값이다. 6열은 표 8.9에 제시된 방정식을 이용한 S_e의 예측값이다(B, N_{60}, q_{net}의 실제 값에 대한). 표 8.10의 7열은 $S_{e(예측값)}/S_{e(계측값)}$의 비를 나타내며 0.8에서 3.38을 나타낸다. 따라서, 경험적인 관계식을 이용하여 계산된 허용침하량에 대한 허용 순 지지력은 안전하고 그리고 보수적이라는 결론을 내릴 수 있다.

예제 8.6

기둥을 위한 정사각형 얕은 기초가 모래 위에 시공될 예정이다. 기초는 순연직 질량 102,000 kg을 지지해야 한다. 지반조사에서 얻은 표준관입저항치(N_{60})가 그림 8.14에 주어졌다. 기초의 깊이가 1.5 m이고 허용침하량을 25 mm로 가정하였을 때, 기초의 크기를 결정하라.

풀이

다음은 깊이에 따른 N_{60}의 변화값이다. 10 m 깊이 내 N_{60}의 평균값은 $(3 + 7 + 12 + 12 + 16)/5 = 10$이다.

표 8.9에 주어진 식을 고려하라.

$$q_{net} = \frac{N_{60}}{0.08}\left(\frac{B + 0.3}{B}\right)^2 F_d\left(\frac{S_e}{25}\right)$$

$S_e = 2.5$ mm이고 $N_{60} \approx 10$일 때,

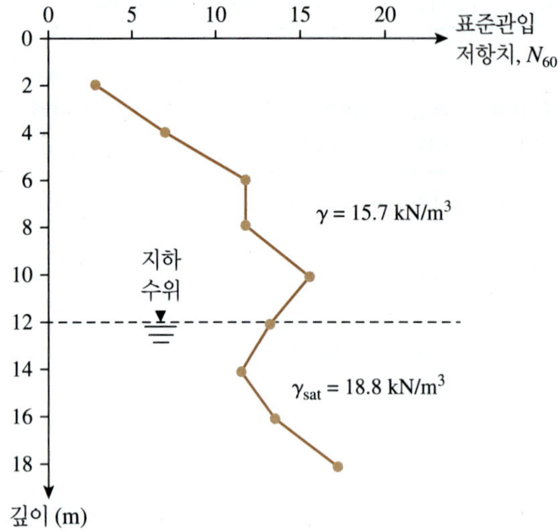

그림 8.14 깊이에 따른 N_{60}의 변화

깊이 (m)	N_{60}
2	3
4	7
6	12
8	12
10	16
12	13
14	12
16	14
18	18

$$q_{net} = \frac{10}{0.08}\left(\frac{B + 0.3}{B}\right)^2 F_d\left(\frac{25}{25}\right) = 125\left(\frac{B + 0.3}{B}\right)^2 F_d$$

$$F_d = 1 + 0.33\frac{D_f}{B}$$

또한, $Q_o = \dfrac{102{,}000 \text{ kg} \times 9.81}{1000} \approx 1000$ kN이 주어졌을 때 다음 표와 같이 시행착오를 통해 계산할 수 있다.

B(m)	F_d[a]	q_{net} (kN/m^2)	$Q_o = q_{net} \times B^2$
2	1.248	206.3	825.2
2.25	1.22	195.9	991.7
2.3	1.215	194.1	1026.8

[a] $D_f = 1.5$ m

요구되는 Q_o가 1000 kN이므로, B는 대략적으로 **2.3 m**에 근접할 것이다.

■

Burland and Burbidge의 방법*

Burland and Burbidge(1985)는 **현장 표준관입저항치**, N_{60}를 사용하여 사질토지반의 탄성침하량을 구하는 방법을 제시하였다(제3장 참고). 그 방법은 다음과 같이 요약할 수 있다.

1. 깊이에 따른 표준관입저항치의 변화

기초의 위치에서 깊이에 따른 표준관입저항치(N_{60})를 측정한다. 현장조건에 따라 다음과 같이 N_{60}의 보정이 필요하다.

자갈이나 모래질 자갈의 경우

$$N_{60(a)} \approx 1.25N_{60} \tag{8.39}$$

지하수위 아래 세립질 모래나 실트질 모래층이고 $N_{60} > 15$일 때,

$$N_{60(a)} \approx 15 + 0.5(N_{60} - 15) \tag{8.40}$$

여기서 $N_{60}(a)$ = 보정된 N_{60} 값

*[출처: Burland and Burbidge(1985)]

2. 응력의 영향 깊이의 결정(z')

응력의 영향 깊이의 결정에는 다음과 같은 세 가지 경우가 있다.

경우 I. N_{60}[또는 $N_{60(a)}$]이 깊이에 따라 일정할 때, z'은 다음 식으로 계산한다.

$$\frac{z'}{B_R} = 1.4\left(\frac{B}{B_R}\right)^{0.75} \tag{8.41}$$

여기서,

B_R = 기준 폭{= 0.3 m (B의 단위가 m일 때)

B = 실제 기초폭

경우 II. N_{60}[또는 $N_{60(a)}$]이 깊이에 따라 증가할 때, z'의 계산은 식 (8.41)을 사용한다.

경우 III. N_{60}[또는 $N_{60(a)}$]이 깊이에 따라 감소할 때, $z' = 2B$ 또는 기초의 바닥부터 연약 토층의 바닥까지 거리(둘 중 작은 값을 사용한다)

3. 탄성침하량 S_e의 계산

기초의 탄성침하량 S_e는 다음 식으로 계산할 수 있다.

$$\frac{S_e}{B_R} = \alpha_1\alpha_2\alpha_3\left[\frac{1.25\left(\frac{L}{B}\right)}{0.25 + \left(\frac{L}{B}\right)}\right]^2\left(\frac{B}{B_R}\right)^{0.7}\left(\frac{q'}{p_a}\right) \tag{8.42}$$

여기서

α_1 = 상수

α_2 = 압축지수

α_3 = 영향 깊이에 따른 보정계수

표 8.11 q', α_1, α_2, α_3의 요약

흙 종류	q'	α_1	α_2	α_3
정규압밀 모래	q_{net}	0.14	$\dfrac{1.71}{[\overline{N}_{60} \text{ 또는 } \overline{N}_{60(a)}]^{1.4}}$	
과압밀 모래($q_{net} \le \sigma'_c$)	q_{net}	0.047	$\dfrac{0.57}{[\overline{N}_{60} \text{ 또는 } \overline{N}_{60(a)}]^{1.4}}$	$\alpha_3 = \dfrac{H}{z'}\left(2 - \dfrac{H}{z'}\right)$ ($H \le z'$인 경우) or $\alpha_3 = 1$ ($H > z'$인 경우)
여기서 σ'_c = 선행압밀압력				여기서, H = 압밀층 깊이
과압밀 모래($q_{net} > \sigma'_c$)	$q_{net} - 0.67\sigma'_c$	0.14	$\dfrac{0.57}{[\overline{N}_{60} \text{ 또는 } \overline{N}_{60(a)}]^{1.4}}$	

p_a = 대기압 = 100 kN/m^2

L = 기초의 길이

표 8.11은 여러 종류의 흙에 대하여 식 (8.42)에 사용되는 q', α_1, α_2, α_3의 값을 요약한 것이다. 여기서 $\overline{N}_{60}$ 또는 $\overline{N}_{60(a)} = N_{60}$의 평균값 또는 응력영향깊이 내 $N_{60(a)}$

예제 8.7

모래 지반 위에 시공되는 얕은 기초의 크기는 1.75 m × 1.75 m이다. $D_f = 1$ m이고 N_{60}은 깊이에 따라 점차 증가한다. 응력영향깊이 내 $\overline{N}_{60} = 10$; $q_{net} = 120$ kN/m^{2}이다. 모래 지반은 정규압밀되어 있다. 기초의 탄성침하를 계산하라. Burland and Burbidge 방법을 사용하라.

풀이

식 (8.41)에서

$$\frac{z'}{B_R} = 1.4\left(\frac{B}{B_R}\right)^{0.75}$$

응력영향깊이

$$z' = 1.4\left(\frac{B}{B_R}\right)^{0.75} B_R = (1.4)(0.3)\left(\frac{1.75}{0.3}\right)^{0.75} \approx 1.58 \text{ m}$$

식 (8.42)로부터

$$\frac{S_e}{B_R} = \alpha_1\alpha_2\alpha_3\left[\frac{1.25\left(\frac{L}{B}\right)}{0.25 + \left(\frac{L}{B}\right)}\right]^2\left(\frac{B}{B_R}\right)^{0.7}\left(\frac{q'}{p_a}\right)$$

정규압밀된 모래(표 8.11)의 경우

$$\alpha_1 = 0.14$$
$$\alpha_2 = \frac{1.71}{(\bar{N}_{60})^{1.4}} = \frac{1.71}{(10)^{1.4}} = 0.068$$
$$\alpha_3 = 1$$
$$q' = q_{\text{net}} = 120\ \text{kN/m}^2$$

따라서

$$\frac{S_e}{0.3} = (0.14)(0.068)(1)\left[\frac{(1.25)\left(\frac{1.75}{1.75}\right)}{0.25 + \left(\frac{1.75}{1.75}\right)}\right]^2 \left(\frac{1.75}{0.3}\right)^{0.7}\left(\frac{120}{100}\right)$$

$$S_e \approx 0.0118\ \text{m} = \mathbf{11.8\ mm}$$

■

8.7 프레셔미터 시험(PMT)에 근거한 침하량

Briaud(2007)는 프레셔미터 시험(3.22절)에서 유도된 기초의 하중-침하 도표에 근거한 방법을 제안하였다.* 다음은 해석을 수행하기 위한 단계적 절차이다.

1단계. 프레셔미터 시험은 다양한 깊이의 원하는 위치에 시행하고 작용하중 p_p(공동 팽창 시에 측정셀에 작용하는 압력; 그림 3.35)에 대한 $\Delta R/R_o$ (R_o는 PMT 공동의 초기반경, ΔR는 공동반경의 증가량)의 그림을 얻을 수 있다(그림 8.15a).

2단계. 압력이 0인 점까지 PMT곡선의 직선부를 압력이 0인 지점까지 연장하고 수직축을 그림 8.15a와 같이 이동한다. $\Delta R/R_o$축을 0에 재위치시킨다.

3단계. 구하려는 기초에 대해 변형률 영향계수 도표를 작성한다(8.5절 참조). 영향깊이 내에 모든 프레셔미터 시험 곡선을 이용하여 평균 PMT 곡선을 도출한다. 그림 8.15b를 참고하여 다음과 같이 수행할 수 있다.

$\Delta R/R_o$축의 각각의 값에 대해 p_p값은 $p_{p(1)}, p_{p(2)}, p_{p(3)}, \ldots$ 가 된다. p_p의 평균값은 다음과 같이 얻을 수 있다.

$$p_{p(m)} = \frac{A_1}{A}p_{p(1)} + \frac{A_2}{A}p_{p(2)} + \frac{A_3}{A}p_{p(3)} + \cdots \tag{8.43}$$

여기서 A_1, A_2, A_3는 변형률 영향계수 도표 내 각 시험에 대한 영향범위이다.

$$A = A_1 + A_2 + A_3 + \cdots \tag{8.44}$$

4단계. 3단계 결과에 따라 평균값 $p_{p(m)}$과 $\Delta R/R_o$과의 관계 도표를 작성한다(그림 8.15c).

5단계. 평균 PMT 곡선은 다음 식을 통해 기초에 대한 하중-침하 곡선을 개발하는 데

* [출처: Briaud(2007)]

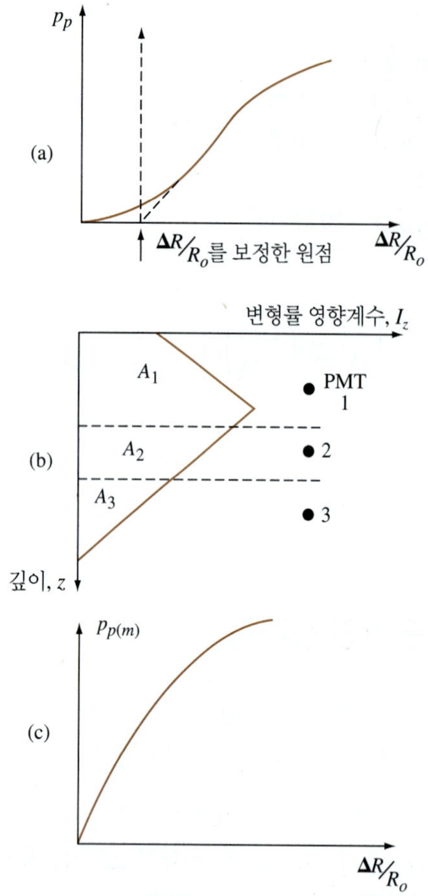

그림 8.15 (a) $\Delta R/R_o$에 따른 p_p의 값, (b) 기초의 영향 범위 내에서 평균 프레셔미터 시험 곡선, (c) $\Delta R/R_o$에 따른 $p_{p(m)}$의 값

사용될 수 있다.

$$\frac{S_e}{B} = 0.24\frac{\Delta R}{R_o} \tag{8.45}$$

그리고

$$q_o = f_{L/B} f_e f_\delta f_{\beta,d} \Gamma p_{p(m)} \tag{8.46}$$

여기서

S_e = 기초의 탄성침하량

B = 기초의 폭

L = 기초의 길이

q_o = 기초에 작용하는 단위면적당 순 하중

Γ = q_o, $p_{p(m)}$을 연결하는 감마함수

$$f_{L/B} = \text{형상계수} = 0.8 + 0.2\left(\frac{B}{L}\right) \tag{8.47}$$

$$f_e = \text{편심계수} = 1 - 0.33\left(\frac{e}{B}\right) \text{(중심)} \tag{8.48}$$

$$f_e = \text{편심계수} = 1 - \left(\frac{e}{B}\right)^{0.5} \text{(가장자리)} \tag{8.49}$$

$$f_\delta = \text{하중경사계수} = 1 - \left[\frac{\delta(\deg)}{90}\right]^2 \text{(중심)} \tag{8.50}$$

$$f_\delta = \text{하중경사계수} = 1 - \left[\frac{\delta(\deg)}{360}\right]^{0.5} \text{(가장자리)} \tag{8.51}$$

$$f_{\beta,d} = \text{사면계수} = 0.8\left(1 + \frac{d}{B}\right)^{0.1} \text{(3H:1V 사면)} \tag{8.52}$$

$$f_{\beta,d} = \text{사면계수} = 0.7\left(1 + \frac{d}{B}\right)^{0.15} \text{(2H:1V 사면)} \tag{8.53}$$

δ = 연직에 대한 하중의 기울기

β = 기초가 사면의 정상에 있을 때 수평에 대한 경사면의 기울기

d = 경사면의 가장자리에서 기초의 가장자리까지의 거리

매개변수 δ, β, d, 그리고 e는 그림 8.16에 정의되어 있다. 그림 8.17은 S_e/B 또는 $0.24\dfrac{\Delta R}{R_o}$에 따른 Γ의 설계도표를 나타낸다.

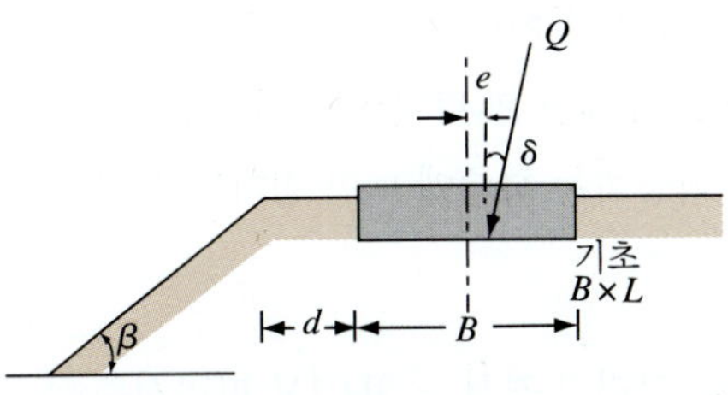

그림 8.16 매개변수들의 정의—β, L, d, δ, β, e, 그리고 β

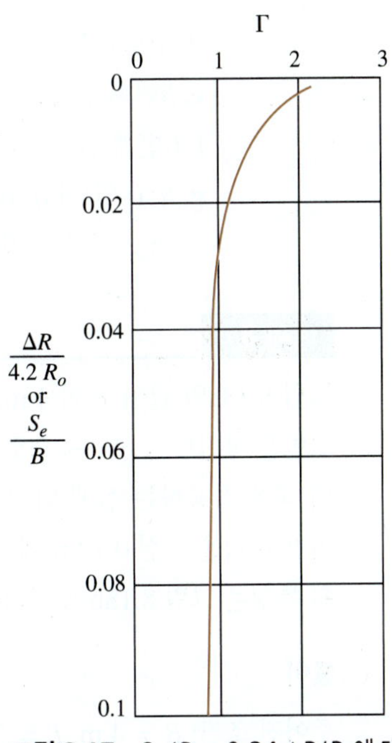

그림 8.17 $S_e/B = 0.24\,\Delta R/R_o$에 대한 Γ의 값

표 8.12 하중-침하량의 그래프를 얻기 위한 계산 절차

$\Delta R/R_o$ (1)	$p_{p(m)}$ (2)	S_e/B (3)	S_e (4)	Γ (5)	q_o (6)

6단계. B/L, e/B, δ, d/B의 값을 근거로 하여, 필요한 $f_{L/B}$, f_e, f_δ, $f_{\beta,d}$의 값을 계산한다. 즉

$$f = (f_{L/B})(f_e)(f_\delta)(f_{\beta,d}) \tag{8.54}$$

그러므로

$$q_o = f\Gamma p_{p(m)} \tag{8.55}$$

7단계. 표 8.12와 같이 표를 작성한다.

8단계. 다음 사항에 따라 표 8.12를 완성한다.

a. 1번째 열—$\Delta R/R_o$의 값을 가정한다.

b. 2번째 열—주어진 $\Delta R/R_o$에 대해, 그림 8.15c로부터 $p_{p(m)}$을 구한다.

c. 3번째 열—식 (8.45)에 따라, 1열에서 주어진 $\Delta R/R_o$으로부터 S_e/B의 값을 구한다.

d. 4번째 열—알고 있는 B값으로 S_e값을 계산한다.

e. 5번째 열—그림 8.17로부터 구하고자 하는 Γ값을 얻는다.

f. 6번째 열—식 (8.55)를 사용하여 q_o를 구한다.

g. S_e (4열)과 q_o (6열)에 관한 그래프를 도시하고, 이를 통해 주어진 q_o에 대한 S_e의 크기를 결정할 수 있다.

예제 8.8

그림 8.18a와 같이 폭이 4 m, 길이가 20 m인 교량의 교대의 직접기초를 건설하려 한다. 이 지반은 중간다짐 모래층으로 구성되어 있다. 기초에 16,000 kN의 연직하중이 작용한다. 교대 벽에 작용하는 실제 압력은 1,600 kN의 수평하중이 작용한다. 수직하중과 수평하중에 의한 합력은 편심 0.13 m에 작용한다. 현장토에 대한 PMT 시험결과 평균 프레셔미터 곡선의 특성은 그림 8.18b에 나타나 있다. 현재 작용하는 하중에 대한 침하량을 계산하라.

풀이

주어진 조건: $B = 4$ m, $L = 20$ m, $d = 3$ m, 그리고 경사 = 3H:1V. 따라서,

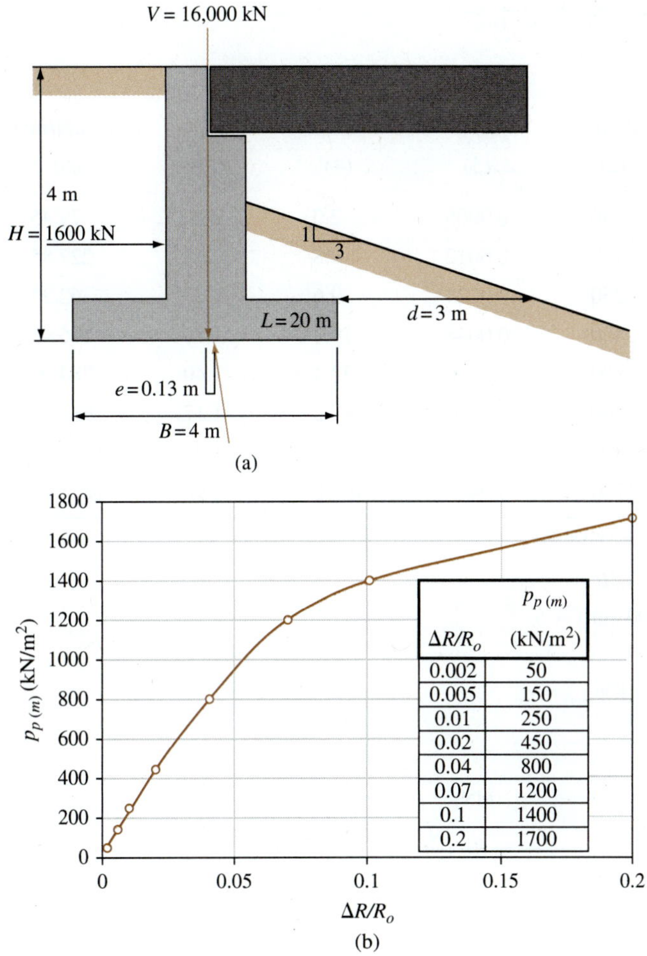

그림 8.18

$$f_{L/B} = 0.8 + 0.2\left(\frac{B}{L}\right) = 0.8 + 0.2\left(\frac{4}{20}\right) = 0.84$$

$$f_{e(\text{중심})} = 1 - 0.33\left(\frac{e}{B}\right) = 1 - 0.33\left(\frac{0.13}{4}\right) = 0.99$$

$$f_{\delta(\text{중심})} = 1 - \left(\frac{\delta}{90}\right)^2$$

$$\delta = \tan^{-1}\left(\frac{H}{V}\right) = \tan^{-1}\left(\frac{1600}{16{,}000}\right) = 5.71°$$

$$f_\delta = 1 - \left(\frac{5.71}{90}\right)^2 = 0.996$$

$$f_{\beta,d} = 0.8\left(1 + \frac{d}{B}\right)^{0.1} = 0.8\left(1 + \frac{3}{4}\right)^{0.1} = 0.846$$

$$f = f_{L/B} f_e f_\delta f_{\beta,d} = (0.84)(0.99)(0.996)(0.845) = 0.7$$

다음 표와 같이 계산할 수 있다.

$\Delta R/R_o$ (1)	$p_{p(m)}$ (kN/m^2) (2)	S_e/B (3)	S_e (mm) (4)	Γ (5)	q_o (kN/m^2) (6)	Q_o (MN) (7)
0.002	50	0.0005	2.0	2.27	79.45	6.36
0.005	150	0.0012	4.8	2.17	227.85	18.23
0.01	250	0.0024	9.6	2.07	362.25	28.98
0.02	450	0.0048	19.2	1.83	576.45	46.12
0.04	800	0.0096	38.4	1.40	784.00	62.72
0.07	1200	0.0168	67.2	1.17	982.8	78.62
0.10	1400	0.024	96.0	1.07	1048.6	83.89
0.20	1700	0.048	192.0	0.90	1071.0	85.68

주: 1열과 2열: 그림 8.18b로부터
3열: (1열)(0.24) = S_e/B
4열: (3열)(B = 4000 mm) = S_e
5열: 그림 8.17로부터
6열: $f\Gamma p_{p(m)} = (0.7)(\Gamma)p_{p(m)} = q_o$
7열: (6열)($B \times L$)

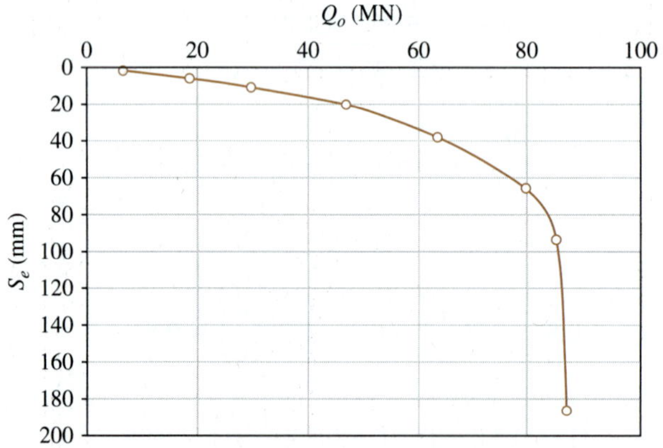

그림 8.19

그림 8.19는 S_e와 Q_o에 관한 그래프이다. 이 그래프로부터 연직하중이 16,000 kN (16 MN)일 때 $S_e \approx$ **4.2 mm**임을 알 수 있다.

■

8.8 $L_1 - L_2$ 방법을 이용한 침하량 산정

Akbas and Kulhawy(2009)는 현장시험에서 얻은 167개의 하중−변위관계를 평가하였다. 이 시험을 근거로 하여, 일반하중(Q)과 침하량(S_e)의 관계를 그림 8.20과 같이 도시하였다. Q와 S_e 간 도표의 초기점과 최종점의 접선을 그린다. 그림에서 하중 Q_{L_1}은 $S_{e(L_1)}$ =

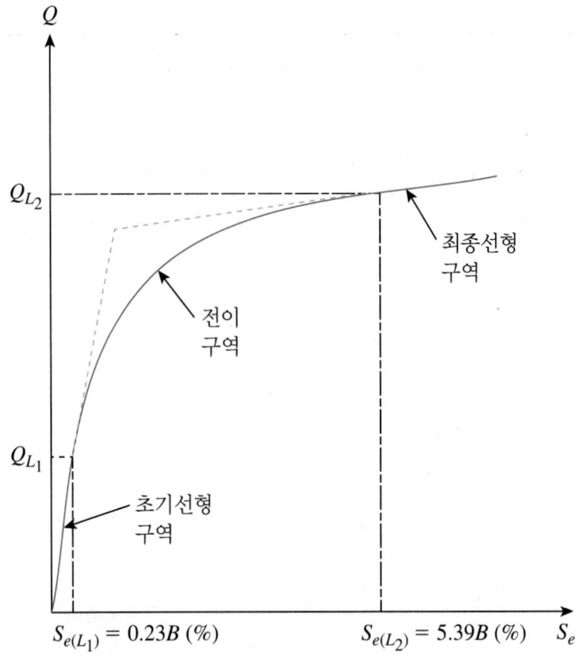

그림 8.20 Q-S_e 도표의 일반적인 특징

$0.23B(\%)$에서 나타나고 Q_{L_2}는 $S_{e(L_2)} = 5.39B(\%)$에서 나타난다. Q_{L_2}가 기초의 극한하중 (Q_u)임을 인식하는 것이 중요하다. 또한 Q와 S_e의 평균도표는 다음과 같이 표현할 수 있다.

$$\frac{Q}{Q_{L_2}} = \frac{\left(\dfrac{S_e}{B}\right)}{0.69\left(\dfrac{S_e}{B}\right) + 1.68} \tag{8.56}$$

여기서 S_e/B는 백분율(%)이다.

주어진 침하량 수준에 대한 Q를 구하기 위해 Q_u를 아는 것이 필요하다. 이는 5.9절에 제시한 식 (5.47)을 이용하여 구할 수 있다. Akbas와 Kulhawy(2009)는 다음 사항을 추천하였다.

- $B > 1$ m [$c' = 0$일 때 식 (5.47)로부터]인 경우,

$$Q_{L_2} = Q_u = \left[\frac{1}{2}\gamma B N_\gamma F_{\gamma s} F_{\gamma d} F_{\gamma c} + q N_q F_{qs} F_{qd} F_{qc}\right] A \tag{8.57}$$

여기서

A = 기초의 면적

- $B \leq 1$ m인 경우,

$$Q_{L_2} = \left[\frac{1}{2}\gamma N_\gamma F_{\gamma s} F_{\gamma d} F_{\gamma c} + q N_q F_{qs} F_{qd} F_{qc}\right] A \tag{8.58}$$

예제 8.9

모래층으로 지지된 정사각형 기초의 경우, 다음과 같은 조건이 주어졌다.

기초: $B = 1.5$ m; $D_f = 1$ m
모래: $\gamma = 16.5$ kN/m^3; $\phi' = 35°$; $G_s = 280$ kN/m^2
기초의 하중: $Q = 800$ kN

다음의 값들을 구하라.

a. $S_{e(L_1)}$
b. $S_{(L_2)}$
c. 하중 $Q = 800$ kN 재하에 따른 침하량 S_e

풀이

Part a

$$S_{e(L_1)} = \frac{0.23B\ (\%)}{100} = \frac{(0.23)(1.5 \times 1000)}{100} = \mathbf{3.45\ mm}$$

Part b

$$S_{e(L_2)} = \frac{5.39B\ (\%)}{100} = \frac{(5.39)(1.5 \times 1000)}{100} = \mathbf{80.85\ mm}$$

Part c

B는 1 m보다 크다. 따라서, 식 (8.57)로부터

$$Q_{L_2} = \left[\frac{1}{2}\gamma B N_\gamma F_{\gamma s} F_{\gamma d} F_{\gamma c} + q N_q F_{qs} F_{qd} F_{qc}\right] A$$

$$\gamma = 16.5\ \text{kN/m}^3;\ B = 1.5\ \text{m};\ q = \gamma D_f = (16.5)(1) = 16.5\ \text{kN/m}^2$$

표 5.3으로부터 $\phi' = 35°$인 경우, $N_\gamma = 48.03$, 그리고 $N_q = 33.3$. 표 5.4로부터,

$$F_{qs} = 1 + \left(\frac{B}{L}\right)\tan\phi' = 1 + \left(\frac{1.5}{1.5}\right)\tan 35 = 1.7$$

$$F_{\gamma s} = 1 - 0.4\left(\frac{B}{L}\right) = 1 - (0.4)\left(\frac{1.5}{1.5}\right) = 0.6$$

$$F_{qd} = 1 + 2\tan\phi'(1 - \sin\phi')^2\left(\frac{D_f}{B}\right) = 1 + 2\tan 35(1 - \sin 35)^2\left(\frac{1}{1.5}\right) \approx 1.17$$

$$F_{\gamma d} = 1$$

F_{qc}와 $F_{\gamma c}$를 계산하기 위해 식 (5.48)($c' = 0$일 때)을 참고한다.

$$I_r = \frac{G_s}{q\tan\phi'} = \frac{280}{(16.5)(\tan 35)} = 24.23$$

식 (5.49)로부터

$$I_{r(\text{cr})} = \frac{1}{2}\left\{\exp\left[\left(3.3 - 0.45\frac{B}{L}\right)\cot\left(45 - \frac{\phi'}{2}\right)\right]\right\}$$

$$= \frac{1}{2}\left\{\exp\left[\left(3.3 - 0.45\frac{1.5}{1.5}\right)\cot\left(45 - \frac{35}{2}\right)\right]\right\} = 119.3$$

따라서, $I_r < I_{r(\text{cr})}$. 식 (5.50)으로부터,

$$F_{\gamma c} = F_{qc} = \exp\left\{\left[-4.4 + 0.6\left(\frac{B}{L}\right)\right]\tan\phi' + \frac{(3.07\sin\phi')(\log 2I_r)}{1 + \sin\phi'}\right\}$$

$$= \exp\left\{\left[-4.4 + 0.6\left(\frac{1.5}{1.5}\right)\right]\tan 35 + \frac{(3.07\sin 35)(\log 2 \times 24.23)}{1 + \sin 35}\right\}$$

$$= 0.461$$

따라서,

$$Q_{L_2} = \left[\begin{array}{r}\left(\frac{1}{2}\right)(16.5)(1.5)(48.03)(0.6)(1)(0.461) \\ + (16.5)(33.3)(1.7)(1.7)(0.461)\end{array}\right](1.5 \times 1.5) = 1467.4\text{ kN}$$

식 (8.56)에 Q와 Q_{L_2}를 대입하면,

$$\frac{800}{1467.4} = \frac{\left(\frac{S_e}{B}\right)}{0.69\left(\frac{S_e}{B}\right) + 1.68}; \quad \frac{S_e}{B} = 1.467\%$$

$$S_e = (1.467)\left(\frac{1.5 \times 1000}{100}\right) \approx \mathbf{22.0\ mm}$$

■

압밀침하

8.9 1차 압밀침하의 관계

앞에서 설명한 바와 같이, 압밀침하는 포화점토층에서 시간경과에 따라 발생하는데 기초의 시공으로 인해 증가되는 하중과 연관된다(그림 8.21 참조). 제2장에서 기술한 1차 압밀침하 방정식은 다음과 같이 나타낼 수 있다.

$$S_{c(p)} = \int \varepsilon_z \, dz$$

여기서

ε_z = 연직변형률

$$= \frac{\Delta e}{1 + e_o}$$

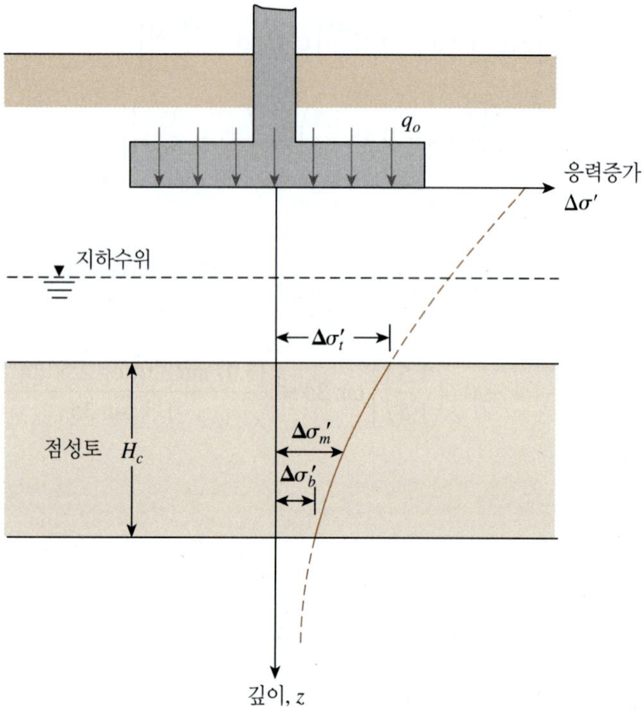

그림 8.21 압밀침하 계산

$$\Delta e = \text{간극비의 변화} = f(\sigma'_o, \sigma'_c, \text{그리고 } \Delta\sigma')$$

따라서,

$$S_{c(p)} = \frac{C_c H_c}{1 + e_o} \log \frac{\sigma'_o + \Delta\sigma'_{av}}{\sigma'_o} \quad \text{(정규압밀 점토인 경우)} \qquad \text{[식 (2.67)]}$$

$$S_{c(p)} = \frac{C_s H_c}{1 + e_o} \log \frac{\sigma'_o + \Delta\sigma'_{av}}{\sigma'_o} \quad (\sigma'_o + \sigma'_{av} < \sigma'_c \text{ 과압밀 점토인 경우}) \qquad \text{[식 (2.69)]}$$

$$S_{c(p)} = \frac{C_s H_c}{1 + e_o} \log \frac{\sigma'_c}{\sigma'_o} + \frac{C_c H_c}{1 + e_o} \log \frac{\sigma'_o + \Delta\sigma'_{av}}{\sigma'_c} \quad (\sigma'_o < \sigma'_c < \sigma'_o + \sigma'_{av} \text{ 과압밀 점토인 경우}) \qquad \text{[식 (2.70)]}$$

여기서

σ'_o = 기초 시공 전 점토층이 받는 평균유효응력

$\Delta\sigma'_{av}$ = 기초 시공으로 인해 점토층이 받는 평균응력증가량

σ'_c = 선행압밀압력

e_o = 점토층의 초기 간극비

C_c = 압축지수

C_s = 팽창지수

H_c = 점토층의 두께

압축지수와 팽창지수를 결정하는 과정은 제2장에서 기술하였다.

점토층의 응력증가량($\Delta\sigma'$)은 토층심도에 따라 일정하지 않다. $\Delta\sigma'$의 크기는 기초저면에서 측정된 토층심도가 증가함에 따라 감소한다. 그러나, 평균응력증가량은 근사적으로 다음과 같이 나타낼 수 있다.

$$\Delta\sigma'_{av} = \frac{1}{6}(\Delta\sigma'_t + 4\Delta\sigma'_m + \Delta\sigma'_b) \tag{7.32}$$

여기서 $\Delta\sigma'_t$, $\Delta\sigma'_m$, 그리고 $\Delta\sigma'_b$는 기초 시공에 따라 발생하는 점토층의 상부, 중간, 그리고 하부에서 유발된 유효응력의 증가량이다.

다양한 형태의 기초하중에 의해 유발된 응력증가량을 구하는 방법은 7.2~7.9절에서 기술하였다. 또한, $\Delta\sigma'_{av}$는 7.10과 7.11절에서 제시한 방법으로 직접 구할 수 있다.

정사각형 기초의 경우 식 (7.32)를 사용하면, 응력증가량 $\Delta\sigma'_t$, $\Delta\sigma'_m$, 그리고 $\Delta\sigma'_b$는 기초의 중심 바로 아래에 점하중으로 작용한다. 이 경우, 식 (7.15)와 식 (7.16)은 다음과 같이 변형된다.

$$\Delta\sigma_{중심} = q_o I_c \tag{8.59}$$

여기서

$$I_c = \frac{2}{\pi}\left[\frac{m_1 n_1}{\sqrt{1+m_1^2+n_1^2}}\frac{1+m_1^2+2n_1^2}{(1+n_1^2)(m_1^2+n_1^2)} + \sin^{-1}\frac{m_1}{\sqrt{m_1^2+n_1^2}\sqrt{1+n_1^2}}\right] \tag{8.60}$$

$$m_1 = \frac{L}{B} \tag{8.61}$$

$$n_1 = \frac{z}{\left(\frac{B}{2}\right)} \tag{8.62}$$

m_1과 n_1에 따른 I_c의 변화는 표 8.13에 제시되었다.

8.10 1차 압밀침하의 3차원 효과

앞 절에서 기술한 압밀침하량 계산은 식 (2.67), (2.69), (2.70)을 근거로 한 것이다. 제2장에 제시된 이 식들은 1차원 실내압밀시험에 기초하여 변환한 것이다. 이 식들에 대한 기본 가정은 간극수압의 증가량(Δu)과 임의 깊이에서 하중이 가해진 직후 응력증가량, $\Delta\sigma$와 같다는 것이다. 이 경우 다음과 같이 나타낼 수 있다.

$$S_{c(p)-oed} = \int \frac{\Delta e}{1+e_o}\,dz = \int m_v \Delta\sigma'_{(1)}\,dz$$

표 8.13 m_1과 n_1에 따른 I_c의 변화값

n_i	m_1 1	2	3	4	5	6	7	8	9	10
0.20	0.994	0.997	0.997	0.997	0.997	0.997	0.997	0.997	0.997	0.997
0.40	0.960	0.976	0.977	0.977	0.977	0.977	0.977	0.977	0.977	0.977
0.60	0.892	0.932	0.936	0.936	0.937	0.937	0.937	0.937	0.937	0.937
0.80	0.800	0.870	0.878	0.880	0.881	0.881	0.881	0.881	0.881	0.881
1.00	0.701	0.800	0.814	0.817	0.818	0.818	0.818	0.818	0.818	0.818
1.20	0.606	0.727	0.748	0.753	0.754	0.755	0.755	0.755	0.755	0.755
1.40	0.522	0.658	0.685	0.692	0.694	0.695	0.695	0.696	0.696	0.696
1.60	0.449	0.593	0.627	0.636	0.639	0.640	0.641	0.641	0.641	0.642
1.80	0.388	0.534	0.573	0.585	0.590	0.591	0.592	0.592	0.593	0.593
2.00	0.336	0.481	0.525	0.540	0.545	0.547	0.548	0.549	0.549	0.549
3.00	0.179	0.293	0.348	0.373	0.384	0.389	0.392	0.393	0.394	0.395
4.00	0.108	0.190	0.241	0.269	0.285	0.293	0.298	0.301	0.302	0.303
5.00	0.072	0.131	0.174	0.202	0.219	0.229	0.236	0.240	0.242	0.244
6.00	0.051	0.095	0.130	0.155	0.172	0.184	0.192	0.197	0.200	0.202
7.00	0.038	0.072	0.100	0.122	0.139	0.150	0.158	0.164	0.168	0.171
8.00	0.029	0.056	0.079	0.098	0.113	0.125	0.133	0.139	0.144	0.147
9.00	0.023	0.045	0.064	0.081	0.094	0.105	0.113	0.119	0.124	0.128
10.00	0.019	0.037	0.053	0.067	0.079	0.089	0.097	0.103	0.108	0.112

여기서

$S_{c(p)-\text{oed}}$ = 식 (2.67), (2.69), (2.70)과 압밀실험 자료를 사용하여 계산된 1차원 압밀침하량

$\Delta\sigma'_{(1)}$ = 유효연직응력의 증가량

m_v = 체적 압축계수(제2장 참고)

그러나 현장에서 하중이 지표면상의 제한된 면적에 작용될 때 이 가정은 적절하지 않다. 그림 8.22에서 보여준 것과 같이 점토 지반에 축조된 원형 기초를 생각해보자. 기초 중

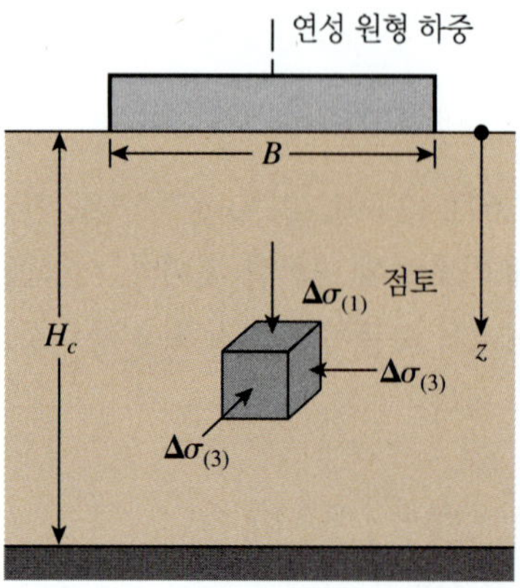

그림 8.22 점토 지반에 축조된 원형 기초

심 바로 아래 점토층 내 한 점에서 연직응력과 수평응력증가량은 각각 $\Delta\sigma_{(1)}$과 $\Delta\sigma_{(3)}$이다. 포화점토의 경우, 같은 깊이에서 간극수압의 증가량은 다음과 같이 나타난다(제2장 참조).

$$\Delta u = \Delta\sigma_{(3)} + A[\Delta\sigma_{(1)} - \Delta\sigma_{(3)}] \tag{8.63}$$

여기서 A = 간극수압계수. 이 경우 3차원 효과를 고려하는 압밀침하량은 다음과 같다.

$$S_{c(p)} = \int m_v\, \Delta u\, dz = \int (m_v)\{\Delta\sigma_{(3)} + A[\Delta\sigma_{(1)} - \Delta\sigma_{(3)}]\}\, dz \tag{8.64}$$

그러므로, 다음과 같이 나타낼 수 있다.

$$K_{\text{cir}} = \frac{S_{c(p)}}{S_{c(p)-\text{oed}}} = \frac{\displaystyle\int_0^{H_c} m_v\, \Delta u\, dz}{\displaystyle\int_0^{H_c} m_v\, \Delta\sigma'_{(1)}\, dz} = A + (1 - A)\left[\frac{\displaystyle\int_0^{H_c} \Delta\sigma'_{(3)}\, dz}{\displaystyle\int_0^{H_c} \Delta\sigma'_{(1)}\, dz}\right] \tag{8.65}$$

여기서 K_{cir} = 원형 기초에 대한 침하율.

연속기초에 대한 침하율(K_{str})은 원형 기초에 대한 침하율과 유사한 방법으로 구할 수 있다. A와 H_c/B에 대한 K_{cir}과 K_{str}의 값은 그림 8.23과 같다(주: B는 원형 기초의 직경, 또는 연속기초의 폭).

압밀침하량 산정을 위해 앞에서 설명한 선행기술은 일반적으로 *Skempton-Bjerrum*의 수정방법(1957)이라 부른다.

Leonards(1976)는 과압밀된 점토 지반 상부에 설치된 원형 기초에 대하여 현장에서 3차원 압밀효과를 고려하기 위한 보정계수 K_{cr}을 검토하였다. 그림 8.22에 제시된 바와 같이,

$$S_{c(p)} = K_{\text{cr(OC)}}\, S_{c(p)-\text{oed}} \tag{8.66}$$

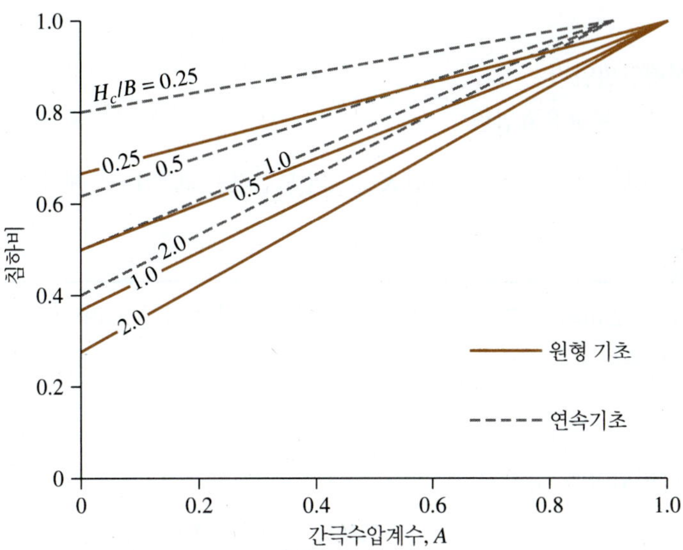

그림 8.23 원형 기초(K_{cir})와 연속기초(K_{str})에 대한 침하비

표 8.14 OCR과 B/H_c에 따른 $K_{cir(OC)}$의 변화값

	$K_{cir(OC)}$		
OCR	$B/H_c = 4.0$	$B/H_c = 1.0$	$B/H_c = 0.2$
1	1	1	1
2	0.986	0.957	0.929
3	0.972	0.914	0.842
4	0.964	0.871	0.771
5	0.950	0.829	0.707
6	0.943	0.800	0.643
7	0.929	0.757	0.586
8	0.914	0.729	0.529
9	0.900	0.700	0.493
10	0.886	0.671	0.457
11	0.871	0.643	0.429
12	0.864	0.629	0.414
13	0.857	0.614	0.400
14	0.850	0.607	0.386
15	0.843	0.600	0.371
16	0.843	0.600	0.357

여기서

$$K_{cir(OC)} = f\left(\text{OCR}, \frac{B}{H_c}\right) \tag{8.67}$$

$$\text{OCR} = \text{과압밀비} = \frac{\sigma'_c}{\sigma'_o} \tag{8.68}$$

여기서

σ'_c = 선행압밀압력

σ'_o = 현재의 평균유효압력

Leonard의 1976년 연구로부터 얻어진 $K_{cr(OC)}$의 보간값은 표 8.14에 제시하였다.

예제 8.10

기초 크기 1 m × 2 m의 평면이 그림 8.24와 같다. 3차원 효과를 고려하여 기초의 압밀침하량을 산정하라. 주어진 조건: $A = 0.6$.

풀이

점토는 정규압밀되었다. 따라서

$$S_{c(p)-\text{oed}} = \frac{C_c H_c}{1 + e_o} \log \frac{\sigma'_o + \Delta\sigma'_{av}}{\sigma'_o}$$

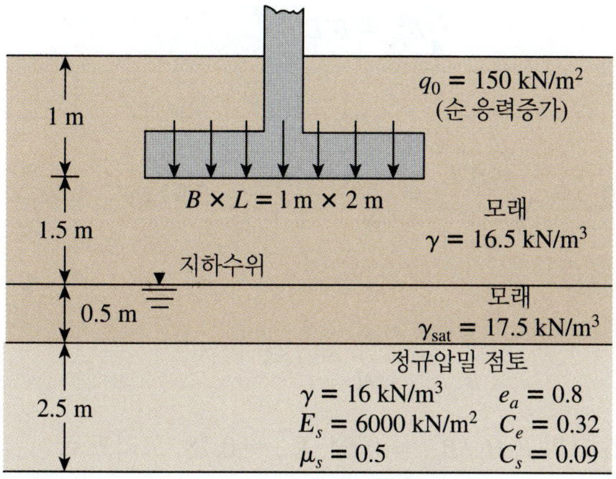

그림 8.24 기초에 대한 1차 압밀침하량 산정

$$\sigma'_o = (2.5)(16.5) + (0.5)(17.5 - 9.81) + (1.25)(16 - 9.81)$$
$$= 41.25 + 3.85 + 7.74 = 52.84 \text{ kN/m}^2$$

식 (7.32)로부터

$$\Delta\sigma'_{av} = \tfrac{1}{6}(\Delta\sigma'_t + 4\Delta\sigma'_m + \Delta\sigma'_b)$$

다음과 같이 표를 작성할 수 있다(주: L = 2 m, B = 1 m).

$m_1 = L/B$	z(m)	$z/(B/2) = n_1$	I_c[a]	$\Delta\sigma' = q_o I_c$[b]
2	2	4	0.190	$28.5 = \Delta\sigma'_t$
2	2 + 2.5/2 = 3.25	6.5	≈0.085	$12.75 = \Delta\sigma'_m$
2	2+ 2.5 = 4.5	9	0.045	$6.75 = \Delta\sigma'_b$

[a]표 8.13
[b]식 (8.59)

$$\Delta\sigma'_{av} = \tfrac{1}{6}(28.5 + 4 \times 12.75 + 6.75) = 14.38 \text{ kN/m}^2$$

따라서

$$S_{c(p)-oed} = \frac{(0.32)(2.5)}{1 + 0.8}\log\left(\frac{52.84 + 14.38}{52.84}\right) = 0.0465 \text{ m}$$
$$= \mathbf{46.5 \text{ mm}}$$

응력증가에 대한 2:1 응력분포법(그림 7.14 참조)이 유효하다고 가정하면, 점토층 상부표면에 전달되는 응력분포는 다음과 같다.

$$B' = \text{폭} = B + z = 1 + (1.5 + 0.5) = 3 \text{ m}$$

그리고

$$L' = \text{길이} = L + z = 2 + (1.5 + 0.5) = 4 \text{ m}$$

등가원형면적의 직경, B_{eq},는 다음과 같다.

$$\frac{\pi}{4}B_{eq}^2 = B'L'$$

그러므로

$$B_{eq} = \sqrt{\frac{4B'L'}{\pi}} = \sqrt{\frac{(4)(3)(4)}{\pi}} = 3.91 \text{ m}$$

또한

$$\frac{H_c}{B_{eq}} = \frac{2.5}{3.91} = 0.64$$

그림 8.24로부터, $A = 0.6$ 그리고 $H_c/B_{eq} = 0.64$, $K_{cr} \approx 0.78$. 그러므로

$$S_{e(p)} = K_{cir}S_{e(p)-oed} = (0.78)(46.5) \approx \mathbf{36.3\ mm}$$

■

8.11 2차 압밀에 의한 침하

1차 압밀 완료 후(즉, 과잉 간극수압의 완전 소산 이후), 흙 입자의 소성적 재배열로 인하여 추가적인 침하가 발생한다. 이러한 압밀 단계를 *2차 압밀*(secondary consolidation)이라 한다. 2차 압밀 동안 시간의 log축에 대한 변형 그래프는 실제로 선형이며 그림 8.25와 같다. 그림으로부터 2차 압축지수는 다음과 같이 정의된다.

$$C_\alpha = \frac{\Delta e}{\log t_2 - \log t_1} = \frac{\Delta e}{\log(t_2/t_1)} \tag{8.69}$$

여기서

C_α = 2차 압축지수(secondary compression index)

Δe = 간극비 변화량

t_1, t_2 = 시간

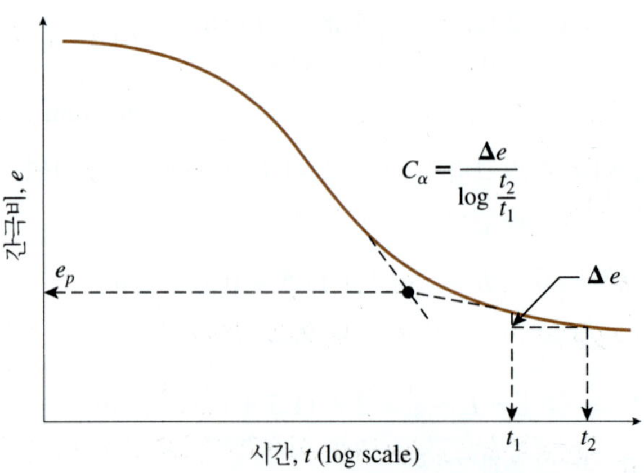

그림 8.25 주어진 하중증가에 따른 log t에 대한 e의 변화, 그리고 2차 압축지수의 정의

2차 압밀침하량은 다음과 같이 계산된다.

$$S_{c(s)} = C'_\alpha H_c \log(t_2/t_1) \tag{8.70}$$

여기서

$$C'_\alpha = C_\alpha/(1 + e_p) \tag{8.71}$$

e_p = 1차 압밀 완료 시의 간극비

H_c = 점토층의 두께

Mesri(1973)는 다양한 흙의 자연 함수비(w)와 C'_α의 상관관계를 다음과 같이 제안하였다.

$$C'_\alpha \approx 0.0001w \tag{8.72}$$

여기서 w = 자연 함수비(%). 대부분 과압밀 점토의 C'_α 값은 0.0005에서 0.001이다.

Mesri and Godlewski(1977)는 여러 가지 흙에 대한 C_α/C_c (C_c = 압축지수)의 크기를 분석하였다. 분석을 토대로 요약하면 다음과 같다.

- 무기질 점토와 실트:

$$C_\alpha/C_c \approx 0.04 \pm 0.01$$

- 유기질 점토와 실트:

$$C_\alpha/C_c \approx 0.05 \pm 0.01$$

- 이탄

$$C_\alpha/C_c \approx 0.075 \pm 0.01$$

모든 유기질 흙과 압축성이 큰 무기질 흙의 경우 2차 압밀침하가 더욱 중요하다. 과압밀된 무기질 점토에서 2차 압축지수는 매우 작으므로 실제로 별로 중요하지 않다.

2차 압밀량에 영향을 주는 몇 가지 요인이 있는데, 그중 일부는 아직 명확하게 밝혀져 있지 않다(Mesri, 1973). 일정한 두께의 토층에 대해 1차 압밀량에 대한 2차 압밀량의 비는 초기 유효상재응력(σ'_o)에 대한 응력증가량($\Delta\sigma'$)의 비에 따라 변화한다. $\Delta\sigma'/\sigma'_o$가 작을수록, 1차 압밀량에 대한 2차 압밀량의 비는 커진다.

예제 8.11

예제 8.10을 참조하라. 주어진 점토층의 C_α = 0.02이다. 1차 압밀침하가 완료된 5년 후 전체 압밀침하량을 구하라(주: 1차 압밀침하가 완료된 시간은 1.3년이다).

풀이

식 (2.55)로부터,

$$C_c = \frac{e_1 - e_2}{\log\left(\dfrac{\sigma_2'}{\sigma_1'}\right)}$$

이 문제의 경우, $e_1 - e_2 = \Delta e$. 예제 8.10을 참고하면, 다음과 같다.

$$\sigma_2' = \sigma_o' + \Delta\sigma' = 52.84 + 14.38 = 67.22 \text{ kN/m}^2$$
$$\sigma_1' = \sigma_o' = 52.84 \text{ kN/m}^2$$
$$C_c = 0.32$$

따라서,

$$\Delta e = C_c \log\left(\frac{\sigma_o' + \Delta\sigma}{\sigma_o'}\right) = 0.32 \log\left(\frac{67.22}{52.84}\right) = 0.0335$$

주어진 값: $e_o = 0.8$이다. 따라서,

$$e_p = e_o - e = 0.8 - 0.0335 = 0.7665$$

식 (8.71)로부터,

$$C_\alpha' = \frac{C_\alpha}{1 + e_p} = \frac{0.02}{1 + 0.7665} = 0.0113$$

식 (8.70)으로부터,

$$S_{c(s)} = C_\alpha' H_c \log\left(\frac{t_2}{t_1}\right)$$

주: $t_1 = 1.3$년; $t_2 = 1.3 + 5 = 6.3$년

따라서,

$$S_{c(s)} = (0.0113)(2.5 \text{ m}) \log\left(\frac{6.3}{1.3}\right) = 0.0194 \text{ m} = 19.4 \text{ mm}$$

전체 압밀침하량은

$$\underbrace{36.3 \text{ mm}}_{\substack{\uparrow \\ \text{예제 8.10} \\ \text{(1차 압밀침하)}}} + 19.4 = \mathbf{55.7\ m}$$

■

8.12 현장재하시험

허용침하 조건에 기반한 기초의 허용지지력과 극한지지력 외에도 일반적으로 평판재하시험(plate load test)이라 불리는 현장재하시험을 통해 기초의 극한지지력을 효과적으로 구할 수 있다. 현장시험에 사용되는 평판은 보통 강재로 만들어지며 두께가 25 mm, 직경이 150~762 mm이다. 경우에 따라 305 mm × 305 mm인 정사각형 판을 사용하기도 한다.

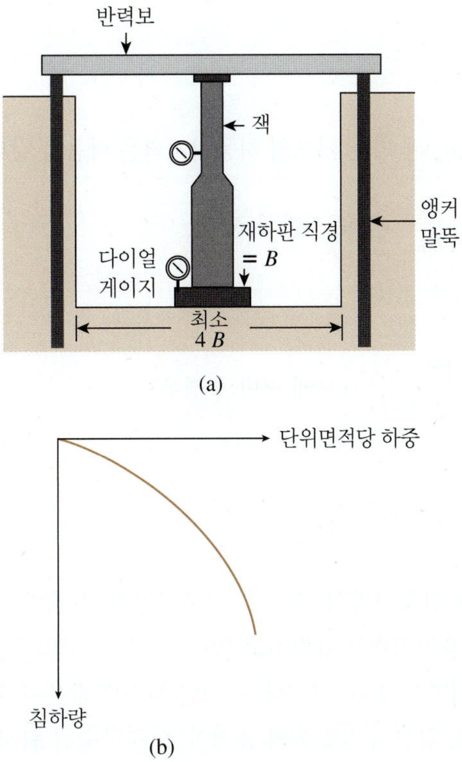

그림 8.26 평판재하시험: (a) 시험기구, (b) 하중–침하 곡선의 성향

평판재하시험을 하기 위해, 굴착 최소직경은 4B (B는 시험판의 직경이다)이고, 제시된 기초의 깊이 D_f까지 굴착한다. 평판은 굴착단면의 중심부에 위치시키고, 측정된 극한하중의 1/4~1/5 정도의 하중을 잭을 이용하여 평판에 단계별로 재하한다. 시험기구의 개략도는 그림 8.26a에 나타내었다. 각 단계별 하중이 재하되는 동안 평판의 침하는 다이얼 게이지로 관찰한다. 각 단계별 경과시간은 최소 1시간이 소요된다. 시험은 파괴가 발생하거나 침하가 적어도 25 mm가 발생할 때까지 실시한다. 그림 8.26b는 단위면적당 극한하중을 결정하기 위하여 현장재하시험에서 얻은 하중–침하량 곡선의 성향을 보여준다.

점토 지반에서 시험할 경우

$$q_{u(F)} = q_{u(P)} \tag{8.73}$$

여기서

$q_{u(F)}$ = 예상 기초의 극한지지력

$q_{u(P)}$ = 평판재하시험에 의한 점토의 극한지지력

식 (8.73)은 점토 지반 내 극한지지력이 평판의 크기와는 무관하다는 것을 나타내고 있다.

모래 지반에서 시험할 경우

$$q_{u(F)} = q_{u(P)} \frac{B_F}{B_P} \tag{8.74}$$

여기서

B_F = 기초의 폭

B_P = 평판의 폭

침하조건과 주어진 하중강도(q_o)에 따른 기초의 허용지지력은 다음과 같다.

$$S_F = S_P \frac{B_F}{B_P} \quad \text{(점토 지반의 경우)} \tag{8.75}$$

그리고

$$S_F = S_P \left(\frac{2B_F}{B_F + B_P} \right)^2 \quad \text{(모래 지반의 경우)} \tag{8.76}$$

8.13 추정지지력

여러 건축시방서(예를 들면, 일반 건축시방서, 시카고 건축시방서, 뉴욕 건축시방서)들은 다양한 흙 종류에 따라 기초의 허용지지력을 규정하고 있다. 소규모 건축의 경우, 유용하게 사용할 수 있도록 시방기준을 제시하고 있다. 그러나, 이러한 지지력 값은 주로 지표에 가까운 토질의 시각적 분류에 근거하고, 일반적으로 흙의 응력이력, 지하수위 위치, 기초의 근입깊이, 허용침하량 등과 같은 요소를 고려하고 있지 않다. 따라서 대규모 프로젝트의 경우 시방서에 규정하고 있는 추정지지력 값은 안내 정도로만 사용된다.

8.14 건물의 허용침하량

대부분의 시공사례에서 하부지층은 비균질이며, 주어진 구조물의 다양한 기초에 전달되는 하중은 매우 광범위하다. 결과적으로 주어진 건물의 각 위치별로 침하량이 다른 것이 당연하다. 건물 일부의 부등침하(differential settlement)는 구조물의 손상을 유발시킬 수 있다. 따라서 부등침하를 정량적으로 나타내는 계수들을 정의하는 것과 축조된 구조물의 안전을 위해서 이 계수들의 한계값을 도출하는 것이 중요하다. Burland and Wroth(1974)는 부등침하와 관계된 중요한 매개변수들을 요약하였다.

그림 8.27은 일부 침하가 발생한 구조물 내 다양한 지점 A, B, C, D, E를 나타낸 것이다. A에서의 침하는 AA', B에서의 침하는 BB' 등으로 나타내었다. 이 그림에 의거한 다양한 매개변수의 정의는 다음과 같다.

S_T = 주어진 지점에서의 총 침하량

ΔS_T = 어떤 주어진 두 지점에서의 총 침하량의 차이

α = 계속되는 두 지점 사이의 경사

β = 각변위 = $\dfrac{\Delta S_{T(ij)}}{l_{ij}}$

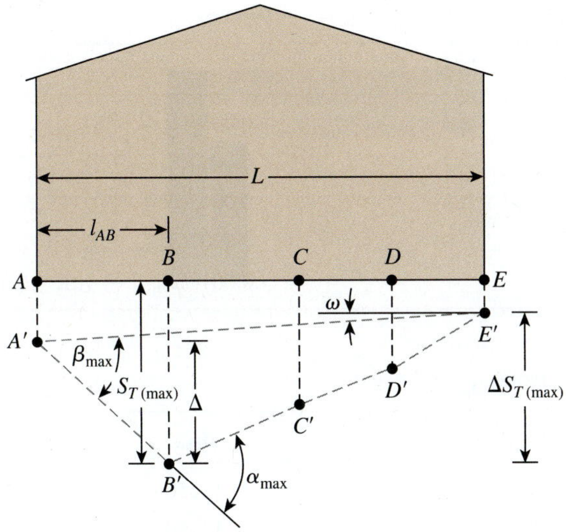

그림 8.27 부등침하에 대한 계수의 정의

(주: l_{ij} = 점 i와 점 j 간의 거리)

ω = 경사각

Δ = 상대변위(예, 주어진 두 지점을 연결한 직선으로부터의 변위량)

$\dfrac{\Delta}{L}$ = 처짐비

1950년대 이후, 많은 연구자들과 건축시방서는 상기에 기술한 매개변수들의 허용값을 제시하였다. 권장 사항 중 몇 가지를 요약하면 다음과 같다.

1956년 Skempton and McDonald는 건축물에 적용할 목적으로 최대 침하량과 최대 각변위에 대한 한계값을 제안하였다.

최대 침하량, $S_{T(max)}$	
모래 지반	32 mm
점토 지반	45 mm
최대 부등침하량, $\Delta S_{T(max)}$	
모래 지반 독립기초	51 mm
점토 지반 독립기초	76 mm
모래 지반 내 전면기초	51~76 mm
점토 지반 내 전면기초	76~127 mm
최대 각변위, β_{max}	1/300

경험에 근거하여, Polshin and Tokar(1957)는 건물의 높이에 대한 길이의 비, L/H의 함수로서 건물의 허용 처짐각비를 다음과 같이 제시하였다.

$$L/H \leq 2\text{인 경우 } \Delta/L = 0.0003$$

$$L/H = 8\text{인 경우 } \Delta/L = 0.001$$

표 8.15 1955 소련 시방실무

건물의 형태	L/H	Δ/L
고층빌딩과 주택	≤3	0.0003(모래 지반)
		0.0004(점토 지반)
	≥5	0.0005(모래 지반)
		0.0007(점토 지반)
단층 공장건물		0.001(모래 또는 점토 지반)

표 8.16 Bjerrum(1963)이 제안한 β_{max}의 한계값

잠재적인 손상의 종류	β_{max}
연성 벽돌벽의 안전한계($L/H > 4$)	1/150
대부분 건물의 구조적 손상한계	1/150
판넬과 벽돌벽의 균열	1/150
높은 강성건물의 가시적인 경사	1/250
판넬벽의 초기 균열	1/300
균열이 발생하지 않은 건물의 안전한계	1/500
철골구조의 사인장균열의 위험	1/600

(출처: Bjerrum 1963)

1955년 소련 시방실무 허용값은 표 8.15에 제시하였다.

Bjerrum(1963)은 표 8.16에서 기술한 바와 같이 다양한 구조물에 대한 한계 각변위, β_{max}의 조건을 제시하였다.

β_{max}의 최대 허용값을 알고 있다면, 최대 허용침하량 $S_{T(max)}$는 앞에서 기술한 상호관계식을 이용하여 계산할 수 있다.

유럽표준화위원회는 사용 한계값과 기초의 최대 허용변위값을 제시하였다(표 8.17 참고).

8.15 얕은 기초 시공을 위한 지반 개량

실무에서 기초의 허용지지력을 개선하고 침하량을 감소시키기 위해 여러 가지 지반보강 방법이 사용되고 있다. 다음은 일부 공법의 개요를 간략하게 소개하였다.

A. 지반다짐방법

지반다짐의 과정은 제4장에서 상세하게 기술하였다. 일부 공법은 기존 지반을 굴착하여 양질의 토사로 치환하고 다짐하는 것이 필요하다.

B. 지반 내 지오그리드 보강방법

지오그리드는 폴리프로필렌과 폴리에틸렌과 같은 고탄성 고분자 재료이다. 이는 인장보강

표 8.17 유럽표준위원회 부등침하계수 추천값

항목	계수	크기	비고
사용성의 한계값	S_T	25 mm	독립된 얕은 기초
		50 mm	전면기초
(유럽 표준화위원회, 1994a)	ΔS_T	5 mm	강성 철골
		10 mm	연성 철골
		20 mm	개방형 철골
	β	1/500	—
최대의 허용 가능한 기초의	S_T	50	독립된 얕은 기초
변위	ΔS_T	20	독립된 얕은 기초
(유럽 표준화위원회, 1994b)	β	≈1/500	—

재로 사용된다. 지오그리드의 기능에 대한 상세한 내용은 제15장에 기술하였다. 지난 20년 동안 기초가 시공되는 입상토 기초 저면에 보강재로서 지오그리드 보강층을 사용하는 것과 관련한 많은 서적이 출판되었다(그림 8.28). Omar(1993) 등은 기초의 저면에서부터 지오그리드 보강 최대사용깊이, d를 다음과 같이 제시하였다.

$$\left(\frac{d}{B}\right)_{\max} = 2 - 1.4\left(\frac{B}{L}\right) \quad \left(\frac{B}{L} \leq 0.5\text{인 경우}\right) \tag{8.77}$$

그리고

$$\left(\frac{d}{B}\right)_{\max} = 1.43 - 0.26\left(\frac{B}{L}\right) \quad \left(0.5 \leq \frac{B}{L} \leq 1\text{인 경우}\right) \tag{8.78}$$

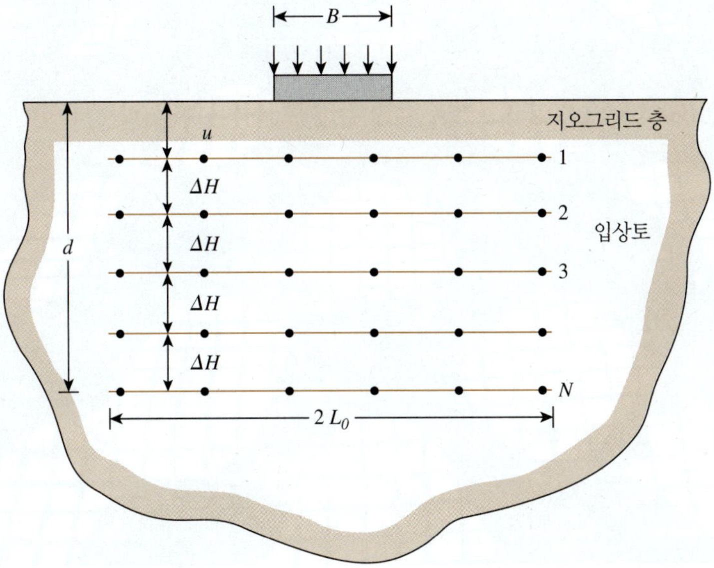

그림 8.28 입상토 지반 보강을 위한 지오그리드의 사용

여기서 $B, L =$ 기초의 폭과 길이

C. 지반 내 지오셀 보강 방법

지오셀은 일반적으로 약 100 mm 폭에 1.2 mm 두께의 고밀도 폴리에틸렌 띠로 제작한다. 그림 8.29는 개방 고정띠형 지오셀을 나타낸 것이다. 이 띠형 지오셀은 그림 8.30에서 보는 바와 같이 하부지반에 설치한다. 확장된 셀 각각의 크기는 약 250 mm이다. 설치 후 확장된 셀 안에 입상재료로 채우고(그림 8.31) 진동다짐기로 다짐한다. 다짐성토된 지반에 축조된 기초는 허용지지력을 향상시키고 기초의 침하를 획기적으로 감소시킨다. 보강된 지반의 강도는 셀 내부 입상재료의 수평구속력에서 유발된다.

D. 지반 내 중공 콘크리트 모듈러 블록 보강 방법

지난 수년간, 얕은 기초 시공을 위해 많은 지반보강 방법들이 개발되었다. Shin et al.(2022)은 지반보강 형태의 **중공 콘크리트 모듈러 블록** 방법(허니셀공법)을 소개하였다. 블록의 크기는 250 mm × 250 mm × 150 mm이다(그림 8.32). 이 시공방법의 경우, 0.3~0.5 m 두께의 골재 층을 노상토지반에 부설하고 그 위에 모듈러 콘크리트 블록을 설치한다(그림 8.33). 블록의 중공부는 골재나 쇄석으로 채운다(그림 8.34). 그 다음 얇은 층의 빈배합 콘크리트를 골재나 쇄석으로 채워진 모듈러 블록 위에 타설한 후 위에 기초를 시공한다. 그림 8.35는 지금까지 설명한 여러 층들이 축조된 기초의 3차원 모식도를 나타낸 것이다. 골재/쇄석의 강도증가는 블록에 의해 구속된 수평구속력 때문이다.

그림 8.29 개방 고정띠형 지오셀(Courtesy of G. S. Lee, Han Gil Construction Co., Ltd., Busan, Korea)

그림 8.30 노상토지반에 설치된 개방 고정형 지오셀(Courtesy of G. S. Lee, Han Gil Construction Co., Ltd., Busan, Korea)

그림 8.31 입상재료를 이용한 셀 채움(Courtesy of G. S. Lee, Han Gil Construction Co., Ltd., Busan, Korea)

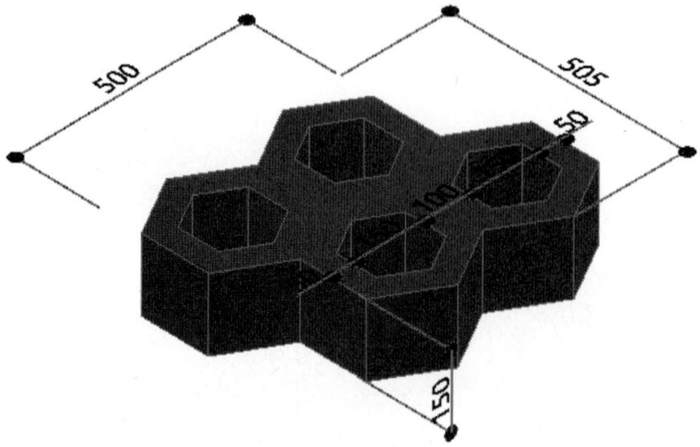

그림 8.32 중공 모듈러 콘크리트 블록(Courtesy of T. C. Yang, ACEall Co., Ltd., Seoul, Korea) (주: 단위는 mm이다.)

그림 8.33 다짐골재층 상부에 중공 모듈러 블록의 설치(Courtesy of T. C. Yang, ACEall Co., Ltd., Seoul, Korea)

그림 8.34 골재로 채워진 중공 콘크리트 블록(Courtesy of T. C. Yang, ACEall Co., Ltd., Seoul, Korea)

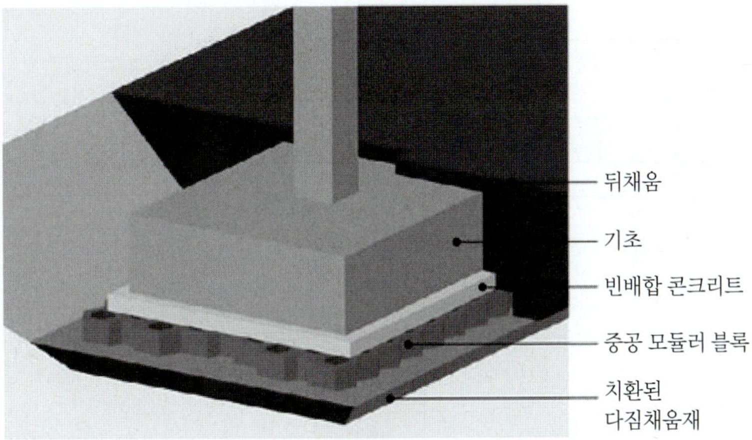

그림 8.35 모듈러 블록 기초의 3차원 모식도(Courtesy of T. C. Yang, ACEall Co., Ltd., Seoul, Korea)

8.16 요약

이 장은 얕은 기초의 탄성침하와 압밀침하의 산정에 대해 기술하였다. 탄성이론, 사질토내 표준관입저항치 그리고 프레셔미터 시험결과를 이용한 탄성침하계산 과정을 설명하였다. 3차원 효과를 고려한 압밀침하에 대하여 기술하였다.

최근 지오그리드, 지오셀 그리고 모듈러 콘크리트 블록을 이용한 지반보강기술이 개발되어 현장에서 사용되고 있다. 이러한 기술의 개요를 설명하였다.

연습문제

8.1 포화된 점토 지반에 1.52 m × 3.05 m의 연성 기초를 검토하라($\mu_s = 0.5$). 기초의 깊이는 지표면 하부에서 1.22 m 깊이에 있다. 단단한 암반층은 기초의 하부에서 12.2 m에 위치해 있다. 주어진 값: $q_0 = 144$ kN/m^2 그리고 점토의 경우 $E_s = 12{,}938$ kN/m^2. 기초의 평균 탄성침하량을 구하라. 식 (8.1)을 사용하라.

8.2 그림 8.2는 모래 퇴적층에 놓인 3.05 m × 1.91 m의 기초를 나타낸 것이다. 기초면에서 단위면적당 순하중, q_0는 144 kN/m^{2}이다. 모래의 경우 $\mu_s = 0.3$, $E_s = 22{,}080$ kN/m^2, $D_f = 0.76$ m, 그리고 $H = 9.76$ m이다. 기초가 강성기초라고 가정하고 기초 아래에서의 탄성침하량을 구하라. 식 (8.16)과 식 (8.17)을 사용하라.

8.3 계획된 연성하중면적(그림 P8.3 참조)이 2 m × 3.2 m이고 210 kN/m^{2}의 등분포하중이 작용하고 있다. 재하면적의 중심 하부에 탄성침하량을 산정하라. 식 (8.16)을 이용하라.

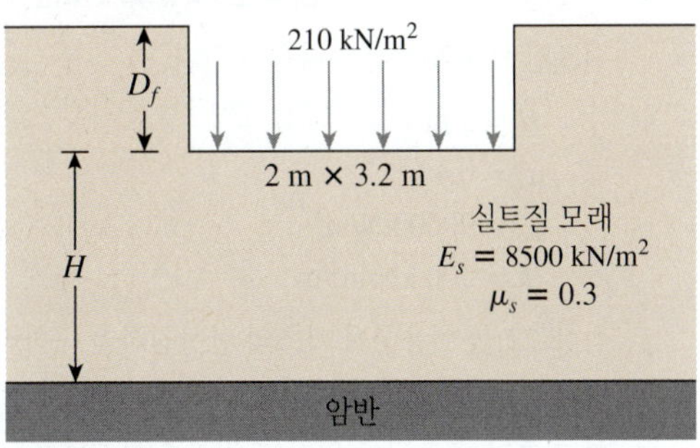

그림 P8.3

8.4 문제 8.3을 $D_f = 1.2$ m이고, $H = 4$ m일 경우에 대하여 다시 풀어라.

8.5 기초의 크기가 1.8 m × 1.8 m이고, $q_0 = 190$ kN/m^{2}에 대하여, $D_f = 1.0$ m, 그리고 $H = 15$ m인 기초가 있다. 지반 조건은 $\mu_s = 0.4$, $E_s = 15{,}400$ kN/m^2, 그리고 $\gamma = 17$ kN/m^{3}일 때 문제 8.2를 다시 풀어라.

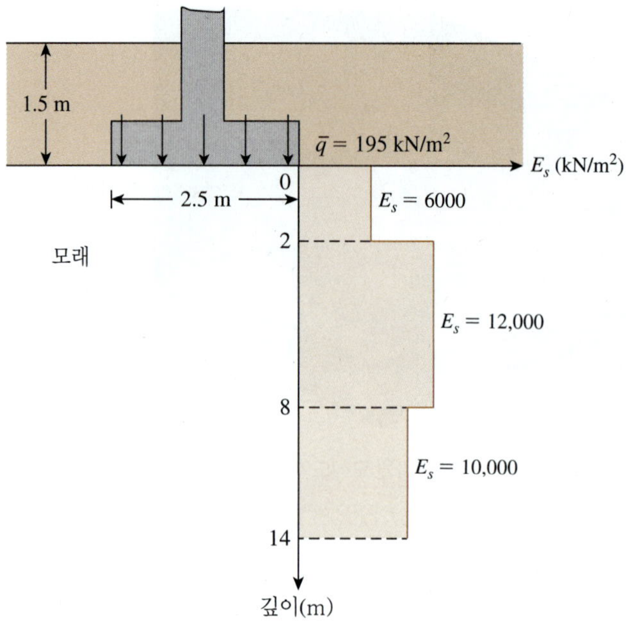

그림 P8.9

8.6 그림 8.5에 도시된 바와 같이, 실트질 모래에 의해 지지된 얕은 기초에서 다음과 같은 조건이 주어져 있다.

길이, $L = 2$ m
폭, $B = 1$ m
기초의 깊이, $D_f = 1$ m
기초의 두께, $t = 0.23$ m
단위면적당 하중, $q_o = 190$ kN/m^2
$E_f = 15 \times 106$ kN/m^2

실트질 모래의 특성은 다음과 같다.

$H = 2$ m
$\mu_s = 0.4$
$E_o = 9000$ kN/m^2
$k = 500$ kN/m^2/m

식 (8.22)를 이용하여 기초의 탄성침하를 구하라.

8.7 사질토에 의해 지지된 크기가 3 m × 3 m의 정사각형 기초가 축조되어 있다(그림 8.5 참고). $D_f = 1.5$ m, $t = 0.25$ m, $E_o = 16{,}000$ kN/m^2, $k = 400$ kN/m^2, $\mu_s = 0.3$, $H = 20$ m, $E_f = 15 \times 10^6$ kN/m^2, 그리고 $q_o = 150$ kN/m^{2}이다. 식 (8.22)를 이용하여 탄성침하량을 계산하라.

8.8 문제 8.2를 식 (8.25)를 사용하여 계산하라. 보정계수 C_2의 경우, 5년의 크리프 시간을 사용하라. 흙의 단위중량의 경우, $\gamma = 18.08$ kN/m^{3}을 사용하라.

8.9 사질토인 퇴적층의 연속기초가 그림 P8.9와 같으며, 지반내 탄성계수(E_s) 변화가 도시되어 있다. $\gamma = 18$ kN/m^{3}이고 C_2에 대해 크리프 시간을 10년이라 가정할 때 Schmertmann et al.(1978)의 변위영향계수를 사용하여 탄성침하를 구하라.

8.10 조립토에서의 표준관입시험 결과가 다음과 같다.

심도(m)	표준 관입치, N_{60}
1.5	10
3.0	12
4.5	9
6.0	14
7.5	16

기초크기가 1.83 m × 1.83 m로 계획된 기초의 순 허용지지력은 얼마인가? $D_f = 0.91$ m라 하고 허용침하량 = 25 mm, 그리고 표 8.9에 제시된 관계식을 사용하라

8.11 정규압밀된 사질토 위에 4.2 m × 1.2 m인 얕은 기초를 축조하려고 한다. 주어진 값: $D_f = 1$ m, N_{60}은 깊이에 따라 증가, $\overline{N}_{60}$(응력영향범위 내) = 11, 그리고 $q_{\text{net}} = 210$ kN/m^2. Burland and Burbridge의 방법을 이용하여 탄성침하량을 산정하라.

8.12 그림 8.16을 참조하라. 모래층의 기초에 대해 주어진 값: $B = 1.52$ m, $L = 3.05$ m, $d = 1.52$ m, $\beta = 26.6°$, $e = 0.152$ m, 그리고 $\delta = 10°$, $\Delta R/R_o$와 $p_{p(m)}$ 점에 대한 평균 프레셔미터 곡선이 나온 현장 프레셔미터 시험결과가 다음과 같다.

$\Delta R/R_o$ (1)	$p_{p(m)}$ (kN/m^2) (2)
0.002	49.68
0.004	166.98
0.008	224.94
0.012	292.56
0.024	475.41
0.05	870.09
0.08	1225.79
0.1	1452.45
0.2	2550.24

기초 중앙에서 25 mm 침하되려면 Q_o의 크기를 얼마로 해야 하는가?

8.13 그림 P8.13을 참고하라. 900 KN의 순 기초하중에 의한 기초 중앙하부 점토층내 평균응력증가량을 구하라.

8.14 2:1 방법을 이용하여 문제 8.13을 풀어라.

8.15 문제 8.13의 결과를 이용하여 그림 P8.13에 제시된 점토층의 압밀침하량을 산정하라.

8.16 문제 8.14의 결과를 이용하여 그림 P8.13에 제시된 점토층의 압밀침하량을 산정하라.

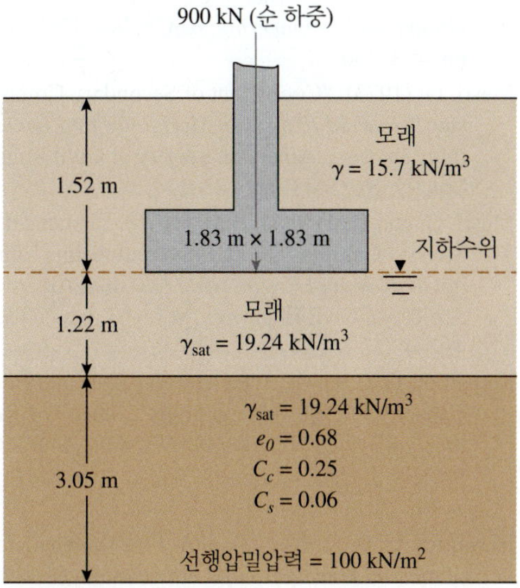

그림 P8.13

참고문헌

Akbas, S. O. and Kulhawy, F. H. (2009). "Axial Compression of Footings in Cohesionless Soils. I: Load-Settlement Behavior," *Journal of Geotechnical and Geoenvironmental Engineering*, American Society of Civil Engineers, Vol. 135, No. 11, pp. 1562–1574.

Bjerrum, L. (1963). "Allowable Settlement of Structures," *Proceedings, European Conference on Soil Mechanics and Foundation Engineering*, Wiesbaden, Germany, Vol. III, pp. 135–139.

Briaud, J. L. (2007). "Spread Footings in Sand: Load Settlement Curve Approach," *Journal of Geotechnical and Geoenvironmental Engineering*, American Society of Civil Engineers, Vol. 133, No. 8, pp. 905–920.

Burland, J. B. and Burbidge, M. C. (1985). "Settlement of Foundations on Sand and Gravel," *Proceedings, Institute of Civil Engineers*, Part I, Vol. 7, pp. 1325–1381.

Burland, J. B. and Wroth, C. P. (1974). "Allowable and Differential Settlement of Structures Including Damage and Soil-Structure Interaction," *Proceedings, Conference on Settlement of Structures*, Cambridge University, England, pp. 611–654.

Christian, J. T. and Carrier, W. D. (1978). "Janbu, Bjerrum, and Kjaernsli's Chart Reinterpreted," *Canadian Geotechnical Journal*, Vol. 15, pp. 124–128.

Duncan, J. M. and Buchignani, A. N. (1976). *An Engineering Manual for Settlement Studies*, Department of Civil Engineering, University of California, Berkeley.

European Committee for Standardization (1994a). *Basis of Design and Actions on Structures*, Eurocode 1, Brussels, Belgium.

European Committee for Standardization (1994b). *Geotechnical Design, General Rules—Part 1*, Eurocode 7, Brussels, Belgium.

Fox, E. N. (1948). "The Mean Elastic Settlement of a Uniformly Loaded Area at a Depth below the Ground Surface," *Proceedings, 2nd International Conference on Soil Mechanics and Foundation Engineering*, Rotterdam, Vol. 1, pp. 129–132.

Janbu, N., Bjerrum, L., and Kjaernsli, B. (1956). "Veiledning ved løsning av fundamentering soppgaver," *Publication No. 18*, Norwegian Geotechnical Institute, pp. 30–32.

Leonards, G. A. (1976). *Estimating Consolidation Settlement of Shallow Foundations on Overconsoli-*

dated Clay, Special Report No. 163, Transportation Research Board, Washington, D.C., pp. 13–16.

Mayne, P. W. and Poulos, H. G. (1999). "Approximate Displacement Influence Factors for Elastic Shallow Foundations," *Journal of Geotechnical and Geoenvironmental Engineering*, ASCE, Vol. 125, No. 6, pp. 453–460.

Mesri, G. (1973). "Coefficient of Secondary Compression," *Journal of the Soil Mechanics and Foundations Division*, American Society of Civil Engineers, Vol. 99, No. SM1, pp. 122–137.

Mesri, G. and Godlewski, P. M. (1977). "Time and Stress—Compressibility Interrelationship," *Journal of Geotechnical Engineering Division*, American Society of Civil Engineers, Vol. 103, No. GT5, pp. 417–430.

Meyerhof, G. G. (1956). "Penetration Tests and Bearing Capacity of Cohesionless Soils," *Journal of the Soil Mechanics and Foundations Division*, American Society of Civil Engineers, Vol. 82, No. SM1, pp. 1–19.

Meyerhof, G. G. (1965). "Shallow Foundations," *Journal of the Soil Mechanics and Foundations Division*, American Society of Civil Engineers, Vol. 91, No. SM2, pp. 21–31.

Omar, M. T., Das, B. M., Yen, S. C., Puri, V. K., and Cook, E. E. (1993). "Ultimate Bearing Capacity of Rectangular Foundations on Geogrid-Reinforced Sand," *Geotechnical Testing Journal*, American Society for Testing and Materials, Vol. 16, No. 2, pp. 246–252.

Polshin, D. E. and Tokar, R. A. (1957). "Maximum Allowable Nonuniform Settlement of Structures," *Proceedings, Fourth International Conference on Soil Mechanics and Foundation Engineering*, London, Vol. 1, pp. 402–405.

Salgado, R. (2008). *The Engineering of Foundations*, McGraw-Hill, New York.

Schleicher, F. (1926). "Zur Theorie des Baurundes." *Bauingenieur*, Vol. 7, No. 48, pp. 931–935.

Schmertmann, J. H., Hartman, J. P., and Brown, P. R. (1978). "Improved Strain Influence Factor Diagrams," *Journal of the Geotechnical Engineering Division*, American Society of Civil Engineers, Vol. 104, No. GT8, pp. 1131–1135.

Shin, E. C., Lee, Y. T., and Yang, T. C. (2022). "Analysis of Seismic Resistance Capacity of Hollow Concrete Block Reinforced Foundation Ground by Using Shaking Table Test," *Journal of the Korean Geosynthetic Society*, Vol. 20, No. 4, pp. 85–92.

Skempton, A. W. (1986). "Standard Penetration Test Procedures and the Effects in Sands of Overburden Pressure, Relative Density, Particle Size, Ageing and Overconsolidation," *Géotechnique*, Vol. 36, No. 3, pp. 425–447.

Skempton, A. W. and Bjerrum, L. (1957). "A Contribution to Settlement Analysis of Foundations in Clay," *Géotechnique*, London, Vol. 7, p. 178.

Skempton, A. W. and McDonald, D. M. (1956). "The Allowable Settlement of Buildings," *Proceedings of Institute of Civil Engineers*, Vol. 5, Part III, p. 727.

Steinbrenner, W. (1934). "Tafeln zur Setzungsberechnung," *Die Strasse*, Vol. 1, pp. 121–124.

Terzaghi, K., Peck, R. B., and Mesri, G. (1996). *Soil Mechanics in Engineering Practice*, 3rd ed., John Wiley & Sons, New York.

Chapter 9

전면기초

Mat Foundations

학습목표 9장을 학습하면 다음을 할 수 있다

- **9.1** 복합기초와 전면기초의 근본적인 차이점에 관해 설명함.
- **9.2** 알려진 기둥하중을 받는 직사각형 복합기초와 사다리꼴 복합기초의 기초면적을 결정함.
- **9.3** 현장에서 시공하고 있는 전면기초의 여러 가지 형태에 관해 토의함.
- **9.4** 전면기초의 지지력을 산정함.
- **9.5** 전면기초의 부등침하량 평가 개념을 이해함.
- **9.6** 전면기초의 현장 계측과 경험식에 의해 구한 최대 침하량을 비교함.
- **9.7** 보상 기초의 개념에 대해 이해함.
- **9.8** 전면기초의 구조설계방법에 관한 기본 개념에 대해 설명함.

9.1 개요

정상적인 조건에서 제5장, 제6장에서 설명하였던 정사각형 기초와 직사각형 기초는 기둥이나 벽체를 지지하는 데 경제적이다. 그러나 특수한 상황에서 1열에 2개 이상의 기둥을 지지해야 하는 기초를 시공해야 할 경우가 생기는데 이런 기초를 복합기초(combined footings)라 한다. 이 중 기둥들이 1열 이상을 콘크리트 슬래브로 지지할 경우 **전면기초**(mat foundation)라 부르고 있다. 복합기초는 일반적으로 다음과 같이 분류할 수 있다.

a. 직사각형 복합기초(rectangular combined footing)
b. 사다리꼴 복합기초(trapezoidal combined footing)
c. 띠형기초(strap footing)

일반적으로 전면기초는 지지력이 약한 지반에 이용된다. 9.2절에서는 복합기초의 원리에 대하여 간략하게 고찰하였고, 그리고 이어 전면기초에 대하여 더 상세하게 서술하였다.

9.2 복합기초

직사각형 복합기초

하중은 기둥과 흙의 지지력에 의하여 지지되어야 하는데, 많은 경우에 있어서 표준 확대기초(standard spread footing) 설계 시 토지경계선(property line) 밖에 기둥 기초를 설치해야 할 필요가 있다. 이런 경우에는 그림 9.1과 같이 하나의 직사각형 기초로 두 개 이상의 기둥들을 지지하면 된다. 만일 순 허용지지력을 안다면, 기초의 크기($B \times L$)는 다음과 같은 방법으로 결정할 수 있다.

a. 기초의 면적(A)을 결정한다.

$$A = \frac{Q_1 + Q_2}{q_{\text{all(net)}}} \tag{9.1}$$

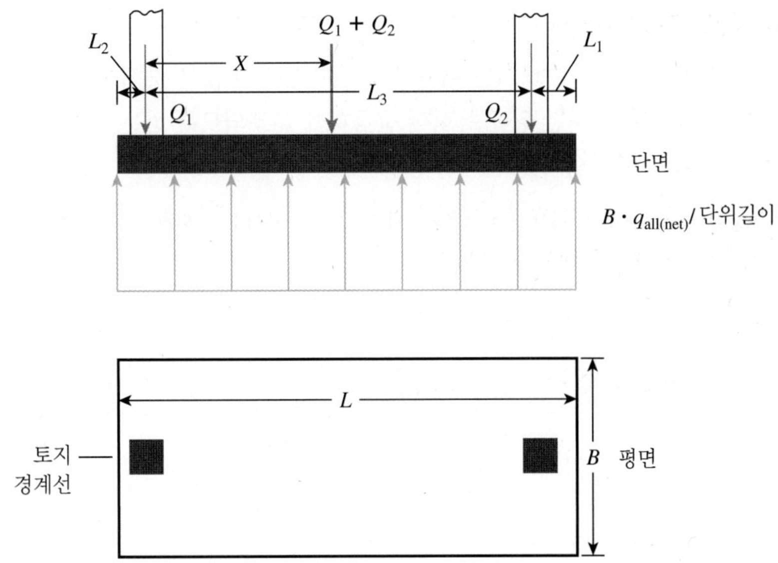

그림 9.1 직사각형 복합기초

여기서

Q_1, Q_2 = 기둥에 작용하는 하중

$q_{all(net)}$ = 기초지반의 순 허용지지력

b. 기둥에 작용하는 하중의 합력 위치를 결정한다. 그림 9.1로부터

$$X = \frac{Q_2 L_3}{Q_1 + Q_2} \tag{9.2}$$

c. 기초 아래의 균등한 토압분포에 대하여, 기둥에 작용하는 하중의 합력은 기초의 도심을 지나야 한다. 따라서

$$L = 2(L_2 + X) \tag{9.3}$$

여기서 L = 기초의 길이

d. 일단 기초의 길이 L이 결정되면, L_1의 값은 다음과 같이 결정할 수 있다.

$$L_1 = L - L_2 - L_3 \tag{9.4}$$

여기서 L_2의 길이는 토지경계선(property line)의 위치에 따라 결정된다.

e. 기초의 폭은 다음 식으로 구한다.

$$B = \frac{A}{L} \tag{9.5}$$

식 (9.3)에 의하여 구한 L 값이 $L_2 + L_3$보다 작다면, 두 기둥을 포함하도록 길게 하여야 한다. 여기서 합력의 위치는 더 이상 기초의 중심에 작용되지 않는다. 따라서, 작용되는 응력분포는 불균등하게 된다.

사다리꼴 복합기초

사다리꼴 복합기초(그림 9.2)는 때때로 공간이 충분치 않은 곳에서 큰 하중을 지지하는 독립기초로 사용된다. 지반 위에 응력이 균등하게 분포되도록 하는 기초의 크기는 다음과 같은 방법으로 구할 수 있다.

a. 만일 순 허용지지력을 안다면, 기초의 면적은 다음 식을 사용하여 결정한다.

$$A = \frac{Q_1 + Q_2}{q_{\text{all(net)}}} \tag{9.6}$$

그림 9.2로부터

$$A = \frac{B_1 + B_2}{2} L \tag{9.7}$$

b. 기둥에 작용하는 하중의 합력 위치를 결정한다.

$$X = \frac{Q_2 L_3}{Q_1 + Q_2} \tag{9.8}$$

c. 사다리꼴의 면적으로부터, 기둥하중의 합력은 기초중심을 통과한다.

$$X + L_2 = \left(\frac{B_1 + 2B_2}{B_1 + B_2}\right)\frac{L}{3} \tag{9.9}$$

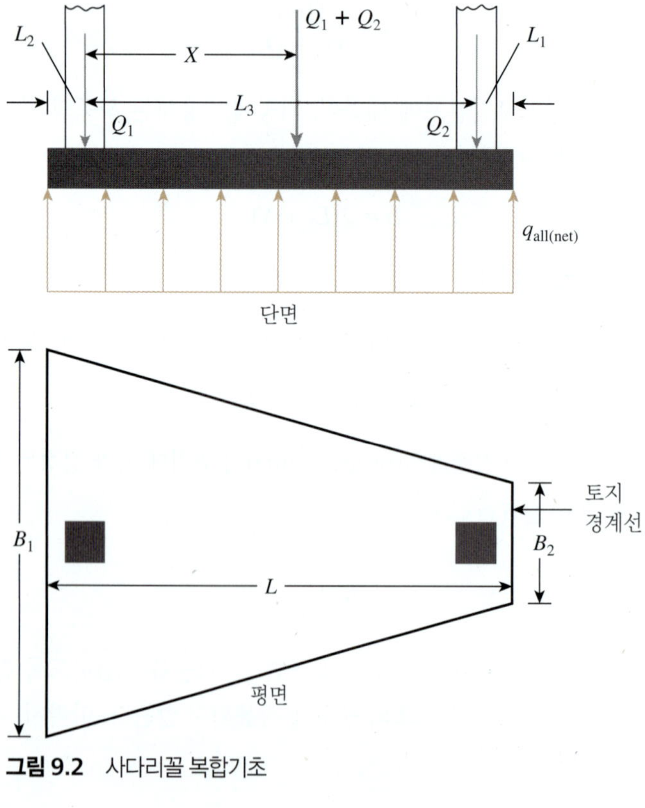

그림 9.2 사다리꼴 복합기초

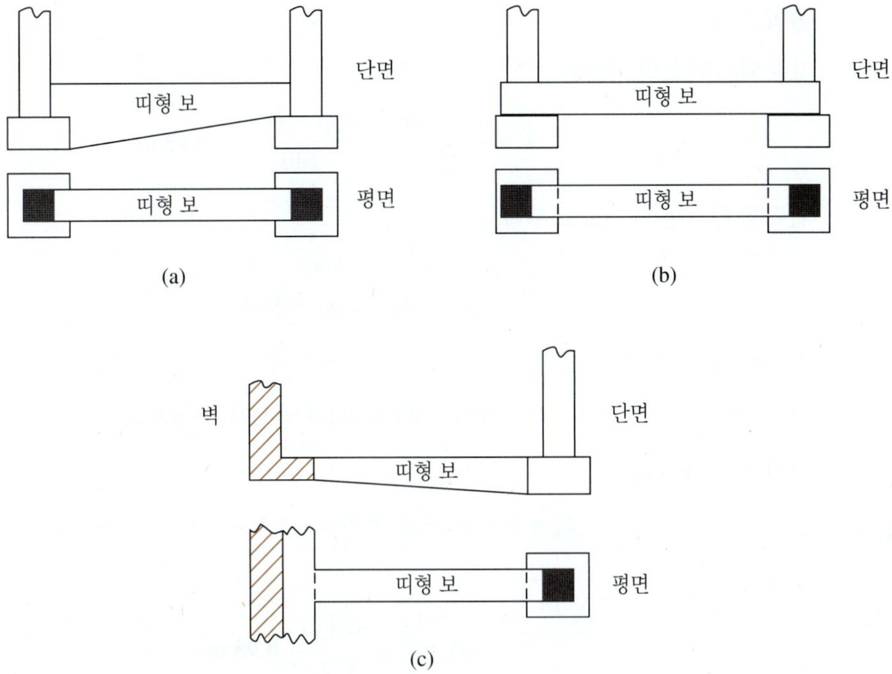

그림 9.3 띠형 보를 사용한 캔틸레버 기초

이미 알고 있는 값 A, L, X, 그리고 L_2를 이용하여 식 (9.7)과 (9.9)로부터 B_1과 B_2를 구한다. 사다리꼴에 대해서 다음 조건이 만족되어야 한다.

$$\frac{L}{3} < X + L_2 < \frac{L}{2}$$

캔틸레버 기초

캔틸레버 형태의 복합기초는 편심하중을 받는 기둥 기초를 내부 기둥 기초에 연결하기 위해 **띠형 보**(strap beam)를 사용한다(그림 9.3). 캔틸레버 기초는 흙의 허용지지력이 크고 기둥 사이의 거리가 먼 경우, 사다리꼴 또는 직사각형 복합기초 대신에 사용하기도 한다.

예제 9.1

그림 9.1을 참고하여 구하라.

$$Q_1 = 400 \text{ kN}$$
$$Q_2 = 500 \text{ kN}$$
$$q_{\text{all(net)}} = 140 \text{ kN/m}^2$$
$$L_3 = 3.5 \text{ m}$$

토지경계선의 위치에 근거하여, $L_2 = 1.5$ m로 되어야 할 필요성이 있다. 직사각형 복합기초의 크기($B \times L$)를 결정하라.

풀이

요구되는 기초의 면적은

$$A = \frac{Q_1 + Q_2}{q_{\text{all(net)}}} = \frac{400 + 500}{140} = 6.43\ \text{m}^2$$

합력의 위치는 식 (9.2)로부터,

$$X = \frac{Q_2 L_3}{Q_1 + Q_2} = \frac{(500)(3.5)}{400 + 500} \approx 1.95\ \text{m}$$

기초 아래의 균등한 토압분포에 대하여 식 (9.3)으로부터,

$$L = 2(L_2 + X) = 2(1.5 + 1.95) = \mathbf{6.9\ m}$$

다시 식 (9.4)로부터,

$$L_1 = L - L_2 - L_3 = 6.9 - 1.5 - 3.5 = 1.9\ \text{m}$$

따라서,

$$B = \frac{A}{L} = \frac{6.43}{6.9} = \mathbf{0.93\ m}$$

■

예제 9.2

그림 9.2를 참고하여 다음과 같은 조건이 주어졌다.

$$Q_1 = 1000\ \text{kN}$$
$$Q_2 = 400\ \text{kN}$$
$$L_3 = 3\ \text{m}$$
$$q_{\text{all(net)}} = 120\ \text{kN/m}^2$$

기초공사를 할 때 사용할 수 있는 공간을 고려하면, $L_2 = 1.2$ m, $L_1 = 1$ m가 필요하다. B_1과 B_2를 결정하라.

풀이

요구되는 사다리꼴 복합기초의 면적은 식 (9.6)과 같다.

$$A = \frac{Q_1 + Q_2}{Q_{\text{all(net)}}} = \frac{1000 + 400}{120} = 11.67\ \text{m}^2$$

$$L = L_1 + L_2 + L_3 = 1 + 1.2 + 3 = 5.2\ \text{m}$$

식 (9.7)로부터,

$$A = \frac{B_1 + B_2}{2} L$$

$$11.67 = \left(\frac{B_1 + B_2}{2}\right)(5.2)$$

또는,

$$B_1 + B_2 = 4.49 \text{ m} \qquad \text{(a)}$$

식 (9.8)로부터,

$$X = \frac{Q_2 L_3}{Q_1 + Q_2} = \frac{(400)(3)}{1000 + 400} = 0.857 \text{ m}$$

다시 식 (9.9)로부터,

$$X + L_2 = \left(\frac{B_1 + 2B_2}{B_1 + B_2}\right)\frac{L}{3}$$

$$0.857 + 1.2 = \left(\frac{B_1 + 2B_2}{B_1 + B_2}\right)\left(\frac{5.2}{3}\right)$$

$$\frac{B_1 + 2B_2}{B_1 + B_2} = 1.187 \qquad \text{(b)}$$

식 (a)와 (b)로부터,

$$B_1 = \mathbf{3.65\ m}$$
$$B_2 = \mathbf{0.84\ m}$$

■

9.3 전면기초의 일반적인 형태

전면기초는 뗏목기초(raft foundation)라고도 하며, 여러 개의 기둥과 벽을 지지하는 구조물 아래 전체 지역을 덮는 복합기초이다. 전면기초는 때때로 높은 기둥 및 벽체 하중을 지지해야 하는 지지력이 약한 지반에 사용되는 것을 선호한다. 확대기초(spread footing)가 건물 면적의 절반 이상을 차지하는 경우는 전면기초가 보다 경제적일 수 있다. 현재 사용되고 있는 전면기초의 여러 형태 중 일반적인 몇 가지 형태는 그림 9.4에 나타낸 바와 같다.

1. 평판형(그림 9.4a). 전면기초의 두께는 일정하다.
2. 기둥 밑을 두껍게 한 평판형(그림 9.4b)
3. 보와 슬래브를 이용한 형(그림 9.4c). 보는 양방향으로 펼쳐져 있고, 기둥은 보의 교차점에 위치한다.
4. 기둥이 있는 평판형(그림 9.4d)
5. 전면기초의 일부로서 지하실 벽(basement wall)이 있는 슬래브형(그림 9.4e). 벽은 전면기초의 보강재로 역할을 한다.

전면기초는 말뚝에 의해 지지되기도 한다. 이와 같은 말뚝은 압축성이 큰 흙 위에 축조된 구조물의 침하를 감소시키는 데 도움이 된다. 또한 지하수위가 높은 경우, 전면기초는 종종 부력(buoyancy)을 억제하기 위해 말뚝 위에 설치된다. 그림 9.5는 전면기초와 독립기초에서의 폭 B와 근입깊이 D_f의 차이를 보여준다. 그림 9.6은 평판형 전면기초의 시공전경이다.

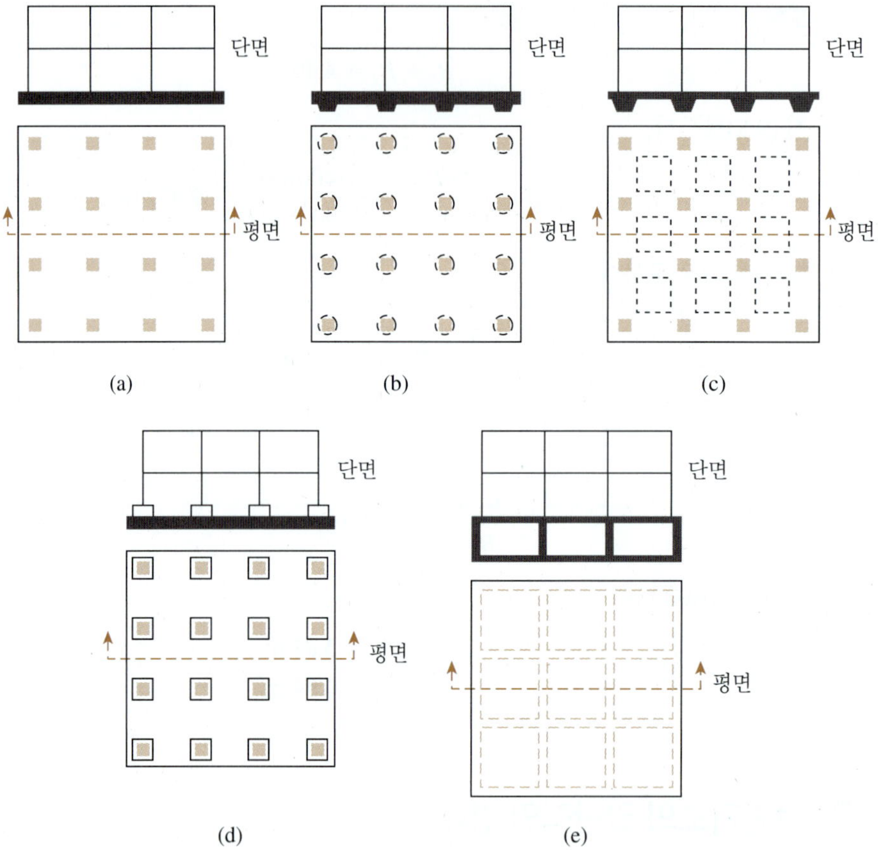

그림 9.4 전면기초의 일반적인 형태

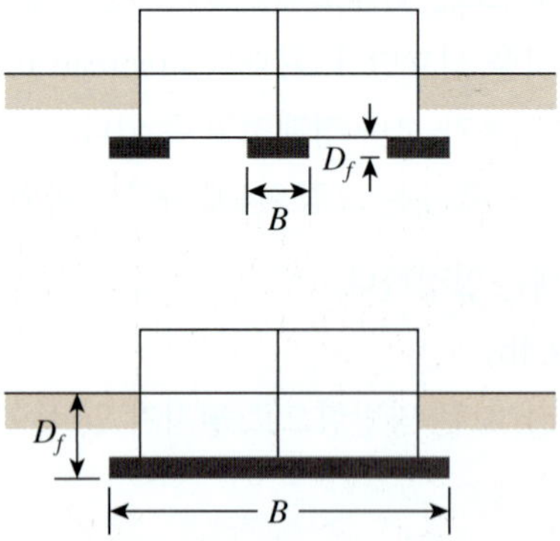

그림 9.5 독립기초와 전면기초의 비교(B = 폭, D_f = 근입깊이)

9.4 전면기초의 지지력

전면기초의 전 극한지지력(gross ultimate bearing capacity)은 얕은 기초(5.6절)에서 사용된 것과 같은 식에 의해 결정할 수 있다. 즉

$$q_u = c'N_cF_{cs}F_{cd}F_{ci} + qN_qF_{qs}F_{qd}F_{qi} + \frac{1}{2}\gamma BN_\gamma F_{\gamma s}F_{\gamma d}F_{\gamma i} \quad \text{식 (5.30)}$$

그림 9.6 전면기초의 시공 전경(Courtesy of Dharma Shakya, Geotechnical Solutions, Inc.)

(지지력계수, 형상계수, 근입깊이계수, 그리고 하중경사계수의 적절한 값들은 제5장에 기술되어 있다.) 식 (5.30)의 B는 전면기초의 최소 폭이다. 전면기초의 순 **극한지지력**(net ultimate capacity)은 다음과 같다.

$$q_{u(\text{net})} = q_u - q \qquad \text{식 (5.27)}$$

순 허용지지력(net allowable bearing capacity)을 계산하기 위해서는 적절한 안전율을 사용하여야 한다. 점토 지반 위에 축조된 전면기초의 경우 안전율은 사하중 또는 최대 활하중하에서 3 이상이어야 한다. 그러나 가장 극한 상태일지라도 안전율은 최소한 1.75~2가 되어야 한다. 사질토 위에 축조된 전면기초의 경우, 안전율은 보통 3을 사용한다. 대부분의 사용 중에 있는 건물이 사질토 위에 축조된 전면기초의 경우 지지력 파괴에 대한 안전율은 매우 크다. 여기서 침하를 고려하는 것이 설계의 주안점이다.

흙의 내부마찰각 $\phi = 0$이고, 하중이 연직으로 작용하는 포화점토 지반의 경우(주: $N_c = 5.14$, $N_q = 1$, $N_\gamma = 0$), 식 (5.30)은 다음과 같다.

$$q_u = c_u N_c F_{cs} F_{cd} + q \qquad (9.10)$$

여기서 c_u = 비배수 점착력이다.

표 5.4로부터 $\phi = 0$일 때,

$$F_{cs} = 1 + \frac{B}{L}\left(\frac{N_q}{N_c}\right) = 1 + \left(\frac{B}{L}\right)\left(\frac{1}{5.14}\right) = 1 + 0.195\left(\frac{B}{L}\right)$$

그리고

$$F_{cd} = 1 + 0.4\left(\frac{D_f}{B}\right)$$

앞의 형상계수와 근입깊이계수를 식 (9.10)에 대입하면 다음과 같다.

$$q_u = 5.14c_u\left(1 + 0.195\frac{B}{L}\right)\left(1 + 0.4\frac{D_f}{B}\right) + q \tag{9.11}$$

따라서 순 극한지지력은 식 (9.12)와 같다.

$$q_{u(\text{net})} = q_u - q = 5.14c_u\left(1 + 0.195\frac{B}{L}\right)\left(1 + 0.4\frac{D_f}{B}\right) \tag{9.12}$$

FS = 3이면, 흙의 순 허용지지력은 다음과 같다.

$$q_{\text{all(net)}} = \frac{q_{u(\text{net})}}{\text{FS}} = 1.713c_u\left(1 + 0.195\frac{B}{L}\right)\left(1 + 0.4\frac{D_f}{B}\right) \tag{9.13}$$

사질토지반 위에 축조된 전면기초에서, 지지력 파괴에 대한 안전율은 매우 크다. 설계는 침하량을 고려하여 수행하여야 한다. 표 8.9로부터,

$$q_{\text{net}}(\text{kN/m}^2) = \frac{N_{60}}{0.08}\left(\frac{B + 0.3}{B}\right)^2 F_d\left(\frac{S_e}{25}\right)$$

여기서

N_{60} = 표준관입저항치

B = 폭(m)

$F_d = 1 + 0.33(D_f/B) < 1.33$

S_e = 침하량(mm)

폭 B가 크고 $D_f/B = 1$이라고 가정하면, 앞 식은 다음과 같이 단순화할 수 있다.

$$\begin{aligned} q_{\text{net}}(\text{kN/m}^2) &= \frac{N_{60}}{0.08}F_d\left(\frac{S_e}{25}\right) \\ &= \frac{N_{60}}{0.08}\left[1 + 0.33\left(\frac{D_f}{B}\right)\right]\left[\frac{S_e(\text{mm})}{25}\right] \\ &\le 0.67N_{60}[S_e(\text{mm})] \end{aligned} \tag{9.14}$$

따라서, q_{net}의 최대값은 아래와 같다.

$$q_{\max(\text{net})}\,(\text{kN/m}^2) = 0.67N_{60}[S_e(\text{mm})] \tag{9.15}$$

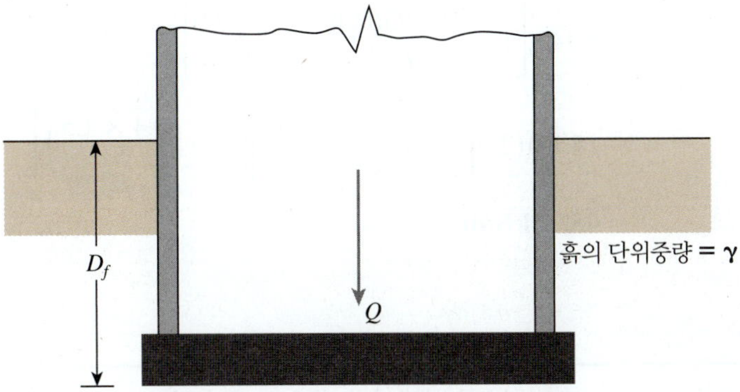

그림 9.7 전면기초에 의하여 흙에 작용하는 순 압력의 정의

Terzaghi and Peck(1948)는 전면기초와 띠기초는 최대 침하량 25 mm와 부등침하량 19 mm를 한계값으로 제안하였다. 그러나 전면기초의 폭은 독립 확대기초의 폭보다 크다. 기초 아래 지반에서 지층 심도에 따른 응력증가는 기초폭의 영향을 받는다. 그러므로 전면기초의 경우 영향권의 깊이는 확대기초보다 훨씬 크게 된다. 따라서 전면기초 아래 느슨한 흙이 몰려 있는 경우 흙을 단단하게 구속하면서 재하하중이 고르게 분포하게 되므로 부등침하도 더 작게 발생한다. 따라서 이러한 가정하에 Terzaghi and Peck(1948)은 전면기초 침하량 50 mm에 대하여 부등침하량은 19 mm라는 한계값을 제안하였다. 최근에는 더 높은 값도 한계침하량으로 허용하고 있다. 상기와 같은 이론을 사용하고, F_d를 안전측으로 1이라고 가정하면, 식 (9.14)와 (9.15)같이 근사적으로 나타낼 수 있다.

$$q_{\mathrm{all(net)}} = q_{\mathrm{net}}(\mathrm{kN/m^2}) \approx 25N_{60} \tag{9.16}$$

기초에 작용하는 순 압력(그림 9.7)은 다음과 같이 나타낼 수 있다.

$$q = \frac{Q}{A} - \gamma D_f \tag{9.17}$$

여기서

Q = 구조물의 사하중과 활하중

A = 전면기초의 단면적

따라서 모든 경우에 있어서 q는 허용할 수 있는 $q_{\mathrm{all(net)}}$값과 같거나 그 이하여야 한다.

예제 9.3

$c_u = 75\ \mathrm{kN/m^2}$, $\phi = 0$, 그리고 $D_f = 1.5$ m인 포화 점성토 위에 15 m × 6 m 크기의 전면기초가 축조되어 있다. 이 전면기초의 순 극한지지력을 결정하라.

풀이

식 (9.12)로부터,

$$q_{u(\text{net})} = 5.14c_u\left[1 + \left(\frac{0.195B}{L}\right)\right]\left[1 + 0.4\frac{D_f}{B}\right]$$

$$= (5.14)(75)\left[1 + \left(\frac{0.195 \times 6}{15}\right)\right]\left[1 + \left(\frac{0.4 \times 1.5}{6}\right)\right]$$

$$= \mathbf{457.1\ kN/m^2}$$

■

예제 9.4

사질토지반 위에 12 m × 6 m 크기의 전면기초가 축조되어 있다. 이 전면기초의 순 허용지지력은 얼마인가? 단, D_f =1.22 m, 허용침하량 = 50 mm, 평균 표준관입치 N_{60} = 8.

풀이

식 (9.14)로부터

$$q_{\text{all(net)}} = \frac{N_{60}}{0.08}\left[1 + 0.33\left(\frac{D_f}{B}\right)\right]\left(\frac{S_e}{25}\right)$$

또는,

$$q_{\text{all(net)}} = \frac{8}{0.08}\left[1 + \frac{0.33 \times 1.22}{6}\right]\left(\frac{50}{25}\right) = \mathbf{213.42\ kN/m^2}$$

■

9.5 전면기초의 부등침하량

1988년 미국 콘크리트 학회 기술분과 위원회 336 (ACIC 336)은 전면기초의 부등침하량을 계산하기 위하여 다음과 같은 방법을 제시하였다.* 이 방법에 의하여 강성계수(K_r)는 다음과 같이 구할 수 있다.

$$K_r = \frac{E'I_b}{E_sB^3} \tag{9.18}$$

여기서

E' = 구조물에 사용된 재료의 탄성계수

E_s = 흙의 탄성계수

B = 기초의 폭

I_b = B의 90° 방향에서의 구조물의 단위길이당 관성모멘트

$E'I_b$항은 다음과 같이 표현할 수 있다.

$$E'I_b = E'\left(I_F + \sum I_b' + \sum \frac{ah^3}{12}\right) \tag{9.19}$$

*[출처: American Concrete Institute Committee 336 (1988)]

여기서,

$E'I_b$ = B의 90° 방향에서의 상부구조와 기초의 단위길이당 휨강성

$\Sigma E'I_b$ = B의 90° 각도를 이루는 뼈대요소(framed member)의 휨강성

$\Sigma(E'ah^3/12)$ = 전단벽의 휨강성

a = 전단벽의 두께

h = 전단벽의 높이

$E'I_F$ = 기초의 휨성

K_r 값을 근거로 총 침하량에 대한 부등침하량의 비(δ)는 다음과 같은 방법으로 평가할 수 있다.

1. $K_r > 0.5$이면, 전면기초를 강체로 생각할 수 있기 때문에 $\delta = 0$

2. $K_r = 0.5$이면, $\delta \approx 0.1$

3. $K_r = 0$이면, 정사각형 전면기초($B/L = 1$)인 경우 $\delta = 0.35$, 긴 전면기초($B/L = 0$)인 경우 $\delta = 0.5$

9.6 전면기초의 현장침하량 계측

현재 전면기초의 현장침하량을 계측한 여러 사례들이 문헌에 제시되어 있다. 이 절에서는 식 (9.14)와 (9.15)로부터 구한 전면기초의 침하량과 사질토 위에 축조된 전면기초의 계측 침하량을 비교해 본다.

Meyerhof(1965)는 표 8.10 (5열)에 나타낸 것과 같이 모래와 자갈 위에 축조된 전면기초의 최대 계측 침하량을 조사하였다. 식 (9.14)에서 근입깊이계수, $1 + 0.33(D_f/B)$이 1이라고 가정하면, 침하량은 다음과 같이 산정할 수 있다.

$$S_e(\text{mm}) \approx \frac{2q_{\text{all(net)}}}{N_{60}} \tag{9.20}$$

표 8.10의 4와 3열의 각각에 주어진 $q_{\text{net(all)}}$과 N_{60}의 값을 이용하여, 6열과 같이 침하량을 구할 수 있다.

표 8.10에서 7열은 계측된 침하량 대비 이론식에 의한 침하량의 비율이다. 이 비율은 약 0.79에서 3.39까지 다양하다. 따라서 식 (9.14) 또는 식 (9.15)를 이용하여 구한 순 허용지지력은 안전측이고 보수적인 값으로 산출된다.

9.7 보상 기초

그림 9.7과 식 (9.17)로부터, 전면기초 지반에 작용하는 순 압력은 근입깊이(D_f)를 증가시킴으로써 감소시킬 수 있다는 것을 알 수 있다. 이와 같은 원리를 보상 기초(compensated foundation)라 하고, 이러한 기초는 건물이 연약지반 위에 축조될 때 특히 중요하다. 특히, 동일 건물에서 상부구조물이 높은 부분의 지하층을 증가시킴으로써 지반에 가해지는 순 응

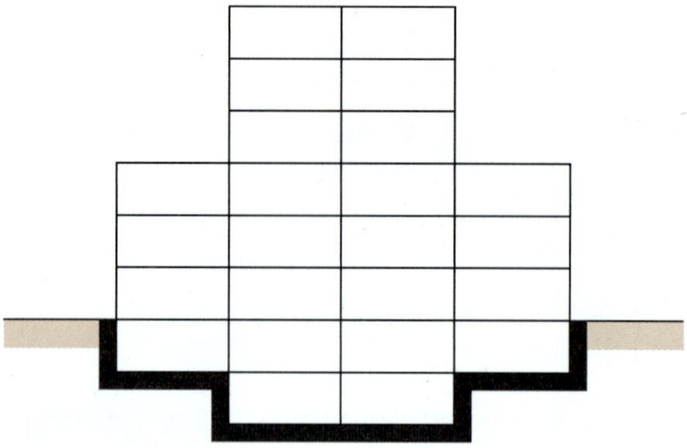

그림 9.8 보상 기초

력증가를 최소화하면서 균등하게 할 수 있다(그림 9.8). 식 (9.17)과 그림 9.7로부터 흙에 작용하는 순 평균 응력은 다음과 같다.

$$q = \frac{Q}{A} - \gamma D_f$$

전면기초 밑에 있는 흙에 순 응력의 증가가 없다면 q는 0이 되어야 한다. 따라서

$$D_f = \frac{Q}{A\gamma} \tag{9.21}$$

식 (9.21)의 D_f를 완전 보상 기초(fully compensated foundation)의 깊이라고 한다.

부분 보상 기초($D_f < Q/A\gamma$)의 지지력 파괴에 대한 안전율은 식 (9.22)와 같다.

$$\text{FS} = \frac{q_{u(\text{net})}}{q} = \frac{q_{u(\text{net})}}{\dfrac{Q}{A} - \gamma D_f} \tag{9.22}$$

여기서 $q_{u(\text{net})}$ = 순 극한지지력

포화된 점성토의 경우, 지지력 파괴에 대한 안전율은 식 (9.12)를 식 (9.22)에 대입함으로써 구할 수 있다.

$$\text{FS} = \frac{5.14c_u\left(1 + \dfrac{0.195B}{L}\right)\left(1 + 0.4\,\dfrac{D_f}{B}\right)}{\dfrac{Q}{A} - \gamma D_f} \tag{9.23}$$

예제 9.5

15 m × 20 m 크기의 전면기초(그림 9.7 참고)에 작용하는 활하중과 사하중의 합은 100 MN이다. 전면기초는 단위중량이 17 kN/m^3, c_u = 120 kN/m^{2}인 포화 점성토 위에 있을 때, D_f = 1.0 m인 경우 지지력 파괴에 대한 안전율을 구하라.

풀이

식 (9.23)으로부터, 안전율은

$$FS = \frac{5.14c_u\left(1 + \frac{0.195B}{L}\right)\left(1 + 0.4\,\frac{D_f}{B}\right)}{\frac{Q}{A} - \gamma D_f}$$

주어진 조건은 $c_u = 120\ \text{kN/m}^2$, $D_f = 1.0\ \text{m}$, $B = 15\ \text{m}$, $L = 20\ \text{m}$, 그리고 $\gamma = 17\ \text{kN/m}^3$이다. 따라서,

$$FS = \frac{(5.14)(120)\left[1 + \frac{(0.195)(15)}{20}\right]\left[1 + 0.4\left(\frac{1.0}{15}\right)\right]}{\left(\frac{100{,}000\ \text{kN}}{15 \times 20}\right) - (17)(1.0)} = \mathbf{2.29}$$

■

예제 9.6

그림 9.9에 보인 바와 같이 평면이 30 m × 40 m 크기의 전면기초가 있다. 전면기초에 작용되는 사하중과 활하중의 합은 200×10^3 kN일 때, 기초단면 중심 하부의 압밀침하량을 계산하라.

풀이

식 (2.67)로부터

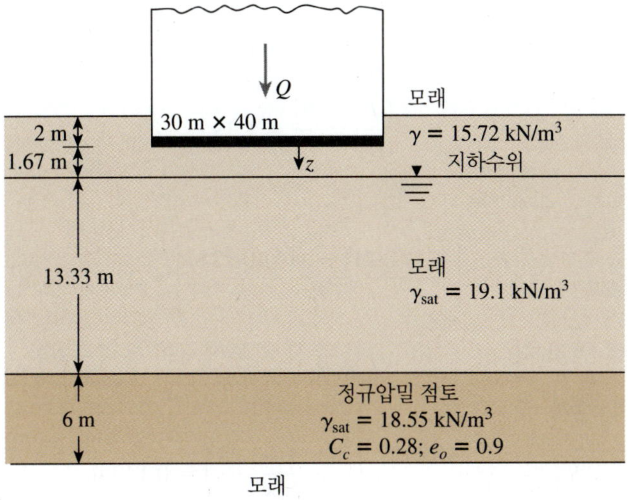

그림 9.9 전면기초에서의 압밀침하

$$S_{c(p)} = \frac{C_c H_c}{1 + e_o} \log\left(\frac{\sigma'_o + \Delta\sigma'_{av}}{\sigma'_o}\right)$$

$$\sigma'_o = (3.67)(15.72) + (13.33)(19.1 - 9.81) + \frac{6}{2}(18.55 - 9.81) \approx 208 \text{ kN/m}^2$$

$$H_c = 6 \text{ m}$$

$$C_c = 0.28$$

$$e_o = 0.9$$

주어진 하중 $Q = 200 \times 10^3$ kN에 대한 단위면적당 순하중은

$$q = \frac{Q}{A} - \gamma D_f = \frac{200 \times 10^3}{30 \times 40} - (15.72)(2) \approx 135.2 \text{ kN/m}^2$$

7.10절을 참고하여 $\Delta\sigma'_{av}$를 계산한다. 하중재하면적은 네 개의 직사각형 면적(15 m × 20 m)으로 나눌 수 있다. 식 (7.26)을 이용하여, 직사각형 면적 코너 하부 점토층의 평균응력증가를 계산할 수 있다.

$$\Delta\sigma'_{av(H_2/H_1)} = q_o\left[\frac{H_2 I_{a(H_2)} - H_1 I_{a(H_1)}}{H_2 - H_1}\right]$$

$$= 135.2\left[\frac{(1.67 + 13.33 + 6)I_{a(H_2)} - (1.67 + 13.33)I_{a(H_1)}}{6}\right]$$

$I_{a(H_2)}$에 대하여

$$m_2 = \frac{B}{H_2} = \frac{15}{1.67 + 13.33 + 6} = 0.71$$

$$n_2 = \frac{L}{H_2} = \frac{20}{21} = 0.95$$

그림 7.16으로부터 $m_2 = 0.71$ 그리고 $n_2 = 0.95$인 경우, $I_{a(H_2)}$는 0.21이다. $I_{a(H_1)}$에 대하여

$$m_2 = \frac{B}{H_1} = \frac{15}{15} = 1$$

$$n_2 = \frac{L}{H_1} = \frac{20}{15} = 1.33$$

그림 7.16으로부터 $I_{a(H_1)}$는 0.225이다. 따라서

$$\Delta\sigma'_{av(H_2/H_1)} = 135.2\left[\frac{(21)(0.21) - (15)(0.225)}{6}\right] = 23.32 \text{ kN/m}^2$$

그러므로 직사각형 면적(30 m × 40 m)의 중심 하부에서의 응력증가는 (4) (23.32) = 93.28 kN/m^{2}이다. 그러므로

$$S_{c(p)} = \frac{(0.28)(6)}{1 + 0.9} \log\left(\frac{208 + 93.28}{208}\right) = 0.142 \text{ m}$$

$$= \mathbf{142 \text{ mm}}$$

■

9.8 전면기초의 구조설계

전면기초의 구조설계는 두 가지 전통적 방법: 전통적 강성법과 근사적인 연성법에 의해 설계한다. 유한 차분법과 유한 요소법도 사용할 수 있지만, 이 절에서는 앞의 두 가지 설계법의 기본 개념만 살펴본다.

전통적 강성법

전면기초 설계의 **전통적 강성법**(conventional rigid method)은 그림 9.10을 참고하여 단계적으로 설명한다. 전통적 강성법은 전체 전면기초를 강성이라 가정한다. 전면기초의 바닥

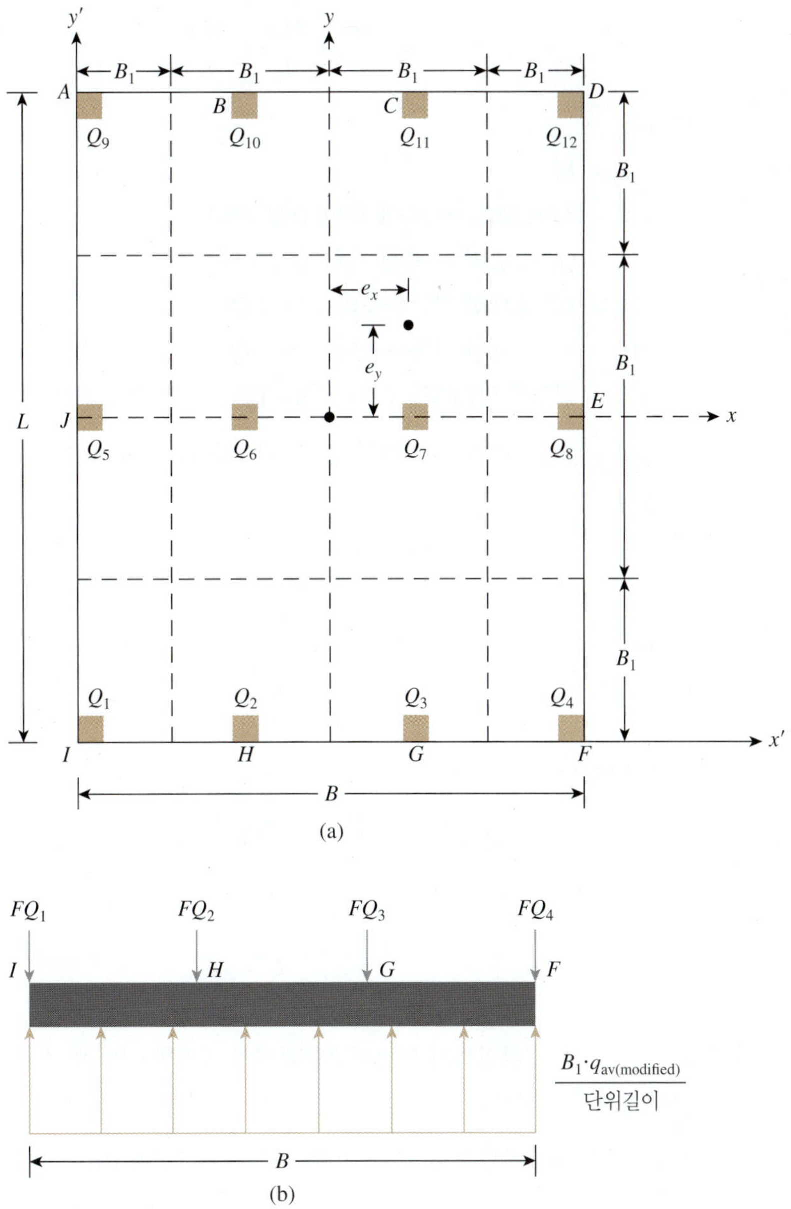

그림 9.10 전통적인 강성 전면기초의 설계

은 수평이고, 하부 흙에 적용하중은 선형적으로 변화한다고 가정한다. 전면기초를 하중이 부하되는 면적을 고려하여 x축과 y축 방향으로 직사각형 보(즉 띠)로 나눈다. 각 보는 구조 부재로 해석하고, 휨모멘트와 전단력도에 근거하여 구조적 설계를 고려하여 철근 보강을 하게 된다.

1단계. 그림 9.10a와 같이 전면기초의 크기가 $L \times B$이고, 기둥하중이 $Q_1, Q_2, Q_3, \ldots$ 일 때, 총 기둥하중의 값은 다음과 같이 계산한다.

$$Q = Q_1 + Q_2 + Q_3 + \cdots \tag{9.24}$$

2단계. $A, B, C, D, \ldots$, 점에서 전면기초 아래 지반에 작용하는 응력 q는 다음 식을 사용하여 구한다.

$$q = \frac{Q}{A} + \frac{M_y x}{I_y} + \frac{M_x y}{I_x} \tag{9.25}$$

여기서

$A = BL$

$I_x = (1/12)BL_3$ = x축에 대한 관성모멘트

$I_y = (1/12)LB^3$ = y축에 대한 관성모멘트

M_x = x축에 대한 기둥하중의 모멘트 Qe_y

M_y = y축에 대한 기둥하중의 모멘트 Qe_x

x, y = 적절한 양(+)의 부호나 음(−)의 부호를 갖는 좌표

x와 y 방향으로의 하중 편심거리 e_x와 e_y는 (x', y') 좌표를 사용하여 결정할 수 있다.

$$x' = \frac{Q_1 x_1' + Q_2 x_2' + Q_3 x_3' + \cdots}{Q} \tag{9.26}$$

그리고

$$e_x = x' - \frac{B}{2} \tag{9.27}$$

같은 방법으로

$$y' = \frac{Q_1 y_1' + Q_2 y_2' + Q_3 y_3' + \cdots}{Q} \tag{9.28}$$

그리고

$$e_y = y' - \frac{L}{2} \tag{9.29}$$

3단계. $q \le q_{\mathrm{all(net)}}$인지 확인하기 위하여 2단계에서 결정한 지반에 작용하는 응력과 순 허용 응력을 비교한다.

4단계. 전면기초를 x, y 방향으로 몇 개의 띠로 나눈다(그림 9.10). 각 띠의 폭을 B_1이라고 한다.

5단계. x, y 방향으로 각각의 띠에 대하여 전단력도 V와 모멘트도 M을 그린다. 예를 들어 그림 9.10a의 x 방향에 있는 띠 아래에 작용되는 평균 흙응력은 다음과 같다.

$$q_{\text{av}} \approx \frac{q_I + q_F}{2} \tag{9.30}$$

여기서 q_I, q_F = 2단계에서 결정한 I, F점에서의 흙응력

흙의 총 반력은 $q_{\text{av}}B_1B$이다. 띠에 작용하는 총 기둥하중은 $Q_1 + Q_2 + Q_3 + Q_4$이다. 그러나 인접한 띠 사이의 전단력은 고려되지 않았기 때문에, 띠에 작용하는 기둥하중의 총합은 $q_{\text{av}}B_1B$와 같지 않다. 이러한 이유로 흙의 반력과 기둥하중은 다음과 같이 조정되어야 한다.

$$\text{평균 하중} = \frac{q_{\text{av}}B_1B + (Q_1 + Q_2 + Q_3 + Q_4)}{2} \tag{9.31}$$

이제 수정된 흙의 평균 반력은 다음과 같다.

$$q_{\text{av(modified)}} = \frac{\text{평균 하중}}{B_1B} \tag{9.32}$$

그리고 기둥하중 수정계수는 다음과 같다.

$$F = \frac{\text{평균 하중}}{Q_1 + Q_2 + Q_3 + Q_4} \tag{9.33}$$

따라서 수정된 기둥하중은 FQ_1, FQ_2, FQ_3, FQ_4이다. 띠에 작용하는 이 수정된 기둥하중은 그림 9.10b에 나타나 있다. 이제 이 띠에 대한 전단력도와 모멘트도를 그릴 수 있다. 이 과정을 x, y 방향에 있는 모든 띠에 적용한다. 여기에서 전면기초의 두께와 상세한 철근보강은 미국 콘크리트 학회(ACI)의 시방서나 동등한 시방서, 또는 설계기준에 따라 구조설계를 수행할 수 있다.

예제 9.7과 9.8은 전통적 강성법을 사용하여 전면기초를 설계하는 방법을 나타낸 것이다.

근사적인 연성법

전통적 강성설계법에서는 전면기초를 무한 강성체로 가정한다. 또한 토압은 직선형으로 분포하고, 토압의 중심은 기둥하중의 합력의 작용선과 일치한다고 가정한다(그림 9.11a). 그러나 **근사적인 연성법**(approximate flexible method)에서는 그림 9.11b에 보여진 바와 같이 흙이 무한히 많은 탄성 스프링과 같다고 가정한다. 이것을 때때로 *Winkler* **기초**(Winkler foundation)라고도 하며, 이 가정된 스프링의 탄성계수를 **지반반력계수**(coefficient of subgrade reaction) k라고 한다.

연성 기초 설계법의 기본 개념을 이해하기 위해서 그림 9.11c에 나타난 것과 같이 길이가 무한대이고, 폭이 B_1인 보를 생각해 보자. 이 보는 한 개의 집중하중 Q를 받고 있다. 재료역학의 기본원리로부터 다음 관계가 성립한다.

$$M = E_F I_F \frac{d^2z}{dx^2} \tag{9.34}$$

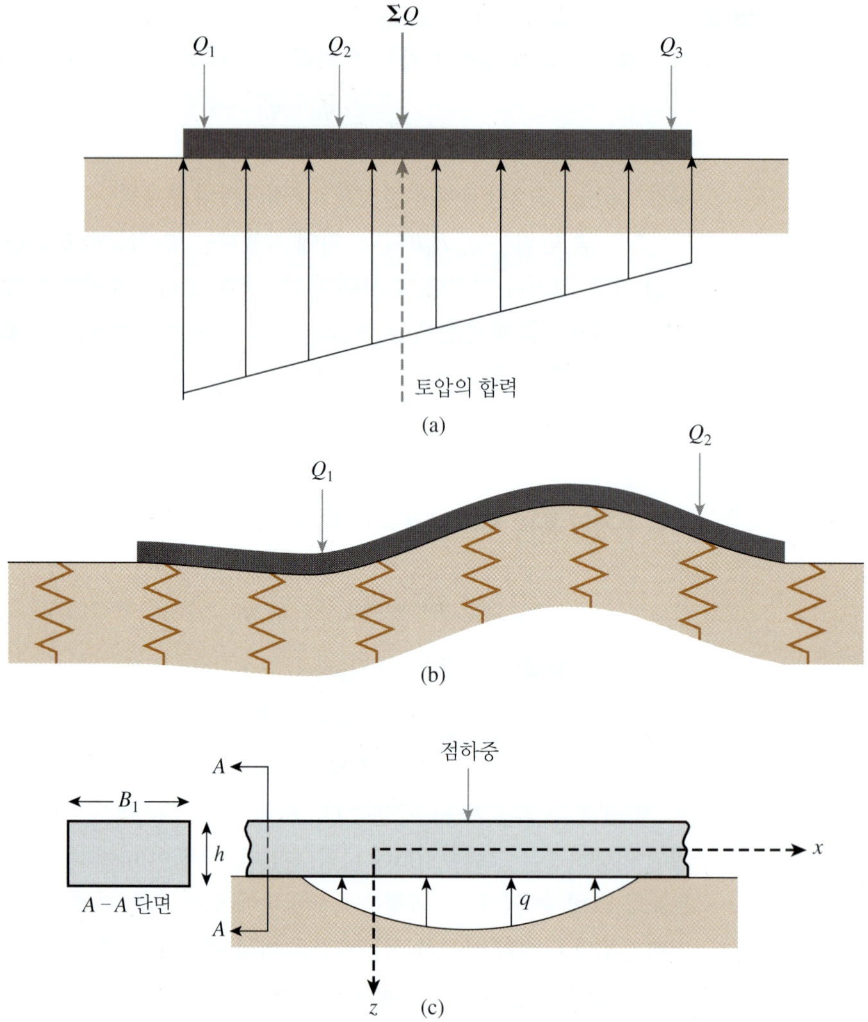

그림 9.11 (a) 전통적 강성법의 설계원리, (b) 근사적 연성법의 원리, (c) 탄성 기초에서의 보에 대한 식 (9.38)의 유도

여기서

M = 임의의 단면에 모멘트

E_F = 기초재료의 탄성계수

I_F = 보 횡단면의 관성모멘트 $= \left(\frac{1}{12}\right)B_1h^3$(그림 9.11c 참고)

그러나

$$\frac{dM}{dx} = \text{전단력} = V$$

그리고

$$\frac{dV}{dx} = q = \text{흙의 반력}$$

따라서

$$\frac{d^2M}{dx^2} = q \tag{9.35}$$

식 (9.34)와 (9.35)를 결합하면 다음과 같은 결과를 얻을 수 있다.

$$E_F I_F \frac{d^4z}{dx^4} = q \tag{9.36}$$

그러나 지반반력은

$$q = -zk'$$

여기서

z = 처짐

$K' = kB_1$

k = 지반반력계수(kN/m^3)

따라서,

$$E_F I_F \frac{d^4z}{dx^4} = -zkB_1 \tag{9.37}$$

식 (9.37)의 해를 구하면 다음과 같다.

$$z = e^{-\alpha x}(A' \cos \beta x + A'' \sin \beta x) \tag{9.38}$$

여기서 A' 그리고 A''은 상수, 그리고

$$\beta = \sqrt[4]{\frac{B_1 k}{4E_F I_F}} \tag{9.39}$$

β의 단위는 상기 식에서 정의된 바와 같이 (길이)$^{-1}$이다. 이 매개변수는 전면기초를 전통적 강성법으로 설계할 것인지 근사적인 연성법으로 설계할 것인지를 결정함에 있어서 매우 중요하다. ACIC 336 (1988)에 의하면, 띠에서의 기둥 간격이 $1.75/\beta$보다 작으면 전면기초의 설계는 전통적 강성법을 사용하고, $1.75/\beta$보다 크면 근사적인 연성법을 사용할 것을 규정하고 있다.

연성 전면기초의 구조설계를 위한 해석을 하기 위해서 지반반력계수 k를 산정하는 원리를 알아야 한다. 근사적인 연성 설계법을 설명하기 전에 좀 더 자세하게 이 계수를 설명하기로 한다.

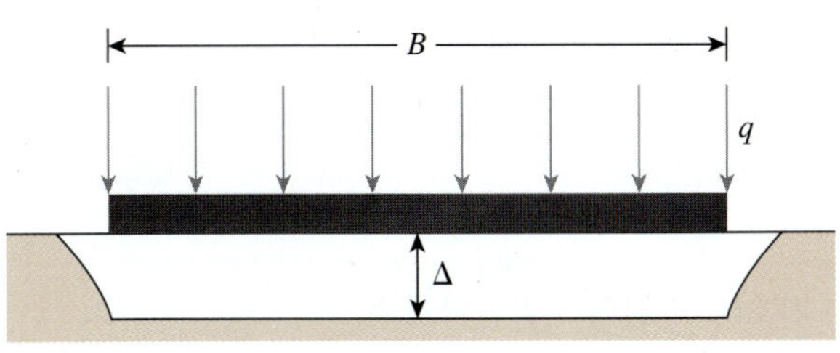

그림 9.12 지반반력계수 k의 정의

폭이 B인 기초(그림 9.12)가 단위면적당 하중 q를 받고 있다면, 기초는 Δ만큼의 침하가 발생될 것이다. 지반반력계수 k는 다음과 같이 정의할 수 있다.

$$k = \frac{q}{\Delta} \tag{9.40}$$

이것은 지반이 압력을 받음에 따라 발생되는 침하량이다.

k의 단위는 kN/m^3이다. 지반반력계수의 값은 주어진 흙에 대한 상수가 아니다. 이것은 기초의 길이 L, 폭 B, 그리고 기초의 깊이와 같은 여러 가지 요소에 따라 달라지게 된다. Terzaghi(1955)는 지반반력계수에 영향을 주는 요소에 대하여 많은 연구를 수행하였다. 이 연구에 의하면 지반반력계수의 값은 기초의 폭에 따라 감소한다. 현장에서 k 값은 0.3 m × 0.3 m의 정사각형 평판으로 하중재하시험을 수행함으로써 결정할 수 있다. k 값은 기초의 크기가 $B \times B$인 큰 기초와 다음과 같은 관계를 가진다.

사질토지반 위에 축조된 기초

사질토지반에 축조된 기초의 경우

$$k = k_{0.3}\left(\frac{B + 0.3}{2B}\right)^2 \tag{9.41}$$

여기서 $k_{0.3}$과 k는 0.3 m × 0.3 m인 기초와 B(m) × B(m)인 기초의 각각의 지반반력계수 (kN/m^3)이다.

점토 위에 있는 기초

점토 지반에 축조된 기초의 경우

$$k(\mathrm{kN/m^3}) = k_{0.3}\,(\mathrm{kN/m^3})\left[\frac{0.3\ (\mathrm{m})}{B\ (\mathrm{m})}\right] \tag{9.42}$$

식 (9.42)에 있는 k과 $k_{0.3}$의 정의는 식 (9.41)에 있는 것과 같다.

모든 흙에서, 동일한 q에 대한 $B \times L$의 크기를 갖는 직사각형 기초에 대한 지반반력계수는 다음과 같이 평가된다.

$$k = \frac{k_{(B\times B)}\left(1 + 0.5\dfrac{B}{L}\right)}{1.5} \tag{9.43}$$

여기서

k = 직사각형 기초($L \times B$)의 지반반력계수

$k_{(B\times B)}$ = 정사각형 기초($B \times B$)의 지반반력계수

표 9.1 일반적인 지반반력계수 $k_{0.3}(k_1)$의 범위

흙의 종류	$k_{0.3}$ (MN/m^3)
사질토(건조 또는 습윤):	
느슨	8~25
중간	25~125
조밀	125~375
사질토(포화):	
느슨	10~15
중간	35~40
조밀	130~150
점성토:	
굳음	10~25
매우 굳음	25~50
단단함	>50

식 (9.43)에서 폭이 B인 매우 긴 기초의 지반반력계수 값은 거의 $0.67k_{(B\times B)}$라는 것을 알 수 있다.

사질토의 탄성계수는 흙의 깊이에 따라 증가한다. 기초의 침하는 탄성계수에 따라 변하기 때문에 k의 값은 기초의 근입깊이가 깊어질수록 증가한다.

표 9.1은 사질토와 점성토에 대한 지반반력계수 값 $k_{0.3}(k_1)$의 일반적인 범위를 나타낸 것이다.

기초의 길이가 긴 보에 대하여, Vesic(1961)은 다음과 같은 지반반력계수의 계산식을 제안하였다.

$$k' = Bk = 0.65\sqrt[12]{\frac{E_s B^4}{E_F I_F}}\frac{E_s}{1-\mu_s^2} \tag{9.44}$$

또는

$$k = 0.65\sqrt[12]{\frac{E_s B^4}{E_F I_F}}\frac{E_s}{B(1-\mu_s^2)} \tag{9.45}$$

여기서

E_s = 흙의 탄성계수

B = 기초의 폭

E_F = 기초 재료의 탄성계수

I_F = 기초 단면의 관성모멘트

μ_s = 흙의 포아송비

실무적으로 사용하기 위해서 식 (9.45)는 다음과 같이 근사적으로 나타낼 수 있다.

$$k = \frac{E_s}{B(1 - \mu_s^2)} \tag{9.46}$$

지금까지 지반반력계수에 대하여 설명하였고, 다음은 전면기초를 설계하는 근사적인 연성법에 대해서 설명하기로 한다. 이 방법은 ACIC 336(1988)에 의해서 제시된 것으로 단계적으로 기술되어 있다. 설계 절차는 주로 판 이론(theory of plates)에 근거한 것이다. 이 절차에 의해서 주어진 면적에 집중하중이 작용될 때 면적 주변의 유발되는 모멘트, 전단력, 처짐을 평가할 수 있다. 두 개 이상의 기둥의 영향권이 겹칠 경우, 중첩의 원리를 적용하여 임의의 지점에서의 순 모멘트, 전단력, 처짐을 구할 수 있다.

1단계. 전면기초의 두께 h를 가정한다. 이 두께는 구조설계를 고려하여 결정한다.

2단계. 전면기초의 휨강성 R을 결정한다.

$$R = \frac{E_F h^3}{12(1 - \mu_F^2)} \tag{9.47}$$

여기서

E_F = 기초 재료의 탄성계수

μ_s = 기초 재료의 포아송비

3단계. 유효 강성반경을 결정한다.

$$L' = \sqrt[4]{\frac{R}{k}} \tag{9.48}$$

여기서 k = 지반반력계수. 임의의 기둥하중의 영향권은 (3~4) L'이다.

4단계. 기둥하중에 의한 모멘트는(한 점에서의 극좌표계로) 다음 식에 의해 결정한다

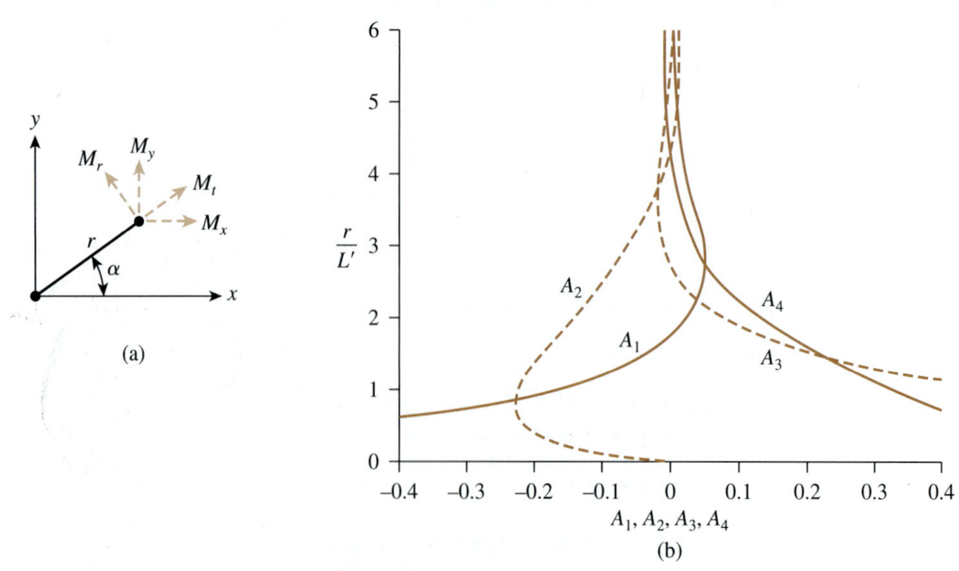

그림 9.13 전면기초의 근사적인 연성설계법

(그림 9.13a).

$$M_r = \text{방사모멘트} = -\frac{Q}{4}\left[A_1 - \frac{(1-\mu_F)A_2}{\dfrac{r}{L'}}\right] \tag{9.49}$$

$$M_t = \text{접선모멘트} = -\frac{Q}{4}\left[\mu_F A_1 + \frac{(1-\mu_F)A_2}{\dfrac{r}{L'}}\right] \tag{9.50}$$

여기서

r = 기둥하중으로부터의 방사(radial distance)거리

Q = 기둥하중

A_1, A_2 = r/L'의 함수

r/L'에 대한 A_1과 A_2의 변화값은 그림 9.13b에 나타나 있다(Hetenyi, 1946).

그림 9.13a에 나타낸 직교좌표계(Cartesian coordinate system)에서

$$M_x = M_t \sin^2\alpha + M_r \cos^2\alpha \tag{9.51}$$

$$M_y = M_t \cos^2\alpha + M_r \sin^2\alpha \tag{9.52}$$

5단계. 전면기초의 단위 폭에 대하여, 기둥하중에 의해 발생되는 전단력 V를 결정한다.

$$V = \frac{Q}{4L'}A_3 \tag{9.53}$$

r/L'에 대한 A_3의 변화값은 그림 9.13b에 나타나 있다.

6단계. 전면기초의 가장자리가 기둥의 영향권 안에 있다면, 전면기초가 연속이라고 가정하여 가장자리를 따라 모멘트와 전단력을 결정한다. 알려진 조건을 만족하기 위하여 가장자리에 적용되는 모멘트와 전단력의 부호는 반대이다.

7단계. 임의의 지점에 대한 변위는 다음과 같이 구할 수 있다.

$$\delta = \frac{QL'^2}{4R}A_4 \tag{9.54}$$

A_4의 변수는 그림 9.13b에 나타나 있다.

예제 9.7

그림 9.14는 기둥하중을 받는 전면기초의 평면도를 나타낸 것이다. 점 A, B, C, D, E, F에 작용되는 응력을 계산하라. (단, 모든 기둥의 단면은 0.5 m × 0.5 m이다.)

풀이

식 (9.25): $q = \dfrac{Q}{A} + \dfrac{M_y x}{I_y} + \dfrac{M_x y}{I_x}$

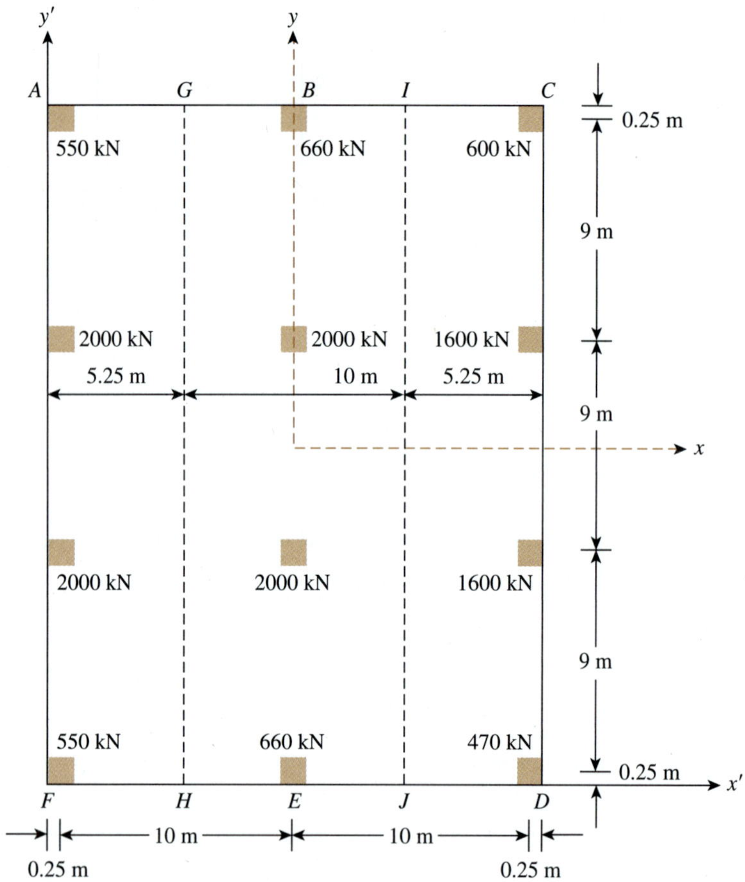

그림 9.14 전면기초의 평면도

$$A = (20.5)(27.5) = 563.75 \text{ m}^2$$

$$I_x = \frac{1}{12}BL^3 = \frac{1}{12}(20.5)(27.5)^3 = 35{,}528 \text{ m}^4$$

$$I_y = \frac{1}{12}LB^3 = \frac{1}{12}(27.5)(20.5)^3 = 19{,}743 \text{ m}^4$$

$$Q = 470 + (2)(550) + 600 + (2)(660) + (2)(1600) + (4)(2000) = 14{,}690 \text{ kN}$$

$$M_y = Qe_x; \quad e_x = x' - \frac{B}{2}$$

$$x' = \frac{Q_1x_1' + Q_2x_2' + Q_3x_3' + \cdots}{Q}$$

$$= \frac{1}{14{,}690}\begin{bmatrix} (10.25)(660 + 2000 + 2000 + 660) \\ + (20.25)(470 + 1600 + 1600 + 600) \\ + (0.25)(550 + 2000 + 2000 + 550) \end{bmatrix} = 9.686 \text{ m}$$

$$e_x = x' - \frac{B}{2} = 9.686 - 10.25 = -0.565 \text{ m} \approx -0.57 \text{ m}$$

따라서 위의 기둥합력의 작용선은 전면기초의 중심부 왼쪽에 위치한다. 따라서 $M_y =$

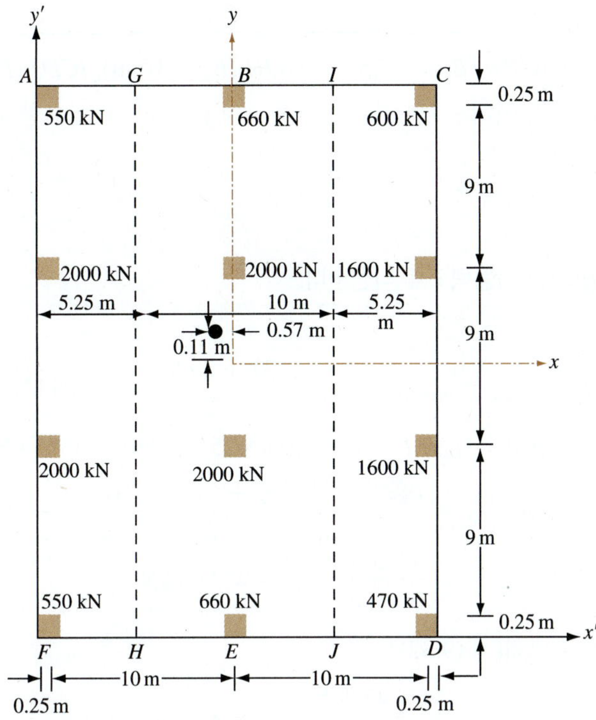

그림 9.15

(14,690)(−0.57) = −8373 kN-m. 유사한 방법으로,

$$M_x = Qe_y; \quad e_y = y' - \frac{L}{2}$$

$$y' = \frac{Q_1y_1' + Q_2y_2' + Q_3y_3' + \cdots}{Q}$$

$$= \frac{1}{14{,}690}\left[\begin{array}{l}(0.25)(550+660+470)+(9.25)(2000+2000+1600)\\+(18.25)(2000+2000+1600)+(27.25)(550+660+600)\end{array}\right]$$

$$= 13.86 \text{ m}$$

$$e_y = y' - \frac{L}{2} = 13.86 - 13.75 = 0.11 \text{ m}$$

그림 9.15는 기둥하중의 합력이 작용하는 선의 위치를 나타내었다.

$$M_x = (14{,}690)(0.11) = 1616 \text{ kN}\cdot\text{m}$$

$$q = \frac{14{,}690}{563.75} - \frac{8373x}{19{,}743} + \frac{1616y}{35{,}528} = 26.0 - 0.42x + 0.05y \text{ (kN/m}^2\text{)}$$

따라서,

At *A*: $q = 26 - (0.42)(-10.25) + (0.05)(13.75) =$ **31.0 kN/m²**
At *B*: $q = 26 - (0.42)(0) + (0.05)(13.75) =$ **26.68 kN/m²**
At *C*: $q = 26 - (0.42)(10.25) + (0.05)(13.75) =$ **22.38 kN/m²**
At *D*: $q = 26 - (0.42)(10.25) + (0.05)(-13.75) =$ **21.0 kN/m²**
At *E*: $q = 26 - (0.42)(0) + (0.05)(-13.75) =$ **25.31 kN/m²**
At *F*: $q = 26 - (0.42)(-10.25) + (0.05)(-13.75) =$ **29.61 kN/m²**

■

예제 9.8

그림 9.14의 전면기초를 $AGHF$ (B_1 = 5.25 m), $GIJH$ (B_1 = 10 m), $ICDJ$ (B_1 5=5.25 m)와 같이 3개의 띠로 나누고, 예제 9.7의 결과를 이용하여 y 방향으로 필요한 휨응력도와 전단력도를 구하라.

풀이

띠에 작용되는 전단, 휨(모멘트)응력도를 작성한다.

띠 $AGHF$:

$$\text{평균 지반반력} = q_{av} = \ q_{(\text{at } A)} + q_{(\text{at } F)} = \frac{31 + 29.61}{2} = 30.305 \text{ kN/m}^2$$

$$\text{전체 지반의 반력} = q_{av}B_1L = (30.305)(5.25)(27.50) = 4375 \text{ kN}$$

$$\text{평균 하중} = \frac{(\text{흙의 반력 하중} + \text{기둥하중})}{2}$$

$$= \frac{4375 + 5100}{2} = 4737.5 \text{ kN}$$

그리고 수정된 흙의 평균 반력[식 (9.32)],

$$q_{av(\text{modified})} = \frac{4737.5}{(5.25)(27.5)} = 32.81 \text{ kN/m}^2$$

기둥하중은 수정계수를 곱함으로써 유사한 방식으로 수정될 수 있다.

$$F = \frac{4737.5}{5100} = 0.929$$

그림 9.16은 띠에 작용되는 하중, 전단, 휨응력도(모멘트도)이다. 그림에 나타난 것과 같이 기둥하중은 수정계수 F = 0.929를 곱한 값들이다. 또한, 보의 단위길이당 하중은 다음과 같다.

$$B_1q_{av(\text{modified})} = (5.25)(32.81) = 172.25 \text{ kN/m}.$$

띠 $GIJH$: 같은 방법으로,

$$q_{av} = \frac{q_{(\text{at } B)} + q_{(\text{at } E)}}{2} = \frac{26.68 + 25.31}{2} = 26.0 \text{ kN/m}^2$$

$$\text{전체 흙의 반력} = (26)(10)(27.5) = 7150 \text{ kN}$$

$$\text{전체 기둥하중} = 5320 \text{ kN}$$

$$\text{평균 하중} = \frac{7150 + 5320}{2} = 6235 \text{ kN}$$

$$q_{av(\text{modified})} = \frac{6235}{(10)(27.5)} = 22.67 \text{ kN/m}^2$$

$$F = \frac{6235}{5320} = 1.17$$

그림 9.17은 띠 GIJH의 하중, 전단, 휨(모멘트)응력도이다.

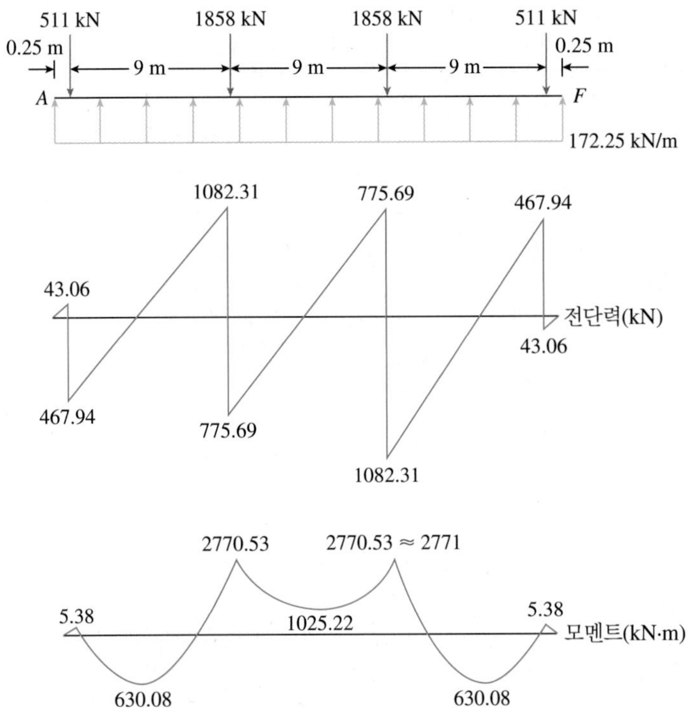

그림 9.16 띠 *AGHF*에 작용되는 하중, 전단, 휨(모멘트)응력도

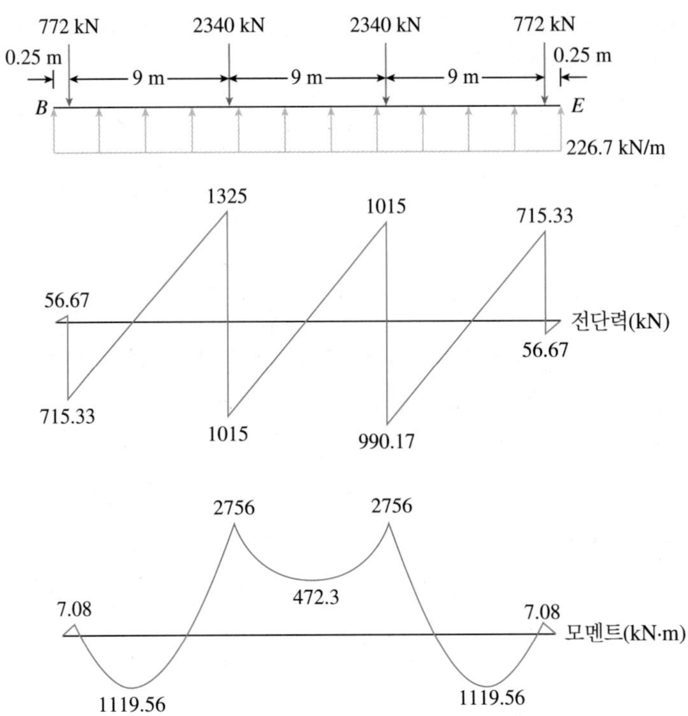

그림 9.17 띠 *GIJH*에 작용되는 하중, 전단, 휨(모멘트)응력도

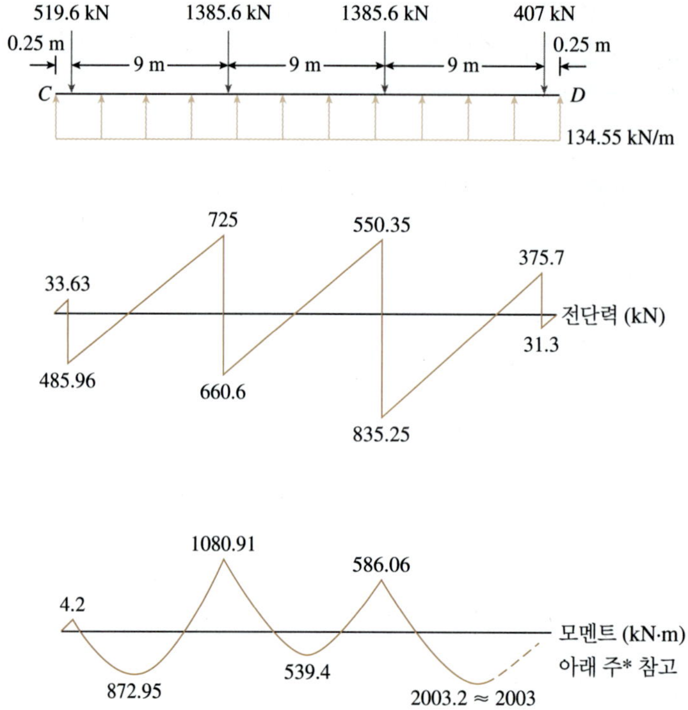

그림 9.18 띠 *ICDJ*에 작용되는 하중, 전단, 휨(모멘트)응력도

*주: 비대칭하중에 대해 균등한 지반반력이 유발된다는 가정은 우측기둥에 작용되는 휨모멘트값에 상반되는 결과를 초래한다. 따라서 모멘트응력도는 '마감'이(닫히지 않음) 되지 않는다. 그러나 여기서는 설계모멘트가 전체를 좌우하지 않으므로 무시한다.

띠 *ICDJ*: 그림 9.18은 띠 *ICDJ*의 하중, 전단, 휨(모멘트)응력도이다.

■

9.9 요약

구조물의 상재하중은 기둥과 지반지지력에 의하여 받쳐주어야 한다. 어떤 경우에는 확대기초의 전통적 설계 시 기둥 기초가 부지경계선을 벗어날 때가 종종 있다. 이러한 경우에 구형기초나 사다리꼴기초가 적용될 수 있다. 이 장에서는 복합기초 개념에 대하여 기술하였다.

전면기초는 근본적으로 여러 개의 기둥을 지지하는 넓은 면적에 시공되는 복합기초이다. 이 장에서는 전면기초의 지지력과 침하량이라는 주제에 대하여 상세하게 설명하였다. 또한, 전통적 강성법과 근사적 연성법에 의한 전면기초의 구조적 설계법에 대하여 간략하게 기술하였다.

연습문제

9.1 다음의 특성을 가지고 있는 전면기초의 순 극한지지력을 구하라.

$$c_u = 120 \text{ kN/m}^2;\ \phi = 0,$$
$$B = 8 \text{ m};\ L = 18 \text{ m};\ D_f = 3 \text{ m}$$

9.2 다음은 현장에서 사질토지반에 대한 표준관입시험의 결과이다.

깊이(m)	현장 N_{60}
1.5	9
3.0	12
4.5	11
6.0	7
7.5	13
9.0	11
10.5	13

6.5 m × 5 m 크기의 전면기초의 순 허용지지력을 구하라. 여기서 D_f = 1.5 m, 허용침하량 = 50 mm, γ = 16.5 kN/m^{3}이다.

9.3 허용침하량이 30 mm일 때, 문제 9.2를 다시 풀어라.

9.4 포화점토 위에 축조된 20 m × 20 m 크기의 전면기초에 사하중과 활하중을 합하여 48 MN의 하중을 받고 있다. 전면기초는 c_u = 50 kN/m^{2}인 점토 위에 놓여 있고, γ_{clay} = 18.5 kN/m^{3}이다.

a. 완전 보상 기초에 대한 근입깊이 D_f를 결정하라.

b. 지지력 파괴에 대한 안전율(FS)이 2일 때, 전면기초의 근입깊이 D_f를 구하라.

9.5 c_u = 20 kN/m^{2}일 경우, 문제 9.4의 b를 다시 결정하라.

9.6 그림 P9.6은 전면기초를 보여준다. 설계 조건은 L = 12 m, B = 10 m, D_f =2.2 m, Q = 30 MN, x_1 = 2 m, x_2 = 2 m, x_3 = 5.2 m, 점토의 선행압밀압력은 과압밀 상태로 $\sigma'_c \approx$ 105 kN/m^{2}이다. 전면기초 중심부 밑에서의 압밀침하량을 계산하라.

9.7 문제 9.6의 전면기초에 대하여 기초 모서리 부분 밑에서의 압밀침하량을 계산하라.

9.8 현장에서 0.3 m × 0.3 m의 평판으로 평판재하시험을 실시한 결과, 사질토의 지반반력계수가 14,900 kN/m^{3}이었다. 7.5 m × 7.5 m 크기의 기초에 대한 동일한 흙 위에서의 지반반력계수를 구하라.

9.9 문제 9.8을 참고하여, 21.3 m × 9.1 m 크기의 전면기초에 대한 지반반력계수를 구하라.

9.10 1 m × 0.7 m 크기의 평판으로 사질토 위에서 실시한 평판재하시험의 지반반력이 18 MN/m^{3}이었다. 5 m × 3.5 m 크기의 기초에 대한 동일한 흙 위에서의 k 값을 구하라.

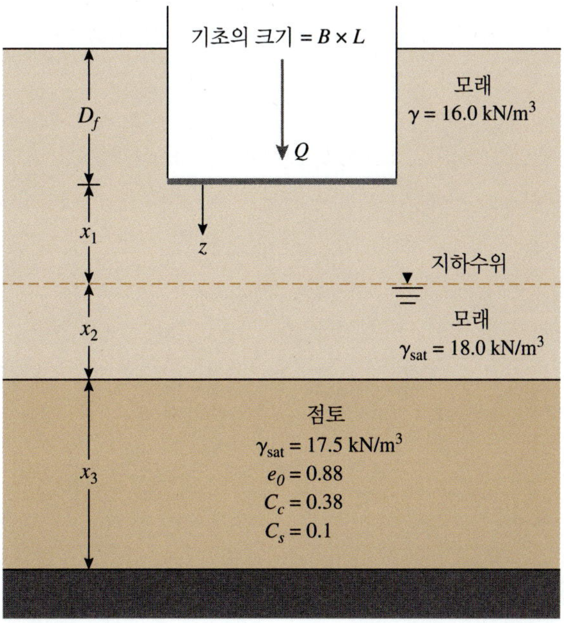

그림 P9.6

참고문헌

American Concrete Institute (2011). *ACI Standard Building Code Requirements for Reinforced Concrete*, ACI 318–11, Farmington Hills, MI.

American Concrete Institute Committee 336 (1988). "Suggested Design Procedures for Combined Footings and Mats," *Journal of the American Concrete Institute*, Vol. 63, No. 10, pp. 1041–1077.

Hetenyi, M. (1946). *Beams of Elastic Foundations*, University of Michigan Press, Ann Arbor, MI.

Meyerhof, G. G. (1965). "Shallow Foundations," *Journal of the Soil Mechanics and Foundations Division*, American Society of Civil Engineers, Vol. 91, No. SM2, pp. 21–31.

Terzaghi, K. (1955). "Evaluation of the Coefficient of Subgrade Reactions," *Geotechnique*, Institute of Engineers, London, Vol. 5, No. 4, pp. 197–226.

Terzaghi, K. and Peck, R. B. (1948). *Soil Mechanics in Engineering Practice*. John Wiley & Sons, New York

Vesic, A. S. (1961). "Bending of Beams Resting on Isotropic Solid," *Journal of the Engineering Mechanics Division*, American Society of Civil Engineers, Vol. 87, No. EM2, pp. 35–53.

Chapter 10

얕은 기초와 나선형 앵커의 상향인발력

Uplift Capacity of Shallow Foundations and Helical Anchors

NatchaB/Shutterstock.com

학습목표 **10장을 학습하면 다음을 할 수 있다**

- 10.1 기초와 나선형 앵커의 상향인발력 산정이 왜 필요한지에 대해 인지함.
- 10.2 사질토에 근입된 얕은 기초의 극한상향인발력을 산정함.
- 10.3 포화점토에 근입된 얕은 기초의 상향인발력을 분석함($\phi = 0$).
- 10.4 현장에서 지층 심도에 따라 직경이 줄어드는 나선형 앵커의 일반적인 치수를 제공함.
- 10.5 사질토지반에 근입된 나선형 앵커의 극한상향인발력을 산정함.
- 10.6 사질토지반에 근입된 깊은 나선형 앵커의 극한상향인발력을 산정함.
- 10.7 점토 지반에서 나선형 앵커의 극한상향인발력을 산정함($\phi = 0$ 조건).

10.1 개요

얕은 기초들은 특별한 상황하에서 상향인발력을 받을 수 있다. 이런 기초들을 설계할 때는 상재하중에 대한 지지력 외에 상향인발력에 대해서도 충분한 저항력을 갖도록 설계하는 것이 중요하다.

송전탑의 기초와 다른 이와 유사한 구조물들은 일반적으로 상향인발력을 받게 된다. 현재 이러한 구조물의 기초는 심도에 따라 관경이 줄어드는 3~4개의 앵커판으로 만들어진 기초가 사용되고 있으며, 상향인발력은 550~600 kN 정도이다.

이 장에서는 얕은 기초의 상향인발저항력과 사질토($c' = 0$)와 점토($\phi' = 0$)에 근입된 다수 나선형 앵커의 상향인발저항력에 대하여 기술하였다.

얕은 기초

10.2 사질토에 축조된 얕은 기초($c' = 0$)

그림 10.1은 사질토에 근입된 얕은 연속기초를 보여주고 있다. 기초의 폭과 근입깊이는 각각 B와 D_f이다. 기초의 단위길이당 전 극한상향인발력($Q_{u(g)}$)은 다음과 같이 표현된다.

$$Q_{u(g)} = Q_u + W_F \tag{10.1}$$

여기서

$Q_{u(g)}$ = 전 극한상향인발력
Q_u = 순 극한상향인발력
W_F = 기초의 유효자중

극한상향인발력을 받는 얕은 연속기초로 인한 지반의 전단파괴면의 형상은 그림 10.1에 나타난 것과 같다. 순 극한상향인발력은 무차원 파괴계수 F_q로 표현할 수 있다. 또는,

$$F_q = \frac{Q_u}{A\gamma D_f} \tag{10.2}$$

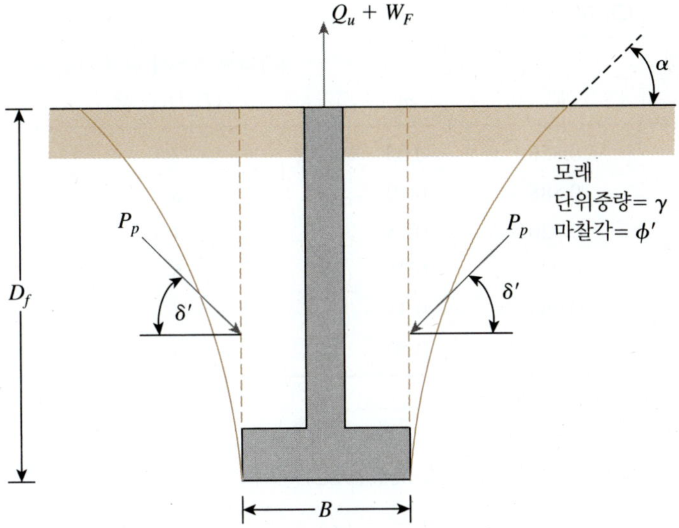

그림 10.1 상향인발력을 받는 얕은 연속기초

여기서 A = 기초의 면적

연속기초일 때, $A = (B)(1) = B$

γ = 흙의 단위중량

파괴계수(breakout factor)는 흙의 마찰각 ϕ'과 D_f/B의 함수이다. 흙의 마찰각이 일정할 때 F_q는 D_f/B가 커짐에 따라 크게 되며, 최대 $D_f/B = (D_f/B)_{cr}$까지 커진다. 그리고 그 후에는 일정한 값을 갖는다. 상향인발력을 받는 기초는 $D_f/B \le (D_f/B)_{cr}$일 때 얕은 기초 조건으로 간주한다. 기초의 근입깊이 $D_f/B > (D_f/B)_{cr}$를 깊은 기초 조건으로 간주한다. Meyerhof and Adams(1968)는 얕은 기초[즉, $D_f/B \le (D_f/B)_{cr}$], 원형 기초, 그리고 직사각형 기초에서의 극한상향인발력(Q_u)을 산정하는 관계식을 제안하였다. 이 관계식과 식 (10.2)를 이용하여 Das and Seeley(1975)는 파괴계수 F_q를 다음과 같은 형태로 나타내었다.

$$F_q = 1 + 2\left[1 + m\left(\frac{D_f}{B}\right)\right]\left(\frac{D_f}{B}\right)K_u \tan\phi' \tag{10.3}$$

(얕은 원형 기초와 정사각형 기초일 경우)

$$F_q = 1 + \left\{\left[1 + 2m\left(\frac{D_f}{B}\right)\right]\left(\frac{B}{L}\right) + 1\right\}\left(\frac{D_f}{B}\right)K_u \tan\phi' \tag{10.4}$$

(얕은 직사각형 기초일 경우)

여기서

m = ϕ'의 함수인 계수

K_u = 공칭 상향인발계수

정사각형 기초와 원형 기초에서 K_u, m, $(D_f/B)_{cr}$의 변화값은 표 10.1과 같다(Meyerhof and Adams, 1968).

표 10.1 K_u, m과 $(D_f/B)_{cr}$의 변화값

흙의 마찰각 ϕ'(도)	K_u	m	정사각형 기초와 원형 기초의 $(D_f/B)_{cr}$ 값
20	0.856	0.05	2.5
25	0.888	0.10	3
30	0.920	0.15	4
35	0.936	0.25	5
40	0.960	0.35	7
45	0.960	0.50	9

(출처: Meyerhof and Adams, 1968).

직사각형 기초에 대해 Das and Jones(1982)는 다음과 같은 상관관계식을 추천하였다.

$$\left(\frac{D_f}{B}\right)_{\text{cr-직사각형}} = \left(\frac{D_f}{B}\right)_{\text{cr-정사각형}}\left[0.133\left(\frac{L}{B}\right) + 0.867\right] \le 1.4\left(\frac{D_f}{B}\right)_{\text{cr-정사각형}} \tag{10.5}$$

정사각형 기초와 원형 기초에 대하여 식 (10.3)의 K_u, m 그리고 $(D_f/B)_{cr}$의 값을 사용하여 F_q의 변화값을 구하여 그림 10.2에 나타내었다. 사질토지반에서 기초의 상향인발력을 계산하는 단계과정은 다음과 같다.

1단계. D_f, B, L, 그리고 ϕ'를 결정한다.

2단계. D_f/B를 계산한다.

3단계. 표 10.1과 식 (10.5)를 이용하여 $(D_f/B)_{cr}$을 산출한다.

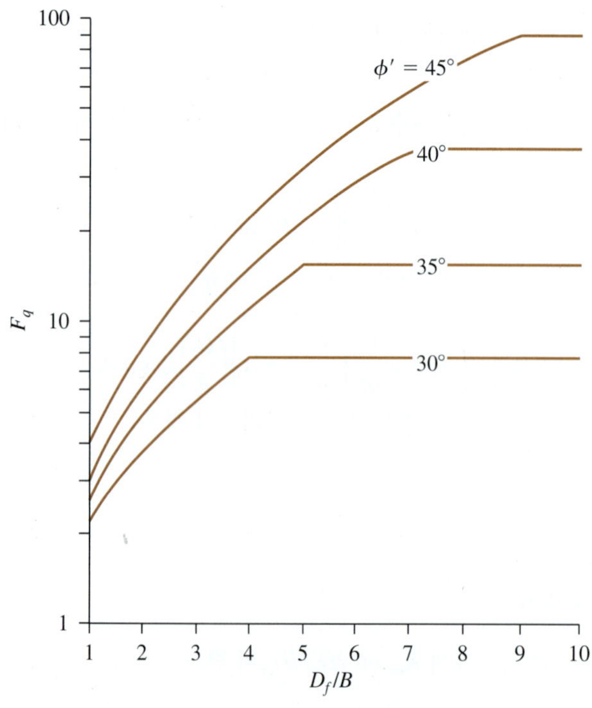

그림 10.2 정사각형 기초와 원형 기초일 때, D_f/B와 ϕ'에 따른 [식 (10.3)] F_q의 변화값

4단계. 만약 D_f/B가 $(D_f/B)_{cr}$과 같거나 작다면 얕은 기초이다.

5단계. 만약 $D_f/B > (D_f/B)_{cr}$이면 깊은 기초이다.

6단계. 얕은 기초일 경우, 식 (10.3)이나 식 (10.4)에 2단계에서 계산한 D_f/B를 사용하여 F_q를 산정한다. 따라서, $Q_u = F_q A \gamma D_f$.

7단계. 깊은 기초일 경우, 식 (10.3) 또는 식 (10.4)에서 D_f/B 대신 $(D_f/B)_{cr}$로 대치하여 $F_q = F_q^*$를 구한 다음, 극한하중 Q_u를 구한다. $Q_u = F_q^* A \gamma D_{f(cr)}$.

10.3 점토에 축조된 얕은 기초($\phi = 0$, $c = c_u$)

순수한 점토에서의 기초의 순 극한상향인발력(net ultimate uplift capacity) Q_u는 다음과 같이 표현한다.

$$Q_u = A(\gamma D_f + c_u F_c) \tag{10.6}$$

여기서

A = 기초의 면적

c_u = 점토의 비배수 전단강도

F_c = 파괴계수

사질토에 축조된 기초의 경우와 같이 파괴계수 F_c는 근입비와 함께 증가하고, $D_f/B = (D_f/B)_{cr}$일 때 최대값 $F_c = F_c^*$에 도달하며, 그 후에 일정한 값을 유지한다.

Das(1978)는 정사각형 기초와 직사각형 기초에서 실내실험 결과를 발표하였다. 이 결과에 근거하여, 다음과 같은 관계식을 제안하였다.

$$\left(\frac{D_f}{B}\right)_{\text{cr-정사각형}} = 0.107 c_u + 2.5 \le 7 \tag{10.7}$$

여기서

$\left(\frac{D_f}{B}\right)_{\text{cr-직사각형}}$ = 정사각형(원형) 기초의 한계 근입비

c_u = 비배수 점착력(kN/m^2)

Das(1980)는 다음과 같은 기초의 근입비 관련 관계식을 제안하였다.

$$\left(\frac{D_f}{B}\right)_{\text{cr-직사각형}} = \left(\frac{D_f}{B}\right)_{\text{cr-정사각형}} \left[0.73 + 0.27\left(\frac{L}{B}\right)\right] \le 1.55\left(\frac{D_f}{B}\right)_{\text{cr-정사각형}} \tag{10.8}$$

여기서

$\left(\frac{D_f}{B}\right)_{\text{cr-직사각형}}$ = 직사각형 기초의 한계 근입비

L = 기초의 길이

연구결과를 바탕으로 Das(1980)는 얕은 기초와 깊은 기초에서의 파괴계수를 구하는 경험적인 방법을 제안하였다. 이 방법에 따라 α'과 β'은 두 개의 무차원 인자로 다음과 같이 정의한다.

$$\alpha' = \frac{\dfrac{D_f}{B}}{\left(\dfrac{D_f}{B}\right)_{\text{cr}}} \tag{10.9}$$

그리고

$$\beta' = \frac{F_c}{F_c^*} \tag{10.10}$$

주어진 기초에 대한 한계 근입비는 식 (10.7)과 식 (10.8)을 사용하여 계산할 수 있다. F_c^*의 크기는 다음의 경험식에 의해서 구할 수 있다.

$$F_{c\text{-직사각형}}^* = 7.56 + 1.44\left(\frac{B}{L}\right) \tag{10.11}$$

여기서 $F_{c\text{-직사각형}}^*$ = 깊은 직사각형 기초에 대한 파괴계수

그림 10.3은 실험적으로 도출한 α'과 β'의 관계도이며(α'과 β'의 상한선, 하한선, 그리고 평균선이다) 다음의 단계 과정을 통하여 극한상향인발력을 구할 수 있다.

1단계. 비배수 점착력(c_u)의 대표값을 결정한다.

2단계. 식 (10.7)과 (10.8)을 사용하여 한계 근입비를 정한다.

3단계. 기초의 D_f/B를 결정한다.

4단계. 만약 2단계에서 $D_f/B > (D_f/B)_{\text{cr}}$이면, 기초 형태는 깊은 기초이다. 그러나

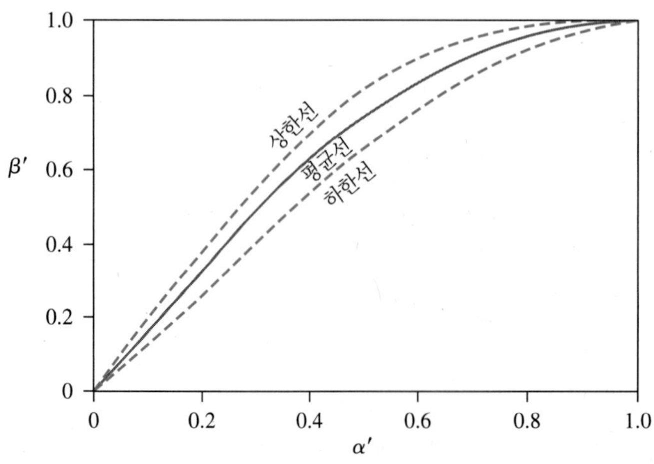

그림 10.3 α'과 β'의 관계도

$D_f/B \leq (D_f/B)_{cr}$라면 얕은 기초이다.

5단계. $D_f/B > (D_f/B)_{cr}$에서

$$F_c = F_c^* = 7.56 + 1.44\left(\frac{B}{L}\right)$$

그리고

$$Q_u = A\left\{\left[7.56 + 1.44\left(\frac{B}{L}\right)\right]c_u + \gamma D_{f(cr)}\right\} \tag{10.12}$$

여기서 A = 기초의 면적

6단계. $D_f/B \leq (D_f/B)_{cr}$일 때,

$$Q_u = A(\beta' F_c^* c_u + \gamma D_f) = A\left\{\beta'\left[7.56 + 1.44\left(\frac{B}{L}\right)\right]c_u + \gamma D_f\right\} \tag{10.13}$$

β'의 값은 그림 10.3의 평균 곡선으로부터 얻을 수 있다. 상기에 기술한 방법은 기초의 순 극한상향인발력을 구하는 데 매우 잘 맞으며, Merifield 외 2인(2003)이 제안한 이론적인 방법과도 비교적 잘 일치한다.

예제 10.1

사질토지반에 축조된 원형 기초의 조건: 직경 $B = 1.5$ m, 그리고 근입심도 $D_f = 1.5$ m, 사질토의 단위중량 $\gamma = 17.4$ kN/m^3, 그리고 마찰각 $\phi' = 35°$. 순 극한상향인발력을 구하라.

풀이

$D_f/B = 1.5/1.5 = 1$ 그리고 $\phi' = 35°$. 원형 기초에서 $(D_f/B)_{cr} = 5$(표 10.1). 그러므로 이 기초는 식 (10.3)에 의하면 얕은 기초이다.

$$F_q = 1 + 2\left[1 + m\left(\frac{D_f}{B}\right)\right]\left(\frac{D_f}{B}\right)K_u \tan\phi'$$

여기서 $\phi' = 35°$, $m = 0.25$, 그리고 $K_u = 0.936$(표 10.1). 따라서

$$F_q = 1 + 2[1 + (0.25)(1)](1)(0.936)(\tan 35) = 2.638$$

그러므로

$$Q_u = F_q \gamma A D_f = (2.638)(17.4)\left[\left(\frac{\pi}{4}\right)(1.5)^2\right](1.5) = \mathbf{121.7\ kN}$$

■

예제 10.2

예제 10.1에서 기술된 기초와 동일할 때, 깊은 기초에 대한 상향인발력을 구한다면, 최소 D_f를 구하라.

풀이

표 10.1로부터 $\phi' = 35°$일 때, $(D_f/B)_{cr} = 5$이다. 따라서, 최소값은

$$D_f = 5B = (5)(1.5) = 7.5 \text{ m.}$$

■

예제 10.3

사질토에 축조된 1 × 1.25 m 직사각형 기초의 시공조건: $D_f = 4.5$ m, $\phi' = 30°$ 그리고 $\gamma = 16$ kN/m^3. 기초의 순 극한상향인발력을 구하라.

풀이

기초에 대하여 $D_f/B = 4.5/1 = 4.5$. 표 10.1로부터 $\phi' = 30°$. $(D_f/B)_{cr} = 4$. 그러므로 이 기초는 상향인발력을 받는 깊은 기초이다.

식 (10.5)로부터

$$\left(\frac{D_f}{B}\right)_{\text{cr-직사각형}} = \left(\frac{D_f}{B}\right)_{\text{cr-정사각형}}\left[0.133\left(\frac{L}{B}\right) + 0.867\right] \le 1.4\left(\frac{D_f}{B}\right)_{\text{cr-정사각형}}$$

또는

$$\left(\frac{D_f}{B}\right)_{\text{cr}} = 4\left[0.133\left(\frac{1.25}{1}\right) + 0.867\right] = 4.13$$

식 (10.4)로부터

$$F_q = F_q^* = 1 + \left\{\left[1 + 2m\left(\frac{D_f}{B}\right)_{\text{cr}}\right]\left(\frac{B}{L}\right) + 1\right\}\left(\frac{D_f}{B}\right)_{\text{cr}} K_u \tan\phi'$$

또는

$$F_q^* = 1 + \left\{[1 + (2)(0.15)(4.13)]\left(\frac{1.25}{1}\right) + 1\right\}(4.13)(0.92)\tan 30 = 9.33$$

따라서 순 극한상향인발력은

$$Q_u = F_q^*\gamma A D_{f(\text{cr})} = (9.33)(16)(1 \times 1.25)(4.13 \times 1) = \mathbf{770.7\ kN}$$

■

예제 10.4

포화점토에 축조된 1.5 m × 3 m 직사각형 기초의 시공조건: $D_f = 1.8$ m, $c_u = 52$ kN/m^2, 그리고 $\gamma = 18.9$ kN/m^3. 극한상향인발력을 결정하라.

풀이

식 (10.7)로부터

$$\left(\frac{D_f}{B}\right)_{\text{cr-정사각형}} = 0.107c_u + 2.5 = (0.107)(52) + 2.5 = 8.06$$

그래서 $(D_f/B)_{\text{cr-정사각형}} = 7$. 다시 식 (10.8)로부터

$$\left(\frac{D_f}{B}\right)_{\text{cr-직사각형}} = \left(\frac{D_f}{B}\right)_{\text{cr-정사각형}}\left[0.73 + 0.27\left(\frac{L}{B}\right)\right]$$

$$= 7\left[0.73 + 0.27\left(\frac{3}{1.5}\right)\right] = 8.89$$

검토: $1.55\left(\frac{D_f}{B}\right)_{\text{cr-정사각형}} = (1.55)(7) = 10.85$

그래서 $(D_f/B)_{\text{cr-직사각형}} = 8.89$. 실제 근입비는 $D_f/B = 1.8/1.5 = 1.2$. 그러므로, 이것은 얕은 기초이다.

$$\alpha' = \frac{\frac{D_f}{B}}{\left(\frac{D_f}{B}\right)_{\text{cr}}} = \frac{1.2}{8.89} = 0.135$$

그림 10.3의 평균 곡선을 참고하면, $\alpha' = 0.135$에 대한 $\beta' = 0.2$. 식 (10.13)으로부터

$$Q_u = A\left\{\beta'\left[7.56 + 1.44\left(\frac{B}{L}\right)\right]c_u + \gamma D_f\right\}$$

$$= (1.5)(3)\left\{(0.2)\left[7.56 + 1.44\left(\frac{1.5}{3}\right)\right](52) + (18.9)(1.8)\right\} = \mathbf{540.6\ kN}$$

■

나선형 앵커(Helical Anchors)

10.4 나선형 앵커의 일반적인 치수

그림 10.4는 일반적으로 미국에서 송전탑기초로 사용되고 있는 다층 앵커의 표준치수를 나타내고 있다. 이러한 앵커들은 설치하기가 비교적 쉬워서 경제적이다. 현재 일부 연구한 결과가 있으며, 이 결과들은 나선형 앵커의 상향인발력을 산정하는 데 사용하고 있다. 현재 많은 경우에 극한상향인발력 산정은 '경험방법(rule of thumb)'에 근거하고 있다.

10.5 기하학적 인자, 사질토지반에서의 파괴형상, 극한상향인발력의 산정

그림 10.5는 사질토지반에 앵커판의 직경이 줄어드는 다층 나선형 앵커가 상향인발력을 받는 모식도이다. 상부 나선형 앵커판의 직경이 D_1, 밑의 앵커판의 직경은 D_n이다. 지표면으로부터 첫 번째 앵커판까지의 거리를 H_1, 그리고 유사하게 지표면에서 밑의 앵커판까지의 거리를 H_n. 앵커의 전 상향인발력과 순 상향인발력은 다음과 같이 표현할 수 있다.

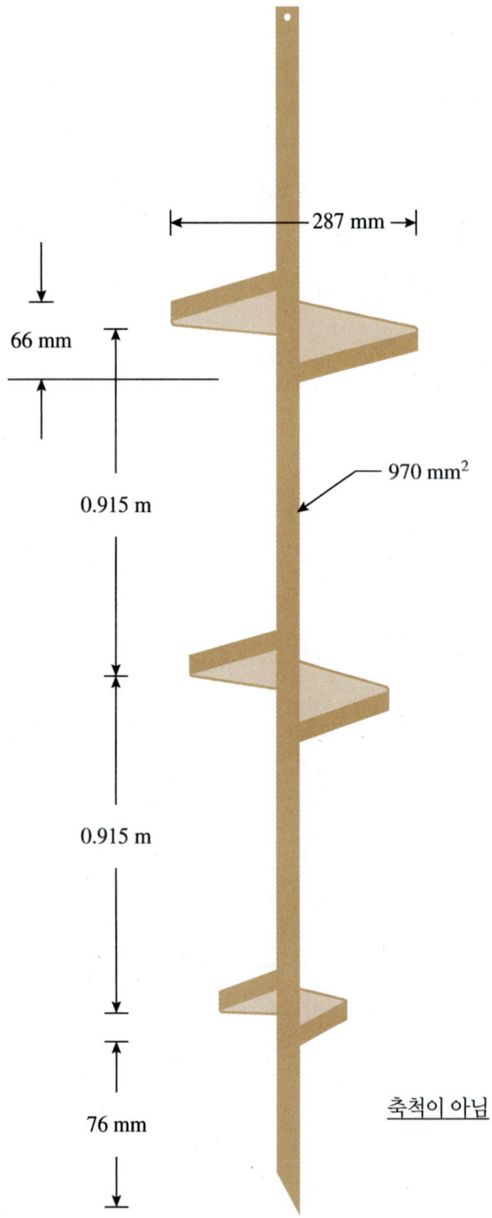

그림 10.4 미국에서 사용되는 앵커판의 직경이 줄어드는 다층 나선형 앵커의 전형적인 형상

$$Q_{u(g)} = Q_u + W_a \tag{10.14}$$

여기서

$Q_{u(g)}$ = 전 상향인발력

Q_u = 순 상향인발력

W_a = 앵커의 유효자중

Mitsch and Clemence(1985)는 그림 10.5에 앵커가 사질토지반에서 극한상향인발력을 받을 때 개략적인 파괴면을 나타내었다. 다음은 사질토지반에 근입된 나선형 앵커의 Q_u

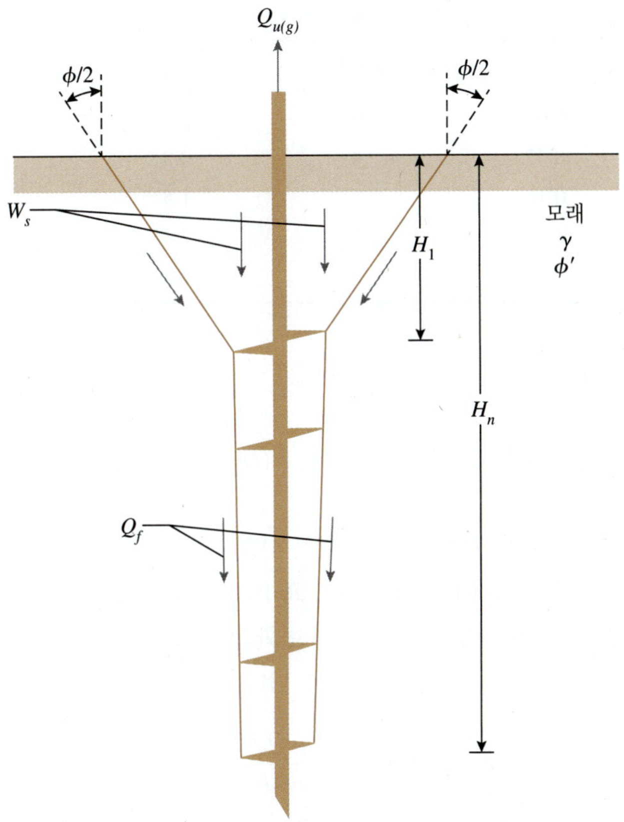

그림 10.5 사질토지반에서 얕은 앵커의 이상화된 파괴면 (출처: Mitsch and Clemence, 1985)

를 산정하는 절차이다(Mitsch and Clemence,1985). 순 상향인발력 Q_u는 다음과 같이 표현할 수 있다.

$$Q_u = Q_p + Q_f \tag{10.15}$$

Q_p = 상부 나선형 앵커의 지지저항력

Q_f = 나선형 앵커와 주면흙과의 인접면을 따라 원통형 모양으로 발생되는 마찰저항력

Q_p는 다음 식에 의하여 구할 수 있다.

$$Q_p = \pi\gamma K'_u \tan\phi' \left[\cos^2\left(\frac{\phi'}{2}\right)\right]\left[\frac{D_1 H_1^2}{2} + \frac{H_1^3 \tan\left(\frac{\phi'}{2}\right)}{3}\right] + W_s \tag{10.16}$$

여기서

γ = 흙의 단위중량

ϕ' = 흙의 내부마찰각

$$K'_u = \text{인발 시에 수평토압계수} = 0.6 + m'\left(\frac{H_1}{D_1}\right) \tag{10.17}$$

W_s = 파괴포락선 내에 있는 흙의 무게

표 10.2 m', $(H_1/D_1)_{cr}$, 그리고 $K'_{u(cr)}$ 값에 따른 ϕ'의 변화값

ϕ' (deg)	m'	$(H_1/D_1)_{cr}$	$K'_{u(cr)}$
25	0.033	3	0.7
30	0.075	4	0.9
35	0.18	5	1.5
40	0.25	7	2.35
45	0.289	9	3.2

흙의 무게 W_s은 다음과 같이 표현할 수 있다.

$$W_s = \gamma\left\{\frac{\pi}{12}H_1\left[D_1^2 + \left(D_1 + 2H_1 \tan\frac{\phi'}{2}\right)^2 + (D_1)\left(D_1 + 2H_1 \tan\frac{\phi'}{2}\right)\right]\right\} \tag{10.18}$$

식 (10.16)~(10.18)은 얕은 앵커기초에 적용된다는 사항을 아는 것은 중요하다. 만약 $H_1/D_1 > (H_1/D_1)_{cr}$일 때는 깊은 앵커기초로 거동한다. 표 10.2는 m'의 값에 따라 ϕ'[식 (10.17)], $(H_1/D_1)_{cr,}$ 그리고 $K'_{u(cr)} = 0.6 + m'(H_1/D_1)_{cr}$의 변화값을 나타낸 것이다.

Q_p는 무차원 형식으로 다음과 같이 표현할 수 있다.

$$F_q = 파괴계수 = \frac{Q_p}{\gamma A H_1} \tag{10.19}$$

여기서

$$A = \frac{\pi}{4}D_1^2 \tag{10.20}$$

식 (10.16)~(10.20)을 연계하면 다음과 같은 식을 얻는다.

$$\begin{aligned} F_q = \frac{Q_p}{\gamma A H_1} &= 4G^2 K_u \tan\phi'\left[\cos^2\left(\frac{\phi'}{2}\right)\right]\left[\frac{0.5}{G} + 0.333\tan\left(\frac{\phi'}{2}\right)\right] \\ &\quad + 1 + 1.33G^2\tan^2\left(\frac{\phi'}{2}\right) + 2G^2\tan\left(\frac{\phi'}{2}\right) \end{aligned} \tag{10.21}$$

여기서

$$G = \frac{H_1}{D_1} \tag{10.22}$$

그림 10.6은 ϕ'과 H_1/D_1에 따른 F_q의 변화값을 나타낸 것이다.

한편 식 (10.15)에서, 주면흙과의 인접면을 따라 발생되는 마찰저항력은 다음과 같은 식으로 나타낼 수 있다.

$$Q_f = \frac{\pi}{2}D_a\gamma(H_n^2 - H_1^2)K_{u(cr)}\tan\phi' \tag{10.23}$$

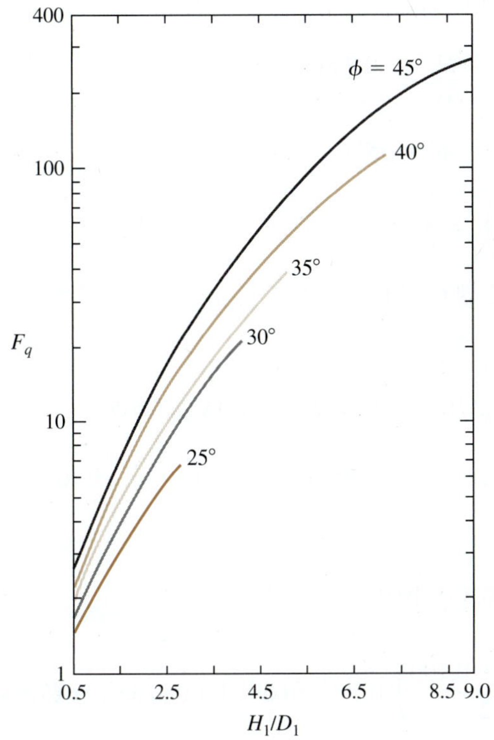

그림 10.6 ϕ'과 H_1/D_1 [식 (10.21)]에 따른 F_q의 변화값

여기서

$$D_a = \frac{(D_1 + D_n)}{2} \tag{10.24}$$

따라서, 식 (10.15) (10.21), 그리고 식 (10.23)을 연계하여 다시 정리하면,

$$Q_u = F_q \gamma A H_1 + \frac{\pi}{2} D_a \gamma \left(H_n^2 - H_1^2\right) K_{u(\text{cr})} \tan \phi' \tag{10.24}$$

$K'_{u(\text{cr})}$의 변화값은 표 10.2와 같다.

예제 10.5

사질토에 축조된 나선형 앵커의 허용 상향인발력을 구하라(FS = 3). 주어진 조건:

$\gamma = 16 \text{ kN/m}^3$

$\phi' = 35°$

$D_1 = 305 \text{ mm}$

$D_n = 190 \text{ mm}$

$H_1 = 0.9 \text{ m}$

$H_n = 3 \text{ m}$

풀이

$$\frac{H_1}{D_1} = \frac{0.9 \text{ m}}{0.305 \text{ m}} = 2.95$$

$$\phi' = 35°$$

표 10.2로부터, $\phi' = 35°, \left(\frac{H_1}{D_1}\right)_{cr} = 5.$

$H_1/D_1 < (H_1/D_1)_{cr}$이므로 얕은 앵커이다.

식 (10.24)로부터,

$$Q_u = F_q \gamma A H_1 + \frac{\pi}{2} D_a \gamma \left(H_n^2 - H_1^2\right) K_{u(cr)} \tan\phi'$$

그림 10.6으로부터, $\phi' = 35°$, $H_1/D_1 = 2.95$, F_q의 값은 11이다. 표 10.2로부터, $K'_{u(cr)} =$ 1.5.

$$Q_u = (11)(16)\left(\frac{\pi}{4} \times 0.305^2\right)0.9$$

$$+ \left(\frac{\pi}{2}\right)\left(\frac{0.305 + 0.190}{2}\right)(16)(3^2 - 0.9^2)(1.5)(\tan 35°) \approx \mathbf{67.8\ kN}$$

■

10.6 사질토에서의 깊은 나선형 앵커

H_1/D_1가 $(H_1/D_1)_{cr}$보다 크다면(표 10.2 참조), 나선형 앵커는 깊은 앵커로 간주한다. 그림 10.7은 사질토지반에서 깊은 나선형 앵커의 파괴면을 이상화한 그래프를 나타낸 것이다. 이 조건에서(Mitsch and Clemence, 1985),

$$Q_u = Q_p + Q_f + Q_s \tag{10.25}$$

이 식에서 Q_p와 상판 나선형 앵커의 상향인발저항력이고, Q_f는 나선형 앵커와 주면흙과의 인접면을 따라 발생되는 마찰저항력이다. Q_s는 상판 나선형 앵커 위에 위치한 앵커봉 표면과 주면흙과의 인접면에서 발생되는 마찰저항력이다. 앵커봉 주면 마찰력 Q_s는 토질정수를 결정할 때 여러 불확실성 때문에 무시하는 것으로 권장한다. 따라서

$$Q_u \approx Q_p + Q_f \tag{10.26}$$

상판 나선형 앵커의 상향인발저항력 Q_p은 식 (10.19)와 같이 파괴계수의 항목으로 쉽게 결정할 수 있다.

$$Q_p = \frac{\pi}{4} F_q^* \gamma D_1^2 H_{1(cr)} \tag{10.27}$$

여기서 F_q^* = 깊은 앵커의 파괴계수

F_q^*의 크기는 식 (10.21)에 $G = G_{cr} = (H_1/D_1)_{cr}$와 $K_u = K_{u(cr)}$ (표 10.2 참조)를 대치하

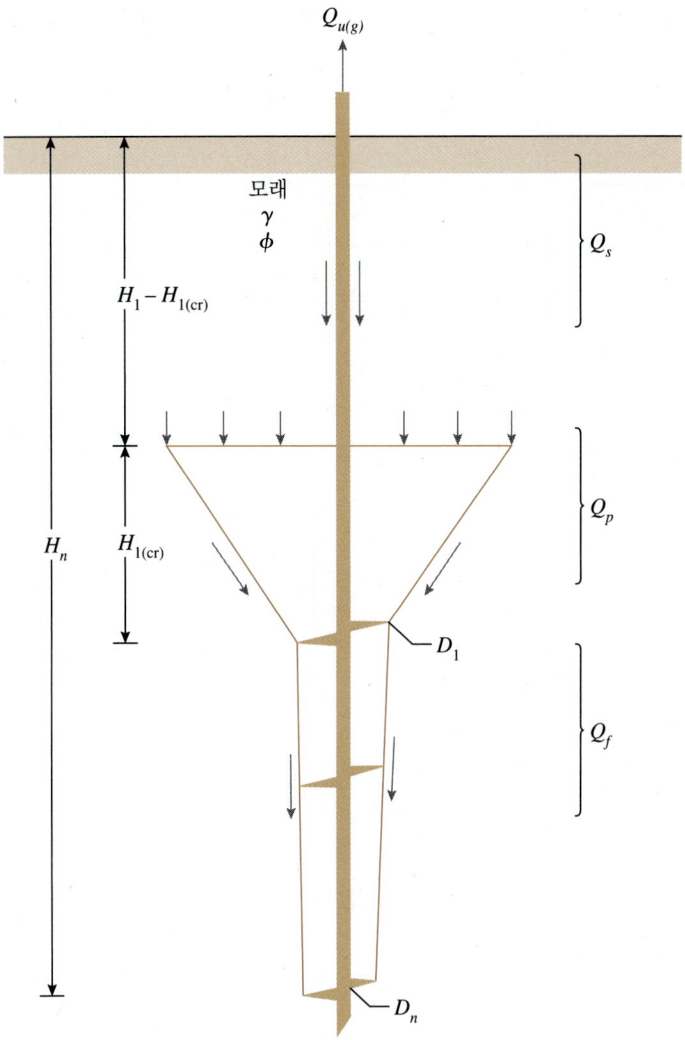

그림 10.7 사질토에서 깊은 나선형 앵커의 이상화한 파괴면

여 구할 수 있다. 따라서, 식 (10.24)로부터

$$Q_u = \frac{\pi}{4} F_q^* \gamma D_1^2 H_{1(cr)} + \left(\frac{\pi}{2}\right)\left(\frac{D_1 + D_n}{2}\right)(\gamma)\left(H_n^2 - H_1^2\right) K_{u(cr)} \tan \phi' \tag{10.28}$$

10.7 점토 지반에서의 나선형 앵커($\phi' = 0$ 조건)

그림 10.8은 점토 지반($\phi = 0$ 조건)에 근입된 나선형 앵커의 파괴면을 이상화한 그래프를 나타낸 것이다. 전 극한 지지력은

$$Q_{ug} = Q_p + Q_f + W_a \tag{10.29}$$

여기서

Q_p = 상판 나선형 앵커의 지지저항력

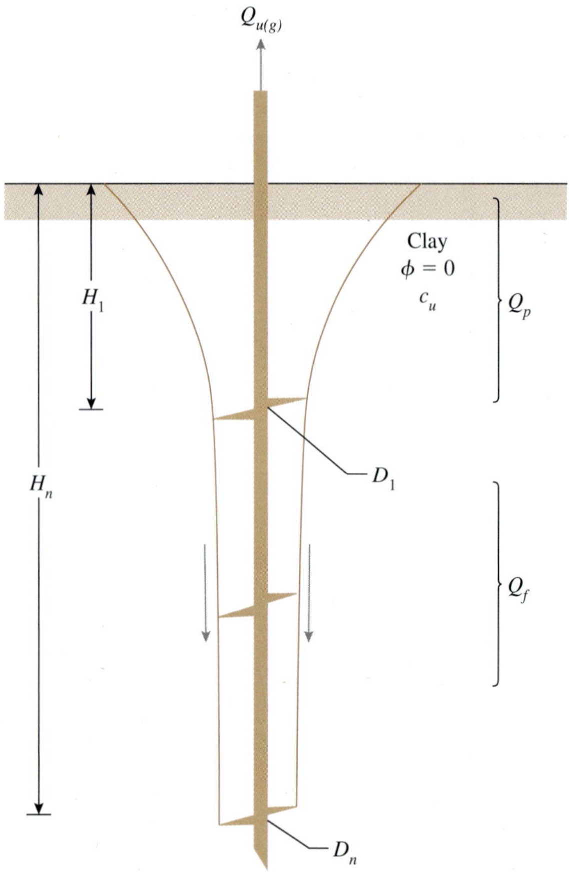

그림 10.8 점토에서 극한상향인발력을 받을 때 얕은 나선형앵커의 이상화한 파괴면

Q_f = 점토 지반에서 나선형 앵커와 주면흙과의 인접면에서 부착력에 의해 발생되는 저항력

W_a = 앵커의 자중

점토 지반에서 얕은 앵커기초의 상향인발력을 구하는 절차는 다음과 같다[식 (10.6) 참조].

$$Q_p = A(c_u F_c + \gamma H_1) \tag{10.30}$$

여기서

A = 상부 나선형 앵커의 면적 $= \dfrac{\pi}{4}(D_1^2)$

F_c = 점토에서의 파괴계수

c_u = 점토의 비배수 전단강도

γ = 흙의 단위중량

H_1 = 상부 나선형 앵커와 지표면 간의 거리

F_c의 크기는 H_1/D_1와 함께 증가하며, $(H_1/D_1)_{cr}$에 이르렀을 때 최대값 9가 된다. $H_1/D_1 = (H_1/D_1)_{cr}$의 임계값은 점토의 비배수 전단강도의 함수로서 다음과 같이 표현할 수 있다(Das, 1980).

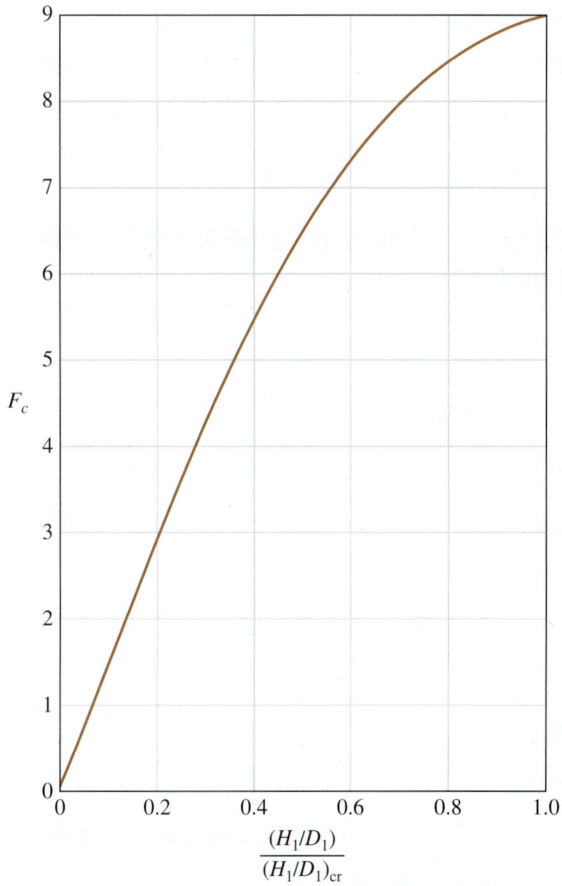

그림 10.9 $(H_1/D_1)/(H_1/D_1)_{cr}$의 값에 따른 F_c의 변화값(출처: Based on Das, 1980)

$$\left(\frac{H_1}{D_1}\right)_{cr} = 0.107\,c_u + 2.5 \leq 7 \tag{10.31}$$

여기서 c_u의 단위는 kN/m^2

점토에서의 파괴계수 F_c의 변화값은 그림 10.9로부터 구할 수 있으며, F_c대 $(H_1/D_1)/(H_1/D_1)_{cr}$로 나타내었다.

나선형 앵커와 점토의 접촉면에서 부착력에 의하여 발생되는 저항력은 다음과 같이 간략하게 나타내었다(Mooney et al.,1985).

$$Q_f = \pi\left(\frac{D_1 + D_n}{2}\right)(H_n - H_1)\,c_u \tag{10.32}$$

그러므로, 식 (10.30)과 식 (10.32)을 연계하면

$$\begin{aligned} Q_u &= \text{순 극한상향인발력} \\ &= Q_p + Q_f \\ &= A(c_u F_c + \gamma H_1) + \pi\left(\frac{D_1 + D_n}{2}\right)(H_n - H_1)\,c_u \end{aligned} \tag{10.33}$$

점토 지반에서의 깊은 나선형 앵커

주어진 점토의 비배수 전단강도(c_u)에서 만약 H_1/D_1가 $(H_1/D_1)_{cr}$보다 크다면, 이 기초는 깊은 앵커로 간주한다. 점토에서의 파괴계수 $F_c = F_c^*$의 크기가 9라면, 깊은 앵커 조건은

$$Q_u = Q_p + Q_f + Q_s \tag{10.34}$$

여기서, Q_s = 맨 위 나선형 앵커의 상부에 위치한 앵커봉의 표면과 점토의 인접면에서 부착력에 의해 발생되는 저항력이다.

선단 지지저항력은

$$Q_p = \frac{\pi}{4}(D_1^2)[9c_u + \gamma H_{1(cr)}] \tag{10.35}$$

Q_f에 대한 표현은 얕은 앵커에 주어진 조건과 동일하다[식 (10.33)]. 상판 나선형 앵커 위에 위치한 앵커봉 표면과 주면점토와의 인접면에서 발생되는 부착력에 따른 저항력은 다음과 같이 간단하게 표현할 수 있다.

$$Q_s \approx p_s H_1 c_a \tag{10.36}$$

여기서

p_s = 앵커봉의 둘레
c_a = 부착력(adhesion)

부착력 c_a는 단단한 점토에서는 $0.3c_u$, 그리고 매우 연약한 점토에서는 $0.9c_u$이다. 따라서 깊은 앵커의 순 극한상향인발력은 다음과 같다.

$$Q_u = \frac{\pi}{4}(D_1^2)[9c_u + \gamma H_{1(cr)}] + \pi\left(\frac{D_1 + D_n}{2}\right)(H_n - H_1) + p_s H_1 c_a \tag{10.37}$$

모든 경우에 순 허용 상향인발력을 구할 때 최소 안전율은 2.5를 추천한다.

예제 10.6

포화점토에 축조된 다층 나선형 앵커의 순 극한상향인발력을 구하라. 주어진 조건:

점토조건: $\gamma = 18.5\ \text{kN/m}^3$
$c_u = 35\ \text{kN/m}^2$
앵커조건: $D_1 = 0.4\ \text{m}; D_n = 0.25\ \text{m}$
$H_1 = 3\ \text{m}; H_n = 7\ \text{m}$
앵커봉의 직경 = 50 mm

풀이

$$H_1 = 3\ \text{m}; \text{D}_1 = 0.4\ \text{m}$$

$$\frac{H_1}{D_1} = \frac{3}{0.4} = 7.5$$

식 (10.31)로부터, $(H_1/D_1)_{cr}$의 최대값은 7이다. 그런데 H_1/D_1이 7.5이므로, 이 기초는 깊은 앵커조건이다. 식 (10.37)로부터,

$$Q_u = \frac{\pi}{4}(D_1^2)[9c_u + \gamma H_{1(cr)}] + \pi\left(\frac{D_1 + D_n}{2}\right)(H_n - H_1) + p_s H_1 c_a$$

$$p_s = (\pi)\left(\frac{50}{1000}\right) = 0.157 \text{ m}$$

$$\left(\frac{H_1}{D_1}\right)_{cr} = 7$$

$$H_{1(cr)} = (7)(0.4 \text{ m}) = 2.8 \text{ m}$$

$c_a \approx 0.5\,c_u = (0.5)(35) = 17.5$ kN/m^{2}로 가정한다. 따라서,

$$Q_u = \left(\frac{\pi}{4}\right)(0.4)^2[(9)(35) + (18.5)(2.8)] + (\pi)\left(\frac{0.4+0.25}{2}\right)(7-3)(35) + (0.157)(3)(17.5)$$

$$= 46.1 + 142.9 + 8.24 = \mathbf{197.24\ kN}$$

■

10.8 요약

얕은 기초들은 때때로 상향인발력을 받을 때가 있다. 제5장의 지지력 결정에 추가하여, 기초는 상향인발력에 따른 파괴에 대한 설계를 할 필요가 있다. 현재 나선형 앵커들은 송전탑의 기초와 같이 상향인발력에 저항할 수 있도록 사용되고 있다. 이 장에서는 사질토와 점토 ($\phi' = 0$ 조건)에 근입된 얕은 기초와 나선형 앵커의 순 극한상향인발력을 구하는 방법에 대하여 기술하였다.

연습문제

10.1 평면의 크기가 1.22 m × 1.22 m인 정사각형 기초가 사질토지반에 축조되었다. 조건: $D_f = 1.52$ m, 흙의 내부마찰각 = 35°, 그리고 흙의 단위중량 = 17.6 kN/m^3. 기초의 극한상향인발력을 산정하라.

10.2 기초평면 크기가 1.2 m × 2.4 m인 직사각형 기초가 포화점토 지반에 축조되었다. 조건: 기초의 근입깊이 = 2 m, 흙의 단위중량 = 18 kN/m^3, 점토의 비배수 전단강도 = 74 kN/m^{2}이다. 기초의 극한상향인발력을 산정하라.

10.3 그림 10.5와 같이 사질토지반에 근입된 나선형 앵커의 극한상향안발력을 산정하라.

조건:

$\gamma = 17$ kN/m^3
$\phi' = 30°$
$D_1 = 0.3$ m
$D_2 = 0.18$ m
$H_1 = 0.6$ m
$H_n = 1.83$ m

10.4 그림 10.8과 같이, 점토에 축조된 나선형 앵커의 순 극한상향인발력을 구하라.

주어진 조건:

$\gamma = 17.8$ kN/m^3
$c_u = 45$ kN/m^2
$D_1 = 0.45$ m;
$D_2 = 0.3$ m
$H_1 = 2$ m;
$H_n = 6$ m

참고문헌

Das, B. M. (1978). "Model Tests for Uplift Capacity of Foundations in Clay," *Soils and Foundations*, Vol.18, No. 2, pp. 17-24.

Das, B. M. (1980). "A Procedure for Estimation of Ultimate Uplift Capacity of Foundations in Clay, " *Soils and Foundations*, Vol. 20, No. 1, pp. 77-82.

Das, B. M., and JONES, A. D. (1982). "Uplift Capacity of Rectangular Foundations in Sand," *Transportation Researh Record 884*, National Research Council, Washington, D.C., pp.54-58.

Das, B. M. and SEELEY, G. R. (1975)."Breakout Resistance of Horizontal Anchors," *Journal of Geotechnical Engineering Division*, ASCE, Vol.101, No.9, pp.999-1003.

Merlfreld, R.S., LYAMIN, A., and SLOAN, S. W. (2003). "Three Dimensional Lower Bound Solutions for the Stability of Plate Anchors in Clay," *Journal of Geotechnical and Geoenvironmental Engineering*, ASCE, Vo. 129, No.3, pp. 243-253.

Meyerhof, G. G. and Adams, J. I. (1968), "The Ultimate Uplift Capacity of Foundations," *Canadian Geotechnical Journal*, Vol. 5, No. 4, pp. 225–244.

Mitsch, M. P. and Clemence, S. P. (1985). "The Uplift Capacity of Helix Anchors in Sand", *Proc. Uplift Behavior of Anchor Foundations in Soil*, S. P. Clemence, ed., ASCE, 26–47.

Mooney, J. S., Adamczak, S., Jr., and Clemence, S. P. (1985). "Uplift Capacity of Helix Anchors in Clay and Silt," *Proc. Uplift Behavior of Anchor Foundations in Soil*, S. P. Clemence, ed., ASCE, 48–72.

Chapter 11

말뚝 기초

Pile Foundations

학습목표 **11장을 학습하면 다음을 할 수 있다**

- 11.1 말뚝 기초 사용의 목적에 대해 해설함.
- 11.2 말뚝을 만드는 재료와 여러 종류 말뚝의 일반적인 치수에 대해 기술함.
- 11.3 연속회전오거 말뚝에 대해 해설함.
- 11.4 선단지지말뚝, 마찰말뚝, 다짐말뚝에 필요한 말뚝길이에 대해 토의함.
- 11.5 말뚝 기초에 사용되는 시공순서를 학습함.
- 11.6 하중전달이 말뚝에서 지지층에 전달되는 원리를 기술함.
- 11.7 말뚝의 지지력을 평가하기 위한 기본적 개념을 적용함.
- 11.8 Meyerhof의 방법을 이용한 말뚝 기초의 선단지지력을 산정함.
- 11.9 Janbu의 방법을 이용한 말뚝 기초의 선단지지력을 산정함.
- 11.10 Vesic의 방법을 이용한 말뚝 기초의 선단지지력을 산정함.
- 11.11 Coyle and Castello의 방법을 이용한 말뚝 기초의 선단지지력을 산정함.
- 11.12 표준관입시험과 콘관입시험 결과를 이용한 말뚝 기초의 선단지지력 산정 상관관계.
- 11.13 모래 지반에서의 말뚝의 마찰저항력을 산정함.
- 11.14 사질토에서 현장재하시험 결과와 이론값의 비교에 의한 말뚝의 하중-지지력의 신뢰성에 대해 토의함.
- 11.15 점토에서의 주면마찰력을 산정함.
- 11.16 연속회전오거 말뚝의 극한지지력을 산정함.
- 11.17 암반에 지지된 말뚝의 선단지지력을 결정함.
- 11.18 현장 말뚝재하시험의 과정에 대해 설명함.
- 11.19 말뚝의 탄성침하량을 산정함.
- 11.20 모래 지반과 점토 지반에서 횡하중을 받는 말뚝의 지지력에 대한 이해를 도움.
- 11.21 말뚝의 지지력 산정 시 항타 공식에 대해 이해함.
- 11.22 진동관입 말뚝의 지지력을 산정함.
- 11.23 말뚝의 지지력 산정 시 응력 파동식을 이용함.
- 11.24 점토 지반에서 부주면마찰력을 고찰하고 크기를 산정함.
- 11.25 무리말뚝의 효율에 대한 개념을 이해함.
- 11.26 포화된 점토에 근입된 무리말뚝의 극한지지력을 산정함.
- 11.27 무리말뚝의 탄성침하량을 산정함.
- 11.28 포화점토 지반에 근입된 무리말뚝의 압밀침하량을 산정함.
- 11.29 극한선단지지력 산정을 위한 암반에 시공된 무리말뚝의 타설 간격에 대해 고찰함.

11.1 개요

말뚝은 강재, 콘크리트 또는 목재로 만들어진 구조부재이다. 말뚝 기초는 폭에 비하여 근입깊이(길이)가 상당히 길다. 제5장, 6장, 8장에 기술한 얕은 기초와는 다르게, 말뚝 기초는 특수장비와 기술이 필요하다. 따라서 비용이 더 많이 든다. 그러므로, 말뚝 기초는 큰 하중 또는 지반조건이 매우 나빠서 얕은 기초를 적용하기에 부적합한 경우에만 사용한다. 말뚝 기초를 추천하는 몇 가지 경우를 기술하면 다음과 같다:

1. 연약 지반 조건

상부 지층이 연약하여 얕은 기초가 건물 하중을 지지할 수 없을 때, 깊은 기초를 사용한다. 만약 암반이 지표면 아래 적절한 깊이에 위치할 경우에는 말뚝을 암반에 근입시켜서 구조물의 전체 하중이 암반에 전이되어야 한다(그림 11.1a). 일반적으로 말뚝을 두꺼운 퇴적층에 타입하면, **말뚝머리**에 재하된 구조물의 하중은 **말뚝선단**과 **말뚝 기둥**을 통하여 그림 11.1b와 같이 주변 흙에 전이된다.

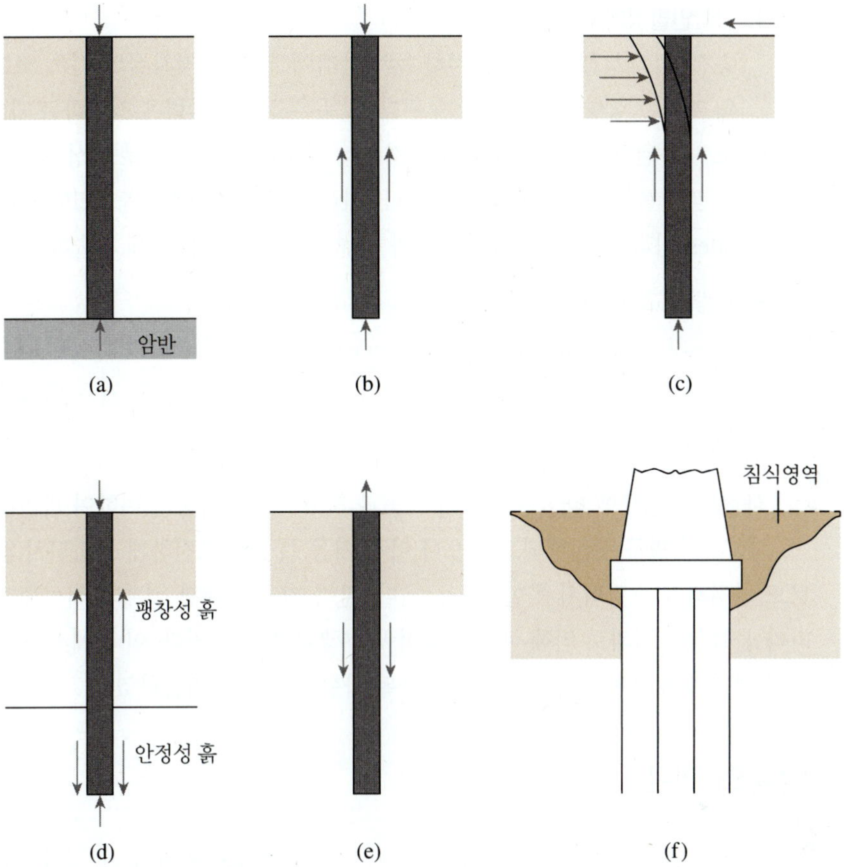

그림 11.1 말뚝 기초의 사용에 필요한 조건들

2. 횡하중에 대한 저항력

고층건물, 옹벽구조물, 송전탑, 그리고 굴뚝들은 풍하중, 토압, 지진하중으로 인하여 상당한 횡하중을 받게 된다. 얕은 기초와는 다르게, 말뚝 기초는 횡하중에 대하여 매우 효과적으로 저항할 수 있다(그림 11.1c). 어떤 경우에는 이러한 말뚝들은 횡하중에 저항하기 위하여 연직에 대하여 경사각도로 타설할 수 있다. 이러한 말뚝 기초를 경사 말뚝(batter piles)이라 부른다.

3. 팽창성 흙 또는 붕적토

팽창성 흙(expansive soil)은 세계 도처에 있는 저층건물, 도로, 그리고 기타 기반시설에 상당한 위험요소로 대두되고 있다. 얕은 기초가 팽창성 지반에 축조되었을 때 계절에 따라 기초지반이 팽창과 수축이 반복적으로 작용되어서 상부구조물에 상당한 손상을 입히게 된다. 이러한 경우 말뚝 기초를 흙의 팽창 수축이 활발한 지층 이하까지 시공함으로써 그 피해를 막을 수 있다(그림 11.1d).

황토(loess)와 같은 붕괴성 흙(collapsible soil)은 포화되었을 때 상당한 침하를 발생시킨다. 이런 경우에 문제가 심한 지층을 지나 안정된 지층까지 하중을 전달해 줄 수 있도록 말뚝 기초를 타입할 수 있다.

4. 상향인발력에 대한 저항력

송전탑, 해상플랫폼이나 지하수위 아래에 위치한 지하실의 기초 또는 양수펌프장의 기초는 상향인발력을 받게 된다. 말뚝은 상향인발력에 저항하는 기초로 효과적으로 사용된다(그림 11.1e). 어떤 경우는 말뚝 기초의 하단부를 상향인발력에 대한 앵커 역할을 할 수 있게 넓게 만든다. 이러한 말뚝을 **종형말뚝**(belled or underreamed piles)이라고 부른다. 이런 기초와 관련된 내용은 제12장에 기술하였다.

5. 교량의 교대

교량의 교대(abutment)나 교각(pier)은 지표면에서의 흙의 침식에 의해 발생하는 얕은 기초의 지지력 손실을 예방하기 위해 일반적으로 말뚝 기초 위에 설치된다(그림 11.1f).

사질토와 점토에 타설된 말뚝의 거동과 지지력을 예측하기 위하여 과거부터 많은 이론적, 실험적인 연구가 진행되고 있으나 아직 거동 특성이 완전하게 규명되지 않았으며, 앞으로도 완전하게 규명되지 못할지도 모른다. 말뚝 기초에 대한 설계와 해석은 지반의 상태에 따라 불확실한 결과로 인해 다소 경험적이라 생각할 수도 있다. 이 장에서는 이러한 말뚝 기초의 설계와 해석에 관한 현재까지 연구된 사항에 대하여 기술하였다.

11.2 말뚝의 재료

여러 다른 종류의 말뚝 기초가 지탱해야 할 하중의 종류와 지반 조건, 지하수위의 위치에 따라 시공현장에 사용되고 있다. 말뚝 제작에 사용되는 3종류의 재료로 강재, 콘크리트, 목재로 구분된다. 이 절에서는 이러한 재료들과 구조적 특성에 대하여 기술하였다.

강재말뚝

강재말뚝(steel pile)은 일반적으로 **강관말뚝**(pipe piles) 또는 **압연 H형 강말뚝**(rolled steel H-section piles)이다. 강관말뚝은 선단부분이 개방되거나 막힌 상태로 지반에 타입된다. 넓은 폭의 플랜지(wide-flange)나 I형 강재 빔도 말뚝으로 사용될 수 있으나, 웨브와 플랜지의 두께가 같은 H형 말뚝이 더 많이 사용되고 있다. 광폭 플랜지와 I형 강재 빔의 웨브의 두께는 플랜지의 두께보다 얇다. 표 11.1은 미국에서 사용되고 있는 H형 강말뚝의 표준단면이다. 표 11.2는 말뚝으로 자주 사용되는 강관의 단면치수를 보여준다. 많은 경우에 강관말뚝은 대부분 타입 후 콘크리트로 채워진다. 따라서, **복합말뚝**(composite piles)이 된다.

강재말뚝의 허용 설계하중은 다음과 같다.

$$Q_{\text{all}} = A_s f_s \tag{11.1}$$

여기서

A_s = 강재의 단면적

f_s = 강재의 허용응력($\approx 0.33\text{~}0.5 f_y$)

표 11.1 미국에서 사용하는 H형 강말뚝의 단면

명칭, 크기(mm) × 중량(kg/m)	깊이 d_1 (mm)	단면적 ($m^2 \times 10^{-3}$)	플랜지와 웨브의 두께 w (mm)	플랜지 폭 d_2 (mm)	관성모멘트 ($m^4 \times 10^{-6}$) I_{xx}	I_{yy}
HP 200 × 53	204	6.84	11.3	207	49.4	16.8
HP 200 × 85	254	10.8	14.4	260	123	42
× 62	246	8.0	10.6	256	87.5	24
HP 200 × 125	312	15.9	17.5	312	271	89
× 110	308	14.1	15.49	310	237	77.5
× 93	303	11.9	13.1	308	197	63.7
× 79	299	10.0	11.05	306	164	62.9
HP 200 × 149	334	19.0	19.45	335	370	123
× 129	329	16.5	16.9	333	314	104
× 109	324	13.9	14.5	330	263	86
× 89	319	11.3	11.7	328	210	69
HP 200 × 174	361	22.2	20.45	378	508	184
× 152	356	19.4	17.91	376	437	158
× 132	351	16.8	15.62	373	374	136
× 108	346	13.8	12.82	371	303	109

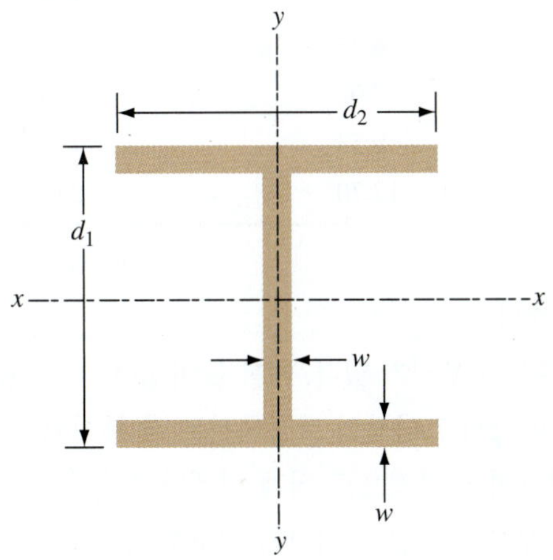

우선 지반공학적 조건에 따라 말뚝의 설계하중을 결정한 후, 이 하중이 식 (11.1)에서 정의된 허용하중을 초과하는지를 확인할 필요가 있다.

강재말뚝은 필요시 용접이나 볼트로 이음을 할 수 있다. 그림 11.2a는 H형 강말뚝의 전형적인 용접 형태를 보여주고 있다. 그림 11.2b는 용접에 의한 강관말뚝의 이음 단면을 보여준 것이다. 그림 11.2c는 리벳이나 볼트로 연결한 H형 강말뚝의 단면도이다.

조밀한 자갈층이나 혈암(shale), 연암에 타입될 때 강관말뚝에 관입부(driving point)나 슈(shoes)를 말뚝선단에 부착시킨다. 그림 11.2d와 11.2e는 강관말뚝에 사용되는 두 가지

표 11.2 선택된 강관말뚝의 단면

외경(mm)	관 두께(mm)	말뚝의 단면적(cm^2)
219	3.17	21.5
	4.78	32.1
	5.56	37.3
	7.92	52.7
254	4.78	37.5
	5.56	43.6
	6.35	49.4
305	4.78	44.9
	5.56	52.3
	6.35	59.7
406	4.78	60.3
	5.56	70.1
	6.35	79.8
457	5.56	80
	6.35	90
	7.92	112
508	5.56	88
	6.35	100
	7.92	125
610	6.35	121
	7.92	150
	9.53	179
	12.70	238

형태의 슈를 보여준다.

강관말뚝은 부식될 우려가 있다. 예를 들어 늪지, 이탄(peats), 그 외 유기질토에서는 부식이 잘 이루어지며, pH 7 이상의 토질에서는 잘 부식되지 않는다. 부식으로 인한 두께 손실을 보완하기 위하여 일반적으로 실제 설계단면적에 대하여 여분의 두께를 추가할 것을 권장한다. 많은 경우에 부식을 방지하기 위하여 공장에서 강재말뚝에 에폭시 코팅을 한다. 이런 코팅은 타입 시 쉽게 손상되지 않는다. 또한 부식될 우려가 있는 지역에서는 강관말뚝 둘레를 콘크리트로 감싸서 부식을 방지하기도 한다.

강관말뚝의 일반적인 사항은 다음과 같다.

- 말뚝의 길이: 15~60 m
- 지지하중: 300~1200 kN
- 장점:

  a. 소요길이에 따라 절단하거나 이음으로써 말뚝길이의 연장이 용이하다.

  b. 높은 타입 저항력을 가진다.

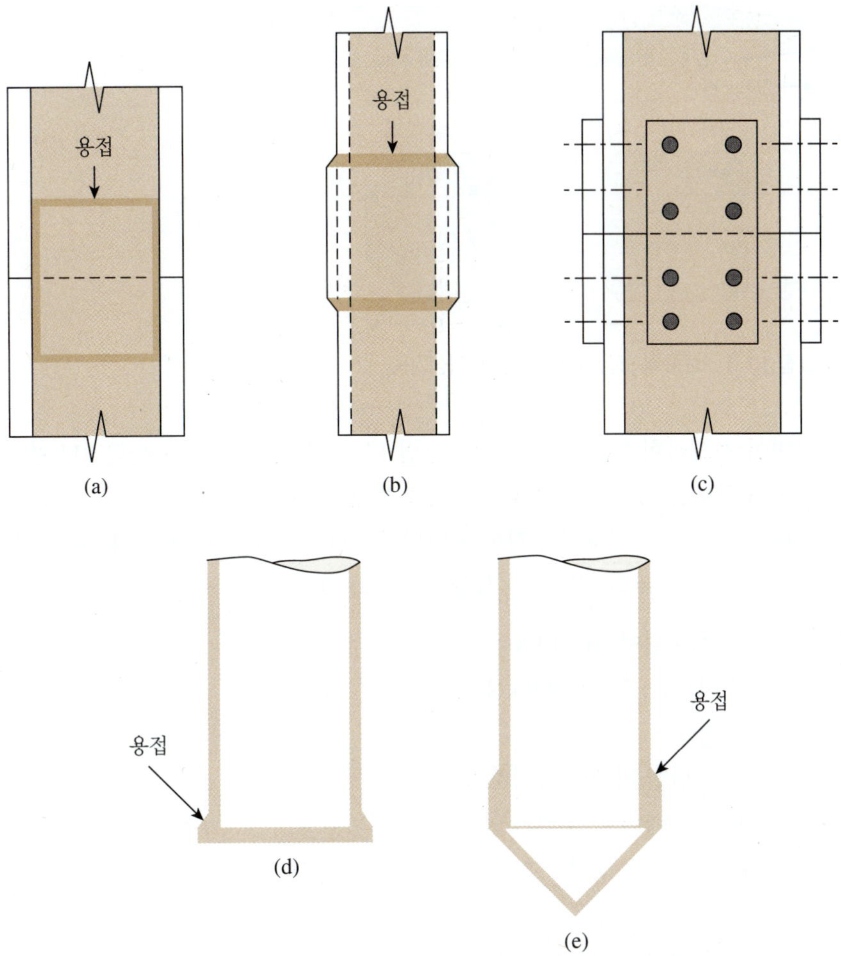

그림 11.2 강재말뚝: (a) 용접에 의한 H형 강말뚝의 접합, (b) 용접에 의한 강관말뚝의 접합, (c) 리벳과 볼트에 의한 H형 강말뚝의 접합, (d) 강관말뚝 타입에 사용되는 평평한 선단부, (e) 강관말뚝 타입에 사용되는 원추형 선단부

c. 조밀한 자갈층 또는 연암 같은 강한 지층에 타입이 가능하다.
d. 하중에 대한 높은 지지력을 가진다.

- 단점:
  a. 단가가 비교적 비싸다.
  b. 타입 시 소음이 크다.
  c. 부식될 우려가 있다.
  d. H형 강말뚝의 경우 단단한 지층 또는 큰 장애물(예, 호박돌)이 있을 때 타입 시 손상되거나 또는 연직으로부터 변위가 발생될 수 있다.

콘크리트말뚝

콘크리트말뚝(concrete pile)은 기본적으로 두 종류로 분류할 수 있다: (a) 기성말뚝(precast piles)과 (b) 현장타설 말뚝(cast-in-situ piles). 기성말뚝은 보통 철근을 이용하여 보강하며,

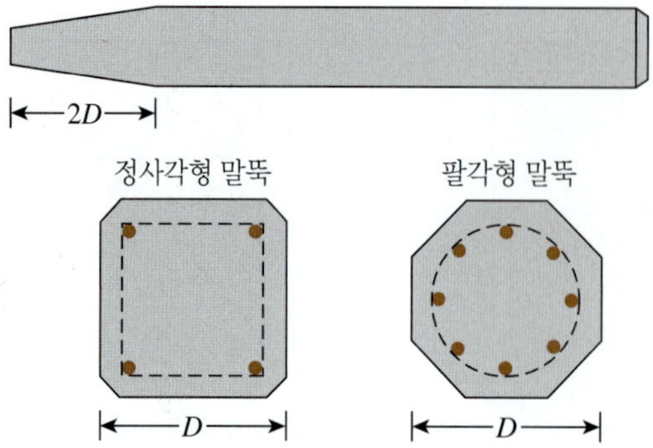

그림 11.3 보통의 보강철근을 사용한 기성말뚝

단면이 정사각형 또는 팔각형이다(그림 11.3). 보강재는 들어 올리거나 운반 시 발생하는 휨모멘트와, 연직하중과 횡하중에 의해 발생하는 휨모멘트에 대하여 저항할 수 있도록 해준다. 기성말뚝은 사용될 현장에 운반되기 전에 설계된 길이에 맞게 제작 및 양생된다.

콘크리트말뚝의 일반적인 사항은 다음과 같다.

- 말뚝의 길이: 10~15 m
- 지지하중: 300~3000 kN
- 장점:
  a. 단단한 지층에 타입하기 쉽다.
  b. 부식에 대한 우려가 없다.
  c. 콘크리트 상부구조물과 결합하기가 쉽다.
- 단점:
  a. 적절하게 절단하기가 어렵다.
  b. 운반이 어렵다.

기성말뚝은 고강도 강재 프리스트레스 강선(cable)을 사용하여 선행하중(prestress)을 가한다. 강선의 극한강도는 약 1800 MN/m^{2}이다. 말뚝 제조 시 강선을 약 900~1300 MN/m^{2}로 프리스트레스를 가한 후 콘크리트를 타설한다. 양생 후 강선을 절단하면 말뚝단면에는 압축력이 발생한다. 표 11.3은 정사각형과 팔각형 단면의 프리스트레스 콘크리트말뚝에 대한 추가적인 사항을 기술하고 있다.

프리스트레스 콘크리트말뚝의 일반적인 사항은 다음과 같다.

- 말뚝의 길이: 10~45 m
- 최대 길이: 60 m
- 최대 지지하중: 7500~8500 kN

프리스트레스 콘크리트말뚝의 장점과 단점은 기성 콘크리트말뚝과 동일하다.

현장타설 말뚝(cast-in situ 또는 cast-in-place piles)은 오거를 사용하여 지층을 천공한 후 그곳에 콘크리트를 채운다. 다양한 현장타설 콘크리트말뚝이 현재 공사에 사용되고 있으며, 대부분 제작자가 특허권을 소유하고 있다. 이런 말뚝은 크게 두 가지 종류, 즉 (a) 케

표 11.3 일반적인 프리스트레스 콘크리트말뚝

말뚝의 형태[a]	D (mm)	단면적 (cm^2)	윤면 (mm)	강선 개수 12.7-mm 직경	강선 개수 11.1-mm 직경	최소유효 프리스트레스 (kN)	단면 계수 ($m^3 \times 10^{-3}$)	설계 지지력(kN) 콘크리트 강도 (MN/m^2) 34.5	설계 지지력(kN) 콘크리트 강도 (MN/m^2) 41.4
S	254	645	1016	4	4	312	2.737	556	778
O	254	536	838	4	4	258	1.786	462	555
S	305	929	1219	5	6	449	4.719	801	962
O	305	768	1016	4	5	369	3.097	662	795
S	356	1265	1422	6	8	610	7.489	1091	1310
O	356	1045	1168	5	7	503	4.916	901	1082
S	406	1652	1626	8	11	796	11.192	1425	1710
O	406	1368	1346	7	9	658	7.341	1180	1416
S	457	2090	1829	10	13	1010	15.928	1803	2163
O	457	1729	1524	8	11	836	10.455	1491	1790
S	508	2581	2032	12	16	1245	21.844	2226	2672
O	508	2136	1677	10	14	1032	14.355	1842	2239
S	559	3123	2235	15	20	1508	29.087	2694	3232
O	559	2587	1854	12	16	1250	19.107	2231	2678
S	610	3658	2438	18	23	1793	37.756	3155	3786
O	610	3078	2032	15	19	1486	34.794	2655	3186

[a]S = 정사각형 말뚝; O = 팔각형 말뚝

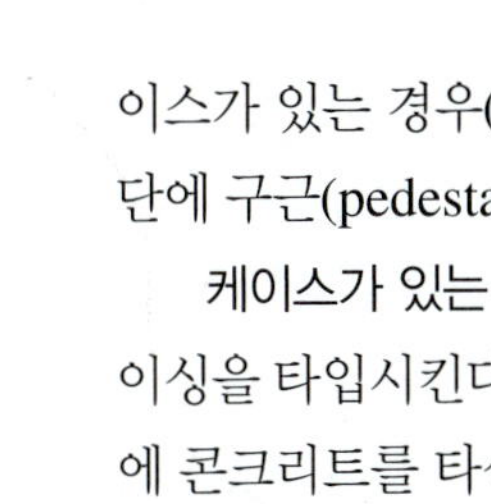

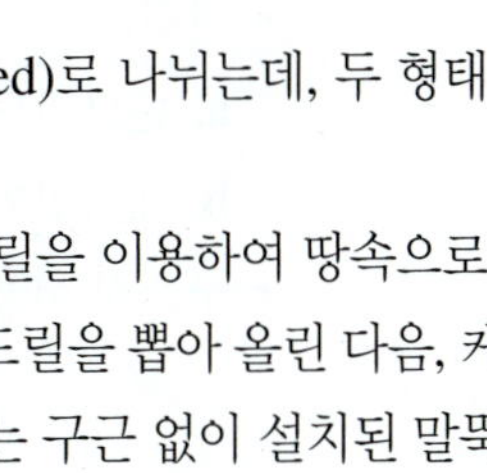

이스가 있는 경우(cased)와 (b) 케이스가 없는 경우(uncased)로 나뉘는데, 두 형태 모두 선단에 구근(pedestal)을 형성할 수 있다.

케이스가 있는 말뚝의 경우 케이싱 내부에 설치된 맨드릴을 이용하여 땅속으로 강재 케이싱을 타입시킨다. 말뚝이 소정의 깊이에 도달했을 때 맨드릴을 뽑아 올린 다음, 케이싱 내에 콘크리트를 타설한다. 그림 11.4a, 11.4b, 11.4c, 11.4d는 구근 없이 설치된 말뚝의 예를 나타낸 것이다. 그림 11.4e는 구근과 케이스가 있는 말뚝의 예를 보여준다. 구근은 콘크리트가 굳지 않은 상태일 때 해머를 이용하여 확장시킨 콘크리트공 모양의 기초(bulb)이다. 일반적으로 현장타설 말뚝에 케이스가 있든 없든, 보강 철근망을 현장타설 말뚝의 상부 부분에 설치한다.

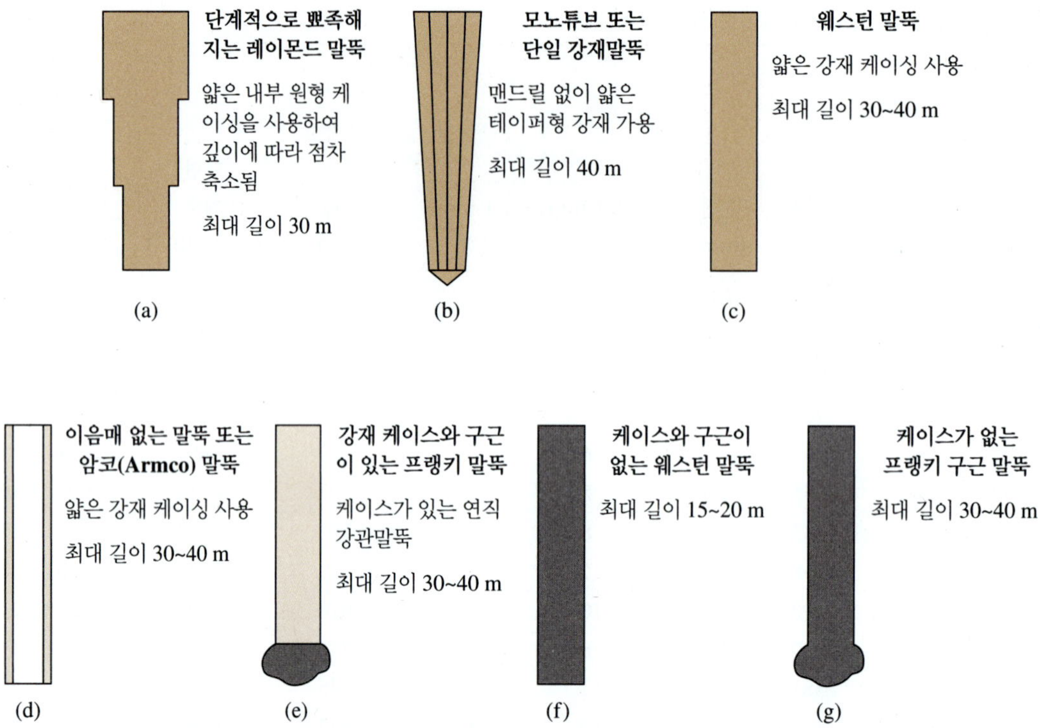

그림 11.4 여러 종류의 현장타설 콘크리트말뚝

케이스가 있는 현장타설 말뚝의 일반적인 사항은 다음과 같다.

- 보통 말뚝의 길이: 5~15 m
- 최대 길이: 30~40 m
- 보통 지지하중: 200~500 kN
- 최대 지지하중: 800 kN
- 장점:
  a. 비교적 가격이 싸다.
  b. 콘크리트 타설 전에 천공내부 검사가 가능하다.
  c. 말뚝길이의 연장이 쉽다.
- 단점:
  a. 콘크리트가 타설된 후에는 이음이 쉽지 않다.
  b. 케이싱이 얇을 경우 타입 시 파손의 우려가 있다.
- 구조적 허용하중:

$$Q_{all} = A_s f_s + A_c f_c \tag{11.2}$$

여기서

A_s = 강재의 단면적
A_c = 콘크리트의 단면적
f_s = 강재의 허용응력

f_c = 콘크리트의 허용응력

그림 11.4f와 11.4g는 케이스가 없는 형태의 말뚝으로서 구근이 있는 경우와 구근이 없는 경우를 나타낸다. 케이스가 없는 말뚝은 우선 소정의 깊이까지 케이싱을 타입하고 콘크리트로 채운 후, 케이싱을 점차적으로 제거한다.

케이스가 없는 현장타설 말뚝에 대한 일반적인 사항은 다음과 같다.

- 보통 말뚝의 길이: 5~15 m
- 최대 길이: 30~40 m
- 보통 지지하중: 300~500 kN
- 최대 지지하중: 700 kN
- 장점:
  a. 초기 가격이 싸다.
  b. 말뚝의 타설은 지중에서 어느 높이이든 끝낼 수 있다.
- 단점:
  a. 콘크리트를 너무 빨리 타설하면 공극이 발생하기 쉽다.
  b. 콘크리트가 타설된 후에는 말뚝의 이음이 어렵다.
  c. 연약 지반에서 공벽의 측면이 무너지면 콘크리트가 압력을 받을 가능성이 있다.
- 구조적 허용하중:

$$Q_{\text{all}} = A_c f_c \tag{11.3}$$

여기서

A_c = 콘크리트의 단면적
f_c = 콘크리트의 허용응력

목재말뚝

목재말뚝(timber pile)은 나뭇가지와 껍질을 흠집 없이 벗겨낸 나무기둥이며, 대부분의 목재 말뚝의 최대 길이는 10~20 m이다. 말뚝으로 사용되기 위해서는 나무는 곧고 견고하며 어떠한 흠집도 없어야 한다. 미국토목학회(ASCE)의 실무 시방서 No. 17 (1959)에서는 목재 말뚝을 세 가지로 분류하고 있다.

1. **A등급의 말뚝**은 무거운 하중을 지지할 수 있어야 한다. 말뚝 밑둥(butt)의 최소 직경은 356 mm여야 한다.
2. **B등급의 말뚝**은 중간 정도의 하중을 지지할 수 있어야 한다. 말뚝 밑둥의 최소 직경은 305～330 mm여야 한다.
3. **C등급의 말뚝**은 일시적인 가시설 공정에 사용된다. 말뚝 전체가 지하수위 아래에 있으면 영구적으로 구조물에 사용될 수 있다. 말뚝 밑둥의 최소 직경은 305 mm여야 한다.

어떠한 경우에도 말뚝선단의 직경은 150 mm보다 작아서는 안 된다.

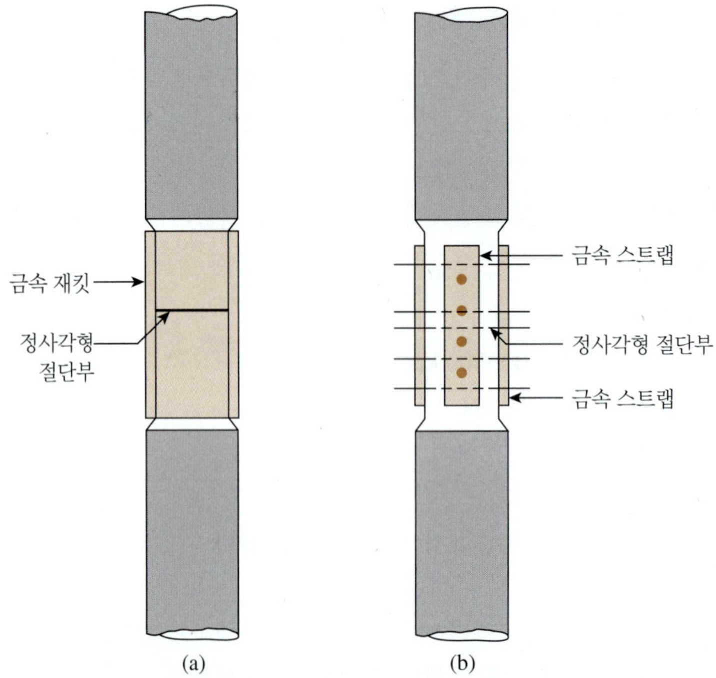

그림 11.5 목재말뚝의 이음: (a) 강관 재킷 이용, (b) 강재 스트랩과 볼트 이용

목재말뚝은 타입 시 강한 충격을 줄 수 없는 까닭에 말뚝의 지지력은 한계가 있다. 말뚝 선단의 손상을 방지하기 위해서 강재 슈가 사용될 수 있다. 목재말뚝 두부는 타입 시 해머 충격에 의해 손상될 수 있다. 이때 목재말뚝 두부의 무뎌짐을 **부루밍**(brooming)이라고 한다. 말뚝 두부의 손상을 피하기 위해서, 금속 밴드나 캡이 사용되기도 한다.

목재말뚝은 이음을 피해야 하며, 특히 인장력이나 횡하중이 예상되는 부분은 더욱 그러하다. 그러나 이음이 꼭 필요하다면 **강관 재킷**(pipe sleeves, 그림 11.5a)이나 **강재 스트랩**(strap)과 **볼트**(bolt, 그림 11.5b)를 사용하여야 한다. 연결 시 강관 재킷 길이는 적어도 말뚝 직경의 5배는 되어야 한다. 목재말뚝의 밑둥 끝은 완전한 접합이 되기 위해서 정사각형으로 잘라야 한다. 접합 부분은 강관 재킷 안쪽에 꽉 맞도록 세심하게 손질을 해야 한다. 금속 스트랩과 볼트인 경우에는 밑둥 끝을 정사각형으로 잘라야 한다. 또한, 연결부위의 스트랩이 잘 장착되도록 평면이 되게 손질을 해야 한다.

목재말뚝이 포화토 내에 있다면 손상 없이 영구히 유지될 수 있다. 그러나 해양 환경에서의 목재말뚝은 다양한 유기생물의 공격대상이 되어 불과 몇 달 안에 심각한 손상을 입을 수 있다. 해수면 위에 위치한 말뚝은 곤충에 의해 손상을 받기 쉽다. 말뚝의 수명은 크레오소트(creosote) 같은 방부제를 사용함으로써 연장될 수 있다.

목재말뚝의 허용지지력은 다음과 같다.

$$Q_{\text{all}} = A_p f_w \tag{11.4}$$

여기서

A_p = 말뚝의 평균단면적

f_w = 목재의 허용응력

다음은 수리구조물로 사용된 태평양 연안 더글라스(douglas) 전나무와 미국 남부지방 소나무를 이용하여 압축 처리시킨 원형 목재말뚝의 허용응력을 나타낸 것이다.

태평양 연안 더글라스 지방의 전나무

- 나무결에 평행한 방향의 압축응력: 6.04 MN/m^2
- 휨응력: 11.7 MN/m^2
- 수평 전단응력: 0.66 MN/m^2
- 나무결에 연직방향의 압축응력: 1.31 MN/m^2

남부지방의 소나무

- 나무결에 평행한 방향의 압축응력: 5.7 MN/m^2
- 휨응력: 11.4 MN/m^2
- 수평 전단응력: 0.62 MN/m^2
- 나무결에 연직방향의 압축응력: 1.41 MN/m^2

목재말뚝의 평균 길이는 5~15 m, 최대 길이는 30~40 m, 목재말뚝의 보통 지지하중은 300~500 kN이다.

복합말뚝

복합말뚝(composite piles)은 말뚝의 상단과 하단이 서로 다른 재료, 즉 강재와 콘크리트, 목재와 콘크리트로 구성된다. 강재와 콘크리트로 구성된 복합말뚝은 하부가 강재이고 상부는 현장타설 콘크리트말뚝이다. 이러한 형태의 복합말뚝은 현장타설 콘크리트말뚝만으로는 충분한 지지력을 얻을 수 없을 때 사용한다. 목재와 콘크리트 복합말뚝은 영구적인 수위 아래는 목재말뚝으로 구성되며, 상부는 콘크리트말뚝으로 이루어진다. 두 가지의 서로 다른 재료가 알맞게 접합되기는 어렵기 때문에 복합말뚝은 널리 사용되지 않는다.

11.3 연속회전오거 말뚝

연속회전오거 말뚝(continuous flight anguer, CFA)은 오거 말뚝, 현장타설오거 말뚝, 오거압력그라우팅말뚝으로 부르기도 한다. 연속회전오거 말뚝은 연속회전오거를 사용하여 시공하며, 한 번에 연속적으로 최종 심도까지 천공을 함으로써 시공을 완료한다. 천공이 최종 심도까지 완료되었을때, 콘크리트나 모래시멘트혼합그라우트를 오거파이프의 중앙에 장착된 관을 통하여 오거 하단부의 천공구멍으로 펌프압력을 이용하여 주입하면서 오거는 점차 인발을 한다. 만약에 보강이 필요하다면, 보강재를 연속회전오거 말뚝 내부에 오거를 인발한 직후에 넣어 설치할 수 있다. 보강재는 보통 말뚝 상부 10~15 m에만 한정하여 설치한다.

일반적으로 연속회전오거 말뚝(CFA) 직경이 0.3~0.9 m이고, 길이가 약 30 m까지 시공 가능하다. 미국에서는 0.3~0.5 m의 작은 직경의 연속회전오거 말뚝이 시공되고 있다. 또

그림 11.6 시공완료된 연속회전오거 말뚝(CFA) (Courtesy of M. Omar, University of Sharjah, UAE)

한, 지름이 1.5 m인 연속회전오거 말뚝이 시공된 적도 있다. 말뚝의 간격은 직경의 3~5배 정도이다. 다음은 연속회전오거 말뚝의 장단점을 기술하였다.

- 장점:
  a. 시공 중 소음과 진동이 적다.
  b. 말뚝의 이음과 절단이 필요 없다.
- 단점:
  a. 말뚝의 구조적 건전성이 떨어진다.
  b. 배토 흙을 모아서 처리해야 한다.

더욱이 최근에는 연속회전오거 말뚝은 세계적으로 사용되고 있으며, 또한 미국에서도 건설시장에 사용되고 있다. 그림 11.6은 시공된 연속회전오거 말뚝을 보여주고 있다. 또한 그림 11.7은 연속회전오거 말뚝에 사용되는 보강용 철근망들을 보여주고 있다. 연속회전오거 말뚝(CFA)의 시공절차에 대한 자세한 설명은 미국 연방도로국(FHWA)의 **지반공학시방서**(Geotechnical Engineering Circular, GEC) No. 8 (2007)을 참고하기 바란다.

11.4 말뚝길이의 산정

사용할 말뚝의 선정과 필요한 길이의 결정은 신중한 판단을 요구하므로 매우 어려운 일이라 할 수 있다. 11.2절에서 제시한 분류에 따르면 말뚝은 크게 세 부류가 있으며, 이는 말

그림 11.7 연속회전오거 말뚝(CFA)에 사용되는 보강 철근망 (Courtesy of M. Omar, University of Sharjah, UAE)

뚝의 길이와 하중을 지반에 전달하는 역학적 형태에 따라 (a) 선단지지말뚝(point bearing piles), (b) 마찰말뚝(friction piles), 그리고 (c) 다짐말뚝(compaction piles)으로 나눌 수 있다.

선단지지말뚝

만일 현장 시추 주상도를 분석한 결과 적당한 깊이에 암반(bedrock)이나 암과 같이 단단한 층이 존재한다고 판단되면, 말뚝은 암반 표면까지 연장할 수 있다(그림 11.8a). 이러한 경우 말뚝의 극한지지력은 전적으로 하부층의 하중지지력에 의해 좌우된다. 이런 말뚝을 **선단지지말뚝**(point bearing piles)이라 한다. 대부분의 경우에 필요한 말뚝의 길이는 쉽게 결정할 수 있다.

기반암(bedrock) 대신에 적당한 깊이에 단단한 지층이 존재한다면, 단단한 지층면에서 몇 미터 연장하여 말뚝을 타입해야 한다(그림 11.8b). 구근을 가진 말뚝은 단단한 지반에 시공할 수 있으며, 말뚝의 극한하중은 다음과 같이 나타낼 수 있다.

$$Q_u = Q_p + Q_s \tag{11.5}$$

여기서

Q_p = 말뚝선단부에 의해 지지되는 하중

Q_s = 타입된 말뚝 주면의 마찰에 의해 지지되는 하중(흙과 말뚝 사이에 발생되는 전단저항)

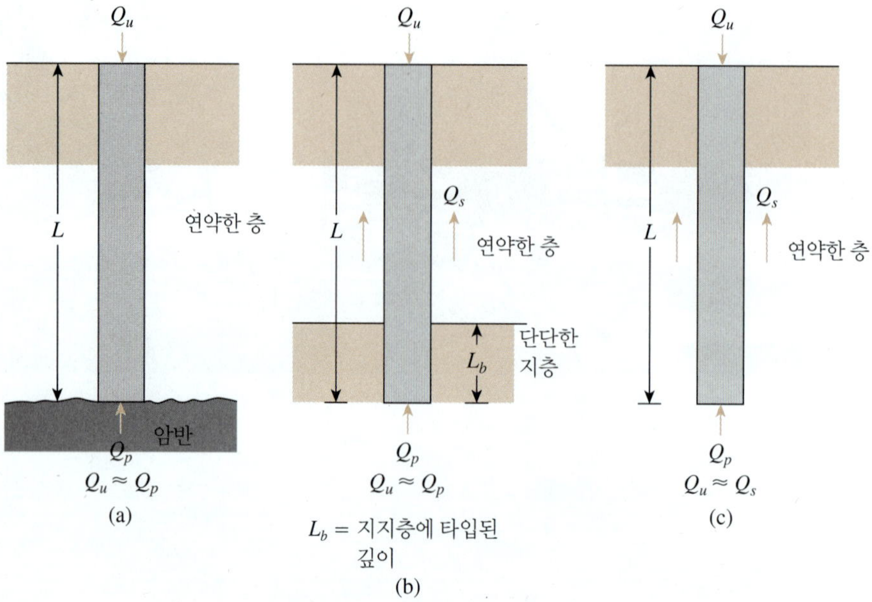

그림 11.8 (a)와 (b)는 선단지지말뚝, (c) 마찰말뚝

만약 Q_s가 작다면

$$Q_s \approx Q_p \tag{11.6}$$

이러한 경우에 필요한 말뚝의 길이는 지층에 대한 정확한 시추자료만 있다면 정확하게 산정할 수 있다.

마찰말뚝

현장에 기반암이나 암석같이 단단층이 적당한 깊이에 존재하지 않는다면, 선단지지말뚝은 매우 길어야 하므로 비경제적이다. 이러한 지층에서 말뚝은 연약한 지반층에 소정의 깊이까지 타입하게 된다(그림 11.8c). 이러한 말뚝의 극한하중은 식 (11.5)로 나타낼 수 있다. 만약 Q_p의 크기가 상대적으로 작으면, 다음과 같이 나타낼 수 있다.

$$Q_u \approx Q_s \tag{11.7}$$

이러한 말뚝의 저항력은 대부분 주면마찰로부터 유발되므로 **마찰말뚝**(friction pile)이라 한다. 그러나, **마찰말뚝**이라는 용어는 종종 문헌에서 사용하지만 잘못된 명칭이다. 왜냐하면 점토질 흙의 경우, 재하하중에 대한 저항은 **부착력**(adhesion)에 의해서 유발되기 때문이다.

마찰말뚝의 길이는 흙의 전단강도, 재하하중, 그리고 말뚝의 직경에 따라 좌우된다. 이러한 말뚝의 소요길이를 결정하기 위해서 기술자는 흙–말뚝 사이에서 발생되는 상호작용에 대한 이해와 뛰어난 판단력 및 경험을 필요로 한다. 말뚝의 지지력 계산에 대한 이론적 과정은 이 장의 후반부에서 기술하였다.

다짐말뚝

경우에 따라 지표면에 인접한 지반을 다지기 위해 사질토지반에 말뚝을 타입하기도 한다. 이러한 말뚝을 **다짐말뚝**(compaction pile)이라 부른다. 다짐말뚝의 길이는 (a) 다짐 전 흙의 상대밀도, (b) 다짐 후 흙의 소요 상대밀도, 그리고 (c) 요구되는 다짐 깊이 등과 같은 요소에 따라 결정된다. 이런 종류의 말뚝은 일반적으로 길이가 짧다. 많은 경우에 말뚝의 합리적인 길이를 결정하기 위해서 현장시험이 필요하다.

11.5 말뚝의 설치

대부분의 말뚝은 **해머**(hammer)나 **진동관입기**(vibratory drivers)를 사용하여 땅속으로 타입한다. 특별한 상황에서 말뚝은 **사수**(jetting)나 **토층 심도**의 일부를 천공하여 타입할 수 있다. 말뚝을 타입할 때 사용하는 해머의 형태는 (a) 드롭 해머(drop hammer), (b) 단동식 공기 또는 증기 해머, (c) 복동식 차등 공기/증기 해머, (d) 디젤 해머이다. 말뚝을 타입할 때, 캡(cap)을 말뚝 두부에 설치한다. 쿠션(cushion)은 말뚝과 캡 사이에 사용한다. 이 쿠션은 충격 하중을 감소시켜주고, 충격력을 장시간에 걸쳐 분포시키는 역할을 하지만, 상황에 따라 선택적으로 사용한다. 해머쿠션은 말뚝캡 위에 설치하고, 해머를 쿠션 위에 낙하시킨다.

여러 종류의 해머들이 그림 11.9에 나타나 있다. 드롭 해머(그림 11.9a)는 윈치(winch)에 의하여 끌어올려서 소정의 높이 H에서 떨어뜨린다. 이런 방식의 말뚝 타입은 가장 오래된 형태이다. 드롭 해머의 단점은 해머의 타격 속도가 느리다는 것이다. 단동식 공기 또는 증기 해머의 작동원리가 그림 11.9b에 나타나 있다. 이런 경우에 타격 부분인 램은 공기나 증기압력으로 올리고 중력에 의해 낙하된다. 그림 11.9c는 복동식 차등 공기 또는 증기 해머의 작동을 나타내고 있다. 이러한 해머는 램을 올릴 때와 내릴 때 모두 공기나 증기압력을 사용한다. 따라서 램의 타격 속도가 빠르게 된다. 디젤 해머(그림 11.9d)는 램, 앤빌 블록(anvil block), 그리고 연료 분사장치로 구성되어 있다. 작동 과정은 먼저 램을 들어 올린 다음 연료를 앤빌(anvil) 주변에 분사한 후 램을 낙하시킨다. 램이 낙하하면서 공기-연료 혼합물을 압축하여 점화하게 된다. 이러한 작동은 말뚝을 아래로 밀어내고 램을 위로 올리는데 효과적이다. 디젤 해머는 타입하기 어려운 단단한 지반에 효과가 있다. 연약한 지반에서는 말뚝의 하향 이동이 더 커지므로, 상대적으로 램의 상향 이동은 적다. 이러한 차이로 인하여 공기-연료 시스템의 점화가 되기에 충분하지 않을 수 있다. 이때는 램을 수동으로 들어 올려야 한다. 표 11.4는 통상적으로 말뚝 타입에 이용하는 해머의 몇 가지 예를 나타낸 것이다.

진동말뚝 관입기(vibratory pile driver)의 작동원리는 그림 11.9e에 나타나 있다. 이 진동관입기는 서로 반대 방향으로 회전하는 두 개의 회전추로 구성된다. 회전추의 회전으로 생기는 원심력의 수평 방향 분력은 서로 상쇄된다. 그 결과 정현파 형태의 동적 연직력(sinusoidal dynamic vertical force)이 말뚝에 작용하여 말뚝을 지중으로 관입시킨다.

그림 11.9f는 진동말뚝 관입기의 사진이다. 그림 11.10은 현장에서 말뚝을 타입하는 전경이다.

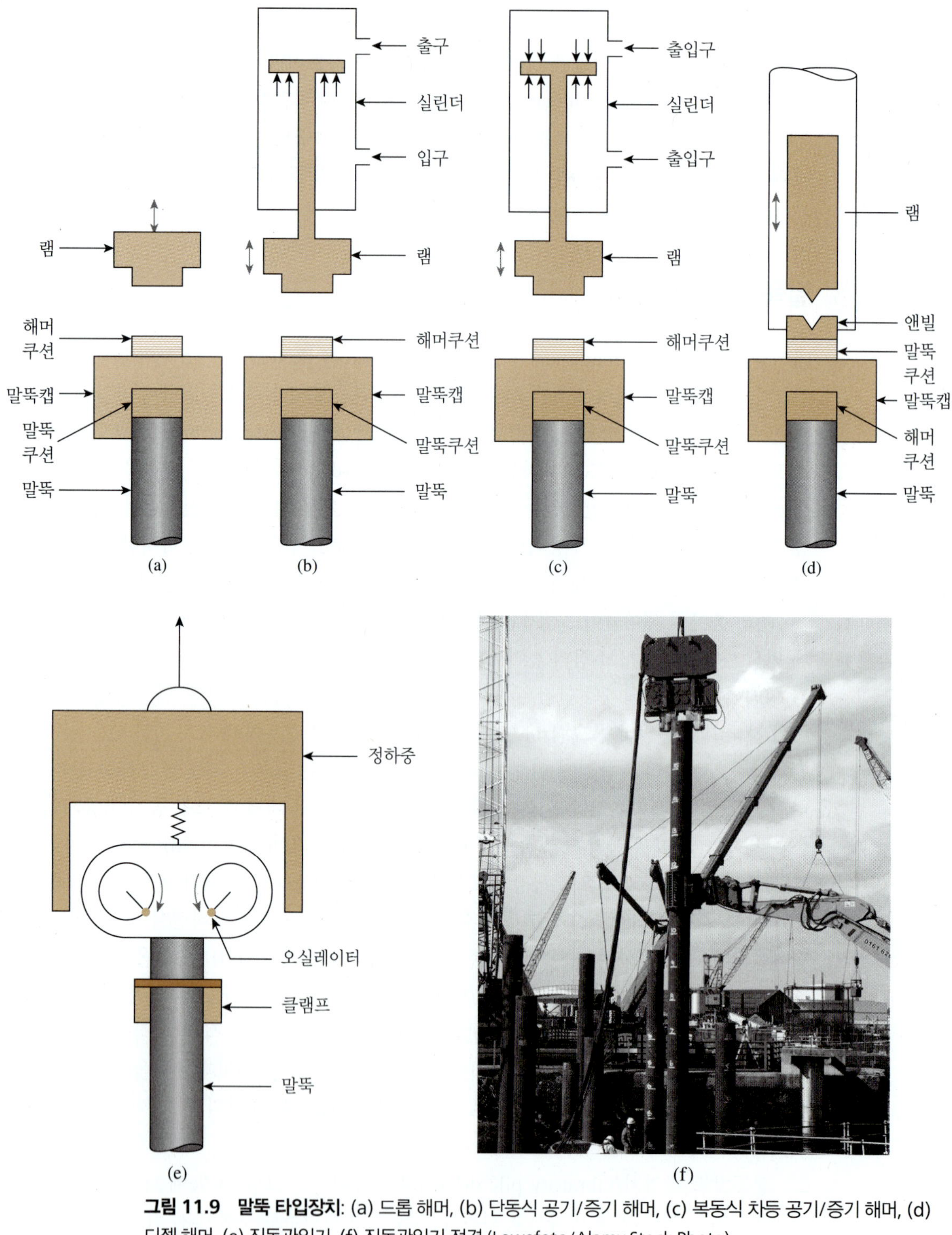

그림 11.9 말뚝 타입장치: (a) 드롭 해머, (b) 단동식 공기/증기 해머, (c) 복동식 차등 공기/증기 해머, (d) 디젤 해머, (e) 진동관입기, (f) 진동관입기 전경 (Lowefoto/Alamy Stock Photo)

분사방식(jetting)은 연약 지반층 위에 모래나 자갈로 얇게 구성된 단단한 지층을 관통시킬 때 종종 사용되는 말뚝 시공기술이다. 말뚝의 선단부에 직경 50~75 mm의 파이프로

표 11.4 통상적으로 말뚝 타입에 이용하는 해머

해머 제작사†	모델 번호	해머 유형	정격 에너지 kN·m	타격 수/분	램 무게 kN
V	400C	단동식	153.9	100	177.9
M	S-20		81.3	60	89.0
M	S-8		35.3	53	35.6
M	S-5		22.0	60	22.2
R	5/O		77.1	44	77.8
R	2/O		44.1	50	44.5
V	200C	복동식	68.1	98	89.0
V	140C	또는	48.8	103	62.3
V	80C	차동식	33.1	111	35.6
V	65C		26.0	117	28.9
R	150C		66.1	95~105	66.7
V	4N100	디젤	58.8	50~60	23.5
V	IN100		33.4	50~60	13.3
M	DE40		43.4	48	17.8
M	DE30		30.4	48	12.5

† V—Vulcan Iron Works, Florida
M—McKiernan-Terry, New Jersey
R—Raymond International, Inc., Texas

물을 분사하여 모래나 자갈을 느슨하게 하는 기술이다.

연직 방향에 대하여 14~20°로 경사지게 타입한 말뚝을 **경사말뚝**(batter pile)이라 한다. 경사말뚝은 높은 횡방향 지지력이 요구되는 무리말뚝에 주로 사용된다. 동력장치가 있는 오거(제3장)에 의하여 미리 일부 천공한 구멍에 경사말뚝을 넣고 필요한 깊이까지 타입시킨다.

말뚝의 설치 방식에 따라 **배토말뚝**(displacement piles)과 **비배토말뚝**(nondisplacement)으로 나뉜다. 타입말뚝(driven piles)은 배토말뚝이며, 타입 시 말뚝이 흙을 횡방향으로 밀어내므로 말뚝 주변의 흙이 조밀해지는 특성이 있다. 콘크리트말뚝과 선단폐쇄식 강관말뚝은 대표적인 대배토말뚝(high-displacement piles)이다. 그러나, H형 강말뚝은 관입 시 흙을 횡방향으로 소량 밀어내므로 소배토말뚝(low-displacement piles)이다. 이에 비해 천공말뚝(bored piles)은 시공 시 흙의 응력상태 변화가 거의 발생하지 않기 때문에 비배토말뚝이다.

11.6 하중전달의 원리

말뚝에 작용된 하중이 흙으로 전달되는 하중전달 원리(load transfer mechanism)는 매우 복잡하다. 하중전달 원리를 이해하기 위하여 그림 11.11a와 같이 설치된 길이 L인 말뚝을

그림 11.10 단면이 610 mm × 610 mm, 길이가 21.3 m인 콘크리트말뚝의 타입전경(Courtesy of Reinaldo Vega-Meyer, San Antonio, Texas)

살펴보자. 지표면에서 말뚝의 하중을 0에서 $Q_{(z=0)}$로 점차 증가시킨다. 이 하중의 일부분 Q_1은 말뚝의 주면을 따라 발생하는 주면마찰력에 의해 지지될 것이고, 나머지 Q_2는 말뚝선단에 위치한 흙에 의하여 지지될 것이다. 어떻게 전체 하중 $Q_{(z=0)}$을 Q_1와 Q_2에 배분시킬 수 있는가? 임의의 깊이(z)의 말뚝 주면에 전달되는 하중 $Q_{(z)}$의 측정값이 얻어진다면, 하중분포 특성은 그림 11.11b의 곡선 1에 나타난 바와 같을 것이다. 임의의 깊이(z)에서 **단위면적당 주면마찰저항** $f_{(z)}$은 다음 식으로 결정할 수 있다.

$$f_{(z)} = \frac{\Delta Q_{(z)}}{(p)(\Delta z)} \tag{11.8}$$

여기서 p = 말뚝단면의 윤변(perimeter). 그림 11.11c는 깊이에 따른 $f_{(z)}$의 변화를 보여준다. 말뚝의 하중 $Q_{(z)}$는 근입깊이에 따라 감소한다면, 식 (11.8)은 다음과 같이 쓸 수 있다.

$$f_{(z)} = -\frac{1}{p}\frac{dQ_{(z)}}{dz} \tag{11.9}$$

지표면에서 하중 Q가 점차적으로 증가한다면, 말뚝 주면을 따라 발생하는 최대 마찰

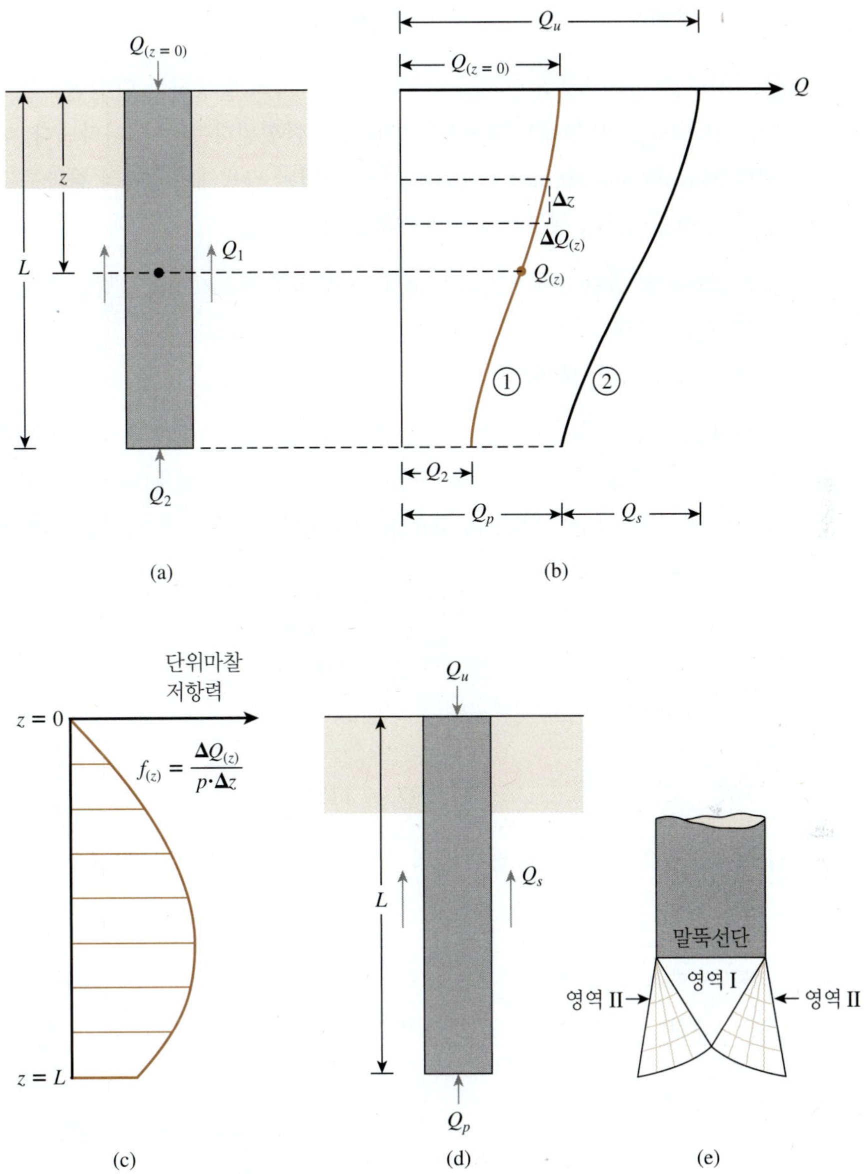

그림 11.11 말뚝의 하중전달 원리

저항은 말뚝의 크기와 길이에 상관없이 흙과 말뚝 사이의 상대변위가 5~10 mm 사이일 때 최대가 될 것이다. 그러나, 최대 선단저항, 즉 $Q_2 = Q_p$는 말뚝선단이 말뚝의 폭(또는 직경)의 약 10~25% 변위가 발생하기 전까지는 최대값이 발현되지 않을 것이다. [낮은 한계값은 타입말뚝(driven piles)에 해당되고, 최대 한계값은 천공말뚝(bored piles)에 해당된다.] 극한하중(그림 11.11d와 그림 11.11b의 곡선 ②)에서 $Q_{(z=0)} = Q_u$이므로

$$Q_1 = Q_s$$

그리고

$$Q_2 = Q_p$$

전술한 설명은 주면마찰력 Q_s(또는 말뚝 주면을 따라 발생하는 단위면적당 주면마찰력, f)가 선단지지력 Q_p과 비교해서 훨씬 작은 변위에서 발휘된다는 것을 나타낸다. 이 점을 증명하기 위해 Mansur and Hunter(1970)에 의해 수행된 말뚝재하시험의 결과를 고찰해보록 하자. 말뚝과 하부지반의 세부사항은 다음과 같다.

말뚝의 종류: 강관의 두께가 8.15 mm, 외부직경이 406 mm인 강관말뚝
하부지반: 모래
말뚝의 근입깊이: 16.8 m

그림 11.12a는 말뚝재하시험 결과를 보여준다. 침하량에 대한 말뚝상부의 하중[$Q_{(z=0)}$]이 나타나 있다. 그림 11.12b는 말뚝의 근입깊이[$Q_{(z)}$]에 따라 말뚝 주면에 의해 전달되는 하중이 도시되어 있다. 이것은 Mansur and Hunter(1970)에 의하여 제시된 결과이다. 이 실험에서 파괴하중은

$$Q_u \approx 1601\,\text{kN}$$
$$Q_p \approx 416\text{ kN}$$

그리고

$$Q_s \approx 1185\text{ kN}$$

그림 11.12b의 2.5 mm 말뚝 침하 시의 하중분포를 고려해 보자. 이 조건에서

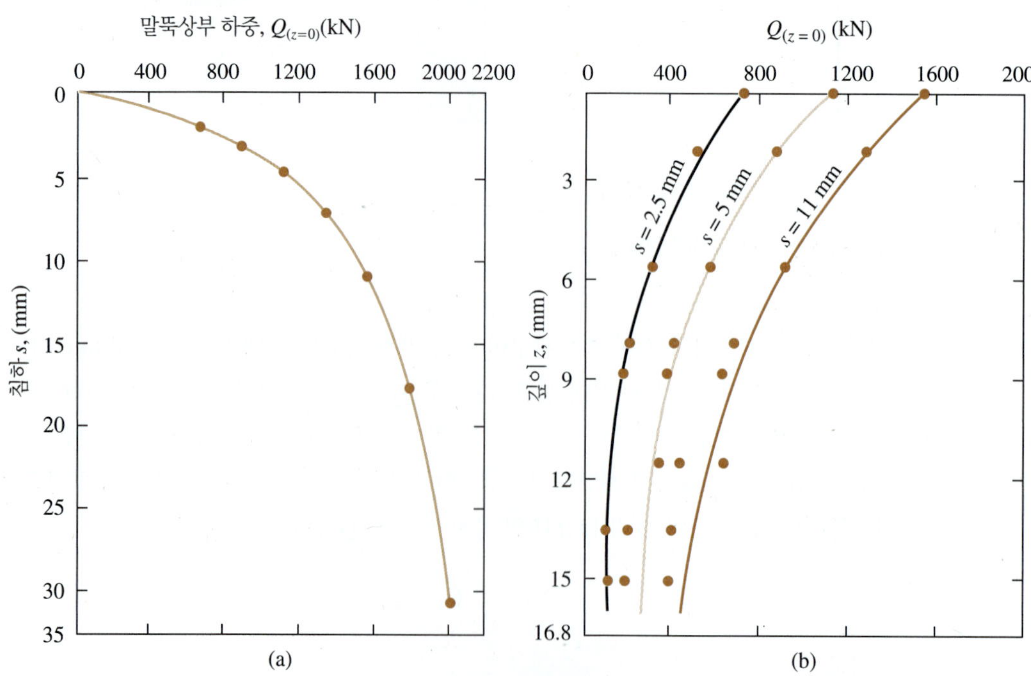

그림 11.12 모래 지반에서의 강관말뚝의 재하시험 결과(출처: Based on Mansur and Hunter, 1970)

$$Q_{(z=0)} \approx 667 \text{ kN}$$
$$Q_2 \approx 93 \text{ kN}$$
$$Q_1 \approx 574 \text{ kN}$$

그러므로 $s = 2.5$ mm에서

$$\frac{Q_2}{Q_p} = \frac{93}{416}(100) = 22.4\%$$

$$\frac{Q_1}{Q_s} = \frac{574}{1185}(100) = 48.4\%$$

그러므로, 주면마찰력은 선단지지력과 비교하여 낮은 침하수준에서 더 빨리 유발된다는 것은 명백하다.

극한하중일 때 말뚝선단에 발생하는 지반의 파괴면(Q_p에 의해 유발된 지지력 파괴 형태)은 그림 11.11e에서 나타난 것과 같다. 말뚝 기초는 깊은 기초이며 지반파괴 형태는 그림 5.2c와 그림 5.4에 나타나듯이 주로 **관입파괴형상**(punching mode)임을 주시할 필요가 있다. **삼각형 영역** I은 말뚝선단에서 발달하는 흙의 파괴면 형상이며, 그것 외에 다른 어떤 가시적인 파괴면 없이 아래 방향으로 밀려 내려간다. 단단한 모래 지반이나 단단한 점토 지반에서는 **나선형 전단영역** II (radial shear zone)가 부분적으로 발생할 수 있다. 따라서, 이러한 말뚝의 하중–변위곡선은 그림 5.2c에 나타난 것과 유사하다.

11.7 말뚝의 지지력을 평가하기 위한 식

말뚝의 극한지지력(Q_u)은 다음과 같은 식으로 나타낼 수 있다.

$$Q_u = Q_p + Q_s \tag{11.10}$$

여기서

Q_p = 말뚝선단부의 지지력

Q_s = 말뚝과 흙 사이의 접촉마찰로 인해 유발되는 주면마찰저항력(그림 11.13).

Q_p와 Q_s 값을 결정하기 위한 많은 연구결과가 발표되었다. 이 결과들은 Vesic(1977), Meyerhof(1976), Coyle and Castello(1981)에 의하여 분석과 검토가 잘 이루어졌다. 이들의 연구는 극한지지력을 결정하는 문제들에 관하여 잘 설명하고 있다.

연속회전오거 말뚝(CFA 말뚝)의 극한지지력의 관계식(11.3절)은 11.16절에 별도로 기술하였다.

선단지지력, Q_p

얕은 기초의 극한지지력은 5장에서 설명하였다. Terzaghi의 공식에 따르면 다음과 같다.

$$q_u = 1.3c'N_c + qN_q + 0.4\gamma BN_\gamma \qquad \text{(정사각형 얕은 기초)}$$

$$q_u = 1.3c'N_c + qN_q + 0.3\gamma BN_\gamma \qquad \text{(원형 얕은 기초)}$$

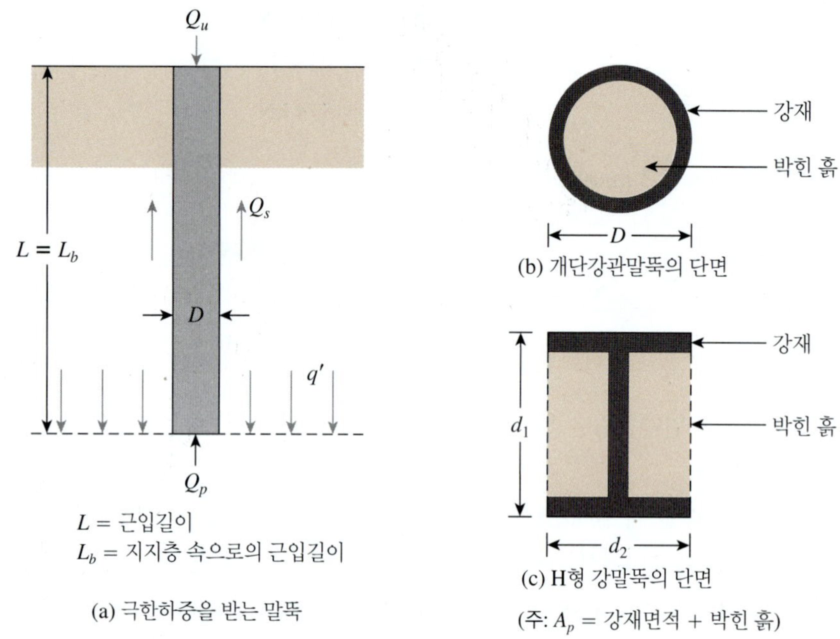

그림 11.13 말뚝의 극한지지력

유사한 방법으로, 연직하중의 경우 얕은 기초에 대한 일반적인 지지력 공식은 제5장에서 다음과 같이 기술하였다.

$$q_u = c'N_cF_{cs}F_{cd} + qN_qF_{qs}F_{qd} + \frac{1}{2}\gamma BN_\gamma F_{\gamma s}F_{\gamma d}$$

그러므로 일반적인 말뚝의 극한지지력은 다음과 같이 나타낸다.

$$q_u = c'N_c^* + qN_q^* + \gamma BN_\gamma^* \tag{11.11}$$

여기서 N_c^*, N_q^*, 그리고 N_γ^*은 기초의 형상과 근입깊이와 관련해서 산정된 지지력계수이다.

말뚝 기초는 깊기 때문에 N_c^*, N_q^*, 그리고 N_γ^* 값이 다르지만, 말뚝선단(q_p)에서 유발되는 단위면적당 극한지지력은 식 (11.11)에서 제시한 식과 유사하게 표현할 수 있다. 이 장에서 사용된 말뚝의 폭 기호는 D이다. 그러므로, 식 (11.11)에 B와 D를 대입하면 다음과 같이 된다.

$$q_u = q_p = c'N_c^* + qN_q^* + \gamma DN_\gamma^* \tag{11.12}$$

말뚝의 폭(D)이 비교적 작기 때문에, γDN_γ^*은 심각한 오차를 발생시키지 않으므로 앞 식의 오른쪽에서 삭제하면 다음과 같다.

$$q_p = c'N_c^* + q'N_q^* \tag{11.13}$$

식 (11.13)에서 유효연직응력으로 나타내기 위하여 q는 q'로 대치하였다. 따라서, 말뚝의 선단지지력은 다음과 같이 나타낼 수 있다.

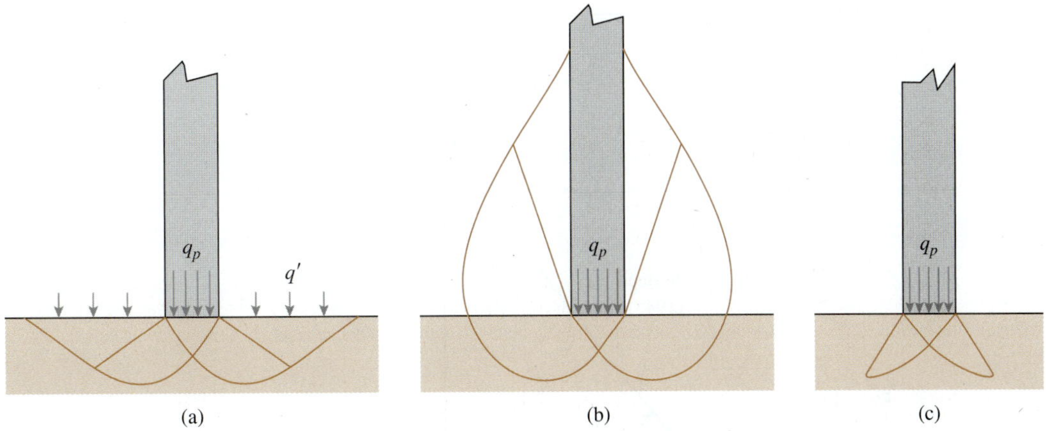

그림 11.14 여러 연구자들이 가정한 말뚝선단에서의 파괴면 형상

$$Q_p = A_p q_p = A_p(c'N_c^* + q'N_q^*) \tag{11.14}$$

여기서

A_p = 말뚝선단의 면적
c' = 말뚝선단을 지지하고 있는 주변 흙의 점착력
q_p = 단위선단지지력 또는 말뚝선단의 극한지지력
q' = 말뚝선단에서의 유효연직응력
N_c^*, N_q^* = 말뚝의 지지력계수

N_q^* 결정 시의 참고사항

1940년대 중반부터 1960년대 중반까지 흙의 마찰각 ϕ'에 따른 N_q^* 값을 구하기 위하여 여러 연구가 수행되었다. 여러 연구자들이 말뚝선단이 위치한 지반의 여러 파괴형상을 가정하였다. 그림 11.14는 극한하중을 받는 말뚝선단에 위치한 지반의 3가지 파괴양상을 나타낸 것이다. 그림 11.14a에 나타난 파괴면은 Terzaghi(1943)가 가정한 것이다. 유사하게, Debeer(1945)와 Meyerhof(1951)는 그림 11.14b에 나타낸 것과 같은 파괴면으로 가정하였다. Vesic(1963)은 그림 11.14c에 나타난 파괴면을 사용하였다. 여러 연구로부터 얻은 결론에 의하면, 흙의 마찰각 ϕ'에 따른 넓은 범위의 N_q^* 값이 도출될 수 있다는 것을 알았다. 이 결과들은 그림 11.15에 나타내었다. 더 상세한 설명을 알고 싶은 독자는 Vesic(1965)을 참고하기 바란다.

마찰저항력, Q_s

말뚝의 주면마찰저항력은 다음과 같이 나타낼 수 있다.

$$Q_s = \Sigma p \Delta L f \tag{11.15}$$

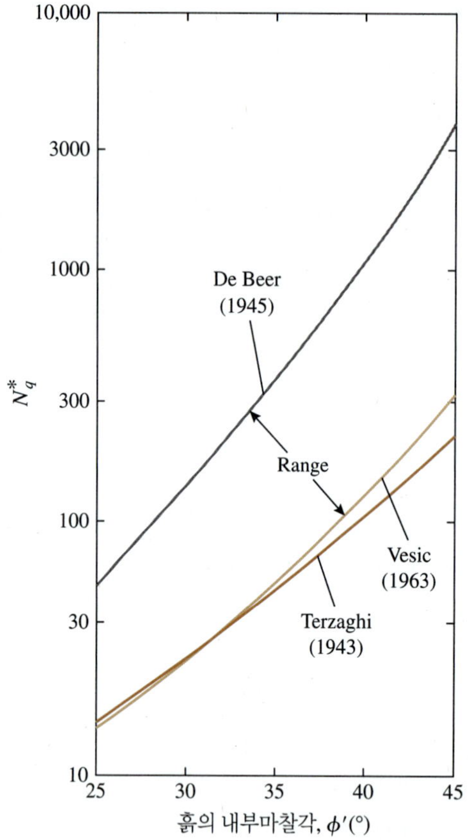

그림 11.15 여러 연구자들이 제안한 N_q^* 값의 범위

여기서

p = 말뚝단면의 윤변

ΔL = p와 f가 일정하다는 가정하에서의 말뚝길이 증가량

f = 임의의 깊이 z에서의 단위주면마찰저항력

Q_p와 Q_s를 산정하는 방법에 대해서는 다음 여러 절에 서술하였다. 선단지지력(Q_p)이 완전하게 유발되기 위해서는 말뚝선단부가 적어도 말뚝직경(또는 폭)의 10~25%가량의 변위가 발생되어야 한다는 것을 재강조할 필요가 있다.

허용하중지지력, Q_{all}

선단지지력과 주면지지력을 합산하여 말뚝의 전 극한하중지지력이 결정된 후, 안전율을 사용하여 각각의 말뚝에 대한 전 허용하중지지력을 구해야 한다.

$$Q_{all} = \frac{Q_u}{FS} \tag{11.16}$$

여기서

Q_{all} = 각 말뚝의 전 허용하중지지력

FS = 안전율

일반적으로 극한지지력에 대한 안전율은 극한하중을 계산할 때 주변 요소의 불확실성을 고려하여 2에서 3 범위를 사용한다.

11.8 Q_p를 산정하기 위한 Meyerhof의 방법

그림 11.16은 Meyerhof(1976)가 추천한 것으로, 흙의 마찰각 ϕ'에 따른 N_c^* 값과 N_q^* 값의 변화값을 나타낸 것이다. 지지력계수값(N_c^*과 N_q^*)들은 말뚝의 L/D (L = 말뚝의 길이, D = 말뚝의 직경)에 따라 증가하다가, 최대값에 도달한다. 그림 11.16에는 N_c^*과 N_q^* 값들의 최대값이 나타나 있다.

모래 지반

모래 지반(sand)에서 말뚝의 선단지지력(q_p)은 일반적으로 지지층에 근입되는 말뚝의 깊이에 따라 증가하며, 근입비가 $(L_b/D) = (L_b/D)_{cr}$일 때 최고값에 도달한다. 말뚝이 균질한 흙에 근입되어 있는 경우에는 L_b는 말뚝의 실제 근입길이 L와 같다. 그러나 말뚝이 지지층에 근입되어 있다면, $L_b < L$이다. 말뚝이 임계근입비 $(L_b/D)_{cr}$ 이상이면, q_p 값은 일정하다($q_p = q_l$). 즉, 균질한 흙일 경우 그림 11.17과 같이 $L = L_b$이다.

모래 지반에 근입된 말뚝의 경우 $c' = 0$이므로, 식 (11.14)는 단순하게 나타낼 수 있다.

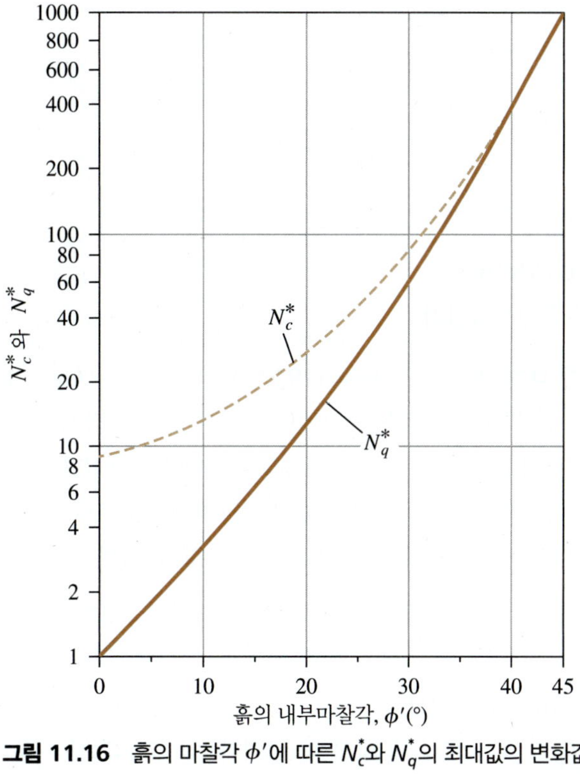

그림 11.16 흙의 마찰각 ϕ'에 따른 N_c^*와 N_q^*의 최대값의 변화값(출처: Based on Meyerhof, G. G. (1976). "Bearing Capacity and Settlement of Pile Foundations," *Journal of the Geotechnical Engineering Division,* American Society of Civil Engineers, Vol. 102, No. GT3, pp. 197–228.)

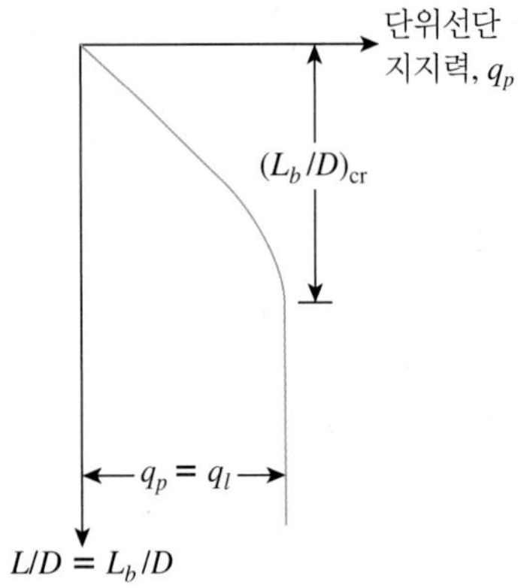

그림 11.17 균질한 모래 지반에서의 단위선단지지력의 변화 형상

$$Q_p = A_p q_p = A_p q' N_q^* \tag{11.17}$$

흙의 마찰각 ϕ'에 대한 N_q^*의 값은 그림 11.16에 나타나 있다. 그림 11.17에 근거하여, 여러 마찰각에 대하여 보간법으로 산정된 N_q^* 값들은 표 11.5에 기술되어 있다. 그러나, Q_p는 한계값 $A_p q_l$를 초과해서는 안 된다. 그러므로 다음과 같이 나타낼 수 있다.

$$Q_p = A_p q' N_q^* \le A_p q_l \tag{11.18}$$

한계선단지지력은 다음과 같다.

$$q_l = 0.5\, p_a N_q^* \tan \phi' \tag{11.19}$$

여기서

p_a = 대기압($=100$ kN/m^2)
ϕ' = 지지층의 유효내부마찰각

한계 근입률 개념에 대한 좋은 예로 Vesic(1970)에 의해 보고된 Ogeechee River 지역의 모래 지반에서 말뚝에 대한 현장 하중재하시험을 들 수 있다. 현장시험 말뚝은 직경 457 mm의 강관말뚝이다. 표 11.6은 말뚝의 여러 근입깊이에서의 극한선단지지력을 나타낸 것이다. 그림 11.18은 표준관입저항치의 범위와 함께 현장시험으로부터 얻은 깊이에 따른 q_p에 대한 도표이다. 그림으로부터 다음과 같은 사항을 관찰할 수 있다.

1. 선단지지력의 한계값 q_p가 존재한다. 여기서 수행한 현장시험 결과 약 12,000 kN/m^{2}이다.
2. $(L/D)_{cr}$ 값은 약 16에서 18이다.
3. 평균 N_{60} 값은 $L/D > (L/D)_{cr}$에 대해 약 30이다. 식 (11.42)를 이용하여, 한계선단

표 11.5 Meyerhof 이론에 의한 N_q^* 값

흙의 내부마찰각, ϕ' (°)	N_q^*
20	12.4
21	13.8
22	15.5
23	17.9
24	21.4
25	26.0
26	29.5
27	34.0
28	39.7
29	46.5
30	56.7
31	68.2
32	81.0
33	96.0
34	115.0
35	143.0
36	168.0
37	194.0
38	231.0
39	276.0
40	346.0
41	420.0
42	525.0
43	650.0
44	780.0
45	930.0

표 11.6 Vesic(1970)이 Ogeechee river 현장에서 수행한 시험 말뚝의 극한선단지지력, q_p

말뚝직경, Δ (m)	근입깊이, L (m)	L/D	q_p (kN/m^2)
0.457	3.02	6.61	3,304
0.457	6.12	13.39	9,365
0.457	8.87	19.4	11,472
0.457	12.0	26.26	11,587
0.457	15.00	32.82	13,971

지지력은 $4p_aN_{60} = (4)(100)(30) = 12{,}000$ kN/m^{2}이다. 이 값은 현장시험 결과와 전반적으로 일치한다.

점토($\phi' = 0$) 지반

비배수 상태($\phi' = 0$)의 **포화된 점토 지반**에 근입된 말뚝의 순 극한하중은 다음과 같다.

$$Q_p \approx N_c^* c_u A_p = 9c_u A_p \tag{11.20}$$

여기서 c_u = 말뚝선단 아래 흙의 비배수 점착력

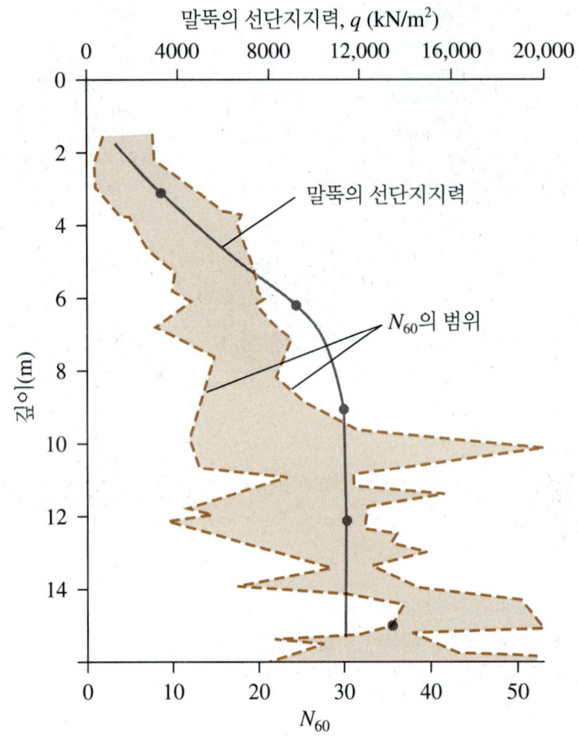

그림 11.18 Vesic의 말뚝시험(1970) 결과—깊이에 따른 q_p와 N_{60}의 변화

11.9 Q_p를 산정하기 위한 Janbu의 방법

Janbu(1976)는 Q_p를 구하는 식을 다음과 같이 제안하였다.

$$Q_p = A_p(c'N_c^* + q'N_q^*) \tag{11.21}$$

식 (11.21)은 식 (11.14)와 같은 형식이라는 사항을 인지할 필요가 있다. 지지력계수 N_c^*와 N_q^*는 그림 11.19에 삽입되어 나타난 것과 유사하게 말뚝선단의 파괴면을 가정함에 따라 계산된 값들이다. 지지력계수의 관계식은 다음과 같다.

$$N_q^* = (\tan\phi' + \sqrt{1 + \tan^2\phi'})^2(e^{2\eta'\tan\phi'}) \tag{11.22}$$

(파괴면의 각도 η'는 그림 11.19에 삽입된 것과 같이 정의된다.)

$$N_c^* = (\underset{\substack{\uparrow \\ \text{식 (11.22)}}}{N_q^*} - 1)\cot\phi' \tag{11.23}$$

그림 11.19는 ϕ'와 η'에 따른 N_c^*와 N_q^*의 변화값을 나타낸 것이다. 파괴면의 각도 η'는 연약점토에서는 70°로부터 시작하여 조밀한 사질토에서는 약 105°까지 변화한다.

말뚝의 선단지지력 Q_p을 구하는 이론적 절차에 관계없이, 선단지지력의 완전한 유발은

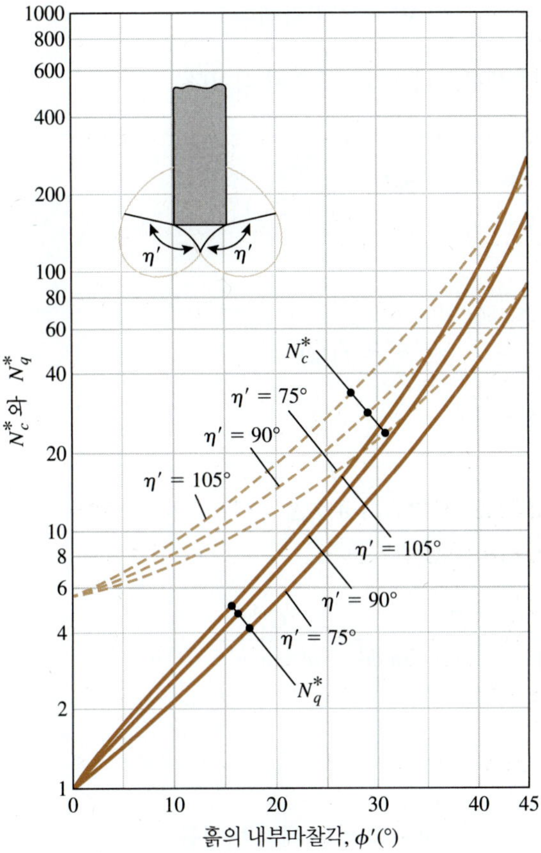

그림11.19 Janbu의 지지력계수

말뚝의 선단이 말뚝 폭의 최소한 10~25%까지 관입되어야만 발생된다. 사질토의 경우 관입 깊이는 매우 중요하다.

11.10 Q_p를 산정하기 위한 Vesic의 방법

모래 지반

Vesic(1977)은 공동팽창(expansion of cavities)이론을 근거로 말뚝의 선단지지력을 산정하는 방법을 제안하였다. 이 이론에 의거하여 Q_p를 유효응력정수로 표현하면 다음과 같다.

$$Q_p = A_p q_p = A_p \, \overline{\sigma}'_o N^*_\sigma \tag{11.24}$$

여기서

$\overline{\sigma}'_o$ = 말뚝선단 지점에서 지반의 평균 유효연직응력

$$= \left(\frac{1 + 2K_o}{3}\right) q' \tag{11.25}$$

$$K_o = \text{정지토압계수} = 1 - \sin \phi' \tag{11.26}$$

$$N_\sigma^* = \text{지지력계수}$$

식 (11.24)는 다음 값을 사용한 식 (11.17)의 수정된 식이다.

$$N_\sigma^* = \frac{3N_q^*}{(1 + 2K_o)} \tag{11.27}$$

Vesic의 이론에 따르면

$$N_\sigma^* = f(I_{rr}) \tag{11.28}$$

여기서 I_{rr} = 흙의 감소강성지수

$$I_{rr} = \frac{I_r}{1 + I_r\Delta} \tag{11.29}$$

여기서

$$I_r = \text{강성지수} = \frac{E_s}{2(1 + \mu_s)\, q' \tan \phi'} = \frac{G_s}{q' \tan \phi'} \tag{11.30}$$

E_s = 흙의 탄성계수

μ_s = 흙의 포아송비

G_s = 흙의 전단계수

Δ = 말뚝선단 아래 소성영역에서의 평균 체적 변형률

다양한 토질에서 일반적인 I_r 값의 범위는

모래(상대밀도 = 50~80%): 75~150

실트: 50~75

I_r [식 (11.30)]와 I_{rr} [식 (11.29)]를 산정하기 위하여, 다음의 개략적인 값이 사용될 수 있다 (Chen and Kulhawy, 1994).

$$\frac{E_s}{p_a} = m \tag{11.31}$$

여기서

p_a = 대기압($\approx$ 100 kN/m^2)

$$m = \begin{cases} 100\text{~}200 \text{ (느슨한 흙)} \\ 200\text{~}500 \text{ (중간 정도 조밀한 흙)} \\ 500\text{~}1000 \text{ (조밀한 흙)} \end{cases}$$

$$\mu_s = 0.1 + 0.3\left(\frac{\phi' - 25}{20}\right) (25° \le \phi' \le 45°)\text{인 경우} \tag{11.32}$$

$$\Delta = 0.005\left(1 - \frac{\phi' - 25}{20}\right)\frac{q'}{p_a} \tag{11.33}$$

Baldi et al.(1981)은 현장에서 실시한 콘관입저항시험 결과에 근거하여 I_r에 대한 다음의 상관관계식을 제안하였다.

$$I_r = \frac{300}{F_r(\%)} \quad \text{(역학적 콘관입시험)} \tag{11.34}$$

그리고

$$I_r = \frac{170}{F_r(\%)} \quad \text{(전기식 콘관입시험)} \tag{11.35}$$

F_r은 콘관입시험 시 마찰비이다. 표 11.7은 흙의 여러 가지 마찰각(ϕ')과 I_{rr}에 따른 N_σ^*의 값을 제시하였다.

점토($\phi = 0$) 지반

포화된 점토($\phi = 0$) 지반에 근입된 말뚝의 순 극한선단지지력은 다음과 같이 간략하게 표현할 수 있다.

$$Q_p = A_p q_p = A_p c_u N_c^* \tag{11.36}$$

여기서 c_u = 흙의 비배수 점착력

Vesic(1977)의 **공동팽창이론**에 의하면

$$N_c^* = \frac{4}{3}(\ln I_{rr} + 1) + \frac{\pi}{2} + 1 \tag{11.37}$$

포화된 점토($\phi = 0$) 조건에서 I_{rr}에 따른 N_c^* 값은 표 11.8에 제시되었다.

체적 변화가 없는 포화된 점토는 $\Delta = 0$이므로, 식 (11.29)는 다음과 같이 표현할 수 있다.

$$I_{rr} = I_r \tag{11.38}$$

$\phi = 0$일 때,

$$I_r = \frac{E_s}{3c_u} \tag{11.39}$$

O'Neill and Reese(1999)는 I_r과 비배수 점착력 c_u의 근사적인 관계를 다음과 같이 제안하였다.

표 11.7 공동팽창이론에 근거한 지지력계수 N_σ^*

	I_{rr}									
ϕ'	10	20	40	60	80	100	200	300	400	500
25	12.12	15.95	20.98	24.64	27.61	30.16	39.70	46.61	52.24	57.06
26	13.18	17.47	23.15	27.30	30.69	33.60	44.53	52.51	59.02	64.62
27	14.33	19.12	25.52	30.21	34.06	37.37	49.88	59.05	66.56	73.04
28	15.57	20.91	28.10	33.40	37.75	41.51	55.77	66.29	74.93	82.40
29	16.90	22.85	30.90	36.87	41.79	46.05	62.27	74.30	84.21	92.80
30	18.24	24.95	33.95	40.66	46.21	51.02	69.43	83.14	94.48	104.33
31	19.88	27.22	37.27	44.79	51.03	56.46	77.31	92.90	105.84	117.11
32	21.55	29.68	40.88	49.30	56.30	62.41	85.96	103.66	118.39	131.24
33	23.34	32.34	44.80	54.20	62.05	68.92	95.46	115.51	132.24	146.87
34	25.28	35.21	49.05	59.54	68.33	76.02	105.90	128.55	147.51	164.12
35	27.36	38.32	53.67	65.36	75.17	83.78	117.33	142.89	164.33	183.16
36	29.60	41.68	58.68	71.69	82.62	92.24	129.87	158.65	182.85	204.14
37	32.02	45.31	64.13	78.57	90.75	101.48	143.61	175.95	203.23	227.26
38	34.63	49.24	70.03	86.05	99.60	111.56	158.65	194.94	225.62	252.71
39	37.44	53.50	76.45	94.20	109.24	122.54	175.11	215.78	250.23	280.71
40	40.47	58.10	83.40	103.05	119.74	134.52	193.13	238.62	277.26	311.50
41	43.74	63.07	90.96	112.68	131.18	147.59	212.84	263.67	306.94	345.34
42	47.27	68.46	99.16	123.16	143.64	161.83	234.40	291.13	339.52	382.53
43	51.08	74.30	108.08	134.56	157.21	177.36	257.99	321.22	375.28	423.39
44	55.20	80.62	117.76	146.97	172.00	194.31	283.80	354.20	414.51	468.28
45	59.66	87.48	128.28	160.48	188.12	212.79	312.03	390.35	457.57	517.58

(출처: Based on data from "Design of Pile Foundations," by A. S. Vesic, *Synthesis of Highway Practice* by American Association of State Highway and Transportation, 1977

표 11.8 Vesic의 이론에 근거한 $\phi' = 0$ 조건에서 I_{rr}에 따른 N_c^* 변화값

I_{rr}	N_c^*
10	6.97
20	7.90
40	8.82
60	9.36
80	9.75
100	10.04
200	10.97
300	11.51
400	11.89
500	12.19

$\frac{c_u}{p_a}$	I_r
0.24	50
0.48	150
≥0.96	250~300

주: p_a = 대기압 ≈ 100 kN/m²

상기의 값은 다음과 같이 단순화하여 표현할 수 있다.

$$I_r = 347\left(\frac{c_u}{p_a}\right) - 33 \le 300 \tag{11.40}$$

11.11 모래 지반에서 Q_p를 산정하기 위한 Coyle and Castello의 방법

Coyle and Castello(1981)는 모래 지반에 타입한 24개의 실대형 현장재하시험 결과를 분석하였다. 이 시험 결과를 근거로 모래 지반에 대한 선단지지력 식을 제안하였다.

$$Q_p = q' N_q^* A_p \tag{11.41}$$

여기서

q' = 말뚝선단에서의 유효연직응력

N_q^* = 지지력계수

그림 11.20은 L/D와 흙의 마찰각(ϕ')에 따른 N_q^*의 값을 도식적으로 나타내고 있다.

예제 11.1

단면이 0.407 m × 0.407 m이고, 길이가 20 m인 콘크리트말뚝이 모래 지반에 완전히 근입되어 있다. 모래 지반의 주어진 조건: 단위중량 γ = 18 kN/m³이고, 흙의 마찰각 $\phi' = 35°$.

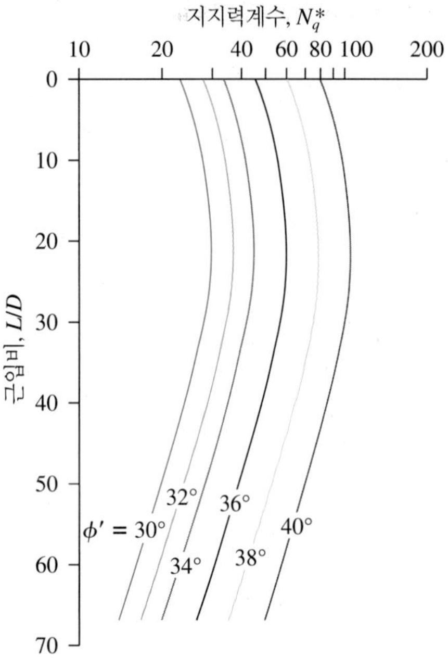

그림 11.20 L/D에 따른 N_q^*의 변화값(출처: Based on Coyle and Castello, 1981)

말뚝의 극한선단지지력(Q_p)을 다음 방법들을 이용하여 각각 산정하라.

a. Meyerhof의 방법

b. Vesic의 방법

c. Coyle and Castello의 방법

d. a, b, c의 결과값을 바탕으로 Q_p 값을 산정하라.

풀이

Part a

식 (11.18), (11.19)로부터

$$Q_p = A_p q' N_q^* \leq A_p(0.5 p_a N_q^* \tan \phi')$$

$\phi' = 35°$일 때, $N_q^* \approx 143$(표 11.5), $q' = \gamma L = (18)(20) = 360\ \text{kN/m}^2$. 그러므로

$$A_p q' N_q^* = (0.407 \times 0.407)(360)(143) \approx 8528\ \text{kN}$$

다시

$$A_p(0.5 p_a N_q^* \tan \phi') = (0.407 \times 0.407)[(0.5)(100)(143)(\tan 35)] \approx 829\ \text{kN}$$

그러므로 Q_p = **829 kN**

Part b

식 (11.24)로부터

$$Q_p = A_p \bar{\sigma}'_o N^*_\sigma$$

$$\bar{\sigma}'_o = \left[\frac{1 + 2(1 - \sin \phi')}{3}\right] q' = \left[\frac{1 + 2(1 - \sin 35)}{3}\right](18 \times 20)$$

$$= 222.34 \text{ kN/m}^2$$

식 (11.31)로부터

$$\frac{E_s}{p_a} = m$$

$m \approx 250$(중간다짐의 모래 지반)으로 가정한다.

$$E_s = (250)(100) = 25{,}000 \text{ kN/m}^2$$

식 (11.32)로부터

$$\mu_s = 0.1 + 0.3\left(\frac{\phi' - 25}{20}\right) = 0.1 + 0.3\left(\frac{35 - 25}{20}\right) = 0.25$$

식 (11.33)으로부터

$$\Delta = 0.005\left(1 - \frac{\phi' - 25}{20}\right)\left(\frac{q'}{p_a}\right) = 0.005\left(1 - \frac{35 - 25}{20}\right)\left(\frac{18 \times 20}{100}\right) = 0.009$$

식 (11.30)으로부터

$$I_r = \frac{E_s}{2(1 + \mu_s) q' \tan \phi'} = \frac{25{,}000}{(2)(1 + 0.25)(18 \times 20)(\tan 35)} = 39.67$$

식 (11.29)로부터

$$I_{rr} = \frac{I_r}{1 + I_r \Delta} = \frac{39.67}{1 + (39.67)(0.009)} = 29.23$$

표 11.7로부터 $\phi' = 35°$, $I_{rr} = 29.23$, $N^*_q \approx 47$이다. 그러므로

$$Q_p = A_p \bar{\sigma}'_o N^*_\sigma = (0.407 \times 0.407)(222.34)(47) \approx \mathbf{1731\ kN}$$

Part c

식 (11.41)로부터

$$Q_p = q' N^*_q A_p$$

$$\frac{L}{D} = \frac{20}{0.407} = 49.1$$

$\phi' = 35°$, $L/D = 49.1$일 때, 그림 11.20에서 N^*_q는 대략 34이다. 그러므로

$$Q_p = q' N^*_q A_p = (20 \times 18)(34)(0.407 \times 0.407) \approx \mathbf{2028\ kN}$$

Part d

Coyle and Castello의 방법으로 얻어진 Q_p 값은 너무 크게 나타난다. 그러므로 a와 b의 결과값의 평균은

$$\frac{829 + 1731}{2} = 1280 \text{ kN}$$

$$\text{Use } Q_p = \mathbf{1280\ kN}.$$

■

예제 11.2

예제 11.1을 참고하여 Janbu의 방법을 이용하여 Q_p 값을 선정하라. $\eta' = 90°$

풀이

$c' = 0$일 때 식 (11.21)로부터

$$Q_p = A_p q' N_q^*$$

$\phi' = 35°$, $\eta' = 90°$일 때, 그림 11.19로부터 N_q^*의 값은 대략 35이다. 따라서

$$Q_p = (0.407 \times 0.407)(18 \times 20)(35) = \mathbf{2087\ kN}$$

■

예제 11.3

외부 직경이 457 mm인 강관말뚝(평평한 선단부—그림 11.2d)이 있다. 말뚝은 층상포화점토층에 심도 20 m에 근입되어 있다. 지층의 세부사항은 다음과 같다.

지표면으로부터 깊이(m)	포화 단위중량 γ (kN/m^3)	c_u (kN/m^2)
0~3	16	25
3~10	17	40
10~30	18	90

지하수위는 지표면으로부터 3 m 깊이에 위치한다. 말뚝의 선단지지력 Q_p를 다음 방법들을 이용하여 산정하라.

a. Meyerhof의 방법

b. Vesic의 방법

풀이

Part a

식 (11.20)으로부터

$$Q_p = 9 c_u A_p$$

말뚝의 선단은 $c_u = 90$ kN/m^{2}인 점토에 위치한다. 그러므로

$$Q_p = (9)(90)\left[\left(\frac{\pi}{4}\right)\left(\frac{457}{1000}\right)^2\right] = \mathbf{132.9\ kN}$$

Part b

식 (11.36)으로부터

$$Q_p = A_p c_u N_c^*$$

식 (11.40)으로부터

$$I_r = I_{rr} = 347\left(\frac{c_u}{p_a}\right) - 33 = 347\left(\frac{90}{100}\right) - 33 = 279.3$$

I_{rr} =279.3을 사용한다.

표 11.8로부터 I_{rr} =279.3, $N_q^* \approx 11.4$이다. 그러므로

$$Q_p = A_p c_u N_c^* = \left[\left(\frac{\pi}{4}\right)\left(\frac{457}{1000}\right)^2\right](90)(11.4) = \mathbf{168.3\ kN}$$

주: Q_p의 평균값은

$$\frac{132.9 + 168.3}{2} \approx \mathbf{151\ kN}$$

■

11.12 사질토지반에서 Q_p 산정 시 표준관입시험(SPT)과 콘관입시험(CPT) 결과와의 상관관계

현장조사결과를 근거로 하여, Meyerhof(1976)는 균질한 사질토($L = L_b$)에서 얻어진 표준관입치로부터 극한선단지지력 q_p를 구하는 식을 다음과 같이 제안하였다.

$$q_p = 0.4 p_a N_{60} \frac{L}{D} \leq 4 p_a N_{60} \tag{11.42}$$

여기서

N_{60} = 말뚝선단의 표준관입치 평균값(말뚝선단에서 하부로 $4D$, 상부로 $10D$)

p_a = 대기압($\approx$ 100 kN/m^2)

Briaud et al.(1985)은 사질토에서의 표준관입치(N_{60})로부터 극한선단지지력(q_p)을 구하는 상관관계식을 제안하였다.

$$q_p = 19.7 p_a (N_{60})^{0.36} \tag{11.43}$$

Meyerhof(1956)도 사질토에 대하여 제안하였다.

$$q_p \approx q_c \tag{11.44}$$

여기서 q_c = 콘관입저항치

예제 11.4

단면이 0.305 m × 0.305 m인 콘크리트말뚝이 모래 지반에 근입되어 있다. 말뚝의 길이는 12 m이다. 다음 표는 깊이에 따른 표준관입치(N_{60})의 변화이다.

지표면 아래 깊이(m)	N_{60}
1.5	8
3.0	10
4.5	9
6.0	12
7.5	14
9.0	18
10.5	11
12.0	17
13.5	20
15.0	28
16.5	29
18.0	32
19.5	30
21.0	27

a. 식 (11.42)를 이용하여 Q_p를 산정하라.

b. 식 (11.43)을 이용하여 Q_p를 산정하라.

풀이

Part a

말뚝의 끝부분은 지표면으로부터 12 m 깊이에 있다. 말뚝직경 $D = 0.305$ m이다. N_{60}의 평균은 말뚝 끝에서 하부로 5D, 상부로 10D이다.

$$N_{60} = \frac{18 + 11 + 17 + 20}{4} = 16.5 \approx 17$$

식 (11.42)로부터

$$Q_p = A_p(q_p) = A_p\left[0.4p_aN_{60}\left(\frac{L}{D}\right)\right] \leq A_p(4p_aN_{60})$$

$$A_p\left[0.4p_aN_{60}\left(\frac{L}{D}\right)\right] = (0.305 \times 0.305)\left[(0.4)(100)(17)\left(\frac{12}{0.305}\right)\right] = 2488.8 \text{ kN}$$

$$A_p(4p_aN_{60}) = (0.305 \times 0.305)[(4)(100)(17)] = 632.6 \text{ kN} \approx 633 \text{ kN}$$

그러므로 Q_p = **633 kN**

Part b

식 (11.43)으로부터

$$Q_p = A_p q_p = A_p\left[19.7 p_a (N_{60})^{0.36}\right] = (0.305 \times 0.305)[(19.7)(100)(17)^{0.36}]$$
$$= \mathbf{508.2\ kN}$$

■

11.13 모래 지반에서의 마찰저항력(Q_s)

식 (11.15)에 의하면, 말뚝의 주면마찰저항력은 다음과 같이 나타낼 수 있다.

$$Q_s = \Sigma p \Delta L f$$

단위주면마찰력(f)을 산정하기는 매우 어렵다. 그러므로 단위주면마찰력 산정 시, 다음과 같은 몇몇 중요한 인자들을 명심하여야 한다.

1. 말뚝의 근입 방법. 모래 지반의 타입 말뚝에서는 말뚝의 타입에 의한 진동이 말뚝 주변 흙의 밀도를 증가시킨다. 말뚝 둘레에서 모래 지반이 조밀해진 부분의 범위는 말뚝직경의 약 2.5배 정도이다. 그림 11.21은 Meyerhof(1976)가 관찰한 말뚝 주변의 모래다짐 성향을 나타낸 것이다.
2. 현장에서 f의 분포도는 대체로 그림 11.22과 같은 특성을 보인다. 깊이 L'까지는 말뚝의 단위주면마찰력이 거의 선형적으로 증가하며, 그 이후 일정하게 유지된다. 한계깊이 L'은 말뚝직경의 15~20배 정도이다. L'을 보수적으로 산정한다면 다음과 같다.

$$L' \approx 15D \tag{11.45}$$

3. 동일한 토층 심도에서 느슨한 모래 지반의 단위주면마찰력은 배토량이 적은 말뚝

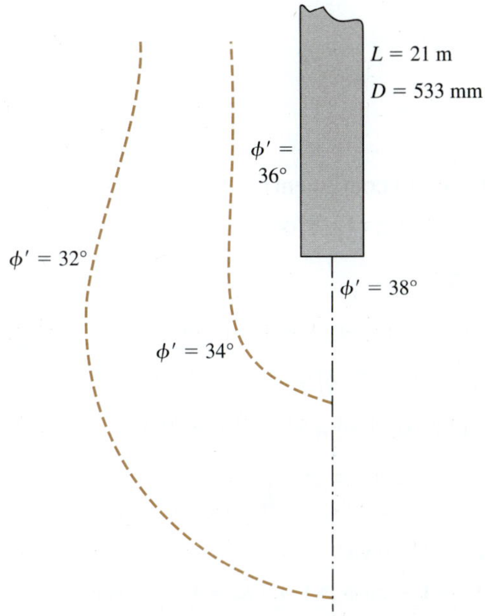

그림 11.21 타입말뚝 주위의 모래다짐 현상(출처: Based on Meyerhof, 1961)

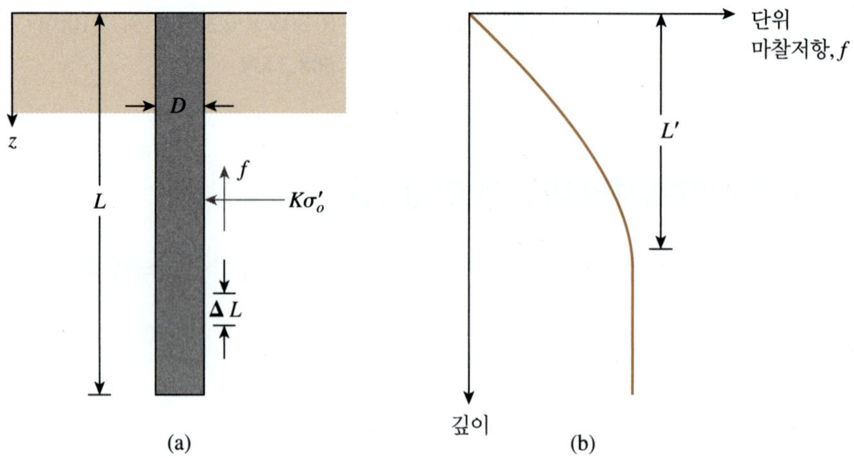

그림 11.22 모래 지반에 근입된 말뚝의 단위주면마찰력

(low-displacement pile)에 비해 배토량이 큰 말뚝(high-displacement pile)이 더 크다.

4. 동일한 토층 심도에서 천공식(bored) 혹은 분사식(jetted) 말뚝이 타입말뚝에 비해 단위주면마찰력이 작다.

위의 인자들을 고려한 f의 근사적인 관계는 다음과 같다(그림 11.22).

$z = 0 \sim L'$인 경우

$$f = K\sigma'_o \tan \delta' \tag{11.46}$$

그리고 $z = L' \sim L$인 경우

$$f = f_{z=L'} \tag{11.47}$$

여기서

K = 유효토압계수(effective earth coefficient)

σ'_o = 고려하는 토층 심도에서의 유효연직응력

δ' = 흙–말뚝 간의 접촉 마찰각

사실상 K 값의 크기는 토층 심도에 따라 변화한다. 이 값은 근사적으로 말뚝 상부에서는 Rankine의 수동토압계수 K_p와 같으며, 깊은 심도에서는 정지토압계수 K_o보다 작다. 최근의 유용한 연구 결과에 의하면 식 (11.46)에 사용되는 평균적인 K의 추천값은 아래와 같다.

말뚝 형식	K
천공식 또는 분사식	$\approx K_o = 1 - \sin \phi'$
배토량이 작은 타입식	$\approx K_o = 1 - \sin \phi'$에서 $1.4\ K_o = 1.4(1 - \sin \phi')$
배토량이 큰 타입식	$\approx K_o = 1 - \sin \phi'$에서 $1.8\ K_o = 1.8(1 - \sin \phi')$

현장재하시험에 기초하여 Mansur and Hunter(1970)는 K 값의 평균에 대하여 다음과 같이 발표하였다.

H형-말뚝: $K = 1.65$
강관말뚝: $K = 1.26$
기성 콘크리트말뚝: $K = 1.5$

여러 연구 결과에 따르면 δ'값의 범위는 (0.5~0.8) ϕ'이다. δ'값을 선정할 때는 경험적 판단이 필요하다. 배토량이 큰 타입 말뚝의 경우, Bhusan(1982)은 다음과 같이 추천하였다.

$$K \tan \delta' = 0.18 + 0.0065D_r \tag{11.48}$$

$$K = 0.5 + 0.008D_r \tag{11.49}$$

여기서 D_r = 상대밀도(%)

Coyle and Castello(1981)는 11.11절에 소개한 내용과 함께 다음 식을 제안하였다.

$$Q_s = f_{\text{av}}pL = (K\overline{\sigma}'_o \tan \delta')pL \tag{11.50}$$

여기서

$\overline{\sigma}'_o$ = 평균 유효연직응력
δ' = 흙-말뚝 간의 접촉 마찰각 = $0.8\phi'$

횡방향 토압계수 K는 현장시험으로부터 결정하며, 그림 11.23에 나타난 것과 같다. 따라서, 그림 11.23의 결과를 사용한다면

$$Q_s = K\,\overline{\sigma}'_o \tan(0.8\phi')pL \tag{11.51}$$

표준관입시험 결과와의 상관관계

Meyerhof(1976)는 배토량이 큰 타입말뚝의 평균 단위마찰저항력 f_{av}를 평균 표준관입저항치를 이용하여 구할 수 있는 식을 다음과 같이 제안하였다.

$$f_{\text{av}} = 0.02p_a(\overline{N}_{60}) \tag{11.52}$$

여기서

$(\overline{N}_{60})$ = 표준관입저항치의 평균값
p_a = 대기압($\approx$ 100 kN/m^2)

배토량이 작은 타입말뚝인 경우

$$f_{\text{av}} = 0.01p_a(\overline{N}_{60}) \tag{11.53}$$

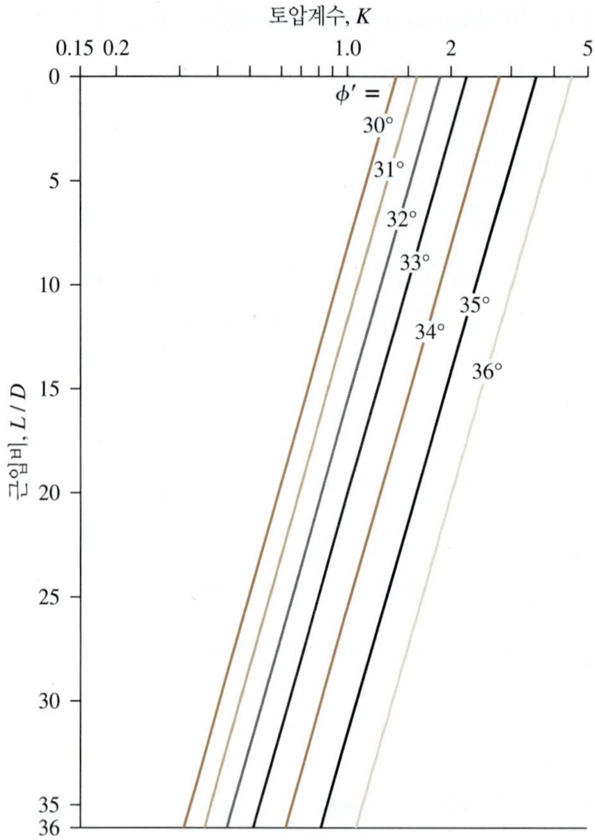

그림 11.23 L/D에 따른 K값의 변화(출처: Redrawn after Coyle and Castello, 1981)

Briaud et al.(1985)은 다음과 같이 제안하였다.

$$f_{av} \approx 0.224 p_a (\overline{N}_{60})^{0.29} \tag{11.54}$$

따라서

$$Q_s = pLf_{av} \tag{11.55}$$

콘관입저항치와의 상관관계

Nottingham and Schmertmann(1975), 그리고 Schmertmann(1978)은 콘관입시험 결과로부터 얻은 마찰저항력(f_c)을 이용하여 Q_s를 산정하는 상관관계식을 제안하였다. 이 방법에 따르면

$$f = \alpha' f_c \tag{11.56}$$

전기식 콘관입저항시험기와 역학적 콘관입저항시험기에 의해서 얻은 L/D에 따른 α'의 변화값은 그림 11.24와 11.25에 각각 나타내었다. 따라서 다음과 같은 식을 얻을 수 있다.

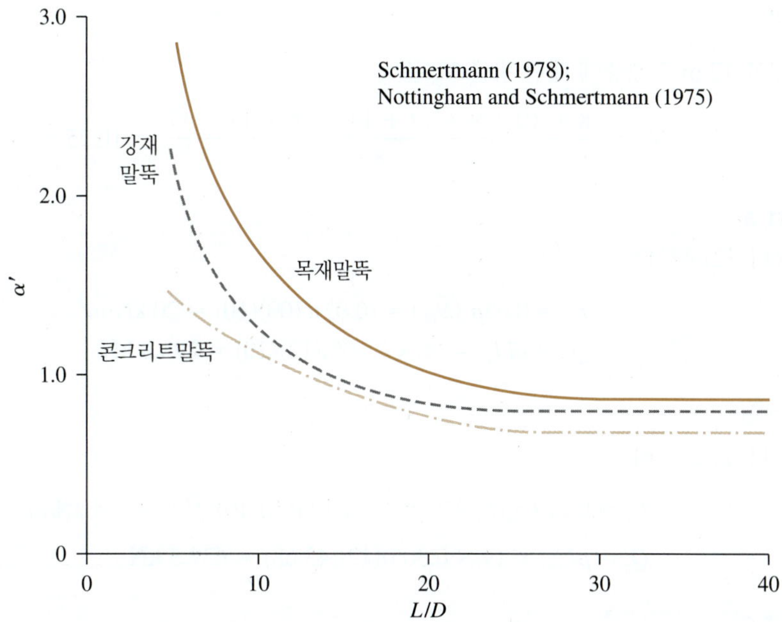

그림 11.24 모래 지반에서 말뚝의 근입비에 따른 α'의 변화값: 전기식 콘관입시험기

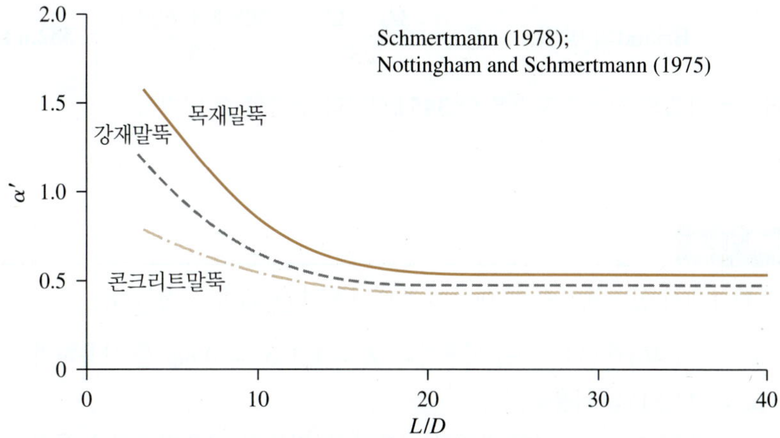

그림 11.25 모래 지반에서 말뚝의 근입비에 따른 α'의 변화값: 역학적 콘관입시험기

$$Q_s = \Sigma p(\Delta L)f = \Sigma p(\Delta L)\alpha' f_c \tag{11.57}$$

예제 11.5

예제 11.4에서 설명한 말뚝을 참고하여, 말뚝의 Q_s 값을 산정하라.

a. 식 (11.52)를 이용하라.

b. 식 (11.54)를 이용하라.

c. 예제 11.4의 결과를 고려하여 Meyerhof와 Briaud의 방법을 이용하여 말뚝의 허용 지지력을 결정하라. 안전율(FS = 3)을 사용한다.

풀이

상부층 12 m 모래층에 대한 평균 N_{60}은

$$\overline{N}_{60} = \frac{8 + 10 + 9 + 12 + 14 + 18 + 11 + 17}{8} = 10.25 \approx 10$$

Part a

식 (11.52)로부터

$$f_{av} = 0.02p_a(\overline{N}_{60}) = (0.02)(100)(10) = 20 \text{ kN/m}^2$$
$$Q_s = pLf_{av} = (4 \times 0.305)(12)(20) = \mathbf{292.8\ kN}$$

Part b

식 (11.54)로부터

$$f_{av} = 0.224\,p_a(\overline{N}_{60})^{0.29} = (0.224)(100)(10)^{0.29} = 43.68 \text{ kN/m}^2$$
$$Q_s = pLf_{av} = (4 \times 0.305)(12)(43.68) = \mathbf{639.5\ kN}$$

Part c

$$\text{Meyerhof의 방법: } Q_{all} = \frac{Q_p + Q_s}{\text{FS}} = \frac{633 + 292.8}{3} = \mathbf{308.6\ kN}$$
$$\text{Briaud의 방법: } Q_{all} = \frac{Q_p + Q_s}{\text{FS}} = \frac{508.2 + 639.5}{3} = \mathbf{382.6\ kN}$$

그러므로 말뚝의 허용지지력은 약 **345 kN**이라 생각할 수 있다.

■

예제 11.6

예제 11.1에서 설명한 말뚝에 대하여 주면마찰력 Q_s 값을 산정하라.

a. 식 (11.46)과 (11.47)을 이용하라. $K = 1.3$, $\delta' = 0.8\phi'$을 사용하라.

b. 식 (11.51)을 이용하라.

c. 예제 11.1의 Part d의 결과를 이용하여, 말뚝의 허용지지력을 산정하라. 안전율(FS = 3)을 사용한다.

풀이

Part a

식 (11.45)로부터, $L' = 15D = (15)(0.407) \approx 6.1$ m. 식 (11.46)으로부터

$z = 0$일 때:
$$\sigma'_o = 0$$
$$f = 0$$

$z = 6.1$ m일 때:
$$\sigma'_o = (6.1)(18) = 109.8 \text{ kN/m}^2$$

$$f = K\sigma'_o \tan\delta' = (1.3)(109.8)[\tan(0.8 \times 35)] \approx 75.9 \text{ kN/m}^2$$

그러므로

$$Q_s = \frac{(f_{z=0} + f_{z=6.1\text{m}})}{2} pL' + f_{z=6.1\text{m}} p(L - L')$$

$$= \left(\frac{0 + 75.9}{2}\right)(4 \times 0.407)(6.1) + (75.9)(4 \times 0.407)(20 - 6.1)$$

$$= 376.87 + 1717.56 = 2094.43 \text{ kN} \approx \mathbf{2094\ kN}$$

Part b

식 (11.51)로부터

$$Q_s = K\bar{\sigma}'_o \tan(0.8\phi')pL$$

$$\bar{\sigma}'_o = \frac{(20)(18)}{2} = 180 \text{ kN/m}^2$$

$$\frac{L}{D} = \frac{20}{0.407} = 49.1;\ \phi' = 35°$$

그림 11.23으로부터 $K \approx 0.41$

$$Q_s = (0.41)(180)\tan[(0.8 \times 35)](4 \times 0.407)(20) = \mathbf{1277.66\ kN}$$

Part c

a와 b로부터 Q_s의 평균값은

$$Q_{s(\text{average})} = \frac{2094 + 1277.66}{2} = 1685.83 \approx 1686 \text{ kN—사용}$$

예제 11.1의 Part d로부터 $Q_p = 1280$ kN. 그러므로

$$Q_{\text{all}} = \frac{Q_p + Q_s}{\text{FS}} = \frac{1280 + 1686}{3} = \mathbf{988.7\ kN}$$

■

예제 11.7

18 m 길이의 콘크리트말뚝(단면: 0.305 m × 0.305 m)이 모래층에 완전히 근입되어 있다. 모래층의 깊이에 따른 콘관입저항치 q_c(역학적 콘)와 마찰저항력 f_c의 개략적인 값은 아래 표에 나타나 있다. 말뚝의 허용지지력을 산정하라. 안전율(FS = 3)을 사용한다.

지표면부터의 깊이(m)	q_c (kN/m^2)	f_c (kN/m^2)
0~5	3040	73
5~15	4560	102
15~25	9500	226

풀이

$$Q_u = Q_p + Q_s$$

식 (11.44)로부터

$$q_p \approx q_c$$

말뚝선단(깊이 18 m), $q_c \approx 9500\ \text{kN/m}^2$, 그러므로

$$Q_p = A_p q_c = (0.305 \times 0.305)(9500) = 883.7\ \text{kN}$$

아래 표로부터 Q_s를 결정할 수 있다. (주: $L/D = 18/0.305 = 59$)

지표면부터의 깊이(m)	ΔL (m)	f_c (kN/m²)	α'(그림 11.25)	$p\,\Delta L\,\alpha' f_c$ (kN)
0~5	5	73	0.44	195.9
5~15	10	102	0.44	547.5
15~18	3	226	0.44	363.95
				Q_s = 1107.35 kN

그러므로

$$Q_u = Q_p + Q_s = 883.7 + 1107.35 = 1991.05\ \text{kN}$$

$$Q_{\text{all}} = \frac{Q_u}{\text{FS}} = \frac{1991.05}{3} = 663.68 \approx \mathbf{664\ kN}$$

■

11.14 현장재하시험 결과와 이론값의 비교(사질토)

여러 종류의 말뚝 기초에 대한 여러 현장의 극한지지력 시험결과가 문헌에 상세하게 발표되었다. 어떤 경우에는 현장시험결과가 이론적 예측결과와 상당히 잘 일치하는 경우도 있지만, 어떤 경우에는 상당한 차이가 있는 경우도 있다. 이러한 이론값과 현장재하시험결과가 일치하지 않는 원인은 토질정수의 부정확한 설정, 부정확한 이론적 가정, 현장시험결과의 오류, 그리고 기타 요인으로 인하여 발생된다.

Briau et al.(1989)은 미공병단(세인트 루이스 사무소)에 의해서 수행된 미시시피강의 New Lock and Dam No. 26 건설현장에서 모래 지반에 타입된 H-말뚝과 강관말뚝에 대하여 28회 하중재하시험 결과를 발표하였다. 4개의 H-말뚝에 대한 재하시험 결과는 표 11.9에 요약되어 있다.

Briaud와 동료연구자들은 현장재하시험에서 측정한 극한지지력에 대한 이론적 지지

표 11.9 말뚝 재하시험 결과

말뚝 번호	말뚝 종류	경사도	Q_p (kN)	Q_s (kN)	Q_u (kN)	말뚝길이 (m)
1 - 3A	HP360 × 108	연직	1352	1432	2784	5.0
1 - 6	HP360 × 108	연직	667	3140	3807	4.93
1 - 9	HP360 × 108	1:2.5	756	2240	2996	5.39
2 - 5	HP360 × 108	1:2.5	409	1592	2001	5.48

표 11.10 지반에 근입된 H-말뚝의 통계적 분석결과 요약(Briaud et al.)

	Q_p			Q_s			Q_u		
이론적 방법	평균	표준편차	변동계수	평균	표준편차	변동계수	평균	표준편차	변동계수
Coyle and Castello (1981)	2.38	1.31	0.55	0.87	0.36	0.41	1.17	0.44	0.38
Briaud and Tucker (1984)	1.79	1.02	0.59	0.81	0.32	0.40	0.97	0.39	0.40
Meyerhof (1976)	4.37	2.76	0.63	0.92	0.43	0.46	1.68	0.76	0.45
API (1984)	1.62	1.00	0.62	0.59	0.25	0.43	0.79	0.34	0.43

력의 비율을 통계학적으로 분석하였다. 지반에 근입된 H-말뚝에 대한 이 분석 결과는 표 11.10에 요약되었다. 주목해야 될 사항은 정확한 예측(perfect prediction)이라면 평균값이 1, 표준편차가 0, 그리고 변동계수가 0이어야 한다. 이 표에 의하면 어떤 방법이든 완전히 정확한 예측 방법이 없다는 것을 말해준다. 일반적으로 Q_p 값은 과대평가되고, Q_s 값은 과소평가되었다. 다시 말해서 이 결과는 말뚝의 지지력을 예측하는 데 있어서 불확실성이 있다는 것을 알려준다.

선행 현장사례와 문헌에 발표된 다른 사례로부터 얻은 교훈은 과거의 경험과 훌륭한 실무적 판단, 그리고 이론적 지식은 말뚝 기초를 안전하게 설계하는 데 필수적이라는 것을 알려준다.

11.15 점토 지반에서의 주면마찰력

점토 지반에 근입된 말뚝의 주면마찰력의 산정은 쉽게 정량화할 수 없는 변수들로 인해 사질토에서와 마찬가지로 어려운 일이다(11.13절). 현재 통용되는 말뚝의 단위주면마찰력을 구하는 여러 방법들이 문헌에 기술되어 있다. 여기서는 그들 중 몇 개 방법에 대해 설명하였다.

λ 방법

이 방법은 전응력(total stress) 방법으로써 Vijayvergiya and Focht(1972)에 의해 제안되었다. 말뚝 타입으로 유발된 흙의 변위가 어느 깊이에서든 수동 횡토압을 유발시킨다고 가정하였다. 말뚝의 평균 단위주면마찰저항력은 다음과 같다.

$$f_{av} = \lambda(\bar{\sigma}'_o + 2c_u) \tag{11.58}$$

여기서

$\bar{\sigma}'_o$ = 전체 말뚝 근입길이에 대한 평균 유효연직응력

c_u = 평균 비배수 전단강도($\phi = 0$)

표 11.11 말뚝 근입깊이 L에 따른 λ의 변화값

근입깊이, L(m)	λ
0	0.5
5	0.336
10	0.245
15	0.200
20	0.173
25	0.150
30	0.136
35	0.132
40	0.127
50	0.118
60	0.113
70	0.110
80	0.110
90	0.110

λ 값은 말뚝의 근입깊이에 따라 감소한다(표 11.11). 그러므로 전체 주면마찰저항력은 다음과 같이 계산할 수 있다.

$$Q_s = pLf_{av}$$

층상 지반(layered soil)에서 $\bar{\sigma}'_o$와 c_u 값을 결정할 때는 주의해야 한다. 그림 11.26은 그 이유를 설명한다. 그림 11.26a는 말뚝이 3개의 점토층을 관입하는 단면을 보여주고 있다. 그림 11.26b에 따르면 평균 c_u 값은 $(c_{u(1)}L_1 + c_{u(2)}L_2 + \cdots)/L$이다. 유사하게 그림 11.26c는 깊이에 따른 유효응력의 변화값을 도시한 것이며, 평균 유효응력은 다음과 같다.

$$\bar{\sigma}'_o = \frac{A_1 + A_2 + A_3 + \cdots}{L} \tag{11.59}$$

여기서 $A_1, A_2, A_3, \ldots$ = 유효연직응력 분포도의 면적

α 방법

α 방법은 전응력 방법이며, 점토 지반에서 단위주면마찰저항력은 다음 식으로 나타낼 수 있다.

$$f = \alpha c_u \tag{11.60}$$

여기서 α는 경험적 부착력 계수이며, 점토의 비배수 전단강도 c_u에 따라 감소하며 0~1 범위에 있다. 일반적으로 과압밀 점토는 c_u 값이 높으므로, α값은 낮다. 그럼에도 불구하고, 매우 깊은 심도의 점토층은 정규압밀 점토임에도 불구하고 상재하중으로 인하여 c_u 값이 높다. 여기서 c_u 값이 높음에도 불구하고 α 값은 1에 근접하다. 응력이력(stress history, 즉 OCR)이 여기서 역할을 한다.

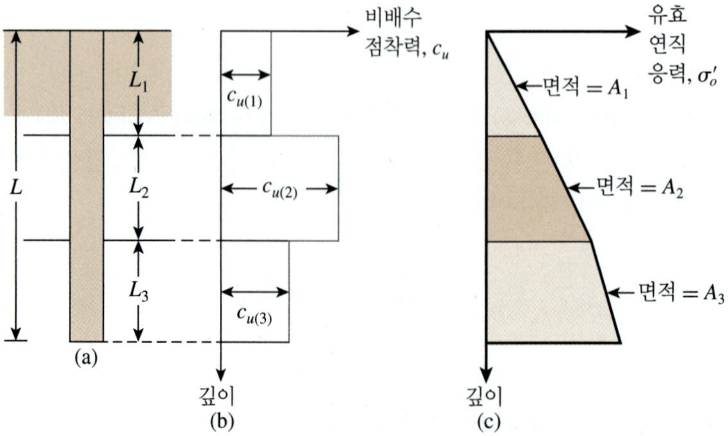

그림 11.26 층상 지반에서 λ 방법의 적용

표 11.12 α 값의 변화(Terzaghi, et al.(1996)에 근거하여 추정된 값)

$\dfrac{c_u}{p_a}$	α
≤0.1	1.00
0.2	0.92
0.3	0.82
0.4	0.74
0.6	0.62
0.8	0.54
1.0	0.48
1.2	0.42
1.4	0.40
1.6	0.38
1.8	0.36
2.0	0.35
2.4	0.34
2.8	0.34

주: p_a = 대기압 ≈100 KN/m^2

근사적인 α 값의 변화는 표 11.12에 나타나 있다. 실제의 α 값은 표 11.12에 주어진 값에서 다소 변할 수 있다는 것을 인지하는 것이 중요하다. 실제로 α 값은 유효연직응력과 비배수 점착력의 함수이다. Sladen(1992)은 아래 식을 제시하였다.

$$\alpha = C\left(\frac{\overline{\sigma}'_o}{c_u}\right)^{0.45} \tag{11.61}$$

여기서

$\overline{\sigma}'_o$ = 평균 유효연직응력

$C \approx$ 0.4~0.5(매입말뚝) ≥ 0.5(타입말뚝)

Randolph and Murphy(1987)가 제안한 상관관계는 미국석유협회(American Petroleum Institute, API)가 1987년 제안한 시방서를 고려하여 다음과 같이 기술하였다.

$$\alpha = 0.5\left(\frac{c_u}{\overline{\sigma}'_o}\right)^{-0.5} \quad \left(\frac{c_u}{\overline{\sigma}'_o} \le 1\text{인 경우}\right) \tag{11.62}$$

$$\alpha = 0.5\left(\frac{c_u}{\overline{\sigma}'_o}\right)^{-0.25} \quad \left(\frac{c_u}{\overline{\sigma}'_o} > 1\text{인 경우}\right) \tag{11.63}$$

API(2007)에 의하여 다음과 같이 더 수정하였다.

$$f_{av} = 0.5(c_u\overline{\sigma}'_o)^{0.5}$$
또는
$$0.5(c_u)^{0.75}(\overline{\sigma}'_o)^{0.25} \tag{11.64}$$
(둘 중에서 큰 값을 선택한다.)

Karlsrud et al.(2005)은 노르웨이 지반공학연구소(NGI) 99방법이라 알려진 α에 대한 대체 관계식을 제안하였다.

$$\alpha = 0.32(\text{PI} - 10)^{0.3}(1 \ge \alpha \ge 0.2) \quad \left(\frac{c_u}{\overline{\sigma}'_o} \le 0.25\text{인 경우}\right) \tag{11.65}$$

그리고

$$\alpha = 0.5 \quad \left(\frac{c_u}{\overline{\sigma}'_o} = 1\text{인 경우}\right) \tag{11.66}$$

α값은 $c_u/\overline{\sigma}'_o$의 값이 0.25~1.0 사이일 때, 대수-선형 관계를 갖고 있다. 이 관계는 그림 11.27에 도시되어 있다. $c_u/\overline{\sigma}'_o \ge 1$일 때,

$$\alpha = 0.5\left(\frac{c_u}{\overline{\sigma}'_o}\right)^{-0.3} C \tag{11.67}$$

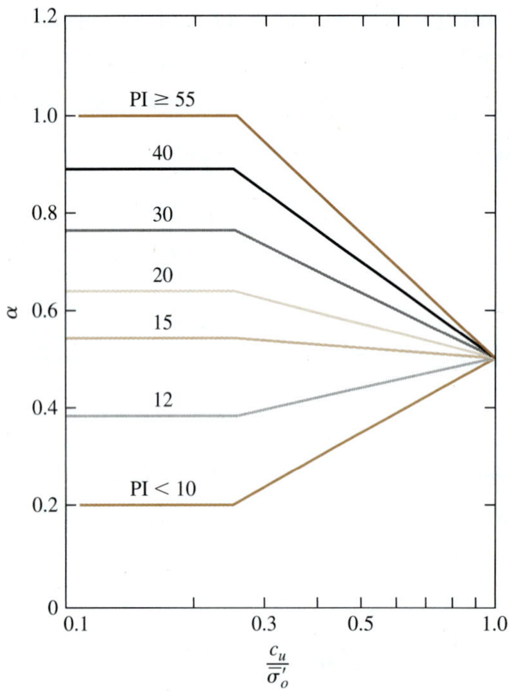

그림 11.27 NGI-99방법에 적용하는 $c_u/\bar{\sigma}'_o$에 따른 α값의 변화값 [식 (11.65), (11.66)]

여기서 C = 수정계수

개단강관말뚝과 폐단강관말뚝의 α값은 표 11.13에 나타나 있다.

따라서 극한주면마찰력은 다음과 같이 산정할 수 있다.

$$Q_s = \Sigma fp\,\Delta L = \Sigma \alpha c_u p\,\Delta L \tag{11.68}$$

표 11.13 $C_u/\bar{\sigma}'_o$에 따른 α의 변화값

$\frac{c_u}{\sigma'_o}$	α	
	개단말뚝	폐단말뚝
1	0.5	0.5
2	0.4	0.44
3	0.355	0.41
4	0.33	0.395
5	0.31	0.38
6	0.29	0.365
7	0.28	0.35
8	0.26	0.33
9	0.255	0.32
10	0.25	0.31

β 방법

말뚝이 포화된 점토에 타입되었을 때, 말뚝 주변 흙의 간극수압은 증가한다. 정규압밀 점토에서 과잉간극수압은 c_u 값의 4~6배 정도이다. 그러나 한 달 정도 시일이 지나면 과잉간극수압은 점차적으로 소산된다. 그런 까닭에 말뚝의 단위마찰저항력은 교란된 점토($c' = 0$)에서의 유효응력 정수에 근거하여 결정할 수 있다. 그러므로 임의의 깊이에서의 f는 다음과 같이 나타낼 수 있다.

$$f = \beta \sigma'_o \tag{11.69}$$

여기서,

σ'_o = 유효연직응력

$$\beta = K \tan \phi'_R \tag{11.70}$$

ϕ'_R = 재성형된 점토의 배수 마찰각

K = 토압계수

보수적으로 K 값의 크기는 정지토압계수이다.

$$K = 1 - \sin \phi'_R \qquad \text{(정규압밀 점토)} \tag{11.71}$$

그리고

$$K = (1 - \sin \phi'_R)\sqrt{\text{OCR}} \qquad \text{(과압밀 점토)} \tag{11.72}$$

여기서 OCR은 과압밀비이다.

정규압밀 점토에 적용할 f는 식 (11.69), (11.70), (11.71), 그리고 (11.72)를 연립하면 다음과 같이 산정할 수 있다.

$$f = (1 - \sin \phi'_R)\tan \phi'_R \sigma'_o \tag{11.73}$$

과입밀 점토에 대한 f는

$$f = (1 - \sin \phi'_R)\tan \phi'_R \sqrt{\text{OCR}}\, \sigma'_o \tag{11.74}$$

f 값이 결정되면, 전체 마찰저항력은 다음과 같이 산정할 수 있다.

$$Q_s = \Sigma fp\, \Delta L$$

콘관입저항치와의 상관관계

Nottingham and Schmertmann(1975), 그리고 Schmertmann(1978)은 $\phi = 0$인 점토에서 단위마찰저항력에 대한 콘관입저항치의 상관관계를 다음과 같이 발견하였다.

$$f = \alpha' f_c \tag{11.75}$$

그림 11.28은 마찰저항력 f_c에 따른 α' 변화값을 도식적으로 나타낸 그림이다.

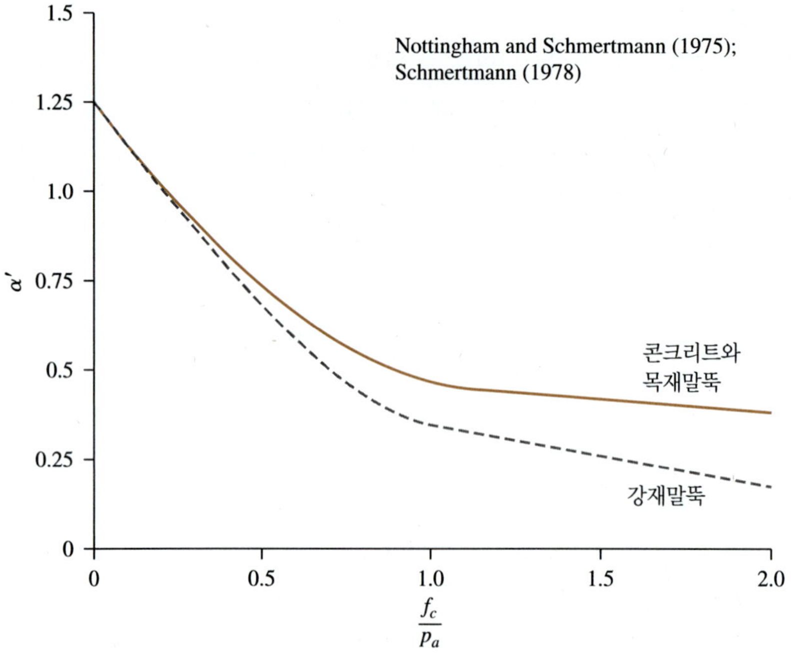

그림 11.28 점토 지반에서 f_c/p_a에 따른 α'의 변화값(p_a = 대기압 ≈ 100 kN/m²)

$$Q_s = \Sigma fp(\Delta L) = \Sigma \alpha' f_c p(\Delta L) \tag{11.76}$$

11.16 연속회전오거 말뚝의 극한지지력

11.3절에서 연속회전오거 말뚝에 관해서 간단히 설명하였다. 극한지지력(선단지지력과 주면마찰력)을 산정하는 과정은 이 절에 간단히 기술하였다. 주로 Coleman and Arcement(2002) 그리고 FHWA(2007)가 발표한 현장말뚝재하시험에 근거하여 기술하였다.

사질토

Coleman and Arcement(2002)가 미시시피와 루지애나주에서 실시한 말뚝재하시험결과를 바탕으로 모래질실트 지반(배수조건)에서의 단위주면마찰력을 다음과 같이 표현하였다.

$$f = \beta \sigma'_o \leq 200 \text{ kN/m}^2 \tag{11.77}$$

β값은 다음과 같이 산정할 수 있다.

$$\beta = 2.27 z_m^{-0.67} \quad \text{(실트질 흙)} \tag{11.78}$$

그리고

$$\beta = 10.72 z_m^{-1.3} \quad \text{(모래질 흙)} \tag{11.79}$$

여기서, z_m = 지표면으로부터 주어진 흙 층의 중간까지의 깊이(m)(그림 11.29).

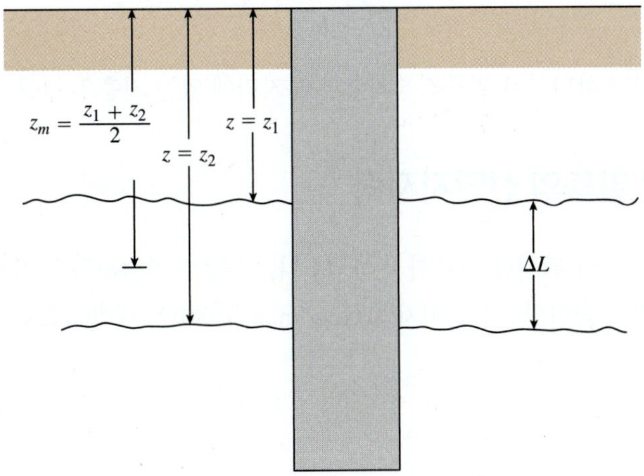

그림 11.29 식 (11.78)과 (11.79)에서의 z_m의 정의

β값의 범위는 $0.2 \le \beta \le 2.5$이다. 따라서,

$$Q_s = \Sigma fp\ \Delta L \tag{11.80}$$

여기서, p = 말뚝의 직경

FHWA(2007)에 의하면, 단위극한선단지지력은 다음과 같이 산정할 수 있다.

$$q_p\ (\text{kN/m}^2) \approx 57.5 N_{60} \quad (0 \le N_{60} \le 75\text{일 때}) \tag{11.81}$$

그리고

$$q_p = 4300\ \text{kN/m}^2 \quad (N_{60} > 75\text{일 때}) \tag{11.82}$$

여기서 현장표준관입 N_{60} 값은 말뚝선단에서의 위쪽으로 1개 말뚝직경과 말뚝선단에서 하부 쪽으로 말뚝직경의 2~3배 사이의 평균 N_{60} 값이다.

$$q_p\ (\text{MN/m}^2) = 0.375 q_c\ (\text{MN/m}^2) \tag{11.83}$$

여기서 q_c = 말뚝선단 하부 쪽으로 말뚝직경의 2~3배 사이에 있는 지층의 평균 콘관입저항 값이다.

점토 지반

점토 지반에서 Coleman and Arcement(2002)가 수행한 연속회전오거 말뚝(CFA) 기초의 재하시험 결과(FHWA, 2007 참조), 단위주면마찰력에 대한 식을 식 (11.60)과 같이 제안하였다. 여기서,

$$f = \alpha c_u = 56.2\ \text{kN/m}^2 \quad (25\ \text{kN/m}^2 \le c_u \le 150\ \text{kN/m}^2\text{일 때}) \tag{11.84}$$

FHWA(2007)은 단위극한선단지지력을 다음과 같이 제안하였다.

$$q_p = 0.15q_c \tag{11.85}$$

여기서 q_c = 말뚝선단 하단부로 말뚝직경의 2~3배 거리에 있는 지층의 평균콘관입치

11.17 암반에 지지된 말뚝의 선단지지력

많은 경우 말뚝은 암반이 위치한 지층까지 타입한다. 이 경우 기술자들은 암석의 지지력을 평가해야 한다. 암석의 극한단위선단지지력(Goodman, 1980)은 대략적으로 다음과 같다.

$$q_p = q_u(N_\phi + 1) \tag{11.86}$$

여기서

$N_\phi = \tan^2(45 + \phi'/2)$

q_u = 암석의 일축압축강도

ϕ' = 배수 마찰각

암석의 일축압축강도는 현장 지반조사 과정에서 채취한 암석시료에 대한 실내시험을 통하여 결정할 수 있다. 실험실에서 암석의 공시체는 직경이 작기 때문에 정확한 q_u 값을 얻기 위해서는 세심한 주의를 필요로 한다. 공시체의 직경이 증가함에 따라 일축압축강도는 감소하며, 이를 **크기 효과**(scale effect)라 한다. 직경이 1 m보다 커지면 q_u 값은 대체로 일정해진다. 이 과정에서 q_u 값의 크기는 4~5배 감소한다. 암석의 크기 효과는 주로 산발적으로 분포되어 있는 크고 작은 균열 그리고 절리면을 따라서 발생되는 진행성 파괴에 기인한다. 따라서 다음과 같은 관계식을 권장한다.

$$q_{u(\text{design})} = \frac{q_{u(\text{lab})}}{5} \tag{11.87}$$

표 11.14는 암석의 종류에 따른 실내일축압축강도의 대표값과 마찰각 ϕ'을 각각 수록해 놓았다.

말뚝의 허용 선단지지력을 결정하는 데는 적어도 3의 안전율이 사용된다.

$$Q_{p(\text{all})} = \frac{[q_{u(\text{design})}(N_\phi + 1)]A_p}{\text{FS}} \tag{11.88}$$

표 11.14 암석의 대표적인 일축압축강도와 마찰각

암석의 종류	q_u (실험실, MN/m^2)	ϕ'(°)
사암	70~140	27~45
석회암	105~210	30~40
혈암	35~70	10~20
화강암	140~210	40~50
대리석	60~70	25~30

예제 11.8

그림 11.30은 포화점토에 타입된 강관말뚝이다.

a. 주면마찰력(Q_s)을 (1) α 방법, (2) λ 방법, (3) β 방법을 이용하여 구하라. β 방법에서 모든 점토층에서 $\phi'_R = 30°$이다. 점토층의 상부 10 m는 정규압밀 상태이며, 하부 점토층의 OCR은 2이다. (주: 말뚝직경 = 457 mm이다.)

b. 예제 11.3의 결과를 이용하여(동일한 흙과 말뚝자료), 말뚝의 허용지지력(Q_{all})을 산정하라. 안전율(FS) = 3를 사용한다.

풀이

Part a

(1) 식 (11.68)로부터

$$Q_s = \Sigma \alpha\, c_u p\, \Delta L$$

[주: $p = \pi(0.457) = 1.436$ m] 다음과 같은 표를 만들 수 있다.

깊이 (m)	ΔL (m)	c_u (kN/m^2)	α (표 11.12)	$\alpha\, c_u p\, \Delta L$ (kN)
0~3	3	25	0.87	93.7
3~10	7	40	0.74	297.5
10~20	10	90	0.51	659.1
				$Q_s \approx$ **1050 kN**

(2) 식 (11.58)로부터 $f_{av} = \lambda(\overline{\sigma}'_o + 2c_u)$. c_u의 평균값은

$$\frac{c_{u(1)}(3) + c_{u(2)}(7) + c_{u(3)}(10)}{20} = \frac{(25)(3) + (40)(7) + (90)(10)}{20} = 62.75 \text{ kN/m}^2$$

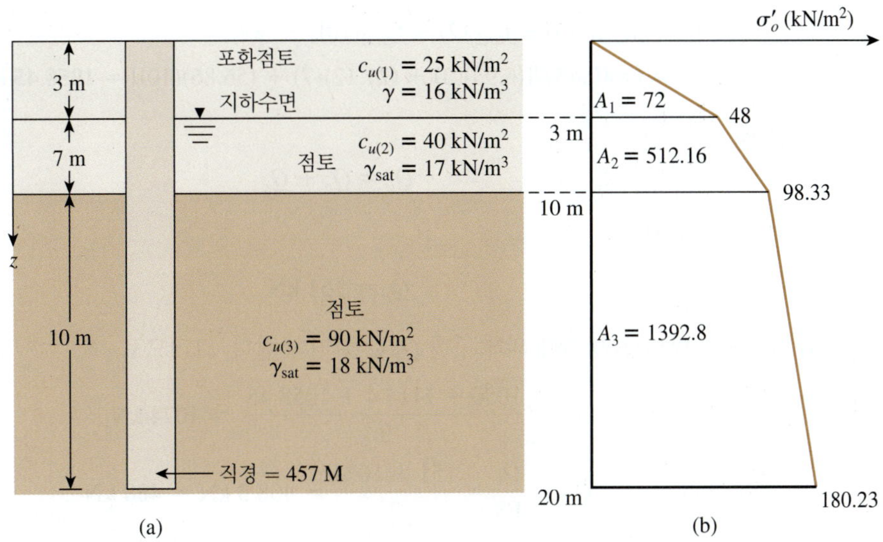

그림 11.30 타입된 강관말뚝의 하중지지력 산정

$\overline{\sigma}'_o$의 평균값을 구하기 위하여 깊이에 따른 유효연직응력의 변화를 그림 11.30b에 도시하였다. 식 (11.59)로부터

$$\overline{\sigma}'_o = \frac{A_1 + A_2 + A_3}{L} = \frac{72 + 512.16 + 1392.8}{20} = 98.85 \text{ kN/m}^2$$

표 11.11로부터 $\lambda = 0.173$이다. 그러므로

$$f_{\text{av}} = 0.173[98.85 + (2)(62.75)] = 38.81 \text{ kN/m}^2$$

따라서

$$Q_s = pLf_{\text{av}} = \pi(0.457)(20)(38.81) = \mathbf{1114.4\ kN}$$

(3) 상부점토층(10 m)은 정규압밀 상태이며 $\phi'_R = 30°$이다. $z = 0\text{~}3$ m일 때, 식 (11.73)을 이용하면

$$f_{\text{av}(1)} = (1 - \sin\phi'_R)\tan\phi'_R\,\overline{\sigma}'_o$$
$$= (1 - \sin 30°)(\tan 30°)\left(\frac{0 + 48}{2}\right) = 6.93 \text{ kN/m}^2$$

유사한 방법으로 $z = 3\text{~}10$ m일 때

$$f_{\text{av}(2)} = (1 - \sin 30°)(\tan 30°)\left(\frac{48 + 98.33}{2}\right) = 21.12 \text{ kN/m}^2$$

$z = 10\text{~}20$ m의 경우, 식 (11.74)를 적용하면

$$f_{\text{av}} = (1 - \sin\phi'_R)\tan\phi'_R\sqrt{\text{OCR}}\,\overline{\sigma}'_o$$

OCR = 2일 때

$$f_{\text{av}(3)} = (1 - \sin 30°)(\tan 30°)\sqrt{2}\left(\frac{98.33 + 180.23}{2}\right) = 56.86 \text{ kN/m}^2$$

따라서

$$Q_s = p[f_{\text{av}(1)}(3) + f_{\text{av}(2)}(7) + f_{\text{av}(3)}(10)]$$
$$= (\pi)(0.457)[(6.93)(3) + (21.12)(7) + (56.86)(10)] = \mathbf{1058.45\ kN}$$

Part b

$$Q_u = Q_p + Q_s$$

예제 11.3으로부터

$$Q_p \approx 151 \text{ kN}$$

α 방법과 λ 방법, β 방법에 의해 구한 Q_s 값은 거의 같다. 그러므로

$$Q_s = \frac{1050 + 1114.4 + 1058.45}{3} \approx 1074 \text{ kN}$$

$$Q_{\text{all}} = \frac{Q_u}{\text{FS}} = \frac{151 + 1074}{3} = 408.3 \text{ kN} \approx \mathbf{408\ kN}$$

■

예제 11.9

단면이 305 mm × 305 mm인 콘크리트말뚝이 포화점토 지반 아래 20 m까지 근입되어 있다. 다음 표는 콘관입시험에 대한 마찰저항력(f_c) 결과이다.

깊이(m)	마찰저항력, f_c (kg/cm^2)
0~6	0.35
6~12	0.56
12~20	0.72

이때 말뚝의 주면마찰력 Q_s를 산정하라.

풀이

콘관입시험 결과로부터 다음과 같은 표를 작성할 수 있다.

깊이 (m)	f_c (kN/m^2)	α' (그림 11.28)	ΔL (m)	$\alpha' f_c p(\Delta L)$ [식 (11.76)](kN)
0~6	34.34	0.84	6	211.5
6~12	54.94	0.71	6	285.5
12~20	70.63	0.63	8	434.2

[주: $p = (4)(0.305) = 1.22$ m]

따라서

$$Q_s = \Sigma\alpha' f_c p(\Delta L) = \mathbf{931\ kN}$$

■

예제 11.10

예제 11.8과 그림 11.30을 참고하고, 식 (11.64)를 이용하여 주면마찰력 Q_s를 산정하라.

풀이

$z = 0$~3 m일 때,

$$c_{u(1)} = 25\ \text{kN/m}^2;\quad \overline{\sigma}'_o = \frac{0 + 48}{2} = 24\ \text{kN/m}^2$$

$$f_{av} = 0.5(c_u\overline{\sigma}'_o)^{0.5} = 0.5[(25)(24)]^{0.5} = 12.25\ \text{kN/m}^2$$

다시,

$$f_{av} = 0.5(c_u)^{0.75}(\overline{\sigma}'_o)^{0.25} = 0.5(25)^{0.75}(24)^{0.25} = 12.37\ \text{kN/m}^2$$

$f_{av} = 12.37$ kN/m^{2}를 이용하라.

$z = 3$~10 m일 때

$$c_{u(2)} = 40\ \text{kN/m}^2;\ \ \bar{\sigma}'_o = \frac{48 + 98.33}{2} = 73.165\ \text{kN/m}^2$$
$$f_{av} = 0.5(c_u\bar{\sigma}'_o)^{0.5} = 0.5[(40)(73.165)]^{0.5} = 27.05\ \text{kN/m}^2$$
$$f_{av} = 0.5(c_u)^{0.75}(\bar{\sigma}'_o)^{0.25} = 0.5(40)^{0.75}(73.165)^{0.25} = 23.26\ \text{kN/m}^2$$

$f_{av} = 27.05\ \text{kN/m}^2$를 이용하라.

$z = 10$~20 m일 때

$$c_{u(3)} = 90\ \text{kN/m}^2;\ \bar{\sigma}'_o = \frac{98.33 + 180.23}{2} = 139.28\ \text{kN/m}^2$$
$$f_{av} = 0.5(c_u\bar{\sigma}'_o)^{0.5} = 0.5[(90)(139.28)]^{0.5} = 55.98\ \text{kN/m}^2$$
$$f_{av} = 0.5(c_u)^{0.75}(\bar{\sigma}'_o)^{0.25} = 0.5(90)^{0.75}(139.28)^{0.25} = 50.19\ \text{kN/m}^2$$

$f_{av} = 55.98\ \text{kN/m}^2$를 이용하여 다시 정리하면, 주면마찰력 Q_s 는

$$Q_s = \Sigma f_{av} p\ \Delta L = (\pi \times 0.457)[(12.37)(3) + (27.05)(7) + (55.98)(10)] = \mathbf{1128.8\ kN}$$

■

예제 11.11

공칭직경이 0.6 m이고 길이가 12 m인 연속회전오거 말뚝이 사질토지반에 시공되었다 (11.16절 참조). 말뚝선단 상부 직경 1배의 거리와 선단으로부터 밑으로 직경 3배 위치에 대한 평균 N_{60}이 20이다. 안전율(FS) = 3을 사용하여 말뚝의 허용지지력을 구하라. 사질토의 단위중량 $\gamma = 16\ \text{kN/m}^3$이다.

풀이

말뚝의 한 개 단면 길이를 4 m로 하며, 3단면으로 나누어 다음 표를 사용할 N값을 작성한다.

말뚝단면번호	깊이(m)	z_m[a]	β[a]	사용 β값
1	0 – 4	2	4.35	2.5
2	4 – 8	6	1.04	1.04
3	8 – 12	10	0.537	0.537

[a]식 (11.79)는 $\beta = 10.72\, z_m^{-1.3}\ (0.2 < \beta < 2.5)$

지층심도에 따른 σ'_o 값은 그림 11.31과 같다. 3개의 단면에 대한 각 단면별의 평균값 σ'_o(즉 $\bar{\sigma}'_o$)은 다음과 같다.

단면 1: $\dfrac{0 + 64}{2} = 32\ \text{kN/m}^2$

단면 2: $\dfrac{64 + 128}{2} = 96\ \text{kN/m}^2$

그리고

단면 3: $\dfrac{128 + 192}{2} = 160\ \text{kN/m}^2$

따라서 식 (11.77)에 의한 f_{av} 값은

단면 1: $f_{av} = \beta\bar{\sigma}'_o = (2.5)(32) = 80\ \text{kN/m}^2$

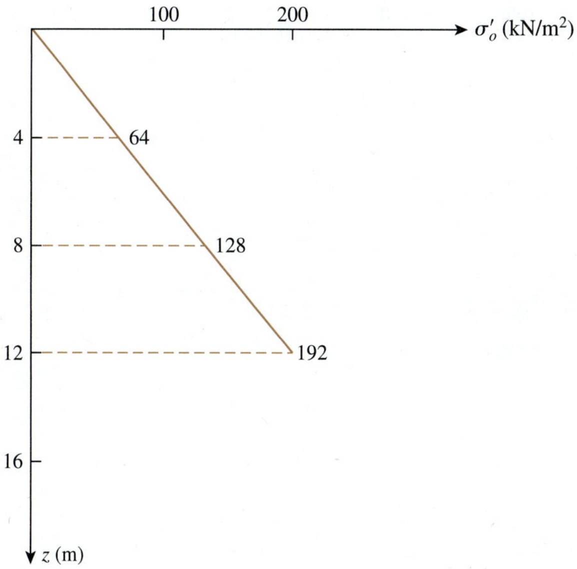

그림 11.31

단면 2: $f_{av} = (1.04)(96) = 99.84\ \text{kN/m}^2$

그리고

단면 3: $f_{av} = (0.537)(160) = 85.92\ \text{kN/m}^2$

따라서

$$Q_s = \Sigma f_{av} p\, \Delta L = (\pi \times 0.6)(4)(80 + 99.84 + 85.92) = \mathbf{2003.8\ kN}$$

식 (11.81)로부터

$$q_p = 57.5N_{60} = (57.5)(20) = 1150\ \text{kN/m}^2$$

$$Q_p = \frac{\pi}{4}D^2 q_p = \left(\frac{\pi}{4}\right)(0.6)^2(1150) = 325.15\ \text{kN}$$

그리고

$$Q_{all} = \frac{Q_s + Q_p}{\text{FS}} = \frac{2003.8 + 325.15}{3} = \mathbf{776.3\ kN}$$

■

예제 11.12

그림 11.32는 포화점토의 c_u 값의 이상화한 변화된 값을 도시한 것이다. 길이가 10 m이고 직경 D가 0.45 m인 연속회전오거 말뚝(CFA)이 점토 지반에 시공될 예정이다. 말뚝의 극한 주면마찰력과 선단지지력을 구하라. 점토의 단위중량 γ는 18 kN/m³이다.

풀이

식 (11.60)과 식 (11.84)로부터

$$f_{av} = \alpha c_u = 56.2\ \text{kN/m}^2$$

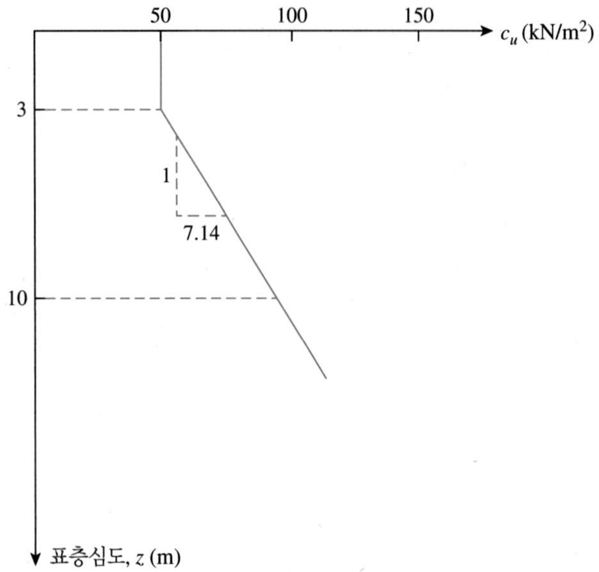

그림 11.32

따라서,

$$Q_s = (\pi D)(f_{av})L = (\pi)(0.45)(56.2)(10) = \mathbf{252.9\ kN}$$

$z = 10$ m에서의 c_u 값은 100 kN/m^{2}이다. 유사하게, $z = 10\ \text{m} + 3\ D = 10 + (3)(0.45) = 10 + 1.35 = 11.35$ m에서의 c_u 값은 $100 + (7.14)\ (1.35) = 109.6$ kN/m^{2}이다. 따라서, 말뚝선단 하부의 $3D$에 위치한 평균 c_u는 $(100 + 109.6)/2 = 104.8$ kN/m^{2}이다. 다시, 식 (3.59)로부터

$$c_u = \frac{q_c - \sigma_o}{N_k}$$

그러므로 지표 하부 11 m 심도에서의 σ_o'은 $(\gamma)(11) = (18)(11) = 198$ kN/m^{2}이다. 전기콘 관입시험 결과 $N_k \approx 15$. 따라서,

$$c_u = 104.8 = \frac{q_c - 198}{15}$$

$$q_c = (104.8)(15) + 198 = 1770\ \text{kN/m}^2$$

식 (11.85)로부터

$$q_p = 0.15q_c = (0.15)(1770) = 265.5\ \text{kN/m}^2$$

그리고

$$Q_p = \frac{\pi}{4}D^2 q_p = \left(\frac{\pi}{4}\right)(0.45)^2(265.5) = \mathbf{42.2\ kN}$$

■

11.18 말뚝재하시험

고층건물들은 건물의 하중을 지지하기 위하여 여러 개의 말뚝이 필요하다. 전 절에서는 말뚝의 선단지지력과 주면마찰력을 구하는 여러 가지 방법에 관하여 기술하였다. 말뚝의 극한 지지력 Q_u는 계산하는 방법과 사용되는 인자들에 따라 상당히 좌우된다. 지반 조건의 변화, 불확실한 토질정수, 예측하는 데 적용하는 이론적 지지력 식의 가정과 단순화는 극한지지력 산정 Q_u의 편차에 영향을 준다. 현장말뚝재하시험은 말뚝의 지지력을 확인하는 매우 좋은 방법이다.

그림 11.33a는 현장에서 **연직압축**시험을 하기 위한 말뚝재하시험의 모식도이다.

말뚝에 하중은 적정한 시방기준에 따라 단계적 하중을 가하며, 단계하중 사이에 충분한 경과시간을 주어야 한다. 일반적으로 재하시험은 향후 사용 하중의 최소한 2배 하중까지 수행되어야 한다. 재하시험 시 극한하중에 도달하면 단계적으로 하중을 서서히 제거한다. 말뚝의 침하는 말뚝 상단에 거치된 다이얼게이지에 의하여 측정된다. 이 침하량을 **총침하량**(total 또는 gross settlement)이라 명명하며, s_t로 표기한다. 말뚝재료의 압축성 때문에 말뚝 자체의 탄성압축이 발생된다. 이러한 현상을 **말뚝의 탄성압축**(elastic compression) 또는 **탄성적 짧아짐**(elastic shortening)이라 명명하며, s_e로 표기한다. 말뚝의 **순 침하량**(net settle-

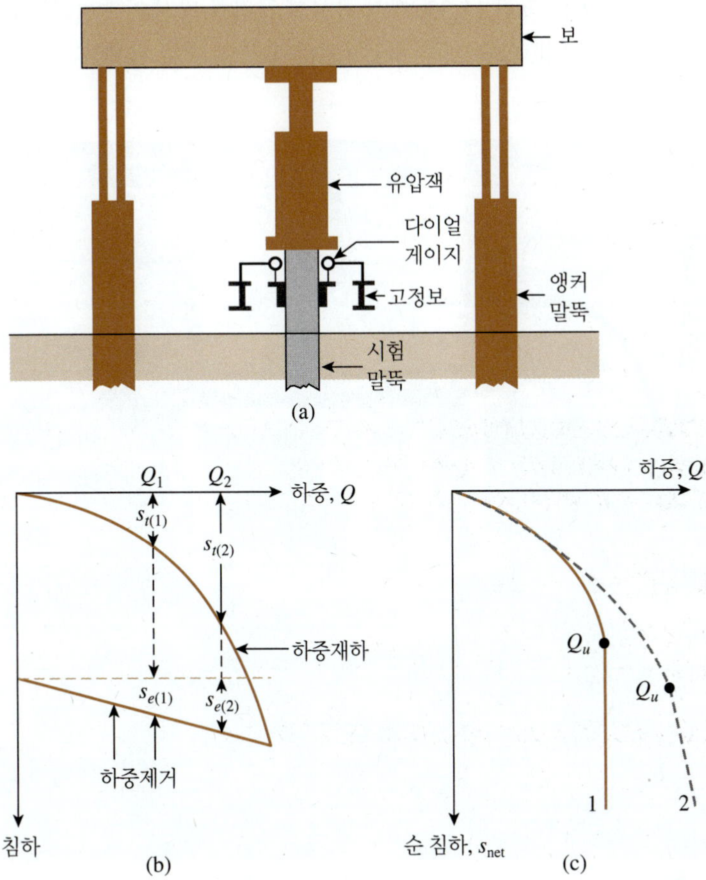

그림 11.33 말뚝재하시험: (a) 반력 말뚝 사용, (b) 하중과 총침하량과의 관계, (c) 하중과 순 침하량과의 관계

ment)은 말뚝의 선단침하량으로, 총침하량보다 다소 작으며 s_{net}로 표기한다. 그러므로, 임의의 하중에서 순 침하량은

$$s_{net} = s_t - s_e \tag{11.89}$$

그림 11.33b는 현장 하중재하(loading) 및 제하(unloading)로부터 얻은 하중-침하 곡선이다. 임의의 하중 Q에서의 말뚝의 순 침하량은 다음과 같이 계산한다.

$Q = Q_1$일 때

$$\text{순 침하량, } s_{net(1)} = s_{t(1)} - s_{e(1)}$$

$Q = Q_2$일 때

$$\text{순 침하량, } s_{net(2)} = s_{t(2)} - s_{e(2)}$$

$$\vdots$$

그림 11.34는 말뚝의 하중재하시험 중인 사진을 보여주고 있다.

이들 Q 값들과 이 값들과 상관되는 순 침하량 s_{net}을 그래프로 도시하면 그림 11.33c와 같다. 말뚝의 극한하중을 이 그래프로부터 결정할 수 있다. 말뚝의 침하량은 어떤 점까지는 하중이 증가함에 따라 증가하지만, 이 점 이후에는 하중-침하량 곡선은 연직선을 이룬다. 이런 경우 극한하중 Q_u는 그림 11.33c에서 곡선이 급격히 직선으로 변하는 $Q - s_{net}$ 곡선 1 위의 변곡점으로 결정한다. 많은 경우 하중-침하 곡선의 후자 단계는 거의 직선으로, 약간

그림 11.34 말뚝재하시험 전경(Courtesy of M. Omar, University of Sharjah, UAE)

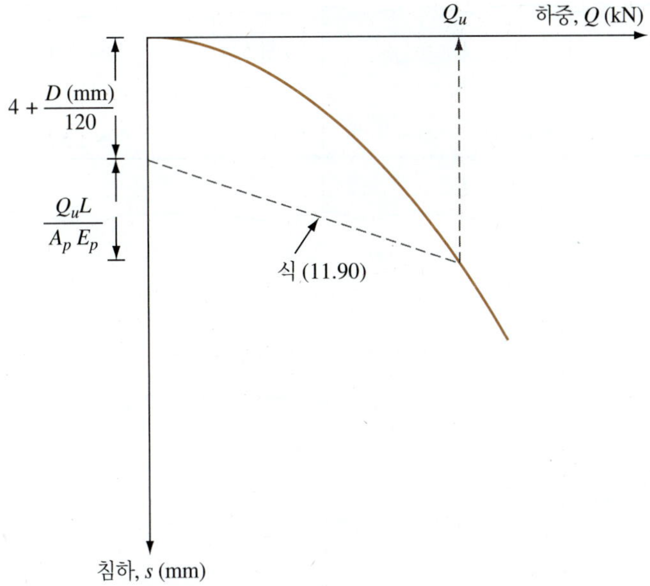

그림 11.35 Q_u를 결정하기 위한 Davisson의 방법

의 하중 증가로도 많은 침하량이 발생하며, 이는 그림 11.33c의 곡선 2에 도시되어 있다. 이런 경우 극한하중 Q_u는 곡선이 급격히 직선으로 변하는 $Q-s_{\text{net}}$ 곡선 2 위의 변곡점으로 결정한다.

하중–침하 관계에서 극한하중 Q_u를 얻는 방법이 Davisson(1973)에 의해 제안되었다. Davisson의 방법은 현장에서 자주 이용되고 있으며, 여기에 기술되어 있다. 그림 11.35에 의하면 극한하중은 침하수준(s_u)에서 일어난다.

$$s_u\,(\text{mm}) = 4 + \frac{D\,(\text{mm})}{120} + \frac{Q_u L}{A_p E_p} \tag{11.90}$$

여기서

Q_u = 극한하중(kN)
D = 말뚝의 직경 또는 폭(mm)
L = 말뚝길이(mm)
A_p = 말뚝단면적(mm^2)
E_p = 말뚝재료의 탄성계수(kN/mm)

이 절차의 적용은 예제 11.13에 기술되어 있다.

이미 설명한 재하시험의 절차는 말뚝에 가해지는 단계적 하중과 침하량의 측정을 필요로 하며, 일명 **하중제어시험**(load-controlled test)이라 한다. 말뚝재하시험에 사용되는 또 하나의 방법은 **등관입속도시험**(constant-rate-of-penetration test)이다. 여기에서 관입비율은 0.25~2.5 mm/min 범위에 있으며, 어느 한 값으로 일정하게 유지되도록 말뚝에 가해지는 하중을 지속적으로 증가시켜 준다. 이 실험에서는 하중제어형 시험으로부터 얻어지는

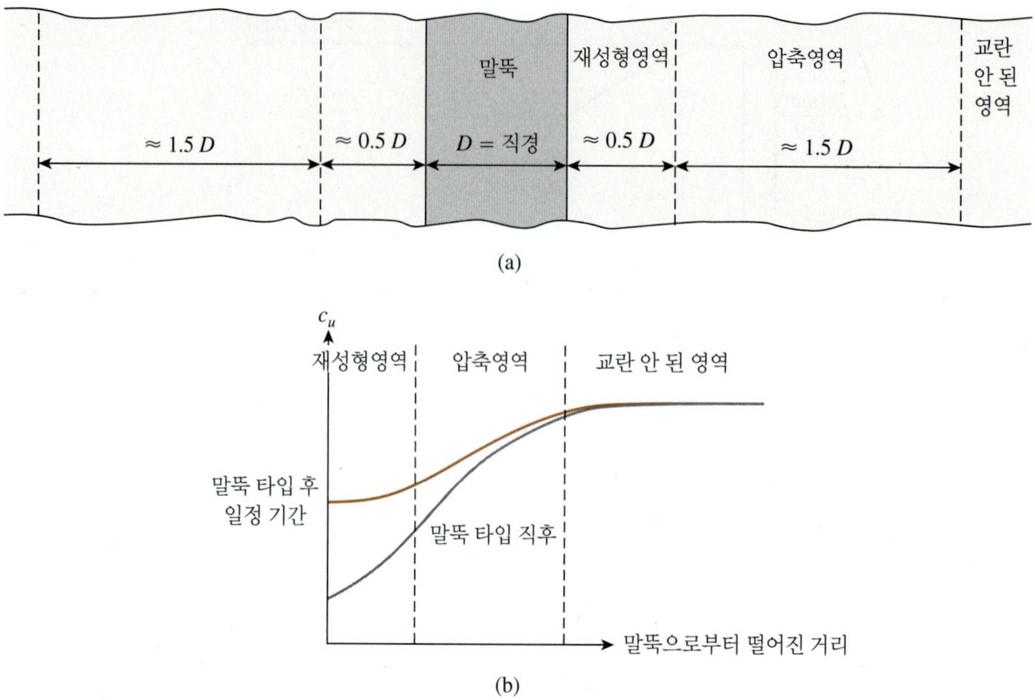

그림 11.36 (a) 연약 점토 지반에 근입된 말뚝 주변 흙의 재성형 및 압축영역, (b) 연약 점토 지반에 근입된 말뚝 주변 흙의 시간에 따른 비배수 전단강도(c_u)의 변화

값과 유사한 하중−침하량 형태를 얻을 수 있다. 말뚝재하시험의 또 다른 한 가지는 **반복 재하시험**(cyclic loading)인데, 여기서는 증분 하중이 반복적으로 가해지고 제거된다.

말뚝재하시험을 하기 위해서는 말뚝 타입 종료 후 재하시험을 하기까지 경과시간에 주의해야 한다. 말뚝이 연약한 점성토에 근입되었을 경우, 그림 11.36a와 같이 점성토 주변의 일정 범위가 재성형(remolded) 및 압축(compressed)된다. 이는 비배수 전단강도 c_u의 감소를 초래한다(그림 11.36b). 시간이 경과함에 따라 비배수 전단강도의 감소분이 부분적으로 또는 완전히 회복되는데, 이때 걸리는 경과시간은 30~60일 정도이다. 그림 11.37은 Terzaghi and Peck(1967)의 연구결과에 근거하여 말뚝이 연약지반에 타입되었을 때 경과시간에 따른 Q_s 값의 변화를 도시하였다. 이 그림으로부터 말뚝을 타입한 후 25일이 경과되었을 때 Q_s는 약 300% 증가하는 것으로 나타났다.

상대밀도가 매우 큰 팽창성 포화 세립사질토지반(조밀−매우 조밀)에 관입된 말뚝의 경우, 응력완화(relaxation) 현상이 일어날 가능성이 있다. 만약 말뚝이 타입되는 동안 음압력(negative pore water pressure)이 발생하게 되면, 음압력은 시간이 경과함에 따라 소산될 것이다. 결과적으로 말뚝 타입이 완료된 후 시간이 경과함에 따라 말뚝의 지지력 감소가 발생한다. 동시에 말뚝이 타입하면서 사질토지반은 수축하게 되고, 과잉간극수압(excess pore water pressure)이 발생하게 된다. 시간이 경과함에 따라 과잉간극수압은 소산되고, 결과적으로 말뚝의 지지력은 증가하게 된다.

경과시간에 따른 말뚝 기초의 지지력을 예측하는 여러 경험식이 개발되었다. Sawant

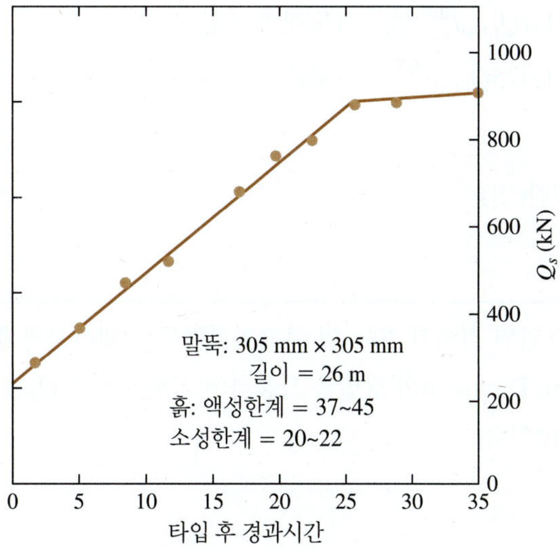

그림 11.37 연약 점토 지반에 타입된 말뚝의 Q_s의 변화값(출처: Based on load test results of Terzaghi and Peck, 1967)

et al.(2013)은 대부분의 이러한 사례를 상세하게 소개하였다. 말뚝을 타입한 후 경과시간에 따른 말뚝 지지력의 변화를 예측한 여러 상관관계식들은 다음과 같다.

Skov and Denver(1988)

Skov and Denver는 다음의 식을 제안하였다.

$$Q_t = Q_{\text{EOD}}\left[A \log\left(\frac{t}{t_o}\right) + 1\right] \tag{11.91}$$

여기서

Q_t = 말뚝의 타입종료 후 t일 후에 지지력
Q_{EOD} = 말뚝의 타입종료 당시에 지지력
t = 경과시간(일)

모래일 경우 $A = 0.2$, $t_o = 0.5$일; 점토의 경우, $A = 0.6$, $t_o = 1.0$일

Guang-Yu(1988)

Guang-Yu에 따르면,

$$Q_{14} = (0.375S_t + 1)Q_{\text{EOD}} \quad \text{(점토에 적용 가능함)} \tag{11.92}$$

여기서

Q_{14} = 말뚝타입 후 14일 경과 시 지지력
S_t = 점토의 예민비(sensitivity)

Svinkin(1996)

Svinkin은 다음과 같은 관계식을 제안하였다.

$$Q_t = 1.4Q_{EOD}t^{0.1} \quad \text{(모래의 상한선)} \tag{11.93}$$

$$Q_t = 1.025Q_{EOD}t^{0.1} \quad \text{(모래의 하한선)} \tag{11.94}$$

여기서

t = 말뚝 타입 후 경과시간(일)

예제 11.13

그림 11.38은 모래 지반에 근입된 길이가 20 m인 콘크리트말뚝의 재하시험 결과를 나타낸 것이다(406 mm × 406 mm). Davisson의 방법을 사용하여 극한지지력 Q_u를 결정하라. 탄성계수 $E_p = 30 \times 10^6$ kN/m²이다.

풀이

식 (11.90)으로부터

$$s_u = 4 + \frac{D}{120} + \frac{Q_u L}{A_p E_p}$$

D = 406 mm, L = 20 m = 20,000 mm, A_p = 406 mm × 406 mm = 164,836 mm², E_p = 30 × 10⁶ kN/m². 그러므로

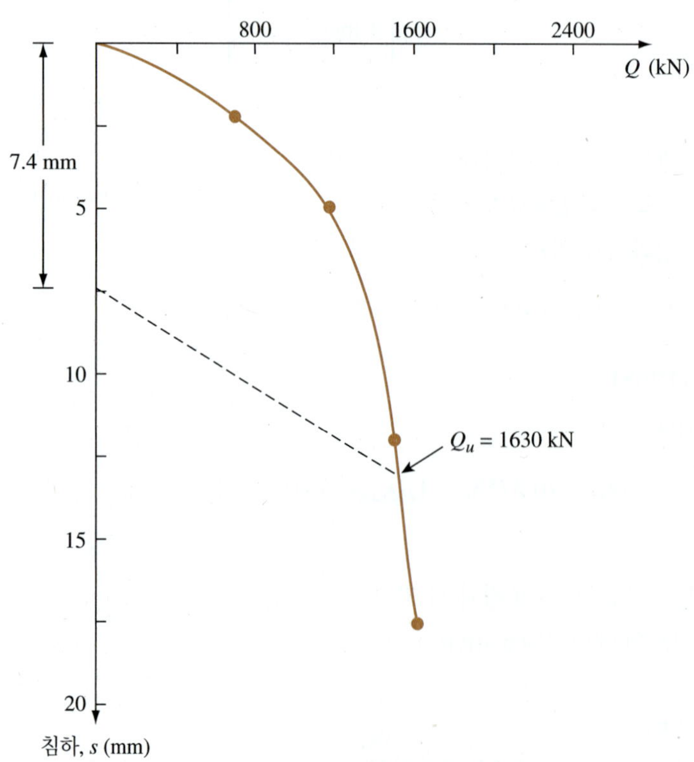

그림 11.38

$$s_u = 4 + \frac{406}{120} + \frac{(Q_u)(20{,}000)}{(30)(164{,}836)}$$
$$= 4 + 3.4 + 0.004Q_u = 7.4 + 0.004Q_u$$

$s_u(\mathrm{mm}) = 7.4 + 0.004Q_u$ 선은 그림 11.38과 같이 나타난다. 하중–침하 곡선과의 교차점에서 극한지지력 $Q_u = \mathbf{1630\ kN}$이다.

■

11.19 말뚝의 탄성침하

Vesic(1977)은 말뚝머리의 총침하량 s_e을 세 가지 요소로 구분하고, 탄성해석으로부터 세 가지 침하량을 구하는 식을 제안하였다. 세 가지 침하요소는 다음과 같다.

1. 말뚝 자체의 탄성침하량[$s_{e(1)}$]
2. 말뚝에 가해지는 사용하중(Q_{wp})에 의한 말뚝선단의 침하량[$s_{e(2)}$]
3. 말뚝주면을 따라 전달되는 사용하중(Q_{ws})에 의해 발생되는 말뚝의 침하량[$s_{e(3)}$]

사용하중 Q_w에 따른 말뚝머리의 총침하량은 다음 식에 의하여 산정할 수 있다.

$$s_e = s_{e(1)} + s_{e(2)} + s_{e(3)} \tag{11.95}$$

만약에 말뚝기둥을 따라 주면마찰력이 없다고 가정하면, 말뚝에 작용되는 하중이 모든 깊이에 대하여 변함이 없이 같을 것이다(Q_w). 따라서 말뚝 자체의 탄성침하량은 Q_wL/A_pE_p이다. $s_{e(1)}$은 말뚝기둥에 따라 변화되는 주면마찰력으로 인하여 다를 것이다. 이론적으로 다음과 같이 표현할 수 있다.

$$s_{e(1)} = \frac{(Q_{\mathrm{wp}} + \xi Q_{\mathrm{ws}})L}{A_pE_p} \tag{11.96}$$

여기서

Q_{wp} = 사용하중하에서 말뚝선단에 전달된 하중
Q_{ws} = 사용하중하에서 주면마찰력에 의해 전달된 하중
A_p = 말뚝선단의 단면적
L = 말뚝의 길이
E_p = 말뚝재료의 탄성계수
ξ = 크기는 0.5~0.67 사이로 말뚝기둥을 따라 분포된 단위주면마찰저항의 크기에 따라 다름.

말뚝선단에 전달되는 하중에 의해 발생되는 침하는 다음과 같은 식으로 나타낼 수 있다.

$$s_{e(2)} = \frac{q_{\mathrm{wp}}D}{E_s}(1 - \mu_s^2)I_{\mathrm{wp}} \tag{11.97}$$

여기서

D = 말뚝의 폭이나 직경

q_{wp} = 말뚝선단부에서 단위면적당의 선단하중 = Q_{wp}/A_p

E_s = 말뚝선단부 또는 그 하부에 위치한 흙의 탄성계수

μ_s = 흙의 포아송비

I_{wp} = 영향계수 ≈ 0.85

Vesic(1977)은 또한 침하량의 크기 $s_{e(2)}$를 얻기 위한 준 경험식을 다음과 같이 제안하였다.

$$s_{e(2)} = \frac{Q_{wp}C_p}{Dq_p} \tag{11.98}$$

여기서

q_p = 말뚝의 극한선단지지력

C_p = 경험계수

여러 흙에서의 C_p의 대표적인 값은 표 11.15와 같다.

말뚝기둥에 전달되는 하중에 의해 유발된 말뚝침하는 식 (11.97)과 유사한 공식에 의해, 다음과 같은 식으로 구할 수 있다.

$$s_{e(3)} = \left(\frac{Q_{ws}}{pL}\right)\frac{D}{E_s}(1-\mu_s^2)I_{ws} \tag{11.99}$$

여기서

p = 말뚝의 윤변

L = 말뚝의 근입깊이

I_{ws} = 영향계수

식 (11.99)에서 Q_{ws}/pL의 의미는 말뚝기둥을 따라 유발되는 f의 평균값이다. 영향인자 I_{ws}는 간단한 경험식으로 나타낼 수 있다(Vesic, 1977).

표 11.15 C_p의 일반적인 값[식 (11.98)]

흙의 종류	타입말뚝	천공말뚝
모래(조밀～느슨)	0.02~0.04	0.09~0.18
점토(굳음～연약)	0.02~0.03	0.03~0.06
실트(조밀～느슨함)	0.03~0.05	0.09~0.12

Based on "Design of Pile Foundations," by A. S. Vesic. *Synthesis of Highway Practice* by American Association of State Highway and Transportation, 1977.

$$I_{ws} = 2 + 0.35\sqrt{\frac{L}{D}} \tag{11.100}$$

Vesic(1977)은 $s_{e(3)}$을 얻기 위해 식 (11.98)과 유사한 간단한 경험식을 제안하였다.

$$s_{e(3)} = \frac{Q_{ws} C_s}{L q_p} \tag{11.101}$$

여기서 C_s = 경험계수 $= (0.93 + 0.16\sqrt{L/D})C_p$ (11.102)

식 (11.102)에 적용하기 위한 C_p의 값은 표 11.15로부터 구할 수 있다.

현장재하시험

Sharama and Joshi(1988)는 확대기초를 갖는 2개의 콘크리트말뚝에 대하여 하중재하시험을 실시하였다.

Pile TP-1: 길이 – 12.5 m
직경 – 660 mm
확대기초의 직경 – 914 mm

Pile TP-2: 길이 – 12.3 m
직경 – 610 mm
확대기초의 직경 – 914 mm

지반조건 상부층: 0-2.1 m 골재뒷채움
2.1~11 m 모래채움
11~12.5 m 오일 샌드(oil sand)

말뚝 2개에 대한 계측된 침하량과 하중재하시험 결과가 표 11.16의 2번, 3번째 열에 각각 주어져 있다. 계산된 침하량들은 식 (11.95), (11.96) (11.98), 그리고 식 (11.101)과 C_s =

표 11.16 Sharama and Joshi(1988)의 콘크리트말뚝에 대한 하중재하시험 결과

			이론침하량	
말뚝 (1)	하중(kN) (2)	측정침하량, s_e (3)	$\xi = 0.5$ (4)	$\xi = 0.67$ (5)
TP-1	694	1.08	1.456	1.571
	1388	2.91	3.350	3.55
	2776	6.67	7.195	7.535
	4448	13.41	11.67	13.65
TP-2	694	0.65	1.467	1.610
	1338	2.11	3.118	3.357
	2776	6.72	6.889	7.365

0.2, $C_p = 0.02$를 이용하였다. 이 결과들은 표 11.16의 4번, 5번째 열에 나타나 있다. 현장에서 측정한 침하량과 이론식을 이용하여 산정된 침하량은 비교적 잘 맞는다.

예제 11.14

모래 지반에 근입되어 있는 길이가 21 m인 프리스트레스 콘크리트말뚝의 허용사용하중이 502 kN이다. $D = 356$ mm의 팔각형 말뚝이다(표 11.3a 참고). 허용하중에서 350 kN은 마찰저항력에 의해 지지되고, 나머지는 선단저항력으로 지지된다. $E_p = 21 \times 10^6$ kN/m², $E_s = 25 \times 10^3$ kN/m², $\mu_s = 0.35$, $\xi = 0.62$를 사용하여 말뚝의 침하를 결정하라.

풀이

식 (11.96)으로부터

$$S_{e(1)} = \frac{(Q_{\text{wp}} + \xi Q_{\text{ws}})L}{A_p E_p}$$

표 11.3a의 $D = 356$ mm에서 말뚝의 단면적 $A_p = 1045$ cm², 또한 윤변 $p = 1.168$ m이다. $Q_{\text{ws}} = 350$ kN이므로

$$Q_{\text{wp}} = 502 - 350 = 152 \text{ kN}$$

$$s_{e(1)} = \frac{[152 + 0.62(350)](21)}{(0.1045 \text{ m}^2)(21 \times 10^6)} = 0.00353 \text{ m} = 3.35 \text{ mm}$$

식 (11.97)로부터

$$s_{e(2)} = \frac{q_{\text{wp}} D}{E_s}(1 - \mu_s^2) I_{\text{wp}} = \left(\frac{152}{0.1045}\right)\left(\frac{0.356}{25 \times 10^3}\right)(1 - 0.35^2)(0.85)$$
$$= 0.0155 \text{ m} = 15.5 \text{ mm}$$

식 (11.99)로부터

$$s_{e(3)} = \left(\frac{Q_{\text{ws}}}{pL}\right)\left(\frac{D}{E_s}\right)(1 - \mu_s^2) I_{\text{ws}}$$

$$I_{\text{ws}} = 2 + 0.35\sqrt{\frac{L}{D}} = 2 + 0.35\sqrt{\frac{21}{0.356}} = 4.69$$

$$s_{e(3)} = \left[\frac{350}{(1.168)(21)}\right]\left(\frac{0.356}{25 \times 10^3}\right)(1 - 0.35^2)(4.69)$$
$$= 0.00084 \text{ m} = 0.84 \text{ mm}$$

그러므로 총탄성침하량은

$$s_e = s_{e(1)} + s_{e(2)} + s_{e(3)} = 3.35 + 15.5 + 0.84 = \mathbf{19.69 \text{ mm}}$$

■

11.20 횡하중을 받는 말뚝

연직말뚝은 말뚝 주변 흙의 수동토압에 의존하여 횡하중에 저항한다(그림 11.1c). 지반의 반력 분포는 (a) 말뚝의 강성, (b) 지반의 강성, 그리고 (c) 말뚝선단의 고정 여부에 따라 달라진다. 일반적으로 횡하중을 받는 말뚝은 크게 (1) 짧은 말뚝 또는 강성말뚝(short or rigid pile), (2) 긴 말뚝 또는 탄성말뚝(long or elastic pile)의 두 종류로 나눌 수 있다. 그림 11.39a 그리고 11.39b는 횡하중을 받았을 경우, 말뚝의 길이를 따라 유발되는 변형, 모멘트, 전단력의 분포 특성을 보여준다. 다음은 현재 사용하고 있는 횡하중을 받는 말뚝의 해석법을 요약한 것이다.

탄성해법

지표면에서 수평 방향으로 하중 및 모멘트를 받는, 사질토지반에 근입된 연직말뚝의 모멘트와 변위를 구하는 일반적인 방법이 Matlock and Reese(1960)에 의해 제안되었다. 그림 11.40a에 제시된 지표면($z = 0$)에서 수평하중 Q_g와 모멘트 M_g를 받는 길이 L인 말뚝을 생각해보자. 그림 11.40b는 작용된 하중과 모멘트에 의해 발생한 말뚝의 일반적인 변형 형태 및 지반의 저항력을 보여주고 있다.

좀 더 단순한 Winkler 모델에 따르면, 탄성매체(이 경우는 흙)는 무한히 밀집되어 있는 독립된 스프링의 연속체로 대체될 수 있다. 이 가정에 의하면

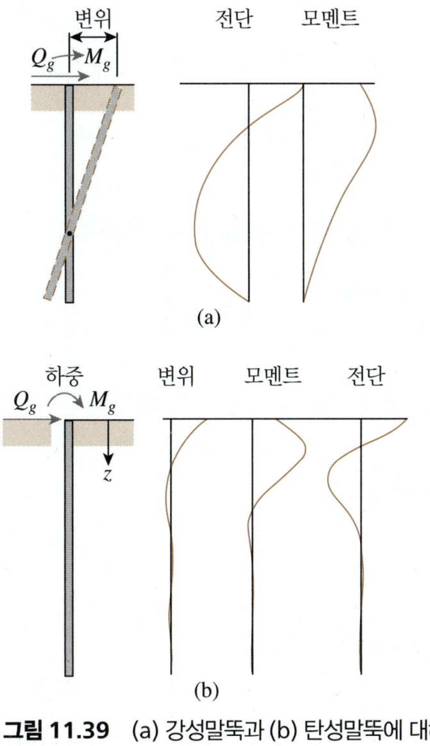

그림 11.39 (a) 강성말뚝과 (b) 탄성말뚝에 대해 유발되는 변위, 모멘트, 전단력의 분포 양상

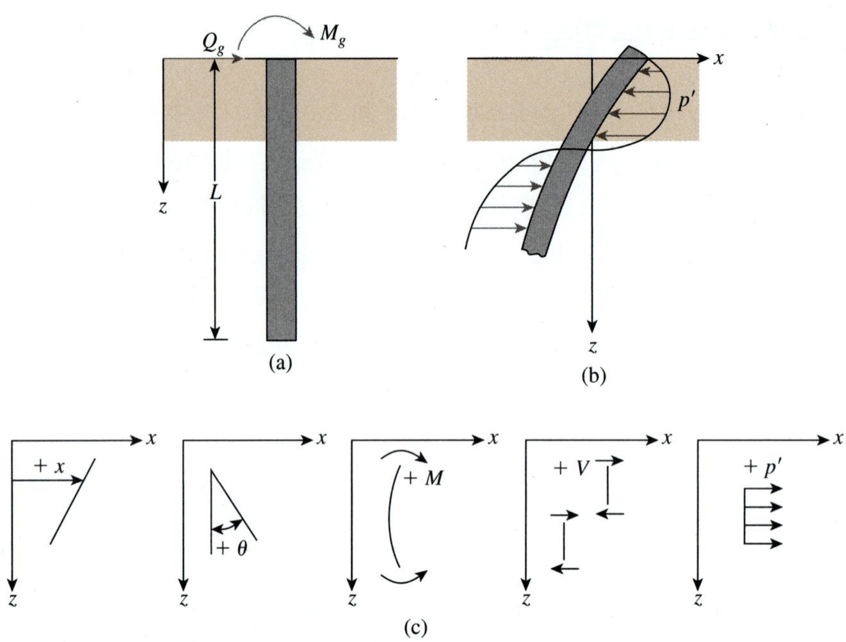

그림 11.40 (a) 횡하중을 받는 말뚝, (b) 횡하중에 의해 발생하는 말뚝에 작용되는 지반의 저항력, (c) 변위, 경사각, 모멘트, 전단력, 그리고 지반반력에 대한 부호 관계

$$k = \frac{p'\ (\text{kN/m})}{x\ (\text{m})} \tag{11.103}$$

여기서

k = 지반반력계수

p' = 접지압

x = 변위(처짐)

임의의 깊이 z에서 **사질토**지반의 지반반력계수는 다음과 같이 정의된다.

$$k_z = n_h z \tag{11.104}$$

여기서 n_h = 수평 지반반력계수

그림 11.40b를 참고하여 탄성기초에 보 이론을 적용하면, 다음과 같이 쓸 수 있다.

$$E_p I_p \frac{d^4 x}{dz^4} = p' \tag{11.105}$$

여기서

E_p = 말뚝재료의 탄성계수

I_p = 말뚝단면의 단면 이차 모멘트

Winkler 모델에 의하면

$$p' = -kx \tag{11.106}$$

지반반력이 말뚝의 변위(처짐)과 방향이 반대이므로 식 (11.106)의 부호는 음이다.

식 (11.105)와 식 (11.106)을 연립하여 풀면

$$E_p I_p \frac{d^4x}{dz^4} + kx = 0 \tag{11.107}$$

식 (11.107)의 해는 다음과 같이 나타낼 수 있다.

임의의 깊이에서의 말뚝 변위(처짐)[$x_z(z)$]

$$x_z(z) = A_x \frac{Q_g T^3}{E_p I_p} + B_x \frac{M_g T^2}{E_p I_p} \tag{11.108}$$

임의의 깊이에서의 말뚝의 경사[$\theta_z(z)$]

$$\theta_z(z) = A_\theta \frac{Q_g T^2}{E_p I_p} + B_\theta \frac{M_g T}{E_p I_p} \tag{11.109}$$

임의의 깊이에서의 말뚝의 모멘트[$M_z(z)$]

$$M_z(z) = A_m Q_g T + B_m M_g \tag{11.110}$$

임의의 깊이에서의 말뚝의 전단력[$V_z(z)$]

$$V_z(z) = A_v Q_g + B_v \frac{M_g}{T} \tag{11.111}$$

임의의 깊이에서의 지반반력[$p'_z(z)$]

$$p'_z(z) = A_{p'} \frac{Q_g}{T} + B_{p'} \frac{M_g}{T^2} \tag{11.112}$$

여기서

A_x, B_x, A_θ, B_θ, A_m, B_m, A_v, B_v, $A_{p'}$, 그리고 $B_{p'}$는 계수이다.

T = 흙-말뚝체계의 특성 길이

$$= \sqrt[5]{\frac{E_p I_p}{n_h}} \tag{11.113}$$

표 11.17 긴 말뚝에 대한 계수, $k_z = n_h z$

Z	A_x	A_θ	A_m	A_v	$A_{p'}$	B_x	B_θ	B_m	B_v	$B_{p'}$
0.0	2.435	−1.623	0.000	1.000	0.000	1.623	−1.750	1.000	0.000	0.000
0.1	2.273	−1.618	0.100	0.989	−0.227	1.453	−1.650	1.000	−0.007	−0.145
0.2	2.112	−1.603	0.198	0.956	−0.422	1.293	−1.550	0.999	−0.028	−0.259
0.3	1.952	−1.578	0.291	0.906	−0.586	1.143	−1.450	0.994	−0.058	−0.343
0.4	1.796	−1.545	0.379	0.840	−0.718	1.003	−1.351	0.987	−0.095	−0.401
0.5	1.644	−1.503	0.459	0.764	−0.822	0.873	−1.253	0.976	−0.137	−0.436
0.6	1.496	−1.454	0.532	0.677	−0.897	0.752	−1.156	0.960	−0.181	−0.451
0.7	1.353	−1.397	0.595	0.585	−0.947	0.642	−1.061	0.939	−0.226	−0.449
0.8	1.216	−1.335	0.649	0.489	−0.973	0.540	−0.968	0.914	−0.270	−0.432
0.9	1.086	−1.268	0.693	0.392	−0.977	0.448	−0.878	0.885	−0.312	−0.403
1.0	0.962	−1.197	0.727	0.295	−0.962	0.364	−0.792	0.852	−0.350	−0.364
1.2	0.738	−1.047	0.767	0.109	−0.885	0.223	−0.629	0.775	−0.414	−0.268
1.4	0.544	−0.893	0.772	−0.056	−0.761	0.112	−0.482	0.688	−0.456	−0.157
1.6	0.381	−0.741	0.746	−0.193	−0.609	0.029	−0.354	0.594	−0.477	−0.047
1.8	0.247	−0.596	0.696	−0.298	−0.445	−0.030	−0.245	0.498	−0.476	0.054
2.0	0.142	−0.464	0.628	−0.371	−0.283	−0.070	−0.155	0.404	−0.456	0.140
3.0	−0.075	−0.040	0.225	−0.349	0.226	−0.089	0.057	0.059	−0.213	0.268
4.0	−0.050	0.052	0.000	−0.106	0.201	−0.028	0.049	−0.042	0.017	0.112
5.0	−0.009	0.025	−0.033	0.015	0.046	0.000	−0.011	−0.026	0.029	−0.002

(*Drilled Pier Foundations*, by R.J.Woodward, W.S.Gardner, and D.M.Greer, McGraw-Hill,1972)

n_h는 식 (11.104)에서 정의되었다.

말뚝이 $L \geq 5T$이면 긴 말뚝(long pile, 연성말뚝)으로 간주되고, $L \leq 2T$이면 강성말뚝(rigid pile)으로 간주된다. 표 11.16은 긴 말뚝($L/T \geq 5$)에 대하여 식 (11.108)에서 식 (11.112)까지 나타난 계수의 값들을 나타낸다. 표 11.16의 첫 번째 항에서 Z는 무차원 깊이이며, 다음과 같이 나타낼 수 있다.

$$Z = \frac{z}{T} \tag{11.114}$$

표 11.17을 유도할 때, 가정된 $x_z(z)$, $\theta_z(z)$, $M_z(z)$, $V_z(z)$, $p'_z(z)$의 양(+)부호 규정은 그림 11.40c에 도시되어 있다. 또한, 그림 11.41은 $L/T = Z_{max}$의 여러 가지 값에 대한 A_x, B_x, A_m, B_m의 분포를 나타내고 있다. 여기서 L/T가 5보다 클 때 계수는 변하지 않음을 보여주며, 긴 말뚝에만 적용된다.

말뚝의 특성길이 T를 계산하는 데에는 적절한 n_h 값을 가정하는 것이 필요하다. 흙 종류에 따른 대표적인 n_h 값은 표 11.18에 기술되어 있다.

점토 지반에 근입된 말뚝에 대하여 식 (11.108)~(11.112)에 제시된 것과 유사한 탄성해법이 Davisson and Gill(1963)에 의하여 제안되었다. 식들은 다음과 같다.

표 11.18 대표적인 n_h 값

흙의 종류	n_h 값 (kN/m³)
건조 또는 젖은 모래	
느슨한 모래	1800-2200
중간다짐 모래	5500-7000
조밀하게 다짐모래	15,000-18,000
포화된 모래	
느슨한 모래	1000-1400
중간다짐 모래	3500-4500
조밀하게 다짐모래	9,000-12,000

$$x_z(z) = A'_x \frac{Q_g R^3}{E_p I_p} + B'_x \frac{M_g R^2}{E_p I_p} \tag{11.115}$$

그리고

$$M_z(z) = A'_m Q_g R + B'_m M_g \tag{11.116}$$

여기서 A'_x, B_x, A'_m, B'_m은 계수이다. 그리고 R은 식 (11.117)에 의해 주어진 특성길이이다.

$$R = \sqrt[4]{\frac{E_p I_p}{k}} \tag{11.117}$$

계수 A'와 B'의 값은 그림 11.42에 주어졌다.

$$Z = \frac{z}{R} \tag{11.118}$$

그리고

$$Z_{\max} = \frac{L}{R} \tag{11.119}$$

식 (11.115), (11.116)을 사용하기 위해서는 특성길이의 크기 R을 알아야 한다. 이는 지반반력계수를 알고 있을 경우, 식 (11.117)로부터 구할 수 있다. 모래 지반의 경우, 지반반력계수는 식 (11.104)로 주어지는데, 이는 토층깊이에 따라 선형적인 변화를 보인다. 그러나 점성토 지반의 지반반력계수는 토층깊이에 따라 개략적으로 일정한 값을 갖는 것으로 가정한다. Vesic(1961)은 k를 추정하기 위한 다음의 식을 제안하였다.

$$k = 0.65 \sqrt[12]{\frac{E_s D^4}{E_p I_p}} \frac{E_s}{1 - \mu_s^2} \tag{11.120}$$

여기서

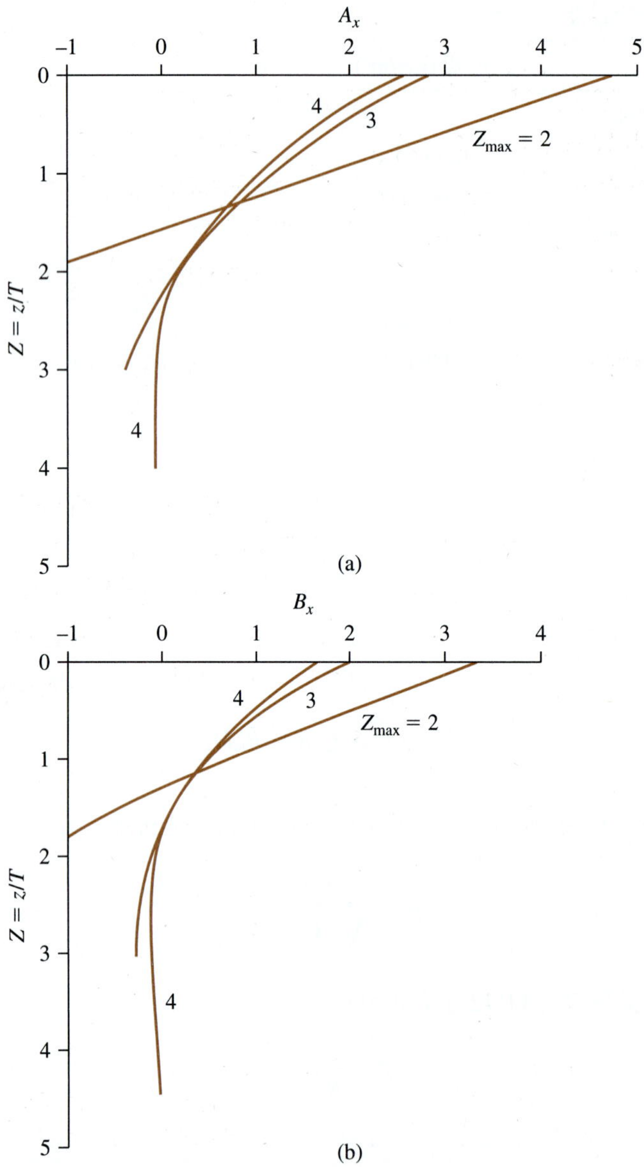

그림 11.41 Z에 따른 A_x, B_x, A_m, 그리고 B_m의 변화값(출처: Based on Matlock, H. and Reese, L. C. (1960). "Generalized Solution for Laterally Loaded Piles," *Journal of the Soil Mechanics and Foundations Division*, American Society of Civil Engineers, Vol. 86, No. SM5, Part I, pp. 63–91.)

E_s = 흙의 탄성계수

D = 말뚝의 폭(또는 직경)

μ_s = 흙의 포아송비

실제로 사용이 용이하게 식 (11.120)은 다음과 같이 표현된다.

$$k \approx \frac{E_s}{1 - \mu_s^2} \tag{11.121}$$

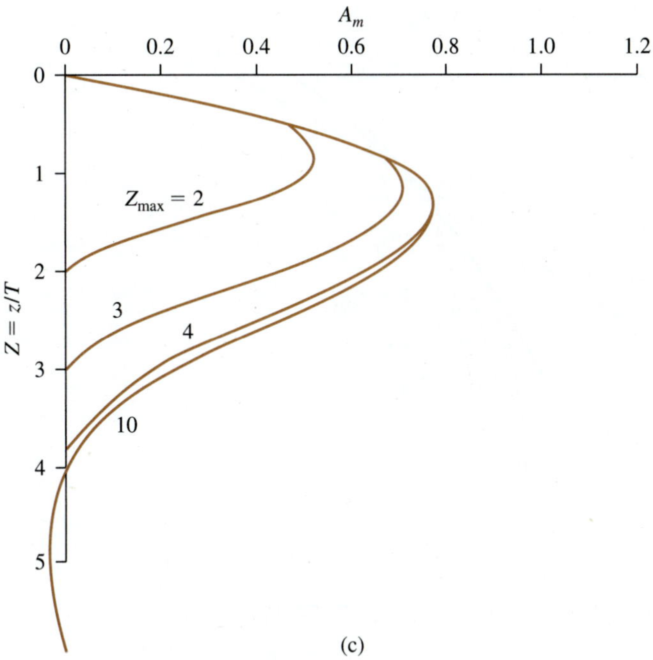

(c)

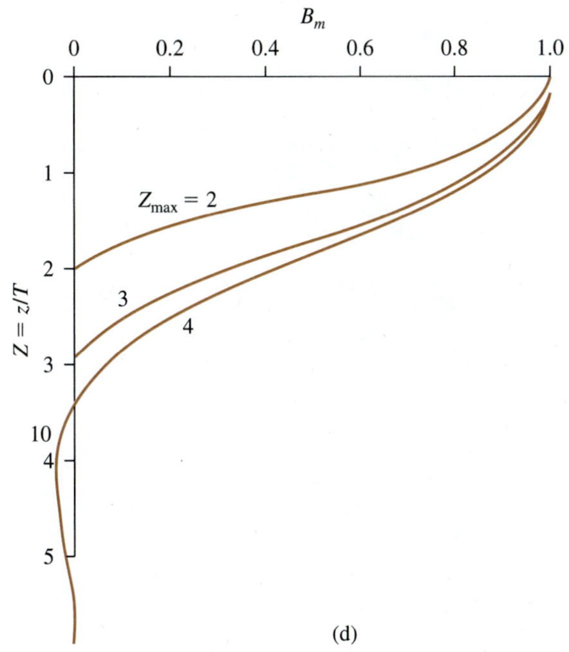

(d)

그림 11.41 (계속)

횡하중을 받는 말뚝의 경우 식 (11.120)과 식 (11.121)은 얕은 기초에 적용되는 식 (9.45)와 식 (9.46)과 동일한 형태이다.

극한하중분석: Broms의 방법

Broms(1965)는 (a) 짧은 말뚝의 경우, 흙의 전단파괴, (b) 긴 말뚝의 경우, 말뚝단면의 소성 항복 저항력에 의해 지배되는 말뚝의 휨 거동을 가정하여, 횡방향 하중을 받는 말뚝에 대한

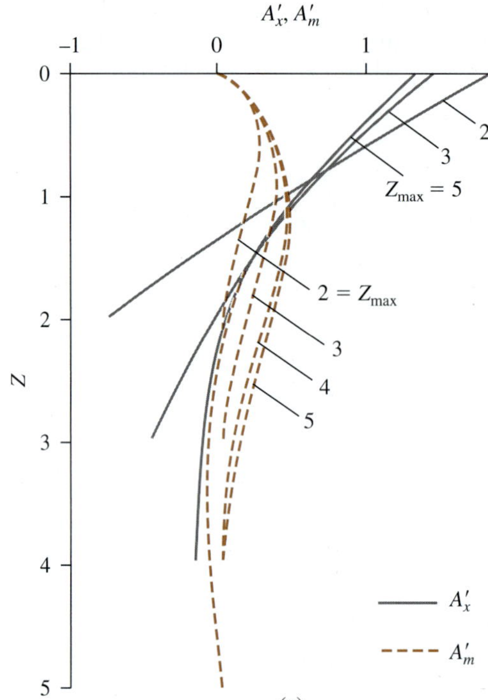

(a)

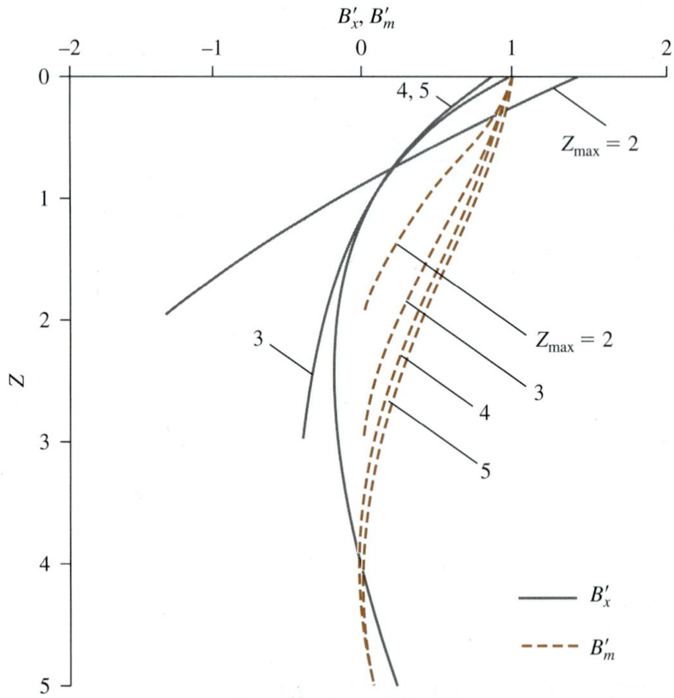

(b)

그림 11.42 Z에 따른 A_x, B'_x, A'_m, B'_m의 변화(출처: Based on Davisson, M. T. and Gill, H. L. (1963). "Laterally Loaded Piles in a Layered Soil System," *Journal of the Soil Mechanics and Foundations Division*, American Society of Civil Engineers, Vol. 89, No. SM3, pp. 63–94.)

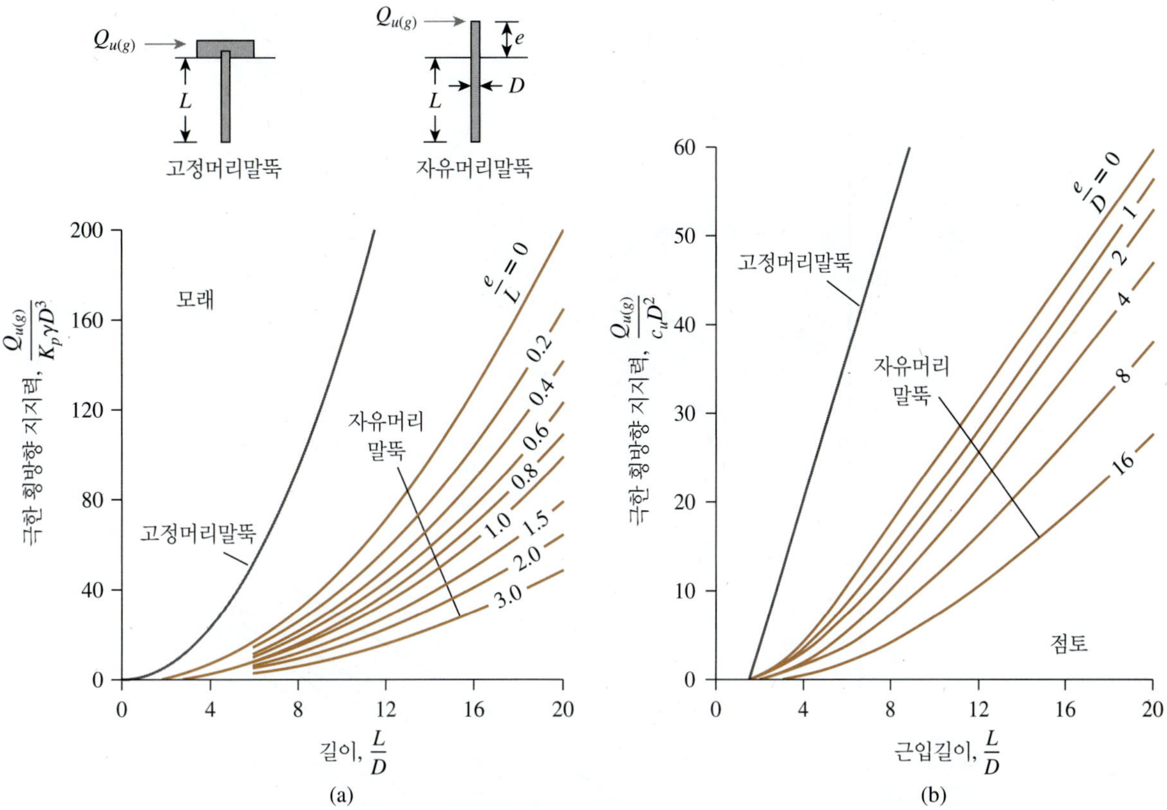

그림 11.43 짧은 말뚝의 극한 횡방향 지지력에 대한 Broms의 해: (a) 모래 지반, (b) 점토

간단한 해법을 개발하였다. 짧은 말뚝의 극한하중지지력($Q_{u(g)}$)을 계산하기 위한 Broms의 해법은 모래 지반에 근입된 말뚝의 경우 그림 11.43a에 제시하였다. 유사한 해법으로 점성토 지반에 근입된 말뚝의 경우 그림 11.43b에 제시하였다. 그림 11.43a를 사용할 경우

$$K_p = \text{Rankine의 수동토압계수} = \tan^2\left(45 + \frac{\phi'}{2}\right) \tag{11.122}$$

유사하게 그림 11.43b에서

$$c_u = \text{비배수 점착력} \approx \frac{0.75q_u}{\text{FS}} = \frac{0.75q_u}{2} = 0.375q_u \tag{11.123}$$

여기서

FS = 안전율(= 2)
q_u = 일축압축강도

그림 11.44는 긴 말뚝에 대한 Broms의 해법을 나타낸 것이다. 이 그림에서 M_y는 말뚝의 항복모멘트이며

$$M_y = SF_Y \tag{11.124}$$

여기서

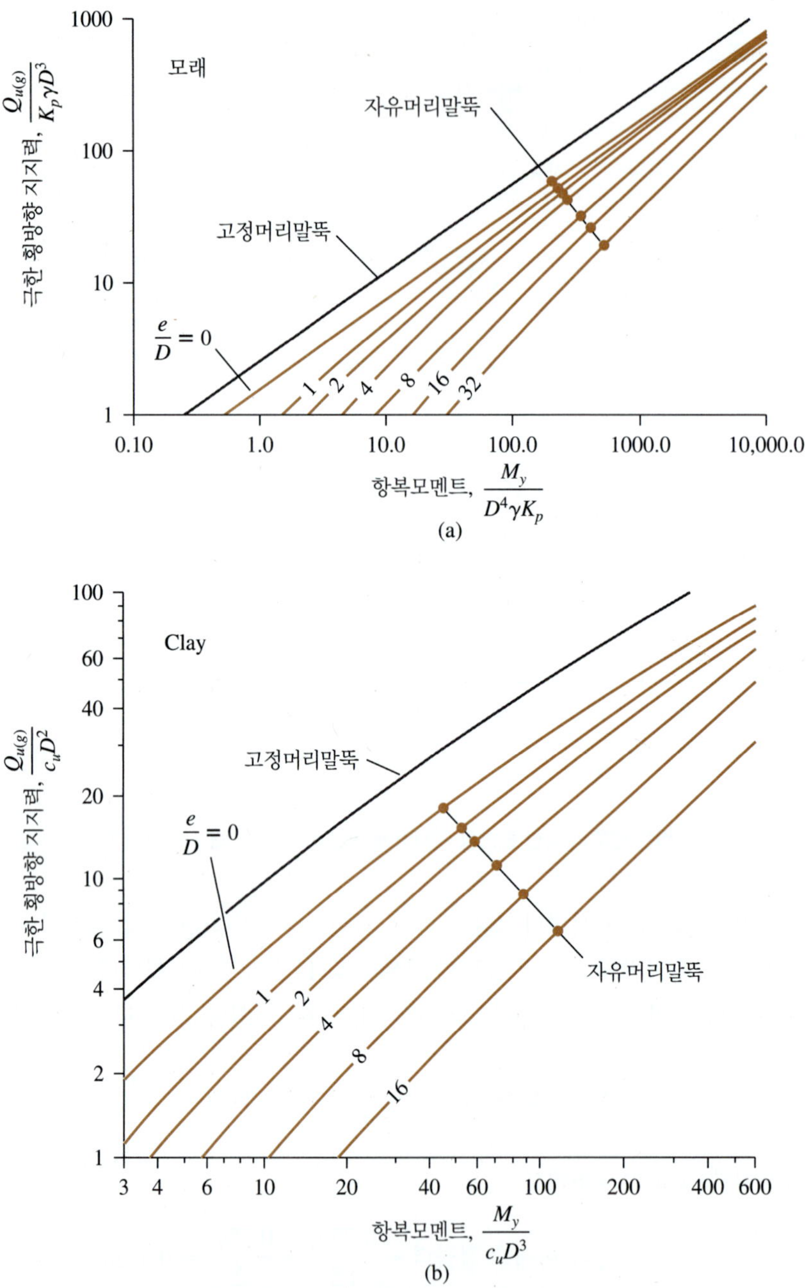

그림 11.44 긴 말뚝의 극한 횡방향 지지력에 대한 Broms의 해: (a) 모래 지반, (b) 점토 지반

S = 말뚝단면의 단면계수

F_Y = 말뚝재료의 항복응력

주어진 문제를 푸는 데 있어서, 두 경우 모두(즉, 그림 11.43과 그림 11.44)를 검토하여야 한다.

사용하중하에서의 말뚝머리의 변위 $x_z(z = 0)$는 그림 11.45로부터 산정할 수 있다. 그림 11.45a의 η는 다음과 같이 표현된다.

그림 11.45 말뚝머리의 변위 산정을 위한 Broms의 해: (a) 모래 지반, (b) 점토 지반

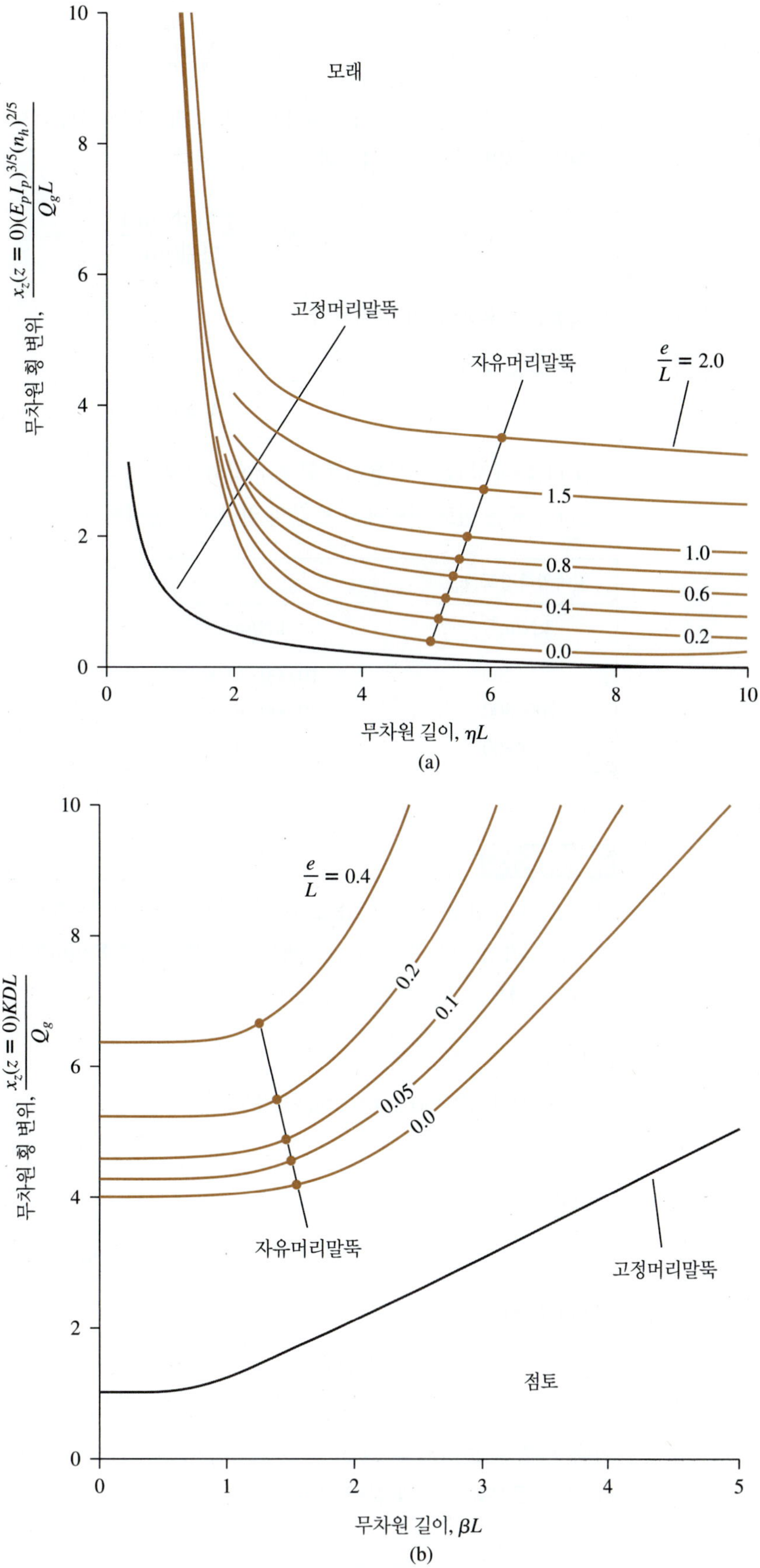

$$\eta = \sqrt[5]{\frac{n_h}{E_p I_p}} \tag{11.125}$$

사질토에 대한 n_h 값의 범위는 표 11.18과 같다. 유사하게, 점토에 대한 그림 11.45b에서 K는 횡방향 지반계수이며 다음과 같이 정의된다.

$$K = \frac{\text{압력}(\text{kN/m}^2)}{\text{변위}(\text{m})} \tag{11.126}$$

또한, β는 다음과 같이 정의된다.

$$\beta = \sqrt[4]{\frac{KD}{4E_p I_p}} \tag{11.127}$$

그림 11.45에서 Q_g는 사용하중임에 유의해야 한다.

다음 표는 점토 지반에서 K 값의 일반적인 범위이다.

일축압축강도, q_u	K
kN/m²	kN/m³
200	10,000~20,000
200~800	20,000~40,000
> 800	> 40,000

예제 11.15

길이 25 m인 H형 강말뚝(HP 250 × 85)이 사질토에 완전히 근입되어 있다. n_h = 12,000 kN/m³로 가정한다. 말뚝의 선단에서 허용 변위량은 8 mm이다. 허용횡하중(Q_g)을 결정하라. $M_g = 0$으로 가정한다. 탄성해법을 사용하라.

풀이

표 11.1a에서 HP 250 × 85 말뚝의 경우

$$I_p = 123 \times 10^{-6}\,\text{m}^4 \qquad (\text{강한 축에 대하여})$$

여기서

$$E_p = 207 \times 10^6\,\text{kN/m}^2$$

식 (11.113)으로부터

$$T = \sqrt[5]{\frac{E_p I_p}{n_h}} = \sqrt[5]{\frac{(207 \times 10^6)(123 \times 10^{-6})}{12{,}000}} = 1.16\text{ m}$$

이때, $L/T = 25/1.6 = 21.55 > 5$이므로, 이 말뚝은 긴(연성) 말뚝이다. $M_g = 0$이므로 식 (11.108)로부터 다음과 같이 나타낼 수 있다.

$$x_z(z) = A_x \frac{Q_g T^3}{E_p I_p}$$

그리고 위 식은 다음과 같이 나타낼 수 있다.

$$Q_g = \frac{x_z(z) E_p I_p}{A_x T^3}$$

$z = 0$일 때, $x_z = 8\text{ mm} = 0.008\text{ m}$이고, $A_x = 2.435$(표 11.17)이므로

$$Q_g = \frac{(0.008)(207 \times 10^6)(123 \times 10^{-6})}{(2.435)(1.16^3)} = 53.59\text{ kN}$$

이 Q_g 값의 크기는 한계 변위 조건에만 근거한 것이다. 그러나 모멘트에 대한 저항력에 근거한 Q_g 값의 크기 역시 결정해야 한다. $M_g = 0$일 경우에 식 (11.110)은 다음과 같이 된다.

$$M_z(z) = A_m Q_g T$$

표 11.17에 따르면 A_m의 최대값은 0.772이다. 말뚝이 지지할 수 있는 최대 허용모멘트는

$$M_{z(\max)} = F_Y \frac{I_p}{\frac{d_1}{2}}$$

$F_Y = 248{,}000\text{ kN/m}^2$이라 가정하자. 표 11.1a에서 $I_p = 123 \times 10^{-6}\text{ m}^4$이고 $d_1 = 0.254\text{ m}$이므로

$$\frac{I_p}{\left(\frac{d_1}{2}\right)} = \frac{123 \times 10^{-6}}{\left(\frac{0.254}{2}\right)} = 968.5 \times 10^{-6}\text{ m}^3$$

그러므로

$$Q_g = \frac{M_{z(\max)}}{A_m T} = \frac{(968.5 \times 10^{-6})(248{,}000)}{(0.772)(1.16)} = 268.2\text{ kN}$$

$Q_g = 268.2\text{ kN} > 53.59\text{ kN}$이므로, 변위기준을 적용한다. 따라서 $Q_g =$ **53.59 kN**이다. ■

예제 11.16

예제 11.15를 Broms의 방법으로 구하라. 말뚝은 자유머리 연성말뚝으로 가정한다. 말뚝재료의 항복응력은 $F_Y = 248\text{ MN/m}^2$, 흙의 단위중량 $\gamma = 18\text{ kN/m}^3$, 마찰각 $\phi' = 35°$이다.

풀이

휨 파괴에 대해 검토하면 식 (11.124)로부터

$$M_y = SF_y$$

표 11.1a로부터

$$S = \frac{I_p}{\frac{d_1}{2}} = \frac{123 \times 10^{-6}}{\frac{0.254}{2}}$$

또는

$$M_y = \left[\frac{123 \times 10^{-6}}{\frac{0.254}{2}}\right](248 \times 10^3) = 240.2 \text{ kN}\cdot\text{m}$$

그리고

$$\frac{M_y}{D^4\gamma K_p} = \frac{M_y}{D^4\gamma \tan^2\left(45 + \frac{\phi'}{2}\right)} = \frac{240.2}{(0.254)^4(18)\tan^2\left(45 + \frac{35}{2}\right)} = 868.8$$

그림 11.44a로부터, $M_y/D^4\gamma K_p = 868.8$일 때 $Q_{u(g)}/K_pD^3\gamma$ ($e/D = 0$인 자유머리말뚝에 대해)은 약 140이다. 따라서

$$Q_{u(g)} = 140K_pD^3\gamma = 140\tan^2\left(45 + \frac{35}{2}\right)(0.254)^3(18) = 152.4 \text{ kN}$$

말뚝머리의 변위에 대해 검토하면, 식 (11.125)로부터

$$\eta = \sqrt[5]{\frac{n_h}{E_pI_p}} = \sqrt[5]{\frac{12{,}000}{(207 \times 10^6)(123 \times 10^{-6})}} = 0.86 \text{ m}^{-1}$$

그래서

$$\eta L = (0.86)(25) = 21.5$$

그림 11.45a에서 $\eta L = 21.5$, $e/L = 0$(자유머리말뚝)일 때

$$\frac{x_o(E_pI_p)^{3/5}(n_h)^{2/5}}{Q_gL} \approx 0.15 \qquad \text{(보간법에 의하여)}$$

그리고

$$Q_g = \frac{x_o(E_pI_p)^{3/5}(n_h)^{2/5}}{0.15L}$$
$$= \frac{(0.008)[(207 \times 10^6)(123 \times 10^{-6})]^{3/5}(12{,}000)^{2/5}}{(0.15)(25)} = 40.2 \text{ kN}$$

그러므로 Q_g = **40.2 kN (< 152.4 kN)**

■

예제 11.17

길이 25 m인 말뚝이 예제 11.15에서 점토 지반에 근입되어 구속되어 있다고 가정하자. $c_u = 100 \text{ kN/m}^2$, $K = 5{,}000 \text{ kN/m}^3$이 주어졌다. 말뚝머리의 허용 횡방향 변위는 10 mm이다.

허용 횡방향하중 Q_g를 결정하라. $M_g = 0$이며 Broms의 방법을 사용하라.

풀이

예제 11.16으로부터 $M_y = 240.2$ kN·m. 그러므로

$$\frac{M_y}{c_u D^3} = \frac{240.2}{(100)(0.254)^3} = 146.6$$

그림 11.44b로부터 자유머리말뚝일 때

$$\frac{Q_{u(g)}}{c_u D^2} \approx 65$$

또는

$$Q_{u(g)} = (65)(100)(0.254)^2 = 419.3 \text{ kN}$$

말뚝머리의 변위에 대해 검토하면
식 (11.127)로부터

$$\beta = \sqrt[4]{\frac{KD}{4E_pI_p}} = \sqrt[4]{\frac{(5000)(0.254)}{(4)(207 \times 10^6)(123 \times 10^{-6})}} = 0.334$$

$$\beta L = (0.334)(25) = 8.35$$

그림 11.45b에서 $\beta L = 8.35$, 외삽보간법에 의하여

$$\frac{x_z(z=0)KDL}{Q_g} \approx 8$$

$$Q_g = \frac{x_z(z=0)KDL}{8} = \frac{\left(\dfrac{10}{1000}\right)(5000)(0.254)(25)}{8} = 39.7 \text{ kN}$$

그러므로 Q_g = **39.7 kN (< 419.3 kN)**

■

11.21 항타 공식

선단지지말뚝은 필요한 지지력을 얻기 위해서 반드시 조밀한 토층이나 암반에 충분히 근입되어야 한다. 그러나 토층은 변화하므로 말뚝을 이미 결정된 깊이까지 타입한다고 해서 이러한 조건이 항상 만족될 수는 없다. 이와 같은 이유로 항타 중에 말뚝의 극한지지력을 산정하기 위한 몇몇 공식들이 개발되었다. 이러한 동적인 공식들은 현장에서 말뚝이 이미 결정된 깊이에서 충분한 지지력에 도달했는지를 결정하는 데 널리 사용된다. 동적인 공식 중에 가장 초창기 것으로 엔지니어링 뉴스(Engineering News Record, EN)공식이라고 알려진 것이 있는데, 이는 일-에너지 이론(work-energy theory)에 의하여 유도되었다. 즉,

타격당 해머에서 전달되는 에너지 = (말뚝의 저항력)(타격당 말뚝의 관입량)

EN 공식에 따르면, 말뚝의 저항력은 극한하중(Q_u)인데 이는 다음과 같이 나타낼 수 있다.

$$Q_u = \frac{W_R h}{S + C} \tag{11.128}$$

여기서

W_R = 램의 무게
h = 램의 낙하높이
S = 해머 타격당 말뚝의 관입량
C = 상수

말뚝의 관입량 S는 통상 마지막 몇 번의 타격으로부터 얻어진 평균값을 기준으로 결정된다. 위 식의 원래 식에서는 다음과 같은 상수 C를 추천하고 있다.

드롭 해머의 경우,

$$C = 25.4 \text{ mm } (S\text{와 } h\text{의 단위가 mm일 때})$$

증기 해머의 경우,

$$C = 2.54 \text{ mm } (S\text{와 } h\text{의 단위가 mm일 때})$$

또한, 말뚝의 허용지지력을 산정하기 위해서는 안전율(FS) = 6을 사용할 것을 추천하고 있다. 단동과 복동 해머에서는 $W_R h$항은 EH_E로 대체할 수 있다. 여기서 E는 해머의 효율, H_E는 측정된 해머의 타격 에너지이다. 따라서

$$Q_u = \frac{EH_E}{S + C} \tag{11.129}$$

EN 공식은 수십 년에 걸쳐서 여러 번 개정되었으며, 그리고 다른 말뚝 항타 공식도 제안되었다. 그중 몇몇 항타 공식 중 3개의 공식은 표 11.19에 수록되어 있다.

여러 말뚝 항타공식에 사용되고 있는 **반발계수**(coefficient of restitution) n는 해머가 튀어오른 양을 측정한 값으로 0~1의 범위를 갖고 있다. 이것은 해머의 충격 전후에 말뚝과 해머 사이의 상대속도의 비율이다.

말뚝의 타입 시 말뚝에 발생되는 최대 응력은 표 11.19에 제안된 말뚝타입 공식으로부터 산정할 수 있다. 예를 들어 설명하기 위해서 수정 EN 공식을 사용하자.

$$Q_u = \frac{EW_R h}{S + C} \frac{W_R + n^2 W_p}{W_R + W_p}$$

이 식에서 S는 해머 타격당 평균 관입량으로, 다음과 같이 나타낼 수 있다.

$$S = \frac{25.4}{N} \tag{11.130}$$

표 11.19 말뚝 항타 공식

항타 공식명	공식
수정된 EN 공식	$$Q_u = \frac{EW_R h}{S + C}\frac{W_R + n^2 W_p}{W_R + W_p}$$ 여기서 E = 해머의 효율 C = 2.54 mm (S와 h의 단위는 mm) W_p = 말뚝의 무게 n = 램과 말뚝캡 사이의 반발 계수 대표적인 E 값 단동 또는 복동 해머 0.7~0.85 디젤 해머 0.8~0.9 드롭 해머 0.7~0.9 대표적인 n 값 주철 해머와 콘크리트말뚝(캡이 없음) 0.4~0.5 강재말뚝 위의 목재 쿠션 0.3~0.4 목재말뚝 0.25~0.3
Danish 공식(Olson and Flaate, 1967)	$$Q_u = \frac{EH_E}{S + \sqrt{\dfrac{EH_E L}{2A_p E_p}}}$$ 여기서 E = 해머의 효율 H_E = 측정된 해머의 에너지 E_p = 말뚝 재질의 탄성계수 L = 말뚝의 길이 A_p = 말뚝단면의 면적
Janbu 공식(Janbu, 1953)	$$Q_u = \frac{EH_E}{K'_u S}$$ 여기서 $K'_u = C_d\left(1 + \sqrt{1 + \dfrac{\lambda'}{C_d}}\right)$ $C_d = 0.75 + 0.14\left(\dfrac{W_p}{W_R}\right)$ $\lambda' = \left(\dfrac{EH_E L}{A_p E_p S^2}\right)$
Hiley 공식	수정 EN 공식과 동일함. 여기서 C는 말뚝머리 부분의 일시 압축량으로 다음과 같다. $C = (C_1 + C_2 + C_3)/2$ C_1 = 말뚝의 쿠션, 말뚝머리, 캡의 일시적인 탄성침하량 (약 1~5 mm) C_2 = 말뚝길이의 일시적인 탄성침하량 (약 $(0.2\text{~}1.0) \times 10^{-3} L$) C_3 = 진동이라고 알려진 것으로 말뚝선단 밑과 말뚝 주변의 흙이 일시적으로 발생되는 탄성침하량 (약 1~6 mm)

여기서

S의 단위는 mm이고

N = 관입깊이 25.4 mm당 해머의 타격 횟수

따라서

$$Q_u = \frac{EW_R h}{(25.4/N) + 2.54} \frac{W_R + n^2 W_p}{W_R + W_p} \tag{11.131}$$

주어진 해머와 말뚝에 대하여 여러 가지 N 값을 가정하여 Q_u 값을 계산한다. 타입응력 Q_u/A_p은 각 N 값에 대하여 계산할 수 있다. 이러한 과정은 다음과 같은 일련의 수치값을 사용하여 설명할 수 있다. 길이가 24.4 m인 프리스트레스(prestressed) 콘크리트말뚝이 해머에 의해 타입되었다고 가정하자. 말뚝의 폭은 254 mm이다. 이 말뚝에 대한 값은 표 11.3으로부터

$$A_p = 645 \times 10^{-4}\ \text{m}^2$$

말뚝의 무게는

$$A_p L \gamma_c = (645 \times 10^{-4}\ \text{m}^2)(24.4\ \text{m})\ (23.58\ \text{kN/m}^3) = 37.1\ \text{kN}$$

만약 말뚝캡의 무게가 2.98 kN이면

$$W_p = 37.1 + 2.98 = 40.08\ \text{kN}$$

다시, 해머에 대하여

$$\text{측정된 해머의 에너지} = 26.03\ \text{kN}\cdot\text{m} = H_E = W_R h$$
$$\text{램의 무게} = 22.24\ \text{kN}$$

해머의 효율을 0.85, $n = 0.35$라 가정하고, 이 값을 식 (11.131)에 대입하면

$$Q_u = \left[\frac{(0.85)(26.03 \times 1000)}{\dfrac{25.4}{N} + 2.54}\right]\left[\frac{22.24 + (0.35)^2(40.08)}{22.24 + 40.08}\right] = \frac{9639.08}{\dfrac{25.4}{N} + 2.54}\ \text{kN}$$

이제 다음 표를 만들 수 있다.

N	Q_u (kN)	A_p (m^2)	Q_u/A_p (MN/m^2)
0	0	645×10^{-4}	0
2	632	645×10^{-4}	9.79
4	1084	645×10^{-4}	16.8
6	1423	645×10^{-4}	22.06
8	1687	645×10^{-4}	26.16
10	1898	645×10^{-4}	29.43
12	2070	645×10^{-4}	32.12
20	2530	645×10^{-4}	39.22

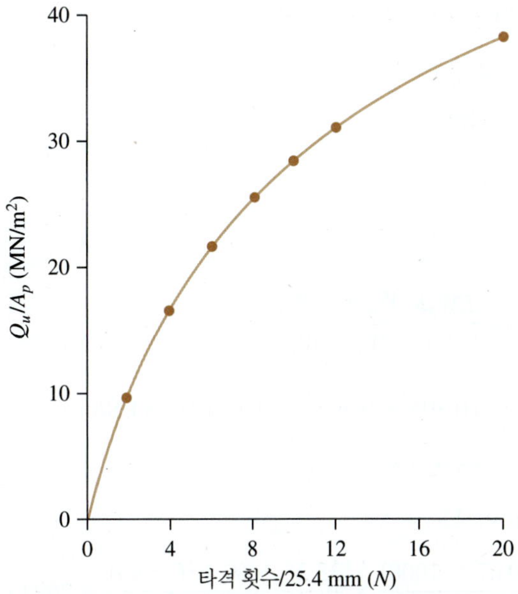

그림 11.46 25 .4 mm 타입 시 필요한 타격 횟수와 타입응력의 관계도

2.54 cm당 해머의 타격 횟수와 말뚝의 응력을 그림 11.46과 같이 나타낼 수 있다. 이 곡선이 그려진다면, 말뚝관입깊이 2.54 cm당 타격 횟수에 해당하는 허용 말뚝타입응력을 쉽게 구할 수 있다.

실제 목재말뚝의 타입응력은 $0.7f_u$ 정도로 제한되어 있다. 유사하게 콘크리트말뚝과 강재말뚝의 타입응력은 각각 약 $0.6\,f_c$와 $0.85\,f_y$ 정도로 제한되어 있다.

대부분의 경우 목재말뚝은 해머 에너지가 60 kN·m 이하의 해머로 타입한다. 타입 저항력은 대부분 관입깊이 2.54 cm당 4~5번의 타격 횟수로 제한되어 있다. 일반적으로 콘크리트말뚝이나 강재말뚝에서 N 값은 각각 6~8과 12~14 정도이다.

예제 11.18

단면이 0.305 m × 0.305 m인 기성 콘크리트말뚝이 해머로 타입되었다.

최대로 측정된 해머 에너지는 40.67 kN·m

해머효율 = 0.8

램의 무게 = 33.36 kN

말뚝의 길이 = 24.39 m

반발계수 = 0.4

말뚝캡의 무게 = 2.45 kN

$E_p = 20.7 \times 10^6$ kN/m²

25.4 mm 근입 시 타격 횟수 = 8

다음 식을 이용하여 말뚝의 허용지지력을 산정하라.

a. 수정 EN 공식(FS = 6 적용)

b. Danish 공식(FS = 4 적용)

풀이

Part a

$$Q_u = \frac{EW_Rh}{S+C}\frac{W_R + n^2W_p}{W_R + W_p}$$

$$\text{말뚝무게} + \text{캡} = (0.305 \times 0.305 \times 24.39)(23.58\ \text{kN/m}^3) + 2.45$$

$$= 55.95\ \text{kN}$$

주어짐: $W_Rh = 40.67\ \text{kN}\cdot\text{m}$이므로

$$Q_u = \frac{(0.8)(40.67 \times 1000)}{\dfrac{25.4}{8} + 2.54} \times \frac{33.36 + (0.4)^2(55.95)}{33.36 + 55.95} = 2697\ \text{kN}$$

$$Q_{\text{all}} = \frac{Q_u}{\text{FS}} = \frac{2697}{6} \approx \mathbf{449.5\ kN}$$

Part b

$$Q_u = \frac{EH_E}{S + \sqrt{\dfrac{EH_EL}{2A_pE_p}}}$$

$E_p = 20.7 \times 10^6\ \text{kN/m}^2$이므로

$$\sqrt{\frac{EH_EL}{2A_pE_p}} = \sqrt{\frac{(0.8)(40.67)(24.39)}{2(0.305 \times 0.305)(20.7 \times 10^6\ \text{kN/m}^2)}} = 0.01435\ \text{m} = 14.35\ \text{mm}$$

$$Q_u = \frac{(0.8)(40.67)}{\dfrac{25.4}{8 \times 1000} + 0.01435} \approx 1857\ \text{kN}$$

$$Q_{\text{all}} = \frac{1857}{4} \approx \mathbf{464\ kN}$$

■

11.22 진동관입 말뚝의 지지력

진동관입기(그림 11.9e)의 원리는 11.5절에서 간단하게 기술하였다. 11.5절에서 기술한 것처럼 이 진동관입기는 반대 방향으로 회전하는 두 개의 회전추로 구성된다. 진동 해머에 의해 발생되는 원심력의 크기는 다음과 같다.

$$F_c = me\omega^2 \tag{11.132}$$

여기서

m = 전 편심회전질량

e = 회전 중심과 각 회전질량 중심 사이의 거리

w = 작동되는 회전 주기

진동 해머는 일반적으로 4~40 kN의 **편심하중**이 생기게 된다. 이 편심하중은 스프링에 의해서 진동으로부터 분리된다. 즉, 편심하중이 순하향력으로 작용하여 말뚝의 관입률을 증가시켜 관입효율을 증가시키는 데 도움을 준다.

진동말뚝 관입기는 1930년대 초부터 사용하기 시작하였다. 진동관입기에 의한 말뚝 관입은 항타관입에 비하여 소음이 적고 말뚝의 손상이 감소된다. 그러나 미국에서는 하중, 관입률, 그리고 말뚝의 지지력 간의 대한 상관관계에 대한 이해 부족으로 사용이 대중화되지 못하고 있다.

진동말뚝 관입기는 특허화되었다. 몇 가지 예를 들면, Bodine Resonant Driver (BRD), Mckiernan-Terry 회사의 Vibro Driver, 그리고 L. B. Foster 회사의 Vibro Driver 등이 있다. Davisson(1970)은 사질토지반에서 말뚝의 극한지지력을 산정하기 위한 다음과 같은 식을 제안하였다.

$$Q_u(\text{kN}) = \frac{0.746(H_p) + 98(v_p\ \text{m/s})}{(v_p\ \text{m/s}) + (S_L\ \text{m/cycle})(f\ \text{Hz})} \tag{11.133}$$

여기서

H_p = 말뚝에 전달되는 마력

v_p = 말뚝의 최종 관입률

S_L = 손실계수

f = 주기(Hz)

사질토지반에서 여러 가지 형태의 손실계수 S_L은 다음과 같다(Bowles, 1996).

폐단 강관말뚝

- 느슨한 모래: 0.224×10^{-3} m/cycle
- 중간 정도 조밀한 모래: 0.762×10^{-3} m/cycle
- 매우 조밀한 모래: 2.438×10^{-3} m/cycle

H형 말뚝

- 느슨한 모래: -0.213×10^{-3} m/cycle
- 중간 정도 조밀한 모래: 0.762×10^{-3} m/cycle
- 매우 조밀한 모래: 2.134×10^{-3} m/cycle

2000년에 Feng and Deschamps는 사질토지반에서 진동관입된 말뚝의 극한지지력에 관하여 다음과 같은 식을 제안하였다.

$$Q_u = \frac{3.6(F_c + 11W_B)}{1 + 1.8 \times 10^{10}\dfrac{v_p}{c}\sqrt{\text{OCR}}}\frac{L_E}{L} \tag{11.134}$$

여기서

F_c = 원심력
W_B = 편심하중
v_p = 말뚝의 최종 관입률
c = 광속[1.8×10^{10} m/min]
OCR = 과압밀비
L_E = 말뚝의 근입길이
L = 말뚝의 길이

예제 11.19

Bodine Resonant Driver에 의해 단면이 HP 310 × 125이고, 길이가 20 m인 강말뚝이 중간 정도 조밀한 모래 지반에 관입되었다. 만약 H_p = 350마력, v_p = 0.0016 m/s이고, f = 115 Hz일 경우, 말뚝의 극한지지력 Q_u를 계산하라.

풀이

식 (11.133)으로부터

$$Q_u = \frac{0.746H_p + 98v_p}{v_p + S_L f}$$

H-말뚝에서 중간 정도의 조밀한 모래 지반의 경우, $S_L \approx 0.762 \times 10^{-3}$ m/cycle이므로

$$Q_u = \frac{(0.746)(350) + (98)(0.0016)}{0.0016 + (0.762 \times 10^{-3})(115)} = \mathbf{2928\ kN}$$

■

11.23 파동식 분석

11.21절에 소개한 말뚝 항타공식은 믿을 만하지 못하며, 그리고 기술자들에 의해서 어떤 식이 제일 잘 맞는지 의견의 일치를 보지 못했다. 이 식들의 대부분은 경험적이며, 특정한 말뚝형식과 길이에 대하여 적용하여 왔다. 급속한 속도의 컴퓨터 계산이 용이해짐에 따라 말뚝타입 동력학이라 불리는 파동식 분석(wave equation analysis)이 개발되었다. 이 파동식 분석은 말뚝을 타입하는 과정에서 응력파의 전달 효과를 고려했다. 즉, 긴 가느다란 봉을 따라 응력파가 전달되는 것과 유사한 형태로 다음과 같은 식으로 표현할 수 있다.

$$\frac{\partial^2 u}{\partial t^2} = v_c^2 \frac{\partial^2 u}{\partial z^2} \tag{11.135}$$

여기서

u = 지표면 아래 z심도에서 말뚝의 변위

t = 시간

$$v_c = \sqrt{\frac{E_p}{\rho}} \text{ 종방향 응력파의 전달 속도} \tag{11.136}$$

ρ = 말뚝재료의 질량밀도

E_p = 말뚝재료의 탄성계수

식 (11.135)의 상세한 유도는 토질동역학에 관한 책에서 찾아볼 수 있다(예, Das and Luo, 2017).

Smith(1960)는 식 (11.135)에 주어진 파동전달 관계식을 이용하여 디지털 컴퓨터로 수치모델링을 하여 말뚝의 파동전달의 기본식을 개발하였다. 파동식은 다음과 같은 값들을 알려준다.

- 말뚝의 지지력
- 장비의 적합성
- 타입응력

Smith(1960)의 수치모델은 그림 11.47에 보여준 예와 같다. 말뚝을 길이 1.5 m 또는 3 m와 같이 여러 개의 짧은 요소로 나눈다. 그림 11.47은 말뚝을 10개 요소로 나누었다. 각 요소의 각각의 무게는 $W_3, W_4, \ldots, W_{12}$이다. 타격해머램과 말뚝캡의 무게는 각각 W_1과 W_2이다. 각 말뚝의 탄성값은 그림 11.47에 도시한 것과 같이 $k_2, k_3, \ldots, k_{11}$ 같은 스프링으로 나타낸다. 역시 $R_3, R_4 \ldots, R_{11}$ 말뚝의 주면마찰력을 표현한 값이며, R_{12}는 말뚝선단의 지지력을 나타낸 것이다. 말뚝요소의 흙–말뚝의 접촉면과 말뚝의 제일 낮은 요소의 밑부분은 연속적인 스프링과 대시포트(dashpot, 완충제)를 사용하여 모델링하였다. Smith(1960)가 제안한 말뚝선단에 대한 스프링은, 예를 들면 그림 11.48a에 나타낸 것과 같다. 스프링저항값은 점 A에 도달할 때까지 변위가 발생됨에 따라 선형으로 증가하였다. 변위가 q일 때를 **진동**(quake)이라 알려져 있으며, 이 극한 저항력은 그림 11.48a에 나타난 것과 같이 R_u이다. 이 지점을 지나면 소성영역이 된다. 대시포트 저항력은 속도의 선형함수로서 **감쇠계수**(damping coefficient) J (저항력/속도 = J)이라 불리며 그림 11.48b에 도시되어 있다. 각 요소의 진동, 극한 저항값과 감쇠계수는 수치 값이며, 주로 지반을 구성하는 흙 종류의 함수이다. Smith(1960)는 진동의 값을 2.5 mm로 제안하였으나, 후에 다른 연구자들에 의하여 수정되었다.

이 모델링은 말뚝 타입을 묘사한 것으로 해머의 에너지가 램으로 전달되면서 시작된다. 따라서 압축파가 발생되어 말뚝선단까지 아래방향으로 전달되었다가 다시 압축파로 위 방향으로 반사된다. 압축파가 각각 반대 방향으로 교차하여 통과함에 따라 인장력이 발생될 수 있다. 이러한 경우는 말뚝이 단단한 층을 통과하여 말뚝 끝이 연약층에 놓여 있을 때 발생될 수 있다. 응력파가 소멸되면서 말뚝은 하나의 셋(set)이라 불리는 일정 구간을 통과하면서 밑으로 관입한다. Smith(1960)는 그림 11.49에 도시된 것과 같이 시간에 따른 말뚝요소의 변위 관계를 제시하였다. 그림 11.47을 참고하여, 다음과 같은 변수들을 사용하였다.

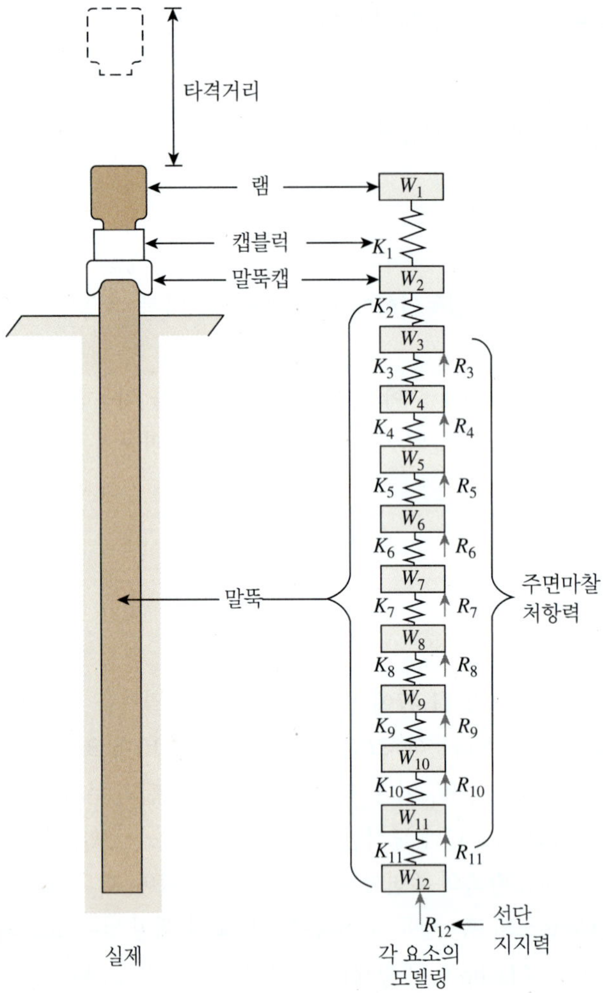

그림 11.47 타입말뚝에 대한 파동식의 모델(출처: Based on Smith, 1960)

- H형 강재말뚝길이: 30 m
- 말뚝 각 요소의 길이: 3 m
- 말뚝선단: $q = 2.5$ mm, $R_u = 889.6$ kN
- 램의 타격속도: 3.78 m/sec

그림 11.49에서 D_1부터 D_{12}는 W_1부터 W_{12}의 무게에 해당되는 변위이다. 또한 D_p'는 소성지반 변위로서, 영구정착되었을 때 변위는 5.159 mm이다.

파동식 모델에 의한 말뚝의 지지력은 주면마찰력과 선단지지력을 나타내는 모든 R-값들을 합산하여 구할 수 있다. 이 해석법은 말뚝지지력과 시공제어에 사용되는 타격 횟수(N) 관계도를 작성하기 위하여 다른 가정한 R값들을 사용하여 반복적으로 분석한다.

11.24 부주면마찰력

부주면마찰력(negative skin friction)이란 말뚝 주변에 있는 흙에 의하여 말뚝에 작용하는

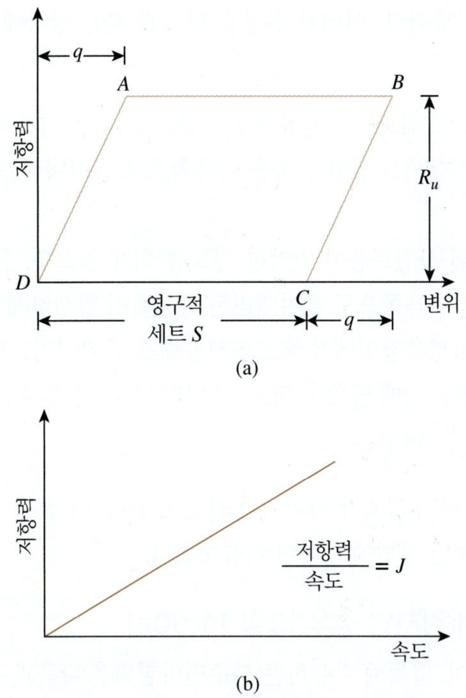

그림 11.48 말뚝선단에서의 흙–말뚝의 접촉 모델: (a) 두 줄의 선의 스프링, (b) 대시포트(dashpot)

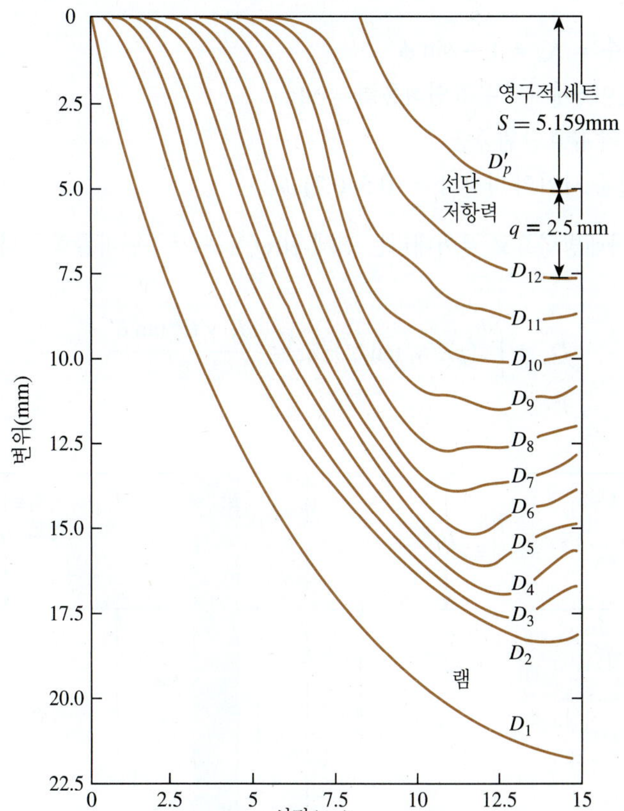

그림 11.49 파동식 분석의 예(출처: Based on Smith, 1960)

하향력(downward drag force)을 말한다. 이러한 현상은 다음과 같은 상황에서 발생될 수 있다.

1. 말뚝이 근입된 사질토층 위에 점토층을 성토하면, 성토층에서는 점차적으로 압밀이 진행된다. 이렇게 압밀이 진행되는 동안 말뚝을 아래쪽으로 끌어내리는 하향력이 발생하게 된다(그림 11.50a).
2. 그림 11.50b와 같이 성토된 사질토층이 연약한 점토층 위에 있으면, 점토층에서 압밀이 진행됨에 따라 말뚝을 아래쪽으로 끌어내리는 하향력이 발생하게 된다.
3. 지하수위의 강하는 임의의 토층깊이에서 유효연직응력을 증가시키는데, 이는 점토층에서 압밀침하를 유발한다. 이때 말뚝이 점토층에 위치한다면, 말뚝을 아래쪽으로 끌어내리는 하향력이 작용할 것이다.

어떤 경우에는 하향력이 과다하여 기초가 파괴되는 원인이 된다. 이 절에서는 부주면마찰력을 계산하는 두 종류의 잠정적인 방법에 대하여 기술하였다.

사질토층 위에 점토 성토층이 위치한 경우(그림 11.50a)

11.15절에서 설명한 β 방법과 같이, 말뚝에 작용하는 부주면마찰력은 다음과 같다.

$$f_n = K'\sigma'_o \tan\delta' \quad (11.137a)$$

여기서

K' = 토압계수 = $K_o = 1 - \sin\phi'$

σ'_o = 임의 깊이 z에서의 유효연직응력 = $\gamma'_f z$

γ'_f = 성토층의 유효단위중량

δ' = 흙과 말뚝 사이의 마찰각 ≈ (0.5~0.7) ϕ'

그러므로 말뚝을 아래방향으로 끌어내리는 전체 힘(Q_n), 즉 부주면마찰력은 다음과 같다.

$$Q_n = \int_0^{H_f} (pK'\gamma'_f \tan\delta')z\,dz = \frac{pK'\gamma'_f H_f^2 \tan\delta'}{2} \quad (11.137b)$$

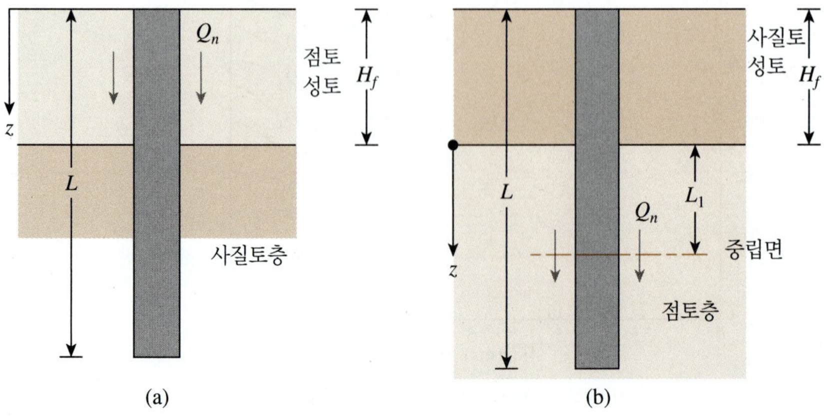

그림 11.50 부주면마찰력이 발생하는 지반 조건

여기서 H_f = 성토층의 높이. 만약 성토층이 지하수위보다 위에 있을 때에는, 유효단위중량 γ_f'는 습윤단위중량으로 대체되어야 한다.

점토층 위에 사질토 성토층이 위치한 경우(그림 11.50b)

이 경우 말뚝의 부주면마찰력은 $z = 0$에서 **중립깊이**(neutral depth)라고 불리는 $z = L_1$ 사이에 존재한다(Vesic, 1977, pp. 25~26 참고). 중립깊이는 다음과 같이 산정할 수 있다(Bowles, 1982).

$$L_1 = \frac{(L - H_f)}{L_1}\left[\frac{L - H_f}{2} + \frac{\gamma_f' H_f}{\gamma'}\right] - \frac{2\gamma_f' H_f}{\gamma'} \tag{11.138}$$

여기서 γ_f'과 γ' = 각각 성토층과 그 밑에 위치한 점토층의 유효단위중량

선단지지말뚝의 경우, 중립깊이는 말뚝선단에 위치한다고 가정할 수 있다(즉, $L_1 = L - H_f$).

L_1이 결정되면, 부주면마찰력(하향력)은 다음과 같이 산정할 수 있다. 깊이 $z = 0$에서 $z = L_1$ 사이의 임의의 깊이에서 단위 부주면마찰력은 다음과 같다.

$$f_n = K'\sigma_o' \tan\delta' \tag{11.139}$$

여기서

$K' = K_o = 1 - \sin\phi'$

$\sigma_o' = \gamma_f' H_f + \gamma' z$

$\delta' = (0.5\text{–}0.7)\,\phi'$

$$\begin{aligned} Q_n &= \int_0^{L_1} p f_n \, dz = \int_0^{L_1} pK'(\gamma_f' H_f + \gamma' z)\tan\delta' \, dz \\ &= (pK'\gamma_f' H_f \tan\delta')L_1 + \frac{L_1^2 pK'\gamma' \tan\delta'}{2} \end{aligned} \tag{11.140}$$

만일 원지반이나 성토층이 지하수위 위에 위치하면, 유효단위중량은 습윤단위중량으로 대체하여야 한다. 어떤 경우에는 부주면마찰력을 방지하기 위하여 말뚝에서 하향력이 작용하는 부분을 역청재(bitumen)로 코팅하기도 한다.

부주면마찰력에 대한 사례 연구는 많지 않다. Bjerrum et al.(1969)은 노르웨이 오슬로 항의 소렌가(Sorenga)에서 시험말뚝(원문에서는 말뚝 G로 기술함)에 작용하는 하향력을 계측하여 보고한 바 있다. 또한 Wong and Teh(1995)는 Bjerrum et al.(1969)의 시험 결과를 깊이 40 m에 위치한 기반암까지 타입된 말뚝으로 보고 분석한 바 있다. 그림 11.51a는 시험말뚝이 위치한 지점의 지층분포와 말뚝을 나타내고 있다. Wong and Teh(1995)는 다음과 같이 부주면마찰력을 산정하였다.

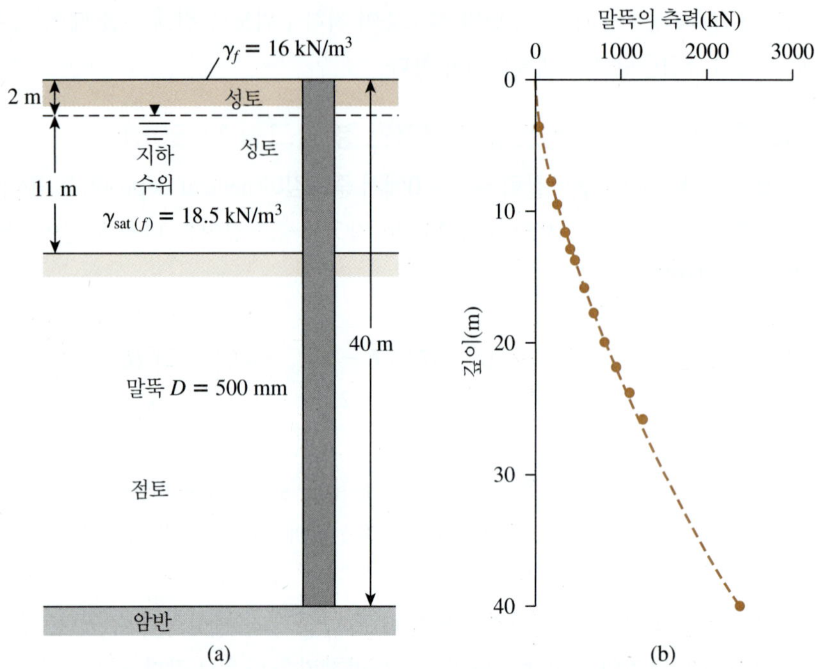

그림 11.51 노르웨이 오슬로 항구에 위치한 말뚝에 작용하는 부주면마찰력(출처: Based on Bjerrum et al. (1969) and Wong and Teh (1995))

- 성토층: 습윤단위중량 $\gamma' = 16\ \text{kN/m}^3$
  포화단위중량 $\gamma'_{\text{sat(f)}} = 18.5\ \text{kN/m}^3$
  그러므로

$$\gamma'_f = 18.5 - 9.81 = 8.69\ \text{kN/m}^3$$

그리고

$$H_f = 13\ \text{m}$$

- 점토층: $K' \tan \delta' \approx 0.22$
  포화 유효단위중량 $\gamma' = 19 - 9.81 = 9.19\ \text{kN/m}^3$
- 말뚝: $L = 40\ \text{m}$
  직경 $D = 500\ \text{mm}$

따라서, 말뚝에 작용하는 최대 부주면마찰력(하향력)은 식 (11.140)으로부터 산정할 수 있다. 이 말뚝은 선단지지말뚝이므로 $L_1 = 27$ m이다. 따라서

$$Q_n = (p)(K' \tan \delta')[\gamma_f \times 2 + (13 - 2)\gamma'_f](L_1) + \frac{L_1^2 p \gamma' (K' \tan \delta')}{2}$$

또는

$$Q_n = (\pi \times 0.5)(0.22)[(16 \times 2) + (8.69 \times 11)](27) + \frac{(27)^2(\pi \times 0.5)(9.19)(0.22)}{2}$$
$$= 2348\ \text{kN}$$

계측된 최대 Q_n은 약 2500 kN(그림 11.51b)으로, 계산 결과와 잘 일치하고 있다.

예제 11.20

그림 11.50a에서 $H_f = 2$ m이다. 말뚝은 원형단면이며, 직경은 0.305 m이다. 성토체는 지하수위 상부에 위치하며, $\gamma'_f = 16$ kN/m^3, $\phi' = 32°$이다. 전체 부주면마찰력을 구하라. $\delta' = 0.6\phi'$이다.

풀이

식 (11.137b)로부터

$$Q_n = \frac{pK'\gamma_f H_f^2 \tan \delta'}{2}$$

또한

$$p = \pi(0.305) = 0.958 \text{ m}$$
$$K' = 1 - \sin \phi' = 1 - \sin 32 = 0.47$$

그리고

$$\delta' = (0.6)(32) = 19.2°$$

그러므로

$$Q_n = \frac{(0.958)(0.47)(16)(2)^2 \tan 19.2}{2} = \mathbf{5.02\ kN}$$

■

예제 11.21

그림 11.50b에서 $H_f = 2$ m이다. 말뚝직경은 0.305 m이다. $\gamma' = 16.5$ kN/m^3, $\phi'_{점토} = 34°$ $\gamma'_{sat(점토)} = 17.2$ kN/m^3, 그리고 $L = 20$ m이다. 점토층의 상부면과 지하수위가 일치한다. 전체 부주면마찰력을 구하라. $\delta' = 0.6\phi'_{점토}$이다.

풀이

중립면의 깊이는 식 (11.138)로부터

$$L_1 = \frac{L - H_f}{L_1}\left(\frac{L - H_f}{2} + \frac{\gamma_f H_f}{\gamma'}\right) - \frac{2\gamma_f H_f}{\gamma'}$$

식 (11.138)의 성토흙이 지하수위 상부에 위치하므로 γ'_f는 γ_f로 대체되어야 한다. 그러므로

$$L_1 = \frac{(20-2)}{L_1}\left[\frac{(20-2)}{2} + \frac{(16.5)(2)}{(17.2-9.81)}\right] - \frac{(2)(16.5)(2)}{(17.2-9.81)}$$

또는

$$L_1 = \frac{242.4}{L_1} - 8.93;\ L_1 = 11.75 \text{ m}$$

식 (11.140)으로부터

$$Q_n = (pK'\gamma_f H_f \tan\delta')L_1 + \frac{L_1^2 pK'\gamma' \tan\delta'}{2}$$

또한

$$p = \pi(0.305) = 0.958 \text{ m}$$

그리고

$$K' = 1 - \sin 34° = 0.44$$

그러므로

$$\begin{aligned} Q_n &= (0.958)(0.44)(16.5)(2)[\tan(0.6 \times 34)](11.75) \\ &\quad + \frac{(11.75)^2(0.958)(0.44)(17.2 - 9.81)[\tan(0.6 \times 34)]}{2} \\ &= 60.78 + 79.97 = \mathbf{140.75\ kN} \end{aligned}$$

■

무리말뚝

11.25 무리말뚝의 효율

대부분의 경우 말뚝은 그림 11.52에 도시된 것과 같이 무리말뚝으로 사용되는데, 이것은 구조물 하중을 지반에 전달하기 위한 것이다. **말뚝캡**은 **무리말뚝** 상부에 시공된다. 말뚝캡은 대부분의 경우(그림 11.52a)에 지면과 접촉하고 있으나, 해상 플랫폼(그림 11.52b)의 경우에는 지면보다 상당히 위에 있다.

무리말뚝의 지지력을 결정하는 것은 매우 복잡한 문제이고, 아직 완전히 해결되지 않고 있다. 말뚝이 서로 근접해서 타입되었을 경우, 말뚝에서 흙으로 전달되는 응력은 중복될 것(그림 11.52c)이라는 가정이 타당하며, 말뚝의 지지력은 감소할 것이다. 이상적으로 무리말뚝은 지지력이 각 개개의 말뚝의 지지력의 합보다 작지 않도록 말뚝 간격을 유지하여야 한다. 실제로 말뚝과 말뚝의 중심 간 최소 간격(d)은 최소 2.5D로 유지하지만, 보통의 경우 약 3~3.5D로 한다.

무리말뚝의 지지력 효율(efficiency)은 다음과 같이 정의된다.

$$\eta = \frac{Q_{g(u)}}{\Sigma Q_u} \tag{11.141}$$

여기서

η = 무리말뚝의 효율

$Q_{g(u)}$ = 무리말뚝의 극한지지력

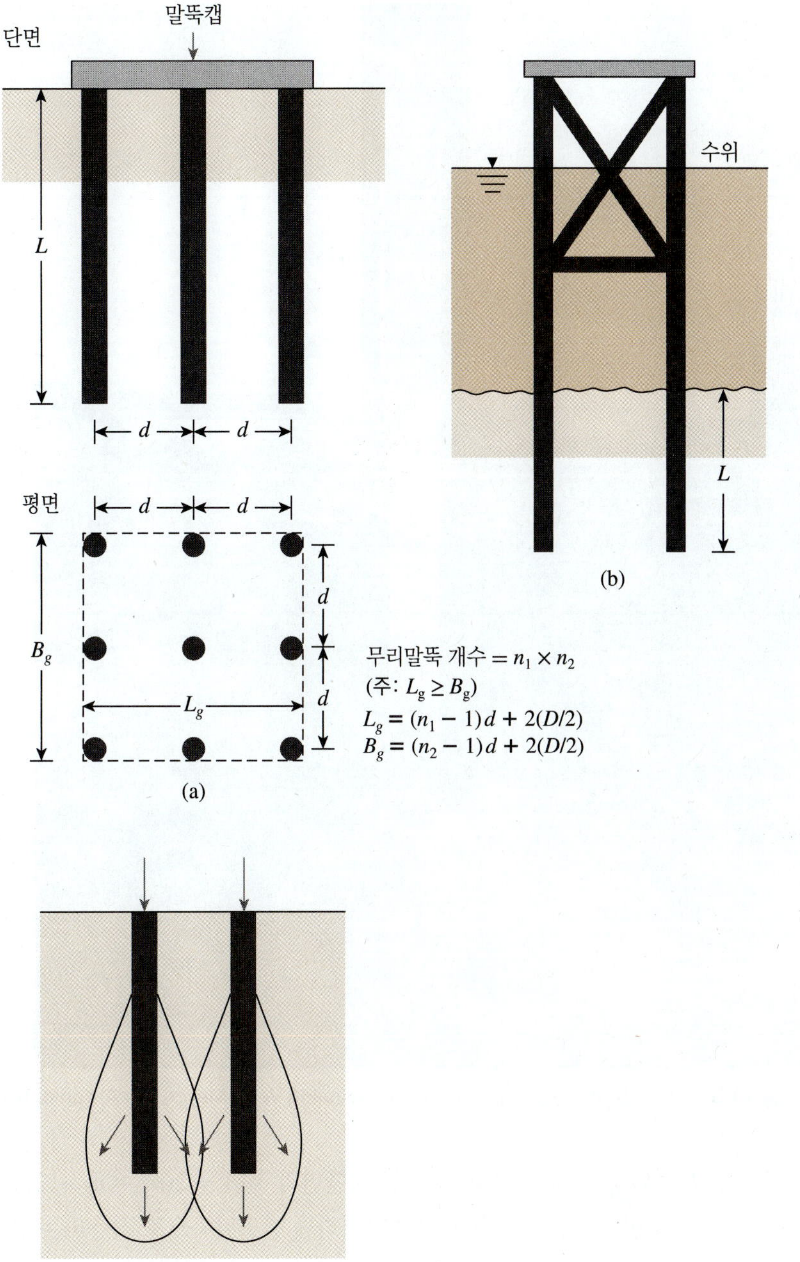

그림 11.52 무리말뚝의 모식도

Q_u = 무리말뚝의 효과가 포함되지 않은 각 말뚝의 극한지지력

그림 11.53은 무리말뚝의 설치전경을 나타낸다.

많은 지반공학 기술자들은 특히 사질토에 근입된 **마찰말뚝**에 대하여 무리말뚝의 효율을 구하기 위하여 단순화된 해석법을 사용한다. 이런 형태의 해석법은 그림 11.52a로 설명할 수 있다. 무리말뚝 내의 말뚝 간격에 따라 두 가지 형태 중 한 형태, 즉 (1) $L_g \times B_g \times L$의 크기를 가진 **블록**, 또는 (2) **단일말뚝**으로 거동한다. 만약 말뚝이 블록으로 작용한다면, 마찰

그림 11.53 무리말뚝의 타입 전경(Courtesy of Reinaldo Vega-Meyer, San Antonio, Texas)

력은 $f_{av}p_gL \approx Q_{g(u)}$이다. 여기서 p_g = 블록 단면의 윤변 = $2(n_1 + n_2 + 2)d + 4D$이고, f_{av} = 평균 단위주면마찰저항력이다. 이와 유사하게 단일말뚝으로 작용하는 말뚝의 경우에는 $Q_u \approx pLf_{av}$이다. 여기서 p는 각 말뚝단면의 윤변이다. 따라서

$$\eta = \frac{Q_{g(u)}}{\Sigma Q_u} = \frac{f_{av}[2(n_1 + n_2 - 2)d + 4D]L}{n_1 n_2 pLf_{av}} = \frac{2(n_1 + n_2 - 2)d + 4D}{pn_1 n_2} \tag{11.142}$$

그러므로

$$Q_{g(u)} = \left[\frac{2(n_1 + n_2 - 2)d + 4D}{pn_1 n_2}\right]\Sigma Q_u \tag{11.143}$$

표 11.20 마찰말뚝의 무리효율을 산정하기 위한 식

명칭	산정식
Converse-Lavarre 식	$\eta = 1 - \left[\frac{(n_1 - 1)n_2 + (n_2 - 1)n_1}{90 n_1 n_2}\right]\theta$ 여기서 $\theta(\text{deg}) = \tan^{-1}(D/d)$
Los Angeles Group Action 식	$\eta = 1 - \frac{D}{\pi d n_1 n_2}[n_1(n_2 - 1) + n_2(n_1 - 1) + \sqrt{2}(n_1 - 1)(n_2 - 1)]$
Seiler-Keeney 식 (Seiler and Keeney, 1944)	$\eta = \left\{1 - \left[\frac{36.08d}{7(10.76d^2 - 1)}\right]\left[\frac{n_1 + n_2 - 2}{n_1 + n_2 - 1}\right]\right\} + \frac{0.3}{n_1 + n_2}$ 여기서 d의 단위는 m이다.

식 (11.143)으로부터, 만약 말뚝중심 사이의 간격 d이 충분히 크다면, $\eta > 1$이 된다. 이 경우 말뚝은 독립말뚝으로 거동한다. 따라서 실무에서 만약 $\eta < 1$이면

$$Q_{g(u)} = \eta \Sigma Q_u$$

그리고 $\eta \geq 1$이면

$$Q_{g(u)} = \Sigma Q_u$$

식 (11.143)과 같이 마찰말뚝의 무리효율을 구할 수 있는 다른 식들이 있다. 그중 일부는 표 11.20에 정리되어 있다.

식 (11.143)과 같은 무리말뚝의 효율에 관한 상관관계식들은 단순화된 것이라는 점을 아는 것은 중요하다.

Feld(1943)는 사질토에 근입된 무리말뚝의 각개 말뚝의 지지력을 계산하는 방법을 제안하였다. 이 방법에 따르면, 대각선 방향의 이웃말뚝이나 같은 열의 이웃말뚝의 극한지지력은 1/16 정도 줄어든다. 이 방법은 그림 11.54에 나타난 무리말뚝의 평면도로 설명할 수 있다. A말뚝의 경우 8개 말뚝이 이웃하고 있으며, B말뚝의 경우 5개 말뚝이 이웃하고 있고, C말뚝의 경우 3개 말뚝이 이웃하고 있다. 따라서 다음과 같은 표를 작성할 수 있다.

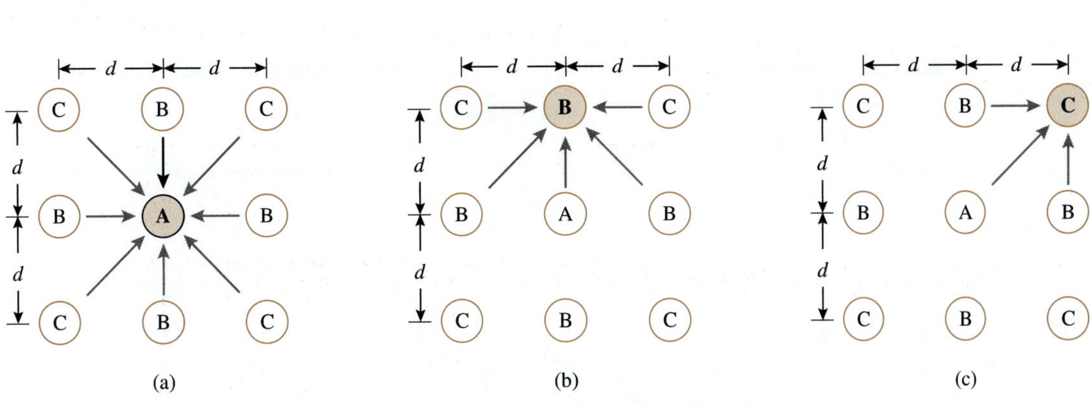

그림 11.54 마찰 무리말뚝의 지지력 산정을 위한 Feld의 방법

말뚝의 종류	말뚝의 개수	이웃말뚝의 개수	각 말뚝의 감소계수	극한지지력[a]
A	1	8	$1-\frac{8}{16}$	$0.5Q_u$
B	4	5	$1-\frac{5}{16}$	$2.75Q_u$
C	4	3	$1-\frac{3}{16}$	$3.25Q_u$
				$\sum 6.5Q_u = Q_{g(u)}$

[a](말뚝의 개수) (Q_u) (감소계수)

Q_u = 독립말뚝의 극한지지력

점토 지반에 설치된 무리말뚝의 현장재하시험

Brand et al.(1972)는 점토 지반에 근입된 무리말뚝에 대하여 제한된 횟수의 말뚝재하시험 결과를 보고하였다. 무리말뚝의 세부사항은 다음과 같다.

무리말뚝의 규모, 2 × 2
말뚝의 길이, $L = 6$ m
말뚝의 직경, $D = 150$ mm

(a) 단독으로 서 있는 무리말뚝, (b) 캡이 있는 무리말뚝에 대하여 현장재하시험을 실시하였다. 표 11.21은 현장시험으로부터 얻은 결과로부터 보간법에 의한 무리말뚝의 효율(η)을 나타내었다. 이 표에는 또한 비교 목적으로 표 11.20에 제시된 Converse-Labarre의 관계식을 이용하여 구한 말뚝의 효율값(η)들을 기술하였다. 주어진 d/D에 대한 시험 효율값이 Converse-Labarre의 관계식을 이용하여 구한 효율값보다 실질적으로 큰 값이 나온다.

모래 지반에 설치된 무리말뚝의 현장재하시험

그림 11.55는 모래 지반에 설치된 3 × 3 무리말뚝의 효율(η) 변화를 나타내고 있다(Kishida and Meyerhof, 1965). 이로부터 느슨한 사질토와 중간 정도의 사질토에서는 무리효율이 1보다 크다는 것을 알 수 있다. 이는 주로 말뚝 주변의 사질토가 조밀하게 되기 때문이다. 조밀한 모래 지반은 말뚝의 타입 시 부피가 팽창하면서 느슨하게 된다. 따라서 효율이 1

표 11.21 Converse-Labarre의 관계식과 Brand et al.(1972)이 발표한 무리말뚝의 효율 비교

	무리말뚝의 효율, η (%)		
d/D	독립 무리말뚝	캡 무리말뚝	Converse-Labarre식*
2	105	114	70.5
2.5	106	112	74.2
3	107	115	79.5
4	110	118	84.4
5	109	129	87.4

*표 11.20

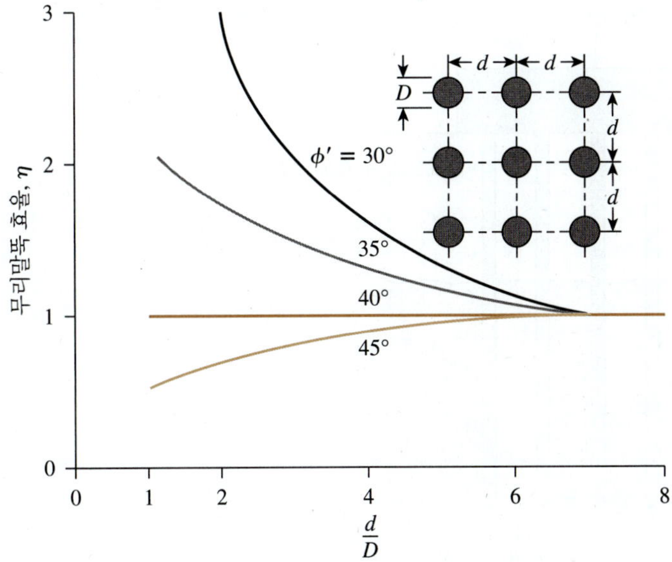

그림 11.55 모래 지반에 근입된 무리말뚝의 효율(출처: Based on Kishida and Meyerhof, 1965)

보다 작게 된다. 말뚝의 설치간격 d가 클 때, 무리말뚝의 효율은 흙의 상대밀도에 관계없이 1에 근접하게 된다.

현재까지 모래 지반에서 무리말뚝의 거동에 관한 실험적 고찰에 근거하여, 다음과 같은 일반적인 결론을 도출할 수 있다.

1. 모래 지반에서 $d/3D$인 타입무리말뚝은 $Q_{g(u)}$는 각개 말뚝의 마찰력과 선단지지력이 포함된 단일말뚝의 합 ΣQ_u과 같다고 할 수 있다.
2. 모래 지반에서 $d \approx 3D$인 천공(bored) 무리말뚝의 $Q_{g(u)}$는 각개 말뚝의 마찰력과 선단지지력이 포함된 단일말뚝의 합 ΣQ_u의 $\frac{2}{3}$~$\frac{3}{4}$와 같다고 할 수 있다.

11.26 포화된 점토에 근입된 무리말뚝의 극한지지력

그림 11.56은 포화된 점토 지반에 근입된 무리말뚝을 나타내고 있다. 여기서 말뚝과 점토흙을 하나의 일체식 블록으로 취급하였다. 이 그림을 이용하여, 무리말뚝의 극한지지력은 다음과 같이 산정할 수 있다.

1단계. $\Sigma Q_u = n_1 n_2 (Q_p + Q_s)$를 결정한다. 식 (11.20)으로부터

$$Q_p = A_p[9c_{u(p)}]$$

여기서 $c_{u(p)}$ = 말뚝선단부에서 점토의 비배수 점착력. 또한 식 (11.68)로부터, 단일말뚝의 극한지지력은

$$Q_s = \Sigma \alpha p c_u \Delta L$$

그러므로

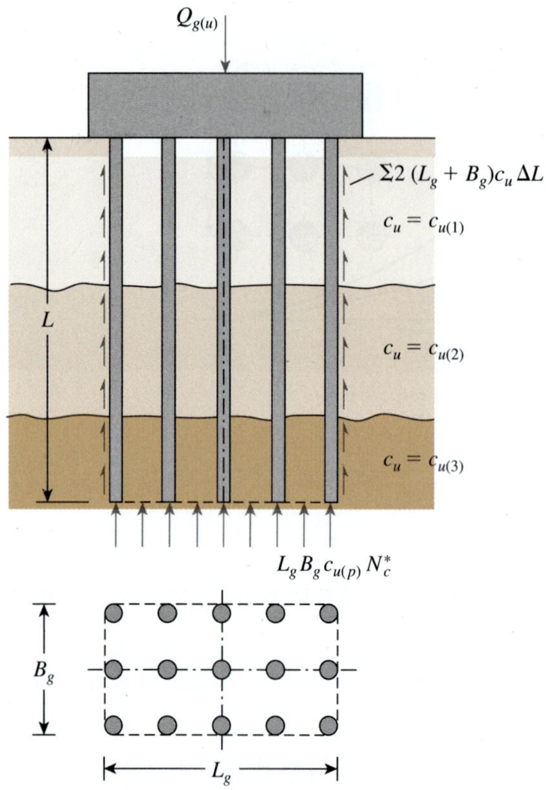

그림 11.56 점토 지반에 근입된 무리말뚝의 극한지지력

$$\Sigma Q_u = n_1 n_2 [9 A_p c_{u(p)} + \Sigma \alpha p c_u \Delta L] \tag{11.144}$$

2단계. 크기가 $L_g \times B_g \times L$인 블록과 같이 거동하는 무리말뚝으로 가정하여 극한지지력을 구한다. 블록의 주면마찰저항력은 다음과 같다.

$$\Sigma p_g c_u \Delta L = \Sigma 2\,(L_g + B_g) c_u \Delta L$$

선단지지력을 계산하면

$$A_p q_p = A_p c_{u(p)} N_c^* = (L_g B_g) c_{u(p)} N_c^*$$

지지력계수 N_c^*는 그림 11.57로부터 결정한다. 따라서 극한지지력은 다음과 같다.

$$\Sigma Q_u = L_g B_g c_{u(p)} N_c^* + \Sigma 2 (L_g + B_g) c_u \Delta L \tag{11.145}$$

3단계. 식 (11.144)와 (11.145)로부터 얻어진 값을 비교하여, 작은 값을 $Q_{g(u)}$로 결정한다.

예제 11.22

포화된 점토 지반에 3 × 4 무리말뚝의 단면이 그림 11.58에 나타난 것과 같다. 말뚝은 356

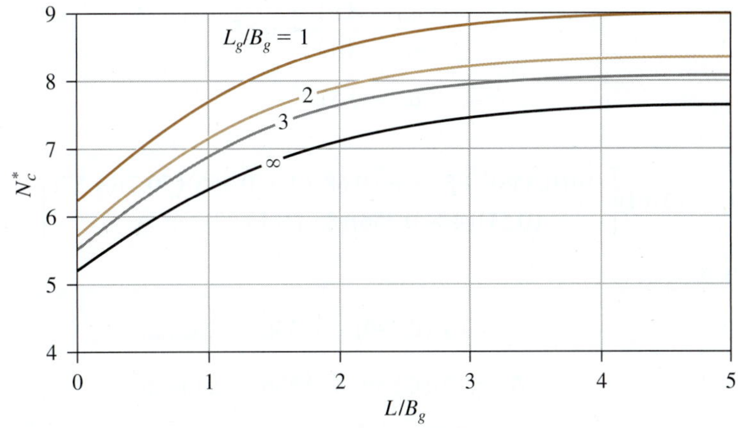

그림 11.57 L_g/B_g와 L/B_g에 따른 N_c^*의 변화값

mm × 356 mm의 정사각형 단면이다. 말뚝의 중심 간 간격 d는 889 mm이다. 무리말뚝의 허용지지력을 결정하라. FS = 4를 사용하고, 지하수위는 지표면과 같은 위치에 있음을 유의하라.

풀이

식 (11.144)로부터

$$\Sigma Q_u = n_1 n_2 [9A_p c_{u(p)} + \alpha_1 p c_{u(1)} L_1 + \alpha_2 p c_{u(2)} L_2]$$

그림 11.58로부터 $c_{u(1)} = 50.3\ \text{kN/m}^2$ 그리고 $c_{u(2)} = 85.1\ \text{kN/m}^2$

상부층에서 $c_{u(1)} = 50.3\ \text{kN/m}^2$

$$\frac{c_{u(1)}}{p_a} = \frac{50.3}{100} = 0.525$$

표 11.12로부터 $\alpha_1 \approx 0.68$. 유사하게

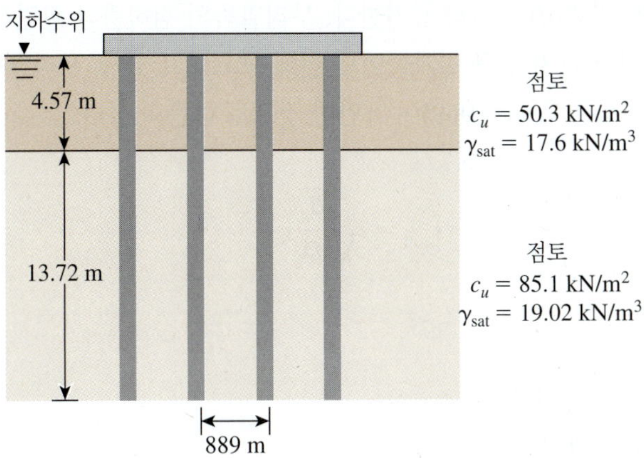

그림 11.58 층상 포화점토 지반의 무리말뚝

$$\frac{c_{u(2)}}{p_a} = \frac{85.1}{100} \approx 0.85$$

$$\alpha_2 = 0.51$$

$$\Sigma Q_u = (3)(4)\begin{bmatrix}(9)(0.356)^2(85.1) + (0.68)(4 \times 0.356)(50.3)(4.57) \\ + (0.51)(4 \times 0.356)(85.1)(13.72)\end{bmatrix} = 14011 \text{ kN}$$

무리말뚝의 거동은

$$L_g = (3)(0.889) + 0.356 = 3.023 \text{ m}$$

$$B_g = (2)(0.889) + 0.356 = 2.134 \text{ m}$$

$$\frac{L_g}{B_g} = \frac{3.023}{2.134} = 1.42$$

$$\frac{L}{B_g} = \frac{18.29}{2.134} = 8.57$$

그림 11.57로부터 $N_c^* = 8.75$이다. 식 (11.145)로부터

$$\begin{aligned}\Sigma Q_u &= L_g B_g c_{u(p)} N_c^* + \Sigma 2(L_g + B_g) c_u \,\Delta L \\ &= (3.023)(2.134)(85.1)(8.75) + (2)(3.023 + 2.134)[(50.3)(4.57) + (85.1)(13.72)] \\ &= 19217 \text{ kN}\end{aligned}$$

따라서 $\Sigma Q_u = 14{,}011$ kN.

$$\Sigma Q_{\text{all}} = \frac{14{,}011}{\text{FS}} = \frac{14{,}011}{4} \approx \mathbf{3503\ kN}$$

■

11.27 무리말뚝의 탄성침하

일반적으로 각각의 말뚝에 유사한 사용하중이 작용하는 무리말뚝의 침하량은 무리말뚝의 폭(B_g)과 말뚝 중심 간 간격(d)에 따라 증가한다. 무리말뚝의 침하량과 관련하여 매우 다양한 결과를 나타내는 여러 가지 연구 결과들이 문헌에 보고되고 있다. 무리말뚝의 침하량에 대한 가장 간단한 관계식은 Vesic(1969)이 제안한 것으로 다음과 같다.

$$s_{g(e)} = \sqrt{\frac{B_g}{D}} s_e \qquad (11.146)$$

여기서

$s_{g(e)}$ = 무리말뚝의 탄성침하량

B_g = 무리말뚝단면의 폭

D = 무리말뚝에서 단일말뚝의 폭이나 직경

s_e = 실제 작용하중하에서 단일말뚝의 탄성침하량(11.19절)

Meyerhof(1976)는 사질토나 자갈층 지반에 근입된 무리말뚝의 탄성침하량을 산정하기 위하여 다음과 같은 경험식을 제안하였다.

$$s_{g(e)}(\text{mm}) = \frac{0.96q\sqrt{B_g}I}{N_6} \tag{11.147}$$

여기서

$$q = Q_g/(L_g B_g) \text{ (in kN/m}^2) \tag{11.148}$$

L_g와 B_g = 무리말뚝단면의 길이와 폭

N_{60} = 침하영역 내에서의 평균 표준관입치

(≈ 말뚝선단부에서 B_g만큼의 심도)

$$I = \text{영향계수} = 1 - L/8B_g \geq 0.5 \tag{11.149}$$

L = 말뚝의 근입깊이(m)

유사하게, 콘관입저항치를 이용한 무리말뚝의 침하량은 다음과 같이 산정할 수 있다.

$$S_{g(e)} = \frac{qB_g I}{2q_c} \tag{11.150}$$

여기서 q_c = 침하 영역 내에서의 평균 콘관입저항치. [식 (11.151)에서 모든 부호는 일관된 단위를 사용한다.]

예제 11.23

말뚝길이가 각각 21 m인 3 × 4 기성 콘크리트 무리말뚝이 모래층에 근입되어 있다. 각각의 말뚝과 모래층에 대한 세부사항은 예제 11.14에 도시되어 있다. 무리말뚝의 사용하중은 6024 kN이다(3 × 4 × Q_{all}—여기서 예제 11.14와 같이, Q_{all} = 502 kN, d/D = 3). 식 (11.146)을 이용하여 무리말뚝의 탄성침하량을 산정하라.

풀이

$$s_{e(g)} = \sqrt{\frac{B_g}{D}} s_e$$

$$B_g = (3-1)d + \frac{2D}{2} = (2)(3D) + D = 7D = (7)(0.356\text{ m}) = 2.492\text{ m}$$

예제 11.14로부터 s_e = 19.69 mm. 따라서

$$s_{e(g)} = \sqrt{\frac{2.492}{0.356}}(19.69) = \mathbf{52.09\ mm}$$

■

11.28 무리말뚝의 압밀침하

점토 지반에 근입된 무리말뚝의 압밀침하량은 2:1 응력분포법을 이용하여 근사적으로 산정할 수 있다. 계산 절차는 다음과 같다(그림 11.59).

1단계. 말뚝의 근입깊이를 L이라 하자. 무리말뚝은 전체 하중 Q_g를 받는다. 만약 말뚝 캡이 원래 지표면보다 아래에 있다면 Q_g는 말뚝에 가해지는 상부 구조물의 전체 하중에서 굴착으로 인한 군말뚝 윗부분 흙의 유효중량을 뺀 것과 같다.

2단계. 그림에 나타낸 것과 같이 하중 Q_g가 말뚝의 상단에서 $2L/3$ 깊이 이하에 위치한 지반에 전달된다고 가정한다. 하중 Q_g는 이 깊이에서부터 연직으로 2, 수평으로 1의 비율로 확장되어 나간다. 선 aa'와 선 bb'의 직선은 두 개의 2:1 선이다.

3단계. 하중 Q_g에 의하여 각 층의 중간에 발생된 응력의 증가분을 계산하면 다음과 같다.

$$\Delta\sigma_i' = \frac{Q_g}{(B_g + z_i)(L_g + z_i)} \tag{11.151}$$

여기서

$\Delta\sigma_i'$ = i층의 중간에서의 유효응력증가량
L_g와 B_g = 무리말뚝평면의 길이와 폭

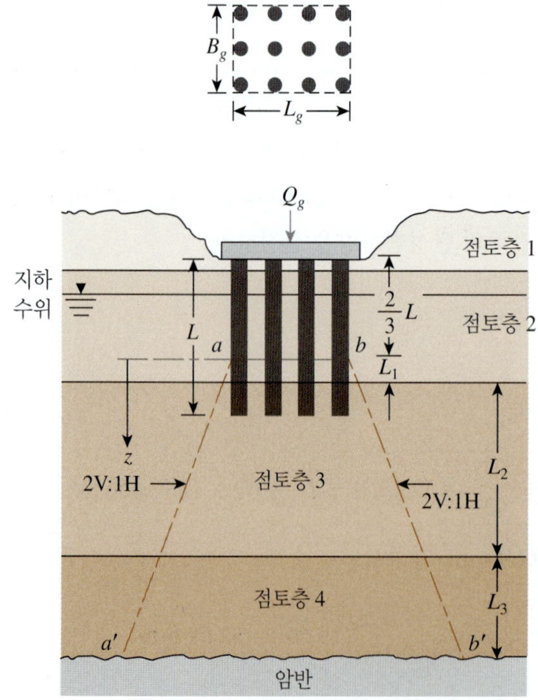

그림 11.59 무리말뚝의 압밀침하

$z_i = z$가 0에서부터 점토층 i의 중간까지의 거리

예를 들면 그림 11.59에서 2번 층에 대해서는 $z_i = L_1/2$이고, 3번 층에 대해서는 $z_i = L_1 + L_2/2$이고, 4번 층에 대해서는 $z_i = L_1 + L_2 + L_3/2$이다. 그러나 1번 층에서는 응력분포가 시작되는 수평면($z = 0$)보다 위에 있기 때문에 1번 층에서는 아무런 응력의 증가가 발생되지 않는다.

4단계. 증가된 응력에 의한 각 층의 침하량을 계산하면 다음과 같다.

$$\Delta s_{c(i)} = \left[\frac{\Delta e_{(i)}}{1 + e_{o(i)}}\right] H_i \tag{11.152}$$

여기서

$\Delta s_{c(i)} = i$층의 압밀침하량

$\Delta e_{(i)} = i$층의 응력 증가에 따른 간극비의 변화

$e_{0(i)} = i$층의 초기 간극비(시공 전)

$H_i = i$층의 두께(주: 그림 11.59에서 2번 층에서 $H_i = L_1$이고, 3번 층에서 $H_i = L_2$이며, 4번 층에서 $H_i = L_3$이다.)

$\Delta e_{(i)}$에 대한 관계는 제2장에서 주어졌다.

5단계. 무리말뚝의 전체 침하량은 다음과 같다.

$$\Delta s_{c(g)} = \Sigma \Delta s_{c(i)} \tag{11.153}$$

말뚝 기초의 압밀침하는 현장 주변의 압성토, 인접한 건물의 하중, 그리고 지하수위의 강하에 의하여 발생될 수 있다.

예제 11.24

그림 11.60과 같이 점토 지반에 무리말뚝이 설치되어 있다. 무리말뚝의 압밀침하량을 산정하라. 모든 점토층은 정규압밀 상태이다.

풀이

말뚝의 길이는 15 m이며, 응력분포는 말뚝상부 10 m 아래에서 시작한다. $Q_g = 2000$ kN이다.

점토층 1의 침하량 산정

정규압밀 점토에서

$$\Delta s_{c(1)} = \left[\frac{(C_{c(1)} H_1)}{1 + e_{o(1)}}\right] \log\left[\frac{\sigma'_{o(1)} + \Delta\sigma'_{(1)}}{\sigma'_{o(1)}}\right]$$

$$\Delta\sigma'_{(1)} = \frac{Q_g}{(L_g + z_1)(B_g + z_1)} = \frac{2000}{(3.3 + 3.5)(2.2 + 3.5)} = 51.6 \text{ kN/m}^2$$

그리고

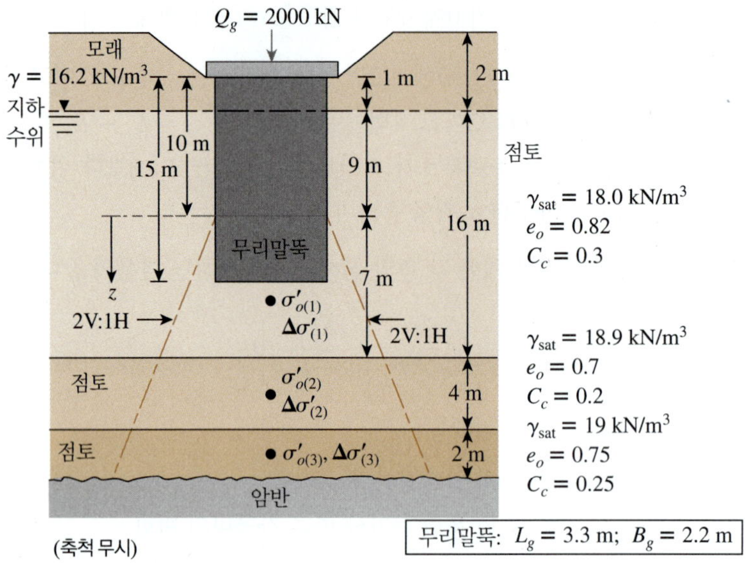

그림 11.60 무리말뚝의 압밀침하

$$\sigma'_{o(1)} = 2(16.2) + 12.5(18.0 - 9.81) = 134.8 \text{ kN/m}^2$$

그러므로

$$\Delta s_{c(1)} = \frac{(0.3)(7)}{1 + 0.82} \log\left[\frac{134.8 + 51.6}{134.8}\right] = 0.1624 \text{ m} = \mathbf{162.4 \text{ mm}}$$

점토층 2의 침하량 산정

점토층 1과 같이

$$\Delta s_{c(2)} = \frac{C_{c(2)}H_2}{1 + e_{o(2)}} \log\left[\frac{\sigma'_{o(2)} + \Delta\sigma_{(2)}}{\sigma'_{o(2)}}\right]$$

$$\sigma'_{\sigma(2)} = 2(16.2) + 16(18.0 - 9.81) + 2(18.9 - 9.81) = 181.62 \text{ kN/m}^2$$

그리고

$$\Delta\sigma'_{(2)} = \frac{2000}{(3.3 + 9)(2.2 + 9)} = 14.52 \text{ kN/m}^2$$

그러므로

$$\Delta s_{c(2)} = \frac{(0.2)(4)}{1 + 0.7} \log\left[\frac{181.62 + 14.52}{181.62}\right] = 0.0157 \text{ m} = \mathbf{15.7 \text{ mm}}$$

점토층 3의 침하량 산정

계속해서 유사한 방법으로

$$\sigma'_{o(3)} = 181.62 + 2(18.9 - 9.81) + 1(19 - 9.81) = 208.99 \text{ kN/m}^2$$

$$\Delta\sigma'_{(3)} = \frac{2000}{(3.3 + 12)(2.2 + 12)} = 9.2 \text{ kN/m}^2$$

$$\Delta s_{c(3)} = \frac{(0.25)(2)}{1 + 0.75} \log\left(\frac{208.99 + 9.2}{208.99}\right) = 0.0054 \text{ m} = \mathbf{5.4 \text{ mm}}$$

그러므로 침하량의 총합은

$$\Delta s_{c(g)} = 162.4 + 15.7 + 5.4 = \mathbf{183.5\ mm}$$

■

11.29 암반에 시공된 무리말뚝

암반 위에 시공된 선단지지 무리말뚝에서 말뚝의 최소 중심 간 간격이 D + 300 mm이면, 대부분의 구조물 시방서에서는 $Q_{g(u)} = \Sigma Q_u$라고 규정한다. H형 강말뚝이나 정사각형 말뚝에서 D는 말뚝단면의 대각선 길이와 같다.

11.30 요약

이 장에서는 모래와 점토에 근입된 말뚝의 연직하중과 횡하중에 대한 지지력에 대하여 기술하였다. 이 결과들은 현장시험 결과와 비교하였다. 일반적으로 얘기해서, 말뚝 기초의 지지력은 말뚝의 선단지지력과 주면마찰력을 합한 값이다.

말뚝은 부주면마찰력을 받을 수가 있다. 점토층들의 압밀로 인한 부주면마찰력을 산정하는 상관관계식을 제안하였다. 무리말뚝의 효율을 산정하는 방법도 기술하였다.

연습문제

11.1 길이가 12 m인 콘크리트말뚝이 그림 P11.1과 같다. 다음의 방법을 이용하여 극한지지력 Q_p를 산정하라.

a. Meyerhof의 방법

b. Vesic의 방법

c. Coyle and Castello의 방법

식 (11.31)의 m = 600을 사용하라.

11.2 그림 P11.1에서 총 마찰저항력 Q_s를 산정하라.

a. 식 (11.45)~(11.47)을 이용하라(K = 1.3, $\delta' = 0.8\phi'$).

b. Colye and Castello의 방법[식 (11.50)]

11.3 문제 11.1과 11.2의 결과를 기초로 하여, 말뚝의 허용지지력을 안전율 FS = 4일 때 구하라.

11.4 원형단면의 타입된 폐단말뚝이 그림 P11.4와 같다. 다음의 값을 산정하라.

a. Meyerhof의 방법을 이용한 극한선단지지력

b. Vesic의 방법을 이용한 극한선단지지력(I_{rr} = 50)

c. a와 b의 값을 이용한 근사적인 극한선단지지력

d. 식 (11.45)~(11.47)을 사용한 극한주면마찰력 Q_s (K = 1.4, $\delta' = 0.6\phi'$).

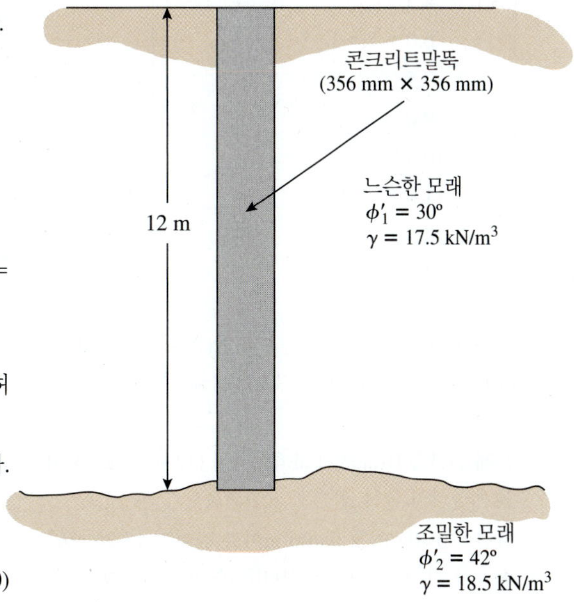

그림 P11.1

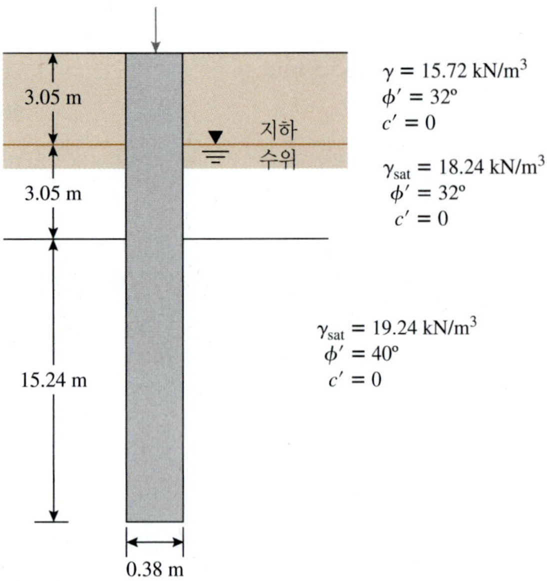

그림 P11.4

11.5 아래에 사질토에서 깊이에 따른 N_{60} 값의 변화가 나타나 있다. 9 m 길이의 콘크리트말뚝(0.305 m × 0.305 m 단면)이 사질토지반에 완전히 타입되어 있다.

깊이(m)	N_{60}
1.5	4
3.0	8
4.5	7
6.0	5
7.5	16
9.0	18
10.5	21
11.0	24
12.5	20
14.0	19

말뚝의 허용지지력(Q_{all})을 안전율(FS = 4)과 Meyerhof의 식[식 (11.42), (11.52)]을 이용하여 산정하라.

11.6 문제 11.5를 Briaud et al.의 식[식 (11.43), (11.54)]을 이용하여 다시 풀어라.

11.7 단면이 0.406 m × 0.406 m이고 길이가 15.24 m인 콘크리트말뚝이 γ_{sat} = 19.02 kN/m³, ϕ= 0, 그리고 c_u = 76.7 kN/m²인 포화점토층에 완전히 근입되어 있다. α 방법을 이용하여 주면마찰력을 산정하고, Vesic의 방법으로 선단지지력을 산정하여 말뚝의 허용지지력을 구하라.

11.8 문제 11.7을 다시 풀되, 주면마찰력은 λ 방법에 의해 구하고, 선단지지력은 Meyerhof의 방법으로 구하라.

11.9 단면이 0.38 m × 0.38 m이고 길이가 15 m인 콘크리트말뚝이 γ_{sat} = 18 kN/m³, ϕ = 0, 그리고 c_u = 80 kN/m²인 포화점토층에 완전히 근입되어있다. λ 방법으로 주면마찰력을 구하고 안전율(FS = 3)을 이용하여 허용지지력을 구하라.

11.10 단면이 0.406 m × 406 m인 콘크리트말뚝이 그림 P11.10과 같다. 다음의 방법을 이용하여 극한 주면마찰력을 구하라.

a. α 방법
b. λ 방법
c. β 방법

정규압밀된 모든 점토 지반에 대하여, ϕ'_R = 20°

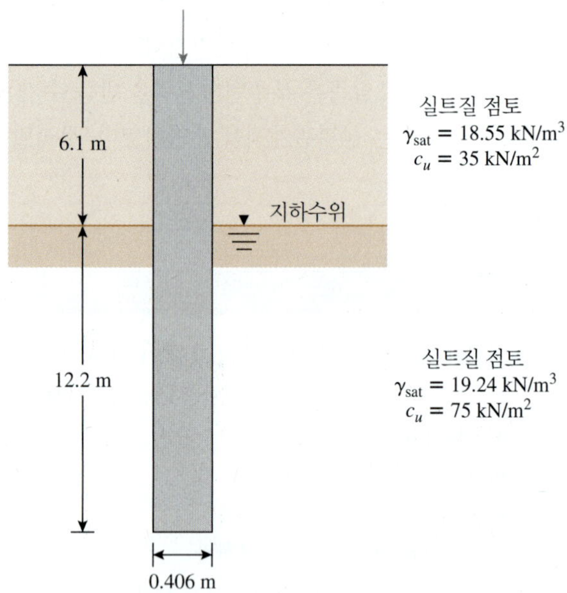

그림 P11.10

11.11 H형 강재말뚝(H-단면, HP 360 × 152, 표 11.1 참조)이 사암층까지 근입되어 있다. 말뚝의 길이는 18.9 m이다. 사암의 일축압축강도 = $q_{u(lab)}$ = 78.7 × 10³ kN/m²이고 ϕ=36°이다. 안전율(FS = 3)일 때 말뚝의 허용선단지지력을 구하라. 단, $q_{u(design)} = q_{u(lab)}/5$이다.

11.12 단면이 0.460 m × 0.460 m이고 길이가 18 m인 콘크리트말뚝이 있다. 말뚝은 γ = 17 kN/m³, 그리고 ϕ' = 37°인 모래 지반에 근입되어 있다. 허용사용하중은 900 kN이다. 만약 600 kN은 주면마찰력에 의해서 지지되고, 300 kN은 선단지지력에 의해서 지지

된다면, 말뚝의 탄성침하량을 구하라. 단, $E_p = 21 \times 10^6$ kN/m^2, $E_s = 30 \times 10^3$ kN/m^2, $\mu_s = 0.38$, 그리고 $\xi = 0.57$이다[식 (11.95)].

11.13 다음의 조건으로 문제 11.12를 다시 풀어라. 말뚝의 길이 = 15 m, 말뚝의 단면 = 0.305 m × 0.305 m, 허용사용하중 = 338 kN, 사용하중에 대한 주면마찰저항력= 280 kN, $E_p = 21 \times 10^6$ kN/m^2, E_s = 30,000 kN/m^2, $\mu_s = 0.3$, 그리고 $\xi = 0.62$[(식 (11.95)]이다.

11.14 단면이 305 mm × 305 mm이고, 길이가 30 m인 콘크리트말뚝이 모래 지반에 완전히 근입되어 있다. 만약 n_h = 9200 kN/m^2, 지표면에서의 모멘트 $M_g = 0$, 말뚝머리의 횡방향 허용변위 = 12 mm, $E_p = 21 \times 10^6$ kN/m^2, 그리고 $F_{Y(\text{pile})}$ = 21,000 kN/m^{2}일 때, 지표면에서 허용 횡방향하중 Q_g를 구하라. 단, 탄성해법을 이용하라.

11.15 문제 11.14를 Broms의 방법을 이용하여 다시 풀어라. 단, 말뚝은 연성이고 말뚝머리는 자유단이다. γ = 16 kN/m^3, $\phi' = 30°$, F_y = 21 MN/m^{2}이다.

11.16 H형 강말뚝(단면 HP 330 × 149)이 해머에 의해서 타입되었다. 해머의 최대 효율에너지는 54.23 kN · m, 램의 무게는 53.4 kN이다. 그리고 말뚝의 길이는 27.44 m이다. 식 (11.129)를 이용하여 말뚝의 지지력을 구하라. 단, 반발계수는 0.35, 말뚝캡의 무게는 10.7 kN, 해머의 효율은 0.85, 말뚝이 최종 2.54 cm 관입될 때 타격 횟수는 10회, $E_p = 207 \times 10^6$ kN/m^2, FS = 6이다.

11.17 문제 11.16을 수정 EN 공식을 이용하여 다시 풀어라(표 11.19 참고). 단, FS = 4이다.

11.18 문제 11.16을 Danish 공식을 이용하여 다시 풀어라(표 11.19 참고). 단, FS = 3이다.

11.19 그림 11.50a와 같은 말뚝이 있다. 여기서 L = 20 m, D (말뚝직경) = 450 mm, H_f = 4 m, γ_{fill} =17.5 kN/m^3, 그리고 ϕ'_{fill} = 25°이다. 말뚝의 부주면마찰력을 구하라. 단 지하수위는 성토층 밑에 위치하고, $\delta' = 0.5\phi'_{\text{fill}}$이다.

11.20 문제 11.19를 지하수위가 성토지표면과 일치한다고 가정하고, 나머지 물성치는 문제 11.19와 동일할 때, 말뚝의 부주면마찰력을 다시 구하라. 단 $\gamma_{\text{sat(fill)}}$ =19.8 kN/m^3, $\delta' = 0.5\phi'_{\text{fill}}$이고 다른 조건들은 모두 같다.

11.21 그림 11.50b에서 L = 15.24 m, D(말뚝직경) = 0.406 m, H_f = 3.05 m, γ_{fill} =17.29 kN/m^3, $\gamma_{\text{sat(clay)}}$ =19.49 kN/m^3, 그리고 ϕ'_{clay} = 20°이다. 지하수위가 점토층 최상단에 위치한다. 말뚝에 작용하는 전부주면마찰력을 구하라. $\delta' = 0.5\,\phi'_{\text{clay}}$.

11.22 단면이 0.406 m × 0.406 m이고, 길이가 18.3 m인 콘크리트말뚝이 모래 지반에 완전히 근입되어 있다. 다음 표는 사질토층에서의 역학적 콘관입저항치(q_c)와 마찰계수(F_r)의 값을 나타낸다. 안전율(FS = 4)을 이용하여 말뚝의 허용지지력을 구하라.

지표면으로부터의 깊이(m)	q_c (kN/m^2)	F_r (%)
0~6.1	2803	2.3
6.1~13.7	3747	2.7
13.7~18.3	8055	2.8

11.23 그림 P11.23은 균질한 포화점토에 근입된 무리말뚝의 평면도이다. 점착력 c_u = 86 kN/m^{2}이고, 말뚝의 직경 D = 315 mm, 말뚝의 중심 간 간격 d = 600 mm, 그리고 말뚝의 길이는 20 m이다. 무리말뚝의 허용지지력을 안전율(FS = 3)을 이용하여 구하라.

그림 P11.23

11.24 문제 11.23을 다음 조건에 맞게 다시 풀어라. 말뚝의 중심 간 간격 762 mm, 말뚝의 길이 = 13.7 m, 직경 D = 305 mm, c_u = 41.2 kN/m^2, FS = 3이다.

11.25 포화점토에 단면이 4 × 4인 무리말뚝이 그림 P11.25와 같이 근입되었다. 말뚝의 단면은 356 mm × 356 mm이고, 말뚝의 중심 간 간격(d)는 1 m이다. 무리말뚝의 허용지지력을 구하라. 단, FS = 3이다.

11.26 점토 지반에 그림 P11.26과 같은 무리말뚝이 근입되어 있다. 무리말뚝의 압밀침하량을 구하라. 단, 점토층에서 평균 유효응력을 구할 때 2:1 응력분포법을 이용하라.

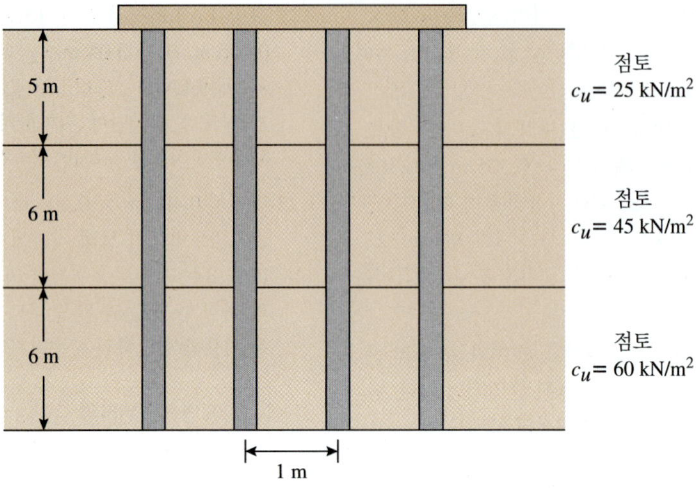

그림 P11.25

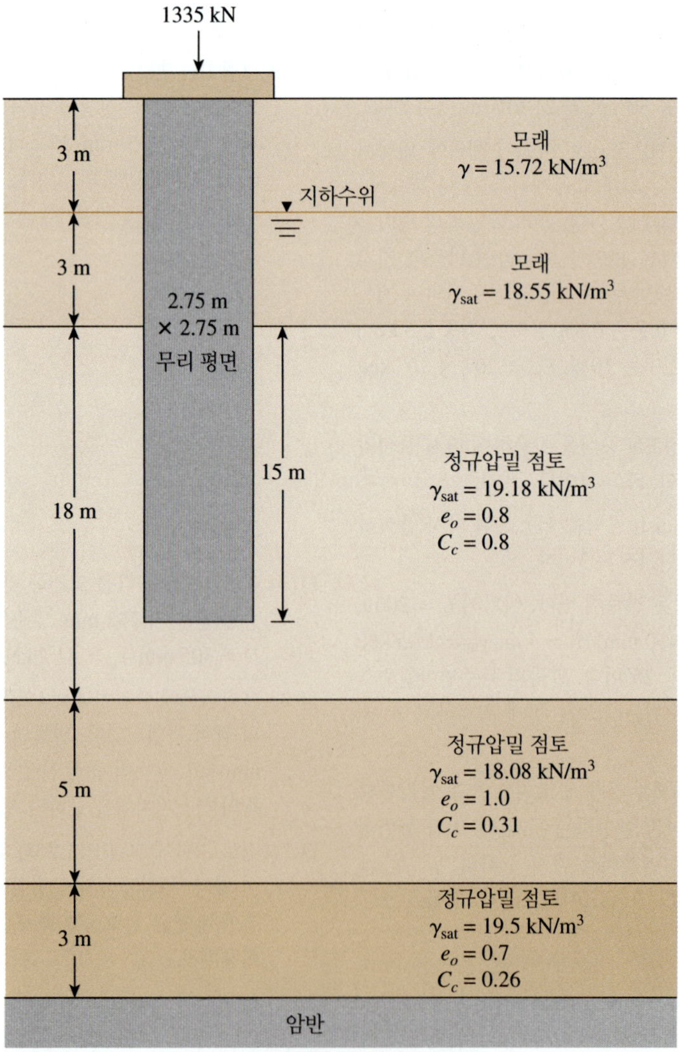

그림 P11.26

참고문헌

American Petroleum Institute (1984). *Recommended Practice of Planning, Designing, and Constrution of Fixed Offshore Platforms*, Report No. API-RF-2A, Dallas.

American Petroleum Institute (API) (1987). *Recommended Practice for Planning, Designing, and Constructing Fixed Offshore Platforms*, API RP2A, 17th ed., American Petroleum Institute, Washington, DC.

American Petroleum Institute (API) (2000). *Recommended Practice for Planning, Designing, and Constructing Fixed Offshore Platforms*, API RP2A, 21st ed., Washington, DC.

American Petroleum Institute (API) (2007). *Recommended Practice for Planning, Designing, and Constructing Fixed Offshore Platforms*, API RP2A, 22nd ed., American Petroleum Institute, Washington, DC.

American Society of Civil Engineers (1959). "Timber Piles and Construction Timbers," *Manual of Practice*, No. 17, American Society of Civil Engineers, New York.

American Society of Civil Engineers (1993). *Design of Pile Foundations* (*Technical Engineering and Design Guides as Adapted from the U.S. Army Corps of Engineers*, No. 1), American Society of Civil Engineers, New York.

Baldi, G., Bellotti, R., Ghionna, V., Jamiolkowski, M., and Pasqualini, E. (1981). "Cone Resistance in Dry N.C. and O.C. Sands, Cone Penetration Testing and Experience," *Proceedings, ASCE Specialty Conference*, St. Louis, pp. 145–177.

Bhusan, K. (1982). "Discussion: New Design Correlations for Piles in Sands," *Journal of the Geotechnical Engineering Division*, American Society of Civil Engineers, Vol. 108, No. GT11, pp. 1508–1510.

Bjerrum, L., Johannessen, I. J., and Eide, O. (1969). "Reduction of Skin Friction on Steel Piles to Rock," *Proceedings, Seventh International Conference on Soil Mechanics and Foundation Engineering*, Mexico City, Vol. 2, pp. 27–34.

Bowles, J. E. (1982). *Foundation Analysis and Design*, 3rd ed., McGraw-Hill, New York.

Bowles, J. E. (1996). *Foundation Analysis and Design*, 5th ed., McGraw-Hill, New York.

Brand, E. W., Muktabhant, C., and Taechathummarak, A. (1972). "Load Test on Small Foundations in Soft Clay," *Proceedings*, Performance of Earth and Earth-Supported Structures, American Society of Civil Engineers, Vol. 1, Part 2 pp. 903–928.

Briaud, J. L., Moore, B. H., and Mitchell, G. B. (1989). "Analysis of Pile Load Test at Lock and Dam 26," *Proceedings*, Foundation Engineering: Current Principles and Practices, American Society of Civil Engineers, Vol. 2, pp. 925–942.

Briaud, J. L., and Tucker, L. M. (1984). "Coefficient of Variation of *In-Situ* Tests in Sand," *Proceedings*, Symposium on Probabilistic Characterization of Soil Properties, Atlanta, pp. 119–139.

Briaud, J. L., Tucker, L., Lytton, R. L., and Coyle, H. M. (1985). *Behavior of Piles and Pile Groups*, Report No. Federal Highway Administration, Washington, DC.

Broms, B. B. (1965). "Design of Laterally Loaded Piles," *Journal of the Soil Mechanics and Foundations Division*, American Society of Civil Engineers, Vol. 91, No. SM3, pp. 79–99.

Chellis, R. D. (1961). *Pile Foundations*, 2nd Edition, McGraw-Hill, New York, NY.

Chen, Y. J. and Kulhawy, F. H. (1994). "Case History Evaluation of the Behavior of Drilled Shafts under Axial and Lateral Loading," *Final Report, Project 1493-04, EPRI TR-104601*, Geotechnical Group, Cornell University, Ithaca, NY, December.

Coleman D. M. and Arcement, B. J. (2002). "Evaluation of Design Methods for Auger Cast Piles in Mixed Soil Conditions." *Proceedings, International Deep Foundations Congress*, Orlando, FL, M. W. O'Neill and F. C. Townsends (eds.), American Society of Civil Engineers, pp. 1404–1420.

Coyle, H. M. and Castello, R. R. (1981). "New Design Correlations for Piles in Sand," *Journal of the Geotechnical Engineering Division*, American Society of Civil Engineers, Vol. 107, No. GT7, pp. 965–986.

Das, B. M. and Luo, Z. (2017). *Principles of Soil Dynamics*, 3rd ed., Cengage Learning, Boston, MA.

Davisson, M. T. (1970). "BRD Vibratory Driving Formula," *Foundation Facts*, Vol. VI, No. 1, pp. 9–11.

Davisson, M. T. (1973). "High Capacity Piles," in *Innovations in Foundation Construction*, Proceedings of a Lecture Series, Illinois Section, American Society of Civil Engineers, Chicago.

Davisson, M. T. and Gill, H. L. (1963). "Laterally Loaded Piles in a Layered Soil System," *Journal of the Soil Mechanics and Foundations Division*, American Society of Civil Engineers, Vol. 89, No. SM3, pp. 63–94.

DeBeer, E. E. (1945). "Etude des fondations sur pilotis et de fondations directes," *Annales des Travaux Publics de Belgique*, 46, pp. 1–78.

Federal Highway Administration (FHWA) (2007). *Design and Construction of Continuous Flight Auger Piles*, Geotechnical Engineering Circular (GEC) No. 8, Washington, DC.

Feld, J. (1943). "Friction Pile Foundations," *Discussion, Transactions*, American Society of Civil Engineers,

Vol. 108, pp. 143–144.

Feng, Z. and Deschamps, R. J. (2000). "A Study of the Factors Influencing the Penetration and Capacity of Vibratory Driven Piles," *Soils and Foundations*, Vol. 40, No. 3, pp. 43–54.

Goodman, R. E. (1980). *Introduction to Rock Mechanics*, John Wiley & Sons, New York.

Guang-Yu, Z. (1988). "Wave Equation Application for Piles in Soft Ground," *Proceedings,* Third International Conference on the Application of Stress-Wave Theory to Piles (B. H. Fellenius, ed.), Ottawa, Ontario, Canada, pp. 831–836.

Janbu, N. (1953). *An Energy Analysis of Pile Driving with the Use of Dimensionless Parameters*, Norwegian Geotechnical Institute, Oslo, Publication No. 3.

Janbu, N. (1976). "Static Bearing Capacity of Friction Piles," *Proceedings*, Sixth European Conference on Soil Mechanics and Foundation Engineering, Vol. 1.2, pp. 479–482.

Karlsrud, K., Clausen, C. J. F., and Aas, P. M. (2005). "Bearing Capacity of Driven Piles in Clay, the NGI Approach." *Frontiers in Offshore Geotechnics: ISFOG*, S. Gourvenec and M. Cassidy, eds., Taylor and Francis Group, Perth, Australia, pp. 775–782.

Kishida, H. and Meyerhof, G. G. (1965). "Bearing Capacity of Pile Groups under Eccentric Loads in Sand," *Proceedings, Sixth International Conference on Soil Mechanics and Foundation Engineering*, Montreal, Vol. 2, pp. 270–274.

Liu, J. L., Yuan, Z. I., and Zhang, K. P. (1985). "Cap-Pile-Soil Interaction of Bored Pile Groups," *Proceedings, Eleventh International Conference on Soil Mechanics and Foundation Engineering*, San Francisco, Vol. 3, pp. 1433–1436.

Mansur, C. I. and Hunter, A. H. (1970). "Pile Tests—Arkansas River Project," *Journal of the Soil Mechanics and Foundations Division*, American Society of Civil Engineers, Vol. 96, No. SM6, pp. 1545–1582.

Matlock, H. and Reese, L. C. (1960). "Generalized Solution for Laterally Loaded Piles," *Journal of the Soil Mechanics and Foundations Division*, American Society of Civil Engineers, Vol. 86, No. SM5, Part I, pp. 63–91.

Meyerhof, G. G. (1951). "The Ultimate Bearing Capacity of Foundations," *Géotechnique*, Vol. 2, pp. 301–332.

Meyerhof, G. G. (1961). "Compaction of Sands and Bearing Capacity of Piles," *Transactions*, American Society of Civil Engineers, Vol. 126, Part 1, pp. 1292–1323.

Meyerhof, G. G. (1976). "Bearing Capacity and Settlement of Pile Foundations," *Journal of the Geotechnical Engineering Division*, American Society of Civil Engineers, Vol. 102, No. GT3, pp. 197–228.

Nottingham, L. C. and Schmertmann, J. H. (1975). *An Investigation of Pile Capacity Design Procedures*, Research Report No. D629, Department of Civil Engineering, University of Florida, Gainesville, FL.

Olson, R. E. and Flaate, K. S. (1967). "Pile-Driving Formulas for Friction Piles in Sand," *Journal of the Soil Mechanics and Foundations Division*, American Society of Civil Engineers, Vol. 93, No. SM6, pp. 279–296.

O'Neill, M. W. and Reese, L. C. (1999). *Drilled Shafts: Construction Procedure and Design Methods*, FHWA Report No. IF-99-025.

Randolph M. F. and Murphy, B. S. (1985). "Shaft Capacity of Driven Piles in Clay," *Proceedings, 17th Annual Offshore Technology Conference*, Houston, TX, pp. 371–378.

Sawant, V. A., Shukla, S. K., Sivakugan, N., and Das, B. M. (2013). "An Insight into the Pile Setup and the Load-Carrying Capacity of Driven Piles," *International Journal of Geotechnical Engineering*, Vol. 7, No. 1, pp. 71–83.

Schmertmann, J. H. (1978). *Guidelines for Cone Penetration Test: Performance and Design*, Report FHWA-TS-78-209, Federal Highway Administration, Washington, DC.

Seiler, J. F. and Keeney, W. D. (1944). "The Efficiency of Piles in Groups," *Wood Preserving News*, Vol. 22, No. 11 (November), pp. 109–118.

Sharma, H. D., and Joshi, R. C. (1988). "Drilled Pile Behavior in Granular Deposit," *Canadian Geotechnical Journal*, Vol. 25, No. 1, pp. 222–232.

Skov, R., and Denver, H. (1988). "Time Dependence of Bearing Capacity of Piles," *Proceedings*, Third International Conference on Application of Stress Wave Theory to Piles, Ottawa, Ontario, Canada, pp. 879–889.

Sladen, J. A. (1992). "The Adhesion Factor: Applications and Limitations," *Canadian Geotechnical Journal*, Vol. 29, No. 2, pp. 323–326.

Smith, E. A. L. (1960). "Pile-Driving Analysis by the Wave Equation," *Journal of the Soil Mechanics and Foundations Division*, American Society of Civil Engineers, Vol. 86, No. SM4, pp. 35–61.

Svinkin, M. (1996). Discussion on "Setup and Relaxation in Glacial Sand," *Journal of Geotechnical Engineering*, American Society of Civil Engineers, Vol. 22, pp. 319–321.

Terzaghi, K. (1943). *Theoretical Soil Mechanics*. Wiley, New York.

Terzaghi, K., and Peck, R. B. (1967). *Soil Mechanics in Engineering Practice*, 2nd ed. Wiley, New York.

Terzaghi, K., Peck, R. B., and Mesri, G. (1996). *Soil Mechanics in Engineering Practice*, John Wiley & Sons, New York.

Tomlinson, M. J. and Woodward, J. (2008). *Pile Design and Construction Practice*, 5th ed., Taylor & Francis, UK.

Vesic, A. S. (1961). "Bending of Beams Resting on Isotropic Elastic Solids," *Journal of the Engineering Mechanics Division*, American Society of Civil Engineers, Vol. 87, No. EM2, pp. 35–53.

Vesic, A. S. (1969). *Experiments with Instrumented Pile Groups in Sand*, American Society for Testing and Materials, Special Technical Publication No. 444, pp. 177–222.

Vesic, A. S. (1970). "Tests on Instrumental Piles—Ogeechee River Site," *Journal of the Soil Mechanics and Foundations Division*, American Society of Civil Engineers, Vol. 96, No. SM2, pp. 561–584.

Vesic, A. S. (1977). *Design of Pile Foundations*, National Cooperative Highway Research Program Synthesis of Practice No. 42, Transportation Research Board, Washington, DC.

Vijayvergiya, V. N. and Focht, J. A., Jr. (1972). *A New Way to Predict Capacity of Piles in Clay*, Offshore Technology Conference Paper 1718, Fourth Offshore Technology Conference, Houston.

Wong, K. S. and Teh, C. I. (1995). "Negative Skin Friction on Piles in Layered Soil Deposit," *Journal of Geotechnical and Geoenvironmental Engineering*, American Society of Civil Engineers, Vol. 121, No. 6, pp. 457–465.

Woodward, R. J., Gardner, W. S., and Greer, D. M. (1972). *Drilled Pier Foundations*, McGraw-Hill, New York.

Chapter

12 천공말뚝 기초

Drilled-Shaft Foundations

Chaiya/Shutterstock.com

학습목표 12장을 학습하면 다음을 할 수 있다

12.1 말뚝 기초와 천공말뚝 기초의 차이점, 무리말뚝 대비 천공말뚝 기초의 장점에 대해 해설함.
12.2 천공말뚝 기초의 형식에 대해 기술함.
12.3 여러 다른 천공말뚝의 시공방법을 설명함.
12.4 천공말뚝의 구조적 설계 시 콘크리트의 강도와 최소 철근 보강재 설치를 고려함.
12.5 하중이 천공말뚝에서 기초지반에 전달되는 원리를 학습함.
12.6 천공말뚝 기초의 극한지지력 산정에 필요한 상관관계식을 학습함.
12.7 사질토지반에서 천공말뚝 기초의 극한지지력과 허용지지력을 산정함.
12.8 허용침하량에 기준한 사질토지반에서 하중-지지력을 산정함.
12.9 점토 지반에서 천공말뚝 기초의 극한지지력과 허용지지력을 산정함.
12.10 허용침하량에 기준한 점토 지반에서 하중-지지력을 산정함.
12.11 사용하중하에서 천공말뚝 기초의 침하량을 산정함.
12.12 특성하중과 모멘트 방법을 이용한 천공말뚝 기초의 횡방향 하중-지지력을 산정함.
12.13 천공말뚝 기초의 암반에 근입길이를 산정함.

12.1 개요

케이슨(caisson), 피어(pier), **천공말뚝**(drilled shaft), **천공피어**(drilled pier)는 기초공학에서 종종 같은 말로 사용된다. 이들은 모두 **직경이 약 *750 mm* 이상인 현장타설 말뚝**(cast-in-place pile) 또는 **천공말뚝**(bored pile)을 말하며, 철근으로 보강하거나 보강하지 않을 수 있고, 확장선단을 가지고 있거나 그렇지 않을 수도 있다. 때때로 직경이 305 mm 정도로 작을 수도 있다.

혼동을 피하기 위하여, 우리는 구조물의 기초바닥까지 천공 또는 굴착된 구멍에 콘크리트를 채운 것을 **천공말뚝** 기초(drilled-shaft foundation)라는 용어를 사용한다. 지반 조건에 따라 시공 도중 굴착공 주변이 무너지는 것을 막기 위하여 강관(casing)이 종종 사용된다. 굴착공의 직경은 사람이 들어가서 검사를 할 수 있을 정도로 충분히 크다.

천공말뚝 기초를 사용하면 다음과 같은 장점이 있다.

1. 단일 천공말뚝 기초는 무리말뚝과 말뚝캡 대용으로 사용될 수 있다.
2. 조밀한 모래나 자갈이 퇴적된 층에서의 천공말뚝 시공은 타입말뚝 시공보다 훨씬 수월하다.
3. 천공말뚝 기초는 부지 정지작업 전에 시공할 수 있다.
4. 말뚝을 해머로 항타할 때 지반 진동으로 인해 인접 구조물이 손상될 수 있으나, 천공말뚝 기초는 이를 방지할 수 있다.
5. 점토질 흙에 말뚝을 타입하면 융기(heaving)현상과 기존에 타입된 말뚝이 수평으로 이동할 수 있다. 그러나 천공말뚝 기초의 시공에서는 이러한 현상이 발생하지 않는다.
6. 천공말뚝 기초는 시공 중에 말뚝을 항타할 때와 같은 해머에 의한 소음이 없다.
7. 천공말뚝 기초저면은 확장될 수 있기 때문에 인발력에 대해 상당히 큰 저항력을 가진다.
8. 천공말뚝 기초저면의 표면을 눈으로 확인하면서 시공할 수 있다.

9. 일반적으로 천공말뚝 기초의 시공은 이동이 간편한 장비를 사용하며, 지반 조건이 나쁜 상태에서 말뚝 기초의 시공방법보다 더 경제적일 수 있다.

10. 천공말뚝 기초는 횡하중에 대해 큰 지지력을 가지고 있다.

그러나 천공말뚝 기초의 시공에는 몇 가지 단점이 있다. 콘크리트 타설은 악조건의 기후로 지연될 수 있고, 항상 철저한 감독을 필요로 한다. 또한, 버팀 굴착(braced cut)의 경우, 천공말뚝 기초를 시공하기 위한 깊은 굴착의 경우 상당한 흙의 손실과 인접구조물에 손상을 줄 수 있다.

12.2 천공말뚝 기초의 형식

천공말뚝 기초의 종류는 구조물의 하중을 하부로 전달시키는 방법에 따라 구분된다. 그림 12.1a는 **연직천공말뚝** 기초를 보여주고 있다. 이것은 상부 연약층을 지나 관입되어 단단한 토층이나 암반에 놓이게 된다. 연직천공말뚝 기초는 필요(현장타설 콘크리트말뚝이 케이싱 내에 있는 경우)에 따라 얇은 철판이나 케이싱을 사용할 수 있다. 이러한 경우 적용하중에 대한 저항력은 선단지지력과 말뚝의 주면과 흙 사이에서 발생하는 마찰력으로 발휘된다.

선단부를 확대한 **종형 천공말뚝**(belled shaft; 그림 12.1b와 c)은 연직형 기둥과 지지층에 근입된 종형 선단부로 이루어진다. 종형 선단부는 돔형(dome; 그림 12.1b) 또는 각이 진 형태(그림 12.1c)로 시공된다. 각이 진 종형 선단부를 시공할 때에 연직면에 대해서 30~45° 의 각을 만들 수 있는 확저장비들이 제품으로 나와 있다.

연직천공말뚝은 암반층 내부까지 관입될 수도 있다(그림 12.1d). 이러한 경우의 지지력 계산은 말뚝기둥과 선단지지력, 그리고 말뚝주면과 암반 접촉면 사이에서 발생하는 전단저항력을 고려할 수 있다.

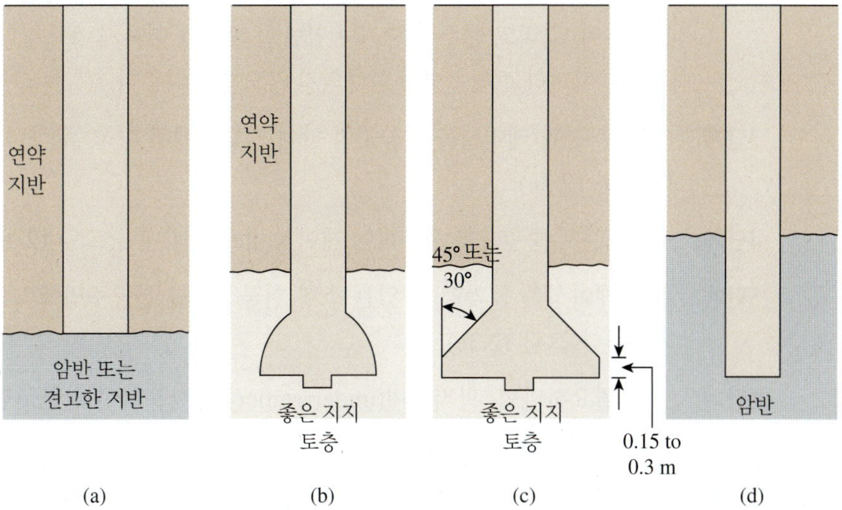

그림 12.1 천공말뚝 기초의 형식: (a) 연직천공말뚝 기초, (b)와 (c) 종형 천공말뚝 기초, (d) 암반에 근입된 연직천공말뚝 기초

12.3 시공 과정

미국에서 사용되고 있는 대부분의 시공 과정에서는 회전식 천공(rotary drilling) 방법을 주로 사용한다. 가장 많이 사용되는 세 가지 방법은 건조상태로 시공하는 방법(dry method), 강관 케이싱을 사용하는 방법(casing method), 젖은 상태로 작업하는 방법(wet method)이 있다.

건조상태로 시공하는 방법

이 방법은 시공할 때 지반이나 암반이 지하수위 상부에 있을 경우, 따라서 전체 깊이로 천공을 해도 공벽이 무너지지 않을 경우에 사용할 수 있다. 그림 12.2에 도시된 것과 같이 공사과정은 다음과 같다.

1단계. 적합한 천공기계로 굴착을 완료한 후(필요하다면 종형으로도 가능), 굴착한 흙을 옆에다 버린다(그림 12.2a).

2단계. 천공한 원통형 구멍에 콘크리트를 채운다(그림 12.2b).

3단계. 필요하다면 말뚝의 상부기둥 부분에 철근망을 설치한다(그림 12.2c).

4단계. 콘크리트의 타설이 완료되면, 천공말뚝 기초는 그림 12.2d와 같이 된다.

강관 케이싱을 사용하는 방법

이 방법은 천공을 할 때 발생할 수 있는 과도한 변형 또는 함몰이 일어날 수 있는 지반이나 암반에 사용된다. 그림 12.3에 도시된 것과 같이 공사과정은 다음과 같다.

1단계. 천공과정은 건조상태 공법의 시공과정과 같게 시작한다(그림 12.3a).

2단계. 함몰이 발생할 수 있는 지반(caving soil)까지 천공했을 때, 벤토나이트 슬러리를 천공구멍에 주입한다(그림 12.3b). 천공은 함몰이 발생할 수 있는 지반을 통과하여, 그리고 불투 수층이나 암반이 나타날 때까지 계속한다. 슬러리는 천공벽을 지지하고 천공벽이 함몰되지 않도록 도와준다.

3단계. 천공 후 강관 케이싱을 천공구멍 안에 지표면에서 함몰 흙 바닥면까지 삽입한다(그림 12.3c).

4단계. 슬러리는 수중펌프를 사용하여 케이싱 밖으로 퍼낸다(그림 12.3d).

5단계. 강관 케이싱을 통과할 수 있는 소형 천공장비를 천공구멍에 넣고 굴착작업을 계속한다(그림 12.3e).

6단계. 만약 필요하다면, 확저장비(underreamer)를 이용하여 천공구멍 저부를 확장할 수 있다(그림 12.3f).

7단계. 만약 철근 보강이 필요하다면, 철근망을 천공 깊이 전체 길이로 확장할 수 있

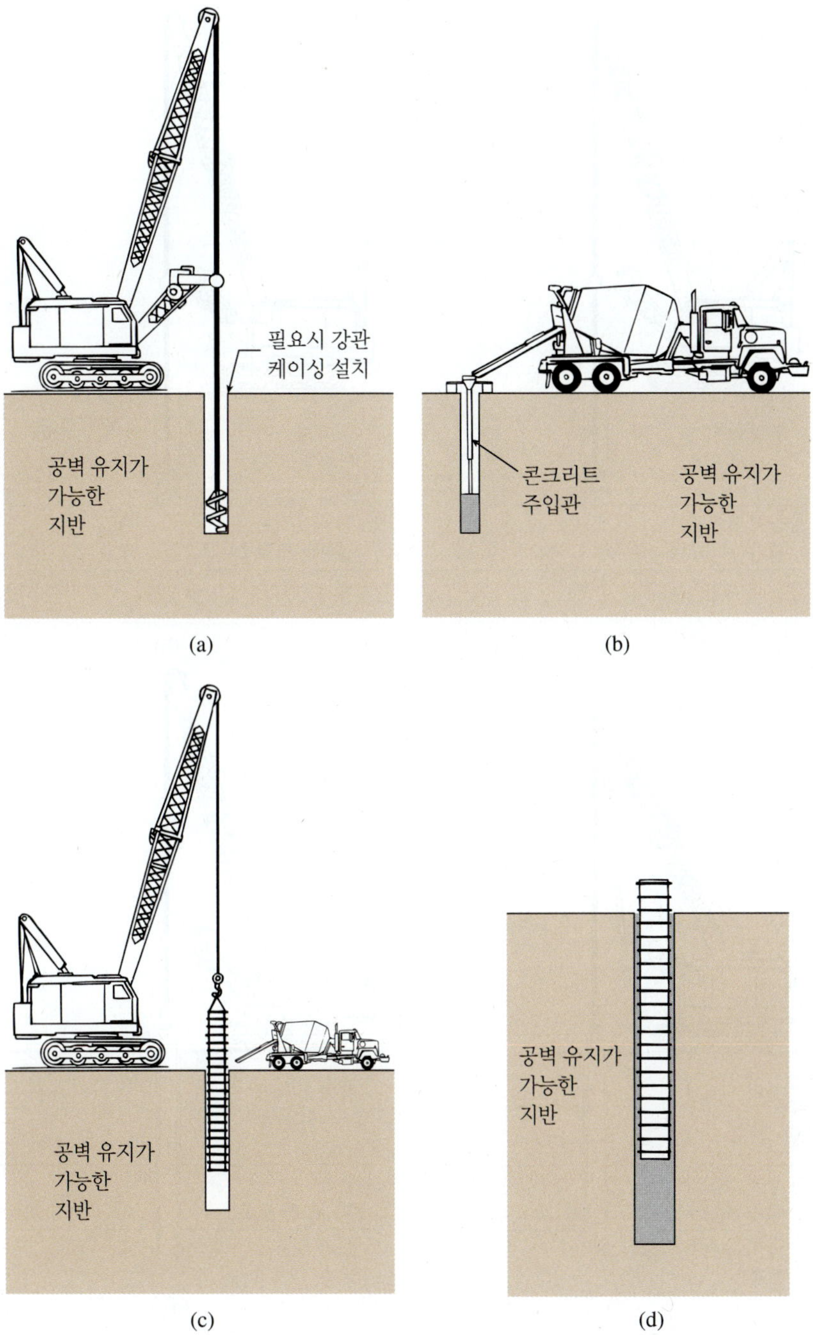

그림 12.2 건조상태로 작업하는 방법: (a) 초기 천공, (b) 콘크리트 타설, (c) 철근망 설치, (d) 천공말뚝 기초 완성(출처: After O'Neill and Reese, 1999)

다. 그리고 콘크리트를 천공구멍 안에 포설하면서 강관 케이싱을 점차 상부로 뽑아낸다(그림 12.3g).

8단계. 그림 12.3h는 완성된 천공말뚝을 나타낸 것이다.

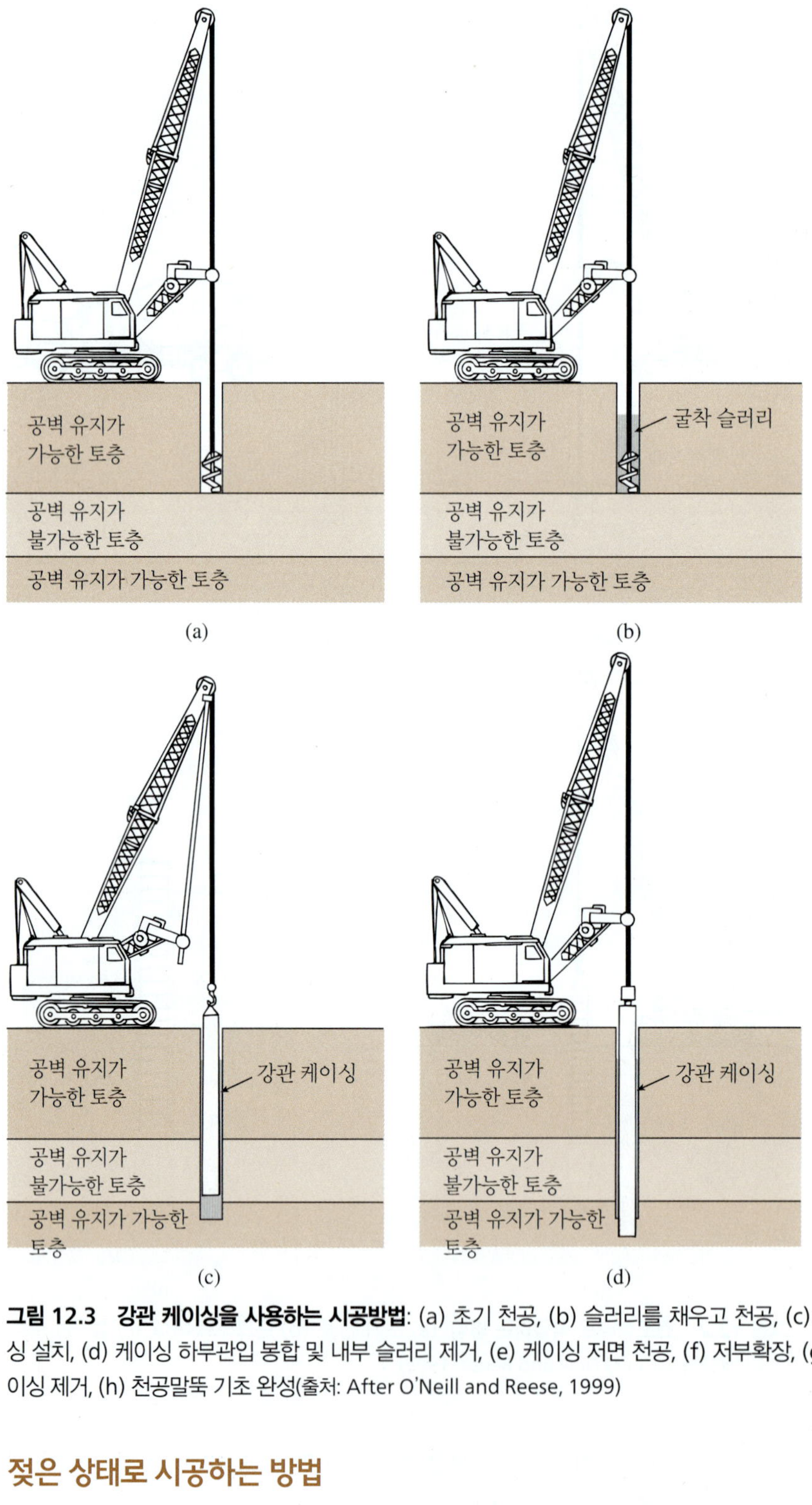

그림 12.3 강관 케이싱을 사용하는 시공방법: (a) 초기 천공, (b) 슬러리를 채우고 천공, (c) 케이싱 설치, (d) 케이싱 하부관입 봉합 및 내부 슬러리 제거, (e) 케이싱 저면 천공, (f) 저부확장, (g) 케이싱 제거, (h) 천공말뚝 기초 완성(출처: After O'Neill and Reese, 1999)

젖은 상태로 시공하는 방법

이 방법은 때때로 **슬러리 치환 공법**으로 명명된다. 슬러리는 전체 깊이를 천공하는 동안 천공 공벽을 무너지지 않게 유지시키는 데 사용된다(그림 12.4). 젖은 상태로 시공하는 방법은 다음과 같다.

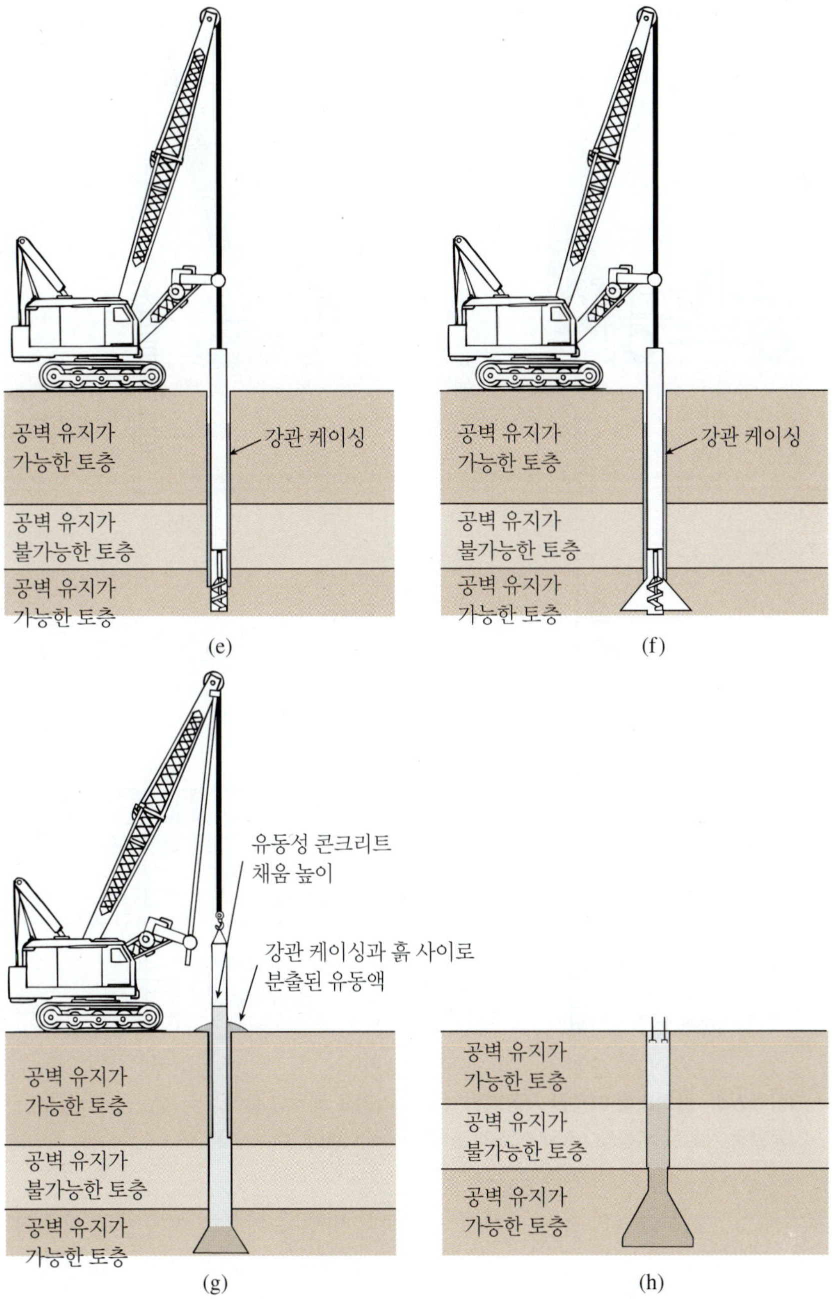

그림 12.3 *(계속)*

1단계. 천공은 슬러리를 사용하여 소요 깊이까지 계속한다(그림 12.4a).

2단계. 만약 보강이 필요하다면, 슬러리 안에 철근망을 넣는다(그림 12.4b).

3단계. 슬러리의 체적만큼 치환될 콘크리트를 천공된 구멍에 채운다(그림 12.4c).

4단계. 그림 12.4d는 완성된 천공말뚝 기초를 나타낸 것이다.

그림 12.5는 건조상태로 시공하는 방법을 이용한 천공말뚝 기초의 시공현장을 보여주

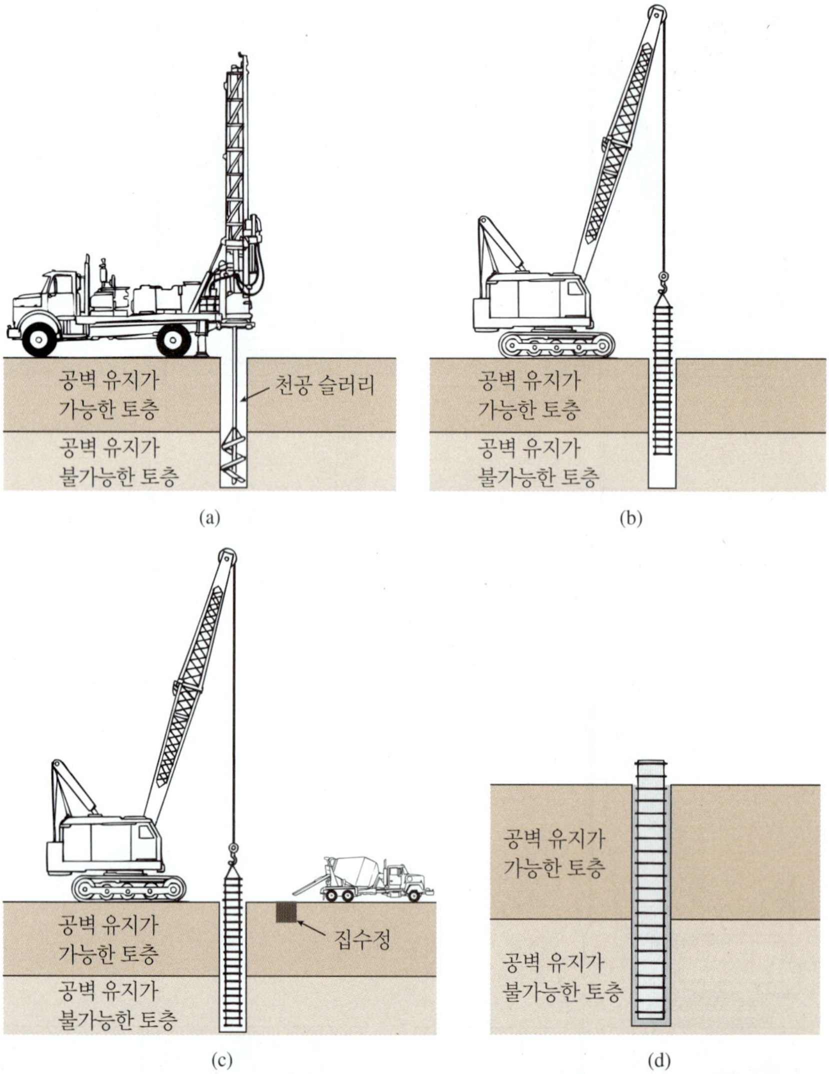

그림 12.4 슬러리를 이용한 시공방법: (a) 슬러리를 채우고 굴착, (b) 철근망 설치, (c) 콘크리트 타설, (d) 천공말뚝 기초 완성(출처: After O'Neill and Reese, 1999)

고 있다. 그림 12.6은 젖은 상태로 시공하는 방법을 이용한 천공말뚝 기초의 시공현장을 보여주고 있다. 그림 12.7은 일반적인 오거, 철근망, 굴착토사 제거용 버켓의 사진을 보여주고 있다.

12.4 그 외 설계 시 고려사항

강관 케이싱이 없는 보통의 천공말뚝 기초를 설계할 때는 항상 최소한의 연직 철근 보강이 요구된다. 최소 철근량은 기둥 총 단면적의 1%이다. 공칭 철근이 사용된 천공말뚝의 경우, 대부분의 건축규정에서는 설계 콘크리트 강도 f_c는 $f'_c/4$ 정도를 권장하고 있다. 따라서 기둥의 최소 직경은 다음과 같다.

그림 12.5 건조상태로 작업하는 방법을 이용한 천공말뚝 기초의 시공현장(Courtesy of Sanjeev Kumar/Southern Illinois University, Carbondale, Illinois)

그림 12.6 젖은 상태로 작업하는 방법을 이용한 천공말뚝 기초의 시공현장(Courtesy of Khaled Sobhan/Boca Raton/Florida Atlantic University)

그림 12.7 천공말뚝 기초 시공: (a) 일반적인 오거, (b) 철근망, (c) 굴착 토사 제거용 버켓(Courtesy of Khaled Sobhan/Boca Raton/Florida Atlantic University)

$$f_c = 0.25 f'_c = \frac{Q_w}{A_{gs}} = \frac{Q_w}{\dfrac{\pi}{4} D_s^2}$$

또는

$$D_s = \sqrt{\frac{Q_w}{\left(\dfrac{\pi}{4}\right)(0.25) f'_c}} = 2.257\sqrt{\frac{Q_u}{f'_c}} \tag{12.1}$$

여기서

D_s = 천공말뚝의 직경

f'_c = 콘크리트의 28일 양생 일축압축강도

Q_w = 천공말뚝의 재하하중

A_{gs} = 천공말뚝의 총 단면적

만약 천공말뚝 기초가 인장력을 받은 경우에는, 철근 보강이 말뚝 전 길이에 대하여 이루어져야 한다. 건물의 하중을 지지해야 되는 중요성 때문에 높은 등급의 콘크리트를 일반적으로 사용한다.

콘크리트 배합설계

천공말뚝 기초에서의 콘크리트 배합설계는 다른 콘크리트 구조물에 비하여 크게 다르지 않다. 보강 철근망이 사용될 경우 콘크리트가 보강재 사이로 흘러 들어갈 수 있도록 고려해야 한다. 대부분의 경우에 콘크리트 슬럼프값이 15.0 mm이면 만족하다고 여겨진다. 또한 굵은 골재의 최대 치수는 대략 20 mm 정도로 제한하도록 한다.

예제 12.1

하중 6.0 MN을 지지해야 할 연직천공말뚝이 필요하다. 연직천공말뚝에 사용될 콘크리트의 28일 양생 일축압축강도는 50 MN/m^{2}로 예상한다.

a. 천공말뚝의 직경을 산정하라.
b. 만약 필요한 최소 보강재를 1%로 설정하면, 철근망 둘레를 따라 직경이 16 mm인 종단보강철근이 몇 개가 필요한가?

풀이

Part a

$$f_c = 0.25f'_c = \frac{Q_w}{\frac{\pi}{4}D_s^2}$$

$$0.25(50 \times 10^6) = \frac{6 \times 10^6}{\frac{\pi}{4}D_s^2};\ D_s = 0.782 \text{ m}$$

800 mm 직경의 천공말뚝을 시공한다.

Part b
만약 16 mm의 철근 직경이 N개 필요하다면,

$$\frac{\pi}{4} \times 800^2 \times \frac{1}{100} = N \times \frac{\pi}{4} \times 16^2$$

$$N = \mathbf{25}$$

■

12.5 하중전달 원리

천공말뚝 기초에서 지반으로 하중이 전달되는 원리는 11.6절에 설명되어 있는 일반 말뚝 기초의 하중전달 원리와 유사하다. 그림 12.8은 Reese et al.(1976)에 의해 점토질에서 수행된 천공말뚝의 재하시험 결과이다. 그림 12.8a의 말뚝의 직경은 762 mm, 말뚝의 근입깊

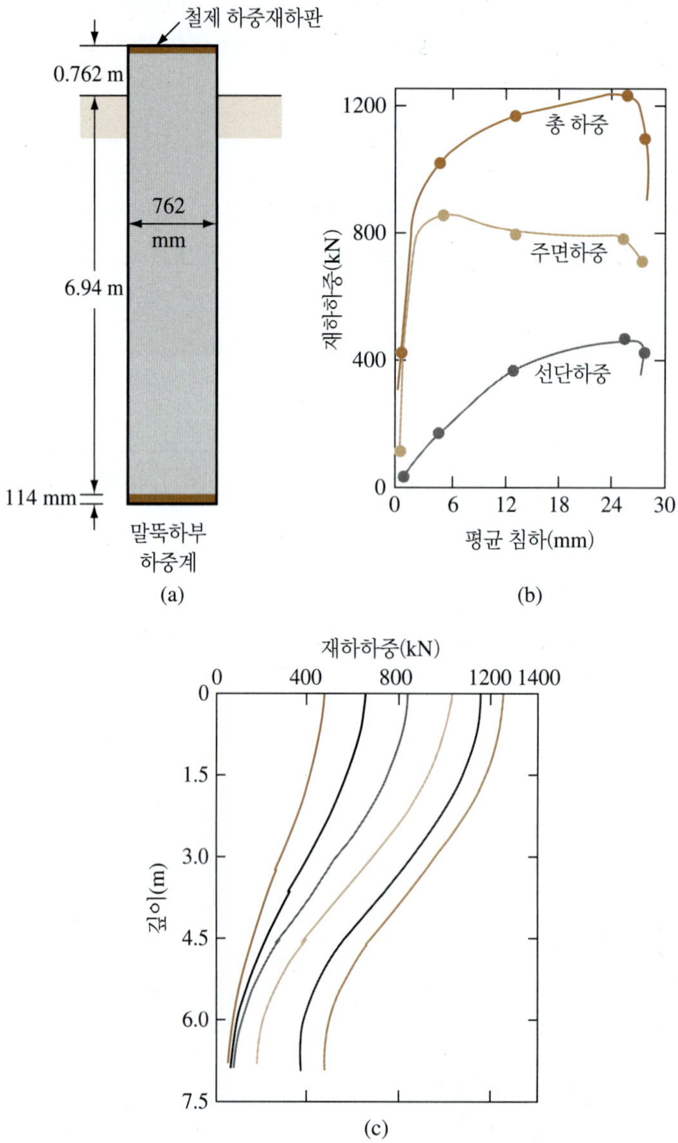

그림 12.8 천공말뚝 기초에 대한 하중재하시험 결과(Reese et al., 1976): (a) 말뚝의 치수, (b) 평균 침하량에 따른 선단하중, 주면마찰력, 총 하중, (c) 말뚝 깊이에 따른 하중분포 곡선

이는 6.94 m이다. 그림 12.8b는 하중-침하 곡선을 보여준다. 그림에서 볼 수 있듯이 천공말뚝에 의하여 지지된 총 하중은 1246 kN이다. 마찰저항력에 의해 지지된 하중은 800 kN이며, 나머지는 선단지지에 의해 지지된다. 말뚝이 약 6 mm 밑으로 변위가 발생할 때 최대 주면마찰력이 유발된다는 것은 흥미롭다. 그러나 말뚝의 최대 선단마찰력이 유발되기 위해서는 약 25 mm의 변위가 하부로 발생하여야 한다. 이러한 결과는 일반 말뚝 기초에 대한 하중시험 결과와 흡사하다. 그림 12.8c는 하중재하 단계별 평균 하중의 분포 곡선을 나타낸 것이다.

12.6 하중-지지력의 산정

말뚝 기초의 경우와 같이, 천공말뚝 기초의 극한하중지지력(그림 12.9)은 다음과 같다.

$$Q_u = Q_p + Q_s \tag{12.2}$$

여기서

Q_u = 극한지지력

Q_p = 기초저부의 극한선단지지력

Q_s = 말뚝기둥을 따라 발생되는 주면마찰력

극한선단지지력(Q_p)은 얕은 기초의 압축성(5.9절)을 고려한 지지력 공식[식 (5.47)]과 유사한, 다음의 식을 통하여 구할 수 있다.

$$Q_p = A_p\left(c'N_cF_{cs}F_{cd}F_{cc} + q'N_qF_{qs}F_{qd}F_{qc} + \frac{1}{2}\gamma' BN_\gamma F_{\gamma s}F_{\gamma d}F_{\gamma c}\right) \tag{12.3}$$

여기서

c' = 점착력

N_c, N_q, N_γ = 지지력계수

$F_{cs}, F_{qs}, F_{\gamma s}$ = 형상계수

$F_{cd}, F_{qd}, F_{\gamma d}$ = 근입깊이계수

$F_{cc}, F_{qc}, F_{\gamma c}$ = 압축계수

γ' = 기초 하단부의 흙의 유효단위중량

q' = 기초 하단부의 유효연직응력

A_p = 기초의 면적 $= \frac{\pi}{4}D_b^2$

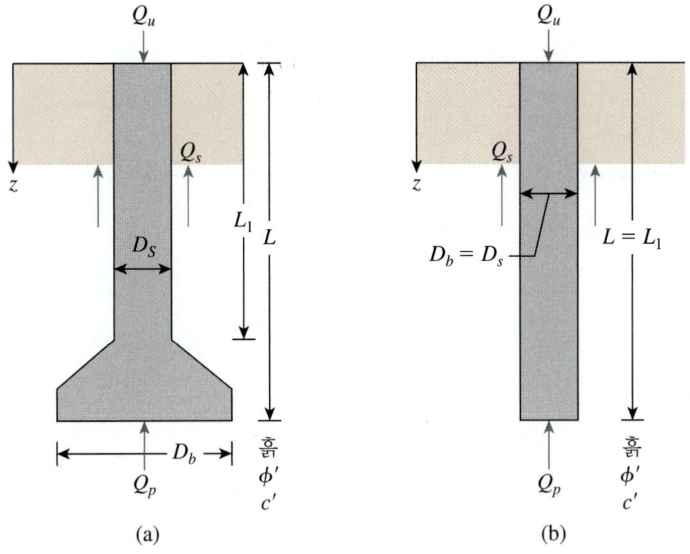

그림 12.9 천공말뚝 기초의 극한지지력: (a) 종형 선단, (b) 연직형 기둥

천공말뚝 기초의 직경 D(또는 D_b—그림 12.9)를 기초의 폭에 B, 그리고 기초 하단부(천공 기초 기둥의 선단부)의 유효연직응력 q'를 $\gamma' L$로 대치하여, 식 (12.3)을 깊은 기초에 적용할 수 있다. $L >> D$인 천공말뚝 기초의 경우, $q' >> 0.5\, D\gamma'$이다. 식 (12.3)의 2번째, 3번째 항목에 있는 지지력계수(N_q와 N_γ)와 F인자들은 크기의 동일한 순서이다. 따라서, 3번째 항목(N_γ를 포함한 항목)은 2번째 항목에 비교해서 크기가 작으므로 무시한다. 그러므로, 천공말뚝 기초의 극한지지력 Q_u는 다음과 같이 표현한다.

$$Q_u = A_p(c'N_c F_{cs} F_{cd} F_{cc} + q'N_q F_{qs} F_{qd} F_{qc}) + Q_s \tag{12.4}$$

다음 절에서는 사질토 및 점토 지반에 설치된 천공말뚝 기초의 극한지지력을 산정하는 과정에 대하여 설명하였다.

12.7 사질토지반에서 하중-지지력

Q_p의 산정

사질토지반상에 천공말뚝 기초가 시공될 때 $c' = 0$이므로, 기초지반의 순 극한지지력은 식 (12.4)로부터 구할 수 있다.

$$Q_{p(\text{net})} = A_p[q'(N_q - 1)F_{qs} F_{qd} F_{qc}] \tag{12.5}$$

주어진 여러 흙의 내부마찰각 ϕ'에 대한 N_q의 값은 표 5.3으로부터 구할 수 있다. 또한, 표 12.1로부터 구할 수 있다.

$$F_{qs} = 1 + \tan\phi' \tag{12.6}$$

$$F_{qd} = 1 + \underbrace{C\tan^{-1}\left(\frac{L}{D_b}\right)}_{\text{라디안}} \tag{12.7}$$

$$C = 2\tan\phi'(1 - \sin\phi')^2 \tag{12.8}$$

ϕ'에 따른 F_{qs}와 C 값의 변화는 표 12.1에 기술되어 있다.

Chen and Kulhawy(1994)에 따르면, F_{qc}는 다음의 계산과정을 통하여 구할 수 있다.

1단계. 임계강성지수를 계산하면

$$I_{cr} = 0.5\exp\left[2.85\cot\left(45 - \frac{\phi'}{2}\right)\right] \tag{12.9}$$

여기서 I_{cr} = 임계강성지수(표 12.1).

2단계. 감소강성지수를 계산하면

표 12.1 ϕ'에 따른 N_q, F_{qs}, C, I_{cr}, μ_s, n의 변화값

흙의 내부마찰각, ϕ' (deg)	N_q (표 5.3)	F_{qs} [식 (12.6)]	C [식 (12.8)]	I_{cr} [식 (12.9)]	μ_s [식 (12.13)]	n [식 (12.15)]
25	10.66	1.466	0.311	43.84	0.100	0.00500
26	11.85	1.488	0.308	47.84	0.115	0.00475
27	13.20	1.510	0.304	52.33	0.130	0.00450
28	14.72	1.532	0.299	57.40	0.145	0.00425
29	16.44	1.554	0.294	63.13	0.160	0.00400
30	18.40	1.577	0.289	69.63	0.175	0.00375
31	20.63	1.601	0.283	77.03	0.190	0.00350
32	23.18	1.625	0.276	85.49	0.205	0.00325
33	26.09	1.649	0.269	95.19	0.220	0.00300
34	29.44	1.675	0.262	106.37	0.235	0.00275
35	33.30	1.700	0.255	119.30	0.250	0.00250
36	37.75	1.727	0.247	134.33	0.265	0.00225
37	42.92	1.754	0.239	151.88	0.280	0.00200
38	48.93	1.781	0.231	172.47	0.295	0.00175
39	55.96	1.810	0.223	196.76	0.310	0.00150
40	64.20	1.839	0.214	225.59	0.325	0.00125
41	73.90	1.869	0.206	259.98	0.340	0.00100
42	85.38	1.900	0.197	301.29	0.355	0.00075
43	99.02	1.933	0.189	351.22	0.370	0.00050
44	115.31	1.966	0.180	412.00	0.385	0.00025
45	134.88	2.000	0.172	486.56	0.400	0.00000

$$I_{rr} = \frac{I_r}{1 + I_r\Delta} \tag{12.10}$$

여기서

$$I_r = \text{흙의 강성지수} = \frac{E_s}{2(1+\mu_s)q' \tan\phi'} \tag{12.11}$$

여기서

$$E_s = \text{흙의 배수 탄성계수} = mp_a \tag{12.12}$$

$$p_a = \text{대기압}(\approx 100 \text{ kN/m}^2)$$

$$m = \begin{cases} 100 \text{ to } 200(\text{느슨한 흙}) \\ 200 \text{ to } 500(\text{중간 정도 조밀한 흙}) \\ 500 \text{ to } 1000(\text{조밀한 흙}) \end{cases}$$

$$\mu_s = \text{흙의 포아송비} = 0.1 + 0.3\left(\frac{\phi' - 25}{20}\right)$$

$$(25° < \phi' < 45°\text{인 경우}) \ (\text{표 12.1 참고}) \tag{12.13}$$

$$\Delta = n\frac{q'}{p_a} \tag{12.14}$$

$$n = 0.005\left(1 - \frac{\phi' - 25}{20}\right) \text{(표 12.1 참고)} \tag{12.15}$$

3단계. $I_{rr} \geq I_{cr}$인 경우,

$$F_{qc} = 1 \tag{12.16}$$

그러나 $I_{rr} < I_{cr}$인 경우,

$$F_{qc} = \exp\left\{(-3.8\tan\phi') + \left[\frac{(3.07\sin\phi')(\log_{10}2I_{rr})}{1+\sin\phi'}\right]\right\} \tag{12.17}$$

또한, Berezantzev et al.(1961)의 분석에 기초한 상관관계식으로부터 합리적으로 산정될 수 있는 $Q_{p(\text{net})}$의 크기는 다음과 같이 나타낼 수 있다.

$$Q_{p(\text{net})} = A_p q'(\omega N_q^* - 1) \tag{12.18}$$

여기서

$$N_q^* = \text{지지력계수} = 0.21e^{0.17\phi'} \text{ (표 12.2 참고)} \tag{12.19}$$

$$\omega = \text{수정계수} = f(L/D_b) \text{ (그림 12.10 참고)}$$

식 (12.19)의 ϕ'의 단위는 도(°)이다. L/D_b에 따른 보간법에 의한 ω의 변화값은 표 12.3에 나타나 있다.

Q_s의 산정

사질토지반에 천공말뚝 설치 시 극한하중에서의 주면 마찰력 Q_s는 다음과 같이 계산할 수 있다.

$$Q_s = \int_0^{L_1} pf\,dz \tag{12.20}$$

여기서

$$p = \text{말뚝기둥의 윤변} = \pi D_s$$

$$f = \text{단위주면마찰저항력} = K\sigma_o' \tan\delta' \tag{12.21}$$

$$K = \text{토압계수} \approx K_o = 1 - \sin\phi' \tag{12.22}$$

σ_o' = 임의의 깊이 z에서의 유효연직응력

따라서,

$$Q_s = \int_0^{L_1} pf\,dz = \pi D_s(1-\sin\phi')\int_0^{L_1} \sigma_o' \tan\delta'\,dz \tag{12.23}$$

표 12.2 ϕ' 값에 따른 N_q^*의 변화값[식 (12.19)]

ϕ' (deg)	N_q^*
25	14.72
26	17.45
27	20.68
28	24.52
29	29.06
30	34.44
31	40.83
32	48.39
33	57.36
34	67.99
35	80.59
36	95.52
37	113.22
38	134.20
39	159.07
40	188.55
41	223.49
42	264.90
43	313.99
44	372.17
45	441.14

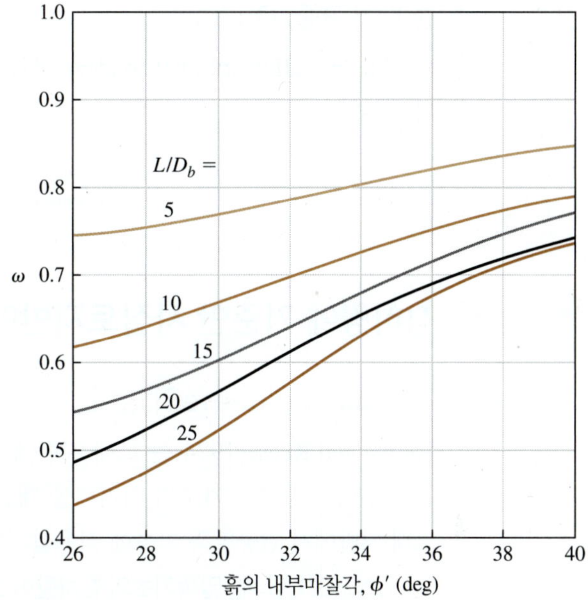

그림 12.10 ϕ'와 L/D_b에 따른 w의 변화값

σ_o'의 값은 그림 11.20에서와 같이 $15D_s$ 깊이까지는 증가하고, 그 이후에는 일정해진다.

시공기술이 좋은 현장타설 콘크리트말뚝의 경우 거친 접촉마찰력이 발생되므로, δ'/ϕ' 값은 1.0으로 가정한다. 시공성이 좋지 않은 슬러리 시공의 경우 $\delta'/\phi' \approx 0.7$~$0.8$로 가정한다.

표 12.3 Berezantzev et al.의 ω의 값

흙의 마찰각, ϕ' (deg)	L/D_b				
	5	10	15	10	25
26	0.744	0.619	0.546	0.49	0.439
28	0.757	0.643	0.572	0.525	0.475
30	0.774	0.671	0.606	0.568	0.525
32	0.787	0.697	0.641	0.615	0.581
34	0.804	0.727	0.680	0.654	0.632
36	0.822	0.753	0.716	0.692	0.675
38	0.839	0.774	0.746	0.723	0.712
40	0.849	0.796	0.770	0.744	0.735

순 허용하중, $Q_{all(net)}$

순 허용하중(allowable net load)을 구하기 위해서는 극한하중에 적절한 안전율을 적용하여야 한다. 또는,

$$Q_{\text{all(net)}} = \frac{Q_{p(\text{net})} + Q_s}{\text{FS}} \tag{12.24}$$

12.8 침하량에 기준한 사질토지반에서 하중–지지력

Touma and Reese의 방법

Touma and Reese(1974)는 모래 지반에서 평균직경이 750 mm인 천공말뚝의 시공사례를 근거하여, 천공말뚝 기초의 지지력을 계산하는 방법을 다음과 같이 제안하였다. 이 방법은 모래 지반에서 천공말뚝 기초에 적용할 수 있다.

$L > 10D_b$일 때, 말뚝기초의 침하량이 25.4 mm 발생할 때, 허용 순 선단하중은

$$Q_{p\text{-all(net)}} = \frac{0.508A_p}{D_b}q_p \tag{12.25}$$

여기서

$Q_{p\text{-all(net)}}$는 단위가 kN, A_p의 단위는 m^2, D_b의 단위는 m, 그리고 q_p는 단위선단지지력으로 단위는 kN/m^{2}이다.

Touma and Reese가 추천하는 q_p 값은 다음 표와 같다.

모래 종류	q_p (kN/m^2)
느슨	0
중간	1530
매우 조밀	3830

중간 다짐도의 모래에 대한 단위선단지지력 값은 선형보간법에 의거하여 구하면 된다. 천공말뚝기둥의 주면마찰력은 다음과 같이 계산할 수 있다.

$$\begin{aligned} Q_s &= \int_0^{L_1} (0.7)p\sigma_o' \tan\phi' dz = 0.7(\pi D_s)\int_0^{L_1} \sigma_o' \tan\phi' dz \\ &= 2.2D_s\int_0^{L_1} \sigma_o' \tan\phi' dz \end{aligned} \tag{12.26}$$

여기서,

ϕ' = 흙의 유효마찰각

σ_o' = 깊이 z에서의 유효연직응력

L_1에 대한 정의는 그림 12.9를 참고하라. 따라서,

$$Q_{\text{all(net)}} = Q_{p\text{-all(net)}} + \frac{Q_s}{\text{FS}} \quad \text{[말뚝선단이 25.4 mm 침하가 발생될 때]} \tag{12.27}$$

여기서 안전율 FS ≈ 2.0이다.

Reese and O'Neill의 방법

Reese and O'Neill(1989)은 41개의 하중재하시험 자료에 근거하여, 침하량을 기준으로 천공말뚝 기초의 지지력을 계산하는 방법을 다음과 같이 제안하였다. 이 방법은 다음의 범위에 해당되는 천공말뚝 기초에 적용할 수 있다.

1. 천공말뚝의 직경 $D_s = 0.52 \sim 1.2$ m
2. 종형 선단부의 깊이 $L = 4.7 \sim 30.5$ m
3. 현장 표준관입저항치 $N_{60} = 5 \sim 60$
4. 콘크리트의 슬럼프 = 100~225 mm

그림 12.11을 참고로 하여, Reese and O'Neill의 계산 절차는 다음과 같다.

$$Q_{u\text{(net)}} = \sum_{i=1}^{N} f_i \, p \, \Delta L_i + q_p A_p \tag{12.28}$$

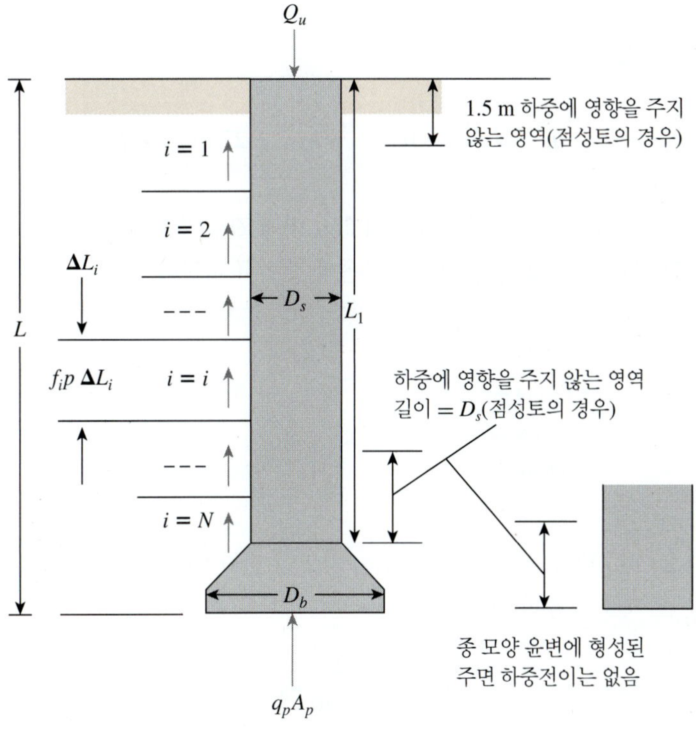

그림 12.11 식 (12.28)의 유도

여기서

f_i = i 층에서의 극한 단위주면마찰저항력
p = 천공말뚝의 윤변 = πD_s
q_p = 단위선단지지력
A_p = 기초바닥의 면적 = $(\pi/4)D_b^2$

$$f_i = \beta_1 \sigma'_{\text{ozi}} < \beta_2 \tag{12.29}$$

여기서 σ'_{ozi} = i 층의 중간 지점에서의 유효연직응력

$$\beta_1 = \beta_3 - \beta_4 z_i^{0.5} \ (0.25 \le \beta_1 \le 1.2\text{인 경우}) \tag{12.30}$$

f_i, z_i, 그리고 σ'_{ozi}의 단위와 β_2, β_3, 그리고 β_4의 크기는 다음과 같다.

기호	단위
f_i	kN/m^2
z_i	m
σ'_{ozi}	kN/m^2
β_2	192 kN/m^2
β_3	1.5
β_4	0.244

선단지지력은 다음과 같다.

$$q_p = \beta_5 N_{60} \le \beta_6 \qquad [D_b < 1.27\text{ m인 경우}] \tag{12.31}$$

여기서 N_{60} = 천공말뚝 선단부로부터 깊이 $2D_b$ 이내 지점의 현장 평균 표준관입치이다.

β_5와 β_6의 크기, 그리고 q_p의 단위는 다음과 같이 주어진다.

기호	단위
β_5	57.5 kN/m^2
β_6	4310 kN/m^2
q_p	kN/m^2

만약 D_b가 1.27 m보다 같거나 클 경우에는, 과도한 침하가 발생할 수 있다. 이러한 경우 q_p의 크기는 q_{pr}로 축소될 수 있다.

$$q_{pr} = \frac{1.27}{D_b\,(\text{m})} q_p \tag{12.32}$$

요구되는 기초의 침하량에 근거하여 그림 12.12, 12.13과 12.14는 허용하중 $Q_{all(net)}$를 계산하는 데 사용될 수 있다. 그림에서 주어진 추세선은 시험결과의 평균값이다.

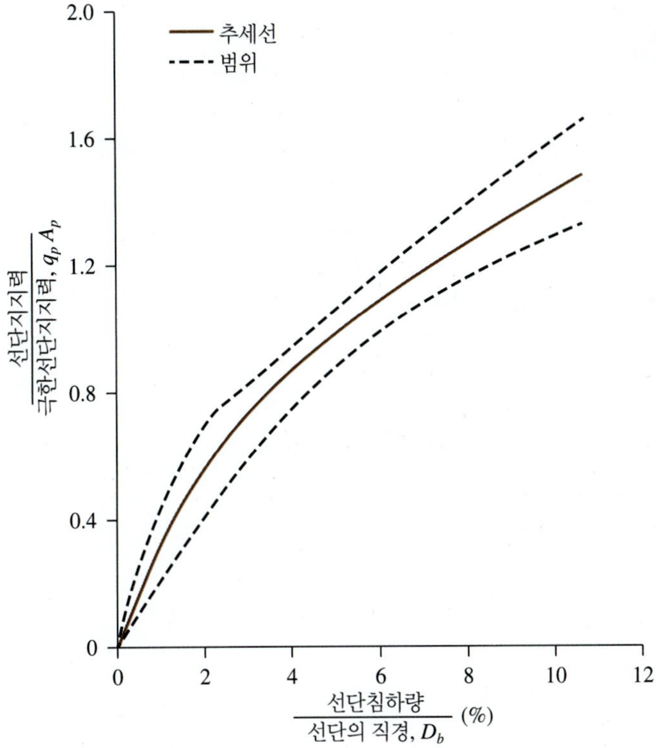

침하량 / D (%)	선단지지력 / 극한선단지지력
0	0
1	0.32
2	0.56
3	0.73
4	0.87
5	0.98
6	1.10
7	1.20
8	1.29
9	1.38
10	1.44

그림 12.12 모래 지반에서 정규화된 선단 전이하중과 침하량 관계

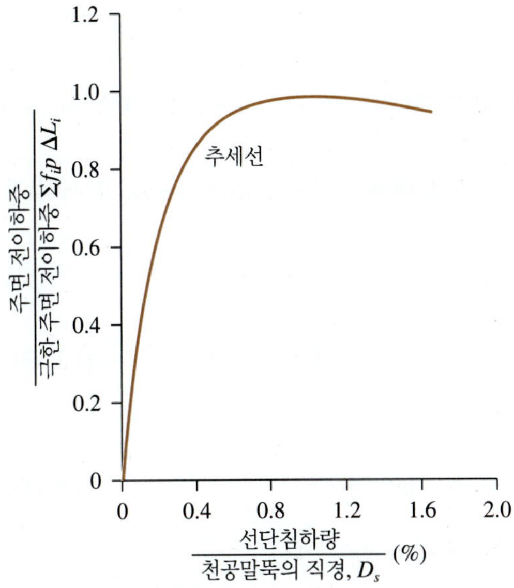

선단침하량 / D_s (%)	주면 전이하중 / 극한 주면 하중
0	0
0.1	0.371
0.2	0.590
0.3	0.744
0.4	0.846
0.5	0.910
0.6	0.936
0.8	0.974
1.0	0.987
1.2	0.974
1.4	0.968
1.6	0.960
1.8	0.940

그림 12.13 정규화된 주면 전이하중과 침하량 관계

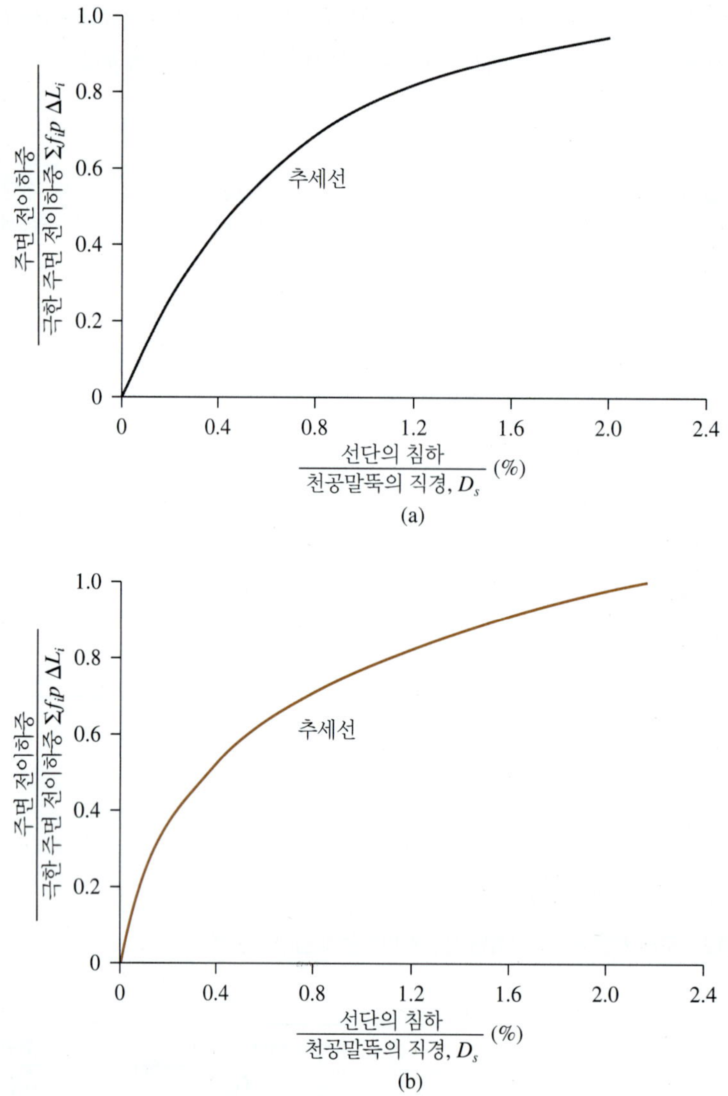

그림 12.14 정규화된 주면 전이하중과 침하량 관계: (a) 자갈질 모래(자갈 20~50%), (b) 자갈(50% 이상)

Rollins et al.(2005)은 자갈이 섞인 모래 지반에 대하여 식 (12.30)을 다음과 같이 수정하였다.

- 자갈이 25~50% 섞인 모래 지반에 대하여

$$\beta_1 = \beta_7 - \beta_8 z_i^{0.75}\ (0.25 \le \beta_1 \le 1.8\text{일 경우}) \tag{12.33}$$

- 자갈이 50% 이상 섞인 모래 지반에 대하여

$$\beta_1 = \beta_9 e^{-\beta_{10} z_i}\ (0.25 \le \beta_1 \le 3.0\text{일 경우}) \tag{12.34}$$

β_7, β_8, β_9, 그리고 β_{10}의 크기와 z_i의 단위는 다음과 같이 주어진다.

표 12.4 자갈질 모래 지반에서 주면 전이하중 대 선단침하량(자갈 20~50%, 그림 12.14a 참고)

선단침하 / D_b (%)	주면 전이하중 / $\Sigma f_i p \Delta L_i$
0	0
0.2	0.27
0.4	0.50
0.6	0.61
0.8	0.71
1.0	0.79
1.2	0.85
1.4	0.90
1.6	0.92
1.8	0.94
2.0	0.96

표 12.5 자갈질 모래 지반에서 주면 전이하중 대 선단침하량(자갈 50% 이상, 그림 12.14b 참고)

선단침하 / D_b (%)	주면 전이하중 / $\Sigma f_i p \Delta L_i$
0	0
0.2	0.38
0.4	0.54
0.6	0.65
0.8	0.75
1.0	0.79
1.2	0.88
1.4	0.92
1.6	0.96
1.8	0.98
2.0	1.0

기호	단위
β_7	2.0
β_8	0.15
β_9	3.4
β_{10}	−0.085
z_i	m

그림 12.13은 모래 지반에서 정규화된 주면 전이하중과 침하량의 관계도이다. 그림 12.4a와 12.4b는 자갈질 모래 지반에서 요구되는 기초의 침하량에 근거하여 정규화된 주면하중 전이의 추세선을 나타낸 것이다. 표 12.4와 12.5는 자갈이 25~50% 섞인 자갈질 모래 지반과 자갈이 50% 이상 섞인 자갈질 모래 지반에 대하여 무차원 말뚝 기초 침하에 대비한 말뚝주면 하중전이 값을 보간법으로 각각 나타낸 값이다.

예제 12.2

지층 조건이 그림 12.15와 같은 종형 선단부를 가진 선단지지 천공말뚝 기초가 조밀한 모래와 자갈층에 시공되어 있다. 천공말뚝 기초의 허용하중을 결정하라. 식 (12.5)를 사용하고, 안전율은 4이다. $D_s = 1$ m, $D_b = 1.75$ m이다. 조밀한 모래층의 $\phi' = 36°$, $E_s = 500p_a$이다. 말뚝 기초의 선단지지력에 비교하여 주면마찰저항력은 무시한다.

풀이

$$Q_{p(\text{net})} = A_p[q'(N_q - 1)F_{qs}F_{qd}F_{qc}]$$

$$q' = (6)(16.2) + (2)(19.2) = 135.6 \text{ kN/m}^2$$

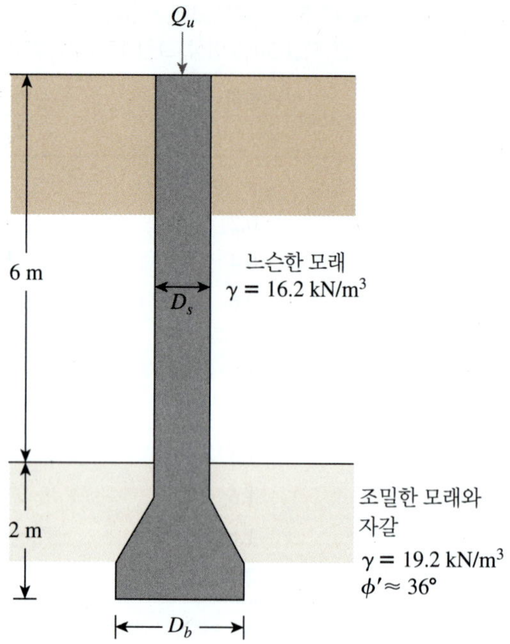

그림 12.15 천공말뚝 기초의 허용하중

ϕ' =36°일 때, 표 12.1로부터 $N_q = 37.75$. 또한,

$$F_{qs} = 1.727$$

$$F_{qd} = 1 + C \tan^{-1}\left(\frac{L}{D_b}\right)$$

$$= 1 + 0.247 \tan^{-1}\left(\frac{8}{1.75}\right) = 1.335$$

식 (12.9)로부터

$$I_{\rm cr} = 0.5 \exp\left[2.85 \cot\left(45 - \frac{\phi'}{2}\right)\right] = 134.3\ (\text{표 12.1 참고})$$

식 (12.12)로부터 $E_s = mp_a$, $m = 500$이면

$$E_s = (500)(100) = 50{,}000 \text{ kN/m}^2$$

식 (12.13)과 표 12.1로부터

$$\mu_s = 0.265$$

따라서

$$I_r = \frac{E_s}{2(1 + \mu_s)(q')(\tan \phi')} = \frac{50{,}000}{2(1 + 0.265)(135.6)(\tan 36)} = 200.6$$

식 (12.10)으로부터

$$I_{\rm rr} = \frac{I_r}{1 + I_r \Delta}$$

$$\Delta = n\frac{q'}{p_a} = 0.00225\left(\frac{135.6}{100}\right) = 0.0031$$

$$I_{rr} = \frac{200.6}{1 + (200.6)(0.0031)} = 123.7$$

$I_{rr} < I_{cr}$이면 식 (12.17)로부터

$$F_{qc} = \exp\left\{(-3.8\tan\phi') + \left[\frac{(3.07\sin\phi')(\log_{10} 2I_{rr})}{1+\sin\phi'}\right]\right\}$$

$$= \exp\left\{(-3.8\tan 36) + \left[\frac{(3.07\sin 36)\log(2\times 123.7)}{1+\sin 36}\right]\right\} = 0.958$$

따라서,

$$Q_{p(\text{net})} = \left[\left(\frac{\pi}{4}\right)(1.75)^2\right](135.6)(37.75 - 1)(1.727)(1.335)(0.958) = 26{,}474 \text{ kN}$$

$$Q_{p(\text{all})} = \frac{Q_{p(\text{net})}}{\text{FS}} = \frac{26{,}474}{4} \approx \mathbf{6619\ kN}$$

■

예제 12.3

식 (12.18)을 사용하여 예제 12.2를 다시 풀어라.

풀이

식 (12.18)로부터

$$Q_{p(\text{net})} = A_p q'\left(\omega N_q^* - 1\right)$$

표 12.2로부터

$$N_q^* = 0.21e^{0.17\phi'} = 0.21e^{(0.17)(36)} = 95.52$$

$$\frac{L}{D_b} = \frac{8}{1.75} = 4.57$$

표 12.3으로부터 $\phi' = 36°$, $L/D_b = 4.57$일 때, ω의 값은 대략 0.83이다. 따라서,

$$Q_{p(\text{net})} = \left[\left(\frac{\pi}{4}\right)(1.75)^2\right](135.6)[(0.83)(95.52) - 1] = 25{,}532 \text{ kN}$$

$$Q_{p(\text{all})} = \frac{25{,}532}{4} = \mathbf{6383\ kN}$$

■

예제 12.4

천공말뚝 기초가 그림 12.16과 같다. 천공말뚝 기초의 바닥 아래 $2D_b$의 거리 내에서 수정되지 않은 평균 표준관입저항치(N_{60})가 대략 30이다. 다음을 결정하라.

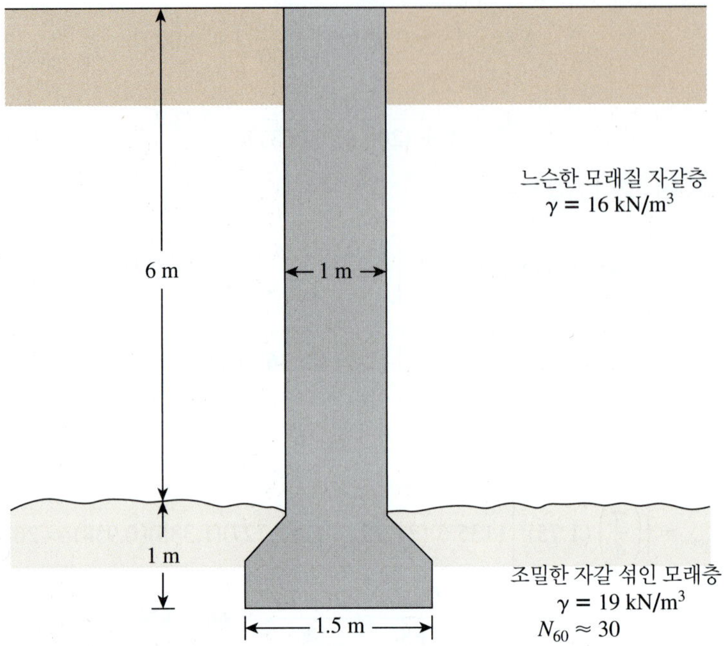

그림 12.16 조밀한 자갈 섞인 모래층에 지지된 천공말뚝 기초

a. 식 (12.33)을 사용하여 극한지지력을 구하라.

b. 12 mm의 침하에 대한 지지력을 구하라.

풀이

Part a

식 (12.29)로부터

$$f_i = \beta_1 \sigma'_{ozi}$$

식 (12.33)으로부터, $\beta_7 = 2.0$, $\beta_8 = 0.15$

$$\beta_1 = 2.0 - 0.15 z_i^{0.75}$$

그러므로 모래질 자갈층을 각 층의 두께가 3 m인 2층으로 나누면 다음과 같은 표를 작성할 수 있다.

층 번호	층의 중간깊이, z_i (m)	$\beta_1 = 2 - 0.15 z_i^{0.75}$	$\sigma'_{ozi} = \gamma z_i$ (kN/m^2)	$f_i = \beta_1 \sigma'_{ozi}$ (kN/m^2)
1	1.5	1.797	24	43.13
2	4.5	1.537	72	110.66

따라서,

$$\Sigma f_i \, p \, \Delta L_i = (\pi \times 1)[(43.13)(3) + (110.66)(3)] = 1449.4 \text{ kN}$$

식 (12.31)로부터,

$$q_p = 57.5N_{60} = (57.5)(30) = 1725 \text{ kN/m}^2$$

D_b는 1.27보다 크므로, 식 (12.32a)를 사용하여 q_p을 감소시킨다.

$$q_{pr} = \left(\frac{1.27}{D_b}\right) q_p = \left(\frac{1.27}{1.5}\right)(1725) \approx 1461 \text{ kN/m}^2$$

$$q_{pr} A_p = (1461)\left(\frac{\pi}{4} \times 1.5^2\right) \approx 2582 \text{ kN}$$

따라서,

$$Q_{\text{ult(net)}} = q_{pr}A_p + \Sigma f_i \, p \, \Delta L_i = 2582 + 1449.4 = \mathbf{4031.4 \text{ kN}}$$

Part b

그러므로,

$$\frac{\text{허용침하량}}{D_s} = \frac{12}{(1.0)(1000)} = 0.012 = 1.2\%$$

그림 12.14(a)의 추세선에서, 정규화된 1.2%의 침하에 대해 정규화된 주면하중전이계수는 약 0.85임을 알 수 있다. 따라서, 말뚝주면 하중전이값은 (0.85)(1449.4) ≈ 1232 kN이다. 마찬가지로,

$$\frac{\text{허용침하량}}{D_b} = \frac{12}{(1.5)(1000)} = 0.008 = 0.8\%$$

그림 12.12의 추세선에서 0.8%의 정규화된 침하량의 경우, 정규화된 선단하중계수는 0.235이다. 따라서, 선단하중은 (0.235)(2582) = 606.77 kN이다. 따라서 총 하중(전 지지력)은 다음과 같다.

$$Q = 1232 + 606.77 \approx \mathbf{1838 \text{ kN}}$$

■

예제 12.5

길이가 8 m이고, $D_b = D_s = 1.2$ m인 천공말뚝 기초가 중간 정도 다짐 모래 지반에 시공되었다. 모래의 단위중량 $\gamma = 16.5$ kN/m^3, $\phi' = 37°$이다. Touma and Reese의 방법을 이용하여 말뚝 기초의 침하량이 25 mm 발생할 때, 허용 선단하중 $Q_{p\text{-all(net)}}$를 구하라. $q_p \approx 2100$ kN/m^{2}이다.

풀이

식 (12.25a)로부터

$$Q_{p\text{-all(net)}} = \frac{0.508A_p}{D_b} q_p = \frac{(0.508)\left(\frac{\pi}{4} \times 1.2^2\right)}{1.2} = 2100 \approx 1005 \text{ kN/m}^2$$

식 (12.26)으로부터,

$$Q_s = 2.2D_s\int_0^{L_1}\sigma' \tan\phi' \, dz$$

$$= (2.2)(D_s)\left[\left(\frac{1}{2}\gamma L_1\right)L_1\right]\tan\phi'$$

$$= (2.2)(1.2)[(0.5)(16.5)(8)^2 \tan 37] = 1050.4 \text{ kN}$$

식 (12.27)로부터

$$Q_{\text{all(net)}} = Q_{p\text{-all(net)}} + \frac{Q_s}{\text{FS}} = 1005 + \frac{1050.4}{2} \approx \mathbf{1530\ kN}$$

■

12.9 점토 지반에서 하중-지지력

$\phi = 0$인 포화된 점토 지반에서, 식 (12.4)의 지지력계수 N_q 값은 1.0이다. 따라서 이러한 경우

$$Q_{p(\text{net})} \approx A_p c_u N_c F_{cs} F_{cd} F_{cc} \tag{12.35}$$

여기서, c_u는 비배수 점착력이다.

$L \geq 3D_b$이면, 식 (12.35)는 다음과 같다.

$$Q_{p(\text{net})} = A_p c_u N_c^* \tag{12.36}$$

여기서

$$N_c^* = N_c F_{cs} F_{cd} F_{cc} = 1.33[(\ln I_r) + 1]\left(\frac{L}{D_b} > 3\text{인 경우}\right) I_r = \text{흙의 강성지수} \tag{12.37}$$

흙의 강성지수는 식 (12.11)에 의하여 정의되었다. $\phi = 0$일 때,

$$I_r = \frac{E_s}{3c_u} \tag{12.38}$$

O'Neill and Reese(1999)는 c_u와 $E_s/3c_u$ 사이의 개략적인 상관관계를 제안하였다. 이는 표 12.6(그림 12.17도 참고)에 요약되어 있다. 실질적으로, c_u/p_a가 1보다 크거나 같은 경우(p_a = 대기압 $\approx$ 100 kN/m^2), N_c^*의 크기는 9로 가정한다.

$L/D_b < 3$인 경우(O'Neill and Reese, 1999),

$$Q_{p(\text{net})} = A_p\left\{\frac{2}{3}\left[1 + \frac{1}{6}\left(\frac{L}{D_b}\right)\right]\right\}c_u N_c^* \tag{12.39}$$

Whitaker and Cooke(1966)의 실험결과, 종형 선단부를 가진 천공말뚝 기초에서 D_b의 약 10~15%에 해당하는 침하가 발생할 때, $N_c^* = 9$가 되는 것이 입증되었다. 이와 유사하게,

표 12.6 N_c^*와 c_u/p_a에 따른 $E_s/3c_u$의 대략적인 변화값(Reese and O'Neill, 1999)

c_u/p_a	$E_s/3c_u$	N_c^*	c_u/p_a	$E_s/3c_u$	N_c^*
0.25	50	6.53	1.25	270	8.78
0.50	150	7.95	1.50	285	8.85
0.75	219	8.50	1.75	292	8.88
1.00	250	8.67	2.00	300	8.92

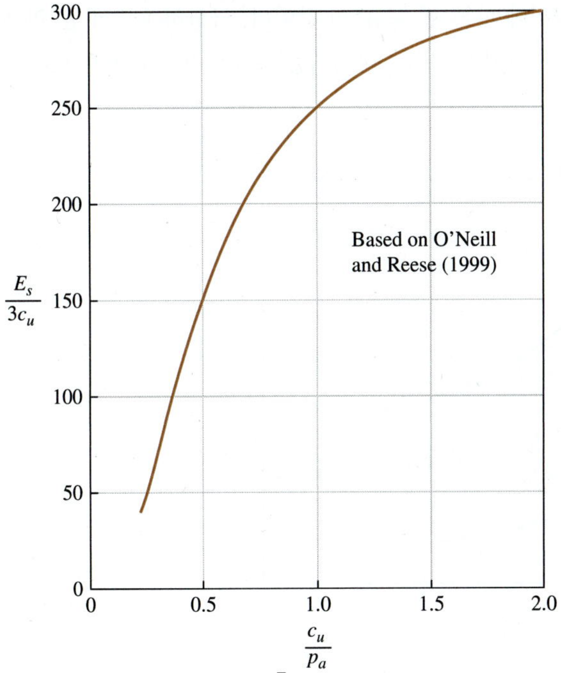

그림 12.17 c_u/p_a에 따른 $\frac{E_s}{3c_u}$의 대략적인 변화값(주: p_a = 대기압)

연직천공말뚝 기초($D_b = D_s$)에서는, D_b의 약 20%에 해당하는 침하가 발생할 때, $N_c^* = 9$가 된다.

점토에서 천공말뚝 기초의 주면마찰저항력은 식 (11.68)과 유사하게 표현된다. 또는 아래와 같다.

$$Q_s = \sum_{L=0}^{L=L_1} \alpha^* c_u p \, \Delta L \tag{12.40}$$

Kulhawy and Jackson(1989)은 106개의 연직천공말뚝 기초 중 65개는 상향인발시험, 41개는 압축시험을 한 현장실험 결과를 발표하였다. 이 결과로부터 얻어진 최적의 상관관계는 다음과 같다.

$$\alpha^* = 0.21 + 0.25\left(\frac{p_a}{c_u}\right) \le 1 \tag{12.41}$$

여기서 p_a = 대기압 $\approx$ 100 kN/m^2

따라서 α^* 값은 보수적으로 다음과 같이 가정할 수 있다.

$$\alpha^* = 0.4 \tag{12.42}$$

그림 12.18은 Kulhawy and Jackson(1989)이 식 (12.41)의 그림과 함께 α^* 값의 범위를 도시한 것이다. 그림 12.19는 그림 12.18에 제시한 하중재하시험 결과로 극한하중 Q_u = 1246 kN일 때 토층의 깊이에 따른 $\alpha^* = \alpha_z^*$의 값이다. 극한하중에서, α_z^*의 최고값은 0.7이고 평균값은 $\alpha^* = 0.5$이다. 따라서, 식 (12.42)의 $\alpha^* = 0.4$라는 가정은 보수적이다.

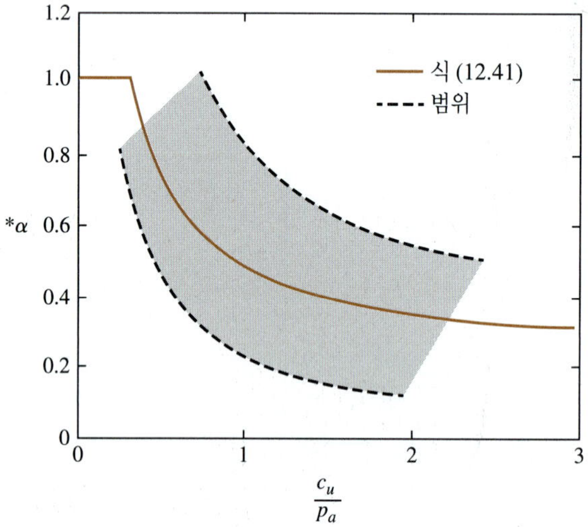

그림 12.18 $c_u\,/p$에 따른 α^*—식 (12.41)의 변화값 (Kulhawy and Jackson, 1989)

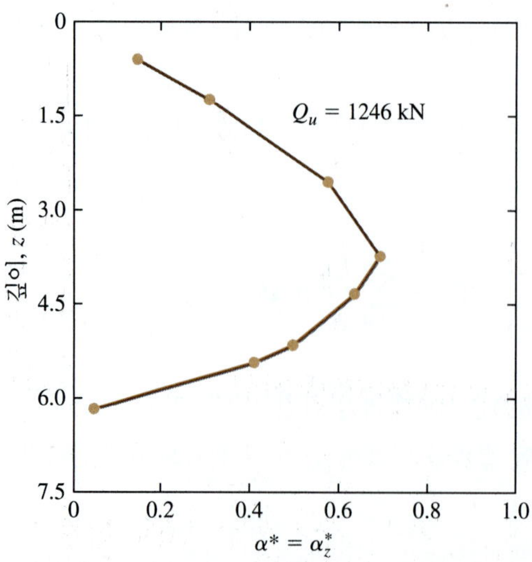

그림 12.19 그림 12.8에 제시된 현장재하시험 시 극한하중일 때, 심도에 따른 $\alpha^* = \alpha_z^*$의 변화값

12.10 침하량 기준에 의한 점토 지반에서 하중-지지력

Reese and O'Neill(1989)은 점토층에 설치된 천공말뚝 기초의 (침하량을 기준으로 한) 극한지지력과 허용지지력을 결정할 수 있는 방법을 제안하였다. 이 방법에 따르면 순 극한하중을 결정할 때 식 (12.28)을 이용할 수 있다.

$$Q_{\text{ult(net)}} = \sum_{i=1}^{n} f_i p \, \Delta L_i + q_p A_p$$

단위 마찰저항력은 다음과 같다.

$$f_i = \alpha_i^* c_{u(i)} \tag{12.43}$$

추천하는 α_i^*의 값은 다음과 같다.

$\alpha_i^* = 0$은 토층 상단부 1.5 m와 천공말뚝의 하단부 $1D_s$ 부분에 대하여 적용한다. (단, $D_b > D_s$일 경우에는 종형 선단부 상부의 $1D_s$ 부분과 종형 선단부 자체 부분에 대하여 $\alpha^* = 0$를 적용한다.)

$\alpha_i^* = 0.55$은 그 외의 부분에 적용한다.

단위면적당 선단지지력 q_p는 다음과 같이 표현된다.

$$q_p = 6c_{ub}\left(1 + 0.2\frac{L}{D_b}\right) \le 9c_{ub} \le 40p_a \tag{12.44}$$

여기서

c_{ub} = 기초바닥의 하부로 $2D_b$ 거리 내의 흙의 평균 비배수 점착력

p_a = 대기압

만약 D_b가 크다면, 식 (12.44)에 주어진 것과 같이 단위면적당 극한하중 q_p 상태에서 과잉 침하가 발생할 것이다. 따라서 $D_b > 1.91$ m일 경우, q_p는 q_{pr}로 대체된다. 즉,

$$q_{pr} = F_r q_p \tag{12.45}$$

여기서

$$F_r = \frac{2.5}{\psi_1 D_b + \psi_2} \le 1 \tag{12.46}$$

D_b의 단위에 따른 ψ_1과 ψ_2의 관계는 표 12.7에 기술되어 있다.

그림 12.20과 12.21은 침하량을 기준으로 하여 허용지지력을 구하는 데 사용될 수 있다(그림 12.20에서의 극한하중지지력은 q_{pr}이 아니라 q_p이다).

1단계. 침하량 s를 결정한다.

표 12.7 ψ_1과 ψ_2의 관계식

기호	상관관계식
ψ_1	$\psi_1 = 2.78 \times 10^{-4} + 8.26 \times 10^{-5}\left(\dfrac{L}{D_b}\right) \le 5.9 \times 10^{-4}$
ψ_2	$\psi_2 = 0.065[c_{ub}(\text{kN/m}^2)]^{0.5}$ $(0.5 \le \psi_2 \le 1.5)$
D_b	mm

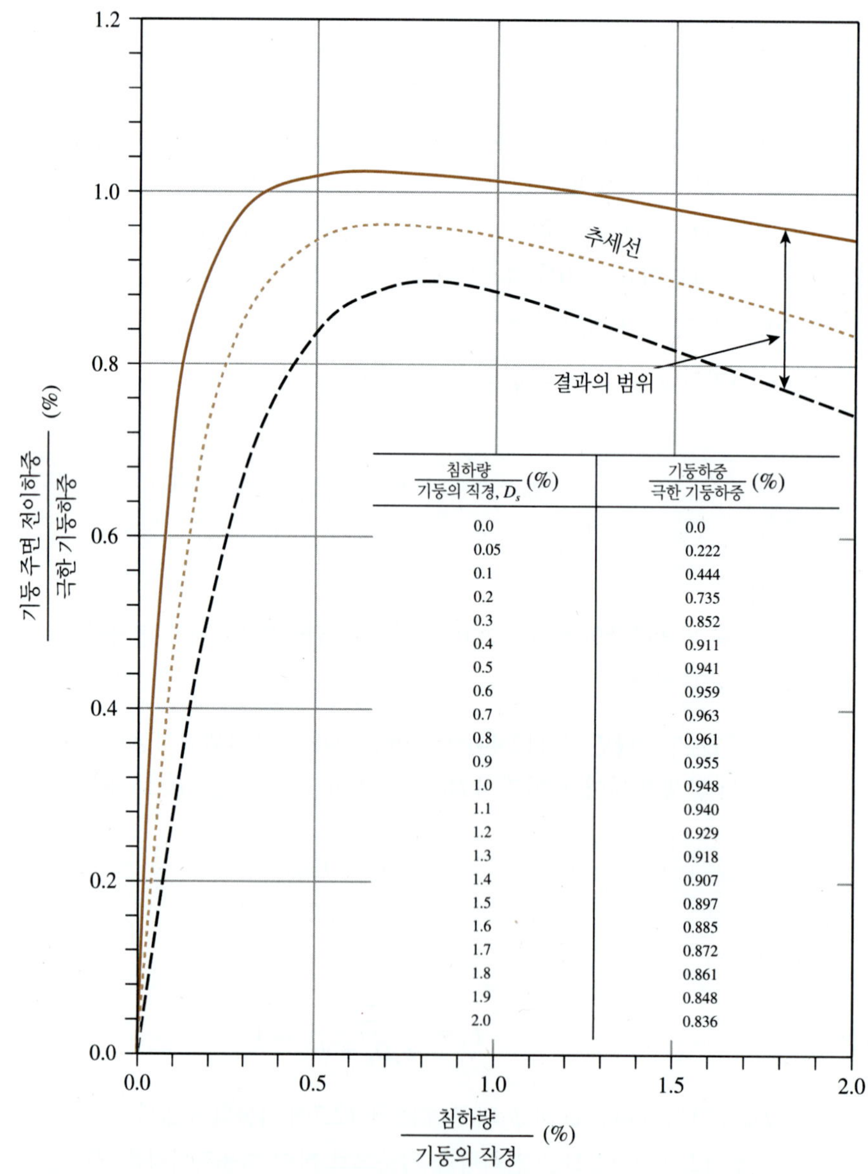

침하량 / 기둥의 직경, D_s (%)	기둥하중 / 극한 기둥하중 (%)
0.0	0.0
0.05	0.222
0.1	0.444
0.2	0.735
0.3	0.852
0.4	0.911
0.5	0.941
0.6	0.959
0.7	0.963
0.8	0.961
0.9	0.955
1.0	0.948
1.1	0.940
1.2	0.929
1.3	0.918
1.4	0.907
1.5	0.897
1.6	0.885
1.7	0.872
1.8	0.861
1.9	0.848
2.0	0.836

그림 12.20 점토 지반에서 정규화된 주면 전이하중과 침하량 관계

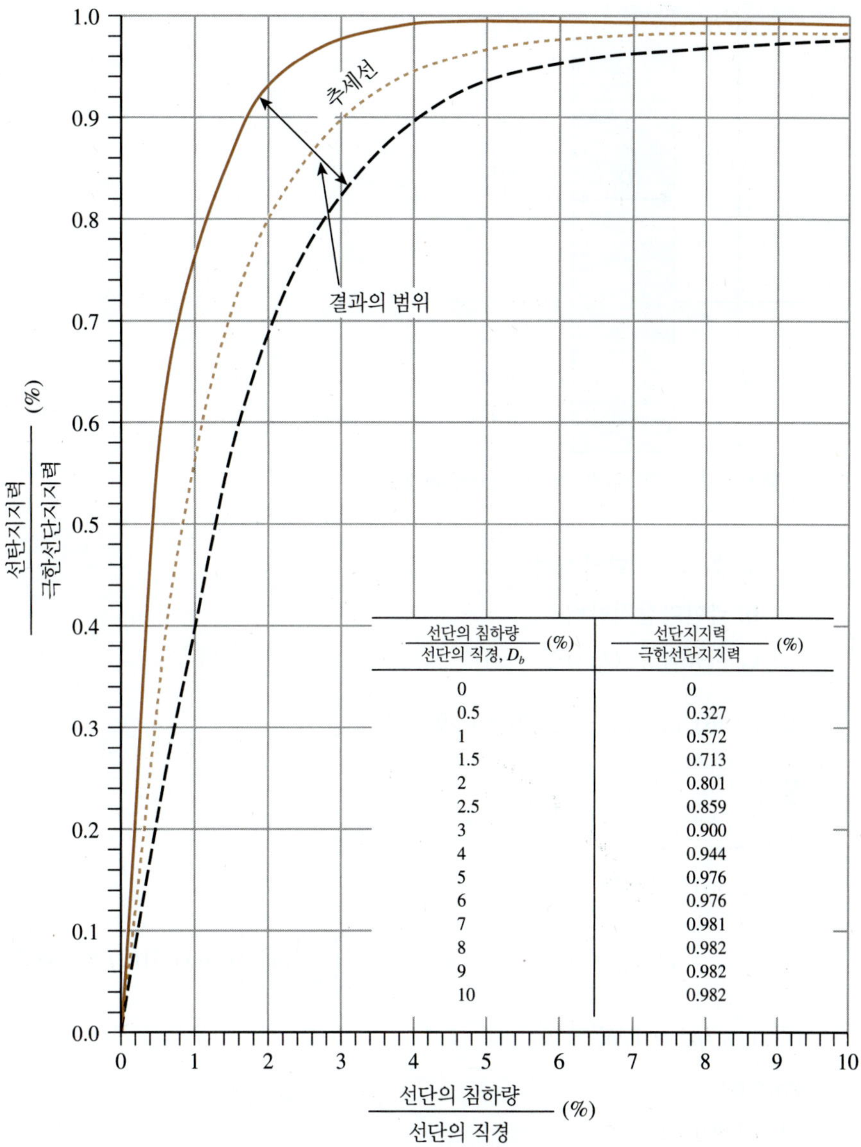

선단의 침하량 / 선단의 직경, D_b (%)	선단지지력 / 극한선단지지력 (%)
0	0
0.5	0.327
1	0.572
1.5	0.713
2	0.801
2.5	0.859
3	0.900
4	0.944
5	0.976
6	0.976
7	0.981
8	0.982
9	0.982
10	0.982

그림 12.21 점토 지반에서 정규화된 선단전이하중과 침하량 관계

2단계. $\sum_{i=1}^{N} f_i p \,\Delta L_i$와 $q_p A_p$를 계산한다.

3단계. 그림 12.20과 그림 12.21, 그리고 2번째 단계에서 계산된 값을 이용하여, 주면저항력과 선단지지력을 결정한다.

4단계. 주면저항력과 선단지지력의 합으로부터 총 허용하중지지력을 구한다.

예제 12.6

그림 12.22와 같은 종형 확대부가 없는 천공말뚝 기초에서 L_1 = 8.23 m, L_2 = 2.59 m, D_s = 1.0 m, $c_{u(1)}$ = 50 kN/m^2, 그리고 $c_{u(2)}$ = 108.75 kN/m^{2}일 때 다음을 구하라.

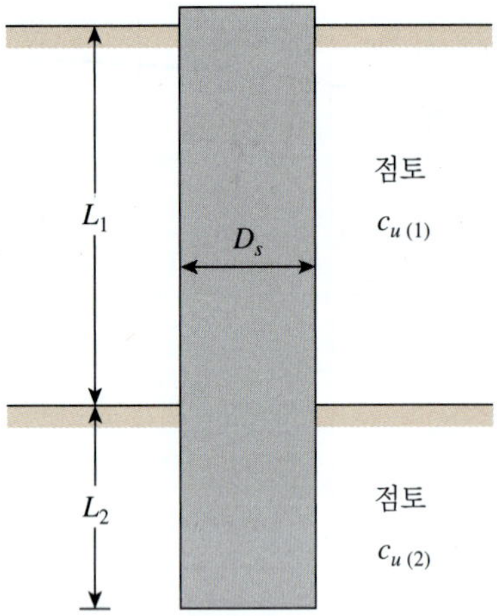

그림 12.22 종형 확대부가 없는 천공말뚝 기초

a. 순 극한선단지지력

b. 극한마찰저항력

c. 사용하중, Q_w (FS = 3)

식 (12.36), (12.40), (12.42)를 이용하라.

풀이

Part a

식 (12.36)으로부터

$$Q_{p(\text{net})} = A_p c_u N_c^* = A_p c_{u(2)} N_c^* = \left[\left(\frac{\pi}{4}\right)(1)^2\right](108.75)(9) = \mathbf{768.7\ kN}$$

(주: $c_{u(2)}/p_a > 1,\ N_c^* \approx 9$)

Part b

식 (12.40)으로부터

$$Q_s = \Sigma\alpha^* c_u\, p\, \Delta L$$

식 (12.42)로부터

$$\alpha^* = 0.4$$

$$p = \pi D_s = (3.14)(1.0) = 3.14 \text{ m}$$

$$Q_s = (0.4)(3.14)[(50 \times 8.23) + (108.75 \times 2.59)] = \mathbf{871\ kN}$$

Part c

$$Q_w = \frac{Q_{p(\text{net})} + Q_s}{\text{FS}} = \frac{768.7 + 871}{3} = \mathbf{546.6\ kN}$$

■

예제 12.7

점토 지반에 시공된 천공말뚝 기초가 그림 12.23과 같다. 12.10절에 기술된 Reese and O'Neill의 방법을 이용하여 다음을 구하라.

a. 극한하중지지력

b. 허용침하량이 12 mm일 때의 하중지지력

풀이

Part a

식 (12.43)으로부터

$$f_i = \alpha_i^* c_{u(i)}$$

그림 12.23으로부터

$$\Delta L_1 = 3 - 1.5 = 1.5 \text{ m}$$

$$\Delta L_2 = (6 - 3) - D_s = (6 - 3) - 0.76 = 2.24 \text{ m}$$

$$c_{u(1)} = 40 \text{ kN/m}^2$$

$$c_{u(2)} = 60 \text{ kN/m}^2$$

그러므로

$$\begin{aligned} \Sigma f_i\, p\, \Delta L_i &= \Sigma \alpha_i^* c_{u(i)}\, p\, \Delta L_i \\ &= (0.55)(40)(\pi \times 0.76)(1.5) + (0.55)(60)(\pi \times 0.76)(2.24) \\ &= 255.28 \text{ kN} \end{aligned}$$

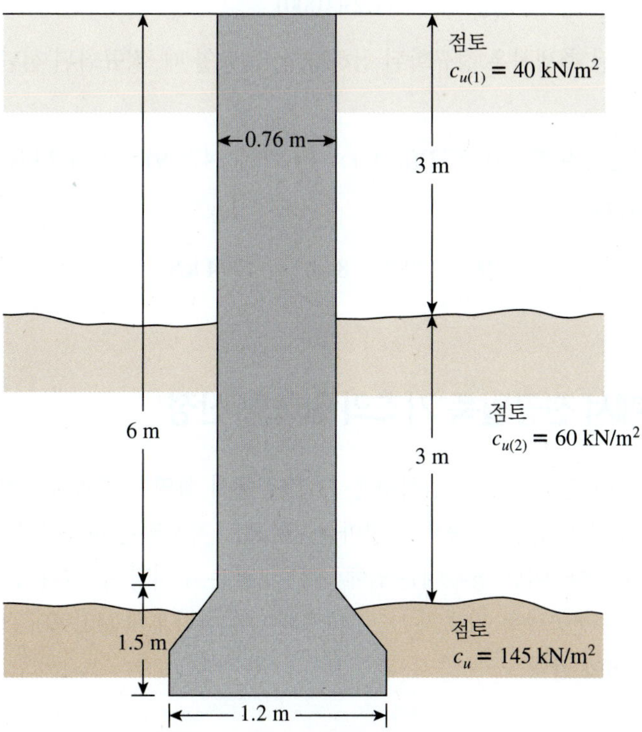

그림 12.23 층상점토 지반의 천공말뚝 기초

다시 식 (12.44)로부터

$$q_p = 6c_{ub}\left(1 + 0.2\frac{L}{D_b}\right) = (6)(145)\left[1 + 0.2\left(\frac{6 + 1.5}{1.2}\right)\right] = 1957.5 \text{ kN/m}^2$$

검토:

$$q_p = 9c_{ub} = (9)(145) = 1305 \text{ kN/m}^2 < 1957.5 \text{ kN/m}^2$$

그래서 $q_p = 1305 \text{ kN/m}^2$을 사용한다.

$$q_pA_p = q_p\left(\frac{\pi}{4}D_b^2\right) = (1305)\left[\left(\frac{\pi}{4}\right)(1.2)^2\right] = 1475.9 \text{ kN}$$

그러므로

$$Q_{\text{ult}} = \Sigma\alpha_i^* c_{u(i)} p \,\Delta L_i + q_pA_p = 255.28 + 1475.9 \approx \mathbf{1731\ kN}$$

Part b

$$\frac{\text{허용침하량}}{D_s} = \frac{12}{(0.76)(1000)} = 0.0158 = 1.58\%$$

그림 12.20에 도시된 추세선은 정규화된 침하량이 1.58%일 때, 정규화된 주면저항력계수는 약 0.9이다. 따라서 유발되는 주면저항력은

$$(0.9)\,(\Sigma f_i\, p\, \Delta L_i) = (0.9)(255.28) = 229.8 \text{ kN}$$

다시,

$$\frac{\text{허용침하량}}{D_b} = \frac{12}{(1.2)(1000)} = 0.01 = 1.0\%$$

그림 12.21에 도시된 추세선은 정규화된 침하량이 1.0%일 때, 정규화된 선단지지력계수는 0.572이다. 따라서

$$\text{선단지지력} = (0.572)(q_pA_p) = (0.572)(1475.9) = 844.2 \text{ kN}$$

그러므로 전 지지력은

$$Q = 229.8 + 844.2 = \mathbf{1074\ kN}$$

■

12.11 사용하중하에서 천공말뚝 기초의 침하량 산정

사용하중하에서 천공말뚝 기초의 침하량은 11.19절에서 설명한 것과 유사한 방법으로 산정할 수 있다. 대부분의 경우, 기둥의 주면마찰저항으로 지지되는 하중은 선단에서 지지되는 하중에 비하여 작다. 이런 경우에는 s_3에 의한 영향은 무시할 수 있다. [단, 식 (11.97), (11.98)에서의 D는 천공말뚝 기초의 D_b로 대체되어야 한다.] 식 (11.99), (11.100)에서의 D는 D_s로 대체되어야 한다.

예제 12.8

그림 12.22와 같은 천공말뚝 기초가 있다. 주어진 조건 $L_1 = 8$ m, $L_2 = 3$ m, $D_s = 1.5$ m, $c_{u(1)} = 50$ kN/m^2, $c_{u(2)} = 105$ kN/m^{2}이고, 그리고 사용하중 $Q_w = 1005$ kN이다. 사용하중하에서 탄성침하량을 구하라. 식 (11.96), (11.98), 그리고 식 (11.99)를 이용하라. $\xi = 0.65$, $E_p = 21 \times 10^6$ kN/m^2, $\mu_s = 0.3$, $E_s = 14{,}000$ kN/ m^2, $Q_{wp} = 250$ kN이다.

풀이

식 (11.96)으로부터

$$s_{e(1)} = \frac{(Q_{wp} + \xi Q_{ws})L}{A_p E_p}$$

$$Q_{ws} = 1005 - 250 = 755 \text{ kN}$$

$$s_{e(1)} = \frac{[250 + (0.65)(755)](11)}{\left(\frac{\pi}{4} \times 1.5^2\right)(21 \times 10^6)} = 0.00022 \text{ m} = 0.22 \text{ mm}$$

식 (11.98)로부터

$$s_{e(2)} = \frac{Q_{wp} C_p}{D_b q_p}$$

표 11.15로부터 단단한 점토일 때, $C_p \approx 0.04$이다. 또한

$$q_p = c_{u(b)} N_c^* = (105)(9) = 945 \text{ kN/m}^2$$

따라서

$$s_{e(2)} = \frac{(250)(0.04)}{(1.5)(945)} = 0.0071 \text{ m} = 7.1 \text{ mm}$$

식 (11.99)와 (11.100)으로부터

$$s_{e(3)} = \left(\frac{Q_{ws}}{pL}\right)\left(\frac{D_s}{E_s}\right)(1 - \mu_s^2) I_{ws}$$

여기서

$$I_{ws} = 2 + 0.35\sqrt{\frac{L}{D_s}} = 2 + 0.35\sqrt{\frac{11}{1.5}} = 2.95$$

$$s_{e(3)} = \left[\frac{755}{(\pi \times 1.5)(11)}\right]\left(\frac{1.5}{14{,}000}\right)(1 - 0.3^2)(2.95) = 0.0042 \text{ m} = 4.2 \text{ mm}$$

따라서 총 침하량은

$$s_e = s_{e(1)} + s_{e(2)} + s_{e(3)} = 0.22 + 7.1 + 4.2 \approx \mathbf{11.52\ mm}$$

■

12.12 횡방향 하중–지지력—특성하중과 모멘트 방법

말뚝의 횡방향 지지력과 천공말뚝 기초의 지지력을 분석하는 여러 방법은 11.20절에 설명하였다. 그러므로, 여기서는 반복하지 않는다. Duncan et al.(1994)이 개발한 **특성하중방법**(characteristic load method)은 천공말뚝 기초의 횡방향 지지력을 산정하는 데 간단하게 사용할 수 있다. 이 방법에 대해서는 다음에 설명하도록 한다.

특성하중방법에 따르면, **특성하중**(characteristic load) Q_c와 **특성모멘트**(characteristic moment) M_c의 무차원 관계로부터 다음과 같은 상관관계를 구할 수 있다.

특성하중

$$Q_c = 7.34D_s^2(E_pR_I)\left(\frac{c_u}{E_pR_I}\right)^{0.68} \qquad \text{(점토)} \qquad (12.47)$$

$$Q_c = 1.57D_s^2(E_pR_I)\left(\frac{\gamma' D_s\phi' K_p}{E_pR_I}\right)^{0.57} \qquad \text{(모래)} \qquad (12.48)$$

특성모멘트

$$M_c = 3.86D_s^3(E_pR_I)\left(\frac{c_u}{E_pR_I}\right)^{0.46} \qquad \text{(점토)} \qquad (12.49)$$

$$M_c = 1.33D_s^3(E_pR_I)\left(\frac{\gamma' D_s\phi' K_p}{E_pR_I}\right)^{0.40} \qquad \text{(모래)} \qquad (12.50)$$

여기서

D_s = 천공말뚝의 직경

E_p = 천공말뚝의 탄성계수

R_I = 공극이 없는 단단한 단면의 단면 이차 모멘트에 대한 천공말뚝 단면의 단면 이차 모멘트비(주: $R_I = 1$, 공극이 없고 균열이 없는 천공말뚝의 경우)

γ' = 모래의 유효단위중량

ϕ' = 모래의 유효마찰각(°)

K_p = Rankine의 수동토압계수 = $\tan^2(45 + \phi'/2)$

지표면에서 적용된 하중 Q_g에 의한 수평변위

그림 12.24와 그림 12.25는 지표면에서 작용된 하중 Q_g로 인하여 점토 지반과 모래 지반에 설치된 천공말뚝 기초의 Q_g/Q_c대 x_o/D_s을 나타낸 것이다. x_o는 지표면 선의 수평변위를 나타낸다. 만약 Q_g와 Q_c의 크기를 안다면, Q_g/Q_c의 비율을 계산할 수 있다. 이 그림은 x_o/D_s의 상응값을 구하는 데 이용할 수 있다. 따라서 x_o 값을 구할 수 있다.

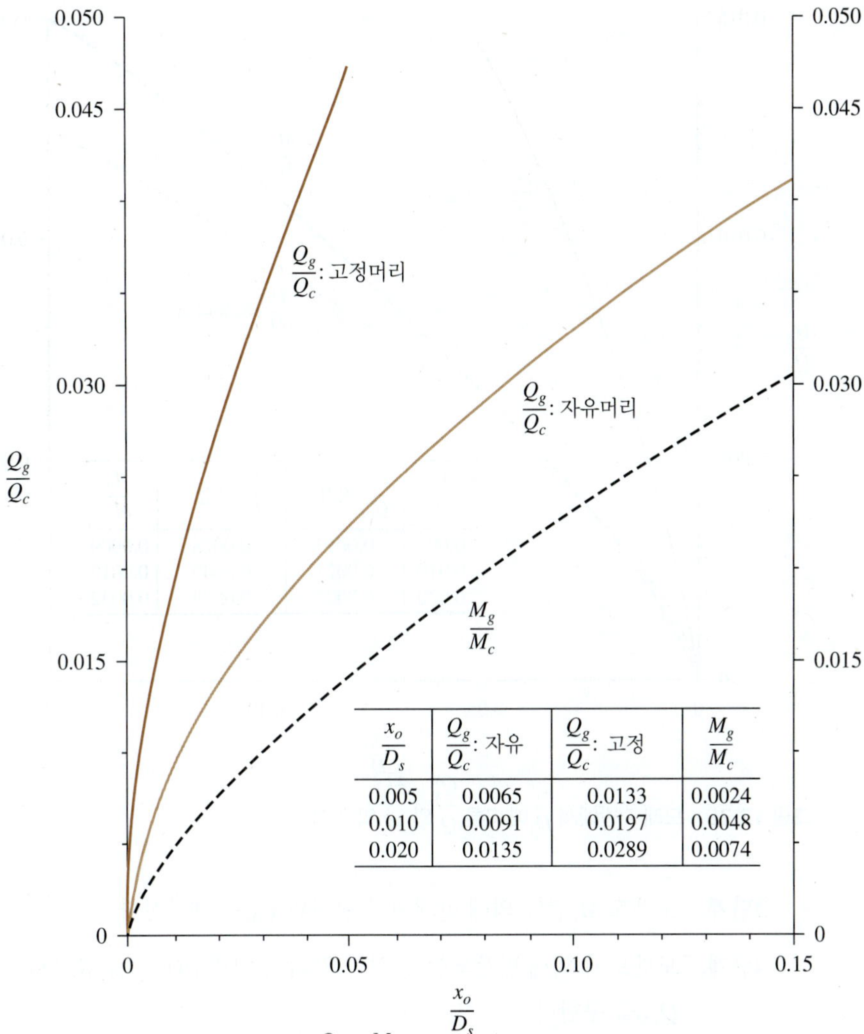

$\frac{x_o}{D_s}$	$\frac{Q_g}{Q_c}$: 자유	$\frac{Q_g}{Q_c}$: 고정	$\frac{M_g}{M_c}$
0.005	0.0065	0.0133	0.0024
0.010	0.0091	0.0197	0.0048
0.020	0.0135	0.0289	0.0074

그림 12.24 점토에서 $\frac{x_o}{D_s}$에 따른 $\frac{Q_g}{Q_c}$와 $\frac{M_g}{M_c}$의 관계도

지표면에서 적용된 모멘트에 따른 수평변위

그림 12.24와 그림 12.25는 지표면에서 작용된 모멘트 M_g로 인하여 점토 지반과 모래 지반에 설치된 천공말뚝 기초의 M_g/M_c 대 x_o/D_s을 나타낸 것이다. x_o는 지표면 선의 수평변위를 나타낸다. 만약 M_g, M_c, 그리고 D_s의 크기를 안다면, 그림으로부터 x_o 값을 구할 수 있다.

지표면에서 적용된 하중에 의한 수평변위

그림 12.26a에 도시된 것과 같이, 횡하중 Q가 지표면에서 작용될 때 지표면에서 Q_g와 Q는 같게 되고 모멘트 M_g는 Q_e와 같게 된다. 지표면에서 천공말뚝의 수평변위를 구하기 위해 중첩법(superposition solution)을 이용한다. 단계 과정은 다음과 같다(그림 12.26b 참고).

1단계. Q_e와 M_g를 계산한다.

2단계. 하중 Q_g만에 의해 발생된 수평변위 x_{oQ}를 계산한다.

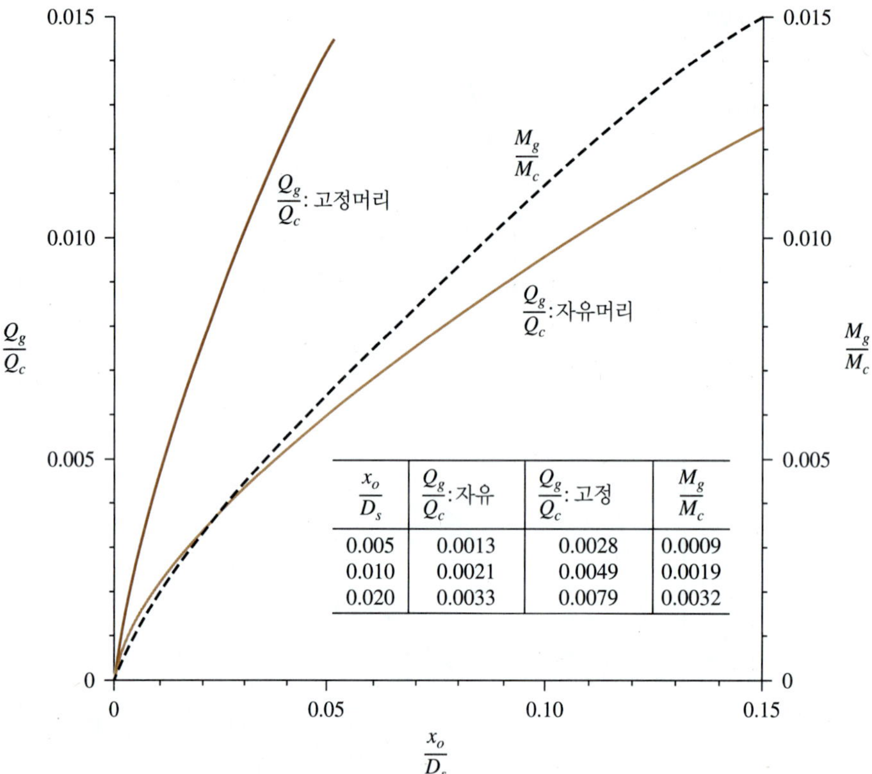

$\frac{x_o}{D_s}$	$\frac{Q_g}{Q_c}$: 자유	$\frac{Q_g}{Q_c}$: 고정	$\frac{M_g}{M_c}$
0.005	0.0013	0.0028	0.0009
0.010	0.0021	0.0049	0.0019
0.020	0.0033	0.0079	0.0032

그림 12.25 모래 지반에서 $\frac{x_o}{D_s}$에 따른 $\frac{Q_g}{Q_c}$와 $\frac{M_g}{M_c}$의 관계도

3단계. 모멘트 M_g만에 의해 발생된 수평변위 x_{oM}을 계산한다.

4단계. 모멘트에 의해 발생되는 동일한 양의 수평변위(x_{oM})를 유발시킬 수 있는 하중 Q_{gM}을 구한다.

5단계. 하중에 의해 발생되는 동일한 양의 수평변위(x_{oQ})를 유발시킬 수 있는 모멘트 M_{gQ}를 구한다.

6단계. $(Q_g + Q_{gM})/Q_c$를 계산한 다음 x_{oQM}/D_s를 구한다.

7단계. $(M_g + M_{gQ})/M_c$를 계산한 다음 x_{oMQ}/D_s를 구한다.

8단계. 총 변위량을 계산한다.

$$x_{o(\text{combined})} = 0.5(x_{oQM} + x_{oMQ}) \tag{12.51}$$

지표면 선하중만을 고려한 천공말뚝 기초의 최대 모멘트

그림 12.27은 지표면의 선하중 Q_g만 받는 고정머리(fixed-headed) 천공말뚝과 자유머리(free-headed) 천공말뚝의 Q_g/Q_c와 $M_{\max}/M_c$의 관계를 나타내고 있다. 고정머리의 천공말뚝 기초는 최대 모멘트 $M_{\max}$는 지표면에서 발생한다. 만약 Q_c, M_c, Q_g의 크기를 안다면 $M_{\max}$의 크기를 쉽게 구할 수 있다.

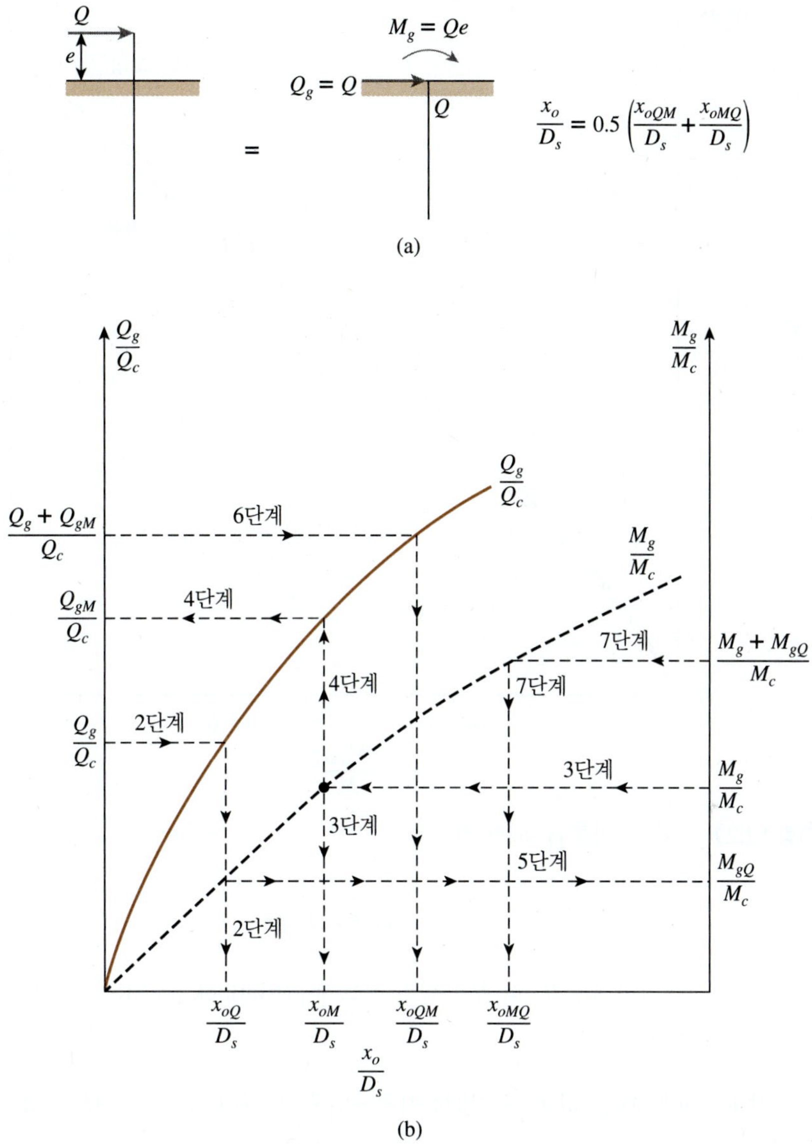

그림 12.26 하중과 모멘트로 인한 변위의 중첩도

지표면 하중과 모멘트에 의한 천공말뚝 기초의 최대 모멘트

만약 하중 Q_g와 모멘트 M_g를 지표면에서 수평방향으로 가하면 천공말뚝 기초의 최대 모멘트는 다음의 방법으로 구할 수 있다.

1단계. 앞에서 설명한 과정을 사용하면 식 (12.51)로부터 $x_{o(\text{combined})}$를 계산한다.

2단계. 다음의 식을 사용하여 특성길이(characteristic length) T를 구한다.

$$x_{o(\text{combined})} = \frac{2.43Q_g}{E_pI_p}T^3 + \frac{1.62M_g}{E_pI_p}T^2 \tag{12.52}$$

3단계. 지표면 아래의 깊이 z에서 천공말뚝의 모멘트는 다음과 같이 계산할 수 있다.

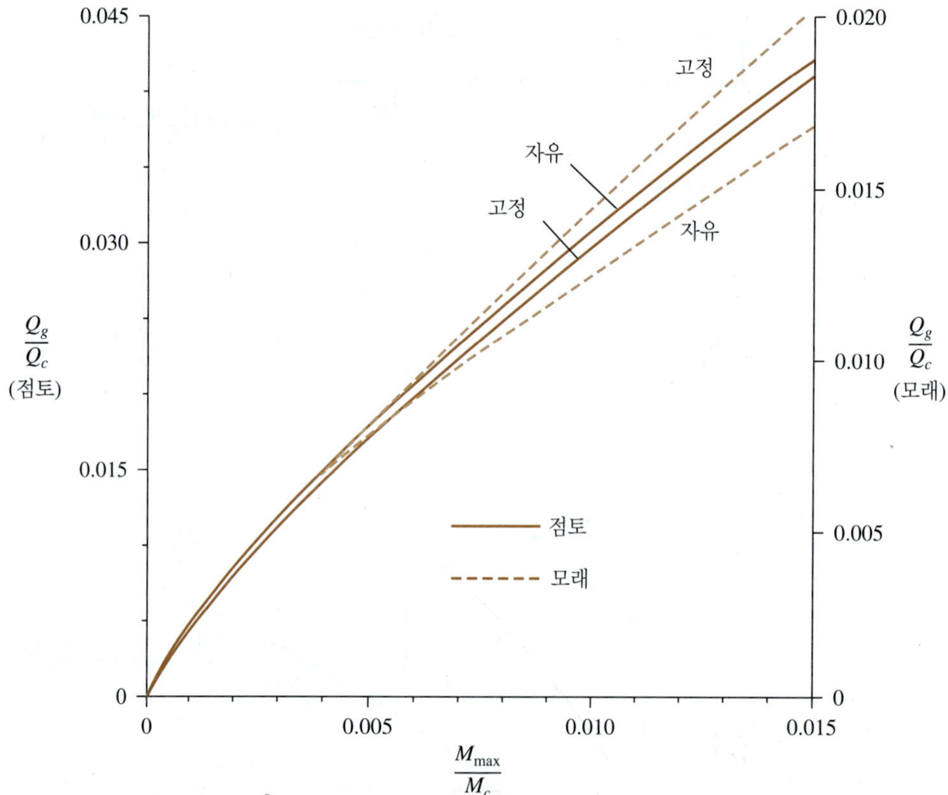

그림 12.27 $\frac{M_{max}}{M_c}$에 따른 $\frac{Q_g}{Q_c}$의 변화값

$$M_z = A_m Q_g T + B_m M_g \tag{12.53}$$

여기서 A_m, B_m = 무차원 모멘트계수(Matlock and Reese, 1961; 그림 12.28 참고)

최대 모멘트 M_{max} 값은 천공말뚝 기초 윗부분의 여러 깊이에서 M_z를 계산하여 구할 수 있다.

지금까지 설명한 특성하중 방법은 오직 L/D_s가 어떤 최소값을 가질 때에만 유효하다. 만약 실제 L/D_s가 $(L/D_s)_{min}$보다 작다면, 지표면에서 수평변위는 과소평가될 것이고, 모멘트는 과대평가될 것이다. 모래와 점토 지반에서 시공된 천공말뚝 기초의 $(L/D_s)_{min}$ 값은 다음 표와 같다.

점토 지반		모래 지반	
$\frac{E_p R_I}{c_u}$	$(L/D_s)_{min}$	$\frac{E_p R_I}{\gamma' D_s \phi' K_p}$	$(L/D_s)_{min}$
1×10^5	6	1×10^4	8
3×10^5	10	4×10^4	11
1×10^6	14	2×10^5	14
3×10^6	18		

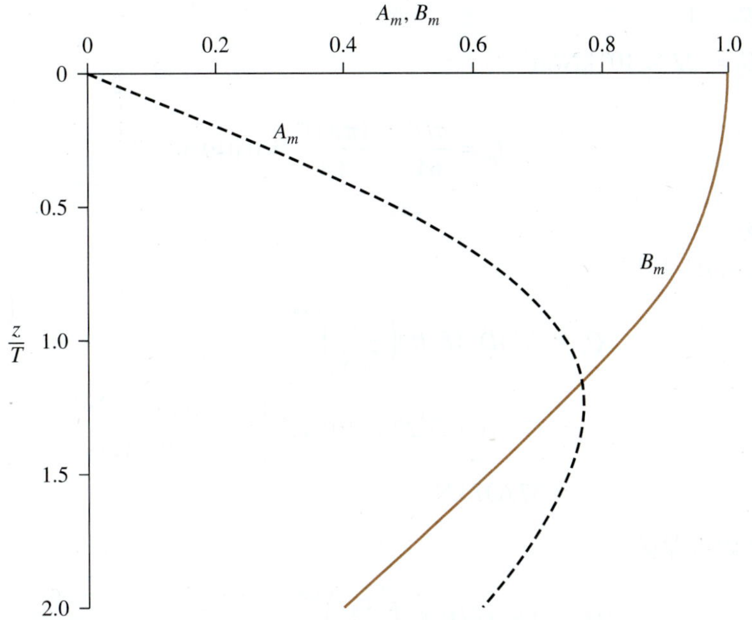

그림 12.28 z/T에 따른 A_m과 B_m의 변화값

예제 12.9

그림 12.29와 같은 점토 지반에 시공된 자유머리(free-headed)인 천공말뚝 기초가 있다. $E_p = 22 \times 10^6$ kN/m²을 적용하여 다음을 구하라.

a. 지표면에서의 수평변위, $x_{o(\text{combined})}$

b. 천공말뚝 기초의 최대 휨모멘트

c. 천공말뚝 기초의 최대 인장응력

d. 이 해석을 위해 필요한 천공말뚝 기초의 최소 관입깊이

풀이

$$D_s = 1\text{ m}$$
$$c_u = 100\text{ kN/m}^2$$

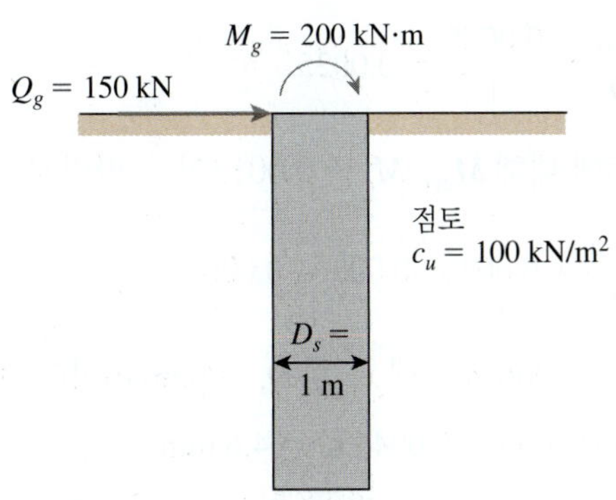

그림 12.29 자유머리인 천공말뚝 기초

$R_I = 1$

$E_p = 22 \times 10^6 \text{ kN/m}^2$

$$I_p = \frac{\pi D_s^4}{64} = \frac{(\pi)(1)^4}{64} = 0.049 \text{ m}^4$$

Part a

식 (12.47)로부터

$$\begin{aligned} Q_c &= 7.34 D_s^2 (E_p R_I)\left(\frac{c_u}{E_p R_I}\right)^{0.68} \\ &= (7.34)(1)^2[(22 \times 10^6)(1)]\left[\frac{100}{(22 \times 10^6)(1)}\right]^{0.68} \\ &= 37{,}607 \text{ kN} \end{aligned}$$

식 (12.49)로부터

$$\begin{aligned} M_c &= 3.86 D_s^3 (E_p R_I)\left(\frac{c_u}{E_p R_I}\right)^{0.46} \\ &= (3.86)(1)^3[(22 \times 10^6)(1)]\left[\frac{100}{(22 \times 10^6)(1)}\right]^{0.46} \\ &= 296{,}139 \text{ kN}\cdot\text{m} \end{aligned}$$

따라서

$$\frac{Q_g}{Q_c} = \frac{150}{37{,}607} = 0.004$$

그림 12.24로부터 $x_{oQ} \approx (0.0025)\, D_s = 0.0025 \text{ m} = 2.5 \text{ mm}$이다. 또한

$$\frac{M_g}{M_c} = \frac{200}{296{,}139} = 0.000675$$

그림 12.24로부터 $x_{oM} \approx (0.0014)\, D_s = 0.0014 \text{ m} = 1.4 \text{ mm}$이다. 따라서

$$\frac{x_{oM}}{D_s} = \frac{0.0014}{1} = 0.0014$$

그림 12.24로부터 $x_{oM}/D_s = 0.0014$에 대해 $Q_{gM}/Q_c \approx 0.002$이다. 그러므로

$$\frac{x_{oQ}}{D_s} = \frac{0.0025}{1} = 0.0025$$

그림 12.24로부터 $x_{oM}/D_s = 0.0025$에 대해 $M_{gQ}/M_c \approx 0.0013$이다. 따라서

$$\frac{Q_g}{Q_c} + \frac{Q_{gM}}{Q_c} = 0.004 + 0.002 = 0.006$$

그림 12.24로부터 $(Q_g + Q_{gM})/Q_c = 0.006$에 대해 $x_{oQM}/D_s \approx 0.0046$이다. 따라서

$$x_{oQM} = (0.0046)(1) = 0.0046 \text{ m} = 4.6 \text{ mm}$$

그러므로

$$\frac{M_g}{M_c} + \frac{M_{gQ}}{M_c} = 0.000675 + 0.0013 \approx 0.00198$$

그림 12.24로부터 $(M_g + M_{gQ})/M_c = 0.00198$에 대해 $x_{oQM}/D_s \approx 0.0041$이다. 그러므로

$$x_{oMQ} = (0.0041)(1) = 0.0041 \text{ m} = 4.1 \text{ mm}$$

결과적으로

$$x_{o\,(\text{combined})} = 0.5\,(x_{oQM} + x_{oMQ}) = (0.5)(4.6 + 4.1) = \mathbf{4.35\ mm}$$

Part b

식 (12.52)로부터

$$x_{o\,(\text{combined})} = \frac{2.43Q_g}{E_pI_p}T^3 + \frac{1.62M_g}{E_pI_p}T^2$$

따라서

$$0.00435 \text{ m} = \frac{(2.43)(150)}{(22 \times 10^6)(0.049)}T^3 + \frac{(1.62)(200)}{(22 \times 10^6)(0.049)}T^2$$

$$0.00435 \text{ m} = 338 \times 10^{-6}T^3 + 300.6 \times 10^{-6}T^2$$

$$T \approx 2.05 \text{ m}$$

식 (12.53)으로부터

$$M_z = A_mQ_gT + B_m M_g = A_m(150)(2.05) + B_m(200) = 307.5A_m + 200B_m$$

따라서 다음 표를 작성할 수 있다.

$\frac{z}{T}$	A_m (그림 12.28)	B_m (그림 12.28)	M_z (kN·m)
0	0	1.0	200
0.4	0.36	0.98	306.7
0.6	0.52	0.95	349.9
0.8	0.63	0.9	373.7
1.0	0.75	0.845	399.6
1.1	0.765	0.8	395.2
1.25	0.75	0.73	376.6

따라서 $z/T \approx 1$일 때, 최대 모멘트는 **399.6 kN·m ≈ 400 kN·m.** 그러므로

$$z = (1)(T) = (1)(2.05 \text{ m}) = \mathbf{2.05\ m}$$

Part c

최대 인장응력은

$$\sigma_{\text{인장}} = \frac{M_{\max}\left(\frac{D_s}{2}\right)}{I_p} = \frac{(400)\left(\frac{1}{2}\right)}{0.049} = \mathbf{4081.6\ kN/m^2}$$

Part d

$$\frac{E_p R_I}{c_u} = \frac{(22 \times 10^6)(1)}{100} = 2.2 \times 10^5$$

보간법으로 $(E_p R_I)/c_u = 2.2 \times 10^5$으로부터 $(L/D_s)_{\min} \approx 8.5$이다. 따라서

$$L \approx (8.5)(1) = \mathbf{8.5\ m}$$

■

12.13 암반에 근입된 천공말뚝 기초

12.1절에서 기술한 것과 같이 천공말뚝 기초는 암반까지 근입될 수 있다. 그림 12.30은 암반에 근입된 깊이가 L인 천공말뚝 기초를 보여주고 있다. 암반에 근입된 천공말뚝 기초에서 하중지지력과 **무결암의 일축압축강도** q_u와의 상관관계가 여러 개 제시된 바 있다. 현장에서 암반에 균열, 절리, 그리고 불연속면이 있다는 것을 인지하는 것과 이들 요소들의 영향을 고려하는 것은 중요하다. 천공말뚝 기초가 암반까지 근입된 경우에 극한지지력을 구하는 3가지 방법은 다음과 같다. 이 방법들은 Ladanyi(1977), Reese and O'Neill(1988, 1989), 그리고 Zhang and Einstein(1998)이 개발하였다.

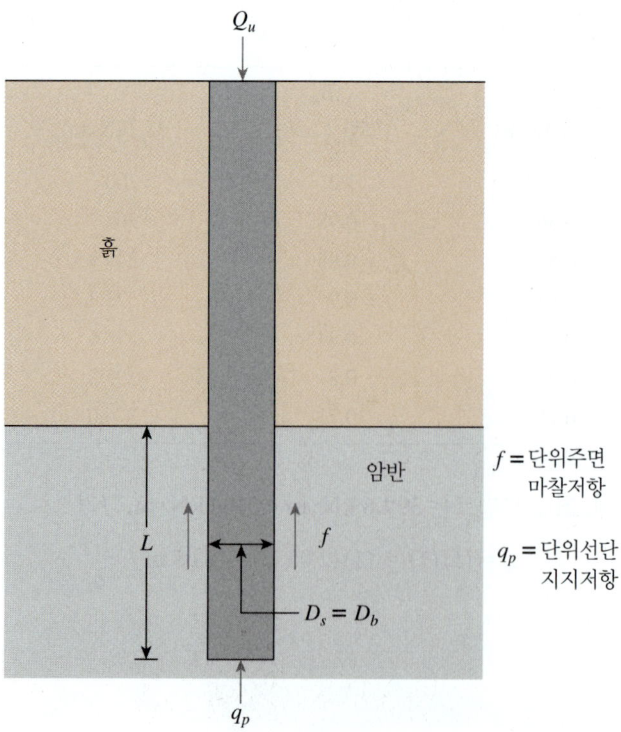

그림 12.30 암반에 근입된 천공말뚝 기초

a. Ladanyi(1977)이 제안한 방법

그림 12.31은 암반에 근입된 깊이가 L인 천공말뚝 기초를 도시한 것이다. 말뚝이 지지해야 할 총 하중이 Q_w라 하자. 가정 (a) 말뚝기둥과 흙의 접촉면을 따라서 하중전이가 발생되지 않는다. 가정 (b) 말뚝기둥 하중 조건 하부에서 콘크리트와 암반 사이의 접합면은 파괴된 것이라 가정한다. 이러한 가정하에 말뚝기둥 단면을 따라 발생하는 압축력은 다음과 같이 계산할 수 있다.

$$\sigma_z = \sigma_{\max} \exp\left[- \frac{2\mu_c \tan \phi'_{rc}}{1 - \mu_c + (1 + \mu_r)\dfrac{E_c}{E_r}} \cdot \frac{2z}{D_b} \right] \tag{12.54}$$

여기서

$$\sigma_{\max} = \frac{Q_{\text{all}}}{\dfrac{\pi}{4} D_b^2} \tag{12.55}$$

μ_c, μ_r = 콘크리트와 암반의 포아송비

E_c, E_r = 콘크리트와 암반의 탄성계수

ϕ'_{rc} = 암반과 말뚝기둥을 따라 발생하는 접촉마찰각

보수적으로, 암반과 콘크리트 말뚝기둥 주면을 따라 발생하는 최대전단응력은 다음과 같다(Goodman, 1980).

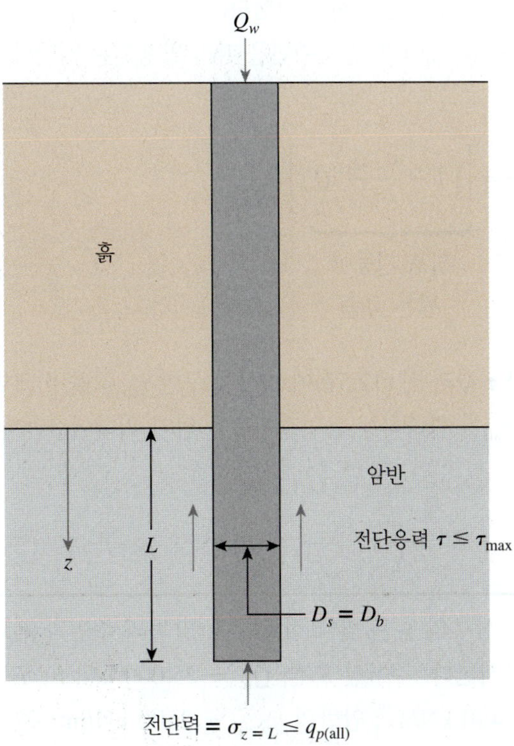

그림 12.31 암반에 근입된 천공말뚝 기초

$$\tau_{max} = \frac{q_u}{20} \tag{12.56}$$

여기서 q_u = 콘크리트 또는 암반의 일축압축강도 중 낮은 값 선택

따라서 허용전단응력은 다음과 같이 결정한다.

$$\tau_{all} = \frac{\tau_{max}}{FS} \tag{12.57}$$

여기서 FS = 안전율

일단 허용전단응력 τ_{all}이 아는 값이거나 가정한다면, 천공말뚝기둥이 암반에 근입된 길이 L을 계산하기 위하여 다음과 같은 과정(Ladanyi, 1977)을 따르면 된다.

1. 말뚝이 지지해야 할 총 하중 Q_w와 콘크리트의 강도에 근거하여 기둥의 직경 $D_s = D_b$을 결정한다[식 (12.1) 참고].
2. 말뚝기둥의 선단에 전달되는 하중이 0이라 가정할 때, 기둥의 최대요구되는 근입길이(L_1)를 결정한다.

$$L_1 = \frac{Q_w}{\pi D_s \tau_{all}} \tag{12.58}$$

3. 다음에 또 다른 근입길이 $L_2 < L_1$를 가정한다. 식 (12.54)를 이용하여 $z = L_2$일 때 σ_z를 계산한다. $\sigma_{z=L_2}$는 말뚝선단에서 단위선단지지력이다.
4. 3단계에서 구한 $\sigma_{z=L_2}$ 값과 암반의 허용지지력 $q_{p(all)}$을 비교한다. 만약에 $\sigma_{z=L_2} > q_{p(all)}$이면 3단계로 다시 가서 L_2를 다시 가정한다.
5. 만약 4단계에서 $\sigma_{z=L_2} \le q_{p(all)}$이면, 말뚝주면을 따라 발생되는 전단응력 τ를 다음 식에 의하여 산정한다.

$$\tau = \underbrace{\left[\left(1 - \frac{\sigma_{z=L_2}}{\sigma_{max}}\right)Q_w\right]}_{\text{말뚝 기둥이 받는 하중}} \frac{1}{\pi D_b L_2} \tag{12.59}$$

6. 식 (12.59)로부터 구한 τ 값과 식 (12.57)에 의하여 구한 τ_{all} 값을 비교한다.
7. $\sigma_{z=L_2} \le q_{p(all)}$과 $\tau \le \tau_{all}$을 만족하는 근입길이 L을 얻기 위하여 3단계에서 6단계를 반복한다.

예제 12.10

그림 12.31을 참조하라. 암반 상부의 흙은 연약 점토이다. 말뚝의 주면과 점토의 접촉면에서 유발되는 마찰저항력은 무시한다. 주어진 조건: Q_w = 25,000 kN; $E_r/E_c = 0.7$; $\mu_c = \mu_r = 0.3$; $\phi'_{rc} = 38°$; τ_{all} = 490 kN/m²; 암반의 $q_{p(all)}$ = 2500 kN/m²; 콘크리트의 f'_c =

21,000 kN/m^2.

천공말뚝 기초의 요구되는 직경과 암반의 근입길이를 결정하라.

풀이

$D_s = D_b$의 결정

$f_c = 0.25f'_c = (0.25)(21{,}000) = 5250$ kN/m^2. 그러므로, 식 (12.1)로부터

$$D_s = 2.257\sqrt{\frac{Q_w}{f'_c}} = 2.257\sqrt{\frac{25{,}000}{21{,}000}} = 2.46 \text{ m}$$

$\mathbf{D_s = 2.5}$ m를 채택한다.

L_1의 산정

식 (12.58)로부터

$$L_1 = \frac{Q_w}{\pi D_s \tau_{\text{all}}} = \frac{25{,}000}{(\pi)(2.5)(490)} = 6.496 \approx \mathbf{6.5\ m}$$

L_2의 산정

암반의 근입길이의 가정 $= L_2 = 5$ m. 식 (12.54)로부터, $z = 5$ m일 때

$$\frac{\sigma_{z=L_2}}{\sigma_{\max}} = \exp\left[-\frac{2\mu_c \tan\phi'_{rc}}{1-\mu_c+(1+\mu_r)\dfrac{E_c}{E_r}}\frac{2z}{D_b}\right]$$

$$= \exp\left\{-\left[\frac{(2)(0.3)(\tan 38°)}{1-0.3+(1+0.3)\left(\dfrac{1}{0.7}\right)}\right]\frac{(2)(5)}{2.5}\right\} = 0.48$$

$$\sigma_{z=L_2} = (\sigma_{\max})(0.48) = \left(\frac{Q_w}{\dfrac{\pi}{4}D_b^2}\right)(0.48) = \frac{(25{,}000)(0.48)}{(0.785)(2.5^2)}$$

$$\approx 2446 \text{ kN/m}^2 < 2500 \text{ kN/m}^2 = q_{\text{all}} \text{ O. K.}$$

말뚝기둥과 암반의 접촉면을 따라 유발되는 전단응력은 식 (12.59)를 이용하여 검토할 수 있다.

$$\tau = \left(1-\frac{\sigma_{z=L_2}}{\sigma_{\max}}\right)\frac{Q_w}{\pi D_b L_2} = (1-0.48)\frac{25{,}000}{(\pi)(2.5)(5)}$$

$$= 331 \text{ kN/m}^2 \le \tau_{\text{all}} = 490 \text{ kN/m}^2$$

그러므로, $L = L_2 =$ **5 m**

만약 τ 값이 τ_{all} 값보다 실질적으로 작다면, L_2은 줄일 수도 있다. 새로 $(\sigma_{z=L_2}/\sigma_{\max}$, $\sigma_{z=L_2}$, 그리고 τ를 계산하여야 한다. 그러나 만약 τ 또는 $\sigma_{z=L_2}$가 τ_{all} 값과 $q_{p(\text{all})}$ 값보다 각각 작다면 L_2 길이는 늘려야 하며, 다시 검토하여야 한다.

■

b. Reese and O'Neill(1988, 1989)이 제안한 방법

아래의 단계별 절차는 극한지지력을 산정하는 순차적 방법이다. 이 설계절차에서는 말뚝기둥과 암반 사이의 주면마찰저항력 또는 기초바닥의 선단지지력이 존재하지만 이 두 종류의 저항력 중 한 가지만 선택하여 적용한다.

1단계. 단위 극한 주면마찰력을 다음과 같이 산정한다.

$$f\,(\text{kN/m}^2) = 6.564q_u^{0.5}\,(\text{kN/m}^2) \leq 0.15q_u\,(\text{kN/m}^2) \tag{12.60}$$

여기서 q_u는 (a) NW 크기의 암석시료 또는 큰 크기의 암석코어의 일축압축강도 또는 (b) 천공말뚝 기초 콘크리트의 일축압축강도 중 작은 값(kN/m^2)이다.

2단계. 오직 주면마찰력만을 고려한 극한지지력을 계산한다.

$$Q_u = \pi D_s L f \tag{12.61}$$

3단계. 암반상단에서 천공말뚝의 침하량(s_e)을 구한다.

$$s_e = s_{e(s)} + s_{e(b)} \tag{12.62}$$

여기서

$s_{e(s)}$ = 주면마찰력이 없다고 가정할 때, 암반에 근입된 부분에서 천공말뚝의 압축량

$s_{e(b)}$ = 기초바닥부의 침하량

또한,

$$s_{e(s)} = \frac{Q_u L}{A_c E_c} \tag{12.63}$$

그리고,

$$s_{e(b)} = \frac{Q_u I_f}{D_s E_{\text{mass}}} \tag{12.64}$$

여기서

Q_u = 식 (12.61)을 통해 산정한 극한하중(이 과정에서 재하된 상재하중이 측면 전단력으로 전달되는 것은 무시한다)

A_c = 암반에 근입된 천공말뚝 기초의 단면적 $= \frac{\pi}{4}D_s^2$

E_c = 천공말뚝의 콘크리트와 보강철근의 탄성계수

E_{mass} = 천공말뚝 기초가 근입된 암반의 탄성계수

I_f = 탄성침하 영향계수(표 12.8 참고)

E_{mass}의 값은 다음 식으로 구할 수 있다.

표 12.8 탄성침하 영향계수, I_f (O'Neil and Reese, 1989로부터 보간법에 의하여 계산한 값)

	I_f			
	E_c/E_{mass}			
L/D_s	**10**	**50**	**100**	**5000**
0	1.10	1.10	1.10	1.10
1	0.51	0.47	0.47	0.47
2	0.47	0.37	0.35	0.32
4	0.43	0.31	0.28	0.23
6	0.41	0.27	0.24	0.18
8	0.40	0.25	0.21	0.14
10	0.39	0.24	0.18	0.12
12	0.38	0.22	0.16	0.10
20	0.37	0.20	0.15	0.08

$$\frac{E_{mass}}{E_{core}} \approx 0.0266(\text{RQD}) - 1.66 \qquad (12.65)$$

여기서

RDQ = 암질의 등급(%)

E_{core} = NW 크기 또는 더 큰 손상되지 않은 암석 코어 시료의 탄성계수

한편, 암반에 근입된 부분의 길이가 아주 길지 않다면

$$s_e \approx s_{e(b)} = \frac{Q_u I_f}{D_s E_{mass}} \qquad (12.66)$$

4단계. s_e가 10 mm보다 작다면, 극한지지력은 식 (12.61)로 계산된 값을 사용한다. 만약 $s_e \geq 10$ mm라면, 5단계로 넘어간다.

5단계. 만약 $s_e \geq 10$ mm이면, 암반근입부에서 급속도의 진행성 주면 전단파괴가 발생되어 주면마찰저항력을 완전히 잃을 수 있다. 그러한 경우에, 극한지지력은 선단지지력과 같아진다(석회암, 편암 등의 단단한 암석의 경우). 따라서

$$Q_u = 3A_p \left[\frac{3 + \dfrac{c_s}{D_s}}{10\left(1 + 300\dfrac{\delta}{c_s}\right)^{0.5}} \right] q_u \qquad (12.67)$$

여기서,

c_s = 불연속면의 간격(D_s와 같은 단위)

δ = 각 불연속면의 두께(D_s와 같은 단위)

q_u = 근입말뚝 선단부 아래의 암반과 천공말뚝 기초 콘크리트의 일축압축강도 중 작은 값

단, 식 (12.67)은 수평으로 형성된 불연속면의 크기가 $c_s > 305$ mm이고 $\delta < 5$ mm인 경우에 대하여 적용한다.

c. Zhang and Einstein(1998)이 제안한 방법

Zhang and Einstein(1998)은 일반적으로 약간의 절리가 있는 연암에 시공된 39개의 천공말뚝 기초에 대한 현장시험 결과를 분석하였다. 이 결과를 근거로 하여, 그들은 다음 식을 제안하였다.

$$Q_{u(\text{net})} = Q_p + Q_s = q_p A_p + fpL \tag{12.68}$$

여기서, 선단지지력 Q_p는 다음과 같이 표현된다.

$$Q_p\ (\text{MN}) = q_p A_p = [4.83(q_u\ \text{MN/m}^2)^{0.51}][A_p\ (\text{m}^2)] \tag{12.69}$$

또한 주면마찰저항력 Q_s는 다음과 같이 표현된다.

$$Q_s\ (\text{MN}) = fpL = [0.4\,(q_u\ \text{MN/m}^2)^{0.5}][\pi D_s\ (\text{m})][L\ (\text{m})] \quad \text{(암반근입부의 마찰이 없는 경우)} \tag{12.70}$$

그리고

$$Q_s\ (\text{MN}) = fpL = [0.8(q_u\ \text{MN/m}^2)^{0.5}][\pi D_s\ (\text{m})][L\ (\text{m})] \quad \text{(암반근입부에 마찰이 큰 경우)} \tag{12.71}$$

예제 12.11

그림 12.32와 같이 천공말뚝 기초가 암반까지 근입된 경우에 대하여 다음과 같은 값들이 주어졌다. $L = 4.5$ m, $D_s = 0.9$ m, q_u(암반) = 72,450 kN/m², q_u(콘크리트) = 20,700 kN/m², $E_c = 20.7 \times 10^6$ kN/m², RQD(암반) = 80%, E_{core}(암반) = 2.48×10^6 kN/m², c_s = 457 mm, $\delta = 3.81$ mm. 천공말뚝 기초의 허용지지력을 구하라. 안전율(FS)은 3을 적용하며, Reese and O'Neill 방법을 이용하라.

풀이

1단계. 식 (12.60)으로부터,

$$f\ (\text{kN/m}^2) = 6.564\,q_u^{0.5} \le 0.15 q_u$$

q_u(콘크리트) < q_u(암반)이면, 식 (12.60)에 q_u(콘크리트)를 사용한다. 따라서,

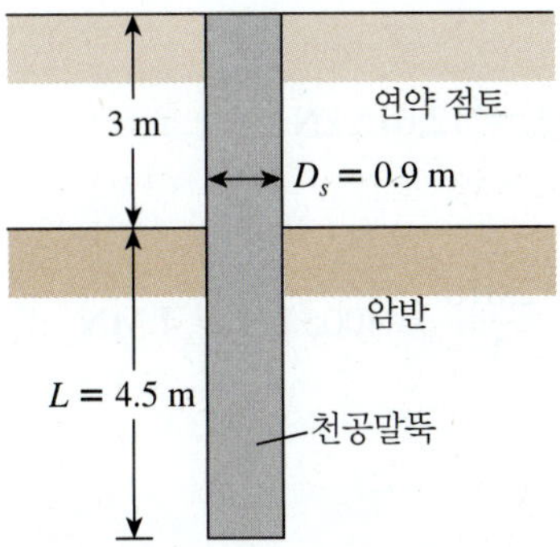

그림 12.32 암반으로 확장 근입된 천공말뚝 기초

$$f = 6.564(20{,}700)^{0.5} = 944.4 \text{ kN/m}^2$$

검토하면,

$$f = 0.15q_u = (0.15)(20{,}700) = 3105 \text{ kN/m}^2 > 944.4 \text{ kN/m}^2$$

그러므로 $f = 944.4 \text{ kN/m}^2$를 사용한다.

2단계. 식 (12.61)로부터

$$Q_u = \pi D_s L f = (\pi)(0.9)(4.5)(944.4) = 12{,}016 \text{ kN}$$

3단계. 식 (12.62), (12.63), 그리고 (12.64)로부터

$$s_e = \frac{Q_u L}{A_c E_c} + \frac{Q_u I_f}{D_s E_{\text{mass}}}$$

RDQ = 80%일 때, 식 (12.65)로부터

$$\frac{E_{\text{mass}}}{E_{\text{core}}} = (0.0266)(80) - 1.66 = 0.468$$

$$E_{\text{mass}} = 0.468\,E_{\text{core}} = (0.468)(2.48 \times 10^6) = 1.16 \times 10^6 \text{ kN/m}^2$$

따라서

$$\frac{E_c}{E_{\text{mass}}} = \frac{20.7 \times 10^6}{1.16 \times 10^6} \approx 17.84$$

그리고

$$\frac{L}{D_s} = \frac{4.5}{0.9} = 5$$

표 12.8로부터 $E_c/E_{\text{mass}} = 17.84$이고, $L/D_s = 5$일 때 I_f의 크기는 0.35이다. 따라서,

$$s_e = \frac{(12{,}016)(4.5)}{\frac{\pi}{4}(0.9)^2(20.7 \times 10^6)} + \frac{(12{,}016)(0.35)}{(0.9)(1.16 \times 10^6)}$$

$$= 0.008128 \text{ m} \approx 8.13 \text{ mm} < 10 \text{ mm}$$

그러므로,

$$Q_u = 12{,}016 \text{ kN}$$

그리고

$$Q_{\text{all}} = \frac{Q_u}{\text{FS}} = \frac{12{,}016}{3} = 4005 \text{ kN} \approx \mathbf{4\ MN}$$

■

예제 12.12

그림 12.33과 같이 천공말뚝 기초가 이판암(shale)층에 근입되어 있고, 암석 코어 시료의 $q_u = 4.2\ \text{MN/m}^2$. 천공말뚝의 허용지지력을 구하라. 안전율(FS) = 3을 사용하라. 암반근입부의 주면마찰력은 없는 것으로 가정한다. Zhang and Einstein 방법을 이용하라.

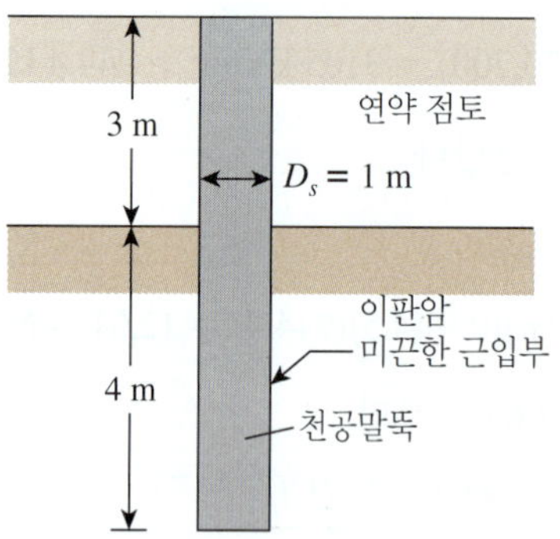

그림 12.33 암반으로 확장 근입된 천공말뚝 기초

풀이

식 (12.69)로부터

$$Q_p = A_p\left[4.83(q_u)^{0.51}\right] = \frac{\pi}{4}(1)^2\left[(4.83)(4.2)^{0.51}\right] = 7.89 \text{ MN}$$

다시 식 (12.70)으로부터

$$Q_s = 0.4(q_u)^{0.5}(\pi D_s L) = 0.4(4.2)^{0.5}[(\pi)(1)(4)] = 10.3 \text{ MN}$$

따라서

$$Q_{\text{all}} = \frac{Q_u}{\text{FS}} = \frac{Q_p + Q_s}{\text{FS}} = \frac{7.89 + 10.3}{3} = \mathbf{6.06\ MN}$$

■

12.14 요약

천공말뚝 기초는 근본적으로 말뚝 직경이 750 mm보다 큰 현장타설 말뚝이나 천공말뚝이다. 이 장에서는 천공말뚝 기초의 여러 가지 시공방법에 대하여 설명하였다. 사질토와 점성토지반에서 침하량에 근거한 극한지지력과 허용지지력을 구하는 상관관계식들을 제안하

였다. 이 장에서는 또한 특성하중과 모멘트 방법을 이용한 횡하중에 대한 지지력을 구하는 방법을 포함하였다. 사용하중 조건에서 암반에 근입되는 천공말뚝의 길이를 산정하는 3가지 방법에 대하여 기술하였다.

연습문제

12.1 그림 P12.1과 같은 천공말뚝 기초가 있다. 주어진 조건을 이용하여 순 허용선단지지력을 결정하라. 식 (12.18)을 이용하라.

$D_b = 2$ m　　$\gamma_c = 15.6$ kN/m^3
$D_s = 1.2$ m　　$\gamma_s = 17.6$ kN/m^3
$L_1 = 6$ m　　$\phi' = 35°$
$L_2 = 3$ m　　$c_u = 35$ kN/m^2
FS = 3

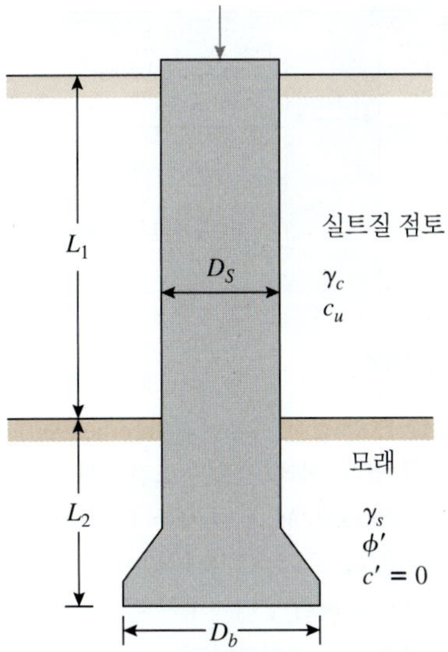

그림 P12.1

12.2 식 (12.5)를 이용하여 문제 12.1을 다시 풀어라. $E_s = 600\ p_a$

12.3 문제 12.1에 제시된 천공말뚝 기초에 대하여, 상부 6 m 점토 지반에서 발생되는 주면마찰저항력은 얼마인가? 식 (12.40)과 (12.42)를 이용하여 풀어라.

12.4 다음의 주어진 조건으로 문제 12.1을 다시 풀어라.

$D_b = 1.75$ m　　$\gamma_c = 17.8$ kN/m^3
$D_s = 1$ m　　$\gamma_s = 18.2$ kN/m^3
$L_1 = 6.25$ m　　$\phi' = 32°$
$L_2 = 2.5$ m　　$c_u = 32$ kN/m^2
FS = 4

12.5 식 (12.5)를 이용하여 문제 12.4를 다시 풀어라. $E_s = 400\ p_a$

12.6 문제 12.4의 천공말뚝 기초에서, 상부 6.25 m 깊이에서 유발되는 주면마찰저항력은 얼마나 되는지 구하라.

a. 식 (12.40)과 (12.42)를 이용하여 구하라.
b. 식 (12.43)을 이용하여 구하라.

12.7 그림 P12.7은 종형 선단부가 없는 천공말뚝 기초이다. 아래와 같은 조건에서 다음을 구하라.

$L_1 = 6$ m　　$c_{u(1)} = 50$ kN/m^2
$L_2 = 7$ m　　$c_{u(2)} = 75$ kN/m^2
$D_s = 1.5$ m

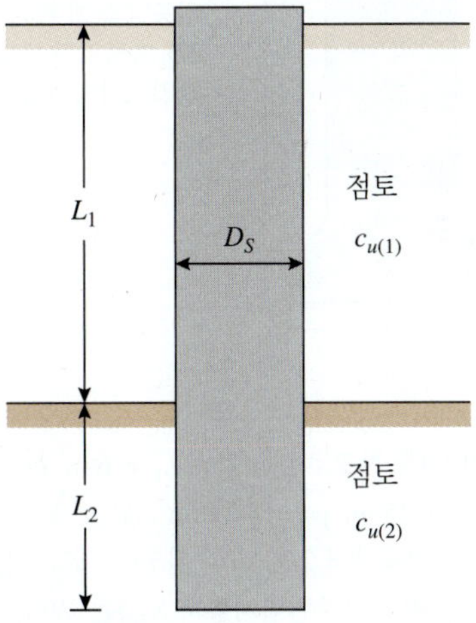

그림 P12.7

a. 순 극한선단지지력[식 (12.36)과 (12.37)을 이용하라]
b. 극한 주면마찰력[식 (12.40)과 (12.42)를 이용하라]
c. 사용하중, Q_w (안전율 = 3)

12.8 다음의 조건으로 문제 12.7을 다시 풀어라.

$L_1 = 6.1$ m　　$c_{u(1)} = 70$ kN/m^2
$L_2 = 3.05$ m　　$c_{u(2)} = 120$ kN/m^2
$D_s = 0.91$ m

식 (12.43)과 (12.44)를 이용하라.

12.9 그림 P12.9에 도시된 중간 정도 조밀한 사질토에 천

공말뚝 기초가 시공되어 있다. Reese and O'Neill이 제안한 방법을 이용하여 다음을 결정하라.

a. 기초바닥이 25 mm 침하될 때 순 허용선단지지력

b. 기초바닥이 25 mm 침하될 때 주면마찰저항력

c. 기초바닥의 총 침하량이 25 mm일 때 천공말뚝 기초가 지지할 수 있는 총 하중

다음 값들은 주어진 조건이다.

$L = 12$ m	$\gamma = 18$ kN/m^3
$L_1 = 11$ m	$\phi' = 38°$
$D_s = 1$ m	$D_r = 65\%$ (중간 정도 조밀한 모래)
$D_b = 2$ m	

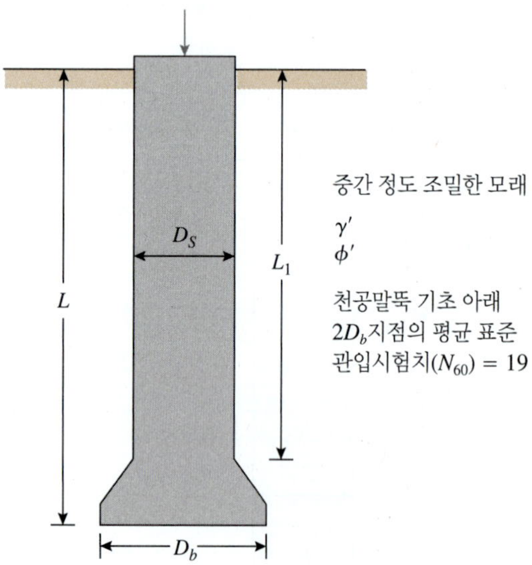

그림 P12.9

12.10 그림 P12.9를 참고로 $L = 7$ m, $L_1 = 6$ m, $D_s = 0.75$ m, $D_b = 1.25$ m, $\gamma = 18$ kN/m^3, $\phi' = 37°$이다. 기초바닥 아래로부터 $2D_b$ 내의 심도에 해당하는 수정되지 않은 평균 표준관입저항치(N_{60})는 29이다. 다음 값들을 구하라.

a. 극한지지력

b. 침하량이 12 mm일 때의 지지력

모래는 35% 자갈을 포함하고 있다. 식 (12.33)과 그림 12.12 그리고 그림 12.14a를 이용하여 풀어라.

12.11 문제 12.7의 천공말뚝 기초에 대해서 다음을 결정하라.

a. 극한지지력

b. 25 mm의 침하에 대한 지지력

Reese and O'Neill이 제안한 방법을 이용하라(그림 12.20와 12.21 참고).

12.12 문제 12.7에 기술되어 있는 천공말뚝 기초에서 식 (11.96), (11.98), 그리고 (11.99)를 이용하여 사용하중하에서의 총 탄성침하량을 구하라. $E_p = 20 \times 10^6$ kN/m^2, $C_p = 0.03$, $\xi = 0.65$, $\mu_s = 0.3$, $E_s = 12{,}000$ kN/m^2, $Q_{ws} = 0.8Q_w$이라 가정한다. 문제 12.7의 (c) 문항의 Q_w 값을 이용하라.

12.13 문제 12.8에 기술되어 있는 천공말뚝 기초에서 식 (11.96), (11.98) 그리고 (11.99)를 이용하여, 사용하중하에서의 총 탄성침하량을 구하라. $E_p = 20.7 \times 10^6$ kN/m^2, $C_p = 0.03$, $\xi = 0.65$, $\mu_s = 0.3$, $E_s = 13{,}800$ kN/m^2, $Q_{ws} = 0.83Q_w$이라 가정한다. 문제 12.8의 (c) 문항의 Q_w 값을 이용하라.

12.14 그림 P12.14는 점토 이판암에 관입된 천공말뚝 기초를 나타내고 있다. 점토 이판암의 $q_u = 1.81$ MN/m^{2}이다. 마찰이 큰 근입말뚝일 때, 천공말뚝 기초의 허용지지력을 산정하라. 안전율은 4이다. 식 (12.69)와 식 (12.71)을 이용하라.

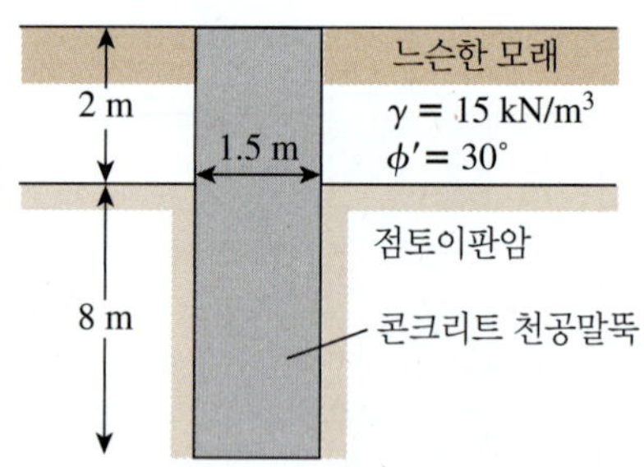

그림 P12.14

12.15 그림 P12.15와 같은 자유머리(free-headed) 천공말뚝 기초가 있다. 아래와 같은 조건에서 다음을 구하라. $Q_g = 260$ kN, $M_g = 0$, $\gamma = 17.5$ kN/m^3, $\phi' = 35°$, $c' = 0$, $E_p = 22 \times 106$ kN/m^2

a. 지표면에서 변위, x_o

b. 천공말뚝의 최대 휨모멘트

c. 천공말뚝의 최대 인장응력

d. 천공말뚝의 해석을 위해 필요한 최소 관입깊이

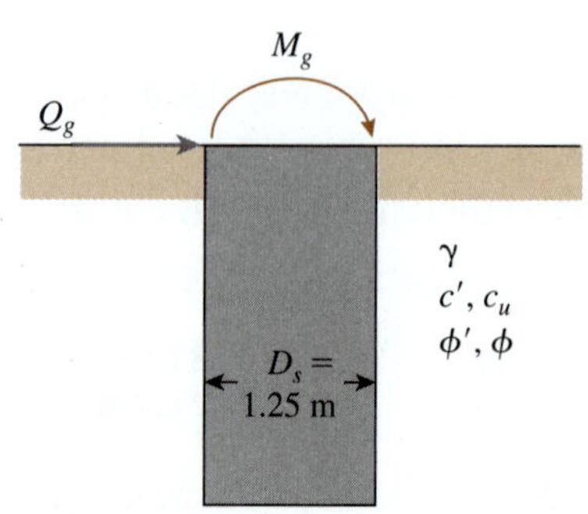

그림 P12.15

12.16 그림 12.31과 같이, 천공말뚝 기초가 암반에 근입

되어 있다. 주어진 조건: $Q_{\text{all}} = 18{,}000$ kN; $E_r/E_c = 0.6$; $\mu_c = \mu_r = 0.35$; $\phi'_{rc} = 34°$; $\tau_{\text{all}} = 360$ kN/m^2; 암반의 $q_{p(\text{all})} = 2200$ kN/m^2; 콘크리트의 $f'_c = 28{,}000$ kN/m^2. 천공말뚝 기초의 요구되는 직경과 암반의 근입길이(L)를 결정하라.

12.17 문제 12.16에 있는 천공말뚝 기초에 대하여, 만약 암반의 허용지지력을 3000 kN/m^{2}로 하고, 나머지 조건들은 그대로 이용한다. 천공말뚝 기초의 요구되는 암반의 근입길이를 산정하라.

참고문헌

Berezantzev, V. G., Khristoforov, V. S., and Golubkov, V. N. (1961). "Load Bearing Capacity and Deformation of Piled Foundations," *Proceedings, Fifth International Conference on Soil Mechanics and Foundation Engineering*, Paris, Vol. 2, pp. 11–15.

Chen, Y.-J. and Kulhawy, F. H. (1994). "Case History Evaluation of the Behavior of Drilled Shafts under Axial and Lateral Loading," *Final Report, Project 1493-04, EPRI TR-104601*, Geotechnical Group, Cornell University, Ithaca, NY, December.

Duncan, J. M., Evans, L. T., Jr., and Ooi, P. S. K. (1994). "Lateral Load Analysis of Single Piles and Drilled Shafts," *Journal of Geotechnical Engineering*, ASCE, Vol. 120, No. 6, pp. 1018–1033.

Kulhawy, F. H. and Jackson, C. S. (1989). "Some Observations on Undrained Side Resistance of Drilled Shafts," *Proceedings, Foundation Engineering: Current Principles and Practices, American Society of Civil Engineers*, Vol. 2, pp. 1011–1025.

Matlock, H. and Reese, L.C. (1961). "Foundation Analysis of Offshore Pile-Supported

Structures," in *Proceedings, Fifth International Conference on Soil Mechanics and Foundation Engineering*, Vol. 2, Paris, pp. 91–97.

O'Neill, M. W. (1997). Personal communication.

O'Neill, M.W. and Reese, L.C. (1999). Drilled Shafts: *Construction Procedure and Design Methods*, FHWA Report No. IF-99-025.

Reese, L. C. and O'Neill, M. W. (1988). *Drilled Shafts: Construction and Design*, FHWA, Publication No. HI-88-042.

Reese, L. C. and O'Neill, M. W. (1989). "New Design Method for Drilled Shafts from Common Soil and Rock Tests," *Proceedings, Foundation Engineering: Current Principles and Practices*, American Society of Civil Engineers, Vol. 2, pp. 1026–1039.

Reese, L. C., Touma, F. T., and O'Neill, M. W. (1976). "Behavior of Drilled Piers under Axial Loading," *Journal of Geotechnical Engineering Division*, American Society of Civil Engineers, Vol. 102, No. GT5, pp. 493–510.

Rollins, K. M., Clayton, R. J., Mikesell, R. C., and Blaise, B. C. (2005). "Drilled Shaft Side Friction in Gravelly Soils," *Journal of Geotechnical and Geoenvironmental Engineering*, American Society of Civil Engineers, Vol. 131, No. 8, pp. 987–1003.

Whitaker, T. and Cooke, R. W. (1966). "An Investigation of the Shaft and Base Resistance of Large Bored Piles in London Clay," *Proceedings, Conference on Large Bored Piles*, Institute of Civil Engineers, London, pp. 7–49.

Zhang, L. and Einstein, H. H. (1998). "End Bearing Capacity of Drilled Shafts in Rock," *Journal of Geotechnical and Geoenvironmental Engineering*, American Society of Civil Engineers, Vol. 124, No. 7, pp. 574–584.

Chapter

13 문제성이 있는 흙에 축조된 기초

Foundations on Difficult Soils

Chaiya/Shutterstock.com

학습목표 13장을 학습하면 다음을 할 수 있다

13.1 기술자들이 붕괴성 흙, 팽창성 흙, 그리고 폐기물 매립지에 기초를 설계 시에 직면하는 문제점에 대해 인지함.

13.2 붕괴성 흙의 특성에 대해 이해함.

13.3 붕괴성 흙의 식별을 위한 물리적 매개변수를 알 수 있음.

13.4 이중 압밀시험을 통한 붕괴 침하량을 산정함.

13.5 물을 잘 흡수하지 않는 흙에서의 기초 설계에 대해 설명함.

13.6 물을 잘 흡수하는 흙을 안정처리하는 가능한 방법에 대해 설명함.

13.7 팽창성 흙의 일반적 특성에 대해 이해함.

13.8 압밀시험기에서 불구속 팽창시험과정에 대해 학습함.

13.9 전통적인 압밀시험과 일정부피시험을 자유팽창 시험과정에 대해 학습함.

13.10 지수시험 결과에 근거하여 팽창성 흙을 분류함.

13.11 기초 시공을 위해 평창성 흙을 안정화시킬 수 있는 가능한 방법에 대해 설명함.

13.12 팽창성 흙에서의 기초 시공을 하는 방법에 대해 설명함.

13.13 위생 매립지의 일반적 특성에 대해 이해함.

13.14 경과시간에 따른 위생 매립지의 침하량을 산정함.

13.1 개요

미국의 여러 지역과 세계의 여러 곳에는 기초를 시공하기가 매우 어려운 흙이 존재하는 경우가 있다. 예를 들면 팽창성 흙이나 붕괴성 흙은 과도한 융기나 침하를 일으켜서 구조물의 큰 부등침하를 일으킨다. 위생(폐기물) 매립지에 기초를 설치할 경우에도 이와 비슷한 문제가 발생할 수 있다. 기초지반 기술자들은 현장에서 문제성 흙을 직면하게 되었을 경우, 그 흙의 종류와 특성을 식별할 수 있어야 한다. 비록 발생되는 문제를 모두 해결할 수는 없을지라도, 그 흙 위에 시공된 구조물의 손상 가능성을 줄이기 위한 예방 조치는 취해야 한다. 이 장에서는 세 가지의 주요 흙 조건—붕괴성 흙(collapsible soils), 팽창성 흙(expansive soils), 위생(쓰레기) 매립지(sanitary landfills)—의 기본적 물성치와 각각의 경우에 적절한 기초 시공 방법을 기술하였다.

붕괴성 흙

13.2 붕괴성 흙의 정의와 유형

붕괴성 흙(collapsible soils)은 종종 불안정성토(metastable soils)로 불리며, 포화되었을 때에는 부피의 변화를 크게 일으키는 불포화토이다. 이런 부피의 변화는 추가적인 하중의 재하로 인해 발생될 수도 있고 그렇지 않을 수도 있다. 하중이 가해지는 경우 붕괴성 흙의 거동은 그림 13.1에 나타난 붕괴성 흙에 대한 간극비–유효압력곡선(e-log σ')으로 잘 알 수 있다. 선 ab는 연직응력이 σ'_ω까지 증가되며, 흙은 자연함수비 상태에서 간극비 e_1까지 압축된다. 이 단계에서 흙은 포화될 필요가 없으며, 간극비가 e_1에서 유효응력 σ'_ω 상태로 평형

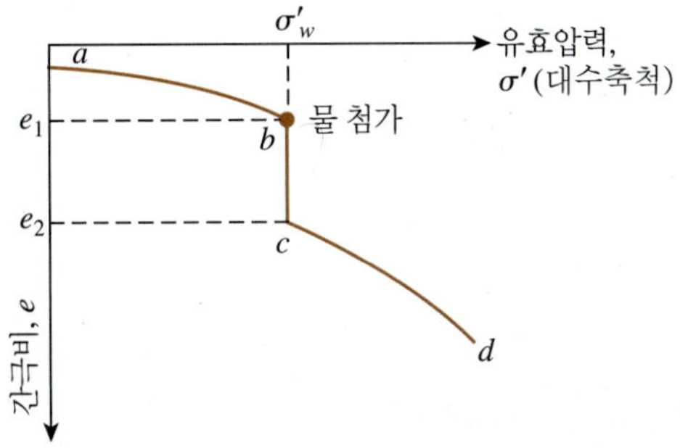

그림 13.1 붕괴성 흙에서 압력에 따른 간극비의 변화

을 유지한다. 만약 흙 시료를 포화시키기 위하여 물을 첨가하면 더 낮은 간극비 e_2에 이르기 위하여 흙의 구조는 붕괴된다. 반면에 유효응력은 동일한 값을 유지하며, 흙은 평형상태가 된다. 선 cd는 포화된 후 하중이 추가로 가해질 때의 e-log σ'_ω 곡선이다. 이러한 흙 위에 축조된 기초는 예상치 못한 물의 공급으로 포화되었을 때 갑작스런 큰 침하를 일으킨다. 이러한 물의 공급원은 (a) 상수도관의 파괴, (b) 하수도관의 누수, (c) 저수지나 수영장으로부터의 배수, (d) 지하수위의 점진적 상승 등이다. 이러한 형태의 침하는 일반적으로 상당한 구조적 손상을 일으킨다. 그러므로 현장 지반조사 시 붕괴성 흙을 식별하는 것은 매우 중요하다.

자연적으로 형성된 붕괴성 흙의 대부분은 **풍적토**로서 황토(loess), 풍적해변 모래(aeolic beachs), 화산재 퇴적토와 같이 바람에 의하여 퇴적된 모래나 실트이다. 이러한 퇴적토는 간극비가 크고, 단위중량이 작으며, 점성이 없거나 아주 미미하다. **황토**란 실트 크기의 입자의 퇴적토인데, 황토가 점성을 가지는 것은 실트 크기의 입자들 주위에 점토 코팅이 존재하기 때문이다. 입자들을 둘러싼 점토 코팅이 황토를 불포화 상태에서 안정한 상태로 유지시켜 준다. 또한, 점성은 강우에 의해 융해된 화학적 침전물이 존재하기 때문에 생길 수도 있다. 흙이 포화될 때 접촉코팅은 결속력을 잃게 되고, 그 결과로 인하여 흙은 구조적 붕괴를 일으킨다. 미국 중서부의 많은 지역과 서부의 건조한 지역에는 이런 유형의 퇴적토가 많이 존재한다. 황토 퇴적토는 유럽의 15~20% 이상의 지역과 중국의 많은 지역에서도 발견된다. 미국 중심부에서의 황토의 퇴적두께는 약 10 m가량 되기도 한다. 중국의 일부 지역에서는 100 m가량 되기도 한다. 그림 13.2는 미시시피강(Mississippi river) 유역에 분포하고 있는 황토 퇴적층의 분포도를 나타낸 것이다. 이와 같은 물질들은 아이오와(Iowa), 일리노이스(Illinois), 그리고 미조리(Missouri)와 같은 미국 중서부주에 비옥한 흙을 생성하게 되었다. 고비사막은 중국 북부지역의 많은 부분에 황토가 퇴적되게 한 원인이며, 황하강과 황해바다의 특징적인 황토색깔을 만든 원인이다.

많은 붕괴성 흙은 모암이 풍화되어 생성된 잔류토일 가능성이 크다. 풍화작용으로 광범위한 입도분포를 갖는 흙을 생성한다. 풍화작용에 의하여 용해성 콜로이드 물질이 용해되어 없어져 간극비가 커지고, 결과적으로는 불안정한 흙 구조로 남게 된다. 남아프리카와 짐바브웨의 많은 지역에는 화강암이 풍화된 잔류토가 분포한다. 때로는 갑작스런 홍수와 토석류(mudflow)의 이동으로 붕괴성 지층이 생기기도 한다. 이러한 지층은 건조하고 압밀이 거의 일어나지 않은 상태이다. Clemence and Finbarr(1981)는 붕괴성 흙에 관한 공학적 특

그림 13.2 미시시피강 유역에 퇴적되어 있는 황토 퇴적층

성을 연구 검토한 우수한 논문을 발표하였다.

13.3 붕괴성 흙의 식별을 위한 물리적 매개변수

여러 학자들이 붕괴성 흙의 식별을 위한 물리적 매개변수를 평가하는 다양한 방법들을 제안하였다. 이러한 방법 중 대표적인 것이 표 13.1에 간략히 기술되어 있다.

Jennings and Knight(1975)는 흙의 붕괴 가능성(collapse potential)을 평가하는 과정을 제외하였다. 붕괴 가능성은 압밀링에 자연 함수비 상태의 불교란 시료를 넣는다. 시료에 하중을 단계적으로 증가시켜, 압력 200 kN/m^2(이 압력은 그림 13.1의 σ'_ω이다)까지 가한다. 이 압력(σ'_ω = 200 kN/m^2)을 유지한 상태에서, 시료를 포화시키기 위해 물을 채우고 24시간 동안 방치한다. 물을 채우기 전후의 간극비를 e_1과 e_2로 정의한다. 붕괴 가능성 C_p를 다음 식을 통해 구한다.

$$C_p(\%) = \Delta\varepsilon = \frac{e_1 - e_2}{1 + e_o} \times 100 \tag{13.1}$$

여기서

e_o = 흙의 자연 간극비

표 13.1 붕괴성 흙 식별을 위해 제안된 기준[a]

연구자	연도	기준
Denisov	1951	붕괴계수 $K = \dfrac{\text{액성한계에서의 간극비}}{\text{자연 간극비}}$ $K = 0.5 \sim 0.75$: 붕괴성이 높음 $K = 1.0$: 비붕괴성 옥토(롬, loam) $K = 1.5 \sim 2.0$: 비붕괴성 흙
Clevenger	1958	건조단위중량이 12.6 kN/m^{3}보다 작으면, 침하는 커짐 건조단위중량이 14 kN/m^{3}보다 크면, 침하는 작아짐
Priklonski	1952	$K_D = \dfrac{\text{자연 함수비} - \text{소성한계}}{\text{소성지수}}$ $K_D < 0$: 붕괴성이 높은 흙 $K_D > 0.5$: 비붕괴성 흙 $K_D > 1.0$: 팽창성 흙
Gibbs	1961	붕괴비, $R = \dfrac{\text{포화상태일 때 함수비}}{\text{액성한계}}$ 이것은 그래프 형태로 나타낸다.
구 소련 건축 법규	1962	$L = \dfrac{e_o - e_L}{1 + e_o}$ 여기서 e_o = 자연 간극비이고, e_L = 액성한계에서의 간극비이다. 자연 포화도가 60%보다 작은 경우, $L > -0.1$이면 붕괴성 흙이다.
Feda	1964	$K_L = \dfrac{w_o}{S_r} - \dfrac{\text{PL}}{\text{PI}}$ 여기서 w_o = 자연 함수비, S_r = 자연 포화도이고, PL = 소성한계, 그리고 PI = 소성지수이다. $S_r < 100\%$인 경우 $K_L > 0.85$이면, 이 흙은 붕괴성 흙이다.
Benites	1968	2 g의 흙을 12 ml의 증류수에 넣고 분산될 때까지의 시간을 측정하는 분산시험; 붕괴성 아리조나 흙의 경우 분산되는 시간은 20~30초이다.
Handy	1973	아이오와 황토의 점토($<$ 0.002 mm) 함량: $<$ 16%: 붕괴 가능성이 높음 16~24%: 붕괴 가능성이 있음 24~32%: 붕괴 가능성이 50% 미만 $>$ 32%: 붕괴 가능성이 없음

[a] 출처: Lutenegger and Saber(1988)로부터 얻은 자료에 근거함.

$\Delta\varepsilon$ = 연직 변형률

포화가 되었을 때의 응력 수준이 붕괴 가능성에 심각한 영향을 초래한다. 응력수준은 50~600 kN/m^2 범위 내로 문헌에 보고된 바 있다. Lutenegger and Saber(1988)는 상재하중을 300 kN/m^{2}가 하고, 포화 전의 간극비 식 (13.1)의 e_o를 e_1으로 바꾸어 넣었다. 다른 응력수준에서 구한 C_p 값을 비교하는 데 있어서는 많은 주의가 필요하다.

표 13.2 붕괴 가능성과 기초의 문제성(severity)과의 관계[a]

C_p (%)	문제성
0~1	문제점이 없음
1~5	보통 정도로 곤란함
5~10	곤란함
10~20	심하게 곤란함
20	매우 심하게 곤란함

[a] 출처: Based on data from Clemence, S. P., and Finbarr, A. O. (1981). "Design Considerations for Collapsible Soils," *Journal of the Geotechnical Engineering Division*, American Society of Civil Engineers, Vol. 107, GT3 pp. 305 – 317.

Jennings and Knight(1975)는 붕괴성 흙과 관련된 기초문제의 심각한 정도를 C_p와의 상관관계를 제시하였다. 이러한 문제들은 Clemence and Finbarr(1981)가 요약하여 표 13.2에 기술하였다.

Holtz and Hilf(1961)는 포화되었을 때 함수비가 액성한계를 넘을 정도로 큰 간극비를 갖는 황토질 흙은 붕괴되기 쉽다는 이론을 제안하였다. 따라서, 붕괴 조건은 다음과 같다.

$$w_{(\text{saturated})} \geq \frac{\text{LL}(\%)}{100} \tag{13.2}$$

여기서 LL(%) = 액성한계

한편, 포화된 흙의 경우에는 다음과 같은 관계를 갖고 있다.

$$e_o = wG_s \tag{13.3}$$

G_s = 흙 입자의 비중

붕괴성 흙에 관한 식 (13.2)와 (13.3)을 연립하면 다음과 같다.

$$e_o \geq \left(\frac{\text{LL}}{100}\right)(G_s) \tag{13.4}$$

흙이 붕괴될 때에 필요한 흙의 자연 건조단위중량은 다음과 같다.

$$\gamma_d \leq \frac{G_s\gamma_w}{1 + e_o} = \frac{G_s\gamma_w}{1 + \left(\frac{\text{LL}}{100}\right)(G_s)} \tag{13.5}$$

G_s의 평균값을 2.65로 가정하면, 여러 가지 액성한계에 대한 γ_d의 한계값은 식 (13.5)로부터 구할 수 있다.

그림 13.3은 앞에 기술한 액성한계와 그에 상응하는 한계 건조단위중량의 관계를 나타내고 있다. 임의의 흙에서 자연 건조단위중량이 한계선 아래에 위치하면 그 흙은 붕괴될 가능성이 높다.

붕괴 가능성과 건조단위중량을 결정하기 위한 불교란 시료를 채취할 때 주의해야 하며, 가급적이면 손으로 잘라서 블록 형태의 시료를 채취하는 것이 좋다. 왜냐하면 셸비 튜브

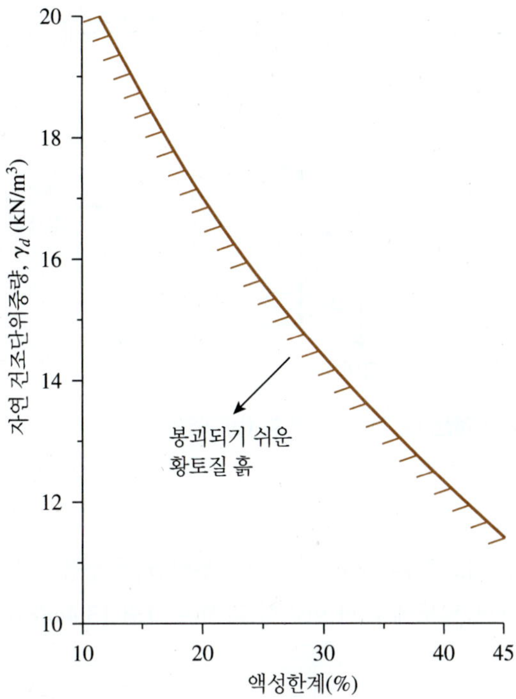

그림 13.3 붕괴되기 쉬운 황토질 흙

(thin wall tube)로 시료를 채취할 때 약간의 압축을 받을 수도 있기 때문이다. 그러나 만약 블록 형태의 흙 시료를 채취하려면 시추공을 천공할 때 **물을 사용하지 말아야** 한다.

13.4 붕괴 침하량의 계산과정

Jennings and Knight(1975)는 흙이 포화될 때 구조물의 붕괴 침하량를 산정하기 위하여 다음과 같은 시험 방법을 제안하였다.

1단계. 표준압밀시험기(oedometer)에서 시험을 하기 위하여 2개의 불교란 시료를 준비한다.

2단계. 두 개의 시료를 1 kN/m^{2}의 압력하에 24시간 놓아둔다.

3단계. 24시간이 지난 후, 시료 한 개에는 물을 부어 포화시킨다. 다른 한 시료는 자연 함수비를 그대로 유지한다.

4단계. 물을 채운 24시간 후, 두 시료에 대해 하중을 두 배로 증가시켜가며(표준압밀시험과 같은 절차) 소정의 압력까지 재하하며 압밀시험을 실시한다.

5단계. 두 시료에 대해 e-log σ' 그래프를 그린다(그림 13.4a와 b).

6단계. 현장(in-situ) 유효응력 σ'_o를 계산한다. σ'_o 응력에 해당하는 연직선을 그린다.

7단계. 완전히 포화된 시료의 e-log σ'_o 곡선으로부터 선행압밀압력 σ'_c를 구한다. 만약, σ'_c/σ'_o = 0.8~1.5이면 흙은 정규압밀된 것이고, σ'_c/σ'_o > 1.5이면 흙은 과압밀

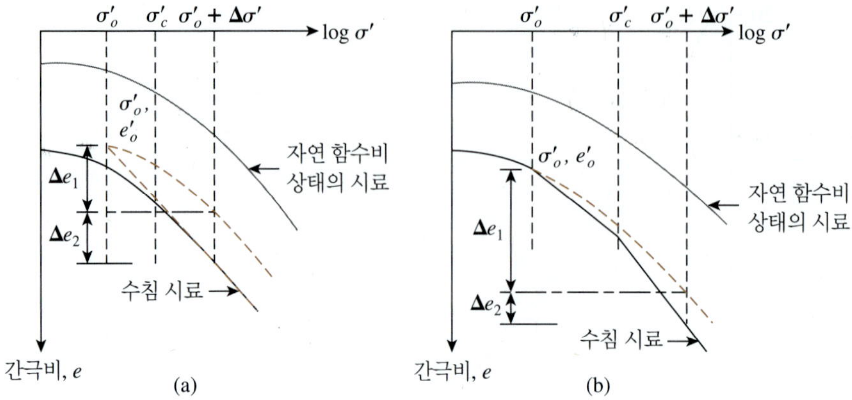

그림 13.4 압밀실험에 의한 침하량 계산: (a) 정규압밀된 흙, (b) 과압밀된 흙

된 것이다.

8단계. 완전히 포화시킨 시료의 e-log σ'_o 곡선으로부터 σ'_o에 상응하는 e'_o를 결정한다. (정규압밀토와 과압밀토에 대한 이러한 과정은 그림 13.4a와 b에 각각 도시되어 있다.)

9단계. 자연 함수비에서 시험한 시료로부터 얻어진 e-log σ'_o 곡선과 유사한 곡선을 점 (σ'_o, e_o)를 통과하여 그린다.

10단계. 기초를 시공함에 발생되는 하중에 의한 압력 증가량 $\Delta\sigma'$를 결정한다. e-log σ' 곡선에서 압력 $\sigma'_o + \Delta\sigma'$에 일치하는 연직선을 그린다.

11단계. 이제 Δe_1과 Δe_2를 결정한다. 자연 함수비가 변하지 않는 상태에서 흙의 침하량은 다음과 같다.

$$S_{c(1)} = \frac{\Delta e_1}{1 + e'_o}(H) \tag{13.6}$$

여기서 H = 붕괴되기 쉬운 흙의 두께

또한 흙 구조의 붕괴로 인한 침하량은 다음과 같다.

$$S_{c(2)} = \frac{\Delta e_2}{1 + e'_o}(H) \tag{13.7}$$

13.5 물을 잘 흡수하지 않는 흙에서의 기초 설계

실제로 기초를 설계하기 위하여 몇 번의 표준현장재하시험을 실시한다. 그림 13.5는 황토 퇴적층에서 실시한 현장재하시험 결과로 단위면적당 하중 대 침하량의 관계를 나타낸 것이다. 흙 구조가 붕괴되어 큰 침하가 발생하는 어떤 임계 압력 σ'_{cr}까지는 하중–침하 관계가 실질적으로 직선이다. 이 갑작스런 흙 구조의 붕괴는 보통 건조한 흙보다는 높은 자연 함수비를 갖는 흙에서 더 흔하게 발생되는 현상이다.

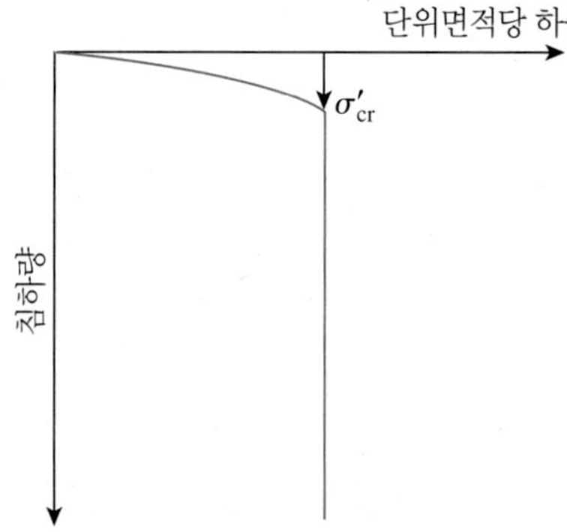

그림 13.5 황토에서의 현장재하시험: 단위면적당 하중과 침하량과의 관계

현장에서 구조물 아래의 수분 증가를 방지할 수 있는 충분한 예방 조치가 이루어진다면 붕괴성 흙 상부에 확대기초나 전면기초를 설계할 수 있다. 그러나 기초의 크기는 비례하여야 하며, 현장에서 임계응력(그림 13.5)을 절대로 넘지 않는 범위 내에 있어야 한다. 약 2.5~3 정도의 안전율을 적용하여 흙의 허용지지력을 산정하여야 한다.

$$\sigma'_{all} = \frac{\sigma'_{cr}}{FS} \tag{13.8}$$

여기서

σ'_{all} = 흙의 허용지지력

FS = 안전율

이들 기초의 부등침하나 전체 침하량은 사질토에 설계된 기초의 침하량과 비슷해야 한다.

붕괴성 흙에서는 부등침하를 효과적으로 극소화할 수 있는 연속기초가 독립기초보다 더 안전하다. 그림 13.6에서는 연속기초 시공의 전형적인 과정을 나타내고 있다. 여기서는 기초 보(footing beam)와 종방향으로 하중지지보(load-bearing beam)를 사용하고 있다.

붕괴성 지반에 시공된 곡물 승강기 같은 중량 구조물을 시공할 때에는 약 0.3 m까지의

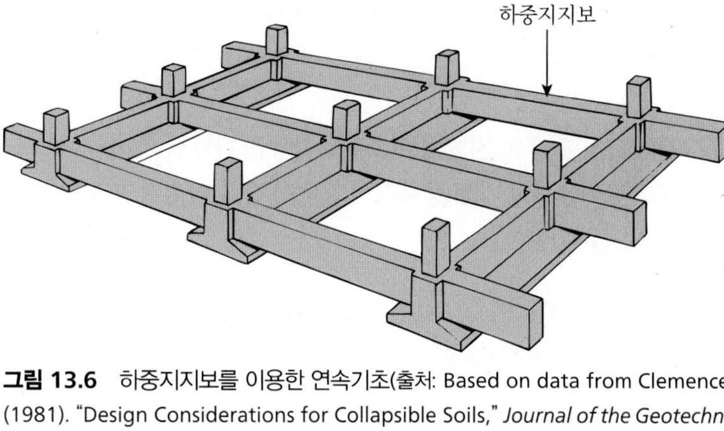

그림 13.6 하중지지보를 이용한 연속기초(출처: Based on data from Clemence, S. P., and Finbarr, A. O. (1981). "Design Considerations for Collapsible Soils," *Journal of the Geotechnical Engineering Division,* American Society of Civil Engineers, Vol. 107, GT3, pp. 305–317.)

침하량을 허용하기도 한다(Peck, et al., 1974). 이 경우, 편심하중이 없기 때문에 기초의 기울어짐은 일어날 가능성이 거의 없다. 이러한 구조물에서 예상되는 총 침하량은 현장 함수비를 갖는 시료에 대한 표준압밀시험으로부터 구할 수 있다. 만약 편심하중이 없다면, 기초는 황토 퇴적층에서 균일한 침하를 보이겠지만, 흙이 잔류토나 붕적토의 성질을 가졌다면 침하는 균일하지 않을 수도 있다. 이 이유는 일반적으로 잔류토 지층에서 나타나는 불균일성 때문이다.

붕괴성 지반에 중량 구조물을 축조할 때에는 지극히 세심한 주의가 요구된다. 만약 큰 침하가 예상된다면, 천공말뚝(drilled-shaft) 기초나 말뚝 기초의 시공을 고려해보아야 한다. 이런 유형의 기초는 하중을 보다 강한 지지층까지 전달할 수 있다.

13.6 물을 잘 흡수하는 흙에서의 기초 설계

만약 기초를 시공한 후 어느 시기에 상부 토층이 젖어서 붕괴될 가능성이 있다면, 기초의 파괴를 방지할 수 있는 여러 가지 설계 기법을 생각할 수 있다. 이러한 기술들은 다음과 같다.

동다짐(Dynamic Compaction)

물에 젖는 예상 깊이가 지표로부터 약 1.5~2 m라면, 물을 뿌리고 중량 롤러로 다시 다져서 다진 흙 위에 확대기초나 전면기초를 시공할 수 있다. 중량 롤러에 의한 재다짐 대신 **동다짐**(dynamic compaction)으로도 불리는 **중량다짐**(heavy tamping)이 있다. 이것은 근본적으로 무거운 하중을 지표에 반복적으로 떨어뜨리는 것이다. 해머(hammer)를 떨어뜨리는 높이는 약 8~30 m 정도가 된다. 해머의 낙하에 의해 발생되는 충격파는 흙의 다짐도를 높이는 데 도움을 준다.

Lutenegger(1986)는 불가리아 러세(Russe) 시에서 기초를 시공하기 전에 부서지기 쉬운 두꺼운 황토층을 안정화하는 데 동다짐을 사용한 사례에 대하여 발표하였다. 현장 시추조사과정에서 지하 10 m 심도까지는 지하수가 없었으며, 자연 함수비는 소성한계보다 낮았다. 불교란 시료에 대하여 초기 다짐도를 측정할 때의 포화함수비는 액성한계보다 컸으며, 흙의 물성치는 보통 붕괴성 황토와 동일하였다. 지반에 동다짐을 하기 위하여 상부 1.7 m 심도의 표층은 굴착하여 제거하였다. 무게가 133 kN 되는 원형 콘크리트 덩어리를 해머로 사용하였다. 격자로 구성된 각 지점에 낙하 높이 2.5 m에서 7~12회 해머를 낙하시켜 다짐을 실시하였다.

그림 13.7은 다짐 전후의 지반의 건조단위중량을 나타낸 것이다. 이 그림에 나타난 다짐된 지반의 건조단위중량 증가는 동다짐이 붕괴성 흙을 안정시키는 데 효과적으로 사용될 수 있다는 것을 입증하였다.

화학적 안정화(Chemical Stabilization)

지반 조건이 양호할 때에는 기초용 터파기(trench)한 곳에 규산나트륨과 염화칼슘 용액을 채워 기초지반을 화학적으로 안정시킬 수 있다. 이 흙은 연약한 사암처럼 거동하고, 포화되었을 때에는 붕괴에 저항한다. 이 방법은 용액이 소정의 깊이까지 침투할 때에만 성공할 수

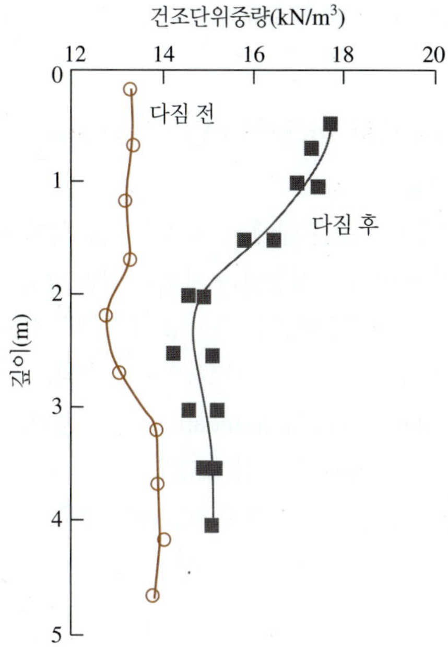

그림 13.7 불가리아 러세시 현장의 부서지기 쉬운 황토층에 대한 동다짐 결과(출처: Based on Lutenegger, 1986)

있다. 따라서 이 방법은 세사 퇴적층에 가장 잘 적용된다. 규산염은 다소 비싸서 일반적으로 사용하지 않는다. 그러나 미국 덴버에서는 규산염이 매우 성공적으로 사용된 적이 있다.

붕괴성 퇴적토를 안정시키기 위한 규산나트륨 용액의 주입법은 구 소련연방과 불가리아(Houston and Houston, 1989)에서 널리 사용되었다. 이 방법은 시공될 구조물에 의하여 추가적인 하중을 받아 압축될 가능성이 있는 건조한 붕괴성 흙과 습한 붕괴성 흙에 사용된다. 작업과정은 다음의 세 가지 단계로 이루어진다.

1단계. 흙에 존재하고 있는 물을 완전히 제거하고 흙의 예비적인 활성화를 위하여 이산화탄소의 주입

2단계. 규산나트륨 그라우트의 주입

3단계. 알칼리의 중화를 위한 이산화탄소의 주입

진공부유 공법과 침수 공법(Vibroflotation and Ponding)

토층이 약 10 m 깊이까지 젖을 가능성이 있을 때는 기초를 시공하기 전에 흙을 붕괴시키기 위하여 여러 가지 공법을 사용할 수 있다. 여기에는 주로 **진공부유 공법**(vibrofloation)과 **침수 공법**(ponding 또는 flooding)이 사용된다. 진공부유 공법은 자유 배수(free-draining) 흙에서 성공적으로 사용된다(제4장 참고). 낮은 제방을 축조하여 시도되는 침수 공법은 불투수층이 없는 현장에 사용된다. 그러나 침수 공법에 의하여 흙이 포화되어 붕괴가 된 후에도, 기초가 시공된다면 약간의 추가적인 침하가 발생될 수 있다. 기초를 시공할 때 불완전한 흙

의 포화로 인하여 추가적인 침하가 생길 수도 있다. 침수 공법은 흙댐 건설에 효과적으로 사용될 수 있다.

말뚝 기초의 근입심도를 수침 가능지층 아래까지 연장(Extending Foundation Beyond Zone of Wetting)

만약 흙을 미리 붕괴시키는 것이 실용적이지 못할 때에, 물에 젖을 가능성이 있는 지층 아래까지 기초를 시공할 수도 있는데, 이 방법에서는 천공말뚝 기초나 일반 말뚝 기초를 필요로 한다. 천공말뚝 기초나 일반 말뚝 기초를 설계할 때에는 흙 구조의 붕괴와 이로 인한 연속적인 침수층의 침하로 발생되는 부주면마찰력의 효과를 고려하여야만 한다.

어떤 경우에는 **석주형 기초**(rock column type of foundation) 또는 **동치환 기초**(vibroreplacement)를 고려할 수도 있다. 석주는 잠재적 붕괴성 토층을 관통하도록 큰 전석(boulder)으로 축조한다. 석주는 하중을 보다 안정된 토층까지 전달하는 말뚝 기초와 같은 역할을 한다.

팽창성 흙(Expansive Soil)

13.7 팽창성 흙의 일반적 특성

많은 소성 점토들은 물을 흡수하면 상당히 팽창하고, 물이 증발되면 수축하는 특성을 갖고 있다. 이런 점토 지반에 축조된 기초는 흙의 팽창에 의하여 상당한 상향력을 받게 된다. 이 상향력은 건물의 기초와 접지 슬래브 기초 부재들의 융기, 균열, 파손을 일으킬 수 있다. 그림 13.8은 팽창성 점토의 과도한 융기로 인해 벽에 균열이 발생된 전경을 나타낸 것이다. 팽창성 점토(expansive clay)는 미국의 넓은 지역, 남미, 아프리카, 호주, 그리고 인도에 분포하고 있다. 미국에서는 팽창성 점토가 텍사스, 오클라호마, 미주리 분지의 상부 지역에 집중되어 있다. 일반적으로 팽창성 점토는 액성한계가 40%를 넘고 소성지수는 15%를 넘는다.

앞에서 기술한 바와 같이 함수비가 증가 또는 감소함에 따라 점토는 팽창되거나 수축한다. 그림 13.9는 텍사스 달라스 Fort Worth 지역에 분포되어 있는 Eagle Ford 이판암이 풍화되어 형성된 점토 지표면의 수축균열 현상을 나타내고 있다. 주기적으로 함수비가 변화하는 토층의 깊이를 일반적으로 **활성영역**(active-zone, 그림 13.10 참고)이라고 한다. 함수비의 변동은 지표면 근처에서 제일 높다. 이 활성영역의 깊이는 현장의 위치에 따라 다르다. 미국 도시들의 대표적인 활성영역의 깊이가 표 13.3에 나타나 있다. 미국 서부지역에 분포하는 어떤 점토와 이판암에서는 활성영역의 깊이가 15 m에 이르기도 한다. 활성영역의 깊이는 여러 계절에 걸쳐 측정된 흙의 깊이에 대한 액성지수를 그려보면 쉽게 결정할 수 있다. 그림 13.11은 휴스턴 지역의 버몬트층(Beaumont formation)에 대한 흙의 깊이에 따른 액성지수의 범위를 도시한 것이다.

수축균열은 활성영역의 깊숙한 곳까지 확장할 수 있다. 그림 13.12는 팽창성 점토 지반

그림 13.8 팽창성 점토의 융기에 의한 벽의 균열(Courtesy of Anand Puppala/University of Texas at Arlington, Arlington, Texas)

에서는 수축균열이 지표면에서 활성영역으로 확장되는 것을 나타내고 있다.

가능한 팽창크기를 검토하기 위해 간단하게 불교란 시료에 대하여 압밀시험을 실시할 수 있다. **불구속 팽창시험**(unrestrained swell test)과 **자유팽창시험**(swell pressure test)의 두 가지 일반적인 시험 방법이 있으며, 이 방법들은 다음에 설명되어 있다.

13.8 불구속 팽창시험

불구속 팽창시험을 실시할 때 흙 시료를 압밀시험기 안에 거치한 다음, 흙 시료 상단에 약 6.9 kN/m^{2}의 낮은 상재압을 가한다. 압밀시험기에 물을 채워서 시료가 물에 잠기게끔 한 후, 시료 부피의 팽창량(단면적은 일정하므로 높이만 측정)을 평형 상태에 이를 때까지 측정한다. 자유팽창률의 백분율은 다음과 같이 계산한다.

$$s_{w(\text{free})}(\%) = \frac{\Delta H}{H}(100) \tag{13.9}$$

그림 13.9 텍사스 달라스 Fort Worth 지역에 분포되어 있는 Eagle Ford 이판암(셰일)이 풍화되어 형성된 점토 지표면에 발생된 수축균열 현상(Courtesy of Thomas M. Petry, Missouri University of Science and Technology, Rolla, Missouri)

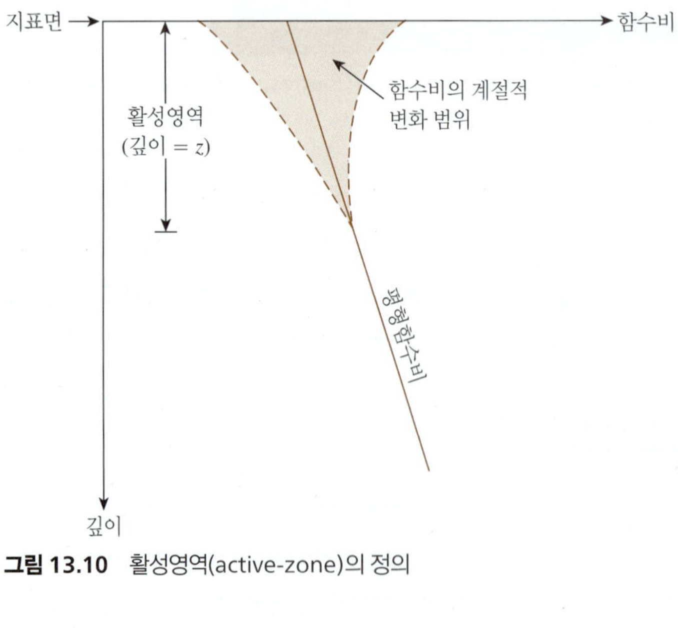

그림 13.10 활성영역(active-zone)의 정의

여기서

$s_{w(\text{free})}$ = 자유팽창률(%)

ΔH = 포화됨에 따라 팽창된 높이

H = 시료의 초기 높이

표 13.3 미국 도시에서의 전형적인 활성영역의 깊이[a]

도시명	활성영역의 깊이(m)
휴스턴	1.5~3
달라스	2.1~4.6
샌안토니오	3~9
덴버	3~4.6

[a] 출처: Data from O'Neill and Poormoayed (1980) (O'Neill, M. W., and Poormoayed, N. (1980). "Methodology for Foundations on Expansive Clays," *Journal of the Geotechnical Engineering Division,* American Society of Civil Engineers, Vol. 106, No. GT12, pp. 1345 - 1367.)

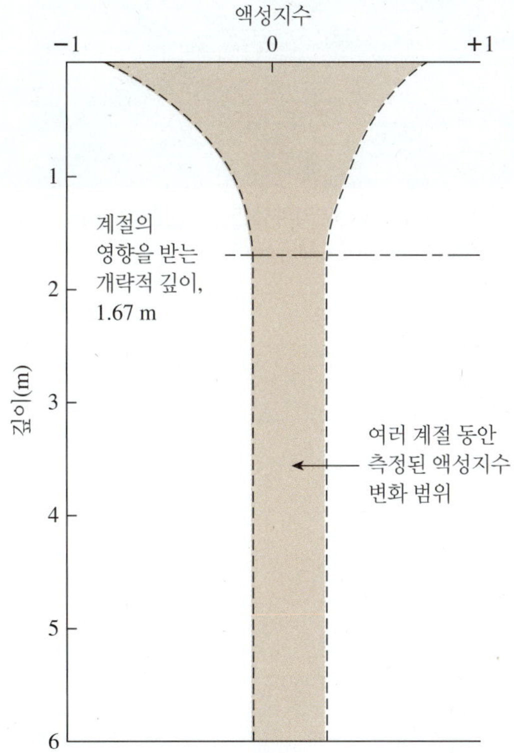

그림 13.11 휴스턴 지역의 버몬트층에서 발생된 활성영역(출처: Based on O'Neill, M. W., and Poormoayed, N. (1980). "Methodology for Foundations on Expansive Clays," *Journal of the Geotechnical Engineering Division,* American Society of Civil Engineers, Vol. 106, No. GT12, pp. 1345 - 1367.)

Vijayvergiya and Ghazzaly(1973)는 이런 방법으로 실험한 여러 가지 실험결과를 분석하여 자유팽창률, 액성한계, 그리고 자연 함수비와의 상관도표를 그림 13.13과 같이 제시하였다. O'Neill and Poormoayed(1980)는 이 도표로부터 자유표면 팽창량을 계산하기 위하여 다음과 같은 식을 제안하였다.

$$\Delta S_F = 0.0033 Z s_{w(\text{free})} \tag{13.10}$$

여기서

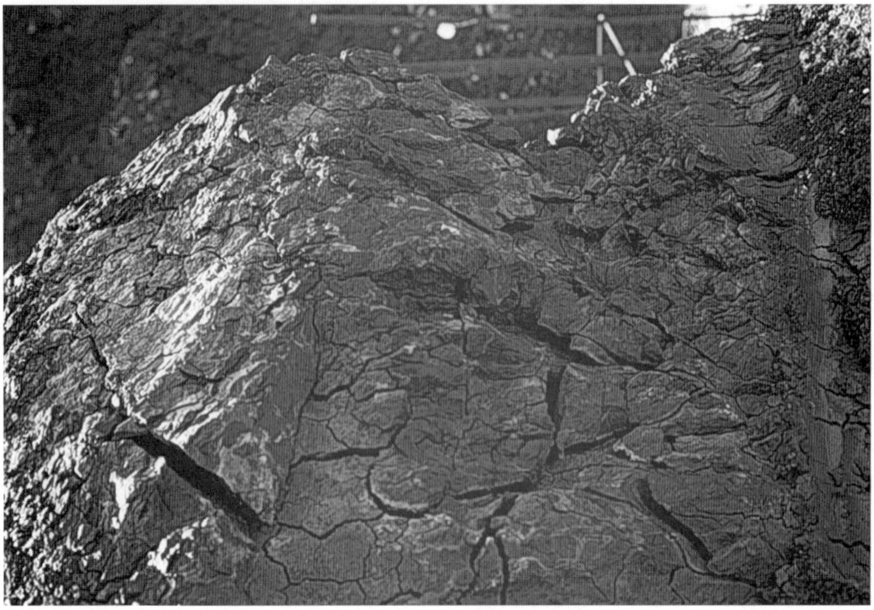

그림 13.12 상호연결된 수축균열이 지표면에서 활성영역까지 연장된 균열(Courtesy of Thomas M. Petry, Missouri University of Science and Technology, Rolla, Missouri)

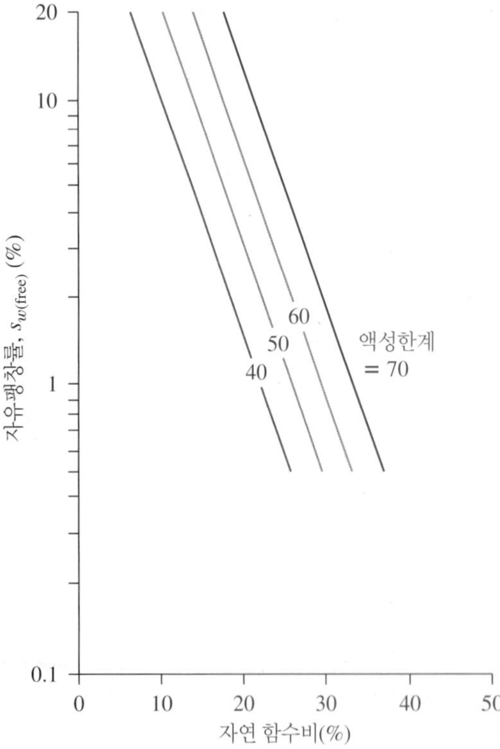

그림 13.13 자유팽창률, 액성한계, 그리고 자연 함수비와의 관계(출처: Based on Vijayvergiya, V. N. and Ghazzaly, O. I. (1973). "Prediction of Swelling Potential of Natural Clays," *Proceedings, Third International Research and Engineering Conference on Expansive Clays*, pp. 227 – 234.)

$$\Delta S_F = \text{자유표면 팽창량}$$
$$Z = \text{활성영역의 깊이}$$
$$s_{w(\text{free})} = \text{자유팽창률}(\%)$$

자유표면 팽창량 ΔS_F은 팽창성 흙이 있는 지반에 구조물을 축조하였을 때 발생할 수 있는 잠정적인 손상도를 측정하는 방법이다.

13.9 자유팽창시험

팽창압력(swelling pressure)은 구조물 기초에 작용되는 상향압력이다. 팽창압력은 영 팽창압력을 측정해서 구하기도 한다. 영 팽창압력(zero swell pressure)은 흙이 팽창되지 않도록 하기 위해 필요한 하향압력(downward pressure)이다. 팽창압력은 두 가지의 다른 유형을 볼 수 있다.

- 전통적인 압밀시험
- 일정부피시험

두 가지 시험방법을 여기에 간단히 설명하였다.

전통적인 압밀시험

이 시험에서는 흙 시료를 압밀시험기 내에 안치한 다음 6.9 kN/m^{2}의 상재 압력을 가한다. 물을 시료에 추가하고 약간의 시간이 흐르면 흙 시료가 팽창하고, 마침내 평형을 이룬다. 그 후에 추가 하중이 재하되면 시료가 압밀된다. 그림 13.14는 유효재하응력 log σ'에 따른 시료의 변형(δ) 결과를 나타낸 것이다. 초기조건 점에서 수평으로 선을 긋으면 log σ'과 δ의 상관관계선과 만난다. 이 교차점에 해당되는 압력을 **영 팽창압력**(zero swell pressure, σ'_{sw})이라고 한다.

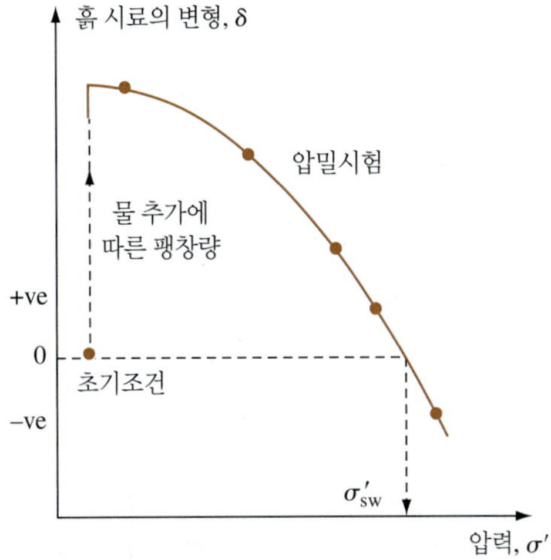

그림 13.14 전통적인 압밀시험으로부터 영 팽창압력을 구하는 과정

일정부피시험

일정부피시험(constant volume test)은 압밀링에 시료를 넣고 유효 상재압, σ'_o,과 동일한 압력에다 기초로 인하여 발생될 것으로 개략적으로 예상되는 상재하중, σ'_s을 더한 압력을 재하시킨다. 그리고 흙 시료에 물을 추가로 첨가하여 포화시킨다. 시료가 팽창하기 시작함에 따라 팽창을 방지할 수 있도록 압력을 조금씩 증가시킨다. 시료의 팽창압이 완전히 발생될 때까지 계속 압력을 유지한다. 이때, 전체 압력은 다음과 같다.

$$\sigma'_{sw} = \sigma'_o + \sigma'_s + \sigma'_1 \tag{13.11}$$

여기서

σ'_{sw} = 팽창을 방지하는 전체 압력 또는 영 팽창압력

σ'_1 = 물을 첨가한 후 팽창을 방지하기 위해 추가로 작용시킨 압력

그림 13.15에서는 팽창압시험을 하는 동안 유효 압력에 대한 팽창률의 변화를 도시하고 있다. (팽창시험에 대한 더 많은 정보는 Sridharan et al.(1986)의 연구문헌을 참고하라.)

σ'_{sw}이 20~30 kN/m^{2}은 작은 값이고, σ'_{sw}이 1500~2000 kN/m^{2}은 큰 값으로 본다. 영(zero) 팽창압을 얻은 후에는 흙 시료가 상재압 σ'_o의 수준에 도달할 때까지 단계적으로 감압한다. 이런 감압의 과정이 시료를 팽창하게 만든다. 또한 각 압력 수준에서의 평형 팽창률을 기록한다. 팽창률의 변화(s_w, %)와 시료에 작용된 압력의 변화는 그림 13.15에 도시된 것과 비슷할 것이다.

일정부피시험을 실시하여 임의의 기초에 대한 표면 융기량(표면 팽창량, ΔS)은 다음 식을 이용하여 산정한다(O' Neill and Poormoayed, 1980).

$$\Delta S = \sum_{i=1}^{n} [s_{w(1)}(\%)](H_i)(0.01) \tag{13.12}$$

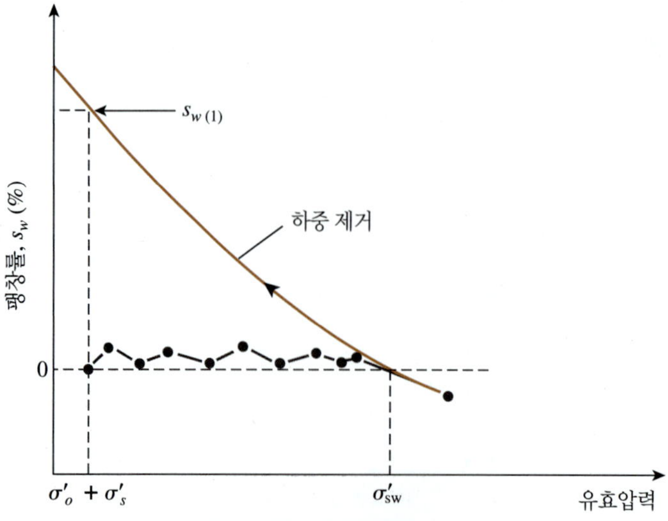

그림 13.15 전통적인 압밀시험에 의한 팽창압

표 13.4 전통적인 압밀시험과 일정부피시험에 의해 구한 영 팽창압력의 비교[Sridharan et al., (1986)에 의한 시험 결과의 요약]

흙 시료	액성한계	소성지수	초기 간극비, e_i	σ'_{sw} (kN/m^2) 압밀시험	일정부피시험
BC-1	80	44	0.893	294.3	186.4
BC-4	98	57	1.002	382.6	251.8
BC-5	96	65	0.742	500.3	304.1
BC-7	96	66	0.572	1275.3	372.8
BC-8	94	62	0.656	147.2	68.7

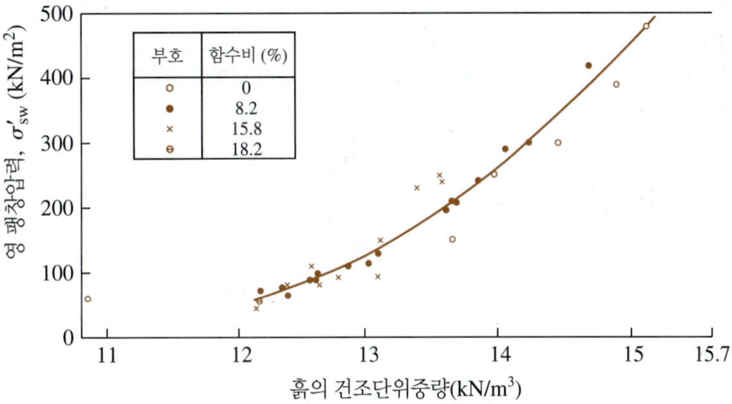

그림 13.16 흙의 건조단위중량과 영 팽창압력의 관계도(출처: Based on Sridharan et al., 1986)

여기서

$s_{w(1)}(\%)$ = 압력 $\sigma'_o + \sigma'_1$ 하에서 토층 i의 팽창률(그림 13.15 참고)

H_i = 토층 i의 두께

전통적인 압밀시험과 일정부피시험으로부터 얻은 영 팽창압력(σ'_{sw})은 동일하지 않을 수 있다는 것을 아는 것이 중요하다. 표 13.4는 Sridharan et al.(1986)이 여러 실험 결과를 요약하여 이러한 차이점을 설명하고 있다. 또한, 영 팽창압력은 그림 13.16에 도시된 것처럼 초기함수비의 함수가 아니라 흙의 건조단위중량의 함수이다.

자유팽창률 $s_{w(\text{free})}$는 6.9 kN/m^{2}라는 작은 상재하중하에서 측정된 값이며, 일정부피 팽창압시험에서 얻은 $s_{w(1)}$은 공용 중인 상재하중과 기초로 인해 발생되는 하중을 모사한, $\sigma'_o + \sigma'_s$ 하중하에서 측정된 값이다. 이 두 방법에서 도출된 팽창률은 %로 표기한다.

예제 13.1

지층 단면에서 팽창성 흙으로 구성된 활성영역이 약 2 m 존재한다. 공사 기간 동안의 액성한계와 평균 자연 함수비는 각각 50%, 20%였다. 자유표면 팽창량을 결정하라.

풀이

그림 13.13으로부터 LL = 50%, w = 20%일 때 $s_{w(\text{free})}$ = 3%이다. 식 (13.10)으로부터

$$\Delta S_F = 0.0033 Z s_{w(\text{free})}$$

그러므로

$$\Delta S_F = 0.0033(6)(3)(12) = \mathbf{19.8\ mm}$$

■

예제 13.2

지층 단면에서 팽창성 흙으로 구성된 활성영역의 두께가 5.2 m 존재한다. 얕은 기초가 지표면 하부 1.2 m에 시공될 예정이다. 팽창압시험을 한 결과 다음과 같은 자료를 얻었다.

지표 하부 심도(m)	상재 압력과 예상된 기초 상재 압력하에서의 흙의 팽창률 $s_{w(1)}$ (%)
1.2	3.0
2.2	2.0
3.2	1.2
4.2	0.55
5.2	0.0

a. 기초하부에 발생되는 총 가능한 팽창량을 산정하라.

b. 만약 총 허용 팽창량이 15 mm이면, 기초하부지반의 절취 심도는 얼마인가?

주: 절취영역에 있는 팽창성 흙은 비팽창성 흙으로 치환한다.

풀이

Part a

그림 13.17은 토층 심도에 따른 팽창률 $s_{w(1)}$(%)를 나타낸 것이다. 이 도표의 면적이 총 팽창량이 된다. 따라서,

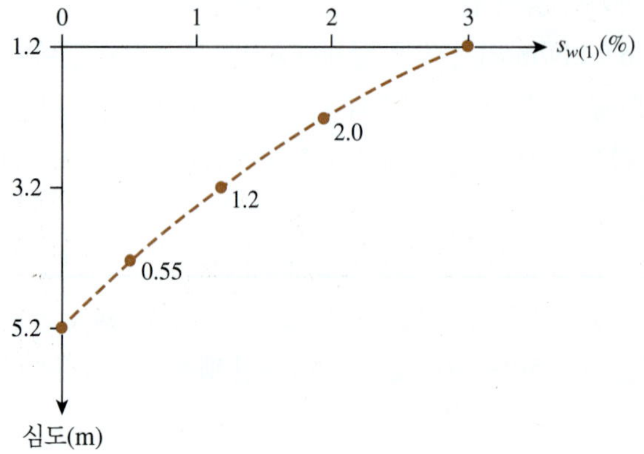

그림 13.17

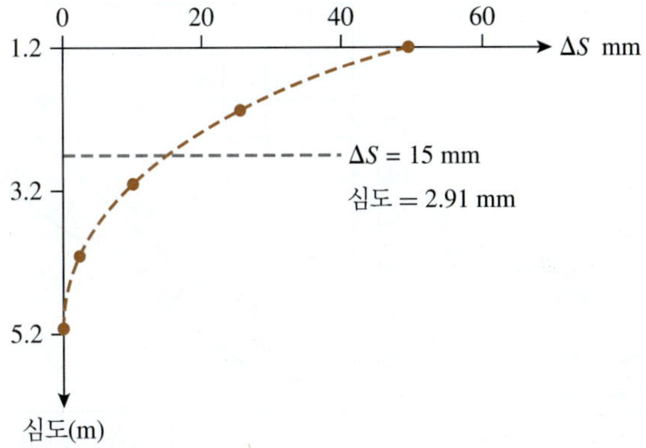

그림 13.18

$$\Delta S = \frac{1}{100}\left[\left(\frac{1}{2}\right)(0.55 + 0)(1) + \left(\frac{1}{2}\right)(0.55 + 1.2)(1) + \left(\frac{1}{2}\right)(1.2 + 2)(1) + \left(\frac{1}{2}\right)(2 + 3)(1)\right]$$

$$= 0.0525 \text{ m} = \mathbf{52.5 \text{ mm}}$$

Part b

여러 토층 심도의 총 팽창량은 다음과 같이 계산되었다.

심도(m)	총 팽창량 ΔS(m)
5.2	0
4.2	$0 + \frac{1}{2}(0.55 + 0)(1)(1/100) = 0.00275$
3.2	$0.00275 + \frac{1}{2}(1.2 + 0.55)(1)(1/100) = 0.0115$
2.2	$0.0115 + \frac{1}{2}(2 + 1.2)(1)(1/100) = 0.0275$
1.2	$0.0275 + \frac{1}{2}(2 + 3)(1)(1/100) = 0.0525$

ΔS와 토층 심도의 관계도는 그림 13.18과 같다. 이 그림으로부터, **기초바닥하부**에 위치한 토층 절취 심도는 2.91 − 1.2 = **1.71 m**이다.

■

13.10 지수시험에 의한 팽창성 흙의 분류

팽창성 흙(expansive soil)의 분류법은 기초 시공 중에 발생되는 문제(팽창 가능성)에 근거를 두고 있다. 팽창성 흙에 대한 대부분의 분류법은 그림 13.19와 표 13.5에 요약되어 있다. 한편, 미국 육군 공병단(Snethen et al., 1977)에 의해 개발된 분류체계가 미국에서 가장 널리 사용되고 있다. 이 방법은 O'Neill and Poormoayed(1980)에 의해 표 13.6과 같이 요약

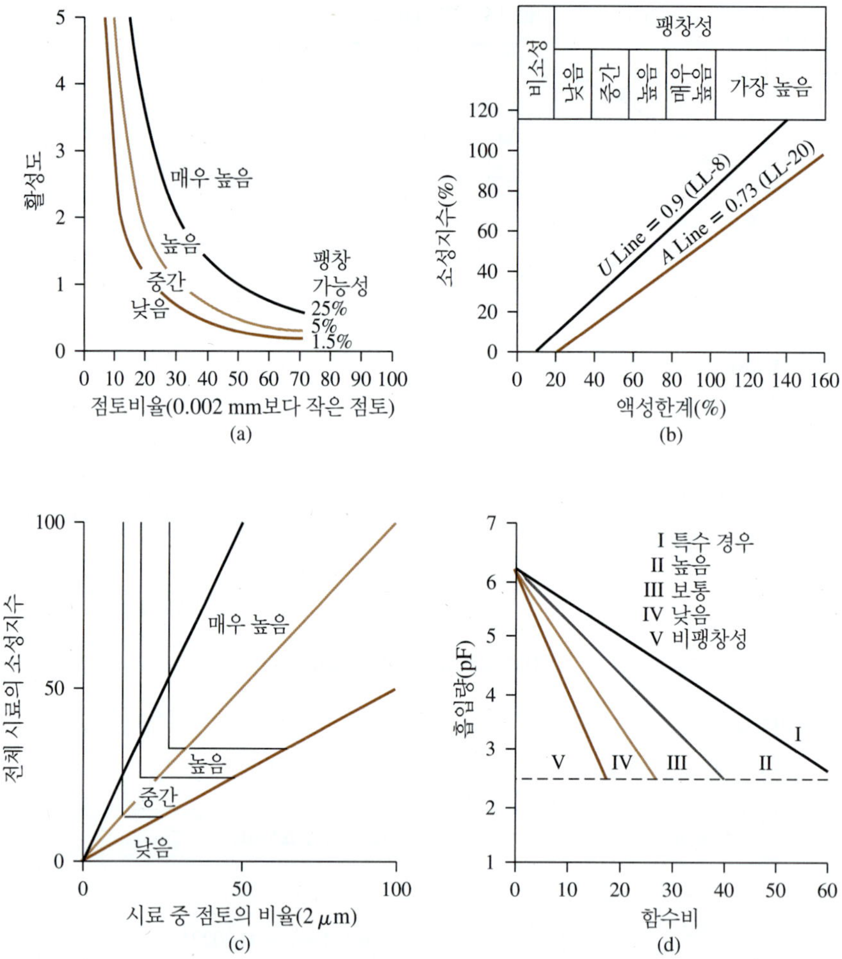

그림 13.19 팽창 가능성을 구하는 데 사용되는 일반적인 기준(출처: Based on Abduljauwad, S. N. and Al-Sulaimani, G. J. (1993). "Determination of Swell Potential of Al-Qatif Clay," *Geotechnical Testing Journal,* American Society for Testing and Materials, Vol. 16, No. 4, pp. 469–484.)

표 13.5 팽창 가능성을 판별하는 대표적인 기준의 요약(출처: Based on Abduljauwad, S. N. and Al-Sulaimani, G. J. (1993). "Determination of Swell Potential of Al-Qatif Clay," Geotechnical Testing Journal, American Society for Testing and Materials, Vol. 16, No. 4, pp. 469–484.)

참고문헌	기준	비고
Holtz(1959)	CC > 28, PI > 35, SL < 11 (매우 높음) 20 ≤ CC ≤ 31, 25 ≤ PI ≤ 41, 7 ≤ SL ≤ 12 (높음) 13 ≤ CC ≤ 23, 15 ≤ PI ≤ 28, 10 ≤ SL ≤ 16 (중간) CC ≤ 15, PI ≤ 18, SL ≥ 15 (낮음)	CC, PI, SL에 근거
Seed et al.(1962)	그림 13.19a 참고	다짐 시료를 사용한 압밀시험, 입자가 2 μm보다 작은 흙의 비율, 활성도에 근거
Altmeyer(1955)	LS <5, SL > 12, PS > 0.5 (안전) 5 ≤ LS ≤ 8, 10 ≤ SL ≤ 12, 0.5 ≤ PS ≤ 1.5 (중간) LS > 8, SL < 10, PS > 1.5 (위험)	LS, SL, PS에 근거 재성형 시료($\rho_{d(\max)}$, w_{opt}), 상재 압력 6.9 kN/m^2 재하 시 침수

(계속)

표 13.5 팽창 가능성을 판별하는 대표적인 기준의 요약(*계속*)

참고문헌	기준	비고
Dakshanamanthy and Raman(1973)	그림 13.19b 참고	소성도에 근거
Raman(1967)	PI > 32, SI > 40 (매우 높음) 23 ≤ PI ≤ 32, 30 ≤ SI ≤ 40 (높음) 12 ≤ PI ≤ 23, 15 ≤ SI ≤ 30 (중간) PI < 12, SI < 15 (낮음)	PI와 SI에 근거
Sowers and Sowers (1970)	SL < 10, PI > 30 (높음) 10 ≤ SL ≤ 12, 15 ≤ PI ≤ 30 (적당) SL > 12, PI < 15 (낮음)	함수비가 액성지수를 0.25로 만들 때 팽창이 작게 일어남
Van Der Merwe(1964)	그림 13.19c 참고	PI와 입자가 2 μm보다 작은 흙의 비율, 활동성에 근거
Uniform Building Code, 1968	EI > 130 (매우 높음), 91 ≤ EI ≤ 130 (높음) 51 ≤ EI ≤ 90 (중간), 21 ≤ EI ≤ 50 (낮음) 0 ≤ EI ≤ 20 (매우 낮음)	포화도가 50%에 가깝고 상재 압력 6.9 kN/m^2 하에서 압밀시험 결과에 근거
Snethen(1984)	LL > 60, PI > 35, τ_{nat} > 4, SP > 1.5 (높음) 30 ≤ LL ≤ 60, 25 ≤ PI ≤ 35, 1.5 ≤ τ_{nat} ≤ 4, 0.5 ≤ SP ≤ 1.5 (중간) LL < 30, PI < 25, τ_{nat} < 1.5, SP < 0.5 (낮음)	PS는 현장 상태를 대표하며, τ_{nat} 값 없이 사용될 수 있으나 정확도는 떨어짐
Chen(1988)	PI ≥ 35 (매우 높음), 20 ≤ PI ≤ 55 (높음) 10 ≤ PI ≤ 35 (중간), PI ≤ 15 (낮음)	PI에 근거
McKeen(1992)	그림 13.19d	함수량, 흡입력, 건조 시 부피 변화의 측정값에 근거
Vijayvergiya and Ghazzaly(1973)	$\log SP = (1/12)(0.44\,LL - w_o + 5.5)$	경험식
Nayak and Christensen(1974)	$SP = (0.00229\,PI)(1.45C)/w_o + 6.38$	경험식
Weston(1980)	$SP = 0.00411\,(LL_w)^{4.17} q^{-3.86} w_o^{-2.33}$	경험식

주: C = 점토, %
CC = 콜로이드 함유량, %
EI = 팽창지수 = 100 × 팽창 백분율 × 4번 체 통과율
LI = 액성지수, %
LL = 액성한계, %
LL_w = 재하 시 액성한계, %
LS = 선형 수축, %
PI = 소성지수, %
PS = 팽창 확률, %
q = 상재 압력
SI = 수축지수 = LL − SL, %
SL = 수축한계, %
SP = 팽창 가능성, %
w_o = 자연 함수비
w_{opt} = 최적 함수비, %
τ_{nat} = 흙의 자연 흡인력
$\rho_{d(max)}$ = 최대 건조밀도

되었다. 최근에 Sridharan(2005)은 주어진 흙에 대한 점토의 종류, 주요 점토광물, 점토질 흙의 팽창 가능성의 분류를 예측하기 위하여 **자유팽창비**(free swell ratio, FSR)라고 불리는 지수를 제안하였다. 자유팽창비는 No.40 체(0.425 mm)를 통과한 건조로에서 건조된 10 g

표 13.6 팽창성 흙의 분류 체계[a]

액성한계(%)	소성지수(%)	팽창 가능성(%)	팽창 가능성의 분류
<50	<25	<0.5	낮음
50~60	25~35	0.5~1.5	중간
>60	>35	>1.5	높음

팽창 가능성 = 상재 압력하에서의 연직 팽창률

[a] 출처: O'Neill and Poormoayde(1980)에 근거함

표 13.7 자유팽창비에 의한 팽창성 흙의 분류

자유팽창비	점토 종류	팽창 가능성	주요 점토광물
≤ 1.0	비팽창성	무시	고령토(Kaolinite)
1.0~1.5	비팽창성 & 팽창성 혼합	낮음	고령토와 몬모릴로나이트가 혼재된 흙
1.5~2.0	팽창성	보통	몬모릴로나이트(Montmorillonite)
2.0~4.0	팽창성	높음	몬모릴로나이트
> 4.0	팽창성	매우 높음	몬모릴로나이트

의 흙을 증류수에서 침전된 부피(V_d)와 사염화탄소(CCl_4) 또는 등유(kerosene)에서 침전된 부피(V_K)를 측정하여 그에 대한 비로 결정할 수 있다. 즉, 자유팽창비는 다음과 같이 정의한다.

$$\mathrm{FSR} = \frac{V_d}{V_K} \tag{13.13}$$

표 13.7은 자유팽창비를 근거로 팽창성 흙을 분류한 것이다. 그림 13.20은 자유팽창비를 근거로 흙을 분류한 것이다.

13.11 팽창성 흙에서의 기초 시공 시 고려사항

만약 흙이 팽창 가능성이 낮을 경우 일반적인 공사 방법을 따르면 된다. 그러나 흙의 팽창 가능성이 중간 정도 또는 그보다 높다면 다음과 같은 예방조치를 하여야 한다.

1. 기초 밑에 있는 팽창성 흙을 치환한다.
2. 다짐관리, 선행침수를 시키거나, 차수벽의 설치, 화학적 안정처리 공법으로 팽창성 흙의 성질을 변화시킨다.
3. 융기에 견딜 수 있도록 구조물의 강도를 크게 하거나, 구조물이 파괴되지 않고 흙의 부등융기에 견딜 수 있도록 구조물의 연성을 높이거나, 활성영역 깊이 아래까지 깊은 독립기초를 한다.

특정한 한 가지 방법이 모든 상황을 충분히 해결할 수는 없다. 따라서 여러 가지의 방법을 조합할 필요가 있으며, 해당 지역의 시공 경험을 반드시 고려해야 한다. 다음은 팽창성 흙을

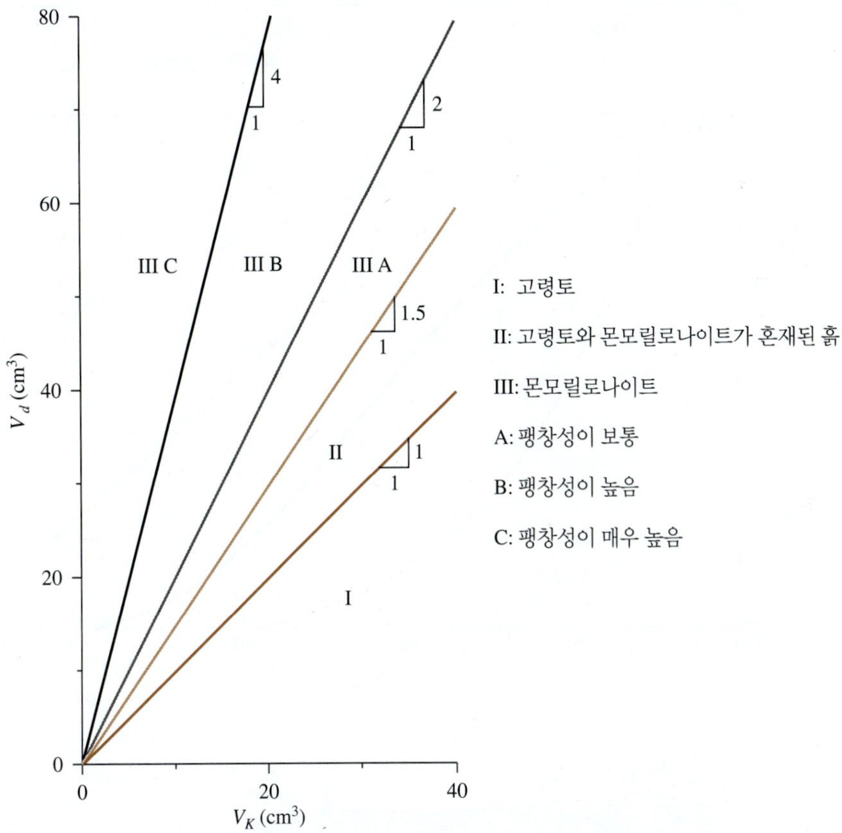

그림 13.20 자유팽창비에 근거한 흙의 분류(출처: Based on Sridharan, 2005)

처리하는 보통 사용하는 방법들 중 일부에 대한 세부 내용이다.

팽창성 흙의 치환

얕은 심도에 중간 정도의 팽창성 흙이 존재할 때는 팽창성 흙을 제거하고, 팽창성이 적은 흙으로 치환한 후에 충분히 다진다.

팽창성 흙의 성질 변화

1. **다짐**: 최적 함수비의 습윤측(최적 함수비보다 3~4% 큰)에서 낮은 단위중량이 되게 다짐을 할 때 팽창성 흙의 융기는 상당히 감소한다. 이러한 조건에서 전체 융기가 약 38 mm 또는 그 이상으로 예상될 때에는 지면에 닿는 슬래브와 같은 기초를 시공해서는 안 된다. 그림 13.21a는 융기를 감소시킬 수 있는 권장하는 흙의 다짐도를 나타낸 것이다. 권장하는 건조단위중량은 기후등급에 근거한 것이다. 미국기상청에 따르면, 15는 매우 좋지 않은 기후조건을 나타내며, 45는 양호한 기후조건을 나타낸 것이다. 그림 13.21b는 미국대륙의 기후등급의 등압선을 제시한 것이다.
2. **선행침수법(prewetting)**: 침수를 시키므로 흙의 함수비를 증가시켜서 시공 전에 대부분의 융기가 발생되도록 하는 방법이다. 그러나 이 방법은 소성이 큰 점토에서는 물의 침투속도가 느리기 때문에 시간이 많이 걸린다. 침수시킨 후 4~5%의 소석회를

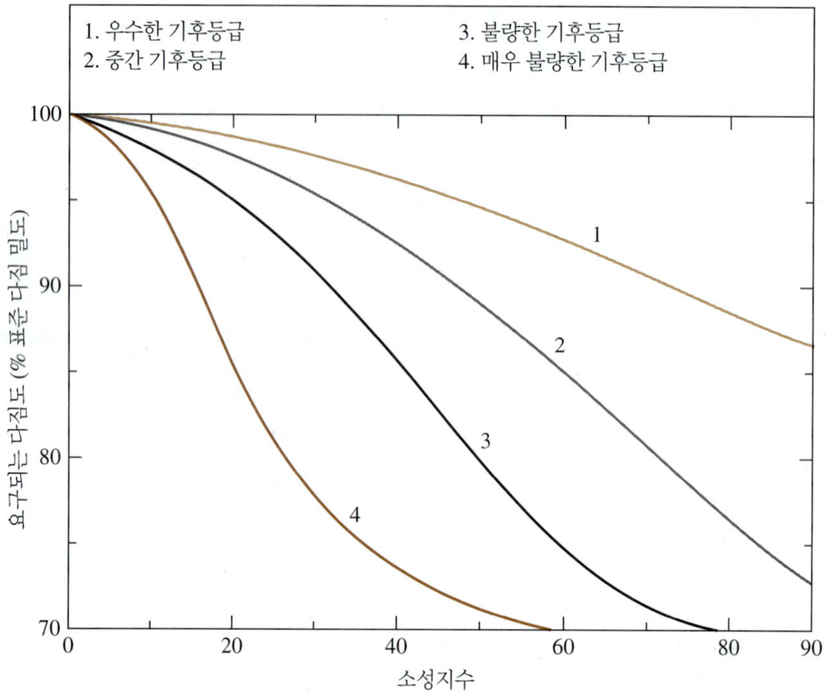

(a)

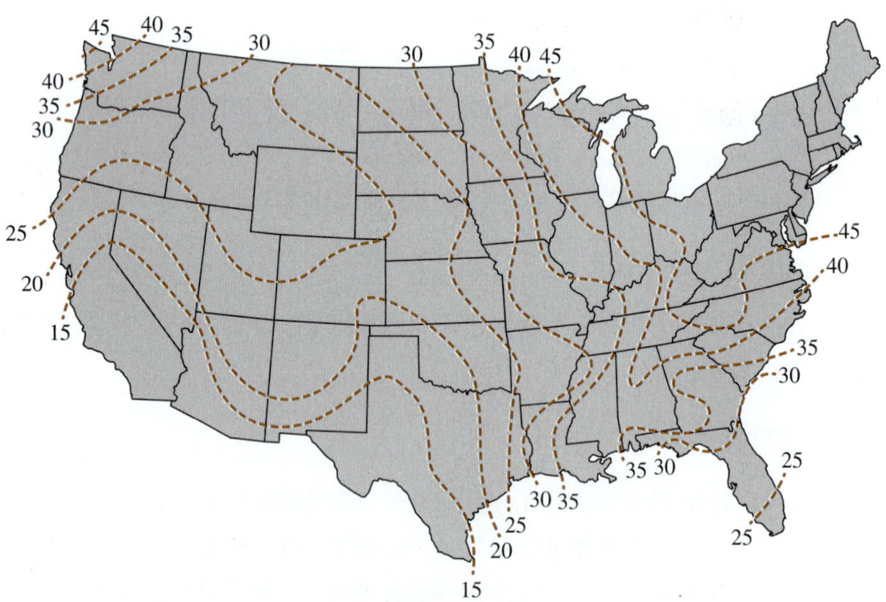

(b)

그림 13.21 (a) 기후등급에 따라 요구되는 흙 다짐도, (b) 미국대륙의 기후등급의 등압선(출처: After Gromko, 1974)

상부 토층에 섞어 소성을 줄이고 작업성을 증진시킨다(Gromko, 1974).

3. **차수벽의 설치:** 흙층의 함수비 변화를 억제함으로써 장기간의 부등융기를 감소시킬 수 있다. 접지 슬래브와 같은 기초를 시공할 때 슬래브 둘레에 약 1.5 m 깊이까지 차수벽을 설치하면 함수비 변화를 억제할 수 있다. 이러한 차수벽은 굴착 트랜치

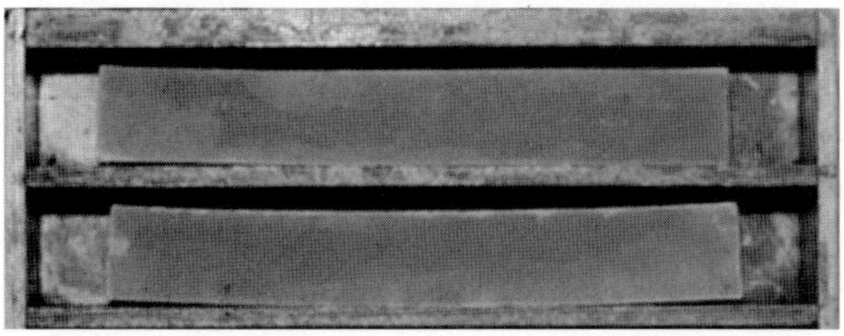

(a)

(b)

그림 13.22 팽창성 점토의 수축된 모습(Eagle Ford에서 채취한 흙)으로 흙에 액성한계와 동일한 함수비로 섞어 몰드의 크기가 152 mm × 12.7 mm × 12.7 mm로 시료 형성: (a) 석회를 섞지 않음, (b) 팽창성 점토에 무게 중량으로 6%의 석회를 섞어 성형한 흙 시료의 건조되었을 때의 수축된 모습(Courtesy of Thomas M. Petry, Missouri University of Science and Technology, Rolla, Missouri)

(trench)에 자갈, 버림 콘크리트로 채우거나 또는 불투수 방수시트를 설치하여 만들 수 있다.

4. 화학적 안정처리: 석회와 시멘트를 이용한 화학적 안정처리가 효과적으로 사용된 사례가 종종 있다. 대부분의 경우 흙과 약 5%의 석회를 섞으면 충분하다. 팽창성 흙을 안정시키기 위하여 석회를 섞으면 수축성과 팽창성을 감소시키는 효과가 있다. 이러한 효과는 그림 13.22에 나타난 것과 같이 텍사스주의 달라스 Fort Worth 지역에서 Eagle Ford 이판암이 풍화되어 형성된 팽창성 흙에 대하여 입증하였다. 흙을 혼합할 때 개략적으로 액성한계와 같게 하였다. 혼합토는 길이가 152 mm이고 단면이 동일한 흙에 대하여 12.7 mm × 12.7 mm인 2개의 몰드에 다져 넣었다. 그림 13.22a는 건조된 상태일 때 몰드 내의 흙 시료의 수축된 모습을 보여주고 있다. 6% 석회(건조중량으로)와 함께 같은 함수비로 섞어 여섯 개의 몰드를 만들었다. 그림 13.22b는 건조된 상태일 때 석회 안정처리된 흙 시료의 수축된 모습을 나타낸 것으로 그림 13.22a에 나타난 것에 비하면 거의 무시할 만하다. 석회 또는 시멘트를 물과 함께 상부 토층과 혼합한 다음 다짐을 한다. 석회나 시멘트를 첨가하면 흙의 액성한계와 소성지수, 그리고 흙의 팽창성을 감소시킨다. 이러한 안정처리 작업은 약 1~1.5 m 깊이까지 적용할 수 있다. 고칼슘 소석회(hydrated high-calcium lime)와 그리고 백운석 칼슘(dolomite calcium)이 석회 안정처리에 일반적으로 사용된다.

팽창성 흙을 안정화시키는 또 다른 방법으로 석회 슬러리 또는 석회-석탄회(lime-fly-

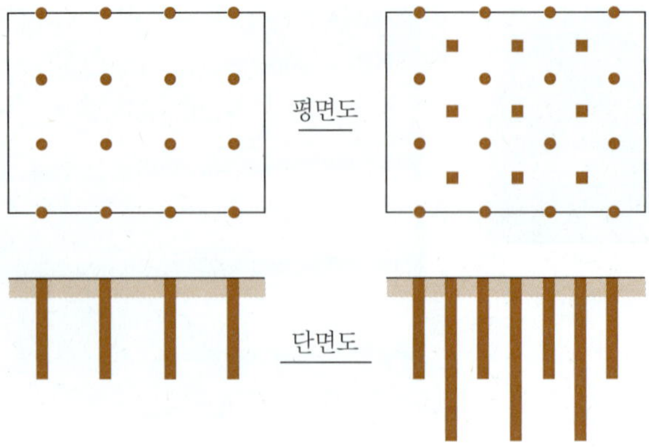

그림 13.23 건물 기초지반의 안정처리를 위한 다수의 석회 슬러리 주입 계획

그림 13.24 건물 기초지반의 안정처리를 위한 석회 슬러리의 가압 주입 현장 전경(Courtesy of Hayward Baker Inc., Odenton, Maryland)

ash) 슬러리를 흙 속으로 압입시키는 방법이 있다. 보통 4~5 m 깊이까지 주입을 하거나, 활성영역 이상 깊이까지 주입을 한다. 이러한 압입 방법은 제4장에 더욱 자세히 설명되어 있다. 현장의 지반조건에 따라 그림 13.23과 같이 단일 또는 복수의 주입법을 계획할 수 있다. 건물의 기초지반을 보강하기 위하여 슬러리를 압입하는 공사 광경이 그림 13.24에 나타나 있다. 말뚝처럼 표시된 것들이 계획된 압입 지점이다. 그림 13.25는 사면이 내려앉아 활동파괴가 발생되었던 운하의 제방에 석회-석탄회 슬러리를 지층내부로 압입하여 지반안정화 공사를 하는 전경이다.

13.12 팽창성 흙에서의 기초 시공

팽창성 흙 위에 기초를 축조할 때에는 기초 형태의 선정에 세심한 주의가 필요하다. 표 13.8에는 총 예상 융기량(ΔS)과 벽판넬의 길이-높이(L/H) 비에 근거하여 권장된 시공방법을

그림 13.25 운하 제방에 석회-석탄회 슬러리의 주입을 통한 사면 안정화 공사 전경(Courtesy of Hayward Baker Inc., Odenton, Maryland)

기술하였다. 예를 들면, 이 표에서는 강구조건물을 설계함에 있어서 변위를 수용할 수 있는 와플 슬래브(waffle slab)를 기초로 사용할 것을 대안으로 권장하고 있다. 그림 13.26에는 와플 슬래브의 기초구조를 도식적으로 나타내고 있다. 이런 형식의 시공에서는 리브(rib, 측면 벽체)가 건물 하중을 지탱한다. 와플의 공간은 흙의 팽창을 허용한다.

또한 표 13.8에는 흙의 변위와 무관한 구조물을 축조하기 위해 지표면 바닥에 닿지 않는 떠있는 바닥 슬래브와 함께 천공말뚝 기초를 같이 사용할 것을 제안하고 있다. 이러한 기초형태의 모식도는 그림 13.27a에 나타나 있다. 말뚝의 선단은 팽창성 흙의 활성영역 아래에 위치해야 한다. 말뚝기둥의 설계에서 상향력, U는 다음 식에 의하여 계산할 수 있다(그림 13.27b).

$$U = \pi D_s Z \sigma'_{sw} \tan \phi'_{ps} \tag{13.14}$$

여기서

D_s = 천공말뚝 기초 기둥의 직경

Z = 활성영역의 깊이

ϕ'_{ps} = 천공말뚝 기초 기둥과 흙 사이의 접촉 마찰각

σ'_{sw} = 팽창이 더 이상 발생하지 않는 경우의 총 팽창압(그림 13.14, 13.15 참고; $\sigma'_{sw} = \sigma'_o + \sigma'_s + \sigma'_1$)

대부분의 경우, ϕ'_{ps}의 값은 10°에서 20°까지 변한다. 영 수평 팽창압(zero horizontal swell pressure)의 평균값은 실험에 의하여 결정한다. 실험 결과가 없는 경우 $\sigma'_{sw} \tan \phi'_{ps}$는 활성영역에 분포되어 있는 점토의 비배수 전단강도(c_u)와 같은 값을 사용한다.

천공말뚝의 종 모양의 부분은 상향력에 저항하는 앵커처럼 거동한다. 천공말뚝의 무게를 무시하면

$$Q_{net} = U - D \tag{13.15}$$

표 13.8 팽창성 점토 지반에 대한 시공 방법[a]

총 예상 융기량(mm)		시공 시 권장사항	기초 형식	기초 시공 시 유의사항
$L/H = 1.25$	$L/H = 2.5$			
0~6.35	12.7	예방 조치 필요 없음		
6.35~12.7	12.7~50.8	융기에 견딜 수 있는 강체건물(필요시 강재보강)	기초: 패드 띠기초 전면기초(와플)	기초는 작고 깊어야 하며, 지반의 지지력에 적합해야 한다. 전면기초는 휨에 저항할 수 있어야 한다.
			바닥슬래브: 와플 타일	슬래브는 휨에 저항할 수 있도록 설계해야 하고, 그레이드 보와는 독립적이어야 한다.
			벽체:	전면기초 위의 벽체는 전면기초만큼 유연해야 한다. 수직 연결부위가 강성인 것이 있으면 안 된다. 벽돌 구조물은 연결 강재나 강재 띠로 보강해 주어야 한다.
12.7~50.8	50.8~101.6	융기를 감쇠시킬 수 있는 건물	연결부위: 간격 유연	구조 요소 간의 접합을 피해야 한다. 또한 유연한 방수재료를 연결부위에 삽입할 수도 있다.
			벽체: 유연 단위시공 철골	벽체나 직사각형 건축물은 융기 시 하나의 독립적인 단위체로서 움직여야 한다.
			기초: 3점 셀식 잭	셀식 기초는 팽창압을 감소시키기 위해 약간의 흙의 팽창을 허용한다. 부등 침하 조절용 잭은 건물주에 불편을 주기도 한다. 3점하중은 구속 없이 자유로운 움직임을 허용한다.
> 50.8	> 101.6	융기에 영향을 받지 않는 건물	천공말뚝 기초: 연직기둥 종형 선단부	하중을 받을 수 있는 한도 내에서 최소 직경을 갖는 말뚝을 간격을 넓혀서 설치해야 한다. 지중보 밑에 빈 공간이 있어야 한다.
			부상 바닥:	슬래브의 바닥은 지표 위로 305~460 mm만큼 뜬 채로 지중보 위에 시공한다.

[a] Gromko, G.J., (1974). "Review of Expansive Soils," *Journal of the Geotechnical Engineering Division*, American Society of Civil Engineers, Vol. 100, No. GT6, pp. 667 – 687.

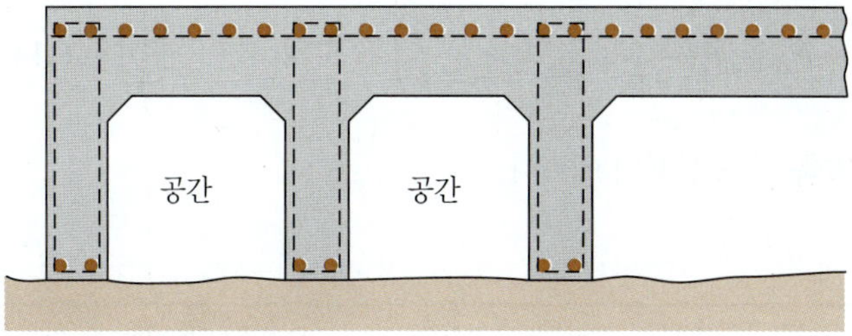

그림 13.26 와플 슬래브

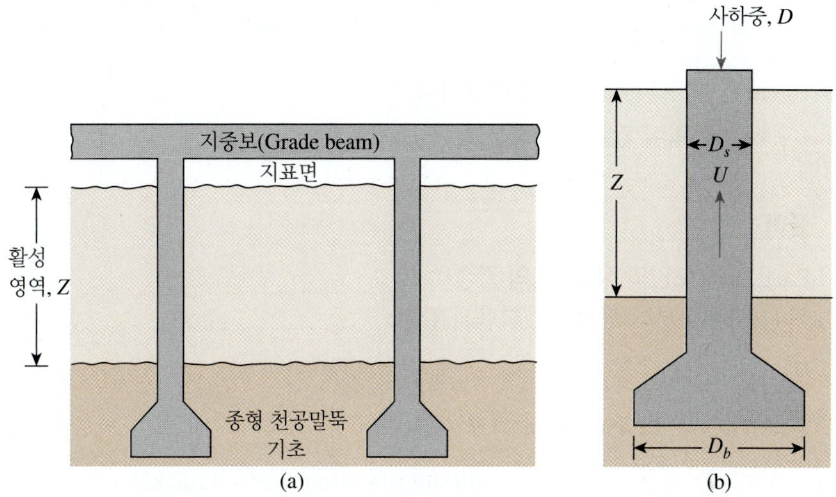

그림 13.27 (a) 종형 천공말뚝 기초와 지중보(grade beam)의 시공, (b) 식 (13.14)에 정의된 매개변수

여기서

Q_{net} =순 상향력

D = 사하중

따라서

$$Q_{\text{net}} \approx \frac{c_u N_c}{\text{FS}}\left(\frac{\pi}{4}\right)\left(D_b^2 - D_s^2\right) \tag{13.16}$$

여기서

c_u = 종형 확대 선단부(bell)가 위치한 지점에 분포하는 점토의 비배수 점착력

N_c = 지지력계수

FS = 안전율

D_b = 종형 확대선단부의 직경

식 (13.15)와 식 (13.16)을 연립하여 풀면 다음과 같다.

$$U - D = \frac{c_u N_c}{\text{FS}}\left(\frac{\pi}{4}\right)\left(D_b^2 - D_s^2\right) \tag{13.17}$$

안전측으로, 표 5.2과 표 5.3으로부터 N_c를 산정하면

$$N_c \approx N_{c(\text{strip})}F_{cs} = N_{c(\text{strip})}\left(1 + \frac{N_qB}{N_cL}\right) \approx 5.14\left(1 + \frac{1}{5.14}\right) = 6.14$$

예제 13.3은 천공말뚝 기초 설계의 예이다.

예제 13.3

그림 13.28은 종형 확대 선단부가 있는 천공말뚝 기초의 모식도이다. 활성영역의 깊이는 5 m이다. 팽창성 점토의 총 팽창압(σ'_{sw})은 450 kN/m^{2}이다. 천공말뚝 기초의 사하중은 600 kN이며, 활화중은 300 kN이다. ϕ'_{ps}는 12°라 가정한다.

a. 종 모양의 직경, D_b를 결정하라.

b. 상향력이 없다고 가정하고 천공말뚝 기초의 지지력에 대한 안전성을 검토하라.

풀이

Part a. 종 모양의 직경, D_b의 결정

식 (13.14)로부터 상향력은 다음과 같다.

$$U = \pi D_s Z\sigma'_{sw} \tan \phi'_{ps}$$

$Z = 5$ m, $\sigma'_{sw} = 450$ kN/m^{2}라고 가정하면

$$U = \pi(0.8)(5)(450)\tan 12° = 1202 \text{ kN}$$

사하중과 활하중을 0이라고 하면, 식 (13.17)로부터 FS는 1.25이다. 따라서, 식 (13.17)로부터

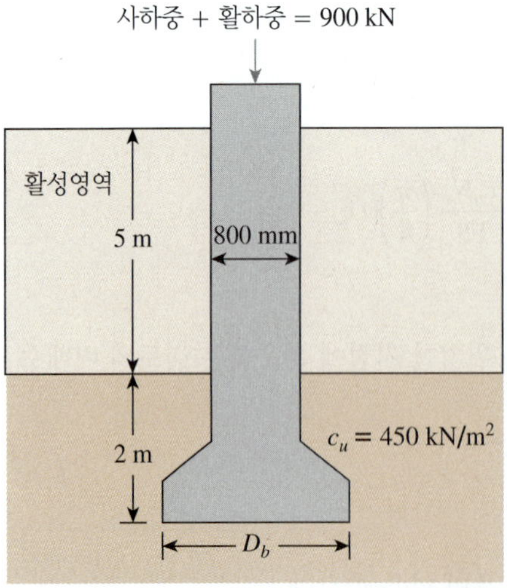

그림 13.28 팽창성 흙에 시공된 천공말뚝 기초

$$U = \frac{c_u N_c}{\text{FS}}\left(\frac{\pi}{4}\right)\left(D_b^2 - D_s^2\right)$$

$$1202 = \frac{(450)(6.14)}{1.25}\left(\frac{\pi}{4}\right)\left(D_b^2 - 0.8^2\right); \quad D_b = \mathbf{1.15\ m}$$

사하중에 대한 상향력의 안전율을 검토하여야 한다. 이때 안전율은 최소 2 이상이 바람직하다. 그러면 식 (13.17)로부터

$$\text{FS} = \frac{c_u N_c\left(\frac{\pi}{4}\right)\left(D_b^2 - D_s^2\right)}{U - D}$$

$$= \frac{(450)(6.14)\left(\frac{\pi}{4}\right)(1.15^2 - 0.8^2)}{1202 - 600} = \mathbf{2.46 > 2\text{—}OK}$$

Part b: 지지력에 대한 검토

$U = 0$이라고 가정하면

$$\text{사하중} + \text{활하중} = 600 + 300 = 900\ \text{kN}$$

$$\text{단위면적당 하향력} = \frac{900}{\left(\frac{\pi}{4}\right)\left(D_b^2\right)} = \frac{900}{\left(\frac{\pi}{4}\right)(1.15^2)} = 866.5\ \text{kN/m}^2$$

$$\text{종형 확대기초 저면흙의 순 지지력} = q_{u(\text{net})} = c_u N_c = (450)(6.14) = 2763\ \text{kN/m}^2$$

따라서, 지지력 파괴에 대한 안전율

$$\text{FS} = \frac{2763}{866.5} = \mathbf{3.19 > 3\text{—}OK}$$

■

위생 매립지(Sanitary Landfills)

13.13 위생 매립지의 일반적 특성

위생 매립지(sanitary landfills)는 공공보건에 피해를 입히지 않고 육상에서 쓰레기를 처리하는 방법이다. 위생매립방법은 성공 정도의 차이가 있지만 거의 세계 모든 나라에서 채택하고 있다. 위생 매립지에 버려진 쓰레기에는 유기물질, 나무, 종이, 섬유질 폐기물, 또는 벽돌이나 돌 같은 건축 폐기물이 포함되어 있다. 폐기물은 트럭으로 매립지에 운반되어 주기적으로 다진 다음 그림 13.29와 같이 1층의 흙으로 복토를 하게 된다. 다져진 상태에서 폐기물의 평균 단위중량은 5~10 kN/m^{3}의 분포를 이룬다. 백만 명의 인구를 가진 미국의 일반 도시에서 연간 발생되는 폐기물은 다져진 상태에서 약 3.8×10^6 m^{3}이다.

인구가 밀집된 지역에서 땅값이 계속 상승함에 따라, 구조물을 위생 매립지 상부에 건

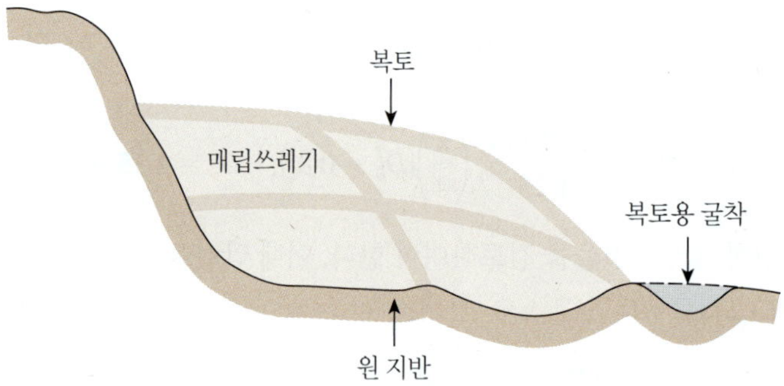

그림 13.29 현재 매립 중인 위생 매립지에서의 폐기물 매립 방식

설하려는 유혹이 점점 더해지고 있다. 어떤 경우에는 현장을 방문하여 육안 조사만으로는 옛날의 위생 매립지를 식별해내지 못할 수도 있다. 한편, 위생 매립지 위에 기초를 축조하는 것은 일반적으로 유독가스(예, 메탄)와 과잉 침하, 그리고 낮은 지반 지지력 때문에 문제가 있다.

13.14 위생 매립지반의 침하

위생 매립지반에서는 장기간에 걸쳐서 큰 침하가 계속 일어난다. Yen and Scanlon (1975)은 캘리포니아의 여러 매립지에 대한 침하량을 정리하였다. 매립이 완료된 이후 침하율(그림 13.30)은 다음과 같이 표현된다.

$$m = \frac{\Delta H_f \text{ (m)}}{\Delta t \text{ (month)}} \tag{13.18}$$

여기서

m = 침하율

H_f = 폐기물 매립층의 최대 높이(단위: m)

여러 현장 계측자료를 바탕으로, Yen and Scanlon(1975)은 침하율에 대한 경험식을 다음과 같이 제안하였다.

$$m = a - b \log t_1 \quad \text{(성토고가 12~24 m일 경우)} \tag{13.19}$$

$$m = c - d \log t_1 \quad \text{(성토고가 24~30 m일 경우)} \tag{13.20}$$

$$m = e - f \log t_1 \quad \text{(성토고가 30 m 이상일 경우)} \tag{13.21}$$

여기서

m의 단위 = m/월

t_1 = 중간매립 기간 [매립 초기에서 현재까지의 경과시간 − (매립이 끝난 시점/2), 식 (13.22), 그림 13.30 참고, 단위: 월]

식 (13.19)부터 식 (13.21)에 나타난 a, b, c, d, e 그리고 f의 값은

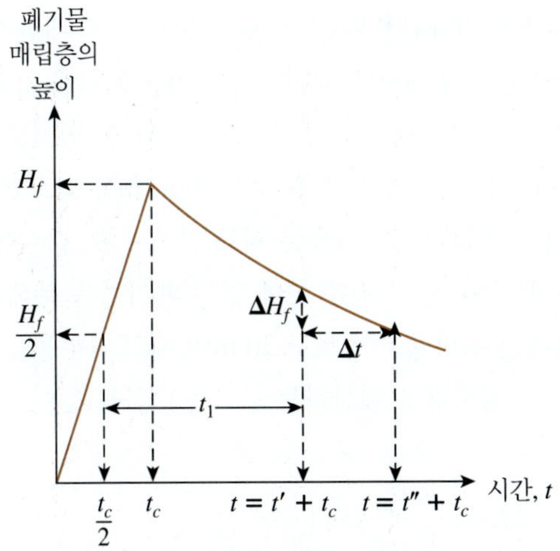

그림 13.30 위생 매립지에서 폐기물 매립층의 침하

항목	값
a	0.0268
b	0.0116
c	0.038
d	0.0155
e	0.0435
f	0.0183

폐기물 중간매립 기간(t_1)은 그림 13.30에 상세히 나타나 있으며, 다음과 같다.

$$t_1 = t - \frac{t_c}{2} \tag{13.22}$$

여기서

t = 폐기물 매립이 시작된 시점부터 현재까지의 경과시간

t_c = 폐기물 매립이 완료된 시점

식 (13.19), (13.20)과 (13.21)은 t_c가 70~82개월로 매립지의 현장 자료에 근거를 두고 있다. 위생 매립지에서 침하가 완료될 때까지의 개략적인 시간을 알기 위해서(m =0로 더 이상 침하가 발생되지 않음)는 식 (13.19)를 이용하면 된다. 폐기물 성토고가 12 m이고, t_c = 72개월일 때

$$m = 0.0268 - 0.0116 \log t_1$$

따라서

$$\log t_1 = \frac{0.0268 - m}{0.0116}$$

만약 $m = 0$(침하율이 0일 때), $\log t_1 = 2.31$이거나 $t_1 \approx 200$개월이다. 따라서 침하는 매립

후 $t_1 - t_c/2 = 200 - 36 = 164$개월(약 14년) 동안 계속될 것이다. 이 계산결과에 따르면 위생 매립지 상부에 축조된 기초의 침하에 대하여 세심한 주의가 필요함을 강조한다.

침하율에 대한 식 (13.19)부터 식 (13.21)까지를 비교하여 보면, 폐기물의 성토의 높이와 함께 m 값이 커짐을 보여주고 있다. 그러나, 성토 높이가 30 m를 넘으면 침하율은 식 (13.21)로부터 얻은 값과 크게 다르지 않다. 그 이유는 지표 가까이에 있는 유기물의 분해가 주로 혐기성 환경의 결과이기 때문이다. 더 깊은 곳에 있는 폐기물은 분해가 더 느리다. 따라서 성토고가 30 m 이상일 때에는 침하율은 성토고 30 m일 때의 침하율을 넘지 않는다.

Sowers(1973)는 위생 매립지의 침하량을 계산하는 공식을 다음과 같이 제안하였다.

$$\Delta H_f = \frac{\alpha H_f}{1 + e} \log\left(\frac{t''}{t'}\right) \tag{13.23}$$

여기서

H_f = 폐기물의 성토고
e = 시간 t_c일 때의 간극비
α = 침하계수
t', t'' = 시간(그림 13.30 참고)
ΔH_f = 시간 t'과 t'' 사이의 침하량

침하계수 α는 다음의 두 극한값 사이의 값을 가진다.

$$\text{분해가 양호한 조건일 때: } \alpha = 0.09e \tag{13.24}$$

$$\text{분해가 불량한 조건일 때: } \alpha = 0.03e \tag{13.25}$$

식 (13.23)은 2차 압밀침하량 계산식과 유사하다.

13.15 요약

이 장에서는 붕괴성 흙, 팽창성 흙, 그리고 위생 매립지와 같은 문제성이 있는 지반에 기초를 시공하는 것에 관하여 기술하였다. 붕괴성 흙은 대부분이 황토이다. 붕괴성 흙을 식별하는 물리적 매개변수에 대하여 설명하였고, 가능한 기초 시공과정에 관하여 기술하였다. 팽창성 흙에 대해서는 지수시험 결과에 근거하여 흙을 분류하는 방법에 대하여 설명하였다. 팽창성 흙에서 가능한 기초 시공방법에 대하여 기술하였다. 위생 매립지의 침하량을 산정하는 일반적인 절차에 관하여 개략적으로 서술하였다.

연습문제

13.1 식 (13.5)와 $G_s = 2.65$에 근거한 그림 13.3을 이용하여, $G_s = 2.69$일 때 γ_d (kN/m^3)와 액성한계와의 관계 곡선을 그래프로 나타내라. 황토성 흙이 포화되었을 때의 붕괴영역을 나타내라.

13.2 자연 황토흙의 건조단위중량이 13.2 kN/m^3, 액성한계가 31, 그리고 $G_s = 2.64$, 이 흙은 붕괴가 일어나겠는가?

13.3 3 m 두께의 붕괴성 흙으로 구성된 지반에서 평균 유효상재 압력이 57.5 kN/m^{2}이다. 이 토층의 불교란 시료를 가지고 이중압밀시험(그림 13.4)을 실시하였다. 젖은 시료에서 얻은 선행압밀압력이 81.46 kN/m^{2}이었다. 이 흙은 정규압밀상태인가, 아니면 과압밀상태인가?

13.4 팽창성 흙의 활성영역 두께가 8 m이다. 이 흙의 자연함수비는 20%, 액성한계는 50%이다. 포화된 상태에서 이 팽창성 흙의 자유표면 팽창량을 계산하라.

13.5 팽창성 흙의 액성한계는 55%이고, 나머지 물성치는 문제 13.4와 같다. 포화된 상태에서 이 팽창성 흙의 자유표면 팽창량을 계산하라.

13.6 팽창성 흙의 활성영역 두께가 3.66 m이다. 얕은 지표면으로부터 1.22 m 깊이에 얕은 기초를 시공할 예정이다. 이 흙에 대한 팽창압 시험에서 다음과 같은 자료를 얻었다.

토층 심도(m)	상재 압력과 기초상재 압력을 받은 상태에서 팽창량, $s_{w(1)}$(%)
1.22	4.75
1.83	2.75
2.44	1.5
3.05	0.6
3.66	0.0

이 기초 아래에서 발생할 것으로 예상되는 총 팽창량을 산정하라.

13.7 문제 13.6에서 만약 총 허용 팽창량이 25 mm라면, 소요 굴착깊이는 얼마인가?

13.8 활성영역의 두께가 6 m이고, 얕은 기초의 깊이가 1.5 m일 때 다음 자료를 이용하여 문제 13.6을 다시 풀어라.

지표면으로부터의 깊이(m)	상재 압력과 기초의 상재 압력을 받는 상태에서 팽창량, $s_{w(1)}$(%)
1.5	5.5
2.0	3.1
3.0	1.5
4.0	0.75
5.0	0.4
6.0	0.0

13.9 문제 13.8에서 만약 총 허용 팽창량이 30 mm라면, 소요 굴착깊이는 얼마인가?

13.10 그림 13.27b와 같이 종형 선단부가 있는 천공말뚝 기초에 대하여 주어진 자료는 다음과 같다.

활성영역의 두께, $Z = 9$ m

사하중 = 1500 kN

활하중 = 300 kN

천공말뚝 기초의 직경 $D_s = 1$ m

활성영역에서 점토의 영 팽창압력 = 600 kN/m^2

말뚝의 확대선단부와 흙과의 평균 내부마찰각 $\phi'_{ps} = 20°$

종형 선단부 주변 점토의 평균 비배수 전단강도 = 150 kN/m^2

종형 확대선단부의 직경 D_b을 결정하라. 활하중과 사하중의 합이 0이라고 가정할 때 상향력에 대한 안전율은 3이다.

13.11 문제 13.10에서 만약 활화중이 0이고, 사하중만 작용될 때 상향력에 대한 안전율을 최소 4 이상이 되도록 하려면, 종형 선단부의 직경은 얼마가 되어야 하는가?

참고문헌

Abduljauwad, S. N. and Al-Sulaimani, G. J. (1993). "Determination of Swell Potential of Al-Qatif Clay," *Geotechnical Testing Journal*, American Society for Testing and Materials, Vol. 16, No. 4, pp. 469–484.

Altmeyer, W. T. (1955). "Discussion of Engineering Properties of Expansive Clays," *Journal of the Soil Mechanics and Foundations Division*, American Society of Civil Engineers, Vol. 81, No. SM2, pp. 17–19.

Benites, L. A. (1968). "Geotechnical Properties of the Soils Affected by Piping near the Benson Area, Cochise County, Arizona," M.S. Thesis, University of Arizona, Tucson.

Chen, F. H. (1988). *Foundations on Expansive Soils*, Elsevier, Amsterdam.

Clemence, S. P. and Finbarr, A. O. (1981). "Design Considerations for Collapsible Soils," *Journal of the Geotechnical Engineering Division*, American Society of Civil Engineers, Vol. 107, No. GT3, pp. 305–317.

Clevenger, W. (1958). "Experience with Loess as Foundation Material," *Transactions*, American Society of Civil Engineers, Vol. 123, pp. 151–170.

Dakshanamanthy, V. and Raman, V. (1973). "A Simple Method of Identifying an Expansive Soil," *Soils and Foundations*, Vol. 13, No. 1, pp. 97–104.

Denisov, N. Y. (1951). *The Engineering Properties of Loess and Loess Loams*, Gosstroiizdat, Moscow.

Feda, J. (1964). "Colloidal Activity, Shrinking and Swelling of Some Clays," *Proceedings, Soil Mechanics Seminar*, Loda, IL, pp. 531–546.

Gibbs, H. J. (1961). *Properties Which Divide Loose and Dense Uncemented Soils*, Earth Laboratory Report EM-658, Bureau of Reclamation, U.S. Department of the Interior, Washington, DC.

Gromko, G. J. (1974). "Review of Expansive Soils," *Journal of the Geotechnical Engineering Division*, American Society of Civil Engineers, Vol. 100, No. GT6, pp. 667–687.

Handy, R. L. (1973). "Collapsible Loess in Iowa," *Proceedings, Soil Science Society of America*, Vol. 37, pp. 281–284.

Holtz, W. G. (1959). "Expansive Clays—Properties and Problems," *Journal of the Colorado School of Mines*, Vol. 54, No. 4, pp. 89–125.

Holtz, W. G. and Hilf, J. W. (1961). "Settlement of Soil Foundations Due to Saturation," *Proceedings, Fifth International Conference on Soil Mechanics and Foundation Engineering*, Paris, Vol. 1, 1961, pp. 673–679.

Houston, W. N. and Houston, S. L. (1989). "State-of-the-Practice Mitigation Measures for Collapsible Soil Sites," *Proceedings, Foundation Engineering: Current Principles and Practices*, American Society of Civil Engineers, Vol. 1, pp. 161–175.

Jennings, J. E. and Knight, K. (1975). "A Guide to Construction on or with Materials Exhibiting Additional Settlements Due to 'Collapse' of Grain Structure," *Proceedings, Sixth Regional Conference for Africa on Soil Mechanics and Foundation Engineering*, Johannesburg, pp. 99–105.

Lutenegger, A. J. (1986). "Dynamic Compaction in Friable Loess," *Journal of Geotechnical Engineering*, American Society of Civil Engineers, Vol. 112, No. GT6, pp. 663–667.

Lutenegger, A. J. and Saber, R. T. (1988). "Determination of Collapse Potential of Soils," *Geotechnical Testing Journal*, American Society for Testing and Materials, Vol. 11. No. 3, pp. 173–178.

McKeen, R. G. (1992). "A Model for Predicting Expansive Soil Behavior," *Proceedings, Seventh International Conference on Expansive Soils*, Dallas, Vol. 1, pp. 1–6.

Nayak, N. V. and Christensen, R. W. (1974). "Swell Characteristics of Compacted Expansive Soils," *Clay and Clay Minerals*, Vol. 19, pp. 251–261.

O'Neill, M. W. and Poormoayed, N. (1980). "Methodology for Foundations on Expansive Clays," *Journal of the Geotechnical Engineering Division*, American Society of Civil Engineers, Vol. 106, No. GT12, pp. 1345–1367.

Peck, R. B., Hanson, W. E., and Thornburn, T. B. (1974). *Foundation Engineering*, John Wiley & Sons, New York.

Priklonskii, V. A. (1952). *Gruntovedenic, Vtoraya Chast'*, Gosgeolzdat, Moscow.

Raman, V. (1967). "Identification of Expansive Soils from the Plasticity Index and the Shrinkage Index Data," *The Indian Engineer*, Vol. 11, No. 1, pp. 17–22.

Seed, H. B., Woodward, R. J., Jr., and Lundgren, R. (1962). "Prediction of Swelling Potential for Compacted Clays," *Journal of the Soil Mechanics and Foundations Division*, American Society of Civil Engineers, Vol. 88, No. SM3, pp. 53–87.

Semkin, V. V., Ermoshin, V. M., and Okishev, N. D. (1986). "Chemical Stabilization of Loess Soils in Uzbekistan," *Soil Mechanics and Foundation Engineering* (trans. from Russian), Vol. 23, No. 5, pp. 196–199.

Snethen, D. R. (1984). "Evaluation of Expedient Methods for Identification and Classification of Potentially Expansive Soils," *Proceedings, Fifth International Conference on Expansive Soils*, Adelaide, pp. 22–26.

Snethen, D. R., Johnson, L. D., and Patrick, D. M. (1977).

An Evaluation of Expedient Methodology for Identification of Potentially Expansive Soils, Report No. FHWA-RD-77-94, U.S. Army Engineers Waterways Experiment Station, Vicksburg, MS.

Sowers, G. F. (1973). "Settlement of Waste Disposal Fills," *Proceedings, Eighth International Conference on Soil Mechanics and Foundation Engineering*, Moscow, pp. 207–210.

Sowers, G. B. and Sowers, G. F. (1970). *Introductory Soil Mechanics and Foundations*, 3rd ed., Macmillan, New York.

Sridharan, A. (2005). "On Swelling Behaviour of Clays," *Proceedings, International Conference on Problematic Soils*, North Cyprus, Vol. 2, pp. 499–516.

Sridharan, A., Rao, A. S., and Sivapullaiah, P. V. (1986), "Swelling Pressure of Clays," *Geotechnical Testing Journal*, American Society for Testing and Materials, Vol. 9, No. 1, pp. 24–33.

Uniform Building Code (1968). *UBC Standard No. 29-2.*

Van Der Merwe, D. H. (1964), "The Prediction of Heave from the Plasticity Index and Percentage Clay Fraction of Soils," *Civil Engineer in South Africa*, Vol. 6, No. 6, pp. 103–106.

Vijayvergiya, V. N. and Ghazzaly, O. I. (1973). "Prediction of Swelling Potential of Natural Clays," *Proceedings, Third International Research and Engineering Conference on Expansive Clays*, pp. 227–234.

Weston, D. J. (1980). "Expansive Roadbed Treatment for Southern Africa," *Proceedings, Fourth International Conference on Expansive Soils*, Vol. 1, pp. 339–360.

Yen, B. C. and Scanlon, B. (1975). "Sanitary Landfill Settlement Rates," *Journal of the Geotechnical Engineering Division*, American Society of Civil Engineers, Vol. 101, No. GT5, pp. 475–487.

Part 4

횡토압과 토류벽 구조물

Lateral Earth Pressure and Earth-Retaining Structures

Richard Thornton/Shutterstock.com

Chapter

14 횡토압

Lateral Earth Pressure

Operation Shooting/Shutterstock.com

학습목표 **14장을 학습하면 다음을 할 수 있다**

- 14.1 옹벽의 변위방향에 따라 옹벽에 작용되는 토압의 종류를 이해함.
- 14.2 배면토가 수평인 정지토압을 산정함.
- 14.3 옹벽 배면이 연직, 배면토가 수평이고 마찰이 없을 때 Rankine의 주동토압을 설명함.
- 14.4 벽마찰이 없고, 배면이 경사지고, 뒤채움이 경사질 때, Rankine의 주동토압이론을 전개함.
- 14.5 옹벽의 배면이 연직이고 경사 토사가 $c' - \phi'$값을 가질 때 Rankine의 주동토압을 산정함.
- 14.6 Coulomb의 주동토압에 대해 설명함.
- 14.7 Rankine 주동토압 산정 시 옹벽의 횡변위 발생 효과를 평가함.
- 14.8 옹벽 배면에 선하중, 띠하중의 상재하중으로 인한 횡토압에 미치는 영향을 인지함.
- 14.9 지진상태에서 옹벽 배면이 경사이고, 뒤채움 표면이 경사일 때의 주동토압을 산정함.
- 14.10 지진상태에서 옹벽 배면이 연직이고, $c' - \phi'$값의 뒤채움 표면이 평면일 때의 주동토압을 산정함.
- 14.11 옹벽 배면이 연직이고, $c' - \phi'$값의 뒤채움 표면이 평면일 때 Rankine의 수동토압에 대한 상관관계를 이해함.
- 14.12 배면 마찰이 없는 옹벽이 배면이 경사이고, 조립토 뒤채움 표면이 경사일 때의 Rankine의 수동토압의 일반적인 상관관계를 이해함.
- 14.13 조립토 뒤채움인 옹벽에 대한 Coulomb의 수동토압을 산정함.
- 14.14 배면토의 평면파괴면을 가정하여 Coulomb의 수동토압 산정 시 발생 가능한 오차의 인지함.
- 14.15 배면토의 곡선파괴면을 가정한 옹벽의 수동토압 산정 시 수동토압계수를 사용함.
- 14.16 연직배면과 사질토가 뒤채움인 옹벽의 수동토압 산정 시 Shields and Tolunay의 이론을 이용함.

14.1 개요

연직 또는 연직에 가까운 경사를 가진 사면은 옹벽, 캔틸레버식 널말뚝벽, 널말뚝 토류벽, 버팀굴착, 그리고 다른 유사 구조물 등에 의해 지지된다. 이러한 구조물들의 올바른 설계를 위해서는 횡토압을 산정할 필요가 있다. 이 횡토압은 (a) 옹벽의 형태와 변위량, (b) 흙의 전단강도정수, (c) 흙의 단위중량, (d) 뒤채움재의 배수조건 등과 같은 요소들의 영향을 받는다. 그림 14.1은 높이 H인 옹벽을 나타낸 것이다. 뒤채움재가 비슷한 종류일 경우,

a. 그림 14.1a의 경우, 벽체는 이동하지 못하도록 구속되어 있다. 이때 임의의 깊이에서 벽체에 작용하는 횡토압을 **정지토압**(at-rest earth pressure)이라 한다.

b. 그림 14.1b는 구속된 토체로부터 벽체가 밖으로 기울어지는 경우이다. 벽체의 변위가 충분히 발생한다면 벽체 뒤쪽의 삼각형 흙쐐기는 파괴될 것이다. 이러한 조건에서의 횡토압을 **주동토압**(active earth pressure)이라 한다.

c. 그림 14.1c는 벽체가 구속된 토체 안쪽으로 밀려들어가는 경우이다. 벽체의 변위가 충분히 발생한다면 흙쐐기는 파괴될 것이다. 이러한 조건에서의 횡토압을 **수동토압**(passive earth pressure)이라 한다.

그림 14.2는 임의의 깊이에서 벽체의 수평변위 크기에 따른 횡토압 σ'_h의 다양한 변화 특성을 보여준다. 주동상태를 유도하는 데 필요한 벽체의 변위는 수동상태를 유도하는 데 필요한 벽체의 변위보다 적다.

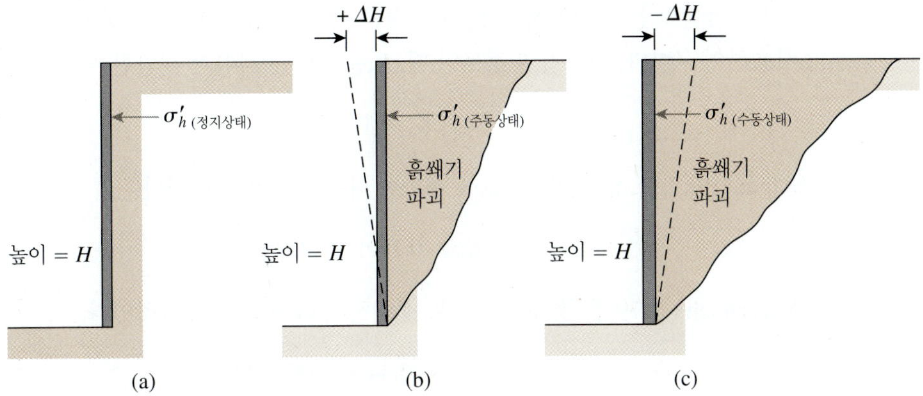

그림 14.1 옹벽에 작용하는 횡토압의 종류

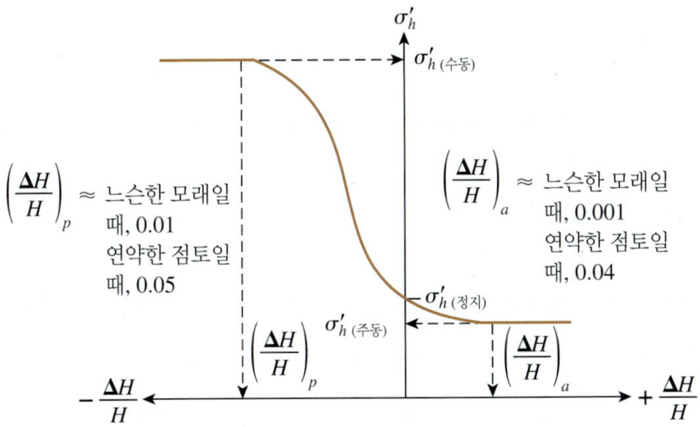

그림 14.2 임의의 깊이에서 횡토압의 변화

이 장에서는 옹벽에 작용하는 특별한 3가지 횡토압에 대하여 집중적으로 설명한다.

- 정지토압
- 주동토압
- 수동토압

여기서, 주동토압과 수동토압은 2개의 특별한 하중을 받을 때 흙이 파괴되는 경우이다. 이들 특별한 하중을 받을 때 발생되는 횡토압을 결정하는 원리와 과정들을 이 장에 기술하였다. 횡토압에 대해서 이미 학습한 독자들은 이 장은 복습과정이라 생각한다.

14.2 정지상태에서의 횡토압

지표면이 수평인 균질한 토체에서, 유효연직응력(σ'_v)에 대한 유효수평응력(σ'_h)의 비는 특별히 흙일 경우, 토체의 어느 부분에서든 일정하다, 이러한 흙 상태는 "정지상태"로 알려져 있으며, 이때의 상수를 정지토압계수로 불리며, K_o로 표기한다. 흙이 정지상태일 때는 토체 내에서 수평변형이 발생하지 않는다. 1차 압밀상태일 때의 점토시료는 횡변형이 발생되지 않는다. 따라서 K_o 상태이다(정지상태).

실험실 또는 현장에서의 K_o의 측정은 쉽지는 않다. 따라서 경험적 상관관계식을 종종 사용하여 구한다. 정규압밀 점토일 때, K_o은 Jaky(1944)가 제안한 식을 이용하여 산정한다.

$$K_o = 1 - \sin\phi' \tag{14.1}$$

Alpan(1967)은 정규압밀 점토에 대하여 다음 식을 제안하였다.

$$K_o = 0.19 + 0.233 \log \text{PI} \tag{14.2}$$

Massarsch (1979)은 정규압밀 점토에 대하여 다음 식을 제안하였다.

$$K_o = 0.44 + 0.0042\,\text{PI} \tag{14.3}$$

사질토이든 점토이든 과압밀된 흙의 K_o 값은 정규압밀되었을 때의 K_o 값보다 크다. 따라서 K_o 값은 다음과 같이 산정할 수 있다.

$$K_{o(\text{과압})} = K_{o(\text{정규압밀})}\text{OCR}^m \tag{14.4}$$

여기서 OCR = 과압밀비. Mayne and Kulhawy(1982)는 $m = \sin\phi'$으로 개략적으로 0.5 정도이다.

정규압밀된 흙의 K_o 값은 보통 0.4~0.6 범위이며, 과압밀된 흙는 더 크며 때로는 1.0을 초과할 수도 있다.

Mayne and Kulhawy(1982)는 171개 다른 실험한 흙의 결과를 분석하여 모래와 점토의 K_o 값의 크기를 산정하기 위하여 다음과 같은 일반적인 경험식을 제안하였다.

$$K_o = (1 - \sin\phi')\left[\frac{\text{OCR}}{\text{OCR}_{\text{max}}^{(1-\sin\phi')}} + \frac{3}{4}\left(1 - \frac{\text{OCR}}{\text{OCR}_{\text{max}}}\right)\right] \tag{14.5}$$

이 식에서, OCR = 현재 과압밀비

OCR_{max} = 최대 과압밀비

그림 14.3에서 OCR_{max}는 B점에서 OCR 값이다.

그림 14.4에 도시되어 있는 바와 같이, 옹벽 배면 흙의 단위중량이 γ이고 흙을 지지하는 높이 H인 연직벽을 생각해보자. 이 연직벽의 배면 상단부에 단위면적당 q만큼의 하중이 균등하게 작용할 때, 흙의 전단강도는 다음과 같이 표현할 수 있다.

$$s = c' + \sigma' \tan\phi'$$

여기서

c' = 점착력

ϕ' = 흙의 유효 내부마찰각

σ' = 유효연직응력

지표면 아래, 임의 깊이 z에서의 연직응력은 다음과 같다.

$$\sigma'_o = q + \gamma z \tag{14.6}$$

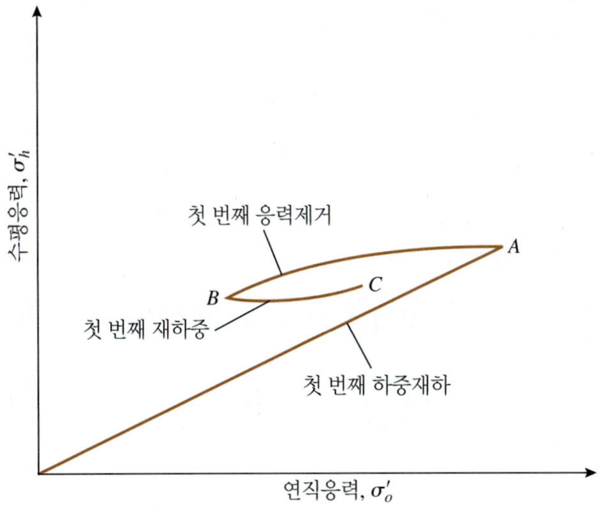

그림 14.3 K_o 조건에서 흙의 응력이력

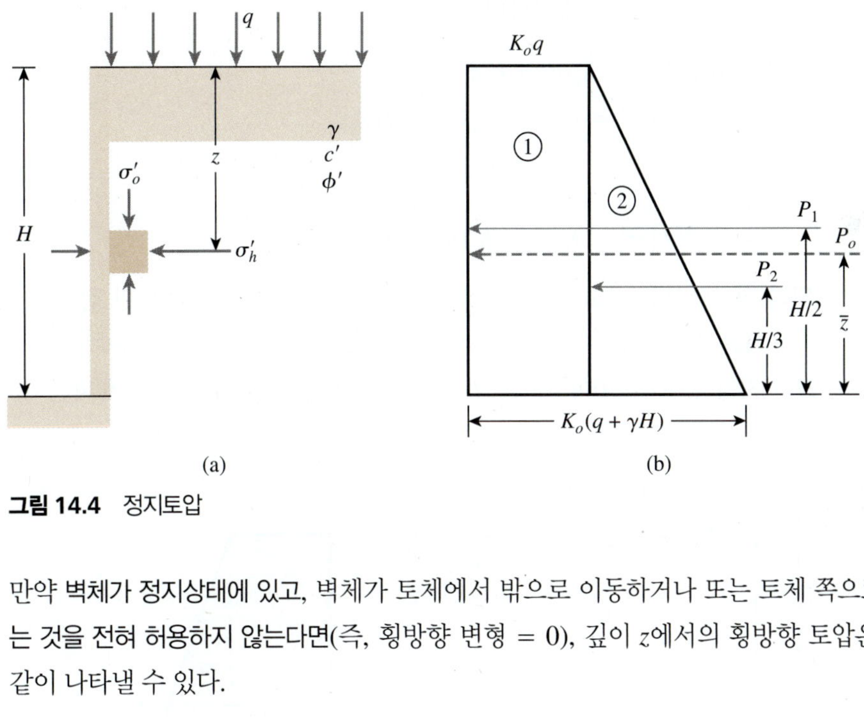

그림 14.4 정지토압

만약 벽체가 정지상태에 있고, 벽체가 토체에서 밖으로 이동하거나 또는 토체 쪽으로 이동하는 것을 전혀 허용하지 않는다면(즉, 횡방향 변형 = 0), 깊이 z에서의 횡방향 토압은 다음과 같이 나타낼 수 있다.

$$\sigma_h = K_o\sigma'_o + u \tag{14.7}$$

여기서

u = 간극수압

적절하게 선택된 정지토압계수를 식 (14.7)에 적용하여 깊이 z에 따른 횡토압의 변화값을 결정할 수 있다. 그림 14.4b는 그림 14.4a에 도시된 벽체에 대하여 깊이에 따른 σ'_h의 변화를 나타낸 것이다. 만약 상재하중 $q = 0$이고 간극수압 $u = 0$이라면, 압력분포는 삼각형 분포가 된다. 그림 14.4a에 나타낸 벽체의 단위길이당 작용하는 전체 힘 P_o는 그림 14.4b에 있는 압력분포도의 면적으로부터 구할 수 있다.

$$P_o = P_1 + P_2 = qK_oH + \frac{1}{2}\gamma H^2 K_o \tag{14.8}$$

여기서

P_1 = 직사각형 1의 면적

P_2 = 삼각형 2의 면적

합력 P_o의 작용선 위치는 벽체 바닥에 대하여 모멘트를 취함으로써 구할 수 있다. 따라서

$$\bar{z} = \frac{P_1\left(\frac{H}{2}\right) + P_2\left(\frac{H}{3}\right)}{P_o} \tag{14.9}$$

만약 지하수위가 $z < H$인 깊이에 위치한다면, 그림 14.4b에 나타낸 정지토압분포는 그림 14.5에 나타낸 것과 같이 일부 수정되어야 한다. 지하수위 아래에 있는 흙의 유효단위중량이 γ'(즉, $\gamma_{sat} - \gamma_w$)와 같다면,

$z = 0$에서 $\sigma'_h = K_o\sigma'_o = K_oq$

$z = H_1$에서 $\sigma'_h = K_o\sigma'_o = K_o(q + \gamma H_1)$

그리고

$z = H_2$에서 $\sigma'_h = K_o\sigma'_o = K_o(q + \gamma H_1 + \gamma' H_2)$

위의 식들에서 σ'_o와 σ'_h는 각각 유효연직 및 유효 횡방향 압력이란 점을 유의하라. 벽체에 작용하는 전체 토압분포를 결정하기 위해서는 정수압 u를 추가해야 하며, $z = 0$에서 $z = H_1$까지의 정수압은 0이고, $z = H_2$에서 정수압은 $H_2\gamma_w$이다. 깊이에 따른 σ'_h와 u의 분포는

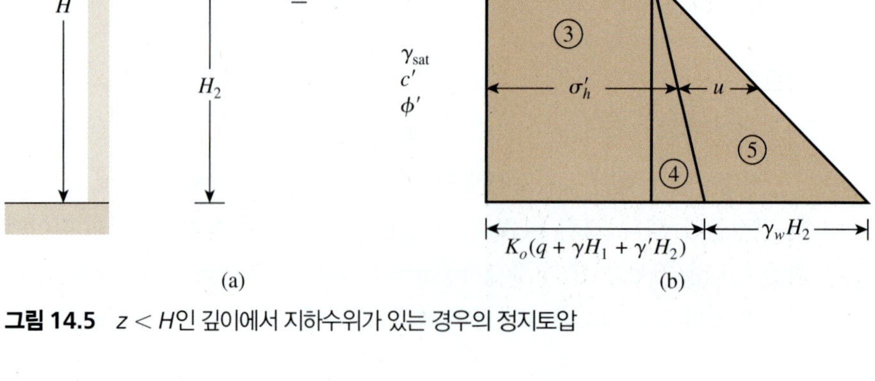

그림 14.5 $z < H$인 깊이에서 지하수위가 있는 경우의 정지토압

그림 14.5b에 나타낸 바와 같다. 따라서 옹벽의 단위길이당 작용되는 전체 힘은 압력분포도의 면적으로부터 다음과 같이 구할 수 있다. 구체적으로 표현하면

$$P_o = A_1 + A_2 + A_3 + A_4 + A_5$$

여기서 A = 압력분포도의 면적(주: A_5는 간극수압에 따른 수평하중이다.)

따라서

$$P_o = K_o q H_1 + \frac{1}{2}K_o \gamma H_1^2 + K_o(q + \gamma H_1)H_2 + \frac{1}{2}K_o \gamma' H_2^2 + \frac{1}{2}\gamma_w H_2^2 \tag{14.10}$$

예제 14.1

그림 14.6a는 4.5 m 높이의 옹벽을 나타낸 것이다. 옹벽은 수평변위가 발생되지 않도록 구속되어져 있다. 옹벽의 단위길이당 횡토압 P_o을 계산하라. 또한 합력의 위치를 선정하라. OCR = 2로 가정한다.

풀이

식 (14.1)과 식 (14.4)로부터

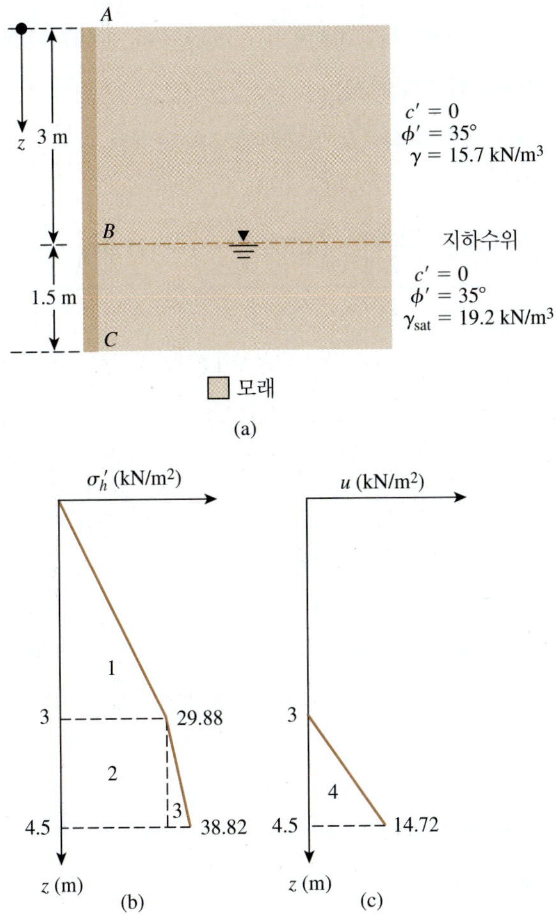

그림 14.6

$$K_{o(과압)} = (1 - \sin\phi')\,\mathrm{OCR}^{\sin\phi}$$
$$= (1 - \sin 35)(2)^{\sin 35} = 0.6345$$

$z = 0,$

$$\sigma'_o = 0,\ \sigma'_h = 0,\ u = 0$$

$z = 3$ m,

$$\sigma'_o = (3)(15.7) = 47.1\ \mathrm{kN/m^2}$$
$$\sigma'_h = K_o\sigma'_o = (0.6345)(47.1) = 29.88\ \mathrm{kN/m^2}$$
$$u = 0$$

$z = 4.5$ m,

$$\sigma'_o = (3)(15.7) + (1.5)(19.2 - 9.81) = 61.19\ \mathrm{kN/m^2}$$
$$\sigma'_h = K_o\sigma'_o = (0.6345)(61.19) = 38.82\ \mathrm{kN/m^2}$$
$$u = (1.5)(\gamma_w) = (1.5)(9.81) = 14.72\ \mathrm{kN/m^2}$$

토층 깊이에 따른 σ'_h과 u 값의 변화는 그림 14.6b와 그림 14.6c와 같다.

$$\text{횡토압 } P_o = \text{면적 1} + \text{면적 2} + \text{면적 3} + \text{면적 4}$$

$$P_o = \left(\frac{1}{2}\right)(3)(29.88) + (1.5)(29.88) + \left(\frac{1}{2}\right)(1.5)(8.94) + \left(\frac{1}{2}\right)(1.5)(14.72)$$
$$= 44.82 + 44.82 + 6.705 + 11.04 = 107.385\ \mathrm{kN/m} \approx \mathbf{107.4\ kN/m}$$

벽체 바닥면(O)으로부터 합력 중심부의 위치는

$$\bar{z} = \frac{\Sigma\, C\text{점을 중심으로 압력분포도의 모멘트}}{P_o}$$

$$\bar{z} = \frac{(48.82)\left(1.5 + \frac{3}{3}\right) + (48.82)\left(\frac{1.5}{2}\right) + (6.705)\left(\frac{1.5}{3}\right) + (11.04)\left(\frac{1.5}{3}\right)}{107.4} = \mathbf{1.56\ m}$$

■

주동토압

14.3 Rankine의 주동토압

14.2절에서 설명된 횡토압은 벽체의 수평변위가 전혀 발생하지 않은 상태에 대한 것이다. 그러나 그림 14.7a에 나타낸 바와 같이 벽체가 토체로부터 바깥쪽으로 Δx만큼 움직인다면, 임의의 깊이에서 벽체에 작용하는 흙의 횡토압은 줄어들게 된다. 반면 연직 상재 압력 σ'_o은 동일하게 작용한다. 마찰이 없는 벽체의 경우 Δx가 0이라면, 깊이 z에서 수평응력 σ'_h는 $K_o \sigma'_o$ $(= K_o\gamma z)$와 같게 된다. 그러나, 벽체변위 $\Delta x > 0$이면, σ'_h는 $K_o\sigma'_o$보다 작아진다.

벽체변위가 $\Delta x = 0$과 $\Delta x > 0$일 경우의 Mohr 원들은 그림 14.7b에서 각각 원 a, b와 같다. 벽체의 변위 Δx가 점점 증가함에 따라 Mohr 원은 Mohr-Coulomb 파괴 포락선(fail-

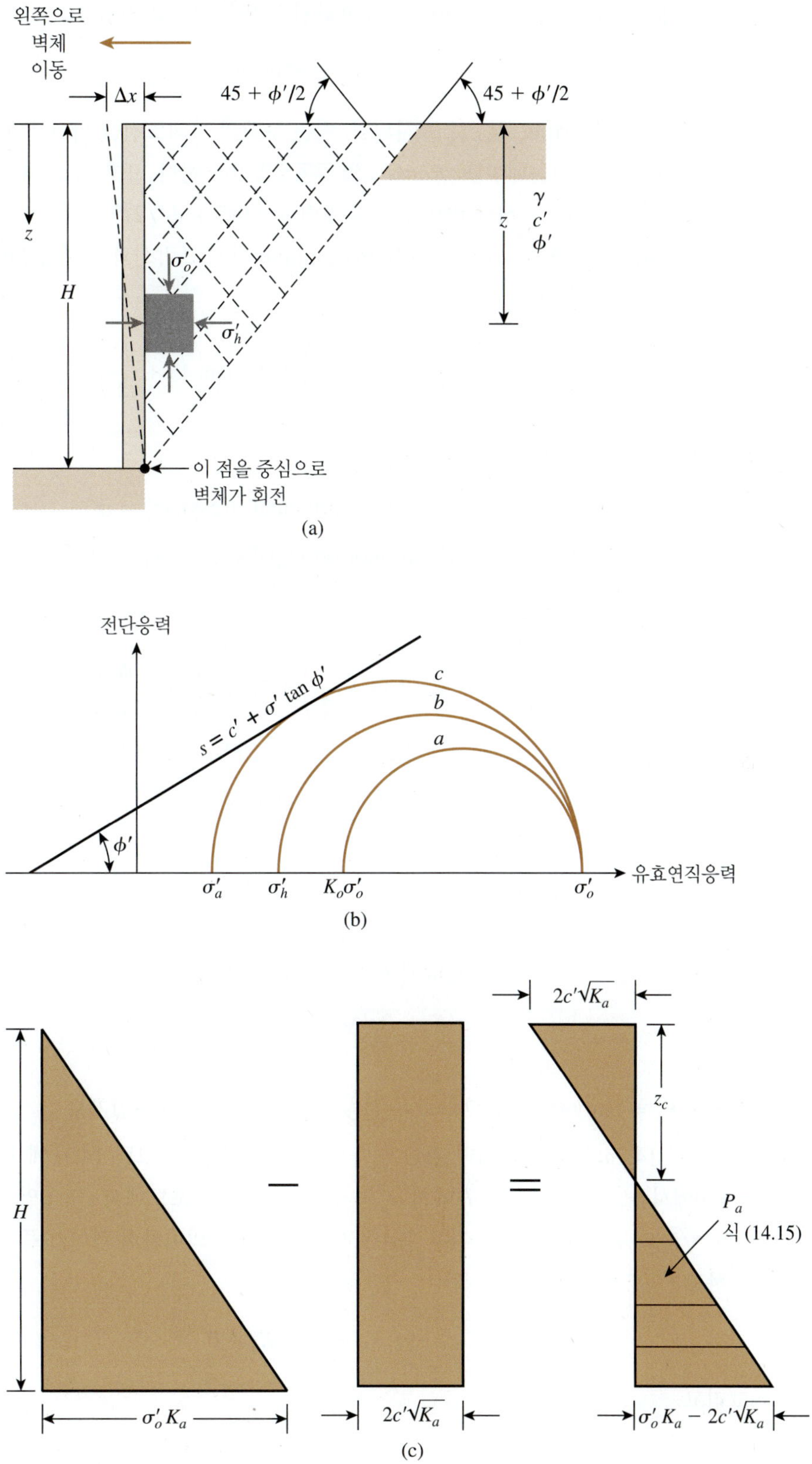

그림 14.7 Rankine의 주동토압

ure envelope)과 접하게 되고, 이때 파괴 포락선은 다음 식으로 정의된다.

$$s = c' + \sigma' \tan \phi'$$

이 원은 그림에서 Mohr 원 c로 표시되며, 이는 토체의 파괴조건을 나타낸다. 이때의 수평 응력이 σ'_a와 같게 되는데 이를 *Rankine*의 **주동토압**이라 한다. 또한 토체 내부의 **활동선**(파괴면)은 그림 14.7a에 나타낸 바와 같이 수평면과 $\pm(45 + \phi'/2)$의 각을 이루게 된다.

식 (2.93)에 설명한 바와 같이 Mohr-Coulomb 파괴 포락선과 접하는 Mohr 원에 대한 주 응력은 다음과 같다.

$$\sigma'_1 = \sigma'_3 \tan^2\left(45 + \frac{\phi'}{2}\right) + 2c' \tan\left(45 + \frac{\phi'}{2}\right)$$

그림 14.7b에서 Mohr 원 c의 경우,

최대 주 응력(major principal stress), $\sigma'_1 = \sigma'_o$

최소 주 응력(minor principal stress), $\sigma'_3 = \sigma'_a$

따라서

$$\sigma'_o = \sigma'_a \tan^2\left(45 + \frac{\phi'}{2}\right) + 2c' \tan\left(45 + \frac{\phi'}{2}\right)$$

$$\sigma'_a = \frac{\sigma'_o}{\tan^2\left(45 + \frac{\phi'}{2}\right)} - \frac{2c'}{\tan\left(45 + \frac{\phi'}{2}\right)}$$

또는

$$\sigma'_a = \sigma'_o \tan^2\left(45 - \frac{\phi'}{2}\right) - 2c' \tan\left(45 - \frac{\phi'}{2}\right)$$
$$= \sigma'_o K_a - 2c'\sqrt{K_a} \tag{14.11}$$

여기서 $K_a = \tan^2(45 - \phi'/2) = \frac{1 - \sin\phi'}{1 + \sin\phi'}$ = Rankine의 주동토압계수

그림 14.7a와 같은 벽체의 깊이에 따른 주동토압분포는 그림 14.7c에 도시되었다. 즉 $z = 0$에서 $\sigma'_o = 0$이고, $z = H$에서 $\sigma'_o = \gamma H$이다. 토압분포도에서 $z = 0$일 때 주동토압이 $-2c'\sqrt{K_a}$와 같게 되는데, 이 값은 음수로서 인장응력을 의미하며 깊이가 증가함에 따라 감소하고 $z = z_c$에서 0이 된다. 즉

$$\gamma z_c K_a - 2c'\sqrt{K_a} = 0$$

그리고

$$z_c = \frac{2c'}{\gamma\sqrt{K_a}} \tag{14.12}$$

인장응력은 결국 흙과 벽체의 접촉면에서 균열을 발생시키므로 깊이 z_c를 보통 **인장균열깊이**(depth of tensile crack)라 한다. 그러므로 인장균열이 일어나기 전에 벽체의 단위길이당 Rankine의 총 주동토압은 다음과 같다.

$$P_a = \int_0^H \sigma'_a dz = \int_0^H \gamma z K_a dz - \int_0^H 2c'\sqrt{K_a} dz$$
$$= \frac{1}{2}\gamma H^2 K_a - 2c'H\sqrt{K_a} \tag{14.13}$$

인장균열 발생 후, 벽체에 작용하는 단위길이당 힘은 그림 14.7c의 빗금 친 면적으로 표시되어 있는 $z = z_c$부터 $z = H$까지의 압력분포에 의해서만 발생되며, 이 힘은 다음과 같이 표현할 수 있다.

$$P_a = \frac{1}{2}(H - z_c)(\gamma H K_a - 2c'\sqrt{K_a}) \tag{14.14}$$

또는,

$$P_a = \frac{1}{2}\left(H - \frac{2c'}{\gamma\sqrt{K_a}}\right)\left(\gamma H K_a - 2c'\sqrt{K_a}\right) \tag{14.15}$$

인장부로부터 발생되는 하중요소를 넣는 것은 주동토압 P_a를 줄여주게 된다. 이 하중은 저항력보다는 하중과 같이 보인다. 그러므로, 보수적인 면에서 실제 실무에서는 주동토압 P_a을 산정할 때 인장부분을 완전히 무시한다.

그러나, 벽체가 주동토압 상태에 도달하기 위해서 충분한 "수평변위"가 허용되어야 한다는 것은 중요하다. 주동상태에 도달하기 위해 필요한 벽체의 수평변위는 조립토로 뒤채움을 할 때는 약 $0.001H$~$0.004H$이며, 점토로 뒤채움을 할 때는 약 $0.01H$~$0.04H$ 정도이다.

더 나아가 **총 응력**상태의 전단강도정수(c, ϕ)를 사용한다면, 식 (14.11)과 유사한 식을 다음과 같이 유도할 수 있다. 즉

$$\sigma_a = \sigma_o \tan^2\left(45 - \frac{\phi}{2}\right) - 2c\tan\left(45 - \frac{\phi}{2}\right)$$

예제 14.2

단위중량 $\gamma = 17.4$ kN/m^3, 내부마찰각 $\phi' = 26°$, 점착력 $c' = 14.36$ kN/m^{2}인 지반을 6 m 높이의 옹벽이 지지하고 있다. 인장균열의 발생 전후의 옹벽 단위길이당 Rankine 주동토압을 구하고, 두 경우에 각각 발생되는 합력의 작용선을 결정하라.

풀이

$\phi' = 26°$이므로

$$K_a = \tan^2\left(45 - \frac{\phi'}{2}\right) = \tan^2(45 - 13) = 0.39$$
$$\sqrt{K_a} = 0.625$$
$$\sigma'_a = \gamma H K_a - 2c'\sqrt{K_a}$$

그림 14.7c, $z = 0$ 지점에서

$$\sigma_a' = -2c'\sqrt{K_a} = -2(14.36)(0.625) = -17.95 \text{ kN/m}^2$$

또한 $z = 6$ m 지점에서

$$\sigma_a' = (17.4)(6)(0.39) - 2(14.36)(0.625)$$
$$= 40.72 - 17.95 = 22.77 \text{ kN/m}^2$$

인장균열 발생 전의 주동토압: 식 (14.13)

$$P_a = \frac{1}{2}\gamma H^2 K_a - 2c'H\sqrt{K_a}$$
$$= \frac{1}{2}(6)(40.72) - (6)(17.95) = 122.16 - 107.7 = \mathbf{14.46 \text{ kN/m}}$$

합력의 작용선은 토압분포도의 면적으로부터 옹벽 저면에 대한 모멘트를 취함으로써 구할 수 있다.

$$P_a\bar{z} = (122.16)\left(\frac{6}{3}\right) - (107.7)\left(\frac{6}{2}\right)$$

따라서

$$\bar{z} = \frac{244.32 - 323.1}{14.46} = \mathbf{-5.45 \text{ m}}$$

인장균열 발생 후의 주동토압: 식 (14.12)

$$z_c = \frac{2c'}{\gamma\sqrt{K_a}} = \frac{2(14.36)}{(17.4)(0.625)} = 2.64 \text{ m}$$

식 (14.14)에 대입하면

$$P_a = \frac{1}{2}(H - z_c)(\gamma H K_a - 2c'\sqrt{K_a}) = \frac{1}{2}(6 - 2.64)(22.77) = \mathbf{38.25 \text{ kN/m}}$$

그림 14.7c의 빗금 친 하단 삼각형의 면적이 단위길이당 하중 $P_a = 38.25$ kN/m를 나타낸다. 그러므로 합력의 작용선은 벽체의 저면부로부터 $\bar{z} = (H - z_c)/3$의 지점에 위치한다.

$$\bar{z} = \frac{6 - 2.64}{3} = \mathbf{1.12 \text{ m}}$$

■

예제 14.3

그림 14.8a에서 충분한 변위가 발생되어 주동상태로 된다고 가정하였을 때, 벽체의 단위길이당 Rankine의 주동토압을 구하고, 합력의 작용선 위치를 구하라.

풀이

만약 점착력 c'가 0이라면,

$$\sigma_a' = \sigma_o' K_a$$

지하수위 상부층의 경우 $\phi_1' = 30°$이므로

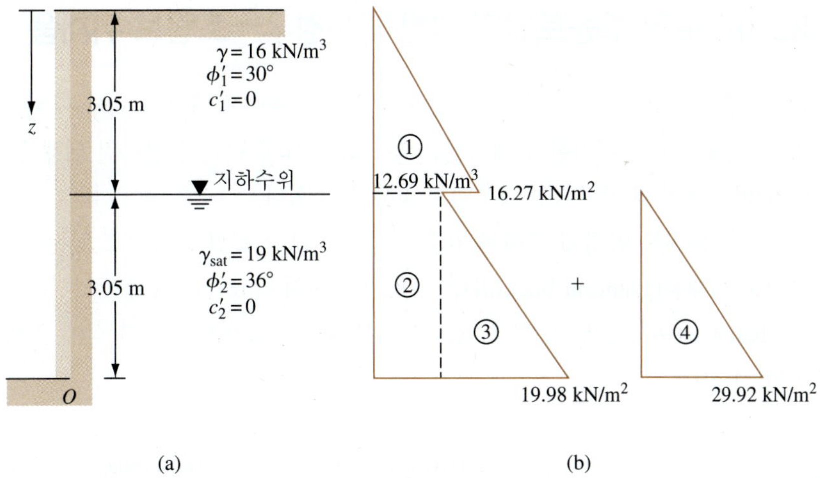

그림 14.8 옹벽 배면에 작용하는 Rankine의 주동토압

$$K_{a(1)} = \tan^2\left(45 - \frac{\phi'_1}{2}\right) = \tan^2(45 - 15) = \frac{1}{3}$$

유사한 방법으로 하부층의 경우 $\phi'_2 = 36°$이므로

$$K_{a(2)} = \tan^2\left(45 - \frac{36}{2}\right) = 0.26$$

다음 표는 지하 심도별 σ'_a과 u의 계산값을 나타낸다.

깊이, z (m)	σ'_o (kN/m²)	K_a	$\sigma'_a = K_a\sigma'_o$ (kN/m²)	u (kN/m²)
0	0	1/3	0	0
3.05^-	(16)(3.05) = 48.8	1/3	16.27	0
3.05^+	48.8	0.26	12.69	0
6.1	(16)(3.05) + (19 + 9.81)(3.05) = 76.83	0.26	19.98	(9.81)(3.05) = 29.92

토압분포도는 그림 14.8b와 같다. 벽체 단위길이당 토압은

$$\begin{aligned} P_a &= \text{면적 } 1 + \text{면적 } 2 + \text{면적 } 3 + \text{면적 } 4 \\ &= \frac{1}{2}(3.05)(16.27) + (12.69)(3.05) + \frac{1}{2}(19.98 - 12.69)(3.05) + \frac{1}{2}(29.92)(3.05) \\ &= 24.81 + 38.70 + 11.12 + 45.63 = \mathbf{120.26\ kN/m} \end{aligned}$$

벽체 저면부로부터의 합력 작용선의 위치는 벽체의 바닥(그림 14.8a의 점 O)에 대한 모멘트를 취함으로써 구할 수 있다.

$$\bar{z} = \frac{(24.81)\left(3.05 + \frac{3.05}{3}\right) + (38.7)\left(\frac{3.05}{2}\right) + (11.12 + 45.63)\left(\frac{10}{3}\right)}{120.26} = \mathbf{1.81\,m}$$

■

14.4 Rankine의 주동토압의 일반적인 경우—조립토 뒤채움

14.3절은 뒷면이 연직이고 뒤채움 부분이 수평인 옹벽에 대한 Rankine 주동토압에 대해 개발된 관계식이다. 이러한 관계식들은 옹벽의 경사진 뒷면과 경사진 뒤채움부 배면을 갖는 마찰 없는 벽체의 일반적인 경우까지 적용할 수 있다.

그림 14.9는 연직에 대해 각 θ만큼 경사를 가진 뒷면을 가지고 있는 옹벽을 나타낸다. 조립토 뒤채움(granular backfill)은 수평면에 대해 각 α만큼 경사져 있다.

Rankine 주동토압의 경우, 깊이 z에서 횡토압(σ'_a)은 주어진 식에 의해 구할 수 있다(Chu, 1991).

$$\sigma'_a = \frac{\gamma z \cos\alpha \sqrt{1 + \sin^2\phi' - 2\sin\phi' \cos\psi_a}}{\cos\alpha + \sqrt{\sin^2\phi' - \sin^2\alpha}} \tag{14.16}$$

여기서

$$\psi_a = \sin^{-1}\left(\frac{\sin\alpha}{\sin\phi'}\right) - \alpha + 2\theta. \tag{14.17}$$

토압 σ'_a는 옹벽의 뒷면에 직각을 이루어 그려진 평면과 각 β'_a만큼 기울어져 있다. 그리고

$$\beta'_a = \tan^{-1}\left(\frac{\sin\phi' \sin\psi_a}{1 - \sin\phi' \cos\psi_a}\right) \tag{14.18}$$

옹벽의 단위길이당 주동토압 P_a는 다음과 같이 계산된다.

$$P_a = \frac{1}{2}\gamma H^2 K_{a(R)} \tag{14.19}$$

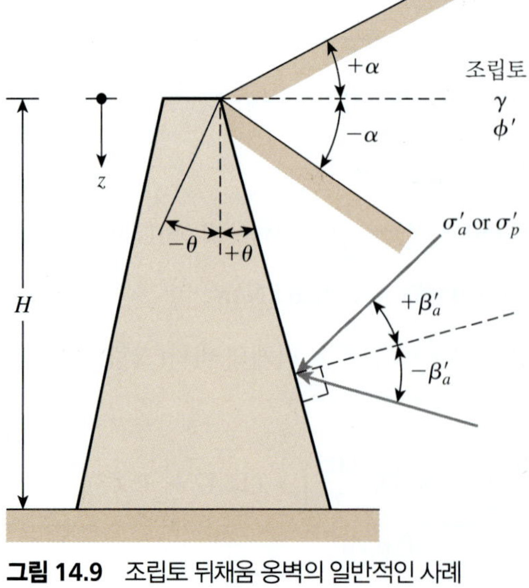

그림 14.9 조립토 뒤채움 옹벽의 일반적인 사례

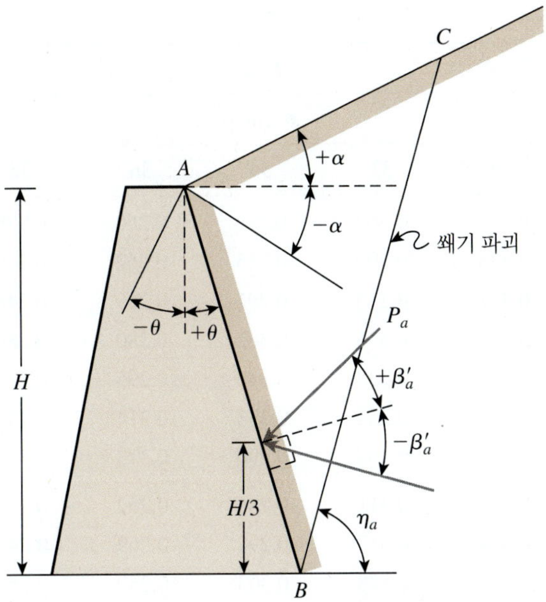

$$\eta_a = \frac{\pi}{4} + \frac{\phi'}{2} + \frac{\alpha}{2} - \frac{1}{2}\sin^{-1}\left(\frac{\sin\alpha}{\sin\phi'}\right)$$

그림 14.10 Rankine 주동토압의 위치와 방향

여기서

$$K_{asRd} = \frac{\cos(\alpha - \theta)\sqrt{1 + \sin^2\phi' - 2\sin\phi'\cos\psi_a}}{\cos^2\theta\left(\cos\alpha + \sqrt{\sin^2\phi' - \sin^2\alpha}\right)}$$

$$= \text{일반적인 경우에 Rankine 주동토압계수} \quad (14.20)$$

합력 P_a의 위치와 방향은 그림 14.10에 나타냈다. 또한 이 그림은 쐐기형태(ABC)로 파괴되는 양상을 나타낸 것이다. 이때 BC는 각 η_a만큼 기울어질 것이다. 또는

$$\eta_a = \frac{\pi}{4} + \frac{\phi'}{2} + \frac{\alpha}{2} - \frac{1}{2}\sin^{-1}\left(\frac{\sin\alpha}{\sin\phi'}\right) \quad (14.21)$$

표 14.1과 표 14.2는 여러 α, θ, 그리고 ϕ' 값에 대한 K_a [식 (14.20)]와 $\beta'_{a(R)}$ [식 (14.18)]의 변화값을 표로 나타낸 것이다.

옹벽 배면이 연직인 옹벽의 조립토 뒤채움

특별한 경우로 연직의 뒷면을 가진 옹벽(즉, $\theta = 0$)은 그림 14.11에 도시된 것과 같으며, 식 (14.16), (14.19), 그리고 (14.20)을 다음과 같이 단순화시킨 것이다.

$$K_{a(R)} = K_a = \cos\alpha\frac{\cos\alpha - \sqrt{\cos^2\alpha - \cos^2\phi'}}{\cos\alpha + \sqrt{\cos^2\alpha - \cos^2\phi'}} \quad (14.22)$$

표 14.1 $K_{a(R)}$ [식 (14.20)]의 변화값

		$K_{a(R)}$						
		ϕ' (deg)						
α (deg)	θ (deg)	28	30	32	34	36	38	40
0	0	0.361	0.333	0.307	0.283	0.260	0.238	0.217
	2	0.363	0.335	0.309	0.285	0.262	0.240	0.220
	4	0.368	0.341	0.315	0.291	0.269	0.248	0.228
	6	0.376	0.350	0.325	0.302	0.280	0.260	0.242
	8	0.387	0.362	0.338	0.316	0.295	0.276	0.259
	10	0.402	0.377	0.354	0.333	0.314	0.296	0.280
	15	0.450	0.428	0.408	0.390	0.373	0.358	0.345
5	0	0.366	0.337	0.311	0.286	0.262	0.240	0.219
	2	0.373	0.344	0.317	0.292	0.269	0.247	0.226
	4	0.383	0.354	0.328	0.303	0.280	0.259	0.239
	6	0.396	0.368	0.342	0.318	0.296	0.275	0.255
	8	0.412	0.385	0.360	0.336	0.315	0.295	0.276
	10	0.431	0.405	0.380	0.358	0.337	0.318	0.300
	15	0.490	0.466	0.443	0.423	0.405	0.388	0.373
10	0	0.380	0.350	0.321	0.294	0.270	0.246	0.225
	2	0.393	0.362	0.333	0.306	0.281	0.258	0.236
	4	0.408	0.377	0.348	0.322	0.297	0.274	0.252
	6	0.426	0.395	0.367	0.341	0.316	0.294	0.273
	8	0.447	0.417	0.389	0.363	0.339	0.317	0.297
	10	0.471	0.441	0.414	0.388	0.365	0.344	0.324
	15	0.542	0.513	0.487	0.463	0.442	0.422	0.404
15	0	0.409	0.373	0.341	0.311	0.283	0.258	0.235
	2	0.427	0.391	0.358	0.328	0.300	0.274	0.250
	4	0.448	0.411	0.378	0.348	0.320	0.294	0.271
	6	0.472	0.435	0.402	0.371	0.344	0.318	0.295
	8	0.498	0.461	0.428	0.398	0.371	0.346	0.323
	10	0.527	0.490	0.457	0.428	0.400	0.376	0.353
	15	0.610	0.574	0.542	0.513	0.487	0.463	0.442
20	0	0.461	0.414	0.374	0.338	0.306	0.277	0.250
	2	0.486	0.438	0.397	0.360	0.328	0.298	0.271
	4	0.513	0.465	0.423	0.386	0.353	0.323	0.296
	6	0.543	0.495	0.452	0.415	0.381	0.351	0.324
	8	0.576	0.527	0.484	0.446	0.413	0.383	0.355
	10	0.612	0.562	0.518	0.481	0.447	0.417	0.390
	15	0.711	0.660	0.616	0.578	0.545	0.515	0.488

표 14.2 β'_a [식 (14.18)]의 변화값

		β'_a						
		ϕ' (deg)						
α (deg)	θ (deg)	28	30	32	34	36	38	40
	0	0.000	0.000	0.000	0.000	0.000	0.000	0.000
	2	3.525	3.981	4.484	5.041	5.661	6.351	7.124
	4	6.962	7.848	8.821	9.893	11.075	12.381	13.827
0	6	10.231	11.501	12.884	14.394	16.040	17.837	19.797
	8	13.270	14.861	16.579	18.432	20.428	22.575	24.876
	10	16.031	17.878	19.850	21.951	24.184	26.547	29.039
	15	21.582	23.794	26.091	28.464	30.905	33.402	35.940
	0	5.000	5.000	5.000	5.000	5.000	5.000	5.000
	2	8.375	8.820	9.311	9.854	10.455	11.123	11.870
	4	11.553	12.404	13.336	14.358	15.482	16.719	18.085
5	6	14.478	15.679	16.983	18.401	19.942	21.618	23.441
	8	17.112	18.601	20.203	21.924	23.773	25.755	27.876
	10	19.435	21.150	22.975	24.915	26.971	29.144	31.434
	15	23.881	25.922	28.039	30.227	32.479	34.787	37.140
	0	10.000	10.000	10.000	10.000	10.000	10.000	10.000
	2	13.057	13.491	13.967	14.491	15.070	15.712	16.426
	4	15.839	16.657	17.547	18.519	19.583	20.751	22.034
10	6	18.319	19.460	20.693	22.026	23.469	25.032	26.726
	8	20.483	21.888	23.391	24.999	26.720	28.559	30.522
	10	22.335	23.946	25.653	27.460	29.370	31.385	33.504
	15	25.683	27.603	29.589	31.639	33.747	35.908	38.114
	0	15.000	15.000	15.000	15.000	15.000	15.000	15.000
	2	17.576	18.001	18.463	18.967	19.522	20.134	20.812
	4	19.840	20.631	21.485	22.410	23.417	24.516	25.719
15	6	21.788	22.886	24.060	25.321	26.677	28.139	29.716
	8	23.431	24.778	26.206	27.722	29.335	31.052	32.878
	10	24.783	26.328	27.950	29.654	31.447	33.332	35.310
	15	27.032	28.888	30.793	32.747	34.751	36.802	38.894
	0	20.000	20.000	20.000	20.000	20.000	20.000	20.000
	2	21.925	22.350	22.803	23.291	23.822	24.404	25.045
	4	23.545	24.332	25.164	26.054	27.011	28.048	29.175
20	6	24.876	25.966	27.109	28.317	29.604	30.980	32.455
	8	25.938	27.279	28.669	30.124	31.657	33.276	34.989
	10	26.755	28.297	29.882	31.524	33.235	35.021	36.886
	15	27.866	29.747	31.638	33.552	35.498	37.478	39.491

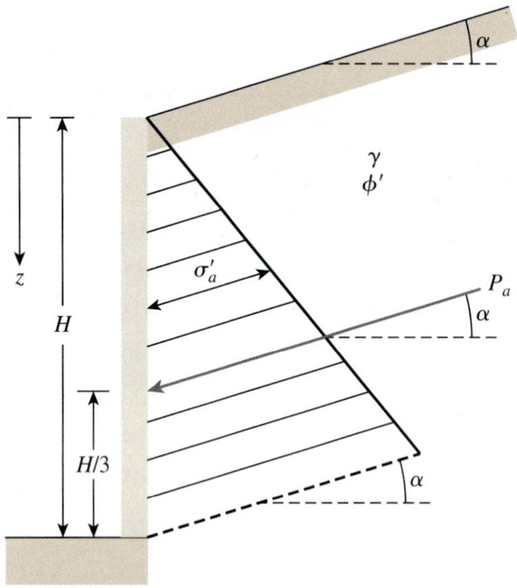

그림 14.11 식 (14.22), (14.23), (14.24)에 사용한 주동토압의 기호

여기서 ϕ' = 흙의 내부마찰각

임의의 깊이 z에서 *Rankine*의 주동토압은 다음과 같이 표시된다.

$$\sigma'_a = \gamma z K_a \tag{14.23}$$

옹벽의 단위길이당 주동토압 P_a는 다음 식에 의해 계산할 수 있다.

$$P_a = \frac{1}{2}\gamma H^2 K_a \tag{14.24}$$

이때 합력 P_a의 방향은 수평면에 대하여 α만큼 경사지고 벽체의 바닥으로부터 $H/3$의 높이에 작용한다. 표 14.3은 다양한 α와 ϕ' 값에 따른 K_a(주동토압계수)의 값을 나타내고 있다.

예제 14.4

그림 14.10에 나타낸 옹벽의 뒤채움 흙은 조립토이다. 주어진 조건은 다음과 같다.

옹벽: $H = 4$ m
$\theta = +15°$
뒤채움: $\alpha = 10°$
$\phi' = 34°$
$c' = 0$
$\gamma = 16$ kN/m^3

Rankine의 주동토압 P_a를 구하고, 주동토압의 작용 위치와 방향을 구하라.

풀이

표 14.1로부터, $\alpha = 10°$ 그리고 $\theta = +15°$라면, $K_{a(R)} \approx 0.463$. 식 (14.19)로부터

표 14.3 배면이 연직이고 뒤채움부가 경사인 옹벽에 작용하는 K_a [식 (14.22)]의 변화값

α (deg) ↓	φ′ (deg) → 28	29	30	31	32	33	34	35	36	37	38	39	40
0	0.3610	0.3470	0.3333	0.3201	0.3073	0.2948	0.2827	0.2710	0.2596	0.2486	0.2379	0.2275	0.2174
1	0.3612	0.3471	0.3335	0.3202	0.3074	0.2949	0.2828	0.2711	0.2597	0.2487	0.2380	0.2276	0.2175
2	0.3618	0.3476	0.3339	0.3207	0.3078	0.2953	0.2832	0.2714	0.2600	0.2489	0.2382	0.2278	0.2177
3	0.3627	0.3485	0.3347	0.3214	0.3084	0.2959	0.2837	0.2719	0.2605	0.2494	0.2386	0.2282	0.2181
4	0.3639	0.3496	0.3358	0.3224	0.3094	0.2967	0.2845	0.2726	0.2611	0.2500	0.2392	0.2287	0.2186
5	0.3656	0.3512	0.3372	0.3237	0.3105	0.2978	0.2855	0.2736	0.2620	0.2508	0.2399	0.2294	0.2192
6	0.3676	0.3531	0.3389	0.3253	0.3120	0.2992	0.2868	0.2747	0.2631	0.2518	0.2409	0.2303	0.2200
7	0.3701	0.3553	0.3410	0.3272	0.3138	0.3008	0.2883	0.2761	0.2644	0.2530	0.2420	0.2313	0.2209
8	0.3730	0.3580	0.3435	0.3294	0.3159	0.3027	0.2900	0.2778	0.2659	0.2544	0.2432	0.2325	0.2220
9	0.3764	0.3611	0.3463	0.3320	0.3182	0.3049	0.2921	0.2796	0.2676	0.2560	0.2447	0.2338	0.2233
10	0.3802	0.3646	0.3495	0.3350	0.3210	0.3074	0.2944	0.2818	0.2696	0.2578	0.2464	0.2354	0.2247
11	0.3846	0.3686	0.3532	0.3383	0.3241	0.3103	0.2970	0.2841	0.2718	0.2598	0.2482	0.2371	0.2263
12	0.3896	0.3731	0.3573	0.3421	0.3275	0.3134	0.2999	0.2868	0.2742	0.2621	0.2503	0.2390	0.2281
13	0.3952	0.3782	0.3620	0.3464	0.3314	0.3170	0.3031	0.2898	0.2770	0.2646	0.2527	0.2412	0.2301
14	0.4015	0.3839	0.3671	0.3511	0.3357	0.3209	0.3068	0.2931	0.2800	0.2674	0.2552	0.2435	0.2322
15	0.4086	0.3903	0.3729	0.3564	0.3405	0.3253	0.3108	0.2968	0.2834	0.2705	0.2581	0.2461	0.2346
16	0.4165	0.3975	0.3794	0.3622	0.3458	0.3302	0.3152	0.3008	0.2871	0.2739	0.2612	0.2490	0.2373
17	0.4255	0.4056	0.3867	0.3688	0.3518	0.3356	0.3201	0.3053	0.2911	0.2776	0.2646	0.2521	0.2401
18	0.4357	0.4146	0.3948	0.3761	0.3584	0.3415	0.3255	0.3102	0.2956	0.2817	0.2683	0.2555	0.2433
19	0.4473	0.4249	0.4039	0.3842	0.3657	0.3481	0.3315	0.3156	0.3006	0.2862	0.2724	0.2593	0.2467
20	0.4605	0.4365	0.4142	0.3934	0.3739	0.3555	0.3381	0.3216	0.3060	0.2911	0.2769	0.2634	0.2504
21	0.4758	0.4498	0.4259	0.4037	0.3830	0.3637	0.3455	0.3283	0.3120	0.2965	0.2818	0.2678	0.2545
22	0.4936	0.4651	0.4392	0.4154	0.3934	0.3729	0.3537	0.3356	0.3186	0.3025	0.2872	0.2727	0.2590
23	0.5147	0.4829	0.4545	0.4287	0.4050	0.3832	0.3628	0.3438	0.3259	0.3091	0.2932	0.2781	0.2638
24	0.5404	0.5041	0.4724	0.4440	0.4183	0.3948	0.3731	0.3529	0.3341	0.3164	0.2997	0.2840	0.2692
25	0.5727	0.5299	0.4936	0.4619	0.4336	0.4081	0.3847	0.3631	0.3431	0.3245	0.3070	0.2905	0.2750

$$P_a = \frac{1}{2}\gamma H^2 K_{a(R)} = \left(\frac{1}{2}\right)(16)(4)^2(0.463) = \mathbf{59.26\ kN/m}$$

표 14.2로부터 $\alpha = 10°$ 그리고 $\theta = +15°$, $\beta'_a \approx$ **31.64°**.

주동토압 P_a는 저면으로부터 4/3 = 1.33 m 거리의 지점에, 그리고 옹벽의 배면에 연직으로 작용하는 선으로부터 31.64°로 기울어져 작용한다. ■

14.5 옹벽의 배면이 연직이고 경사 토사가 $c' - \phi'$ 값을 가질 때 Rankine의 주동토압

옹벽의 배면이 연직이고($\theta = 0$) 뒤채움 흙과 마찰이 없으며, 경사 뒤채움 흙이 $c' - \phi'$ 값을 가질 때(그림 14.11 참고), 깊이 z에 따른 주동토압은 다음과 같다(Mazindrani and Ganjali, 1997).

$$\sigma'_a = \gamma z K_a = \gamma z K'_a \cos\alpha \tag{14.25}$$

여기서

$$K'_a = \frac{1}{\cos^2\phi'}\left\{\begin{aligned}&2\cos^2\alpha + 2\left(\frac{c'}{\gamma z}\right)\cos\phi'\sin\phi' \\ &-\sqrt{\left[4\cos^2\alpha(\cos^2\alpha - \cos^2\phi') + 4\left(\frac{c'}{\gamma z}\right)^2\cos^2\phi' + 8\left(\frac{c'}{\gamma z}\right)\cos^2\alpha\sin\phi'\cos\phi'\right]}\end{aligned}\right\} - 1 \tag{14.26}$$

몇 가지 선택된 K'_a 값들은 표 14.4에 주어져 있다. Mazindrani and Ganjali (1997)는 옹벽 배면이 채움재 상단이 경사임에도 불구하고, 뒤채움부가 수평일 때($\alpha = 0$) 인장균열 깊이는 아직도 동일한 식 (14.12)와 같이 표현하였다. 이러한 조건에서 인장균열의 깊이는 다음과 같다.

$$z_c = \frac{2c'}{\gamma}\sqrt{\frac{1+\sin\phi'}{1-\sin\phi'}} \tag{14.27}$$

옹벽의 주동토압 P_a를 구할 때 인장영역은 무시한다. 토층 심도에 따른 주동토압의 크기는 식 (14.25)로부터 구한다. 주동토압은 수평면에 α로 기울어져 작용되고 뒤채움부 경사와 평행하다. 식 (14.26) 또는 표 14.4로부터 구한 K'_a 값은 깊이에 따라 비선형적으로 변화한다. 이 값은 뒤채움부에서 일정하지 않다. Mazindrani and Ganjali(1997)는 $c' = 0$일 때, 식 (14.23)과 식 (14.25)는 같은 값의 σ'_a임을 입증하였다.

예제 14.5

그림 14.11과 같이 $H = 7.5$ m, $\gamma = 18$ kN/m^3, $\phi' = 20°$, $c' = 13.5$ kN/m^2, $\alpha = 10°$인 옹벽의 단위길이당 Rankine 주동토압 P_a를 산정하고, 인장균열 발생 후의 합력의 작용점의 위치를 구하라.

표 14.4 K'_a의 변화값

ϕ' (deg)	α (deg)	$\frac{c'}{\gamma z}$ 0.025	0.05	0.1	0.5
15	0	0.550	0.512	0.435	−0.179
	5	0.566	0.525	0.445	−0.184
	10	0.621	0.571	0.477	−0.186
	15	0.776	0.683	0.546	−0.196
20	0	0.455	0.420	0.350	−0.210
	5	0.465	0.429	0.357	−0.212
	10	0.497	0.456	0.377	−0.218
	15	0.567	0.514	0.417	−0.229
25	0	0.374	0.342	0.278	−0.231
	5	0.381	0.348	0.283	−0.233
	10	0.402	0.366	0.296	−0.239
	15	0.443	0.401	0.321	−0.250
30	0	0.305	0.276	0.218	−0.244
	5	0.309	0.280	0.221	−0.246
	10	0.323	0.292	0.230	−0.252
	15	0.350	0.315	0.246	−0.263

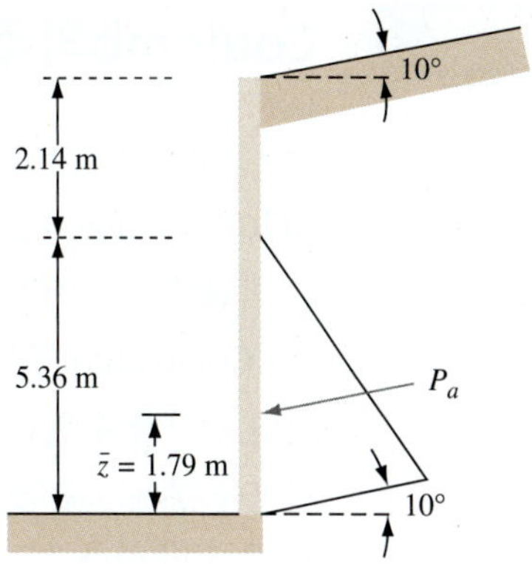

그림 14.12 c'-ϕ'인 흙일 때 Rankine의 주동토압 계산

풀이

식 (14.27)에 의해

$$z_r = \frac{2c'}{\gamma}\sqrt{\frac{1+\sin\phi'}{1-\sin\phi'}} = \frac{(2)(13.5)}{18}\sqrt{\frac{1+\sin 20}{1-\sin 20}} = 2.14 \text{ m}$$

$z = 7.5$ m에서

$$\frac{c'}{\gamma z} = \frac{13.5}{(18)(7.5)} = 0.1$$

표 14.4로부터 $\phi' = 20°$, $c'/\gamma z = 0.1$, $\alpha = 10°$일 때 K'_a는 0.377이므로 $z = 7.5$ m에서

$$\sigma'_a = \gamma z K'_a \cos\alpha = (18)(7.5)(0.377)(\cos 10) = 50.1 \text{ kN/m}^2$$

인장균열 발생 후의 옹벽에 작용하는 토압분포는 그림 14.12와 같이 나타난다. 따라서

$$P_a = \left(\frac{1}{2}\right)(50.1)(7.5 - 2.14) = \mathbf{134.3\ kN/m}$$

또한

$$\bar{z} = \frac{7.5 - 2.14}{3} = \mathbf{1.79\ m}$$

■

14.6 Coulomb의 주동토압

앞 절에서 설명한 Rankine의 주동토압 이론은 벽면마찰이 없다는 가정에 근거를 두었다. 1776년 Coulomb은 조립토로 뒤채움한 옹벽의 횡토압 계산 이론을 제안하였는데, 이 이론은 벽면마찰을 고려한 것이다.

Coulomb의 주동토압 이론을 적용하기 위하여 그림 14.13a에 나타낸 바와 같이 벽체 뒷면 경사가 수평면에서 β만큼 기울어진 옹벽을 생각해보자. 조립토로 뒤채움을 하였고, 뒤채움 경사는 수평면에서 α만큼 기울어져 있으며, 벽체와 흙 사이의 마찰각(즉, 벽면마찰각)을 δ'라 한다.

주동압 상태에 있는 옹벽은 토체로부터 변위가 발생되면서 움직일 것이다(그림에서 왼쪽 방향). Coulomb은 이때 토체 내부에서 발생되는 파괴면을 B를 통과하는 평면(BC_1, BC_2, . . .)으로 가정하였다. 이때 만일 흙파괴쐐기 ABC_1이 주동파괴를 일으킨다면, 이 흙쐐기에 작용하는 힘(도시된 단면에 직각으로 작용되는 단위길이당 힘)들은 다음과 같다.

1. 흙쐐기의 무게 W.
2. BC_1면을 따라 작용하는 연직력과 전단저항력의 합력 R. 힘 R은 평면 BC_1에 수직면과 ϕ'의 각도만큼 기울어져 작용한다.
3. 벽체의 단위길이당 작용하는 주동토압 P_a는 옹벽 배면의 연직면과 δ'의 각도만큼 기울어져 작용한다.

각각의 흙쐐기에 작용하는 힘들은 그림 14.13b에 나타낸 바와 같이, 평형상태를 유지하는 힘의 삼각형을 그릴 수 있다. θ_1은 BC_1이 수평면과 이루는 각도이다. 세 힘의 작용방

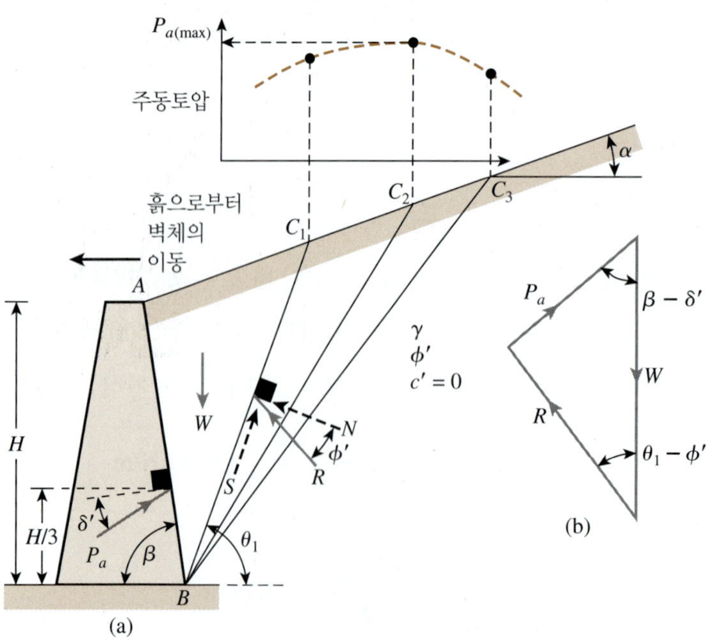

그림 14.13 Coulomb의 주동토압

향과 W의 크기를 알고 있으므로 P_a 값을 결정할 수 있다. 유사한 방법으로 ABC_2, ABC_3, . . .와 같은 다른 가상쐐기의 주동토압을 결정할 수 있다. 이렇게 결정된 P_a 값들 중 최대값이 Coulomb의 주동토압(그림 14.13a의 상단부 참고)이며, 다음과 같이 나타낼 수 있다.

$$P_a = \frac{1}{2}K_a \gamma H^2 \tag{14.28}$$

여기서

$$K_a = \text{Coulomb의 주동토압계수}$$
$$= \frac{\sin^2(\beta + \phi')}{\sin^2\beta \sin(\beta - \delta')\left[1 + \sqrt{\dfrac{\sin(\phi' + \delta')\sin(\phi' - \alpha)}{\sin(\beta - \delta')\sin(\alpha + \beta)}}\right]^2} \tag{14.29}$$

H = 옹벽의 높이

수평 뒤채움($\alpha = 0°$)한 연직옹벽($\beta = 90°$)에 대한 주동토압계수 K_a의 값은 표 14.5에 나타낸 바와 같다. 벽마찰이 없는 연직옹벽($\delta' = 0°$)일 경우, Rankine과 Coulomb의 이론에 의한 K_a 값은 동일하다. 합력(P_a)의 작용선은 벽체의 바닥으로부터 $H/3$의 거리에 위치하며, 옹벽 배면에 연직인 직선과 δ'의 각도만큼 기울어져 작용한다.

옹벽을 실제로 설계할 경우, 벽면마찰각 δ'의 값은 $\frac{1}{2}\phi'$~$\frac{2}{3}\phi'$의 범위로 가정한다. δ'의 값이 각각 $\frac{2}{3}\phi'$, $\frac{1}{2}\phi'$일 경우, ϕ', α, β 값의 변화에 따른 주동토압계수는 표 14.6과 14.7에 나타낸 바와 같다. 이러한 계수들은 설계 시 매우 유용한 값들이다.

만약 그림 14.14와 같이 뒤채움재의 상부에 상재하중 q가 균등하게 작용하게 되면 P_a는 다음과 같이 계산된다.

표 14.5 $\beta = 90°$, $\alpha = 0°$일 때 K_a의 변화값[식 (14. 29)]

	δ' (deg)					
ϕ' (deg)	0	5	10	15	20	25
28	0.3610	0.3448	0.3330	0.3251	0.3203	0.3186
30	0.3333	0.3189	0.3085	0.3014	0.2973	0.2956
32	0.3073	0.2945	0.2853	0.2791	0.2755	0.2745
34	0.2827	0.2714	0.2633	0.2579	0.2549	0.2542
36	0.2596	0.2497	0.2426	0.2379	0.2354	0.2350
38	0.2379	0.2292	0.2230	0.2190	0.2169	0.2167
40	0.2174	0.2098	0.2045	0.2011	0.1994	0.1995
42	0.1982	0.1916	0.1870	0.1841	0.1828	0.1831

표 14.6 $\delta' = \frac{2}{3}\phi'$일 때 K_a의 변화값[식 (14.29)]

α (deg)	ϕ' (deg)	β (deg)					
		90	85	80	75	70	65
0	28	0.3213	0.3588	0.4007	0.4481	0.5026	0.5662
	29	0.3091	0.3467	0.3886	0.4362	0.4908	0.5547
	30	0.2973	0.3349	0.3769	0.4245	0.4794	0.5435
	31	0.2860	0.3235	0.3655	0.4133	0.4682	0.5326
	32	0.2750	0.3125	0.3545	0.4023	0.4574	0.5220
	33	0.2645	0.3019	0.3439	0.3917	0.4469	0.5117
	34	0.2543	0.2916	0.3335	0.3813	0.4367	0.5017
	35	0.2444	0.2816	0.3235	0.3713	0.4267	0.4919
	36	0.2349	0.2719	0.3137	0.3615	0.4170	0.4824
	37	0.2257	0.2626	0.3042	0.3520	0.4075	0.4732
	38	0.2168	0.2535	0.2950	0.3427	0.3983	0.4641
	39	0.2082	0.2447	0.2861	0.3337	0.3894	0.4553
	40	0.1998	0.2361	0.2774	0.3249	0.3806	0.4468
	41	0.1918	0.2278	0.2689	0.3164	0.3721	0.4384
	42	0.1840	0.2197	0.2606	0.3080	0.3637	0.4302
5	28	0.3431	0.3845	0.4311	0.4843	0.5461	0.6190
	29	0.3295	0.3709	0.4175	0.4707	0.5325	0.6056
	30	0.3165	0.3578	0.4043	0.4575	0.5194	0.5926
	31	0.3039	0.3451	0.3916	0.4447	0.5067	0.5800
	32	0.2919	0.3329	0.3792	0.4324	0.4943	0.5677
	33	0.2803	0.3211	0.3673	0.4204	0.4823	0.5558
	34	0.2691	0.3097	0.3558	0.4088	0.4707	0.5443
	35	0.2583	0.2987	0.3446	0.3975	0.4594	0.5330
	36	0.2479	0.2881	0.3338	0.3866	0.4484	0.5221
	37	0.2379	0.2778	0.3233	0.3759	0.4377	0.5115
	38	0.2282	0.2679	0.3131	0.3656	0.4273	0.5012
	39	0.2188	0.2582	0.3033	0.3556	0.4172	0.4911
	40	0.2098	0.2489	0.2937	0.3458	0.4074	0.4813
	41	0.2011	0.2398	0.2844	0.3363	0.3978	0.4718
	42	0.1927	0.2311	0.2753	0.3271	0.3884	0.4625
10	28	0.3702	0.4164	0.4686	0.5287	0.5992	0.6834
	29	0.3548	0.4007	0.4528	0.5128	0.5831	0.6672
	30	0.3400	0.3857	0.4376	0.4974	0.5676	0.6516
	31	0.3259	0.3713	0.4230	0.4826	0.5526	0.6365
	32	0.3123	0.3575	0.4089	0.4683	0.5382	0.6219
	33	0.2993	0.3442	0.3953	0.4545	0.5242	0.6078
	34	0.2868	0.3314	0.3822	0.4412	0.5107	0.5942

(계속)

표 14.6 $\delta' = \frac{2}{3}\phi'$일 때 K_a의 변화값[식 (14.29)](계속)

α (deg)	ϕ' (deg)	β (deg)					
		90	85	80	75	70	65
	35	0.2748	0.3190	0.3696	0.4283	0.4976	0.5810
	36	0.2633	0.3072	0.3574	0.4158	0.4849	0.5682
	37	0.2522	0.2957	0.3456	0.4037	0.4726	0.5558
	38	0.2415	0.2846	0.3342	0.3920	0.4607	0.5437
	39	0.2313	0.2740	0.3231	0.3807	0.4491	0.5321
	40	0.2214	0.2636	0.3125	0.3697	0.4379	0.5207
	41	0.2119	0.2537	0.3021	0.3590	0.4270	0.5097
	42	0.2027	0.2441	0.2921	0.3487	0.4164	0.4990
15	28	0.4065	0.4585	0.5179	0.5868	0.6685	0.7670
	29	0.3881	0.4397	0.4987	0.5672	0.6483	0.7463
	30	0.3707	0.4219	0.4804	0.5484	0.6291	0.7265
	31	0.3541	0.4049	0.4629	0.5305	0.6106	0.7076
	32	0.3384	0.3887	0.4462	0.5133	0.5930	0.6895
	33	0.3234	0.3732	0.4303	0.4969	0.5761	0.6721
	34	0.3091	0.3583	0.4150	0.4811	0.5598	0.6554
	35	0.2954	0.3442	0.4003	0.4659	0.5442	0.6393
	36	0.2823	0.3306	0.3862	0.4513	0.5291	0.6238
	37	0.2698	0.3175	0.3726	0.4373	0.5146	0.6089
	38	0.2578	0.3050	0.3595	0.4237	0.5006	0.5945
	39	0.2463	0.2929	0.3470	0.4106	0.4871	0.5805
	40	0.2353	0.2813	0.3348	0.3980	0.4740	0.5671
	41	0.2247	0.2702	0.3231	0.3858	0.4613	0.5541
	42	0.2146	0.2594	0.3118	0.3740	0.4491	0.5415
20	28	0.4602	0.5205	0.5900	0.6714	0.7689	0.8880
	29	0.4364	0.4958	0.5642	0.6445	0.7406	0.8581
	30	0.4142	0.4728	0.5403	0.6195	0.7144	0.8303
	31	0.3935	0.4513	0.5179	0.5961	0.6898	0.8043
	32	0.3742	0.4311	0.4968	0.5741	0.6666	0.7799
	33	0.3559	0.4121	0.4769	0.5532	0.6448	0.7569
	34	0.3388	0.3941	0.4581	0.5335	0.6241	0.7351
	35	0.3225	0.3771	0.4402	0.5148	0.6044	0.7144
	36	0.3071	0.3609	0.4233	0.4969	0.5856	0.6947
	37	0.2925	0.3455	0.4071	0.4799	0.5677	0.6759
	38	0.2787	0.3308	0.3916	0.4636	0.5506	0.6579
	39	0.2654	0.3168	0.3768	0.4480	0.5342	0.6407
	40	0.2529	0.3034	0.3626	0.4331	0.5185	0.6242
	41	0.2408	0.2906	0.3490	0.4187	0.5033	0.6083
	42	0.2294	0.2784	0.3360	0.4049	0.4888	0.5930

표 14.7 $\delta' = \frac{1}{2}\phi'$일 때 K_a의 변화값[식 (14.29)]

α (deg)	ϕ' (deg)	β (deg)					
		90	85	80	75	70	65
0	28	0.3264	0.3629	0.4034	0.4490	0.5011	0.5616
	29	0.3137	0.3502	0.3907	0.4363	0.4886	0.5492
	30	0.3014	0.3379	0.3784	0.4241	0.4764	0.5371
	31	0.2896	0.3260	0.3665	0.4121	0.4645	0.5253
	32	0.2782	0.3145	0.3549	0.4005	0.4529	0.5137
	33	0.2671	0.3033	0.3436	0.3892	0.4415	0.5025
	34	0.2564	0.2925	0.3327	0.3782	0.4305	0.4915
	35	0.2461	0.2820	0.3221	0.3675	0.4197	0.4807
	36	0.2362	0.2718	0.3118	0.3571	0.4092	0.4702
	37	0.2265	0.2620	0.3017	0.3469	0.3990	0.4599
	38	0.2172	0.2524	0.2920	0.3370	0.3890	0.4498
	39	0.2081	0.2431	0.2825	0.3273	0.3792	0.4400
	40	0.1994	0.2341	0.2732	0.3179	0.3696	0.4304
	41	0.1909	0.2253	0.2642	0.3087	0.3602	0.4209
	42	0.1828	0.2168	0.2554	0.2997	0.3511	0.4177
5	28	0.3477	0.3879	0.4327	0.4837	0.5425	0.6115
	29	0.3337	0.3737	0.4185	0.4694	0.5282	0.5972
	30	0.3202	0.3601	0.4048	0.4556	0.5144	0.5833
	31	0.3072	0.3470	0.3915	0.4422	0.5009	0.5698
	32	0.2946	0.3342	0.3787	0.4292	0.4878	0.5566
	33	0.2825	0.3219	0.3662	0.4166	0.4750	0.5437
	34	0.2709	0.3101	0.3541	0.4043	0.4626	0.5312
	35	0.2596	0.2986	0.3424	0.3924	0.4505	0.5190
	36	0.2488	0.2874	0.3310	0.3808	0.4387	0.5070
	37	0.2383	0.2767	0.3199	0.3695	0.4272	0.4954
	38	0.2282	0.2662	0.3092	0.3585	0.4160	0.4840
	39	0.2185	0.2561	0.2988	0.3478	0.4050	0.4729
	40	0.2090	0.2463	0.2887	0.3374	0.3944	0.4620
	41	0.1999	0.2368	0.2788	0.3273	0.3840	0.4514
	42	0.1911	0.2276	0.2693	0.3174	0.3738	0.4410
10	28	0.3743	0.4187	0.4688	0.5261	0.5928	0.6719
	29	0.3584	0.4026	0.4525	0.5096	0.5761	0.6549
	30	0.3432	0.3872	0.4368	0.4936	0.5599	0.6385
	31	0.3286	0.3723	0.4217	0.4782	0.5442	0.6225
	32	0.3145	0.3580	0.4071	0.4633	0.5290	0.6071
	33	0.3011	0.3442	0.3930	0.4489	0.5143	0.5920
	34	0.2881	0.3309	0.3793	0.4350	0.5000	0.5775

(계속)

표 14.7 $\delta' = \frac{1}{2}\phi'$일 때 K_a의 변화값[식 (14.29)](*계속*)

α (deg)	φ′ (deg)	β (deg) 90	85	80	75	70	65
	35	0.2757	0.3181	0.3662	0.4215	0.4862	0.5633
	36	0.2637	0.3058	0.3534	0.4084	0.4727	0.5495
	37	0.2522	0.2938	0.3411	0.3957	0.4597	0.5361
	38	0.2412	0.2823	0.3292	0.3833	0.4470	0.5230
	39	0.2305	0.2712	0.3176	0.3714	0.4346	0.5103
	40	0.2202	0.2604	0.3064	0.3597	0.4226	0.4979
	41	0.2103	0.2500	0.2956	0.3484	0.4109	0.4858
	42	0.2007	0.2400	0.2850	0.3375	0.3995	0.4740
15	28	0.4095	0.4594	0.5159	0.5812	0.6579	0.7498
	29	0.3908	0.4402	0.4964	0.5611	0.6373	0.7284
	30	0.3730	0.4220	0.4777	0.5419	0.6175	0.7080
	31	0.3560	0.4046	0.4598	0.5235	0.5985	0.6884
	32	0.3398	0.3880	0.4427	0.5059	0.5803	0.6695
	33	0.3244	0.3721	0.4262	0.4889	0.5627	0.6513
	34	0.3097	0.3568	0.4105	0.4726	0.5458	0.6338
	35	0.2956	0.3422	0.3953	0.4569	0.5295	0.6168
	36	0.2821	0.3282	0.3807	0.4417	0.5138	0.6004
	37	0.2692	0.3147	0.3667	0.4271	0.4985	0.5846
	38	0.2569	0.3017	0.3531	0.4130	0.4838	0.5692
	39	0.2450	0.2893	0.3401	0.3993	0.4695	0.5543
	40	0.2336	0.2773	0.3275	0.3861	0.4557	0.5399
	41	0.2227	0.2657	0.3153	0.3733	0.4423	0.5258
	42	0.2122	0.2546	0.3035	0.3609	0.4293	0.5122
20	28	0.4614	0.5188	0.5844	0.6608	0.7514	0.8613
	29	0.4374	0.4940	0.5586	0.6339	0.7232	0.8313
	30	0.4150	0.4708	0.5345	0.6087	0.6968	0.8034
	31	0.3941	0.4491	0.5119	0.5851	0.6720	0.7772
	32	0.3744	0.4286	0.4906	0.5628	0.6486	0.7524
	33	0.3559	0.4093	0.4704	0.5417	0.6264	0.7289
	34	0.3384	0.3910	0.4513	0.5216	0.6052	0.7066
	35	0.3218	0.3736	0.4331	0.5025	0.5851	0.6853
	36	0.3061	0.3571	0.4157	0.4842	0.5658	0.6649
	37	0.2911	0.3413	0.3991	0.4668	0.5474	0.6453
	38	0.2769	0.3263	0.3833	0.4500	0.5297	0.6266
	39	0.2633	0.3120	0.3681	0.4340	0.5127	0.6085
	40	0.2504	0.2982	0.3535	0.4185	0.4963	0.5912
	41	0.2381	0.2851	0.3395	0.4037	0.4805	0.5744
	42	0.2263	0.2725	0.3261	0.3894	0.4653	0.5582

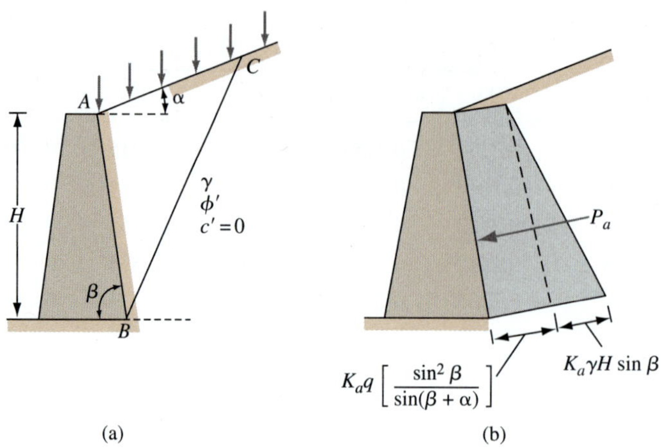

그림 14.14 뒤채움재 상단에 상재하중이 작용할 때 Coulomb의 주동토압

$$P_a = \frac{1}{2}K_a\gamma_{eq}H^2 \qquad (14.30)$$

↑ 식 (14.29)

여기서

$$\gamma_{eq} = \gamma + \left[\frac{\sin\beta}{\sin(\beta+\alpha)}\right]\left(\frac{2q}{H}\right) \qquad (14.31)$$

예제 14.6

그림 14.13a에 도시된 옹벽을 참고하여 다음과 같은 조건이 주어질 때, $H = 5$ m, 흙의 단위중량 = 17.6 kN/m^3, 흙의 마찰각 = 35°, 옹벽의 마찰각 $\delta' = \frac{2}{3}\phi'$, 흙의 점착력 $c' = 0$, $\alpha = 0$, $\beta = 90°$이다. 옹벽의 단위길이당 Coulomb의 주동토압을 계산하라.

풀이

식 (14.28)로부터

$$P_a = \frac{1}{2}\gamma H^2 K_a$$

표 14.6에서 $\alpha = 0°$, $\beta = 90°$, $\phi' = 35°$, $\delta' = \frac{2}{3}\phi' = 23.33°$, $K_a = 0.2444$일 때

$$P_a = \frac{1}{2}(17.6)(5)^2(0.2444) = \mathbf{53.77\ kN/m}$$

■

예제 14.7

그림 14.14a와 같은 $H = 6.1$ m, $\phi' = 30°$, $\delta' = 20°$, $\alpha = 5°$, $\beta = 85°$, $q = 96$ kN/m^2, $\gamma = 18$ kN/m^{3}인 옹벽이 있다. Coulomb의 주동토압 P_a과 합력의 작용선의 위치를 구하라.

풀이

$\beta = 85°$, $\alpha = 5°$, $\delta' = 20°$, $\phi' = 30°$, 그리고 $K_a = 0.3578$(표 14.6 참고)이다. 식 (14.30)과 (14.31)에 의해

$$P_a = \frac{1}{2}K_a\gamma_{eq}H^2 = \frac{1}{2}K_a\left[\gamma + \frac{2q}{H}\frac{\sin\beta}{\sin(\beta+\alpha)}\right]H^2 = \underbrace{\frac{1}{2}K_a\gamma H^2}_{P_{a(1)}}$$

$$+ \underbrace{K_aHq\left[\frac{\sin\beta}{\sin(\beta+\alpha)}\right]}_{P_a(2)}$$

$$= (0.5)(0.3578)(18)(6.1)^2 + (0.3578)(6.1)(96)\left[\frac{\sin 85}{\sin(85+5)}\right]$$

$$= 119.8 + 208.7 = \mathbf{328.5\ kN/m}$$

합력의 작용선의 위치:

$$P_a\bar{z} = P_{a(1)}\frac{H}{3} + P_{a(2)}\frac{H}{2}$$

또는

$$\bar{z} = \frac{(119.8)\left(\frac{6.1}{3}\right) + (208.7)\left(\frac{6.1}{2}\right)}{328.5}$$

$= \mathbf{2.68\ m}$ (벽체 하부로부터 연직 방향으로 측정함)

■

14.7 옹벽의 변위(translation)가 발생될 때의 주동토압—조립토 뒤채움

어떤 경우에는 그림 14.15에 도시된 것과 같이 옹벽의 횡변위(lateral translation)가 발생되고 있을 때가 있다. 이러한 경우에 주동토압의 분포에 대한 해는 Dubrova(1963)가 제시 하였으며, Harr(1966)가 또한 설명을 하였다. Dubrova의 해는 Coulomb의 식 (14.28)과 식 (14.29)가 타당하다고 가정하였다. 이들 과정을 이해하기 위하여, 뒤채움부가 수평이고 연직인 옹벽(그림 14.16)을 고려해보자. 옹벽의 상부를 중심으로 회전할 때, 파괴면 AC를 따라 작용하는 연직력과 전단저항력의 합력 R은 평면 AC면에 수직면과 ϕ'의 각도만큼 기울어져 작용한다. Dubrova에 따르면 ψ' 각도로 기울어진 합력 R에 관한 무한수의 $A'C'$, $A''C''$, …와 같은 준파괴면이 존재한다고 주장한다. 여기서

$$\psi' = \frac{\phi' z}{H} \tag{14.32}$$

Coulomb의 주동토압 식 (14.28)과 식 (14.29)에 관련하여 $\beta = 90°$ 그리고 $\alpha = 0°$일 때,

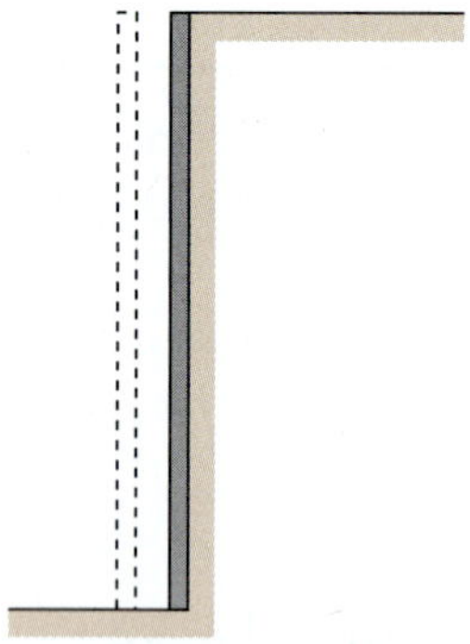

그림 14.15 옹벽의 횡변위

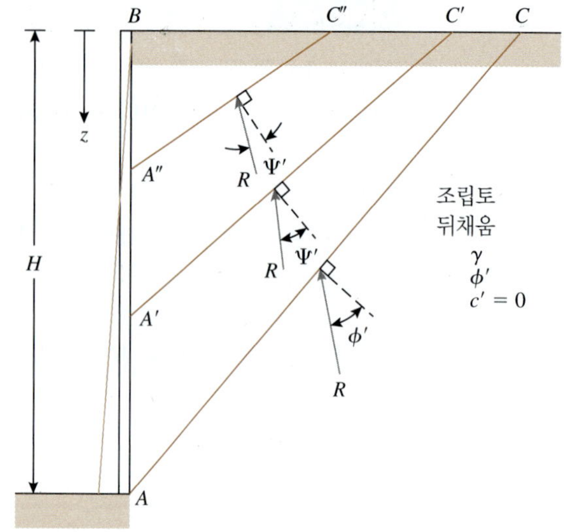

그림 14.16 옹벽 배면에 발생되는 준파괴면들

Coulomb의 주동토압에 관한 관계식은 다음과 같이 다시 쓸 수 있다.

$$P_a = \frac{\gamma}{2\cos\delta'}\left[\frac{H}{\dfrac{1}{\cos\phi'} + (\tan^2\phi' + \tan\phi'\tan\delta')^{0.5}}\right]^2 \tag{14.33}$$

임의의 깊이 z에서 옹벽에 작용하는 주동토압은 다음과 같이 표현할 수 있다.

$$P_a = \frac{\gamma}{2\cos\delta'}\left[\frac{z}{\dfrac{1}{\cos\psi'} + (\tan^2\psi' + \tan\psi'\tan\delta')^{0.5}}\right]^2 \tag{14.34}$$

옹벽의 상부를 중심으로 회전할 때, 임의의 깊이 z에서 옹벽에 작용하는 토압은

$$\sigma_a'(z) = \frac{dP_a}{dz} \approx \frac{\gamma}{\cos\delta'}\left[\frac{z\cos^2\psi'}{(1+m\sin\psi')^2} - \frac{z^2\phi'\cos^2\psi'}{H(1+m\sin\psi')}(\sin\psi' + m)\right] \tag{14.35}$$

여기서 $m = \left(1 + \dfrac{\tan\delta'}{\tan\psi'}\right)^{0.5}$ (14.36)

옹벽 배면과 뒤채움 흙 사이에 마찰이 없을 때 $\delta' = 0$, 식 (14.35)는 다음과 같이 단순화될 수 있다.

$$\sigma_a'(z) = \gamma\tan^2\left(45 - \frac{\psi'}{2}\right)\left(z - \frac{\phi' z^2}{H\cos\psi'}\right) \tag{14.37}$$

옹벽이 바닥부를 중심으로 회전할 때, 다음과 같은 형태의 유사한 표현을 쓸 수 있다.

$$\sigma''(z) = \frac{\gamma z}{\cos\delta'}\left(\frac{\cos\phi'}{1+\sin\phi'}\right)^2 \tag{14.38}$$

옹벽의 변위가 발생할 때, 주동토압은 다음과 같이 표현할 수 있다.

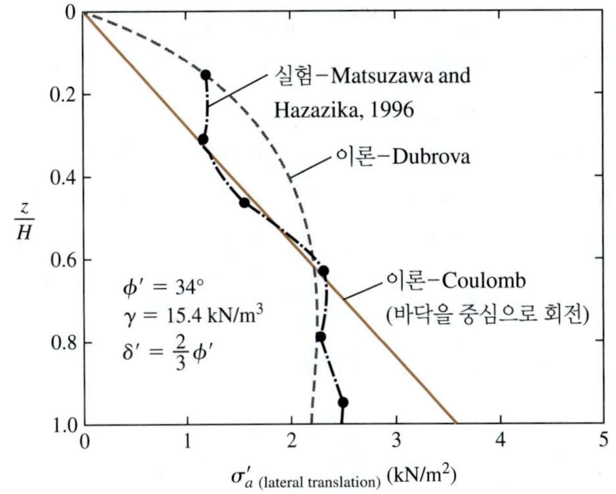

그림 14.17 실대형실험에 의한 옹벽의 횡변위와 Dubroba 이론의 실험적 입증

$$\sigma'_a(z)_{\text{translation}} = \frac{1}{2}\left[\sigma'_a(z)_{\text{rotation about top}} + \sigma''_a(z)_{\text{rotation about bottom}}\right] \tag{14.39}$$

이 과정의 실험적 증명은 Matsuzawa and Hazarika(1996)가 발표하였다. 실대형실험에 의한 이 결과들은 그림 14.17에 도시되어 있다. 이론과 실험적 결과가 비교적 잘 일치하는 것으로 나타났다.

예제 14.8

옹벽 배면과 뒤채움 흙 사이에 마찰이 없는 옹벽의 높이가 5 m일 때, 조립토 뒤채움재의 γ =17.3 kN/m^{3}이고, $\phi' = 36°$이다. 옹벽의 이동이 변위상태일 때, $\sigma_a(z)$를 계산하고 모식도를 그려라.

풀이

옹벽의 마찰이 없을 때 $\delta' = 0$. 따라서 m은 식 (14.36)과 같다. 옹벽의 상부를 중심으로 회전할 때, 식 (14.37)로부터

$$\sigma_a(z)\ \sigma'_c(z) = \gamma \tan^2\left(45 - \frac{\phi' z}{2H}\right)\left[z - \frac{\phi' z^2}{H\cos\left(\dfrac{\phi' z}{H}\right)}\right]$$

옹벽이 바닥부를 중심으로 회전할 때, 식 (14.38)로부터

$$\sigma_a(z) = \sigma''_a(z) = \gamma z\left(\frac{\cos\phi'}{1 + \sin\phi'}\right)^2$$

$$\sigma'_a(z)_{\text{translation}} = \frac{\sigma'_a(z) + \sigma''_a(z)}{2}$$

뒤채움재의 $\gamma = 17.29$ kN/m^{3}이고, $\phi' = 36°$, 그리고 $H = 5$ m일 때 다음의 표를 작성할 수 있다.

z (m)	$\sigma'_a(z)$ (kN/m^2)	$\sigma''_a(z)$ (kN/m^2)	$\sigma'_a(z)_{\text{translation}}$ (kN/m^2)
0	0	0	0
1.25	13.26	5.62	9.44
2.5	15.29	11.25	13.27
3.75	11.50	16.87	14.19
5	5.03	22.49	13.76

$\sigma'_a(z)$ 대 z와의 관계도는 그림 14.18에 나타내었다.

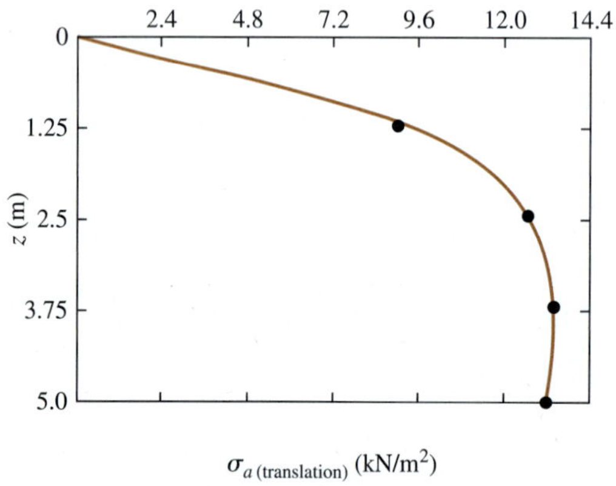

그림 14.18 옹벽의 깊이 z에 따른 $\sigma'_{a(\text{translation})}$의 변화값

■

14.8 상재하중에 의한 횡토압

몇몇 사례에 의하면 선하중(그림 14.19a) 또는 띠형 하중(그림 14.19b)과 같은 여러 형태의 하중으로 인한 강성벽체구조물에 작용하는 횡토압을 결정하는 데 탄성이론을 적용시켜왔다.

탄성이론에 따르면 그림 14.19a와 같이 q/단위길이의 선하중이 작용할 때, 벽체상의 임의의 심도 z에 작용하는 토압은 다음과 같이 계산될 수 있다.

$$\sigma = \frac{2q}{\pi H}\frac{a^2 b}{(a^2 + b^2)^2} \tag{14.40}$$

여기서 $\sigma = z$ 심도에서의 수평토압 $= bH$ (a와 b에 대한 설명은 그림 14.19a 참고)

흙의 자중에 따라 발생되는 횡응력은 여기서 고려하지 않았다.

그러나 흙은 완벽한 탄성체가 아니므로 식 (14.40)과는 어느 정도의 편차가 발생할 수 있다. 통상적으로 흙과 함께 사용되는 이 식의 수정된 형태는 다음과 같다.

$$\sigma = \frac{4a}{\pi H}\frac{a^2 b}{(a^2 + b^2)} \qquad a > 0.4 \text{ 일 때} \tag{14.41}$$

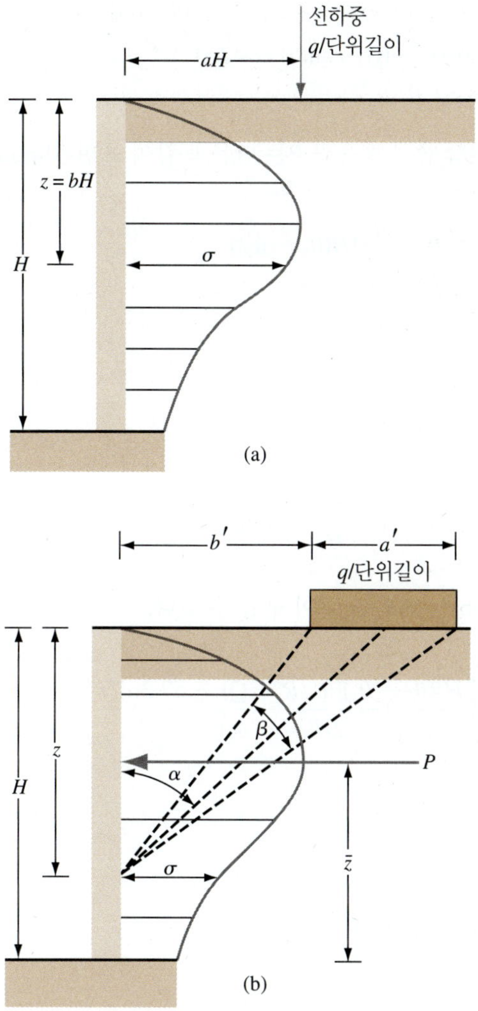

그림 14.19 (a) 선하중과 (b) 띠형하중에 의한 횡토압

그리고

$$\sigma = \frac{q}{H}\frac{0.203b}{(0.16 + b^2)^2} \qquad a \le 0.4 \text{ 일 때} \tag{14.42}$$

그림 14.19b와 같이 높이 H인 벽체로부터 b' 거리만큼 떨어진 곳에 q/단위면적의 하중이 작용하고 있다. 탄성이론에 의하면 벽체상 임의의 심도 z 지점의 수평토압 σ는 다음과 같이 구할 수 있다.

$$\sigma = \frac{q}{\pi}(\beta - \sin\beta\cos 2\alpha) \tag{14.43}$$

(각 α와 β는 그림 14.19b에 정의되어 있다.)

그러나 흙의 경우, 유연한 흙의 연속체이므로 식 (14.43)의 우변을 2배로 하여야 한다.

$$\sigma = \frac{2q}{\pi}(\beta - \sin\beta\cos 2\alpha) \tag{14.44}$$

띠형 하중만에 의한 단위길이당 총 수평응력 P는 다음과 같이 표현된다(Jarquio, 1981).

$$P = \frac{q}{90}[H(\theta_2 - \theta_1)] \tag{14.45}$$

여기서

$$\theta_1 = \tan^{-1}\left(\frac{b'}{H}\right)(\text{deg}) \tag{14.46}$$

$$\theta_2 = \tan^{-1}\left(\frac{a' + b'}{H}\right)(\text{deg}) \tag{14.47}$$

합력 P의 위치 $\bar{z}$(그림 14.19b)는 다음과 같이 구할 수 있다.

$$\bar{z} = H - \left[\frac{H^2(\theta_2 - \theta_1) + (R - Q) - 57.3a'H}{2H(\theta_2 - \theta_1)}\right] \tag{14.48}$$

여기서

$$R = (a' + b')^2(90 - \theta_2) \tag{14.49}$$

$$Q = b'^2(90 - \theta_1) \tag{14.50}$$

예제 14.9

그림 14.19a는 선형 상재하중을 나타낸 것이다. 주어진 조건: $H = 6$ m, $a = 0.25$, 그리고 $q = 3$ kN/m, $z = 1, 2, 3, 4, 5$, 그리고 6 m 지점에서 옹벽에 작용되는 횡응력을 계산하라.

풀이

a =0.25일 때, 0.4보다 작으므로 식 (14.42)를 이용하여 다음 표를 작성하였다.

z (m)	H (m)	$b = z/H$	a	σ (kN/m^2)
1	6	0.167	0.25	**0.48**
2	6	0.333	0.25	**0.46**
3	6	0.5	0.25	**0.302**
4	6	0.667	0.25	**0.185**
5	6	0.833	0.25	**0.116**
6	6	1	0.25	**0.073**

■

예제 14.10

그림 14.19b에서 $a' = 2$ m, $b' = 1$ m, $q = 40$ kN/m^2, 그리고 $H = 6$ m. 띠하중이 작용될 때 옹벽의 총 수평응력을 계산하라.

풀이

식 (14.46)과 식 (14.47)로부터

$$\theta_1 = \tan^{-1}\left(\frac{1}{6}\right) = 9.46°$$

$$\theta_2 = \tan^{-1}\left(\frac{2+1}{6}\right) = 26.57°$$

식 (14.45)로부터

$$P = \frac{q}{90}[H(\theta_2 - \theta_1)] = \frac{40}{90}[6(26.57 - 9.46)] = \mathbf{45.63\ kN/m}$$

■

예제 14.11

예제 14.10을 참고로 하여 합력의 작용선의 위치 $\bar{z}$를 구하라.

풀이

식 (14.49)와 식 (14.50)으로부터

$$R = (a' + b')^2(90 - \theta_2) = (2+1)^2(90 - 26.57) = 570.87$$
$$Q = b'^2(90 - \theta_1) = (1)^2(90 - 9.46) = 80.54$$

식 (14.47)로부터

$$\bar{z} = H - \left[\frac{H^2(\theta_2 - \theta_1) + (R - Q) - 57.3a'H}{2H(\theta_2 - \theta_1)}\right]$$
$$= 6 - \left[\frac{(6)^2(26.57 - 9.46) + (570.87 - 80.54) - (57.3)(2)(6)}{(2)(6)(26.57 - 9.46)}\right] = \mathbf{3.96\ m}$$

■

14.9 지진상태에서의 주동토압—조립토 뒤채움

Coulomb의 주동토압 이론(14.6절 참고)은 지진에 의해 유발되는 힘을 고려하여 더 전개할 수 있다. 그림 14.20은 조립토 뒤채움($c' = 0$)일 때 주동토압 상태를 보여준다. 이때 그림 14.20에서 흙의 파괴쐐기에 작용되는 힘들은 본질적으로 그림 14.13a에 나타난 것과 같으며, 여기에서 각각 수평과 연직방향의 k_hW과 k_vW가 추가된 것이다. k_h와 k_v는 다음과 같이 정의된다.

$$k_h = \frac{\text{지진가속도의 수평성분}}{\text{중력가속도, } g} \tag{14.51}$$

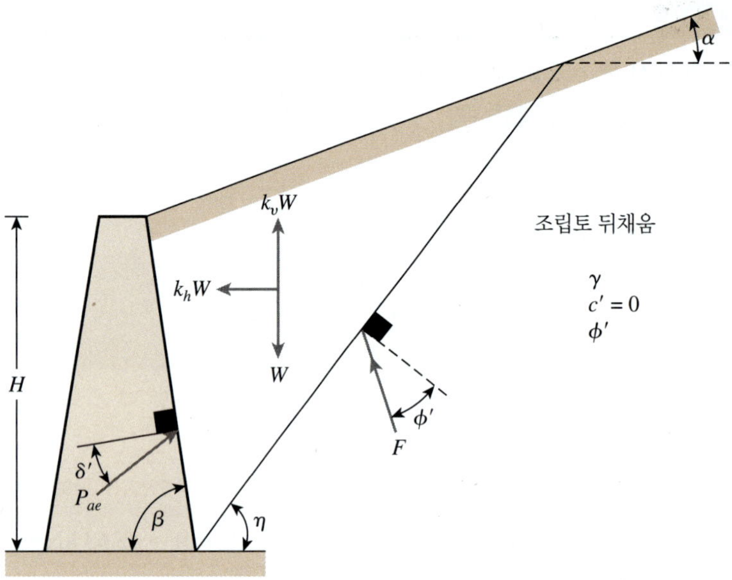

그림 14.20 식 (14.53)의 유도

$$k_v = \frac{\text{지진가속도의 연직성분}}{\text{중력가속도, } g} \tag{14.52}$$

14.6절에서와 같이 옹벽의 단위길이당 주동토압(P_{ae})은 다음 식으로 결정할 수 있다.

$$P_{ae} = \frac{1}{2}\gamma H^2(1 - k_v)K_{ae} \tag{14.53}$$

여기서

K_{ae} = 주동토압계수

$$= \frac{\sin^2(\phi' + \beta - \theta')}{\cos\theta' \sin^2\beta \sin(\beta - \theta' - \delta')\left[1 + \sqrt{\dfrac{\sin(\phi' + \delta')\sin(\phi' - \theta' - \alpha)}{\sin(\beta - \delta' - \theta')\sin(\alpha + \beta)}}\right]^2} \tag{14.54}$$

$$\theta' = \tan^{-1}\left[\frac{k_h}{(1 - k_v)}\right] \tag{14.55}$$

이때 지진이 없는 상태에서는 $k_h = 0$, $k_v = 0$, 그리고 $\theta' = 0$. 따라서 $K_{ae} = K_a$ [식 (14.29)에서 주어진 것과 같이].

$k_v = 0$이고, $\beta = 90°, 85°, 80°, 75°$, 그리고 $70°$일 때 K_{ae} 값은 표 14.8~14.12에 주어져 있다.

P_{ae}의 크기는 식 (14.53)에 의해 구할 수 있으며, 또한 다음과 같이 결정할 수 있다(Seed

표 14.8 $\beta = 90°$, $k_v = 0$일 때, K_{ae}의 변화값[식 (14.54)]

			ϕ' (deg)				
k_h	δ' (deg)	α (deg)	28	30	35	40	45
0.1	0	0	0.427	0.397	0.328	0.268	0.217
0.2			0.508	0.473	0.396	0.382	0.270
0.3			0.611	0.569	0.478	0.400	0.334
0.4			0.753	0.697	0.581	0.488	0.409
0.5			1.005	0.890	0.716	0.596	0.500
0.1	0	5	0.457	0.423	0.347	0.282	0.227
0.2			0.554	0.514	0.424	0.349	0.285
0.3			0.690	0.635	0.522	0.431	0.356
0.4			0.942	0.825	0.653	0.535	0.442
0.5			—	—	0.855	0.673	0.551
0.1	0	10	0.497	0.457	0.371	0.299	0.238
0.2			0.623	0.570	0.461	0.375	0.303
0.3			0.856	0.748	0.585	0.472	0.383
0.4			—	—	0.780	0.604	0.486
0.5			—	—	—	0.809	0.624
0.1	$\phi'/2$	0	0.396	0.368	0.306	0.253	0.207
0.2			0.485	0.452	0.380	0.319	0.267
0.3			0.604	0.563	0.474	0.402	0.340
0.4			0.778	0.718	0.599	0.508	0.433
0.5			1.115	0.972	0.774	0.648	0.522
0.1	$\phi'/2$	5	0.428	0.396	0.326	0.268	0.218
0.2			0.537	0.497	0.412	0.342	0.283
0.3			0.699	0.640	0.526	0.438	0.367
0.4			1.025	0.881	0.690	0.568	0.475
0.5			—	—	0.962	0.752	0.620
0.1	$\phi'/2$	10	0.472	0.433	0.352	0.285	0.230
0.2			0.616	0.562	0.454	0.371	0.303
0.3			0.908	0.780	0.602	0.487	0.400
0.4			—	—	0.857	0.656	0.531
0.5			—	—	—	0.944	0.722
0.1	$\frac{2}{3}\phi'$	0	0.393	0.366	0.306	0.256	0.212
0.2			0.486	0.454	0.384	0.326	0.276
0.3			0.612	0.572	0.486	0.416	0.357
0.4			0.801	0.740	0.622	0.533	0.462
0.5			1.177	1.023	0.819	0.693	0.600
0.1	$\frac{2}{3}\phi'$	5	0.427	0.395	0.327	0.271	0.224
0.2			0.541	0.501	0.418	0.350	0.294
0.3			0.714	0.655	0.541	0.455	0.386
0.4			1.073	0.921	0.722	0.600	0.509
0.5			—	—	1.034	0.812	0.679
0.1	$\frac{2}{3}\phi'$	10	0.472	0.434	0.354	0.290	0.237
0.2			0.625	0.570	0.463	0.381	0.317
0.3			0.942	0.807	0.624	0.509	0.423
0.4			—	—	0.909	0.699	0.573
0.5			—	—	—	1.037	0.800

표 14.9 $\beta = 85°$, $k_v = 0$일 때, K_{ae}의 변화값[식 (14.54)]

k_h	δ' (deg)	α (deg)	ϕ' (deg)				
			28	30	35	40	45
0.1	0	0	0.462	0.432	0.363	0.303	0.250
0.2			0.543	0.509	0.432	0.365	0.306
0.3			0.647	0.606	0.516	0.439	0.372
0.4			0.792	0.736	0.622	0.530	0.451
0.5			1.054	0.936	0.762	0.642	0.546
0.1	0	5	0.496	0.462	0.386	0.320	0.263
0.2			0.594	0.554	0.465	0.389	0.324
0.3			0.733	0.678	0.566	0.475	0.398
0.4			0.996	0.875	0.702	0.583	0.489
0.5			—	—	0.914	0.728	0.604
0.1	0	10	0.540	0.500	0.413	0.339	0.277
0.2			0.669	0.616	0.507	0.419	0.345
0.3			0.912	0.801	0.635	0.521	0.430
0.4			—	—	0.842	0.660	0.540
0.5			—	—	—	0.879	0.687
0.1	$\phi'/2$	0	0.434	0.407	0.344	0.291	0.245
0.2			0.526	0.494	0.423	0.362	0.309
0.3			0.651	0.610	0.523	0.451	0.389
0.4			0.836	0.775	0.657	0.566	0.491
0.5			1.202	1.050	0.847	0.719	0.623
0.1	$\phi'/2$	5	0.472	0.440	0.369	0.309	0.258
0.2			0.585	0.546	0.460	0.389	0.330
0.3			0.756	0.698	0.583	0.494	0.421
0.4			1.111	0.959	0.761	0.636	0.542
0.5			—	—	1.063	0.841	0.705
0.1	$\phi'/2$	10	0.521	0.482	0.399	0.331	0.274
0.2			0.674	0.619	0.509	0.424	0.355
0.3			0.990	0.855	0.670	0.551	0.462
0.4			—	—	0.952	0.739	0.609
0.5			—	—	—	1.067	0.827
0.1	$\frac{2}{3}\phi'$	0	0.433	0.407	0.347	0.296	0.253
0.2			0.530	0.499	0.431	0.373	0.323
0.3			0.664	0.624	0.540	0.471	0.413
0.4			0.868	0.806	0.689	0.601	0.531
0.5			1.284	1.119	0.907	0.781	0.689
0.1	$\frac{2}{3}\phi'$	5	0.472	0.441	0.373	0.316	0.267
0.2			0.593	0.554	0.471	0.403	0.346
0.3			0.779	0.719	0.605	0.519	0.449
0.4			1.175	1.012	0.805	0.681	0.589
0.5			—	—	1.159	0.923	0.787
0.1	$\frac{2}{3}\phi'$	10	0.524	0.486	0.405	0.339	0.284
0.2			0.688	0.632	0.523	0.440	0.373
0.3			1.036	0.892	0.701	0.583	0.495
0.4			—	—	1.024	0.800	0.668
0.5			—	—	—	1.195	0.936

표 14.10 $\beta = 80°$, $k_v = 0$일 때, K_{ae}의 변화값[식 (14.54)]

k_h	δ' (deg)	α (deg)	ϕ' (deg)				
			28	30	35	40	45
0.1	0	0	0.500	0.470	0.402	0.342	0.288
0.2			0.582	0.549	0.473	0.406	0.346
0.3			0.688	0.648	0.559	0.483	0.415
0.4			0.838	0.782	0.669	0.577	0.498
0.5			1.115	0.993	0.816	0.695	0.599
0.1	0	5	0.539	0.505	0.428	0.362	0.303
0.2			0.639	0.599	0.510	0.434	0.368
0.3			0.782	0.728	0.615	0.524	0.446
0.4			1.060	0.935	0.758	0.638	0.543
0.5			—	—	0.984	0.793	0.665
0.1	0	10	0.588	0.548	0.460	0.385	0.320
0.2			0.721	0.668	0.558	0.469	0.393
0.3			0.979	0.863	0.693	0.577	0.484
0.4			—	—	0.914	0.725	0.601
0.5			—	—	—	0.962	0.760
0.1	$\phi'/2$	0	0.477	0.450	0.388	0.334	0.287
0.2			0.573	0.542	0.471	0.410	0.357
0.3			0.705	0.665	0.579	0.507	0.446
0.4			0.904	0.843	0.724	0.634	0.559
0.5			1.311	1.147	0.935	0.805	0.709
0.1	$\phi'/2$	5	0.520	0.488	0.417	0.357	0.304
0.2			0.641	0.601	0.515	0.444	0.383
0.3			0.825	0.765	0.649	0.559	0.485
0.4			—	1.053	0.845	0.717	0.621
0.5			—	—	1.188	0.950	0.808
0.1	$\phi'/2$	10	0.577	0.538	0.454	0.384	0.324
0.2			0.742	0.685	0.573	0.486	0.414
0.3			1.089	0.944	0.750	0.628	0.535
0.4			—	—	1.068	0.840	0.704
0.5			—	—	—	1.221	0.958
0.1	$\frac{2}{3}\phi'$	0	0.479	0.452	0.394	0.343	0.299
0.2			0.581	0.551	0.484	0.427	0.378
0.3			0.724	0.685	0.603	0.536	0.479
0.4			0.948	0.885	0.768	0.682	0.614
0.5			1.419	1.239	1.017	0.889	0.800
0.1	$\frac{2}{3}\phi'$	5	0.524	0.493	0.425	0.367	0.318
0.2			0.653	0.614	0.531	0.464	0.406
0.3			0.856	0.796	0.680	0.594	0.524
0.4			1.302	1.124	0.906	0.779	0.687
0.5			—	—	1.319	1.064	0.923
0.1	$\frac{2}{3}\phi'$	10	0.584	0.545	0.463	0.396	0.340
0.2			0.762	0.705	0.594	0.510	0.441
0.3			1.151	0.995	0.794	0.672	0.582
0.4			—	—	1.167	0.924	0.786
0.5			—	—	—	1.400	1.112

표 14.11 $\beta = 75°$, $k_v = 0$일 때, K_{ae}의 변화값[식 (14.54)]

k_h	δ' (deg)	α (deg)	ϕ' (deg)				
			28	30	35	40	45
0.1	0	0	0.543	0.514	0.446	0.385	0.329
0.2			0.626	0.594	0.519	0.451	0.391
0.3			0.735	0.696	0.608	0.532	0.464
0.4			0.892	0.836	0.723	0.631	0.552
0.5			1.190	1.061	0.879	0.756	0.659
0.1	0	5	0.587	0.554	0.477	0.409	0.348
0.2			0.691	0.651	0.562	0.485	0.417
0.3			0.841	0.785	0.672	0.579	0.500
0.4			1.139	1.007	0.824	0.701	0.604
0.5			—	—	1.069	0.868	0.736
0.1	0	10	0.643	0.603	0.514	0.437	0.369
0.2			0.783	0.729	0.617	0.525	0.447
0.3			1.059	0.937	0.761	0.641	0.545
0.4			—	—	1.000	0.802	0.672
0.5			—	—	—	1.062	0.846
0.1	$\phi'/2$	0	0.526	0.499	0.438	0.384	0.336
0.2			0.627	0.596	0.527	0.467	0.414
0.3			0.769	0.729	0.644	0.573	0.512
0.4			0.987	0.925	0.805	0.714	0.641
0.5			1.450	1.270	1.044	0.911	0.814
0.1	$\phi'/2$	5	0.576	0.544	0.473	0.412	0.358
0.2			0.705	0.665	0.580	0.508	0.446
0.3			0.906	0.845	0.727	0.636	0.561
0.4			1.349	1.169	0.948	0.815	0.717
0.5			—	—	1.348	1.088	0.938
0.1	$\phi'/2$	10	0.642	0.602	0.517	0.445	0.384
0.2			0.822	0.763	0.648	0.559	0.485
0.3			1.211	1.053	0.847	0.719	0.623
0.4			—	—	1.214	0.965	0.820
0.5			—	—	—	1.420	1.125
0.1	$\frac{2}{3}\phi'$	0	0.530	0.505	0.447	0.397	0.353
0.2			0.640	0.611	0.545	0.490	0.442
0.3			0.796	0.758	0.677	0.613	0.559
0.4			1.046	0.983	0.866	0.782	0.718
0.5			1.597	1.395	1.157	1.029	0.944
0.1	$\frac{2}{3}\phi'$	5	0.583	0.553	0.485	0.427	0.378
0.2			0.724	0.685	0.603	0.536	0.479
0.3			0.949	0.887	0.771	0.684	0.616
0.4			1.465	1.266	1.033	0.902	0.811
0.5			—	—	1.531	1.250	1.105
0.1	$\frac{2}{3}\phi'$	10	0.654	0.615	0.532	0.464	0.406
0.2			0.851	0.792	0.679	0.593	0.523
0.3			1.296	1.123	0.908	0.781	0.689
0.4			—	—	1.351	1.083	0.938
0.5			—	—	—	1.681	1.353

표 14.12 $\beta = 70°, k_v = 0$일 때, K_{ae}의 변화값[식 (14.54)]

k_h	δ' (deg)	α (deg)	ϕ' (deg) 28	30	35	40	45
0.1	0	0	0.593	0.564	0.496	0.434	0.377
0.2			0.678	0.645	0.571	0.503	0.442
0.3			0.791	0.752	0.665	0.588	0.520
0.4			0.958	0.901	0.786	0.693	0.613
0.5			1.285	1.145	0.954	0.829	0.729
0.1	0	5	0.643	0.609	0.532	0.463	0.400
0.2			0.751	0.711	0.621	0.543	0.474
0.3			0.911	0.854	0.738	0.644	0.563
0.4			1.237	1.094	0.902	0.776	0.676
0.5			—	—	1.173	0.959	0.821
0.1	0	10	0.707	0.666	0.575	0.496	0.426
0.2			0.855	0.800	0.685	0.591	0.510
0.3			1.157	1.026	0.841	0.716	0.617
0.4			—	—	1.104	0.892	0.756
0.5			—	—	—	1.185	0.951
0.1	$\phi'/2$	0	0.582	0.556	0.495	0.441	0.393
0.2			0.691	0.660	0.592	0.532	0.480
0.3			0.845	0.805	0.721	0.652	0.592
0.4			1.091	1.025	0.904	0.813	0.741
0.5			1.634	1.429	1.184	1.045	0.948
0.1	$\phi'/2$	5	0.642	0.610	0.538	0.476	0.422
0.2			0.782	0.742	0.656	0.583	0.521
0.3			1.006	0.943	0.821	0.729	0.654
0.4			1.519	1.317	1.077	0.938	0.837
0.5			—	—	1.558	1.267	1.107
0.1	$\phi'/2$	10	0.719	0.678	0.591	0.518	0.454
0.2			0.918	0.857	0.738	0.646	0.571
0.3			1.365	1.189	0.966	0.831	0.731
0.4			—	—	1.401	1.123	0.967
0.5			—	—	—	1.689	1.348
0.1	$\frac{2}{3}\phi'$	0	0.590	0.565	0.509	0.461	0.418
0.2			0.710	0.681	0.618	0.565	0.520
0.3			0.884	0.846	0.768	0.707	0.657
0.4			1.171	1.105	0.988	0.908	0.851
0.5			1.839	1.604	1.344	1.216	1.143
0.1	$\frac{2}{3}\phi'$	5	0.654	0.623	0.556	0.499	0.450
0.2			0.809	0.771	0.689	0.623	0.568
0.3			1.065	1.001	0.882	0.797	0.732
0.4			1.680	1.450	1.196	1.061	0.973
0.5			—	—	1.825	1.507	1.361
0.1	$\frac{2}{3}\phi'$	10	0.737	0.698	0.614	0.545	0.487
0.2			0.960	0.898	0.782	0.694	0.625
0.3			1.481	1.285	1.051	0.918	0.826
0.4			—	—	1.596	1.294	1.141
0.5			—	—	—	2.089	1.705

and Whitman, 1970).

$$P_{ae} = \frac{1}{2}\gamma H^2(1 - k_v)[K_a(\beta',\alpha')]\left(\frac{\sin^2\beta'}{\cos\theta'\sin^2\beta}\right) \tag{14.56}$$

여기서

$$\beta' = \beta - \theta' \tag{14.57}$$

$$\alpha' = \theta' + \alpha \tag{14.58}$$

$K_a(\beta', \alpha')$ = Coulomb의 주동토압계수의 함수로서 옹벽 벽체 배면의 수평에 대한 기울기 β'과 뒤채움부 상단의 수평에 대한 기울기 α'(표 14.6과 14.7)

식 (14.53)은 보통 *Mononobe-Okabe* 해라고 부른다. 그림 14.13a에 도시된 것과는 다르게 이 경우에 토압의 합력은 식 (14.53)을 이용하여 산정한다. 토압의 위치는 옹벽의 하부로부터 $H/3$ 위치에 **작용하지 않는다**. 다음의 단계를 이용하여 토압의 합력 위치(P_{ae})를 구할 수 있다.

1단계. 식 (14.53)을 이용하여 P_{ae}를 구한다.

2단계. 식 (14.28)을 이용하여 P_a를 구한다.

3단계. 다음과 같이 계산한다.

$$\Delta P_{ae} = P_{ae} - P_a \tag{14.59}$$

4단계. 옹벽의 저면으로부터 $H/3$ 위치에 P_a가 작용한다고 가정한다(그림 14.21). P_a는 옹벽 배면에 직각으로 작용하는 법선에 δ' 각도로 기울어져 작용된다.

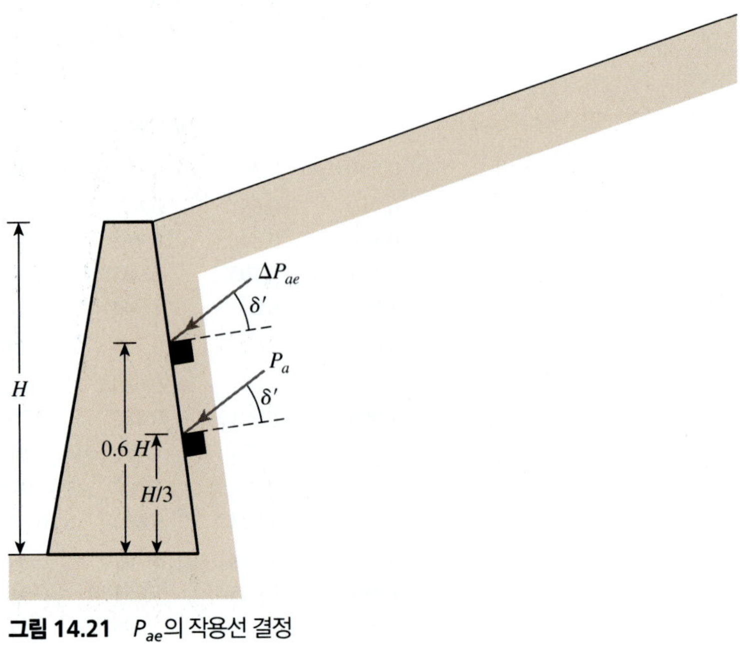

그림 14.21 P_{ae}의 작용선 결정

5단계. 옹벽의 저면으로부터 $0.6H$ 위치에 ΔP_{ae}가 작용한다고 가정한다(그림 14.21). P_{ae}는 옹벽 배면에 직각으로 작용하는 법선에 δ' 각도로 기울어져 작용된다.

6단계. 다음의 식으로 토압의 합력의 작용위치를 구한다.

$$\bar{z} = \frac{(0.6H)(\Delta P_{ae}) + \left(\frac{H}{3}\right)(P_a)}{P_{ae}} \tag{14.60}$$

예제 14.12

그림 14.20을 참고하여, $H = 3.05$ m, $\beta = 85°$, $\alpha = 5°$, $k_v = 0$, 그리고 $k_h = 0.3$, 뒤채움 흙의 물성치, $\phi' = 35°$, $\gamma = 16.51$ kN/m^3, 그리고 $\delta' = 17.5°$일 때 다음 값들을 구하라.

a. 식 (14.56)을 이용하여 P_{ae}를 구하라.

b. 옹벽 하단으로부터 합력의 위치 $\bar{z}$를 구하라.

풀이

Part a

$$\theta' = \tan^{-1}\left(\frac{k_h}{1-k_v}\right) = \tan^{-1}\left(\frac{0.3}{1-0}\right) = 16.7°$$

식 (14.57), (14.58)로부터

$$\beta' = \beta - \theta' = 85 - 16.7 = 68.3°$$
$$\alpha' = \theta' + \alpha = 16.7 + 5 = 21.7°$$
$$\frac{\delta'}{\phi'} = \frac{17.5}{35} = 0.5$$

$\phi' = 35°$, $\delta'/\phi' = 0.5$, $\beta' = 68.3°$, 그리고 $\alpha' = 21.7°$를 식 (14.39)에 대입하면 $K_a(\beta', \alpha') \approx 0.642$이다. 따라서 식 (14.56)으로부터

$$P_{ae} = \frac{1}{2}\gamma H^2(1-k_v)[K_a(\beta', \alpha')]\left(\frac{\sin^2\beta'}{\cos\theta' \sin^2\beta}\right)$$
$$= \frac{1}{2}(16.51)(3.05^2)(1-0)(0.642)\left(\frac{\sin^2 68.3}{\cos 21.7 \sin^2 85}\right) = \mathbf{46.16\ kN/m}$$

Part b

식 (14.28)에 의하면

$$P_a = \frac{1}{2}\gamma H^2 K_a$$

식 (14.29)에 $\delta' = 17.5°$, $\beta = 85°$, 그리고 $\alpha = 5°$, $K_a \approx 0.2986$(표 14.7)이다.

$$P_a = \frac{1}{2}(16.51)(3.05)^2(0.2986) = 22.93 \text{ kN/m}$$
$$\Delta P_{ae} = P_{ae} - P_a = 46.16 - 22.93 = 23.23 \text{ kN/m}$$

식 (14.60)을 이용하여

$$\bar{z} = \frac{(0.6H)(\Delta P_{ae}) + (H/3)(P_a)}{P_{ae}}$$

$$= \frac{[(0.6)(3.05)](23.23) + (3.05/3)(22.93)}{46.16} = \mathbf{1.43\ m}$$

■

14.10 지진상태에서의 주동토압(옹벽 배면이 연직이고, $c' - \phi'$ 채움재)

Shukla et al.(2009)은 옹벽 배면이 연직이고, 배면 상단면이 수평이고 뒤채움 흙이 $c' - \phi'$인 옹벽에 대한 주동토압 P_{ae}를 산정하는 과정을 제안하였다(그림 14.22a). 그림 14.22a의 ABC는 가정한 파괴쐐기 단면도이다. 분석하는 과정에서 다음과 같은 가정을 하였다.

1. 인장균열효과는 고려하지 않는다.
2. 옹벽 배면과 뒤채움 흙과의 마찰력과 부착력은 무시한다.

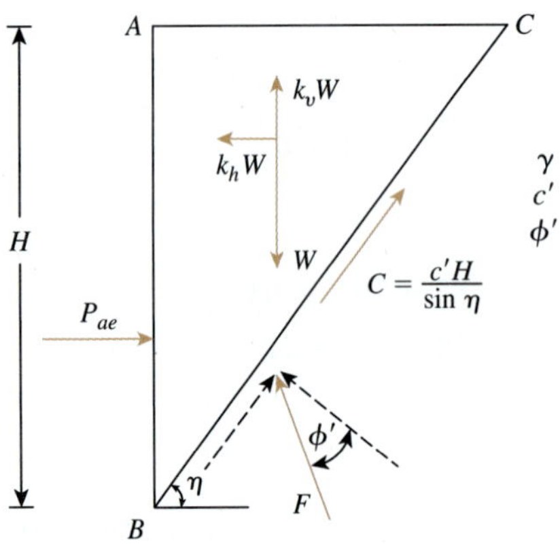

(a)

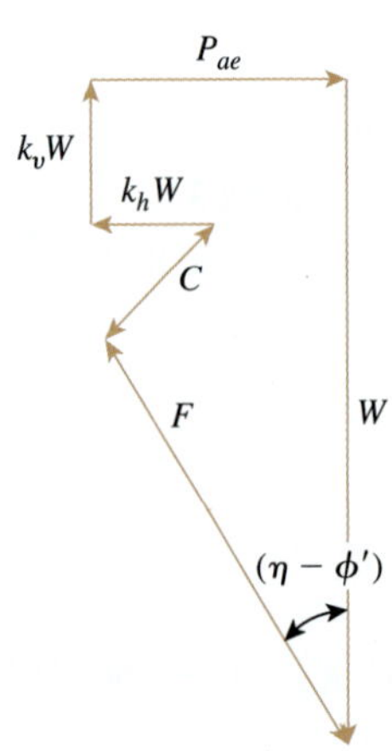

(b)

그림 14.22 뒤채움 흙이 $c' - \phi'$일 경우 P_{ae} 값의 산정: (a) 가정한 파괴쐐기, (b) 힘의 다각형

그림 14.22b는 쐐기 ABC에 작용되는 모든 힘을 나타낸 다각형이다. 이 그림에 표시된 기호들은 그림 14.20에 나타낸 것과 유사하다. 이 분석에 의하면 P_{ae}가 최대로 되는 임계 쐐기각은 아래 표현된 것과 같이 $\eta = \eta_c$이다.

$$\tan \eta_c = \frac{\sin\phi' \sin(\phi' - \theta') + m \sin 2\phi' + \begin{bmatrix} \sin \phi' \sin(\phi' - \theta') \cos \theta' \\ + 4m^2 \cos^2 \phi' + 2m \cos \phi' \\ \{\sin \phi' \cos \theta' + \sin(\phi' - \theta')\} \end{bmatrix}^{0.5}}{\sin \phi' \cos(\phi' - \theta') + 2m \cos^2 \phi'} \tag{14.61}$$

여기서

$$m = \frac{c' \cos \theta'}{\gamma H (1 - k_v)} \tag{14.62}$$

θ'의 정의는 식 (14.55)를 참고하면,

P_{ae}의 크기는 다음과 같이 표현할 수 있다.

$$\frac{P_{ae}}{\gamma H^2} = P^*_{ae} = \frac{1}{2}(1 - k_v) K_{ae\gamma} - c^* K_{aec} \tag{14.63}$$

여기서

$$c^* = \frac{c'}{\gamma H} \tag{14.64}$$

$$K_{ae\gamma} = \frac{\cos(\phi' - \theta') - \dfrac{\sin(\phi' - \theta')}{\tan \eta_c}}{\cos\theta' (\cos\phi' + \tan\eta_c \sin\phi')} \tag{14.65}$$

$$K_{aec} = \frac{\cos \phi' (1 + \tan^2 \eta_c)}{\tan \eta_c (\cos \phi' + \tan \eta_c \sin \phi')} \tag{14.66}$$

그림 14.23은 c^*와 k_h의 여러 값에 대하여, ϕ'에 따른 P^*_{ae}의 값을 나타낸 것이다($k_v = 0$).

예제 14.13

옹벽 배면이 연직면이고 뒤채움 상단이 수평일 때, 다음과 같은 조건이 주어졌다.

- $H = 8.54$ m
- $\gamma = 18.55$ kN/m^3
- $\phi' = 20°$
- $k_h = 0.1$
- $c' = 7.9$ kN/m^2

주동토압의 크기 P_{ae}의 값을 구하라.

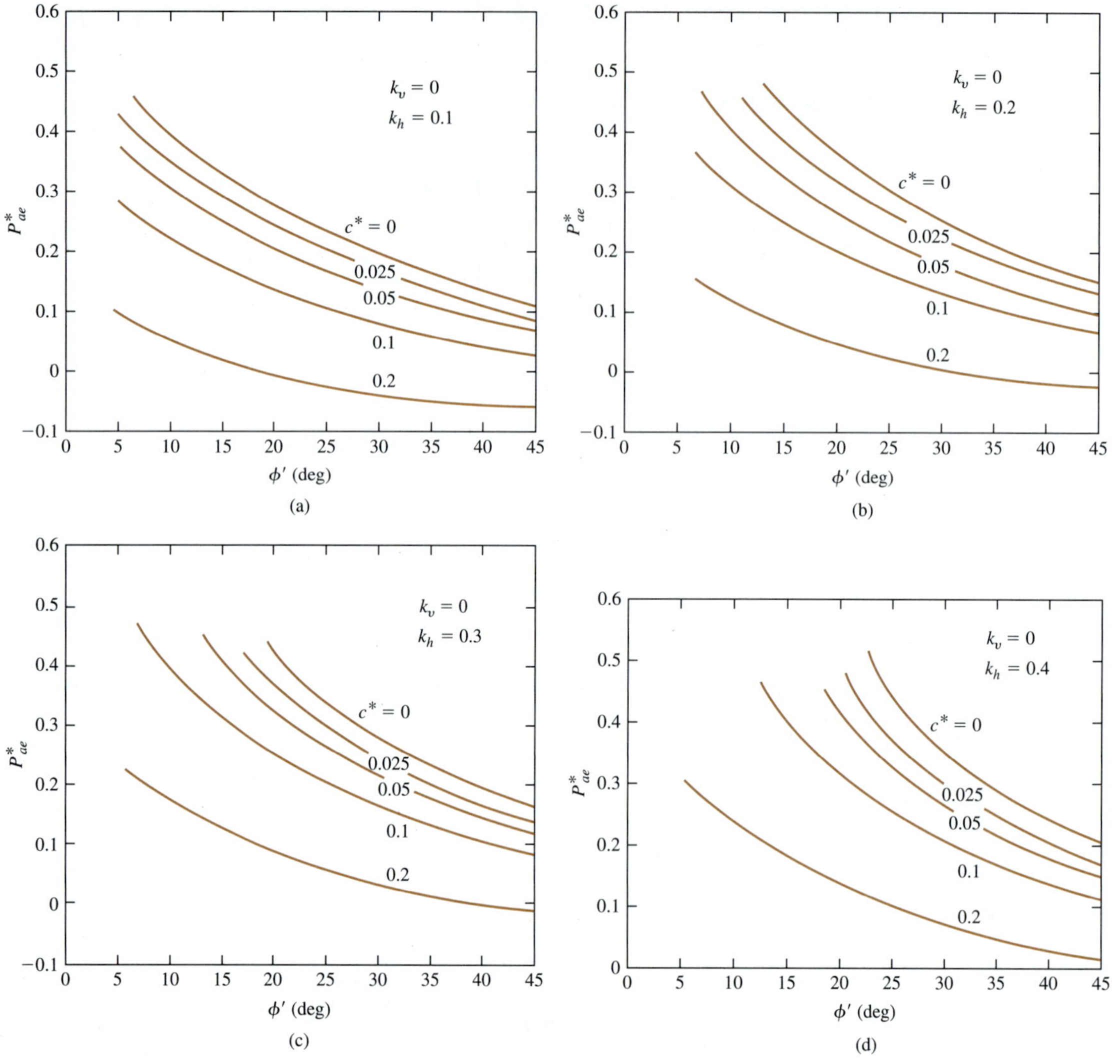

그림 14.23 여러 c^* 값에 대한 P^*_{ae}와 ϕ'의 관계도: (a) $k_h = 0.1$, (b) $k_h = 0.2$, (c) $k_h = 0.3$, (d) $k_h = 0.4$(주: $k_v = 0$)

풀이

식 (14.64)로부터

$$c^* = \frac{c'}{\gamma H} = \frac{7.9}{(18.55)(8.54)} = 0.0499 \approx 0.05$$

$$\phi' = 20°$$

그림 14.23a로부터, $\phi' = 20°$ 그리고 $c^* = 0.05$일 때 $P_{ae} = 0.207$이다. 따라서,

$$P_{ae} = P^*_{ae}\gamma H^2 = (0.207)(18.55)(8.54)^2 = \mathbf{280\ kN/m}$$

■

수동토압

14.11 Rankine의 수동토압

그림 14.24a는 뒤채움 상단이 수평인 벽면마찰이 없는 연직옹벽을 나타낸 것이다. 임의의 깊이 z에서 흙 요소에 작용하는 유효연직응력 $\sigma'_o = \gamma z$이다. 먼저 벽체가 전혀 움직이지 않았을 경우, 같은 깊이에서의 횡방향 응력 $\sigma'_h = K_o\sigma'_o$가 된다. 이때의 응력상태는 그림

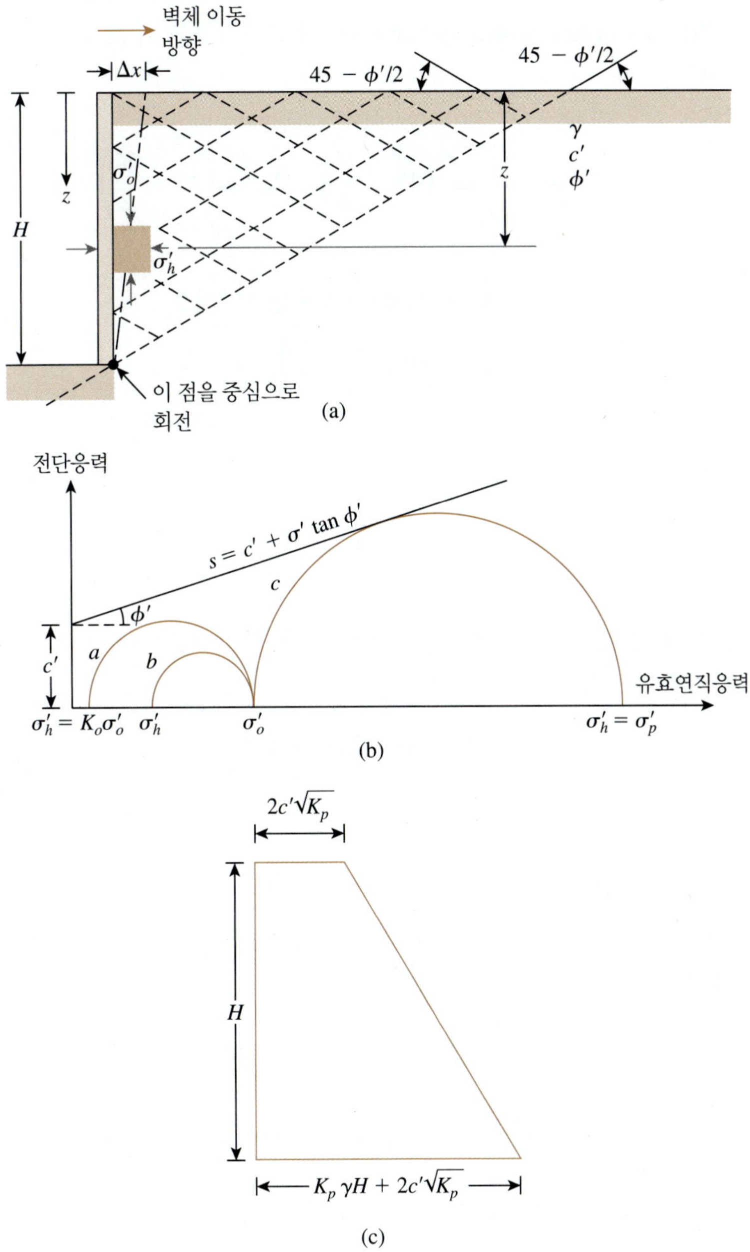

그림 14.24 Rankine의 수동토압

14.24b에 나타낸 Mohr 원 a와 같다. 만약 벽체가 그림 14.24a에서 나타낸 바와 같이 배면의 토체 쪽으로 Δx만큼 변형을 일으킨다면 깊이 z에 작용하는 연직응력은 변하지 않지만; 횡방향 응력은 증가하게 된다. 즉 횡방향 응력 σ'_h는 $K_o\sigma'_o$보다 크게 될 것이다. 이때의 응력상태는 그림 14.24b의 Mohr 원 b로 표시된다. 이 상태에서 벽체가 흙의 안쪽으로 더 크게 변형한다면(즉, Δx가 더 증가한다면), 깊이 z의 응력상태는 궁극적으로 Mohr 원 c로 표현되는 상태에 도달하게 된다. 이 상태는 Mohr-Coulomb 파괴 포락선과 접하게 되는 상태로 이는 벽체 뒤에 있는 흙이 위쪽으로 밀려서 파괴됨을 의미한다. 이때의 수평응력 σ'_h를 *Rankine*의 **수동토압**(Rankine passive pressure)이라 하며 $\sigma'_h = \sigma'_p$이다.

그림 14.24b에 나타낸 Mohr 원 c의 최대 주 응력(major principal stress)은 σ'_p이고, 최소 주 응력(minor principal stress)은 σ'_o이다. 이 응력값들을 식 (2.93)에 대입하면 다음과 같이 나타난다.

$$\sigma'_p = \sigma'_o \tan^2\left(45 + \frac{\phi'}{2}\right) + 2c' \tan\left(45 + \frac{\phi'}{2}\right) \tag{14.67}$$

$$\begin{aligned} K_p &= \text{Rankine의 수동토압계수} \\ &= \tan^2\left(45 + \frac{\phi'}{2}\right) \end{aligned} \tag{14.68}$$

식 (14.67)로부터

$$\sigma'_p = \sigma'_o K_p + 2c'\sqrt{K_p} \tag{14.69}$$

식 (14.69)를 사용하여 그림 14.24c에 도시된 옹벽에 대한 수동토압 분포도는 그림 14.24a에 나타난 것과 같다. $z = 0$에서

$$\sigma'_o = 0 \text{이고 } \sigma'_p = 2c'\sqrt{K_p}$$

그리고 $z = H$에서

$$\sigma'_o = \gamma H \text{ 이고 } \sigma'_p = \gamma H K_p + 2c'\sqrt{K_p}$$

벽체의 단위길이당 수동토압은 압력분포도의 면적으로부터 구할 수 있다. 또는 다음과 같이 나타낼 수 있다.

$$P_p = \frac{1}{2}\gamma H^2 K_p + 2c' H\sqrt{K_p} \tag{14.70}$$

수동상태에서 파괴를 일으키는 데 필요한 벽체의 변위량 Δx의 대략적인 값은 다음과 같다.

흙의 종류	수동상태 시 벽체변위량, Δx
조밀한 모래	$0.005H$
느슨한 모래	$0.01H$
굳은 점토	$0.01H$
연약 점토	$0.05H$

만약 벽체 뒤채움 토사가 조립토($c' = 0$)라면, 식 (14.70)으로부터 벽체에 작용하는 단위길이당 수동토압은 다음과 같다.

$$P_p = \frac{1}{2}\gamma H^2 K_p \tag{14.71}$$

예제 14.14

그림 14.25a에 나타낸 바와 같이 높이 3 m의 옹벽에 대한 벽체의 단위길이당 Rankine의 수동토압을 구하라.

풀이

지하수위 상부 흙층의 경우,

$$K_{p(1)} = \tan^2\left(45 + \frac{\phi'_1}{2}\right) = \tan^2(45 + 15) = 3$$

지하수위 하부 흙층의 경우,

$$K_{p(2)} = \tan^2\left(45 + \frac{\phi'_2}{2}\right) = \tan^2(45 + 13) = 2.56$$

$$\sigma'_p = \sigma'_o K_p + 2c'\sqrt{K_p}$$

여기서

σ'_o = 유효연직응력

$z = 0$ 깊이에서 $\sigma'_o = 0$, $c'_1 = 0$, $\sigma'_p = 0$

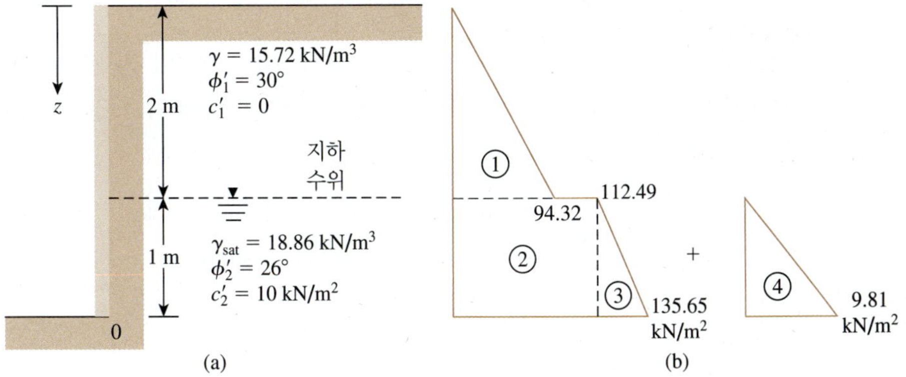

그림 14.25

$$z = 2\text{ m 깊이에서 } \sigma'_o = (15.72)(2) = 31.44\text{ kN/m}^2,\ c'_1 = 0$$

따라서 지하수위 상부 흙층은

$$\sigma'_p = 31.44K_{p(1)} + 2(0)\sqrt{K_{p(1)}} = 31.44(3) = 94.32\text{ kN/m}^2$$

깊이 $z = 2$ m인 지점에서 지하수위 하부 흙층은

$$\sigma'_p = \sigma'_o K_{p(2)} + 2c'_2\sqrt{K_{p(2)}} = 31.44(2.56) + 2(10)\sqrt{2.56}$$
$$= 80.49 + 32 = 112.49\text{ kN/m}^2$$

다시 $z = 3$ m에서

$$\sigma'_o = (15.72)(2) + (\gamma_{sat} - \gamma_w)(1)$$
$$= 31.44 + (18.86 - 9.81)(1) = 40.49\text{ kN/m}^2$$

그러므로

$$\sigma'_p = \sigma'_o K_{p(2)} + 2c'_2\sqrt{K_{p(2)}} = 40.49(2.56) + (2)(10)(1.6)$$
$$= 135.65\text{ kN/m}^2$$

이때 지하수위가 존재하기 때문에 간극수압 u 또한 고려하여야 한다. $z = 0$에서 2 m까지에서는 $u = 0$, $z = 3$ m에서 $u = (1)(\gamma_w) = 9.81\text{ kN/m}^2$이다.

수동토압 분포도는 그림 14.25b에 나타낸 바와 같다. 벽체의 단위길이당 수동토압은 다음 표와 같이 압력분포도의 면적으로부터 구할 수 있다.

면적 번호	면적	
1	$\left(\frac{1}{2}\right)(2)(94.32)$	= 94.32
2	$(112.49)(1)$	= 112.49
3	$\left(\frac{1}{2}\right)(1)(135.65 - 112.49)$	= 11.58
4	$\left(\frac{1}{2}\right)(9.81)(1)$	= 4.905
		$P_p \approx$ **223.3 kN/m**

■

14.12 Rankine의 수동토압의 일반적인 경우—조립토 뒤채움

그림 14.9와 같이(14.4절) 조립토로 경사진 뒤채움하고 배면이 경사진 옹벽이 있다. 임의의 깊이에서 Rankine의 수동토압은 14.4절에서 설명한 주동토압의 경우와 유사한 방법으로 구할 수 있다. 그 압력은

$$\sigma'_p = \frac{\gamma z \cos\alpha\sqrt{1 + \sin^2\phi' + 2\sin\phi'\cos\psi_p}}{\cos\alpha - \sqrt{\sin^2\phi' - \sin^2\alpha}} \tag{14.72}$$

$$\psi_p = \sin^{-1}\left(\frac{\sin\alpha}{\sin\phi'}\right) + \alpha - 2\theta \tag{14.73}$$

여기서

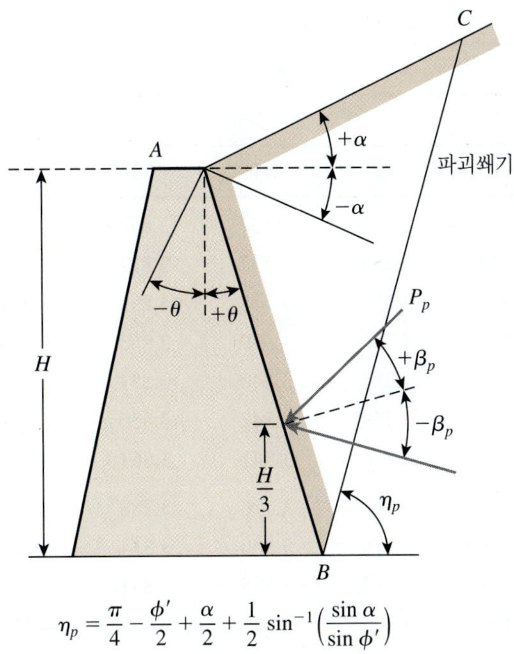

그림 14.26 Rankine의 수동토압 합력의 위치와 방향

그림 14.9에 나타난 것과 같이 σ'_p의 경사가 β_p는 다음과 같이 표현한다.

$$\beta_p = \tan^{-1}\left(\frac{\sin\phi' \sin\psi_p}{1 + \sin\phi' \cos\psi_p}\right) \tag{14.74}$$

벽체의 단위길이당 수동토압은

$$P_p = \frac{1}{2}\gamma H^2 K_{p(R)} \tag{14.75}$$

여기서

$$K_{p(R)} = \frac{\cos(\alpha - \theta)\sqrt{1 + \sin^2\phi' + 2\sin\phi' \cos'\psi_p}}{\cos^2\theta(\cos\alpha - \sqrt{\sin^2\phi' - \sin^2\alpha})} \tag{14.76}$$

파괴쐐기와 함께 P_p의 작용방향과 위치는 그림 14.26에 도시되어 있다. 배면이 연직인 옹벽, $\theta = 0$,

$$P_p = \frac{1}{2}K_{p(R)}\gamma H^2 \tag{14.77}$$

여기서

$$K_{p(R)} = \cos\alpha \frac{\cos\alpha + \sqrt{\cos^2\alpha - \cos^2\phi'}}{\cos\alpha - \sqrt{\cos^2\alpha - \cos^2\phi'}} \tag{14.78}$$

표 14.13 $K_{a(R)}$의 변화값 [식 (14.76)]

α (deg)	θ (deg)	$K_{a(R)}$						
		φ′ (deg)						
		28	30	32	34	36	38	40
0	0	2.77	3	3.255	3.537	3.852	4.204	4.599
	2	2.770	3.000	3.255	3.537	3.852	4.204	4.599
	4	2.771	3.001	3.255	3.538	3.852	4.204	4.599
	6	2.772	3.002	3.256	3.539	3.853	4.205	4.600
	8	2.773	3.003	3.258	3.540	3.854	4.206	4.601
	10	2.775	3.005	3.259	3.542	3.856	4.207	4.602
	15	2.783	3.012	3.266	3.547	3.861	4.212	4.607
5	0	2.715	2.943	3.196	3.476	3.788	4.136	4.527
	2	2.734	2.964	3.218	3.500	3.814	4.165	4.558
	4	2.755	2.986	3.242	3.525	3.841	4.194	4.589
	6	2.776	3.009	3.266	3.551	3.868	4.223	4.621
	8	2.798	3.032	3.290	3.577	3.896	4.253	4.654
	10	2.820	3.055	3.315	3.604	3.925	4.284	4.687
	15	2.880	3.119	3.382	3.675	4.000	4.365	4.774
10	0	2.551	2.775	3.022	3.295	3.598	3.937	4.316
	2	2.589	2.815	3.065	3.342	3.649	3.991	4.376
	4	2.627	2.857	3.110	3.389	3.700	4.047	4.436
	6	2.667	2.899	3.155	3.438	3.753	4.104	4.497
	8	2.707	2.942	3.201	3.488	3.806	4.161	4.560
	10	2.749	2.987	3.249	3.539	3.861	4.220	4.624
	15	2.860	3.104	3.374	3.672	4.004	4.375	4.790
15	0	2.284	2.502	2.740	3.003	3.293	3.615	3.977
	2	2.336	2.558	2.801	3.068	3.364	3.693	4.061
	4	2.389	2.616	2.863	3.135	3.436	3.771	4.146
	6	2.444	2.675	2.926	3.204	3.510	3.851	4.233
	8	2.501	2.735	2.991	3.274	3.586	3.933	4.322
	10	2.559	2.797	3.058	3.345	3.663	4.017	4.413
	15	2.712	2.961	3.234	3.534	3.867	4.237	4.651
20	0	1.918	2.132	2.362	2.612	2.886	3.189	3.526
	2	1.979	2.199	2.435	2.691	2.972	3.283	3.629
	4	2.042	2.267	2.509	2.772	3.060	3.378	3.733
	6	2.107	2.338	2.585	2.854	3.150	3.476	3.840
	8	2.174	2.410	2.664	2.939	3.242	3.577	3.949
	10	2.243	2.485	2.745	3.027	3.337	3.680	4.061
	15	2.426	2.683	2.958	3.258	3.587	3.951	4.357

표 14.14 β'_a의 변화값 [식 (14.74)]

α (deg)	θ (deg)	β'_a ϕ' (deg) 28	30	32	34	36	38	40
0	0	0.000	0.000	0.000	0.000	0.000	0.000	0.000
	2	−1.278	−1.333	−1.385	−1.434	−1.481	−1.524	−1.565
	4	−2.554	−2.665	−2.769	−2.867	−2.960	−3.047	−3.129
	6	−3.827	−3.993	−4.150	−4.298	−4.437	−4.568	−4.691
	8	−5.095	−5.318	−5.527	−5.725	−5.910	−6.085	−6.250
	10	−6.357	−6.636	−6.899	−7.146	−7.379	−7.598	−7.804
	15	−9.474	−9.896	−10.293	−10.668	−11.021	−11.353	−11.666
5	0	5.000	5.000	5.000	5.000	5.000	5.000	5.000
	2	3.731	3.674	3.621	3.571	3.524	3.480	3.439
	4	2.458	2.345	2.239	2.139	2.046	1.958	1.875
	6	1.182	1.013	0.854	0.705	0.565	0.434	0.310
	8	−0.096	−0.320	−0.531	−0.729	−0.915	−1.090	−1.255
	10	−1.374	−1.653	−1.916	−2.163	−2.395	−2.614	−2.819
	15	−4.557	−4.974	−5.367	−5.737	−6.084	−6.411	−6.719
10	0	10.000	10.000	10.000	10.000	10.000	10.000	10.000
	2	8.766	8.704	8.647	8.593	8.543	8.497	8.453
	4	7.521	7.398	7.285	7.179	7.080	6.987	6.900
	6	6.266	6.084	5.915	5.757	5.610	5.472	5.343
	8	5.003	4.763	4.539	4.331	4.136	3.953	3.782
	10	3.734	3.437	3.159	2.900	2.658	2.431	2.219
	15	0.546	0.107	−0.302	−0.684	−1.043	−1.378	−1.693
15	0	15.000	15.000	15.000	15.000	15.000	15.000	15.000
	2	13.835	13.763	13.696	13.636	13.580	13.528	13.480
	4	12.650	12.507	12.377	12.258	12.147	12.045	11.951
	6	11.448	11.237	11.044	10.867	10.704	10.553	10.413
	8	10.229	9.952	9.699	9.466	9.251	9.052	8.868
	10	8.998	8.656	8.344	8.056	7.791	7.545	7.317
	15	5.871	5.375	4.921	4.502	4.114	3.754	3.420
20	0	20.000	20.000	20.000	20.000	20.000	20.000	20.000
	2	18.962	18.866	18.782	18.708	18.641	18.580	18.525
	4	17.891	17.703	17.539	17.393	17.262	17.143	17.034
	6	16.790	16.514	16.273	16.059	15.866	15.690	15.530
	8	15.662	15.302	14.987	14.707	14.454	14.224	14.014
	10	14.509	14.069	13.684	13.340	13.029	12.747	12.488
	15	11.540	10.912	10.360	9.865	9.418	9.010	8.637

표 14.15 수동토압계수, $K_{pr} = K_p$의 변화값[식 (14.78)]

↓ α (deg)	ϕ' (deg) → 28	30	32	34	36	38	40
0	2.770	3.000	3.255	3.537	3.852	4.204	4.599
5	2.715	2.943	3.196	3.476	3.788	4.136	4.527
10	2.551	2.775	3.022	3.295	3.598	3.937	4.316
15	2.284	2.502	2.740	3.003	3.293	3.615	3.977
20	1.918	2.132	2.362	2.612	2.886	3.189	3.526
25	1.434	1.664	1.894	2.135	2.394	2.676	2.987

표 14.13과 표 14.14는 여러 변수인 α, θ, 그리고 ϕ'에 대한 각각의 $K_{p(R)}$과 β_p 값들을 기술하였다. 또한 표 14.15는 α와 ϕ'[식 (14.78)]와 함께 $K_{p(R)} = K_p$ 변화값을 기술하였다.

14.13 Coulomb의 수동토압

Coulomb(1776)은 14.6절에서 설명한 것과 유사한 방법을 통하여 조립토로 뒤채움하고, 마찰이 있는(δ' = 벽면마찰각) 벽체의 수동토압(즉, 벽체가 토체 **쪽으로** 변위가 발생되는 경우)을 구하는 이론을 발표하였다.

Coulomb의 수동토압 P_p를 이해하기 위하여 우선 그림 14.27a에 나타낸 바와 같은 옹벽을 생각해보자. 주동토압 이론의 경우와 같이 Coulomb은 흙의 잠정적인 파괴면을 B를

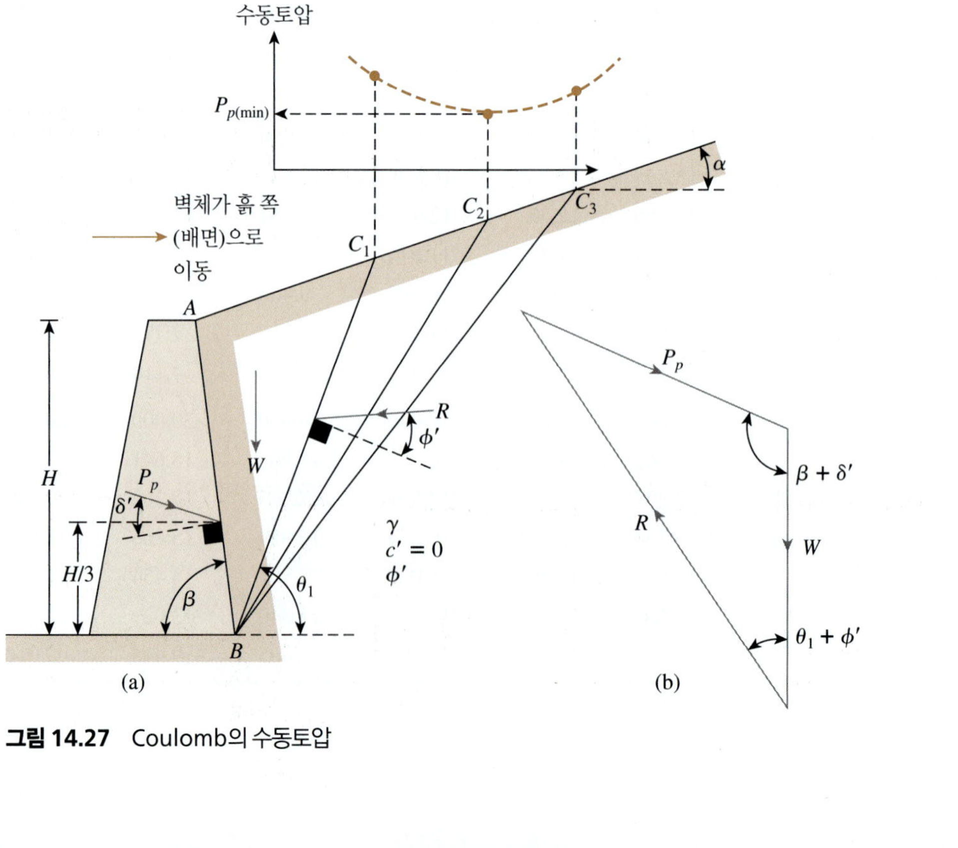

그림 14.27 Coulomb의 수동토압

통과하는 평면이라 가정하였다. 가상 파괴면 ABC_1과 같은 흙의 쐐기에서 쐐기에 작용하는 벽체의 단위길이당 힘들은 다음과 같다.

1. 흙 쐐기의 무게, W

2. 평면 BC_1에 작용하는 연직력과 전단력의 합력, R

3. 수동토압, P_p

그림 14.27b는 가상쐐기 ABC_1 평형을 이룰 때 힘의 삼각형을 나타낸 것이다. 이 힘의 삼각형으로부터 한 힘의 크기와 세 힘의 방향을 알고 있으므로 P_p의 값을 구할 수 있다.

$ABC_1, ABC_2, ABC_3, \ldots$와 같은 여러 개의 가상쐐기에 대한 유사한 힘의 삼각형을 작성하여 이것에 해당하는 P_p의 값을 결정한다. 그림 14.27a의 윗부분은 여러 개의 가상쐐기에 대한 P_p 값들의 변화 특성을 나타내고 있다. 이 그림에서 P_p의 최소값이 *Coulomb*의 수동토압이며 수학적으로 다음과 같이 나타낼 수 있다.

$$P_p = \frac{1}{2}\gamma H^2 K_p \tag{14.79}$$

여기서

$$K_p = \text{Coulomb의 수동토압계수}$$
$$= \frac{\sin^2(\beta - \phi')}{\sin^2\beta \sin(\beta + \delta')\left[1 - \sqrt{\dfrac{\sin(\phi' + \delta')\sin(\phi' + \alpha)}{\sin(\beta + \delta')\sin(\beta + \alpha)}}\right]^2} \tag{14.80}$$

옹벽의 배면이 연직이고 뒤채움 흙이 조립토 평면일 때($\beta = 90°$, $\alpha = 0°$), 다양한 ϕ'과 δ' 값들에 대한 수동토압계수 K_p의 값들은 표 14.16에 나타낸 바와 같다. 표 14.17과 표 14.18은 $\delta' = 2/3\phi'$과 $\delta' = \phi'/2$일 때의 K_p 값들의 변화값[식 (14.80)]을 각각 나타낸 것이다.

수동토압의 합력 P_p는 벽체의 바닥으로부터 $H/3$ 높이인 위치에 작용하며, 벽체의 뒷면에 연직인 면과 δ'만큼 경사져서 작용한다.

표 14.16 $\beta = 90°, \alpha = 0°$일 때 K_a의 변화값[식 (14.80)]

	δ' (deg)				
ϕ' (deg)	0	5	10	15	20
15	1.698	1.900	2.130	2.405	2.735
20	2.040	2.313	2.636	3.030	3.525
25	2.464	2.830	3.286	3.855	4.597
30	3.000	3.506	4.143	4.977	6.105
35	3.690	4.390	5.310	6.854	8.324
40	4.600	5.590	6.946	8.870	11.772

표 14.17 $\delta' = 2\phi'/3$일 때 α, ϕ', 그리고 β 값에 따른 K_p의 변화값[식 (14.80)]

α (deg)	ϕ' (deg)	β (deg)					
		90	85	80	75	70	65
0	28	5.1525	4.4239	3.8954	3.5056	3.2165	3.0041
	29	5.6000	4.7619	4.1594	3.7175	3.3907	3.1501
	30	6.1054	5.1385	4.4503	3.9489	3.5793	3.3072
	31	6.6788	5.5596	4.7717	4.2021	3.7841	3.4766
	32	7.3332	6.0326	5.1282	4.4801	4.0070	3.6595
	33	8.0843	6.5662	5.5250	4.7861	4.2500	3.8575
	34	8.9520	7.1714	5.9685	5.1240	4.5159	4.0724
	35	9.9616	7.8614	6.4663	5.4986	4.8076	4.3060
	36	11.1458	8.6528	7.0274	5.9152	5.1284	4.5607
	37	12.5468	9.5663	7.6633	6.3805	5.4826	4.8391
	38	14.2207	10.6285	8.3879	6.9023	5.8748	5.1442
	39	16.2431	11.8733	9.2182	7.4902	6.3107	5.4797
	40	18.7173	13.3449	10.1760	8.1559	6.7973	5.8498
	41	21.7879	15.1020	11.2889	8.9139	7.3425	6.2593
	42	25.6624	17.2231	12.5921	9.7819	7.9565	6.7143
5	28	6.6368	5.5819	4.8413	4.3095	3.9244	3.6483
	29	7.2942	6.0624	5.2076	4.5985	4.1590	3.8434
	30	8.0491	6.6049	5.6156	4.9168	4.4150	4.0547
	31	8.9217	7.2203	6.0718	5.2685	4.6951	4.2840
	32	9.9375	7.9223	6.5840	5.6585	5.0025	4.5334
	33	11.1295	8.7278	7.1617	6.0924	5.3408	4.8055
	34	12.5405	9.6582	7.8167	6.5773	5.7144	5.1030
	35	14.2274	10.7405	8.5633	7.1213	6.1283	5.4292
	36	16.2664	12.0095	9.4194	7.7345	6.5886	5.7881
	37	18.7623	13.5106	10.4074	8.4293	7.1025	6.1840
	38	21.8616	15.3037	11.5559	9.2206	7.6788	6.6224
	39	25.7744	17.4695	12.9016	10.1274	8.3279	7.1097
	40	30.8111	20.1185	14.4922	11.1731	9.0628	7.6534
	41	37.4447	23.4055	16.3908	12.3879	9.8993	8.2626
	42	46.4258	27.5520	18.6824	13.8102	10.8572	8.9483
10	28	8.7196	7.1305	6.0586	5.3122	4.7848	4.4142
	29	9.7241	7.8328	6.5770	5.7116	5.1035	4.6762
	30	10.9034	8.6390	7.1620	6.1562	5.4544	4.9620
	31	12.3001	9.5707	7.8255	6.6532	5.8419	5.2745
	32	13.9708	10.6550	8.5822	7.2110	6.2715	5.6174
	33	15.9913	11.9269	9.4501	7.8401	6.7494	5.9947
	34	18.4658	13.4323	10.4524	8.5530	7.2831	6.4111

(계속)

표 14.17 $\delta' = 2\phi'/3$일 때 α, ϕ', 그리고 β 값에 따른 K_p의 변화값[식 (14.80)](계속)

		β (deg)					
α (deg)	ϕ' (deg)	90	85	80	75	70	65
	35	21.5402	15.2314	11.6180	9.3655	7.8819	6.8723
	36	25.4239	17.4056	12.9843	10.2969	8.5566	7.3852
	37	30.4258	20.0664	14.6002	11.3716	9.3209	7.9576
	38	37.0174	23.3696	16.5299	12.6206	10.1912	8.5993
	39	45.9468	27.5390	18.8603	14.0836	11.1882	9.3220
	40	58.4588	32.9048	21.7100	15.8125	12.3379	10.1400
	41	76.7501	39.9704	25.2451	17.8759	13.6730	11.0709
	42	104.9962	49.5345	29.7040	20.3657	15.2359	12.1367
15	28	11.8303	9.3035	7.6867	6.6030	5.8582	5.3453
	29	13.4556	10.3714	8.4408	7.1656	6.2968	5.6998
	30	15.4225	11.6246	9.3063	7.8004	6.7849	6.0899
	31	17.8327	13.1086	10.3061	8.5201	7.3302	6.5206
	32	20.8288	14.8830	11.4693	9.3405	7.9421	6.9979
	33	24.6158	17.0285	12.8336	10.2815	8.6319	7.5287
	34	29.4960	19.6556	14.4477	11.3677	9.4136	8.1213
	35	35.9310	22.9187	16.3764	12.6306	10.3041	8.7859
	36	44.6534	27.0399	18.7067	14.1106	11.3247	9.5347
	37	56.8828	32.3465	21.5578	15.8606	12.5020	10.3826
	38	74.7718	39.3382	25.0966	17.9500	13.8699	11.3480
	39	102.4133	48.8076	29.5625	20.4727	15.4720	12.4536
	40	148.3872	62.0739	35.3087	23.5569	17.3648	13.7282
	41	233.2638	81.4641	42.8737	27.3823	19.6233	15.2081
	42	417.1661	111.4017	53.1120	32.2063	22.3481	16.9401
20	28	16.8809	12.5472	9.9706	8.3288	7.2396	6.5065
	29	19.7473	14.2668	11.1119	9.1437	7.8548	6.9923
	30	23.3726	16.3471	12.4511	10.0787	8.5486	7.5327
	31	28.0473	18.8956	14.0363	11.1584	9.3350	8.1363
	32	34.2151	22.0629	15.9314	12.4143	10.2313	8.8134
	33	42.5807	26.0654	18.2223	13.8868	11.2589	9.5765
	34	54.3172	31.2223	21.0267	15.6287	12.4448	10.4410
	35	71.4962	38.0207	24.5094	17.7095	13.8233	11.4255
	36	98.0578	47.2338	28.9069	20.2231	15.4385	12.5536
	37	142.2643	60.1488	34.5683	23.2978	17.3477	13.8546
	38	223.9308	79.0370	42.0260	27.1133	19.6269	15.3659
	39	400.9933	108.2173	52.1247	31.9276	22.3782	17.1355
	40	908.6872	156.7419	66.2700	38.1209	25.7412	19.2259
	41	3660.3201	246.3120	86.9415	46.2732	29.9117	21.7197
	42	—	440.3505	118.8519	57.3042	35.1699	24.7278

표 14.18 $\delta' = \phi'/2$일 때 α, ϕ', 그리고 β 값에 따른 K_p의 변화값[식 (14.80)]

α (deg)	ϕ' (deg)	β (deg)					
		90	85	80	75	70	65
0	28	4.3251	3.7929	3.3993	3.1056	2.8872	2.7280
	29	4.6348	4.0343	3.5927	3.2642	3.0198	2.8409
	30	4.9765	4.2979	3.8021	3.4347	3.1615	2.9609
	31	5.3547	4.5866	4.0294	3.6184	3.3133	3.0886
	32	5.7748	4.9036	4.2767	3.8166	3.4759	3.2247
	33	6.2432	5.2527	4.5463	4.0310	3.6506	3.3701
	34	6.7674	5.6384	4.8411	4.2633	3.8385	3.5254
	35	7.3567	6.0661	5.1643	4.5157	4.0410	3.6918
	36	8.0221	6.5418	5.5196	4.7905	4.2598	3.8702
	37	8.7774	7.0732	5.9115	5.0905	4.4965	4.0619
	38	9.6392	7.6692	6.3451	5.4188	4.7533	4.2683
	39	10.6285	8.3407	6.8265	5.7791	5.0325	4.4909
	40	11.7715	9.1008	7.3631	6.1758	5.3368	4.7315
	41	13.1016	9.9660	7.9637	6.6140	5.6693	4.9921
	42	14.6617	10.9563	8.6388	7.0996	6.0336	5.2750
5	28	5.3932	4.6564	4.1256	3.7383	3.4563	3.2557
	29	5.8265	4.9859	4.3849	3.9482	3.6303	3.4030
	30	6.3104	5.3494	4.6680	4.1754	3.8173	3.5603
	31	6.8530	5.7516	4.9779	4.4219	4.0187	3.7287
	32	7.4641	6.1981	5.3181	4.6899	4.2360	3.9092
	33	8.1557	6.6958	5.6926	4.9822	4.4709	4.1029
	34	8.9423	7.2526	6.1063	5.3015	4.7254	4.3112
	35	9.8421	7.8783	6.5647	5.6516	5.0018	4.5358
	36	10.8776	8.5847	7.0746	6.0363	5.3026	4.7782
	37	12.0774	9.3861	7.6439	6.4604	5.6309	5.0405
	38	13.4777	10.3004	8.2823	6.9296	5.9902	5.3249
	39	15.1257	11.3495	9.0013	7.4504	6.3843	5.6340
	40	17.0828	12.5614	9.8150	8.0308	6.8182	5.9709
	41	19.4310	13.9711	10.7408	8.6802	7.2972	6.3389
	42	22.2811	15.6242	11.8004	9.4099	7.8280	6.7420
10	28	6.8133	5.7607	5.0254	4.5017	4.1277	3.8662
	29	7.4372	6.2199	5.3781	4.7821	4.3573	4.0590
	30	8.1447	6.7325	5.7669	5.0882	4.6058	4.2662
	31	8.9512	7.3071	6.1970	5.4231	4.8753	4.4891
	32	9.8761	7.9540	6.6744	5.7906	5.1682	4.7295
	33	10.9432	8.6857	7.2062	6.1951	5.4874	4.9894
	34	12.1831	9.5178	7.8011	6.6417	5.8361	5.2708

(계속)

표 14.18 $\delta' = \phi'/2$일 때 α, ϕ', 그리고 β 값에 따른 K_p의 변화값[식 (14.80)](계속)

		β (deg)					
α (deg)	ϕ' (deg)	90	85	80	75	70	65
	35	13.6349	10.4692	8.4693	7.1364	6.2182	5.5762
	36	15.3492	11.5638	9.2234	7.6865	6.6379	5.9086
	37	17.3927	12.8317	10.0787	8.3006	7.1006	6.2712
	38	19.8548	14.3110	11.0541	8.9888	7.6123	6.6679
	39	22.8572	16.0514	12.1731	9.7638	8.1800	7.1030
	40	26.5688	18.1177	13.4652	10.6406	8.8126	7.5817
	41	31.2305	20.5962	14.9680	11.6380	9.5200	8.1102
	42	37.1938	23.6035	16.7297	12.7790	10.3149	8.6955
15	28	8.7971	7.2298	6.1768	5.4479	4.9382	4.5869
	29	9.7325	7.8882	6.6663	5.8280	5.2440	4.8405
	30	10.8147	8.6345	7.2126	6.2469	5.5776	5.1148
	31	12.0758	9.4850	7.8246	6.7100	5.9424	5.4121
	32	13.5571	10.4598	8.5134	7.2238	6.3426	5.7351
	33	15.3124	11.5843	9.2923	7.7960	6.7829	6.0870
	34	17.4131	12.8903	10.1777	8.4358	7.2688	6.4713
	35	19.9551	14.4191	11.1897	9.1542	7.8069	6.8922
	36	23.0700	16.2237	12.3537	9.9647	8.4050	7.3544
	37	26.9422	18.3743	13.7015	10.8838	9.0724	7.8637
	38	31.8364	20.9646	15.2737	11.9315	9.8203	8.4267
	39	38.1432	24.1224	17.1228	13.1332	10.6621	9.0514
	40	46.4592	28.0252	19.3175	14.5204	11.6143	9.7470
	41	57.7308	32.9255	21.9492	16.1332	12.6972	10.5248
	42	73.5340	39.1925	25.1417	18.0235	13.9357	11.3985
20	28	11.7491	9.2821	7.7088	6.6591	5.9432	5.4569
	29	13.2356	10.2650	8.4078	7.1846	6.3560	5.7934
	30	15.0036	11.4017	9.1999	7.7707	6.8108	6.1603
	31	17.1281	12.7260	10.1023	8.4272	7.3134	6.5614
	32	19.7106	14.2810	11.1361	9.1657	7.8708	7.0012
	33	22.8913	16.1231	12.3283	10.0006	8.4913	7.4848
	34	26.8684	18.3269	13.7127	10.9493	9.1849	8.0184
	35	31.9287	20.9928	15.3325	12.0333	9.9635	8.6090
	36	38.5005	24.2588	17.2441	13.2798	10.8416	9.2654
	37	47.2456	28.3175	19.5216	14.7226	11.8370	9.9975
	38	59.2307	33.4461	22.2639	16.4051	12.9715	10.8176
	39	76.2641	40.0533	25.6062	18.3835	14.2722	11.7405
	40	101.6121	48.7630	29.7358	20.7311	15.7733	12.7842
	41	141.6725	60.5655	34.9197	23.5454	17.5183	13.9706
	42	210.4049	77.1087	41.5477	26.9585	19.5627	15.3273

14.14 Coulomb 토압 산정 시 파괴면 가정에 관한 해설

Coulomb의 주동토압과 수동토압 계산방법은 14.6절과 14.13절에서 설명하였다. Coulomb의 토압 해석방법에서 기본적인 가정은 파괴면이 **평면 파괴면**이라는 것이다. 그러나 실제 마찰이 있는 벽에서는 이런 가정이 적절치 못하다. 수평 뒤채움을 한 연직벽에 대한 주동토압과 수동토압 상태에서의 **실제 파괴면 특성**은 각각 그림 14.28a와 14.28b에 나타낸 바와 같다. 그림에서 보는 바와 같이 파괴면 중 BC 구간은 곡면이고, CD 구간은 평면이다.

주동토압의 경우, 흙의 실제 파괴면은 Coulomb 토압을 계산할 경우에 가정한 것과 다소 다르지만 결과는 큰 차이가 나지 않는다. 그러나 수동토압의 경우에는 δ' 값이 증가함에 따라 Coulomb의 계산방법으로는 P_p 값의 오차가 상당히 크다. 이러한 오차로 인하여 P_p 값이 실제로 흙의 저항력보다 더 큰 값으로 되어 버리기 때문에 옹벽 전체가 불안정한 상태로 될 수 있다.

그림 14.28b에 나타난 곡선부 BC를 원호, 타원, 대수나선형이라는 가정하에 수동토압 P_p를 산정하기 위한 여러 연구가 수행되었다(예, Caquot and Kersel, 1948; Terzaghi and Peck, 1967; Shields and Tolunay, 1973; Zhu and Qian, 2000). 14.15절과 14.16절은 Caquot and Kerisel(1948)의 이론과 Shields and Tolunay(1973)를 기술한 것으로, 이 내용을 설명하는 목적으로 충분하다고 판단된다.

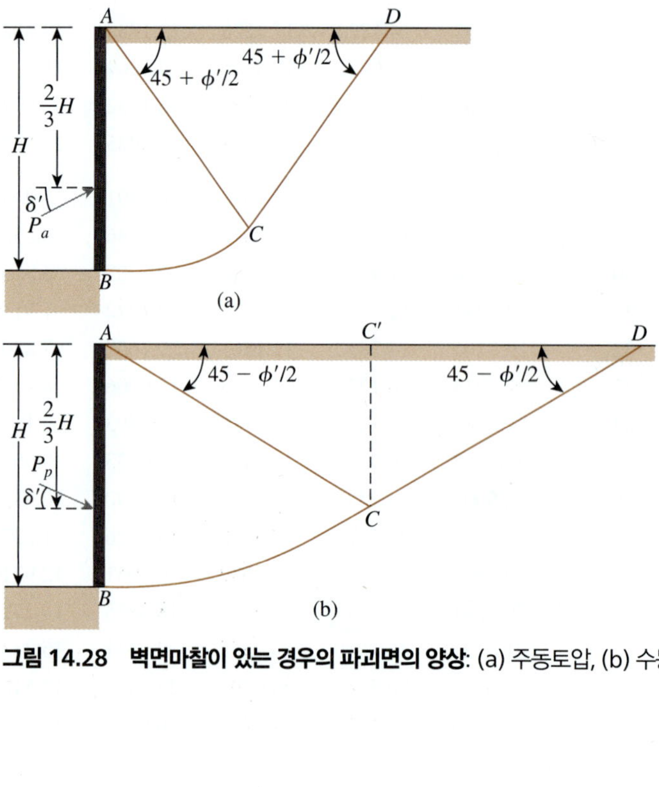

그림 14.28 벽면마찰이 있는 경우의 파괴면의 양상: (a) 주동토압, (b) 수동토압

14.15 수동토압에 관한 Caquot and Kerisel 이론(뒤채움 흙이 조립토일 경우)

(a) 배면이 경사지고 뒤채움부가 수평인 옹벽

그림 14.29b는 옹벽의 배면 뒤채움 부분의 상단이 경사지거나 수평인 경우를 나타낸 것이다. 이 경우 옹벽의 단위길이당 수동토압을 계산하면 다음과 같다.

$$P_p = \frac{1}{2}\gamma H_1^2 K_p \tag{14.81}$$

여기서 K_p = 수동토압계수

Caquot and Kerisel(1984)이 제시한 K_p의 변화값이 그림 14.29a에 나타나 있다. H_1의 정의를 그림 14.29b를 참조하라. 이 그림에 나타난 K_p의 값을 $\delta'/\phi' = 1$인 경우라는 것을 인지하는 것이 중요하다. 만약 $\delta'/\phi' \neq 1$인 경우, K_p는 다음과 같은 과정을 거쳐 구할 수 있다.

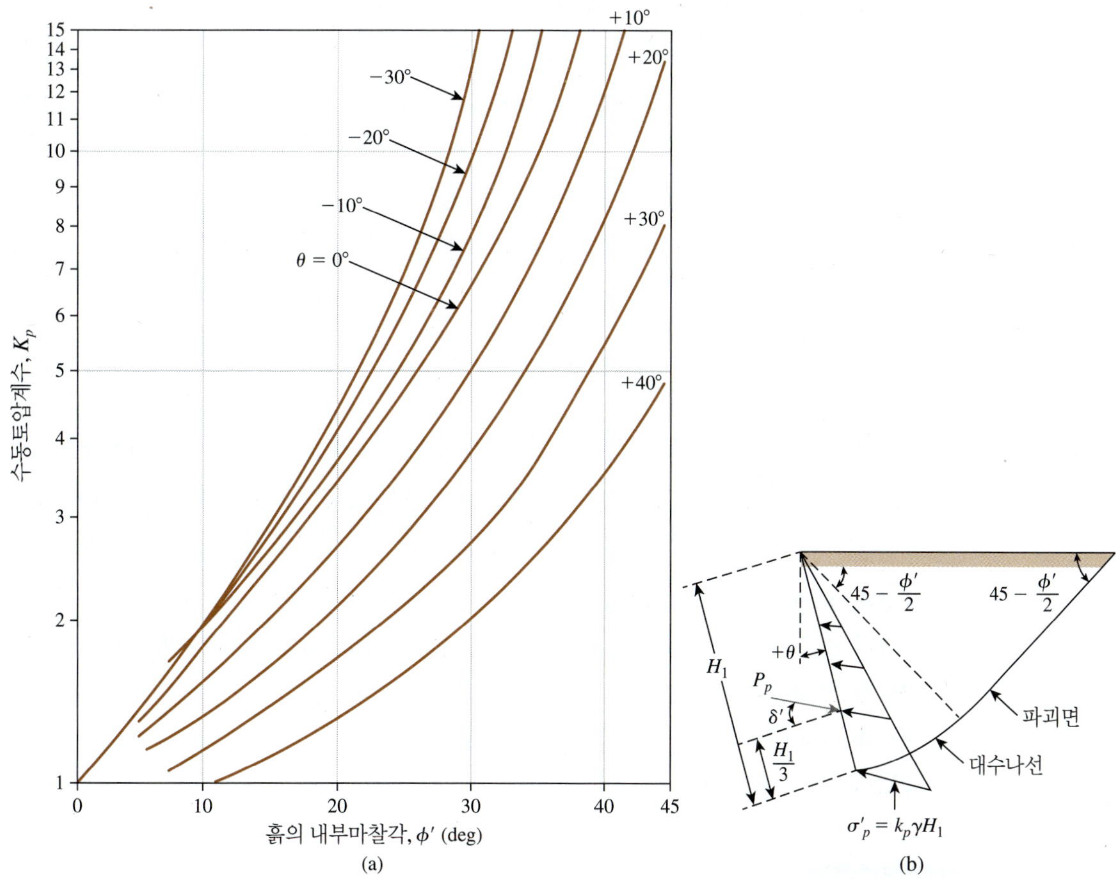

그림 14.29 K_p에 대한 Caquot and Kerisel의 이론[식 (14.81)] (주: θ는 연직에 대한 옹벽 배면의 기울기) $\delta'/\phi' = 1$일 때 K_p의 값

표 14.19 수동토압 계산 시 Caquot and Kerisel의 감소계수 R'

	δ'/ϕ'							
ϕ'	0.7	0.6	0.5	0.4	0.3	0.2	0.1	0.0
10	0.978	0.962	0.946	0.929	0.912	0.898	0.881	0.864
15	0.961	0.934	0.907	0.881	0.854	0.830	0.803	0.775
20	0.939	0.901	0.862	0.824	0.787	0.752	0.716	0.678
25	0.912	0.860	0.808	0.759	0.711	0.666	0.620	0.574
30	0.878	0.811	0.746	0.686	0.627	0.574	0.520	0.467
35	0.836	0.752	0.674	0.603	0.536	0.475	0.417	0.362
40	0.783	0.682	0.592	0.512	0.439	0.375	0.316	0.262
45	0.718	0.600	0.500	0.414	0.339	0.276	0.221	0.174

1. δ'와 ϕ' 값을 가정한다.
2. δ'/ϕ' 값을 계산한다.
3. 단계 2에서 구한 δ'/ϕ' 값을 이용하여 표 14.19로부터 감소계수 R'을 구한다.
4. $\delta'/\phi' = 1$인 경우 그림 14.29로부터 K_p를 구한다.
5. 필요한 δ'/ϕ'에 대해 K_p를 다음과 같이 계산한다.

$$K_p = (R')[K_{p(\delta'/\phi'=1)}] \tag{14.82}$$

(b) 배면이 연직이고 뒤채움부가 경사진 옹벽

그림 14.30b는 배면이 연직이고 배면토사 상부가 경사진 조립토로 뒤채움한 옹벽을 나타낸 것이다. 이 경우에 수동토압은,

$$P_p = \frac{1}{2}\gamma H^2 K_p \tag{14.83}$$

ϕ' 값과 $\frac{\alpha}{\phi'}$ 값에 따른 여러 K_p 값($\frac{\delta'}{\phi'} = 1$)들은 그림 14.30a에 도시되었다. 식 (14.83)을 이용하여 K_p 값들을 구하기 위한 Caquot and Kerisel의 이론은 $\delta'/\phi' = 1$일 때 그림 14.30a에 나타나 있다. 그림 14.30a를 이용하여 K_p 값들을 구하기 위해서는 다음 과정이 필요하다.

1단계. α/ϕ' 값을 결정한다(α 값의 음수 또는 양수기호 주의).
2단계. ϕ'과 α/ϕ' 값을 알면, $\delta'/\phi' = 1$일 때 그림 14.30a를 이용하여 K_p 값을 구한다.
3단계. δ'/ϕ' 값을 계산한다.
4단계. 표 14.19로부터 감소계수 R'을 구한다.
5단계. $K_p = (R')\ [K_{p(\delta'/\phi'=1)}]$ (14.84)

예제 14.15

옹벽의 배면이 연직($\theta = 0°$)이고, 조립토로 뒤채움한 상부가 수평인 3 m 높이(H)의 옹벽이

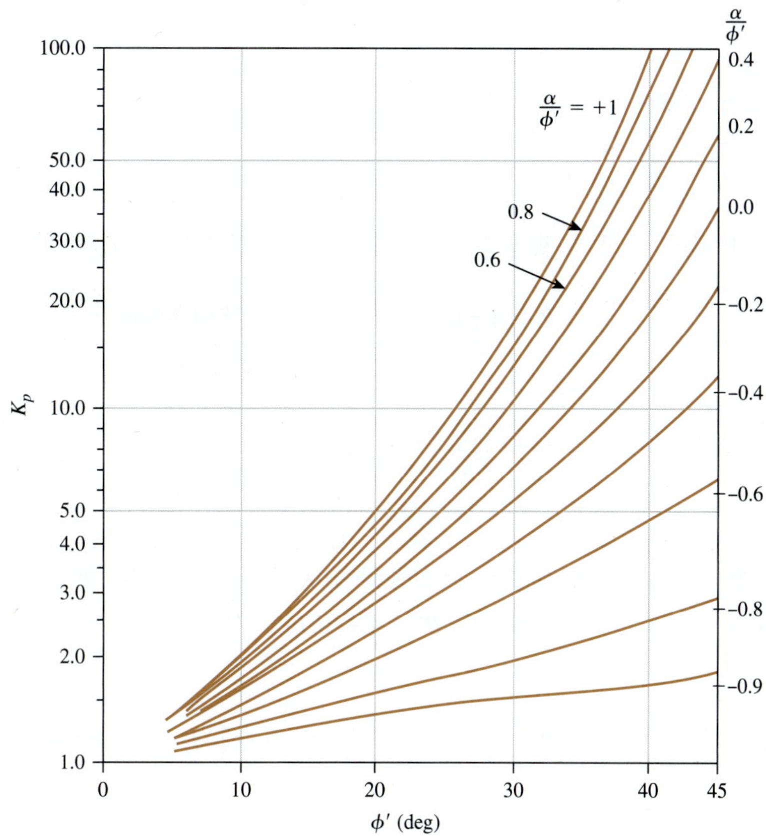

(a)

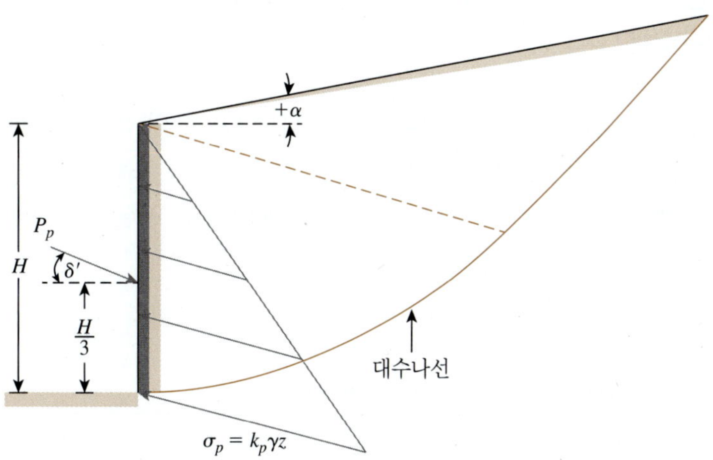

(b)

그림 14.30 K_p에 대한 Caquot and Kerisel의 해[식 (14.83)] (주: $\delta'/\phi' = 1$일 때 K_p의 값)

있다. 주어진 조건: $\gamma = 15.7\ \text{kN/m}^3$, $\delta' = 15°$, 그리고 $\phi' = 30°$. 다음 이론을 이용하여 수동토압 P_p 값을 구하라.

a. Coulomb의 이론

b. Caquot and Kerisel의 이론

풀이

Part a

식 (14.79)로부터

$$P_p = \frac{1}{2}K_p\gamma H^2$$

$\phi' = 30°$와 $\delta' = 15°$일 때 표 14.16으로부터 K_p의 값은 4.977이다. 따라서

$$P_p = \left(\frac{1}{2}\right)(4.977)(15.7)(3)^2 = \mathbf{351.6\ kN/m}$$

Part b

$\theta = 0°, H_1 = H$일 때 식 (14.81)로부터

$$P_p = \frac{1}{2}\gamma H^2 K_p$$

$\phi' = 30°, \delta'/\phi' = 1$일 때 그림 14.29a로부터 $K_{p(\delta'/\phi' = 1)}$의 값은 5.9이다. 또한 $\phi' = 30°$, $\delta'/\phi' = 0.5$일 때 표 14.19로부터, R'의 값은 0.746이다.

따라서,

$$P_p = \frac{1}{2}\gamma H^2 K_p = \frac{1}{2}(15.7)(3)^2(0.746 \times 5.9) \simeq \mathbf{311\ kN/m}$$

■

14.16 수동토압에 관한 Shields and Tolunay(1973) 이론(뒤채움 흙이 조립토일 경우)

Shields and Tolunay(1973)는 그림 14.28b에 나타난 $ABCC'$와 같은 가상 파괴쐐기에 대한 절편법을 이용하였다. 이 방법(옹벽배면이 연직, 수평 조립토 채움재)에 의해 구한 K_p의 값들은 표 14.20에 기술하였다. Shields and Tolunay(1973)는 사실 P_p의 수평성분을 구하였다($P_{p(H)}$). 또는

표 14.20 절편법에 근거한 Shields and Tolunay의 K_p 값

	δ' (deg)									
ϕ' (deg)	0	5	10	15	20	25	30	35	40	45
20	2.04	2.27	2.47	2.64	2.87					
25	2.46	2.78	3.08	3.34	3.61	4.01				
30	3.00	3.44	3.86	4.28	4.68	5.12	5.81			
35	3.69	4.31	4.91	5.53	6.17	6.85	7.61	8.85		
40	4.69	5.46	3.36	7.30	8.30	9.39	10.60	12.00	14.40	
45	5.83	7.09	8.43	9.89	11.49	13.28	15.31	17.65	20.36	25.46

$$P_{p(H)} = \frac{1}{2}\gamma H^2 K'_p \tag{14.85}$$

그러나

$$P_{p(H)} = P_p \cos\delta' = \frac{1}{2}\gamma H^2 K'_p \cos\delta' \tag{14.85a}$$

또는

$$K_p = \frac{K'_p}{\cos\delta'} \tag{14.86}$$

표 14.20에 기술된 K_p의 값들은 식 (14.86)에 근거한 것이다.

예제 14.16

Shields and Tolunay의 이론을 적용하여 예제 14.15를 다시 풀어라.

풀이

$$P_p = \frac{1}{2}\gamma K^2 K_p$$

$\phi' = 30°$와 $\delta' = 15°$일 때 표 14.20으로부터 K_p의 값은 4.28이다.

$$P_p = \left(\frac{1}{2}\right)(15.7)(3)^2(4.28) = \mathbf{302.4\ kN/m}$$

■

14.17 요약

이 장에서는 옹벽에서 접할 수 있는 다음과 같은 3가지 횡토압에 대하여 고찰하였다.

- 정지토압
- Rankine의 주동토압과 수동토압
- Coulomb의 주동토압과 수동토압

옹벽의 정지토압의 경우에는 옹벽이 뒤채움부로부터 전혀 움직이지 않는다. Rankine의 토압의 차이는 옹벽 배면과 뒤채움 흙 사이에 마찰이 없다고 가정하는 것이다. 반면 Coulomb의 토압계산에서는 옹벽 배면과 뒤채움 흙 사이의 마찰이 있다고 가정하는 것이다. Rankine과 Coulomb의 주동토압의 경우, 옹벽이 뒤채움부로부터 변위가 발생되어 앞방향으로 이동하는 현상이며, 반면 수동토압의 경우에는 옹벽이 뒤채움부 방향으로 변위가 발생하여 이동하는 현상이다.

지진발생을 고려하여 주동토압을 계산하는 과정을 간단하게 설명하였다.

뒤채움부에 파괴면이 곡선파괴면이라 가정하는 것은 옹벽의 배면 마찰을 고려하여 수동토압을 산정할 때 중요하다.

연습문제

14.1 그림 14.5a를 참고하여 $H_1 = 3$ m, $H_2 = 3$ m, $q = 0$, $\gamma = 16.5$ kN/m^3, $\gamma_{sat} = 19$ kN/m^3, $c' = 0$, 그리고 $\phi' = 30°$일 때, 옹벽의 단위길이당 정지 횡토압을 결정하라. 그리고 토압이 작용하는 위치를 구하라. 식 (14.1)을 이용하라.

14.2 그림 14.5a를 참고하여 $H_1 = 5$ m, $H_2 = 0$ m, $q = 0$, 그리고 $\gamma = 18$ kN/m^{3}이다. 뒤채움 흙이 소성지수가 26인 과압밀 점토이다. 과압밀비가 2.0일 때, 옹벽의 단위길이당 정지상태의 토압을 결정하라. 그리고 토압이 작용하는 위치를 구하라. 식 (14.3)과 $K_{o(\text{overconsolidated})} = K_{o(\text{normally consolidated})} \times (\text{OCR})^{0.5}$을 이용하라.

14.3 식 (14.1)을 이용하여, 그림 14.5a에 다음과 같은 조건이 주어질 때 옹벽의 단위길이당 정지상태의 토압을 결정하라. 또한 토압이 작용하는 위치를 구하라. $H = 3$ m, $H_1 = 1.2$ m, $H_2 = 1.8$ m, $\gamma = 16.5$ kN/m^3, $\gamma_{sat} = 19.2$ kN/m^3, $\phi' = 30°$, $c' = 0$, 그리고 $q = 14.4$ kN/m^2.

14.4 그림 14.7a와 같이 높이가 5.5 m인 연직옹벽이 있다. 뒤채움부의 상부는 수평면을 이루고, 뒤채움 흙, $\gamma = 18.7$ kN/m^3, $\phi' = 24°$, $c' = 10$ kN/m^2, 인장균열 발생 후의 옹벽의 단위길이당 Rankine의 주동토압을 구하라.

14.5 그림 14.7a와 같이 높이가 6.4 m인 옹벽이 있다. 뒤채움 흙은 포화점토이고 $\phi' = 0$, $c = c_u = 30.2$ kN/m^2, 그리고 $\gamma_{sat} = 17.8$ kN/m^3.

a. 벽체에 작용하는 Rankine의 주동토압 분포도를 구하라.

b. 인장균열깊이, z_c를 구하라.

c. 인장균열 발생 후의 옹벽의 단위길이당 Rankine의 주동토압을 구하라.

14.6 그림 P14.6과 같이 높이 $H_1 = 2.5$ m, $H_2 = 4.5$ m, $\gamma_1 = 16.8$ kN/m^3, $q = 0$, $\phi'_1 = 34°$, $c'_1 = 0$, $\gamma_2 = 22$ kN/m^3 $\phi'_2 = 25°$, $c'_2 = 10$ kN/m^2. 옹벽의 단위길이당 Rankine의 주동토압을 구하라.

14.7 그림 14.11을 참고하여 $H = 6$ m, $\phi' = 34°$, $\alpha = 10°$, $\gamma = 17$ kN/m^3, $c' = 0$일 때, 다음의 값을 구하라.

a. $z = 2$ m, 4 m, 6 m에서의 Rankine의 주동토압을 구하라.

b. 벽체의 단위길이당 Rankine의 주동토압을 결정하고, 그 작용위치와 방향을 구하라.

14.8 그림 14.11을 참고하여 $H = 6.7$ m, $\gamma = 18$ kN/m^3, $\phi' = 25°$, $c' = 12$ kN/m^2, 그리고 $\alpha = 10°$일 때, 인장균열이 발생한 후 벽체에 작용하는 단위길이당 Rankine의 주동토압을 구하라.

14.9 그림 14.13a를 참고하여 $H = 6$ m, $\gamma = 16.5$ kN/m^3, $\phi' = 30°$, $\delta' = 20°$, $c' = 0$, 그리고 $\alpha = 10°$, $\beta = 80°$일 때, 벽체의 단위길이당 작용하는 Coulomb의 주동토압과 작용위치 및 방향을 구하라.

14.10 그림 14.13a를 참고하여 $H = 3.66$ m, $\gamma = 16.5$ kN/m^3, $\phi' = 30°$, $c' = 0$, 그리고 $\beta = 85°$일 때, 다음 조건에 대하여 벽체의 단위길이당 작용하는 Coulomb의 주동토압과 작용위치 및 방향을 구하라.

a. $\alpha = 10°$, $\delta' = 20°$

b. $\alpha = 20°$, $\delta' = 15°$

14.11 문제 14.5를 참고하여 다음의 값을 구하라.

a. 옹벽 배면에 작용되는 Rankine 수동토압 분포도를 그려라.

b. 옹벽의 단위길이당 Rankine의 수동토압을 구하고, 합력의 위치를 구하라.

14.12 Rankine의 수동토압에 대하여 문제 14.4를 다시 풀어라.

14.13 Rankine의 수동토압에 대하여 문제 14.6을 다시 풀어라.

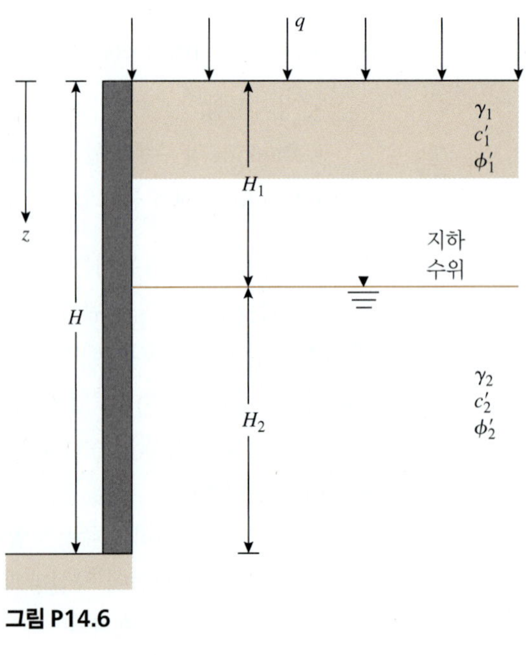

그림 P14.6

14.14 문제 14.9에 기술된 옹벽에 대하여 옹벽의 단위길이당 Coulomb의 수동토압을 구하고, 합력이 작용하는 위치와 방향을 구하라.

14.15 그림 14.14a를 참고하여 $H = 4$ m, $\alpha = 0$, $\beta = 85°$, $\gamma = 17$ kN/m^3, $c' = 0$, $\phi' = 36°$, $\delta'/\phi' = 0.5$ 그리고 $q = 30$ kN/m^{2}이다. 벽체의 단위길이당 작용하는 Coulomb의 주동토압을 구하라.

14.16 그림 14.19b를 참고하여 $H = 3.3$ m, $\alpha' = 1$ m, $\beta' = 1.5$ m, $q = 25$ kN/m^{2}이다. 상재하중만이 작용한다고 가정했을 때, 강성벽체의 단위길이당 횡압력을 구하라.

14.17 그림 14.20을 참고하여 $H = 5$ m, $\gamma = 18.2$ kN/m^3, $\phi' = 30°$, $\delta' = 20°$, $c' = 0$, $\alpha = 10°$, $\beta = 85°$일 때, 지진상태에서의 단위길이당 Coulomb의 주동토압(P_{ae})과 합력이 작용하는 위치, 방향을 구하라. $k_h = 0.2$, $k_v = 0$.

14.18 옹벽의 배면이 연직이고 뒤채움 흙이 $c' - \phi'$이며 상부가 수평일 때, 다음과 같은 조건들이 주어졌다.

$H_1 = 3.05$ m　　$\gamma = 18.08$ kN/m^3
$\phi' = 25°$　　$k_h = 0.2$
$c' = 5.41$ kN/m^3　　$k_v = 0$

옹벽의 주동토압 P_{ae}의 크기를 구하라.

14.19 그림 14.30b를 참고하여, 조립토로 뒤채움한 옹벽의 배면이 연직이다. $H = 4$ m, $\alpha = 17.5°$, $\gamma = 16.5$ kN/m^3, $\phi' = 35°$, $\delta' = 10°$일 때, Caquot and Kerisel의 방법에 의하면 옹벽의 단위길이당 수동토압을 구하라.

참고문헌

Alpan, I. (1967). "The Empirical Evaluation of the Coefficients K_o and K_{oR}," *Soil and Foundations*, Vol. 7, No. 1, pp. 31–40.

Caquot, A. and Kerisel, J. (1948). *Tables for the Calculation of Passive Pressure, Active Pressure, and Bearing Capacity of Foundations*, Gauthier-Villars, Paris.

Chu, S. C. (1991). "Rankine Analysis of Active and Passive Pressures on Dry Sand," *Soils and Foundations*, Vol. 31, No. 4, pp. 115–120.

Coulomb, C. A. (1776). *Essai sur une Application des Règles de Maximis et Minimis à quelques Problèmes de Statique, Relatifs à l'Architecture*, Mem. Acad. Roy. des Sciences, Paris, Vol. 3, p. 38.

Dubrova, G. A. (1963). "Interaction of Soil and Structures," Izd. *Rechnoy Transport*, Moscow.

Harr, M. E. (1996). *Fundamentals of Theoretical Soil Mechanics*, McGraw-Hill, New York.

Jaky, J. (1944). "The Coefficient of Earth Pressure at Rest," *Journal for the Society of Hungarian Architects and Engineers*, October, pp. 355–358.

Jarquio, R. (1981). "Total Lateral Surcharge Pressure Due to Strip Load," *Journal of the Geotechnical Engineering Division*, American Society of Civil Engineers, Vol. 107, No. GT10, pp. 1424–1428.

Massarsch, K. R. (1979). "Lateral Earth Pressure in Normally Consolidated Clay," *Proceedings of the Seventh European Conference on Soil Mechanics and Foundation Engineering*, Brighton, England, Vol. 2, pp. 245–250.

Matsuzawa, H., and Hazarika, H. (1996). "Analysis of Active Earth Pressure Against Rigid Retaining Wall Subjected to Different Modes of Movement," Soils and Foundations, Tokyo, Japan, Vol. 36, No. 3, pp. 51–66.

Mayne, P. W. and Kulhawy, F. H. (1982). "　Relationships in Soil," *Journal of the Geotechnical Engineering Division*, ASCE, Vol. 108, No. GT6, pp. 851–872.

Mazindrani, Z. H. and Ganjali, M. H. (1997). "Lateral Earth Pressure Problem of Cohesive Backfill with Inclined Surface," *Journal of Geotechnical and Geoenvironmental Engineering*, ASCE, Vol. 123, No. 2, pp. 110–112.

Seed, H. B. and Whitman, R. V. (1970). "Design of Earth Retaining Structures for Dynamic Loads," *Proceedings, Specialty Conference on Lateral Stresses in the Ground and Design of Earth Retaining Structures*, American Society of Civil Engineers, pp. 103–147.

Shields, D. H. and Tolunay, A. Z. (1973). "Passive Pressure Coefficients by Method of Slices," *Journal of the Soil Mechanics and Foundations Division*, ASCE, Vol. 99, No. SM12, pp. 1043–1053.

Shukla, S. K., Gupta, S. K., and Sivakugan, N. (2009). "Active Earth Pressure on Retaining Wall for c–ϕ Soil Backfill Under Seismic Loading Condition," *Journal of Geotechnical and Geoenvironmental Engineering*, ASCE, Vol. 135, No. 5, pp. 690–696.

Terzaghi, K. and Peck, R. B. (1967). *Soil Mechanics in Engineering Practice*, 2nd ed. John Wiley and Sons, New York.

Zhu, D. Y. and Qian, Q. (2000). "Determination of Passive Earth Pressure Coefficient by the Method of Triangular Slices," *Canadian Geotechnical Journal*, Vol. 37, No. 2, pp. 485–491.

Chapter

15 옹벽

Retaining Walls

Jarous/Shutterstock.com

학습목표 15장을 학습하면 다음을 할 수 있다

15.1 옹벽 형식에 대한 일반적인 분류를 설명함.
15.2 안정성 검토에 필요한 옹벽의 단면산정 비율을 제공함.
15.3 옹벽에 가해지는 여러 횡토압 종류에 대해 학습함.
15.4 옹벽의 횡토압을 결정하기 위해 등가유체방법을 이용함.
15.5 옹벽의 안정성을 검토하는 데 필요한 여러 요소를 설명함.
15.6 전도에 대한 안전율을 산정함.
15.7 활동에 대한 안전율을 산정함.
15.8 지지력 파괴에 대한 안전율을 산정함.
15.9 옹벽의 여러 종류의 시공이음에 대해 학습함.
15.10 횡토압에 영향을 미치는 여러 자연원인에 대해 설명함.
15.11 설계하중이 옹벽의 허용 횡변위에 미치는 지진의 영향을 설명함.
15.12 지반보강의 기본 개념을 기술함.
15.13 금속띠, 반부패성 지오텍스타일, 지오그리드와 같은 현재 사용되고 있는 지반보강재에 대해 기술함.
15.14 보강토 옹벽을 설계 시 기본적인 고려사항을 학습함.
15.15 뒤채움 흙을 금속띠로 보강한 옹벽을 설계하는 방법에 대해 설명함.
15.16 금속띠를 사용하여 보강한 옹벽의 단계적 설계과정을 기술함.
15.17 여러 층의 지오텍스타일을 사용한 보강토 옹벽의 설계과정에 대해 학습함.
15.18 지오그리드로 보강한 보강토 옹벽의 기본 개념에 대해 설명함.
15.19 지오그리드 보강토 옹벽의 단계적 설계과정을 학습함.

15.1 개요

제 14장에서는 횡토압의 여러 이론들을 소개하였다. 이러한 이론들은 이 장에서 다양한 형태의 옹벽을 설계하기 위하여 이용된다. 일반적으로 옹벽은 크게 두 가지로 나눌 수 있다: (a) 전통적인 옹벽(conventional retaining)과 (b) 보강토 옹벽(mechanically stabilized earth walls).

전통적인 옹벽은 일반적으로 네 가지 종류로 분류될 수 있다.

1. 중력식 옹벽(gravity retaining walls)
2. 반중력식 옹벽(semigravity retaining walls)
3. 캔틸레버식 옹벽(cantilever retaining walls)
4. 부벽식 옹벽(counterfort retaining walls)

중력식 옹벽(그림 15.1a)은 무근콘크리트나 석축으로 축조되며, 자중과 석축물 위에 쌓은 흙에 의하여 안정성이 좌우된다. 이런 형태의 옹벽은 높이가 높은 벽체의 경우에는 비경제적이다. 그림 15.2는 암사면을 보호할 목적으로 축조된 중력식 옹벽의 전경을 보여주고 있다.

많은 경우, 중력식 옹벽을 축조할 때 적은 양의 철근을 배근하여 벽체 단면의 크기를 줄일 수 있다. 이러한 옹벽을 일반적으로 **반중력식 옹벽**(그림 15.1b)이라 한다.

캔틸레버식 옹벽(그림 15.1c)은 얇은 연직 벽체(stem)와 저판(base slab)으로 이루어진 철근 콘크리트 구조로 만들어진다. 여기서 옹벽은 바닥판 끝에 고정시켜 연직 캔틸레버 기

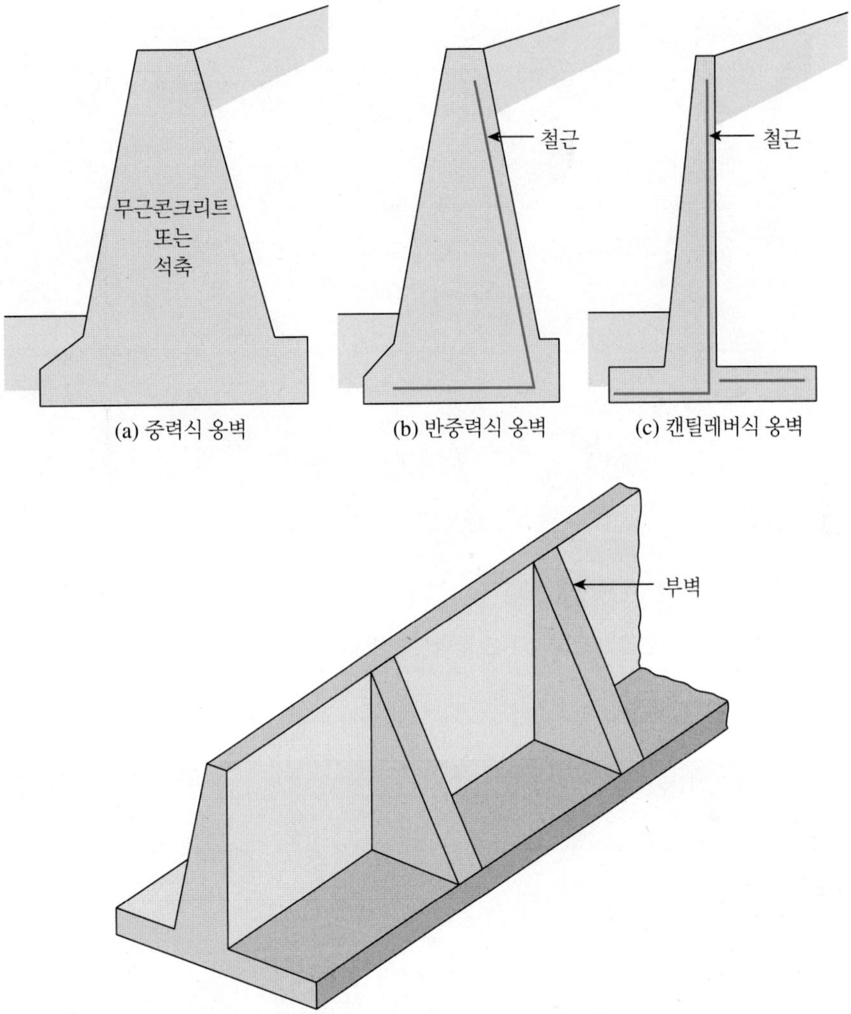

그림 15.1 옹벽의 종류

등과 같은 역할을 한다. 이러한 형태의 옹벽은 벽의 높이가 대략 8 m 이하일 때 경제적이다. 그림 15.3은 시공 중에 있는 켄틸레버식 옹벽을 보여주고 있다.

부벽식 옹벽(그림 15.1d)은 캔틸레버식 옹벽과 거의 비슷하지만, 일정한 수평 간격으로 벽체와 저판을 상호 연결시켜주는 **부벽**(counterfort)이라는 얇은 연직의 콘크리트 슬래브가 바닥판과 연결되어 있다. 부벽은 전단과 휨모멘트를 감소시키기 위한 것이다. 그림 15.4는 시공 중인 기성 부벽식 옹벽의 전경을 나타내고 있다.

옹벽을 정확하게 설계하기 위해서 설계자는 옹벽 뒤에 있는 흙과 저판 아래에 있는 흙의 **단위중량**, **마찰각**, **점착력** 등과 같은 기본적인 토질정수를 알아야 한다. 즉, 옹벽 배면토사의 기본적인 특성을 파악하면, 설계에 필요한 횡방향 토압분포를 결정할 수 있다.

전통적인 옹벽을 설계할 때에는 두 가지 단계가 있다—지반공학적 측면과 구조적 측면. 첫 번째 단계는 알고 있는 횡토압을 가지고 구조물 전체에 대한 **안정성**을 검토하는 것이다. 안정성 검토에는 **전도**(overturning), **활동**(sliding), **지지력**(bearing capacity) 파괴에 대한

그림 15.2 암사면을 보호하기 위한 중력식 옹벽(Courtesy of E. C. Shin, Incheon National University, Korea)

그림 15.3 시공 중에 있는 캔틸레버식 옹벽(Courtesy of Dharma Shakya/Irvine, California/Geotechnical Solutions, Inc.)

그림 15.4 Techwall™의 시공(기성부벽식 옹벽) (Courtesy of Reinforced Earth Company, Sterling, Virginia)

검토가 포함된다. 두 번째 단계는 구조물의 각 요소가 소정의 **강도**를 갖고 있는지 검토하고, 각 요소에 대하여 **철근 보강**을 결정하는 것이다.

이 장에서는 옹벽의 안전성을 검토하는 과정에 대하여 설명하였다. 강도에 대한 검토는 철근 콘크리트에 관련된 책에서 찾아볼 수 있다.

어떤 옹벽은 금속띠, 강봉, 철근을 용접하여 제작한 철재매트, 지오텍스타일, 지오그리드와 같은 보강부재를 뒤채움 흙 사이에 포설한 후 다짐을 실시하여 역학적으로 안정성을 확보한 보강토 옹벽이다. 이러한 옹벽들은 비교적 유연하기 때문에 구조물에 큰 손상 없이 상당한 수평 및 연직 변위에 견딜 수 있다.

중력식과 캔틸레버식 옹벽

15.2 옹벽의 단면산정

옹벽을 설계할 때, 설계자는 옹벽 단면 치수의 일부를 가정하여야 한다. 이것을 **단면산정 비율**(proportioning)이라고 하며, 설계자는 이런 가정을 통하여 결정된 옹벽의 단면에 대하여 안정성을 검토해야 한다. 만약 안정성을 검토한 결과가 만족스럽지 못하면, 단면 치수를 재조정하여 다시 검토해야 한다. 그림 15.5는 초기 안정성 검토에 사용되는 여러 옹벽요소들의 일반적인 단면산정 비율을 나타낸 것이다.

어떠한 형태의 옹벽이든 연직 본체의 상부 폭은 원활한 콘크리트 타설을 위하여 최소한 30 cm 이상이어야 한다. 또한, 지표면에서 옹벽 저판(slab) 바닥까지의 깊이 D는 최소한 60

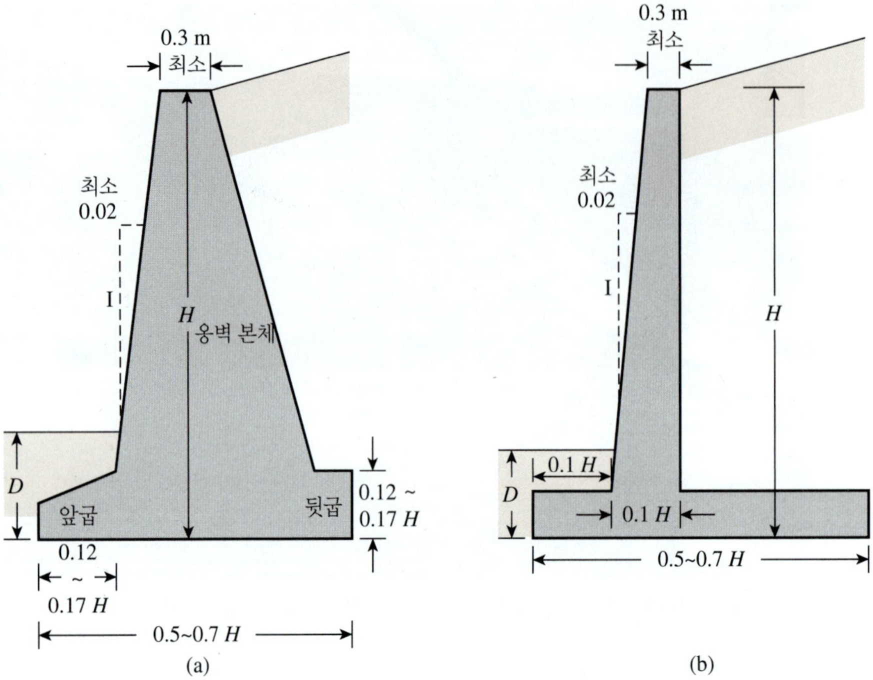

그림 15.5 초기 안정성 검토를 위한 옹벽 각 부분의 개략적 단면치수: (a) 중력식 옹벽, (b) 캔틸레버식 옹벽

cm를 유지하여야 한다. 그러나, 옹벽 저판의 바닥면은 계절적 동결심도 아래에 위치해야 한다.

부벽식 옹벽의 경우, 저판과 본체의 단면산정 비율은 캔틸레버식 옹벽과 동일하다. 부벽의 두께는 약 30 cm 정도가 되어야 하고, 부벽의 중심간격은 0.3~0.7H가 되어야 한다.

15.3 횡토압 이론의 설계 적용

제14장에서 횡토압 계산에 필요한 기본적인 이론들을 설명하였다. 일반적으로 Rankine의 이론을 Coulomb의 이론보다 단순성 때문에 선호한다. 기술자들이 설계에 이 이론들을 적용하기 위해서는 몇 가지 간단한 가정을 해야 한다. 캔틸레버식 옹벽의 경우, 안정성 검토에 Rankine의 토압이론을 이용하려면, 먼저 그림 15.6a에 나타낸 바와 같이 저판 뒷굽(heel)의 끝에 위치한 점 A를 통과하는 연직선 AB를 그려야 한다. Rankine의 주동상태는 연직면 AB를 따라 존재한다고 가정한다. Rankine의 주동토압식은 AB 면에 작용하는 횡토압을 계산하는 데 이용한다. 옹벽의 안정성을 해석할 때는 힘 $P_{a(\text{Rankine})}$, 뒷굽 위에 있는 흙의 무게(W_s), 그리고 콘크리트의 무게(W_c)를 모두 고려해야 한다. Chu(1991)는 Mohr의 원을 이용하여 Rankine의 주동영역에서 뒷굽 우측에 있는 활동파괴면은 수평면에 대하여 식 (15.1)의 각도로 기울어져 작용된다고 보고하였다. Terzaghi(1943)는 파괴면 간의 각도가 조립토 뒤채움부에 $90 - \phi_1'$로 기울어져 주동쐐기 파괴면을 나타내었다. 그림 15.6a에는 활동면 AC'은 연직과 η 각을 이루고 있다. 이 η 각은 $\eta = (90 - \phi_1') + \left[45 + \dfrac{\alpha}{2} + \dfrac{\phi_1'}{2} - \dfrac{1}{2}\sin^{-1}\left(\dfrac{\sin\alpha}{\sin\phi_1'}\right)\right] - 90$ 같이 계산할 수 있다. 따라서,

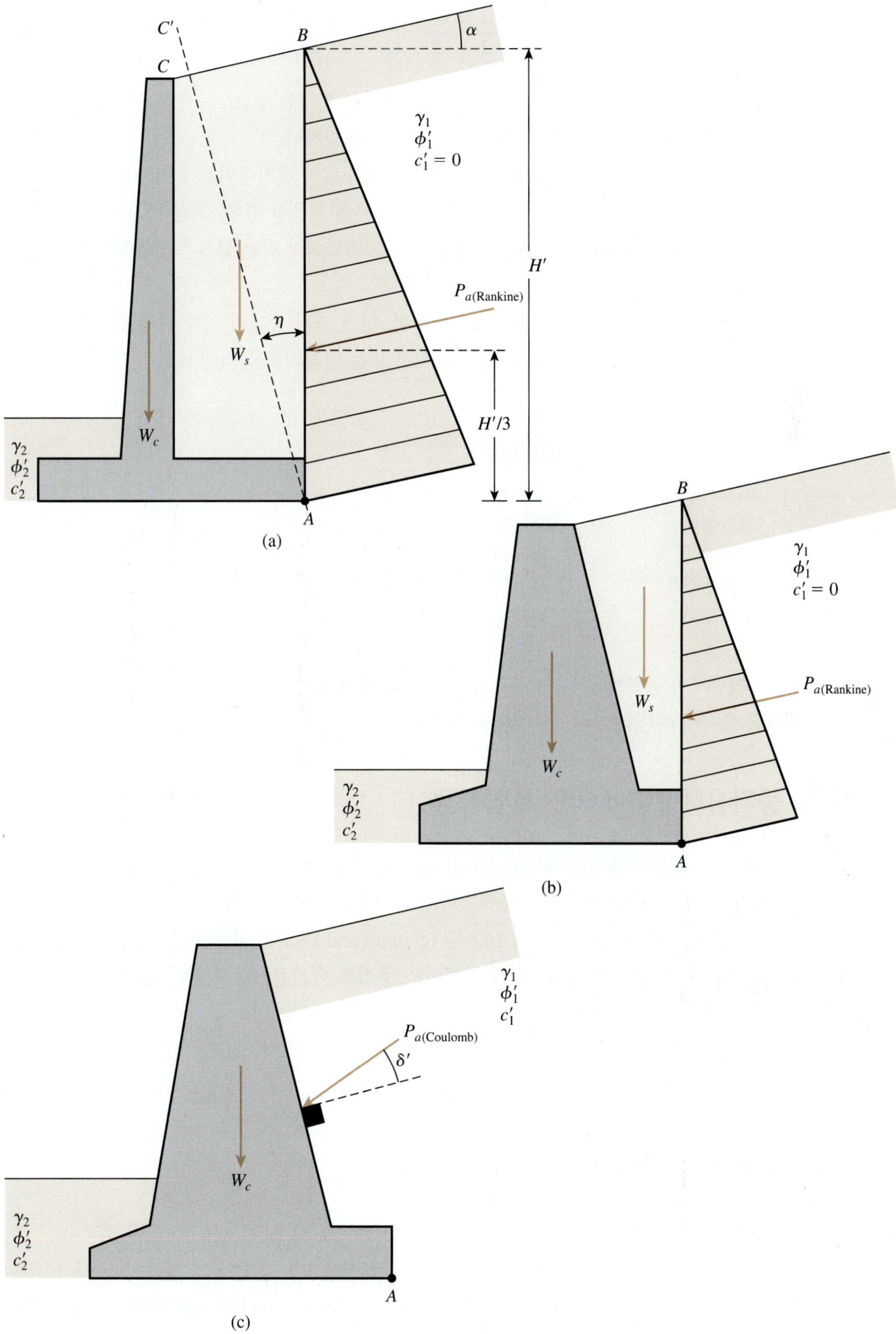

그림 15.6 횡토압 결정 시 가정 사항: (a) 캔틸레버식 옹벽, (b), (c) 중력식 옹벽

$$\eta = 45 + \frac{\alpha}{2} - \frac{\phi'_1}{2} - \frac{1}{2}\sin^{-1}\left(\frac{\sin\alpha}{\sin\phi'_1}\right) \tag{15.1}$$

흙면 AB를 따라 Rankine의 주동토압이 발생한다는 가정은 선 AC로 구분된 전단지역이 벽의 본체에 의해서 차단되지 않는다면 이론적으로 정확하다.

중력식 옹벽의 경우, 그림 15.6b에 나타낸 바와 같이 캔틸레버식 옹벽과 유사한 형태로 해석할 수 있다. 그러나 *Coulomb*의 **주동토압 이론**을 적용할 경우, 그림 15.6c에 나타낸 바와 같다. 만약 Coulomb의 이론을 적용한다면, 고려되어야 하는 힘들은 주동토압 $P_{a(\text{Coulomb})}$과 옹벽의 자중 W_c이다.

만약 Coulomb의 토압이론을 적용한다면, 여러 가지 종류의 뒤채움 재료에 따른 벽면마찰각 δ'의 범위를 알아야 한다. 다음은 석축 또는 콘크리트 옹벽에 대한 벽면마찰각의 범위이다.

뒤채움재	δ'의 범위(°)
자갈	27 – 30
굵은 모래	20 – 28
가는 모래	15 – 25
단단한 점토	15 – 20
실트질 점토	12 – 16

일반적인 옹벽의 경우, 지하수위와 그에 따른 정수압의 문제가 생기지 않는다. 항상 뒤채움 토사에 대한 배수시설을 설치해야 한다.

15.4 등가유체방법에 의한 토압산정

옹벽을 설계할 때 **등가유체방법**(equivalent fluid method)에 의한 토압을 산정하는 방법은 Terzaghi and Peck(1967)이 제안하였다. 이 방법은 옹벽의 뒤채움재가 "등가유체"로 채워졌다고 가정하였다. 그림 15.7과 15.8은 Terzaghi and Peck이 제안한 준–경험 도표들이다. 이들 도표에 따르면, 평면 AB면에 가해지는 옹벽의 단위길이당 수평력 P_h과 수직력 P_v은 다음과 같이 표현할 수 있다.

$$P_h = \frac{1}{2}K_h H'^2$$

그리고 (15.2)

$$P_v = \frac{1}{2}K_v H'^2$$

K_h와 K_v의 단위는 kN/m^{3}이며, 통상 뒤채움재로 사용되는 흙 종류의 함수이다. 표 15.1은 그림 15.7과 15.8과 관련하여 흙의 종류를 기술한 것이다. 그림 15.7은 평면의 뒤채움부에 관한 도표이며, 그리고 그림 15.8은 옹벽의 상단에서 제한적으로 거리를 두고 있는 곳까지는 상향경사이고 그리고 그 이후는 수평면인 뒤채움부에 관한 도표이다.

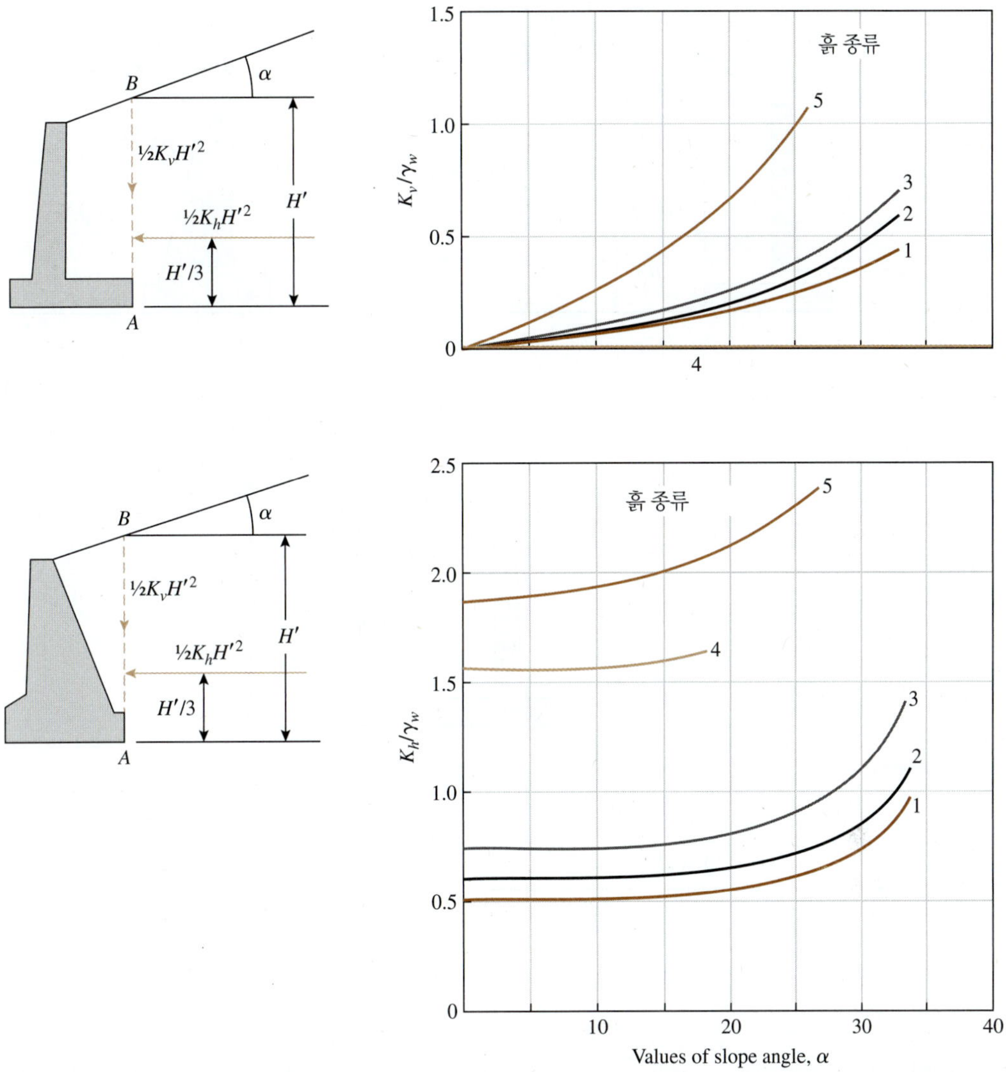

그림 15.7 평면 뒤채움재를 지지하는 옹벽에 작용하는 뒤채움 부분에 작용하는 주동토압 산정용 도표(출처: After *Soil Mechanics in Engineering Practice*, 2nd ed., by K. Terzaghi and R. B. Peck. Copyright 1967 by John Wiley and Sons. Reprinted with permission.) (주: 흙 종류는 표 15.1 참조; γ_w = unit weight of water)

15.5 옹벽의 안정성

옹벽은 다음과 같은 조건일 때 파괴될 수 있다.

- 앞굽(toe)을 회전점으로 하는 **전도파괴**(그림 15.9a)
- 기초지반을 따라서 발생하는 **활동파괴**(그림 15.9b)
- 기초지반의 **지지력 파괴**(그림 15.9c)
- 심층부의 **전단파괴**(그림 15.9d)
- 과잉침하

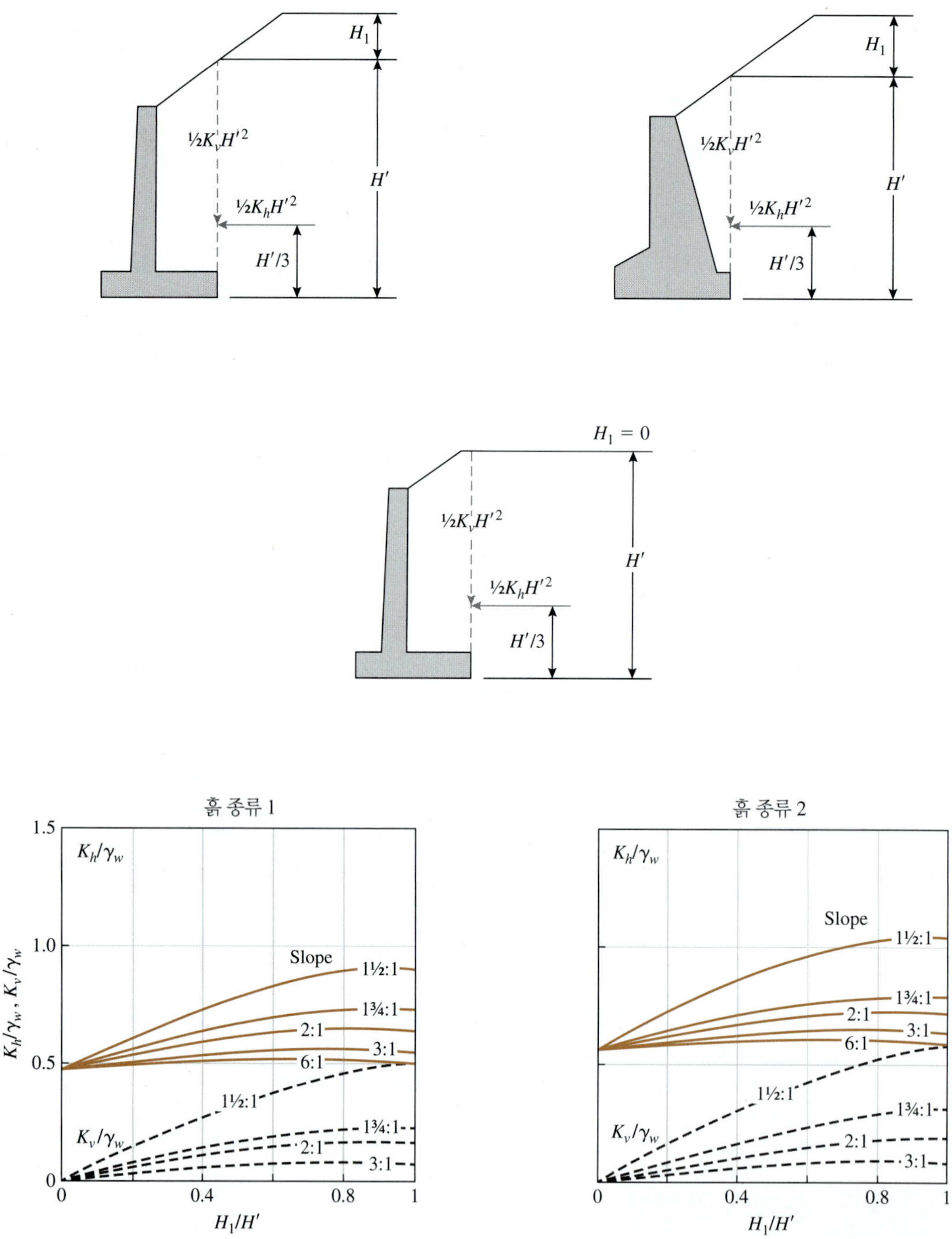

그림 15.8 옹벽 상단까지는 제한된 거리로 사면, 그리고 평면을 이루는 뒤채움재를 지지하는 옹벽에 작용하는 뒤채움 부분에 작용하는 주동토압 산정용 도표(출처: After *Soil Mechanics in Engineering Practice*, 2nd ed., by K. Terzaghi and R.B. Peck. Copyright 1967 by John Wiley and Sons. Reprinted with permission.) (주: γ_w = unit weight of water)

옹벽의 전도(overturning), 활동(sliding), 지지력 파괴(bearing capacity failure)에 대한 안정성 검토는 15.6, 15.7, 15.8절에 기술하였다. 침하량 산정에 대한 원리는 제8장에서 다루었으므로 더 이상 설명하지 않는다. 연약 지층이 얕은 깊이에 위치하고 있을 때, 즉 옹벽 저

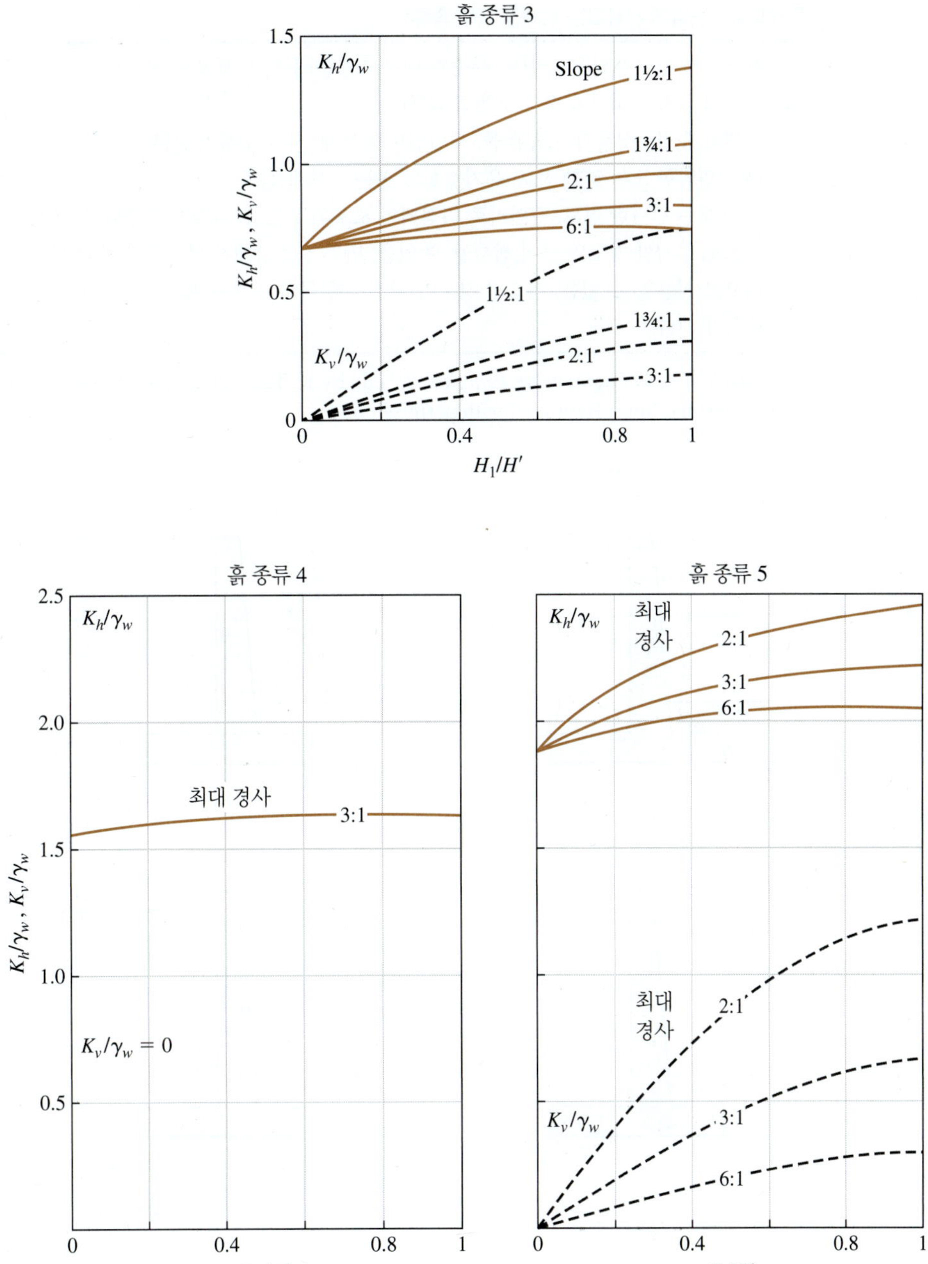

그림 15.8 (계속)

판 폭의 1.5배의 깊이 안에 위치할 때, 과잉침하의 가능성을 고려하여야 한다. 어떤 경우는 옹벽 배면에 경량 뒤채움재를 사용함으로써 과잉침하의 문제를 해결할 수 있다.

심층 전단파괴(deep shear failure)는 옹벽 하부에 저판 폭의 약 1.5배 깊이 내에 연약 지층이 분포함으로써 그림 15.10에서 *abc*와 같은 원호를 따라 발생할 수 있다. 이 경우는 *O*와 같은 여러 중심점을 이용하여 시행착오법으로 임계원형파괴면 *abc*를 구하여야 한다. 최소 안전율을 갖는 파괴면이 **활동에 대한 임계파괴면**(critical surface of sliding)이다. 뒤채움 경

표 15.1 옹벽에 사용되는 뒤채움 흙의 종류[a]

1. 세립토가 섞이지 않은 조립토, 투수가 매우 좋음(깨끗한 모래 또는 자갈)
2. 실트질 입자가 섞인 투수가 낮은 조립토
3. 뚜렷하게 점토성분이 포함된 돌, 세립실트질 모래, 자갈이 섞인 잔적토
4. 매우 연약한 또는 약한 점토, 유기질실트 또는 실트질 점토
5. 중간 또는 단단한 점토, 덩어리로 퇴적되어 보호되고 있음. 따라서 홍수나 장마 시 덩어리 사이의 공간으로 무시할 정도의 물이 침투될 수 있음. 만약 보호상태가 만족하지 못할 때는 이 점토는 뒤채움 흙으로 사용할 수 없음. 점토의 강도가 커질수록 물의 침투가 빠르게 진행되면 옹벽의 안정성이 위태롭게 된다.

[a]*Soil Mechanics in Engineering Practice*, 2nd ed., by K. Terzaghi and R. B. Peck. Copyright 1967 by John Wiley and Sons. Reprinted with permission.

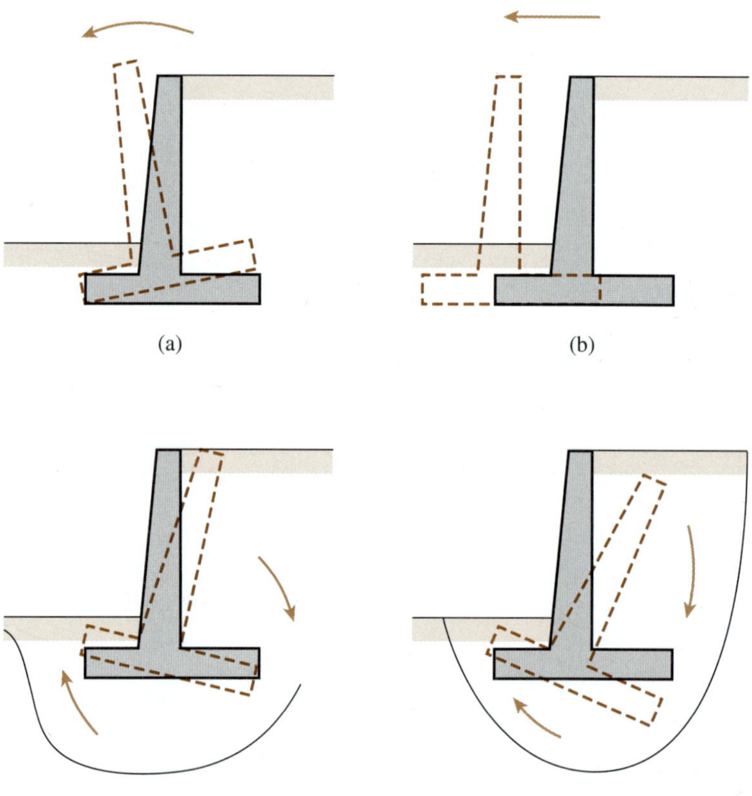

그림 15.9 옹벽의 파괴: (a) 전도파괴, (b) 활동파괴, (c) 지지력 파괴, (d) 심층 하부의 전단파괴

사각 α가 10°보다 작은 경우에, 임계원형파괴는 뒷굽의 가장자리(그림에서 *def*)를 통과한다. 이 상황에서도 활동원점을 변화시켜 시행착오법을 통해 최소 안전율을 산정하여야 한다.

15.6 전도에 대한 안정성 검토

그림 15.11은 Rankine의 주동토압이 옹벽의 뒷굽(heel)을 통과하는 연직면 *AB*를 따라서

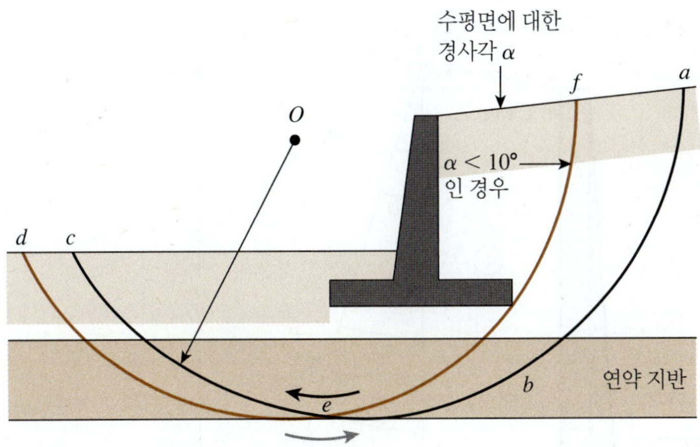

그림 15.10 심층 하부의 전단파괴

작용하고 있다고 가정하였을 때, 캔틸레버식 옹벽과 중력식 옹벽에 작용하고 있는 힘들을 나타낸 것이다. P_p는 Rankine의 수동토압이며, 그 크기는 다음의 식으로부터 구할 수 있다(제14장으로부터).

$$P_p = \frac{1}{2}K_p\gamma_2 D^2 + 2c_2'\sqrt{K_p}D$$

여기서

γ_2 = 저판 아래와 뒷굽 전면에 있는 흙의 단위중량

K_p = Rankine의 수동토압계수 = $\tan^2(45 + \phi_2'/2)$

c_2', ϕ_2' = 점착력과 흙의 유효내부마찰각

그림 15.11의 점 C를 중심으로 앞굽에 관한 전도에 대한 안전율은 다음과 같이 나타낼 수 있다.

$$FS_{(\text{overturning})} = \frac{\Sigma M_R}{\Sigma M_o} \tag{15.3}$$

여기서

ΣM_o = 점 C를 중심으로 전도하려는 힘들의 모멘트 합

ΣM_R = 점 C를 중심으로 전도에 저항하려는 힘들의 모멘트 합

전도 모멘트는 다음과 같다.

$$\Sigma M_o = P_h\left(\frac{H'}{3}\right) \tag{15.4}$$

여기서 $P_h = P_a \cos\alpha$

저항모멘트 ΣM_R (P_p는 무시)을 계산하기 위하여, 표 15.2와 같은 표를 준비하는 것이 효율적이다. 뒷굽 위에 있는 흙의 무게와 콘크리트(또는 석축)의 무게는 모두 저항모멘트에

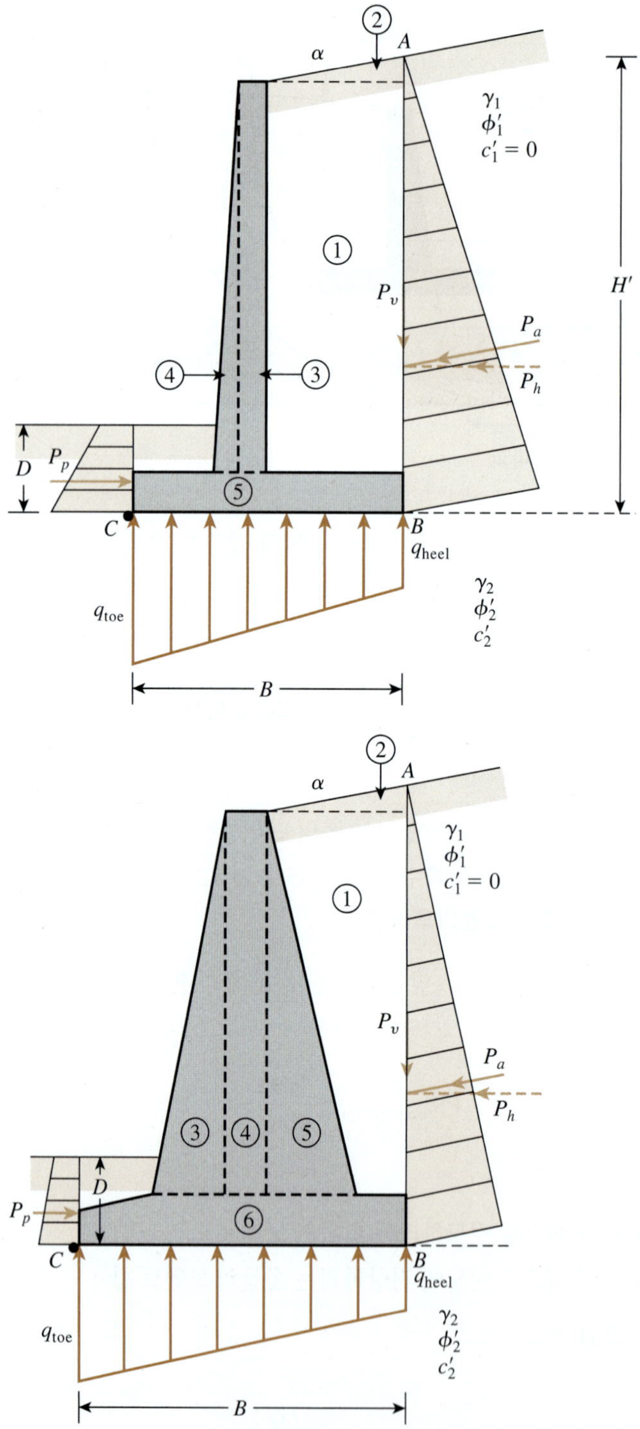

그림 15.11 Rankine 토압이 유효하다는 가정하에 옹벽의 전도파괴 검토

기여하는 힘이다. P_v는 전 주동토압 P_a의 연직성분으로 저항모멘트에 기여하며 다음과 같이 나타낼 수 있다.

$$P_v = P_a \sin\alpha$$

표 15.2 ΣM_R의 계산과정

단면 (1)	면적 (2)	옹벽의 단위길이당 무게 (3)	점 C로부터 모멘트 팔 길이 (4)	점 C에 대한 모멘트 (5)
1	A_1	$W_1 = \gamma_1 \times A_1$	X_1	M_1
2	A_2	$W_2 = \gamma_1 \times A_2$	X_2	M_2
3	A_3	$W_3 = \gamma_c \times A_3$	X_3	M_3
4	A_4	$W_4 = \gamma_c \times A_4$	X_4	M_4
5	A_5	$W_5 = \gamma_c \times A_5$	X_5	M_5
6	A_6	$W_6 = \gamma_c \times A_1$	X_6	M_6
		P_v	B	M_v
		ΣV		ΣM_R

주: γ_l = 뒤채움재의 단위중량
γ_c = 콘크리트의 단위중량
X_i = 점 C와 단면의 중심 간의 수평거리

점 C에 대한 힘 P_v의 모멘트는 다음과 같다.

$$M_v = P_v B = P_a \sin\alpha B \tag{15.5}$$

여기서 B = 저판의 폭

일단 ΣM_R 값이 결정되면, 안전율은 다음과 같이 계산할 수 있다.

$$\text{FS}_{(\text{overturning})} = \frac{M_1 + M_2 + M_3 + M_4 + M_5 + M_6 + M_v}{P_a \cos\alpha(H'/3)} \tag{15.6}$$

일반적으로 전도에 관한 최소 안전율은 2~3이 사용된다.

일부 설계자들은 전도에 대한 안전율을 결정할 때 다음 식을 사용하기를 선호한다.

$$\text{FS}_{(\text{overturning})} = \frac{M_1 + M_2 + M_3 + M_4 + M_5 + M_6}{P_a \cos\alpha(H'/3) - M_v} \tag{15.7}$$

15.7 저판 활동에 대한 안정성 검토

활동에 대한 안전율은 다음 식으로 나타낸다.

$$\text{FS}_{(\text{sliding})} = \frac{\Sigma F_{R'}}{\Sigma F_d} \tag{15.8}$$

여기서

$\Sigma F_{R'}$ = 수평 저항력의 합
ΣF_d = 수평 작용력의 합

그림 15.12에서 저판 하부지반의 전단강도는 다음과 같이 나타낼 수 있다.

$$s = \sigma' \tan\delta' + c'_a$$

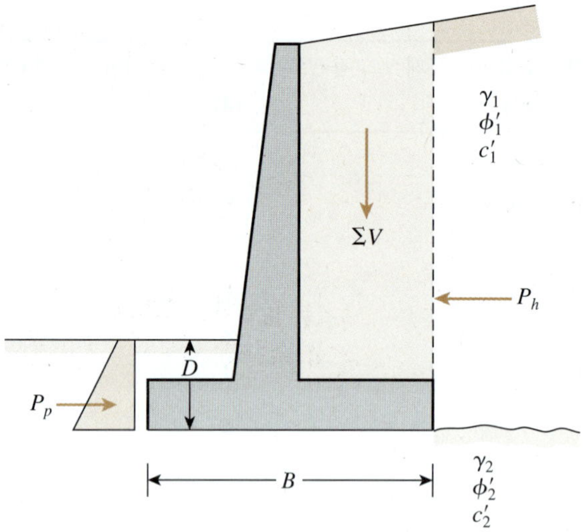

그림 15.12 옹벽 저판 하부를 따라 발생하는 활동파괴에 대한 검토

여기서

δ' = 흙과 저판 사이의 마찰각

c'_a = 흙과 저판 사이의 부착력

따라서 저판의 바닥을 따라 벽체의 단위길이당 흙으로부터 발생되는 최대 저항력은 다음과 같다.

$$R' = s(\text{저판 바닥의 단면적}) = s(B \times 1) = B\sigma' \tan \delta' + Bc'_a$$

여기서

$$B\sigma' = \text{연직력의 합} = \Sigma V\ (\text{표 15.2 참조})$$

그러므로

$$R' = (\Sigma V) \tan \delta' + Bc'_a$$

그림 15.12에서 나타낸 바와 같이 수동토압 P_p 역시 수평 저항력이다.

$$\Sigma F_{R'} = (\Sigma V) \tan \delta' + Bc'_a + P_p \tag{15.9}$$

벽체의 활동을 유발시키는 유일한 수평력(밀어내는 힘)은 주동토압 P_a의 수평성분이다. 그러므로

$$\Sigma F_d = P_a \cos \alpha \tag{15.10}$$

식 (15.8)과 (15.9), (15.10)을 조합하여 정리하면 다음과 같다.

$$\text{FS}_{(\text{sliding})} = \frac{(\Sigma V) \tan \delta' + Bc'_a + P_p}{P_a \cos \alpha} \tag{15.11}$$

일반적으로 활동에 대하여 요구되는 최소 안전율은 1.5이다.

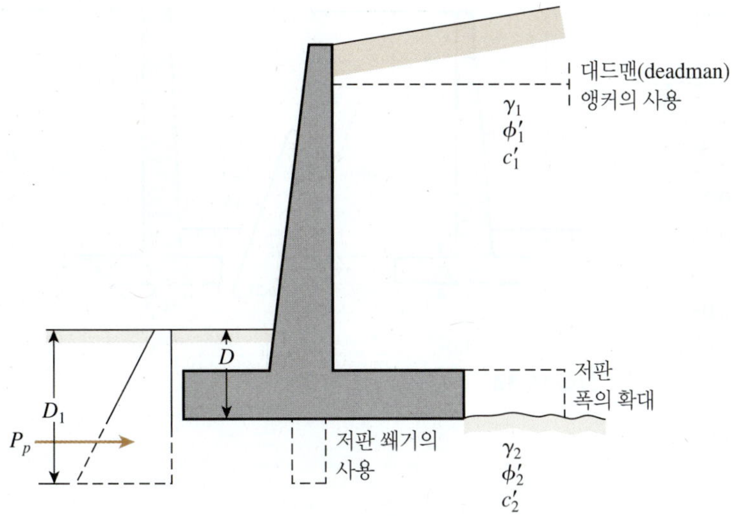

그림 15.13 활동파괴에 대한 안전율을 증가시키기 위한 대안

많은 경우, 활동에 대한 안전율을 계산할 때 수동토압 P_p는 무시한다. 일반적으로 $\delta' = k_1\phi'_2$ 그리고 $c'_a = k_2c'_2$를 사용한다. 대부분의 경우, k_1과 k_2의 범위는 $\frac{1}{2}$~ $\frac{2}{3}$이다. 따라서

$$FS_{(\text{sliding})} = \frac{(\Sigma V)\tan(k_1\phi'_2) + Bk_2c'_2 + P_p}{P_a \cos\alpha} \tag{15.12}$$

만약 소정의 안전율 $FS_{(\text{sliding})}$에 도달하지 못하면, 몇 가지 대안을 강구할 수 있다(그림 15.13 참고):

- 저판 폭의 확대(즉, 기초의 뒷굽판)
- 저판 쐐기(base key)의 사용. 만약 저판 쐐기가 포함되면, 옹벽의 단위길이당 수동토압은 다음과 같다.

$$P_p = \frac{1}{2}\gamma_2 D_1^2 K_p + 2c'_2 D_1\sqrt{K_p}$$

여기서 $K_p = \tan^2\left(45 + \frac{\phi'_2}{2}\right)$.

- 옹벽 벽체에 대드맨 앵커(deadman anchor, 고정용 콘크리트 블록)의 사용
- $FS_{(\text{sliding})}$을 증가시키는 다른 가능한 방법은 P_a 값의 감소를 고려하는 것이다[식 (15.12)]. 한 가지를 예를 들자면 Elman and Terry(1998)가 개발한 방법으로, 이는 조립토로 수평 뒤채움된 옹벽에 한해 적용된다(그림 15.14). 그림 15.14a에서 주동토압 P_a는 수평하게 작용되어($\alpha = 0$)

$$P_a \cos\alpha = P_h = P_a$$

그리고

$$P_a \sin\alpha = P_v = 0$$

표 15.3 ϕ_1'에 따른 A의 변화 ($\alpha' = 45°$)

흙의 내부마찰각 ϕ_1'(°)	A
20	0.28
25	0.14
30	0.06
35	0.03
40	0.018

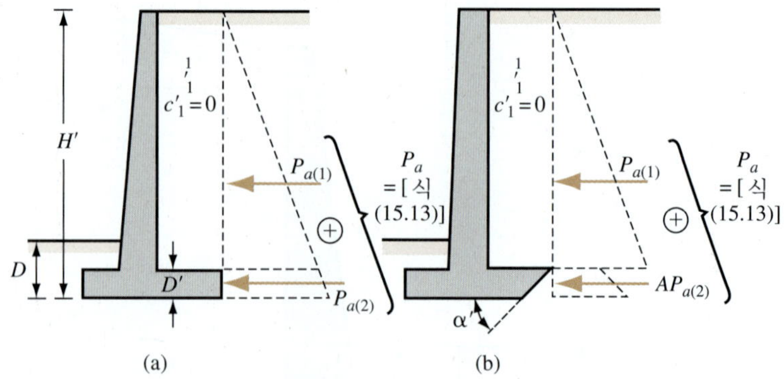

그림 15.14 경사굽을 사용한 옹벽

그러나

$$P_a = P_{a(1)} + P_{a(2)} \tag{15.13}$$

만일 옹벽의 뒷굽에 그림 15.14b와 같이 경사가 있다면, $P_{a(2)}$의 크기는 줄어들게 된다. 이런 경우,

$$P_a = P_{a(1)} + AP_{a(2)} \tag{15.14}$$

$\alpha' = 45°$일 때, A의 크기는 표 15.3과 같다. 그러나 그림 15.14a에서

$$P_{a(1)} = \frac{1}{2}\gamma_1 K_a (H' - D')^2$$

그리고

$$P_a = \frac{1}{2}\gamma_1 K_a H'^2$$

따라서

$$P_{a(2)} = \frac{1}{2}\gamma_1 K_a [H'^2 - (H' - D')^2]$$

그러므로 주동토압분포도는 그림 15.14b와 같다.

$$P_a = \frac{1}{2}\gamma_1 K_a (H' - D')^2 + \frac{A}{2}\gamma_1 K_a [H'^2 - (H' - D')^2] \tag{15.15}$$

이렇듯 옹벽 뒷굽의 경사는 경우에 따라서 대단히 유용하다.

15.8 지지력 파괴에 대한 안정성 검토

현재까지 옹벽의 전도와 활동에 대한 안정성을 검토하였다. 마지막으로 발생될지도 모르는 옹벽의 지지력 파괴에 대한 안정성을 검토하여야 한다. 여기서, 옹벽의 저판은 편심이나 연직에 경사져서 받는 선하중을 받는 띠기초로 간주할 수 있다.

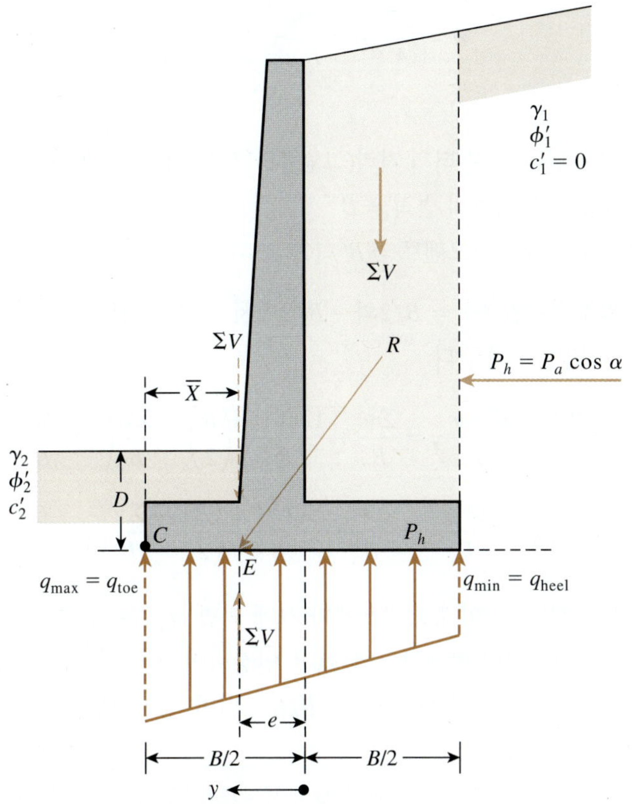

그림 15.15 지지력 파괴에 대한 안정성 검토

그림 15.15에 나타낸 옹벽에서, R은 ΣV와 P_h의 합력으로, 앞굽 C에서 $\overline{X}$만큼 떨어진 점 E에 작용한다. 편심 선하중은 기초 하부 지반에 전달되는 토압분포도를 그림에 나타난 것과 같이 변화하며, 한쪽 끝에서는 최소 접지압력 q_{min}으로부터 또 다른 끝에서는 최대 접지압력 q_{max}이다. 옹벽 저판에 작용하는 토압의 합은 ΣV이고, E점에서 상향으로 작용된다. 그림 15.15에서 점 C에 대하여 모멘트를 취하면,

$$\Sigma M_R - \Sigma M_o - (\Sigma V)\overline{X} = 0$$

따라서,

$$\overline{X} = \frac{\Sigma M_R - \Sigma M_o}{\Sigma V} \tag{15.16}$$

ΣV , ΣM_R , 그리고 ΣM_o의 값들은 표 15.2에 기술된 전도의 안정성 분석에서 이미 결정되었다. 합력 R의 편심거리는 다음과 같이 나타낼 수 있다.

$$e = \frac{B}{2} - \overline{X} \tag{15.17}$$

저판 아래에서의 흙의 압력분포는 연직 편심하중 ΣV 효과로 중앙에 작용되는 동일한 힘으로 $(\Sigma V)e$로 주어지는 모멘트의 효과와 같다. 재료역학의 간단한 원리를 이용하여 옹벽 하부에 작용하는 선형적으로 변화되는 압력분포는 다음과 같이 표현할 수 있다.

$$q = \frac{\Sigma V}{A} + \frac{(\Sigma V)e}{I} y \tag{15.18}$$

여기서

y = q가 계산된 중심으로부터의 거리(그림 15.15 참조). 부호에 주의할 것.
A = 단위길이당 옹벽 저판의 면적 = B
I = 단위길이당 단면 이차모멘트 = $B^2/12$

최대접지압과 최소접지압은 $y = B/2$와 $-B/2$에서 각각 발생되며, 식 (15.18)에 이 값들을 대입하여 정리하면 다음과 같다.

$$q_{\max} = q_{\text{toe}} = \frac{\Sigma V}{A} + \frac{(\Sigma V)e}{I} y = \frac{\Sigma V}{B} + \frac{12(\Sigma V)e}{B^3}\left(\frac{B}{2}\right) = \frac{\Sigma V}{B}\left(1 + \frac{6e}{B}\right) \tag{15.19}$$

$$q_{\min} = q_{\text{heel}} = \frac{\Sigma V}{A} + \frac{(\Sigma V)e}{I} y = \frac{\Sigma V}{B} - \frac{12(\Sigma V)e}{B^3}\left(\frac{B}{2}\right) = \frac{\Sigma V}{B}\left(1 - \frac{6e}{B}\right) \tag{15.20}$$

식 (15.20)으로부터, 편심거리 e의 값이 $B/6$보다 크게 되면, $q_{\min}$은 음수가 된다. 따라서, 저판 뒷굽 끝부분에서 인장응력이 발생하는데, 흙은 인장력이 매우 작기 때문에 인장응력의 발생은 바람직하지 못하다. 만약 설계할 때 $e > B/6$로 되면, 설계단면을 재조정하여 e를 줄이도록 다시 계산을 해야 한다.

얕은 기초의 극한지지력 q_u는 제5장에서 상세히 설명하였다. 옹벽의 기초를 연속기초로 취급하여(형상계수 F_{cs}, F_{qs}, 그리고 $F_{\gamma s}$은 모두 1이다), q_u를 다시 정리하면 다음과 같다.

$$q_u = c_2' N_c F_{cd} F_{ci} + q N_q F_{qd} F_{qi} + \frac{1}{2}\gamma_2 B' N_\gamma F_{\gamma d} F_{\gamma i} \tag{15.21}$$

여기서

$q = \gamma_2 D$
$B' = B - 2e$

표 5.4로부터

$$F_{cd} = F_{qd} - \frac{1 - F_{qd}}{N_c \tan \phi_2'}$$

$$F_{qd} = 1 + 2\tan\phi_2'(1 - \sin\phi_2')^2 \frac{D}{B'}$$

$$F_{\gamma d} = 1$$

$$F_{ci} = F_{qi} = \left(1 - \frac{\psi^\circ}{90^\circ}\right)^2$$

$$F_{\gamma i} = \left(1 - \frac{\psi^\circ}{\phi_2'^\circ}\right)^2$$

$$\psi^\circ = \tan^{-1}\left(\frac{P_a \cos\alpha}{\Sigma V}\right)$$

식 (15.21)을 이용하여 옹벽 하부 지반의 극한지지력이 계산되면, 지지력 파괴에 대한 안전율은 다음과 같이 결정할 수 있다.

$$FS_{(\text{bearing capacity})} = \frac{q_u}{q_{\max}} \tag{15.22}$$

일반적으로 지지력 파괴에 대한 안전율은 3이 요구된다. 제5장에서 언급한 것과 같이 얕은 기초의 극한지지력은 기초폭의 10% 침하가 진행되었을 때 발생된다. 그러나 옹벽의 경우 B가 크므로, 상당한 양의 기초 침하가 진행된 후에 극한하중 q_u가 발생된다. 지지력 파괴에 대한 안전율이 3이 되어도 허용침하량 범위 내의 침하량이 발생한다고 보장은 할 수 없다. 따라서 이러한 경우에는 더 많은 검토가 요구된다.

예제 15.1

그림 15.16에 캔틸레버식 옹벽의 단면도를 나타내었다. 이 옹벽의 전도, 활동, 지지력에 대한 안전율을 구하라.

풀이

그림으로부터

$$H' = H_1 + H_2 + H_3 = 2.6 \tan 10° + 6 + 0.7$$
$$= 0.458 + 6 + 0.7 = 7.158 \text{ m}$$

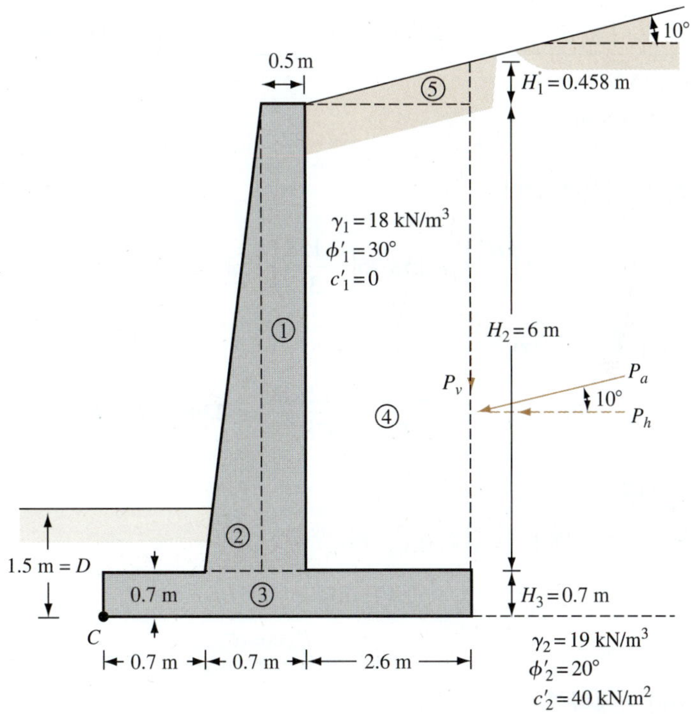

그림 15.16 옹벽의 안정성 검토

벽체의 단위길이당 Rankine의 주동토압 = $P_p = \frac{1}{2}\gamma_1 H'^2 K_a$이다. $\phi_1' = 30°$이고, $\alpha' = 10°$일 때, 표 14.3으로부터 $K_a = 0.3495$이다. 그러므로

$$P_a = \frac{1}{2}(18)(7.158)^2(0.3495) = 161.2 \text{ kN/m}$$

$$P_v = P_a \sin 10° = 161.2 (\sin 10°) = 28.0 \text{ kN/m}$$

그리고

$$P_h = P_a \cos 10° = 161.2 (\cos 10°) = 158.75 \text{ kN/m}$$

전도에 대한 안전율

저항모멘트 결정을 위하여 다음 표를 작성한다.

단면번호[a]	면적(m^2)	단위길이당 무게 (kN/m)	점 C로부터의 모멘트 팔 길이 (m)	모멘트 (kN·m/m)
1	$6 \times 0.5 = 3$	70.74	1.15	81.35
2	$\frac{1}{2}(0.2)6 = 0.6$	14.15	0.833	11.79
3	$4 \times 0.7 = 2.8$	66.02	2.0	132.04
4	$6 \times 2.6 = 15.6$	280.80	2.7	758.16
5	$\frac{1}{2}(2.6)(0.458) = 0.595$	10.71	3.13	33.52
		$P_v = 28.0$	4.0	112.0
		$\Sigma V = 470.42$		$1128.86 = \Sigma M_R$

[a]단면번호는 그림 15.16과 같다.

주: $\gamma_{concrete} = 23.58 \text{ kN/m}^3$

전도모멘트 M_o는 다음과 같다.

$$M_o = P_h\left(\frac{H'}{3}\right) = 158.75\left(\frac{7.158}{3}\right) = 378.78 \text{ kN}\cdot\text{m/m}$$

그러므로 전도에 대한 안전율은

$$\text{FS}_{\text{(overturning)}} = \frac{\Sigma M_R}{M_o} = \frac{1128.86}{378.78} = \mathbf{2.98 > 2, OK}$$

활동에 대한 안전율

식 (15.12)로부터, 활동에 대한 안전율은 다음과 같다.

$$\text{FS}_{\text{(sliding)}} = \frac{(\Sigma V)\tan(k_1\phi_2') + Bk_2c_2' + P_p}{P_a\cos\alpha}$$

$k_1 = k_2 = \frac{2}{3}$이라 가정하면,

$$P_p = \frac{1}{2}K_p\gamma_2 D^2 + 2c_2'\sqrt{K_p}D$$

$$K_p = \tan^2\left(45 + \frac{\phi_2'}{2}\right) = \tan^2(45 + 10) = 2.04$$

또한

$$D = 1.5 \text{ m}$$

따라서

$$P_p = \frac{1}{2}(2.04)(19)(1.5)^2 + 2(40)(\sqrt{2.04})(1.5)$$
$$= 43.61 + 171.39 = 215 \text{ kN/m}$$

그러므로

$$\text{FS}_{\text{(sliding)}} = \frac{(470.42)\tan\left(\frac{2 \times 20}{3}\right) + (4)\left(\frac{2}{3}\right)(40) + 215}{158.75}$$
$$= \frac{111.49 + 106.67 + 215}{158.75} = \mathbf{2.73 > 1.5, OK}$$

주: 일부 설계에서는 수동토압을 계산할 때 전면깊이 D를 저판 바닥의 두께와 같다고 간주하기도 한다.

지지력에 대한 안전율

식 (15.16)과 (15.17)을 조합하면

$$e = \frac{B}{2} - \frac{\Sigma M_R - \Sigma M_o}{\Sigma V} = \frac{4}{2} - \frac{1128.86 - 378.78}{470.42}$$
$$= 0.406 \text{ m} < \frac{B}{6} = \frac{4}{6} = 0.666 \text{ m}$$

다시 식 (15.19)와 (15.20)으로부터

$$q_{\text{heel}} = \frac{\Sigma V}{B}\left(1 - \frac{6e}{B}\right) = \frac{470.42}{4}\left(1 - \frac{6 \times 0.406}{4}\right) = 45.98 \text{ kN/m}^2$$
$$q_{\text{toe}} = \frac{\Sigma V}{B}\left(1 + \frac{6e}{B}\right) = \frac{470.42}{4}\left(1 + \frac{6 \times 0.406}{4}\right)$$
$$= 189.2 \text{ kN/m}^2$$

기초지반의 극한지지력은 식 (15.21)로부터 구할 수 있다.

$$q_u = c_2'N_cF_{cd}F_{ci} + qN_qF_{qd}F_{qi} + \frac{1}{2}\gamma_2 B'N_\gamma F_{\gamma d}F_{\gamma i}$$

표 5.3으로부터 $\phi_2' = 20°$일 때, $N_c = 14.83$, $N_q = 6.4$, 그리고 $N_\gamma = 5.39$이다. 또한,

$$q = \gamma_2 D = (19)(1.5) = 28.5 \text{ kN/m}^2$$
$$B' = B - 2e = 4 - 2(0.406) = 3.188 \text{ m}$$

표 5.4로부터

$$F_{cd} = F_{qd} - \frac{1 - F_{qd}}{N_c \tan \phi_2'} = 1.148 - \frac{1 - 1.148}{(14.83)(\tan 20)} = 1.175$$

$$F_{qd} = 1 + 2 \tan \phi_2'(1 - \sin \phi_2')^2\left(\frac{D}{B'}\right) = 1 + 0.315\left(\frac{1.5}{3.188}\right) = 1.148$$

$$F_{\gamma d} = 1$$

$$F_{ci} = F_{qi} = \left(1 - \frac{\psi°}{90°}\right)^2$$

그리고

$$\psi = \tan^{-1}\left(\frac{P_a \cos \alpha}{\Sigma V}\right) = \tan^{-1}\left(\frac{158.75}{470.42}\right) = 18.65°$$

그러므로

$$F_{ci} = F_{qi} = \left(1 - \frac{18.65}{90}\right)^2 = 0.628$$

그리고

$$F_{\gamma i} = \left(1 - \frac{\psi}{\phi_2'}\right)^2 = \left(1 - \frac{18.65}{20}\right)^2 \approx 0$$

그러므로

$$\begin{aligned} q_u &= (40)(14.83)(1.175)(0.628) + (28.5)(6.4)(1.148)(0.628) \\ &\quad + \frac{1}{2}(19)(5.93)(3.188)(1)(0) \\ &= 437.72 + 131.5 + 0 = 569.22 \text{ kN/m}^2 \end{aligned}$$

그리고

$$\text{FS}_{\text{(bearing capacity)}} = \frac{q_u}{q_{\text{toe}}} = \frac{569.22}{189.2} = \mathbf{3.0, OK}$$

■

예제 15.2

그림 15.17과 같은 중력식 옹벽이 있다. $\delta' = 2/3\phi_1'$과 Coulomb의 주동토압 이론을 이용하여 다음을 구하라.

a. 전도에 대한 안전율
b. 활동에 대한 안전율
c. 앞굽과 뒷굽에 작용하는 토압

풀이

그림에서 높이

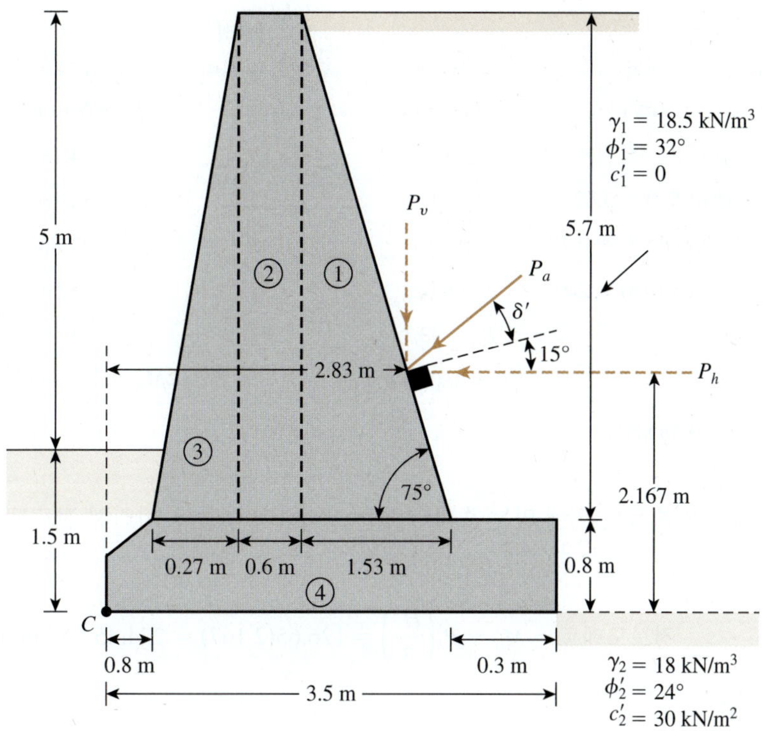

그림 15.17 중력식 옹벽의 모식도(축척 무시)

$$H' = 5 + 1.5 = 6.5 \text{ m}$$

Coulomb의 주동토압은

$$P_a = \frac{1}{2}\gamma_1 H'^2 K_a$$

$\alpha = 0°$, $\beta = 75°$, $\delta' = 2/3\phi'_1$, $\phi'_1 = 32°$를 대입하면 $K_a = 0.4023$(표 14.6 참고). 그러므로

$$P_a = \frac{1}{2}(18.5)(6.5)^2(0.4023) = 157.22 \text{ kN/m}$$

$$P_h = P_a \cos\left(15 + \frac{2}{3}\phi'_1\right) = 157.22 \cos 36.33 = 126.65 \text{ kN/m}$$

그리고

$$P_v = P_a \sin\left(15 + \frac{2}{3}\phi'_1\right) = 157.22 \sin 36.33 = 93.14 \text{ kN/m}$$

Part a. 전도에 대한 안전율

그림 15.17로부터 다음 표를 만들 수 있다.

단면 번호	면적 (m^2)	무게* (kN/m)	점 C에서의 모멘트 팔 길이 (m)	모멘트 (kN·m/m)
1	$\frac{1}{2}(5.7)(1.53) = 4.36$	102.81	2.18	224.13
2	$(0.6)(5.7) = 3.42$	80.64	1.37	110.48
3	$\frac{1}{2}(0.27)(5.7) = 0.77$	18.16	0.98	17.80
4	$\approx (3.5)(0.8) = 2.8$	66.02	1.75	115.54
		$P_v = 93.14$	2.83	263.59
		$\Sigma V = 360.77$ kN/m		$\Sigma M_R = 731.54$ kN·m/m

*$\gamma_{concrete} = 23.58$ kN/m³

앞 표에서 옹벽 뒷면 위에 있는 흙의 무게는 고려하지 않았다. 따라서 전도모멘트는 다음과 같다.

$$\text{전도모멘트} = M_o = P_h\left(\frac{H'}{3}\right) = 126.65(2.167) = 274.45 \text{ kN} \cdot \text{m/m}$$

그러므로

$$\text{FS}_{(\text{overturning})} = \frac{\Sigma M_R}{\Sigma M_o} = \frac{731.54}{274.45} = \mathbf{2.67 > 2, OK}$$

Part b. 활동에 대한 안전율

활동에 대한 안전율은 다음과 같다.

$$\text{FS}_{(\text{sliding})} = \frac{(\Sigma V)\tan\left(\frac{2}{3}\phi_2'\right) + \frac{2}{3}c_2'B + P_p}{P_h}$$

$$P_p = \frac{1}{2}K_p\gamma_2 D^2 + 2c_2'\sqrt{K_p}D$$

그리고

$$K_p = \tan^2\left(45 + \frac{24}{2}\right) = 2.37$$

따라서

$$P_p = \frac{1}{2}(2.37)(18)(1.5)^2 + 2(30)(1.54)(1.5) = 186.59 \text{ kN/m}$$

그러므로

$$\text{FS}_{(\text{sliding})} = \frac{360.77\tan\left(\frac{2}{3}\times 24\right) + \frac{2}{3}(30)(3.5) + 186.59}{126.65}$$

$$= \frac{103.45 + 70 + 186.59}{126.65} = \mathbf{2.84}$$

만약 P_p를 무시하면, 안전율은 **1.37**이다.

Part c. 앞굽과 뒷굽에서의 접지압

식 (15.16)과 (15.17)로부터

$$e = \frac{B}{2} - \frac{\Sigma M_R - \Sigma M_o}{\Sigma V} = \frac{3.5}{2} - \frac{731.54 - 274.45}{360.77} = 0.483 < \frac{B}{6} = 0.583$$

$$q_{\text{toe}} = \frac{\Sigma V}{B}\left[1 + \frac{6e}{B}\right] = \frac{360.77}{3.5}\left[1 + \frac{(6)(0.483)}{3.5}\right] = \mathbf{188.43\ kN/m^2}$$

그리고

$$q_{\text{heel}} = \frac{V}{B}\left[1 - \frac{6e}{B}\right] = \frac{360.77}{3.5}\left[1 - \frac{(6)(0.483)}{3.5}\right] = \mathbf{17.73\ kN/m^2}$$

■

15.9 시공이음과 옹벽 뒤채움부의 배수

시공이음

옹벽은 한 개 또는 그 이상의 다음과 같은 이음매를 가진다.

1. 시공이음(construction joint) (그림 15.18a)은 콘크리트를 연속적으로 2회에 걸쳐 타설할 때 설치되는 수평과 수직 이음을 말한다. 시공이음에서 전단력을 증가시키기 위하여 쐐기(key)를 사용하기도 한다. 쐐기를 사용하지 않을 경우, 첫 번째 타설 후 콘크리트 표면을 깨끗하게 한 뒤 표면을 거칠게 만든 다음 콘크리트를 타설한다.
2. 수축이음(contraction joint) (그림 15.18b)은 콘크리트 구조를 손상시키지 않고 균열을 유도하기 위해 벽체의 전면(저판의 상부로부터 옹벽의 벽체 윗면까지)에 설치하는 연직 이음매(grooves)를 말한다. 이 수축이음매는 일반적으로 폭이 약 6~8 mm 이며, 12~16 mm 깊이로 설치한다.

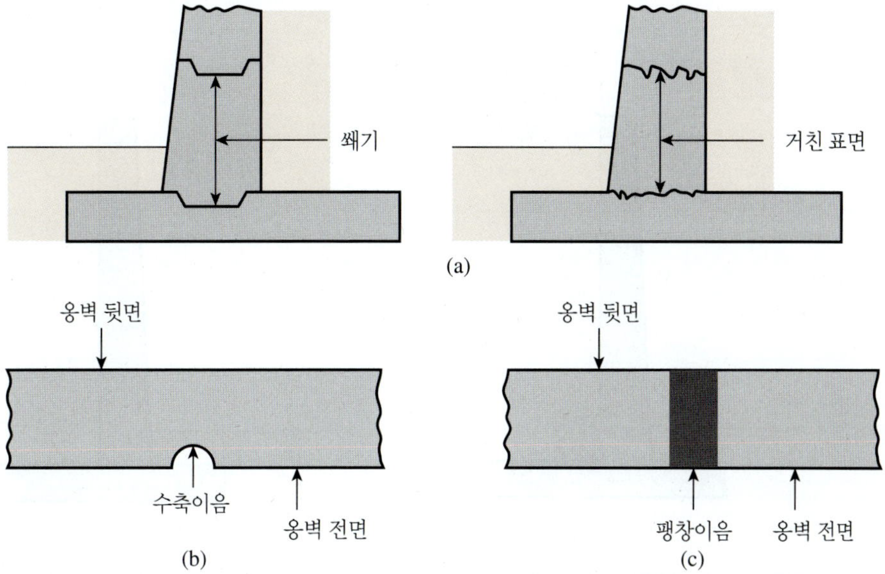

그림 15.18 (a) 시공이음, (b) 수축이음, (c) 팽창이음

3. 팽창이음(expansion joint) (그림 15.18c)은 온도 변화에 의해 생기는 콘크리트의 팽창을 허용하기 위한 이음매를 말하며, 저판의 바닥으로부터 옹벽의 벽체 윗면까지 연결된 연직 팽창이음매가 사용된다. 팽창이음매는 유연한 충진재로 채워지기도 한다. 대부분의 경우, 벽체를 횡단하여 설치된 수평 보강철근이 모든 이음매를 연속적으로 통과한다. 철근에는 콘크리트의 팽창이 자유롭도록 그리스를 발라 준다.

뒤채움부의 배수

강우 또는 다른 침수 조건에 의하여, 옹벽 뒤채움 재료가 포화될 수 있다. 뒤채움 재료의 포화는 옹벽 벽체에 압력을 증가시키고, 옹벽 전체의 안정성에 문제를 야기시킬 수 있다. 이런 이유 때문에 **배수공**(weep hole)이나 **유공관**(perforated pipe)을 설치하여 배수가 원활하게 되도록 해야 한다(그림 15.19 참고).

배수공을 설치할 때, 배수공의 최소 직경은 10 cm 정도 되어야 하며, 적당한 간격으로 설치하여야 한다. 또한 뒤채움 재료가 배수공 또는 유공관 속으로 씻겨 들어가거나, 이로 인해 배수관이 막힐 가능성이 있다. 따라서 경우에 따라 배수공 뒷부분이나 유공관 주위에 필터를 설치할 필요가 있으며, 최근에는 필터재료로 토목섬유인 지오텍스타일을 사용하기도 한다.

필터재료를 선정하는 데 있어서 영향을 미치는 두 가지 주요 요인이 있다: 첫 번째로 **유보기준**(retention criterion)은 필터재료의 입도분포에서 흙이 필터 안으로 씻겨 들어가지 않도록 보호되어야 한다. 두 번째로 **투수기준**(permeability criterion)은 필터는 조립토로서 작은 세립토가 빠져나오지 않도록 보호되어야 하고 과잉간극수압이 발생되지 말아야 된다는 것이다. 이 조건들을 만족시키기 위해서, Terzaghi and Peck(1967)은 다음 조건들을 제시하였다.

유보기준:

$$D_{15(F)} < 5D_{85(B)} \tag{15.23}$$

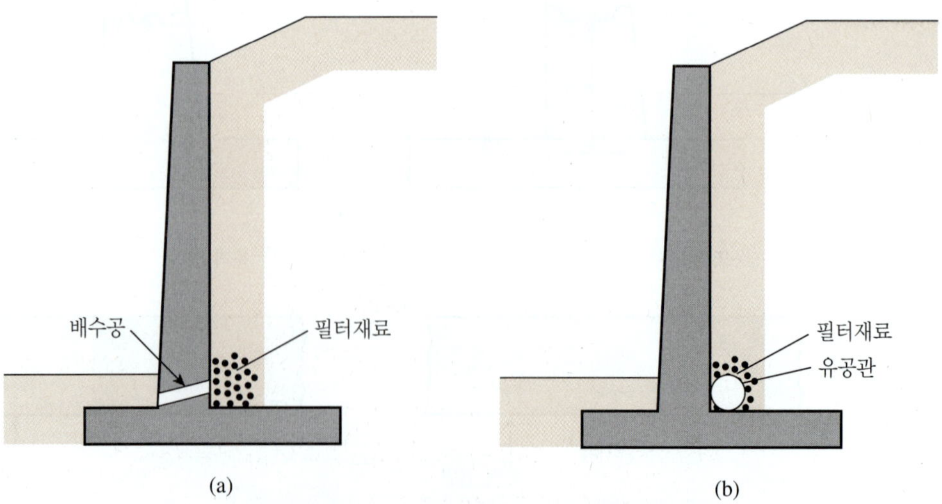

그림 15.19 옹벽의 뒤채움 배수시설: (a) 배수공에 의한, (b) 유공관에 의한 배수시설

투수기준:

$$D_{15(F)} > 4D_{15(B)} \tag{15.24}$$

부연하여 설명하면, 필터의 입도분포곡선과 기초재료의 입도분포 곡선은 동일한 모양을 가져야 한다. 즉 개략적으로 평행을 이룬다.

이들 관계에서 아래첨자 F와 B는 필터재료와 기초재료(즉, 뒤채움 재료)이다. 또한 D_{15}와 D_{85}는 흙(필터 또는 기초재료)의 통과 백분율이 15%와 85%에 해당되는 직경이다. $D_{15(F)}$는 필터재료의 평균 간극의 크기이다. 예제 15.3은 필터재료를 설계하는 과정을 설명하였다.

미해군(U.S. Navy)은 유보기준을 2개의 추가 조건을 제시하였다.

$$D_{50(F)} < 25\, D_{50(B)} \tag{15.25}$$

$$D_{15(F)} < 20\, D_{15(B)} \tag{15.26}$$

예제 15.3

그림 15.20은 뒤채움 재료의 입도분포를 나타낸 것이다. 15.9절에 주어진 조건들을 이용하여, 필터재료에 대한 입도분포의 범위를 결정하라.

풀이

주어진 입도분포 곡선으로부터 다음 값들을 결정할 수 있다.

$$D_{15(B)} = 0.04 \text{ mm}$$
$$D_{85(B)} = 0.25 \text{ mm}$$
$$D_{50(B)} = 0.13 \text{ mm}$$

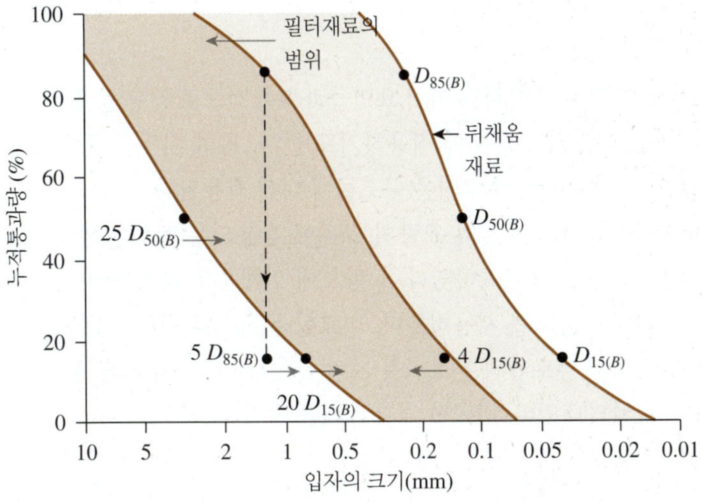

그림 15.20 필터재료의 입도분포 결정

필터재료의 조건

1. $D_{15(F)}$는 $5D_{85(B)}$보다 작아야 한다. 즉, $5 \times 0.25 = 1.25$ mm.
2. $D_{15(F)}$는 $4D_{15(B))}$보다 커야 한다. 즉, $4 \times 0.04 = 0.16$ mm.
3. $D_{50(F)}$는 $25D_{50(B)}$보다 작아야 한다. 즉, $25 \times 0.13 = 3.25$ mm.
4. $D_{15(F)}$는 $20D_{15(B)}$보다 작아야 한다. 즉, $20 \times 0.04 = 0.8$ mm.

상기의 경계점들은 그림 15.20에 표시되어 있다. 뒤채움 재료의 입도분포 곡선과 비슷한 형상으로 경계점을 통과하는 두 개의 곡선을 그릴 수 있다. 이 두 개의 곡선이 필터재료로 사용될 수 있는 흙의 입도분포 범위를 나타낸다.

■

15.10 옹벽설계 시 추가 유의할 사항

15.4절에서 뒤채움재에 의해 옹벽에 작용하는 횡압력을 산정하기 위해서는 주동토압계수를 사용할 것을 제안하였다. 뒤채움부의 주동상태는 모든 경우에 발생되지 않으며, 벽체가 충분히 수평 방향으로 변위가 발생되었을 경우에 성립된다. 옹벽 벽체의 변위발생 크기는 옹벽의 높이와 단면계수에 의하여 좌우된다. 뒤채움부의 횡압력은 Casagrande(1973)가 제시한 것과 같이 여러 요인들에 의하여 영향을 받는다.

1. 온도의 영향
2. 지하수위의 변화
3. 크리프와 장기간 강우로 인한 흙 입자의 재배열
4. 조수 간만의 변화
5. 강한 파도에 의해 가해지는 힘
6. 교통하중에 의한 진동
7. 지진

충분하지 못한 변위가 미지의 여러 요인들과 복합적으로 작용될 경우, 주동토압에 의한 횡압력보다 더 큰 횡압력이 옹벽에 작용하기도 한다. 특히 이것은 중력식 옹벽, 교량의 교대, 그리고 큰 단면계수를 가진 무거운 구조물에 대해 적용된다.

Casagrande(1973)는 독일의 교량의 교대에 작용되는 토압발생에 대한 사례를 그림 15.21에 나타난 것과 같이 발표하였다. 교량교대 뒤채움은 다짐도에 따라 내부마찰각(ϕ')이 37°~45° 사이의 슬래그를 사용하였다. 비교할 목적으로 내부마찰각 ϕ'이 $= 37°$와 45°일 때의 Rankine의 주동토압의 분포도를 그림 15.21에 깊이에 따른 현장에서 측정한 수평유효응력과 함께 나타내었다. 비교한 결과는 다음과 같다.

a. 실제 횡토압분포도는 삼각형이 아니다.
b. 실제 주동토압은 Rankine 이론에 의해 산정된 최소이론적 주동토압보다 크다.

횡토압분포도는 시간경과에 따라 변화한다.

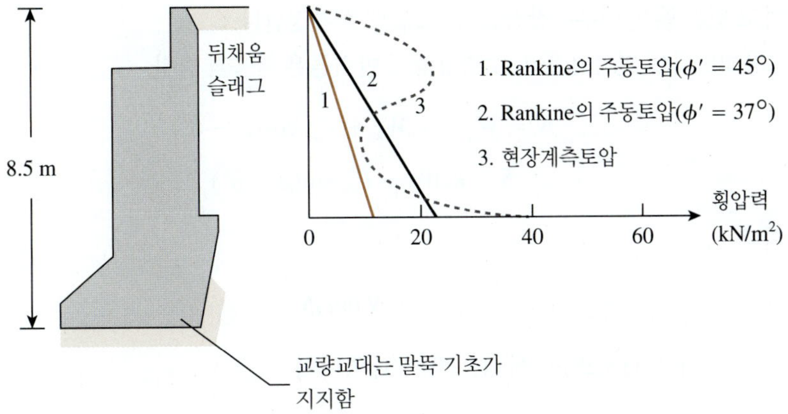

그림 15.21 독일의 교대배면에 발생된 토압분포도(출처: Based on Casagrande, 1973)

15.11 지진에 대한 중력식 옹벽설계

아무리 경미한 지진에서도 대부분의 옹벽은 제한적인 횡변위가 발생된다. Richards and Elms(1979)는 옹벽의 제한된 횡변위를 허용하면서 지진에 견딜 수 있는 중력식 옹벽의 설계방법을 제안하였다. 이 설계방법은 옹벽의 내부에서 발생되는 관성력 효과를 고려하였다. 그림 15.22는 지진발생 시 중력식 옹벽에 작용하는 여러 가지의 힘을 나타내고 있다.

W_w = 단위 길이당 옹벽체의 무게

P_{ae} = 지지조건을 고려한 주동토압(14.9절)

옹벽의 뒤채움 흙은 내부마찰각 ϕ_1'인 조립토로 가정한다. 또한, 옹벽의 기초지반을 구

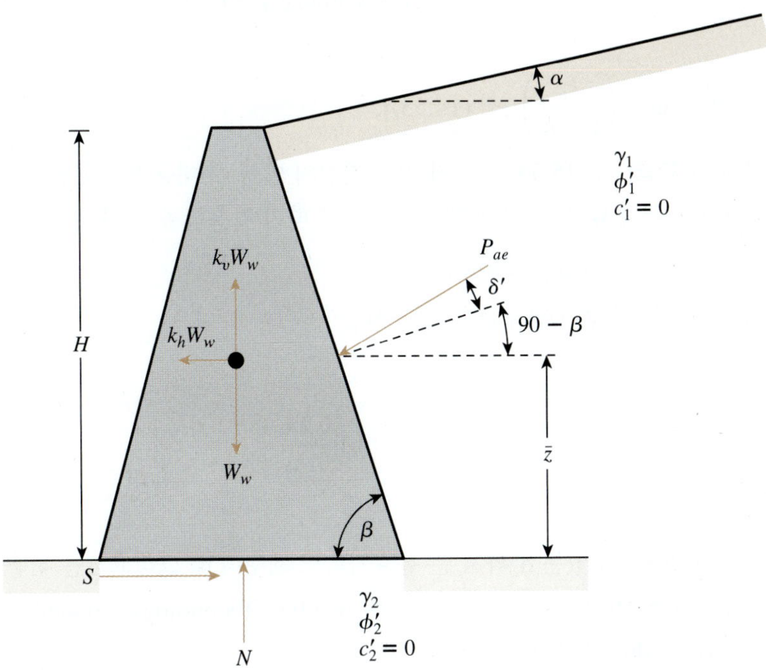

그림 15.22 지진발생 시 중력식 옹벽의 안정성 검토

성하고 있는 흙의 내부마찰각 ϕ_2'인 조립토로 가정한다.

옹벽바닥에 연직 방향과 수평방향의 반력들은 다음과 같다.

$$N = W_w - k_v W_w + P_{ae}\cos(\beta - \delta') \tag{15.27}$$

$$S = k_h W_w + P_{ae}\sin(\beta - \delta') \tag{15.28}$$

그러나

$$S = N\tan\phi_2' \tag{15.29}$$

식 (15.27)과 식 (15.28)을 식 (15.29)에 대입하여

$$k_h W_w + P_{ae}\sin(\beta - \delta') = [W_w - k_v W_w + P_{ae}\cos(\beta - \delta')]\tan\phi_2' \tag{15.30}$$

또한, 식 (14.53)으로부터

$$P_{ae} = \frac{1}{2}\gamma_1 H^2(1 - k_v)K_{ae} \tag{15.31}$$

식 (15.30)과 식 (15.31)을 연립하여 다시 정리하면 다음과 같다.

$$W_w = \left[\frac{1}{2}\gamma_1 H^2(1 - k_v)K_{ae}\right]C_{IE} \tag{15.32}$$

여기서 γ_1 = 뒤채움재의 단위중량

$$C_{IE} = \frac{\sin(\beta - \delta') - \cos(\beta - \delta')\tan\phi_2'}{(1 - k_v)(\tan\phi_2' - \tan\theta')} \tag{15.33}$$

그리고 $\theta' = \tan^{-1}\left(\dfrac{k_h}{1 - k_v}\right)$. [식 (14.55)].

식 (15.32)와 식 (15.33)에 근거하여, 지진이 발생 시 허용변위가 발생한다고 가정하였을때, 옹벽의 무게 W_w는 다음에 제시한 과정에 따라 결정할 수 있다.

1. 옹벽의 허용변위 Δ를 결정한다.

2. 다음 식으로부터 설계값 k_h를 구한다.

$$k_h = A_a\left(\frac{0.2A_v^2}{A_a\Delta}\right)^{0.25} \tag{15.34}$$

식 (15.34)에 있는 A_a와 A_v는 유효가속도 계수이고, 그리고 Δ는 허용변위로 단위는 (mm/25.4)이다. A_a와 A_v의 크기는 Applied Technology Council(1978)에서 미국 전역에 대하여 제안한 값을 사용한다.

3. k_v를 0이라고 가정하고, 2단계에서 구한 k_h값을 이용하여 식 (14.54)로부터 K_{ae} 값을 구한다.

4. 3단계에서 구한 K_{ae} 값을 이용하여 옹벽의 무게 W_w를 구한다.

5. 4단계에서 구한 W_w 값[식 (15.32)]에 안전율을 적용한다.

예제 15.4

그림 15.23과 같은 옹벽에 대하여, $k_v = 0$이고 $k_h = 0.3$일 때 다음의 값을 구하라.

a. 정적인 상태에서의 옹벽의 무게

b. 지진발생 시 변위값이 0일 때 옹벽의 무게

c. 지진발생 시 횡변위가 38 mm 발생되었을 때의 옹벽의 무게

Part c의 문항에서 $A_a = 0.2$와 $A_v = 0.2$라 가정한다. Parts a, b, 그리고 c에 대한 안전율은 1.5를 적용한다.

풀이

Part a

정적인 상태에서, $\theta' = 0$ 그리고 식 (15.33)은

$$C_{IE} = \frac{\sin(\beta - \delta') - \cos(\beta - \delta')\tan\phi'_2}{\tan\phi'_2}$$

$\beta = 90°$, $\delta' = 24°$, 그리고 $\phi'_2 = 36°$

$$C_{IE} = \frac{\sin(90 - 24) - \cos(90 - 24)\tan 36}{\tan 36} = 0.85$$

정적인 상태에서 $K_{ae} = K_a$, 따라서,

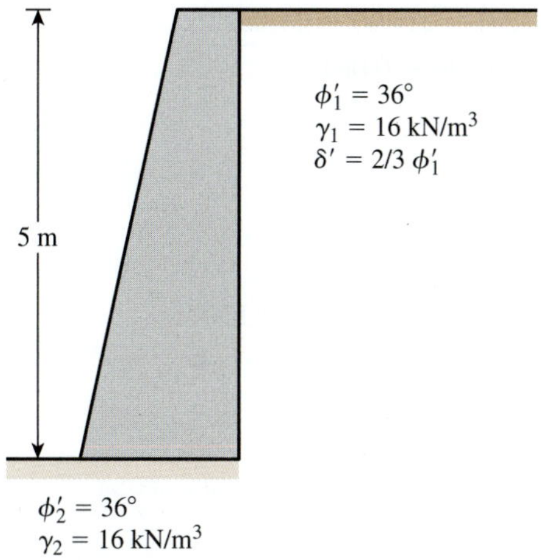

그림 15.23

$$W_w = \frac{1}{2}\gamma H^2 K_a C_{IE}$$

표 14.6으로부터 $K_a \approx 0.2349$

$$W_w = \frac{1}{2}(16)(5)^2(0.2349)(0.85) = 39.9 \text{ kN/m}$$

안전율 1.5를 적용하면

$$W_w = (39.9)(1.5) = \mathbf{59.9\ kN/m}$$

Part b

옹벽의 변위값이 0일 때, $k_v = 0$,

$$C_{IE} = \frac{\sin(\beta - \delta') - \cos(\beta - \delta')\tan\phi'_2}{\tan\phi'_2 - \tan\theta'}$$

$$\tan\theta' = \frac{k_h}{1 - k_v} = \frac{0.3}{1 - 0} = 0.3$$

$$C_{IE} = \frac{\sin(90 - 24) - \cos(90 - 24)\tan 36}{\tan 36 - 0.3} = 1.45$$

$k_h = 0.3, \phi'_1 = 36°$, 그리고 $\delta' = 2\phi'_1/3$, 표 14.8로부터 $K_{ae} \approx 0.48$

$$W_w = \frac{1}{2}\gamma_1 H^2(1 - k_v)K_{ae}C_{IE} = \frac{1}{2}(16)(5)^2(1 - 0)(0.48)(1.45) = 139.2 \text{ kN/m}$$

안전율 1.5를 적용하면 $W_w =$ **208.8 kN/m**

Part c

옹벽의 변위값이 38 mm일 때(즉, $\Delta = 38/25.4 = 1.5$)

$$k_h = A_a\left(\frac{0.2A_v^2}{A_a\Delta}\right)^{0.25} = (0.2)\left[\frac{(0.2)(0.2)^2}{(0.2)(1.5)}\right]^{0.25} = 0.081$$

$$\tan\theta' = \frac{k_h}{1 - k_v} = \frac{0.081}{1 - 0} = 0.081$$

$$C_{IE} = \frac{\sin(90 - 24) - \cos(90 - 24)\tan 36}{\tan 36 - 0.081} = 0.957$$

$$W_w = \frac{1}{2}\gamma_1 H^2 K_{ae} C_{IE}$$

$$K_{ae} \approx 0.29 \text{ (표 14.8)}$$

$$W_w = \frac{1}{2}(16)(5)^2(0.29)(0.957) = 55.5 \text{ kN/m}$$

안전율 1.5를 적용하면 $W_w =$ **83.3 kN/m**

■

보강토 옹벽(Mechanically Stabilized Retaining Walls)

1970년대 이후, 지반 보강은 기초, 옹벽, 제방 사면을 비롯한 구조물의 설계 및 시공에 사용되었다. 시공의 종류에 따라 보강재로는 아연 도금 금속띠, 지오텍스타일, 지오그리드, 지오컴포지트가 사용될 수 있다. 15.12와 15.13절에서는 보강토와 다양한 보강 재료에 대해 대략적으로 설명하였다.

금속띠, 지오텍스타일, 지오그리드와 같은 보강재가 근래에 옹벽의 뒤채움재를 보강하기 위해 사용되는데, 이러한 옹벽을 **보강토 옹벽**(mechanically stabilized retaining wall)이라 부른다. 다음 절에서는 보강토 옹벽의 일반적인 설계 원리를 설명하였다.

15.12 지반 보강

보강토 공법(reinforced earth)은 기초나 토류 옹벽구조물의 설계 및 시공에 사용하기 위하여 개발된 최신 공법이다. **보강토**는 금속 강봉이나 금속띠 또는 지오텍스타일, 지오그리드와 같은 썩지 않는 섬유재질 등의 인장재료로 지반을 보강하는 공법이다. 보강토의 기본 개념은 새로운 것이 아니며, 기원은 수 세기 전으로 거슬러 올라간다. 그러나, 보강토의 체계적인 해석과 설계에 대한 현대적 개념은 프랑스의 기술자 H. Vidal(1966)에 의하여 개발되었다. 프랑스 도로연구소는 보강토를 건설재료로 사용하기 위한 적용성과 이에 따른 효과에 관하여 광범위한 연구를 실시하였다. 이 연구를 통하여 Darbin(1970), Schlosser and Long(1974), 그리고 Schlosser and Vidal(1969)은 금속띠의 보강재로서의 사용성에 대한 연구 결과를 발표하였다.

Vidal이 연구를 시작한 이래로 보강토 옹벽이 전 세계적으로 시공되었으며, 미국에서 금속띠(metal strip)를 사용한 최초의 보강토 옹벽은 1972년에 미국 남부 캘리포니아에서 시공되었다.

보강토 공법의 효과는 (a) 흙의 인장강도 증가, (b) 흙과 보강재 간의 접촉마찰에 의한 전단저항력으로부터 발현된다. 이러한 보강효과는 콘크리트 구조물들과 비교할 만하다. 현재 대부분의 보강토 공법의 설계는 **배수가 원활한 조립토에만** 적용된다. 따라서 점성토 지반에서는 간극수압이 발생하여 전단강도가 감소되기 때문에 가능한 한 피한다.

15.13 지반 보강 시 고려사항

금속띠(Metal Strips)

대부분의 경우에 흙의 보강재로 아연도금 금속띠가 사용되지만, 아연도금 금속은 부식될 우려가 있다. 부식 속도는 여러 환경인자에 영향을 받는다. Binquet and Lee(1975)에 의하면 아연도금 금속띠의 부식 속도는 연간 0.025~0.050 mm의 범위이다. 따라서, 실제 보강토의 설계 시에는 이러한 부식 속도를 허용하여야 한다. 즉,

$$t_c = t_{\mathrm{design}} + r\,(\text{구조물의 수명})$$

여기서

t_c = 시공 시 요구되는 보강재의 실제 두께

t_{design} = 설계 계산 시 결정된 보강재의 두께

r = 부식률

부패되지 않는 섬유(Nonbiodegradable Fabrics)

부패되지 않는 섬유는 일반적으로 **지오텍스타일**(geotextiles)을 말하며, 1970년대부터 전 세계적으로 건설재료로서의 사용이 급증하였다. 이러한 섬유는 폴리에스터(polyester), 폴리에틸렌(polyethylene), 폴리프로필렌(polypropylene) 등의 석유화학 제품과 유리섬유 등으로 만들어진다. 지오텍스타일은 직포(woven), 직조(knitted), 부직포(nonwoven) 등의 형태로 제조되며, 천연섬유는 쉽게 부패하므로 사용하지 않는다.

직포형 지오텍스타일(woven geotextile, 그림 15.24)은 2세트의 평행한 단섬유나 방적사올을 사용하여 판형구조를 형성하기 위하여 체계적으로 서로 꼬아서 만든다. **직조형 지오텍스타일**(knitted geotextile)은 판형구조를 만들기 위하여 한 가닥 또는 여러 가닥의 섬유 또는 방적사올로 연속적인 고리를 만들어 서로 맞물려서 제조한다. **부직포형 지오텍스타일**(nonwoven geotextile, 그림 15.25)은 가느다란 섬유가닥이나 단섬유를 일정한 방향으로 또는 무작위한 방향으로 배열시켜 판형구조를 형성한다. 이들 섬유가닥들이나 단섬유들은 느슨한 망의 형태로 배열한 후, 그 다음에 아래의 한 가지 또는 두 가지 이상 조합된 방법으로 접합한다.

1. **화학적 접합**(chemical bonding)—접착제, 고무, 라텍스, 셀룰로오스제 등을 사용하

그림 15.24 직포형 지오텍스타일(Courtesy of Reinaldo Vega-Meyer, San Antonio, Texas)

그림 15.25 부직포형 지오텍스타일(Courtesy of Reinaldo Vega-Meyer, San Antonio, Texas)

는 방법

2. 열접합(thermal bonding)—열에 의하여 섬유를 부분적으로 녹여 붙이는 방법
3. 기계적 접합(mechanical bonding)—바늘에 실을 꿰어 섬유를 관통함으로써(needle punching) 접합하는 방법

니들펀칭하여 제조한 부직포(needle-punched nonwoven geotextile, 그림 15.26)는 두께가 두꺼우면서도 평면투수성이 우수하다.

지오텍스타일은 기초공학에서 다음과 같은 네 가지의 주요 기능을 가진다.

1. 배수 기능(drainage): 지오텍스타일은 물을 흙으로부터 여러 종류의 유출구로 급속히 배출시킴으로써 흙의 전단강도와 안정성을 증대시킨다.

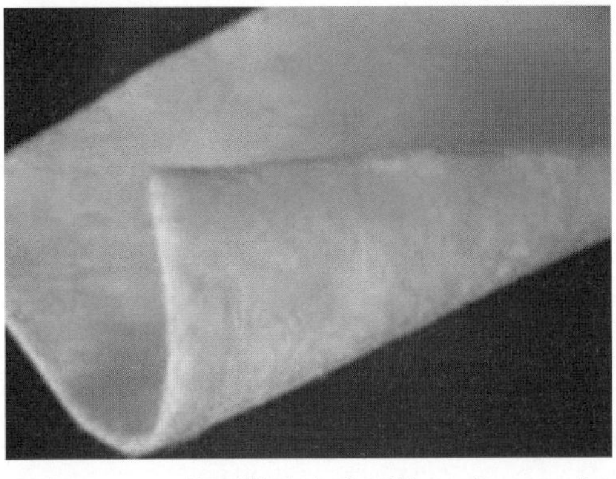

그림 15.26 니들펀칭하여 제조한(needle-punched) 부직포 전경(Courtesy of Reinaldo Vega-Meyer, San Antonio, Texas)

표 15.4 여러 가지 지오텍스타일의 파단 시 인장강도와 신율 [출처: Interpolated Values from the Results of Koerner (2005)]

제조방식	단위면적당 질량(g/m²)	두께(mm)	인장강도(kN/m)	파단 시 신율(%)
굵은단섬유 직포	200	0.38	37.7	21.9
슬릿필름 직포	170	0.25	28.2	26.3
복합섬유 직포	270	0.71	60.0	30.0
열융착 부직포	135	0.33	24.1	68.8
니들펀치 부직포	200	0.63	27.3	72.5

표 15.5 여러 가지 지오텍스타일의 대표적인 인장강도 물성치

지오텍스타일의 종류	인장강도(kN/m)	최대하중에서 인장률(%)	단위면적당 질량(g/m²)
부직포			
열융착	3 – 30	20 – 60	60 – 360
니들펀치	7 – 90	30 – 80	100 – 3000
수지접착	5 – 30	25 – 50	125 – 800
직포			
단섬유	20 – 80	20 – 35	150 – 300
복합섬유	40 – 1200	10 – 30	250 – 1500
평테이프	10 – 90	15 – 25	90 – 250

2. 여과 기능(filtration): 지오텍스타일을 조립질을 많이 포함한 토층과 세립질 토층 사이에 포설할 경우 물이 한 토층에서 다른 토층으로 자유롭게 흐르게 한다. 다만, 세립토가 씻겨 나가지 않도록 보호하여 조립토층으로 이동하지 못하게 하여야 한다.
3. 분리 기능(separation): 지오텍스타일은 구조물의 시공 후 그리고 사용 기간 동안 여러 토층을 분리·유지시킨다. 실례로 지오텍스타일을 사용함으로써 고속도로 건설 시 점토질 노상토를 쇄석기층과 분리된 상태로 유지시킬 수 있다.
4. 보강 기능(reinforcement): 지오텍스타일의 인장강도는 지반의 하중 지지력을 향상시킨다.

지오텍스타일의 인장강도는 제조방식, 단위면적당 질량, 두께, 그리고 시험방법과 같은 매개변수에 따라 좌우된다. 표 15.4는 Koerner(2005)가 제시한 실험실에서 수행한 물성시험 결과로써 여러 가지 지오텍스타일에서 접하는 물리적 특성의 범위를 제공한다. 표 15.5는 지오텍스타일의 대표적인 인장강도의 물성치를 제시한 것이다.

지오그리드

지오그리드(geogrid)는 폴리프로필렌, 폴리에틸렌 등의 고분자 폴리머재질을 인장시켜 만든 고강도 제품이다. 지오그리드는 영국의 Netlon사에서 처음 개발하였다. 1982년에는 Tensar International Corporation 회사의 전신인 Tensar Corporation에 의하여 지오그리드가 미국에 처음 소개되었다.

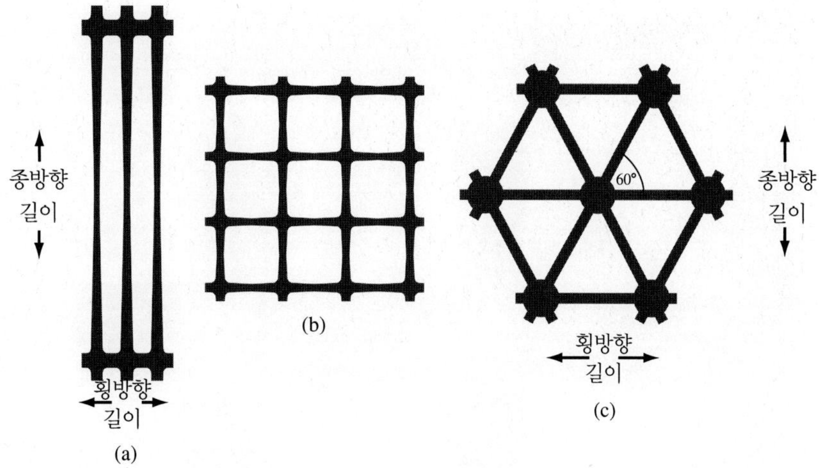

그림 15.27 압출 지오그리드 (a) 일축방향 지오그리드, (b) 양축방향 지오그리드, (c) 삼각형유공 지오그리드(출처: Based on Tensar International Corporation)

지오그리드는 일반적으로 (a) 일축방향 지오그리드(uniaxial geogrid)와 (b) 양축방향 지오그리드(biaxial geogrid), 두 가지 형태로 대별할 수 있다. 그림 15.27a와 b는 각각 Tensar International Corporation에서 생산된 일축방향 지오그리드와 양축방향 지오그리드이다.

보편적으로 사용되는 지오그리드는 제조과정에 따라 분류할 수 있는데, 주로 압출, 직조, 용접식이 이에 해당한다. 압출식 지오그리드는 폴리에틸렌 또는 폴리프로필렌으로 이뤄진 두꺼운 시트에 격자식의 구멍을 뚫은 후 연신시켜 제작되며, 이러한 과정은 리브와 접합부의 공학적 성질을 증진시킨다. 직조된 지오그리드는 폴리머띠(보통 폴리에스터, 폴리프로필렌)를 묶어서 그물망 형태로 짜서 만든 후에 고분자 랙커로 칠하는(coating) 과정을 거쳐 완성된다. 마지막으로 용접식 지오그리드(그림 15.28)는 폴리머띠를 융착시켜 제작한다. 압출식 지오그리드는 다른 종류의 보강재보다 도로포장 단면을 보강하는 데 적용하였을 때 더욱 좋은 성능을 보였다.

현재 상용되는 지반 보강용 지오그리드의 공칭 리브(띠) 두께는 약 0.5~1.5 mm이며, 접합부의 두께는 약 2.5~5 mm이다. 지반 보강에 사용하는 지오그리드는 격자형상이 직사각형 또는 타원형 격자(aperture)를 가진다. 지오그리드의 격자망의 면적은 일반적으로 전체 면적의 50%를 상회하는 25~150 mm 크기이다. 지반 보강 지오그리드의 인장강도는 2% 정도의 낮은 신율(Carroll, 1988)에서 발현된다.

지오그리드의 주된 기능은 보강(reinforcement)이며, 상대적으로 강성 재료이다. 격자형 구멍은 주변 흙 또는 암석과 맞물려(그림 15.29) 보강 또는 분리(혹은 둘 모두)의 기능성을 다하기 위해 충분히 커야 한다. Sarsby(1985)는 최대 마찰효율(또는 인발에 대한 효율)을 유발하기 위한 흙 입자에 대비한 격자형 구멍의 크기에 관한 영향을 연구하였다. 이 연구에 따르면 최고 효율은

$$B_{GG} > 3.5D_{50} \quad (15.35)$$

그림 15.28 열융착 지오그리드 전경(Courtesy of Reinaldo Vega-Meyer, San Antonio, Texas)

그림 15.29 지오그리드의 유공으로 인한 주변 흙과의 맞물림 현상

일 때 발현된다. 여기서

B_{GG} = 지오그리드의 최소 구멍 폭

D_{50} = 뒤채움재의 50% 통과입경(즉, 평균입경)

더욱 최근에는 삼각형의 구멍으로 이루어진 지오그리드(그림 15.27c)가 건설용도로 소개되었다. 삼각망형 리브를 갖는 압출식 지오그리드는 고도의 분자방향성을 갖는 리브로 실질적으로 3개의 등변방향을 이루어 천공된 폴리프로필렌 시트로 제작된다.

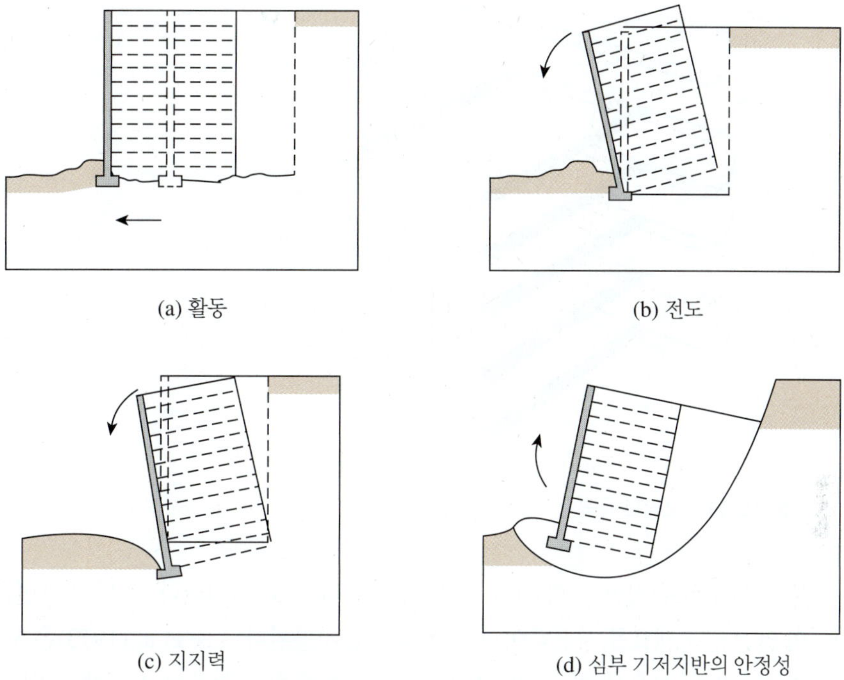

그림 15.30 외적 안정성 검토(출처: Based on *Transportation Research Board*, 1995) (From *Transportation Research Circular 444: Mechanically Stabilized Earth Walls*. Transportation Research Board, National Research Council, Washington, D.C., 1995, Figure 3, p. 7.)

15.14 설계 시 일반적인 고려사항

보강토 옹벽의 일반적인 설계과정은 두 부분으로 나눌 수 있다.

1. 내적 안정성(internal stability) 요구조건을 만족
2. 옹벽의 외적 안정성(external stability) 검토

옹벽의 내적 안정성 검토에는 보강재의 인장력과 인발저항력의 결정과 전면 벽체의 건전성이 포함된다. 외적 안정성 검토에는 전도, 활동, 지지력 파괴(그림 15.30)에 대한 검토가 포함된다. 다음의 절들은 금속띠, 지오텍스타일, 지오그리드로 보강된 보강토 옹벽의 설계과정에 대해서 설명하였다.

15.15 금속띠를 사용한 보강토 옹벽

보강토 옹벽(reinforced-earth wall)은 벽체가 연성이며, 주요 구성요소는 다음과 같다.

1. 뒤채움재로 조립토 사용
2. 보강띠로 일정한 간격으로 설치되는 얇고 넓은 띠
3. 옹벽의 전면에 설치되는 벽체 전면벽으로 *cover* 또는 *skin*이라고 함.

그림 15.31은 보강토 옹벽의 개략도를 나타낸 것이다. 보강띠 또는 보강재는 벽체의 모

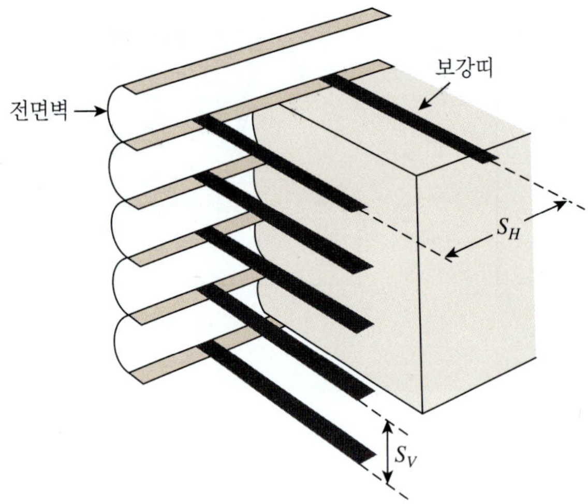

그림 15.31 보강토 옹벽

든 깊이에서 일정한 수평 간격 S_H와 연직 간격 S_V로 설치한다. 옹벽의 전면은 비교적 연성의 얇은 금속재료를 사용하여 여러 조각으로 시공된다. Lee et al.(1973)은 5 mm 두께의 아연 도금판을 사용할 경우, 약 14~15 m 높이의 옹벽을 충분히 지지할 수 있음을 밝힌 바 있다. 대부분의 경우 기성 콘크리트 판넬을 전면벽 재료로 사용한다. 각 판넬의 접합부는 홈을 만들어서 흙이 빠져나가지 않도록 연결한다. 금속재 판넬을 사용할 경우, 각 전면판넬은 볼트로 연결되며, 보강띠는 전면판넬 사이에 설치한다.

그림 15.32와 15.33은 기성 콘크리트 판넬을 전면벽 재료로 사용하여 시공 중인 보강토 옹벽의 모습을 보여준다. 그림 15.34는 금속재 보강띠를 설계된 보강토 옹벽 뒷면에 연결하여 시공한 장면이다.

가장 단순하며 보편적인 보강띠 설계 방법은 *Rankine*의 방법이다. 다음은 이 설계과정을 자세히 설명하고 있다.

수평과 연직방향의 주동토압의 계산(Calculation of Active Horizontal and Vertical Pressure)

그림 15.35는 뒤채움 조립토의 단위중량이 γ_1, 내부마찰각이 ϕ'_1인 보강토 옹벽의 단면을 나타낸 것이다. 옹벽의 저면 하부 지반은 굴착 후 뒤채움재로 사용되는 조립토로 다져진 상태이다. 뒤채움재 하부 지반 흙의 단위중량은 γ_2, 내부마찰각이 ϕ'_2, 점착력은 c'_2이며, 옹벽 상단에 단위면적당 상재하중 q가 재하되고 있다. 보강재는 옹벽 상부로부터 깊이 $z = 0, S_V$, $2S_V, \ldots, NS_V$에 포설되었으며, 옹벽의 높이는 $NS_V = H$이다.

Rankine의 주동토압 이론(15.3절)에 의하면

$$\sigma'_a = \sigma'_o K_a - 2c'\sqrt{K_a}$$

여기서 σ'_a은 깊이 z에서 Rankine의 주동토압이다.

옹벽상단에 상재하중이 없고, 뒤채움 흙이 건조한 조립토의 경우 $c' = 0$, $\sigma'_o = \gamma_1 z$, $K_a = \tan^2(45 - \phi'_1/2)$이므로

그림 15.32 금속띠를 사용하여 시공 중인 보강토 옹벽(Courtesy of Braja M. Das, Henderson, Nevada/California State University, Sacramento)

$$\sigma'_{a(1)} = \gamma_1 z K_a \tag{15.36}$$

그림 15.35와 같이 옹벽상단에 상재하중이 작용할 경우

$$\sigma'_o = \underbrace{\sigma'_{o(1)}}_{\substack{= \gamma_1 z \\ \text{흙에 의한} \\ \text{응력}}} + \underbrace{\sigma'_{o(2)}}_{\substack{\text{상재하중에} \\ \text{의한 응력}}} \tag{15.37}$$

$\sigma'_{o(2)}$의 크기는 식 (7.20)과 그림 7.14에 나타나 있는 2:1 응력분포법에 의하여 계산할 수 있다. 2:1 응력분포법은 그림 15.36a에 나타나 있다. Laba and Kennedy(1986)에 의하면

$$\sigma'_{o(2)} = \frac{qa'}{a' + z} \qquad (z \le 2b' \text{일 경우}) \tag{15.38}$$

그림 15.33 그림 15.32에 나타낸 옹벽을 다른 각도에서 본 전경(Courtesy of Braja M. Das, Henderson, Nevada/California State University, Sacramento)

그림 15.34 보강토 옹벽(MSE)으로 설계된 전면벽체 뒷면에 연결된 금속띠 보강재(Courtesy of Reinforced Earth Company, Sterling, Virginia)

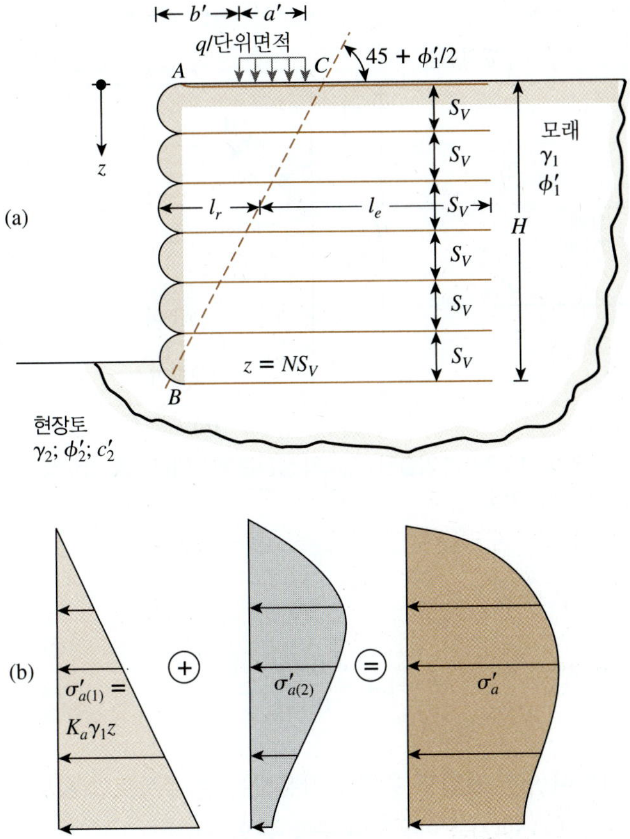

그림 15.35 보강토 옹벽의 토압 분석도

그리고

$$\sigma'_{o(2)} = \frac{qa'}{a' + \dfrac{z}{2} + b'} \qquad (z > 2b'\text{일 경우}) \tag{15.39}$$

또한 상재하중이 작용할 때 임의의 깊이에 전달되는 횡토압은

$$\sigma'_a = \underset{\substack{\uparrow \\ = K_a\gamma_1 z \\ \text{흙에 의한} \\ \text{토압}}}{\sigma'_{a(1)}} + \underset{\substack{\uparrow \\ \text{상재하중에} \\ \text{의한 토압}}}{\sigma'_{a(2)}} \tag{15.40}$$

Laba and Kennedy(1986)에 의하면, $\sigma'_{o(2)}$(그림 15.36b)는 다음과 같이 나타낼 수 있다.

$$\sigma'_{a(2)} = M\left[\frac{2q}{\pi}(\underset{\substack{\uparrow \\ (\text{단위: 라디안})}}{\beta} - \sin\beta\cos 2\alpha)\right] \tag{15.41}$$

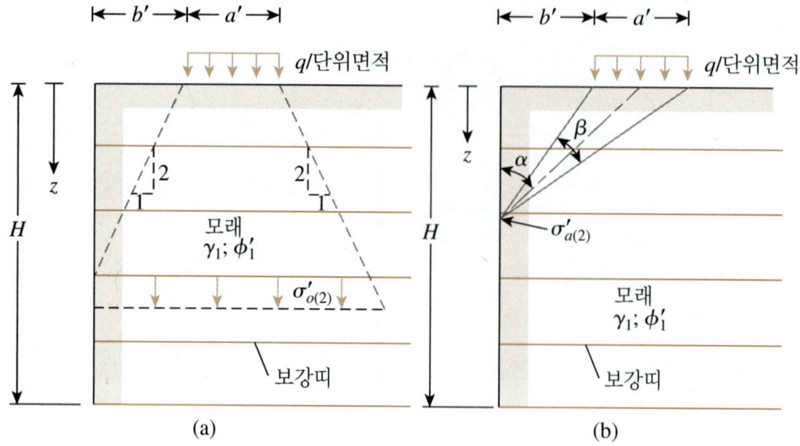

그림 15.36 (a) 식 (15.38), (15.39)에 기술된 $\sigma'_{o(2)}$의 상관관계에 대한 기호, (b) 식 (15.41), (15.42)에 기술된 $\sigma'_{a(2)}$의 상관관계에 대한 기호

여기서

$$M = 1.4 - \frac{0.4b'}{0.14H} \geq 1 \tag{15.42}$$

그림 15.35b에 도시되어 있는 보강토 옹벽에 작용하는 순 주동토압(횡토압)의 분포는 식 (15.40), (15.41), 그리고 (15.42)를 이용하여 구할 수 있다.

보강띠가 받는 힘(Tie Force)

임의의 깊이 z(그림 15.35)에서 보강토 옹벽의 단위길이당 보강띠에 작용하는 힘은 다음과 같다.

$$\begin{aligned} T &= \text{깊이 } z\text{에서의 주동토압} \\ &\quad \times \text{보강띠에 의해 지지되는 옹벽의 면적} \\ &= (\sigma'_a)(S_V S_H) \end{aligned} \tag{15.43}$$

보강띠의 파괴에 대한 안전율(Factor of Safety Against Tie Failure)

보강토 옹벽의 파괴는 각 심도별로 포설된 보강띠의 (a) 파단(tie breaking) 또는 (b) 인발(tie pullout) 시 발생한다.

보강띠의 파단에 대한 안전율은 다음 식으로 구할 수 있다.

$$\begin{aligned} \mathrm{FS}_{(B)} &= \frac{\text{보강띠의 항복 또는 파단강도}}{\text{임의의 보강띠가 받는 최대하중}} \\ &= \frac{wtf_y}{\sigma'_a S_V S_H} \end{aligned} \tag{15.44}$$

여기서

w = 각 보강띠의 폭

t = 각 보강띠의 두께

f_y = 보강재의 항복 또는 파단강도

보강띠의 파괴에 대한 안전율은 깊이에 관계없이 보통 2.5~3이 권장된다.

임의의 깊이 z에 포설된 보강띠의 인발 파단은 보강띠 표면을 따라 발현되는 마찰저항력이 보강띠에 작용되는 힘보다 작은 경우에 발생한다. 마찰저항이 발생되는 보강띠의 유효길이는 보수적으로 *Rankine*의 주동 파괴 영역(그림 15.35의 *ABC*)을 넘어선, 나머지 보강띠의 길이이다. 사선 *BC*는 수평면과 $45 + \phi_1'/2$의 각도를 이룬다. 깊이 z에서 보강띠에 작용하는 최대 마찰력은 다음과 같다.

$$F_R = 2l_e w\sigma_o' \tan\phi_\mu' \tag{15.45}$$

여기서

l_e = 보강띠의 유효길이

σ_o' = 깊이 z에서의 유효연직응력

ϕ_μ' = 흙과 보강띠 사이의 마찰각

따라서 깊이 z에 포설된 보강띠의 인발에 대한 안전율은 다음과 같다.

$$FS_{(P)} = \frac{F_R}{T} \tag{15.46}$$

식 (15.43)과 (15.45)를 식 (15.46)에 대입하면

$$FS_{(P)} = \frac{2l_e w\sigma_o' \tan\phi_\mu'}{\sigma_a' S_V S_H} \tag{15.47}$$

보강재의 소요 포설 길이(Total Length of Tie)

임의의 깊이에서 보강재의 소요 포설 길이는

$$L = l_r + l_e \tag{15.48}$$

여기서

l_r = Rankine 주동 파괴 영역까지의 길이

l_e = 유효길이

안전율 $FS_{(P)}$가 주어질 때, 식 (15.47)로부터

$$l_e = \frac{FS_{(P)}\sigma_a' S_V S_H}{2w\sigma_o' \tan\phi_\mu'} \tag{15.49}$$

같은 방법으로 임의 깊이 z에서

$$l_r = \frac{(H - z)}{\tan\left(45 + \frac{\phi_1'}{2}\right)} \tag{15.50}$$

식 (15.48), (15.49), 그리고 식 (15.50)을 조합하면

$$L = \frac{(H - z)}{\tan\left(45 + \frac{\phi_1'}{2}\right)} + \frac{\text{FS}_{(P)}\sigma_a' S_V S_H}{2w\sigma_o' \tan\phi_\mu'} \tag{15.51}$$

15.16 금속띠를 사용한 보강토 옹벽의 단계적 설계과정

다음은 보강토 옹벽의 단계별 설계과정이다.

일반(General)

1단계. 옹벽의 소요높이 H와 뒤채움재인 조립토의 물리적 특성인 단위중량(γ_1)과 내부마찰각(ϕ_1')을 결정한다.

2단계. 흙과 보강띠 사이의 마찰각 ϕ_μ'와 소요 안전율 $\text{FS}_{(B)}$와 $\text{FS}_{(P)}$를 결정한다.

내적 안정성(Internal Stability)

3단계. 보강띠의 수평 및 연직 포설 간격(S_H와 S_V)과 사용될 보강띠의 폭 w를 가정한다.

4단계. 식 (15.40), (15.41), 그리고 식 (15.42)를 이용하여 σ_a'를 계산한다.

5단계. 식 (15.40)과 (15.43)으로부터 임의의 깊이에 포설된 각각의 보강재에 작용하는 힘을 계산한다.

6단계. 주어진 $\text{FS}_{(B)}$에 대하여, 보강재가 파괴되지 않기 위한 보강띠의 소요두께 t를 결정한다.

$$T = \sigma_a' S_V S_H = \frac{wtf_y}{\text{FS}_{(B)}}$$

또는

$$t = \frac{(\sigma_a' S_V S_H)[\text{FS}_{(B)}]}{wf_y} \tag{15.52}$$

전통적인 실무에서 보강띠의 두께(즉, 동일한 보강띠 사용)는 심도에 관계없이 일정하므로, 식 (15.52)의 σ_a'는 $\sigma_{a(\max)}'$과 같다.

7단계. 주어진 마찰각 ϕ'_μ와 소요 안전율 $FS_{(P)}$에 대하여, 식 (15.51)을 사용하여 각 심도별 보강재의 포설 길이 L을 결정한다.

8단계. 가장 경제적인 조건을 얻기 위하여 S_V, S_H, t, w, 그리고 L의 크기를 변화시킨다.

외적 안정성(External Stability)

9단계. 그림 15.37을 이용하여 전도(overturning)에 대한 안정성을 검토한다. 점 B에 대한 옹벽의 단위길이당 전도모멘트는

$$M_o = P_a z' \tag{15.53}$$

여기서

$$P_a = \text{주동토압} = \int_0^H \sigma'_a \, dz$$

옹벽의 단위길이당 저항모멘트는

$$M_R = W_1 x_1 + W_2 x_2 + \cdots + qa'\left(b' + \frac{a'}{2}\right) \tag{15.54}$$

여기서

$W_1 = (AFEGI\text{의 면적})(1)(\gamma_1)$

$W_2 = (FBDE\text{의 면적})(1)(\gamma_1)$

⋮

따라서

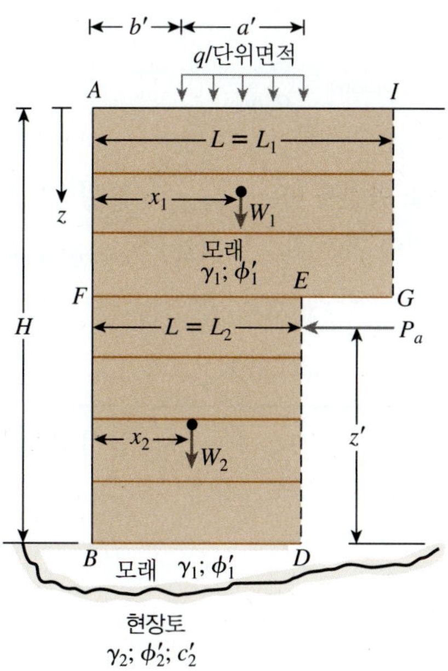

그림 15.37 보강토 옹벽의 안정성 검토

$$\text{FS}_{(\text{overturning})} = \frac{M_R}{M_o}$$

$$= \frac{W_1x_1 + W_2x_2 + \cdots + qa'\left(b' + \dfrac{a'}{2}\right)}{\left(\displaystyle\int_0^H \sigma'_a\, dz\right)z'} \tag{15.55}$$

10단계. 식 (15.12) 또는 다음을 이용하여 **활동**(sliding)에 대한 안정성을 검토한다.

$$\text{FS}_{(\text{sliding})} = \frac{(W_1 + W_2 + \cdots + qa')[\tan(k\phi'_1)]}{P_a} \tag{15.56}$$

여기서 $k \approx \frac{2}{3}$

11단계. 극한지지력 파괴에 대한 안정성을 검토한다. 극한지지력 식은 다음과 같이 주어질 수 있다.

$$q_u = c'_2N_c + \frac{1}{2}\gamma_2L_2N_\gamma \tag{15.57}$$

지지력계수 N_c와 N_γ은 흙의 마찰각 ϕ'_2에 따라서 구할 수 있으며(표 5.3 참고), 식 (15.37)에서 $z = H$에서 연직응력은

$$\sigma'_{o(H)} = \gamma_1H + \sigma'_{o(2)} \tag{15.58}$$

따라서 보강토 옹벽의 지지력 파괴(bearing capacity failure)에 대한 안전율은

$$\text{FS}_{(\text{bearing capacity})} = \frac{q_{\text{ult}}}{\sigma'_{o(H)}} \tag{15.59}$$

일반적으로, 전도에 대한 최소 안전율 $\text{FS}_{(\text{overturning})} = 3$, 활동에 대한 최소 안전율 $\text{FS}_{(\text{sliding})} = 3$, 지지력 파괴에 대한 최소 안전율 $\text{FS}_{(\text{bearing capacity})} = 3\text{~}5$를 권장한다.

예제 15.5

조립토 뒤채움 내에 아연도금 금속띠를 보강재로 사용하여 10 m 높이의 보강토 옹벽을 시공하여야 한다. 그림 15.35에서 다음과 같은 값이 주어진다.

뒤채움 조립토: $\phi'_1 = 36°$
$\gamma_1 = 16.5\ \text{kN/m}^3$

기초지반: $\phi'_2 = 28°$

$$\gamma_2 = 17.3 \text{ kN/m}^3$$
$$c'_2 = 50 \text{ kN/m}^2$$

아연도금 금속띠 보강재:

보강재의 폭 $w = 75 \text{ mm}$

$S_V = 0.6 \text{ m}$ (중심에서 중심까지)

$S_H = 1 \text{ m}$ (중심에서 중심까지)

$f_y = 240{,}000 \text{ kN/m}^2$

$\phi'_\mu = 20°$

요구되는 안전율: $\text{FS}_{(B)} = 3$

$\text{FS}_{(P)} = 3$

아연도금 금속띠 보강재의 부식률이 0.025 mm/년이고, 구조물의 설계 내구년수는 50년일 때, 옹벽의 내적 안정성과 외적 안정성을 검토하라.

풀이

내적 안정성 검토

보강재의 두께: 보강재의 최대 인장력, $T_{\max} = \sigma'_{a(\max)} S_V S_H$

$$\sigma_{a(\max)} = \gamma_1 H K_a = \gamma_1 H \tan^2\left(45 - \frac{\phi'_1}{2}\right)$$

그러므로

$$T_{\max} = \gamma_1 H \tan^2\left(45 - \frac{\phi'_1}{2}\right) S_V S_H$$

식 (15.52)로부터 보강재 파단에 대하여

$$t = \frac{(\sigma'_a S_V S_H)[\text{FS}_{(B)}]}{w f_y} = \frac{\left[\gamma_1 H \tan^2\left(45 - \frac{\phi'_1}{2}\right) S_V S_H\right] \text{FS}_{(B)}}{w f_y}$$

또는

$$t = \frac{\left[(16.5)(10)\tan^2\left(45 - \frac{36}{2}\right)(0.6)(1)\right](3)}{(0.075 \text{ m})(240{,}000 \text{ kN/m}^2)} = 0.00428 \text{ m} = 4.28 \text{ mm}$$

만약 부식률이 0.025 mm/년이고 구조물의 설계 내구년수는 50년이라면, 보강재의 실제 두께는 다음과 같다.

$$t = 4.28 + (0.025)(50) = 5.53 \text{ mm}$$

따라서, **보강재의 두께는 6 mm**이면 충분하다.

보강재의 길이: 식 (15.51)을 사용한다. 이번 경우에는 $\sigma'_a = \gamma_1 z K_a$, $\sigma'_o = \gamma_1 z$, 그러므로

$$L = \frac{(H - z)}{\tan\left(45 + \frac{\phi_1'}{2}\right)} + \frac{FS_{(P)}\gamma_1 z K_a S_V S_H}{2w\gamma_1 z \tan\phi_\mu'}$$

다음과 같은 표를 작성한다. (주: $FS_{(P)} = 3$, $H = 10$ m, $w = 75$ mm, $\phi_\mu' = 20°$).

z (m)	보강재 길이 L (m) [식 (15.51)]
2	12.65
4	11.63
6	10.61
8	9.59
10	8.57

그러므로 **보강재의 길이 $L = 13$ m**를 사용한다.

외적 안정성 검토

전도에 대한 검토: 여기서 그림 15.38을 이용한다. 이 경우는 식 (15.55)를 다음과 같이 쓸 수 있다.

$$FS_{(\text{overturning})} = \frac{W_1 x_1}{\left[\int_0^H \sigma_a' \, dz\right] z'}$$

$$W_1 = \gamma_1 HL = (16.5)(10)(13) = 2145 \text{ kN/m}$$

$$x_1 = 6.5 \text{ m}$$

$$P_a = \int_0^H \sigma_a' \, dz = \frac{1}{2}\gamma_1 K_a H^2 = \left(\frac{1}{2}\right)(16.5)(0.26)(10)^2 = 214.5 \text{ kN/m}$$

$$z' = \frac{10}{3} = 3.33 \text{ m}$$

$$FS_{(\text{overturning})} = \frac{(2145)(6.5)}{(214.5)(3.33)} = \mathbf{19.52 > 3—OK}$$

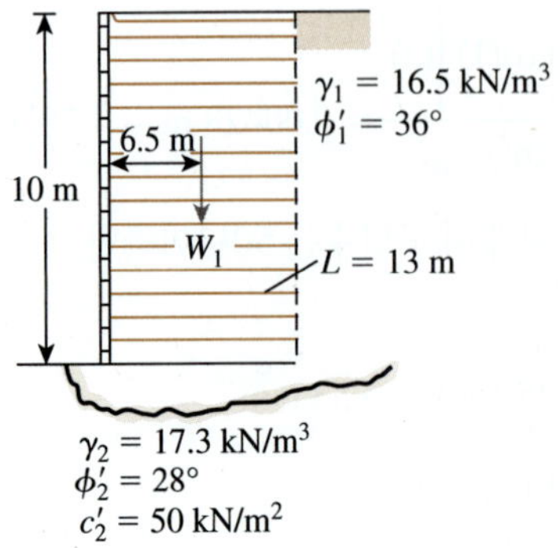

그림 15.38 뒤채움부에 보강재로 아연도금 금속띠를 사용한 보강토 옹벽

활동에 대한 검토: 식 (15.56)으로부터

$$\mathrm{FS}_{(\text{sliding})} = \frac{W_1 \tan(k\phi_1')}{P_a} = \frac{2145 \tan\left[\left(\frac{2}{3}\right)(36)\right]}{214.5} = \mathbf{4.45 > 3\text{—OK}}$$

지지력에 대한 검토: $\phi_2' = 28°$, $N_c = 25.8$, $N_\gamma = 16.78$(표 5.3 참고)일 때, 식 (15.57)로부터

$$q_{\text{ult}} = c_2' N_c + \frac{1}{2}\gamma_2 L N_\gamma$$

$$q_{\text{ult}} = (50)(25.8) + \left(\frac{1}{2}\right)(17.3)(13)(16.72) = 3170.16\ \text{kN/m}^2$$

식 (15.58)로부터

$$\sigma'_{o(H)} = \gamma_1 H = (16.5)(10) = 165\ \text{kN/m}^2$$

$$\mathrm{FS}_{(\text{bearing capacity})} = \frac{q_{\text{ult}}}{\sigma'_{o(H)}} = \frac{3170.16}{165} = \mathbf{19.2 > 5\text{—OK}}$$

■

15.17 지오텍스타일을 사용한 보강토 옹벽

그림 15.39는 여러 층의 지오텍스타일을 보강재로 사용한 보강토 옹벽을 나타낸 것이다. 뒤채움재는 그림 15.37과 마찬가지로 조립토이다. 옹벽의 전면부는 그림에서와 같이 길이 l_l 만큼 지오텍스타일로 다져진 흙층을 말아서 덮어 형성하였다. 토류벽체의 시공이 마무리되면 지오텍스타일이 자외선에 노출되어 손상되는 것을 막기 위하여 노출된 전면벽을 덮어서 보호하여야 한다. 이때 역청 용액(Bitumen emulsion) 또는 *Gunite*(시멘트, 모래, 슬래그 가루를 물에 혼합하여 만든 혼합물)를 벽체 표면에 분사한다. 지오텍스타일 전면벽에 고정시켜 설치한 철망(wire mesh)은 녹슬음을 방지하기 위해 도색을 할 필요성이 있다. 그림 15.40은 지오텍스타일로 보강된 옹벽의 시공장면이다. 그림 15.41은 토목섬유보강이 완료된 벽체를 보여준다(DeBeque Canyon, Colorado). 이외에도 다양한 방식의 전면벽 형식이 있다. 이 그림의 경우, 암석전면벽으로 축조된 3개 층을 하나의 콘크리트블럭 층으로 통합

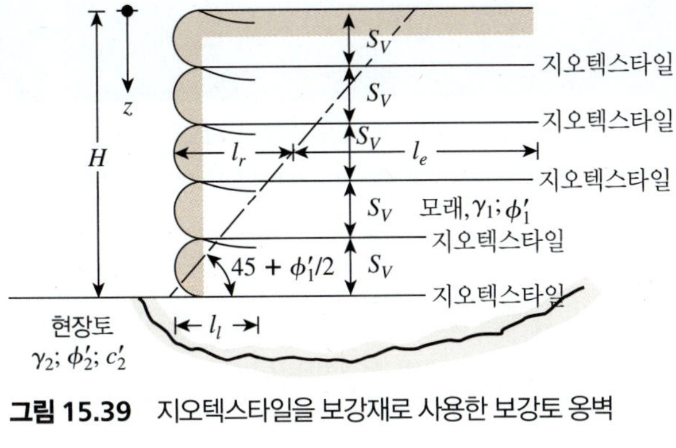

그림 15.39 지오텍스타일을 보강재로 사용한 보강토 옹벽

그림 15.40 지오텍스타일을 보강재로 사용한 보강토 옹벽의 시공전경(Courtesy of Jonathan T. H. Wu/University of Colorado at Denver, Denver, Colorado)

그림 15.41 DeBeque Canyon, Colorado의 시공 완료된 지오텍스타일을 사용한 보강토 옹벽(Courtesy of Jonathan T. H. Wu/University of Colorado at Denver, Denver, Colorado)

한 외장을 보여준다.

이와 같은 보강토 옹벽의 설계는 15.16절에 기술된 것과 유사하다. 다음은 Bell et al.(1975)과 Koerner(2005)가 제시한 단계별 설계방법이다.

내적 안정성(Internal Stability)

1단계. 다음 식으로부터 벽체에 작용되는 주동토압을 결정한다.

$$\sigma'_a = K_a \sigma'_o = K_a \gamma_1 z \tag{15.60}$$

여기서

K_a = Rankine의 주동토압계수 = $\tan^2(45 + \phi'_1/2)$

γ_1 = 뒤채움 조립토의 단위중량

ϕ'_1 = 뒤채움 조립토의 내부마찰각

2단계. 허용인장강도 T_{all} (kN/m) 이상인 지오텍스타일을 선정한다. 옹벽 시공을 위한 허용인장강도는 Koerner(2005)에서

$$T_{\text{all}} = \frac{T_{\text{ult}}}{\text{RF}_{\text{id}} \times \text{RF}_{\text{cr}} \times \text{RF}_{\text{cbd}}} \tag{15.61}$$

여기서

T_{ult} = 극한인장강도

RF_{id} = 설치손상을 감안한 감소계수

RF_{cr} = 크리프를 감안한 감소계수

RF_{cbd} = 화학 및 생물학적 분해를 감안한 감소계수

권장된 감소계수는 다음과 같다(Koerner, 2005).

RF_{id}	1.1–2.0
RF_{cr}	2–4
RF_{cbd}	1–1.5

3단계. 임의의 깊이 z에서 소요되는 보강재 사이의 연직 간격을 산정한다.

$$S_V = \frac{T_{\text{all}}}{\sigma'_a \text{FS}_{(B)}} = \frac{T_{\text{all}}}{(\gamma_1 z K_a)[\text{FS}_{(B)}]} \tag{15.62}$$

여기서 식 (15.62)는 식 (15.44)와 유사함을 알 수 있다. $\text{FS}_{(B)}$는 보통 1.3～1.5를 사용한다.

4단계. 각 층별로 포설할 지오텍스타일의 길이를 정한다.

$$L = l_r + l_e \tag{15.63}$$

여기서

$$l_r = \frac{H - z}{\tan\left(45 + \frac{\phi'_1}{2}\right)} \tag{15.64}$$

그리고

$$l_e = \frac{S_V \sigma'_a [\mathrm{FS}_{(P)}]}{2\sigma'_o \tan \phi'_F} \tag{15.65}$$

여기서

$$\sigma'_a = \gamma_1 z K_a$$
$$\sigma'_o = \gamma_1 z$$
$$\mathrm{FS}_{(P)} = 1.3 \text{ to } 1.5$$

ϕ'_F = 지오텍스타일과 흙의 접촉 마찰각
$\approx \frac{2}{3}\phi'_1$

식 (15.63), (15.64), (15.65)는 각각의 식 (15.48), (15.49), 그리고 식 (15.50)과 각각 유사함을 알 수 있다.

기존에 발표된 자료에 의하면 $\phi'_F/\phi'_1 \approx \frac{2}{3}$으로 가정하는 것은 적절하고 안전측이라고 판단된다. Martin et al.(1984)은 여러 종류의 지오텍스타일과 모래와의 접촉 마찰각 ϕ'_F/ϕ'_1에 대한 실내 실험 결과를 다음과 같이 발표하였다.

실험 시료의 종류	ϕ'_F/ϕ'_1
직포—단섬유 / 콘크리트용 모래	0.87
직포—실트필름 / 콘크리트용 모래	0.8
직포—실트필름 / 둥근형상 모래	0.86
직포—실트필름 / 실트질 모래	0.92
부직포—열접합 / 콘크리트용 모래	0.87
부직포—니들펀칭 / 콘크리트용 모래	1.0
부직포—니들펀칭 / 둥근형상 모래	0.93
부직포—니들펀칭 / 실트질 모래	0.91

5단계. 지오텍스타일로 전면벽 흙을 감싸 덮는 길이(lap length) l_l (그림 15.39)을 산정한다.

$$l_l = \frac{S_V \sigma'_a \mathrm{FS}_{(P)}}{4\sigma'_o \tan \phi'_F} \tag{15.66}$$

감싸 덮는 길이는 최소 1 m 이상이어야 한다.

외적 안정성(External Stability)

6단계. 15.16절(9, 10, 11단계)에서 설명한 것과 같이 옹벽의 전도, 활동, 그리고 지지력 파괴에 대한 안전율을 산정한다.

예제 15.6

그림 15.42에서와 같이 지오텍스타일로 보강한 높이 5 m의 보강토 옹벽이 있다. 뒤채움 입

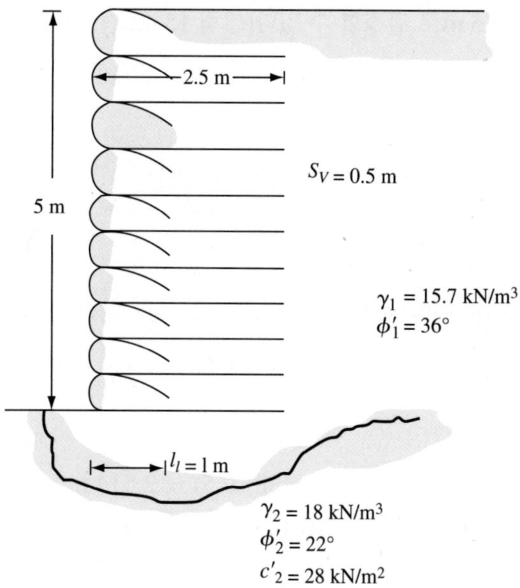

그림 15.42 지오텍스타일을 보강재로 사용한 보강토 옹벽

상토의 단위중량 $\gamma_1 = 15.7\ \text{kN/m}^3$, 내부마찰각 $\phi'_1 = 36°$이며, $T_{\text{ult}} = 52.5\ \text{kN/m}$이다. 옹벽의 설계를 위해 S_V, L, l_l을 결정하라. $\text{RF}_{\text{id}} = 1.2$, $\text{RF}_{\text{cr}} = 2.5$, $\text{RF}_{\text{cbd}} = 1.25$를 사용하라.

풀이

$$K_a = \tan^2\left(45 - \frac{\phi'_1}{2}\right) = 0.26$$

S_V의 결정

S_V를 결정하기 위해서 시행착오 과정을 거친다. 식 (15.62)로부터

$$S_V = \frac{T_{\text{all}}}{(\gamma_1 z K_a)[\text{FS}_{(B)}]}$$

식 (15.61)로부터

$$T_{\text{all}} = \frac{T_{\text{uef}}}{\text{RF}_{\text{id}} \times \text{RF}_{\text{cr}} \times \text{RF}_{\text{cbd}}} = \frac{52.5}{1.2 \times 2.5 \times 1.25} = 14\ \text{kN/m}$$

높이 $z = 2$ m에서 $\text{FS}_{(B)} = 1.5$인 경우

$$S_V = \frac{14}{(15.7)(2)(0.26)(1.5)} = 1.14\ \text{m}$$

$z = 4$ m일 때

$$S_V = \frac{14}{(15.7)(4)(0.26)(1.5)} = 0.57\ \text{m}$$

$z = 5$ m일 때

$$S_V = \frac{14}{(15.7)(5)(0.26)(1.5)} = 0.46\ \text{m}$$

따라서 $z = \mathbf{0{\sim}5\ m}$까지 $S_V = \mathbf{0.5\ m}$로 결정할 수 있다(그림 15.42 참고)

*L*의 결정

식 (15.63), (15.64), (15.65)에 의하여

$$L = \frac{(H - z)}{\tan\left(45 + \frac{\phi_1'}{2}\right)} + \frac{S_V K_a[\mathrm{FS}_{(P)}]}{2\ \tan\ \phi_F'}$$

$\mathrm{FS}_{(P)} = 1.5$일 때, $\tan\phi_F' = \tan\left[\left(\frac{2}{3}\right)(36)\right] = 0.445$이며,

$$L = (0.51)(H - z) + 0.438 S_V$$

$H = 5\ \mathrm{m}$, $S_V = 0.5\ \mathrm{m}$이므로

높이 $z = \mathbf{0.5\ m}$일 때: $L = (0.51)(5 - 0.5) + (0.438)(0.5) = 2.514\ \mathrm{m}$

높이 $z = \mathbf{2.5\ m}$일 때: $L = (0.51)(5 - 2.5) + (0.438)(0.5) = 1.494\ \mathrm{m}$

따라서 $\mathbf{L = 2.5\ m}$를 사용한다.

l_l의 결정

식 (15.66)으로부터

$$l_l = \frac{S_V \sigma_a'[\mathrm{FS}_{(P)}]}{4\sigma_o' \tan\phi_F'}$$

여기서 $\sigma_a' = \gamma_1 z K_a$, $\mathrm{FS}_{(P)} = 1.5$, $\sigma_o' = \gamma_1 z$, $\phi_F' = \frac{2}{3}\phi_1'$이다. 따라서

$$l_l = \frac{S_V K_a[\mathrm{FS}_{(P)}]}{4\ \tan\ \phi_F'} = \frac{S_V(0.26)(1.5)}{4\tan\left[\left(\frac{2}{3}\right)(36)\right]} = 0.219 S_V$$

$$l_l = 0.219 S_V = (0.219)(0.5) = 0.11\ \mathrm{m} \leq 1\ \mathrm{m}$$

따라서 $\mathbf{l_l = 1\ m}$를 사용한다.

■

예제 15.7

예제 15.6에 주어졌던 내적 안정성 검토 결과를 고려하여, 지오텍스타일로 보강된 옹벽의 전도, 활동, 지지력 파괴에 관한 안전율을 계산하라.

풀이

그림 15.43을 참고하라.

전도에 대한 안전율

식 (15.55)에서,

$$\mathrm{FS}_{\ (\mathrm{overturning})} = \frac{W_1 x_1}{(P_a)\left(\frac{H}{3}\right)}$$

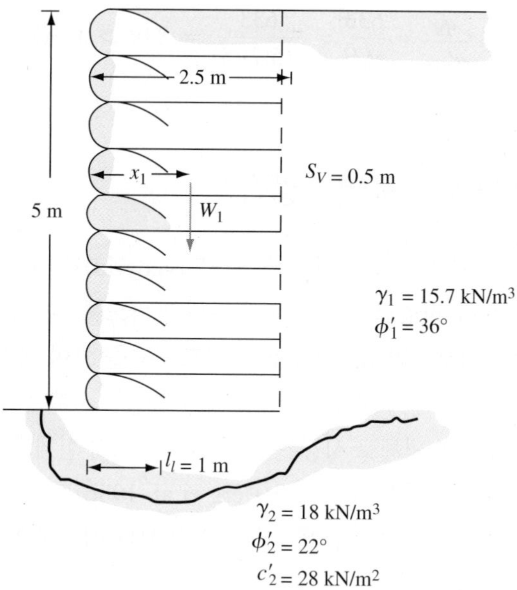

그림 15.43 안정성 검토

$$W_1 = (5)(2.5)(15.7) = 196.25 \text{ kN/m}$$

$$x_1 = \frac{2.5}{2} = 1.25 \text{ m}$$

$$P_a = \frac{1}{2}\gamma H^2 K_a = \left(\frac{1}{2}\right)(15.7)(5)^2(0.26) = 51.03 \text{ kN/m}$$

따라서

$$\text{FS}_{\text{(overturning)}} = \frac{(196.25)(1.25)}{51.03(5/3)} = 2.88 < 3$$

(지오텍스타일층의 길이를 3 m로 늘림)

활동에 대한 안전율

식 (15.56)으로부터

$$\text{FS}_{\text{(sliding)}} = \frac{W_1 \tan\left(\frac{2}{3}\phi'_1\right)}{P_a} = \frac{(196.25)\left[\tan\left(\frac{2}{3} \times 36\right)\right]}{51.03} = \mathbf{1.71 > 1.5\text{—OK}}$$

지지력 파괴에 대한 안전율

식 (15.57)에서, $q_u = c'_2 N_c + \frac{1}{2}\gamma_2 L_2 N_\gamma$, $\gamma_2 = 18$ kN/m³, $L_2 = 2.5$ m, $c'_2 = 28$ kN/m², $\phi'_2 = 22°$이므로 표 5.3으로부터 $N_c = 16.88$, $N_\gamma = 7.13$이다.

$$q_u = (28)(16.88) + \left(\frac{1}{2}\right)(18)(2.5)(7.13) \approx 633 \text{ kN/m}^2$$

식 (15.59)로부터

$$FS_{(\text{bearing capacity})} = \frac{q_u}{\sigma'_{o(H)}} = \frac{633}{\gamma_1 H} = \frac{633}{(15.7)(5)} = \mathbf{8.06 > 3—OK}$$

■

15.18 지오그리드로 보강한 보강토 옹벽—일반

조립토로 뒤채움하는 보강토 옹벽을 시공할 때 지오그리드(geogrid)를 사용할 수 있다. 그림 15.44는 지오그리드를 사용한 전형적인 보강토 옹벽의 개략도를 나타낸 것이다. 그림 15.45는 현장에 시공되고 있는 지오그리드로 보강한 보강토 옹벽을 보여주고 있다.

지오그리드로 보강한 옹벽의 벽체에 전달되는 횡토압을 측정한 사례는 많지 않다. 그림 15.46은 기성 콘크리트 패널식 전면 벽체로 시공된 두 개의 옹벽에서 실제로 측정한 횡토압과 설계 시 계산한 토압을 비교하여 나타낸 것이다(Berg et al. 1986). 이 실험 결과로부터 실제 측정된 토압은 Rankine의 주동토압 이론에 의한 계산치보다 실질적으로 작게 나타났음을 알 수 있다.

15.19 지오그리드 보강토 옹벽의 설계과정

그림 15.47은 여러 층의 지오그리드로 조립토 뒤채움을 보강한 콘크리트 판넬식 전면벽 보강토의 개략도이다. 이 옹벽의 설계과정은 15.17절에서 설명한 지오텍스타일 보강토 옹벽과 유사함을 알 수 있다. 다음은 간단한 단계적 설계과정이다.

내적 안정성

1단계. 임의의 심도 z에서의 주동토압을 결정한다[식 (15.60)과 유사].

$$\sigma'_a = K_a \gamma_1 z \tag{15.67}$$

여기서

$$K_a = \text{Rankine의 주동토압계수} = \tan^2\left(45 - \frac{\phi'_1}{2}\right)$$

2단계. 허용인장강도 T_{all}[식 (15.61)과 유사]를 갖는 지오그리드를 선정한다(Koerner, 2005).

$$T_{all} = \frac{T_{ult}}{RF_{id} \times RF_{cr} \times RF_{cbd}} \tag{15.68}$$

여기서

RF_{id} = 시공 시 손상을 감안한 감소계수(1.1~1.4)

RF_{cr} = 크리프를 감안한 감소계수(2.0~3.0)

RF_{cbd} = 화학 및 생물학적 분해를 감안한 감소계수(1.1~1.5)

3단계. 지오그리드 층간 연직 거리(S_V)를 다음과 같이 산출한다.

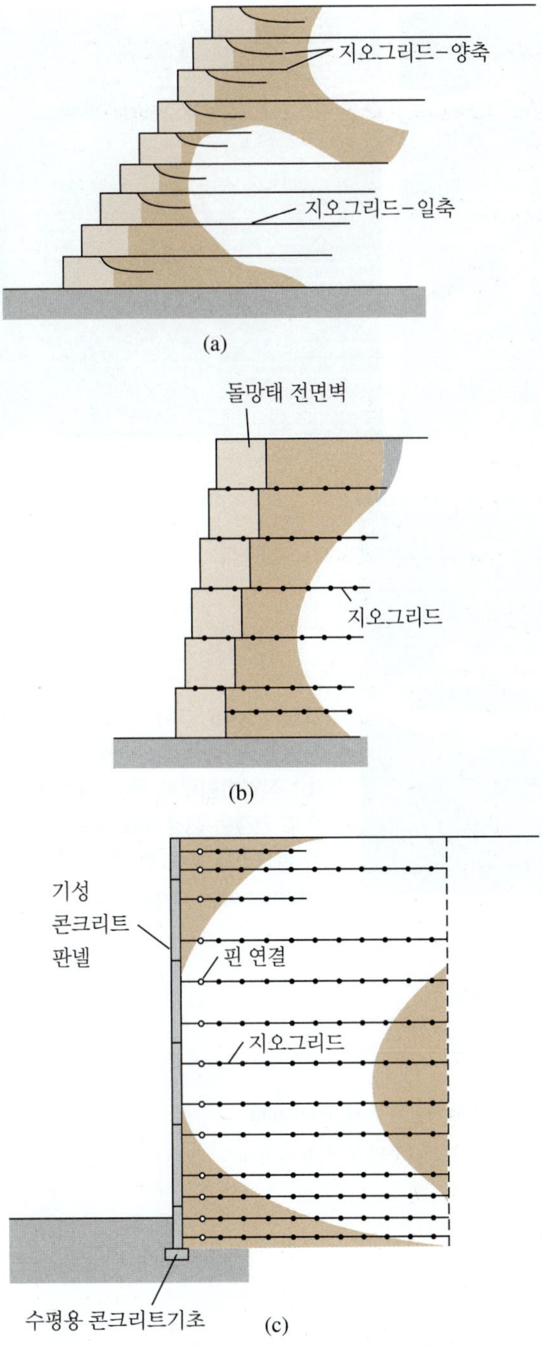

그림 15.44 지오그리드로 보강한 옹벽의 개략도: (a) 지오그리드로 전면을 감아 올린 옹벽, (b) 전면을 돌망태로 처리한 경우, (c) 콘크리트 판넬식 전면벽(출처: Based on The Tensar Corporation, 1986)

$$S_V = \frac{T_{\text{all}} C_r}{\sigma'_a \, \text{FS}_{(B)}} \tag{15.69}$$

여기서 C_r = 지오그리드의 유효면적률

유효면적률(coverage ratio)은 보강토 옹벽의 어느 특별한 높이에서 실질적

(a) (b) (c)

그림 15.45 (a) 기성 콘크리트 판넬식 전면벽을 사용한 시공 중인 HDPE 지오그리드 보강토 옹벽, (b) 작업방향으로 두 조각의 지오그리드를 역학적으로 연결한 전경, (c) 일축방향 지오그리드로 보강된 콘크리트 블록 전면벽 전경(Courtesy of Tensar International Corporation, Atlanta, Georgia)

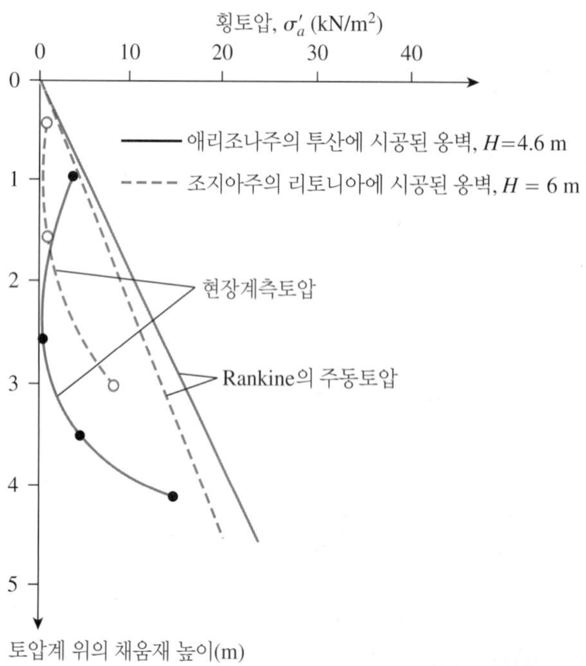

그림 15.46 지오그리드-보강 보강토 옹벽의 이론적 횡토압과 현장계측값과의 비교(Berg et al., 1986)

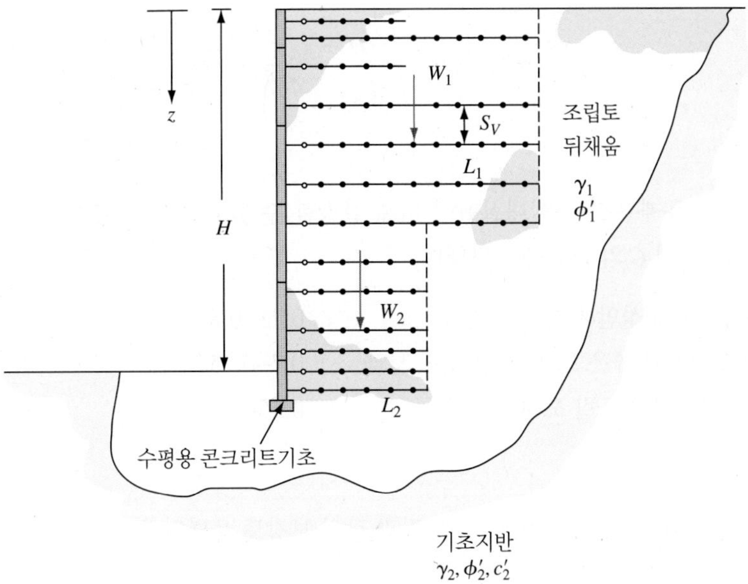

그림 15.47 지오그리드-보강 보강토 옹벽의 설계 단면도

으로 지오그리드가 차지하고 있는 부분의 평면 면적을 뜻한다. 예를 들어, 각각 1.2 m 폭의 지오그리드 사이에 0.3 m 폭의 공간이 있다면, 유효면적률은

$$C_r = \frac{1.2\text{ m}}{1.2\text{ m} + 0.3\text{ m}} = 0.8$$

4단계. 임의의 심도 z에서 각 층의 지오그리드 길이를 계산한다[식 (15.63)과 유사].

$$L = l_r + l_e$$

$$l_r = \frac{H - z}{\tan^2\left(45 - \dfrac{\phi'_1}{2}\right)} \tag{15.70}$$

l_e의 결정을 위해서[식 (15.65)와 유사]

$$\begin{aligned} FS_{(P)} &= \frac{\text{연직유효응력하에서의 인발저항}}{\text{인발력}} \\ &= \frac{(2)(l_e)(C_i\sigma'_o \tan\phi'_1)(C_r)}{S_V\sigma'_a} \\ &= \frac{(2)(l_e)(C_i \tan\phi'_1)(C_r)}{S_V K_a} \end{aligned} \tag{15.71}$$

여기서 C_i = 상호작용계수 또는

$$l_e = \frac{S_V K_a FS_{(P)}}{2C_r C_i \tan\phi'_1} \tag{15.72}$$

따라서, 주어진 심도 z에서 지오그리드의 총 길이 L은

$$L = l_r + l_e = \frac{H - z}{\tan\left(45 + \frac{\phi_1'}{2}\right)} + \frac{S_V K_a \, \mathrm{FS}_{(P)}}{2C_r C_i \tan \phi_1'} \quad (15.73)$$

상호작용계수 C_i는 실내실험에 의해 결정할 수 있다. 다음은 다양한 종류의 뒤채움에 대한 대략적인 C_i의 범위를 나타낸다.

자갈, 모래 섞인 자갈	0.75~0.8
입도분포가 좋은 모래, 자갈 섞인 모래	0.7~0.75
고운 모래, 실트질 모래	0.55~0.6

외적 안정성

15.16절(9, 10, 11단계)에서 설명한 것과 같이 보강토 옹벽의 전도, 활동, 지지력 파괴에 대한 안전율을 검토한다.

예제 15.8

그림 15.47과 같은 지오그리드로 보강한 보강토 옹벽에서 $H = 6$ m, $\gamma_1 = 16.5$ kN/m^3, $\phi_1' = 35°$, $T_{\text{all}} = 45$ kN/m, $\mathrm{FS}_{(B)} = 1.5$, $\mathrm{FS}_{(P)} = 1.5$, $C_r = 0.8$, $C_i = 0.75$일 때, 보강토 옹벽의 설계를 위한 S_V와 L을 구하라.

풀이

$$K_a = \tan^2\left(45 - \frac{\phi_1'}{2}\right) = \tan^2\left(45 - \frac{35}{2}\right) = 0.27$$

S_V의 결정

식 (15.69)로부터

$$S_v = \frac{T_{\text{all}} C_r}{\sigma_a' \, \mathrm{FS}_{(B)}} = \frac{T_{\text{all}} C_r}{\gamma z K_a \mathrm{FS}_{(B)}} = \frac{(45)(0.8)}{(16.5)(z)(0.27)(1.5)} = \frac{5.39}{z}$$

$z = 2$ m에서

$$S_v = \frac{5.39}{2} = 2.7 \text{ m}$$

$z = 4$ m에서

$$S_v = \frac{5.39}{4} = 1.35 \text{ m}$$

$z = 5$ m에서

$$S_v = \frac{5.39}{5} = 1.08 \text{ m}$$

$S_V \approx$ **1 m** 사용

L의 결정

식 (15.73)으로부터

$$L = \frac{H - z}{\tan\left(45 + \frac{\phi_1'}{2}\right)} + \frac{S_V K_a \, \text{FS}_{(P)}}{2C_r C_i \tan \phi_1'} = \frac{6 - z}{\tan\left(45 + \frac{35}{2}\right)} + \frac{(1\text{ m})(0.27)(1.5)}{(2)(0.8)(0.75)(\tan 35°)}$$

$z = 1$ m에서: $L = 0.52(6 - 1) + 0.482 = 3.08\text{ m} \approx 3.1\text{ m}$

$z = 3$ m에서: $L = 0.52(6 - 3) + 0.482 = 2.04\text{ m} \approx 2.1\text{ m}$

$z = 5$ m에서: $L = 0.52(6 - 5) + 0.482 = 1.0\text{ m}$

따라서 **$z = 0$~6 m일 때 $L = 3$ m**이다.

■

15.20 요약

이 장의 내용에서는 2가지 종류의 옹벽에 대해서 기술하였다. 첫 번째는 전통적인 옹벽으로 중력식 옹벽, 캔틸레버식 옹벽, 그리고 부벽식 옹벽이다. 두 번째는 뒤채움 흙을 금속띠, 지오텍스타일, 지오그리드로 보강한 보강토 옹벽(MSE)이다.

전통적인 옹벽을 설계할 때는 전도, 활동, 그리고 지지력 파괴에 대한 안정성을 검토한다. 반면 보강토 옹벽(MSE)은 설계과정에서 내적 안정성과 외적 안정성을 검토한다.

이 장에서 기술한 옹벽의 설계는 Rankine의 주동토압 이론을 적용하였다.

연습문제

문제 15.1에서 15.4까지 콘크리트의 단위중량 $\gamma_{concrete} = 23.58\text{ kN/m}^3$을 사용하라. 또한 식 (15.12)에서 $k_1 = k_2 = 2/3$, 그리고 $P_p = 0$을 사용하라.

15.1 그림 P15.1과 같은 캔틸레버식 옹벽에서 다음의 조건이 주어져 있다.

옹벽의 차수: $H = 8\text{ m}, x_1 = 0.4\text{ m},$
$x_2 = 0.6\text{ m}, x_3 = 1.5\text{ m},$
$x_4 = 3.5\text{ m}, x_5 = 0.96\text{ m},$
$D = 1.75\text{ m}, \alpha = 10°$

흙의 물리적 특성: $\gamma_1 = 16.5\text{ kN/m}^3, \phi_1' = 36°,$
$\gamma_2 = 17.6\text{ kN/m}^3, \phi_2' = 28°$
$C_2' = 30\text{ kN/m}^2$

전도, 활동, 지지력에 대한 안전율을 계산하라.

15.2 다음의 조건을 이용하여 문제 15.1을 다시 구하라.

옹벽의 차수: $H = 6.5\text{ m}, x_1 = 0.3\text{ m},$
$x_2 = 0.6\text{ m}, x_3 = 0.8\text{ m},$
$x_4 = 2\text{ m}, x_5 = 0.8\text{ m},$
$D = 1.5\text{ m}, \alpha = 0°$

흙의 물리적 특성: $\gamma_1 = 18.08\text{ kN/m}^3, \phi_1' = 36°,$
$\gamma_2 = 19.65\text{ kN/m}^3, \phi_2' = 15°$
$C_2' = 30\text{ kN/m}^2$

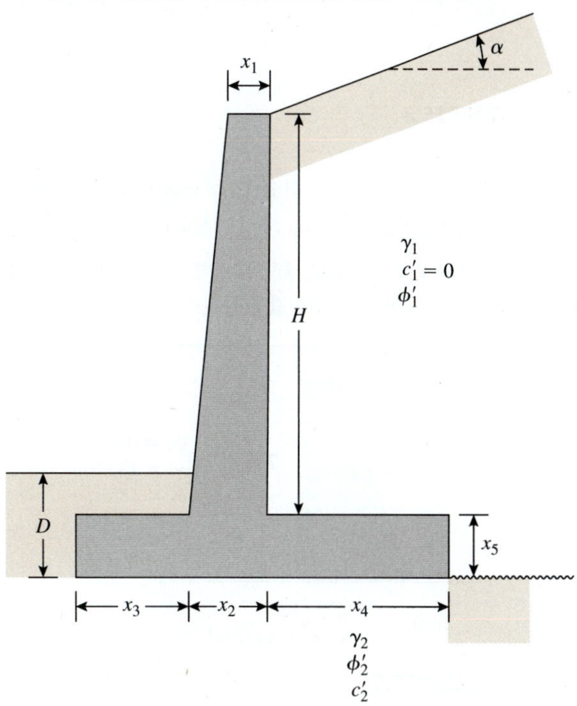

그림 P15.1

15.3 그림 15.3에 중력식 옹벽이 있다. 다음의 조건을 이용하여 전도, 활동에 대한 안전율을 계산하라.

옹벽의 차수: $H = 6$ m, $x_1 = 0.6$ m,
$x_2 = 2$ m, $x_3 = 2$ m,
$x_4 = 0.5$ m, $x_5 = 0.75$ m,
$x_6 = 0.8$ m, $D = 1.5$ m

흙의 물리적 특성: $\gamma_1 = 16.5\ \text{kN/m}^3$, $\phi_1' = 32°$,
$\gamma_2 = 18\ \text{kN/m}^3$, $\phi_2' = 22°$
$C_2' = 40\ \text{kN/m}^2$

계산에서 Rankine의 주동토압식을 이용하여 계산하라.

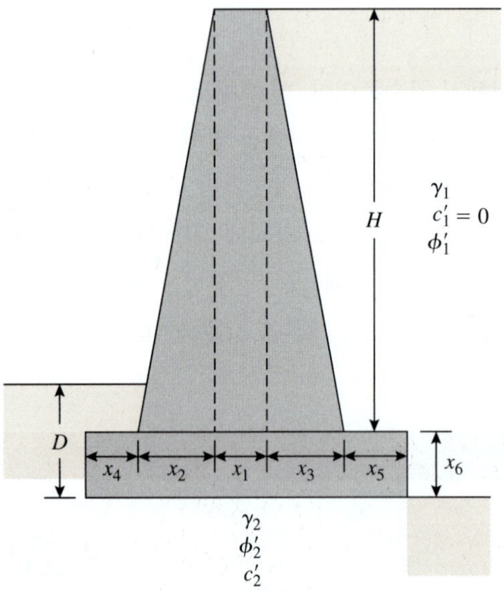

그림 P15.3

15.4 $\delta' = 2/3\phi_1'$이라고 하고, Coulomb의 주동토압 식을 이용하여 문제 15.3을 다시 계산하라.

15.5 그림 P15.5와 같은 중력식 옹벽이 지진이 발생되었을 때 설계 시 다음의 값을 구하라.

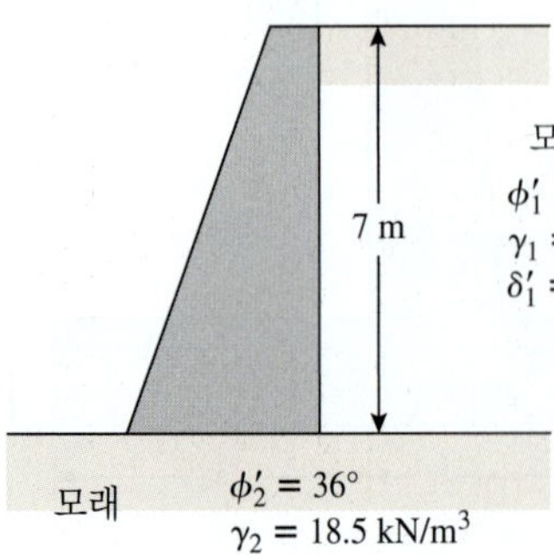

그림 P15.5

$k_v = 0$이고 $k_h = 0.3$일 때

a. 지진발생 시 변위값이 0일 때 옹벽의 무게는 얼마인가? 안전율은 2.0을 사용하라.

b. 지진발생 시 횡변위가 50.8 mm 발생되었을 때의 옹벽의 무게는 얼마인가?

주어진 조건: $A_v = 0.15$와 $A_a = 0.25$라 가정한다. 안전율은 2를 적용한다.

15.6 그림 15.35a에서 다음의 옹벽조건을 이용하여 z = 2 m, 4 m, 6 m, 8 m에서의 연직응력 σ_0'[식 (15.37), (15.38), 그리고 식 (15.39)]을 계산하라.

옹벽: $H = 8$ m
지반: $\gamma_1 = 17\ \text{kN/m}^3$, $\phi_1' = 35°$
보강재: $S_V = 1$ m, $S_H = 1.5$ m
상재하중: $q = 70\ \text{kN/m}_2$, $a' = 1.5$ m, $b' = 2$ m

15.7 문제 15.6에서 주어진 조건을 이용하여 z = 2 m, 4 m, 6 m, 그리고 8 m에서의 횡토압 σ_a'을 계산하라. 식 (15.40), (15.41), 그리고 (15.42)를 이용하라.

15.8 보강토 옹벽(그림 15.35)의 높이가 10 m이다. 다음의 조건이 주어져 있다.

뒤채움재: 단위중량 $\gamma_1 = 16\ \text{kN/m}^3$,
흙의 마찰각 $\phi_1' = 34°$

보강재: 수직간격 $S_V = 1$ m, 수평간격 $S_H = 1.25$ m, 보강재의 폭 $w = 120$ mm, $f_y = 260\ \text{MN/m}^2$, $\phi_\mu' = 25°$, 인발에 대한 안전율 $\text{FS}_{(P)} = 3$, 파단에 대한 안전율 $\text{FS}_{(B)} = 3$일 때 다음의 값들을 결정하라.

a. 보강재의 소요 두께

b. 보강재의 소요 최대 길이

15.9 문제 15.8에서 모든 깊이에서 보강재의 길이는 (b)항에서 결정된 길이라고 가정하자. 현장지반의 $\phi_2' = 25°$, $\gamma_2 = 15.5\ \text{kN/m}^3$, $c_2' = 30\ \text{kN/m}^2$이다. (a) 전도, (b) 활동, (c) 지지력 파괴에 대한 안전율을 계산하라.

15.10 높이 6 m인 지오텍스타일 보강토 옹벽이 있다. 조립토 뒤채움재의 $\gamma_1 = 15.9\ \text{kN/m}^3$, $\phi_1' = 30°$이고, 지오텍스타일의 $T_{\text{all}} = 16\ \text{kN/m}$이다. 옹벽의 설계를 위하여 S_V, L, l_l을 결정하라. $\text{FS}_{(B)} = \text{FS}_{(P)} = 1.5$를 사용하라.

15.11 문제 15.10에서 결정된 S_V, L, l_l에 대하여 옹벽의 전반적인 안정성을 검토하라(즉, 전도, 활동, 지지력 파괴에 대한 안전율). 현장지반의 $\gamma_2 = 16.8\ \text{kN/m}^3$, $\phi_2' = 20°$, $c_2' = 55\ \text{kN/m}^2$ 이다.

참고문헌

Applied Technology Council (1978). "Tentative Provisions for the Development of Seismic Regulations for Buildings," *Publication ATC-3-06*.

Bell, J. R., Stilley, A. N., and Vandre, B. (1975). "Fabric Retaining Earth Walls," *Proceedings, Thirteenth Engineering Geology and Soils Engineering Symposium*, Moscow, ID, pp. 271–287.

Berg, R. R., Bonaparte, R., Anderson, R. P., and Chouery, V. E. (1986). "Design Construction and Performance of Two Tensar Geogrid Reinforced Walls," *Proceedings, Third International Conference on Geotextiles*, Vienna, pp. 401–406.

Binquet, J. and Lee, K. L. (1975). "Bearing Capacity Analysis of Reinforced Earth Slabs," *Journal of the Geotechnical Engineering Division*, American Society of Civil Engineers, Vol. 101, No. GT12, pp. 1257–1276.

Carroll, R., Jr. (1988). "Specifying Geogrids," *Geotechnical Fabric Report*, Industrial Fabric Association International, St. Paul, March/April.

Casagrande, L. (1973). "Comments on Conventional Design of Retaining Structure," *Journal of the Soil Mechanics and Foundations Division*, ASCE, Vol. 99, No. SM2, pp. 181–198.

Chu, S. C. (1991). "Rankine Analysis of Active and Passive Pressures on Dry Sand," *Soils and Foundations*, Vol. 31, No. 4, pp. 115–120.

Darbin, M. (1970). "Reinforced Earth for Construction of Freeways" (in French), *Revue Générale des Routes et Aérodromes*, No. 457, September.

Elman, M. T. and Terry, C. F. (1988). "Retaining Walls with Sloped Heel," *Journal of Geotechnical Engineering*, American Society of Civil Engineers, Vol. 114, No. GT10, pp. 1194–1199.

Koerner, R. B. (2005). *Design with Geosynthetics*, 5th. ed., Pearson Education, Upper Saddle River, NJ.

Laba, J. T. and Kennedy, J. B. (1986). "Reinforced Earth Retaining Wall Analysis and Design," *Canadian Geotechnical Journal*, Vol. 23, No. 3, pp. 317–326.

Lee, K. L., Adams, B. D., and Vagneron, J. J. (1973). "Reinforced Earth Retaining Walls," *Journal of the Soil Mechanics and Foundations Division*, American Society of Civil Engineers, Vol. 99, No. SM10, pp. 745–763.

Martin, J. P., Koerner, R. M., and Whitty, J. E. (1984). "Experimental Friction Evaluation of Slippage Between Geomembranes, Geotextiles, and Soils," *Proceedings, International Conference on Geomembranes*, Denver, pp. 191–196.

Richards, R. and Elms, D. G. (1979). "Seismic Behavior of Gravity Retaining Walls," *Journal of the Geotechnical Engineering Division*, American Society of Civil Engineers, Vol. 105, No. GT4, pp. 449–464.

Sarsby, R. W. (1985). "The Influence of Aperture Size/ Particle Size on the Efficiency of Grid Reinforcement," *Proceedings, 2nd Canadian Symposium on Geotextiles and Geomembranes*, Edmonton, pp. 7–12.

Schlosser, F. and Long, N. (1974). "Recent Results in French Research on Reinforced Earth," *Journal of the Construction Division*, American Society of Civil Engineers, Vol. 100, No. CO3, pp. 113–237.

Schlosser, F. and Vidal, H. (1969). "Reinforced Earth" (in French), *Bulletin de Liaison des Laboratoires Routier: Ponts et Chassées*, Paris, France, November, pp. 101–144.

Shukla, S. K. (2015). Personal communication.

Tensar Corporation (1986). Tensar Technical Note. No. TTN:RW1, August.

Terzaghi, K. (1943). *Theoretical Soil Mechanics*, John Wiley & Sons, New York.

Terzaghi, K. and Peck, R. B. (1967). *Soil Mechanics in Engineering Practice*, John Wiley & Sons, New York.

Transportation Research Board (1995). Transportation Research Circular No. 444, National Research Council, Washington, DC.

U.S. Navy (1982). *Soil Mechanics, Design Manual NAVFAC DM 7.1*, Department of the Navy, Naval Facilities Engineering Command, Alexandria, VA 22332.

Vidal, H. (1966). "La Terre Armée," *Annales de l'Institut Technique du Bâtiment et des Travaux Publiques*, France, July–August, pp. 888–938.

Chapter 16

널말뚝벽

Sheet-Pile Walls

학습목표 **16장을 학습하면 다음을 할 수 있다**

16.1 여러 종류의 구조물 시공 시 널말뚝의 사용범위를 기술함.

16.2 널말뚝벽의 시공법에 대해 학습함.

16.3 캔틸레버식 널말뚝벽에 발생되는 횡토압 분포도를 설명함.

16.4 사질토지반에 근입된 캔틸레버식 널말뚝벽 시공 시 근입깊이 결정에 대한 이론을 분석함.

16.5 사질토지반에 근입된 캔틸레버식 널말뚝벽의 특수한 경우에 대해 학습함.

16.6 점토 지반에 근입된 캔틸레버식 널말뚝벽 시공 시 근입깊이 결정에 대한 이론을 분석함.

16.7 점토 지반에 근입된 캔틸레버식 널말뚝벽의 특수한 경우에 대해 학습함.

16.8 앵커로 보강한 널말뚝벽의 필요성과 적용범위를 설명함.

16.9 사질토지반에 근입된 널말뚝벽의 자유단 지지법의 설계 이론을 분석함.

16.10 사질토지반에 근입 시 자유단 지지법의 설계 도표를 설명함.

16.11 사질토지반에 근입된 앵커로 보강한 널말뚝벽의 모멘트 감소법에 대한 과정을 평가함.

16.12 사질토지반에 근입된 경우에 계산토압분포도법을 적용함.

16.13 앵커로 보강한 널말뚝벽의 거동에 대한 이론값과 현장 계측값을 비교함.

16.14 점토 지반에 근입된 앵커로 보강한 널말뚝벽의 자유단 지지법 설계 과정을 평가함.

16.15 널말뚝벽 설계에 사용되는 여러 종류의 앵커를 설명함.

16.16 사질토지반에서 앵커판의 지지력을 산정함.

16.17 점토 지반($\phi = 0$)에서 앵커판의 지지력을 산정함.

16.18 널말뚝벽에 사용되는 타이백 앵커의 극한지지력에 대해 이해함.

16.1 개요

연결된 또는 반 연결된 널말뚝(sheet pile)은 소형 유람선의 정박시설에서 대형부두 시설까지 이르는 해안 접안 구조물의 연속벽을 시공하는 데 종종 사용되고 있다(그림 16.1). 다른 형태의 옹벽 시공과는 달리, 널말뚝벽의 시공은 현장에 존재하는 물을 제거할 필요가 없다. 또한 널말뚝은 버팀 굴착과 같은 임시 구조물을 축조하는 데 사용된다(제17장). 이 장에서는 널말뚝벽 설계의 원리에 대해서 기술하였다.

일반적으로 시공에 사용되는 널말뚝에는 여러 형태가 있는데 (a) 목재 널말뚝, (b) 기성 콘크리트 널말뚝, (c) 강재 널말뚝, 그리고 알루미늄 널말뚝 역시 시판되고 있다.

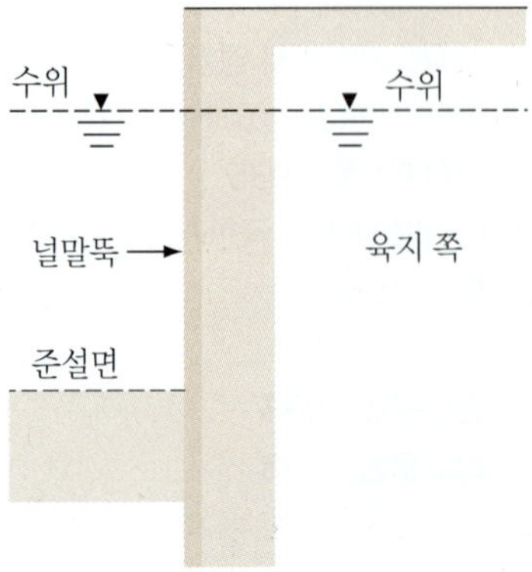

그림 16.1 해안가 널말뚝벽의 예

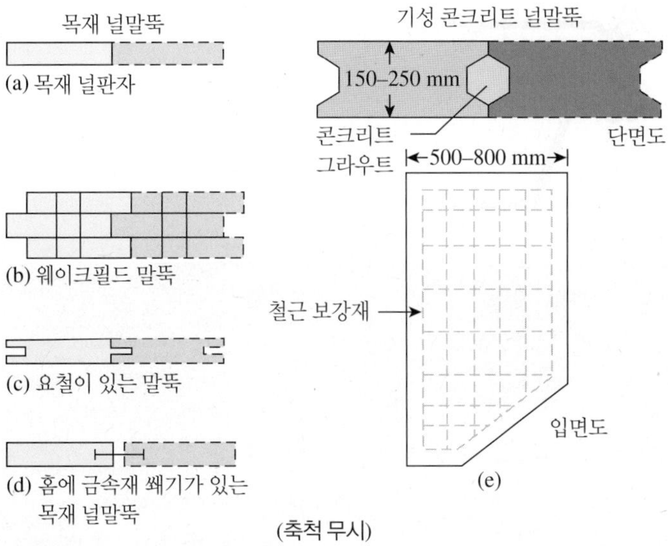

그림 16.2 여러 가지 형태의 목재 널말뚝과 콘크리트 널말뚝

목재 널말뚝은 지하수위 위에 있는 가벼운 일시적인 가설물에만 사용된다. 그리고 가장 일반적인 형태는 통상 많이 사용하는 보통 목재 널판자(plank)와 **웨이크필드**(wakefield)말뚝이다. 목재 널판자는 단면이 약 50 mm × 300 mm 정도이고, 모서리끼리 서로 맞붙여서 타입된다(그림 16.2a). 웨이크필드는 중앙의 널판자를 50~75 mm 정도 나오도록 하고 널판자 3개를 함께 못을 박아서 만든다(그림 16.2b). 또한 나무 널판자는 그림 16.2c와 같이 **요철**(tongue and groove)을 갖도록 제작될 수 있다. 그림 16.2d에서는 목재 널말뚝의 또 다른 형태를 보여주는데, 널말뚝이 지반에 설치된 후에 인접한 널말뚝의 이미 파여진 홈에 금속재 **쐐기**가 홈에 물리도록 하는 형태이다.

기성 콘크리트 널말뚝은 무거우며 철근 보강과 함께 설계 시공 후 구조물이 계속 받을 영구 응력에 저항할 수 있고, 시공 중에 발생되는 응력을 수용할 수 있도록 철근 보강과 함께 설계되어 있다. 이 널말뚝의 단면은 폭이 500~800 mm, 두께가 150~250 mm이다. 그림 16.2e는 철근 콘크리트 널말뚝의 개략적인 높이와 단면도이다.

미국에서 사용되고 있는 **강재 널말뚝**은 두께가 10~13 mm이고, 유럽제품의 단면은 더 얇고 넓다. 널말뚝의 단면의 형태는 *Z***형**, **깊은 아치형**, **낮은 아치형** 또는 **연속판** 단면형이 있다. 널말뚝 단면의 결속은 방수 연결을 위하여 **엄지–손가락형**(thumb-and-finger), **보올소켓형**(ball-and-socket)이 있다. 그림 16.3a에서는 연속판 단면을 이루기 위한 엄지–손가락형 결속을 나타내었다. *Z* 단면 말뚝에 대한 보올소켓형 결속형태가 그림 16.3b에 나타나 있다. 그림 16.3c는 공사현장에서 강재 널말뚝들의 적재 전경을 보여준다. 그림 16.4는 UAE 두바이 운하를 따라 시공된 강재 널말뚝 벽체를 보여주고 있다.

그림 16.5, 16.6, 16,7은 한국 송도신도시에 해안가 구조물, 수로, 개착식 버팀굴착에 각각 적용된 강재 널말뚝의 시공현장 전경들이다. 송도신도시는 인천 해안가를 따라 바다를 매립한 면적 53.4 km^{2}에 건설되었다.

표 16.1은 미국 미주리주 하젤우드에 위치한 Hammer & Steel 회사에서 생산되고 있

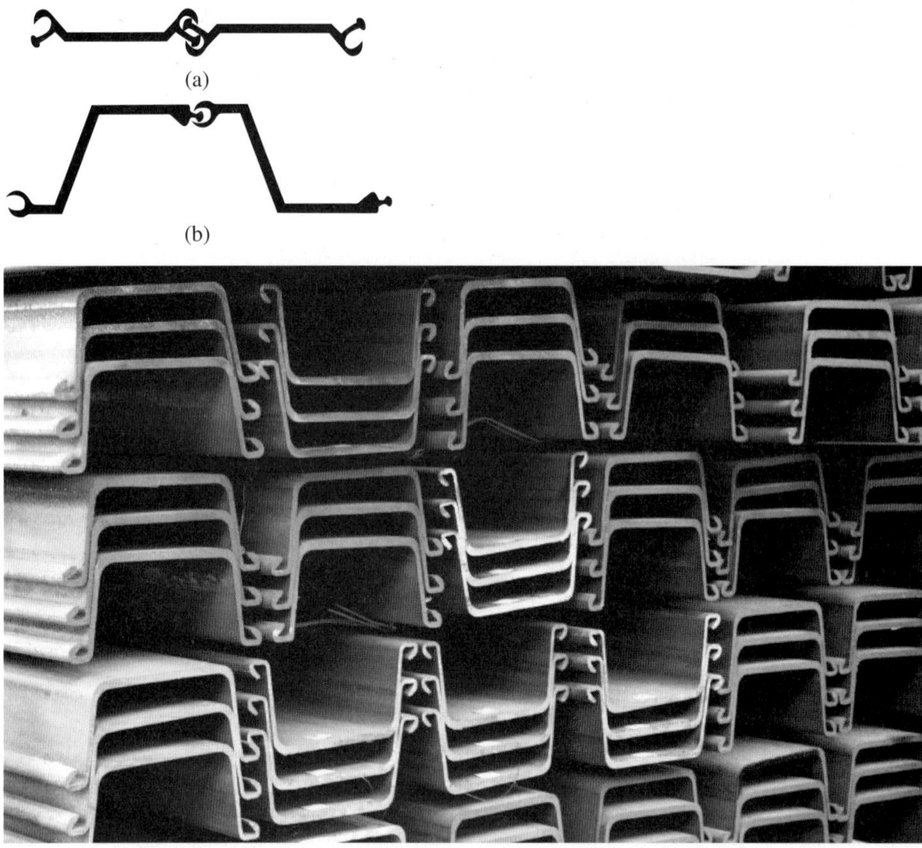

그림 16.3 (a) 엄지-손가락형 연결방식 널말뚝, (b) 보올-소켓형 연결방식 널말뚝, (c) 강재 널말뚝의 적재 전경(Courtesy of E. C. Shin, Incheon National University, Korea)

는 강재 널말뚝의 제원이 기술되어 있다. 강재 널말뚝의 허용응력은 항복강도의 약 65%(지진하중에 대해서는 87%)로 사용한다. 강재의 기본등급은 ASTM A-328에 최소 항복강도를 265.5 MN/m^{2}로 규정하고 있다. ASTM A-572는 고강도 단면으로 최소 항복강도를 344.8 MN/m^{2}로 규정하고 있다. ASTM A-690은 부식 방지등급(해양에 적용)을 위해서 개발된 규정으로 최소 항복강도는 344.8 MN/m^{2}이다.

ASTM A-328, ASTM A-572, 그리고 ASTM A-690에 대한 허용응력은 다음과 같다.

강재의 종류	허용응력
ASTM A-328	170 MN/m^2
ASTM A-572	225 MN/m^2
ASTM A-690	225 MN/m^2

강재 널말뚝은 단단한 지반에 타입될 때 발생되는 높은 타입응력에 대해 저항할 수 있기 때문에 사용하기 편리하다. 강재 널말뚝은 때때로 진동해머, 디젤충격 해머 또는 유압잭을 사용하여 설치한다. 때로는 단단한 층의 관입을 위해서 워터제트(water jetting)나 선굴착

그림 16.4 UAE 두바이 운하에 시공된 강재 널말뚝벽 전경(Courtesy of M. Omar, University of Sharjah, UAE)

(preboring) 방법을 사용한다. 강재 널말뚝은 무게가 가볍고 재사용이 가능하다.

16.2 널말뚝벽의 시공법

널말뚝벽은 두 가지 기본 형태, 즉 (a) 캔틸레버식 널말뚝, (b) 앵커식 널말뚝으로 나눈다.

널말뚝벽을 시공할 때 널말뚝을 타입한 후에 육상 쪽에 뒤채움을 하거나, 널말뚝을 타입한 후에 널말뚝 앞부분을 준설하는 방법이 있다. 어떤 경우든지, 널말뚝 뒤에 뒤채움을 하는 흙은 통상 배수가 원활한 조립토이다. 준설면 아래의 흙은 사질토 또는 점성토이다. 물이 차 있는 쪽(해상 쪽)의 흙 표면을 **갯벌면**(mudline) 또는 **준설면**(dreged line)이라고 부른다.

따라서 일반적인 시공방법은 두 가지로 분류된다(Tsinker, 1983).

1. 뒤채움식 시공방법

2. 준설식 시공방법

그림 16.5 한국 송도신도시에 해안가 구조물 시공현장에 적용된 강재 널말뚝(Courtesy of E. C. Shin, Incheon National University, Korea)

그림 16.6 한국 송도신도시에 수로건설현장에 사용된 강재 널말뚝(Courtesy of E. C. Shin, Incheon National University, Korea)

그림 16.7 한국 송도신도시에 개착식 버팀굴착 건설현장에 사용된 강재 널말뚝(Courtesy of E. C. Shin, Incheon National University, Korea)

표 16.1 일부 상용되는 강재 널말뚝 단면의 제원(출처: Adapted after Hammer and Steel, Inc., Hazelwood, Missouri, USA)

단면기호	H mm	L mm	f mm	w mm	단면계수 m^3/m	관성모멘트 m^4/m
PZC-12	318.0	708.2	8.51	8.51	120.42×10^{-5}	192.06×10^{-6}
PZC-13	319.0	708.2	9.53	9.53	130.1×10^{-5}	207.63×10^{-6}
PZC-14	320.0	708.2	10.67	10.67	139.78×10^{-5}	225.12×10^{-6}
PZC-17	386.3	635.0	8.51	8.51	166.67×10^{-5}	322.38×10^{-6}
PZC-18	387.4	635.0	9.53	9.53	180.1×10^{-5}	349.01×10^{-6}
PZC-19	388.6	635.0	10.67	10.67	194.07×10^{-5}	377.97×10^{-6}
PZC-26	449.6	708.2	15.24	13.34	260.2×10^{-5}	584.78×10^{-6}
PZ-22	235.0	558.8	9.53	9.53	98.92×10^{-5}	116.2×10^{-6}
PZ-27	307.3	457.2	9.53	9.53	166.66×10^{-5}	255.9×10^{-6}
PZ-35	383.5	575.1	15.37	12.7	262.9×10^{-5}	504.6×10^{-6}
PZ-40	416.6	499.1	15.24	12.7	329.5×10^{-5}	686.7×10^{-6}
PS-27.5	—	500	—	10.16	10.21×10^{-5}	4.1×10^{-6}
PS-31	—	500	—	12.7	10.21×10^{-5}	4.1×10^{-6}

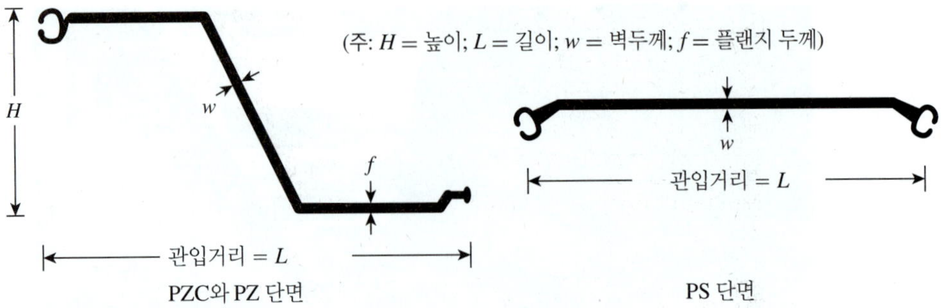

뒤채움식 시공방법은 다음과 같은 순서에 의하여 시공한다(그림 16.8).

1단계. 시공할 구조물의 앞과 뒷부분에 있는 현장 흙을 준설한다.

2단계. 널말뚝을 타입한다.

3단계. 앵커위치까지 뒤채움을 하고 앵커를 장착한다.

4단계. 널말뚝의 상단까지 뒤채움을 한다.

캔틸레버식 널말뚝벽에 대해서는 1, 3, 4단계만을 적용한다. 준설식 시공방법은 다음과 같다(그림 16.9).

1단계. 널말뚝을 타입한다.

2단계. 앵커위치까지 뒤채움하고 앵커를 장착한다.

3단계. 널말뚝의 상단까지 뒤채움한다.

4단계. 널말뚝의 앞부분을 준설한다.

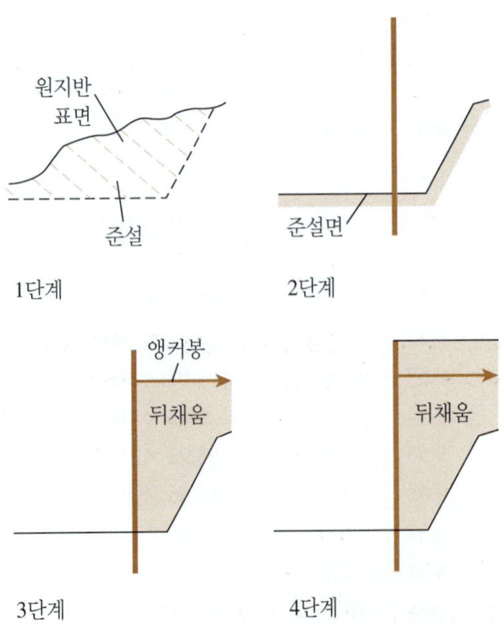

그림 16.8 뒤채움식 널말뚝벽의 시공순서

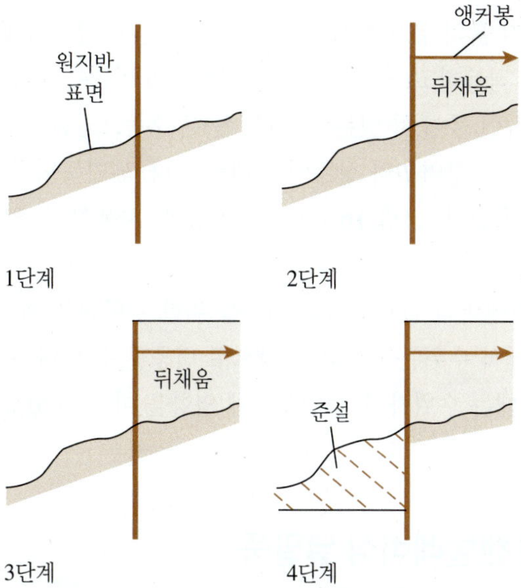

그림 16.9 준설구조물로서 널말뚝벽의 시공순서

캔틸레버식 널말뚝벽에서는 2단계가 필요치 않다.

16.3 캔틸레버식 널말뚝벽

캔틸레버식 널말뚝벽의 적절한 높이는 준설면 위로 약 6 m 이하가 통용되고 있다. 이와 같은 경우의 널말뚝은 준설면 위의 넓은 연직 캔틸레버 보와 같이 거동한다. 캔틸레버식 널말뚝벽에 작용하는 순 횡토압분포의 기본원리는 그림 16.10을 참고로 설명할 수 있다. 이 그림은 준설면 아래 사질토층에 근입된 캔틸레버식 널말뚝벽의 횡방향 변위 특성을 나타낸

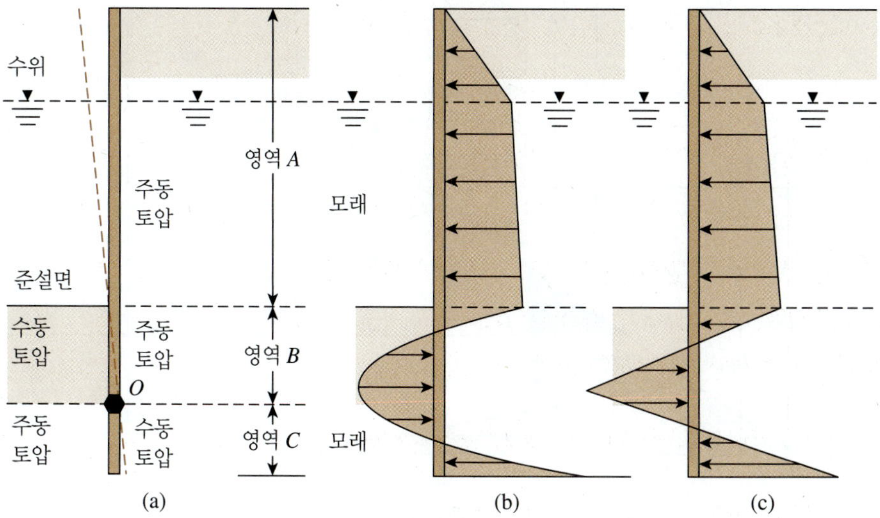

그림 16.10 사질토에 근입된 캔틸레버식 널말뚝벽

다. 널말뚝은 점 O를 중심으로 회전하고(그림 16.10a), 널말뚝의 양면에서의 수압은 같기 때문에 서로 상쇄되어서, 단지 흙의 유효 횡토압을 고려하면 된다. 영역 A에서는 횡토압은 육상 쪽으로부터 주동토압만 작용하고, 영역 B에서는 널말뚝의 변위특성 때문에 육상 쪽에서는 주동토압을 받고, 반대쪽인 물이 차 있는 쪽(해상 쪽)은 수동토압을 받는다. 점 O를 중심으로 회전한 아래쪽 영역 C는 영역 B와 상황이 반대로 된다. 널말뚝벽에 작용하는 실제 순 토압분포는 그림 16.10b와 같다. 그림 16.10c는 설계할 때 사용할 수 있도록 단순화한 토압분포도를 나타낸 것이다.

16.4~16.7절에서는 캔틸레버식 널말뚝벽의 해석을 위한 수학식을 제시하고 있다. 그리고 종종 해안 접안구조물에서 수위는 조수의 영향으로 변동할 수 있다는 점을 주시해야 한다. 따라서 수위를 결정할 때는 수위가 순 토압분포에 영향을 미칠 수 있으므로 주의해야 한다.

16.4 사질토지반에 근입된 캔틸레버식 널말뚝

사질토에 근입된 널말뚝의 적절한 근입깊이를 결정하는 식을 그림 16.11a를 참고하여 유도해보기로 한다. 준설면 위에서 널말뚝에 의하여 지지된 흙은 모래이다. 지하수위는 널말뚝의 상단으로부터 깊이 L_1에 있다. 모래의 내부마찰각을 ϕ'라 하자. $z = L_1$일 때, 주동토압의 크기는

$$\sigma'_1 = \gamma L_1 K_a \tag{16.1}$$

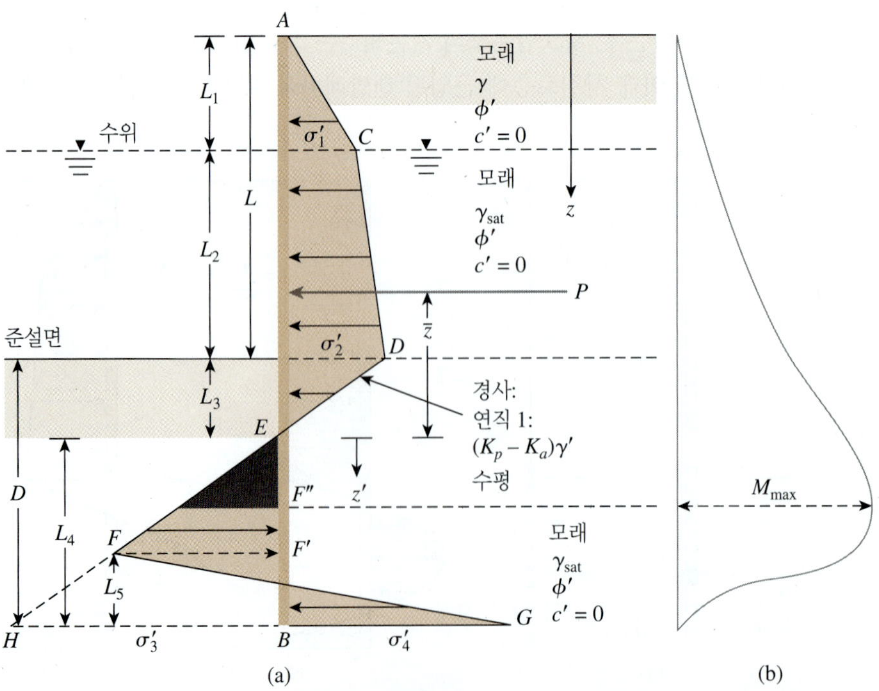

그림 16.11 사질토에 근입된 캔틸레버식 널말뚝벽: (a) 순 토압의 분포도, (b) 휨모멘트의 분포도

여기서

K_a = Rankine의 주동토압계수 = $\tan^2(45 - \phi'/2)$

γ = 수위 상부에 위치한 흙의 단위중량

유사한 방법으로, 심도 $z = L_1 + L_2$(즉 준설면)에서의 주동토압은

$$\sigma_2' = (\gamma L_1 + \gamma' L_2)K_a \tag{16.2}$$

여기서 γ' = 흙의 유효단위중량 = $\gamma_{sat} - \gamma_w$.

단, 준설면 위치에서 널말뚝 벽체 양쪽의 수압은 크기가 같으므로 서로 상쇄된다.

준설면 아래에서 그림 16.10a의 회전점 O까지 순 횡토압을 결정하기 위해 옹벽의 좌측(물이 차 있는 쪽)에서 우측(육지 쪽)으로 작용하는 수동토압과 옹벽의 우측에서 좌측으로 작용하는 주동토압을 고려해야 한다. 이 경우 널말뚝 양쪽에 작용하는 수압을 무시한다면, 깊이 z에서의 주동토압은 다음과 같다.

$$\sigma_a' = [\gamma L_1 + \gamma' L_2 + \gamma'(z - L_1 - L_2)]K_a \tag{16.3}$$

또한 깊이 z에서의 수동토압은 다음과 같다.

$$\sigma_p' = \gamma'(z - L_1 - L_2)K_p \tag{16.4}$$

여기서 K_p = Rankine 수동토압계수 = $\tan^2(45 + \phi'/2)$. 깊이 z는 지표면에서 측정한 것이다(그림 16.11 참조).

따라서, 식 (16.3)과 (16.4)를 조합하면 순 횡토압은 다음과 같이 표현된다.

$$\begin{aligned}\sigma' &= \sigma_a' - \sigma_p' = (\gamma L_1 + \gamma' L_2)K_a - \gamma'(z - L_1 - L_2)(K_p - K_a)\\ &= \sigma_2' - \gamma'(z - L)(K_p - K_a)\end{aligned} \tag{16.5}$$

여기서 $L = L_1 + L_2$

순 토압 σ'은 준설면 아래 깊이 L_3에서 0이 된다. 즉,

$$\sigma_2' - \gamma'(z - L)(K_p - K_a) = 0$$

또는

$$(z - L) = L_3 = \frac{\sigma_2'}{\gamma'(K_p - K_a)} \tag{16.6}$$

식 (16.6)으로부터 순 토압분포의 직선 DEF의 경사는 연직 : 수평 = 1 : $(K_p - K_a)\gamma'$이라는 것을 알 수 있다. 따라서, 토압분포도로부터

$$\overline{HB} = \sigma_3' = L_4(K_p - K_a)\gamma' \tag{16.7}$$

널말뚝의 하단에서 수동토압 σ_p'는 널말뚝의 우측에서 좌측으로 작용하고, 주동토압은 좌측에서 우측으로 작용한다. 그래서 $z = L + D$에서는 다음과 같다.

$$\sigma_p' = (\gamma L_1 + \gamma' L_2 + \gamma' D)K_p \tag{16.8}$$

같은 깊이에서

$$\sigma_a' = \gamma' D K_a \tag{16.9}$$

따라서, 널말뚝 하단에서 순 횡토압은 다음과 같다.

$$\begin{aligned}\sigma_p' - \sigma_a' = \sigma_4' &= (\gamma L_1 + \gamma' L_2)K_p + \gamma' D(K_p - K_a) \\ &= (\gamma L_1 + \gamma' L_2)K_p + \gamma' L_3(K_p - K_a) + \gamma' L_4(K_p - K_a) \\ &= \sigma_5' + \gamma' L_4(K_p - K_a)\end{aligned} \tag{16.10}$$

여기서

$$\sigma_5' = (\gamma L_1 + \gamma' L_2)K_p + \gamma' L_3(K_p - K_a) \tag{16.11}$$

$$D = L_3 + L_4 \tag{16.12}$$

널말뚝의 안정조건을 만족시키기 위하여, 정역학의 원리를 적용하면

$$\Sigma\text{옹벽의 단위길이당 수평력} = 0$$

그리고

$$\Sigma\text{점 }B\text{에 대한 옹벽의 단위길이당 힘의 모멘트} = 0$$

그림 16.11에 나타난 순 횡토압의 분포도를 살펴보면, 2개의 알려지지 않은 수치가 있다, 즉 L_4와 L_5이다. 이 값들은 평형방정식으로부터 구할 수 있다. 면적 *HBGF*가 양쪽에 포함되어 있어서 계산은 더 쉽게 할 수 있다.

수평력의 합에 대하여 다음과 같은 관계를 갖고 있다.

$$\text{토압분포도의 면적 } ACDE - EFHB\text{의 면적} + FHBG\text{의 면적} = 0$$

또는

$$P - \frac{1}{2}\sigma_3' L_4 + \frac{1}{2}L_5(\sigma_3' + \sigma_4') = 0 \tag{16.13}$$

여기서 P는 토압분포도 *ACDE*의 면적이다. 점 B에 관해서 모든 힘의 모멘트 합은 다음과 같다.

$$P(L_4 + \bar{z}) - \left(\frac{1}{2}L_4\sigma_3'\right)\left(\frac{L_4}{3}\right) + \frac{1}{2}L_5(\sigma_3' + \sigma_4')\left(\frac{L_5}{3}\right) = 0 \tag{16.14}$$

식 (16.13)으로부터

$$L_5 = \frac{\sigma_3' L_4 - 2P}{\sigma_3' + \sigma_4'} \tag{16.15}$$

식 (16.7), (16.10), (16.14), (16.15)를 조합하고, 간단하게 정리하면 L_4에 관한 4차방정식을 얻을 수 있다.

$$L_4^4 + A_1 L_4^3 - A_2 L_4^2 - A_3 L_4 - A_4 = 0 \tag{16.16}$$

이 식에서,

$$A_1 = \frac{\sigma_5'}{\gamma'(K_p - K_a)} \tag{16.17}$$

$$A_2 = \frac{8P}{\gamma'(K_p - K_a)} \tag{16.18}$$

$$A_3 = \frac{6P[2\bar{z}\gamma'(K_p - K_a) + \sigma_5']}{\gamma'^2(K_p - K_a)^2} \tag{16.19}$$

$$A_4 = \frac{P(6\bar{z}\sigma_5' + 4P)}{\gamma'^2(K_p - K_a)^2} \tag{16.20}$$

토압분포도를 구하기 위한 단계별 과정

앞에서 기술한 이론에 입각하여, 사질토에 근입된 캔틸레버식 널말뚝벽의 토압분포도를 구하는 단계별 방법은 다음과 같다.

1단계. K_a와 K_p를 계산한다.

2단계. 식 (16.1)과 식 (16.2)를 이용하여 σ_1'와 σ_2'의 값을 구한다. (주: L_1과 L_2의 값은 주어진다.)

3단계. L_3는 식 (16.6)을 이용하여 구한다.

4단계. P를 계산한다.

5단계. 점 E를 중심으로 모멘트를 취함으로써 $\bar{z}$ (즉, $ACDE$ 면적에 해당하는 토압의 중심)를 구한다.

6단계. σ_5'는 식 (16.11)을 이용하여 구한다.

7단계. A_1, A_2, A_3, A_4는 식 (16.17)~(16.20)을 이용하여 구한다.

8단계. 시행착오법으로 식 (16.16)을 풀어서 L_4를 구한다.

9단계. σ_4'는 식 (16.10)을 이용하여 구한다.

10단계. σ_3'는 식 (16.7)을 이용하여 구한다.

11단계. 식 (16.15)를 이용하여 L_5를 구한다.

12단계. 이상의 결과로서 그림 16.11a와 같은 토압분포도를 그린다.

13단계. 이론상 근입깊이 $L_3 + L_4$를 식 (16.12)를 이용하여 구한다. 그리고 실제의 근입깊이는 이 길이에 약 20~30% 증가시켜서 결정한다.

단, 몇몇 설계자들은 초기단계에서 수동토압계수에 안전율을 사용하는 것을 선호한다. 이런 경우에, 단계 1에서

$$K_{p(\text{design})} = \frac{K_p}{\text{FS}}$$

여기서 FS =안전율(보통 1.5~2)

이 유형의 해석을 할 경우에는 $K_a = \tan^2(45 - \phi'/2)$과 K_p 대신 $K_{p(\text{design})}$의 값을 단계 1~12까지 적용한다. 실제 근입깊이는 3단계에서 구한 L_3와 8단계에서 얻어진 L_4를 합산함으로써 구할 수 있다.

최대 휨모멘트 계산

캔틸레버식 널말뚝의 모멘트도의 변화특성은 그림 16.11b에 도시된 것과 같다. 최대 모멘트는 점 E와 F' 사이에서 발생한다. 널말뚝벽의 단위길이당 최대 모멘트($M_{\max}$)를 계산하기 위해서는 전단력이 0이 되는 위치를 찾는다. 점 E를 원점으로 하는 전단력이 0인 새로운 축 z'을 적용하면, 다음과 같은 관계가 성립한다.

$$P = \frac{1}{2}(z')^2(K_p - K_a)\gamma'$$

또는

$$z' = \sqrt{\frac{2P}{(K_p - K_a)\gamma'}} \tag{16.21}$$

일단 전단력이 0인 위치가 결정되면(그림 16.11a의 점 F''), 최대 모멘트의 크기는 다음과 같이 구할 수 있다.

$$M_{\max} = P(\bar{z} + z') - \left[\frac{1}{2}\gamma' z'^2(K_p - K_a)\right]\left(\frac{1}{3}\right)z' \tag{16.22}$$

그리고 필요한 널말뚝 단면의 제원은 널말뚝 재료의 허용 휨응력에 따라서 결정되는데, 다음과 같다.

$$S = \frac{M_{\max}}{\sigma_{\text{all}}} \tag{16.23}$$

여기서

S = 구조물의 단위길이당 필요한 널말뚝의 단면계수

σ_{all} = 널말뚝의 허용 휨응력

필요한 널말뚝은 일반적으로 널말뚝 안내책자(표 16.1 참조)에 제공된 단면계수에 근거하여 선택할 수 있다.

표 16.2와 16.3에는 $\gamma/\gamma' = 0.5$인 경우에 ϕ'과 L에 따른 D와 $M_{\max}$의 무차원 값을 수록하였다.

표 16.2 ϕ'와 L_1/L에 따른 D/L의 변화값 ($\gamma' = 0.5\gamma$일 때)

흙의 마찰각, ϕ' (°)	D/L					
	$L_1/L = 0.0$	$L_1/L = 0.2$	$L_1/L = 0.4$	$L_1/L = 0.6$	$L_1/L = 0.8$	$L_1/L = 1.0$
26	1.25	1.46	1.61	1.74	1.84	1.92
27	1.18	1.38	1.52	1.64	1.73	1.80
28	1.12	1.30	1.44	1.54	1.63	1.69
29	1.06	1.23	1.36	1.46	1.53	1.59
30	1.00	1.17	1.29	1.38	1.45	1.50
31	0.95	1.11	1.22	1.30	1.37	1.41
32	0.91	1.05	1.16	1.24	1.29	1.34
33	0.86	1.00	1.10	1.17	1.22	1.26
34	0.82	0.95	1.04	1.11	1.16	1.19
35	0.78	0.90	0.99	1.05	1.10	1.13
36	0.74	0.86	0.94	1.00	1.04	1.07
37	0.71	0.82	0.89	0.95	0.98	1.01
38	0.67	0.78	0.85	0.90	0.93	0.96
39	0.64	0.74	0.81	0.85	0.89	0.91
40	0.61	0.71	0.77	0.81	0.84	0.86
41	0.58	0.67	0.73	0.77	0.80	0.81
42	0.55	0.64	0.70	0.73	0.76	0.77
43	0.53	0.61	0.66	0.70	0.72	0.73
44	0.50	0.58	0.63	0.66	0.68	0.69
45	0.48	0.55	0.60	0.63	0.65	0.66

주: γ = 수위 상부에 있는 흙의 단위중량
γ' = 수위 하부에 있는 흙의 유효단위중량
(출처: Z.Luo, 2021에 근거함—개인 면담)

예제 16.1

그림 16.12는 사질토에 근입된 캔틸레버식 널말뚝벽이다. 여기서, $L_1 = 2$ m, $L_2 = 3$ m, $\gamma = 15.9$ kN/m^3, $\gamma_{sat} = 19.33$ kN/m^3, $\phi' = 32°$.

a. 이론적인 근입깊이 D를 구하라.

b. D가 30% 증가하면, 널말뚝벽의 총 길이는 얼마인가?

c. 널말뚝의 최소 단면계수를 구하라. $\sigma_{all} = 172$ MN/m^{2}를 사용하여, 표 16.1로부터 적정한 단면기호를 선택하라.

표 16.3 ϕ'와 L_1/L에 따른 $M_{max}/\gamma' K_a L^3$의 변화값 ($\gamma' = 0.5\gamma$일 때)

흙의 마찰각,	$M_{max}/\gamma' K_a L^3$					
ϕ' (°)	$L_1/L = 0.0$	$L_1/L = 0.2$	$L_1/L = 0.4$	$L_1/L = 0.6$	$L_1/L = 0.8$	$L_1/L = 1.0$
26	0.449	0.705	0.931	1.125	1.285	1.413
27	0.427	0.670	0.882	1.060	1.205	1.318
28	0.408	0.639	0.837	1.002	1.134	1.234
29	0.391	0.610	0.797	0.949	1.069	1.158
30	0.375	0.584	0.760	0.902	1.012	1.091
31	0.361	0.561	0.727	0.859	0.959	1.030
32	0.347	0.539	0.697	0.820	0.912	0.975
33	0.335	0.519	0.669	0.784	0.869	0.926
34	0.324	0.501	0.643	0.752	0.830	0.881
35	0.314	0.484	0.620	0.722	0.794	0.840
36	0.304	0.469	0.598	0.694	0.761	0.802
37	0.295	0.454	0.578	0.669	0.731	0.768
38	0.287	0.441	0.560	0.646	0.703	0.737
39	0.279	0.429	0.543	0.624	0.677	0.708
40	0.272	0.417	0.527	0.604	0.654	0.681
41	0.265	0.406	0.512	0.585	0.632	0.657
42	0.259	0.396	0.498	0.568	0.611	0.634
43	0.253	0.387	0.485	0.552	0.593	0.613
44	0.248	0.378	0.473	0.537	0.575	0.594
45	0.243	0.370	0.462	0.523	0.559	0.576

주: γ = 수위 상부에 있는 흙의 단위 중량
γ' = 수위 하부에 있는 흙의 유효단위 중량
(출처: Z.Luo, 2021에 근거함.—개인 면담)

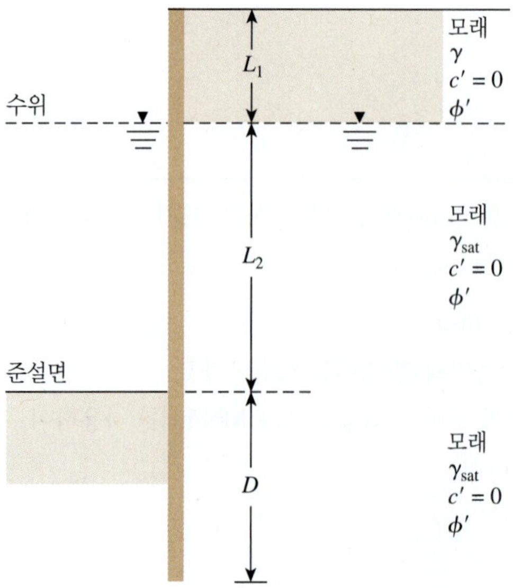

그림 16.12 캔틸레버식 널말뚝벽

풀이

Part a

그림 16.11a의 토압분포도를 이용하여, 단계별로 계산한 표는 다음과 같다.

구하는 값의 기호	식 번호	식과 계산결과
K_a	—	$\tan^2\left(45 - \frac{\phi'}{2}\right) = \tan^2\left(45 - \frac{32}{2}\right) = 0.307$
K_p	—	$\tan^2\left(45 + \frac{\phi'}{2}\right) = \tan^2\left(45 + \frac{32}{2}\right) = 3.25$
σ_1'	16.1	$\gamma L_1 K_a = (15.9)(2)(0.307) = 9.763\ \text{kN/m}^2$
σ_2'	16.2	$(\gamma L_1 + \gamma' L_2)K_a = [(15.9)(2) + (19.33 - 9.81)(3)](0.307) = 18.53\ \text{kN/m}^2$
L_3	16.6	$\frac{\sigma_2'}{\gamma'(K_p - K_a)} = \frac{18.53}{(19.33 - 9.81)(3.25 - 0.307)} = 0.66\ \text{m}$
P	—	$\frac{1}{2}\sigma_1' L_1 + \sigma_1' L_2 + \frac{1}{2}(\sigma_2' - \sigma_1')L_2 + \frac{1}{2}\sigma_2' L_3$ $= \left(\frac{1}{2}\right)(9.763)(2) + (9.763)(3) + \left(\frac{1}{2}\right)(18.53 - 9.763)(3) + \left(\frac{1}{2}\right)(18.53)(0.66)$ $= 9.763 + 29.289 + 13.151 + 6.115 = 58.32\ \text{kN/m}$
$\bar{z}$	—	$\frac{\Sigma M_E}{P} = \frac{1}{58.32}\left[9.763\left(0.66 + 3 + \frac{2}{3}\right) + 29.289\left(0.66 + \frac{3}{2}\right) + 13.151\left(0.66 + \frac{3}{3}\right) + 6.115\left(0.66 \times \frac{2}{3}\right)\right] = 2.23\ \text{m}$
σ_5'	16.11	$(\gamma L_1 + \gamma' L_2)K_p + \gamma' L_3(K_p - K_a) = [(15.9)(2) + (19.33 - 9.81)(3)](3.25) + (19.33 - 9.81)(0.66)(3.25 - 0.307) = 214.66\ \text{kN/m}^2$
A_1	16.17	$\frac{\sigma_5'}{\gamma'(K_p - K_a)} = \frac{214.66}{(19.33 - 9.81)(3.25 - 0.307)} = 7.66\ \text{m}$
A_2	16.18	$\frac{8P}{\gamma'(K_p - K_a)} = \frac{(8)(58.32)}{(19.33 - 9.81)(3.25 - 0.307)} = 16.65\ \text{m}^2$
A_3	16.19	$\frac{6P[2\bar{z}\gamma'(K_p - K_a) + \sigma_5']}{\gamma'^2(K_p - K_a)^2}$ $= \frac{(6)(58.32)[(2)(2.23)(19.33 - 9.81)(3.25 - 0.307) + 214.66]}{(19.33 - 9.81)^2(3.25 - 0.307)^2}$ $= 151.93\ \text{m}^3$
A_4	16.20	$\frac{P(6\bar{z}\sigma_5' + 4P)}{\gamma'^2(K_p - K_a)^2} = \frac{58.32[(6)(2.23)(214.66) + (4)(58.32)]}{(19.33 - 9.81)^2(3.25 - 0.307)^2}$ $= 230.72\ \text{m}^4$
L_4	16.16	$L_4^4 + A_1 L_4^3 - A_2 L_4^2 - A_3 L_4 - A_4 = 0$ $L_4^4 + 7.66L_4^3 - 16.65L_4^2 - 151.93L_4 - 230.72 = 0;\ L_4 \approx 4.8\ \text{m}$

그러므로

$$D_{\text{theory}} = L_3 + L_4 = 0.66 + 4.8 = \mathbf{5.46\ m}$$

Part b

널말뚝벽의 총 길이는 다음과 같다.

$$L_1 + L_2 + 1.3(L_3 + L_4) = 2 + 3 + 1.3(5.46) = \mathbf{12.1\ m}$$

Part c

최종적으로, 다음과 같은 표를 만들 수 있다.

구하는 값의 기호	식 번호	식과 계산결과
z'	16.21	$\sqrt{\dfrac{2P}{(K_p - K_a)\gamma'}} = \sqrt{\dfrac{(2)(58.32)}{(3.25 - 0.307)(19.33 - 9.81)}} = 2.04\ \text{m}$
$M_{\max}$	16.22	$P(\bar{z} + z') - \left[\dfrac{1}{2}\gamma' z'^2 (K_p - K_a)\right]\dfrac{z'}{3} = (58.32)(2.23 + 2.04) -$ $\left[\left(\dfrac{1}{2}\right)(19.33 - 9.81)(2.04)^2(3.25 - 0.307)\right]\dfrac{2.04}{3}$ $= 209.39\ \text{kN} \cdot \text{m/m}$
S	16.29	$\dfrac{M_{\max}}{\sigma_{\text{all}}} = \dfrac{209.39\ \text{kN} \cdot \text{m}}{172 \times 10^3\ \text{kN/m}^2} = \mathbf{1.217 \times 10^{-3}\ m^3/m\ of\ wall}$
표 16.1로부터, 적정한 단면기호 PS-31를 선택한다.		

■

예제 16.2

캔틸레버식 널말뚝벽의 설계조건은 다음과 같다.

$$L_1 = 1.5\ \text{m}$$
$$L_2 = 6\ \text{m}$$
$$\gamma = 18.08\ \text{kN/m}^3$$
$$\gamma_{\text{sat}} = 19.24\ \text{kN/m}^3$$
$$\phi' = 36°$$

표 16.2와 16.3을 이용하여, 이론적인 근입깊이 D_{theory}와 $M_{\max}$를 구하라.

풀이

$$L = L_1 + L_2 = 1.5 + 6 = 7.5\ \text{m}$$
$$\frac{L_1}{L} = \frac{1.5}{7.5} = 0.2$$
$$\gamma_{\text{sat}} = 19.24\ \text{kN/m}^3$$
$$\gamma' = 19.24 - 9.81 = 9.43\ \text{kN/m}^3$$
$$\frac{\gamma'}{\gamma} = \frac{9.43}{18.08} = 0.52 \qquad (\text{약} \approx 0.5)$$

$\phi' = 36°$와 $L_1/L = 0.2$일 때, 표 16.2로부터 $D/L = 0.86$. 따라서,

$$D_{\text{theory}} = (0.86)(L) = (0.86)(7.5) = \mathbf{6.45\ m}$$

다시 표 16.3으로부터,

$$\frac{M_{\max}}{\gamma' k_a L^3} = 0.469$$

따라서,

$$M_{\max} = (0.469)(9.43)[\tan^2(45 - 18)](7.5^3) = \mathbf{484.4\ kN \cdot m/m}$$

■

16.5 사질토지반에 근입된 캔틸레버식 널말뚝벽의 특수한 경우

수위가 없는 사질토지반의 널말뚝벽

수위가 없을 경우의 캔틸레버식 널말뚝벽의 순 토압분포는 그림 16.11의 수정된 형태로 그림 16.13과 같다. 이 경우에는

$$\sigma'_2 = \gamma L K_a \tag{16.24}$$

$$\sigma'_3 = L_4(K_p - K_a)\gamma \tag{16.25}$$

$$\sigma'_4 = \sigma'_5 + \gamma L_4(K_p - K_a) \tag{16.26}$$

$$\sigma'_5 = \gamma L K_p + \gamma L_3(K_p - K_a) \tag{16.27}$$

$$L_3 = \frac{\sigma'_2}{\gamma(K_p - K_a)} = \frac{LK_a}{(K_p - K_a)} \tag{16.28}$$

$$P = \frac{1}{2}\sigma'_2 L + \frac{1}{2}\sigma'_2 L_3 \tag{16.29}$$

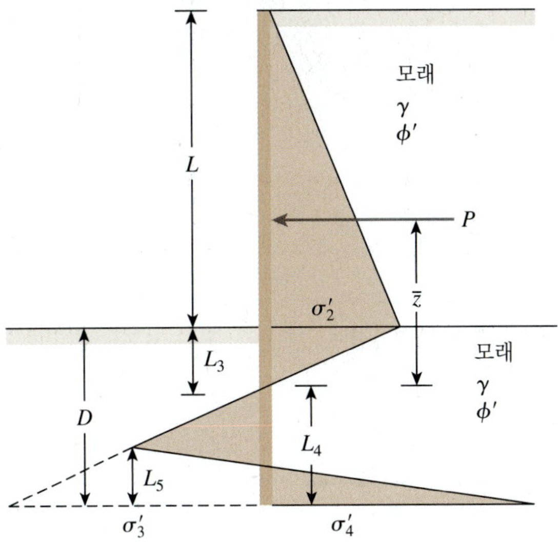

그림 16.13 수위가 없는 사질토에 관입된 널말뚝벽

$$\bar{z} \approx L_3 + \frac{L}{3} = \frac{LK_a}{K_p - K_a} + \frac{L}{3} = \frac{L(2K_a + K_p)}{3(K_p - K_a)} \tag{16.30}$$

식 (16.16)을 다른 형태로 바꾸면

$$L_4^4 + A_1'L_4^3 - A_2'L_4^2 - A_3'L_4 - A_4' = 0 \tag{16.31}$$

여기서

$$A_1' = \frac{\sigma_5'}{\gamma(K_p - K_a)} \tag{16.32}$$

$$A_2' = \frac{8P}{\gamma(K_p - K_a)} \tag{16.33}$$

$$A_3' = \frac{6P[2\bar{z}\gamma(K_p - K_a) + \sigma_5']}{\gamma^2(K_p - K_a)^2} \tag{16.34}$$

$$A_4' = \frac{P(6\bar{z}\sigma_5' + 4P)}{\gamma^2(K_p - K_a)^2} \tag{16.35}$$

식 (16.16)과 (16.31)은 같은 형태의 식으로 보인다. 식 (16.17)부터 (16.20)에 있는 흙의 유효단위중량을 일반 단위중량으로 대치하면 식 (16.32)부터 (16.35)와 같이 변환된다.

자유 캔틸레버식 널말뚝벽

그림 16.14에서는 사질토에 근입된 자유 캔틸레버식 널말뚝벽과 널말뚝벽의 단위길이당 선하중 P를 보여주고 있다. 이 경우에는

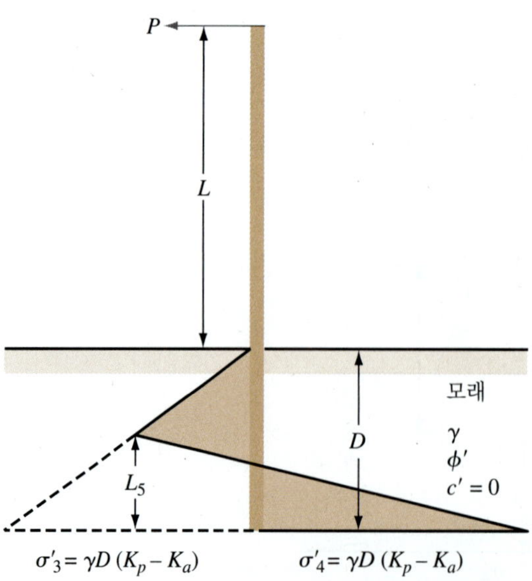

그림 16.14 모래층에 관입된 자유 캔틸레버식 널말뚝벽

$$D^4 - \left[\frac{8P}{\gamma(K_p - K_a)}\right]D^2 - \left[\frac{12PL}{\gamma(K_p - K_a)}\right]D - \left[\frac{2P}{\gamma(K_p - K_a)}\right]^2 = 0 \tag{16.36}$$

$$L_5 = \frac{\gamma(K_p - K_a)D^2 - 2P}{2D(K_p - K_a)\gamma} \tag{16.37}$$

$$M_{max} = P(L + z') - \frac{\gamma z'^3(K_p - K_a)}{6} \tag{16.38}$$

그리고

$$z' = \sqrt{\frac{2P}{\gamma(K_p - K_a)}} \tag{16.39}$$

식 (16.37)부터 (16.39)는 그림 16.13에 도시된 캔틸레버식 널말뚝벽의 우측 모식도에서 굴착면 상부 전체 높이에 걸쳐 건조 모래가 존재하는 경우에 유효하다.

예제 16.3

예제 16.1의 a와 b를 수위가 없다고 가정하고 다시 풀어라. $\gamma = 15.9$ kN/m^3 그리고 $\phi' = 32°$, $L = 5$ m를 사용할 것.

풀이

Part a

구하는 값의 기호	식 번호	식과 계산결과
K_a	—	$\tan^2\left(45 - \frac{\phi'}{2}\right) = \tan^2\left(45 - \frac{32}{2}\right) = 0.307$
K_p	—	$\tan^2\left(45 + \frac{\phi'}{2}\right) = \tan^2\left(45 + \frac{32}{2}\right) = 3.25$
σ'_2	16.24	$\gamma L K_a = (15.9)(5)(0.307) = 24.41$ kN/m^2
L_3	16.28	$\frac{LK_a}{K_p - K_a} = \frac{(5)(0.307)}{3.25 - 0.307} = 0.521$ m
σ'_5	16.27	$\gamma L K_p + \gamma L_3(K_p - K_a) = (15.9)(5)(3.25) + (15.9)(0.521)(3.25 - 0.307)$ $= 282.76$ kN/m^2
P	16.29	$\frac{1}{2}\sigma'_2 L + \frac{1}{2}\sigma'_2 L_3 = \frac{1}{2}\sigma'_2(L + L_3) = \left(\frac{1}{2}\right)(24.41)(5 + 0.521) = 67.38$ kN/m
$\bar{z}$	16.30	$\frac{L(2K_a - K_p)}{3(K_p - K_a)} = \frac{5[(2)(0.307) + 3.25]}{3(3.25 - 0.307)} = 2.188$ m
A'_1	16.32	$\frac{\sigma'_5}{\gamma(K_p - K_a)} = \frac{282.76}{(15.9)(3.25 - 0.307)} = 6.04$ m

(계속)

구하는 값의 기호	식 번호	식과 계산결과
A_2'	16.33	$\dfrac{8P}{\gamma(K_p - K_a)} = \dfrac{(8)(67.38)}{(15.9)(3.25 - 0.307)} = 11.52\ \text{m}^2$
A_3'	16.34	$\dfrac{6P[2\bar{z}\gamma(K_p - K_a) + \sigma_5']}{\gamma^2(K_p - K_a)^2}$ $= \dfrac{(6)(67.38)[(2)(2.188)(15.9)(3.25 - 0.307) + 282.76]}{(15.9)^2(3.25 - 0.307)^2} = 90.01\ \text{m}^3$
A_4'	16.35	$\dfrac{P(6\bar{z}\sigma_5' + 4P)}{\gamma^2(K_p - K_a)^2} = \dfrac{(67.38)[(6)(2.188)(282.76) + (4)(67.38)]}{(15.9)^2(3.25 - 0.307)^2} = 122.52\ \text{m}^4$
L_4	16.31	$L_4^4 + A_1'L_4^3 - A_2'L_4^2 - A_3'L_4 - A_4' = 0$ $L_4^4 + 6.04L_4^3 - 11.52L_4^2 - 90.01L_4 - 122.52 = 0;\ L_4 \approx 4.1\ \text{m}$

$$D_{\text{theory}} = L_3 + L_4 = 0.521 + 4.1 \approx \mathbf{4.7\ m}$$

Part b

널말뚝벽의 총 길이는 $L + 1.3(D_{\text{theory}}) = 5 + 1.3(4.7) = \mathbf{11.11\ m}$

■

예제 16.4

그림 16.14를 참고하여 다음을 구하라. $L = 5$ m, $\gamma = 17.3$ kN/m^3, $\phi' = 30°$, 그리고 $P = 30$ kN/m일 때 다음의 값을 구하라.

a. 근입된 널말뚝벽의 이론 근입깊이, D

b. 최대 모멘트, $M_{\max}$ kN-m/m

풀이

$$K_p = \tan^2\left(45 + \frac{\phi'}{2}\right) = \tan^2\left(45 + \frac{30}{2}\right) = 3$$

$$K_a = \tan^2\left(45 - \frac{\phi'}{2}\right) = \tan^2\left(45 - \frac{30}{2}\right) = \frac{1}{3}$$

$$K_p - K_a = 3 - 0.333 = 2.667$$

Part a

식 (16.36)으로부터

$$D^4 - \left[\frac{8P}{\gamma(K_p - K_a)}\right]D^2 - \left[\frac{12PL}{\gamma(K_p - K_a)}\right]D - \left[\frac{2P}{\gamma(K_p - K_a)}\right]^2 = 0$$

그리고

$$\frac{8P}{\gamma(K_p - K_a)} = \frac{(8)(30)}{(17.3)(2.667)} = 5.2$$

$$\frac{12PL}{\gamma(K_p - K_a)} = \frac{(12)(30)(5)}{(17.3)(2.667)} = 39.0$$

$$\frac{2P}{\gamma(K_p - K_a)} = \frac{(2)(30)}{(17.3)(2.667)} = 1.3$$

그러므로

$$D^4 - 5.2D^2 - 39D - (1.3)^2 = 0$$

이전의 식으로부터 $D \approx 4$ m.

Part b

식 (16.39)로부터

$$z' = \sqrt{\frac{2P}{\gamma(K_p - K_a)}} = \sqrt{\frac{(2)(30)}{(17.3)(2.667)}} = 1.14 \text{ m}$$

식 (16.38)로부터

$$\begin{aligned} M_{\max} &= P(L + z') - \frac{\gamma z'^3(K_p - K_a)}{6} \\ &= (30)(5 + 1.14) - \frac{(17.3)(1.14)^3(2.667)}{6} \\ &= 184.2 - 11.39 \approx \mathbf{173\ kN \cdot m/m} \end{aligned}$$

■

16.6 점토 지반에 근입된 캔틸레버식 널말뚝벽

캔틸레버식 널말뚝벽이 비배수 점착력 c (ϕ =0)를 가지는 점토 지반에 타입되는 경우가 있다. 이때의 순 토압분포는 $c' = 0$인 사질토지반에 대한 그림 16.11a의 경우와는 다소 다르다. 그림 16.15는 점토 지반에 근입되고, 준설면 상부는 사질토로 뒤채움한 캔틸레버식 널말뚝벽을 나타낸 것이다. 수위면이 널말뚝 상단에서 L_1의 깊이에 있다. 순 토압의 크기 σ'_1와 σ'_2는 앞 절의 식 (16.1)과 (16.2)같이 계산할 수 있고, 준설면 상부의 토압분포도를 그릴 수 있다. 준설면 아래의 순 토압분포는 다음과 같이 결정할 수 있다.

깊이가 $L_1 + L_2$보다 깊은 곳에서 $\phi = 0$일 때, Rankine 주동토압계수 $K_a = 1$이다. 유사하게 $\phi = 0$일 때 Rankine 수동토압계수 $K_p = 1$이다. 따라서 회전의 중심이 되는 점(그림 16.10a의 점 O) 위에서 우측에서 좌측으로 작용하는 주동토압 σ_a은 다음과 같다.

$$\sigma_a = [\gamma L_1 + \gamma' L_2 + \gamma_{sat}(z - L_1 - L_2)] - 2c \tag{16.40}$$

유사한 방법으로, 좌측에서 우측으로의 수동토압은 다음과 같이 계산할 수 있다.

$$\sigma_p = \gamma_{sat}(z - L_1 - L_2) + 2c \tag{16.41}$$

따라서, 순 토압은 다음과 같다.

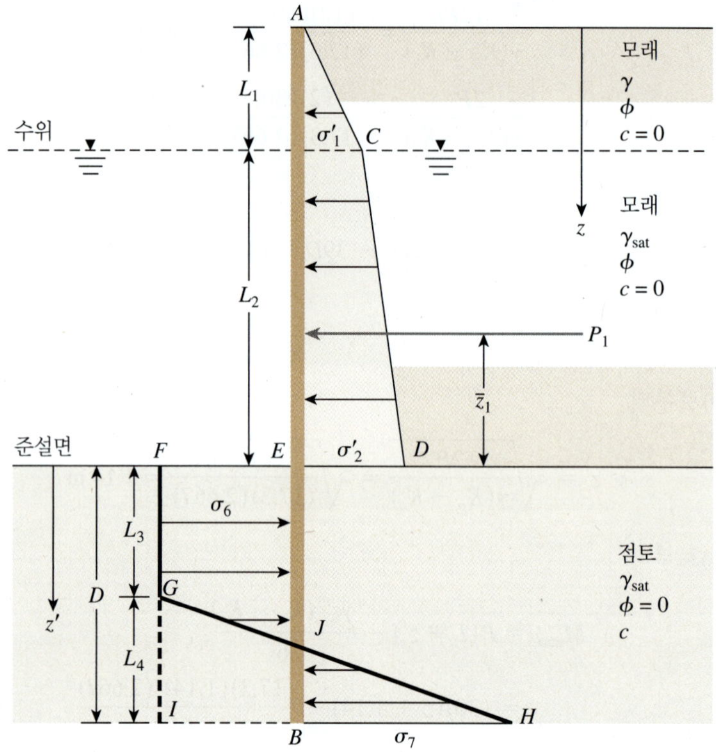

그림 16.15 점토에 근입된 캔틸레버식 널말뚝벽

$$\begin{aligned}\sigma_6 = \sigma_p - \sigma_a &= [\gamma_{sat}(z - L_1 - L_2) + 2c] \\ &\quad - [\gamma L_1 + \gamma' L_2 + \gamma_{sat}(z - L_1 - L_2)] + 2c \\ &= 4c - (\gamma L_1 + \gamma' L_2)\end{aligned} \tag{16.42}$$

널말뚝 하단에서 우측에서 좌측으로 작용하는 수동토압은 다음과 같다.

$$\sigma_p = (\gamma L_1 + \gamma' L_2 + \gamma_{sat} D) + 2c \tag{16.43}$$

유사한 방법으로, 좌측에서 우측으로 작용하는 주동토압은 다음과 같다.

$$\sigma_a = \gamma_{sat} D - 2c \tag{16.44}$$

따라서, 순 토압은 다음과 같다.

$$\sigma_7 = \sigma_p - \sigma_a = 4c + (\gamma L_1 + \gamma' L_2) \tag{16.45}$$

전과 동일하게, 문제 풀이를 좀 더 쉽게 풀기 위해서 면적 *IBJG*를 양쪽 압력분포도에 포함시키자. 평형 조건을 만족시키기 위해서는 $\Sigma F_H = 0$; 즉, 압력분포도에서 *ACDE* 면적 − *EFIB* 면적 + *GIH* 면적 = 0, 또는

$$P_1 - [4c - (\gamma L_1 + \gamma' L_2)]D + \frac{1}{2}L_4[4c - (\gamma L_1 + \gamma' L_2) + 4c + (\gamma L_1 + \gamma' L_2)] = 0$$

여기서 P_1 = 토압분포도에서 *ACDE*의 면적

이 식을 간단히 정리하면

$$L_4 = \frac{D[4c - (\gamma L_1 + \gamma' L_2)] - P_1}{4c} \tag{16.46}$$

여기서, 점 B를 중심으로 한 모멘트를 취하면($\Sigma M_B = 0$)

$$P_1(D + \bar{z}_1) - [4c - (\gamma L_1 + \gamma' L_2)]\frac{D^2}{2} + \frac{1}{2}L_4(8c)\left(\frac{L_4}{3}\right) = 0 \tag{16.47}$$

여기서 $\bar{z}_1$ = 준설면에서 토압분포도 $ACDE$의 중심까지 거리

식 (16.46)과 (16.47)을 연립하여 정리하면,

$$D^2[4c - (\gamma L_1 + \gamma' L_2)] - 2DP_1 - \frac{P_1(P_1 + 12c\bar{z}_1)}{(\gamma L_1 + \gamma' L_2) + 2c} = 0 \tag{16.48}$$

위의 식 (16.48)을 풀면, 점토층에 근입된 널말뚝벽의 이론 근입깊이 D를 구할 수 있다.

토압분포도를 작성하기 위한 단계별 순서

1단계. 뒤채움 사질토의 $K_a = \tan^2(45 - \phi'/2)$를 계산한다.

2단계. σ_1'와 σ_2'을 계산한다[식 (16.1)과 (16.2) 참고].

3단계. P_1과 z_1를 계산한다.

4단계. 식 (16.48)을 이용해서 이론 근입깊이 D를 구한다.

5단계. 식 (16.46)을 이용해서 L_4를 계산한다.

6단계. σ_6과 σ_7을 계산한다[식 (16.42)와 (16.45) 참고].

7단계. 그림 16.15에 도시된 것과 같은 토압분포도를 그린다.

8단계. 실제 근입깊이는 다음과 같다.

$$D_{\text{actual}} = 1.4 \text{ to } 1.6(D_{\text{theoretical}})$$

최대 휨모멘트

그림 16.15에 의하면, 최대 모멘트(즉, 전단력 = 0)는 $L_1 + L_2 < z < L_1 + L_2 + L_3$ 사이의 깊이에서 발생한다. 새로운 좌표계 z'(준설면에서 $z' = 0$)을 사용하면 전단력이 0이 될 경우 다음과 같은 관계가 성립된다.

$$P_1 - \sigma_6 z' = 0$$

또는

$$z' = \frac{P_1}{\sigma_6} \tag{16.49}$$

최대 모멘트의 크기는 다음과 같이 계산할 수 있다.

$$M_{max} = P_1(z' + \bar{z}_1) - \frac{\sigma_6 z'^2}{2} \tag{16.50}$$

최대 휨모멘트를 알면, 식 (16.23)으로부터 널말뚝의 단면계수를 결정할 수 있다.

표 16.4와 표 16.5에는 $\gamma'/\gamma = 0.5$일 때, 여러 $L_1/L_1 + L_2$의 값에 대한 D와 M_{max}의 무차원 값들을 제시하였다.

표 16.4 $[4c - (\gamma L_1 + \gamma' L_2)]/[\gamma' K_a(L_1 + L_2)]$와 $L_1/(L_1 + L_2)$에 따른 D/L의 변화값—점토층에 근입된 캔틸레버식 널말뚝벽(주: $\gamma' = 0.5\gamma$)

$\dfrac{4c - (\gamma L_1 + \gamma' L_2)}{\gamma' K_a(L_1 + L_2)}$	$\dfrac{L_1}{L_1 + L_2}$					
	0.0	**0.2**	**0.4**	**0.6**	**0.8**	**1.0**
0.1	10.39	14.03	16.83	18.82	20.01	20.39
0.2	5.38	7.22	8.63	9.61	10.20	10.39
0.3	3.71	4.95	5.88	6.54	6.93	7.05
0.4	2.86	3.81	4.51	5.00	5.29	5.38
0.5	2.36	3.12	3.68	4.07	4.30	4.37
0.6	2.02	2.66	3.13	3.45	3.64	3.70
0.7	1.77	2.33	2.73	3.01	3.17	3.22
0.8	1.59	2.08	2.43	2.68	2.81	2.86
0.9	1.44	1.88	2.20	2.41	2.54	2.57
1.0	1.32	1.73	2.01	2.20	2.31	2.35
2.0	0.79	1.01	1.16	1.26	1.31	1.32
3.0	0.61	0.77	0.87	0.93	0.97	0.97
4.0	0.51	0.64	0.72	0.76	0.79	0.79
5.0	0.44	0.55	0.62	0.66	0.68	0.68
6.0	0.40	0.50	0.55	0.59	0.60	0.60
7.0	0.37	0.45	0.50	0.53	0.54	0.54
8.0	0.34	0.42	0.46	0.49	0.50	0.50
9.0	0.32	0.39	0.43	0.46	0.46	0.46
10.0	0.30	0.37	0.41	0.43	0.44	0.43

주: γ = 수위 상부에 있는 흙의 단위중량
γ' = 수위 하부에 있는 흙의 유효단위중량
(출처: Z.Luo, 2021에 근거함—개인 면담)

표 16.5 $[4c - (\gamma L_1 + \gamma' L_2)]/[\gamma' K_a(L_1 + L_2)]$와 $L_1/(L_1 + L_2)$에 따른 $M_{max}/(\gamma' K_a L^3)$의 변화값—점토층에 근입된 캔틸레버식 널말뚝벽(주: $\gamma' = 0.5\gamma$)

$\frac{4c - (\gamma L_1 + \gamma' L_2)}{\gamma' K_a(L_1 + L_2)}$	$\frac{L_1}{L_1 + L_2}$					
	0.0	**0.2**	**0.4**	**0.6**	**0.8**	**1.0**
0.1	1.417	2.560	3.659	4.555	5.134	5.333
0.2	0.792	1.404	1.978	2.439	2.733	2.833
0.3	0.583	1.019	1.418	1.733	1.933	2.000
0.4	0.479	0.826	1.138	1.381	1.532	1.583
0.5	0.417	0.710	0.970	1.169	1.292	1.333
0.6	0.375	0.633	0.858	1.028	1.132	1.167
0.7	0.345	0.578	0.778	0.927	1.018	1.048
0.8	0.323	0.537	0.718	0.852	0.932	0.958
0.9	0.306	0.505	0.671	0.793	0.866	0.889
1.0	0.292	0.479	0.634	0.746	0.812	0.833
2.0	0.229	0.364	0.465	0.534	0.572	0.583
3.0	0.208	0.325	0.409	0.464	0.492	0.500
4.0	0.198	0.306	0.381	0.428	0.452	0.458
5.0	0.192	0.294	0.365	0.407	0.428	0.433
6.0	0.187	0.287	0.353	0.393	0.412	0.417
7.0	0.185	0.281	0.345	0.383	0.401	0.405
8.0	0.182	0.277	0.339	0.376	0.392	0.396
9.0	0.181	0.274	0.335	0.370	0.385	0.389
10.0	0.179	0.271	0.331	0.365	0.380	0.383

주: γ = 수위 상부에 있는 흙의 단위중량
γ' = 수위 하부에 있는 흙의 유효단위중량
(출처: Z.Luo, 2021에 근거함—개인 면담)

예제 16.5

그림 16.16을 참고하여, 널말뚝벽에 대한 다음 문제를 풀어라.

a. 이론적 근입깊이와 실제 근입깊이($D_{actual} + 1.5D_{theory}$).

b. 필요한 널말뚝의 최소단면($\sigma_{all} = 172.5$ MN/m^2)

풀이

16.6절에 주어진 단계별 순서에 따르면

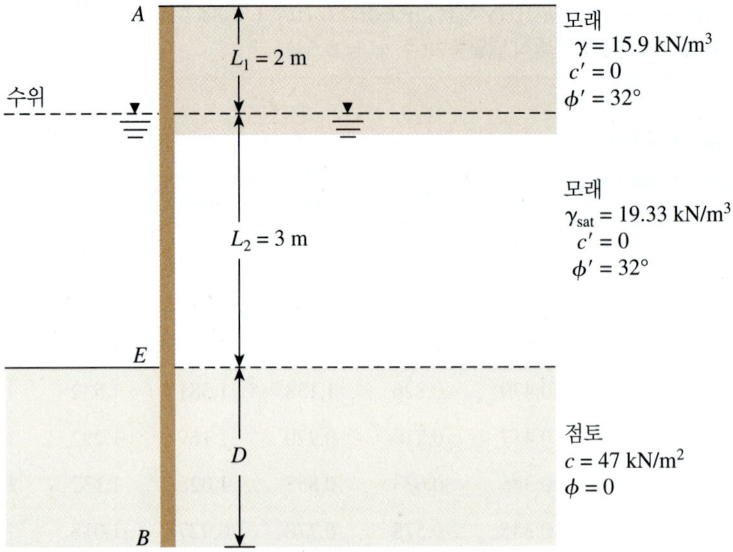

그림 16.16 포화점토에 근입된 캔틸레버식 널말뚝벽

1단계.

$$K_a = \tan^2\left(45 - \frac{\phi'}{2}\right) = \tan^2\left(45 - \frac{32}{2}\right) = 0.307$$

2단계.

$$\sigma_1' = \gamma L_1 K_a = (15.9)(2)(0.307) = 9.763 \text{ kN/m}^2$$

$$\sigma_2' = (\gamma L_1 + \gamma' L_2)K_a = [(15.9)(2) + (19.33 - 9.81)3]0.307$$
$$= 18.53 \text{ kN/m}^2$$

3단계. 그림 16.15의 순 토압분포도를 참고하면

$$P_1 = \frac{1}{2}\sigma_1' L_1 + \sigma_1' L_2 + \frac{1}{2}(\sigma_2' - \sigma_1')L_2$$
$$= 9.763 + 29.289 + 13.151 = 52.2 \text{ kN/m}$$

그리고

$$\bar{z}_1 = \frac{1}{52.2}\left[9.763\left(3 + \frac{2}{3}\right) + 29.289\left(\frac{3}{2}\right) + 13.151\left(\frac{3}{3}\right)\right]$$
$$= 1.78 \text{ m}$$

4단계. 식 (16.48)로부터

$$D^2[4c - (\gamma L_1 + \gamma' L_2)] - 2DP_1 - \frac{P_1(P_1 + 12c\bar{z}_1)}{(\gamma L_1 + \gamma' L_2) + 2c} = 0$$

앞의 식에 적절한 값을 대입하면

$$D^2\{(4)(47) - [(2)(15.9) + (19.33 - 9.81)3]\} - 2D(52.2)$$
$$- \frac{52.2[52.2 + (12)(47)(1.78)]}{[(15.9)(2) + (19.33 - 9.81)3] + (2)(47)} = 0$$

또는

$$127.64D^2 - 104.4D - 357.15 = 0$$

위의 식을 풀면 $D = 2.13$ m

5단계. 식 (16.46)으로부터

$$L_4 = \frac{D[4c - (\gamma L_1 + \gamma' L_2)] - P_1}{4c}$$

그리고

$$4c - (\gamma L_1 + \gamma' L_2) = (4)(47) - [(15.9)(2) + (19.33 - 9.81)3]$$
$$= 127.64 \text{ kN/m}^2$$

따라서

$$L_4 = \frac{2.13(127.64) - 52.2}{(4)(47)} = 1.17 \text{ m}$$

6단계.

$$\sigma_6 = 4c - (\gamma L_1 + \gamma' L_2) = 127.64 \text{ kN/m}^2$$
$$\sigma_7 = 4c + (\gamma L_1 + \gamma' L_2) = 248.36 \text{ kN/m}^2$$

7단계. 그림 16.15에 도시된 것과 같이 순 토압분포도를 나타낼 수 있다.

8단계. $D_{\text{actual}} \approx 1.5 D_{\text{theoretical}} = 1.5(2.13) \approx \mathbf{3.2\ m}$

최대 모멘트 계산
식 (16.49)로부터

$$z' = \frac{P_1}{\sigma_6} = \frac{52.2}{127.64} \approx 0.41 \text{ m}$$

다시 식 (16.50)으로부터

$$M_{\max} = P_1(z' + \bar{z}_1) - \frac{\sigma_6 z'^2}{2}$$

따라서

$$M_{\max} = 52.2(0.41 + 1.78) - \frac{127.64(0.41)^2}{2}$$
$$= 114.32 - 10.73 = 103.59 \text{ kN}\cdot\text{m/m}$$

최소 단면계수($\sigma_{\text{all}} = 172.5 \text{ MN/m}^2$라고 가정)

$$S = \frac{103.59 \text{ kN}\cdot\text{m/m}}{172.5 \times 10^3 \text{ kN/m}^2} = \mathbf{0.6 \times 10^{-3}\ m^3/m} \textbf{ 벽면길이 미터당}$$

주: 표 16.4를 이용하여 상기 식에서 구한 D_{theory} 값에 대하여 개략적으로 검토하였다. 여기서,

$$\frac{L_1}{L_1 + L_2} = \frac{2}{5} = 0.4$$

$$\frac{4c - (\gamma L_1 + \gamma' L_2)}{\gamma' K_a(L_1 + L_2)} = \frac{(4)(47) - 18.53}{(19.33 - 9.81)(0.307)(5)} = 11.59$$

11.59라는 결과는 표의 범위 밖이다. 그러나, 경향을 고찰해보면

$$\frac{D}{L} \approx 0.4$$

$$D_{\text{theory}} = (0.4)(5) = 2.0$$

실제 $\frac{\gamma'}{\gamma} = \frac{(19.33 - 9.81)}{15.9} = 0.598$ 임에도 불구하고, 여기서 구한 D_{theoy} 값은 상기에서 구한 이론적 널말뚝벽의 근입 심도($D = 2.13$)와 비교적 잘 일치한다.

■

16.7 점토 지반에 근입된 캔틸레버식 널말뚝벽의 특수한 경우

건조모래로 뒤채움한 널말뚝벽

16.5절에서와 같이 점토 지반에 근입된 캔틸레버식 널말뚝의 특수한 경우는 다음과 같이 유도할 수 있다. 그림 16.17을 참고로 하면 다음과 같이 기술할 수 있다.

$$\sigma_2' = \gamma L K_a \tag{16.51}$$

$$\sigma_6 = 4c - \gamma L \tag{16.52}$$

$$\sigma_7 = 4c + \gamma L \tag{16.53}$$

$$P_1 = \frac{1}{2} L\sigma_2' = \frac{1}{2}\gamma L^2 K_a \tag{16.54}$$

$$L_4 = \frac{D(4c - \gamma L) - \frac{1}{2}\gamma L^2 K_a}{4c} \tag{16.55}$$

이론적인 근입깊이 D는 식 (16.48)로부터 구한 것과 유사한 방법으로 구할 수 있다.

$$D^2(4c - \gamma L) - 2DP_1 - \frac{P_1(P_1 + 12c\bar{z}_1)}{\gamma L + 2c} = 0 \tag{16.56}$$

식 (16.48)을 식 (16.56)으로 추론할 수 있다. 식 (16.56)에서

$$\bar{z}_1 = \frac{L}{3} \tag{16.57}$$

널말뚝의 최대 모멘트 크기는 다음과 같다.

$$M_{\max} = P_1(z' + \bar{z}_1) - \frac{\sigma_6 z'^2}{2} \tag{16.58}$$

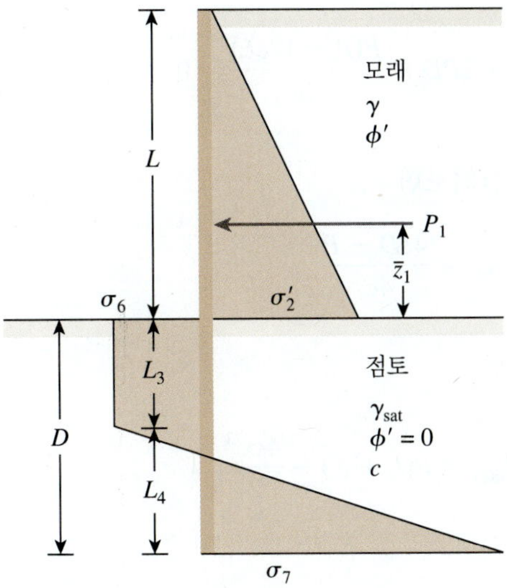

그림 16.17 점토 지반에 근입된 널말뚝벽

여기서 $z' = \dfrac{P_1}{\sigma_6} = \dfrac{\frac{1}{2}\gamma L^2 K_a}{4c - \gamma L}$. (16.59)

점토 지반에 근입된 자유 캔틸레버식 널말뚝벽

그림 16.18은 점토 지반에 근입된 자유 캔틸레버식 널말뚝벽을 보여주고 있다. 단위길이당 선하중(P)이 널말뚝벽에 작용한다. 이 경우에는

$$\sigma_6 = \sigma_7 = 4c \tag{16.60}$$

다음 식으로부터 근입깊이(D)를 구한다.

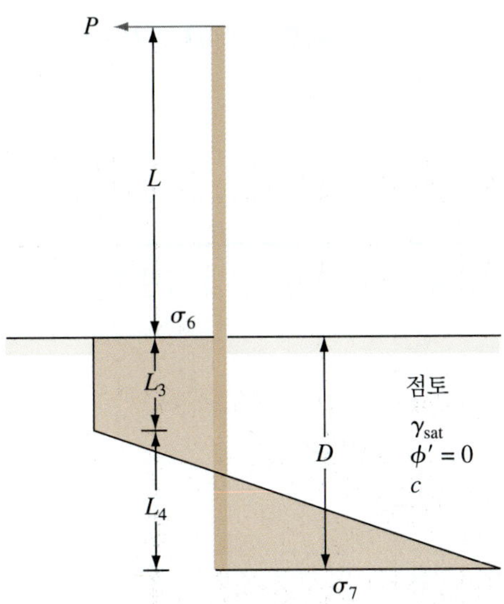

그림 16.18 점토 지반에 근입된 자유 캔틸레버식 널말뚝벽

$$4D^2c - 2PD - \frac{P(P + 12cL)}{2c} = 0 \tag{16.61}$$

또한 토압분포도를 그리기 위해서 살펴보면

$$L_4 = \frac{4cD - P}{4c} \tag{16.62}$$

널말뚝의 최대 모멘트는

$$M_{max} = P(L + z') - \frac{4cz'^2}{2} \tag{16.63}$$

여기서

$$z' = \frac{P}{4c} \tag{16.64}$$

예제 16.6

그림 16.18의 자유 캔틸레버식 널말뚝벽을 참고하여, 이론적 근입깊이를 계산하라. 여기서 $P = 32$ kN/m, $L = 3.5$ m, 그리고 $c = 12$ kN/m²이다.

풀이

식 (16.61)로부터

$$4D^2c - 2PD - \frac{P(P + 12cL)}{2c} = 0$$

$$(4)(D^2)(12) - (2)(32)(D) - \frac{32[32 + (12)(12)(3.5)]}{(2)(12)} = 0$$

$$48D^2 - 64D - 714.7 = 0$$

따라서 $D \approx$ **4.6 m**.

■

예제 16.7

그림 16.17의 점토 지반에 근입된 널말뚝벽에 대하여 다음 주어진 조건을 근거로 다음 문제를 구하라.

모래: $L = 6$ m

$\gamma = 16$ kN/m³

$\phi' = 30°$

점토: $\gamma_{sat} = 18.9$ kN/m³

$\phi' = 0$

$c = 95$ kN/m²

다음의 값을 구하라.

a. 이론적 근입깊이 D

b. 널말뚝벽의 최대 모멘트의 크기

풀이

Part a

식 (16.54)로부터

$$P_1 = \frac{1}{2}\gamma L^2 K_a$$

$$K_a = \tan^2\left(45 - \frac{\phi'}{2}\right) = \tan^2\left(45 - \frac{30}{2}\right) = \frac{1}{3}$$

$$P_1 = \left(\frac{1}{2}\right)(16)(6)^2\left(\frac{1}{3}\right) = 96\ \text{kN/m}$$

식 (16.56)으로부터

$$D^2(4c - \gamma L) - 2DP_1 - \frac{P_1(P_1 + 12c\bar{z}_1)}{\gamma L + 2c} = 0$$

식 (16.57)로부터

$$\bar{z}_1 = \frac{L}{3} = \frac{6}{3} = 2\ \text{m}$$

따라서

$$D^2[(4)(95) - (16)(6)] - (2)(D)(96) - \frac{96[96 + (12)(95)(2)]}{(16)(6) + (2)(95)} = 0$$

또는

$$284D^2 - 192D - 797.5 = 0$$

$$D \approx \mathbf{2.1\,m}$$

Part b

식 (16.58)로부터

$$M_{\max} = P_1(z' + \bar{z}_1) - \frac{\sigma_6 z'^2}{2}$$

식 (16.59)로부터

$$z' = \frac{\frac{1}{2}\gamma L^2 K_a}{4c - \gamma L} = \frac{(0.5)(16)(6)^2\left(\frac{1}{3}\right)}{(4 \times 95) - (16 \times 6)} = 0.338\,\text{m}$$

식 (16.52)로부터

$$\sigma_6 = 4c - \gamma L = (4 \times 95) - (16 \times 6) = 284\,\text{kN/m}^2$$

$$M_{\max} = (96)(0.338 + 2) - \frac{(284)(0.338)^2}{2} = 224.45 - 16.22 = \mathbf{208.23\,kN\cdot m/m}$$

■

16.8 앵커로 보강한 널말뚝벽

캔틸레버식 널말뚝벽 뒤에 뒤채움 재료의 높이가 약 6 m를 초과할 때, 널말뚝 상단 근처에 앵커판, 앵커벽, 앵커 말뚝을 설치하면 훨씬 경제적이다. 이것을 **앵커로 보강한 널말뚝**(anchored sheet pile wall 또는 anchored bulkhead)이라고 한다. 앵커는 널말뚝의 소요 근입깊이를 최소화하고, 또한 시공에 필요한 널말뚝의 단면적과 무게를 감소시킨다. 그러나 앵커 연결봉(tie rods)과 앵커(anchors)를 설계할 때는 주의를 기울여야 한다.

앵커 널말뚝을 설계하는 데 두 가지 기본적인 방법은 (a) **자유단 지지법**(the free earth support method)과 (b) **고정단 지지법**(the fixed earth support method)이 있다. 그림 16.19에는 두 가지 방법에 의해 설계된 널말뚝의 처짐 특성이 도시되어 있다.

자유단 지지법은 최소 근입깊이를 가진다. 준설면 아래를 보면, 정적인 상태에서 회전점이 존재하지 않는다. 두 가지 방법에 대한 깊이별 휨모멘트의 변화는 그림 16.19에 도시되어 있다.

$$D_{\text{free earth}} < D_{\text{fixed earth}}$$

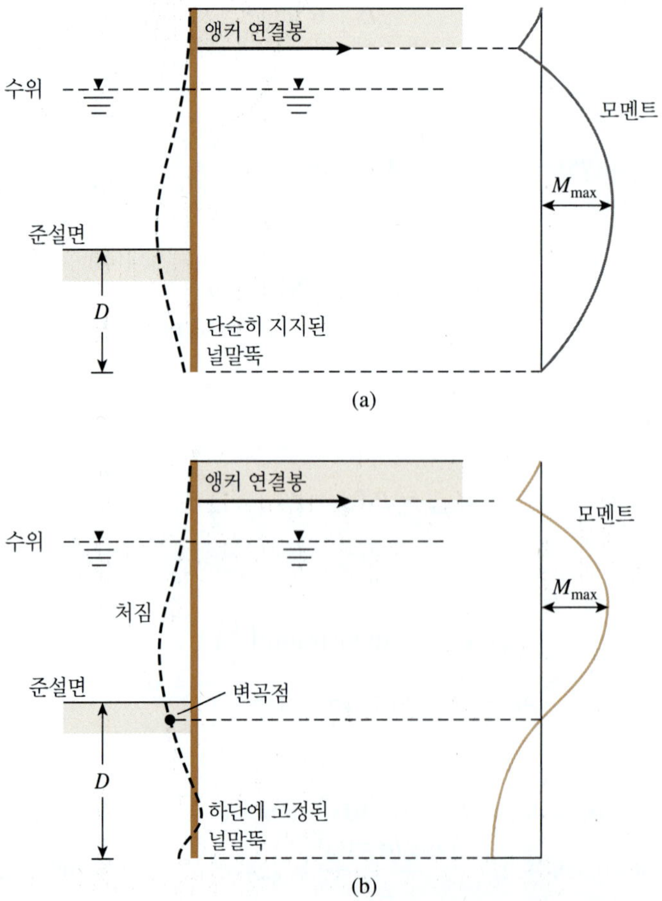

그림 16.19 앵커로 보강된 널말뚝벽의 처짐과 모멘트의 변화 형상: (a) 자유단 지지법, (b) 고정단 지지법

16.9 사질토지반에 근입된 경우의 자유단 지지법

그림 16.20은 사질토로 뒤채움한 앵커 널말뚝벽을 보여주고 있다; 널말뚝은 사질토에 타입되어 있다. 널말뚝에 연결된 앵커봉과 앵커는 널말뚝 상단에서 l_1의 깊이에 위치한다.

준설면 상단의 순 토압분포도는 그림 16.11에 도시된 것과 유사하다. 깊이 $z = L_1$에서 $\sigma_1' = \gamma L_1 K_a$이고, 깊이 $z = L_1 + L_2$에서 $\sigma_2' = (\gamma L_1 + \gamma' L_2)K_a$이다. 준설면 아래 $z = L_1 + L_2 + L_3$에서 순 토압이 0이 된다고 하면, L_3는 식 (16.6)에 의해서 구할 수 있다.

$$L_3 = \frac{\sigma_2'}{\gamma'(K_p - K_a)}$$

깊이 $z = L_1 + L_2 + L_3 + L_4$에서 순 토압은 다음과 같다.

$$\sigma_8' = \gamma'(K_p - K_a)L_4 \tag{16.65}$$

직선 DEF의 경사는 수직:수평 $= 1: \gamma' (K_p - K_a)$

이제 널말뚝의 평형조건을 적용하기로 한다. 즉, Σ수평력 $= 0$이고, $\Sigma O'$에 관한 Σ모멘트 $= 0$ (점 O'은 앵커봉이 설치된 위치점)

널말뚝벽의 단위길이당 수평력의 합은 다음과 같다.

$$\text{토압분포도의 } ACDE \text{ 면적} - EBF \text{ 면적} - F = 0$$

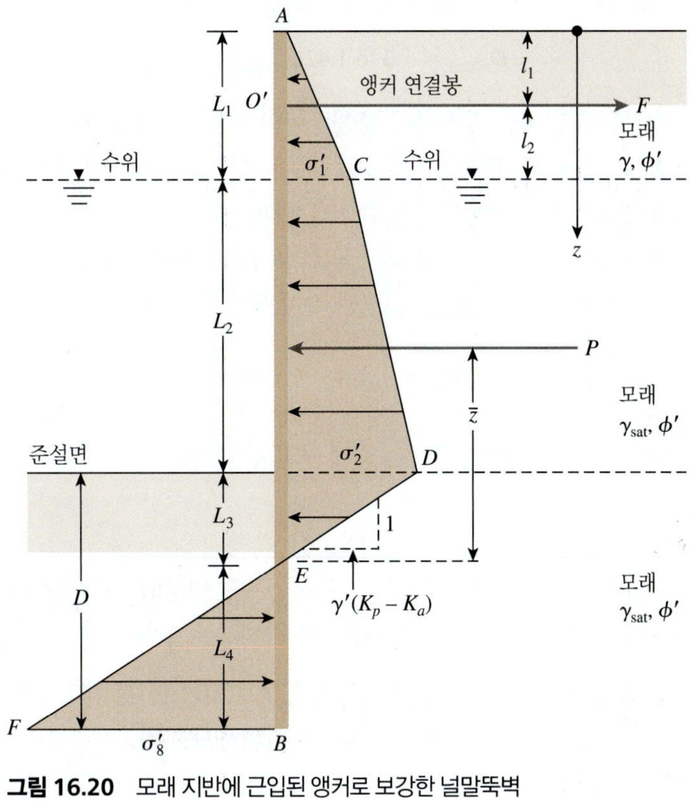

그림 16.20 모래 지반에 근입된 앵커로 보강한 널말뚝벽

여기서 F = 널말뚝의 단위길이당 앵커봉의 인장력이다. 또는

$$P - \frac{1}{2}\sigma'_8 L_4 - F = 0$$

또는

$$F = P - \frac{1}{2}[\gamma'(K_p - K_a)]L_4^2 \tag{16.66}$$

여기서 P = 토압분포도의 $ACDE$ 면적이다. 점 O'을 중심으로 모멘트를 취하면 다음과 같다.

$$-P[(L_1 + L_2 + L_3) - (\bar{z} + l_1)] + \frac{1}{2}[\gamma'(K_p - K_a)]L_4^2\left(l_2 + L_2 + L_3 + \frac{2}{3}L_4\right) = 0$$

또는

$$L_4^3 + 1.5L_4^2(l_2 + L_2 + L_3) - \frac{3P[(L_1 + L_2 + L_3) - (\bar{z} + l_1)]}{\gamma'(K_p - K_a)} = 0 \tag{16.67}$$

이론적 근입깊이 L_4를 구하기 위하여 식 (16.67)을 시행착오법으로 푼다.

$$D_{\text{theoretical}} = L_3 + L_4$$

현장 설계 시 적용할 실제 근입깊이는 이론적 근입깊이를 30~40% 증가시켜서 결정한다.

$$D_{\text{actual}} = 1.3 \text{ to } 1.4D_{\text{theoretical}} \tag{16.68}$$

16.4절에서 기술된 단계별 과정에서 설명한 바와 같이 처음부터 K_p에 안전율을 적용할 수도 있다(즉, $K_{p(\text{design})} = K_p/\text{FS}$). 이 경우에는 이론적 근입깊이를 30~40% 증가시킬 필요가 없다. 이 설계방법은 앞의 방법보다 보수적인 결과를 나타내는 경우가 많다.

이론상 최대 모멘트는 깊이 $z = L_1$과 $z = L_1 + L_2$ 사이에서 발생한다. 최대 모멘트가 발생되어 전단력이 0이 되는 깊이(z)를 다음과 같이 구할 수 있다.

$$\frac{1}{2}\sigma'_1 L_1 - F + \sigma'_1(z - L_1) + \frac{1}{2}K_a\gamma'(z - L_1)^2 = 0 \tag{16.69}$$

일단 z가 결정되면, 최대 모멘트의 크기는 쉽게 구할 수 있다.

예제 16.8

그림 16.20을 참고하여 L_1 = 3.05 m, L_2 = 6.1 m, l_1 = 1.53 m, l_2 = 1.52 m, c' = 0, ϕ' = 30°, γ = 16 kN/m^3, 그리고 γ_{sat} = 19.5 kN/m^{3}일 때 다음을 구하라.

a. 이론적 근입깊이와 실제 근입깊이(주: $D_{\text{actual}} = 1.3D_{\text{theory}}$)를 결정하라.

b. 널말뚝벽의 단위길이당 작용하는 앵커의 인장력을 구하라.

c. 최대 휨모멘트(M_{max})를 결정하라.

풀이

Part a

다음 표를 사용하면

구하는 값의 기호	식 번호	식과 계산결과
K_a	—	$\tan^2\left(45-\frac{\phi'}{2}\right)=\tan^2\left(45-\frac{30}{2}\right)=\frac{1}{3}$
K_P	—	$\tan^2\left(45+\frac{\phi'}{2}\right)=\tan^2\left(45+\frac{30}{2}\right)=3$
K_p-K_a	—	$3-0.333=2.667$
γ'	—	$\gamma_{sat}-\gamma_w=19.5-9.81=9.69\ \text{kN/m}^3$
σ'_1	16.1	$\gamma L_1 K_a=(16)(3.05)\left(\frac{1}{3}\right)=16.27\ \text{kN/m}^2$
σ'_2	16.2	$(\gamma L_1+\gamma' L_2)K_a=[(16)(3.05)+(9.69)(6.1)]\frac{1}{3}=35.97\ \text{kN/m}^2$
L_3	16.6	$\frac{\sigma'_2}{\gamma'(K_p-K_a)}=\frac{35.97}{(9.69)(2.667)}=1.39\ \text{m}$
P	—	$\frac{1}{2}\sigma'_1L_1+\sigma'_2L_2+\frac{1}{2}(\sigma'_2-\sigma'_1)L_2+\frac{1}{2}\sigma'_2L_3=\left(\frac{1}{2}\right)(16.27)(3.05)+$ $(16.27)(6.1)+\left(\frac{1}{2}\right)(35.97-16.27)(6.1)+\left(\frac{1}{2}\right)(35.97)(1.39)$ $=24.81+99.25+60.01+25.0=209.07\ \text{kN/m}$
$\bar{z}$	—	$\frac{\Sigma M_E}{P}=\left[\begin{matrix}(24.81)\left(1.39+6.1+\frac{3.05}{3}\right)+(99.25)\left(1.39+\frac{6.1}{2}\right)\\+(60.01)\left(1.39+\frac{6.1}{3}\right)+(25.0)\left(\frac{2\times 1.39}{3}\right)\end{matrix}\right]\frac{1}{209.07}$ $=4.21\ \text{m}$
L_4	16.67	$L_4^3+1.5L_4^2(l_2+L_2+L_3)-\frac{3P[(L_1+L_2+L_3)-(\bar{z}+l_1)]}{\gamma'(K_p-K_a)}=0$ $L_4^3+1.5L_4^2(1.52+6.1+1.39)-$ $\frac{(3)(209.07)[(3.05+6.1+1.39)-(4.21+1.53)]}{(9.69)(2.667)}=0$ $L_4=2.7\ \text{m}$
D_{theory}	—	$L_3+L_4=1.39+2.7=4.09\approx\mathbf{4.1\ m}$
D_{actual}	—	$1.3D_{\text{theory}}=(1.3)(4.1)=\mathbf{5.33\ m}$

Part b

널말뚝벽의 단위길이당 작용하는 앵커의 인장력은 다음과 같다.

$$F = P - \frac{1}{2}\gamma'(K_p - K_a)L_4^2$$

$$= 209.07 - \left(\frac{1}{2}\right)(9.69)(2.667)(2.7)^2 = 114.87 \text{ kN/m} \approx \mathbf{115\ kN/m}$$

Part c

식 (16.69)로부터 전단력이 0인 지점은 다음과 같이 구한다.

$$\frac{1}{2}\sigma_1' L_1 - F + \sigma_1'(z - L_1) + \frac{1}{2}K_a\gamma'(z - L_1)^2 = 0$$

$z - L_1 = x$라고 하면,

$$\frac{1}{2}\sigma_1' L_1 - F + \sigma_1' x + \frac{1}{2}K_a\gamma' x^2 = 0$$

또는

$$\left(\frac{1}{2}\right)(16.27)(3.05) - 115 + (16.27)(x) + \left(\frac{1}{2}\right)\left(\frac{1}{3}\right)(9.69)x^2 = 0$$

위의 식을 간단히 하면

$$x^2 + 10.07x - 55.84 = 0$$

$x = 4$ m, $z = x + L_1 = 4 + 3.05 = 7.05$ m이고, 전단력이 0인 지점에 대해 모멘트를 취하면 다음과 같다.

$$M_{\max} = -\frac{1}{2}\sigma_1' L_1\left(x + \frac{3.05}{3}\right) + F(x + 1.52) - \sigma_1'\frac{x^2}{2} - \frac{1}{2}K_a\gamma' x^2\left(\frac{x}{3}\right)$$

또는

$$M_{\max} = -\left(\frac{1}{2}\right)(16.27)(3.05)\left(4 + \frac{3.05}{3}\right) + (115)(4 + 1.52) - (16.27)\left(\frac{4^2}{2}\right)$$
$$-\left(\frac{1}{2}\right)\left(\frac{1}{3}\right)(9.69)(4)^2\left(\frac{4}{3}\right) = \mathbf{344.9\ kN \cdot m/m}$$

■

16.10 자유단 지지법의 설계 도표(사질토지반에 근입 시)

자유단 지지법을 이용하여 Hagerty and Nofal(1992)은 그림 16.20과 같이 사질토지반에 근입된 앵커로 보강한 널말뚝벽에 대한 근입깊이 D와 앵커 장력 F, 그리고 최대 모멘트 $M_{\max}$을 빨리 산정하기 위해 단순화한 설계도표를 제시하였다. 이 해석에 가정된 사항은 다음과 같다.

a. 준설면 위나 아래에 위치한 흙의 마찰각 ϕ'은 같다.

b. 널말뚝벽과 흙 사이의 접촉 마찰각은 $\phi'/2$이다.

c. 준설면 아래의 수동토압은 대수 나선형의 파괴면을 나타낸다.

d. 주동토압 산정 시 Coulomb 이론이 유효하다.

널말뚝벽에 대한 근입깊이 D와 앵커 장력 F, 그리고 최대 모멘트 M_{max}의 크기는 다음에 제시된 식들로부터 구한다.

$$\frac{D}{L_1 + L_2} = (GD)(CDL_1) \tag{16.70}$$

$$\frac{F}{\gamma_a(L_1 + L_2)^2} = (GF)(CFL_1) \tag{16.71}$$

$$\frac{M_{max}}{\gamma_a(L_1 + L_2)^3} = (GM)(CML_1) \tag{16.72}$$

여기서

$$\gamma_a = \text{흙의 평균 단위중량} = \frac{\gamma L_1^2 + (\gamma_{sat} - \gamma_w)L_2^2 + 2\gamma L_1 L_2}{(L_1 + L_2)^2} \tag{16.73}$$

GD = 일반화된 무차원적인 근입깊이

$= \dfrac{D}{L_1 + L_2}$ ($L_1 = 0$와 $L_2 = L_1 + L_2$인 경우)

GF = 일반화된 무차원적인 앵커 인장력

$= \dfrac{F}{\gamma_a(L_1 + L_2)^2}$ ($L_1 = 0$와 $L_2 = L_1 + L_2$인 경우)

GM = 일반화된 무차원적인 모멘트

$= \dfrac{M_{max}}{\gamma_a(L_1 + L_2)^3}$ ($L_1 = 0$와 $L_2 = L_1 + L_2$인 경우)

CDL_1, CFL_1, CML_1 = L_1이 0이 아닐 때의 보정계수

GD, GF, GM, CDL_1, CFL_1, 그리고 CML_1의 값들은 그림 16.21, 16.22, 16.23, 16.24, 16.25, 그리고 그림 16.26에 각각 나타나 있다.

여기서, $L_1 = 0$인 특별한 경우에 대한 일반화된 무차원값 GD, GF, 그리고 GM이 개발되었다. $L_1 \neq 0$인 경우를 설명하기 위해서 보정계수들이 있다. $L_1 = 0$일 경우에 3가지의 보정계수들은 1이다.

예제 16.9

그림 16.20을 참고하여 $L_1 = 2$ m, $L_2 = 3$ m, $l_1 = l_2 = 1$ m, $c' = 0$, $\phi' = 32°$, $\gamma = 15.9$ kN/m^3, 그리고 $\gamma_{sat} = 19.33$ kN/m^{3}일 때 다음을 구하라.

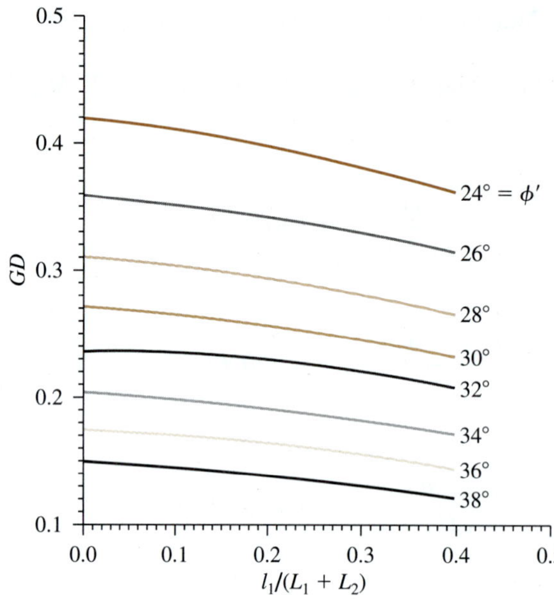

그림 16.21 $\ell_1/(L_1 + L_2)$와 ϕ'에 대한 *GD* 변화값(출처: Based on Hagerty, D. J. and Nofal, M. M. (1992). "Design Aids: Anchored Bulkheads in Sand," *Canadian Geotechnical Journal, Vol*. 29, No. 5, pp. 789–795.)

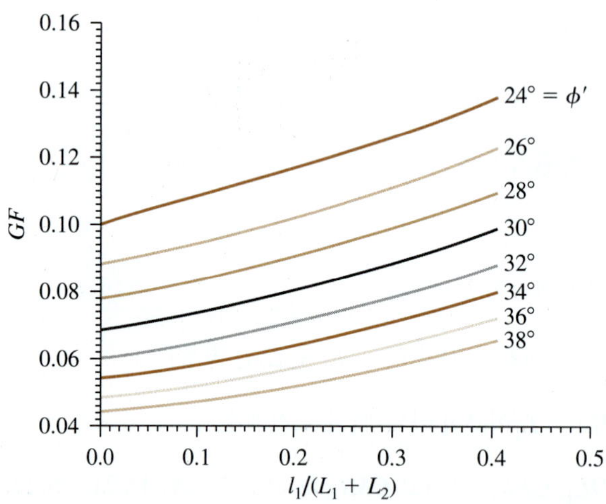

그림 16.22 $\ell_1/(L_1 + L_2)$와 ϕ'에 대한 *GF* 변화값(출처: Based on Hagerty, D. J. and Nofal, M. M. (1992). "Design Aids: Anchored Bulkheads in Sand," *Canadian Geotechnical Journal, Vol*. 29, No. 5, pp. 789–795.)

a. 이론적 근입깊이와 실제 근입깊이(주: $D_{actual} = 1.4D_{theory}$)를 결정하라.

b. 널말뚝벽의 단위길이당 작용하는 앵커의 인장력을 구하라.

c. 최대 휨모멘트(M_{max})를 결정하라.

16.10절에 도시되어 있는 도표를 이용하라.

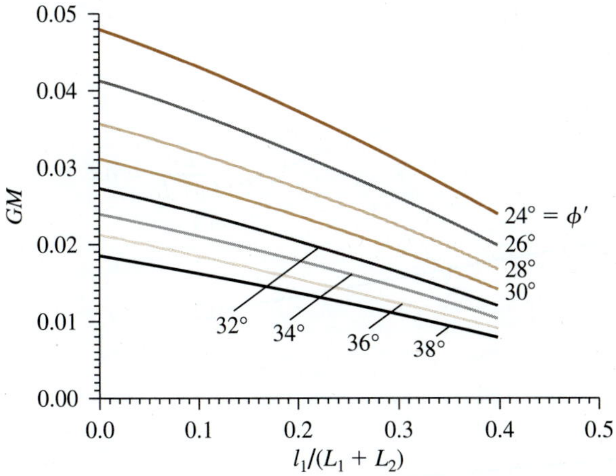

그림 16.23 $\ell_1/(L_1+L_2)$와 ϕ'에 대한 GM 변화값(출처: Based on Hagerty, D. J. and Nofal, M. M. (1992). "Design Aids: Anchored Bulkheads in Sand," *Canadian Geotechnical Journal, Vol.* 29, No. 5, pp. 789–795.)

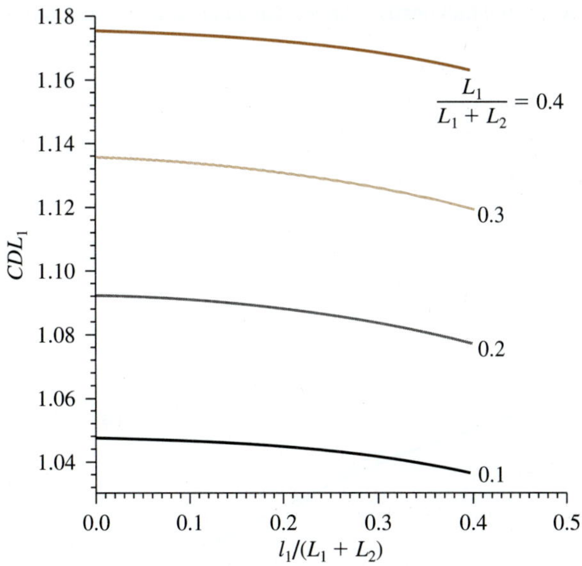

그림 16.24 $L_1/(L_1+L_2)$와 $\ell_1/(L_1+L_2)$에 대한 CDL_1 변화값(출처: Based on Hagerty, D. J. and Nofal, M. M. (1992). "Design Aids: Anchored Bulkheads in Sand," *Canadian Geotechnical Journal, Vol.* 29, No. 5, pp. 789–795.)

풀이

Part a

식 (16.70)으로부터

$$\frac{D}{L_1+L_2}=(GD)(CDL_1)$$

$$\frac{l_1}{L_1+L_2}=\frac{1}{2+3}=0.2$$

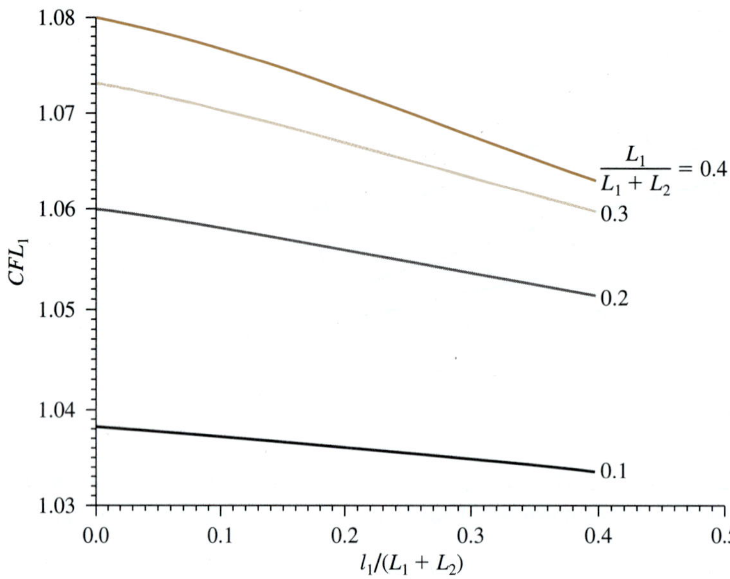

그림 16.25 $L_1/(L_1+L_2)$와 $\ell_1/(L_1+L_2)$에 대한 CFL_1 변화값(출처: Based on Hagerty, D. J. and Nofal, M. M. (1992). "Design Aids: Anchored Bulkheads in Sand," *Canadian Geotechnical Journal, Vol.* 29, No. 5, pp. 789–795.)

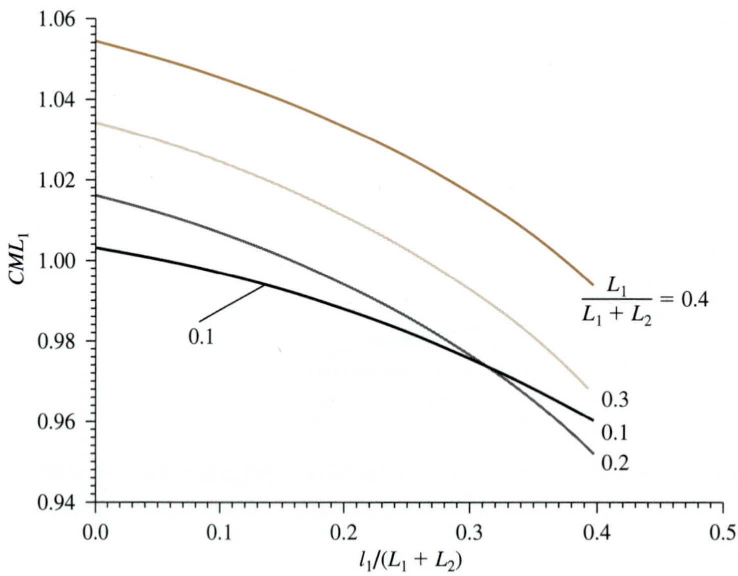

그림 16.26 $L_1/(L_1+L_2)$와 $\ell_1/(L_1+L_2)$에 대한 CML_1 변화값(출처: Based on Hagerty, D. J. and Nofal, M. M. (1992). "Design Aids: Anchored Bulkheads in Sand," *Canadian Geotechnical Journal, Vol.* 29, No. 5, pp. 789–795.)

그림 16.21로부터 $l_1/(L_1+L_2)=0.2$이고, $\phi'=32°$, $GD=0.22$이다. 그림 16.24로부터

$$\frac{L_1}{L_1+L_2}=\frac{2}{2+3}=0.4\text{이고}\quad \frac{l_1}{L_1+L_2}=0.2$$

$CDL_1 \approx 1.172$. 따라서

$$D_{\text{theory}} = (L_1 + L_2)(GD)(CDL_1) = (5)(0.22)(1.172) \approx 1.3$$
$$D_{\text{actual}} \approx (1.4)(1.3) = 1.82 \approx \mathbf{2\ m}$$

Part b

그림 16.22로부터 $l_1/(L_1 + L_2) = 0.2$이고, $\phi' = 32°$, $GF \approx 0.074$. 또한, 그림 16.25로부터

$$\frac{L_1}{L_1 + L_2} = \frac{2}{2+3} = 0.4, \quad \frac{l_1}{L_1 + L_2} = 0.2, \text{그리고} \quad \phi' = 32°$$

$CFL_1 = 1.073$. 식 (16.73)으로부터,

$$\gamma_a = \frac{\gamma L_1^2 + \gamma' L_2^2 + 2\gamma L_1 L_2}{(L_1 + L_2)^2}$$
$$= \frac{(15.9)(2)^2 + (19.33 - 9.81)(3)^2 + (2)(15.9)(2)(3)}{(2+3)^2} = 13.6\ \text{kN/m}^3$$

식 (16.71)에 각각의 값들을 대입하면

$$F = \gamma_a(L_1 + L_2)^2(GF)(CFL_1) = (13.6)(5)^2(0.074)(1.073) \approx \mathbf{27\ kN/m}$$

Part c

그림 16.23으로부터 $l_1/(L_1 + L_2) = 0.2$이고, $\phi' = 32°$, $GM = 0.021$. 또한, 그림 16.26으로부터

$$\frac{L_1}{L_1 + L_2} = \frac{2}{2+3} = 0.4, \quad \frac{l_1}{L_1 + L_2} = 0.2, \text{그리고} \quad \phi' = 32°$$

$CML_1 = 1.036$. 여기서 식 (16.72)로부터

$$M_{\max} = \gamma_a(L_1 + L_2)^3(GM)(CML_1) = (13.6)(5)^3(0.021)(1.036) = \mathbf{36.99\ kN \cdot m/m}$$

■

16.11 사질토지반에 근입된 앵커로 보강한 널말뚝벽의 모멘트 감소법

널말뚝은 유연하기 때문에 널말뚝벽은 횡변위가 발생된다. 그 결과 횡방향 토압은 재분포하게 된다. 이러한 변화는 16.9절에서 설명한 과정에 의해 계산된 최대 휨모멘트($M_{\max}$)를 감소시킨다. 이러한 이유로 Rowe(1952, 1957)는 **자유단 지지법으로** 계산된 널말뚝벽의 최대 설계 휨모멘트의 감소량을 산정하는 방법을 제안하였다. 이 절에서는 **사질토지반에 근입된** 널말뚝의 모멘트 감소법의 과정을 설명하기로 한다.

그림 16.27은 사질토지반에 근입된 널말뚝에 적용이 유효하며, 여기서 사용된 기호들은 다음과 같다.

1. H' = 근입된 널말뚝벽의 총 높이(즉, $L_1 + L_2 + D_{\text{actual}}$)

2.
$$\text{널말뚝의 상대 유연성} = \rho = 10.91 \times 10^{-7}\left(\frac{H'^4}{EI}\right) \tag{16.74}$$

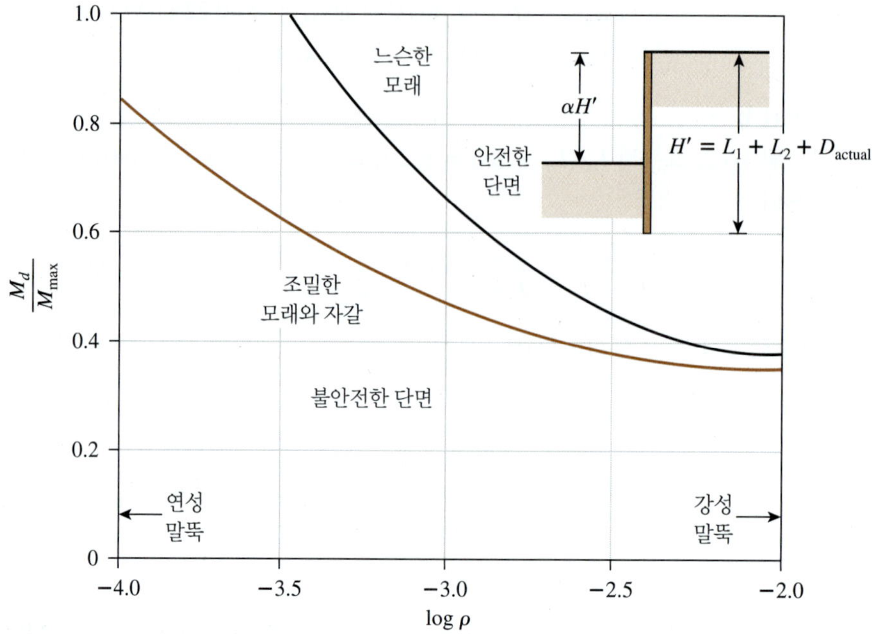

그림 16.27 사질토지반에 근입된 널말뚝벽의 M_d /M_{max}에 대한 log ρ의 그래프(출처: Based on Rowe, P. W. (1952). "Anchored Sheet-Pile Walls," *Proceedings, Institute of Civil Engineers*, Vol. 1, Part 1, pp. 27–70.)

여기서

H' = 단위는 미터(m)

E = 널말뚝 재료의 탄성계수(MN/m²)

I = 널말뚝벽의 단위길이당 관성모멘트(m⁴/m 벽면길이 미터당)

3. M_d = 설계 모멘트

4. M_{max} = 이론적 최대 모멘트

모멘트 감소 도표를 이용하는 방법은 다음과 같다(그림 16.27).

1단계. 널말뚝의 단면을 선택한다(표 16.1에 주어진 것으로부터).

2단계. 선택된 단면(1단계)에 대하여 널말뚝의 단위길이당 단면계수(S)를 구한다.

3단계. 단면(1단계)에 대하여 널말뚝의 단위길이당 단면 2차 모멘트를 결정한다.

4단계. H'을 구하고, ρ[식 (16.74) 참고]를 계산한다.

5단계. log ρ를 구한다.

6단계. 1단계에서 선택한 단면의 설계 모멘트 값을 다음 식에 의하여 계산한다.

$$M_d = \sigma_{all} S$$

7단계. 이미 계산된 이론적 최대 모멘트 M_{max}를 이용하여 M_d/M_{max}를 결정한다.

8단계. log ρ (5단계)와 M_d/M_{max}의 관계도를 그림 16.27에 그린다.

9단계. 여러 단면에 대해 1단계에서 8단계까지는 반복한다. 해당 곡선(느슨한 모래 또는 조밀한 모래 각각의 경우)의 위쪽으로 위치하는 점이 **안전한 단면**이 된다.

곡선 아래에 위치하는 점들은 **불안전한 단면**이 된다. 가장 경제적인 단면(cheapest section)은 해당 곡선 바로 위에 위치하는 점이 되는데, 선택된 단면은 $M_d < M_{max}$라는 사실을 주지하여야 한다.

그림 16.27은 16.9절과 16.10절에서 산정한 최대 이론적 모멘트(M_{max})는 널말뚝의 단면이 감당해야 할 모멘트의 크기(M_d)보다 훨씬 클 수 있다는 것을 알려준다.

예제 16.10

예제 16.8을 참고하여, Rowe의 모멘트 감소 도표를 이용하여(그림 16.27) 가장 적절한 널말뚝의 단면을 구하라. 널말뚝 재료의 물성치: $E = 207 \times 10^3$ MN/m², $\sigma_{all} = 172{,}500$ kN/m²이다.

풀이

$$H' = L_1 + L_2 + D_{actual} = 3.05 + 6.1 + 5.33 = 14.48 \text{ m}$$

$M_{max} = 344.9$ kN·m/m. 따라서 다음 표를 작성할 수 있다.

단면	I(m⁴/m)	H'(m)	$\rho = 10.91 \times 10^{-7}\left(\frac{H'^4}{EI}\right)$	log ρ	S(m³/m)	$M_d = S\sigma_{all}$ (kN·m/m)	$\frac{M_d}{M_{max}}$
PZ-22	116.2×10^{-6}	14.48	19.94×10^{-4}	−2.7	98.92×10^{-5}	170.64	0.495
PZ-27	255.9×10^{-6}	14.48	9.05×10^{-4}	−3.04	166.66×10^{-5}	287.49	0.834

그림 16.28은 M_d/M_{max}과 log ρ와의 관계를 나타내고 있다. 여기서 PZ-27이 가장 적합함을 알 수 있다.

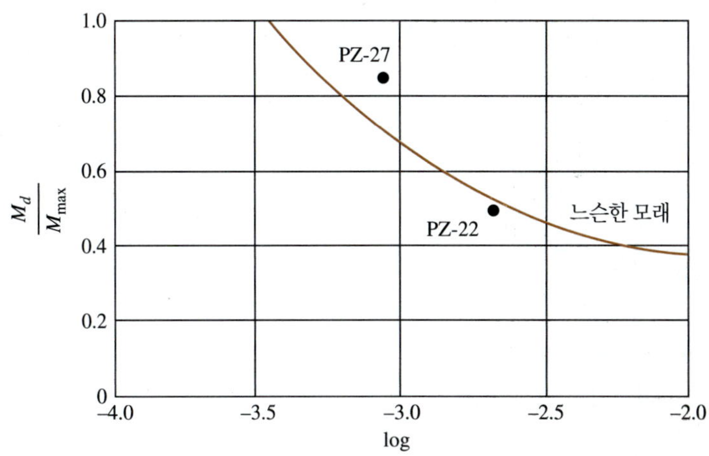

그림 16.28 널말뚝벽의 M_d/M_{max}에 대한 log ρ의 그래프

■

16.12 사질토지반에 근입된 경우의 계산토압분포도법

사질토지반에 근입된 널말뚝벽에 대한 계산토압분포도법(computational pressure diagram method, CPD)은 일종의 간소화된 설계방법이며, 16.9절과 16.10절에서 기술한 자유단 지지법을 대체할 수 있는 방법이다(Nataraj and Hoadley, 1984). 이 방법에서 그림 16.20에 나타낸 순 토압분포도는 그림 16.29와 같이 직사각형 분포로 대체된다. 여기서 $\overline{\sigma}'_a$는 준설면 위의 순 주동토압분포도의 폭이고, $\overline{\sigma}'_p$는 준설면 아래의 순 수동토압분포도의 폭이다. $\overline{\sigma}'_a$와 $\overline{\sigma}'_p$의 크기는 다음과 같다.

$$\overline{\sigma}'_a = CK_a\gamma'_{av}L \tag{16.75}$$

이고,

$$\overline{\sigma}'_p = RCK_a\gamma'_{av}L = R\overline{\sigma}'_a \tag{16.76}$$

여기서

γ'_{av} = 모래의 평균 유효단위중량

$$\approx \frac{\gamma L_1 + \gamma' L_2}{L_1 + L_2} \tag{16.77}$$

C = 경험적 토압계수

$$R = \frac{\overline{\sigma}'_p}{\overline{\sigma}'_a} = \frac{L(L - 2l_1)}{D(2L + D - 2l_1)} \tag{16.78}$$

흙의 종류에 따른 C와 R값의 범위는 표 16.6에 나타나 있다.

근입깊이 D, 널말뚝벽의 단위길이당 앵커의 장력 F, 널말뚝의 최대 모멘트 M_{max}는 다음의 관계로부터 구할 수 있다.

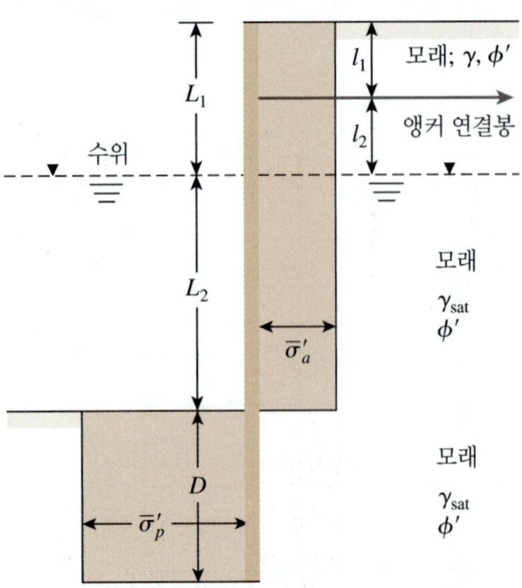

그림 16.29 계산토압분포도법(주: $L_1 + L_2 = L$)

표 16.6 흙의 종류에 따른 C와 R값의 범위[식 (16.75)와 (16.76)]

흙의 종류	C^{a}	R
느슨한 모래	0.8~0.85	0.3~0.5
중간 정도 조밀한 모래	0.7~0.75	0.55~0.65
조밀한 모래	0.55~0.65	0.60~0.75

[a]사질토로 뒤채움한 흙 위에 상재하중이 없을 경우에 유효함(즉, 그림 16.29에서 널말뚝의 오른쪽 면의 상태)

근입깊이

근입깊이는 다음과 같다.

$$D^2 + 2DL\left[1 - \left(\frac{l_1}{L}\right)\right] - \left(\frac{L^2}{R}\right)\left[1 - 2\left(\frac{l_1}{L}\right)\right] = 0 \tag{16.79}$$

앵커의 장력

앵커의 장력은 다음과 같다.

$$F = \overline{\sigma}'_a(L - RD) \tag{16.80}$$

최대 모멘트

최대 모멘트는 다음의 식으로 계산된다.

$$M_{\max} = 0.5\,\overline{\sigma}'_a L^2\left[\left(1 - \frac{RD}{L}\right)^2 - \left(\frac{2l_1}{L}\right)\left(1 - \frac{RD}{L}\right)\right] \tag{16.81}$$

이 방법을 사용할 경우 유의할 점은 다음과 같다.

1. 식 (16.79)로부터 구한 D의 크기는 기존의 자유단 지지법(16.9절)에 의해 구한 값(D_{theory})의 약 1.25~1.5배이다. 따라서

$$\begin{array}{cc} D \approx & D_{\text{actual}} \\ \uparrow & \uparrow \\ \text{식 (16.79)} & \text{식 (16.68)} \end{array}$$

2. 식 (16.80)에서 얻어진 F의 크기는 식 (16.66)에서 얻어진 값의 약 1.2~1.6배이다. 그러므로 앵커의 실제 설계에서 추가적인 안전율은 필요하지 않다.
3. 식 (16.81)에서 구한 $M_{\max}$의 크기는 기존의 자유단 지지법에 의해 구한 $M_{\max}$의 약 0.6~0.75배가 된다. 따라서 전자의 $M_{\max}$의 값은 실제 설계값으로 사용할 수 있고, 그리고 Rowe의 모멘트 감소법은 적용할 필요가 없다.

예제 16.11

그림 16.30에 도시된 앵커로 보강된 널말뚝벽에 대해 계산토압분포도법(CPD)을 이용하여 (a) D, (b) F, (c) M_{max}를 구하라. $C = 0.68$, $R = 0.6$.

풀이

Part a

$$\gamma' = \gamma_{sat} - \gamma_w = 19.24 - 9.81 = 9.43 \text{ kN/m}^3$$

식 (16.77)로부터

$$\gamma'_{av} = \frac{\gamma L_1 + \gamma' L_2}{L_1 + L_2} = \frac{(17.3)(3) + (9.43)(6)}{3 + 6} = 12.05 \text{ kN/m}^3$$

$$K_a = \tan^2\left(45 - \frac{\phi'}{2}\right) = \tan^2\left(45 - \frac{35}{2}\right) = 0.271$$

$$\overline{\sigma}'_a = CK_a\gamma'_{av}L = (0.68)(0.271)(12.05)(9) = 19.99 \text{ kN/m}^2$$

$$\overline{\sigma}'_p = R\overline{\sigma}'_a = (0.6)(19.99) = 11.99 \text{ kN/m}^2$$

식 (16.79)로부터

$$D^2 + 2DL\left[1 - \left(\frac{l_1}{L}\right)\right] - \frac{L^2}{R}\left[1 - 2\left(\frac{l_1}{L}\right)\right] = 0$$

또는

$$D^2 + 2(D)(9)\left[1 - \left(\frac{1.5}{9}\right)\right] - \frac{(9)^2}{0.6}\left[1 - 2\left(\frac{1.5}{9}\right)\right] = D^2 + 50D - 1000 = 0$$

따라서 $D \approx$ **4.6 m**

가정한 R을 검토하면

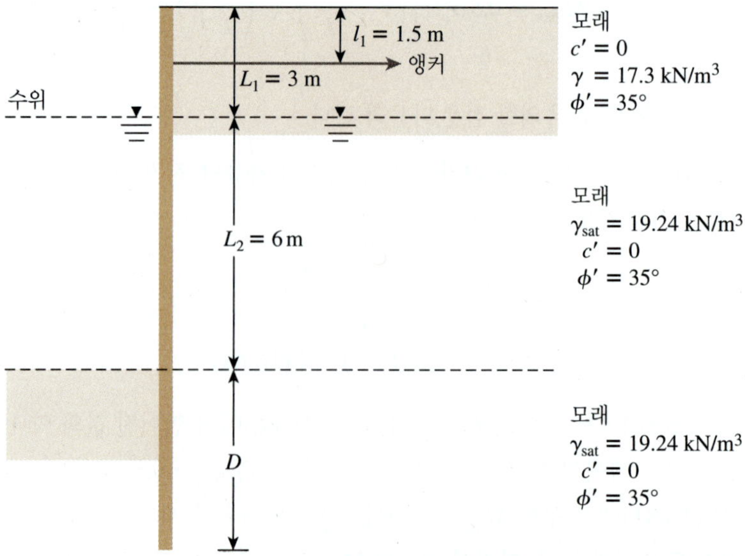

그림 16.30

$$R = \frac{L(L-2l_1)}{D(2L+D-2l_1)} = \frac{9[9-(2)(1.5)]}{4.6[(2)(9)+4.6-(2)(1.5)]} \approx \mathbf{0.6—K}$$

Part b

식 (16.80)으로부터

$$F = \overline{\sigma}'_a(L-RD) = 19.99[9-(0.6)(4.6)] = \mathbf{124.74\ kN/m}$$

Part c

식 (16.81)로부터

$$M_{\max} = 0.5\overline{\sigma}'_a L^2\left[\left(1-\frac{RD}{L}\right)^2 - \left(\frac{2l_1}{L}\right)\left(1-\frac{RD}{L}\right)\right]$$

$$1-\frac{RD}{L} = 1-\frac{(0.6)(4.6)}{9} = 0.693$$

따라서

$$M_{\max} = (0.5)(19.99)(9)^2\left[(0.693)^2 - \frac{(2)(1.5)(0.693)}{9}\right] = \mathbf{201.6\ kN \cdot m/m}$$

■

16.13 앵커로 보강한 널말뚝벽의 현장 계측

앞 절에서는 널말뚝벽의 근입깊이 D를 산정하는 데 큰 안전율이 사용되었다. 대부분의 경우 설계자들은 되도록 작은 값의 내부마찰각 ϕ'를 사용하는데, 그렇게 함으로써 주동토압에 대한 안전율을 확보하고자 한다. 그 이유는 현장에서 발생되는 널말뚝벽에 대한 실제 토압을 예측할 경우 불확실성이 상당히 많이 내포되기 때문이다. 또한 Casagrande(1973)는 널말뚝 뒤채움 흙이 굵은 모래보다 입자가 현저하게 작은 모래일 때, 시공이 완료된 후 주동토압이 서서히 증가하여 정지토압 상태에 이르는 것을 때때로 관측하였다. 이러한 토압의 증가는 앵커의 장력 F를 증가시키는 원인이 된다. 다음의 두 현장사례는 Casagrande(1973)가 발표한 내용이다.

피어 C 벽체—캘리포니아 롱비치 항구(Long Beach Harbor, 1949)

롱비치 항구의 피어 C 벽체의 일반적인 단면도는 그림 16.31과 같다. 널말뚝의 뒤채움 재료는 암석제방을 축조하는 데 사용한 최대 입경이 76 mm인 채석장의 폐 골재를 제외하고는 주로 잔모래로 구성되어 있다. 그림 16.32는 1949년 5월 24일(공사가 완료된 날)에서 1949년 8월 6일 사이의 횡토압의 변화를 나타낸 것이다. 그림 16.32a에 도시된 것과 같이 5월 24일 벽체의 항복 때문에 횡토압은 주동상태에 도달한다. 5월 24일과 6월 3일 사이에 앵커는 항복에 더 저항했고, 횡토압은 정지토압 상태까지 증가했다(그림 16.32b). 그러나, 널말뚝의 유연성은 궁극적으로 측면토압분포를 감소시키는 결과를 가져왔다(그림 16.32c).

다음 표에 기술된 것과 같이 시간이 흐름에 따라, 앵커 연결봉의 응력은 증가했다.

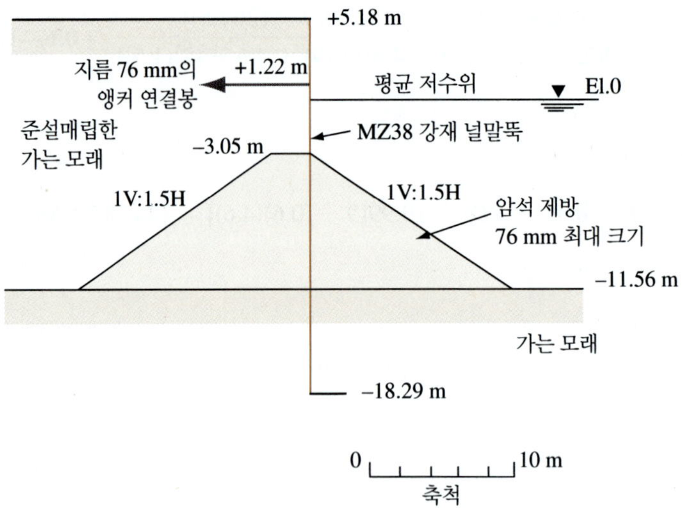

그림 16.31 피어 C 벽체—캘리포니아 롱비치 항구(출처: Based on Casagrande, 1973)

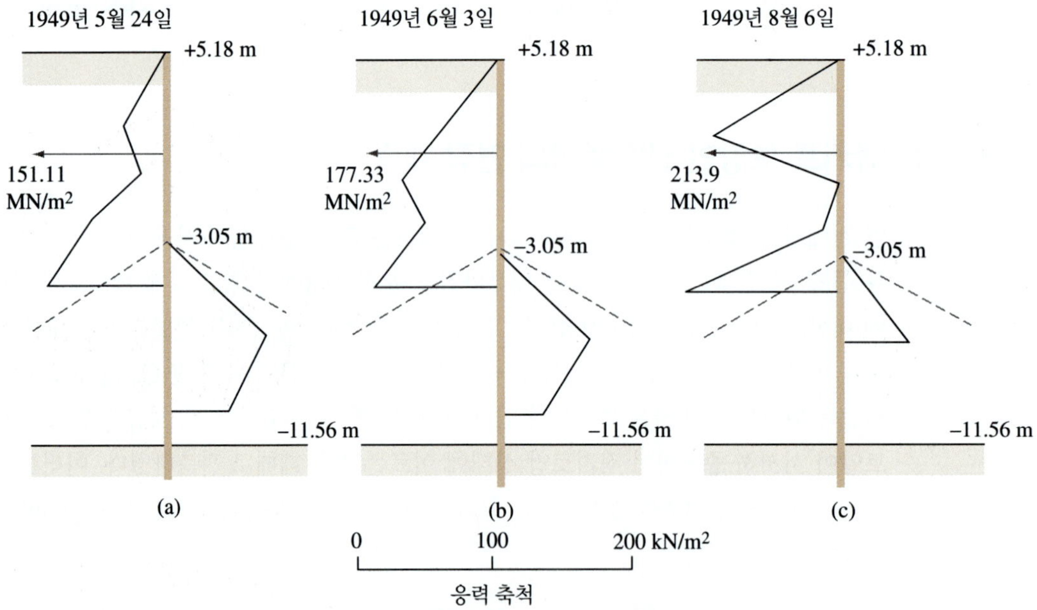

그림 16.32 캘리포니아 롱비치 피어 C 벽체번호 27 + 30 지점에서 측정된 널말뚝의 토압(출처: Based on Casagrande, 1973)

날짜	앵커 연결봉 응력 (MN/m^2)
1949년 5월 24일	151.11
1949년 6월 3일	177.33
1949년 6월 11일	193.2
1949년 7월 12일	203.55
1949년 8월 6일	213.9

이 관측결과들은 주동토압이 시간의 흐름과 널말뚝의 유연성에 크게 의존된다는 것을 보여준다. 또한, 실제 횡토압의 분포도가 실제 설계에 사용했던 횡토압분포도와 같지 않을 수도 있다는 것에 유념해야 한다.

널말뚝—오하이오 토레도(1961)

1961년에 토레도(Toledo)에 시공 완료된 널말뚝의 대표적인 단면이 그림 16.33에 도시되어 있다. 기초지반의 흙은 주로 잔모래에서 중간 정도의 모래로 구성되어 있다. 준설은 과압밀 점토 지반까지 이루어졌다. 그림 16.33은 널말뚝 벽면에서 발생된 휨모멘트의 계측값들을 나타내고 있다. Casagrande(1973)는 자유단 지지법에 의한 최대 휨모멘트를 계산하기 위해 Rankine의 주동토압분포를 사용하였는데, 이때 Rowe의 모멘트 감소법을 사용한 경우와 사용하지 않은 경우를 모두 고려하였다.

설계 방법	최대 휨모멘트 예측값 (M_{max})
자유단 지지법	146.5 kN·m
Rowe의 모멘트 감소를 고려한 자유단 지지법	78.6 kN·m

M_{max}의 값들을 실제 관측한 자료와 비교해 볼 때, 현장 계측값이 예측값보다 상당히 큼을 알 수 있다. 그 이유는 뒤채움 흙이 주로 잔모래이고, 측정된 주동토압분포가 이론적으로 예측된 값보다 더 크기 때문인 것으로 판단된다.

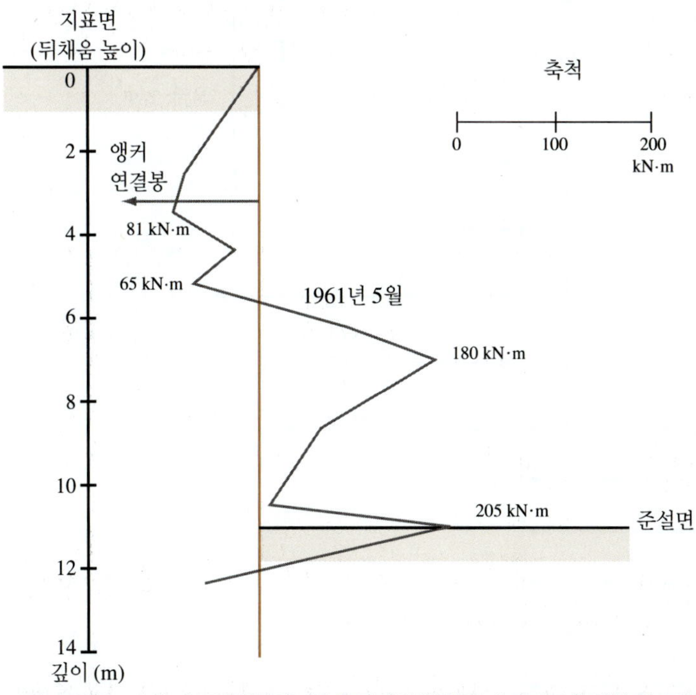

그림 16.33 Toledo 널말뚝의 3번 측점에서 변형률 게이지로 측정한 휨모멘트(출처: Based on Casagrande, 1973)

16.14 점토 지반에 근입된 경우의 자유단 지지법

그림 16.34는 사질토로 뒤채움하고, 점토 지반에 근입된 앵커로 보강된 널말뚝벽을 도시한 것이다. 준설면 위의 토압분포도는 그림 16.15의 경우와 유사하다. 식 (16.42)로부터 준설면 아래(즉, $z = L_1 + L_2$에서 $z = L_1 + L_2 + D$까지)의 순 토압분포는 다음과 같이 계산된다.

$$\sigma_6 = 4c - (\gamma L_1 + \gamma' L_2)$$

정적 평형조건을 만족하려면, 수평방향으로 힘의 합은 다음과 같다.

$$P_1 - \sigma_6 D = F \tag{16.82}$$

여기서

P_1 = 토압분포도 ACD의 면적

F = 널말뚝의 단위길이당 앵커의 장력

다시, 점 O'에 대한 모멘트를 취하면

$$P_1(L_1 + L_2 - l_1 - \bar{z}_1) - \sigma_6 D\left(l_2 + L_2 + \frac{D}{2}\right) = 0$$

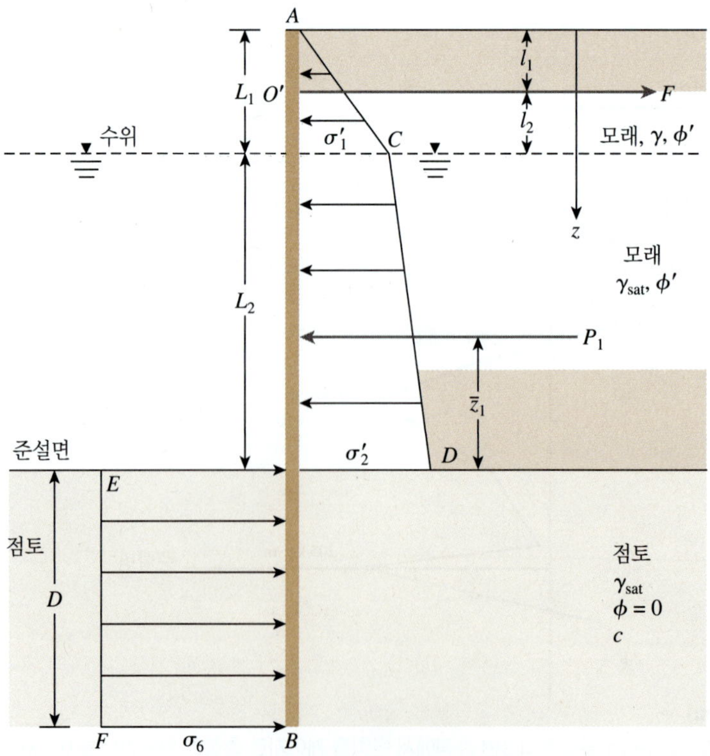

그림 16.34 점토 지반에 근입된 앵커로 보강한 널말뚝벽

간단히 정리하면

$$\sigma_6 D^2 + 2\sigma_6 D(L_1 + L_2 - l_1) - 2P_1(L_1 + L_2 - l_1 - \bar{z}_1) = 0 \qquad (16.83)$$

식 (16.83)으로부터 이론 근입값 D가 결정된다.

16.9절에서와 같이, 이 경우 최대 모멘트는 $L_1 < z < L_1 + L_2$에서 발생된다. 전단력이 0이 되는 깊이(최대 모멘트가 발생)는 식 (16.69)로부터 결정된다.

16.11절과 유사하게 점토 지반에 근입된 앵커로 보강된 널말뚝벽의 모멘트 감소량을 산정하는 방법 역시 Rowe(1952, 1957)에 의해 제안되었다. 이 방법은 그림 16.35에 나타나 있고, 여기에 사용된 기호는 다음과 같다.

1. 안정수(stability number)

$$S_n = 1.25\frac{c}{(\gamma L_1 + \gamma' L_2)} \qquad (16.84)$$

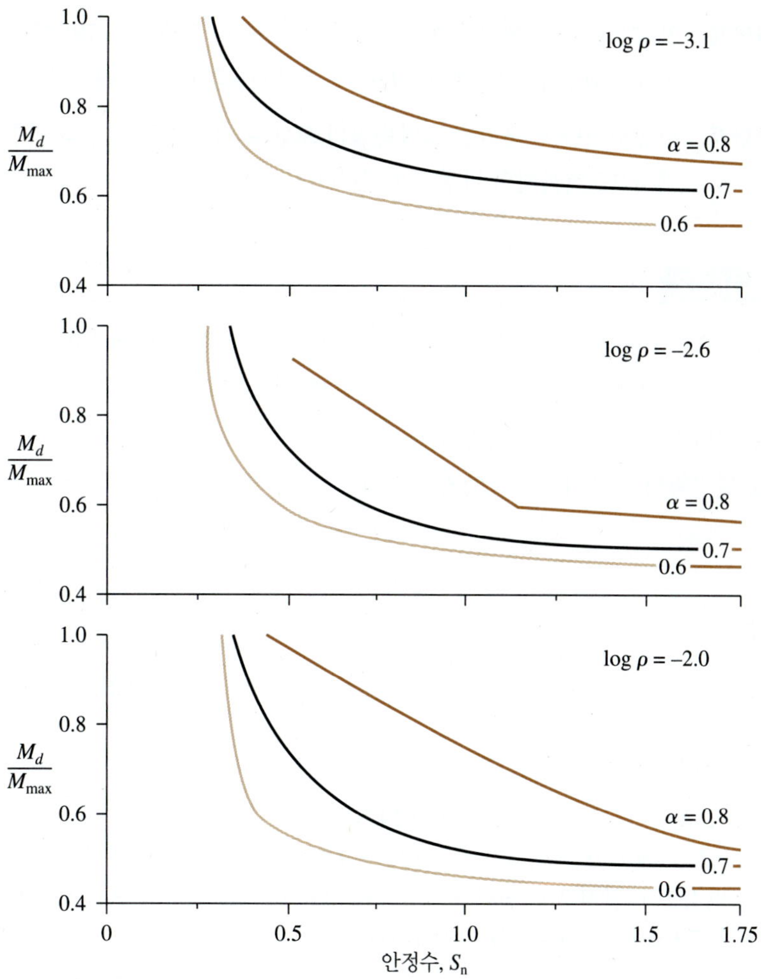

그림 16.35 점토 지반에 근입된 널말뚝벽의 안정수에 대한 M_d/M_{max}의 그래프(출처: Based on Rowe, P. W. (1957). "Sheet-Pile Walls in Clay," *Proceedings, Institute of Civil Engineers*, Vol. 7, pp. 654–692.)

여기서 c = 비배수 점착력($\phi = 0$)

γ, γ', L_1, 그리고 L_2에 대한 설명은 그림 16.34를 참고하라.

2. 무차원의 널말뚝 높이

$$\alpha = \frac{L_1 + L_2}{L_1 + L_2 + D_{\text{actual}}} \tag{16.85}$$

3. 널말뚝의 상대 유연성(flexibility number) ρ [식 (16.74a) 또는 식 (16.74b) 참고]

4. M_d = 설계모멘트

$M_{\max}$ = 이론적인 최대 모멘트

그림 16.35를 사용한 모멘트 감소법은 다음과 같다.

1단계. $H' = L_1 + L_2 + D_{\text{actual}}$을 구한다.

2단계. $\alpha = (L_1 + L_2)/H'$을 결정한다.

3단계. 식 (16.84)로부터 S_n을 결정한다.

4단계. 2단계와 3단계에서 구한 α와 S_n을 이용하여, 그림 16.35의 여러 $\log \rho$ 값에 대한 $M_d/M_{\max}$를 결정하고, $M_d/M_{\max}$와 $\log \rho$의 관계 그래프를 그린다.

5단계. 사질토지반에 근입된 널말뚝벽의 모멘트 감소법의 경우와 마찬가지로 1단계에서 9단계까지의 과정을 따른다(16.11절 참고).

예제 16.12

그림 16.34를 참고하여 다음을 구하라. $L_1 = 3$ m, $L_2 = 6$ m, $l_1 = 1.5$ m, 그리고, $\gamma = 17$ kN/m^3, $\gamma_{sat} = 20$ kN/m^3, $\phi' = 35°$, 그리고 $c = 41$ kN/m^2.

a. 널말뚝벽의 이론적 근입깊이

b. 널말뚝벽의 단위길이당 앵커의 장력

풀이

Part a

$$K_a = \tan^2\left(45 - \frac{\phi'}{2}\right) = \tan^2\left(45 - \frac{35}{2}\right) = 0.271$$

그림 16.36의 토압분포도로부터

$\sigma'_1 = \gamma L_1 K_a = (17)(3)(0.271) = 13.82$ kN/m^2

$\sigma'_2 = (\gamma L_1 + \gamma' L_2)K_a = [(17)(3) + (20 - 9.81)(6)](0.271) = 30.39$ kN/m^2

P_1 = 면적 1 + 면적 2 + 면적 3 = 1/2(3)(13.82) + (13.82)(6) + 1/2(30.39 − 13.82)(6)

= 20.73 + 82.92 + 49.71 = 153.36 kN/m

그리고

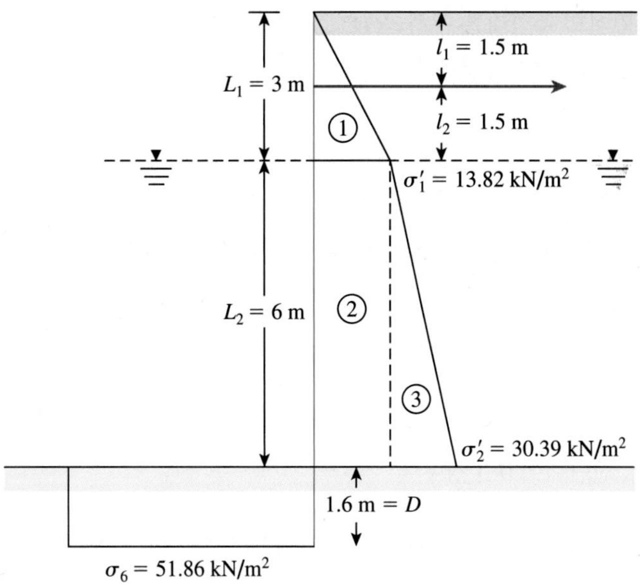

그림 16.36 점토 지반에 근입된 널말뚝벽, 자유단 지지법

$$\bar{z}_1 = \frac{(20.73)\left(6 + \frac{3}{3}\right) + (82.92)\left(\frac{6}{2}\right) + (49.71)\left(\frac{6}{3}\right)}{153.36} = 3.2 \text{ m}$$

식 (16.83)으로부터

$$\sigma_6 D^2 + 2\sigma_6 D(L_1 + L_2 - l_1) - 2P_1(L_1 + L_2 - l_1 - \bar{z}_1) = 0$$
$$\sigma_6 = 4c - (\gamma L_1 + \gamma' L_2) = (4)(41) - [(17)(3) + (20 - 9.81)(6)] = 51.86 \text{ kN/m}^2$$

따라서

$$(51.86)D^2 + (2)(51.86)(D)(3 + 6 - 1.5) - (2)(153.36)(3 + 6 - 1.5 - 3.2) = 0$$

또는

$$D^2 + 15D - 25.43 = 0$$

그러므로

$$D \approx \mathbf{1.6\ m}$$

Part b
식 (16.82)로부터

$$F = P_1 - \sigma_6 D = 153.36 - (51.86)(1.6) = \mathbf{70.38\ kN/m}$$

■

예제 16.13

예제 16.12를 참고하여 다음 문제를 풀어라.

a. 실제 근입깊이의 증가량을 구하라($D_{actual} = 1.75D_{theory}$).

b. 최대 모멘트(M_{max})를 결정하라.

풀이

Part a

$$D_{actual} = 1.75D_{theory} = (1.75)(1.6) = \mathbf{2.8\,m}$$

Part b

식 (16.82)로부터

$$F = P_1 - \sigma_6 D_{theory} = 153.36 - (51.86)(1.6) = 70.38\,\text{kN/m}$$

식 (16.69)로부터, 전단력이 0인 경우에

$$\frac{1}{2}\sigma_1' L_1 - F + \sigma_1'(z - L_1) + \frac{1}{2}K_a\gamma'(z - L_1)^2 = 0$$

$z - L_1 = x$이면, 따라서

$$\frac{1}{2}\sigma_1' L_1 - F + \sigma_1' x + \frac{1}{2}K_a\gamma' x^2 = 0$$

또는

$$\left(\frac{1}{2}\right)(13.82)(3) - 70.38 + (13.82)(x) + \left(\frac{1}{2}\right)(0.271)(20 - 9.81)x^2 = 0$$
$$1.38x^2 + 13.82x - 49.65 = 0$$

위의 식으로부터 $x \approx 3$ m이다. 전단력이 0인 지점에 관하여 모멘트를 구하면

$$M_{max} = -\frac{1}{2}\sigma_1' L_1\left(x + \frac{L_1}{3}\right) + F(x + l_2) - \frac{\sigma_1' x^2}{2} - \frac{1}{2}K_a\gamma' x^2\left(\frac{x}{3}\right)$$

또는

$$M_{max} = -\left(\frac{1}{2}\right)(13.82)\left(3 + \frac{3}{3}\right) + 70.38(3 + 1.5) - \frac{(13.82)(3)^2}{2} - \left(\frac{1}{2}\right)(0.271)(3)^2\left(\frac{3}{3}\right)$$
$$= \mathbf{225.66\ kN\cdot m/m}$$

■

16.15 여러 종류의 앵커

16.9절에서 16.14절까지는 앵커로 보강된 널말뚝벽의 해석법을 제시하였고, 이들 절에서는 널말뚝벽의 단위길이당 앵커가 지지해야 할 힘 F를 구하는 방법을 설명하였다. 이 절에서는 일반적으로 사용되는 여러 형태의 앵커를 보다 자세하게 살펴보고, 이 앵커들의 극한 저항력을 산정하는 방법을 설명하기로 한다.

널말뚝벽에 사용되는 일반적인 앵커는 다음과 같다.

1. 앵커보(deadman anchors, 고정용 콘크리트 블록)

2. 앵커판(anchor plates)

3. 타이백 앵커(tiebacks anchor)

4. 연직 앵커 말뚝

5. 경사말뚝(인장과 압축)에 의해 지지되는 앵커보

앵커판과 **앵커보**는 대개 기성콘크리트 블록(cast concrete blocks, 그림 16.37a)으로 만들어지고, 앵커 **연결봉**(tie-rod)에 의해 널말뚝과 연결된다. 앵커 연결봉을 널말뚝에 용이하

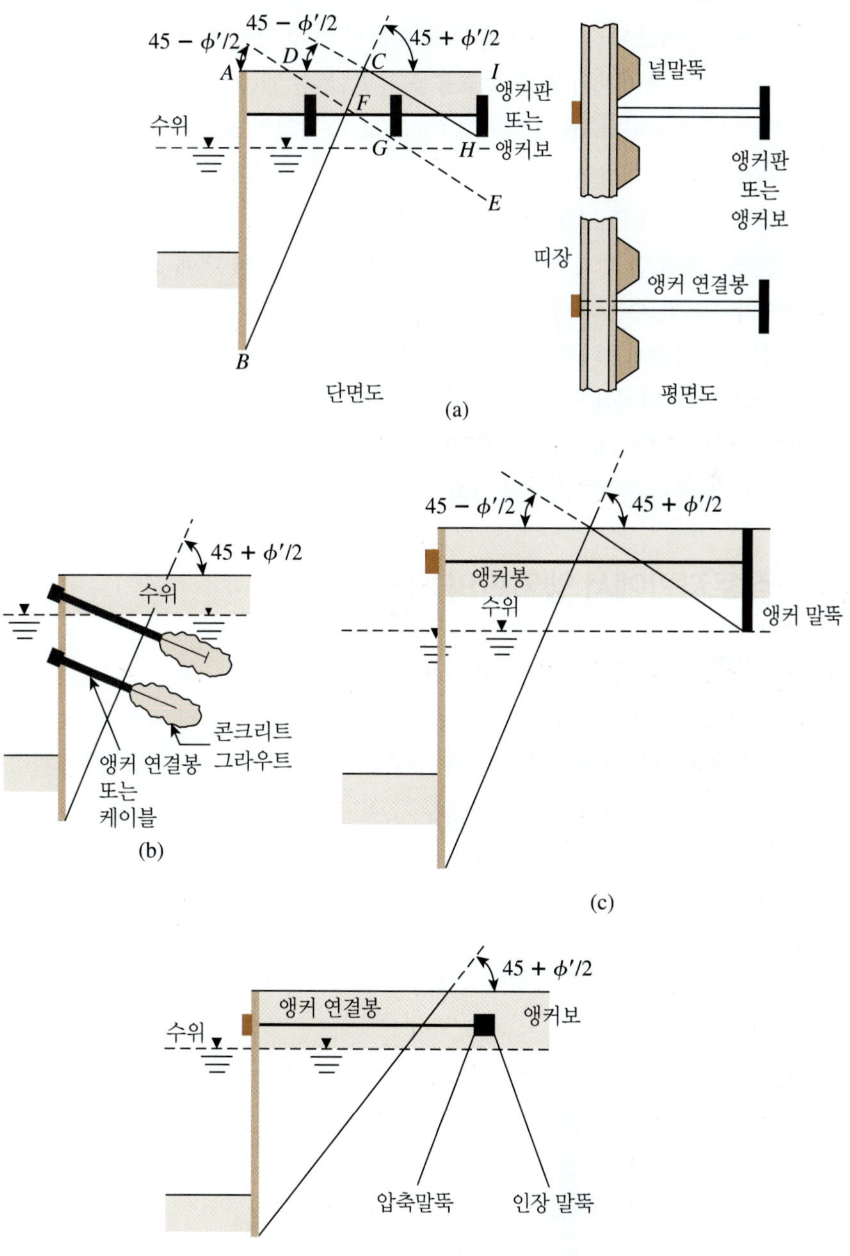

그림 16.37 널말뚝벽에 사용되는 앵커의 여러 가지 형태: (a) 앵커판 또는 앵커보, (b) 타이백 앵커, (c) 연직 앵커 말뚝, (d) 경사말뚝으로 지지된 앵커보

게 부착하기 위해서 띠장(wale)을 널말뚝의 전면 또는 후면에 설치한다. 앵커 연결봉이 부식되는 것을 방지하기 위해서 페인트나 역청재료를 사용해서 표면을 도장처리한다.

타이백 앵커(tiebacks anchor)를 시공할 때는, 미리 천공을 하여 철근이나 케이블을 넣어 설치한 다음 콘크리트 그라우팅을 한다(그림 16.37b). 이때 사용되는 케이블은 대개 고강도 프리스트레스 강선이다. 그림 16.37c와 16.37d는 연직 앵커 말뚝과 경사말뚝으로 지지된 앵커보를 도시한 것이다.

앵커의 설치

앵커판과 앵커보에 의한 저항은 주로 이들의 앞에 있는 흙의 수동토압에 의해 발생한다. 그림 16.37a는 앵커판의 최대의 효율을 유발할 수 있는 최적위치를 나타내고 있고, 여기서 *AB*는 널말뚝벽이다. 만약 앵커가 Rankine 주동영역(active zone)인 쐐기 *ABC* 내에 위치한다면, 파괴에 대하여 아무런 저항을 하지 못할 것이다. 대안으로서 앵커를 *CFEH* 내에 둘 수 있다. *DFG*가 Rankine 수동토압의 활동선(slip line)이라는 것을 유념해야 한다. 만일 앵커 앞의 수동토압 쐐기의 일부분이 활동쐐기 *ABC* 영역 내에 있다면, 널말뚝벽이 파괴될 때 앵커의 충분한 수동 저항이 발현되지 못할 것이다. 그러나, 앵커가 *ICH* 영역 내에 설치되어 있다면, 앵커슬래브나 앵커판의 전면에 있는 Rankine 수동영역은 완전히 Rankine 주동영역 *ABC* 밖에 위치하게 된다. 이 경우 앵커의 수동 저항력이 완전히 발휘하게 된다.

그림 16.37b, 16.37c, 그리고 16.37d는 역시 타이백 앵커, 연직 앵커 말뚝, 그리고 경사말뚝에 의해 지지된 앵커보의 적합한 설치 위치를 보여주고 있다.

16.16 사질토지반에서 앵커판의 지지력

준-경험적 방법(Semi-Emprical Method)

Ovesen and Stromann(1972)은 사질토지반에 설치된 앵커의 극한저항력을 산정하는 준-경험식을 제안했다. 이 계산 과정은 세 단계로 구성되어 있으며, 다음과 같은 과정으로 계산된다.

1단계. 기본적인 경우. 근입깊이 H를 결정한다. 그리고 그림 16.38에서와 같이 앵커판은 높이가 H이고 길이는 연속적(즉, B = 단면에 대해 수직한 앵커판의 길이 = ∞)이라고 가정한다. 그림 16.38에서는 다음의 기호들이 사용되었다.

P_p = 앵커의 단위길이당 수동토압

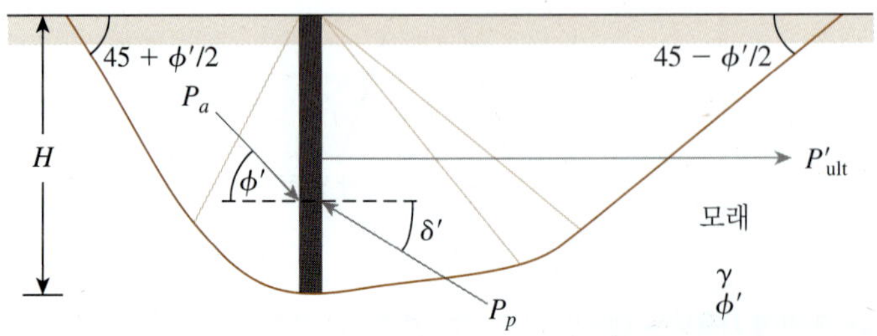

그림 16.38 기본적인 경우: 사질토지반에 설치된 연속 연직 앵커

P_a = 앵커의 단위길이당 주동토압
ϕ' = 흙의 유효 마찰각
δ' = 앵커판과 흙 사이의 마찰각
P'_{ult} = 앵커의 단위길이당 극한저항력
W = 앵커판의 단위길이당 유효중량

또한

$$P'_{\text{ult}} = \frac{1}{2}\gamma H^2 K_p \cos\delta' - P_a \cos\phi' = \frac{1}{2}\gamma H^2 K_p \cos\delta' - \frac{1}{2}\gamma H^2 K_a \cos\phi' \\ = \frac{1}{2}\gamma H^2 (K_p \cos\delta' - K_a \cos\phi') \tag{16.86}$$

여기서

K_a = δ'가 ϕ'와 같은 값일 경우의 주동토압계수(그림 16.39a 참고)
K_p = 수동토압계수

$K_p \cos\delta'$를 얻기 위해서 우선 $K_p \sin\delta'$를 구하면

$$K_p \sin\delta' = \frac{W + P_a \sin\phi'}{\frac{1}{2}\gamma H^2} = \frac{W + \frac{1}{2}\gamma H^2 K_a \sin\phi'}{\frac{1}{2}\gamma H^2} \tag{16.87}$$

그림 16.39b에 나타난 도표로부터 $K_p \cos\delta'$를 구하기 위해서, 식 (16.87)로부터 얻은 $K_p \sin\delta'$의 값을 이용한다.

2단계. 연속 앵커(strip)인 경우($h < H$). 시공할 앵커의 실제 높이 h를 결정한다. 만약에 그림 16.40에서와 같이, 지반의 근입깊이가 H이고 높이가 h인 연속 앵커(즉, $B = \infty$인 앵커)의 단위길이당 극한저항력은 다음과 같다.

$$P'_{\text{us}} = \left[\frac{C_{\text{ov}} + 1}{C_{\text{ov}} + \left(\frac{H}{h}\right)}\right] \underset{\text{식 (16.86)}}{\underset{\uparrow}{P'_{\text{ult}}}} \tag{16.88}$$

여기서

P'_{us} = 연속 앵커에 대한 극한저항력
C_{ov} = 조밀한 사질토지반일 경우 19, 느슨한 사질토지반일 경우 14를 사용

3단계. 실제 판앵커의 경우. 실제로 판앵커는 그림 16.41a와 같이 앵커판 중심간격 S'으로 열을 지어 설치되어 있다. 이때 각 앵커의 극한저항력 P_{ult}는 다음과 같다.

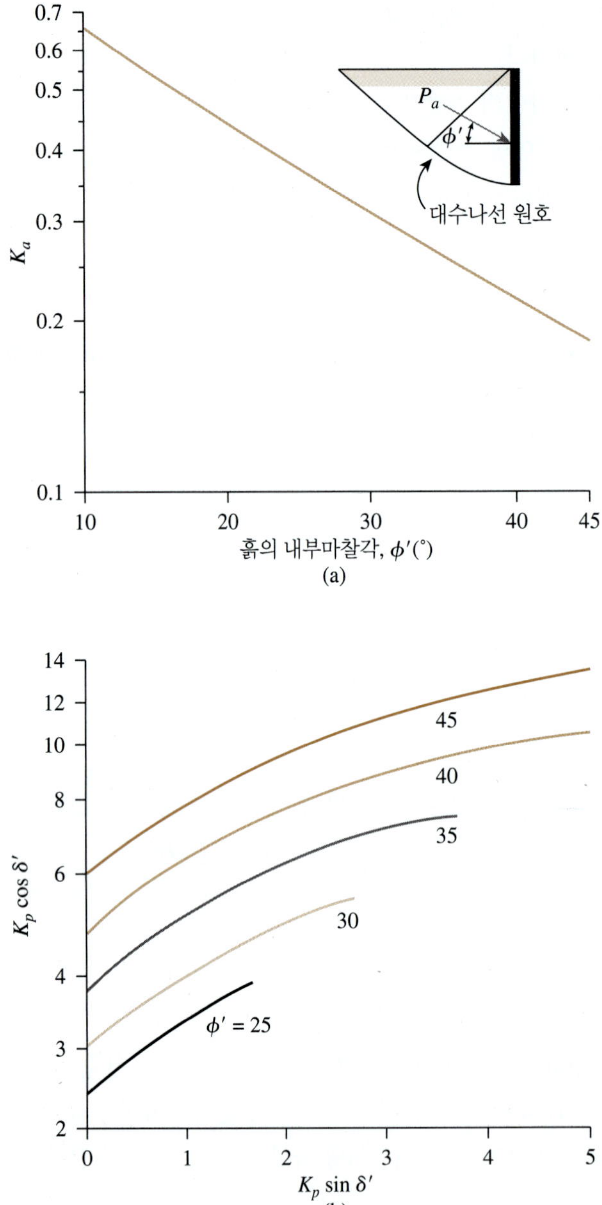

그림 16.39 (a) $\delta' = \phi'$인 경우 K_a의 변화값, (b) $K_p \cos \delta'$와 $K_a \sin \delta'$의 관계도(출처: Based on Ovesen and Stromann, 1972)

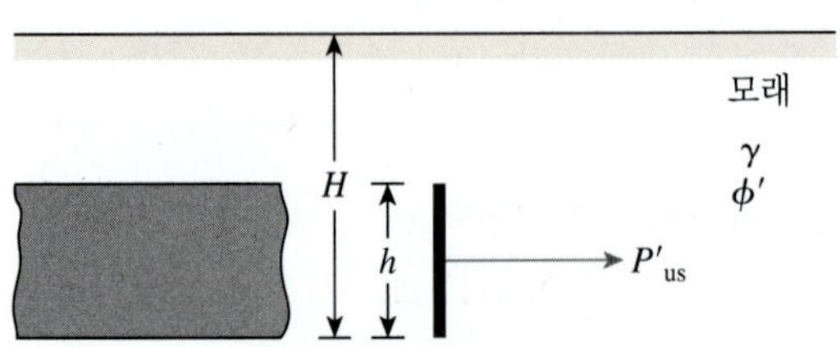

그림 16.40 연속 앵커인 경우: 연직 앵커

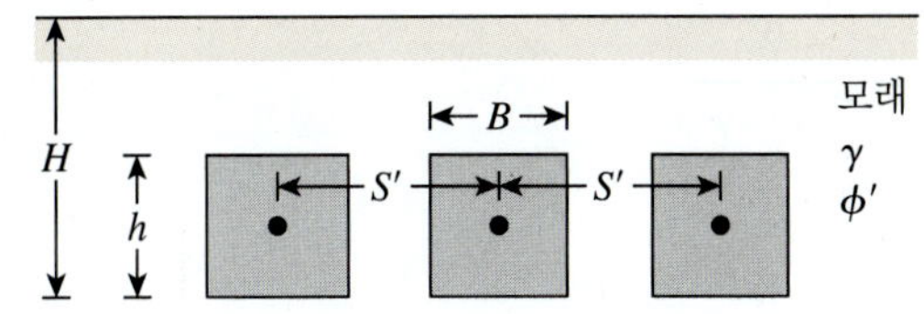

(a)

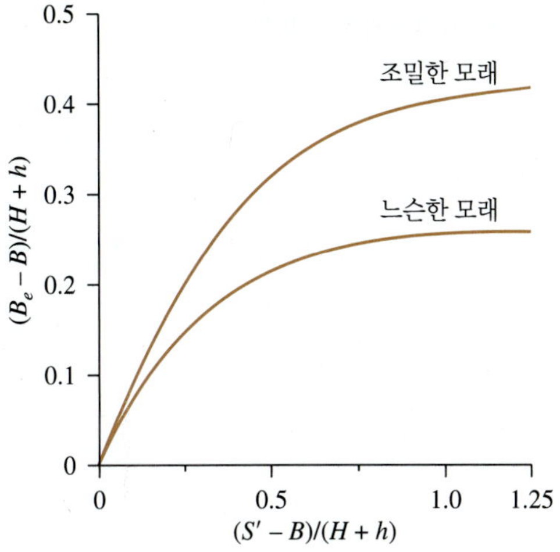

(b)

그림 16.41 (a) 실제로 열을 지어 설치된 판앵커, (b) $(S' - B)/(H + h)$에 대한 $(B_e - B)/(H + h)$의 관계도(출처: Based on Ovesen and Stromann, 1972)

$$P_{\text{ult}} = P'_{\text{us}} B_e \tag{16.89}$$

여기서 B_e = 앵커판의 등가 길이

앵커판의 등가 길이는 S', B, H, 그리고 h의 함수이다. 그림 16.41b에는 느슨하거나 조밀한 모래 지반에 설치된 앵커의 $(S' - B)/(H + h)$에 대한 $(B_e - B)/(H + h)$가 도시되어 있다. S', B, H, 그리고 h의 값을 알면, B_e 값을 계산할 수 있다. 이 결과를 식 (16.89)에 대입하여 P_{ult}를 구할 수 있다.

응력 특성 해법(Stress Characteristic Solution)

Neely et al.(1973)은 앵커의 인발 저항력 측정을 위한 응력 특성 해법(stress characteristic solution)을 제안했다. 이것은 **등가 자유면**의 개념을 이용한 것이고, 그림 16.42는 띠앵커의 가상 파괴면을 보여준다. 이 그림에서 OX는 등가 자유면이다. OX면을 따라 유발된 전단응력(s_o)은 다음과 같다.

$$m = \frac{s_o}{\sigma'_o \tan \phi'} \tag{16.90}$$

여기서

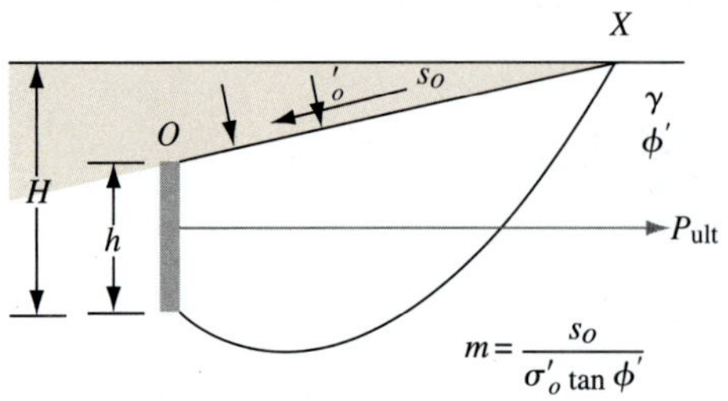

그림 16.42 응력 특성 해법에 의한 흙 속에서 띠앵커의 가상 파괴면

m = 전단응력 유발계수

σ'_o = OX면에 재하되는 유효연직응력

이 분석을 이용하여, 앵커(길이 = B, 높이 = h)의 극한저항력(P_{ult})을 다음과 같이 구할 수 있다.

$$P_{ult} = M_{\gamma q}(\gamma h^2)BF_s \tag{16.91}$$

여기서

$M_{\gamma q}$ = 힘의 계수

F_s = 형상계수

γ = 흙의 유효단위중량

m = 0 또는 1일 때 $M_{\gamma q}$의 변화값은 그림 16.43에 도시되어 있다. 보수적인 설계를 위해, m = 0일 때 $M_{\gamma q}$ 값이 사용된다. 실험에 의해 결정된 형상계수(F_s)는 그림 16.44에 도시되어 있고, 이것은 B/h와 H/h의 함수이다.

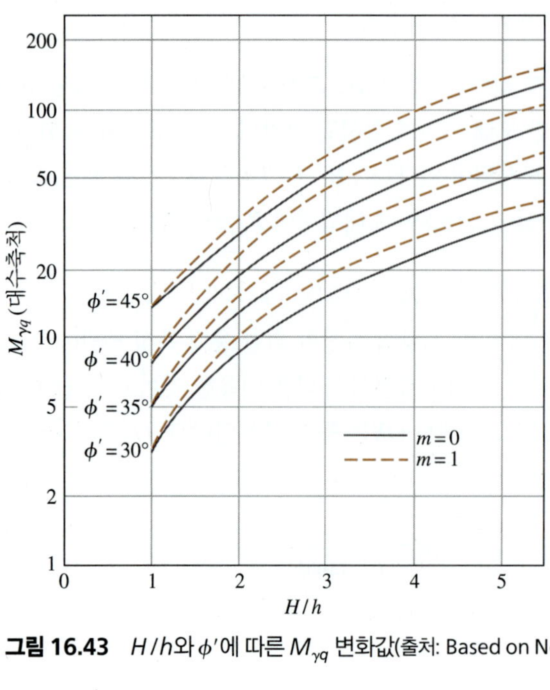

그림 16.43 H/h와 ϕ'에 따른 $M_{\gamma q}$ 변화값(출처: Based on Neeley et al., 1973)

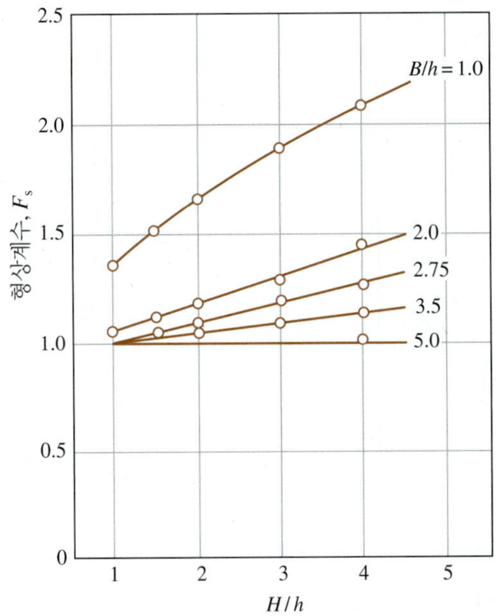

그림 16.44 H/h와 B/h에 따른 형상계수의 변화값(출처: Based on Neeley et al., 1973)

모형실험을 통한 경험식

Das(1975)는 모형실험 결과를 Neele et al.(1973)의 이론과 비교하였다. 이 비교 결과를 근거하여 다음과 같은 관계식을 제안하였다.

$$\text{정사각형 앵커판의 경우, } P_u = C'\gamma\left(\frac{H}{h}\right)^{1.8} h^3 \tag{16.92a}$$

$$\text{원형 앵커판의 경우, } P_u = 0.66C'\gamma\left(\frac{H}{c}\right)^{1.8} d^3 \tag{16.92b}$$

상기 식에서, d = 원형 앵커의 직경

$C' = \phi'$의 함수(그림 16.45)

Ghaly(1997)는 104개의 실내실험 결과, 15개의 원심 모형실험 결과, 그리고 9개의 현장실험 결과를 이용하여 단일 앵커의 극한저항에 대한 경험적인 상관관계식을 다음과 같이 제안하였다.

$$P_{\text{ult}} = \frac{5.4}{\tan\phi'}\left(\frac{H^2}{A}\right)^{0.28} \gamma AH \tag{16.93}$$

여기서 A = 앵커의 단면적 = Bh.

Ghaly는 Das and Seeley(1975)의 실내모형실험 결과를 이용하여 다음과 같은 단일 앵커의 하중-변위 관계를 제시하였다. 이 관계식은 다음과 같다.

$$\frac{P}{P_{\text{ult}}} = 2.2\left(\frac{u}{H}\right)^{0.3} \tag{16.94}$$

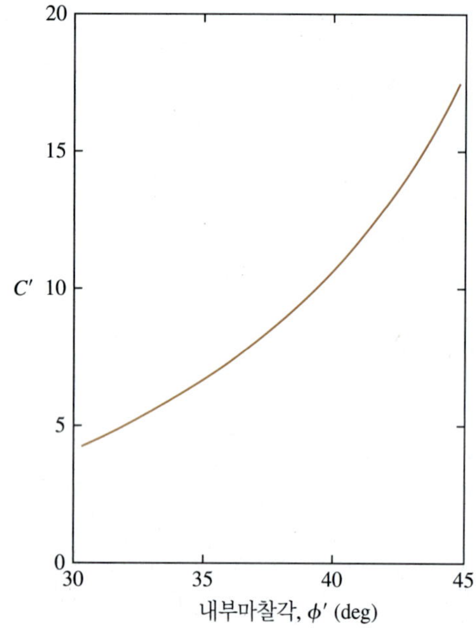

그림 16.45 C'과 ϕ'의 관계도[식 (16.92)]

여기서 u = 하중이 P일 때 앵커의 수평변위.

식 (16.92)와 (16.93), 그리고 (16.94)에 주어진 관계식은 단일 앵커에 대한 것이다(즉, $S'/B = \infty$). 실제의 경우 $S'/B \geq 2$일 때, 앵커는 단일 앵커와 같은 거동을 보인다.

앵커판에 대한 안전율

앵커판의 허용저항력 P_{all}은 다음과 같다.

$$P_{all} = \frac{P_{ult}}{FS}$$

여기서 FS = 안전율.

일반적으로 Ovesen and Stromann의 방법을 사용할 경우에는 안전율 2가 추천되며, 식 (16.92)와 (16.93)로 이용하여 P_{ult}를 계산할 때는 안전율 3이 추천한다.

앵커판의 간격

앵커판의 중심 간의 간격 S'은 다음과 같다.

$$S' = \frac{P_{all}}{F}$$

여기서 F = 널말뚝의 단위길이당 힘

예제 16.14

그림 16.41a를 참고하여 $B = h = 0.4$ m, $S' = 1.2$ m, $H = 1$ m, 그리고, $\gamma = 16.51$ kN/m^3, $\phi' = 35°$일 때, 각각의 앵커판의 극한저항력을 결정하라. 앵커판은 0.15 m 두께의 콘

크리트로 만들어졌다.

풀이

그림 16.39a로부터 $\phi' = 35°$일 때, K_a의 크기는 약 0.26이다.

$$\begin{aligned} W &= Ht\gamma_{\text{concrete}} = (1\text{ m})(0.15\text{ m})(23.5\text{ kN/m}^3) \\ &= 3.525\text{ kN/m} \end{aligned}$$

식 (16.87)로부터

$$\begin{aligned} K_p \sin\delta' &= \frac{W + \frac{1}{2}\gamma H^2 K_a \sin\phi'}{\frac{1}{2}\gamma H^2} \\ &= \frac{3.525 + (0.5)(16.51)(1)^2(0.26)(\sin 35)}{(0.5)(16.51)(1)^2} = 0.576 \end{aligned}$$

그림 16.39b에서 $\phi' = 35°$이고 $K_p \sin\delta' = 0.576$일 경우, $K_p \cos\delta'$의 값은 약 4.5이다. 식 (16.86)으로부터

$$\begin{aligned} P'_{\text{ult}} &= \frac{1}{2}\gamma H^2(K_p\cos\delta' - K_a\cos\phi') \\ &= \left(\frac{1}{2}\right)(16.51)(1)^2[4.5 - (0.26)(\cos 35)] = 35.39\text{ kN/m} \end{aligned}$$

P'_{us}을 계산하기 위하여 모래 지반을 느슨한 상태로 가정하면, 식 (16.88)로부터 C_{ov}의 값은 14이다. 따라서,

$$P'_{\text{us}} = \left[\frac{C_{\text{ov}} + 1}{C_{\text{ov}} + \left(\frac{H}{h}\right)}\right] P'_{\text{ult}} = \left[\frac{14 + 1}{14 + \left(\frac{1}{0.4}\right)}\right](35.39) = 32.17\text{ kN/m}$$

$$\frac{S' - B}{H + h} = \frac{1.2 - 0.4}{1 + 0.4} = \frac{0.8}{1.4} = 0.571$$

$(S' - B)/(H + h) = 0.571$이고 느슨한 모래 지반일 경우, 그림 16.41b에서

$$\frac{B_e - B}{H + h} = 0.229$$

$$\begin{aligned} B_e &= (0.229)(H + h) + B = (0.229)(1 + 0.4) + 0.4 \\ &= 0.72 \end{aligned}$$

따라서, 식 (16.89)로부터

$$P_{\text{ult}} = P'_{\text{us}}B_e = (32.17)(0.72) = \mathbf{23.16\text{ kN}}$$

■

예제 16.15

응력 특성 해법을 이용하여 예제 16.14에 주어진 하나의 앵커에 대한 극한저항력을 산정하라(그림 16.43에서 $m = 0$와 $m = 1$일 때).

풀이

$B = h = 0.4$이고, $H = 1$ m이다. 따라서

$$\frac{H}{h} = \frac{1 \text{ m}}{0.4 \text{ m}} = 2.5$$

$$\frac{B}{h} = \frac{0.4 \text{ m}}{0.4 \text{ m}} = 1$$

식 (16.91)로부터

$$P_{\text{ult}} = M_{\gamma q}\gamma h^2 BF_s$$

그림 16.43으로부터 $\phi' = 35°$이고 $H/h = 2.5$일 때, $m = 0$이면 $M_{\gamma q} \approx 18.2$이다. 그리고 $m = 1$이면 $M_{\gamma q} \approx 22$이다. 또한, 그림 16.44로부터 $H/h = 2.5$이고 $B/h = 1$일 때, $F_s \approx 1.8$이다. 따라서

$$P_{\text{ult}} = (18.2)(16.51)(0.4)^2(0.4)(1.8) \approx \mathbf{34.62\ kN};\ (m = 0\text{일 경우})$$

그리고

$$P_{\text{ult}} = (22)(16.5)(0.4)^2(0.4)(1.8) = \mathbf{41.8\ kN};\ (m = 1\text{일 경우})$$

■

예제 16.16

식 (16.93)을 이용하여, 예제 16.15를 풀어라.

풀이

식 (16.93)으로부터

$$P_{\text{ult}} = \frac{5.4}{\tan \phi'}\left(\frac{H^2}{A}\right)^{0.28} \gamma AH$$

$$H = 1 \text{ m}$$

$$A = Bh = (0.4 \times 0.4) = 0.16 \text{ m}^2$$

$$P_{\text{ult}} = \frac{5.4}{\tan 35}\left[\frac{(1)^2}{0.16}\right]^{0.28}(16.51)(0.16)(1) \approx \mathbf{34.03\ kN}$$

■

예제 16.17

식 (16.92a)를 이용하여, 예제 16.15를 풀어라.

풀이

그림 16.45로부터 $\phi' = 35°$일 때, $C' = 7.2$. 따라서,

$$P_u = C'\gamma\left(\frac{H}{h}\right)^{1.8} h^3 = (7.2)(16.51)(2.5)^{1.8}(0.4)^3 = \mathbf{39.58\,kN}$$

■

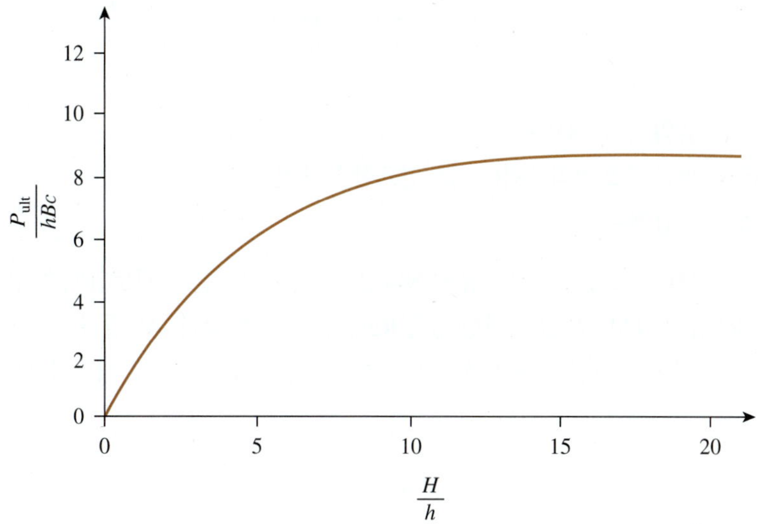

그림 16.46 실내모형실험을 통한 점토에 설치된 판앵커의 H/h에 따른 $\frac{P_{\text{ult}}}{hBc}$의 변화값(출처: Based on Mackenzie, 1955; Tschebotarioff, 1973)

16.17 점토 지반($\phi = 0$)에서 앵커판의 극한지지력

점토 지반($\phi = 0$)에서 앵커판의 극한저항력에 대해 수행한 연구는 거의 없는 실정이다. Mackenzie(1955)와 Tschebotarioff(1973)는 실내모형실험 결과를 바탕으로 H, h, 그리고 c ($\phi = 0$에서의 비배수 점착력)의 함수로서 띠앵커와 앵커보의 극한저항력 변화를 무차원 형태로 나타내었다. 그림 16.46은 H/h에 대한 P_{ult}/hBc의 변화 특성을 무차원 형태로 나타낸 것이다. 그리고 이 그림은 포화된 점토 지반($\phi = 0$)에서 앵커판의 극한저항력을 산정하는 데 사용할 수 있다.

16.18 타이백 앵커의 극한저항력

그림 16.47에 의하면, 사질토 내에 설치된 타이백(tieback) 앵커에 발생하는 극한저항력은 다음과 같이 계산할 수 있다.

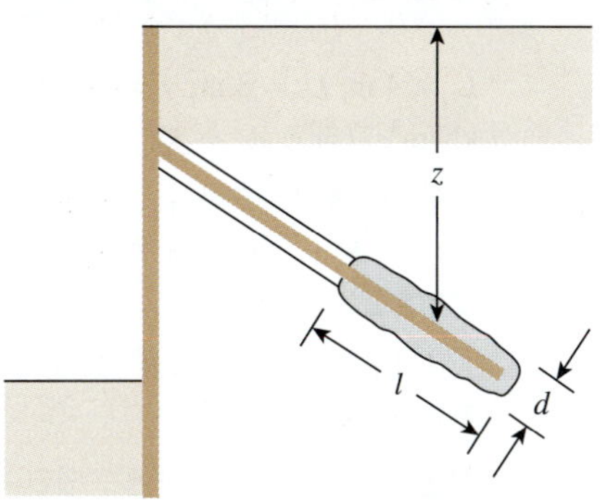

그림 16.47 타이백 앵커의 극한저항력을 정의하기 위한 매개변수들

$$P_{\text{ult}} = \pi dl \overline{\sigma}'_o K \tan \phi' \tag{16.95}$$

여기서

ϕ' = 흙의 유효 내부마찰각

$\overline{\sigma}'_o$ = 평균 유효연직응력(= γz, 건조한 모래일 경우)

K = 토압계수

압력을 가해서 콘크리트 그라우팅을 했다면, K 값의 크기는 정지토압계수(K_o)와 같다고 본다(Littlejohn, 1970). K 값의 하한 값은 Rankine 주동토압계수와 같다고 할 수 있다.

점토 지반에 설치된 타이백 앵커의 극한저항력은 다음 식으로 개략적으로 산정할 수 있다.

$$P_{\text{ult}} = \pi dl c_a \tag{16.96}$$

여기서 c_a = 부착력

c_a의 값은 개략적으로 $\frac{2}{3}c_u$를 택한다(여기서 c_u = 점토의 비배수 점착력). 각 타이백 앵커에 의한 허용저항력은 극한저항력을 안전율 1.5~2로 나누어서 구한다.

16.19 요약

해안가의 구조물, 여러 시공현장에서 사용하는 임시토류벽, 그리고 굴착터파기 현장에서는 널말뚝을 사용한다. 목재, 콘크리트, 그리고 알루미늄으로 제작한 여러 종류의 널말뚝이 있음에도 불구하고, 강재 널말뚝은 가장 많이 사용되고 있는 널말뚝 형식이다.

이 장에서는 사질토와 점토 지반에 설치된 캔틸레버식 널말뚝벽의 설계과정을 기술하였다. 캔틸레버식 널말뚝벽의 뒤채움재의 높이가 6 m를 초과할 때는 앵커로 보강된 널말뚝벽을 선호한다. 설계에 사용되는 앵커들은 앵커보(deadman anchors, 고정용 콘크리트 블록), 판형앵커, 타이백 앵커이다. 이 장에서는 또한 앵커들의 인발저항력에 관하여 간략하게 기술하였다.

연습문제

16.1 그림 P16.1은 사질토지반에 근입된 캔틸레버식 널말뚝벽을 보여주고 있다. L_1 = 3 m, L_2 = 8 m, γ = 16 kN/m^3, γ_{sat} = 18 kN/m^3, 그리고, ϕ' = 30°일 때, 다음을 결정하라.

a. 이론적 근입깊이 D를 구하라.

b. 근입깊이 D를 30% 증가시킬 때, 널말뚝벽의 총 길이를 구하라.

c. 널말뚝벽의 이론적 최대 모멘트를 구하라.

16.2 문제 16.1을 다음의 조건을 고려하여 다시 풀어라.

L_1 = 4 m, L_2 = 8 m, γ = 16.1 kN/m^3, γ_{sat} = 18.2 kN/m^3, 그리고, ϕ' = 32°

16.3 그림 16.13을 참고하여, L = 5 m, γ = 15 kN/m^3, 그리고, ϕ' = 36°일 때, 이론적 근입깊이 D와 최대 모멘트를 구하라.

16.4 L = 4 m, γ = 16 kN/m^3, 그리고, ϕ' = 32°일 때, 문제 16.3을 다시 풀어라.

16.5 그림 16.14는 모래 지반에 근입된 자유단 켄틸레버 강재 널말뚝을 나타낸 것이다. 이론적 근입깊이 D와

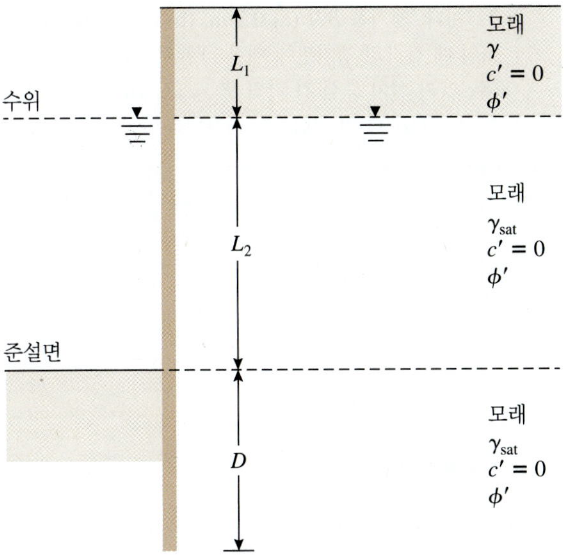

그림 P16.1

최대 모멘트를 구하라. $\gamma = 18$ kN/m^3, $\phi' = 36°$, $L = 5$ m, 그리고 $P = 20$ kN/m이다.

16.6 그림 P16.6은 앵커 널말뚝벽을 보여주고 있다. $L_1 = 3$ m, $L_2 = 5$ m. 그리고, $\gamma = 16$ kN/m^3, $\gamma_{sat} = 18$ kN/m^3, $\phi' = 30°$, 그리고 $c = 35$ kN/m^{2}이다.

a. 이론적 근입깊이 D를 결정하라.

b. 40% 근입깊이 D를 증가시킨다면, 널말뚝벽의 필요한 길이는 얼마인가?

c. 널말뚝의 이론적 최대 모멘트를 결정하라.

16.7 그림 16.18에서 $L = 4$ m, $P = 8$ kN/m, $c = 45$ kN/m^2, $\gamma_{sat} = 19.2$ kN/m^{3}이다. 이론적 근입깊이 D와 최대 모멘트를 구하라.

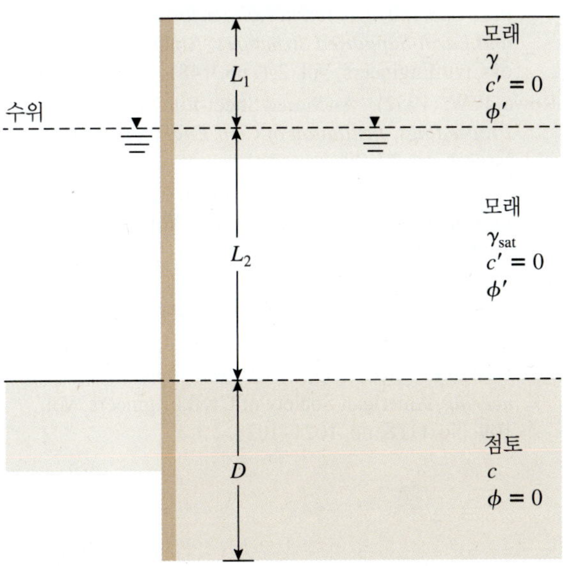

그림 P16.6

16.8 앵커로 보강한 널말뚝벽이 그림 16.8에 도시되어 있다. $L_1 = 4$ m, $L_2 = 9$ m, $l_1 = 2$ m. $\gamma = 17$ kN/m^3, $\gamma_{sat} = 19$ kN/m^3, 그리고 $\phi' = 34°$이다. 자유단 지지법을 이용하라.

a. 이론적 근입깊이 D를 계산하라.

b. 토압분포도를 그려라.

c. 널말뚝벽의 단위길이당 앵커 장력을 구하라.

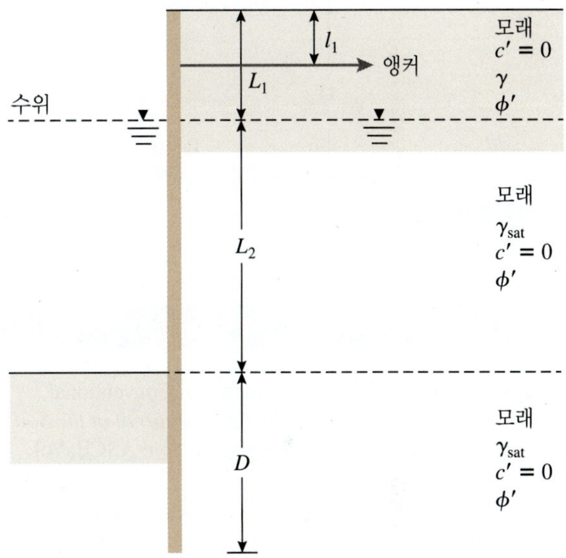

그림 P16.8

16.9 문제 16.8에서 $D_{actual} = 1.3D_{theory}$.

a. 이론적 최대 모멘트를 결정하라.

b. Rowe의 모멘트 감소법을 이용하여 널말뚝벽의 단면을 산정하라. $E = 210 \times 10^3$ MN/m^2 그리고 $\sigma_{all} = 210{,}000$ kN/m^2.

16.10 그림 P16.8에서, $L_1 = 4$ m, $L_2 = 8$ m, $l_1 = 1.5$ m, 그리고 $\gamma = 17$ kN/m^3, $\gamma_{sat} = 19$ kN/m^3, $\phi' = 35°$이다. 계산토압분포법을 이용하여 D, F, M_{max}를 구하라. $C = 0.68$, $R = 0.6$으로 가정한다.

16.11 그림 P16.11은 앵커 널말뚝벽을 나타낸다. $L_1 = 3$ m, $L_2 = 8$ m, $l_1 = 1.5$ m, $\gamma = 17$ kN/m^3, $\gamma_{sat} = 19.5$ kN/m^3, $\phi' = 36°$, 그리고 $c = 40$ kN/m^{2}이다.

a. 이론적 근입깊이 D를 결정하라.

b. 자유단 지지법을 사용하여 널말뚝벽의 단위길이당 장력을 구하라.

16.12 그림 P16.12는 한 개의 앵커판을 도시한 것이다. 여기서 $H = 0.9$ m, $h = 0.3$ m, $\gamma = 17$ kN/m^3, $\phi' =$

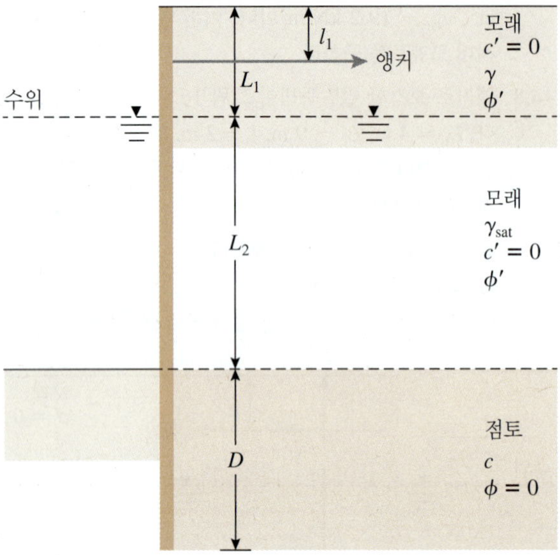

그림 P16.11

32°이다, 앵커폭 B가 (a) 0.3 m, (b) 0.6 m, (c) 0.9 m일 때 각각의 앵커판에 대한 극한지지력을 구하라(주: 앵커 설치 중심 간 간격 $S' = \infty$). 16.14절에 제시된 식 (16.93)의 경험식을 이용하라.

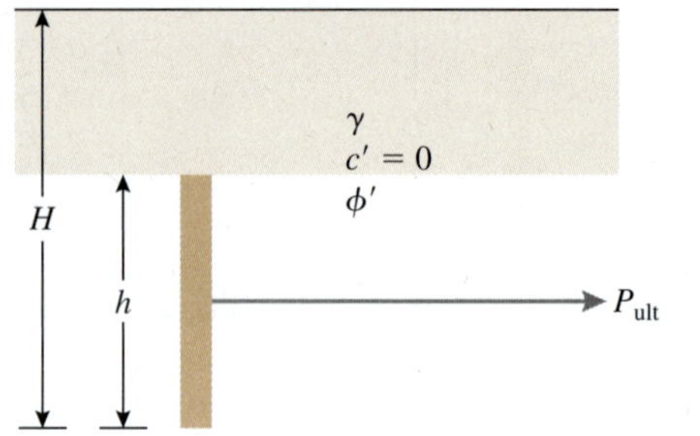

그림 P16.12

16.13 그림 16.43에서 $m = 0$일 때, 식 (16.91)을 이용하여 문제 16.12를 다시 풀어라.

참고문헌

Casagrande, L. (1973). "Comments on Conventional Design of Retaining Structures," *Journal of the Soil Mechanics and Foundations Division*, ASCE, Vol. 99, No. SM2, pp. 181–198.

Das, B. M. (1975). "Pullout Resistance of Vertical Anchors," *Journal of the Geotechnical Engineering Division*, American Society of Civil Engineers, Vol. 101, No. GT1, pp. 85–91.

Das, B. M. and Seeley, G. R. (1975). "Load–Displacement Relationships for Vertical Anchor Plates," *Journal of the Geotechnical Engineering Division*, American Society of Civil Engineers, Vol. 101, No, GT7, pp. 711–715.

Ghaly, A. M. (1997). "Load–Displacement Prediction for Horizontally Loaded Vertical Plates." *Journal of Geotechnical and Geoenvironmental Engineering*, ASCE, Vol. 123, No. 1, pp. 74–76.

Hagerty, D. J. and Nofal, M. M. (1992). "Design Aids: Anchored Bulkheads in Sand," *Canadian Geotechnical Journal*, Vol. 29, No. 5, pp. 789–795.

Littlejohn, G. S. (1970). "Soil Anchors," *Proceedings, Conference on Ground Engineering*, Institution of Civil Engineers, London, pp. 33–44.

Luo, Z. (2021). Personal communication.

Mackenzie, T. R. (1955). *Strength of Deadman Anchors in Clay*, M.S. Thesis, Princeton University, Princeton, NJ.

Nataraj, M. S. and Hoadley, P. G. (1984). "Design of Anchored Bulkheads in Sand," *Journal of Geotechnical Engineering*, American Society of Civil Engineers, Vol. 110, No. GT4, pp. 505–515.

Neeley, W. J., Stuart, J. G., and Graham, J. (1973). "Failure Loads of Vertical Anchor Plates in Sand," *Journal of the Soil Mechanics and Foundations Division*, American Society of Civil Engineers, Vol. 99, No. SM9, pp. 669–685.

Ovesen, N. K. and Stromann, H. (1972). "Design Methods for Vertical Anchor Slabs in Sand," *Proceedings, Specialty Conference on Performance of Earth and Earth-Supported Structures*. American Society of Civil Engineers, Vol. 2.1, pp. 1481–1500.

Rowe, P. W. (1952). "Anchored Sheet-Pile Walls," *Proceedings, Institution of Civil Engineers*, Vol. 1, Issue 1, pp. 27–70.

Rowe, P. W. (1957). "Sheet-Pile Walls in Clay," *Proceedings, Institution of Civil Engineers*, Vol. 7, Issue 3, pp. 654–692.

Tschebotarioff, G. P. (1973). *Foundations, Retaining and Earth Structures*, 2nd ed., McGraw-Hill, New York.

Tsinker, G. P. (1983). "Anchored Sheet Pile Bulkheads: Design Practice," *Journal of Geotechnical Engineering*, American Society of Civil Engineers, Vol. 109, No. GT8, pp. 1021–1038.

Chapter

17 버팀굴착

Braced Cuts

학습목표 **17장을 학습하면 다음을 할 수 있다**

17.1 건설현장에서 버팀굴착의 필요성과 엄지말뚝과 널말뚝을 이용한 여러 종류의 버팀굴착공법을 소개함.

17.2 상단을 중심으로 옹벽의 회전에 대한 횡주동토압 산정 시 일반 쐐기 이론을 적용함.

17.3 모래 지반과 점토 지반에서 버팀굴착 설계를 위한 Peck의 토압분포도 적용과 횡토압분포도의 필요성에 대해 이해함.

17.4 토압분포도의 작성 시 필요한 등가 지반강도정수를 산정함.

17.5 Tschebotarioff의 추천 토압분포도와 Peck의 토압분포도들을 비교함.

17.6 가정한 토압분포도에 근거한 버팀굴착의 여러 요소들을 설계함.

17.7 현장 버팀굴착거동과 이론에 대한 거동을 비교 설명함.

17.8 점토 지반을 굴착할 경우 바닥면의 융기에 대한 안전율을 산정함.

17.9 모래 지반을 굴착할 경우 바닥의 안전율을 산정함.

17.10 널말뚝의 횡변위로 인한 지반 침하과정을 이해함.

17.1 개요

건설공사 시 때로는 연직 또는 연직에 가까운 지반굴착을 해야 할 경우가 있다. 즉 지표면 아래 얕은 깊이에 시가지 건물의 지하층이나 지하 교통시설들을 설치하는 경우이다(개착식 공법). 연직굴착면은 주변에 위치한 기초의 지지력 파괴나 과도한 기초침하로 인해 파괴되는 것을 방지하기 위하여 일시적인 버팀 가시설을 설치하여야 한다.

그림 17.1은 시공현장에서 주로 사용하는 두 가지 형태의 버팀굴착(braced cut)을 도시한 것이다. 그중 하나는 **엄지말뚝**(soldier beam, 그림 17.1a)을 사용하는 형태인데, 굴착되기 전에 타입하며 강재말뚝(steel-beam)이나 목재말뚝이 사용된다. 지반굴착이 진행될 때 엄지말뚝 사이에는 **토류판**(laggings)이라고 하는 수평 목재판을 끼운다. 소정의 깊이까지 굴착이 진행되면 **띠장**(wales)과 수평 강재 보인 **버팀대**(strut)를 설치한다. 여기서 버팀대는 압축력을 받는 부재이다. 그림 17.1b는 다른 형태의 버팀굴착을 나타낸 것이다. 이 경우에는 터파기를 하기 전에 서로 연결고리를 갖는 **강널말뚝**(sheet piles)을 타입한다. 띠장과 버팀대는 소정의 깊이까지 굴착이 진행된 직후 설치한다.

그림 17.2는 1940년에 시카고 지하철 공사에 사용된 버팀굴착 현장을 보여준 것이다. 목재 토류판, 목재 버팀대, 강재 띠장이 사용되었다. 그림 17.3은 1974년에 워싱턴 DC 지하철 공사 때 시공한 버팀굴착 전경을 보여준 것이다. 이 버팀굴착에서는 목재 토류판과 강재 H-파일(엄지말뚝), 강재 띠장, 그리고 강관 버팀대가 사용되었다.

버팀굴착을 설계하기 위해서(즉, 적합한 띠장, 버팀대, 널말뚝, 엄지말뚝의 선택) 기술자는 버팀굴착 단면이 받는 횡토압을 산정하여야 한다. 버팀굴착에서 횡토압의 이론적 내용은 17.2절에 기술하였다. 벽면에 작용하는 단위길이당 전 주동토압(P_a)은 일반적인 쐐기 이론을 이용하여 계산할 수 있다. 그러나 이 분석 방법은 흙의 종류, 시공 인부들의 경험, 사용되는 시공 장비의 종류 등 여러 요소들의 함수로 표현되는 깊이에 따른 횡토압의 변화를 예측할 수 있는 관계식을 제공하지 못한다. 이러한 이유 때문에 현장 관측자료를 바탕으로

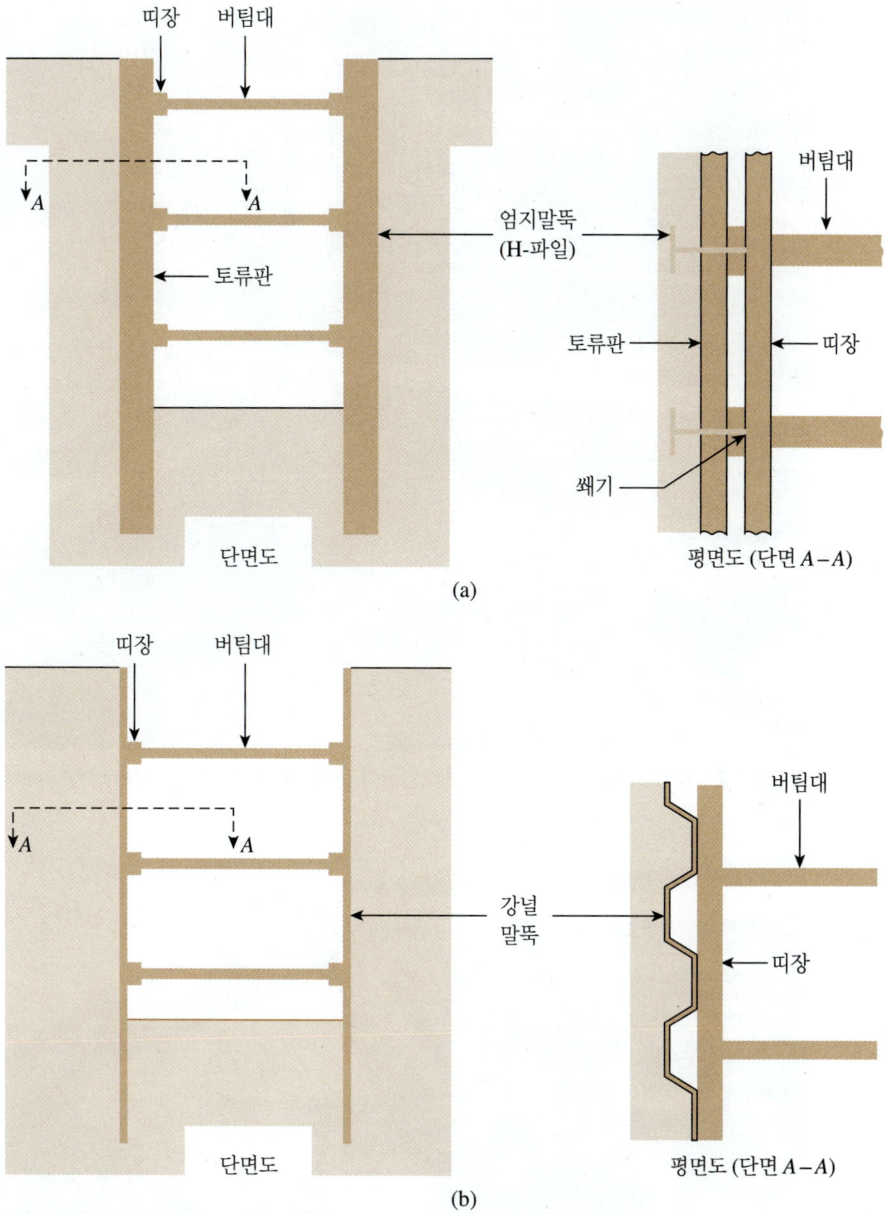

그림 17.1 버팀굴착의 유형: (a) 엄지말뚝의 사용, (b) 강널말뚝의 사용

개발된 경험적인 토압분포도를 버팀굴착 설계 시 사용한다. 이러한 과정은 다음 절에 기술하였다.

17.2 일반적 쐐기 이론에 근거한 버팀굴착 해석

그림 17.4는 높이가 H인 버팀굴착을 나타내고 있다. AB는 조립토를 지지하는 마찰이 없는 벽이라고 가정한다. 버팀대를 설치하고 굴착 과정을 진행하는 동안, 굴착면 바로 옆에 위치한 지반의 상부는 충분한 측면 변형이 발생되지 않았다. 그러나 굴착 깊이가 증가함에 따라

그림 17.2 시카고 지하철 건설현장에서 버팀굴착 전경, 1940년 1월(Courtesy of Ralph B. Peck)

그림 17.3 워싱턴 D.C 지하철 공사현장에서 버팀굴착 전경, 1974년 5월(Courtesy of Ralph B. Peck)

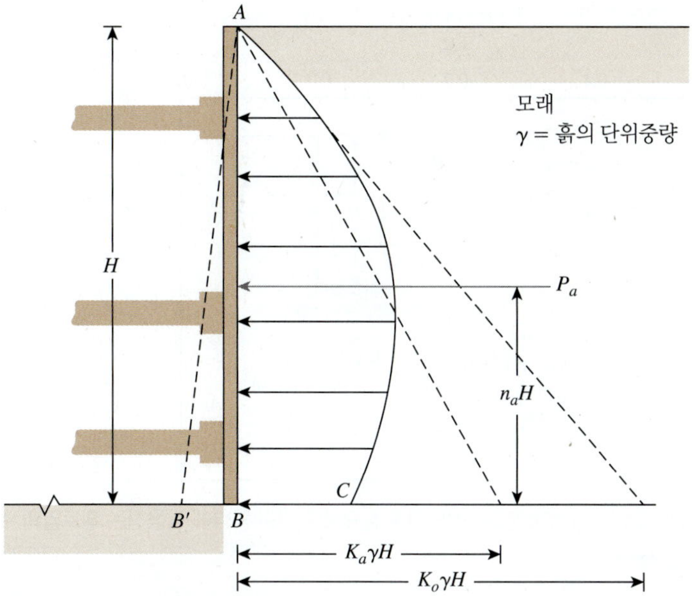

주: K_o = 정지토압계수
K_a = Rankine의 주동토압계수

그림 17.4 모래를 지지하는 마찰이 없는 벽의 토압—상단을 중심으로 토류벽의 회전

굴착과 버팀대를 설치하는 사이의 시간이 지연됨에 따라 벽 AB의 횡방향 변형은 점진적으로 증가하게 되었다. 이상적으로, 굴착이 완료되었을 때는 벽 AB는 모양 AB' 형태로 변형될 것이다. 벽 AB를 따라 발생되는 횡방향 토압분포는 그림 17.4와 같은 형상으로 나타날 것이다. 다음 사항들을 주목해야 한다는 것은 중요하다.

- 벽 AB는 점 A를 중심으로 회전한다(즉, 상단에 대한 회전).
- 점 A에서 횡토압은 정지토압에 가깝다(실질적으로 벽의 측면 변형은 없다).
- 점 B에서 횡토압은 Rankine의 주동토압보다 작을 수 있다. (벽의 변형이 크고, 흙은 소성평형 상태를 넘어선 상태에 있을 수 있다.)
- 따라서, 횡토압도는 그림 17.4에 도시된 것과 같이 ACB에 가깝다.

이러한 형태의 토압분포도를 고려해보면, 최종 주동토압 P_a의 작용점은 벽의 바닥으로부터 측정된 높이 n_aH에 있을 것이다. n_a의 크기는 1/3 이상이 될 것이다.

그림 17.5는 Sherif and Fang(1984)이 건조한 조립토로 뒤채움한 모형옹벽이 상부를 중심으로 회전할 때에 횡토압의 수평요소의 분포와 관련된 실내실험관찰 결과이다. 이 그림은 벽면의 이동에 따른 횡토압이 명확하게 비정수압 분포도 나타내고 있다.

주동토압(P_a)의 크기는 일반적인 쐐기 이론(Terzaghi, 1943)에 근거하여, 흙에서 여러 파괴면들을 고려하여 결정될 수 있다. 그림 17.6은 $c' - \phi'$ 흙에서 버팀굴착 가시설 AB를 나타낸다. Bb_1은 버팀벽 배면지반에서 O_1을 중심으로 한 대수나선형의 호를 파괴면으로 가정한 것이다. 대수나선에 대한 식은 다음과 같이 나타낼 수 있다.

$$r = r_o e^{\theta \tan \phi'} \tag{17.1}$$

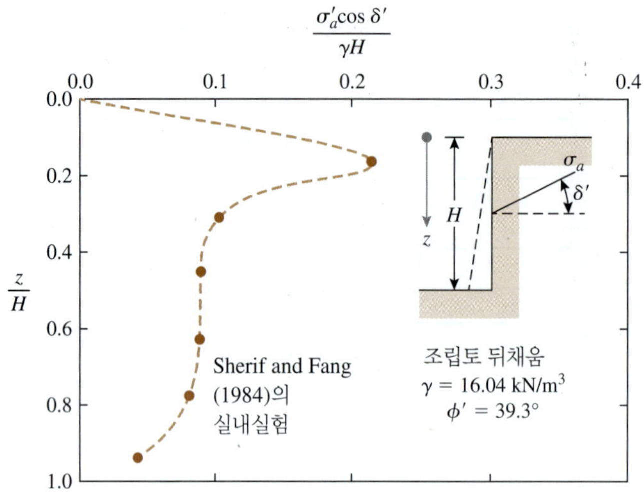

그림 17.5 실내모형실험 계측결과—상단을 중심으로 회전한 옹벽에 작용하는 횡토압의 수평성분의 분포도
주: ϕ'의 값은 일정하다.

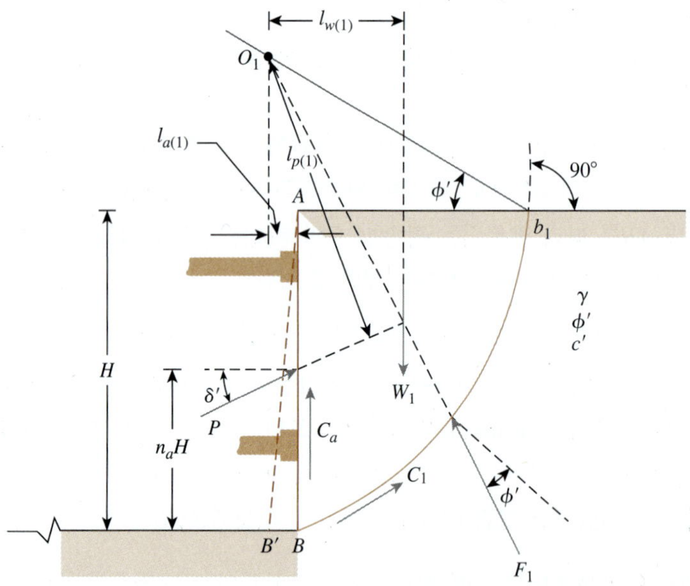

그림 17.6 $c' - \phi'$ 흙에서 버팀굴착 단면에 작용하는 주동토압 크기의 결정—일반 쐐기 이론

여기서

r = 나선의 반경

r_o = $\theta = 0$에서의 초기반경

ϕ' = 흙의 내부마찰각

θ= r과 r_o 사이의 각

식 (17.1)에 의해 정의된 대수나선형의 중요한 특성은 사선이 나선과 교차하는 지점에서 그려진 곡선의 법선과 ϕ' 각도를 만든다는 것이다.

흙 쐐기에 작용하는 절편의 단위길이당 힘은

- 쐐기의 중량 $= W_1$
- Bb_1면을 따라 작용하는 연직력과 전단력의 합력 $= F_1$
- Bb_1면을 따라 작용하는 점착력 $= C_1$
- AB면을 따라 작용하는 부착력 $= C_a = c'_a H$ (여기서 $c'_a =$ 단위 부착력)
- 벽체 AB면에 그려진 법선으로부터 δ' 각도로 기울어 작용하는 주동토압 P

이제, O_1을 중심으로 모든 힘의 모멘트를 취하면 다음과 같다.

$$W_1 l_{w(1)} + F_1(0) - C_a l_{a(1)} - M_{C(1)} - P l_{p(1)} = 0 \tag{17.2}$$

여기서

$$M_{C(1)} = \text{점착력 } C_1\text{의 모멘트}$$

$$= \frac{c'}{2\tan\phi'}\left(r^2 - r_o^2\right) \tag{17.3}$$

$r_o = \overline{O_1 b_1}$

$r = \overline{O_1 B}$

$c' =$ 단위 점착력

따라서 식 (17.2)로부터

$$P = \frac{W_1 l_{w(1)} - C_a l_{a(1)} - M_{C(1)}}{l_{p(1)}} \tag{17.4}$$

P를 결정하는 데 있어서, 이러한 과정을 여러 시험 쐐기들에 대해 반복하여, P의 최대값 $= P_a$(주동토압)를 구할 수 있다.

표 17.1은 앞에서 설명한 일반적인 쐐기 이론을 이용하여 결정된 조립토($c' = 0$)에 대하여 ϕ', δ'/ϕ'과 n_a에 따른 $P_a/(0.5\gamma H^2)$의 변화값을 수록하였다. 일반적으로 $P_a/(0.5\gamma H^2)$의 값은 유사 벽체와 흙의 매개변수일 때 Coulomb의 이론에서 얻은 값보다 15~20% 더 높을 수 있다. 그러나 이 해석법은 깊이에 따른 횡토압의 분포 값을 구할 수가 없다. 또한, n_a의 크기는 흙의 특성과 현장 특성과 같은 몇 가지 요인에 따라 결정된다.

표 17.2는 일반적인 쐐기 이론에서 구한 $c' - \phi'$ 흙에서 $c'/\gamma H = 0.1$일 때, $P_a/0.5\gamma H^2$의 변화값을 기술하였다. Kim and Preber(1969)는 $c' - \phi'$ 흙에서 주동토압에 대하여 더 상세하게 제시하였다.

일반적인 쐐기 이론에 근거하여, $\phi = 0$ 조건에 대하여 $c = c_u$일 때, 다음과 같은 관계를 구할 수 있다(Das and Seeley, 1975).

$$P_a = \frac{1}{2(1 - n_a)}(0.677 - KN_c)\,\gamma H^2 \tag{17.5}$$

여기서

$$N_c = \left(\frac{c_u}{\gamma H}\right) \tag{17.6}$$

표 17.1 상단을 중심으로 회전한 벽체의 주동토압—일반 쐐기 이론(조립토로 뒤채움 시)

흙의 마찰각, ϕ' (°)	$P_a/0.5\gamma H^2$				
	δ'/ϕ'	$n_a = 0.3$	$n_a = 0.4$	$n_a = 0.5$	$n_a = 0.6$
25	0	0.371	0.405	0.447	0.499
	1/2	0.345	0.376	0.413	0.460
	2/3	0.342	0.373	0.410	0.457
	1	0.344	0.375	0.413	0.461
30	0	0.304	0.330	0.361	0.400
	1/2	0.282	0.306	0.334	0.386
	2/3	0.281	0.305	0.332	0.367
	1	0.289	0.313	0.341	0.377
35	0	0.247	0.267	0.290	0.318
	1/2	0.231	0.249	0.269	0.295
	2/3	0.232	0.249	0.270	0.296
	1	0.243	0.262	0.289	0.312
40	0	0.198	0.213	0.230	0.252
	1/2	0.187	0.200	0.216	0.235
	2/3	0.190	0.204	0.220	0.239
	1	0.197	0.211	0.228	0.248
45	0	0.205	0.220	0.237	0.259
	1/2	0.149	0.159	0.171	0.185
	2/3	0.153	0.164	0.176	0.196
	1	0.173	0.184	0.198	0.215

$$K = f\left(\frac{c_a}{c_u}\right) \tag{17.7}$$

K의 값들은 다음과 같다.

$\left(\frac{c_a}{c_u}\right)$	K
0	2.762
0.5	3.056
1.0	3.143

표 17.2 상단을 중심으로 회전한 벽체의 주동토압 일반 쐐기 이론($c' - \phi'$) 뒤채움

ϕ'(°)	δ'(°)	$P_a/0.5\gamma H^2$		
		$c'/\gamma H = 0.1$		
		$n_a = 0.3$	$n_a = 0.4$	$n_a = 0.5$
15	0	0.254	0.285	0.322
	5	0.214	0.240	0.270
	10	0.187	0.210	0.238
20	0	0.191	0.210	0.236
	5	0.160	0.179	0.200
	10	0.140	0.156	0.173
25	0	0.138	0.150	0.167
	5	0.116	0.128	0.141
	10	0.099	0.110	0.122

주: 상기 값에서, 부착력 $c'_a = c'(\tan\delta'/\phi')$라고 가정함.

17.3 버팀굴착 설계를 위한 토압분포

17.1절에서는 버팀굴착의 횡토압은 흙의 종류, 시공방법, 시공 시 사용되는 장비의 종류에 따라서 좌우된다는 것을 기술하였다. 횡토압은 위치마다 변한다. 각 버팀대는 버팀대가 받을 수 있는 최대하중에 대한 설계를 하여야 한다. 그러므로 버팀굴착은 현장에서 버팀대에 걸린 하중을 측정함으로써 결정된 모든 토압분포도들과 같은 겉보기 토압분포도를 사용하여 설계해야 한다. 그림 17.7은 버팀대의 각 단면에서 측정한 하중으로부터 겉보기 토압분

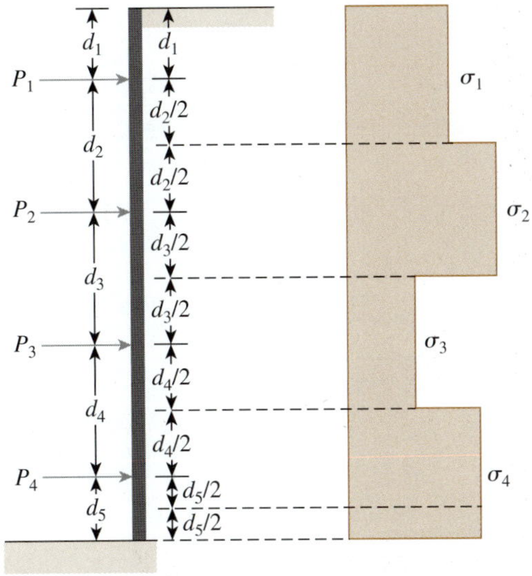

그림 17.7 버팀대에 걸리는 하중을 측정하여 겉보기 토압분포도를 계산하는 과정

포도를 얻은 것을 보여 주고 있다. 이 그림에서 $P_1, P_2, P_3, P_4, \ldots$는 버팀대에 걸린 측정된 하중이다. 겉보기 수평토압은 다음과 같이 구할 수 있다.

$$\sigma_1 = \frac{P_1}{(s)\left(d_1 + \dfrac{d_2}{2}\right)}$$

$$\sigma_2 = \frac{P_2}{(s)\left(\dfrac{d_2}{2} + \dfrac{d_3}{2}\right)}$$

$$\sigma_3 = \frac{P_3}{(s)\left(\dfrac{d_3}{2} + \dfrac{d_4}{2}\right)}$$

$$\sigma_4 = \frac{P_4}{(s)\left(\dfrac{d_4}{2} + \dfrac{d_5}{2}\right)}$$

여기서

$\sigma_1, \sigma_2, \sigma_3, \sigma_4$ = 겉보기 토압

s = 버팀대 사이의 중심과 중심 간격

상기에 기술한 과정을 이용하여 Peck(1969)은 베를린 지하철, 뮌헨 지하철, 뉴욕 지하철에서 관측된 버팀대에 걸린 하중을 바탕으로 **모래 지반**의 버팀굴착 설계에 대한 겉보기 토압분포도를 제시하였다. 이 분포도는 그림 17.8에 나타내었다. 여기서

$$\sigma_a = 0.65\gamma H K_a \tag{17.8}$$

여기서

γ = 흙의 단위중량

H = 굴착의 깊이

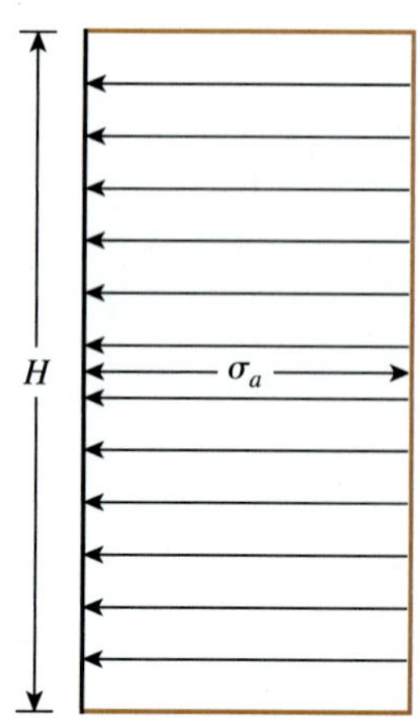

그림 17.8 Peck(1969)이 제안한 모래 지반에서 굴착면에 대한 겉보기 토압분포도

K_a = Rankine의 주동토압계수 = $\tan^2(45 - \phi'/2)$

ϕ' = 모래의 유효 내부마찰각

점토 지반에서의 버팀굴착

Peck(1969)은 유사한 방법으로 연약 **점토~중간 점토 지반**, 단단한 **점토 지반**의 버팀굴착에 대한 겉보기 토압분포도를 제시하였다. 연약 점토~중간 점토 지반의 겉보기 토압분포도는 그림 17.9a와 같다. 이 그림은 다음 조건에서 적용할 수 있다.

$$\frac{\gamma H}{c} > 4$$

여기서 c = 비배수 점착력($\phi = 0$)

$\gamma H/c$는 단단한 점토로부터 연약, 중간 점토로 분리하는 데 사용하는 무차원 수이다.

횡토압 σ_a는 다음 중 큰 값을 사용한다.

$$\sigma_a = \gamma H\left[1 - \left(\frac{4c}{\gamma H}\right)\right]$$

그리고 (17.9)

$$\sigma_a = 0.3\gamma H$$

여기서 γ = 점토의 단위중량

단단한 점토 지반에서 버팀굴착에 대한 토압분포도는 그림 17.9b에 나타나 있고, 다음의 식으로 표현된다.

$$\sigma_a = 0.2\gamma H \text{ to } 0.4\gamma H \qquad (\text{평균값 } 0.3\gamma H) \tag{17.10}$$

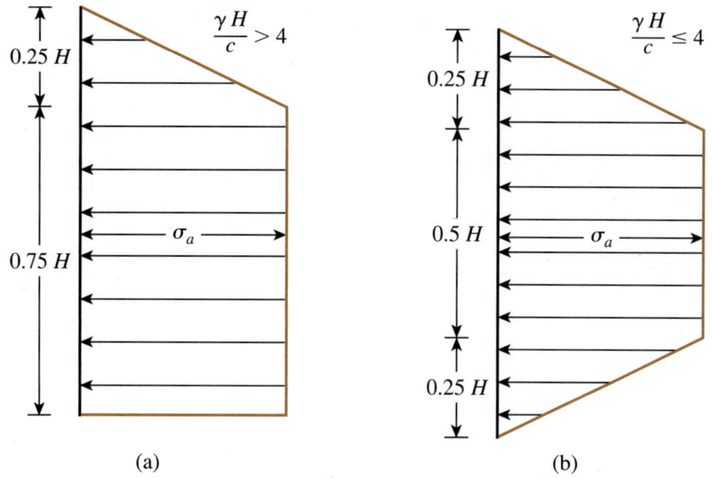

그림 17.9 Peck(1969)이 제안한 굴착면에 대한 겉보기 토압분포도: (a) 연약 점토~중간 점토, (b) 단단한 점토

위의 식은 $\gamma H/c \le 4$의 조건에서만 적용 가능하다.

위에 기술된 토압분포도를 사용할 때는 다음 사항들을 유의해야 한다.

1. 제안된 토압분포도는 굴착 깊이가 6 m 이상일 때 적용된다.
2. 수위가 굴착 단면 하부에 있다는 가정하에 사용된다.
3. 모래 지반은 간극수압이 0인 배수 상태로 가정한다.
4. 점토 지반은 비배수 상태로 간극수압은 고려하지 않는다.

17.4 층상 지반에서 버팀굴착에 대한 토압분포도

모래층과 점토층이 혼재하는 지반에서 버팀굴착을 실시할 경우가 종종 발생한다. 이 경우 Peck(1943)은 등가 점착력($\phi = 0$)을 구하는 다음 식을 제안하였다(그림 17.10a).

$$c_{av} = \frac{1}{2H}[\gamma_s K_s H_s^2 \tan\phi_s' + (H - H_s)n'q_u] \tag{17.11}$$

여기서

H = 총 굴착 깊이
γ_s = 모래의 단위중량
H_s = 모래층의 두께
K_s = 모래층의 횡토압계수(≈ 1)
ϕ_s' = 모래의 유효 내부마찰각
q_u = 점토의 일축압축강도
n' = 점진적 파괴계수(0.5~1.0, 평균값 0.75)

여러 토층의 평균 단위중량은 다음과 같이 구한다.

$$\gamma_a = \frac{1}{H}[\gamma_s H_s + \gamma_c(H - H_s)] \tag{17.12}$$

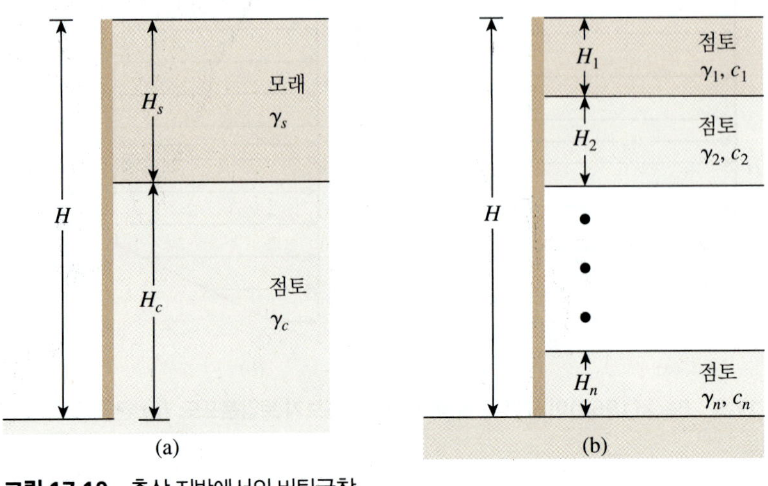

그림 17.10 층상 지반에서의 버팀굴착

여기서 γ_c = 점토층의 포화단위중량

점착력과 단위중량의 평균값이 결정되면, 버팀굴착을 설계하기 위해 점토 지반의 토압분포도를 사용할 수 있다.

마찬가지로 굴착 단면에 여러 개의 점토층이 존재한다면(그림 17.10b), 평균 비배수 점착력은 다음과 같이 구한다.

$$c_{av} = \frac{1}{H}(c_1H_1 + c_2H_2 + \cdots + c_nH_n) \tag{17.13}$$

여기서

$c_1, c_2, \ldots, c_n = 1, 2, \ldots, n$층의 비배수 점착력

$H_1, H_2, \ldots, H_n = 1, 2, \ldots, n$층의 두께

흙의 평균 단위중량 γ_a는 다음과 같다.

$$\gamma_a = \frac{1}{H}(\gamma_1H_1 + \gamma_2H_2 + \gamma_3H_3 + \cdots + \gamma_nH_n) \tag{17.14}$$

17.5 Tschebotarioff의 토압분포도

Peck(1969)이 제시한 그림 17.7, 17.8, 그리고 17.9에 도시된 토압분포도와 유사하게, Tschebotarioff(1973)가 또 다른 형상의 토압분포도를 제시하였다. 그림 17.11에 나타낸 것과 같으며, 설계 시 때때로 사용한다. 그럼에도 불구하고, 이 교재에서는 **모든 계산과 문제에서는 그림 *17.7*, *17.8*, 그리고 *17.9*에 도시된 토압분포도를 사용하였다.**

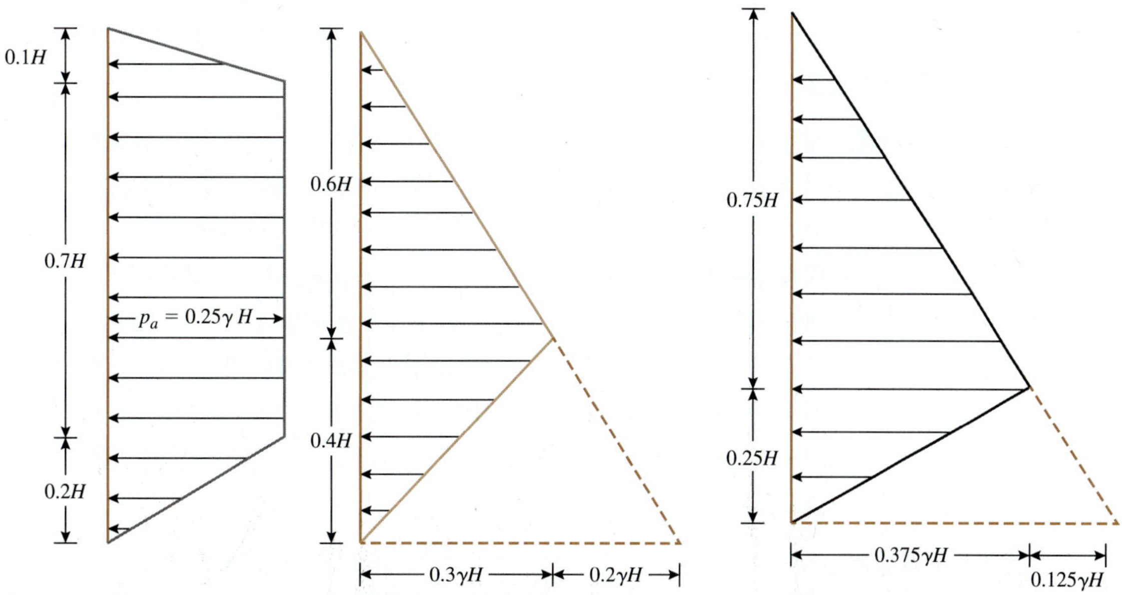

(a) 모래 지반 (b) 단단한 점토 지반에서의 임시버팀 (c) 중간 점토 지반에서의 영구버팀

그림 17.11 Tschebotarioff가 제안한 굴착면에 대한 토압분포도

17.6 버팀굴착에서 여러 요소들의 설계

버팀대(Struts)

공사를 하는 데 있어서 버팀대(strut)의 연직 간격은 최소한 2.75 m 이상이어야 한다. 버팀대는 휨을 받는 수평 기둥이다. 이 기둥의 하중 저항력은 세장비(slenderness ratio)에 의해 좌우된다. 세장비는 중간 지점에 연직 지지보와 수평 지지보들을 설치함으로써 감소시킬 수 있다. 터파기 폭이 넓은 경우에는 버팀대를 여러 개 연결하여 사용할 필요가 있다. 점성토 지반을 버팀굴착할 경우, 지표면 아래의 첫 번째 버팀대의 설치 깊이는 인장균열(tensile crack)깊이 z_c 이내여야 한다. 식 (14.11)로부터

$$\sigma'_a = \gamma z K_a - 2c'\sqrt{K_a}$$

여기서 K_a = Rankine의 주동토압계수

인장균열의 깊이를 결정하기 위하여

$$\sigma'_a = 0 = \gamma z_c K_a - 2c'\sqrt{K_a}$$

또는

$$z_c = \frac{2c'}{\sqrt{K_a}\gamma}$$

$\phi = 0$, $K_a = \tan^2(45 - \phi/2) = 1$이면

$$z_c = \frac{2c}{\gamma}$$

버팀대에 작용하는 하중을 산정할 경우에 단순화된 보수적인 방법이 사용될 수 있다. 현장설계에 참여한 기술자마다 차이가 발생할 수 있으나, 일반적인 방법의 단계별 산출과정은 다음과 같다(그림 17.12 참고).

1단계. 지반을 구성하고 있는 흙에 따라, 그림 17.8과 그림 17.9에 도시된 3개의 겉보기 토압분포도 중 1개를 선택한다. 버팀굴착면 옆에다 토압분포도를 그린다. 그림 17.12에서 흙은 모래로 가정한다. 압축력 P_A, P_B, P_C, P_D를 받는 버팀대의 위치를 A, B, C, 그리고 D로 표시한다. 이 버팀대들은 수평간격 s로 설치한다. 버팀대와 강널말뚝(또는 엄지말뚝)의 연결부는 버팀대 위치에서 맨 첫 번째 상부 것과 마지막 바닥 것을 제외하고는 힌지(hinge)라고 가정한다(즉, 모멘트를 전달 못함). 그림 17.12a에서 버팀대 B와 C의 끝단은 힌지이다. 몇몇 설계자들 역시 널말뚝이나 엄지말뚝의 최상부만 제외하고 모든 버팀대의 위치를 힌지라고 가정하기도 한다.

2단계. 힌지라는 가정은 그림 17.12b에 도시된 것과 같이 토압분포도를 연속적인 캔틸레버(상부버팀와 하부버팀)와 단순보(중간 버팀)로 분리가 가능하게 만들었다. 힌지에서 보들은 분리되었으며, 버팀대가 받는 하중은 이웃 보에 작용하는

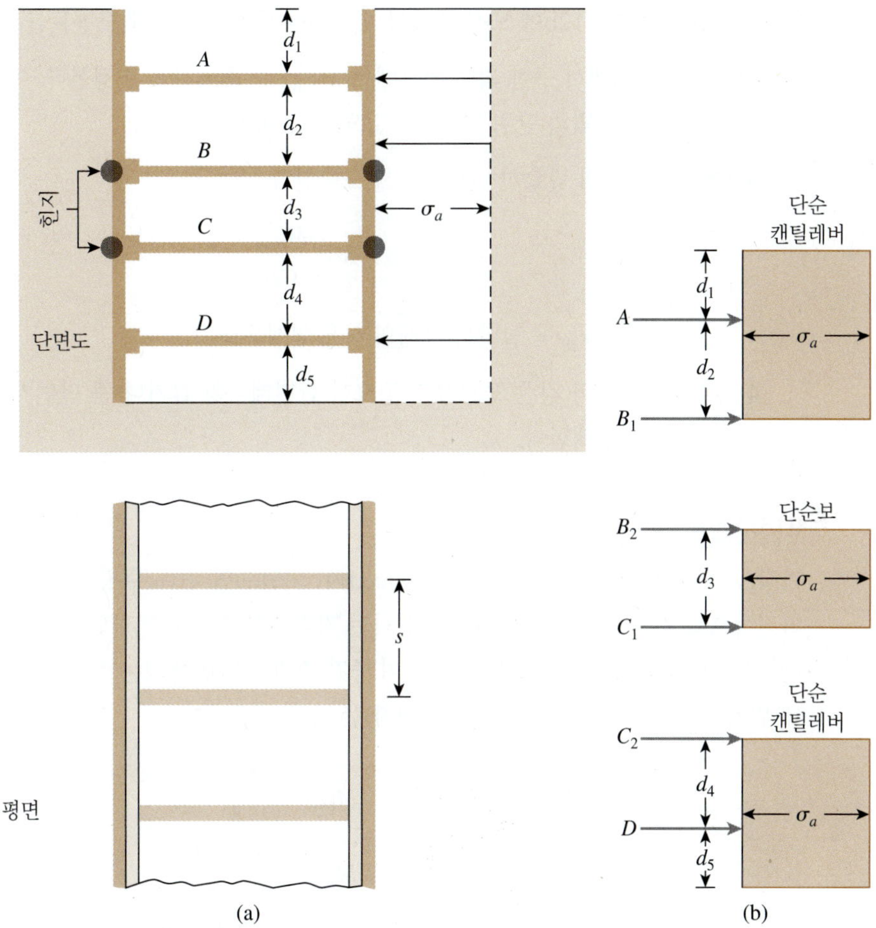

그림 17.12 버팀대 하중의 결정: (a) 굴착 단면과 평면, (b) 버팀대 하중의 결정 방법

2개 요소(즉 B_1과 B_2)로 나뉜다. 각 보는 평형이론에서 구할 수 있는 2개의 모르는 버팀대가 받는 하중을 갖게 된다. 그림 17.12a에서 터파기 단위길이당 버팀대가 받는 하중은 A, $B = B_1 + B_2$, $C = C_1 + C_2$, 그리고 D이다.

3단계. 그림 17.12a의 평면도에 있는 버팀대들의 중심과 중심 간의 수평간격 s을 사용하여, 버팀대가 받는 하중을 다음과 같이 계산한다.

$$\left.\begin{aligned} P_A &= As \\ P_B &= Bs = (B_1 + B_2)s \\ P_C &= Cs = (C_1 + C_2)s \\ P_D &= Ds \end{aligned}\right\} \quad (17.15)$$

4단계. 각 위치에 설치된 버팀대가 받는 하중과 버팀대의 중간 고정조건(bracing)이 결정되었으므로 적절한 부재의 단면을 강구조 매뉴얼을 참고하여 선택한다.

널말뚝(Sheet Piles)

강널말뚝(sheet pile)의 설계는 다음과 같은 단계를 거쳐 실시한다.

1단계. 그림 17.12b에 도시된 각각의 단면에 대하여 최대 휨모멘트를 구한다.

2단계. 1단계에서 구한 최대 휨모멘트(M_{max}) 중 최대값을 결정한다. 이 모멘트의 단위는 버팀벽의 단위길이당의 값으로 kN-m/m와 같다.

3단계. 널말뚝의 필요한 단면계수를 도출한다.

$$S = \frac{M_{max}}{\sigma_{all}} \tag{17.16}$$

여기서 σ_{all} = 널말뚝 부재의 허용 연성응력

4단계. 표 16.1과 같은 표로부터 필요한 단면계수와 같거나 큰 단면계수를 갖는 널말뚝을 선택한다.

띠장(Wales)

띠장(wales)이 서로 올바르게 이음(spliced)이 되었으면 연속 수평부재로 간주될 수 있다. 안전측으로 보아 띠장들은 버팀대와 만나는 지점에서 핀으로 연결되어 있는 것으로 간주한다. 그림 17.12a에 나타난 단면에 대하여 중간 경간에서 발생되는 띠장의 최대 모멘트(버팀대 위치에서 핀으로 연결되었다고 가정함)는 다음과 같다.

$$A \text{ 위치에서,} \quad M_{max} = \frac{(A)(s^2)}{8}$$

$$B \text{ 위치에서,} \quad M_{max} = \frac{(B_1 + B_2)s^2}{8}$$

$$C \text{ 위치에서,} \quad M_{max} = \frac{(C_1 + C_2)s^2}{8}$$

$$D \text{ 위치에서,} \quad M_{max} = \frac{(D)(s^2)}{8}$$

여기서 A, B_1, B_2, C_1, C_2, 그리고 D는 버팀벽의 단위길이당 발생하는 버팀대의 반력들이다(버팀대 설계 2단계 과정 참고).

띠장의 단면계수는 다음과 같이 결정한다.

$$S = \frac{M_{max}}{\sigma_{all}}$$

띠장은 수평지지력을 확보할 수 있도록 각 연결부에서 널말뚝에 단단히 결속시킨다.

예제 17.1

그림 17.13a는 긴 버팀굴착의 단면을 나타낸다.

a. 토압분포도를 그려라.

b. 점 A, B, C에서 버팀대에 걸리는 하중을 구하라.

c. 널말뚝 단면에 요구되는 단면계수를 구하라.

d. 점 B에서 띠장의 설계 단면계수를 구하라.

(주: 평면도에서 버팀대 중심 간 간격은 3 m이다.)

$$\sigma_{all} = 170 \times 10^3 \text{ kN/m}^2$$

풀이

Part a

주어진 조건은 $\gamma = 18 \text{ kN/m}^3$, $c = 35 \text{ kN/m}^2$, $H = 7$ m. 따라서

$$\frac{\gamma H}{c} = \frac{(18)(7)}{35} = 3.6 < 4$$

따라서, 토압분포도는 그림 17.9b와 같은 형태이다. 결과는 그림 17.13a에 도시되어 있으며, 이때 최대 토압 $\sigma_a = 0.3\gamma H = 0.3(18)(7) = \mathbf{37.8\ kN/m^2}$이다.

Part b

버팀대에 걸리는 하중을 산정하기 위하여, 그림 17.13b를 참고하라. 여기서 B 지점에서의 버팀대와 널말뚝의 연결부는 힌지로 가정하면, B에서의 토압분포도는 2블록으로 나뉜다. 점 B_1에 대하여 모멘트를 취하면, $\Sigma M_{B_1} = 0$

$$A(2.5) - \left(\frac{1}{2}\right)(37.8)(1.75)\left(1.75 + \frac{1.75}{3}\right) - (1.75)(37.8)\left(\frac{1.75}{2}\right) = 0$$

또는

$$A = 54.02 \text{ kN/m}$$

$$\frac{1}{2}(1.75)(37.8) + (37.8)(1.75) = A + B_1$$

$$33.08 + 66.15 - A = B_1$$

따라서

$$B_1 = 45.2 \text{ kN/m}$$

양쪽의 사다리꼴이 대칭이므로

$$B_2 = 45.2 \text{ kN/m}$$

$$C = 54.02 \text{ kN/m}$$

따라서, 각 버팀대에 걸리는 하중은

$$P_A = 54.02 \times \text{수평간격}, s = 54.02 \times 3 = \mathbf{162.06\ kN}$$

$$P_B = (B_1 + B_2)3 = (45.2 + 45.2)3 = \mathbf{271.2\ kN}$$

$$P_C = 54.02 \times 3 = \mathbf{162.06\ kN}$$

Part c.

그림 17.13b의 왼쪽을 참고하라. 최대 모멘트는 전단력이 0이 되는 점에서 발생한다. 전단력의 변화값은 그림 17.13c에 도시하였다. 최대 모멘트가 발생되는 지점 E의 위치는 다음과 같이 결정된다.

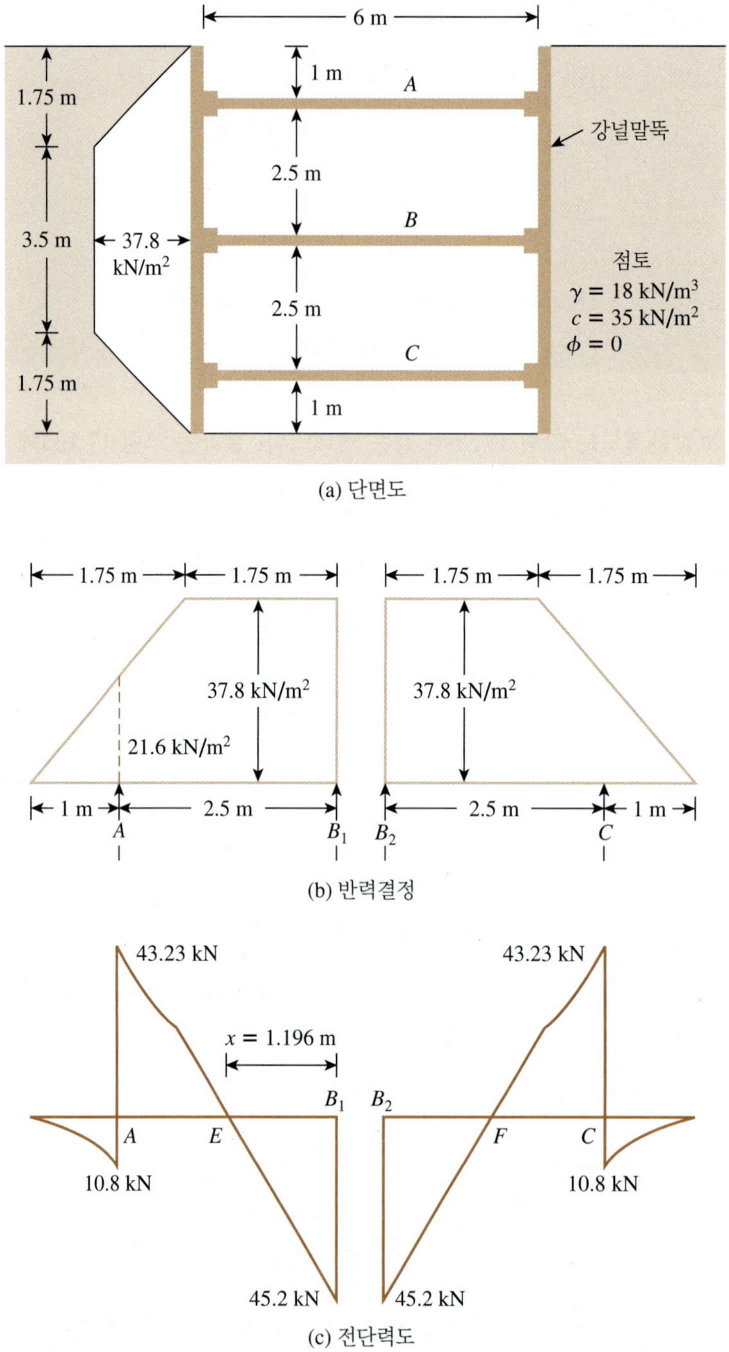

그림 17.13 버팀굴착의 해석

$$x = \frac{B_1 \text{ 점의 반력}}{37.8} = \frac{45.2}{37.8} = 1.196 \text{ m}$$

$$\text{점 } A\text{에서의 모멘트의 크기} = \frac{1}{2}(1)\left(\frac{37.8}{1.75} \times 1\right)\left(\frac{1}{3}\right)$$
$$= 3.6 \text{ kN}\cdot\text{m/m} \ \ (\text{벽의 단위길이})$$

$$\text{점 }E\text{에서의 모멘트의 크기} = (45.2 \times 1.196) - (37.8 \times 1.196)\left(\frac{1.196}{2}\right)$$
$$= 54.06 - 27.03 = 27.03\ \text{kN}\cdot\text{m/m}\ \ (\text{벽의 단위길이})$$

그림 17.13b의 좌측과 우측에 가해지는 하중은 동일하므로, 점 F와 점 C에서 모멘트의 크기는 각각 점 E와 점 A에서의 값과 같은 것이다(그림 17.13c). 따라서, 최대 모멘트 값은 27.03 kN · m/m(벽의 단위길이당)이다.

널말뚝의 단면계수는 다음과 같다.

$$S = \frac{M_{max}}{\sigma_{all}} = \frac{27.03\ \text{kN}\cdot\text{m}}{170 \times 10^3\ \text{kN/m}^2} = \mathbf{15.9 \times 10^{-5}\ m^3/m}\ \textbf{(널말뚝벽의 단위길이당)}$$

표 16.1로부터, PZ-22를 선택한다.

Part d.
위치 B에서의 반력은 Part b에서 계산하였다. 따라서

$$M_{max} = \frac{(B_1 + B_2)s^2}{8} = \frac{(45.2 + 45.2)3^2}{8} = 101.7\ \text{kN}\cdot\text{m}$$

따라서

$$\text{단면계수, } S = \frac{101.7}{\sigma_{all}} = \frac{101.7}{(170 \times 1000)}$$
$$= \mathbf{0.598 \times 10^{-3}\ m^3}$$

■

예제 17.2

그림 17.14에 도시된 버팀굴착에 대하여 $\gamma = 17.6\ \text{kN/m}^3$, $\phi' = 32°$, 그리고 $c' = 0$이다. 버팀대(struts)들은 평면에서 중앙부인 3.66 m에 위치한다. 토압분포도를 그림으로 나타내고 심도 A, B, C에서 버팀대에 걸리는 하중을 계산하라.

풀이

이 경우에 그림 17.8에 나타난 토압분포도를 적용할 수 있다. 그러므로

$$K_a = \tan^2\left(45 - \frac{\phi'}{2}\right) = \tan^2\left(45 - \frac{32}{2}\right) = 0.307$$

식 (17.8)로부터

$$\sigma_a = 0.65\gamma H K_a = (0.65)(17.6)(8.23)(0.307) = 28.9\ \text{kN/m}^2$$

그림 17.15a는 토압분포도를 나타낸다. B 지점에서 버팀대와 널말뚝의 연결부는 힌지로 가정한다. 그림 17.15b를 참고하여 B_1을 구하면 다음과 같다.

$$\Sigma M_{B_1} = 0$$
$$A = \frac{(28.9)(4.57)\left(\frac{4.57}{2}\right)}{2.74} = 110.14\ \text{kN/m}$$
$$B_1 = (28.9)(4.57) - 110.14 = 21.93\ \text{kN/m}$$

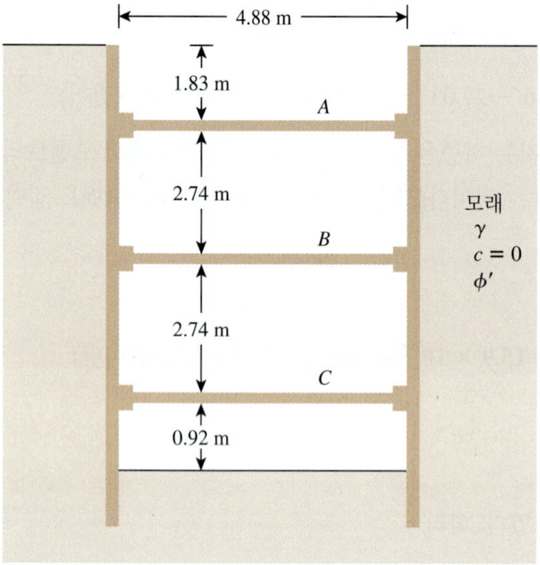

그림 17.14

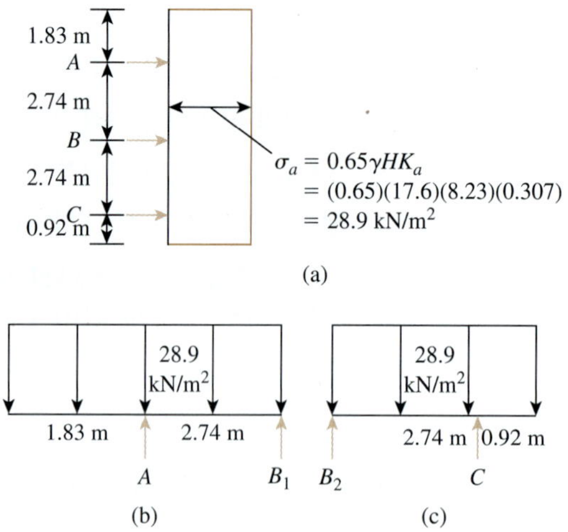

그림 17.15 하중의 모식도

그림 17.15c를 참고하여 B_2를 계산한다.

$$\Sigma M_{B_2} = 0$$

$$C = \frac{(28.9)(3.66)\left(\dfrac{3.66}{2}\right)}{2.74} = 70.64 \text{ kN/m}$$

$$B_2 = (28.9)(3.66) - 70.64 = 35.13 \text{ kN/m}$$

버팀대가 받는 하중은

점 A 위치에서 (110.14)(간격) = (110.14)(3.66) = **403.11 kN**

점 B 위치에서 $(B_1 + B_2)$(간격) = (21.93 + 35.13)(3.66) = **208.84 kN**

점 C 위치에서 (C)(간격) = (70.64)(3.66) = **258.54 kN**

■

예제 17.3

예제 17.2에서 설명된 버팀굴착을 참고하여 다음을 결정하라.

a. 널말뚝 단면계수

b. A 위치에서 요구된 띠장의 단면계수, $\sigma_{all} = 166 \text{ kN/m}^2$이라 가정한다.

풀이

Part a

그림 17.15b와 17.15c에 나타난 하중 모식도를 참고하라. 그림 17.16은 하중 모식도로 근거한 전단력도이다. 첫 번째 x_1과 x_2는 다음과 같이 구한다.

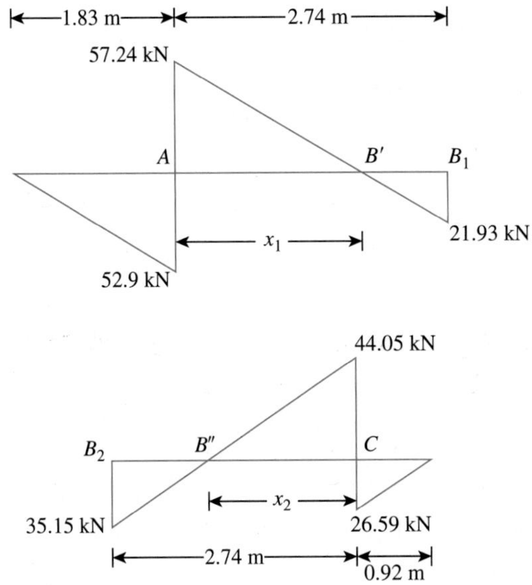

그림 17.16 전단력도

$$x_1 = \frac{57.24}{28.9} = 1.98 \text{ m}$$

$$x_2 = \frac{44.05}{28.9} = 1.52 \text{ m}$$

이때 모멘트는 다음과 같다.

$$A \text{ 위치에서,} \quad \frac{1}{2}(52.9)(1.83) = 48.4 \text{ kN}\cdot\text{m/m}$$

$$C \text{ 위치에서,} \quad \frac{1}{2}(26.59)(0.92) = 12.23 \text{ kN}\cdot\text{m/m}$$

$$B' \text{ 위치에서,} \quad \frac{1}{2}(21.93)(0.76) = 8.33 \text{ kN}\cdot\text{m/m}$$

$$B'' \text{ 위치에서,} \quad \frac{1}{2}(35.15)(1.22) = 21.44 \text{ kN}\cdot\text{m/m}$$

M_A는 최대값이므로

$$S = \frac{M_{max}}{\sigma_{all}} = \frac{48.4}{166} = \mathbf{0.29\ m^3/m}$$

표 16.1로부터 PZ-22를 사용한다.

Part b

A 위치에서 띠장은

$$M_{max} = \frac{A(s^2)}{8}$$

$A = 110.14$ kN/m(예제 17.2로부터). 따라서,

$$M_{max} = \frac{(110.14)(3.66)^2}{8} = 184.4\ \text{kN}\cdot\text{m/m}$$

$$S = \frac{M_{max}}{\sigma_{all}} = \frac{184.4}{166} = \mathbf{1.11\ m^3}$$

■

17.7 버팀굴착의 시공사례

앞 절에서 설명한 버팀대에 작용되는 하중을 구하는 방법과 널말뚝 및 띠장을 설계하는 방법은 상당히 간단명료한 것같이 보인다. 그러나 이것은 설계를 할 경우 적절한 토압분포도를 선택할 때만 가능한데, 적절한 토압분포도의 선정은 대단히 어려운 일이다. 이 절에서는 몇 가지 버팀굴착의 시공사례를 기술하였고, 여러 공사를 성공적으로 수행하는 데 있어서 필요한 판단의 능력과 어려움에 관점을 맞추어 설명하였다.

매사추세츠만 교통공사(MBTA)의 지하철 확장공사

Lambe(1970)은 보스턴에 소재한 MBTA (Massachusetts Bay Transportation Authority)의 지하철 확장공사를 위한 세 개의 버팀굴착 현장(시험단면 A, B, D)에서 수행한 계측자료를 제시하였는데, 세 현장의 계측은 모두 잘 수행되었다. 그림 17.17은 시험단면 B의 상세도로서, 굴착 깊이는 17.68 m이고 지반 조건이 기술되어 있다. 지층 구성은 7.93 m 심도까지는 매립토로서 자갈, 모래, 실트, 점토로 이루어져 있으며, 그 아래에는 엷은 회색을 띤 약간의 유기질이 있는 실트가 심도 14.02 m까지 존재한다. 약간의 점토가 섞여 있는 굵은 모래와 자갈로 구성된 흙층이 지표로부터 깊이 14.02~16.46 m에 있다. 암반은 토층 심도 16.46 m 이하에 위치하고 있다. 버팀대의 중심에서 중심까지의 수평간격은 3.66 m이다.

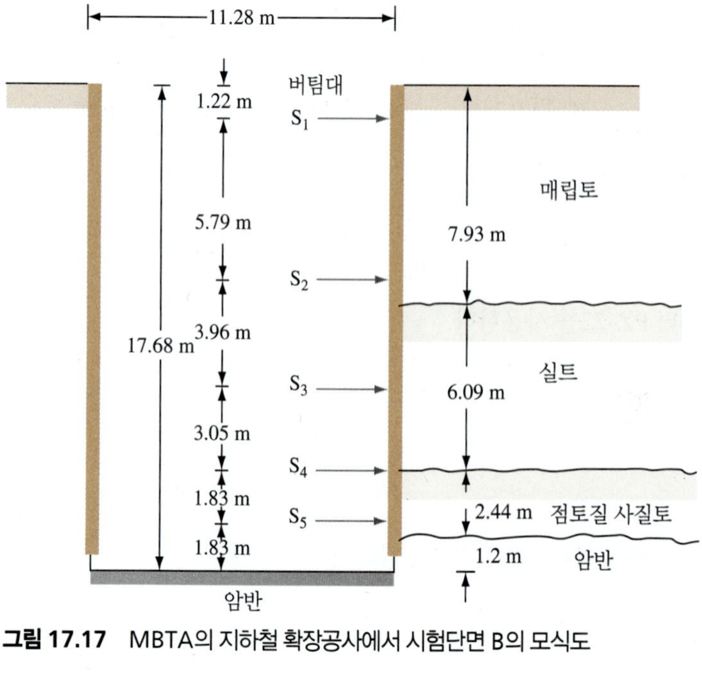

그림 17.17 MBTA의 지하철 확장공사에서 시험단면 B의 모식도

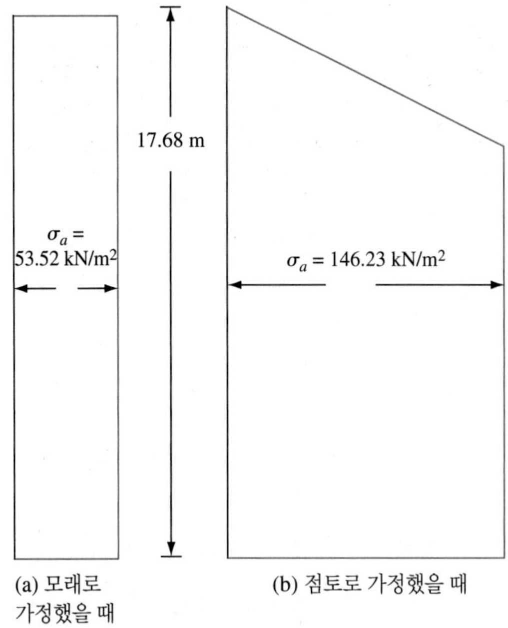

그림 17.18 토압분포도: (a) 모래로 가정했을 때, (b) 점토로 가정했을 때

17.3절에 있는 겉보기 토압분포도는 **모래 지반**과 **점토 지반**에 국한되어 있기 때문에, 매립토, 실트, 그리고 점토가 섞여 있는 사질토로 구성된 지반들에 대한 토압분포도는 어떻게 될 것인가 하는 문제가 발생하게 된다. Peck(1969)은 이 문제점을 극복하기 위하여 지반을 **모래 지반**과 **점토 지반**을 고려하여 겉보기 토압분포도를 그림 17.18과 같이 제시하였다. 토층단면의 평균 토질정수를 산정하기 위해 다음의 σ_a 값을 사용하여 그림 17.18에 나타난 토압분포도를 작성하였다.

모래 지반

$$\sigma_a = 0.65\gamma HK_a \tag{17.17}$$

$\gamma = 17.92$ kN/m^3, $H = 17.68$ m, 그리고 $K_a = 0.26$,

$$\sigma_a = (0.65)(17.92)(17.68)(0.26) = 53.52\,\text{kN/m}^2$$

점토 지반

$$\sigma_a = \gamma H\left[1 - \left(\frac{4c}{\gamma H}\right)\right] \tag{17.18}$$

$c = 42.65$ kN/m^2

$$\sigma_a = (17.92)(17.68)\left[1 - \frac{(4)(42.65)}{(17.92)(17.68)}\right] = 146.23\,\text{kN/m}^2$$

표 17.3은 그림 17.18에 도시된 가정된 토압분포도를 바탕으로 버팀대에 걸리는 하중의 변화값을 표로 나타낸 것이다. 표 17.3에는 현장에서 계측한 버팀대의 하중과 설계 시 예측한 버팀대의 하중을 나타낸 것이다. 이 두 값을 비교하여 정리하면 다음과 같다.

표 17.3 시험단면 B에서 버팀대에 작용되는 설계하중과 현장에서 계측한 하중

버팀대 번호	설계하중(kN)		계측된 버팀대 하중(kN)
	모래 지반의 토압	점토 지반의 토압	
S-1	810	1023	313
S-2	956	2580	956
S-3	685	1868	1352
S-4	480	1299	1023
S-5	334	974	1219

1. 대부분의 경우 계측한 버팀대의 하중은 예측한 것과는 큰 차이를 보이고 있다. 이 결과는 토질정수를 가정할 때 불확실한 점이 있기 때문이다.
2. 실제 버팀대의 설계하중은 현장에서의 측정하중보다 상당히 높다.
3. 그림 17.18로부터, 예측한 버팀대의 하중들은 전체 흙을 모래 또는 점토로 가정하는가에 따라 큰 차이를 보인다.

시카고의 국립광장의 남부광장 건설현장

시카고 국립광장의 남부광장(south half) 건설공사에서는 21.43 m 깊이의 버팀굴착이 요구되었다. Swatek et al.(1972)은 이 공사 현장의 사례를 보고하였다. 그림 17.19는 버팀굴착

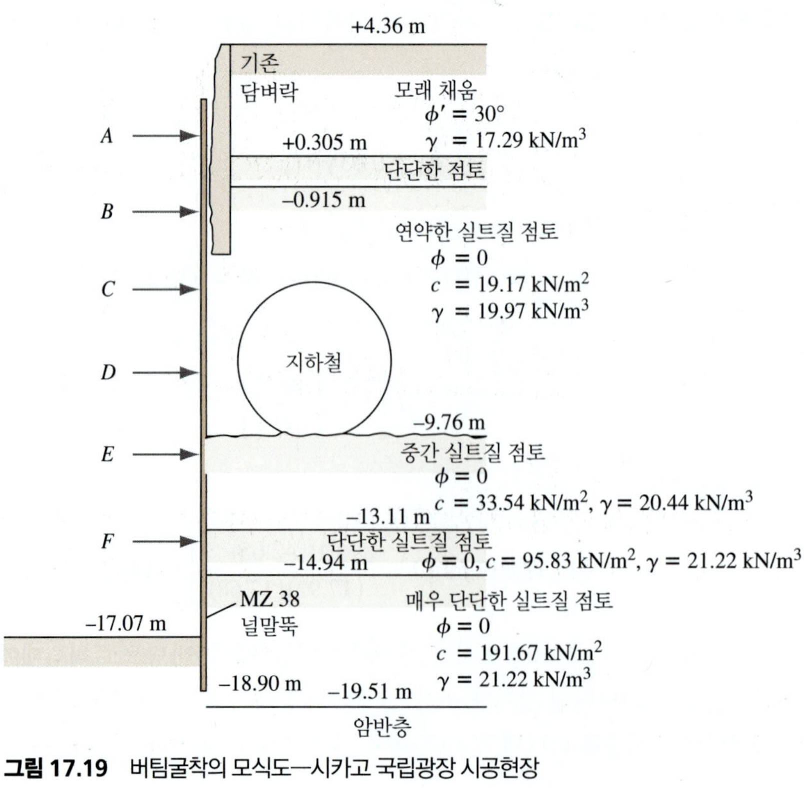

그림 17.19 버팀굴착의 모식도—시카고 국립광장 시공현장

표 17.4 국립광장 현장의 띠장과 버팀대 하중

버팀대 위치	표고(m)	계측된 하중 (kN/m)
A	+0.915	233.49
B	−1.83	386.71
C	−4.57	423.20
D	−7.47	423.20
E	−10.37	423.20
F	−13.57	448.0
		Σ2337.8

의 모식도와 지반 조건을 나타낸 것이다. 버팀굴착은 6단계의 버팀대로 되어 있고, 표 17.4는 띠장과 버팀대의 실제 최대 하중을 나타낸 것이다.

그림 17.20은 현장에서 측정한 최대 띠장 하중을 바탕으로 횡토압분포도를 나타낸 것이다. 이론적인 예측값과 실제 계측값을 비교하기 위해 개략적인 계산이 필요하다. 그러기

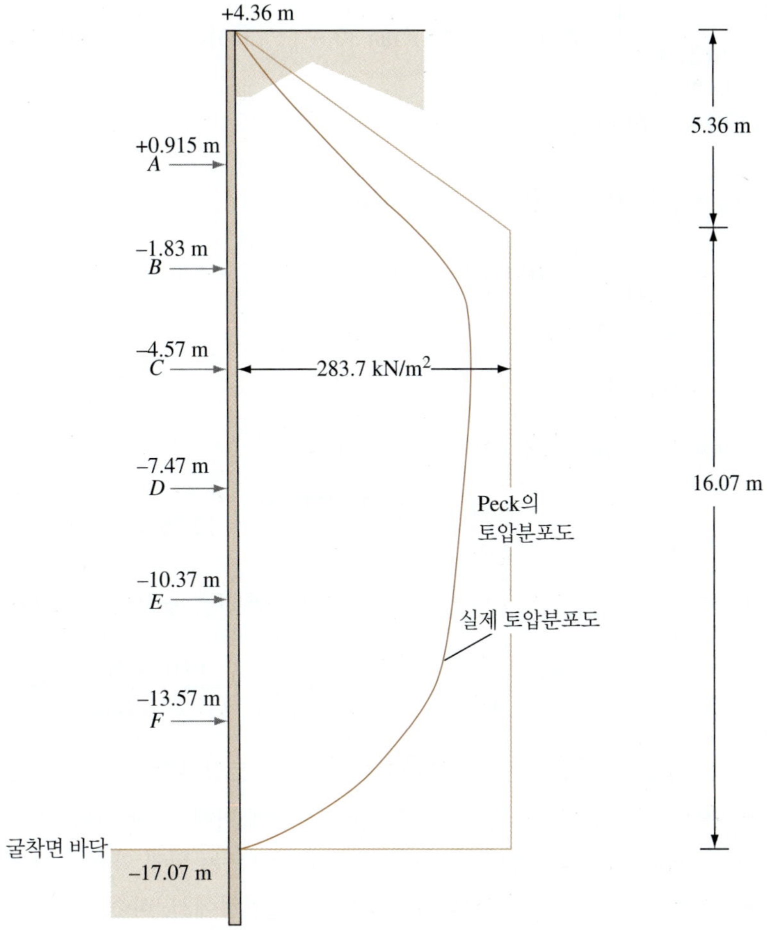

그림 17.20 Peck의 토압분포도와 실제 토압분포도와의 비교

표 17.5 식 (17.13)을 이용한 토층의 토질정수 환산

표고(m)	두께 H (m)	c (kN/m²)	등가값 c (kN/m²)
+0.305 ~ −9.67	9.975	19.17	$c_{av} = \dfrac{1}{17.375}[(9.975)(19.17) + (3.44)(33.54) + (1.83)(95.83) + (2.13)(191.67)] = 51.24$ kN/m²
−9.76 ~ −13.11	3.44	33.54	
−13.11 ~ −14.94 m	1.83	95.83	
−14.94 ~ −17.07 m	2.13	191.67	
	Σ17.375		

위해 식 (17.13)을 이용해 표 17.5처럼 표고 +0.305 m에서 −17.07 m까지의 점토질 지층을 하나의 동등한 층으로 전환시킨다.

이제 식 (17.11)을 이용해 표고 +4.36 m에서 +0.305 m 사이에 위치한 모래층과 17.375 m의 동등한 점토층을 21.43 m의 하나의 동등한 점토층으로 전환할 수 있다.

$$c_{av} = \frac{1}{2H}[\gamma_s K_s H_s^2 \tan\phi_s' + (H - H_s)n' q_u]$$

$$= \left[\frac{1}{(2)(21.43)}\right][(17.29)(1)(4.055)^2 \tan 30 + (17.375)(0.75)(2 \times 51.24)] \approx 34.99 \text{ kN/m}^2$$

식 (17.14)로부터

$$\gamma_{av} = \frac{1}{H}(\gamma_1 H_1 + \gamma_2 H_2 + \cdots + \gamma_n H_n)$$

$$= \frac{1}{21.43}[(17.29)(4.055) + (19.97)(10.065) + (20.44)(3.35) + (21.22)(1.83) + (21.22)(2.13)]$$

$$= 19.77 \text{ kN/m}^3$$

21.43 m의 등가 점토층에 대해서

$$\frac{\gamma_{av} H}{c_{av}} = \frac{(19.77)(21.43)}{34.99} = 12.06 > 4$$

그러므로 겉보기 토압분포도의 형태는 그림 17.9a와 같을 것이다. 식 (17.9)로부터

$$\sigma_a = \gamma H\left[1 - \left(\frac{4c_{av}}{\gamma_{av} H}\right)\right] = (19.77)(21.43)\left[1 - \frac{(4)(34.99)}{(19.77)(21.43)}\right] = 283.7 \text{ kN/m}^2$$

그림 17.20에 토압분포도가 도시되어 있다. 이 토압분포도의 면적은 2933 kN/m이다. 따라서 Peck의 토압분포도는 실제 계측한 횡토압에 비해 1.8배 크다. 이 결과는 놀랄 만하지 않다. 왜냐하면 그림 17.9a에 나와있는 토압분포도는 몇몇 다른 굴착 현장의 사례를 고려해서 개발된 분포도이기 때문이다. 실제 현장 조건하에서, 비슷한 흙의 거동에 대한 과거 경험은 과다설계를 줄이는 데 상당한 도움을 준다.

17.8 점토 지반을 굴착할 경우 바닥면의 융기

버팀굴착에서 점토 지반을 굴착할 경우 굴착 하단면의 융기(heaving)로 인해 불안정해지는 경우가 종종 있다. Terzaghi(1943)는 바닥융기에 대하여 긴 버팀굴착 작업을 할 때의 안전율을 분석하였다. 균질한 지반에서 이러한 경우의 파괴면은 그림 17.21과 같다. 그림에서 사용된 기호는 다음과 같다: B = 굴착 폭, H = 굴착 깊이, T = 굴착 면 아래의 점토층의 두께, 그리고 q = 굴착 면 옆의 등분포 하중.

폭이 B'인 흙블록 *fije* 바닥의 극한지지력은 다음과 같다.

$$q_{\mathrm{ult}} = cN_c \tag{17.19}$$

여기서 $N_c = 5.7$(완전히 바닥이 거친 기초일 경우)

*fi*면을 따라 발생하는 단위면적당 연직하중은 다음과 같다.

$$q = \gamma H + q - \frac{cH}{B'} \tag{17.20}$$

따라서, 바닥의 융기에 대한 안전율은 다음과 같다.

$$\mathrm{FS} = \frac{q_{\mathrm{ult}}}{q} = \frac{cN_c}{\gamma H + q - \dfrac{cH}{B'}} = \frac{cN_c}{\left(\gamma + \dfrac{q}{H} - \dfrac{c}{B'}\right)H} \tag{17.21}$$

안전율을 굴착 유한 길이 L에 대하여 수정하면 다음과 같다.

$$\mathrm{FS} = \frac{cN_c\left(1 + 0.2\dfrac{B'}{L}\right)}{\left(\gamma + \dfrac{q}{H} - \dfrac{c}{B'}\right)H} \tag{17.22}$$

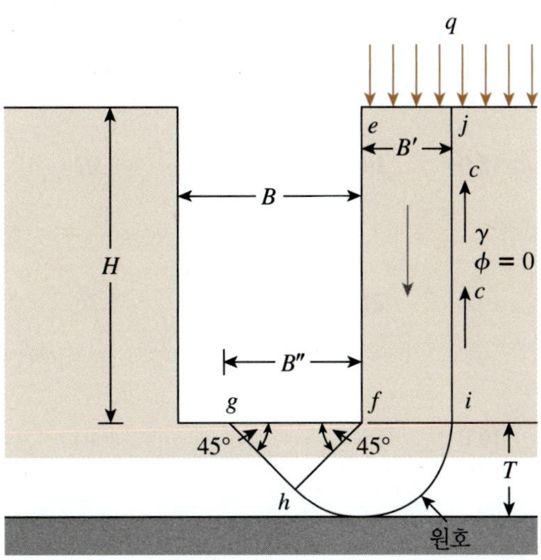

그림 17.21 점토 지반을 버팀굴착할 경우 융기($\phi' = 0$)

여기서 $B' = T$ 또는 $B/\sqrt{2}$ (둘 중 작은 값을 선택하여 사용한다.)

Chang(2000)은 다음과 같은 수정사항들을 고려하여 식 (17.22)의 수정안을 제안하였다.

1. ij 면을 따라 발생하는 전단 저항력은 하중의 감소보다는 저항력의 증가로 볼 수 있다.

2. 그림 17.21에서 굴착 저면에 폭 B''를 갖고 있는 fg는 부력을 받는 기초로서 생각할 수 있다.

3. 지지력계수 N_c의 값은 기초바닥면이 완전히 미끄러운 기초일 경우 5.14 (5.7이 아님)이다. 왜냐하면 굴착 저면에서는 어떠한 상재하중의 영향을 받지 않는 구속 해제 표면조건이기 때문이다.

앞의 수정사항을 식 (17.22)에 적용하면 다음과 같다.

$$\text{FS} = \frac{5.14c\left(1 + \dfrac{0.2B''}{L}\right) + \dfrac{cH}{B'}}{\gamma H + q} \tag{17.23}$$

여기서

$B' = T$ 만약 $T \le B/\sqrt{2}$일 경우)

$B' = B/\sqrt{2}$ 만약 $T > B/\sqrt{2}$일 경우)

$B'' = \sqrt{2}B'$

표 17.6 Bjerrum and Eide(1956)에 의해서 보고된 현장사례와 Chang(2000)에 의해 계산된 안전율

현장	B (m)	B/L	H (m)	H/B	γ (kN/m³)	c (kN/m²)	q (kN/m²)	FS [Eq. (17.23)]	파괴 양상
오슬로 휘너브의 양수장	5.0	1.0	3.0	0.6	17.5	7.5	0	1.05	전체 파괴
드라멘의 저장창고	4.8	0	2.4	0.5	19.0	12	15	1.05	전체 파괴
드라멘의 폐수탱크	5.5	0.69	3.5	0.64	18.0	10	10	0.92	전체 파괴
오슬로 그레이 웰델 플라스의 터파기	5.8	0.72	4.5	0.78	18.0	14	10	1.07	전체 파괴
오슬로 전바네토겟의 양수장	8.5	0.70	6.3	0.74	19.0	22	0	1.26	부분 파괴
오슬로 후리아의 저장창고	5.0	0	5.0	1.00	19.0	16	0	1.10	부분 파괴
시카고 지하철	16	0	11.3	0.70	19.0	35	0	1.00	거의 파괴

출처: Bjerrum and Eide(1956)과 Chang(2000)에 의해 계산됨.

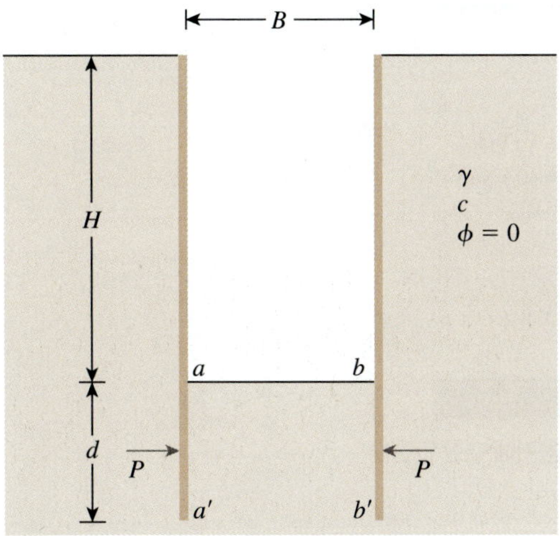

그림 17.22 널말뚝의 근입 길이에 걸리는 힘

Bjerrum and Eide(1956)는 점토 지반에서 굴착 저면의 융기에 대한 여러 현장사례들을 정리하였다. Chang(2000)은 식 (17.23)을 이용하여 안전율을 계산하기 위해서 이러한 현장사례의 자료들을 사용하였다. 현장사례에 대한 이러한 결과는 표 17.6에 요약되어 있다. 실제 현장계측 결과가 계산된 안전율과 잘 맞는다는 것을 이 표를 통해서 알 수 있다.

이 책에서는 식 (17.23)을 사용할 것을 추천하고 있다. 모든 경우에 안전율은 약 1.5를 권장한다.

균질한 점토 지반에서 안전율이 1.5보다 작게 된다면 널말뚝은 더 깊게 근입되어야 한다(그림 17.22 참고). 일반적으로 깊이 d는 $B/2$보다 작거나 또는 같다. 이 경우 근입된 널말뚝(aa'와 bb')의 단위길이당 힘 P는 다음과 같이 나타낸다(미해군, 1971).

$$P = 0.7(\gamma HB - 1.4cH - \pi cB) \qquad (d > 0.47B\text{일 경우}) \tag{17.24}$$

$$P = 1.5d\left(\gamma H - \frac{1.4cH}{B} - \pi c\right) \qquad (d < 0.47B\text{일 경우}) \tag{17.25}$$

예제 17.4

점토 지반을 버팀굴착할 경우(그림 17.23), 식 (17.23)을 이용하여 지반의 융기에 대한 안전율을 계산하라(B = 4 m, L = 15 m, H = 6 m, T = 1.5 m, γ = 17 kN/m^3, c = 40 kN/m^2, q = 0).

풀이

식 (17.23)으로부터

$$\text{FS} = \frac{5.14c\left(1 + \dfrac{0.2B''}{L}\right) + \dfrac{cH}{B'}}{\gamma H + q}$$

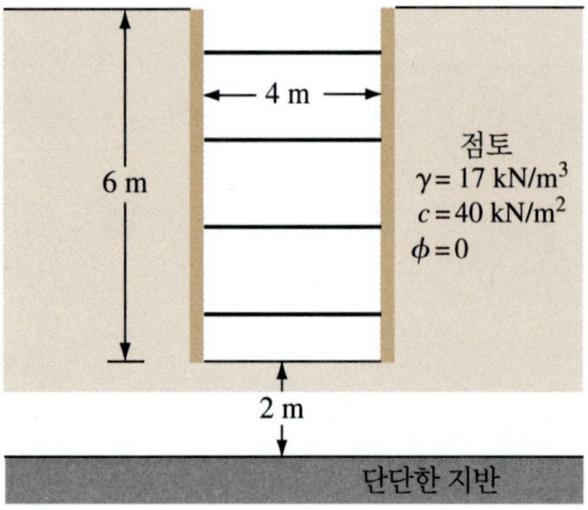

그림 17.23 버팀굴착에서 지반의 융기에 대한 안전율

$T = 2$ m일 때

$$\frac{B}{\sqrt{2}} = \frac{4}{\sqrt{2}} = 2.83\,\text{m}$$

그러므로

$$T \le \frac{B}{\sqrt{2}}$$

따라서, $B' = T = 2$ m이면

$$B'' = \sqrt{2}B' = (\sqrt{2})(2) = 2.83\,\text{m}$$

그리고

$$\text{FS} = \frac{(5.14)(40)\left[1 + \frac{(0.2)(2.83)}{15}\right] + \frac{(40)(6)}{2}}{(17)(6)} = \mathbf{3.27}$$

■

17.9 모래 지반을 굴착할 경우 바닥의 안정성

일반적으로 모래 지반의 굴착 바닥은 안정적이다. 수위가 있을 때, 터파기 내부의 수위가 주변 지반의 수위보다 높은 경우 굴착 바닥은 안정적인 상태를 유지한다. 물을 퍼낼 필요성이 있는 경우(그림 17.24), 파이핑(piping)에 대한 안전율을 검토하여야 한다. 파이핑은 2.12절 식 (2.52)에서 정의한 것과 같이 융기에 의한 파괴의 다른 용어이다. 파이핑은 물이 터파기한 곳으로 유입되면서 높은 동수경사가 발생할 때 일어나는 현상이다. 안전율을 검토하기 위하여 유선망을 그려서 점 A와 점 B에 발생될 최대 유출 동수경사[$i_{\max(\text{exit})}$]를 결정한다. 그림 17.25는 이러한 유선망과 최대 유출 동수경사를 나타낸다.

$$i_{\max(\text{exit})} = \frac{\frac{h}{N_d}}{a} = \frac{h}{N_d a} \tag{17.26}$$

여기서

a = A 또는 B 지점의 흐름 요소의 길이

N_d = 수두낙차의 수(그림 17.25에서 $N_d = 8$; 2.11절 참고)

파이핑에 대한 안전율은 다음과 같이 표현된다.

$$\mathrm{FS} = \frac{i_{cr}}{i_{max(exit)}} \tag{17.27}$$

여기서 i_{cr} = 임계 동수경사

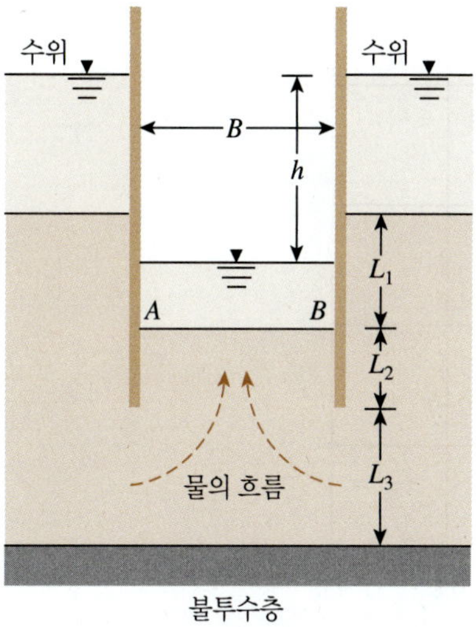

그림 17.24 모래 지반에서 굴착 바닥의 안정성

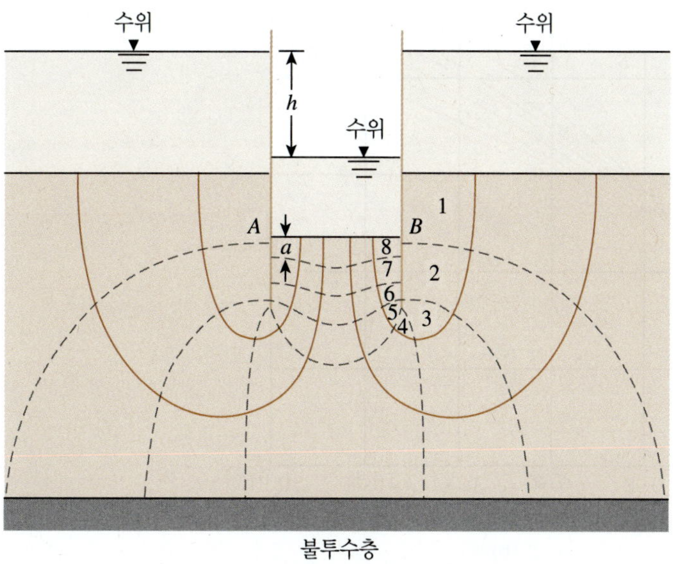

그림 17.25 유선망 작도를 통한 파이핑에 대한 안전율의 결정

i_{cr}에 대한 상관관계식은 다음과 같다.

$$i_{cr} = \frac{G_s - 1}{e + 1}$$

대부분의 흙에서 i_{cr}의 크기는 0.9~1.1의 범위이며, 평균값은 1.0이다. 안전율은 1.5가 바람직하다.

$L_3 = \infty$인 모래 지반에 널말뚝이 근입된 상태에서 굴착을 할 때 필요한 최대 유출 동수경사는 이론적으로 계산할 수 있다(Harr, 1962). (이 교재에서는 수학적으로 유도한 결과만을 소개한다. 더 자세한 내용은 원본을 참고하기 바란다.) 최대 유출 동수경사는 그림 17.26

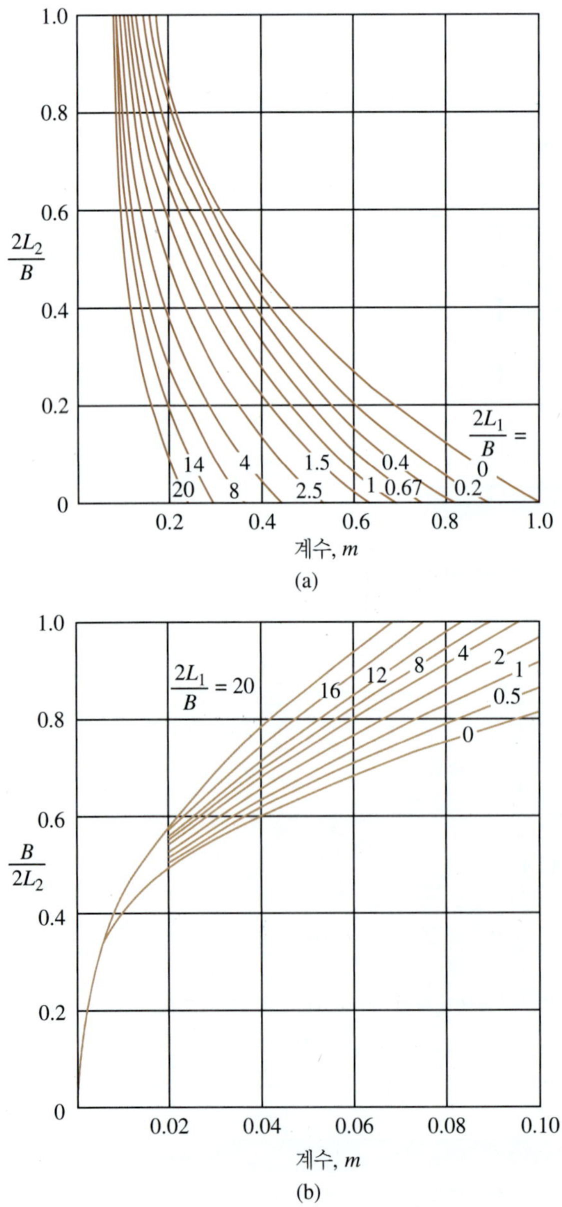

그림 17.26 계수의 변화값(출처: Based on *Groundwater and Seepage*, by M. E. Harr. McGraw-Hill, 1962)

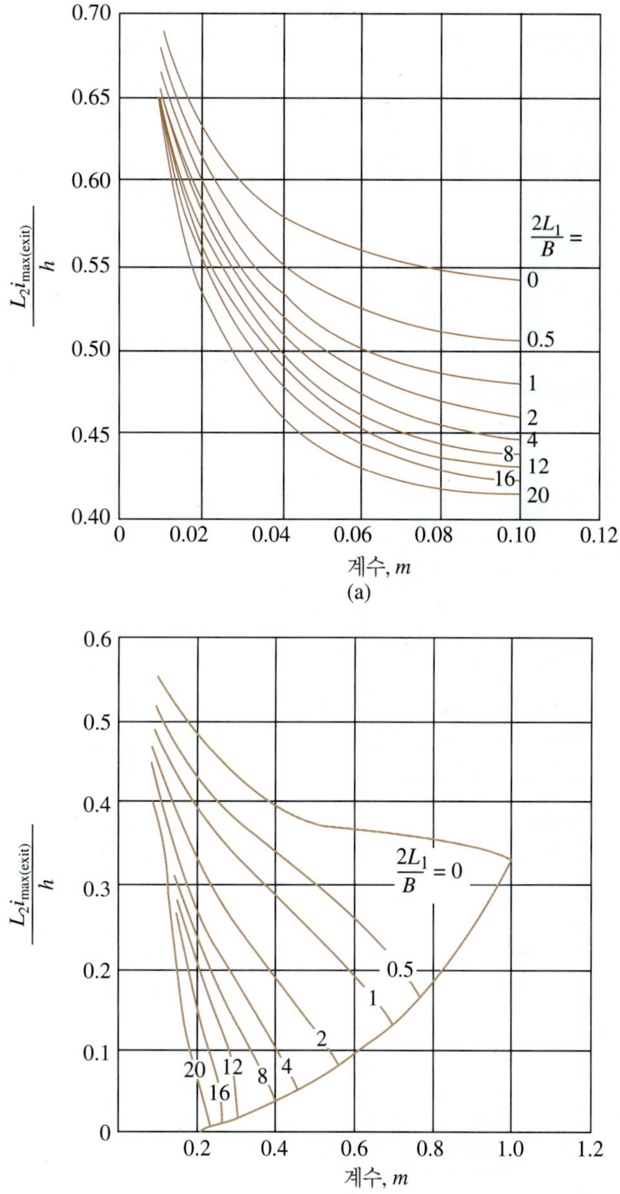

그림 17.27 계수에 따른 최대 유출동수경사의 변화값(출처: Based on *Groundwater and Seepage*, by M. E. Harr. McGraw-Hill, 1962)

와 17.27을 참고로 하여 다음 단계를 통하여 계산할 수 있다.

1. $2L_2/B$(또는 $B/2L_2$)와 $2\,L_1/B$를 구하여, 그림 17.26으로부터 계수 m을 결정한다.
2. 도출된 계수 m과 $2L_1/B$를 그림 17.27에 적용하여 $L_2 i_{max(exit)}/h$값을 결정한다. L_2와 h는 알고 있는 값이므로 $i_{max(exit)}$를 계산할 수 있다.
3. 파이핑에 대한 안전율은 식 (17.27)을 이용하여 계산할 수 있다.

Marsland(1958)는 모래 지반에 널말뚝을 타입한 버팀굴착면의 안정성에 대하여 침투수의 영향을 연구하기 위하여 실시한 모형실험 결과를 발표하였다. 이 결과는 미해군

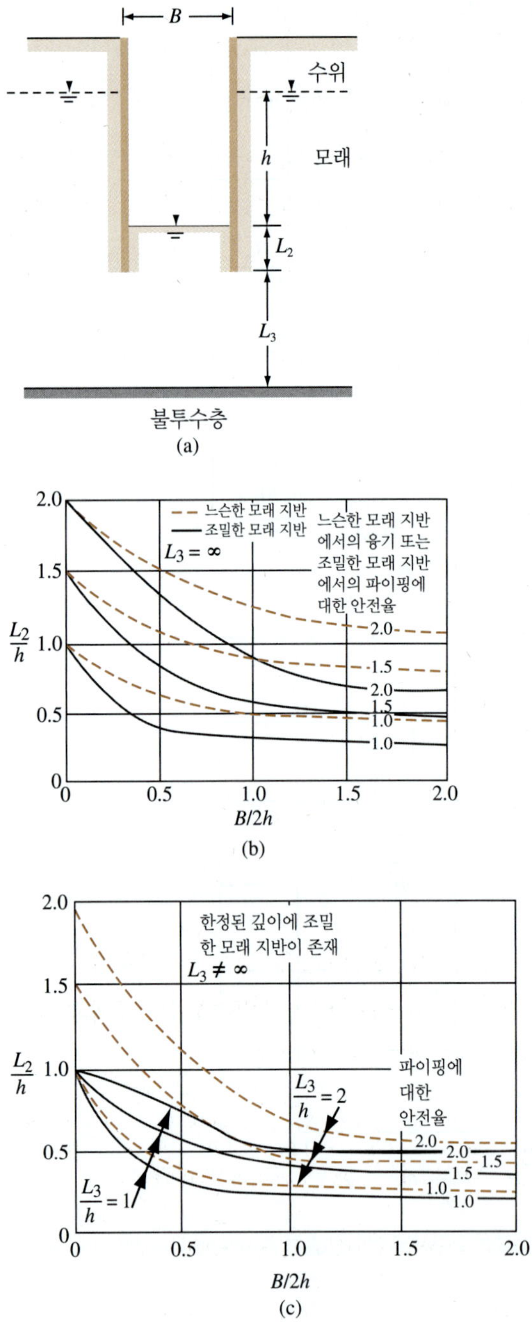

그림 17.28 널말뚝을 타입한 버팀굴착의 안정성에 대한 침투수의 영향(출처: U.S. Department of Navy, 1971)

(1971) NAVFAC DM-7에 요약되어 있으며, 그림 17.28a, b, c에 도시되어 있다. 그림 17.28b는 모래층이 굴착 바닥 아래 상당한 깊이까지 존재할 때, 파이핑에 대한 안전율을 구하는 데 필요한 널말뚝 근입장(L_2)을 결정하는 데 사용된다. 한편, 그림 17.28c는 불투수층이 굴착 바닥으로부터 한정된 깊이에 존재하는 경우에 사용한다.

예제 17.5

그림 17.24에서 $h = 4.5$ m, $L_1 = 5$ m, $L_2 = 4$ m, $B = 5$ m, $L_3 = \infty$일 때, 그림 17.26과 17.27을 이용하여 파이핑에 대한 안전율을 구하라.

풀이

$$\frac{2L_1}{B} = \frac{2(5)}{5} = 2$$

$$\frac{B}{2L_2} = \frac{5}{2(4)} = 0.625$$

그림 17.26b에서 $2L_1/B = 2$, $B/2L_2 = 0.625$일 때 $m \approx 0.033$이다. 그림 17.27a로부터 $m = 0.033$, $2L_1/B = 2$, $L_2 i_{\text{max(exit)}}/h = 0.54$이다. 따라서

$$i_{\text{max(exit)}} = \frac{0.54(h)}{L_2} = 0.54(4.5)/4 = 0.608$$

$$\text{FS} = \frac{i_{\text{cr}}}{i_{\text{max(exit)}}} = \frac{1}{0.608} = \mathbf{1.645}$$

■

17.10 널말뚝의 횡변위와 지반 침하

버팀굴착에서 널말뚝의 어느 정도 횡변위는 예측되는 바이다(그림 17.29). 횡변위량(δ_H)을 유발시키는 데는 여러 요인들이 있는데, 그중에서 가장 중요한 요인은 터파기를 한 후 띠장 및 버팀대를 설치하기까지의 경과시간이다. 앞서 설명한 것과 같이, 많은 경우에 널말뚝(또는 엄지말뚝)들은 굴착 바닥면 이하 어느 정도 깊이까지 타입을 한다. 이유는 최종 굴착

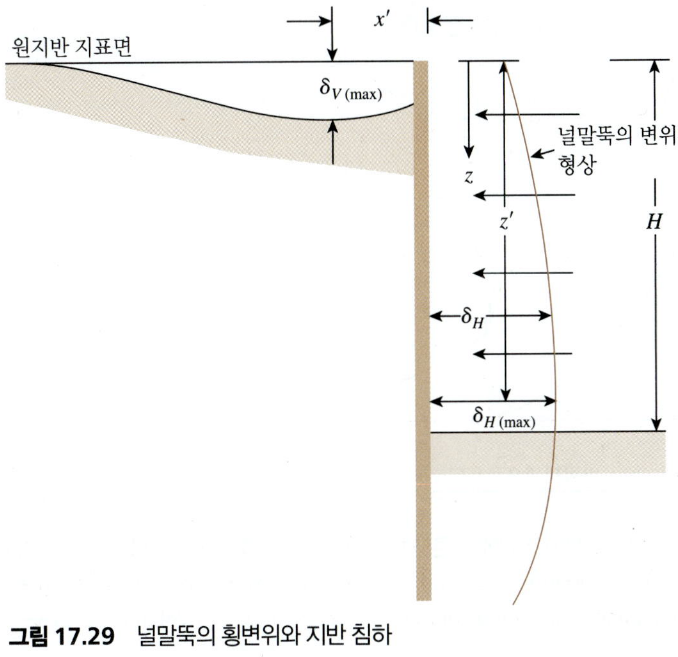

그림 17.29 널말뚝의 횡변위와 지반 침하

단계에서 버팀벽의 횡변위를 감소시키기 위함이다. 버팀벽의 횡변위는 터파기 주변의 지표면을 침하시키는 요인이 된다. 한편, 횡변위의 크기는 대부분 굴착 바닥면 하부에 위치한 흙 종류와 밀접한 관계를 갖고 있다. 만약 굴착 하단부에 위치한 점토가 상당한 심도까지 존재하고 $\gamma H/c$가 약 6 이하인 경우, 널말뚝이나 엄지말뚝을 굴착 바닥면 아래까지 연장시키면 버팀벽면의 횡변위를 줄이는 데 상당히 도움이 된다.

그러나 유사한 상황에서 $\gamma H/c$가 8 정도라면, 널말뚝이 굴착 바닥면 이하의 점토 지반에 타입이 되었을지라도 버팀벽의 횡변위 억제에 큰 도움을 주지 못한다. 이러한 경우에 버팀벽의 큰 변위로 인하여 전체 버팀굴착벽이 붕괴될 수도 있다. 만약 단단한 토층이 굴착 바닥면 하부에 위치한 점토층 아래에 있다면, 말뚝은 단단한 층 내에 근입되어야 한다. 이렇게 함으로써, 횡변위를 크게 감소시킬 수 있다.

버팀벽의 횡변위는 일반적으로 버팀굴착 주변의 지반 침하 δ_V를 유발시킨다. 이 현상을 지반 손실 또는 땅꺼짐(ground loss)이라 부른다. Peck(1969)은 여러 현장의 계측자료를 바탕으로 여러 종류의 흙에서 지반 침하를 예측하는 곡선들(그림 17.30)을 제시하였다. 지반 침하의 크기는 상당한 차이가 있을 수 있지만, 이 도표는 일반적인 지표로 사용될 수 있다.

Moormann(2004)은 최근에 연약한 점토에서 주로 굴착과 관련된 153개의 시공사례를 분석하였다(즉, 비배수 전단강도, $c \le 75$ kN/m^2). 다음은 $\delta_{V(\max)}$, x', $\delta_{H(\max)}$, 그리고 z'(그림 17.29)과 관련된 분석 내용을 요약한 것이다.

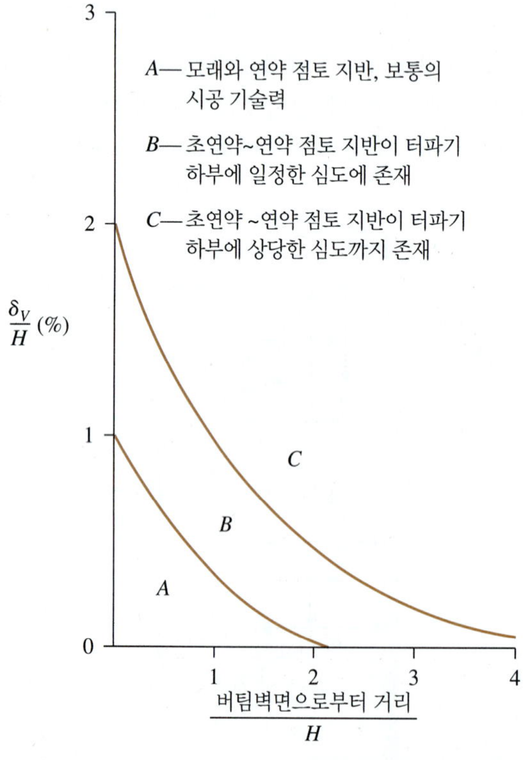

그림 17.30 굴착면으로부터 거리에 따른 지반 침하량의 변화값(출처: Based on Peck, R. B. (1969). "Deep Excavation and Tunneling in Soft Ground," *Proceedings, Seventh International Conference on Soil Mechanics and Foundation Engineering*, Mexico City, State-of-the-Art Volume, pp. 225–290.)

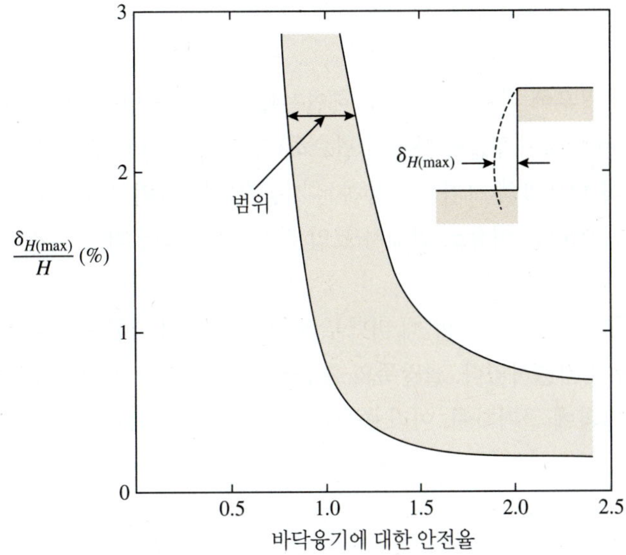

그림 17.31 현장계측에 의한 바닥융기에 대한 안전율(FS)과 $\delta_{H(max)}/H$의 변화값의 범위 (출처: Redrawn after Mana and Clough, 1981)

- 최대 연직 변위[$\delta_{V(max)}$]
  $\delta_{V(max)}/H \approx 0.1$~$10.1\%$(평균 1.07%): 연약한 점토 지반
  $\delta_{V(max)}/H \approx 0$~$0.9\%$(평균 0.18%): 단단한 점토 지반
  $\delta_{V(max)}/H \approx 0$~$2.43\%$(평균 0.33%): 비점토 지반
- $\delta_{V(max)}$의 위치, 즉 x'(그림 17.29)
  고려대상인 모든 현장 사례의 70%가 $x' \le 0.5H$.
  그러나, 연약 점토 지반에서는 x'가 $2H$까지 될 수도 있다.
- 널말뚝 최대 수평변위 $\delta_{H(max)}$
  연약 점토 지반에서 굴착 시 40%가 $0.5 \le \delta_{H(max)}/H \le 1\%$.
  $\delta_{H(max)}/H$의 평균값은 약 0.87%
  단단한 점토 지반인 경우, $\delta_{H(max)}/H$의 평균값은 약 0.25%.
  비점토 지반에서 $\delta_{H(max)}/H$의 평균값은 약 0.27%이다.
- $\delta_{H(max)}$의 위치, 즉 z'(그림 17.29)
  연약 점토와 단단한 점토 지반에서 대심도 굴착 시 z'/H는 약 0.5~1.0.

$\delta_{H(max)}$와 바닥융기와의 상관관계

Mana and Clough(1981)는 샌프란시스코, 노르웨이 오슬로, 보스턴, 시카고, 뉴욕의 보올린 포인트 지역들의 현장에서 점토 지반에서 수행한 여러 버팀굴착 현장에서 계측한 결과를 분석하였다. 그 결과 통상적인 시공조건하에서 최대횡변위 $\delta_{H(max)}$는 그림 17.31에 도시된 융기에 대한 안전율과 확실한 관련이 있음을 발견하였다. 이 그림에 나타난 융기 대비 안전율은 식 (17.22)를 이용하여 계산하였다.

17.11 요약

여러 건설공사를 할 경우에 완전한 연직 또는 연직에 가까운 지반 굴착을 할 때, 대부분의 임시 가시설공사에 버팀굴착공법의 사용이 필요하다. 버팀굴착의 임시연직 단면은 횡주동토압을 받게 된다. 이 횡토압의 크기는 사용하는 시공장비와 작업자의 숙련도 등과 같은 여러 요인에 좌우된다. 이러한 이유로 인해서 토압분포도는 버팀굴착의 여러 요소를 설계할 때 사용한다.

이 장에서는 점토 지반을 굴착할 때 바닥부의 융기와 이에 따른 융기에 대한 안전율과 관련되는 사항을 함께 기술하였다. 널말뚝의 횡변위는 굴착면 상부 지반 침하의 원인이 되고 있다. 현장계측 결과에 근거하여, 여러 종류의 흙지반에서 계측한 침하의 크기를 제시하였다.

연습문제

17.1 그림 P17.1에 도시된 버팀굴착에 대하여 $\gamma = 17$ kN/m^3, $\phi' = 35°$, $c' = 0$이다. 버팀대(struts)들은 평면에서 버팀대의 중심 간 간격은 3 m이다. 토압분포도를 그림으로 나타내고, 심도 A, B, C에서 버팀대에 걸리는 하중을 계산하라.

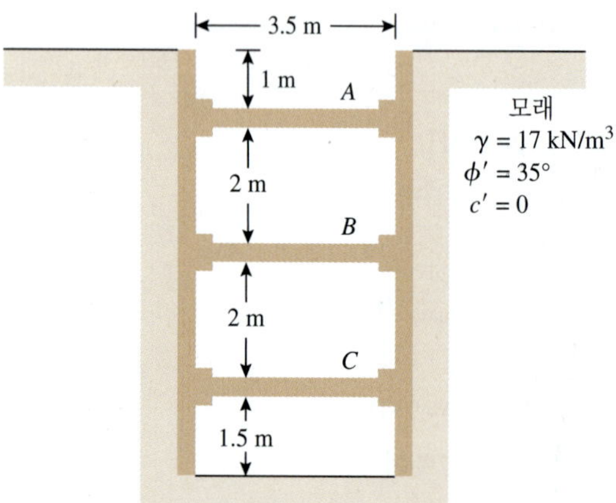

그림 P17.1

17.2 문제 17.1에 기술된 버팀굴착에 대하여 $\sigma_{\text{all}} = 170$ MN/m^{2}일 때 다음에 대하여 답하라.

a. 강널말뚝 단면의 단면계수

b. 위치 B에서 띠장의 단면계수

17.3 $\gamma = 18$ kN/m^3, $\phi' = 40°$, $c' = 0$일 때 문제 17.1을 다시 풀어라. 버팀대의 중심 간 간격은 4 m이다.

17.4 $\sigma_{\text{all}} = 170$ MN/m^{2}일 때 문제 17.3에 기술된 버팀굴착에 필요한 강널말뚝의 단면계수를 결정하라.

17.5 그림 17.10a의 버팀굴착에서 $H = 8$ m, $H_s = 3$ m, $\gamma_s = 17.5$ kN/m^{3}이고, 모래의 내부마찰각 $\phi'_s = 34°$, $H_c = 5$ m, $\gamma_c = 18.2$ kN/m^{3}이고, 점토의 일축압축강도 $q_u = 55$ kN/m^{2}이다. 다음의 물음에 답하라.

a. 토압분포도를 작성하기 위한 평균 점착력 c_{av}와 흙의 평균 단위중량 γ_{av}를 구하라.

b. 토압분포도를 작성하라.

17.6 점토 지반에 시공된 버팀굴착이 그림 17.10b와 같다. 여기서 $H = 7.6$ m, $H_1 = 1.52$ m, $c_1 = 101.8$ kN/m^2, $\gamma_1 = 17.45$ kN/m^3, $H_2 = 3.04$ m, $c_2 = 74.56$ kN/m^2, $\gamma_2 = 16.83$ kN/m^3, $H_3 = 3.04$ m, $c_3 = 80.02$ kN/m^2, $\gamma_3 = 17.14$ kN/m^3.

a. 토압분포도를 작성하기 위한 평균 점착력 c_{av}와 흙의 평균 단위중량 γ_{av}를 구하라.

b. 토압분포도를 작성하라.

17.7 그림 P17.7에서 $\gamma = 17.5$ kN/m^3, $c = 30$ kN/m^{2}이고, 버팀대의 중심 간 간격이 5 m이다. 토압분포도를 도시하고 깊이 A, B, 그리고 C에서 버팀대에 걸리는 하중을 산정하라.

17.8 문제 17.7에 기술된 버팀굴착에 대하여 필요한 강널말뚝의 단면계수를 결정하라. $\sigma_{\text{all}} = 170$ MN/m^{2}를 사용하라.

17.9 $c = 60$ kN/m^{2}일 때 문제 17.7을 다시 계산하라.

17.10 문제 17.7에 기술된 버팀굴착의 바닥융기에 대한 안전율을 결정하라. 굴착길이를 $L = 18$ m라고 가정하고 식 (17.23)을 사용하라.

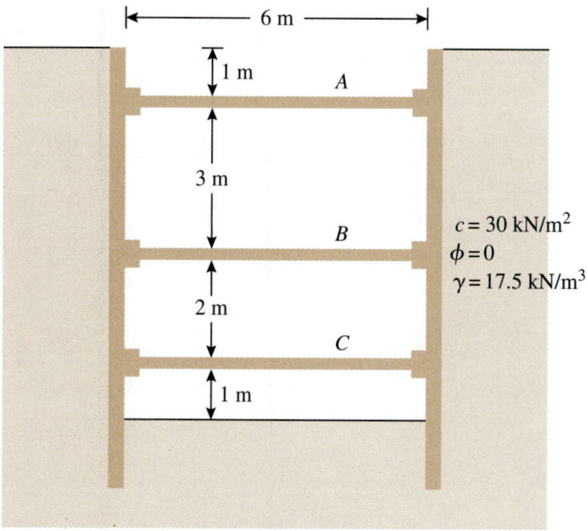

그림 P17.7

17.11 문제 17.9에 기술된 버팀굴착의 바닥융기에 대한 안전율을 결정하라. 버팀굴착의 길이는 12.5 m이고, 식 (17.22)를 사용하라.

참고문헌

Bjerrum, L. and Eide, O. (1956). "Stability of Strutted Excavation in Clay," *Geotechnique*, Vol. 6, No. 1, pp. 32–47.

Chang, M. F. (2000). "Basal Stability Analysis of Braced Cuts in Clay," *Journal of Geotechnical and Geoenvironmental Engineering*, ASCE, Vol. 126, No. 3, pp. 276–279.

Das, B. M., and Seeley, G. R. (1975). "Active Thrust on Braced Cut in Clay," *Journal of the Construction Division*, ASCE, Vol. 101, No. C04, pp. 945–949.

Harr, M. E. (1962). *Groundwater and Seepage*, McGraw-Hill, New York.

Lambe, T. W. (1970). "Braced Excavations." *Proceedings of the Specialty Conference on Lateral Stresses in the Ground and Design of Earth-Retaining Structures*, American Society of Civil Engineers, pp. 149–218.

Kim, J. S., and Preber, T. (1969). "Earth Pressure Against Braced Excavations," *Journal of the Soil Mechanics and Foundations Division*, ASCE, Vol. 95, No. SM6, pp. 1581–1584.

Mana, A. I., and Clough, G. W. (1981). "Prediction of Movements for Braced Cuts in Clay," *Journal of the Geotechnical Engineering Division*, American Society of Civil Engineers, Vol. 107, No. GT8, pp. 759–777.

Moormann, C. (2004). "Analysis of Wall and Ground Movements Due to Deep Excavations in Soft Soil Based on New Worldwide Data Base," *Soils and Foundations*, Vol. 44, No. 1, pp. 87–98.

Peck, R. B. (1943). "Earth Pressure Measurements in Open Cuts, Chicago (ILL.) Subway," *Transactions*, American Society of Civil Engineers, Vol. 108, pp. 1008–1058.

Peck, R. B. (1969). "Deep Excavation and Tunneling in Soft Ground," *Proceedings, Seventh International Conference on Soil Mechanics and Foundation Engineering*, Mexico City, State-of-the-Art Volume, pp. 225–290.

Swatek, E. P., Jr., Asrow, S. P., and Seitz, A. (1972). "Performance of Bracing for Deep Chicago Excavation," *Proceedings of the Specialty Conference on Performance of Earth and Earth Supported Structures*, American Society of Civil Engineers, Vol. 1, Part 2, pp. 1303–1322.

Terzaghi, K. (1943). *Theoretical Soil Mechanics*, John Wiley & Sons, New York.

Tschebotarioff, G. P. (1973). *Foundations, Retaining and Earth Structures*, 2nd ed., McGraw-Hill, New York.

U.S. Department of the Navy (1971). "Design Manual—Soil Mechanics, Foundations, and Earth Structures." NAVFAC DM-7, Washington, DC.

연습문제의 해답 Answers to Problems

제2장

2.1 **a.** 0.76
b. 0.43
c. 14.93 kN/m^3
d. 17.17 kN/m^3
e. 53%

2.3 **a.** 0.45
b. 69.5%
c. 17.58 kN/m^3
d. 14.53 kN/m^3

2.5 γ_d = 16.07 kN/m^3
γ = 17.68 kN/m^3

2.7

흙	분류
A	A-1-a(0)
B	A-2-6(1)
C	A-7-5(19)
D	A-4(5)
E	A-2-7(1)
F	A-6(5)

2.9 0.343 cm/s

2.11

지점	kN/m^2		
	σ	u	σ'
A	0	0	0
B	34.66	0	34.66
C	74.52	19.62	54.9
D	129.84	49.05	80.79

2.13 52 mm

2.15 **a.** 67.85 kN/m^2
b. 0.299
c. 106.8 mm

2.17 6.87 days

2.19 30°

2.21 ϕ' = 28°
c' = 30 kN/m^2

제3장

3.1 8.96%

3.3

심도 (m)	$(N_1)_{60}$
1.5	12
3.0	11
4.5	10
6.0	8
7.5	12
9.0	12

3.5 34°

3.7

심도 (m)	D_r (%)
1.5	52.9
3.0	55.5
4.5	51.1
6.0	50.2
7.5	42.3
9.0	44.3
	평균 = 49.4%

3.9 15,000 kN/m^2

3.11 51.4 kN/m^2

3.13 **a.** 35 kN/m^2
b. 31.86 kN/m^2

3.15 42°

3.17 **a.** 45.6 kN/m^2
b. 3.37

3.19 **a.** 0.65
b. 1.37
c. 2131 kN/m^2

3.21 14,136 kN/m^2

제4장

4.1 **a.** 90.4%
b. 57.5%

4.3 **a.** 16.09%

b. 18.33%

4.5 B

4.7 3.15—우수함

4.9 **a.** 192 mm

b. 8.2개월

c. 17.4 kN/m^2

4.11

경과시간(연)	$U_{r,v}$ (%)
0.2	73
0.4	91
0.8	99
1.0	99.7

제5장

5.1 **a.** 248.5 kN/m^2

b. 372.8 kN/m^2

c. 280 kN/m^2

5.3 **a.** 271.4 kN/m^2

b. 373.7 kN/m^2

c. 368.8 kN/m^2

5.5 5760 kN

5.7 909 kN/m^2

5.9 547 kN

5.11 1142.5 kN/m

5.13 526 kN

제6장

6.1 1784.8 kN/m^2

6.3 9209 kN

6.5 997 kN

6.7 68.24 kN/m^2

6.9 670.9 kN

6.11 457.2 kN

6.13 329.1 kN/m^2

6.15 824.4 kN/m^2

6.17 1423.8 kN/m^2

6.19 6.2 mm

제7장

7.1

r (m)	$\Delta\sigma$ (kN/m^2)
0	21.9
0.4	21.15
0.8	19.05
1.0	17.7

7.3 26.6 kN/m^2

7.5 1365.66 kN/m^2

7.7 42.41 kN/m^2

7.9 11.64 kN/m^2

제8장

8.1 13.4 mm

8.3 45.8 mm

8.5 15.1 mm

8.7 19.3 mm

8.9 77.5 mm

8.11 19 mm

8.13 69.9 kN/m^2

8.15 68.4 mm

제9장

9.1 771 kN/m^2

9.3 181.4 kN/m^2

9.5 3.39 m

9.7 0.193 m

9.9 3260 kN/m^3

제10장

10.1 125.4 kN

10.3 14.27 kN

제11장

11.1 **a.** 2995.5 kN

b. 2358 kN

c. 2551.5 kN

11.3 793 kN

11.5 194 kN

11.7 389 kN

11.9 448.4 kN
11.11 493.9 kN
11.13 5.26 mm
11.15 32.5 kN
11.17 1298 kN
11.19 25.3 kN
11.21 171.2 kN
11.23 2846 kN
11.25 4362 kN

제12장

12.1 9911 kN
12.3 316.7 kN
12.5 4684 kN
12.7 **a.** 1126.6 kN
b. 1555 kN
c. 894 kN
12.9 **a.** 893.5 kN
b. 2858.2 kN
c. 3752 kN
12.11 **a.** 2845 kN
b. 2356 kN
12.13 6.25 mm
12.15 **a.** 3.13 mm
b. 594.3 kN-m
c. 3104 kN/m^2
d. 7.5 m
12.17 5.5 m

제13장

13.1

LL	붕괴가 발생되는 한계 γ_d (kN/m^3)
10	20.8
15	18.8
20	17.16
25	15.78
30	14.6
35	13.59
40	12.71

13.3 정규압밀상태
13.5 119 mm
13.7 기초바닥 아래에서 0.43 m
13.9 기초바닥 아래에서 1 m
13.11 5.2 m

제14장

14.1 $P = 176.21$ kN/m
$\bar{z} = 1.84$ m
14.3 $P = 68.86$ kN/m
$\bar{z} = 1.11$ m
14.5 **b.** 3.39 m
c. 80.44 kN/m
14.7 **a.**

z (m)	σ'_a (kN/m^2)
2	10
4	19.99
6	29.99

b. 89.96 kN/m^2
옹벽 바닥으로부터 $\bar{z} = 2$ m 높이
14.9 옹벽 배면 경사가 법선과 $\delta' = 20°$ 기울어져서, 옹벽 바닥으로부터 2 m 높이 지점에 $P_a = 129.97$ kN/m
14.11 **b.** 751.1 kN/m
옹벽 바닥으로부터 $\bar{z} = 2.68$ m 높이
14.13 1124.29 kN/m
14.15 1124.29 kN/m
14.17 $P_a = 87.75$ kN/m
$\bar{z} = 2.19$ m
14.19 1609.1 kN/m

제15장

15.1 $FS_{(overturning)} = 3.41$; $FS_{(sliding)} = 1.5$; $FS_{(bearing)} = 5.4$
15.3 $FS_{(overturning)} = 8.28$; $FS_{(sliding)} = 2.79$
15.5 **a.** 903.8 kN/m
b. 369.8 kN/m

15.7

z (m)	σ'_o (kN/m²)
2	24.15
4	25.54
6	30.79
8	38.43

15.9 $FS_{(overturning)} = 23.2$; $FS_{(sliding)} = 4.37$; $FS_{(bearing)} = 11.68$

15.11 $FS_{(overturning)} = 3.43$; $FS_{(sliding)} = 1.35$; $FS_{(bearing)} = 10.31$

제16장

16.1 **a.** 13.43 m
b. 28.5 m
c. 2317.5 kN-m/m

16.3 $D_{theory} \approx 3.68$ m
$M_{max} = 154.63$ kN-m/m

16.5 $D = 3$ m
$M_{max} = 110.49$ kN-m/m

16.7 $D = 1.1$ m
$M_{max} = 32.18$ kN-m/m

16.9 **a.** $M_{max} = 759$ kN-m/m
b. PZ-35

16.11 **a.** 3.3 m
b. 102.6 kN/m

16.13

B (m)	P_u (kN)
0.3	15.37
0.6	21.48
0.9	28.0

제17장

17.1 @ A – 131.4 kN
@ B – 69.3 kN
@ C – 178.8 kN

17.3 @ A – 148.5 kN
@ B – 78.4 kN
@ C – 202.12 kN

17.5 $\gamma_{av} = 17.94$ kN/m³; $c_{av} = 19.53$ kN/m²

17.7 @ A – 306.5 kN
@ B – 405.55 kN
@ C – 413.45 kN

17.9 @ A – 306.5 kN
@ B – 439.35 kN
@ C – 218.9 kN

17.11 15.58

찾아보기 Index

ㅂ

ㅅ

ㅇ

ㅈ

ㅊ

ㅋ

ㅌ

ㅍ

ㅎ

기타

CONVERSION FACTORS FROM ENGLISH TO SI UNITS

Length:	1 ft	= 0.3048 m
	1 ft	= 30.48 cm
	1 ft	= 304.8 mm
	1 in.	= 0.0254 m
	1 in.	= 2.54 cm
	1 in.	= 25.4 mm
Area:	1 ft^2	= 929.03×10^{-4} m^2
	1 ft^2	= 929.03 cm^2
	1 ft^2	= 929.03×10^{2} mm^2
	1 in^2	= 6.452×10^{-4} m^2
	1 in^2	= 6.452 cm^2
	1 in^2	= 645.16 mm^2
Volume:	1 ft^3	= 28.317×10^{-3} m^3
	1 ft^3	= 28.317×10^{3} cm^3
	1 in^3	= 16.387×10^{-6} m^3
	1 in^3	= 16.387 cm^3
Force:	1 lb	= 4.448 N
	1 lb	= 4.448×10^{-3} kN
	1 lb	= 0.4536 kgf
	1 kip	= 4.448 kN
	1 U.S. ton	= 8.896 kN
	1 lb	= 0.4536×10^{-3} metric ton
	1 lb/ft	= 14.593 N/m

Stress:	1 lb/ft^2	= 47.88 N/m^2
	1 lb/ft^2	= 0.04788 kN/m^2
	1 U.S. ton/ft^2	= 95.76 kN/m^2
	1 kip/ft^2	= 47.88 kN/m^2
	1 lb/in^2	= 6.895 kN/m^2
Unit weight:	1 lb/ft^3	= 0.1572 kN/m^3
	1 lb/in^3	= 271.43 kN/m^3
Moment:	1 lb-ft	= 1.3558 N·m
	1 lb-in.	= 0.11298 N·m
Energy:	1 ft-lb	= 1.3558 J
Moment of inertia:	1 in^4	= 0.4162×10^{6} mm^4
	1 in^4	= 0.4162×10^{-6} m^4
Section modulus:	1 in^3	= 0.16387×10^{5} mm^3
	1 in^3	= 0.16387×10^{-4} m^3
Hydraulic conductivity:	1 ft/min	= 0.3048 m/min
	1 ft/min	= 30.48 cm/min
	1 ft/min	= 304.8 mm/min
	1 ft/sec	= 0.3048 m/sec
	1 ft/sec	= 304.8 mm/sec
	1 in./min	= 0.0254 m/min
	1 in./sec	= 2.54 cm/sec
	1 in./sec	= 25.4 mm/sec
Coefficient of consolidation:	1 in^2/sec	= 6.452 cm^2/sec
	1 in^2/sec	= 20.346×10^{3} m^2/yr
	1 ft^2/sec	= 929.03 cm^2/sec